智慧气象服务及基层防灾减灾优秀论文汇编

本书编委会　编

气象出版社
China Meteorological Press

图书在版编目（CIP）数据

智慧气象服务及基层防灾减灾优秀论文汇编 / 《智慧气象服务及基层防灾减灾优秀论文汇编》编委会编. -- 北京 : 气象出版社, 2024.1
ISBN 978-7-5029-8159-4

Ⅰ. ①智… Ⅱ. ①智… Ⅲ. ①气象灾害－灾害防治－气象服务－中国－文集 Ⅳ. ①P429-53

中国国家版本馆CIP数据核字(2024)第040924号

Zhihui Qixiang Fuwu ji Jiceng Fangzai Jianzai Youxiu Lunwen Huibian
智慧气象服务及基层防灾减灾优秀论文汇编

出版发行：气象出版社
地　　址：北京市海淀区中关村南大街 46 号　　**邮政编码**：100081
电　　话：010-68407112（总编室）　010-68408042（发行部）
网　　址：http://www.qxcbs.com　　E-mail：qxcbs@cma.gov.cn
责任编辑：蔺学东　张盼娟　毛红丹　　**终　　审**：张　斌
封面设计：艺点设计　　**责任技编**：赵相宁
责任校对：张硕杰
印　　刷：三河市君旺印务有限公司
开　　本：889 mm×1194 mm　1/16　　**印　　张**：37
字　　数：1094 千字
版　　次：2024 年 1 月第 1 版　　**印　　次**：2024 年 1 月第 1 次印刷
定　　价：180.00 元

本书如存在文字不清、漏印以及缺页、倒页、脱页等，请与本社发行部联系调换。

本书编委会

主　　编： 王亚伟

副 主 编： 张　迪　李　飞

编 委 会： 梁　科　王　超　孙　锐　邵　洋　张小培　何孟洁　路秀娟　喻迎春　石　锋

前　言

党的十九大以来，全国各级气象部门深入贯彻落实习近平总书记对气象工作的重要指示精神，准确把握气象工作关系生命安全、生产发展、生活富裕、生态良好的新定位和新要求，以全面推进气象服务高质量发展为动力，以夯实基层气象防灾减灾能力为抓手，以服务地方经济发展为导向，深入开展基层气象防灾减灾标准化建设，推动气象服务数字化升级、智能化转型。

为了不断总结前期工作经验，加强各级气象部门在智慧气象服务、基层防灾减灾等方面的业务交流，编者于2022—2023年面向全国各级气象部门征集优秀论文200余篇，遴选出81篇优秀论文汇编成此书。该论文汇编共涉及气象灾害风险普查及成果应用、基层防灾减灾、农业气象服务、智慧气象服务、融媒体气象服务、行业气象服务六大类。本书出版过程中得到了各级气象部门和气象服务工作一线业务人员的大力支持和帮助，在此一并表示感谢。

编者

2024年1月

目　录

第三篇 农业气象服务

第四篇 智慧气象服务

第五篇 融媒体气象服务

第六篇 行业气象服务

第一篇

气象灾害风险普查及成果应用

濮阳夏玉米干旱风险评估及保险指数设计*

董建设

（河南省濮阳市气象局，濮阳 457000）

摘要：利用 1991—2020 年濮阳市 5 个国家地面站逐日观测资料和夏玉米产量资料，基于标准化降水蒸散指数（SPEI）构建夏玉米干旱天气指数，通过分析夏玉米干旱天气指数和相对气象产量之间的关系，构建了夏玉米干旱灾损模型，并开展了干旱风险评估；在此基础上，设计了夏玉米干旱天气指数保险产品。结果表明，通过标准化降水蒸散指数将夏玉米干旱灾害分轻旱、中旱、重旱、特旱 4 个等级，濮阳夏玉米干旱发生率为 40%，轻旱和中旱发生率较大；基于干旱天气指数模型，将 SPEI≤−0.5 作为干旱灾害赔付的触发值，并确定了不同干旱天气指数等级的赔付标准，厘定后的干旱天气指数保险费率为 7.2%~9.2%，单位面积保费为 502~642 元/hm^2。

关键词：夏玉米；干旱评估；保险指数

引言

玉米是濮阳市的主要粮食作物，2020 年玉米播种面积为 15.2 万 hm^2，约占全市秋粮作物面积的 77%，占全市粮食作物总面积的 36%，是濮阳市重要的农业经济来源。玉米分春、夏两季种植，濮阳种植夏玉米，一般 6 月初开始播种，9 月下旬成熟收获，种植期间阶段性干旱频繁发生，严重影响夏玉米的产量，给农户带来严重的经济损失。因此，需要开展干旱灾害风险评估和风险转移，最大限度减轻灾害造成的影响。农业保险是规避自然风险、保障农业生产、稳定农民收入的重要手段。近年来，随着国家对农业保险财政补贴力度的不断增大，农业保险发展迅速，在转移农业风险、保障农户收入方面正发挥着越来越重要的作用。然而传统的农业保险以实际灾损作为赔付标准，在开展过程中投保承保双方的信息不对称带来的逆向选择、道德风险以及灾后理赔时效低、成本高、难度大等问题严重困扰农业保险的市场化运作。

天气指数保险是将气象致灾因子和它所造成的损失开展相关性分析并进行天气指数设计，将气象灾害引发的作物减产评估指数化。当某种气象灾害指数达到某个预定值，投保户就可以申请得到一定的经济补偿[1]。天气指数保险与传统农业保险相比，具有产品设计形式简单、基础数据客观权威、道德风险低、逆向选择低、合同标准化程度高等优势。国内外学者已经对气象指数保险有了一定的研究成果，杨太明等[2]设计了安徽省冬小麦的 5 种天气指数保险产品，主要有干旱指数、倒春寒指数、干热风指数、阴雨日数指数等，牛浩[3]研究出基于风险区划的玉米产量保险产品，李琴英等[4]对河南省玉米区域产量保险展开实证研究。

本文在借鉴前人研究成果的基础上，立足本地农业保险市场需求，以濮阳市夏玉米为研究对象，应用天气指数保险理念，分析夏玉米生育期内相关气象要素和产量损失的关系，构建夏玉米干旱减产率模型，厘定保险费率和确定保险触发指标，设计夏玉米干旱气象指数保险产品，为濮阳市农业保险

* 资助项目：中国气象局/河南省农业气象保障与应用技术重点实验室 2022 年度应用技术研究基金项目（KM202239）。

提供科学、合理的理赔依据，保障农业生产高质量发展。

1 资料与方法

1.1 资料来源

本文气象数据来源于濮阳市5个县域内的国家级气象观测站点，选取1991—2020年的逐日数据；玉米产量数据来源于濮阳市史志办、濮阳市统计年鉴；干旱灾情数据来源于濮阳市气象局灾情数据库、地方志等。

借助Excel、Eviews、R等软件，采用常规统计方法，对玉米产量数据、生长观测数据和天气指数模型进行处理。

1.2 干旱天气指数

夏玉米的生长发育和产量与全生育期的日照、气温、降水等气候变量有很高的相关性[5-8]。因此，根据天气指数设计原则，须选用受人为因素影响小且与玉米产量损失密切相关的气象指标构建对应的灾害指数。本文选取标准化降水蒸散指数（SPEI）作为衡量濮阳夏玉米干旱程度的指标，它既融合了降水和温度对区域干旱的影响，又具有多时间和空间尺度的特性，能有效反映不同区域的旱涝状况。

1.2.1 参考作物蒸散量

参考作物蒸散量（reference crop evapotranspiration）是指供水充分条件下满足参考作物的潜在蒸散量。逐日参考作物蒸散量采用联合国粮农组织（Food and Agriculture Organization of the United Nations，FAO）1998年修正的标准Penman-Monteith公式计算，公式如下：

$$ET_0 = \frac{0.408\Delta(R_n - G) + \gamma \dfrac{900}{T_{\text{mean}} + 273} u_2(e_s - e_a)}{\Delta + \gamma(1 + 0.34u_2)} \tag{1}$$

式中：ET_0为作物参考蒸散量（mm/d）；R_n为地表净辐射［MJ/(m^2·d)］；G为土壤热通量，$G=0.32$ MJ/(m^2·d)；T_{mean}为日平均气温（℃）；u_2为2.0 m高处风速（m/s）；e_s为饱和水汽压（kPa）；e_a为实际水汽压（kPa）；Δ为饱和水汽压曲线斜率（kPa/℃）；γ为干湿表常数（kPa/℃）。其中地表净辐射、日平均温度和水汽压等参数均可通过日照时数、最高温度和最低温度等气象要素求得。

1.2.2 SPEI计算

SPEI通过对年均降雨量和潜在蒸散量二者之间差值的正态标准化处理得到。

（1）计算潜在蒸散量与逐月降雨量的差值D_i：

$$D_i = P_i - ET_i \tag{2}$$

式中：P_i为第i月的累计降水量（mm）；ET_i为第i月的潜在蒸散量（mm），采用PM法计算；D_i为反映第i月的水分盈亏状况的参数（mm）。

（2）构建水分盈亏累积序列，采用log-logistic概率分布函数，并对概率密度进行标准化处理，计算出对应的SPEI值：

$$I = \begin{cases} \omega - \dfrac{C_0 + C_1\omega + C_2\omega^2}{1 + d_1\omega + d_2\omega^2 + d_3\omega^3}, & P \leqslant 0.5 \\ -\left(\omega - \dfrac{C_0 + C_1\omega + C_2\omega^2}{1 + d_1\omega + d_2\omega^2 + d_3\omega^3}\right), & P > 0.5 \end{cases} \tag{3}$$

式中：I为SPEI值；ω概率加权矩；P为累积概率；C_0、C_1、C_2、d_1、d_2、d_3为常数项，$C_0=2.515517$，

$C_1=0.802853$，$C_2=0.010328$，$d_1=1.432788$，$d_2=0.189269$，$d_3=0.00130$。根据《气象干旱等级》（GB/T 20481—2006），SPEI 的干旱等级划分标准化为：$I\leq -2.0$ 为特旱，$-2.0<I\leq -1.5$ 为重旱，$-1.5<I\leq -1.0$ 为中旱，$-1.0<I\leq -0.5$ 为轻旱，$I>-0.5$ 为无旱。

1.3　气象产量与减产率

本研究选取濮阳市 5 个县 1981—2020 年夏玉米单产资料，运用 H－P 滤波法将有一定趋势的平滑数列从产量（Y）的时间序列中分离出来，将该部分视为趋势产量（Y_t），进而分离出气象产量（Y_ω）和相对气象产量（Y'_ω），减产率（X）为相对气象产量（Y'_ω）为负值的序列。利用式（4）计算获得 1981—2020 年濮阳市玉米气象产量序列和玉米减产率数据。通常将 $Y'_\omega < -5\%$ 视为减产年[9]。

$$Y = Y_t + Y_\omega \qquad Y'_\omega(\%) = \frac{Y_\omega}{Y_t}\times 100\% \tag{4}$$

1.4　干旱风险评估

玉米干旱风险的大小不仅受天气的影响，还与种植区的经济发展水平、抗灾能力、农田基础设施等因素有关，不同地区的干旱灾害风险不同。干旱致灾因子危险性可以用来衡量发生干旱灾害的可能性，因子越大，发生旱灾的可能性也越大，对玉米产量的影响程度越大；反之发生灾害的可能性越小，对玉米产量的影响就越小。一般用干旱频率（F）和干旱强度（Q）的乘积来表示玉米全生育期干旱致灾因子危险性（E），暂不考虑其他影响因素。

$$E = F \times Q \tag{5}$$

1.5　纯费率

本文利用干旱灾害风险评估的结果，设计修订保险费率。纯费率（R）等于投保作物单位面积灾害损失率的数学期望 E（loss），利用灾害损失率和其发生的概率统计得出。

$$R = E(\text{loss}) = \sum L_i \times P_i,\quad i > q \tag{6}$$

式中：L_i为第 i 等级的灾害损失率，本研究中即为夏玉米减产率；P_i为第 i 等级灾损失率发生概率或频率；i 为气象灾害（天气指数）等级；q 为天气指数的赔付触发值对应的灾害等级。

2　结果与分析

2.1　SPEI 指数特征变化

根据 SPEI 干旱指数定义，由图 1 可知，1991—2020 年濮阳地区夏玉米生长季共出现了 12 次不同程度的干旱，干旱发生率为 40%，其中 1997、2001 年出现了特旱，1999、2002、2011、2014、2020 年出现了中旱，1995、2012、2015—2016、2019 年出现了轻旱；夏玉米生长季月度轻旱 21 次、月度中旱 11 次、月度重旱 5 次、月度特旱 2 次。

2.2　干旱天气指数模型的建立

夏玉米产量的高低受诸多因素的影响，干旱灾害是其中之一，在确定濮阳夏玉米干旱天气指数和减产率的关系之前，需要对夏玉米减产数据进行筛选，筛选满足的条件：一是夏玉米全生育期发生了明显的干旱灾害；二是当年夏玉米产量减产在 5% 以上，最终选出 12 组样本数据。对 12 组样本数据与

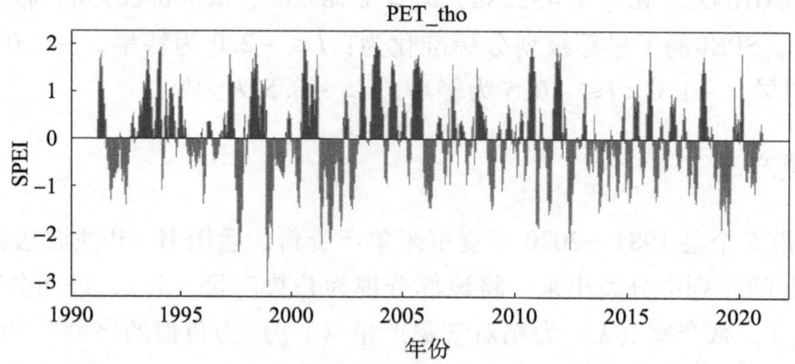

图 1　1991—2020 年濮阳夏玉米 SPEI 干旱指数变化特征

之对应的干旱天气指数和减产率进行回归分析，得出濮阳夏玉米干旱天气指数模型如下：

$$y = -16.333x - 0.6984 \tag{7}$$

式中，y 为减产率（%），x 为夏玉米干旱天气指数。回归方程通过了 0.05 的显著性水平检验，拟合程度高。根据回归方程，可以求出不同干旱天气指数对应的减产率，如表 1 所示。

表 1　濮阳夏玉米干旱天气指数与减产率的关系

天气指数	减产率/%	天气指数	减产率/%
−0.4	5.8	−1.4	22.2
−0.5	7.5	−1.5	23.8
−0.6	9.1	−1.6	25.4
−0.7	10.7	−1.7	27.1
−0.8	12.4	−1.8	28.7
−0.9	14.0	−1.9	30.3
−1.0	15.6	−2.0	32.0
−1.1	17.3	−2.1	33.6
−1.2	18.9	−2.2	35.2
−1.3	20.5	−2.3	36.9

2.3　干旱风险评估

致灾因子危险性由强度和频次来决定，一般情况下，强度越大、频次越高，致灾因子所造成的损失越严重，那么相应的灾害风险也就越大[10]，本文选取干旱发生概率作为夏玉米干旱危险性致灾因子。干旱危险性指标及权重参照马玉妍[11]的黄淮海地区夏玉米干旱灾害危险性评估与区划，轻、中、重、特别干旱概率的权重分别为 0.096、0.161、0.277、0.466，得出濮阳地区干旱风险评估结果见表 2。

表 2　濮阳地区干旱风险评估结果

气象站点	致灾因子危险性
南乐县	0.219
清丰县	0.201
濮阳县	0.185
范县	0.179
台前县	0.167

2.4　濮阳地区夏玉米干旱天气指数保险的赔付标准

根据实地调研，目前玉米的市场价格为2.8元/kg，濮阳市地区正常年份玉米亩产可达450 kg以上，即每公顷玉米产值可达18900元以上。由表1可知，干旱导致玉米减产率最高为36.9%，按照正常产值计算，则干旱最高导致玉米每公顷损失6974元，即保险金额为6974元/hm^2，在设定干旱指数等于－0.5为赔付触发值时，计算出赔付标准，见表3。

表3　濮阳地区夏玉米干旱指数赔付标准表

夏玉米干旱天气指数	相对减产率/%	赔付值/(元/hm^2)
－0.4	5.8	0
－0.5	7.5	1411
－0.6	9.1	1720
－0.7	10.7	2029
－0.8	12.4	2338
－0.9	14.0	2646
－1.0	15.6	2955
－1.1	17.3	3264
－1.2	18.9	3572
－1.3	20.5	3881
－1.4	22.2	4190
－1.5	23.8	4498
－1.6	25.4	4807
－1.7	27.1	5116
－1.8	28.7	5424
－1.9	30.3	5733
－2.0	32.0	6042
－2.1	33.6	6351
－2.2	35.2	6659
－2.3	36.9	6968

2.5　夏玉米干旱天气指数保险费率厘定和修订

根据已经确定的夏玉米干旱天气指数小于－0.5为起赔点，并基于濮阳5个气象站点1991—2020年的气象资料，利用式（4）和式（6），可计算得到濮阳夏玉米干旱天气指数纯保费率为7.2%，纯保费＝保险金额×纯保费率＝502元/hm^2。

为保障设计的产品相对公平、承保公司的财务安全并有适当的利润，参考史培军等[12]给出的方案，将风险附加费率的最高值定位2%，即风险评估高的地区，可附加2%的风险费率。修订后的夏玉米干旱天气指数纯保费率为7.2%～9.2%，单位面积保费为502～642元/hm^2。

3 结论

本研究利用1991—2020年濮阳5个国家台站的逐日观测资料和夏玉米产量资料，分析了濮阳夏玉米干旱的基本规律，开展了基于致灾因子危险性的夏玉米干旱风险评估，建立了干旱天气指数与减产率的关系模型；在此基础上，制定了濮阳夏玉米干旱天气指数保险的赔付标准，厘定了纯保费率，并基于风险评估结果修订了纯保费率。

本研究主要是基于建立气象产量和气象因子回归模型设计出来的天气指数模型，模型中对于气象因子的选取与回归模型的算法等因素还需要进一步完善，后期也需要通过试点应用对相关参数进行修订。

参考文献

[1] 陈盛伟，张宪省．农业气象干旱指数保险产品设计的理论框架［J］．农业技术经济，2014（12）：32-38.
[2] 杨太明，刘布春，孙喜波，等．安徽省冬小麦种植保险天气指数设计与应用［J］．中国农业气象，2013，34（2:）：229-235.
[3] 牛浩．农业指数类保险产品研究与适宜性选择分析：以山东省玉米为例［D］．泰安：山东农业大学，2017.
[4] 李琴英，黄伟洁．河南省玉米区域产量保险费率厘定实证研究［J］．保险研究，2018（2）：85-101.
[5] 马晓群，姚筠，许莹．安徽省农作物干旱损失动态评估模型及其试用［J］．灾害学，2010，25（1）：13-17.
[6] 李喜平．河南省夏玉米生长季水分供需时空变化特征［J］．干旱气象，2013，31（4）：796-802.
[7] 聂荣，宋妍，农业气象指数保险研究与设计——基于辽宁省玉米的面板数据［J］．东北大学学报（社会科学版），2018，20（3）：262-268.
[8] 曲思邈，王冬妮，郭春明，等．玉米干旱天气指数保险设计——以吉林省为例［J］．气象与环境学报，2018，34（2）：92-99.
[9] 杨太明，许莹，孙喜波，等．安徽省夏玉米干旱天气指数保险产品设计及应用［J］．气象，2016，42（4）：450-455.
[10] 任义方，赵艳霞，王春乙．河南省冬小麦干旱保险风险评估与区划［J］．应用气象学报，2011，22（5）：537-548.
[11] 马玉妍．黄淮海地区夏玉米干旱灾害危险性评估与区划［D］．哈尔滨：哈尔滨师范大学，2015.
[12] 史培军，王静爱，叶涛，等．“全国种植业保险区划”研究报告［R］．北京：中国保险监督管理委员会，2011.

风险普查成果在山东极端性天气预报服务中的应用实践——以山东省气象台为例

韩永清[1]　邱　璨[2]　曹　洁[2]

（1. 山东省气象台，济南 250031；2. 山东省气候中心，济南 250031）

摘要：2022 年，山东出现了 18 次较大范围暴雨天气过程，截至 9 月 30 日，全省平均降水量 624.5 mm，较常年偏多 55%。在此背景下，有多次极端性天气事件发生，如何将气象灾害综合风险普查的成果应用到此类天气的预报服务中，山东省气象台做了一些尝试，取得了较好的服务效果。

关键词：普查成果；暴雨；极端性；预报服务

引言

2022 年内山东部分地区受到不同程度的强对流、暴雨、冰雹等气象灾害影响，据初步统计，截至 9 月 30 日，受灾人口达 18.26 万人，作物受灾面积约 33540.00 hm^2，直接经济损失 11.43 亿元。期间，山东省气象台一直尝试将气象灾害综合风险普查的成果应用于天气预报预警和与服务中，尤其在“重要性、转折性、灾害性”天气过程的预报预警服务中，不断增强对灾害性天气预报及风险预估的依据，以期更好、更有针对性地防范各类气象灾害，降低气象次生灾害造成的生命财产损失，并取得初步成效。本文以山东省气象台在 2022 年 6 月 26—27 日极端暴雨和 9 月 14—16 日秋台风“梅花”过程中的预报服务为例进行普查成果应用实践浅析。

1　山东省暴雨灾害调查与风险评估技术

暴雨灾害为暴雨引发的洪涝、城市内涝、地质灾害等造成人员伤亡和财产损失的事件。暴雨灾害风险指暴雨对影响区域内生命、财产、社会经济等造成危害的可能性。主要涉及暴雨灾害以及对主要承灾体人口、经济产值、农业等方面的致灾因子危险性和风险评估区划：全省范围内市、县、乡镇各级行政区，乡镇级为基本调查单元。暴雨灾害致灾因子和灾情调查的时间为 1978—2020 年。下面结合相关技术规范和文献[1-5]，对山东暴雨灾害调查与风险评估技术进行简单说明。

1.1　暴雨致灾因子识别技术

参照气象灾害调查与风险评估技术规范[1-3]，对普查数据进行质控，数据质控方法与陈东辉等[4]的技术方法相似。结合暴雨灾害致灾特征，从降水总量以及暴雨过程的强度、降水持续时间和发生频率等方面对致灾因子进行初步筛选，包括单站暴雨和大暴雨日数、过程累积雨量、过程最大日雨量、过程最大 1 h 雨量、过程最大 3 h 雨量、过程最大 6 h 雨量、过程最大 12 h 雨量、过程持续时间等。基于灾损指数确定致灾因子有如下两个方法：

方法 1：评估区域内一次暴雨灾害造成的直接经济损失除以当年该区域的 GDP，得到灾损指数：

$$I = D/E$$

式中，I 为灾损指数，D 为直接经济损失（万元），E 为当年 GDP（万元）。

方法 2：使用 Pearson 相关系数计算方法，分别计算灾损指数与归一化处理后的暴雨过程各个特征量的相关关系，选取通过显著性检验（$\alpha = 0.05$）的因子作为致灾因子。

如果资料条件不能满足上述方法，也可以通过灾情解析直接识别致灾因子。据此获取到山东暴雨灾害风险预评估与评估、气象灾害过程的历史背景数据。

1.2 计算暴雨过程强度指数，助力预报评估极端暴雨事件

根据识别出的致灾因子，建立评价指标库。对各评价指标进行归一化处理，采用信息熵赋权法或其他方法确定权重，加权求和得到暴雨过程强度指数。各地也可结合实际经验进行权重调整。单站暴雨过程强度指数的计算见下式：

$$\mathrm{IR} = AI_{1\mathrm{pre}} + BI_{24\mathrm{pre}} + CI_{\mathrm{pre}} + DI_{\mathrm{day}}$$

式中：IR 为单站暴雨过程强度指数；$I_{1\mathrm{pre}}$、$I_{24\mathrm{pre}}$、I_{pre}和 I_{day}分别是归一化处理的 4 个评估指标数值（最大 1 h 雨量、最大 24 h 雨量、过程累积雨量、过程持续时间）；A、B、C、D 为权重系数。权重系数采用信息熵赋权法或相关系数法等方法。

以不少于 30 年的所有暴雨过程的强度指数为样本，采用百分位数法，划分为一般性、略偏强、偏强、明显偏强及极端事件 5 个等级（表 1）。等级达到 I 级和 II 级的事件称作强事件，得到一般暴雨灾害事件和重大暴雨灾害事件。也可按照 4 个等级划分暴雨过程强度（表 2）。

结合极端降水阈值计算方法[5]，基于风险普查成果，全面梳理暴雨重现期数据，完成修订暴雨强度公式做好数据和方法储备，设计暴雨强度公式算法模块并纳入平台研发进程，初步开展针对城市治理的风险评估指标研究，提高城市抵御风险能力。

表 1　暴雨过程强度的等级划分及评估（5 级）

百分位范围（R）	$R \leqslant 50\%$	$50\% < R \leqslant 70\%$	$70\% < R \leqslant 85\%$	$85\% < R \leqslant 95\%$	$R > 95\%$
等级	Ⅴ级	Ⅳ级	Ⅲ级	Ⅱ级	Ⅰ级
评估	一般性	略偏强	偏强	明显偏强	极端事件

表 2　暴雨过程强度的等级划分及评估（4 级）

百分位范围（R）	$R \leqslant 50\%$	$50\% < R \leqslant 75\%$	$75\% < R \leqslant 95\%$	$R \geqslant 95\%$
等级	Ⅳ级	Ⅲ级	Ⅱ级	Ⅰ级
评估	一般性	偏强	强	极端事件

1.3 风险评估与区划

致灾因子的危险性仅反映了暴雨可能产生的危害大小，而实际造成危害的程度还与承灾体暴露度和脆弱性有关。承灾体暴露度是指暴露在降雨影响范围内的人口、房屋、财产、农田、设施等数量和价值量。承灾体脆弱性是指承灾体面对外界扰动的敏感性和反应能力，可分解为灾损敏感性和抗灾能力。同等强度的暴雨，发生在人口和经济暴露度高、脆弱性高的地区造成的损失往往要比发生在人口和经济暴露度低、脆弱性低的地区大得多，灾害风险也相应偏大。

风险评估的表达需分别将危险性、暴露度和脆弱性各指标归一化，采取加权乘积的方法确定风险值。可采用信息熵赋权法或其他方法确定权重。根据暴雨灾害风险形成原理及评价指标体系，分别将致灾危险性、承灾体暴露度和脆弱性各指标进行归一化，采取加权乘积的方法确定风险值。可采用信

息熵赋权法或其他方法确定权重，建立风险评估模型如下：

$$MDRI = (TI^{we}、ET^{wh}、VT^{ws})$$

式中：MDRI 为暴雨灾害风险指数，用于表示暴雨灾害风险程度，其值越大，则暴雨灾害风险程度越大；TI、EI、VT 分别表示暴雨致灾危险性、承灾体暴露度、承灾体脆弱性指数；*we*、*wh*、*ws* 是致灾危险性、承灾体暴露度和脆弱性指数的权重，权重的大小依据各因子对暴雨灾害的影响程度大小，可根据信息熵赋权法、主成分分析法、层次分析法、专家打分法等多种方法，并结合当地实际情况讨论确定。如不考虑脆弱性，则可将致灾危险性和承灾体暴露度进行加权求积，得到风险评估结果。

最后根据风险评估模型，分别对不同承灾体进行风险评估。如人口、经济及农业风险评估等。结合行政单元对风险评估结果进行空间划分，完成风险区划分区，为天气预报提供服务参考。

2　普查成果在山东旱涝急转极端大暴雨过程中的应用

2.1　6 月 26—27 日极端暴雨天气实况

受副高边缘暖湿气流和冷空气共同影响，26—28 日山东出现了大范围降雨天气。其中，鲁中南部、鲁南和半岛地区出现暴雨或大暴雨并伴有雷电，其他地区为雷阵雨局部大雨或暴雨（图 1），全省大部地区出现 7 ~ 9 级局部 10 ~ 11 级的雷雨大风；临沂、潍坊、日照、青岛和烟台等地出现冰雹，潍坊诸城出现龙卷。该过程造成日照市五莲县、青岛市胶州市、潍坊市高密市、日照市 4 县（市）严重的暴雨洪涝灾情：房屋受损 303 间，受灾人口 28056 人，树木受灾面积 1093.3 hm^2，直接经济损失 10731.3 万元。此次过程是 2022 年山东雨季（主汛期）开始的标志，也是旱涝急转的分水岭。26 日一日强降雨导致山东省降水由前期偏少迅速转为偏多，降水具有一定的极端性。之前，全省平均降水量较常年偏少 31%，27 日降水结束后，全省平均降水量较常年偏多 2%。

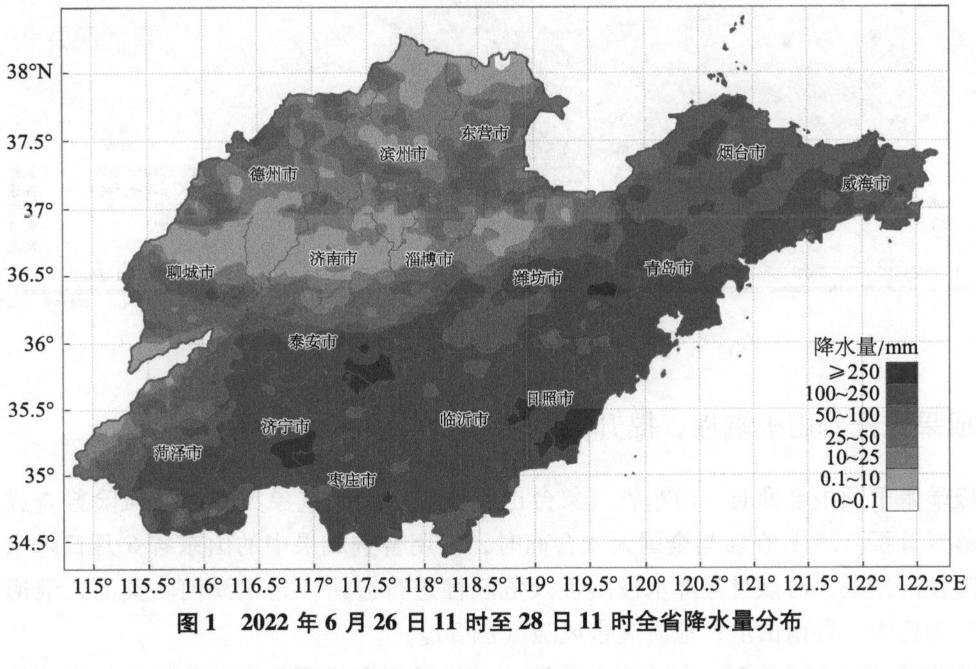

图 1　2022 年 6 月 26 日 11 时至 28 日 11 时全省降水量分布

2.2　普查成果助力极端暴雨风险预警

针对此次极端暴雨天气过程，山东省气象台 6 月 23—25 日连续三天发布预报预警信息，将强降水预报落区和普查成果中的暴雨致灾危险性区划图（图2）相结合，在多次预报预警服务材料中明确提出防范中小河流洪水、山洪、滑坡、内涝等灾害，为政府及有关部门提供提前部署决策气象依据。23日发布强降水趋势分析、24日发布强降雨和大风预报指出："26—28日我省自西向东有一次大范围强降雨过程。预计26日中午至27日白天，中西部地区及渤海有暴雨局部大暴雨，伴有雷电和8～10级局部11级以上雷雨阵风，其他地区有中雨局部大雨；27日夜间至28日，半岛地区有大到暴雨。另外，此次降雨过程影响范围广，海河流域、黄河流域河南段及下游面雨量大，需加强防范。"25日发布暴雨橙色、大风橙色和雷电黄色预警指出："受副高边缘暖湿气流和冷空气共同影响，26—29日我省迎来今年首次大范围暴雨过程，并伴有大风和明显雷电……此次天气过程影响范围广、降水量大、风力强，需加强防范中小河流洪水、山洪、滑坡、内涝及大风、雷电等灾害。"

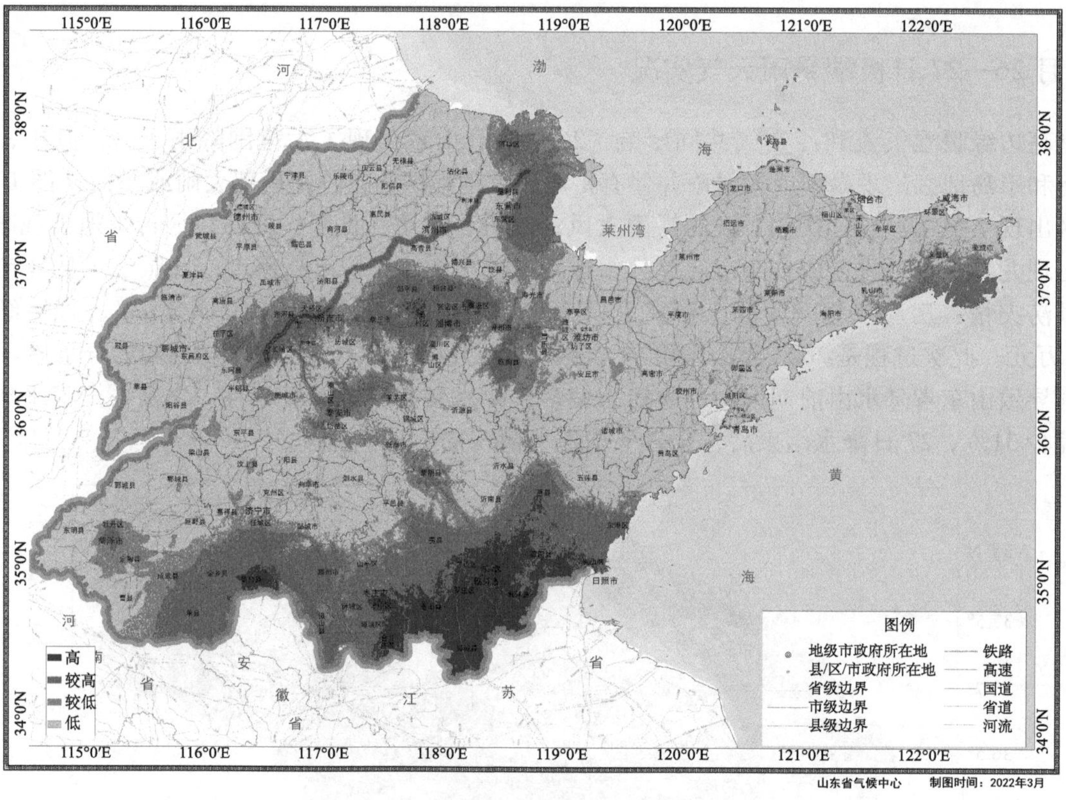

山东省气候中心　　制图时间：2022年3月

图2　山东省暴雨致灾危险性区划图

2.3　普查成果佐证暴雨极端性，提升服务精细化水平

在此次极端暴雨预报会商时，山东省气象台也积极应用山东气象灾害综合风险普查成果进行暴雨致灾危险性落区分析。25日在参与全国天气会商时，使用普查成果中的山东省6月日降水量极大值和暴雨致灾危险性区划图，对该过程降水极端性及危险性进行分析，指出海河、黄河、淮河流域等中小河流洪水风险和鲁中、鲁南山洪、地质灾害风险（图3）。

26日在参与全国天气会商时，结合最新强降水落区预报和暴雨致灾危险性区划图，给出了山东省山洪气象风险预警、地质灾害气象风险预警、中小河流洪水气象风险预警图（图4），均取得了良好的服务效果。

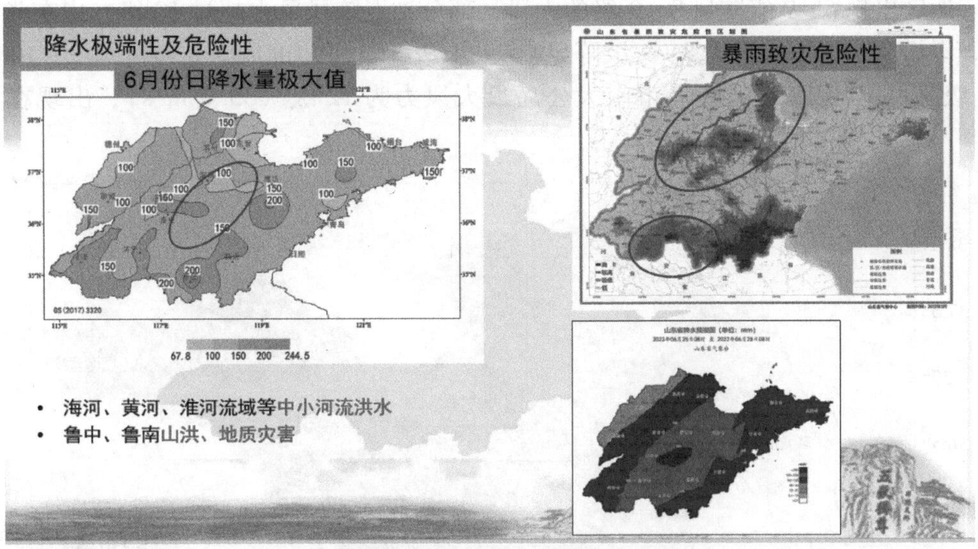

图3　6月25日早间全国天气会商展示

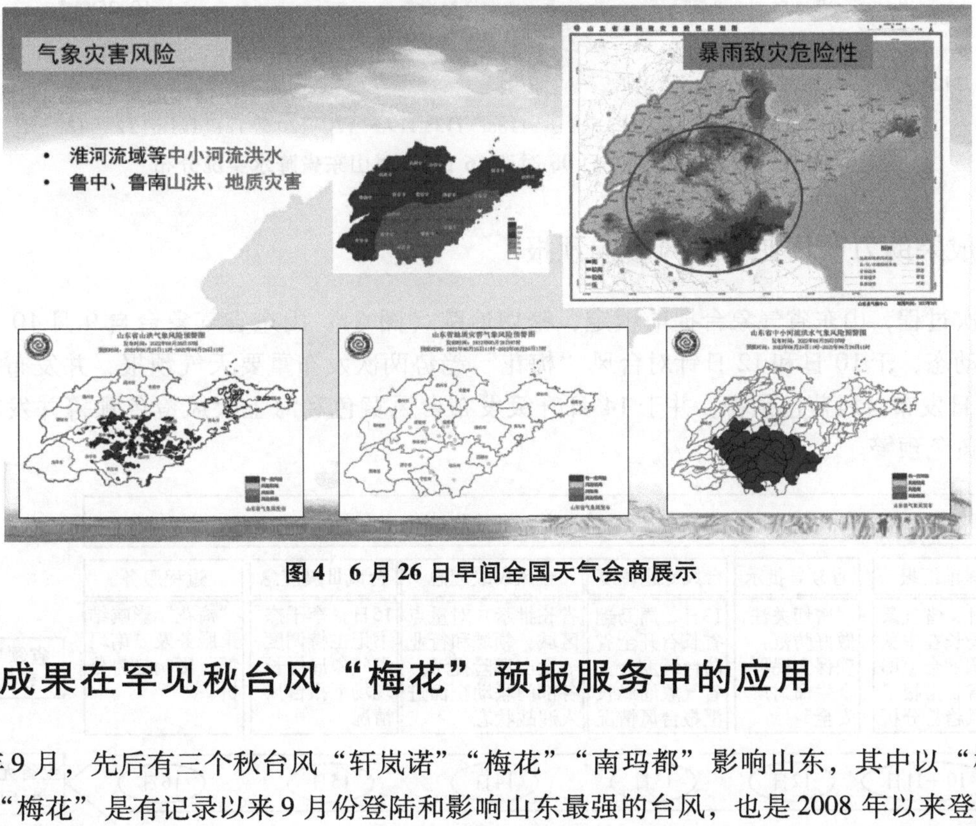

图4　6月26日早间全国天气会商展示

3　普查成果在罕见秋台风“梅花”预报服务中的应用

2022年9月，先后有三个秋台风“轩岚诺”“梅花”“南玛都”影响山东，其中以“梅花”台风最为典型。“梅花”是有记录以来9月份登陆和影响山东最强的台风，也是2008年以来登陆山东最晚的台风。台风“梅花”于9月16日00时前后在青岛登陆，穿过半岛地区后于16日08时前后从烟台移入渤海海峡。受其影响，山东省自14日06时起出现明显降水和大风，降水持续时间53 h，海上8级以上大风持续时间达62 h。

3.1　台风“梅花”天气实况

9月14—16日，烟台、威海和青岛出现暴雨局部大暴雨或特大暴雨，潍坊和日照出现大到暴雨局部大暴雨，滨州、东营、淄博、济南、枣庄和临沂出现小雨局部中到大雨，其他内陆地区局部有小雨

（图5）。沿海地区出现6～7级阵风8～9级的大风，部分站点阵风风力超过10级。山东省海区也出现强大风影响，渤海和渤海海峡风力8～9级阵风10～11级，黄海北部风力8级阵风9～10级，黄海中部风力8～9级阵风10～12级，青岛市南大公岛最大风力为12级（33.0 m/s），出现在15日17时24分。

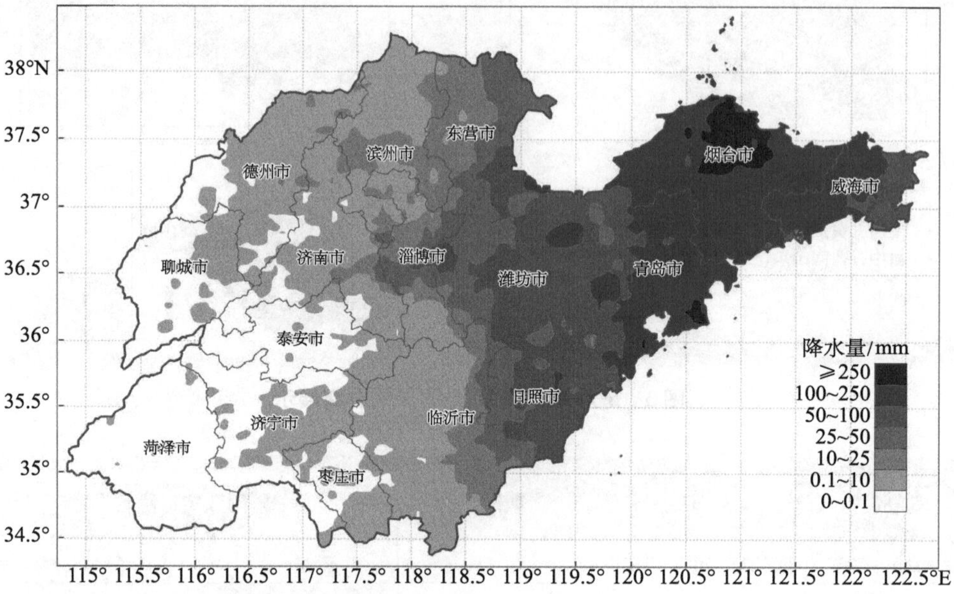

图5　2022年9月14日06时至16日13时山东省降水实况分布

3.2　普查成果助力“梅花”台风影响预报

针对此次过程，山东省气象台提前锁定，密切追踪（图6）：山东省气象台自9月10日起开始密切追踪台风动态，于10日和12日针对台风“梅花”趋势两次发布重要天气预报，并发布海上大风黄色预警；13日发布台风蓝色预警，并于14日升级发布台风黄色和海上大风橙色预警并发布暴雨黄色和内陆大风黄色预警。

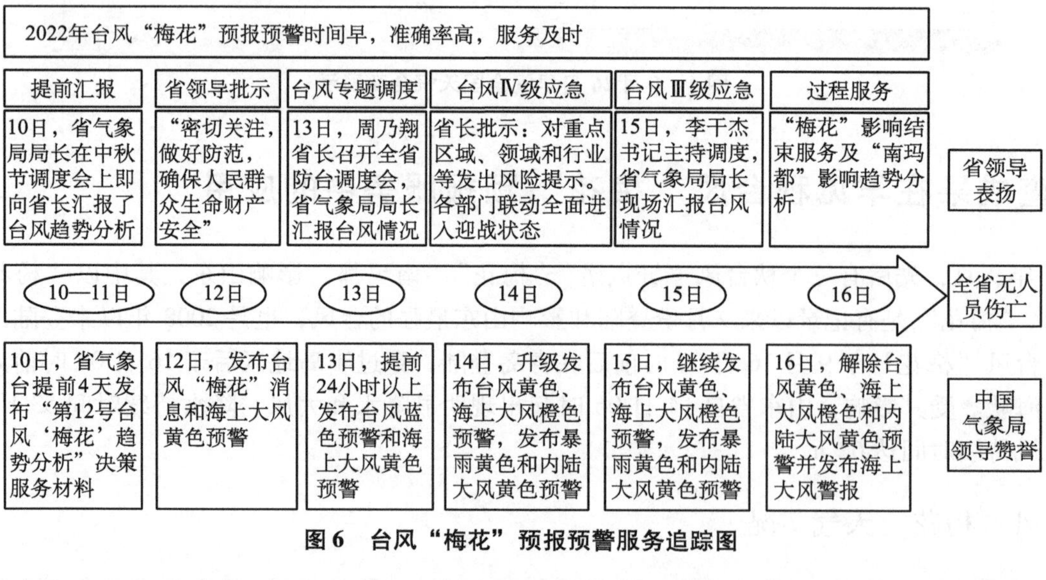

图6　台风“梅花”预报预警服务追踪图

在14日16时00分发布的台风黄色、海上大风橙色、暴雨黄色和内陆大风橙色预警中（图7），根据暴雨落区预报，结合1978年以来气象灾害风险普查结果（图2），明确给出“青岛、烟台、威海、日照、东营、淄博、潍坊和临沂等市存在较高暴雨灾害风险”，同时，开展气象风险预警，与省水利厅、省自然资源厅联合发布山洪灾害气象预警3期、地质灾害气象风险预警2期。

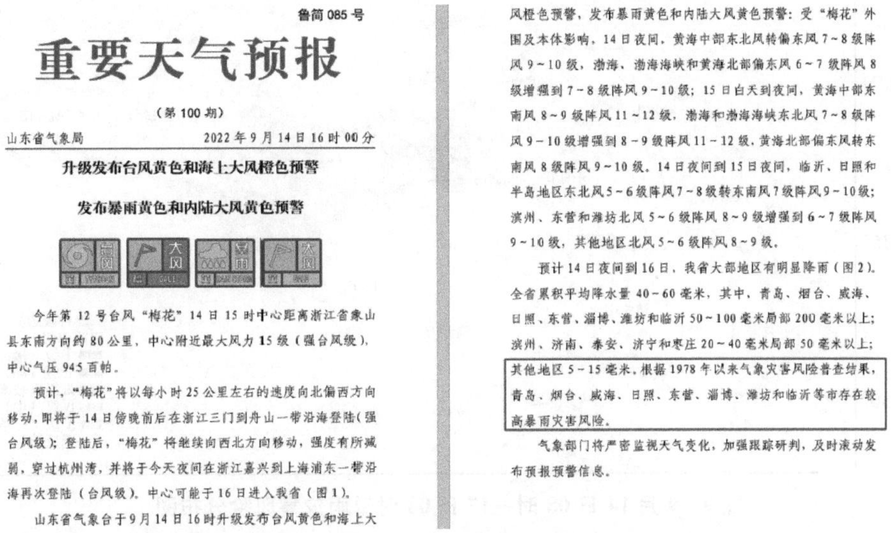

鲁简085号

重要天气预报

（第100期）

山东省气象局　　2022年9月14日16时00分

升级发布台风黄色和海上大风橙色预警

发布暴雨黄色和内陆大风黄色预警

今年第12号台风“梅花”14日15时中心距离浙江省象山县东南方向约80公里，中心附近最大风力15级（强台风级），中心气压945百帕。

预计，“梅花”将以每小时25公里左右的速度向北偏西方向移动，即将于14日傍晚前后在浙江三门到舟山一带沿海登陆（强台风级）；登陆后，“梅花”将继续向西北方向移动，强度有所减弱，穿过杭州湾，并将于今天夜间在浙江嘉兴到上海浦东一带沿海再次登陆（台风级），中心可能于16日进入我省（图1）。

山东省气象台于9月14日16时升级发布台风黄色和海上大风橙色预警，发布暴雨黄色和内陆大风黄色预警：受“梅花”外围及本体影响，14日夜间，黄海中部东北风转偏东风7～8级阵风9～10级，渤海、渤海海峡和黄海北部偏东风6～7级阵风8级增强到7～8级阵风9～10级；15日白天到夜间，黄海中部东南风8～9级阵风11～12级，渤海和渤海海峡东北风7～8级阵风9－10级增强到8－9级阵风11－12级，黄海北部偏东风转东南风8级阵风9～10级。14日夜间到15日夜间，临沂、日照和半岛地区东北风5～6级阵风7～8级转东南风7级阵风9～10级；滨州、东营和潍坊北风5～6级阵风8～9级增强到6～7级阵风9～10级，其他地区北风5～6级阵风8～9级。

预计14日夜间到16日，我省大部地区有明显降雨（图2）。全省累积平均降水量40～60毫米，其中，青岛、烟台、威海、日照、东营、淄博、潍坊和临沂50～100毫米局部200毫米以上；滨州、济南、泰安、济宁和枣庄20～40毫米局部50毫米以上；其他地区5－15毫米。根据1978年以来气象灾害风险普查结果，青岛、烟台、威海、日照、东营、淄博、潍坊和临沂等市存在较高暴雨灾害风险。

气象部门将严密监视天气变化，加强跟踪研判，及时滚动发布预报预警信息。

图7　2022年9月14日16时发布的重要天气预报

3.3　普查成果佐证秋台风“罕见”特点，预估暴雨灾害风险

山东省气象台积极做好上下协同联防工作，全方位做好预报服务工作。结合历史特征值统计分析结果，对历史同期降水、台风影响时间、过程降水量、影响路径等进行对比分析，明确“梅花”台风的极端性特点，为决策服务和预报会商提供数据支撑。9月14、15日，连续参加全国早间天气会商和台风“梅花”加密会商，在天气会商中积极应用山东气象灾害综合风险普查成果进行台风影响分析。9月14日在参与全国天气会商时，参考山东秋季台风路径和降水普查结果，对此次台风过程降水落区和强度进行分析（图8），对暴雨过程灾害风险进行预估，指出淄博、潍坊、日照、青岛、烟台等地强降雨引发风险可能性较高，提醒相关部门做好防范。9月13—15日连续三天连线未来将受台风“梅花”较大影响的市气象台进行会商指导，并不定时开展针对性会商和电话联防，精准织起全省迎战台风“梅花”预报服务一张网（图9）。

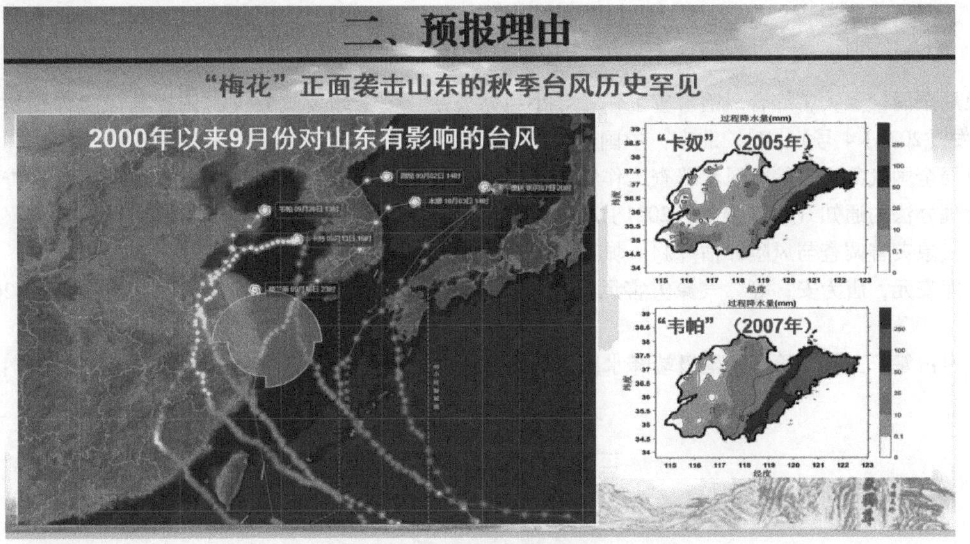

图8　9月14日早间全国天气会商相关图片展示

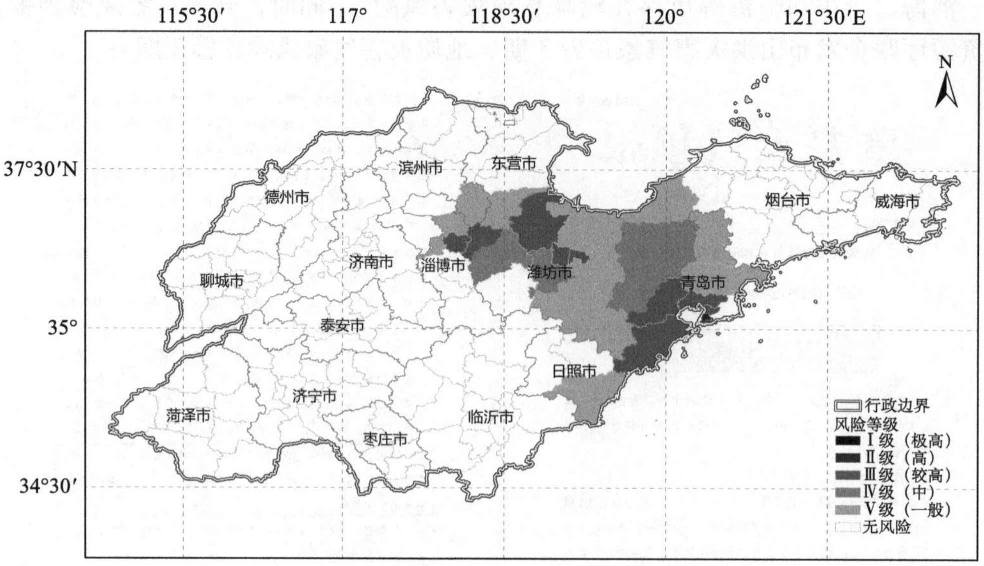

图9　9月14日08时—17日08时暴雨灾害风险分布图

3.4　“梅花”预报服务成效显著，无一人员伤亡

该过程中，山东省预报服务时间提前量大，降水、大风强度和落区预报准确，风雨防范及时，为全省防汛防台风工作部署周密提供了科学决策依据，得到了省领导的多次批示。山东省委书记李干杰在预警信息上批示“请省安委办指导督促各地切实做好防范，保障人民群众生命财产安全”。此次台风无一人员伤亡、无重大经济损失等灾情，充分发挥出气象部门防灾减灾的第一道防线作用。

4　结论

从预报天气到预报影响，需要的是对天气、对气象灾害风险的详细了解和深度应用，山东省气象台将立足提升预报准确率和服务精细化水平，在天气会商、决策服务及专业服务中大力推广气象灾害风险普查成果应用，不断开展精细化的风险提醒和服务，为政府部门防汛救灾提供保障。

参考文献

[1] 中国气象局全国气象灾害综合风险普查工作领导小组办公室．关于印发气象灾害调查与风险评估技术规范的通知（气普领发〔2021〕4号）[Z]．北京：中国气象局，2021.

[2] 中国气象局全国气象灾害综合风险普查工作领导小组办公室．关于印发成果气象灾害综合风险普查成果汇交和质量审核管理办法的通知（气普领发〔2021〕2号）[Z]．北京：中国气象局，2021.

[3] 王国复．气象灾害调查与风险评估 [J]．城市与减灾，2021（2）：5-9.

[4] 陈东辉，熊安元，唐为安，等．气象灾害风险普查数据质量控制技术研究与应用 [J]．灾害学，2022，37（4）：1-10.

[5] 迟潇潇，尹占娥，王轩，等．我国极端降水阈值确定方法的对比研究 [J]．灾害学，2015，30（3）：186-190.

高铁沿线风致轻漂浮物入侵灾害气象风险评估研究及应用

任丽媛[1]　张希帆[1,*]　孙玫玲[1]　梁冬坡[2]　苗　芮[1]　张志豪[3]

（1. 天津市气象服务中心，天津 300074；2. 天津市气候中心，天津 300074；
3. 中国铁路北京局集团有限公司天津供电段，天津 300230）

摘要：为确定高铁沿线风灾隐患路段，减少大风引起的漂浮物入侵灾害事故发生，基于天津地区高铁沿线气象站资料、高分卫星遥感资料、高铁灾情数据、基础地理信息等，分析了大风对轻漂浮物入侵灾害的影响，构建基于自然灾害风险评估理论的高铁风致轻漂浮物入侵灾害气象风险评估模型。研究结果表明：高铁沿线轻漂浮物入侵灾害主要出现在春季和冬季，午后12—15时是发生的最集中时段，且在天津中部和东部发生最多，主要集中在最大风风速为8～17 m/s和极大风风速为13～21 m/s的区间，且当风向为偏西风到偏北风，风向与线路呈45°以上夹角时，更易引发灾害。风灾气象风险区划显示，天津地区高铁风致轻漂浮物入侵灾害风险分布总体呈现中部、东部地区高而西部地区低的趋势。

关键词：高铁；大风；轻漂浮物；风险评估；天津

引言

高速铁路因其具有运行速度快、运输能力大、能源消耗小的特点而得到快速发展，目前天津境内共有津秦、京沪、京津城际、津霸客专四条高铁线路，总里程317 km。随着高铁列车运行速度的不断提升，大风灾害对于铁路安全运行的影响越来越显著，可以直接影响列车车体稳定性，甚至会引发列车脱轨事故，还容易造成“异物”侵扰，导致接触网短路跳闸或动车组停电，从而影响高铁的安全运行[1-6]。近年来，京津冀地区大风引发的高铁事故时有发生，2018年8月12日，京沪高铁受到大风刮起的彩钢板撞击发生故障，受其影响，北京南站共有46趟到发列车停运，带来严重的社会影响。2021年5月1日，受大风天气影响，京广高铁定州东至保定东间接触网挂异物，导致京广高铁上下行部分列车晚点，北京西站站前广场出现大面积拥堵，数万旅客滞留，引发社会关注。高铁外部安全隐患存在广泛且易变动，人工巡视工作量大、覆盖率低、重点不明确是长期以来困扰铁路部门的问题，因此亟须明确高铁沿线大风灾害隐患路段，并提供针对性的风险预警，以防范和减少大风灾害引发的事故，这对于提升铁路防灾减灾能力，保障高铁运行安全是非常必要的。

近年来，国内学者开展了一系列高铁沿线大风灾害的相关研究。马韫娟等[7]将我国铁路沿线大风类型主要分为台风大风、寒潮大风和短时雷雨大风。马淑红等[8]将最大瞬时风速、大风主导风向列为影响高速列车的重要指标，并指出横风对列车安全运行的影响程度较大。众多学者利用气象站观测资料统计、数值模式模拟、风资源评估技术等对铁路沿线大风特征进行了分析，给出大风发生频率峰值及强横风高发时段，识别受风灾危险比较严重的路段[9-11]。西北地区因为常年风速较大，是研究的重点地区，白志虎等[12]、孟祥连等[13]、夏祎萌[14]、程龙[15]研究了青藏铁路、兰新铁路、东疆铁路强风区的同时，提出高铁安全行车、防风设计及站点布局优化建议，讨论了列车安全限速问题。此外，一些学者从气象灾害对高速铁路的影响机理入手，阐述大风对铁路基础设施、列车运行、铁路运维的影响，基于自然灾害风险评估理论，探讨高速铁路气象灾害风险评估方法，构建风险区划方案，给出铁路沿线大风灾害风险区划图[16-19]。在铁路环境安全管控方面，全超[20]指出，漂浮物是威胁铁路安全畅通的主要隐患，行人上道、轻漂浮物侵限是主要风险事件，并运用数理统计和复杂网络理论分析了风险事件的发生规律，构建风险评价体系。谢晨娟[21]指出，雷雨、风沙、冰雪、高温（温差大）是造成铁路接触网故障的主要天气因素，对接触网各零部件进行了天气因素影响下的可靠性评估。于胜利等[22]的研究表明，利用卫星遥感技术手段可以有效判断铁路沿线危害隐患，从而保障铁路运营安全。

目前已开展的高铁大风灾害影响研究中，大风对漂浮物入侵事故的影响分析较少，建立的高铁大风灾害风险评估模型也未将此项考虑在内，评估因子不够全面。本研究聚焦大风对漂浮物入侵事故的影响，首先分析事故发生的时空特征，确定其发生的风速阈值和主导风向，然后利用高分卫星数据对高铁沿线周边环境特征进行识别，构建融合气象、高铁、环境等综合因素的天津高铁大风灾害风险评估和预报模型，最终形成高铁大风灾害风险区划。研究成果可为铁路部门合理设立风屏障、科学运用气象预报或采用其他措施规避风灾带来的不利影响提供理论依据。

1　资料与方法

1.1　研究资料

所用资料包括：①气象观测资料：距离天津高铁线路直线距离 3 km 以内的 36 个气象观测站（包括国家级地面观测站和区域自动站）的逐小时最大风风速及风向、极大风风速及风向数据，资料长度为 2019 年 1 月 1 日至 2021 年 12 月 31 日。数据来自全国综合气象信息共享平台（China Integrated Meteorological Information Sharing System，CIMISS），经过 MDOS 初步质控和时间一致性、内部一致性、空间一致性等方面的检查，剔除了数据中的异常极值，去除了时间序列不完整的数据。②高速铁路历史灾情资料：天津地区高速铁路沿线发生的轻漂浮物入侵事故资料，资料长度为 2019 年 1 月至 2021 年 5 月，主要包括事故发生时间、所属路段、具体公里标、引发事故的漂浮物类型等信息，由天津市铁路部门提供。③天津地区高速铁路网地理信息矢量数据，来源于国家地理信息中心和 Open Street Map，分辨率为 1 ∶ 100 万。

1.2　所用方法

基于卫星遥感技术的高铁沿线隐患物监测识别方法：由于高分卫星数据分辨率高而幅宽小，因此要搜集不同时相卫星数据才能完整覆盖一次高铁沿线，需要经过几何校正、图像镶嵌、辐射定标、大气校正、图像融合等预处理，具体的技术步骤如下：

（1）图像几何订正：对坡度 DEM 和高程与 GF 卫星图像进行图像对图像的地理位置几何校正，统一到同样大小、分辨率和相同位置下；

（2）选择训练样本：确定高铁沿线不同类型隐患点的样本特征，采用真彩色合成、假彩色突出显示等手段获取绿织网、塑料薄膜等风险隐患点样本数据；

（3）最大似然法分类：最大似然分类（Maximum Likelihood Classification，MLC）是发展较早的传统分类算法。最大似然分类法是基于贝叶斯准则提出的，其类别判断规则为使错分概率最小，所推导的距离函数与基于线性判别函数理论得到的公式是一致的。假定各类分布函数为正态分布，并选择训练区，根据已知训练样本计算各类统计特征值，建立多维正态分布模型，再计算各待分类样区属于各类的归属概率，找出各像元概率最大的一类，就把这个像元归为该类。

（4）识别结果处理：主要是基于真彩色合成图像，以目视人工解译修正为主，对修正后的图像再进行杂点、孤立点、错误识别点剔除等过程。

2　结果分析

2.1　高铁沿线轻漂浮物入侵灾害的时空特征

2.1.1　时间变化特征

2019 年 1 月—2021 年 5 月期间，天津地区高铁沿线共发生 99 起轻漂浮物入侵事故，2019 年、2020 年事故发生次数分别为 22 起、34 起，2021 年 1—5 月 43 起，呈现出逐年上升的趋势。从事故发生频次的月变化（图 1a）中可以看出，上半年事故发生总体多于下半年，春季最多，平均 19 起，冬季次之，平均 10 起，春季和冬季平均事故量占全年的 73.7%，夏季平均 8 起，秋季最少，平均 2.5 起。具体来看，事故发生频次最高的月份为 4 月，平均高达 8 起，1、3、5 月次之，为 5～7 起，10 月发生次数最少，事故量为 0。

统计高铁沿线事故出现在一天中的时刻（图 1b），可以看到，事故发生具有明显的日变化，表现为单峰分布形势，午后 12—15 时是事故发生的最集中时段，平均超过 10 起。从 08 时至 15 时，事故数量呈波动上升趋势，在 15 时达到顶峰，单时次事故量可达 16 起，之后开始下降。入夜后，事故量总体维持在较低水平。事故的整体日变化特征与人类日常的生产活动时间相吻合，这可能与夜间列车车次减少，造成影响的事故率较低有关。

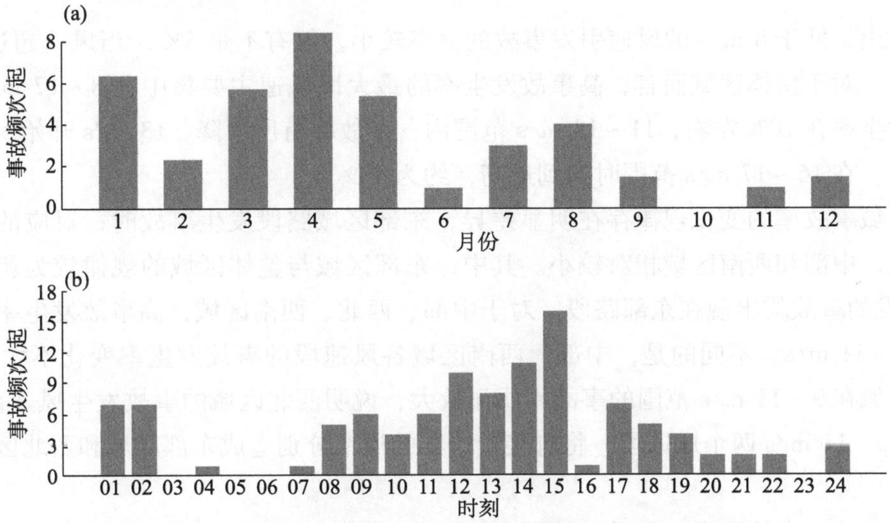

图 1　高铁沿线轻漂浮物入侵事故发生频次的时间变化

（a）月变化；（b）日变化

2.1.2　空间分布特征

按照四条高铁线路空间位置和线路方向走势，将高铁线路分为 4 个区域（图 2），探讨不同区域事故发生的特征。经统计，西南、西北、中部、东部区域事故发生频次分别为 13 起、20 起、33 起、33 起。即中部和东部事故发生最多，西北区域其次，西南区域最少。

2.2　高铁沿线大风对轻漂浮物入侵灾害的影响

2.2.1　轻漂浮物入侵灾害与风速的关系

为确定引发事故的风速阈值，分别统计了天津地区整体以及四个区域的高铁路段在不同风速条件下事故发生的概率，即某一风速条件下事故发生频次与该风速出现总站次的比值。从图 3a 最大风速的

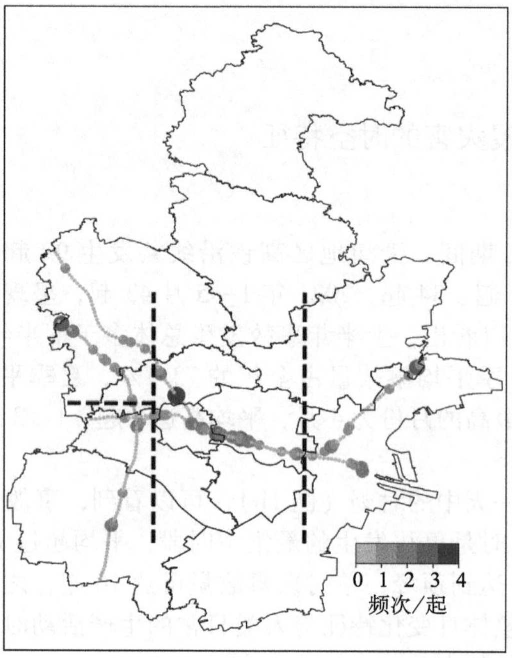

图 2　高铁线路分区及事故发生频次的空间分布（散点代表事故发生位置，虚线代表线路分区）

统计情况可以看出，低于 8 m/s 的风速引发事故的概率较小，仅有不足 5%，当风速超过 8 m/s，事故发生率明显增加。对于整体区域而言，高事故发生率的最大风风速主要集中在 8 ~ 17 m/s。8 ~ 11 m/s 范围内，事故发生率在 10% 左右，11 ~ 13 m/s 范围内，事故率有所下降，13 m/s 开始，事故率随着风速增大迅速增加，在 16 ~ 17 m/s 范围时达到最高，约为 48%。

不同空间区域事故率的变化规律存在明显差异，东部区域路段发生事故时，对应的风速最大，西北区域路段次之，中部和西南区域相对较小。其中，东部区域与整体区域的规律较为相似，且最大风超过 11 m/s 引发的事故均出现在东部路段。对于中部、西北、西南区域，高事故发生率的最大风风速均主要集中在 8 ~ 11 m/s。不同的是，中部、西南区域各风速段的事故发生率变化不大，维持在 10% 上下，而西北区域在 9 ~ 11 m/s 范围的事故率明显较大，说明西北区域的事故发生风速范围较为集中。16 ~ 17 m/s 和 10 ~ 11 m/s 两个风速段，将有接近一半的概率分别造成东部区域和西北区域高铁沿线事故的发生。

分析极大风风速与事故发生的关系，从图 3b 来看，极大风风速 13 m/s 是事故发生率的一个临界指标，超过 13 m/s，事故发生率开始增加。对于整体区域，高事故发生率的极大风风速主要集中在 13 ~ 21 m/s 以上。13 ~ 17 m/s 范围内，事故发生率在 10% 以下；17 ~ 18 m/s 出现一个小高峰，事故率超过 20%；19 ~ 20 m/s 范围内，事故率接近 100%，需要特别注意；当超过 20 m/s 后，事故发生率快速下降至 20% 左右，这可能是由于当极大风超过 20.8 m/s（9 级），气象部门会及时发布大风黄色预警信号，铁路部门也会随之响应，采取一系列应急措施，起到了一定的防范作用。

同样地，不同区域事故发生率与极大风风速的关系也存在明显的空间差异，与最大风风速类似，也表现为东部区域路段发生事故对应的风速最大，西北区域路段次之，中部和西南区路段相对较小。中部区域事故发生率在 13 ~ 21 m/s 范围内的分布大致均衡，在 10% ~ 20%，而其他区域均有明显的事故高发风速段。西南区域事故高发的极大风风速主要集中在 18 ~ 19 m/s 范围内，事故率约为 18%；西北区域主要集中在 20 ~ 21 m/s 范围内，事故率约为 40%；东部区域则为 19 ~ 20 m/s 范围，几乎 100% 会造成事故发生，需要引起足够重视。

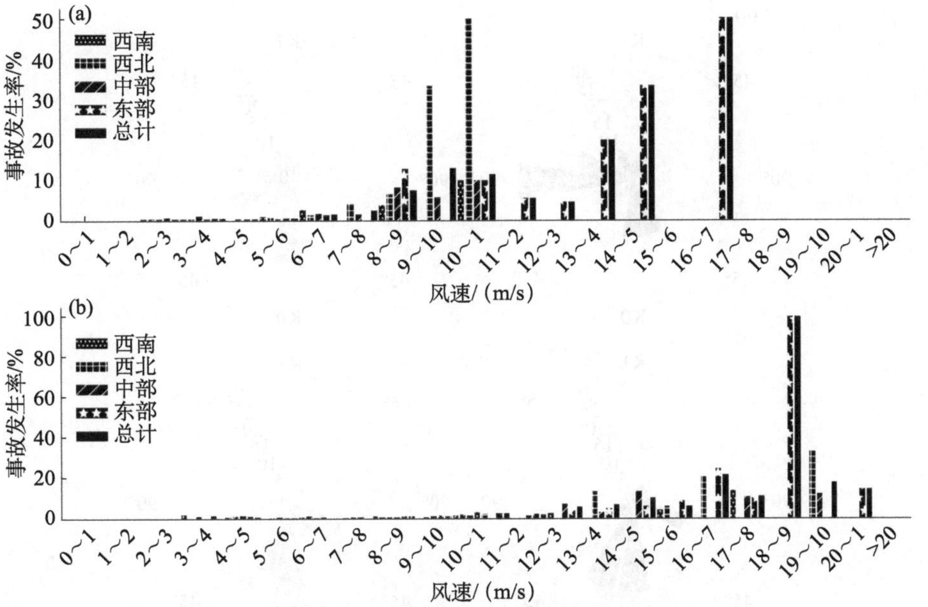

图 3　高铁沿线不同风速区间的事故发生率

（a）最大风；（b）极大风

2.2.2　轻漂浮物入侵灾害与风向的关系

高铁沿线事故的发生在气象条件上不仅与风速大小有关，且与风向密切相关。考虑到四个不同区域高铁线路的走向不同，做不同区域路段事故发生时风向与事故点所在线路的切线夹角统计（图 4）。为便于直观分析，我们将高铁线路的公里标数字增大方向作为线路的行进方向，即 K0 表示公里标数字小的一侧，K1 表示公里标数字大的一侧，且风向与线路夹角只用锐角表示。四个区域的共同特点是，当风向与线路夹角为 45°及以上时，更容易造成事故发生，这一特征在中部和东部区域表现更加明显。西南、西北、中部、东部区域路段事故发生时，最大风风向与线路夹角大于等于 45°的情况分别占 50%、40%、77%、95%，极大风风向与线路夹角大于等于 45°的情况分别占 42%、30%、75%、89%。此外，对于西南和西北两个区域，风向与线路近乎重合的比例也较高，最大风为 23%、极大风为 38%。进一步考虑高铁线路走向，得到如下结论：西北区域路段以西北—东南向为主，事故主要由西北风和西南风引起；西南区域路段以南北向为主，事故主要由西北风到北风为主，也有部分东北风；中部区域路段以东西向为主，事故主要由西北风到北风和东南风引起，东部区域路段以西南—东北向为主，事故主要由西北风到北风和部分南风、东南风引起。

综上，事故发生的风向体现出较为一致的偏西风到偏北风特征，这一方面符合天津地区冬春季盛行西北风，而事故多发于冬春季的规律，另一方面也符合我们对风向与线路夹角较大时更容易将漂浮物吹上铁路进而引发事故的合理认知。

2.3　基于高分卫星的高铁沿线隐患物识别

获取天津地区高分 1 号、2 号、6 号卫星遥感数据并进行预处理，将坡度、高程、高分卫星图像进行地理位置几何校正，统一其大小、位置和分辨率。结合铁路部门提供的隐患现场照片，确定高铁沿线不同类型隐患点的样本特征，采用真彩色合成、假彩色突出显示等手段获取绿织网、塑料薄膜等风险隐患点样本数据（图 5）。利用 GIS 空间分析技术，以天津地区各条高铁线路为基准，建立 1 km 的缓冲区，基于可获取的高分卫星资料和已知隐患点样本特征，对 2020 年和 2021 年高铁沿线隐患物

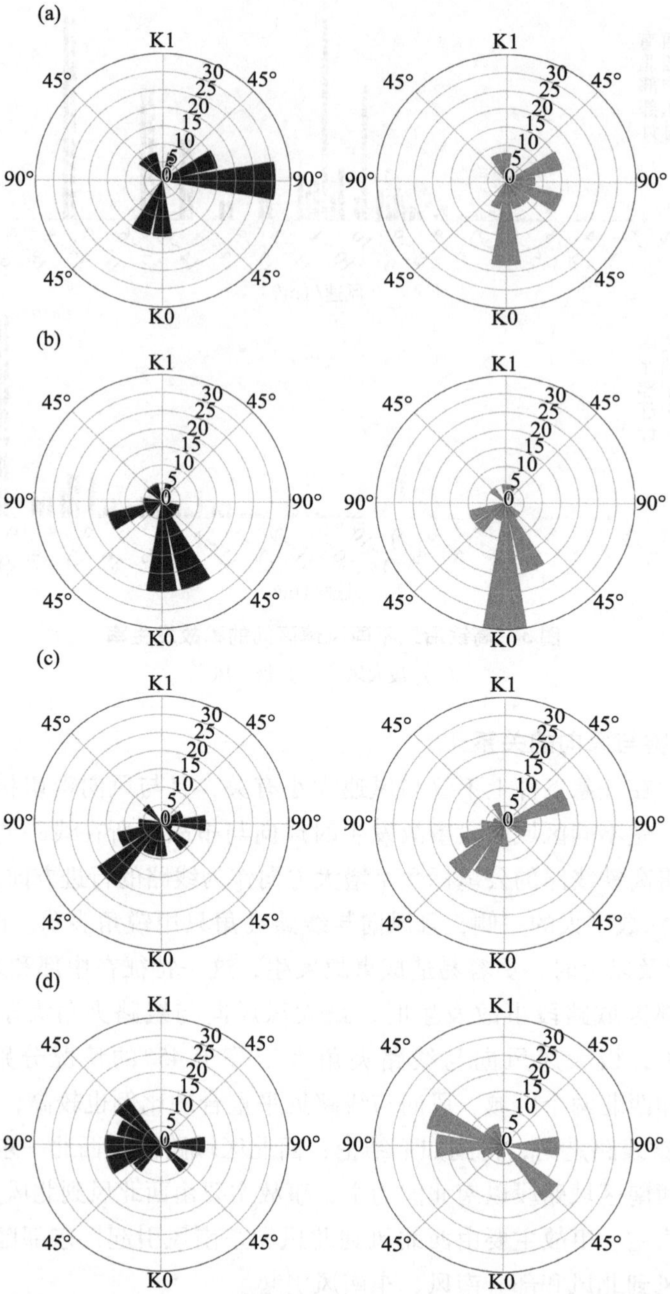

图4　高铁沿线事故发生时风向与线路的夹角（黑色为最大风，灰色为极大风）

（a）西南区域；（b）西北区域；（c）中部区域；（d）东部区域

进行识别研究，得到隐患点信息和分布情况（图6），隐患物识别效果统计见表1，其中，实测隐患点用事故发生点代替。可见，综合利用GIS空间分析技术和高分卫星遥感技术可以在一定程度上反映高铁沿线隐患物的分布情况，2020年识别命中率为72.7%，2021年识别命中率为57.1%。进一步分析误差来源，我们采用的卫星数据是多时次拼接而成，并不能完全代表事故发生时刻的情况，且实测隐患点用事故点近似代替，存在隐患但未发生事故的隐患点没有统计在实测隐患点中，因此导致识别结果有一定的误差。由此可见，采用不同时空分辨率的多源卫星资料融合研究从而提升卫星资料的及时性，同时加强与铁路部门数据共享，获取真实排查的隐患数据进行识别效果检验是非常必要的。

(a)　　(b)

图5　隐患物现场拍摄（a）与高分卫星识别结果（b）对比

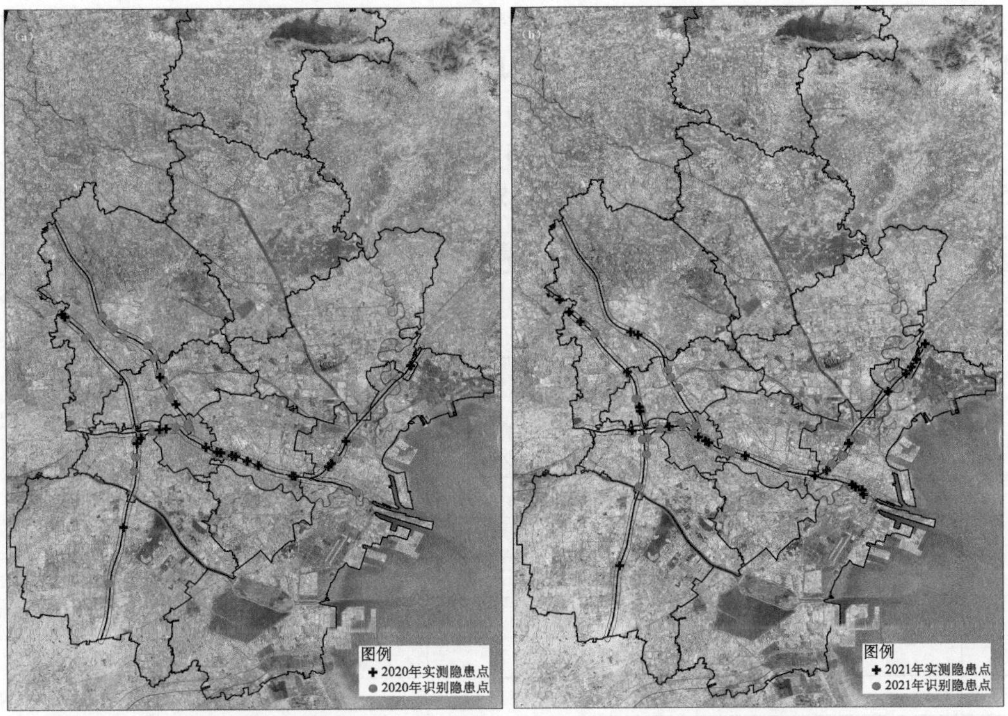

(a)　　(b)

图6　实测隐患点与卫星识别结果对比

（a）2020 年；（b）2021 年

表1　高分卫星隐患物识别效果统计

年份	实测隐患数	识别隐患数	识别命中数	识别命中率/%
2020 年	22	34	16	72.7
2021 年	28	36	16	57.1
平均				64.9

2.4　高铁沿线大风灾害风险评估模型构建

基于自然灾害风险评估理论[2,16]，综合考虑历史灾情、引发事故的风速、风向以及高铁路网、周边环境特征等的空间关系，结合2.2节中结论，将符合一定条件的风速、风向日数作为致灾因子危险性因子，将沿线隐患物数量、面积作为孕灾环境敏感性因子，将高铁运营密度作为承灾体暴露度因子，将大风引起的事故量作为承载体脆弱性因子。建立如下大风灾害风险评估模型（式（1）），各个分指标采用标准化方法进行无量纲化处理（式（2））。

$$R = \sum^{i=n_1} a_i L_{si} + \sum^{j=n_2} b_j L_{dj} + \sum^{k=n_3} ckY + dN + eS \tag{1}$$

$$X_i = \frac{x_i - x_{\min}}{x_{\max} - x_{\min}} \tag{2}$$

式中，R表示高铁大风灾害风险评估指数，L_{si}表示各风速等级出现频次，L_{di}表示各风向等级出现频次，Y表示隐患物数量和面积的加权和，N表示高铁运营密度，S表示事故量，$a \sim e$为各变量的权重系数。考虑到风险预报预警服务产品最终以等级的形式展示，为方便业务化，且为对不同区域的风险情况进行统一评价，采用赋值法对各区域中风速、风向因子进行取值，即$a_1 \sim a_5$分别代表风速L_S取值1~5对应的权重系数，$b_1 \sim b_5$分别代表风向L_d取值1~5对应的权重系数，隐患物数量和面积加权和Y、列车密度N、事故量S用实际发生值表示。根据2.2节中结论，按照各区域中风速、风向与事故发生的关系确定式（1）中L_s、L_d的取值规则，即最大风风速事故发生率为10%以下、10%~20%、20%~30%、30%~40%、40%以上，分别对应1~5级；极大风风速事故发生率为20%以下、20%~40%、40%~60%、60%~80%、80%以上，分别对应1~5级；最大风和极大风风向事故率为1%以下、1%~1.5%，1.5%~2%、2%~2.5%，2.5%以上，分别对应1~5级。具体见表2、表3，V表示风速。

表2　高铁沿线大风灾害风险评估模型最大风风速和风向等级取值规则

		西南区域	西北区域	中部区域	东部区域
风速等级	1	$0 \leqslant V < 10$ m/s	$0 \leqslant V < 9$ m/s	$0 \leqslant V < 10$ m/s	$0 \leqslant V < 8$ m/s
	2	$V \geqslant 10$ m/s		$V \geqslant 10$ m/s	$8 \leqslant V < 13$ m/s
	3				$13 \leqslant V < 16$ m/s
	4		$9 \leqslant V < 10$ m/s		
	5		$V \geqslant 10$ m/s		$V \geqslant 16$ m/s
风向等级	1	N、E、SE、S、SW	E、S、SW、W	NE、E、SE、SW、W	SE、W
	2	W、NW	N、NE、SE		NE、SW
	3	NE	NW	S	E、S
	4			N	
	5			NW	N、NW

表3　高铁沿线大风灾害风险评估模型极大风风速和风向等级取值规则

		西南区域	西北区域	中部区域	东部区域
风速等级	1	$V \geqslant 0$ m/s	$0 \leqslant V < 17$ m/s	$V \geqslant 0$ m/s	$0 \leqslant V < 17$ m/s
	2		$V \geqslant 17$ m/s		$17 \leqslant V < 19$ m/s
	3				
	4				
	5				$V \geqslant 19$ m/s
风向等级	1	N、E、SE、S、SW、W	NE、E、S、SW、W	SW	SW
	2		N、SE	NE、E、W	NE、E、SE、W
	3	NE	NW	SE、E	
	4			N	N、NW
	5	NW		NW	S

权重系数 $a \sim e$ 由层次分析法[23-25]和专家打分法相结合确定，首先采用专家打分法对模型中各因子进行两两比较，运用层次分析法构建成对比较矩阵，计算各矩阵的最大特征值和特征向量，并进行一致性检验，将通过检验的矩阵特征向量作为模型对应指标的权重系数。高铁沿线大风灾害风险评估指标体系及权重见表 4。

表 4　高铁沿线大风灾害风险评估指标体系及权重系数

目标层（A）	准则层（B）/权重	指标层（C）	
高铁沿线大风灾害风险	致灾因子危险性（B1）/0.4149	风速（C1）/0.7 风向（C2）/0.3	1 级发生频率（C11）/0.0318 2 级发生频率（C12）/0.0596 3 级发生频率（C13）/0.1067 4 级发生频率（C14）/0.2799 5 级发生频率（C15）/0.5220
	孕灾环境敏感性（B2）/0.3011	隐患物数量（C3）/0.5 隐患物面积（C4）/0.5	
	承灾体暴露度（B3）/0.1285	列车运营密度（C5）/1	
	承灾体脆弱性（B4）/0.1555	历史事故数（C6）/1	

2.5　高铁沿线大风灾害风险区划

基于上述风险评估模型，利用 GIS 空间分析技术，通过栅格计算、提取、分析等方法，分别计算致灾因子危险性指数、孕灾环境敏感性指数、承灾体暴露度指数、承灾体脆弱性指数和综合灾害风险指数的值。采用自然断点法，将分指数和综合指数从小到大划分为 5 个等级，分别为：Ⅴ级（低风险）、Ⅳ级（较低风险）、Ⅲ级（中风险）、Ⅱ级（较高风险）、Ⅰ级（高风险），得到天津地区高铁沿线大风灾害致灾因子危险性、孕灾环境敏感性、承灾体暴露度、承灾体脆弱性及综合风险区划图，确定需要重点关注的风灾易发路段，实现高铁沿线大风灾害风险等级评价。

2.5.1　准则层区划结果

图 7 给出了高铁沿线大风灾害风险致灾因子危险性区划结果，可以看到，天津地区大风的致灾危险性大体表现为西部区域偏低而中部、东部地区偏高的趋势，较高风险（Ⅱ级及以上，下同）主要分布在市区、北辰、东丽和滨海新区。

以高铁线路为基准，建立 1 km 的缓冲区，作为高铁沿线风险评估的孕灾环境敏感性分析区域，以 10 km 的间隔将天津区域内的主要高铁线路做等分处理，分别统计落在每个间隔区的风险隐患点个数和面积大小，而后将风险隐患点数量和面积进行加权，二者权重均设为 0.5，从而得出高铁大风风险孕灾环境敏感性的空间分布结果（图 8）。可以看到，较高风险路段主要分布在市区、西青、北辰、东丽和滨海新区。按照各条线路每日列车通行密度进行计算，得到高铁沿线大风灾害风险承灾体暴露度区划（图 9），京津城际风险最高，京沪高铁次之，津秦高铁和津霸高铁最小。以 10 km 的间隔将天津区域内的主要高铁线路做等分处理，分别统计每个间隔区的历史灾害事故数，得到承灾体脆弱性风险区划结果（图 10），较高风险主要分布在市区、武清、东丽和滨海新区。

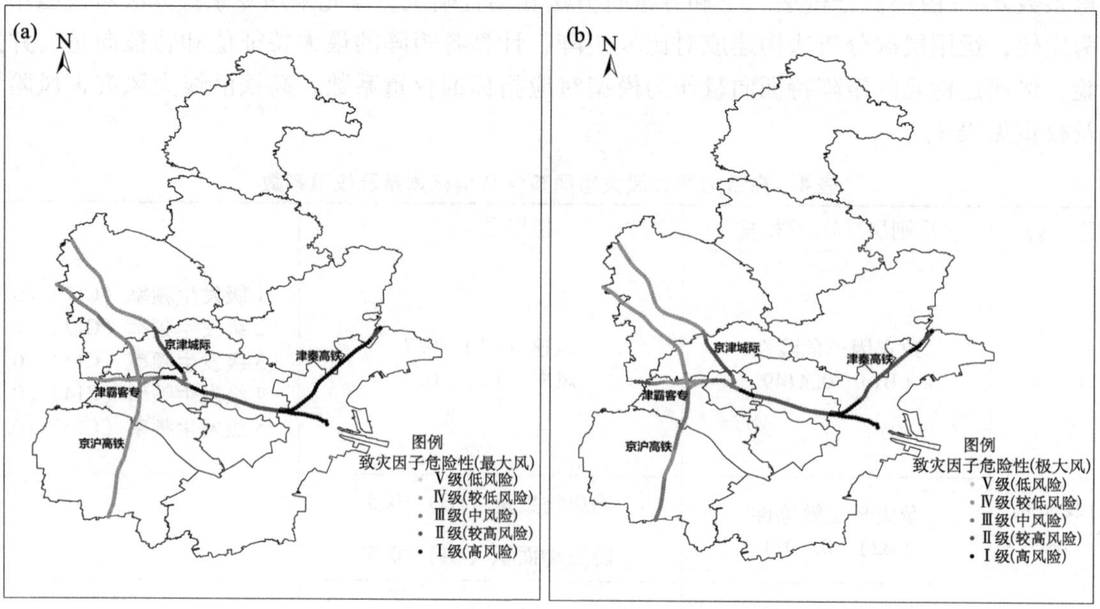

图 7　高铁沿线大风灾害风险致灾因子危险性区划

（a）最大风；（b）极大风

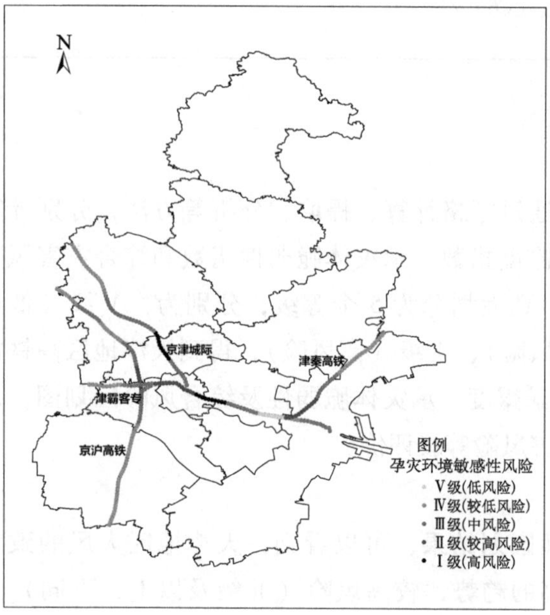

图 8　高铁沿线大风灾害风险孕灾环境敏感性区划

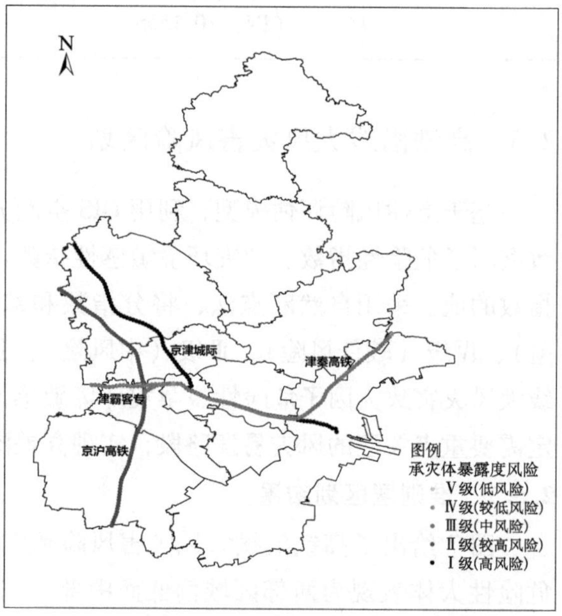

图 9　高铁沿线大风灾害风险承灾体暴露度区划

2.5.2　综合风险区划结果

将以上四个分指标按照各自的权重系数进行加权计算，得到天津高铁沿线大风灾害综合风险区划结果（图 11）。从最大风和极大风区划结果来看，都呈现为天津西部区域风险较低、中部和东部区域风险较高的特点。Ⅱ级（较高风险）及以上风险主要集中在津秦高铁的中心城区、东丽区、滨海新区段，京津城际的中心城区、北辰区、东丽区、滨海新区段以及津霸客专的中心城区段。取每个路段最大风、极大风区划结果的较高者，得到天津高铁大风灾害风险区划汇总表（表 5）。

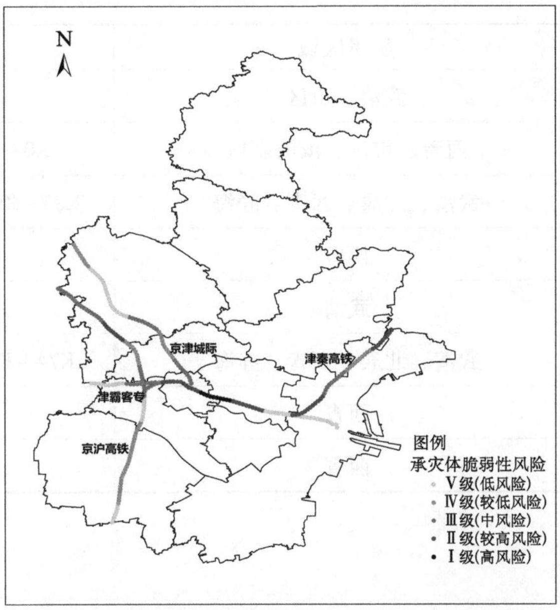

图 10　高铁沿线大风灾害风险承灾体脆弱性区划

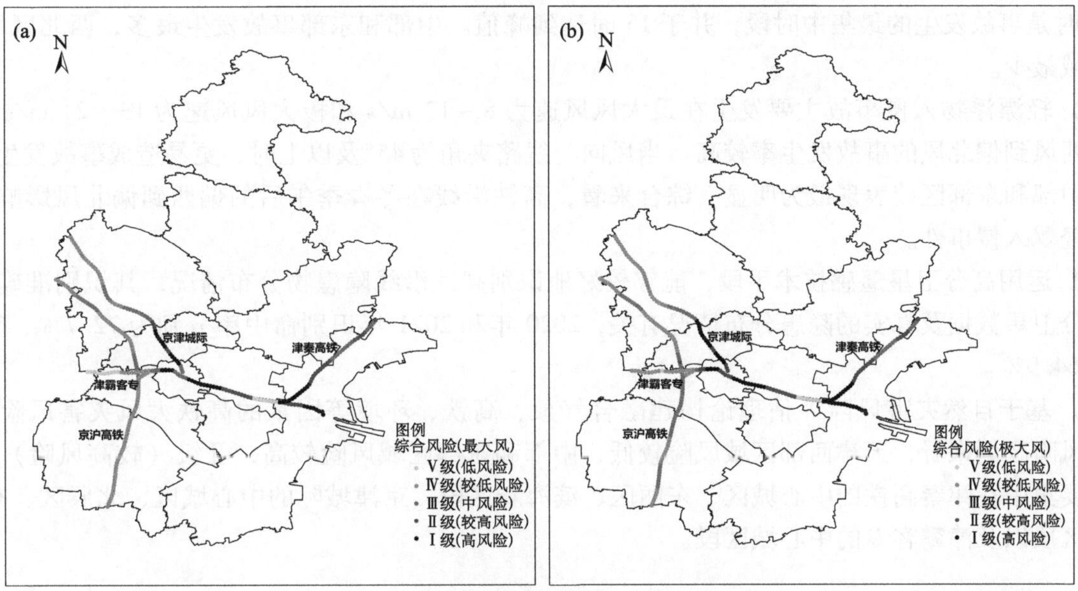

图 11　高铁沿线大风灾害综合风险区划结果

(a) 最大风；(b) 极大风

表 5　天津高铁大风灾害风险区划汇总表

风险等级	高铁名称	所属区域	具体路段
Ⅰ级	京津城际	北辰、市区、滨海新区	K90～K106，K114～K126，K142～K158
	津秦高铁	市区、东丽、滨海新区	K11～K14，K20～K30，K48～K60
	津霸客专	市区	K0～K1
Ⅱ级	京津城际	武清、北辰、东丽、滨海新区	K107～K113，K127～K141
	津秦高铁	市区、东丽、滨海新区	K31～K47，K61～K70，K80～K89

续表

风险等级	高铁名称	所属区域	具体路段
Ⅲ级	京津城际	武清、市区	K70～K75，K80～K89
	津秦高铁	西青、市区、滨海新区	K0～K10，K15～K19，K71～K79
	京沪高铁	武清、北辰、西青、静海	K83～K92，K113～K142，K154～K162
	津霸客专	西青	K2～K8
Ⅳ级	京津城际	武清	K51～K69，K76～K79
	京沪高铁	武清、北辰、西青、静海	K74～K82，K93～K112，K143～K169
	津霸客专	西青	K9～K13，K19～K23
Ⅴ级	津霸客专	西青	K14～K18

3 结论与讨论

（1）轻漂浮物入侵事故的季节特征为冬春多，夏秋少，冬春季节的事故量占全年的73.7%。午后12—15时是事故发生的最集中时段，并于15时达到峰值。中部和东部事故发生最多，西北区域其次，西南区域最少。

（2）轻漂浮物入侵事故主要发生在最大风风速为8～17 m/s和极大风风速为13～21 m/s的区间内，偏西风到偏北风的事故发生率较高。当风向与线路夹角为45°及以上时，更易造成事故发生，这一特征在中部和东部区域表现最为明显。综合来看，高铁沿线在冬春季午后的偏西到偏北风影响下，最易发生轻飘入侵事件。

（3）运用高分卫星遥感技术手段，能够较好地识别高铁沿线隐患物分布情况，其识别准确性与选取的高分卫星数据及真实的隐患分布情况有关，2020年和2021年识别命中率分别为72.7%、57.1%，平均为64.9%。

（4）基于自然灾害风险评估理论构建融合气象、高铁、环境等因素的高铁大风灾害风险评估模型，从风险区划来看，天津西部区域风险较低、中部和东部区域风险较高，Ⅱ级（较高风险）及以上路段主要集中在津秦高铁的中心城区、东丽区、滨海新区段，京津城际的中心城区、北辰区、东丽区、滨海新区段以及津霸客专的中心城区段。

参考文献

[1] 崔新强．高速铁路安全运行高影响天气条件等级标准研究［J］．灾害学，2016，31（3）：26-30.
[2] 代娟，崔新强，刘文清，等．高速铁路气象灾害风险分析于区划方法探讨［J］．灾害学，2016，31（4）：33-36.
[3] 冯蕾，陈辉，田华．影响我国高速铁路运行的灾害性天气时空分布规律［C］//第29届中国气象学会年会论文集，2012.
[4] 关键华，王冠，刘小梅，等．京沈客运专线辽宁沿线大风及雷暴特征分析［C］//第29届中国气象学会年会论文集，2012.
[5] 张强，杨贤为，张永山，等．京沪沿线强降水频率及大风频率分布特征［J］．气象科技，2003，31（1）：45-49.
[6] 王志，田华，冯蕾，等．基于GIS的高速铁路大风风险区化研究［C］//第十四届中国科协年会第14分会场：极端天气事件与公共气象服务发展论坛文集，2012.
[7] 马韫娟，马淑红，李振山，等．我国客运专线高速列车安全运行大风预警系统研究［J］．铁道工程学报，2009，26（7）：43-47.

[8] 马淑红，马韫娟．瞬时风速对高速列车安全运行的影响及其控制［J］．铁道工程学报，2009（1）：11-16.
[9] 孙玫玲，张赛，马京津．津秦高速铁路沿线风况特征［J］．生态学杂志，2019，38（11）：3487-3495.
[10] 巩灿灿，叶小岭，熊雄，等．高铁沿线某区段最大风速时空分布特征分析［J］．重庆理工大学学报（自然科学），2021，35（5）：177-184.
[11] 李伟，张颖超，熊雄，等．京沪高铁沿线江苏段风况研究［J］．铁道科学与工程学报，2021，18（10）：2506-2516.
[12] 白志虎，李栋梁，董安详，等．青藏铁路沿线的大风特征及风压研究［J］．冰川冻土，2005，27（1）：111-116.
[13] 孟祥连，李鲲，谢胜波，等．兰新高铁大风区风况特征及防风工程设计分区［J］．中国沙漠，2018，38（5）：972-977.
[14] 夏祎萌．东疆铁路沿线大风灾害风险评估及应用［D］．乌鲁木齐：新疆大学，2012.
[15] 程龙．基于 WSN 的兰新高铁沿线风速监测与列车风致安全预警研究［D］．兰州：兰州大学，2021.
[16] 马淑红，马韫娟．我国高铁强风灾风险评估与区划方法研究［J］．轨道交通，2013，6：94-96.
[17] 马淑红，马韫娟．我国高铁强风灾害对策研究［J］．中国科技信息，2013（4）：97-99.
[18] 张子曰．川藏铁路沿线气象风险特征分析［D］．兰州：兰州大学，1998.
[19] 包云，李亚群，马祯，等．基于监测数据挖掘的高速铁路大风危险性评估研究［J］．铁道运输与经济，2021，43（9）：82-87.
[20] 全超．铁路沿线外部环境安全风险识别与评估方法［D］．北京：北京交通大学，2021.
[21] 谢晨娟．计及天气因素的接触网可靠性评估［D］．成都：西南交通大学，2018.
[22] 于胜利，李茂，王保江，等．卫星遥感技术在铁路沿线环境防护中的应用［J］．中国安全科学学报，2018，28（S2）：88-92.
[23] SAATY T L. How to make a decision：the analytic hierarchy process［J］. European Journal of Operation Research，1990，48（1）：9-26.
[24] 柳艳香，李巧媛，潘进军，等．高速公路交通气象灾害风险评估方法简介［J］．气象科技进展，2017，7（6）：18-21.
[25] 崔新强，付佳，代娟，等．基于 GIS 的沪汉蓉高铁线路暴雨灾害风险区划［J］．气象科学，2018，38（1）：113-119.

暴雨洪涝受灾人口与雨涝危险性指数关系模型研究*

赵小芳　史瑞琴　洪国平　周月华　夏智宏　杜良敏　向　华

（湖北省武汉区域气候中心，武汉 430074）

摘要：利用1978—2020年湖北省76个国家基本气象站逐日、逐小时降水量观测资料和因暴雨洪涝造成的受灾人口资料构建湖北省暴雨洪涝灾害脆弱性模型，分析了暴雨洪涝受灾人口对不同重现期雨涝危险性指数的定量响应。结果表明：① 将小时雨量作为致灾因子之一计算得到的雨涝指数，充分考虑了中小尺度天气系统造成的局地强对流影响，能更合理反映暴雨过程的强度特征；②考虑了水系、高程和地质灾害易发程度等孕灾环境的雨涝危险性指数，对暴雨灾害损失程度的敏感性更高，拟合出的受灾人口与实际受灾人口基本吻合；③利用广义偏态分布模型计算不同重现期的湖北省雨涝危险性指数，总体呈“东部大、西部小”的分布特征，随着重现期增大，危险性高值区和低值区的差距逐渐增大，暴雨洪涝受灾人口呈幂函数增长。当雨涝危险性指数超过20 a一遇的重现期时，为暴雨洪涝高危险等级，利用脆弱性模型拟合的受灾人口将达10万人以上。

关键词：暴雨洪涝灾害；受灾人口；雨涝危险性；脆弱性模型；重现期

引言

暴雨洪涝灾害位居湖北省自然灾害之首[1]。对历年湖北省气象灾害资料的统计结果表明，气象灾害损失主要由暴雨及其次生灾害造成，全省因暴雨灾害造成的直接经济损失占各类气象灾害损失总量的75%。暴雨危险性是指自然状态下暴雨对承灾体的致险程度，它是造成暴雨洪涝灾害的自然因素[2]，一定程度上能表征灾害发生的可能性。因此，建立暴雨危险性的监测评估指标，研究暴雨洪涝灾害对暴雨危险性指标的定量响应、估算不同情景降水下承灾体的可能损失，对暴雨灾害监测预警、防御和应急管理具有重要意义。

针对暴雨洪涝监测、评估工作，目前使用最多的两种方法是多因子叠加的统计方法和基于水动力模型的淹没模拟方法，后者较适用于中小河流洪水和山洪评估，前者则更适用于大流域或区域暴雨洪涝灾害评估[3,4]。统计方法使用的关键环节之一就是如何科学选取致灾因子危险性指标。万君等[5]在对湖北省洪涝灾害进行风险评估时，基于洪涝灾害危险性及社会经济易损性，选取湖北省暴雨频次、地形、河网密度、土地覆盖及耕地面积、人均GDP、人口密度等作为致灾因子危险性指标。温泉沛等[6]在开展中国中东部地区暴雨农业灾情风险评估时，选取了年暴雨日数、年暴雨累积量、年暴雨过程次数等表征暴雨累积作用和剧烈程度的10个降水因子。秦鹏程等[7]在开展湖北省洪涝等级划分的阈值研究时，采用了有效降水指数作为评估指标。统计方法使用的另一个关键环节是如何建立灾变强度与其承灾体相应损失（率）之间的脆弱性曲线[8,9]。温泉沛等[10]以受灾面积比重、受灾人口比重、直接经济损失比重和表征灾情综合影响的综合相对灾情指数作为脆弱性定量化评估对象，构建了湖北省

* 资助项目：湖北省气象局重点专项（2022Z05-02）。

暴雨洪涝灾害脆弱性曲线。通过对暴雨洪涝相关要素的监测，可进一步定量评估灾害严重程度，史瑞琴等[11]、叶丽梅等[12]利用对历史暴雨洪涝灾害普查数据的解析来识别致灾因子，推算出暴雨洪涝不同等级阈值对应的特定承灾体成灾率；胡彩虹等[13]、郭凯华等[14]通过对比不同重现期降水的淹没情况，量化分析了城市内涝淹没程度对不同类型降水的响应规律。以往相关研究大多是在致灾因子危险性指标选取中单从降水考虑致灾危险性，缺少孕灾环境，或未考虑影响城市内涝的小时降水这一重要因素。因此本文利用全国第一次自然灾害综合风险普查中暴雨的技术路线和方法，考虑小时降水、日最大降水量、累积降水量和持续天数构建雨涝指数，结合地质灾害易发条件、水系和高程等孕灾环境，建立雨涝危险性指数，并利用以往因暴雨洪涝造成的受灾人口资料构建湖北省暴雨灾害脆弱性曲线，分析暴雨洪涝灾害受灾人口对不同重现期雨涝危险性指数的响应关系，从而为暴雨灾害评估和预警提供理论依据。

1　资料与方法

1.1　资料说明

本文使用的资料包括：①气象资料。1978 年 1 月 1 日—2020 年 12 月 31 日湖北省 76 个国家级基本气象站逐日逐小时降水量观测资料，由湖北省气象信息与技术保障中心提供，数据均经过了质量检测。②灾情资料。1978—2020 年逐年湖北省暴雨洪涝灾害受灾人口数据，来源于湖北省第一次自然灾害综合风险普查领导办公室；逐次过程洪涝受灾人口数据来源于各地应急管理局。③其他资料。地形、河网水系、地质灾害易发条件等资料，来源于武汉区域气候中心。

1.2　雨涝危险性指数的定义

根据《全国第一次自然灾害综合风险普查中暴雨灾害调查与风险评估技术规范》中定义雨涝危险性指数的方法，首先对单站暴雨过程进行识别，将单站暴雨日持续天数≥1 d 或中断日出现中到大雨且前后均为暴雨日定义为单站暴雨过程；雨涝危险性指数（HI）是由雨涝指数（IR）和暴雨孕灾环境综合指数（I_e）加权综合得到，其计算参照了《暴雨过程危险性等级评估技术规范》（DB 33/T 2025—2017）中暴雨过程危险性指数公式，即

$$HI = (1 + I_e) \times IR \tag{1}$$

其中，雨涝指数 IR 由 4 个暴雨致灾因子组成，其定义为

$$IR = A \times I_{1pre} + B \times I_{24pre} + C \times I_{pre} + D \times I_{day} \tag{2}$$

式中：I_{1pre}、I_{24pre}、I_{pre}和 I_{day}分别是评估区域归一化或标准化等方法处理的过程最大小时降水量、过程最大日降水量、过程累积降水量、暴雨持续天数 4 个评估指标数值；A、B、C、D 为权重系数，满足 $A+B+C+D=1.0$，本文采用等权重，其归一化计算公式为

$$x' = 0.5 \times \frac{x_i - x_{min}}{x_{max} - x_{min}} + 0.5 \tag{3}$$

式中，x' 为归一化后的数据；x_i 为样本数据；x_{min} 为样本数据中的最小值；x_{max} 为样本数据中的最大值。

暴雨孕灾环境综合指数 I_e按照下式计算，即

$$I_e = W_h \times P_h + W_r \times P_r + W_d \times P_d \tag{4}$$

式中：P_h、P_r、P_d分别为地形影响系数、水系影响系数、地质灾害易发条件系数，其取值见表 1 ~ 表 3；W_h、W_r、W_d分别为地形影响系数、水系影响系数以及地质灾害易发条件系数的权重，满足 $W_h + W_r + W_d = 1.0$，本研究采用等权重相加。

表1　不同海拔高度和高程标准差的地形因子影响系数（P_h）

高程标准差	海拔高度/km				
	<100	[100, 300)	[300, 500)	[500, 800)	≥800
<1	0.9	0.8	0.7	0.6	0.5
[1, 10)	0.8	0.7	0.6	0.5	0.4
[10, 20)	0.7	0.6	0.5	0.4	0.3
≥20	0.5	0.4	0.3	0.2	0.1

表2　距离水体远近及水体面积情景下的水体距离系数（P_r）

水体面积/km²	距水体距离/km					
	<0.3	[0.3, 0.5)	[0.5, 1.0)	[1.0, 2.0)	[2.0, 3.0)	≥3.0
[10, 50)	0.9	0.8	0.6	0.0～0.4	0.0～0.4	0.0～0.4
[50, 200)	0.9	0.9	0.8	0.6	0.0～0.4	0.0～0.4
≥200	0.9	0.9	0.9	0.8	0.6	0.0～0.4

表3　不同地质条件下的地质灾害易发条件系数（P_d）

地质灾害易发程度	不易发	低易发	中易发	高易发
P_d	0.0	0.3	0.6	0.9

1.3　广义偏态分布模型

重现期是暴雨洪涝防御和水利工程建设中一个重要指标，常被用来作为风险预警等级划分的依据。本文引入广义偏态分布方法（Generalized Pareto Distribution，GPD；又称广义帕累托分布）求取重现期[15,16]。广义偏态分布是根据给定的门限值（即临界值）筛选某气候变量样本序列中的极值所建立的超过该门限值的极值概率分布，其优点在于可直接由原始资料（如历年）以给定门限值为标准来抽取（每年）超过该门限值的极大（或极小）值，即用所谓“超门限峰值”（Peaks Over Threshold，POT）方法抽样，其所需资料年限大大节省，从而增加了极值的样本量，克服了广义极值分布 GEV 或 Gumbel 分布采用所谓“单元极值”（Block Maxima，BM）或“年极值”（Annual Maxima，AM）抽样方法的缺点[17-19]。司波等[20]在用其对四川盆地小时极端降水进行拟合时认为，广义帕累托分布（GPD）优于广义极值分布（GEV）。

广义偏态分布（GPD）函数为

$$F(x) = 1 - [1 - \kappa(\frac{x - \xi}{\alpha})]^{\frac{1}{\kappa}}, \kappa \neq 0, \zeta \leqslant x \leqslant \frac{\alpha}{\kappa} \tag{5}$$

分布密度函数（PDF）为

$$F(x) = \left(\frac{1}{\alpha}\right)\left[1 - \kappa\left(\frac{x - \xi}{\alpha}\right)\right]^{\frac{1}{\kappa}-1} \tag{6}$$

重现期公式为

$$x_T = \xi + \frac{\alpha}{\kappa}[1 - (\lambda T)^{-\kappa}] \tag{7}$$

式中：分布参数ξ为门限值；α为尺度参数；κ为线性参数或形状参数；x是随机变量；T是重现期值；$\lambda = n/M$，n为大于门限的极值数量；M为总样本量。

1.4　功率谱分析

功率谱分析是以傅里叶变换为基础的频域分析方法，其意义为将时间序列的总能量分解到不同频域上的分量，根据不同频率的方差贡献诊断出序列的主要周期，从而确定出周期的主要频率，即序列隐含的显著周期[21-23]。其计算可以根据谱密度与自相关函数互为傅里叶变换的重要性质，通过自相关函数间接做出连续功率谱估计。对一个时间序列 x_t 的自相关函数 $r(j)$ 计算方法为

$$r(j) = \frac{1}{n-j}\sum_{t=1}^{n-j}\left(\frac{x_t - \bar{x}}{s}\right)\left(\frac{x_{t+j} - \bar{x}}{s}\right) \tag{8}$$

式中，$j = 0, 1, 2, \cdots, m$，m 为最大滞后时间，$\bar{x}$ 为序列的均值，s 为序列的标准差，n 为样本数。不同波数 k 的粗功率谱密度值的计算方法为

$$\hat{s} = \frac{1}{m}\left[r(0) + 2\sum_{j=1}^{m-1} r(j)\cos\frac{k\pi j}{m} + r(m)\cos k\pi\right](k = 0,1,\cdots,m) \tag{9}$$

式中，$r(j)$ 表示第 j 个时间间隔上的相关函数。

2　湖北省雨涝危险性指数的建立

湖北省雨涝危险性指数是在雨涝指数的基础上，叠加了孕灾环境影响系数（式（1））。雨涝指数代表的是暴雨本身的特征，因此我们先对雨涝指数时空分布的气候特征进行分析，判断其作为暴雨综合强度的监测指标是否合适。

2.1　雨涝指数的时空分布特征

雨涝指数表征的是暴雨过程强度，该指数越大，表明其过程强度越大。对单站暴雨过程进行识别后，通过累加当年逐场暴雨过程的雨涝指数（IR），得到当年雨涝指数；然后，计算多年雨涝指数平均值得到年雨涝指数（图 1），从中可见，1991—2020 年（30 a 气候态）湖北省年雨涝指数在空间上呈由东南向西北减弱分布，这与湖北省夏季西南低空急流发展趋势有关，鄂东南、鄂西南为湖北省两个暴雨中心，年雨涝指数也相对较大，鄂西北降水偏少，对应年雨涝指数也较小，这是由于山地对暴雨天气系统的阻滞和抬升作用，造成武陵山地的东南侧、幕阜山的西北侧和大别山的西南侧成为暴雨多发区。

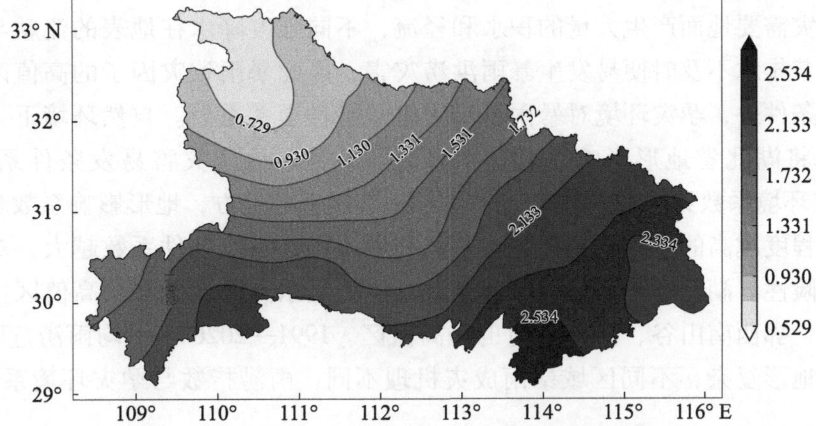

图 1　1991—2020 年湖北省年平均雨涝指数空间分布

另外，从1978—2020年湖北省区域平均的年雨涝指数距平时间变化图上看到（图2a），年雨涝指数在20世纪80—90年代偏强，21世纪初至10年代中期偏弱，之后则偏强，1980、1983、1996、1998、2016、2020年年雨涝指数相对较高，说明年累计暴雨过程强度较大，这与灾情记载中严重涝年较为一致，其中1980年湖北省遭遇“二度梅”，全省暴雨洪涝灾害受灾人口达857万，其中死亡失踪人口275人。1983年受多轮强降水影响，全省农作物受灾面积1933.2万亩①；受灾人口1202万，倒塌民房20.59万间；1996年暴雨频繁，量大面广，外洪内涝严重，全省农作物累计受灾4100万亩，因灾停产、半停产企业41812家；1998年长江流域发生了1954年以来最为严重的组合型洪水，湖北省出现13次较大范围暴雨过程，造成经济损失达到500多亿元；2016年梅雨期雨量大，造成直接经济损失达835亿元；2020年因暴雨洪涝全省累计受灾人口1472万，农作物受灾150.3万 hm^2；直接经济损失201.28亿元左右。同时，对1978—2020年湖北省年雨涝指数的功率谱进行分析（图2b）可知，年雨涝指数不存在年代际尺度（≥10 a）的振荡周期，但存在准4 a和准8 a显著周期震荡。

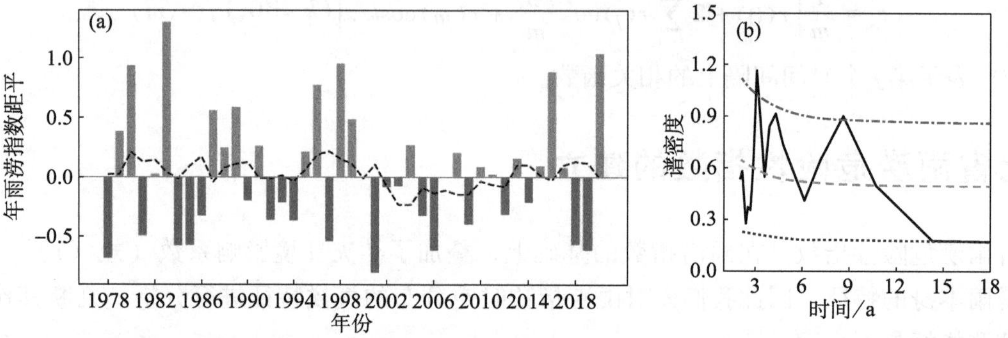

图2　1978—2020年湖北省区域平均的年雨涝指数距平时间序列（a，黑色虚线为7 a滑动平均线）与年雨涝指数功率谱分析（b，中间虚线为红噪音谱，上方和下方虚线分别为上下90%显著线）

上述结果表明，雨涝指数的气候特征与湖北省暴雨发生成因关系密切，作为由暴雨过程最大小时降水量、过程最大日降水量、过程累积降水量、暴雨持续天数4个致灾因子组成的综合指数，其表示的是大气状况，与暴雨洪涝灾害的发生有着直接联系；且因其加入了小时降水数据，从而综合考虑了大尺度系统性强降水和由地面中尺度辐合线或涡旋造成的短历时降水，对暴雨特征有更全面的刻画。

2.2　计算雨涝危险性指数

暴雨洪涝灾害是强降水在山洪沟、地质条件脆弱区、中小河流、城市内涝点等孕灾环境下达到临界致灾雨量阈值时引发的山洪沟洪水、地质灾害、城市内涝等，往往给国民经济和人民生命财产造成严重损失。暴雨成灾需要地面产生大量的积水和径流，不同强度降水在地表的流动与循环受孕灾环境的影响产生差异，若排水不及时便易发生暴雨洪涝灾害，因此暴雨致灾因子的高值区不一定是成灾高值区，除考虑气象条件外，孕灾环境对暴雨洪涝灾害危险性至关重要。自然环境下，孕灾环境包括地形、地貌和水系，将湖北省地形影响系数、水系影响系数、地质灾害易发条件系数等权相加（式(4)），得到的孕灾环境系数见图3a，高程波动大、地势越低的地方，地形影响系数越大，距离水系越近和地质灾害易发程度越高的地方，水系影响系数和地质灾害易发条件系数越大，对应孕灾环境系数越大，加重致灾危险性。湖北省孕灾环境综合指数总体上呈东高西低分布，高值区主要位于江汉平原以东地区，鄂西北、鄂西南山谷、河流周边也是高值区。1991—2020年平均雨涝危险性指数见图3b，湖北省水系发达，地形复杂，不同区域暴雨成灾机理不同，雨涝指数与孕灾环境系数结合的高值区，

① 1亩≈666.67 m^2。

雨涝危险性指数越大，越容易形成暴雨灾害。湖北省暴雨危险性高值区主要位于江汉平原以东，其次为鄂西南南部、江汉平原南部。

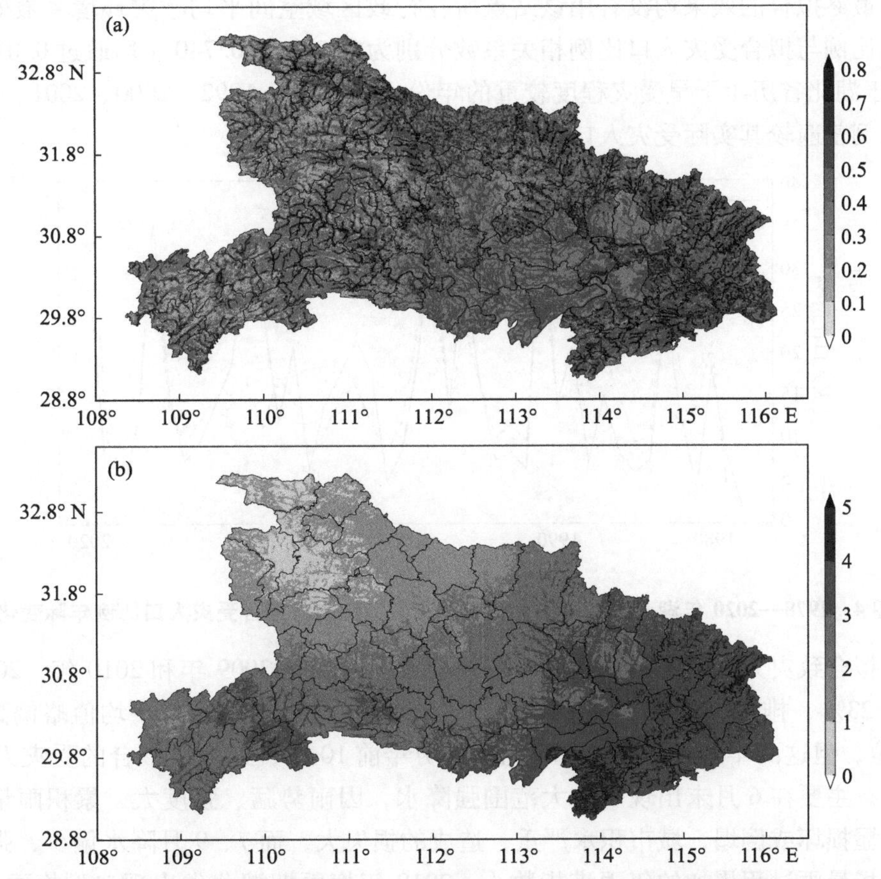

图 3　湖北省暴雨孕灾环境系数（a）与 1991—2020 年平均雨涝危险性指数（b）

3　构建基于暴雨灾情数据的脆弱性曲线

脆弱性曲线又称灾损（率）曲线，用来衡量不同灾种的灾变强度与其承灾体相应损失（率）之间的关系[10]，本文将其用来定量衡量雨涝危险性指数与暴雨洪涝受灾人口之间的关系。自然灾害防治以保障人民生命安全为首要目标，为此选择湖北省历年暴雨洪涝受灾人口资料，基于非线性最小二乘法，对暴雨过程雨涝危险性指数和受灾人口比例的曲线参数进行率定。由于降水资料是站点数据，将孕灾环境系数按照县（市、区）行政区域进行空间平均，然后作为系数与雨涝指数相乘（式（1）），计算湖北省 76 个气象站点的逐场暴雨过程危险性指数，利用脆弱性曲线对拟合的历年受灾人口比例进行逐年累加，以拟合的年度受灾人口比例与实际受灾人口比例误差平方和为目标函数，当率定的参数使得目标函数达到最小时为最优参数，结果显示雨涝危险性指数与受灾人口比例（POP）之间呈幂函数关系，其关系式为

$$POP = 235940.94 HI^{9.8834} \tag{10}$$

鉴于湖北省逐年人口是动态变化的，需要进行标准化处理，因此将受灾人口除以年末总人口作为受灾人口比例，图 4 给出 1978—2020 年湖北省暴雨实际致灾人口比例与其拟合致灾人口比例的年际变化（相关系数为 0.8，通过 0.01 显著性水平检验）。从中看到，受灾人口比例较高的 1980、1983、1991、1996、1998、1999、2016 年都有较高的拟合度，误差在 10%～20%，特别是 1991 年雨涝指数略

偏大（图2a），但受灾人口比例排1978年以来首位，加入孕灾环境后，对受灾程度有一定的修正作用，危险性指数与灾情拟合出来的受灾人口比例排1978年以来第二，而不加孕灾环境或加入站点所在地孕灾环境系数最终拟合的效果均没有用该站点所在行政区域空间平均孕灾环境系数效果好，前两者的实际受灾人口比例与拟合受灾人口比例相关系数分别为0.792与0.740（均通过0.01显著性水平检验）。另外，对于湖北省历年干旱受灾程度较重的年份，如1988、1992、2000、2001、2013、2019年，拟合受灾人口比例普遍较其实际受灾人口比例略偏高。

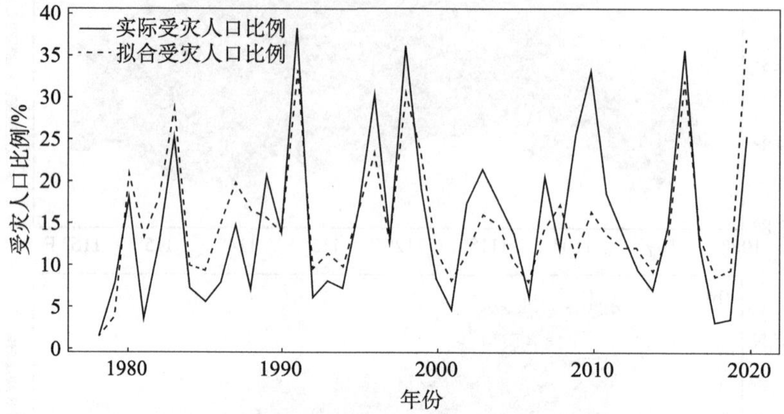

图4　1978—2020年湖北省暴雨灾害实际受灾人口比例与拟合受灾人口比例年际变化

图4显示，拟合致灾人口与实际致灾人口相差最大的两年是2009年和2010年，2009年的雨涝指数较平均值偏低23%，排1978年以来的倒数第10位，2010年雨涝指数较平均值略偏高3%，排1978年以来的第18位，但这两年的实际受灾人口比例排历年前10位，远高于拟合的受灾人口。2009年夏季降水前多后少，主要在6月末出现一次大范围强降水，因雨势猛、强度大，累积雨量大，引发了山丘岗地洪水，房屋损坏或倒塌，城市积水严重，造成的损失大，而7、9月降水偏少、强度弱，所以单次过程强，但逐场暴雨过程累加的年雨涝指数小；2010年梅雨期湖北省出现典型梅雨期集中强降水，造成严重洪涝灾害，部分地区还引发地质灾害，灾害损失严重，而年雨涝指数是由每次暴雨过程的雨涝指数累加起来的值，对于单次过程很强，降水集中，但暴雨过程次数少的年份，其表征的强度相比暴雨过程发生频繁的年份相对偏小，因此实际与拟合的年度受灾人口相差较大。

为了更准确地评估该脆弱性曲线所反映暴雨洪涝受灾人口对雨涝危险性指数响应的效果，挑选湖北省近几年不同区域典型暴雨过程的实际受灾人口对拟合的受灾人口进行检验，并将雨涝危险性指数与雨涝指数拟合的效果进行了对比，其结果见表4。

表4　湖北不同区域典型暴雨过程致灾因子、雨涝指数、孕灾环境、危险性指数、实际受灾人口和雨涝危险性指数与雨涝指数拟合受灾人口统计

区域	暴雨过程					雨涝指数	综合孕灾环境指数	危险性指数	受灾人口				
	时间（年/月/日）	最大小时雨量/mm	最大日雨量/mm	累积雨量/mm	持续天数/d				实际值/人	雨涝危险性指数拟合值/人	相对误差/%	雨涝指数拟合值/人	相对误差/%
咸丰	2018/9/25	5.7	56.4	56.4	1	0.507	0.3640	0.6915	6526	6157	−5.6	12330	88.9
咸丰	2018/7/4	39.7	60.9	60.9	1	0.542	0.3640	0.7393	28560	11921	−58.2	25250	11.6
房县	2016/6/24	69	113.5	113.5	1	0.599	0.3301	0.7968	23700	24991	5.4	73882	211.7
巴东	2017/7/7—9	33.6	66.2	160.6	3	0.607	0.4014	0.8507	35503	47725	34.4	85193	139.9

续表

区域	暴雨过程					雨涝指数	综合孕灾环境指数	危险性指数	受灾人口				
	时间（年/月/日）	最大小时雨量/mm	最大日雨量/mm	累积雨量/mm	持续天数/d				实际值/人	雨涝危险性指数拟合值/人	相对误差/%	雨涝指数拟合值/人	相对误差/%
鹤峰	2017/7/15	26	71.7	71.7	1	0.535	0.3756	0.7359	9056	11389	25.7	21961	142.5
荆州	2020/7/2	11	59.8	59.8	1	0.514	0.4732	0.7572	21806	15100	-30.7	14286	34.4
建始	2020/7/26	88.5	262.2	262.2	1	0.7	0.3742	0.9620	109458	160884	46.9	393654	259.6
黄梅	2016/7/2—4	29.9	134.7	311.4	3	0.656	0.5372	1.0084	234189	256276	9.4	196064	16.2
武汉	2020/7/5—7	30.8	100.1	261.2	3	0.635	0.5511	0.9850	135022	203203	50.5	138256	2.4
黄梅	2020/7/4—8	60.9	258.4	575.3	5	0.83	0.5372	1.2758	942873	2619999	177.8	2451464	159.9

从表4中看到，第一，咸丰2018年9月25日与7月4日发生的两场暴雨过程，后者比前者的实际受灾人口更多，分析暴雨过程致灾因子可知，两次过程的累积雨量和持续天数基本一致，但7月4日暴雨过程最大小时雨量更大，说明致灾更严重的原因是因为小时雨强大，所以危险性指数更大，拟合得到的受灾人口也更多。第二，房县2016年6月24日与巴东2017年7月7—9日暴雨过程，二者雨涝指数十分接近，但由于巴东孕灾环境系数更大，造成危险性指数也更大，因此拟合受灾人口更多，两次过程考虑孕灾环境后拟合的相对误差在35%以下，而用雨涝指数拟合的相对误差都超过1倍，说明考虑孕灾环境后建立的脆弱性曲线更符合实际。第三，2017年7月15日鹤峰与2020年7月2日荆州暴雨过程对比，两场暴雨强度较为接近，雨涝指数相差不大，但鹤峰属于高山地区，荆州属于平原，水系较为发达，综合孕灾环境指数较高，所以危险性指数更高，最终导致受灾人口更多。另外，2020年7月26日建始和2016年7月2日至4日黄梅暴雨过程，均属极端暴雨事件，建始最大小时雨量达88.5 mm，黄梅3 d累积降水量达311.4 mm，危险性指数均较高，拟合受灾人口量级明显比其他暴雨过程高，与实际受灾人口较为接近；2020年7月武汉和黄梅的两次暴雨过程，雨涝危险性指数高达0.98和1.27，拟合受灾人口非常高，但存在受灾人口高估，其原因可能是武汉城市排涝能力强而黄梅城镇总人口相较于城市来说存在一定上限，若有分县（市、区）灾情数据，每个地方建立单独的脆弱性曲线，将有利于给出更精细的受灾人口对雨涝危险性指数定量的响应。图5给出分别用雨涝指数和雨涝危险性指数拟合的脆弱性曲线与表4中几次典型过程的实际受灾人口散点值，可以看出大部分散点均落在了两条曲线上，除了在指数异常偏大时拟合的受灾人口与实际受灾人口相差较大，如2020年7月4—8日黄梅的暴雨过程，若不考虑这次过程，雨涝危险性指数脆弱性曲线的拟合系数达到0.891，雨涝指数脆弱性曲线的拟合系数为0.295，因此加入孕灾环境后的雨涝危险性指数拟合的实际受灾人口效果更好。

综上分析可知，通过建立湖北省暴雨灾害受灾人口与雨涝危险性指数的脆弱性评估模型，并用不同区域的典型暴雨过程对脆弱性曲线进行回代检验，从而研究暴雨灾害对雨涝危险性指数的响应，结果表明加入小时雨量作为致灾因子之一的雨涝指数能将中小尺度系统造成的局地强对流考虑进去，对降水过程强度特征有更好的监测效果；一般来说，地势越低、地形变化越小的平坦地区不利于洪水的排泄，容易形成涝灾，距离河流、湖泊、大型水库等越近的地方，河网越密集的区域遭受洪涝灾害的

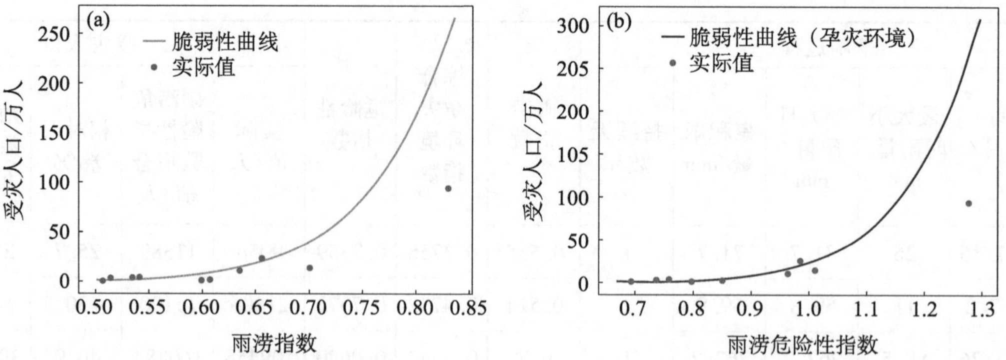

图5　雨涝指数（a）和雨涝危险性指数（b）与暴雨洪涝受灾人口的脆弱性曲线与实际受灾人口散点值

风险越大，因此加入孕灾环境的雨涝危险性指数，对暴雨灾害损失程度的敏感性更高，拟合受灾人口与实际受灾人口基本吻合。

4　暴雨洪涝灾害对不同重现期雨涝危险性指数的响应

通过前文建立的脆弱性曲线（式（10）），可以进一步量化分析不同重现期雨涝危险性指数对暴雨洪涝灾害的影响，利用广义偏态分布模型求得湖北省不同重现期的雨涝危险性指数（图6）。

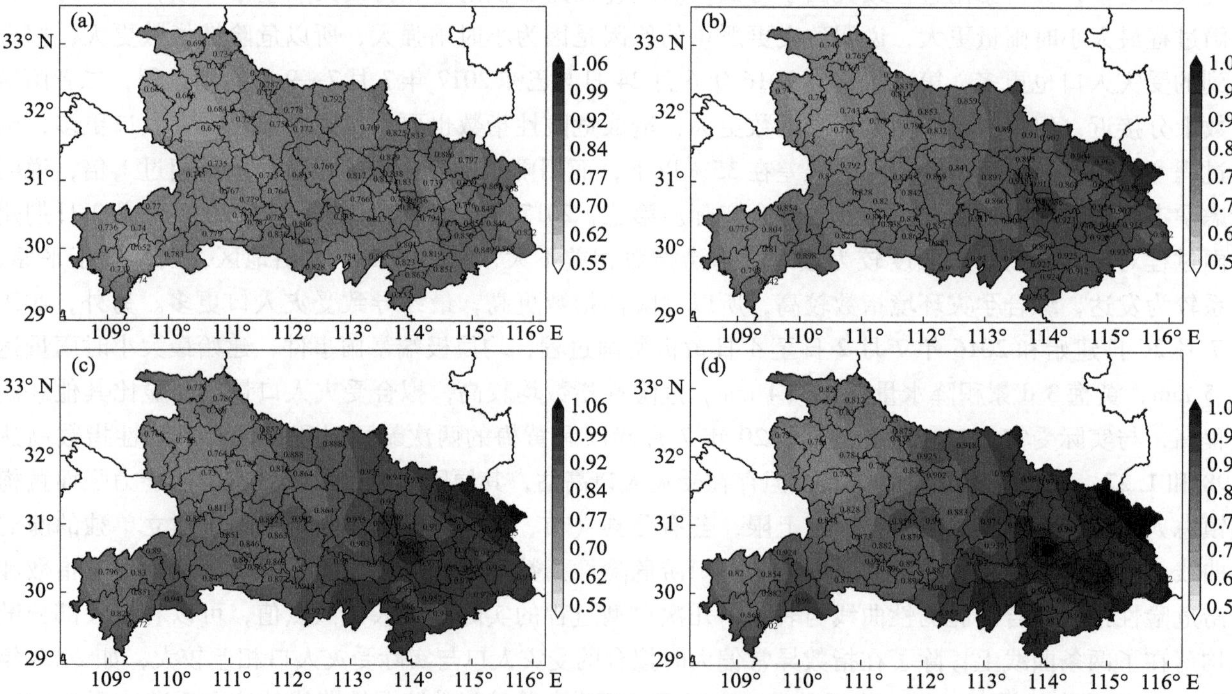

图6　不同重现期湖北省雨涝危险性指数分布

（a）1 a一遇；（b）5 a一遇；（c）10 a一遇；（d）20 a一遇

从图6中可见，湖北省不同重现期的雨涝危险性指数空间分布基本一致，总体呈“东部大、西部小”的分布特征，由于夏季湖北省东部一般处于副热带高压外围的暖湿气流输送带，相较于西部会更频繁发生较大强度的暴雨，所以东部不同重现期的雨涝危险性指数比西部大。1 a一遇重现期危险性指数低值区位于鄂西南，最小为宣恩县（0.652），次低值区（竹溪县，0.666）位于鄂西北，高值区位于鄂东，最大为武汉市（0.916）；5 a和10 a一遇重现期危险性指数高值区位于鄂东北，最大为英山县（5 a一遇0.99，10 a一遇1.035），低值区位于鄂西北，最小为竹溪县（5 a一遇0.711，10 a一遇0.728）；20 a一遇危险性指数高值区位于鄂东，最大为武汉市（1.095），低值区位于鄂西北，最小为神农架林区（0.742）。随着重现期增加，危险性指数高值区和低值区差距逐渐增大，1 a一遇、5 a一遇、10 a一遇、20 a一遇危险性指数最大分别相差0.014、0.279、0.307和0.353。

通过重现期等级确定不同暴雨过程强度的雨涝危险性指数的致灾阈值，并依据脆弱性曲线计算受灾人口，从而进行暴雨洪涝危险性等级划分，各县（市、区）可单独根据不同重现期等级的雨涝危险性指数阈值，划分暴雨洪涝危险性等级，表5给出不同重现期下湖北省空间平均的雨涝危险性指数致灾阈值，拟合的受灾人口以及暴雨洪涝危险性等级划分，当雨涝危险性指数超过20 a一遇的重现期时，达到暴雨洪涝高危险等级，拟合受灾人口达128023人，从而为暴雨洪涝风险预警提供科学依据。

表5　湖北省暴雨洪涝危险性等级划分

重现期等级	雨涝危险性指数阈值	暴雨洪涝危险性等级	拟合受灾人口/人
5 a一遇	0.87	较低危险	59510
10 a一遇	0.90	较高危险	83241
20 a一遇	0.94	高危险	128023

5　结论与讨论

按照全国第一次自然灾害综合风险普查中暴雨的技术路线和方法，考虑小时降水、日降水、累积降水和持续天数4个致灾因子构建雨涝指数，结合地质灾害易发条件、水系和高程等孕灾环境，建立暴雨灾害危险性指数，利用1978—2020年的湖北省年度洪涝灾情数据，构建基于雨涝危险性指数的暴雨灾害受灾人口脆弱性曲线，评估暴雨灾害对不同重现期雨涝危险性指数的定量响应，主要结论如下：

（1）将小时雨量作为致灾因子之一计算得到的雨涝指数，充分考虑了中小尺度天气系统造成的局地强对流影响，能更合理地反映暴雨过程的强度特征。

（2）由于湖北省水系发达，地形复杂，不同的区域暴雨成灾机理不同，考虑了水系、高程和地质灾害易发程度等孕灾环境的雨涝危险性指数，对暴雨灾害损失程度的敏感性更高，通过典型过程评估脆弱性曲线的效果，拟合出的受灾人口与实际受灾人口基本吻合。

（3）利用广义偏态分布模型计算不同重现期的湖北省雨涝危险性指数，不同重现期下的雨涝危险性指数分布形态基本一致，总体呈"东部大、西部小"的分布特征，随着重现期增大，危险性高值区和低值区的差距逐渐增大。基于受灾人口的脆弱性曲线，计算暴雨灾害对不同重现期雨涝危险性指数的定量响应，重现期越大，因暴雨的受灾人口将呈幂函数增长。

本研究可以利用脆弱性曲线对暴雨过程的灾害损失进行估算，为各级政府做风险预警和应急预案提供科学的理论依据，但是暴雨洪涝灾害链的发生发展过程非常复杂，除了致灾因子、孕灾环境，承灾体暴露度以及随着社会经济的发展防灾减灾能力的提升，都将影响灾害损失的程度，特别是对于超大城市，人口多、下垫面复杂，自然环境受人为改变程度大；另外，因受灾资料的局限性，利用湖北省年度的受灾人口资料来拟合各区县逐场暴雨过程的受灾人口存在一定的偏差，因此，若考虑承灾体暴露度和防灾减灾能力的差异性，以及利用逐场暴雨过程的受灾人口资料来建立脆弱性曲线，将更有利于提高其准确性。

参考文献

[1] 温克刚，等. 中国气象灾害大典（湖北卷）[M]. 北京：气象出版社，2007：10-11.

［2］孙阿丽，石纯，石勇．基于情景模拟的暴雨内涝危险性评价——以黄浦区为例［J］．地理科学，2010，30（3）：465-468.
［3］刘家福，张柏．暴雨洪灾风险评估研究进展［J］．地理科学，2015，35（3）：346-351.
［4］周月华，彭涛，史瑞琴．我国暴雨洪涝灾害风险评估研究进展［J］．暴雨灾害，2019，38（5）：494-501.
［5］万君，周月华，王迎迎，等．基于GIS的湖北省区域洪涝灾害风险评估方法研究［J］．暴雨灾害，2007，26（4）：42-47.
［6］温泉沛，霍治国，马振峰，等．中国中东部地区暴雨气候及其农业灾情的风险评估［J］．生态学杂志，2011，30（10）：2370-2380.
［7］秦鹏程，刘敏，李兰．有效降水指数在暴雨洪涝监测和评估中的应用［J］．中国农业气象，2016，37（1）：84-90.
［8］石勇，许世远，石纯，等．洪水灾害脆弱性研究进展［J］．地理科学进展，2009，28（1）：41-46.
［9］周瑶，王静爱．自然灾害脆弱性曲线研究进展［J］．地球科学进展，2012，27（4）：435-442.
［10］温泉沛，周月华，霍治国，等．湖北暴雨洪涝灾害脆弱性评估的定量研究［J］．中国农业气象，2018，39（8）：547-557.
［11］史瑞琴，刘宁，李兰，等．暴雨洪涝淹没模型在洪灾损失评估中的应用［J］．暴雨灾害，2013，32（4）：379-384.
［12］叶丽梅，周月华，周悦，等．暴雨洪涝灾害链实例分析及断链减灾框架构建［J］．灾害学，2018，33（1）：65-70.
［13］胡彩虹，姚依晨，刘成帅，等．城市内涝对降雨雨型的响应研究［J］．水资源保护，2022，38（6）：1-11.
［14］郭凯华，侯精明，王润，等．城市内涝积水对暴雨雨型响应规律研究［C］//第九届河湖治理与水生态文明发展论坛，2017.
［15］HOSKING J R M，WALLIS J R. Parameter and quantile estimation for the generalized Pareto distribution［J］. Technometrics，1987，29：339-349.
［16］DING Y G，CHENG B Y，JIANG Z H. A newly-discovered GPD-GEV relationship together with comparing their models of extreme precipitation in summer［J］. Advances in Atmospheric Sciences，2008，25（3）：507-518.
［17］江志红，丁裕国，朱莲芳，等．利用广义帕雷托分布拟合中国东部日极端降水的试验［J］．高原气象，2009，28（3）：8.
［18］丁裕国，刘吉峰，张耀存．基于概率加权估计的中国极端气温时空分布模拟实验［J］．大气科学，2004，28（5）：771-782.
［19］马京津，李书严，王冀．北京市强降雨分区及重现期研究［J］．气象，2012，38（5）：569-576.
［20］司波，余锦华，丁裕国．四川盆地短历时强降水极值分布的研究［J］．气象科学，2012（4）：403-410.
［21］王绍武，龚道溢，叶瑾琳，等．1880年以来中国东部四季降水量序列及其变率［J］．地理学报，2000，55（3）：281-293.
［22］周静亚，杨大升，黄嘉佑．夏季热带及副热带环流系统周期振荡与中国降水的功率谱分析［J］．热带气象，1986，3：195-203.
［23］李想．我国十大江河流域降水和温度长期变化趋势的研究［D］．北京：中国气象科学研究院，2005.

孝感“8·12”暴雨过程致灾危险性评估*

王　芬[1]　洪国平[2]　罗金芳[1]　邓　凯[1]

（1. 湖北省孝感市气象局，孝感 432100；2. 湖北省武汉区域气候中心，武汉 430074）

摘要：2021 年 8 月 12 日，受对流层中低层江淮切变线和东风急流影响，孝感市中部出现了短时极端暴雨天气过程，导致城市内涝、房屋及农作物被淹。利用气象观测站降水量数据、地理信息和第一次全国气象灾害综合风险普查成果，对此次过程进行致灾危险性评估，利用收集的灾情对结果进行了验证。表明：①过程主要致灾因子为短时强降水，综合强度达极端暴雨事件等级；②孝感市暴雨孕灾环境指数高值区位于地势较低的中南部、河流汇集的府环河流域；③过程危险性指数总体上呈中部高、南北低分布。采用高危险区现场调查的暴雨灾情“点”验证了结论。技术方法可推广到其他地区暴雨过程致灾危险性评估和基于智能网格预报的暴雨灾害风险预估新业务。

关键词：暴雨过程；致灾因子；危险性评估；孕灾环境；强度指数；灾情验证

1　资料与方法

1.1　资料及来源

采用了湖北省国家气象站、孝感市区域气象站 2021 年 8 月 11—12 日的日降水量、小时降水量和孝感市国家气象站自建站到 2020 年日降水量、小时降水量等，风云卫星云图、多普勒雷达回波组合反射率及 500 hPa、700 hPa、850 hPa 位势高度、温度、风等大气探测数据，来源于湖北省气象信息与技术保障中心。采用的孝感市 90 m 分辨率地形数字高程模型（DEM）、边界矢量数据、水系河网及地质灾害易发条件指数等地理信息数据，来源于湖北省第一次全国自然灾害综合风险普查领导小组办公室和武汉区域气候中心。收集的 8 月 12 日孝感暴雨灾情资料，来源于孝感市应急、民政部门。孝感市气象观测站点分布见图 1。

1.2　采用的方法

1.2.1　暴雨过程综合强度指数计算及等级划分

（1）指数计算

选择 4 个评价指标来表达单站暴雨过程综合强度：过程最大小时降水量、最大日降水量、累积降水量及暴雨持续天数。对各指标归一化处理，加权求和得到综合强度指数（IR）[1]：

* 资助项目：湖北省气象局科研项目“湖北省气象灾害综合风险普查关键技术研究与应用”（2022Z05-13）。获奖情况：2022 年中国气象学会“海峡两岸气象青年科技交流汇”优秀墙报、湖北省气象学会二等奖、武汉市气象学会二等奖、孝感市气象学会一等奖。

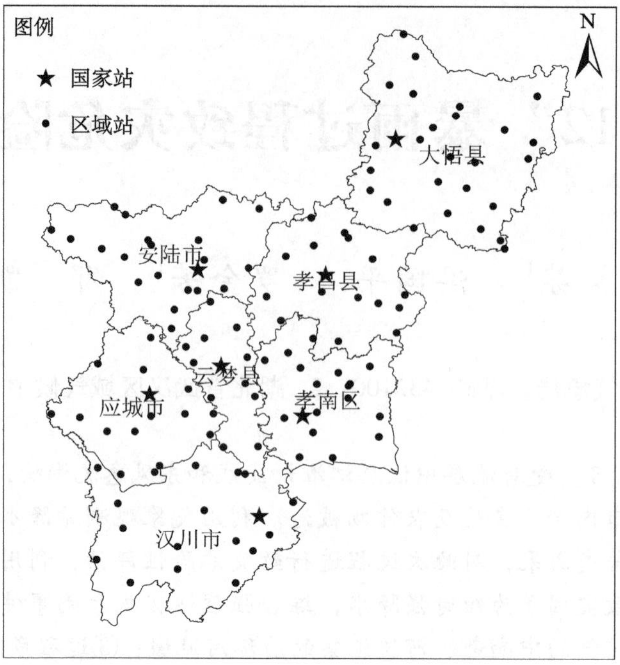

图1 孝感市气象观测站点分布

$$\mathrm{IR} = A \times I_{1\mathrm{pre}} + B \times I_{24\mathrm{pre}} + C \times I_{\mathrm{pre}} + D \times I_{\mathrm{day}} \tag{1}$$

（2）等级划分

以单站不少于30 a的所有暴雨过程的强度指数序列为样本，将过程强度指数自低到高排序，取4个等级阈值，强度指数分一般性、略偏强、偏强、明显偏强及极端事件5个等级（表1），计算“8·12”暴雨过程综合强度指数，并做强度评估和历史排序比较。

表1 暴雨过程强度的等级划分

IR	IR≤50%	50%<IR≤70%	70%<IR≤85%	85%<IR≤95%	IR>95%
等级	Ⅴ级	Ⅳ级	Ⅲ级	Ⅱ级	Ⅰ级
评估	一般性	略偏强	偏强	明显偏强	极端事件

1.2.2 降水强度重现期分析

采用耿贝尔分布和皮尔逊型Ⅲ型分布两种极值拟合函数，取年最大值法，利用国家气象站建站以来的小时雨量资料，推算不同历时、不同重现期最大降水量，通过 Kolmogorov-Smirnov 检验确定最优分布及相关参数[2]，用于评估过程短历时雨强重现期。

1.2.3 孕灾环境影响系数

采用地形高程标准差和高程计算地形影响系数，评估区域内水网密度和评估站点距离水体的远近确定水系影响系数，采用遥感方法提取地质灾害易发系数，采用各环境指数加权平均方法，计算综合孕灾环境影响系数[1,3]。

1.2.4 危险性指数

暴雨过程致灾危险性指数（I_r）由暴雨过程强度指数（IR）和暴雨孕灾环境影响系数（I_e）加权综合而得

$$I_r = (1.0 + I_e) \times \mathrm{IR} \tag{2}$$

1.2.5 危险性等级分区

对致灾危险性指数空间归一化处理，采用自然断点法取得3个阈值，将指数划分为高、较高、较低、低4个等级，在GIS软件平台中绘制4个危险性等级分区。

1.2.6　结果验证

采用收集的暴雨内涝现场的灾情调查验证。

2　结果与分析

2.1　大气环流与中小尺度天气系统

从 8 月 12 日 08 时 500 hPa 环流形势来看（图 2a），东北沿海一带有一低压槽，配合有冷度槽，引导中高层冷空气自西北南下。588 线呈纬向覆盖华中地区，副高控制为暖区，北侧有弱冷空气南下；高原有一南支槽东移，槽前维持西南气流，正涡度平流有利于中低层低值系统东移经过鄂北地区。中低层 700 hPa（图 2b）、850 hPa（图 2c）湖北到河南之间有东西向江淮切变线，切变南侧为西风气流，北侧有一东风急流带，湖北处于西南风与偏东风的气旋性辐合区，有利于对流层中低层的水汽辐合。水汽主要来源于东海水汽与西南气流携带的南海水汽。10—11 日副高加强北抬，11—12 日副高西伸，北端 588 线维持稳定，12—13 日副高南落东退减弱，切变线南压，强降水也随之结束。

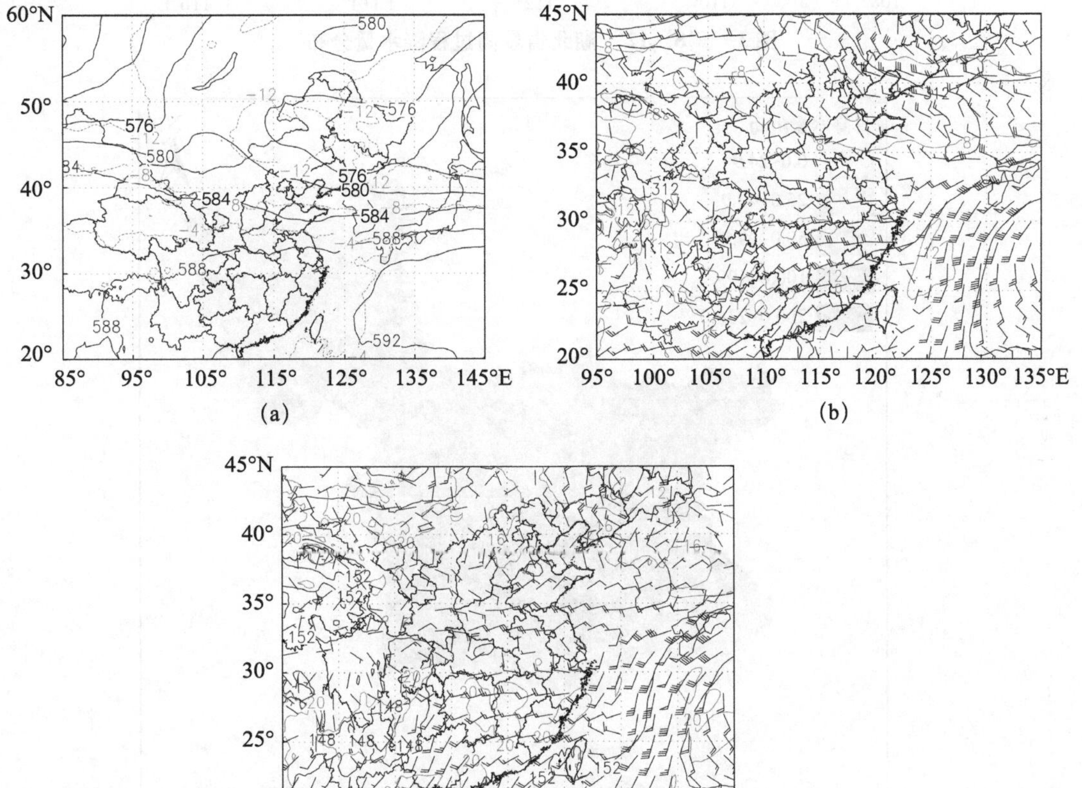

图 2　2021 年 8 月 12 日 08 时（BT）500 hPa（a）、700 hPa（b）、850 hPa（c）东亚位势高度和气温场

2.2　降水时空分布特征及短历时降水强度重现期分析

（1）时空分布特征

从湖北省国家气象站 8 月 12 日 24 h 降水空间分布来看（图 3），强降水中心位于襄阳—随州—孝感，呈西北—东南分布。

图4为孝感市气象站24 h降水分布，暴雨中心位于中部的安陆、云梦、孝南、应城北部。7个国家气象站最大24 h降水量为云梦199.6 mm。有47个区域气象站出现大暴雨，最大日降水量为云梦伍洛230.8 mm。

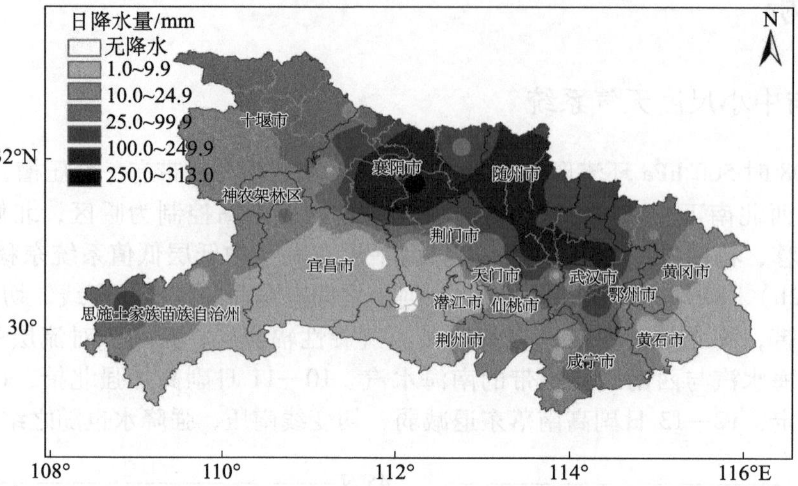

图3　“8·12”湖北省暴雨过程降水量分布

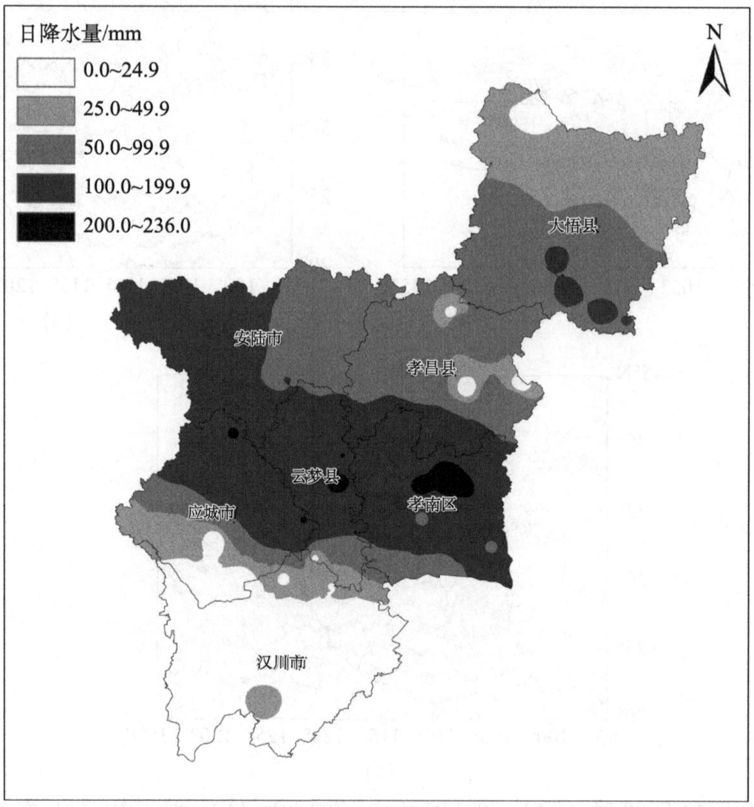

图4　孝感市2021年8月11日20时至8月12日20时24 h降水量

从时间分布来看（图5），强降水时段出现在12日07—12时，典型代表站云梦伍洛站降水量为211.3 mm，最大小时雨强出现在云梦伍洛为98.1 mm，出现在08—09时。

（2）重现期分析

对降水中心进行重现期分析（表2），孝感站最大6 h降水量（173 mm）达50 a一遇，云梦站最大6 h降水量（170.4 mm）接近50 a一遇，说明此过程属短时强降水。

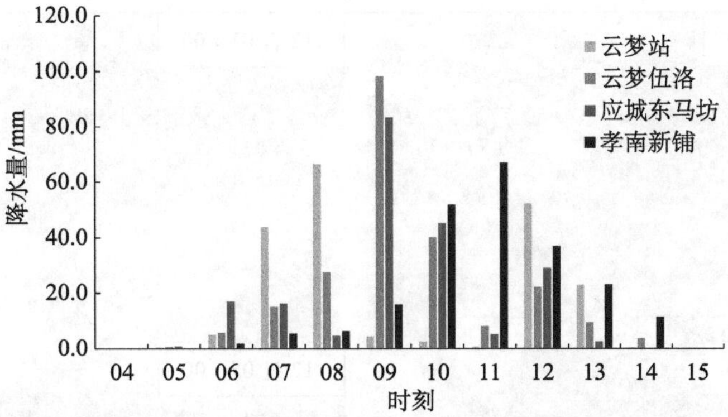

图5　2021 年 8 月 12 日 04—15 时（BT）孝感市典型气象站逐时降水量变化

表2　孝感国家气象站 6 h、24 h 重现期最大降水量及“8·12”降水量

站名	最大降水时长/h	重现期/a				“8·12”降水量/mm
		10	20	50	100	
孝感	6	120.7	137.6	159.5	176.1	173.0
	24	181.2	211.2	252.9	286.3	178.7
云梦	6	130.7	149.2	173.2	191.4	170.4
	24	185.8	212.1	246.5	272.5	199.6
应城	6	132.2	152.6	180.6	203.0	101.6
	24	191.1	222.1	264.5	298.0	118.0

（3）云图及雷达回波特征分析

从卫星云图演变特征分析（图略），12 日 00 时，对流云团影响孝感，07 时逐步东移扩展覆盖孝感大部，此时降水已加强；09 时中心维持在孝感，中尺度特征明显，此时降水最强；12 时逐渐东移南压移出。

从雷达回波来看（图6），12 日 03 时，回波开始东移影响孝感，07 时有明显的涡旋特征，南北部的回波合并，此时强降水发生。09 时新回波生成，强回波向东南向移动，有明显的“列车效应”且移速缓慢，最强达 60 dBZ，位于孝感、云梦等，与强降水中心具有良好对应关系。13 时逐渐减弱，14 时南压移出孝感。

2.3　“8·12”暴雨过程致灾因子计算及综合强度指数空间分布

过程最大小时降水量分布见图7，孝感中部是最大小时降水量的高值区，在 GIS 软件平台空间插值到评估区栅格点，绘制综合强度指数图（图8），过程综合强度指数呈“中间高、两边低”分布，2 个高值中心位于云梦县中部、孝南区中北部。

2.4　暴雨孕灾环境及影响系数计算

2.4.1　孝感市地形、地貌及水系

孝感市地势北高南低（图9），由大别山、桐柏山向江汉平原过渡呈坡状地貌。地跨长江、淮河两大流域，境内有汉江、府河、环河、汉北河等主要河流。

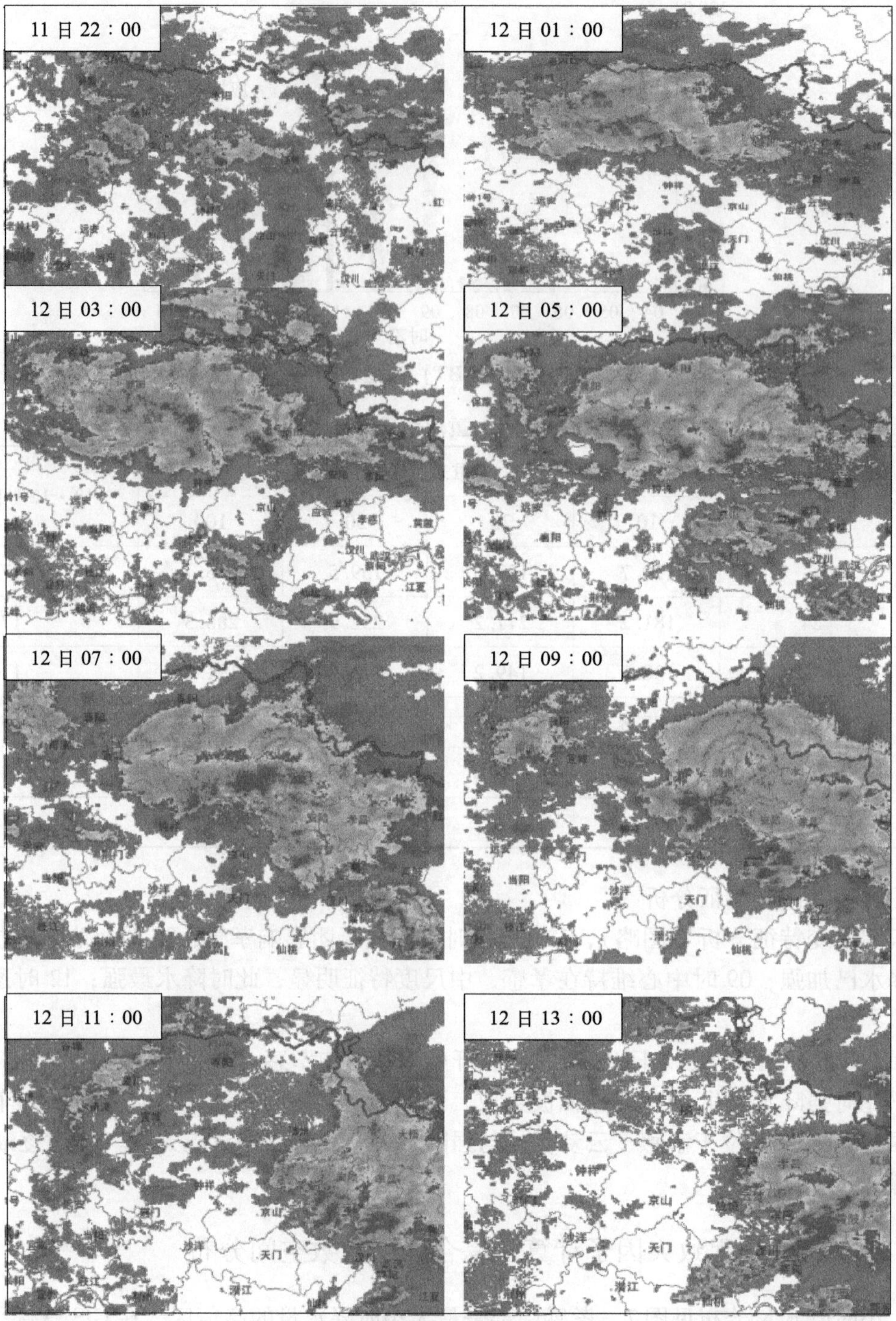

图6 “8·12”暴雨过程雷达回波组合反射率演变特征

2.4.2 地形影响系数（P_h）

主要包括高程和地形变化。利用以该点为中心、其周围 8 个格点的高程值计算地形高程标准差（S_h）：

$$S_h = \sqrt{\frac{\sum_{j=1}^{n} (h_j - h_0)^2}{n}} \tag{3}$$

式中，h_j为评估点周围 8 个点的海拔高度（m），h_0为评估点的海拔高度（m），取 $n=8$。

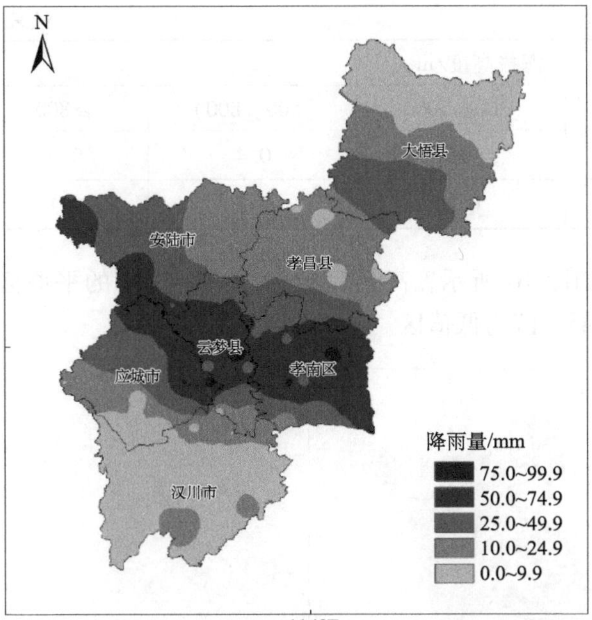

图7　孝感“8·12”暴雨过程最大小时降水量分布

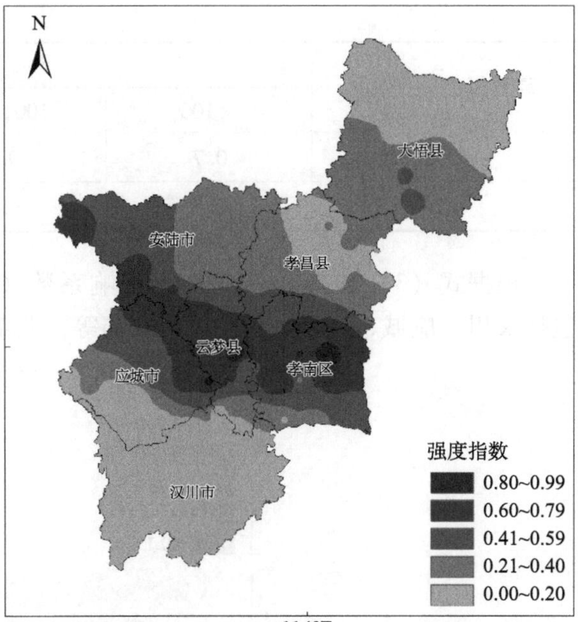

图8　孝感“8·12”暴雨过程综合强度指数分布

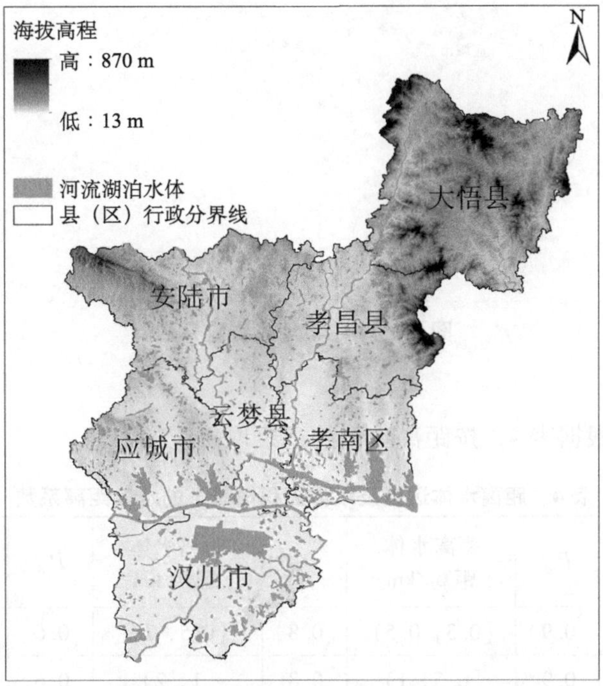

图9　孝感市地形高程（90 m 分辨率）与水体分布

根据海拔高度和高程标准差，按表3确定地形因子影响系数（P_h）。

表3　不同海拔高度、不同高程标准差的地形因子影响系数

高程标准差（S_h）	海拔高度/m				
	<100	[100，300)	[300，500)	[500，800)	≥800
<1	0.9	0.8	0.7	0.6	0.5
[1，10)	0.8	0.7	0.6	0.5	0.4

续表

高程标准差（S_h）	海拔高度/m				
	<100	[100，300)	[300，500)	[500，800)	≥800
[10，20)	0.7	0.6	0.5	0.4	0.3
≥20	0.5	0.4	0.3	0.2	0.1

根据式（3）和表3，计算地形影响系数（P_h）如图10所示，高值区位于孝感中南部的平原区，包括汉川、应城、云梦、孝南区、安陆等，北部、西部山区为低值区。

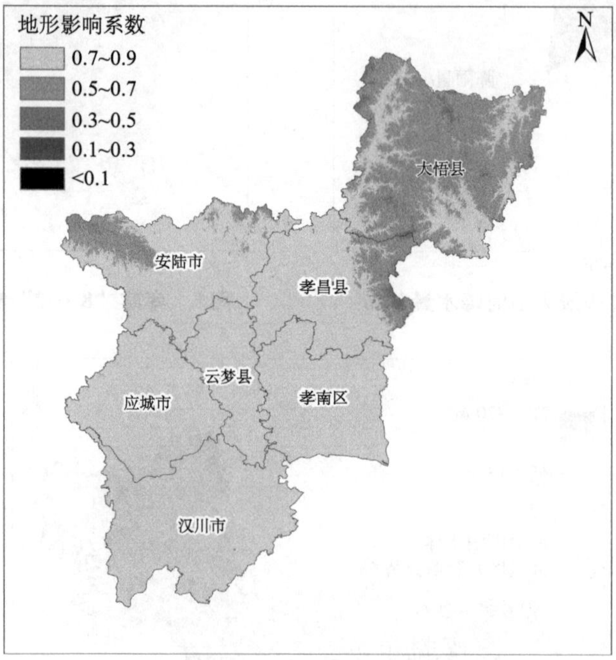

图10 孝感市地形影响系数

2.4.3 水系影响系数

水体距离系数（P_{rd}）根据表4，按距离水体的远近取相应的数值。

表4 距离水体远近及水体面积情景下的水体距离系数

水体面积/km²	距离水体距离/km	P_{rd}	距离水体距离/km	P_{rd}	距离水体距离/km	P_{rd}	距离水体距离/km	P_{rd}
[10，50)	<0.3	0.9	[0.3，0.5)	0.8	[0.5，1)	0.6	≥1	0~0.4
[50，200)	<0.5	0.9	[0.5，1)	0.8	[1，2)	0.6	≥2	0~0.4
≥200	<1	0.9	[1，2)	0.8	[2，3)	0.6	≥3	0~0.4

水网密度系数（P_{rm}）为单位面积内自然和人工河道的总长度，按表5进行赋值。

表5 不同水网密度情景下的水网密度系数

水网密度/km	P_{rm}
<0.01	0.0
[0.01，0.24)	0.1
[0.24，0.41)	0.2

续表

水网密度/km	P_{rm}
[0.41, 0.57)	0.3
[0.57, 0.74)	0.4
[0.74, 0.91)	0.5
[0.91, 1.08)	0.6
[1.08, 1.24)	0.7
[1.24, 1.41)	0.8
≥1.41	0.9

根据水体分布情况和表4，按评估点的水体距离系数作为水系影响系数（P_r），分布见图11，高值区主要位于孝感市中南部、云梦县南部等。

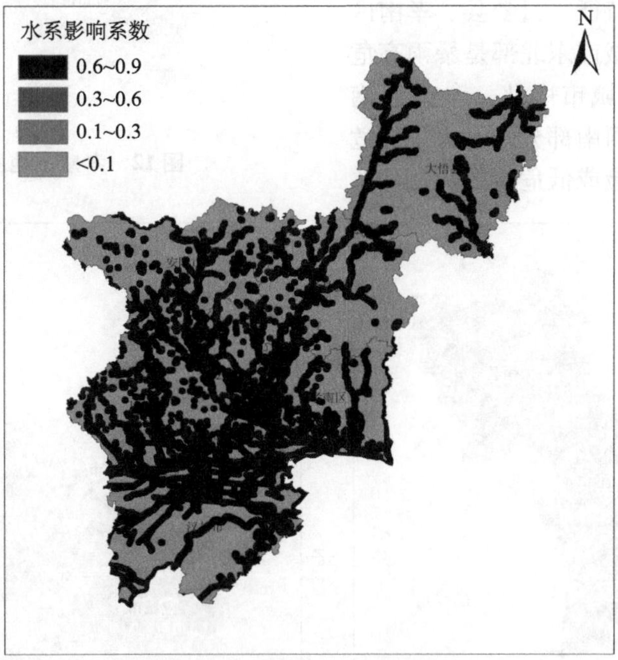

图11　孝感市水系影响系数

2.4.4　地质灾害易发条件系数

根据地质灾害易发程度，对地质灾害易发条件系数（P_d）赋值，见表6。

表6　不同地质条件下的地质灾害易发条件系数

地质灾害易发程度	不易发	低易发	中易发	高易发
P_d	0.0	0.3	0.6	0.9

孝感市地质灾害易发系数见图12，易发区主要位于北部大悟县的桐柏山区、安陆市西北部大洪山南麓。

2.4.5　综合孕灾环境系数

孕灾环境综合指数（I_e）可以通过P_h、P_r、P_d加权平均得到，计算见下式

$$I_e = W_h \times P_h + W_r \times P_r + W_d \times P_d \tag{4}$$

式中，W_h、W_r、W_d分别为地形影响指数、水系影响指数以及地质灾害易发条件指数的权重，三者满足

$W_h + W_r + W_d = 1.0$，权重值的大小根据评估区域地形地质对暴雨灾害的影响程度确定。经对孝感市暴雨孕灾环境权重指数对比试验表明，孝感市W_h、W_r、W_d分别取0.4、0.4、0.2比较合理。

综合孕灾环境系数（I_e）分布见图13，高值区位于地势较低、水系发达的中南部河流汇集的府环河流域。

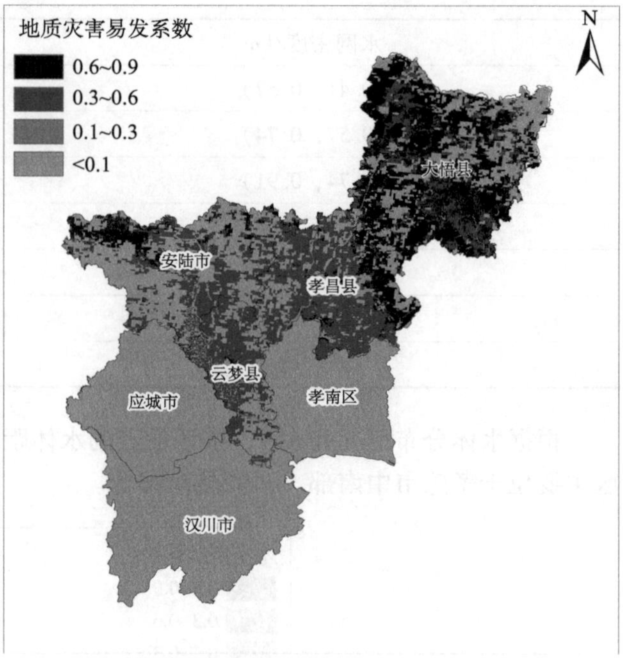

图12 孝感市地质灾害易发系数

2.5 暴雨过程致灾危险性分析

2.5.1 暴雨过程危险性分布

按式（2）计算得到孝感区域栅格点暴雨过程危险性指数（I_r），空间分布见图14。总体上呈中部高、南北低的分布特征，云梦县、孝南区中北部、安陆市南部、应城市东北部是暴雨高危险区，安陆市东北部、应城市中北、孝南区南部、孝昌县南部、大悟县西南部分地区为中高危险区，其他地区为中低危险或低危险区。

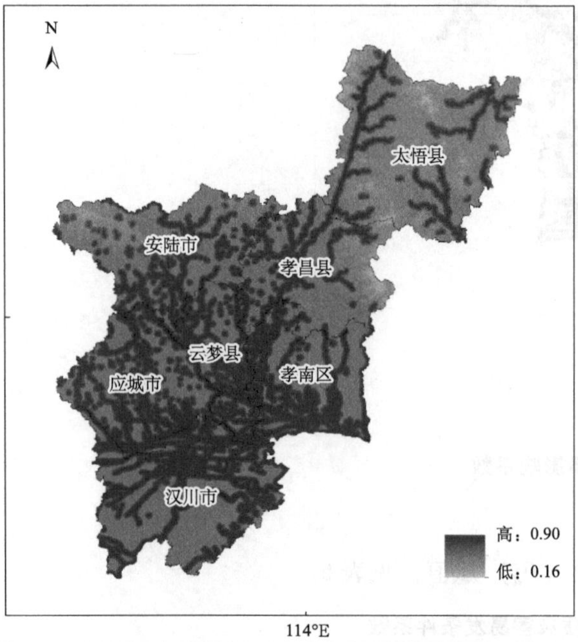

图13 孝感市暴雨孕灾环境综合影响系数

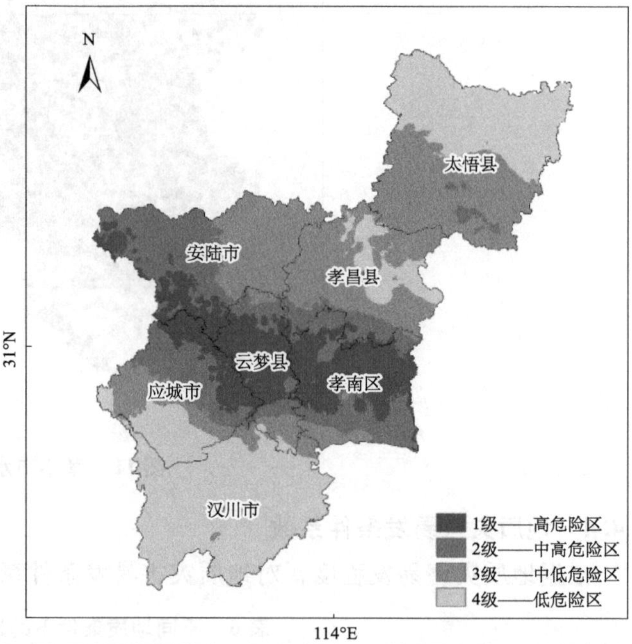

图14 孝感市2021年“8·12”暴雨过程致灾危险性等级分区

2.5.2 暴雨过程综合强度评估及历史排位

2个高值中心分别位于孝南区、云梦县中部，国家气象站降水最大为云梦站199.6 mm，区域气象站降水最大为云梦伍洛站230.8 mm。过程综合强度等级阈值见表7。云梦及孝感站综合强度指数都达到极端事件等级（1级）。

表7 云梦县、孝南区暴雨过程综合强度（IR）等级

等级	云梦县 IR 取值范围	孝南区 IR 取值范围
1（极端事件）	≥0.43	≥0.37

续表

等级	云梦县 IR 取值范围	孝南区 IR 取值范围
2（明显偏强）	[0.29，0.43)	[0.25，0.37)
3（偏强）	[0.16，0.29)	[0.14，0.25)
4（略偏强）	[0.11，0.16)	[0.09，0.14)
5（一般）	< 0.11	< 0.09

2.5.3　暴雨过程灾情调查及验证

此次降水致孝感市孝南区、应城市、云梦县、安陆市等发生城市内涝，城区部分道路和小区受淹，孝昌等部分乡镇农作物受淹、房屋受损，见图15。城区内涝深度在30～60 cm。全市累计受灾人口334048人，农作物受灾面积18150 hm^2，成灾面积9606 hm^2，绝收面积3025 hm^2；倒塌房屋12户32间，直接经济损失5.4亿元。现场灾情调查与灾情数据验证了“8·12”暴雨过程致灾的严重性。

(a)

(b)

图15　8月12日孝感市暴雨内涝现场图

（a）应城市古城大道渍涝及芝麻玉米被淹；（b）孝感城区道路及槐荫公园渍涝

3　小结

（1）此次暴雨过程主要致灾因子为最大小时雨强、过程累积雨强，过程综合强度指数呈“中间高、两边低”分布。

（2）孝感市地形地势北高南低，但一旦周边有较强暴雨，容易往中南部汇聚，形成洪涝灾害，孝感市中南部河网水系发达，因此，孝感中南部为暴雨灾害水系影响系数高值区。

（3）“8·12”暴雨过程危险性指数总体上呈“中部高、南北低”分布，云梦县、孝南区中北部等是暴雨高危险区。高危险区现场调查的灾情“点”验证了结论。

评估方法可推广到其他地区，基于智能网格预报数据，也可用于暴雨过程致灾危险性的预评估新业务。本研究是气象灾害综合风险普查技术和成果向业务应用的延伸，值得各级气象部门参考借鉴。

参考文献

[1] 国务院第一次全国自然灾害综合风险普查领导小组办公室．关于印发调查类技术规范（试点版）的通知（国灾险普办发〔2020〕17 号）[Z]．2020.

[2] 毛慧琴，杜尧东，宋丽莉．广州短历时降水极值概率分布模型研究 [J]．气象，2004，30（10）：3-6.

[3] 浙江省气象台．暴雨过程危险性等级评估技术规范：DB 33/T 2025—2017 [S]．2017.

基于多源数据融合的云南省雷电灾害风险综合评价与区划*

刘平英[1]　吴永斌[1]　张腾飞[2*]　尹丽云[2]　周清倩[1]　杨晓鹏[3]

（1. 云南省气象灾害防御技术中心，昆明 650034；2. 云南省人工影响天气中心，昆明 650034；
3. 云南省气候中心，昆明 650034）

摘要：根据自然灾害风险理论，结合气象数据、地理信息、人口与经济资料等，分析云南区域雷电致灾因子、孕灾环境敏感性和承灾体暴露度等及其与雷电灾害风险的定量关系，使用层次分析法确定评价指标权重，运用模糊综合判断和聚类分析等方法计算综合评价指数并划分风险等级。结果表明：雷电灾害高风险区主要集中在滇中、滇西南及滇西北的丽江东南部等地区；次高风险区分布于西双版纳、普洱、昆明、楚雄、曲靖西部、玉溪北部及大理中部等地；中风险区分布最广，主要集中于临沧、德宏、曲靖、红河、丽江及文山北部等；低风险区为迪庆、怒江和昭通3州（市）大部。风险评价结果与历年雷电灾情空间分布对应较好。

关键词：雷电灾害；致灾因素；多源数据；聚类分析；综合评价；风险区划

引言

雷电因其强大的电流、炙热的高温、强烈的电磁辐射以及猛烈的冲击波等物理效应而能够在瞬间产生巨大的破坏作用，造成雷电灾害[1]。云南省是全国雷暴高发区之一，雷电灾害频发多发，雷击造成人员伤亡，毁坏建筑物和电气通信设施，引发火灾等间接事故[2]。近年来，相关学者结合自然灾害风险理论开展风险分析取得了一定进展，章国材[3]研究产生气象灾害的临界条件，提出灾害的发生不仅与致灾物理因子有关，且与自然地理环境条件以及防灾设施的能力有关，樊运晓等[4]基于层次分析法探讨承灾体脆弱性评价的量化方法；曾金全等[5]、王淑一等[6]建立了复杂区域环境的雷电风险评估指标和模型，实现了评估方法的优化完善；李家启等[7]、王凤娇等[8]研究雷电灾害等级划分方法；陈广昌等[9]、张烨方等[10]研究雷电灾害风险的数量化分析方法，建立了评估指标与风险的定量化关系；马明等[11]分析雷电致灾机理及相关因素，提出雷电灾害与闪电活动、区域环境和人员分布等因子密切相关[11]；一些研究也关注到地形因子对闪电活动的影响，尹丽云等[12]分析海拔、坡度和经纬度参数对闪电空间分布的影响，高金阁[13]等研究地面粗糙度和海浪起伏度对雷电水平电场的影响[13]；郭虎等[14]、王敏等[15]、李衣长等[16]研究基于灾损因子的易损性区划，开展承灾体脆弱性分析；程向阳等[17]、朱涯等[18]建立了风险综合评价的运算程式，确定指标权重大小；余田野等[19]、吴安坤等[20]、汪志红等[21]基于多源数据资料，运用ArcGIS开展精细网格化风险评估。以上研究成果为开展雷电灾害风险定量化评价提供了参考，雷电灾害风险具有自然属性和社会属性，通过研究灾害系统的相关因子，将评价指标进行分析组合，对未来可能出现灾害状态的系统进行描述[22]。开展风险综合评价是对

* 基金项目：国家自然科学基金资助项目（41265001）；云南省科技厅科技惠民专项（2016-RA096）。

一定时期内区域遭受不同强度雷电风险的可能性进行判断。本文基于上述研究方法，结合气象数据、地理信息、人口与社会经济数据等多源资料，选取雷暴日、地闪密度、地闪电流强度、海拔高度、地形起伏、河网密度、土壤电导率、人口密度、地均 GDP 和土地利用类型等 10 项评价指标，结合 ArcGIS 的空间分析功能，建立目标层—准则层—指标层的层次结构，计算综合评价指数并划分风险等级，绘制风险区划图，实现对评价结果的精细化图形表现，将区划结果与历史雷电灾情分布进行对比，检验评价结果的置信度。

1　资料来源和分析方法

1.1　数据资料说明

采用 2006—2017 年云南省闪电定位监测系统数据。该系统采用多站时差综合定位法，可探测到地闪发生的时间、位置、幅值和极性等信息，对数据进行质量控制，剔除异常数据和 0～2 kA 干扰小幅值数据。雷暴日资料来源于全省 125 个国家级地面气象观测站 1981—2010 年人工观测统计；基础地理信息数据来源于国家气象信息中心；土壤电导率资料来源于世界土壤数据库（HWSD）；雷电灾情资料来源于 2006—2017 年全国雷电灾害汇编等。

1.2　分析方法

（1）数据归一化

由于各指标的定义和计量单位不统一，为消除指标间的量纲差异，采用式（1）对数据进行归一化处理，转化为无量纲的数值，使指标在分析计算过程中具有一致性。

$$D_{ij} = 0.5 + 0.5 \times \frac{A_{ij} - \min_i}{\max_i - \min_i} \tag{1}$$

式中，D_{ij}为指标的归一化值，A_{ij}为指标的实际值，$\min_i$、$\max_i$分别为指标的最小值和最大值。

（2）层次分析法确定指标权重

把复杂系统分解为若干个有序层次，通过构建权重判断矩阵，两两对比确定同一层次中每个指标的相对重要性并赋值（表 1），由向量矩阵计算得到指标相对于风险的权重系数。

表 1　指标两两比较标度赋值表

标度	含义
1	表示两个元素相比，具有同样重要性
3	一个因素比另一个因素稍微重要
5	一个因素比另一个因素明显重要
7	一个因素比另一个因素强烈重要
9	一个因素比另一个因素极端重要
2、4、6、8	介于上述两相邻判断的中间值
倒数	$a_{ji} = 1/a_{ij}$

求解权重判断矩阵 $\boldsymbol{A}$（式 2）的最大特征根 $\lambda_{\max}$和对应的特征向量，得到同一层次各指标权重系数。当矩阵阶数≥3 时，要进行一致性检验，检验指标 CI 的计算如式（3）所示。根据矩阵阶数，对照表 2 查找 RI 值，按式（4）计算一致性比例 CR，若 CR≤0.1，则矩阵符合一致性要求。

$$A = (a_{ij})_{m\times n} = \begin{bmatrix} a_{11} & a_{12} & \cdots & a_{1n} \\ a_{21} & a_{22} & \cdots & a_{2n} \\ \cdots & \cdots & \cdots & \cdots \\ a_{m1} & a_{m2} & \cdots & a_{mn} \end{bmatrix} \tag{2}$$

$$\mathrm{CI} = \frac{\lambda_{\max} - n}{n - 1} \tag{3}$$

表 2 平均随机一致性指标值

判断矩阵的阶数	1	2	3	4	5	6	7
RI	0	0	0.52	0.90	1.12	1.26	1.36

根据 CI 和 RI 的值，计算 CR：

$$\mathrm{CR} = \mathrm{CI}/\mathrm{RI} \tag{4}$$

（3）数据空间化和图层叠置

运用 ArcGIS 空间叠加及栅格运算等功能，对数据进行归一化后，以点、面矢量的形式进行空间加载，分别建立致灾因子、孕灾环境和承灾体的准则判断图层，将归一化后的栅格数据同对应权重进行运算，逐级向上做加权综合分析，得到目标层综合评价指数，划分风险等级，绘制雷电灾害风险区划图，以此掌握风险等级的分布趋势。

（4）自然断点法确定风险等级

对于计算所得综合评价值，采用 ArcGIS 中的自然断点法划分风险等级，其算法原理是聚类分析，根据数值统计分布规律进行分级，使类与类之间的不同最大化，聚类结束条件是组间方差最大、组内方差最小，计算方法如下：

$$\mathrm{SSD}_{i-j} = \sum_{k=1}^{j} A[k]^2 - \frac{\left(\sum_{k=1}^{j} A[k]\right)^2}{j - i + 1}, 1 \leqslant i < j \leqslant N \tag{5}$$

式中：SSD 为方差；i、j 分别为第 i、j 个元素；A 为长度为 N 的数组；k 为 i、j 中间的数，表示数组中第 k 个元素。

2 综合评价分析建模

2.1 建立风险评价模型

分析致灾因子、孕灾环境和承灾体与雷电灾害风险的相关性，建立包含雷暴日、地闪密度、地闪电流强度、海拔高度、地形起伏、河网密度、土壤电导率、人口密度、地均 GDP、土地利用类型等因子组成的风险评价指标体系，确定影响因素指标与风险程度的定量化关系，形成“目标层—准则层—指标层”的层次分析模型（图 1）。

2.2 构建致灾因素与雷电灾害风险的定量化关系

雷电灾害由致灾因子、孕灾环境、承灾体相互作用形成[1]，确定各指标与灾害风险的对应关系，见式（6）。在多因子综合分析的基础上，对一定时期内区域可能遭受雷电风险的可能性及强度进行评价，划分风险等级，以便为是否采取措施、采取什么措施等做出科学判断。

$$\mathrm{LDRI} = (V_H \times w_H) + (V_E \times w_E) + (V_S \times w_S) \tag{6}$$

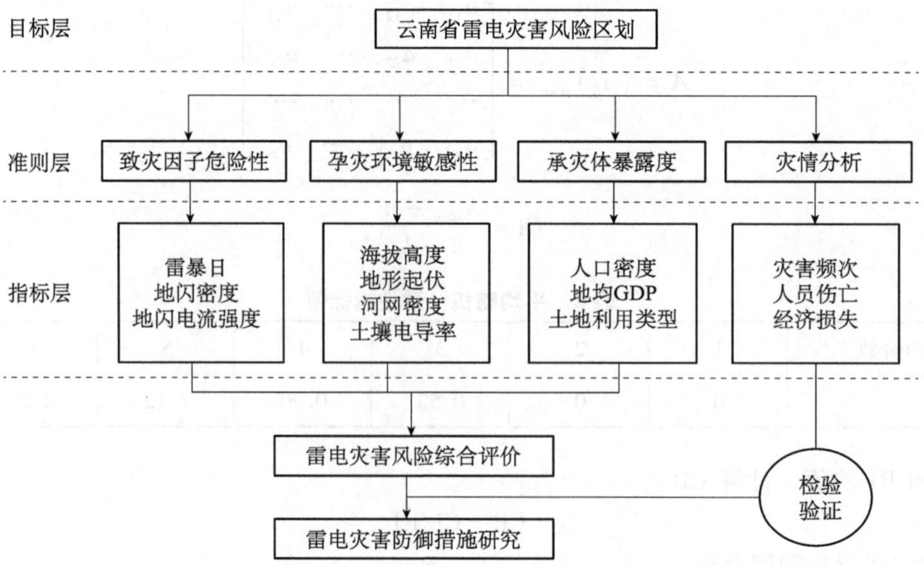

图 1　雷电灾害风险层次分析模型

式中：LDRI 为雷电灾害风险综合评价指数，其值越大，则风险程度越大；V_H、V_E、V_S表示致灾因子危险性、孕灾环境敏感性和承灾体暴露度的评价指数；w_H、w_E、w_S 是各影响因子层对应的权重。

$$V_H = \sum_{i=1}^{n} W_{Hi}Q_{Hi} = WH_1QH_1 + WH_2QH_2 + WH_3QH_3 \tag{7}$$

$$V_E = \sum_{i=1}^{n} W_{Ei}Q_{Ei} = WE_1QE_1 + WE_2QE_2 + WE_3QE_3 + WE_4QE_4 \tag{8}$$

$$V_S = \sum_{i=1}^{n} W_{Si}Q_{Si} = WS_1QS_1 + WS_2QS_2 + WS_3QS_3 \tag{9}$$

式（7）~式（9）表征三个因素层评价指数的运算程式；W_i 是各指标权重，Q_{H1}、Q_{H2}和 Q_{H3}是雷暴日、地闪密度和地闪电流强度的归一化值；Q_{E1}、Q_{E2}、Q_{E3}和 Q_{E4}是海拔高度、地形起伏、河网密度和土壤电导率的归一化值；Q_{S1}、Q_{S2}和 Q_{S3}是人口密度、地均 GDP 和土地利用类型的归一化值。将各指标归一化值与权重进行组合，得到各致灾因素图层的评价指数 V_H、V_E和 V_S，逐级向上做加权分析，得到目标层雷电灾害风险综合评价指数值。

2.3　指标权重判断

基于表 1，将各层指标分别进行成对比较，咨询相关防雷专家，并考虑承灾体是致灾因子作用的对象，两者相互影响对于灾害形成的“贡献”较大，将各指标相对于风险的重要性进行赋值，建立致灾因子、孕灾环境和承灾体的权重判断矩阵。为保证权重判断的准确性，对阶数≥3 的矩阵进行检验，其一致性比例 CR 值均小于 0.1。指标权重如表 3 所示。

表 3　云南省雷电灾害风险评价指标权重

目标层	准则层	指标层	权重
雷电灾害风险（1.0）	致灾因子危险性（0.460）	雷暴日	0.117
		地闪密度	0.252
		地闪电流强度	0.091
	孕灾环境敏感性（0.221）	海拔高度	0.070
		地形起伏	0.048
		河网密度	0.033
		土壤电导率	0.070

续表

目标层	准则层	指标层	权重
雷电灾害风险（1.0）	承灾体暴露度（0.319）	人口密度 地均 GDP 土地利用类型	0.128 0.105 0.086

3　雷电灾害风险评价

3.1　致灾因子危险性分析

致灾因子是闪电活动，选取雷暴日、地闪密度和地闪电流强度等指标进行分析，表征地闪活动的频繁程度和强度大小，基于 ArcGIS 绘制致灾因子空间分布，如图 2 所示。云南省年平均雷暴日数呈南高北低的特征，年平均雷暴日数在 90 d 以上的地区主要分布在滇西南的西双版纳和普洱，滇东南年平均雷暴日数为 40～80 d，滇中的年平均雷暴日为 50～70 d，滇西北的华坪县年平均雷暴日达 85 d，而德钦县的年平均雷暴日只有 15 d（图 2a）。滇中及以东地区的地闪频次高，昆明、楚雄、玉溪、曲靖等地的年平均地闪密度均在 2.0 次/(km^2·a）以上；丽江东南部的华坪县也是地闪密度的另一高值中心；怒江、迪庆和昭通的地闪次数较少，年平均地闪密度在 0.6 次/(km^2·a）以下（图 2b）。地闪电流强度的高值区主要分布在滇东北和滇西北地区，地闪电流幅值集中在 60～80 kA；而在地闪活动频繁的滇中地区，地闪电流强度却相对较小（图 2c）。

根据式（7）将指标归一化值与权重相乘，基于 ArcGIS 将栅格点进行空间叠加得到致灾因子危险性层分布，如图 2d 所示，西双版纳、普洱、昆明、楚雄东部和丽江东南部的雷电致灾因子危险性高。滇西南是主要的热带和亚热带区域，温湿条件较好，一旦有抬升动力作用就利于形成雷暴，而从南部来的暖湿气流和从滇东北进入的冷空气由于受到西北部高山阻挡，在滇中及以东地区交汇，造成这些地区闪电活动频繁，致灾因子更为活跃。

3.2　孕灾环境敏感性分析

相关学者研究发现，地形因子影响气流抬升、对流形成和地表电荷分布[12,23]，因此，分析海拔高度、地形起伏、河网密度、土壤电导率等指标对风险的影响（图 3）。云南省地势自西北向东南呈阶梯状逐级下降，具有高原波状起伏、高山峡谷相间、地势阶梯递降、断陷盆地错落、江河湖泊纵横等特点[24]，绘制海拔高度分布如图 3a 所示，自西北向东南海拔高差悬殊。由于采用最大高程与最小高程的差值不能较好地反映地貌的局部起伏，因此采用高程标准差表示地形起伏程度。基于 ArcGIS 邻域分析工具处理高程数据[25]，取大小为 1 km×1 km 的窗口进行统计，得到地形起伏分布（图 3b）。滇西北是主要的横断山区，高山峡谷相间，迪庆、怒江地形起伏剧烈，滇中地形波状起伏，滇东南地形相对缓和。河边、湖边、低洼地区和地下水位高的区域遭受雷击的风险较大[17]，建立河网密度归一化栅格数据，绘制空间分布如图 3c 所示，德宏、保山、怒江、西双版纳、普洱北部、楚雄东部、大理东部、昆明南部等地是河网密度高值区。土壤电导率是表征土壤导电能力的指标，其值越大，土壤泄放雷电流的能力就越强，越容易孕育雷灾。绘制土壤电导率分布（图 3d），可见昆明、楚雄、德宏、曲靖等地零星分布着土壤电导率的高值区。

将 4 项指标的归一化值与权重代入式（8）进行运算，叠加得到孕灾环境敏感性分布（图 3e），可见滇西北的迪庆、怒江、丽江的孕灾环境敏感程度高，这些地区主要是横断山区，海拔高、地形起伏

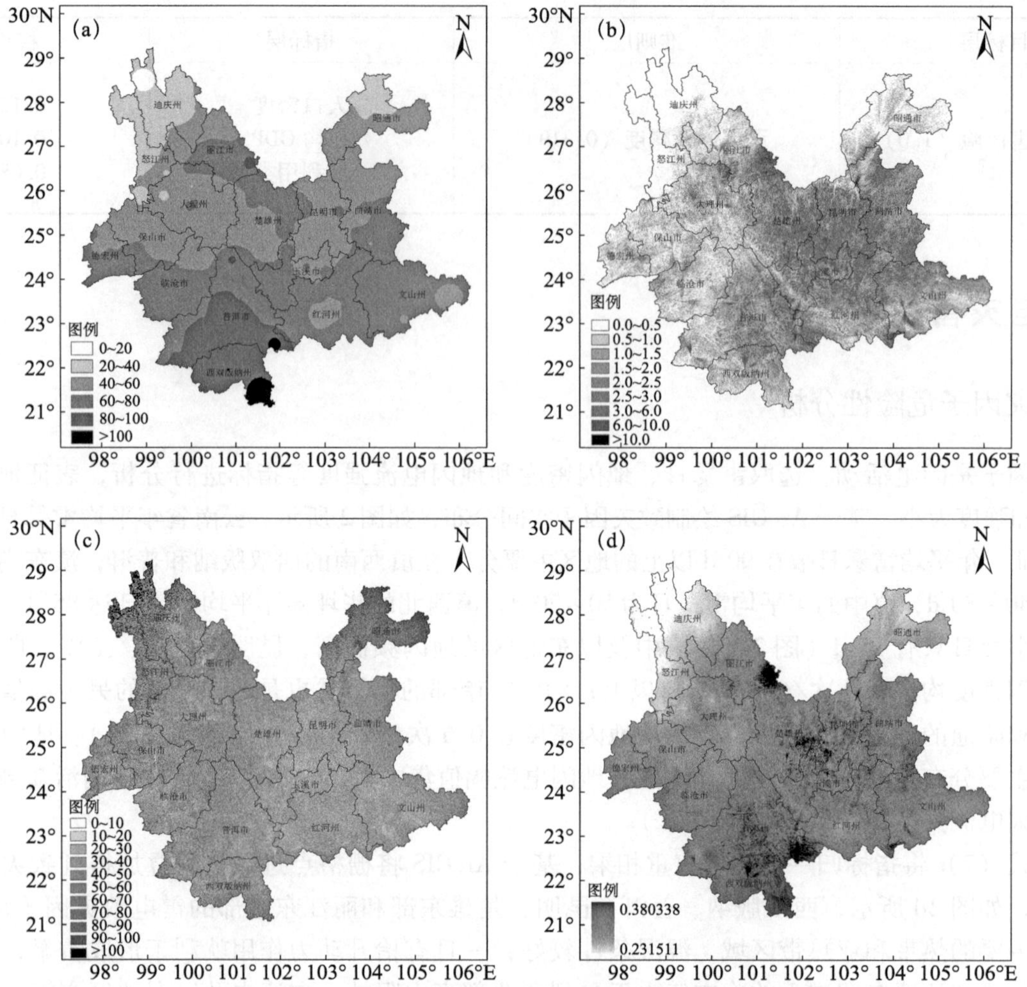

图2　云南省雷电灾害风险致灾因子危险性的空间分布

(a) 年平均雷暴日（单位：d）；(b) 地闪密度（单位：次/($km^2 \cdot a$)）；(c) 地闪电流强度（单位：kA）；(d) 致灾因子危险性

剧烈。横贯云南中部的哀牢山是滇中、滇东高原和横断山脉的分界线，沿线地形起伏也较大，河网密度值较高，其孕灾环境敏感性也较大。将海拔高度与地闪密度的分布进行对比，可见在海拔高度 1500～2500 m 的地区闪电活动频繁活跃，从海拔 2000 m 开始，闪电密度随海拔的升高而减小，在地形起伏较大的昭通、迪庆等地区，闪电活动虽然较弱，但地闪电流幅值较大。

3.3　承灾体暴露度分析

承灾体是人类及其活动所在的社会与各种资源的集合，相同灾种、相同烈度的灾害在不同承灾体上造成的结果是不同的[2]。承灾体（人员、财产等）暴露在致灾因子影响范围内，采用人口密度、地均 GDP、土地利用类型等 3 项指标进行分析。构建人口密度与地均 GDP 空间分布如图 4a 和 4b 所示，人口密度大，单位面积内雷击造成人员伤亡的可能性就越大；地均 GDP 反映经济发展状况，该指标值越大，雷击可能造成的经济损失越大。根据《土地利用现状分类》（GB/T 21010—2017）中的表 A.1，将土地利用类型分为建设用地、农用地和未利用地三大类，建设用地一般具有防雷装置，对雷击的防御能力较好，发生雷电灾害的风险较小；农用地包含水田、耕地等，处于空旷区域，防护能力较弱，处于户外的人员遭受雷击的风险较大；未利用地因没有防御措施，抵御雷击的能力薄弱，但区域人员分布相对而言密度小，雷击造成的人员及经济损失相对较低，因此风险赋值较低。云南省土地利用类

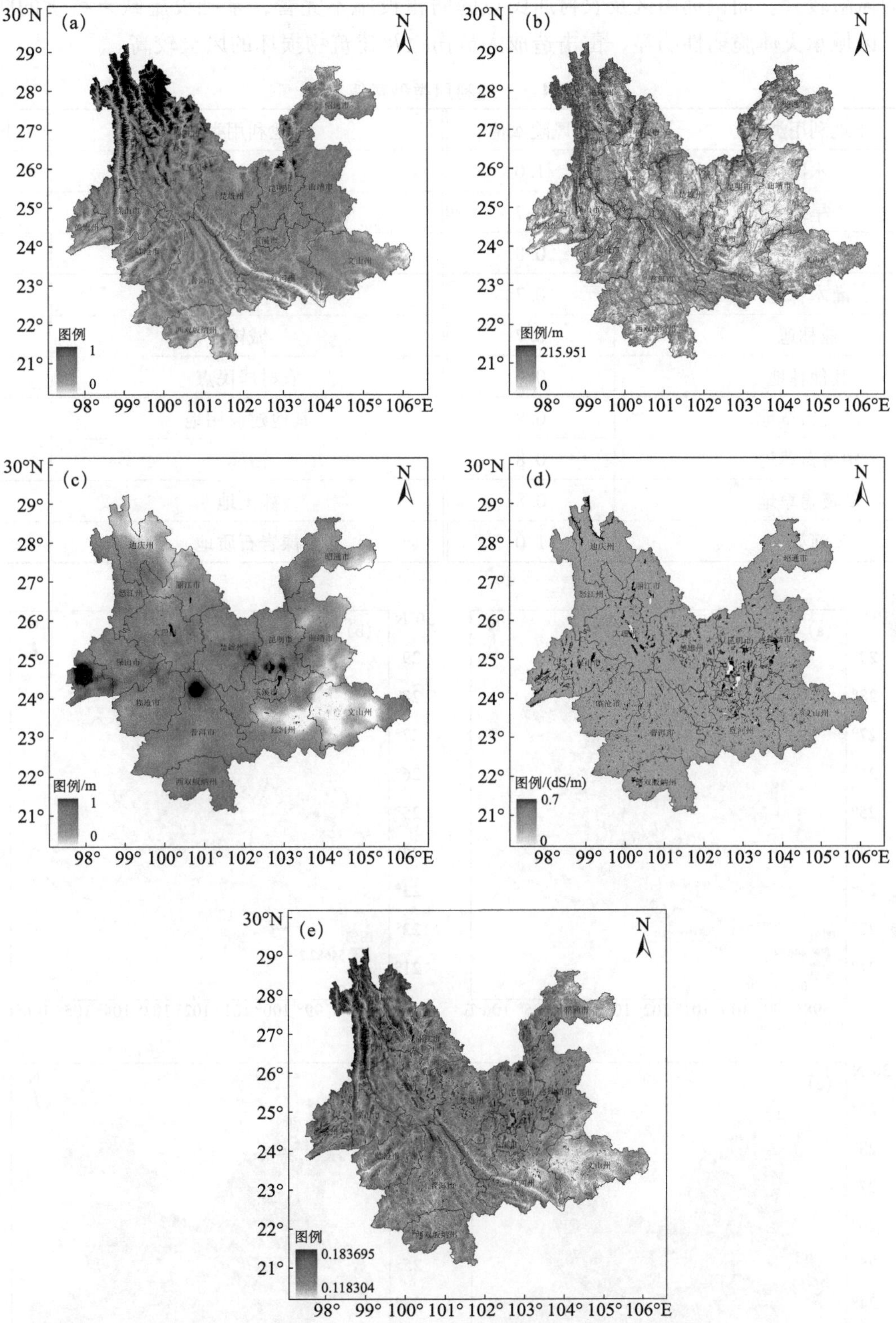

图 3　云南省雷电灾害风险孕灾环境敏感性的空间分布

（a）海拔高度（单位：m）；（b）地形起伏（单位：m）；（c）河网密度（归一化值）；（d）土壤电导率（单位：dS/m）；（e）孕灾环境敏感性

型的雷电灾害风险评价赋值见表 4，制作空间分布见图 4c。综合以上因子绘制承灾体暴露度分布（图 4d），可见德宏、昆明南部、曲靖南部、玉溪北部、大理中部、楚雄中部、昭通西南部等地承灾体暴露度较大。昆明、玉溪、曲靖等地的人口密度大，地均 GDP 较高，雷击对区域可能造成人员伤亡和经济损失的风险较大。而偏远山区及农村居民点的防雷设施不完善，基础设施缺乏科学的防雷设计与施工指导，区域承灾体脆弱性明显，雷击造成人员伤亡及建筑物损坏的风险较高。

表4　土地利用类型赋值[26]

土地利用类型	风险赋值	土地利用类型	风险赋值
水田	1.0	湖泊	1.0
旱地	0.7	水库坑塘	1.0
林地	0.8	永久性冰川	0.5
灌木林地	0.7	滩地	0.8
疏林地	0.7	城镇	0.7
其他林地	0.6	农村居民点	0.9
高覆盖草地	0.8	其他建设用地	0.5
中覆盖草地	0.8	沼泽	0.5
低覆盖草地	0.8	裸土地	0.5
河渠	1.0	裸岩石质地	0.5

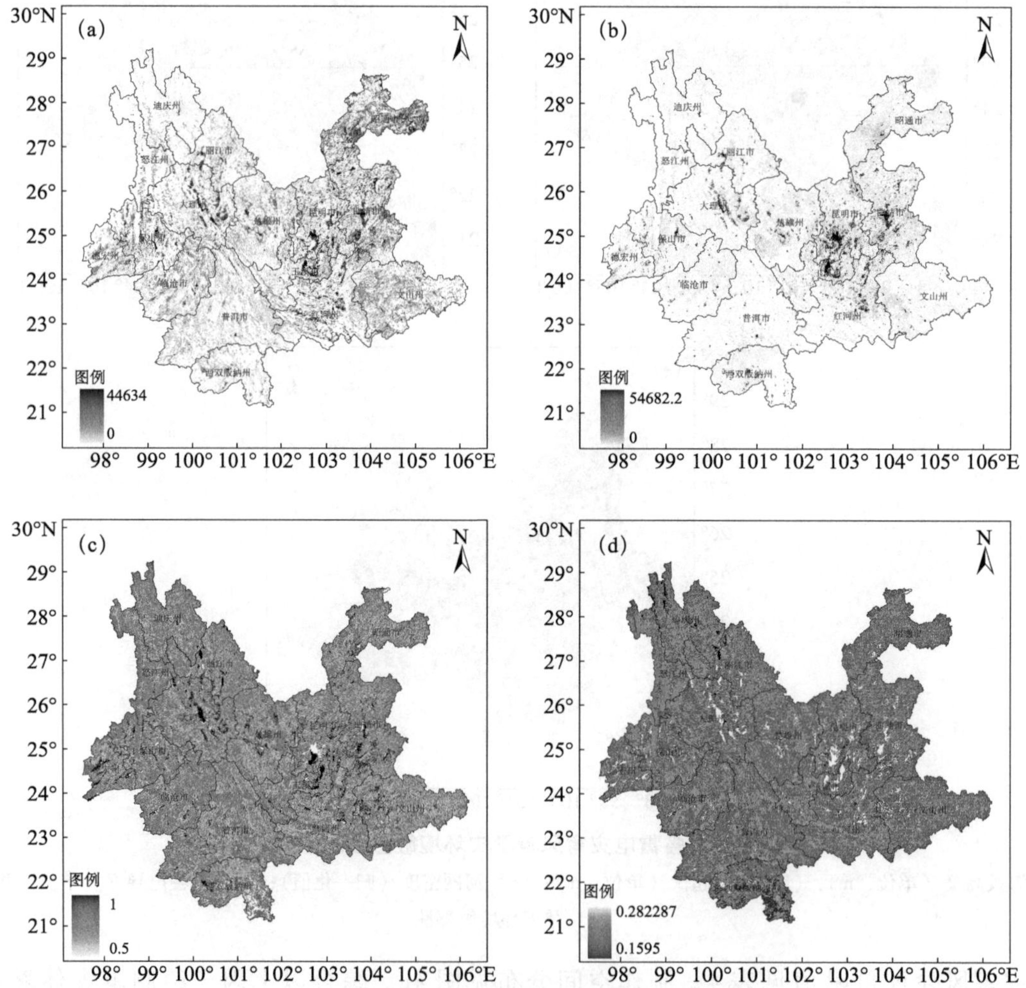

图4　云南省雷电灾害风险承灾体暴露度的空间分布

(a) 人口密度（单位：人/km^2）；(b) 地均 GDP（单位：万元/km^2）；(c) 土地利用类型；(d) 承灾体暴露度

3.4　雷电灾害风险综合评价

将致灾因子、孕灾环境、承灾体图层加权综合得到目标层雷电灾害风险综合评价指数，采用 ArcGIS 中自然断点法划分风险等级（表5），绘制云南省雷电灾害风险区划如图 5 所示，分析得到高风险区占全省总面积的 5.28%，主要分布于滇中、滇西南及滇西北的丽江东南部等地，集中在昆明西南部，丽江华坪，楚雄禄丰，普洱江城，西双版纳勐腊，红河绿春县、弥勒市，曲靖麒麟区、陆良县和罗平县，玉溪红塔区、江川区和通海县，德宏芒市、陇川县和盈江县等地。滇西南的年平均雷暴日数高，滇中地区地闪活动频繁，地闪密度在 2.0 次/(km^2 · a) 以上，人口密度大，地均 GDP 高，承灾体暴露度高，雷击可能造成的人员伤亡和经济损失的风险较其他地区更高。丽江华坪县雷暴日及地闪密度都较大，其雷电灾害综合风险也高，应加强雷击风险防控和隐患排查等工作。

次高风险区面积占比为 18.76%，主要分布在西双版纳、普洱及昆明的大部分地区，以及楚雄东部和西北部、曲靖西部、玉溪北部、大理中部和东北部等。这些区域雷电致灾因子活跃，雷击造成的人员伤亡较高，在农田、山谷、树下及水域附近，人员遭受直击雷的风险较大。

中风险区分布最广，面积占比 31.62%，主要分布在临沧、德宏、曲靖、红河、丽江的大部分地区，以及文山北部、保山南部、普洱东部和昭通西南部，应强化易燃易爆场所、旅游景区、学校等雷电敏感场所的防御措施，加强山区及农村的防雷设施建设。

次低风险区占比达 30.97%，主要分布在红河中部、文山中部及以东、保山中部、大理东南部和楚雄西南部等地。

低风险区占比 13.37%，分布在迪庆、怒江和昭通等地。这些地区山高谷深，孕灾环境敏感性较大，虽然地闪频次较小，但地闪强度较大，雷击可能造成的损失也不可低估。

表5　雷电灾害风险等级划分

等级	雷电灾害风险综合评价指数（LDRI）
高风险区	0.611 < LDRI ≤ 0.704
次高风险区	0.596 < LDRI ≤ 0.611
中风险区	0.585 < LDRI ≤ 0.596
次低风险区	0.572 < LDRI ≤ 0.585
低风险区	0.533 < LDRI ≤ 0.572

3.5　区划评价结果检验

统计云南省 2006—2017 年雷电灾害的空间分布，如图 6 所示，玉溪、普洱、楚雄、西双版纳、保山及昆明的雷电灾害频次多，这些地区地闪活动频繁，年平均雷暴日高，人口密度大，因雷击造成的损失严重。雷击人员伤亡事件多发生在农村及山区，这些地区的基础设施缺乏完善的防雷装置，承灾体抵御雷击的能力较弱，农民群众防御意识不强，田间、山谷、河边、树下等场所发生雷电灾害的频次较高。城镇地区的损失类型主要为雷击建（构）筑物及电子系统设备损坏造成的经济损失。为检验评价结果的优劣程度，把风险区划图与雷电灾情的空间分布进行对比，发现高风险区与雷电灾害高频次区域大致对应。将各州（市）综合风险评价值与雷电灾害频数做相关分析，两者相关系数 R 为 0.67，检验结果 $P = 0.004$，通过 0.01 的显著水平检验，两者相关性较好，说明区划模型能够基本反映区域雷击风险程度，为风险管理提供科学依据。

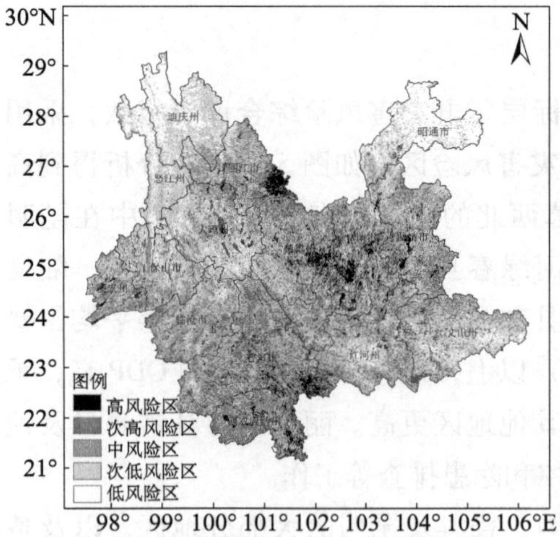

图 5　云南省雷电灾害风险区划

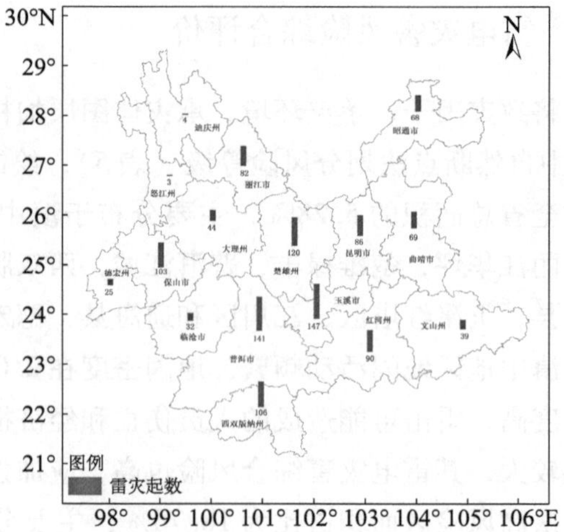

图 6　云南省 2006—2017 年雷电灾害的空间分布

4　结论与讨论

（1）本文根据自然灾害风险理论，从雷电致灾影响因素入手，结合气象数据、地理信息及人口经济等多种资料信息，建立了影响指标与雷电灾害风险的定量化关系和运算程式，研究云南省云地闪活动变化规律，分析致灾因子、孕灾环境、承灾体与风险的相关性。

（2）雷电灾害风险区划结果表明：雷电灾害高风险区主要集中在昆明西南部、普洱江城、丽江华坪、楚雄禄丰和西双版纳勐腊等地；次高风险区分布于西双版纳、普洱、昆明、楚雄东部和西北部、曲靖西部、玉溪北部、大理中部和东北部等地；中风险区范围最广，主要在临沧、德宏、曲靖、红河、丽江的大部分地区，以及文山北部、保山南部、普洱东部和昭通西南部地区；次低风险区主要分布在红河中部、文山中部及以东、保山中部、大理东南部、楚雄西南部等地；低风险区分布在迪庆、怒江和昭通等地。

（3）将云南省各州（市）2006—2017 年历年雷电灾害次数与雷电灾害风险综合评价指数做相关分析，发现两者的对应情况较好，表明风险评价结果较为客观。本文基于灾前风险分析，对区域发生雷电灾害的可能性及损失后果进行研究，分析雷电活动影响范围、致灾因子强度和风险等级等信息，以期为灾前决策防御、灾害应急处置、防雷减灾管理等提供决策参考。由于雷电致灾成因复杂，本文研究的雷电风险分析数量化方法受到资料收集和选取指标等因素的影响，如何对防雷减灾能力因子进行量化，以及实现灾损指数的精细网格化分析是下一步研究的重点，风险评价结果也将随着相关资料时间序列的延长和技术方法的完善，进一步得到优化。

参考文献

[1] 张义军，陶善昌，马明，等. 雷电灾害［M］. 北京：气象出版社，2009.

[2] 张腾飞，尹丽云，张杰，等. 低纬高原地区雷电监测预警方法研究与应用［M］. 北京：气象出版社，2013.

[3] 章国材. 气象灾害风险评估与区划方法［M］. 北京：气象出版社，2010.

[4] 樊运晓，罗云，陈庆寿. 承灾体脆弱性评价指标中的量化方法探讨［J］. 灾害学，2000，15（2）：78-81.

[5] 曾金全，冯真祯，张烨方，等. 区域雷电灾害风险评估模型与应用［J］. 气象科技，2017，45（1）：178-182.

[6] 王淑一，邹善勇，王团团. 大连市雷电灾害风险评估体系指标量化方法［J］. 气象科技，2016，44（3）：510-516.

[7] 李家启，秦健，李良福，等. 雷电灾害评估及其等级划分［J］. 西南大学学报（自然科学版），2010，32（11）：140-144.

[8] 王凤娇，任钟冬，韦良文，等．雷电灾害等级划分及发生潜势指标探讨［J］．气象科技，2009，37（6）：744-747.
[9] 陈广昌，崔逊，田心如．江苏省雷电灾害危险性定量化评估及区划［J］．灾害学，2017，32（1）：32-35.
[10] 张烨方，冯真祯，王颖波，等．基于GIS的网格化雷电灾害风险评估模型及其应用［J］．气象科技，2016，44（1）：142-147.
[11] 马明，吕伟涛，张义军，等．我国雷电灾害及相关因素分析［J］．地球科学进展，2008，23（8）：856-865.
[12] 尹丽云，王灏樾，金文杰，等．低纬高原复杂地形对闪电的影响分析［C］//第35届中国气象学会年会S19雷电物理和防雷新技术—第十六届防雷减灾论坛．
[13] 高金阁，张其林，李东帅，等．粗糙表面对雷电水平电场影响的模拟研究［J］．气象科学，2013，33（6）：627-633.
[14] 郭虎，熊亚军．北京市雷电灾害易损性分析、评估及易损度区划［J］．应用气象学报，2008，19（1）：35-40.
[15] 王敏，孔尚成，王秀英．青海东部地区雷电灾害易损性分析与区划［J］．气象科技，2018，46（2）：412-417.
[16] 李衣长，沈永生，陈阿仲，等．基于GIS图层叠置法的精细化雷电灾害易损度区划模型［J］．气象科技，2018，46（1）：182-188.
[17] 程向阳，谢五三，王凯，等．雷电灾害风险区划方法研究及其在安徽省的应用［J］．气象科学，2012，32（1）：80-85.
[18] 朱涯，鲁韦坤，余凌翔，等．玉溪市雷电灾害风险区划研究［J］．中国农业资源与区划，2017，38（11）：159-164.
[19] 余田野，王学良，袁海锋，等．基于投影寻踪方法的湖北省雷电灾害风险区划［J］．暴雨灾害，2019，38（3）：291-296.
[20] 吴安坤，田鹏举，黄天福，等．基于人口/GDP数据空间化的雷电灾害风险评价［J］．气象科技，2018，46（5）：1026-1031.
[21] 汪志红，王斌会．投影寻踪技术在突发事件风险分类评级中的应用——以广东省雷电灾害风险评价为例［J］．灾害学，2011，26（3）：78-82.
[22] 张继权，李宁．主要气象灾害风险评价与管理的数量化方法及其应用［M］．北京：北京师范大学出版社，2007.
[23] 王国华，苗长明，缪启龙，等．杭州市气象灾害风险区划［M］．北京：气象出版社，2013.
[24] 许美玲，段旭，杞明辉，等．云南省天气预报员手册［M］．北京：气象出版社，2011.
[25] 隋刚，郝兵元，彭林．利用高程标准差表达地形起伏程度的数据分析［J］．太原理工大学学报，2010，41（4）：381-384.
[26] 程丽丹．层次分析法和GIS技术在河南省雷电灾害风险区划中的应用［J］．南京信息工程大学学报，2019，11（2）：112-118.

省级气象灾害综合风险普查技术的创新发展

田 红[1] 程向阳[2] 谢五三[1] 王 胜[1] 唐为安[1] 戴 娟[1] 陶 寅[2]
鞠晓雨[2] 丁小俊[1] 吴 蓉[1] 朱 浩[2]

（1. 安徽省气候中心，合肥 230031；2. 安徽省气象灾害防御技术中心，合肥 230031）

摘要：在全国技术规范框架下，从安徽省自然地理状况、气象灾害发生特点和实际服务需求出发，创新发展了省级气象灾害综合风险普查技术。研究了区域气象站资料使用策略；针对安徽兼具平原、丘陵、山区的特点，研究了低温、冰雹、大风、雪灾等致灾因子地形修正方法，形成“一灾一策”的调查模型；针对安徽两大山区山洪频发特点，对暴雨和台风灾害补充山洪孕灾环境分析，并按照“风险就高”原则建立致灾危险性评估方法；依据风险理论统一了9个灾种的风险评估模型，并提出市县级评估等级划分方法；创新设计普查成果省市县三级审核流程，提出利用历史灾情验证风险区划结果合理性的方法，严把普查质量关。制定下发安徽省9种气象灾害风险普查技术细则，形成适用于省（市、县）级、可复制可推广的风险普查技术体系，为高质量完成气象灾害综合风险普查提供了科技支撑。

关键词：风险普查；风险评估；气象灾害；省级

引言

2023年是第一次全国自然灾害综合风险普查的收官之年。三年来，安徽省气象局在中国气象局和安徽省自然灾害综合风险普查领导小组的指导下，精心谋划，全力组织，稳步推进全省气象灾害风险普查工作。技术上精益求精，在全国技术规范框架下，针对安徽自然地理特征、气象灾害发生发展规律和实际服务需求，细化优化普查技术，编制下发9个灾种的《安徽省气象灾害综合风险普查细则（试行）》，在区域气象站资料使用策略、复杂地形下气象灾害调查方法、暴雨孕灾环境分析、风险评估模型建立、市县级等级划分、普查成果质量检验方法等方面进行了创新发展，形成可复制、可推广的省级气象灾害风险普查技术方法体系，高质量完成了普查任务，全省气象灾害综合风险普查总体进度已达100%。通过普查取得系统性成果，并在业务服务中开展应用。

1 省级气象灾害综合风险普查技术优化

1.1 区域气象站资料使用策略研究

在全国气象灾害风险普查技术规范中，对于何种情况下使用区域气象站资料、如何使用区域气象站资料并未给出详细规定。国家级灾害调查仅使用国家气象站资料是可行的，因为全国范围大，站点足够多，主要体现大的分布形势，局部细小特征可以忽略。但到了省级则必须考虑精细化问题。安徽气象部门在普查过程中，综合考虑灾害特点和资料可用性，对于暴雨、台风（常常引发中小河流洪水和山洪）、大风等局地特征明显的灾种使用国家气象站＋区域气象站资料，以精准体现灾害的局地特点。在如何使用区域气象站资料方面，一是使用前对雨量和大风记录进行质量检查，根据历史极值，将日雨量超过 600 mm、极大风速超过 45 m/s 的记录予以删除；二是针对区域气象站资料长度和国家气象站不一致的问题，对两者数据进行了时空上的比较论证，以确定两类站资料使用年限。

以大风为例，收集整理了全省 80 个国家气象站和 1714 个区域气象站测风资料，设计了四种资料对比开展大风灾害危险性评估，四种资料使用情况如表 1 所示。

表 1　四种资料组合设计

资料组合	站点及年限
方式一	仅国家气象站（2007—2020 年）
方式二	仅区域气象站（2016—2020 年）
方式三	国家气象站（2007—2020 年）+ 区域气象站（2016—2020 年）
方式四	国家气象站（2016—2020 年）+ 区域气象站（2016—2020 年）

分别采用上述四种资料组合开展大风灾害危险性评估，结果如图 1 所示。

从图中可以看出，加入区域气象站资料后，突出了大风的局地性特征。图 1b、c、d 很相似，尤其是 c 和 d 几乎没有区别，可见在区域气象站个数大大多于国家气象站个数的情况下，国家气象站资料长短并不重要。为了严谨起见，最终选取国家气象站和区域气象站资料时间长度一样，都是 2016—2020 年，来开展危险性评估。

对于暴雨，采用同样的方法也得到上述结论，即国家气象站资料长度对结果影响不大。

1.2　复杂地形下气象灾害调查方法

全国灾害普查规范中，气象灾害调查普遍基于国家气象站观测资料，这对于国家级层面是可行的，因为全国台站多，除了大量的平原丘陵站以外，还有一定数量的高山站，能够反映地形影响。安徽地貌地形兼具平原、丘陵、山区，高山站仅有黄山光明顶站（海拔 1840 m）和九华山站（海拔 647 m），大别山区和皖南山区多个气象站都建在县城低海拔区域，气象站资料不足以反映高海拔山区的真实情况。因此，选取对地形敏感且全国灾害普查规范中未考虑地形影响的低温、冰雹、大风、雪灾，分析致灾因子与海拔、坡向等之间的关系，建立气象致灾因子的地形修正方法，形成"一灾一策"的调查模型，还原山区气象灾害时空分布规律，提高灾害调查准确率。

1.2.1　低温

茶叶是安徽两大山区主要经济作物，近年来春霜冻对茶叶生产影响很大，延迟上市期，降低产量，直接影响到茶农和企业经济效益。山区低温不仅与海拔有关，也与坡向有关。基于安徽省 DEM 提取坡向像元值，按照表 2 对坡向敏感性指数（EIS）进行赋值，同时按照表 3 对海拔敏感性指数（H）进行赋值，然后计算地形影响指数（EI）：

$$\mathrm{EI} = (\mathrm{EIS} + H)/2$$

表 2　坡向敏感性指数赋值标准

坡向	南坡（157.5≤*A*<202.5） 东南坡（112.5≤*A*<157.5） 西南坡（202.5≤*A*<247.5）	东坡（67.5≤*A*<112.5） 西坡（247.5≤*A*<292.5） 东北坡（22.5≤*A*<67.5） 西北坡（292.5≤*A*<337.5）	北坡（0≤*A*<22.5） （337.5°≤A<360°）
EIS	0	0.5	1.0

注：*A* 为坡面法线在水平面上的投影与过该点的正北方向的夹角坡向像元值。

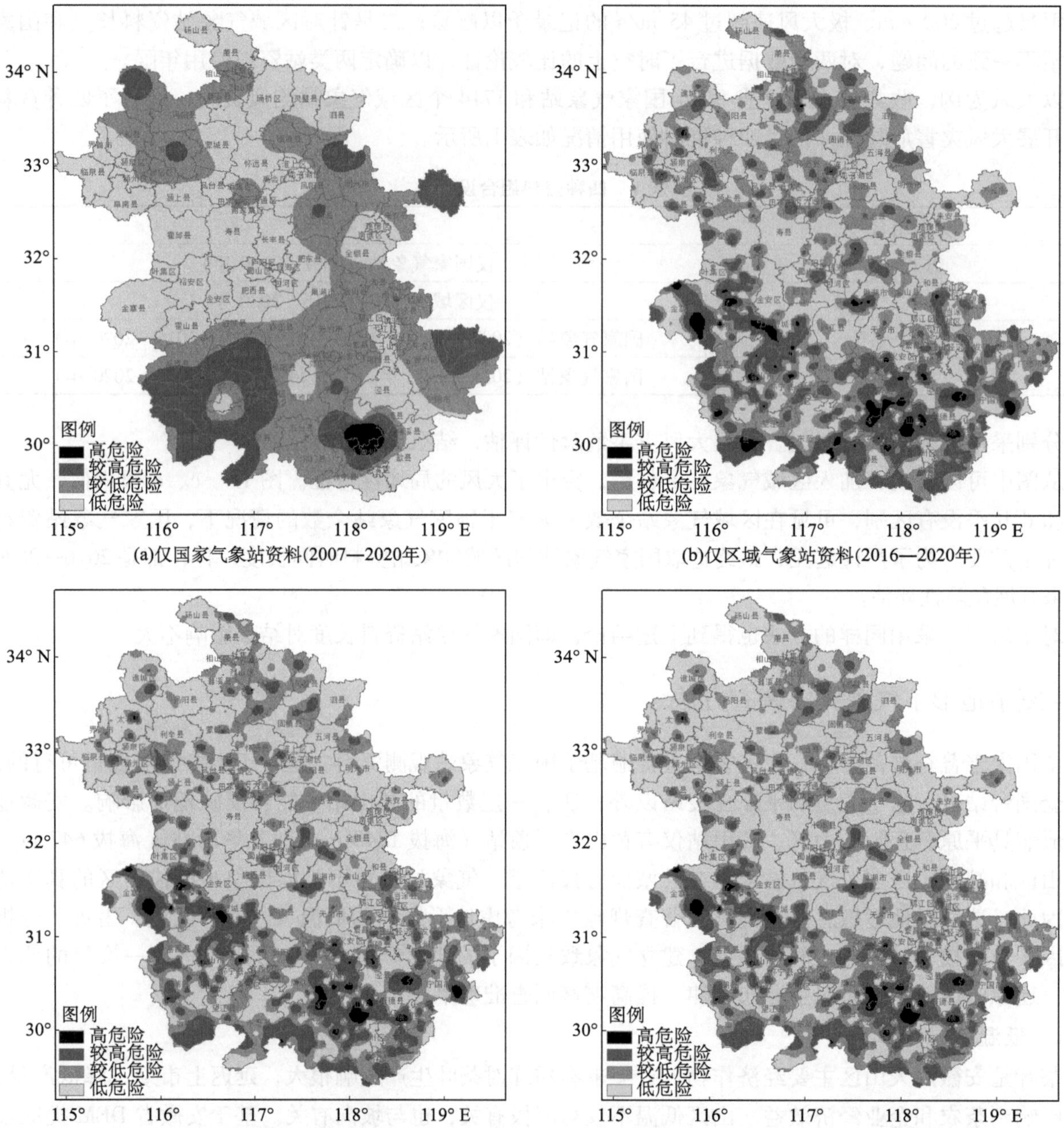

(a)仅国家气象站资料(2007—2020年)　(b)仅区域气象站资料(2016—2020年)

(c) 国家气象站(2007—2020年)+区域气象站(2016—2020年)　(d) 国家气象站(2016—2020年)+区域气象站(2016—2020年)

图1　安徽省大风致灾危险性分区图（a，b，c，d 分别对应四种资料组合方式）

表3　海拔敏感性指数赋值标准

海拔高度/m	<200	200～500	500～900	900～1200	>1200
H	0	0.2	0.5	0.8	1.0

将地形影响指数代入茶叶春霜冻危险性指数，得到实际分布的危险性分区（图2）。由图可见，安徽茶叶春霜冻高危险区主要位于大别山茶区的霍山县、岳西县和江南茶区的黄山区、旌德县西部、黟县大部，这些区域海拔较高、早春气温较低，茶叶春霜冻致灾危险性高。

冰冻灾害严重影响交通、电力和通信设施等，安徽省山区往往是冰冻重灾区，如2008年初特大雨雪冰冻曾造成霍山境内高压输电线路倒塌事故。对此主要考虑海拔的影响，先从全省80个国家气象站

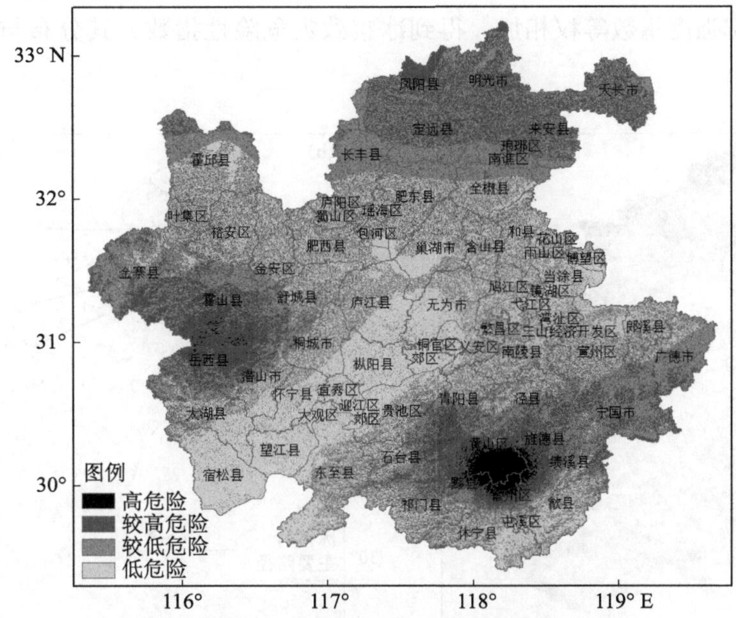

图 2 安徽淮河以南茶叶春霜冻致灾危险性分区图

建站到 2020 年的冰冻过程中挑选出 19 个典型低温冰冻年，分三种情况（全省所有站、海拔 50 m 以上台站、海拔 100 m 以上台站）做海拔高度与年冰冻强度指数的相关分析，发现海拔 100 m 以上国家气象站海拔高度与年冰冻强度指数关系最为显著（图 3）。当海拔高度≥100 m 时，年冰冻强度指数随海拔上升而增加，并达到 0.01 的显著性相关。据此对各站年冰冻强度指数采用 Kriging 空间插值，然后对海拔高度≥100 m 的格点进行年冰冻强度指数的地形修正。

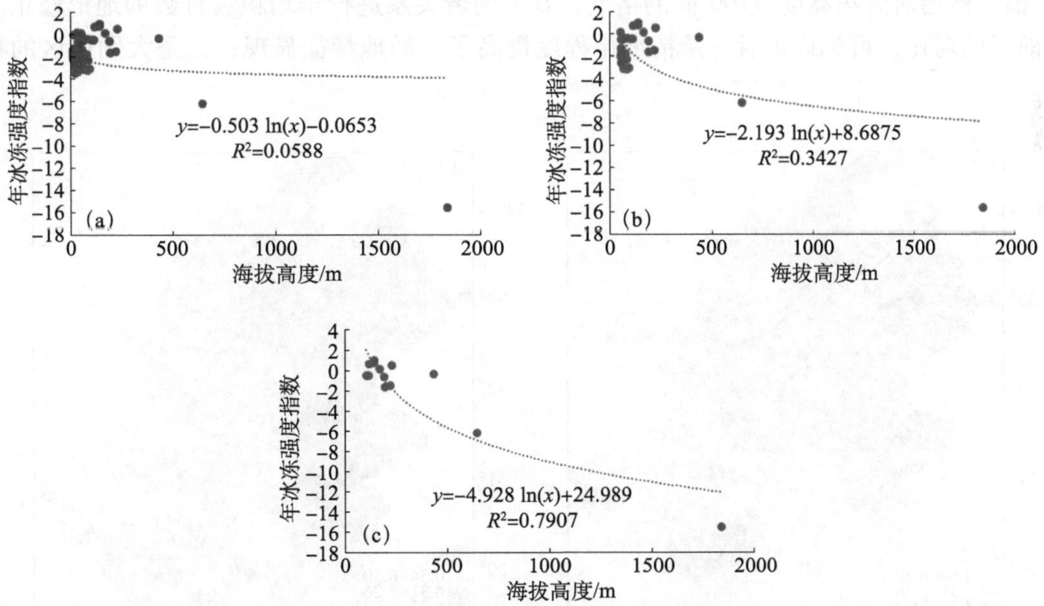

图 3 年冰冻强度指数与站点海拔高度散点图

（a）全省所有站点；（b）海拔≥50 m 的站点；（c）海拔≥100 m 的站点

1.2.2 冰雹

分析全省国家气象站不同海拔高度与冰雹日数的散点图，可以看出，冰雹日数与站点海拔高度密切相关，尤其是海拔高度≥100 m 时，冰雹日数随海拔增高而线性增加。因此，对站点冰雹日数采用

Kriging 进行空间插值，然后对海拔高度≥100 m 的格点，基于两者关系进行冰雹日数的地形修正。将修正后的冰雹日数与冰雹强度指数等权相加，得到冰雹致灾危险性指数，其分布与安徽省冰雹路径分布较为一致（图4）。

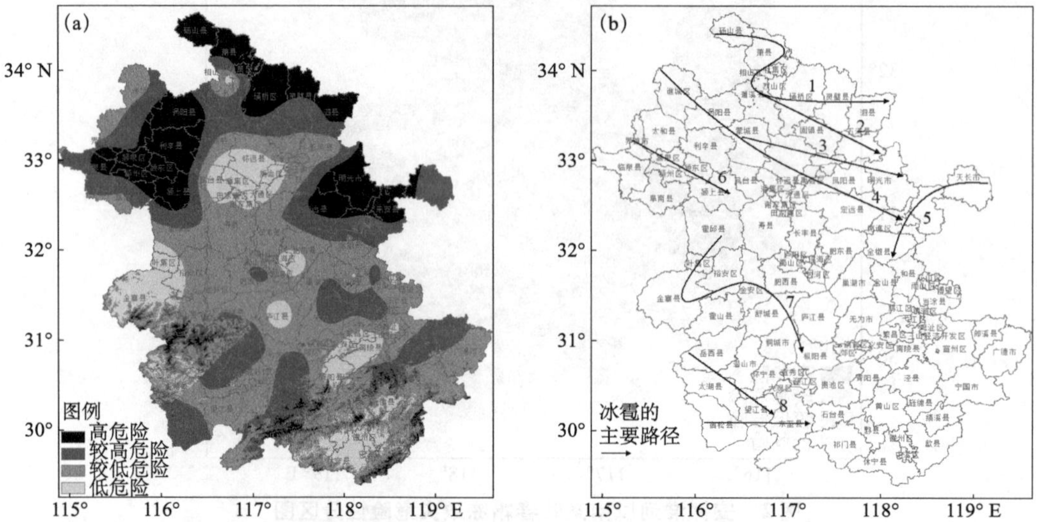

图4　安徽省冰雹致灾危险性分区（a）及冰雹主要路径图（b）

1.2.3　雪灾

在气候变暖背景下，安徽出现大雪的概率不是很大，但山区因气温低，雪灾往往重于平原丘陵地区。分析全省国家气象站年均积雪日数与海拔高度的散点图，可以看出，年均积雪日数随海拔上升呈线性增加趋势，当海拔高度≥100 m 时，两者相关最为显著。因此，对站点的年均积雪日数采用 Kriging 空间插值，然后对海拔高度≥100 m 的格点，基于两者关系进行年均积雪日数的地形修正。图5 给出了订正前后的对比，可见订正后一是精细化程度提高了，局地特征显现；二是大别山区的积雪日数增加了。

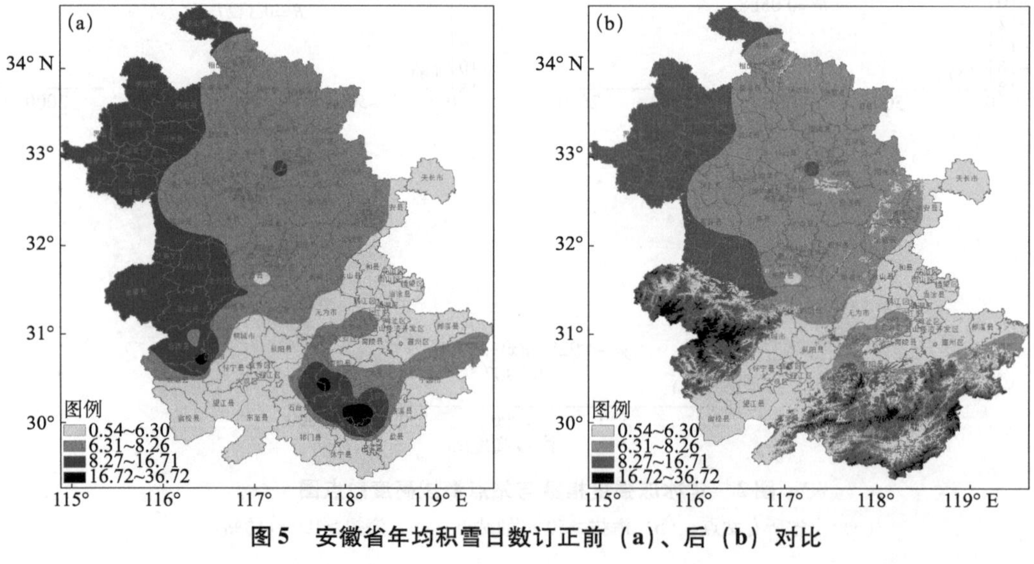

图5　安徽省年均积雪日数订正前（a）、后（b）对比

1.2.4　大风

以前做风能详查时发现，风速随高度增加而增大，故在风灾危险性评估模型中考虑了海拔高度：

$$H=(0.52\times G+0.48\times P)\times 0.7+S\times 0.3$$

式中，H 为大风致灾危险性指数，G、P、S 分别为归一化处理后的年极大风速多年平均值、年大风日数多年平均值及海拔高度，式中各个权重指数的赋值采用层次分析法而获得。

此外，对于干旱、高温灾害，由于高海拔地区相对较轻，故采用简化处理，在无资料区域设立若干个补充站，根据补充站的海拔高度进行危险性指数的经验订正。

1.3　暴雨孕灾环境分析

全国灾害普查规范中，对于暴雨孕灾环境影响仅给出表4进行赋值。其含义是，地势越低、地形变化越小的平坦地区不利于洪水的排泄，容易形成涝灾。这实际上是针对平原内涝而言。

表4　平原内涝地形因子影响系数表

高程标准差/m	海拔高度/m				
	<100	[100，300)	[300，500)	[500，800)	≥800
<1	0.9	0.8	0.7	0.6	0.5
[1，10)	0.8	0.7	0.6	0.5	0.4
[10，20)	0.7	0.6	0.5	0.4	0.3
≥20	0.5	0.4	0.3	0.2	0.1

然而，安徽除了内涝，由暴雨引发的山洪也很多见。因此，技术细则增加了针对山洪的地形影响（表5）。其含义是，海拔越高、越陡峭的地方越易发山洪。

表5　山洪地形因子影响系数表

高程标准差/m	海拔高度/m				
	<100	[100，300)	[300，500)	[500，800)	≥800
<1	0.1	0.2	0.3	0.4	0.5
[1，10)	0.3	0.4	0.5	0.6	0.7
[10，20)	0.4	0.5	0.6	0.7	0.8
≥20	0.5	0.6	0.7	0.8	0.9

按照上述两套算法分别得到全省平原内涝和山洪的孕灾环境影响指数（图6），将两者分别和暴雨致灾危险性指数进行加权综合，得到平原内涝致灾危险性和山洪致灾危险性分区结果。将两者进行叠加，对每个格点按照“风险就高”的原则取其中高值，得到安徽省暴雨灾害致灾危险性分区结果，高危险区主要位于大别山区、沿江江南西部及江南南部，与实际较为一致。

对于台风引发的强降水，采取同样方法。在此不再赘述。

1.4　风险评估模型的精确表达

全国灾害普查规范中，多个灾种风险评估仅给出概念模型（风险指数＝危险性指数×暴露度）。安徽气象部门在实施过程中将其具体化，并将9个灾种风险评估模型统一为：

$$\mathrm{MDRI} = (\mathrm{HI}^{wh})(\mathrm{EI}^{we})$$

式中，MDRI为风险指数，HI为致灾危险性指数，EI为承灾体暴露度，wh、we 分别为两者对应的权重系数。需要注意的是，wh、we 必须是指数形式，这样才能体现出权重大小的贡献。如果 wh、we 变成HI、EI的系数，等权重情况下尚不影响计算结果，不等权重下不适用，因为即便是大小权重互换，最后都是同样的计算结果。基于主、客观方法，在做风险评估时权重分配为：致灾因子0.7，承灾体0.3。因为从成灾角度看，气象致灾因子应占主要地位；此外由于承灾体资料准确性有一定局限，若给

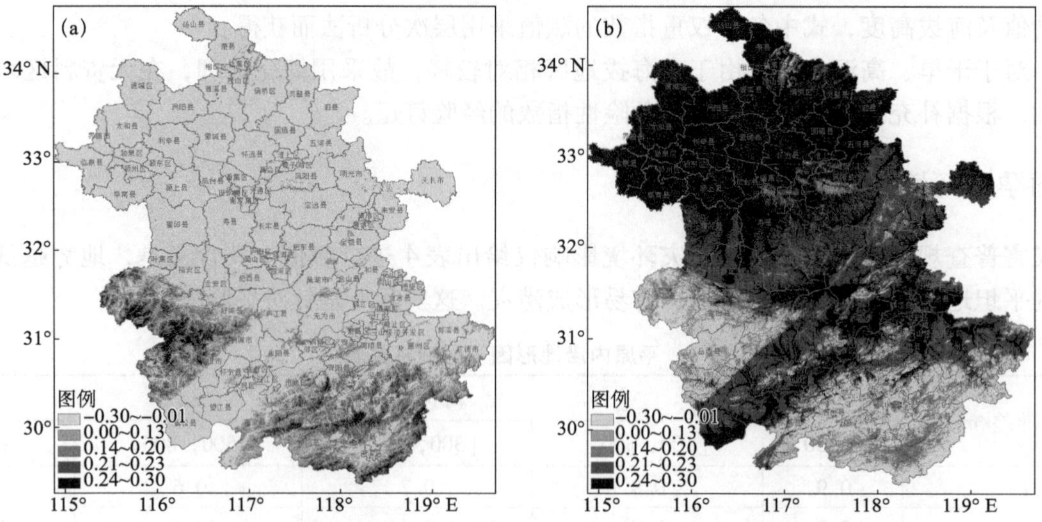

图 6　安徽省山洪（a）和平原内涝（b）孕灾环境影响指数

予较大权重，无疑是放大了结果的不确定性。

另外，在实际操作中还需要注意一个细节：因 EI、HI 归一化之后的值小于 1，故应先将它们扩大 10 倍变成整数，再进行加权求积。

1.5　市县级等级合理划分

为了使全省各地在同一水平下比较，首先开展全省 9 个灾种危险性评估和风险评估，将省级分区图切割出各个市，各个市再切出所辖县区，由此形成省市县三级分区图。但市县图有时会遇到一个问题，即切出的图只有一个等级。为满足地方服务需求，省级灾害普查技术组规定，凡此情况的必须根据指数值再细分，扩展至两个（或以上）等级，且等级大小要与省级相协调，比如某县在全省处于高危险区，则可扩展至较高甚至较低等级，但不建议出现低等级。

以干旱为例，怀宁县致灾危险性在全省只有一个“较低”等级（图 7a），当地在省级灾害普查指导小组指导下根据指数值扩展成“较低”和“低”两个等级（图 7b）。

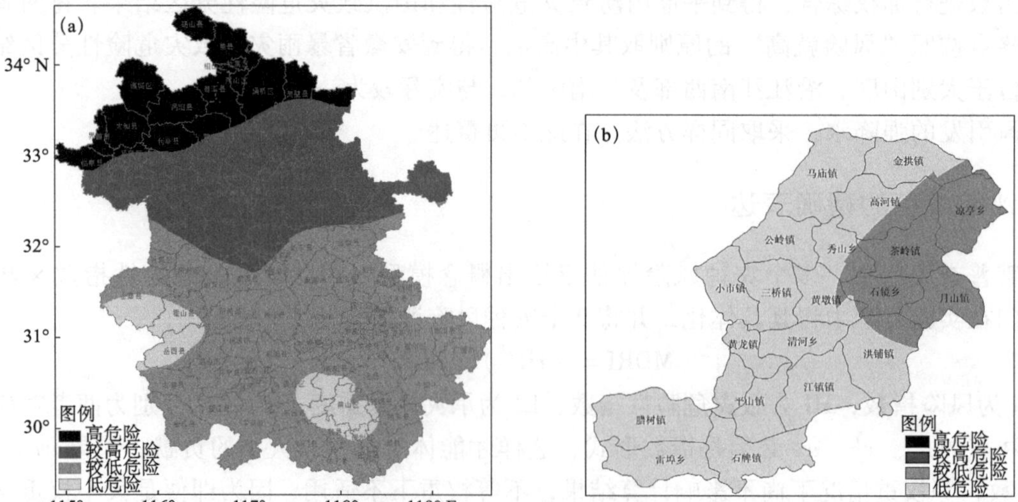

图 7　干旱致灾危险性分区图

（a）安徽全省；（b）怀宁县

1.6　风险区划结果验证方法

由于资料和技术方法的局限性，计算得到的风险评估与区划结果需要检验后方可使用。因此，技术细则增加了区划结果的验证。因灾情是致灾因子和承灾体综合作用的结果，用它来验证风险评估区划结果是合理的。故收集整理了暴雨、干旱、低温雪灾、风雹、雷电的历史灾情序列，以冰雹为例，首先分析冰雹 GDP 风险指数与 1996—2020 年安徽省风雹灾情的相关关系，通过了显著性检验（图 8）。

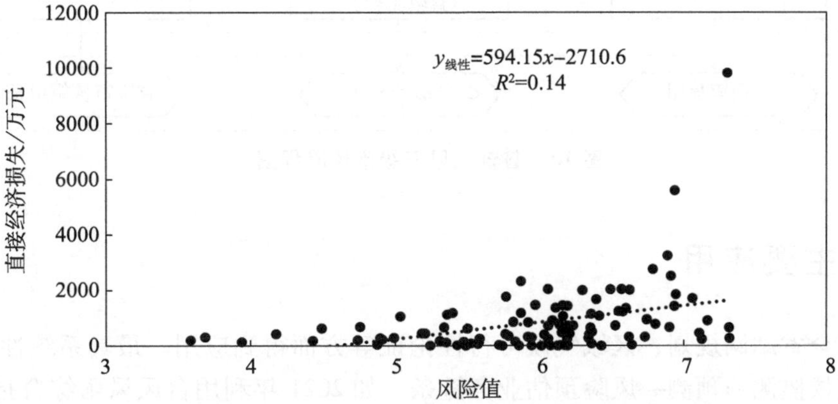

图 8　冰雹灾害 GDP 风险指数与直接经济损失散点关系图

然后，再进行平面图的比较（图 9）。结果表明，人口高、低风险区和实际受灾人口高、低值区较为吻合，说明风险区划结果是可用的。

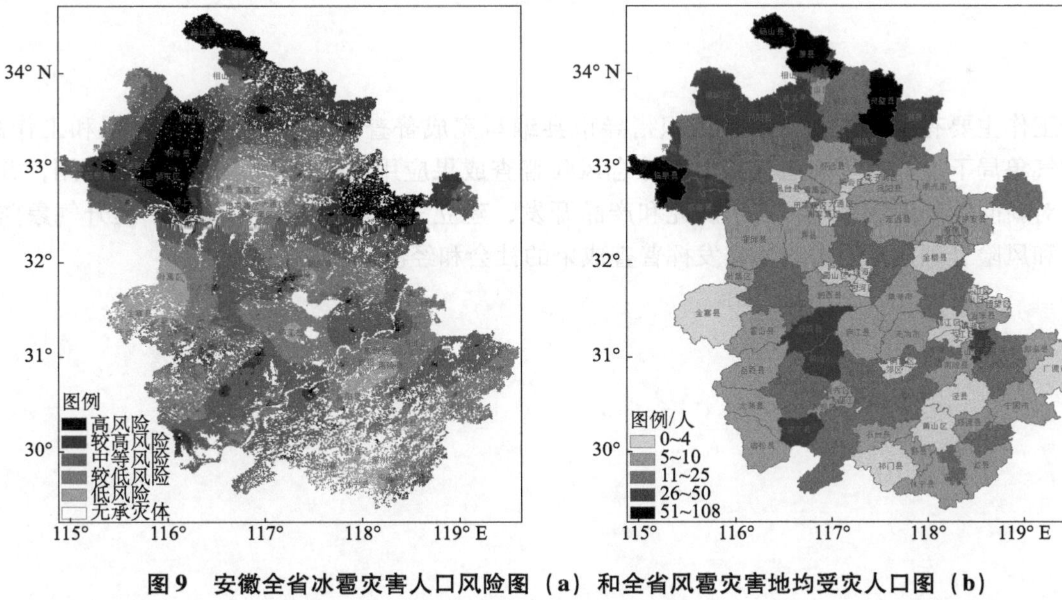

图 9　安徽全省冰雹灾害人口风险图（a）和全省风雹灾害地均受灾人口图（b）

除了研究检验技术外，还创新工作机制，建立了省、市、县三级审核组，设计初审、复审和终审三级审核制度及流程（图 10），省、市、县三级各司其职、各负其责，普查成果须经三方签字后方可纵向上报或横向汇交，严把普查质量关。省级做出的区划结果均向各市县征求意见，根据市县反馈意见，省级技术组再进行修订，确保普查成果的可用性。

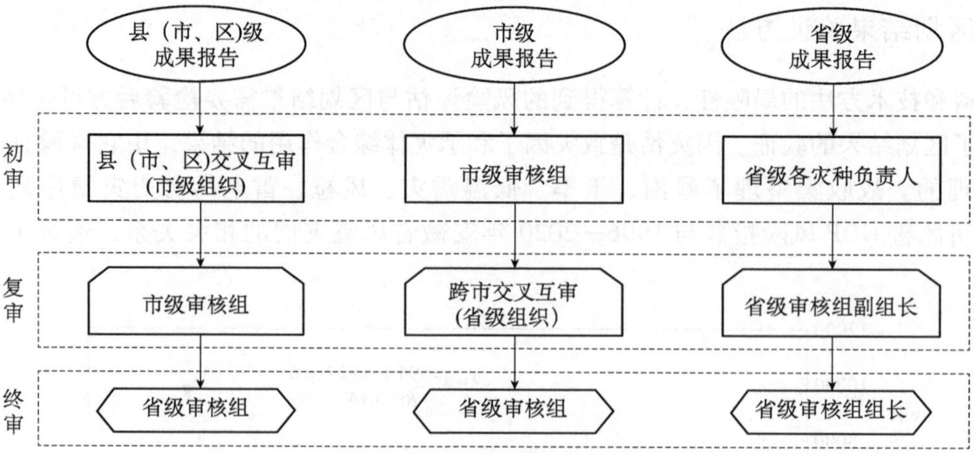

图 10　普查成果三级审核流程图

2　普查成果主要应用

普查成果已在全省站网规划、区域气候可行性论证等方面得到应用。最具系统性的应用是，利用普查成果建立起气候监测→预测→风险预估业务链条，如 2021 年利用台风风雨综合指数评估“烟花”台风强度及危险性等级，开展决策及公众服务；2022 年初基于雪灾普查成果开展春运影响预估服务；2022 年夏秋季基于干旱普查成果和 S2S 智能网格预报产品开展高温干旱对秋粮的风险预估，等等。这些应用实现了由气候单要素向综合评估转变、由实况评估向未来预估的延伸，提升了监测评估的科学性，增强了气象服务的有效性。

3　结语

下一步工作主要有两个方面，一是组织指导市县编写完成普查报告，做好普查收尾和工作总结；二是按照省气象局下发的《安徽省气象灾害综合风险普查成果应用实施方案》开展成果应用，并在应用过程中针对新问题开展成果应用技术研究和产品开发，建立多维度成果应用体系，提升气象防灾减灾服务能力和风险管理业务能力，切实发挥普查成果的社会和经济效益。

广西“龙舟水”暴雨灾害风险评估及检验*

陆芊芊[1]　黄　卓[1]　郑凤琴[1]　莫建飞[2]　李艳兰[1]

（1. 广西壮族自治区气候中心，南宁 530022；2. 广西壮族自治区气象科学研究所，南宁 530022）

摘要：本文选取2022年6月17—21日的广西“龙舟水”暴雨过程，基于91个国家气象观测站和2800个区域自动气象站资料、地理信息、暴雨灾情及其他社会经济资料，从危险性、暴露性和脆弱性三个维度开展精细化暴雨灾害风险评估。结果表明：（1）此次过程的风险评估结果与致灾危险性的空间分布基本一致，桂东北地区高、其他地区低，暴雨致灾危险性在对风险评估结果的贡献中占主导地位；（2）桂林、柳州两市大部及河池、贺州、来宾、贵港、梧州、钦州部分县（市、区）的暴雨致灾危险性及人口、GDP、水稻风险等级相对较高；（3）暴雨灾害风险评估结果反映的高风险和需要重点防御的区域，与实际受灾区域基本相符。

关键词：“龙舟水”；暴雨；致灾危险性；风险评估

1　引言

每年5月下旬至6月中旬为华南前汛期的降水集中期，因为降雨期正好在端午节前后，又称为“龙舟水”[1]。在“龙舟水”期间，南海夏季风爆发向北推进，华南的暖湿空气常与南下的冷空气交汇，进而造成连续几天的暴雨甚至大暴雨降水过程[2-4]，容易诱发洪涝灾害，并对早稻等农作物生长产生不利影响[5]。2022年广西遭遇新中国成立以来最强的一次“龙舟水”，导致大部分地区出现严重洪涝灾害，121条河流出现超警洪水，西江干流出现4次编号洪水，农业、养殖业和交通运输等受到严重影响[6]。因此，开展精细化暴雨灾害风险评估，对加强区域防灾、抗灾能力，降低灾后救灾难度具有重大意义[7]。

我国对暴雨洪涝灾害评估研究起步较晚，但已有不少成果[8-11]，在已有研究中，主要应用决策分析法（AHP）[12]和地理信息系统（GIS）[13]等方法进行灾害风险评估。GIS方法中，暴雨灾害风险评估体系主要包括暴雨致灾危险性、承灾体脆弱性和承灾体暴露度三大方面[14]，王秀荣等[11]以京津冀“7·21”暴雨为例，综合考虑暴雨致灾因子和各类环境脆弱性的影响，进行灾害综合风险评估，结果表明该模型的评估结果合理，可用于制作具有业务应用价值的暴雨灾害风险预警和评估产品。郑雪松等[15]以2018年7月为典型案例，综合考虑暴雨致灾因子和孕灾环境因子影响度，开展黑龙江日、月尺度暴雨灾害危险性评估，该评估模型可实现逐日尺度的暴雨灾害危险等级评估，更能满足实际业务的需求。朱晓晨等[16]对致灾因子危险性、孕灾环境敏感性、承灾体易损性、防灾减灾能力综合加权求和，进行区县级暴雨洪涝风险评估，评估结果基本符合实际情况，能为区县级相关部门暴雨洪涝风险评估业务提供方法指导。

受低涡切变和西南季风共同影响，2022年6月17—21日广西出现“龙舟水”期间（5月21日—

* 基金项目：广西气象科研计划项目（桂气科 2021ZL01）、广西重点研发计划项目（桂科 AB21075008）、广西气象软科学项目（〔2022〕第M03号）。

6 月 21 日，下同）极端性最强的一次大暴雨过程，具有累积雨量大、大暴雨落区高度集中、局地雨势猛、极端性强、持续时间长、落区高度重叠、灾害影响重等特点。因此，本文以该过程为例，充分利用区域自动站数据，结合灾情信息、地形、水系、人口、GDP、农作物等资料，开展精细化的暴雨灾害风险评估研究，为开展暴雨过程的风险评估业务提供思路，提升气象防灾减灾保障服务能力。

2 资料与方法

2.1 资料来源

本文所用的降水资料为广西气象信息中心提供的广西国家气象观测站和区域自动站降雨量；灾情数据为 2014—2022 年由暴雨洪涝灾害引起的受灾人口、直接经济损失及农作物受灾面积，来源于广西壮族自治区应急管理厅；广西的人口、GDP、农作物种植面积等资料来自《广西统计年鉴》。

2.2 研究方法

根据“风险 = 致灾危险性 × 承灾体暴露度 × 承灾体脆弱性”的风险理论模型，考虑暴雨孕灾环境的影响，基于单个气象站点开展精细化暴雨灾害风险评估。

暴雨致灾危险性反映了暴雨可能产生的危害大小，主要考虑单站暴雨过程的强度（IR）和孕灾环境的影响（I_c），致灾危险性指数 T 可由式（1）表达。采用自然断点法将致灾危险性划分为高、较高、较低、低共 4 个等级。

$$T = (1 + I_c) \times \mathrm{IR} \tag{1}$$

将单个气象观测站的日降雨量（20 时—20 时）≥50 mm 的降雨日定义为单站暴雨日；降水过程中，单站暴雨日持续天数≥1 d，或两个暴雨日相隔 1 d、其中断日有中到大雨（10 mm≤日降雨量＜50 mm），则定义为一个单站暴雨过程。参考区域性暴雨过程综合强度算法[17-19]，结合广西历年暴雨灾情，选取单站暴雨过程中最大雨强、累积雨量、持续时间等特征指标，构建暴雨过程强度指数 IR，公式如下：

$$\mathrm{IR} = a \times I_{1\mathrm{pre}} + b \times I_{3\mathrm{pre}} + c \times I_{6\mathrm{pre}} + d \times I_{24\mathrm{pre}} + e \times I_{\mathrm{pre}} + f \times I_{\mathrm{day}} \tag{2}$$

式中：$I_{1\mathrm{pre}}$ 为过程中 1 h 降雨量最大值；$I_{3\mathrm{pre}}$ 为过程中 3 h 降雨量最大值；$I_{6\mathrm{pre}}$ 为过程中 6 h 降雨量最大值；$I_{24\mathrm{pre}}$ 为过程中日降雨量最大值；I_{pre} 为过程的累积降雨量；I_{day} 为过程的开始日至结束日总天数；a、b、c、d、e、f 为权重系数，分别取 0.03、0.03、0.03、0.13、0.17、0.61。以 1991—2020 年所有气象观测站的暴雨过程强度指数为样本，以 50%、75% 和 90% 对应的百分位数阈值将暴雨过程强度划分为一般、较强、强和特强 4 个等级。

暴雨孕灾环境指在暴雨影响下对形成洪涝、泥石流、滑坡、城市内涝等次生灾害起作用的自然环境，包括地形、水系、土壤类型、植被分布等要素，以孕灾环境影响系数 I_c 表征[20,21]，并将 I_c 缩放至[−0.3，0.3]；当 I_c 值越大，表明孕灾环境加重暴雨致灾危险的可能性越大。

选取人口、经济、水稻作为承灾体，分别进行暴露度和脆弱性分析。其中，人口暴露度指常住人口密度，经济暴露度为 GDP 密度，水稻暴露度为水稻种植密度；以灾损率来表征脆弱性，则人口脆弱性为因暴雨灾害造成的死亡人口和受灾人口占区域常住人口比例，经济脆弱性为因暴雨灾害造成的直接经济损失占区域 GDP 的比例，水稻脆弱性为因暴雨灾害造成的农作物受灾面积占种植面积的比例。

综上，建立风险评估模型对不同承灾体（人口、经济和水稻）进行风险评估，模型如下：

$$R = T^{we} \times E^{wh} \times V^{ws} \tag{3}$$

式中：R 为暴雨灾害风险指数，用于表示暴雨灾害风险程度，其值越大，则暴雨灾害风险程度越大；T、E、V 分别表示归一化（式（4））后的致灾危险性指数、承灾体暴露度指数、承灾体脆弱性指数；we、wh、ws 是致灾危险性、承灾体暴露度和脆弱性指数的权重，分别取 0.5、0.4、0.1。采用自然断点法对风险指数 R 由大到小进行分类，将暴雨灾害风险划分为高、较高、中等、较低、低共 5 个等级；将较高以上风险等级区域内的承灾体数量与灾损率相乘，可开展暴雨灾害损失估计。

$$\mathrm{ED}_i = 0.5 + 0.5 \times \frac{A_i - \min_i}{\max_i - \min_i} \tag{4}$$

式中，ED_i 是第 i 个指标的归一化值，A_i 是第 i 个指标值，$\min_i$ 和 $\max_i$ 分别是第 i 个指标中的最小值和最大值。

3　暴雨灾害风险评估

3.1　暴雨致灾危险性评估

2022 年 6 月 17—21 日，桂北大部地区出现暴雨到大暴雨，局部出现特大暴雨，大暴雨落区集中在桂林、柳州、河池、贺州等地。从暴雨过程强度等级分布看，暴雨过程强度分布差异大，降水过程主要出现在桂东北地区以及河池、钦州两市，其中较强等级以上的过程集中出现在桂林市大部，柳州市东南部和融水、融安、三江一带，河池市中部，贺州市北部以及蒙山、平南等地，其他地区为一般强度过程（图 1）。

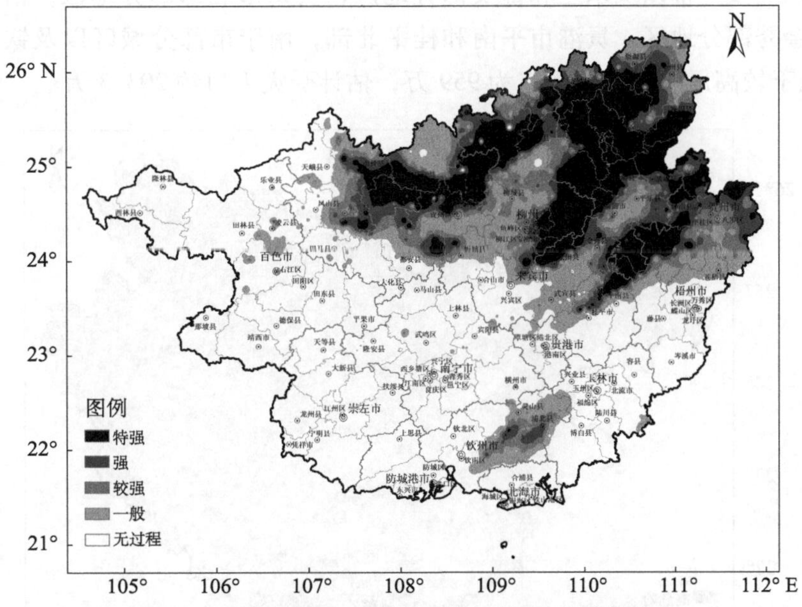

图 1　2022 年 6 月 17—21 日暴雨过程强度等级分布

综合暴雨过程强度和孕灾环境影响系数，此次暴雨过程的致灾危险性分布与过程强度等级分布相似，特别是较高以上致灾危险性的区域与强等级以上的过程分布一致；而对于暴雨过程强度为特强的部分区域，如桂林市龙胜、资源、灌阳、灵川、临桂，柳州市融安，河池市金城江及贺州市昭平、富川等地，其孕灾环境削弱了暴雨致灾危险性的作用，致灾危险性等级有所降低（图 2）。

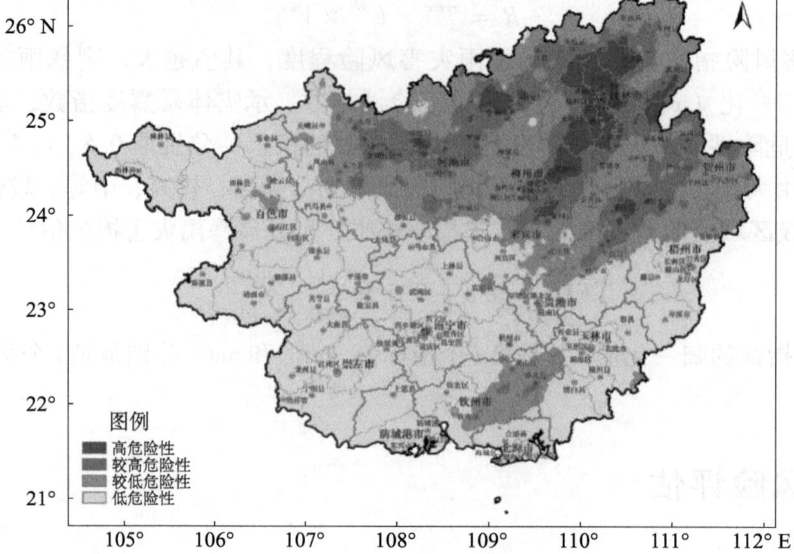

图 2　2022 年 6 月 17—21 日暴雨致灾危险性分布

3.2　暴雨灾害风险评估结果

不同承灾体在此次暴雨过程中的灾害风险评估结果与致灾危险性分布基本一致，但由于承灾体的分布及脆弱性程度不同，人口、GDP 和水稻的风险分布有所不同。暴雨灾害人口风险为较高以上等级区域主要出现在桂林市大部，柳州市城区、鹿寨、融水中部、融安西北部、三江部分地区，河池市南丹、金城江、环江和罗城一带以及东兰和都安部分地区，贺州市北部部分地区，梧州市蒙山和藤县北部，来宾市象州、金秀部分地区，贵港市平南和桂平北部，南宁市部分城区以及钦州市钦南和浦北部分地区（图 3），处于较高风险以上的人口为 959 万，估计受灾人口约 203.3 万。

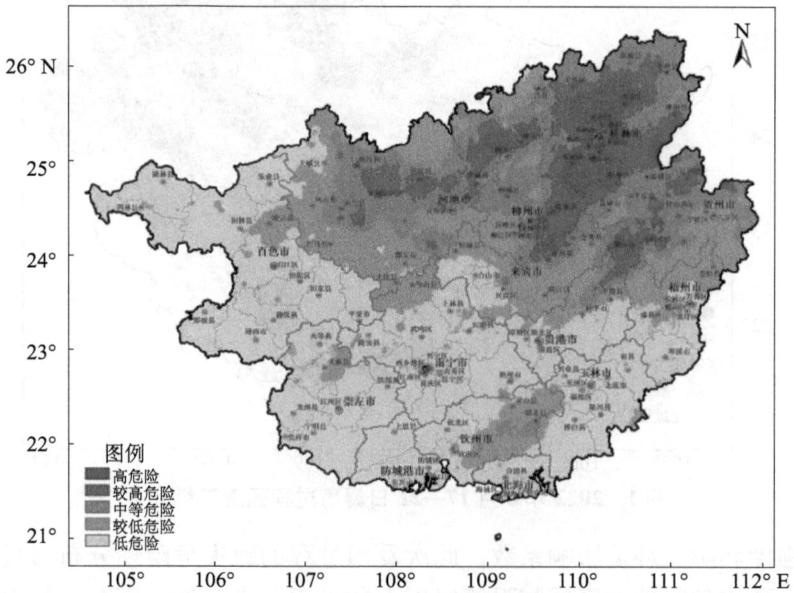

图 3　2022 年 6 月 17—21 日暴雨灾害人口风险分布

暴雨灾害 GDP 高风险区域集中在桂林市灵川、雁山、阳朔、永福、兴安，柳州市融水、融安，来宾市象州和梧州市蒙山等地，但河池市罗城、东兰、都安，柳州市融安以及桂林市龙胜、平乐等地的较高风险等级以上区域面积较人口有所减小（图 4），较高以上风险区域内 GDP 为 4407 亿元，估计直接经济损失为 84.6 亿元。

广西水稻种植区主要位于桂东和右江河谷地区，此次暴雨过程对桂东地区的水稻影响较大。暴雨灾害水稻中等风险以上区域分布与人口相似，而较高以上风险区域主要在桂林市大部，柳州市融水、融安、鹿寨，河池市金城江、环江、罗城，来宾市象州，贺州市富川、昭平以及梧州市蒙山等地（图 5），涉及水稻种植面积约 $2.45\times10^5\ hm^2$，估计水稻受灾面积为 $4.6\times10^4\ hm^2$。

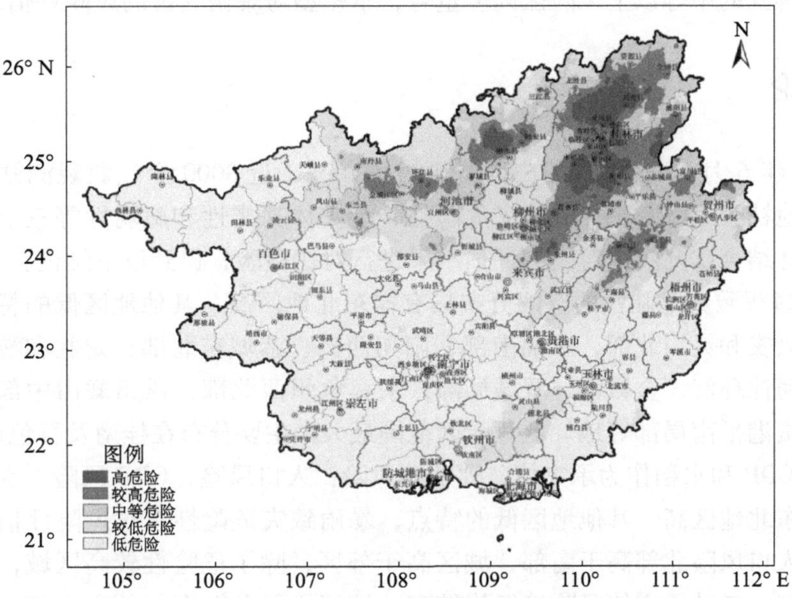

图 4　2022 年 6 月 17—21 日暴雨灾害 GDP 风险分布

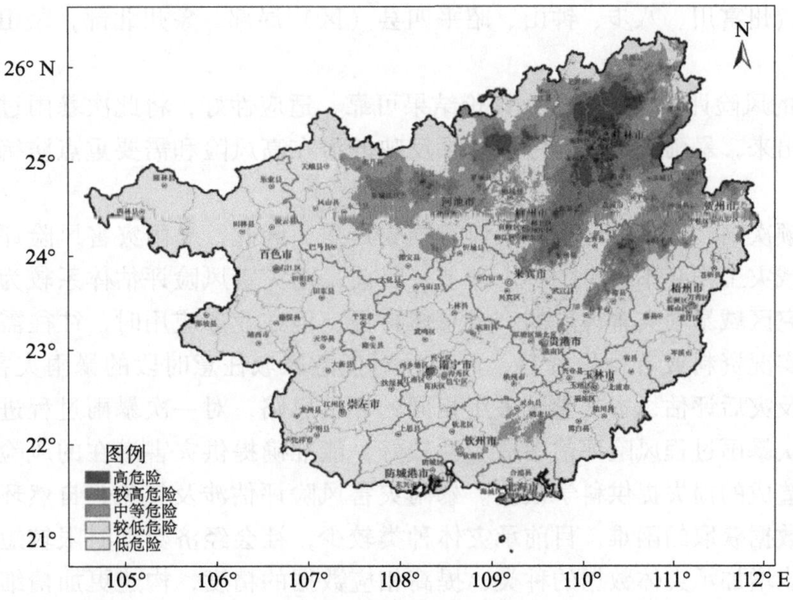

图 5　2022 年 6 月 17—21 日暴雨灾害水稻风险

3.3　风险评估效果检验

对此次暴雨过程的风险评估结果表明，桂林、柳州两市大部及河池、贺州、来宾、钦州部分县

（市、区）的暴雨致灾危险性及人口、GDP、水稻风险等级相对较高。据广西应急管理厅 2022 年 6 月 28 日灾情核报统计，此次暴雨过程造成南宁、柳州、桂林、梧州、钦州、百色，贺州、河池、来宾等 9 市 61 县（市、区）出现洪涝灾害，全区受灾人口 168.4 万，农作物受灾面积 $7.71 \times 10^4 hm^2$，直接经济损失 77.3 亿元。将此次暴雨灾害风险评估结果与实际灾情相比较，受灾区域与较高以上风险区域基本一致，受灾人口、直接经济损失的预估值略高于实际灾情，而水稻受灾面积的预估值约为实际农作物受灾面积的 60%，考虑到同期农作物还包括玉米、甘蔗等，该预估结果可认为合理。总体来说，上述区域与风险评估得到的中等以上风险区高度重合，本模型对暴雨灾害的风险评估结果比较合理。

4 结论与讨论

本文选取 2022 年 6 月 17—21 日的广西暴雨过程，基于近 3000 个气象观测站降水资料、地理信息、暴雨灾情及其他社会经济资料，从致灾危险性、承灾体暴露性和脆弱性等三个维度开展精细化暴雨灾害风险评估，并结合实况灾情对模型评估结果进行对比检验，得到以下结论：

（1）此次暴雨过程致灾危险性的空间分布具有桂东北地区高、其他地区低的特点。高危险区主要分布在桂林城区、兴安和灵川北部、永福南部、阳朔西部、恭城东北部、龙胜和灌阳局部，柳州融水中部、融安局部，河池环江、金城江、罗城局部，来宾象州西北部，梧州蒙山中部、藤县局部，贺州昭平和八步局部及贵港平南局部等地。低危险区范围最大，主要分布在桂南及百色市。

（2）以人口、GDP 和水稻作为承灾体，评估其风险：人口风险、GDP 风险、水稻风险的空间分布基本一致，具有桂东北地区高、其他地区低的特点，暴雨致灾危险性在对风险评估结果的贡献中占主导地位；暴雨灾害人口风险北部高于南部、城区高于郊区，除了危险性较高区域，在水稻种植高密度区，其风险相对较高；三种承灾体风险等级均较高的地区主要分布在桂林市大部，柳州城区和鹿寨大部、融水中部、融安西北部、三江局部，河池罗城、环江、金城江和宜州四县（区）交界处、东兰、南丹和都安局部，贺州富川、八步、钟山、昭平四县（区）局部，象州北部，蒙山大部，平南和藤县局部。

（3）本文所选的风险评估方法合理，评价结果可靠、适应性好，将此次暴雨过程的高危险性及高风险区有效地体现出来，暴雨灾害风险评估结果反映的潜在高风险和需要重点防御的区域，与实际受灾区域基本相符。

暴雨灾害发生频次高，造成的经济、人口等损失严重，因此，暴雨灾害风险评估尤其是精细化灾害评估是当前防灾减灾工作必不可少的一个环节。目前暴雨灾害风险评估体系较为成熟，主要基于长时间序列，得到研究区域暴雨灾害风险的一个总体特征。但在业务应用时，往往需要模型具备实时评估能力，结合降水实况资料或者预报资料，可以针对任意区域任意时段的暴雨灾害进行灾前预评估、灾中跟踪监测评估及灾后评估，本文尝试采用相同的评估思路，对一次暴雨过程进行风险评估，结果表明评估方法在单次暴雨过程风险评估中适应性较好，能准确提供灾害潜在的风险区，为实现灾前评估、降低灾害可能造成的损失提供科学依据。暴雨灾害风险评估涉及气象、自然环境、社会经济等多方面要素，受限于数据获取的困难，目前承灾体种类较少，社会经济数据时限较短且精度不高，在后期的研究中将进一步增加承灾体数据的种类，提高相应数据的精度，构建更加精细化的暴雨风险评估模型。

参考文献

［1］张凌云，刘蕾．柳州 2020 年一次“龙舟水”成因及预报偏差分析［J］．气象研究与应用，2022，43（3）：67-71.
［2］伍红雨，李春梅，王迪龙．近 55 年广东“龙舟水”异常特征及成因分析［J］．热带气象学报，2017，33（5）：

608-616.
[3] 刘国忠，周云霞，覃月凤，等 . 2020 年广西暴雨灾害天气综述与分析［J］. 气象研究与应用，2021，42（1）：101-106.
[4] 吴玉霜，黄小燕，林开平，等 . 广西前汛期大范围持续性暴雨的月际特征及环流差异性分析［J］. 气象研究与应用，2018，39（4）：9-13，106.
[5] 钱维宏，艾阳，陈绿文，等 . 一次广东典型龙舟水暴雨过程的扰动形势分析［J］. 热带气象学报，2020，36（4）：433-443.
[6] 中国新闻网 . 广西经历六轮强降雨过程直接经济损失 124. 84 亿［EB/OL］.（2021-04-29）［2021-04-29］. https://baijiahao. baidu. com/s？id = 1736608009542368476&wfr = spider&for = pc.
[7] 庄瑶，鲍瑞娟，张容焱，等 . 福建热带气旋灾害精细化危险性评估［J］. 应用气象学报，2022，33（3）：319-328.
[8] 裴惠娟，陈晋，李雯，等 . 甘肃省暴雨洪水时空分布及风险评估［J］. 自然灾害学报，2017，26（3）：167-175.
[9] 周月华，彭涛，史瑞琴 . 我国暴雨洪涝灾害风险评估研究进展［J］. 暴雨灾害，2019，38（5）：494-501.
[10] 郑德凤，高敏，李钰，等 . 基于 GIS 的大连市暴雨洪涝灾害综合风险评估［J］. 河海大学学报（自然科学版），2022，50（3）：1-8，22.
[11] 王秀荣，吕终亮，王莉萍，等 . 一种简化的暴雨灾害风险及影响评估方法和应用研究——以京津冀“7·21”暴雨事件为例［J］. 气象，2016，42（2）：213-220.
[12] 谢捷，刘玮，徐月顺，等 . 基于 AHP - 熵权法的西宁地区汛期暴雨灾害风险评估［J］. 自然灾害学报，2022，31（3）：60-74.
[13] 黄冬梅，黄卓帆，黄肖寒 . 基于 GIS 的河池市暴雨洪涝灾害风险评估与区划［J］. 气象研究与应用，2016，37（1）：21-24，130.
[14] 徐永清，陈莉，刘艳华，等 . 基于不同空间尺度资料的自然灾害风险评估对比分析——以暴雨洪涝灾害为例［J］. 灾害学，2022，37（3）：61-68.
[15] 郑雪松，孙琪，张瑶 . 黑龙江省暴雨灾害危险性评估——2018 年 7 月典型案例［J］. 黑龙江气象，2021，38（2）：20-23.
[16] 朱晓晨，高玚，高佳琦，等 . 基于 GIS 的区县级暴雨洪涝风险评估方法［J］. 热带地理，2014，34（5）：704-711.
[17] 周幼婵，何林宴，林雪香，等 . 广西贵港市暴雨过程综合强度评估及分析［J］. 气象研究与应用，2020，41（3）：27-31.
[18] 张柳红，郑璟，伍红雨，等 . 广东暴雨洪涝灾害损失定量评估［J］. 暴雨灾害，2021，40（1）：87-93.
[19] 伍红雨，郭尧，邹燕，等 . 华南区域性暴雨过程的客观评估及异常机理分析［J］. 暴雨灾害，2021，40（3）：306-315.
[20] 莫建飞，陆甲，李艳兰，等 . 基于 GIS 的广西农业暴雨洪涝灾害风险评估［J］. 灾害学，2012，27（1）：38-43.
[21] 莫建飞，陆甲，李艳兰，等 . 基于 GIS 的广西洪涝灾害孕灾环境敏感性评估［J］. 灾害学，2010，25（4）：33-37.

菏泽牡丹低温灾害风险评估及成果应用*

张翠英[1]　樊献政[2]　郝晓雷[1]　曹　洁[3]

（1. 山东省菏泽市气象局，菏泽 274000；2. 山东省招远市气象局，招远 265400；
3. 山东省气候中心，济南 250031）

摘要： 基于菏泽国家气象观测站1978—2020年及150个区域自动气象观测站建站以来的低温资料、牡丹冻害资料，综合确定冷空气（寒潮）、霜冻害指标，按照低温致灾危险性和风险评估技术方法，给出低温灾害危险性等级划分标准和风险区划等级。结果表明：菏泽市牡丹种植区基本处于低温灾害危险性较低的区域；牡丹区霜冻日持续日数总体由菏泽城区向四周逐渐递减的趋势，低温敏感期出现了霜冻，对牡丹的危害较大；极端最低气温较历史极值逐渐升高，每年不同程度的低温导致牡丹遭受冻害；部分低温致灾危险性为低的区域，考虑扩大牡丹种植面积。菏泽市做到“边普查，边应用，边见效”，积极推动低温气象灾害风险评估与区划工作在气象为特色作物服务中推广和应用，为乡村振兴提供科技支撑。

关键词： 菏泽牡丹；低温灾害；风险评估；成果应用

全国自然灾害综合风险普查的目的在于成果的应用，更好地保障人民群众生命财产安全和经济社会持续健康发展[1]。诸多学者已对风险普查成果的应用进行探讨。风险普查为提升全社会灾害防范意识，化解未来自然灾害风险提供了权威数据[2]。余永欣等[3]通过“BDS＋5G”定位技术形成了一套自主性强、可靠性高的自然灾害要素综合风险移动调查技术。王向春[4]认为，遥感技术在普查工作中的优势不可替代。韩晓栋等[5]开展成果应用方面的深入探讨，进而实现普查成果的应用与提升。摸清灾害风险隐患底数，提升灾害应急管理能力[6]。肖丽妮等[7]认为，用好普查成果，建议从决策层面、执行层面、社会层面三方面加强风险普查成果应用。音振兴[8]运用了3S技术对森林资源进行动态监测。张学权等[9]建议把普查成果留在地方、用在地方、益于地方。有些学者[10-12]结合气象部门实际，全面做好全国气象灾害综合风险普查工作。

菏泽气象部门灾害普查工作做到“边普查，边应用，边见效”[13]，积极推动气象灾害风险普查成果应用。菏泽是驰名中外的牡丹之乡，栽培牡丹已有1500多年历史，目前牡丹栽培面积33333 hm^2，有九大色系、十大花型、1200多个品种。牡丹花型多姿、花色多彩，花朵硕大，雍容华贵、富丽端庄、芳香浓郁，是久负盛名的花卉，素有“国色天香”之美誉，具有很高的观赏和药用价值[14-19]，每年花开时节，上百万中外游客云集，呈现“花似海、人如潮”的迷人赏花景观。1992年4月，经国务院六部委批准，作为当年全国旅游观光主题百项活动之一，首届菏泽国际牡丹花会成功举办，至今已圆满举办了三十一届，极大地带动了菏泽经济和文化的发展。

近年来菏泽春季温度逐年上升，导致牡丹花期逐渐提前[20-22]。虽然极端最低气温较历史极值偏高，但极端最低气温的出现仍然危害牡丹的生长，如2018年油用牡丹冻害严重导致部分地块绝产。因此，运用自然灾害综合风险普查结果与灾害预报预警进行集合，形成针对牡丹灾害监测预警与评估技术，为牡丹气象服务提供科学参考依据。

* 基金项目：山东省气象局项目“菏泽牡丹冻害监测诊断与灾害预警技术研究”（2021sdqxm14）。

1 材料和方法

1.1 研究区域

菏泽位于黄河中下游，属于冲积平原，土层深厚，土质疏松，土地肥沃；年平均气温 14.5 ℃、降雨量 652.7 mm、无霜期 288 d，且四季分明，雨热同季，自古以来就是牡丹最适宜的生长区，已经成为我国牡丹栽培中心。

1.2 物候资料与气象资料

本文使用的气象资料来源于菏泽国家气象观测站 1978—2020 年及 150 个区域自动气象观测站 2005 年建站以来的低温资料；牡丹低温冻害资料来源于菏泽国家农业气象观测站[23]。

1.3 方法

按照《低温灾害调查与风险评估技术规范》（2021 年 4 月）[24]，结合菏泽市的实际特点，综合确定冷空气（寒潮）、霜冻害指标，根据低温致灾危险性和风险评估技术方法，给出低温灾害危险性等级划分标准和风险区划等级。

1.3.1 低温致灾因子选取

（1）低温灾害类型确定

按照《低温灾害调查与风险评估技术规范》（2021 年 4 月）[24]，结合菏泽市的实际特点，综合确定了冷空气（寒潮）、霜冻害 2 种低温灾害类型。

（2）致灾因子危险性指标

①冷空气（寒潮）。冷空气识别标准：冷空气过程识别方法依据《冷空气过程监测指标》（QX/T 393—2017），单站出现中等强度冷空气（48 h 降温幅度≥6 ℃），持续两日及以上，判定为出现一次冷空气过程；满足冷空气过程判定条件的首日为冷空气过程开始日，满足冷空气过程判定条件的最后一日为冷空气过程结束日。对所有站点，调查历年逐次冷空气（寒潮）致灾因子，包括：持续时间、过程最大降温幅度、过程极端最低气温等。

②霜冻害：参照《中国灾害性天气气候图集（1961—2015 年）》[25]，将日最低气温≤2 ℃作为霜冻指标。

对所有站点，调查历年逐次霜冻害致灾因子，包括：霜冻日数、霜冻期平均气温、霜冻期平均最低气温等。

1.3.2 低温致灾危险性评估技术方法

菏泽市低温灾害涉及冷空气（寒潮）、霜冻等灾害类型。按照《低温灾害调查与风险评估技术规范》（2021 年 4 月）[24] 推荐的技术方法，分别计算各低温灾害危险性指数后，将各低温灾害危险性指数加权求和得到菏泽市整体低温灾害危险性。低温灾害危险性计算公式如下：

$$H = \sum_{1}^{N} a_i \times X_i \tag{1}$$

式中：H 为致灾因子危险性指数；X_i 为第 i 种致灾因子归一化值；a_i 为第 i 种致灾因子权重系数，由信息熵赋权法获得。

1.3.3 低温风险评估技术方法

（1）暴露度评估方法

参考《低温灾害调查与风险评估技术规范》（2021 年 4 月）[24]，以菏泽市范围内各乡镇承灾体

（冬小麦分布面积与各乡镇总面积之比、人口数与各乡镇总面积之比、GDP 与各乡镇总面积之比）作为承灾体暴露度指标，暴露度指数计算方法如下：

$$I_{VS}=\frac{S_E}{S} \tag{2}$$

式中，I_{VS}为承灾体暴露度指标，S_E 为各乡镇承灾体分布面积或人口数、GDP，S 为各乡镇总面积（参照《农业气象灾害风险区划技术导则》（QX/T 527—2019））。

对各评价指标进行归一化处理，采用信息熵赋权法确定权重，加权计算不同要素归一化后的乘积之和作为暴露度指数。

（2）脆弱性评估方法

参考《低温灾害调查与风险评估技术规范》（2021 年 4 月）[24]，采用菏泽市范围内各乡镇低温灾害受灾人口与总人口、直接经济损失与国内生产总值、农作物受灾面积与总种植面积的比值等作为评价敏感性的指标来表征脆弱性。脆弱性指数计算方法如下：

$$V_i=\frac{S_V}{S} \tag{3}$$

式中，V_i 为第 i 类承灾体脆弱性指数，S_V 为各乡镇第 i 类承灾体受灾损失量，S 为各乡镇总人口、总 GDP 或农作物种植总面积。

对各评价指标进行归一化处理，采用信息熵赋权法确定权重，加权计算不同要素归一化后的乘积之和作为脆弱性指数。

（3）风险评估

基于低温灾害风险评估模型，分别对各类低温灾害开展风险评估工作，同时考虑各类型低温灾害的危险性指数，对低温灾害整体开展风险评估工作。低温灾害风险评估模型如下：

$$R=H\times I\times V \tag{4}$$

式中，R 为特定承灾体低温灾害风险评价指数，H 为致灾因子危险性指数，I 为承灾体暴露度指数，V 为脆弱性指数。

（4）风险分区

根据风险评估结果，结合考虑地形、地貌、区域性特征等，对低温灾害风险进行分区。

1.3.4 低温等级划分方法

（1）低温灾害危险性等级划分

基于低温灾害危险性评估结果，综合考虑行政区划，对低温灾害危险性进行基于空间单元的划分，并根据危险性评估结果制作成果图件。根据低温灾害危险性指标值分布特征，采用标准差等方法，将低温灾害危险性分为 4 级（表 1）。

表 1 低温灾害危险性等级划分标准

等级值	标准
Ⅰ	Hazard ≥（ave + σ）
Ⅱ	ave ≤ Hazard <（ave + σ）
Ⅲ	（ave − σ）≤ Hazard < ave
Ⅳ	Hazard <（ave − σ）

注：Hazard 为危险性指标值，ave 为区域内非 0 危险性指标值均值，σ 为区域内非 0 危险性指标值标准差。

（2）低温灾害风险等级划分

依据风险评估结果，针对不同承灾体，使用标准差方法，定义风险等级区间，将低温灾害风险按 5 级分区划分。风险等级划分标准见表 2。

表 2　低温灾害风险区划等级

等级值	等级名称	标准
Ⅰ	高	Risk ≥ (ave + σ)
Ⅱ	较高	(ave + 0.5σ) ≤ Risk < (ave + σ)
Ⅲ	中	(ave − 0.5σ) ≤ Risk < (ave + 0.5σ)
Ⅳ	较低	(ave − σ) ≤ Risk < (ave − 0.5σ)
Ⅴ	低	Risk < (ave − σ)

注：Risk 为风险评估结果指标值，ave 为区域内非 0 风险指标值均值，σ 为区域内非 0 风险值标准差。

2　结果和分析

2.1　菏泽牡丹低温灾害风险评估

菏泽市气象灾害风险普查主要包括气象灾害致灾调查与评估、气象灾害的风险评估与区划两部分。统计分析菏泽市国家气象观测站 1978—2020 年气象资料及区域自动站建站以来的低温资料，开展菏泽市低温气象灾害风险评估与区划工作。

2.1.1　菏泽市低温灾害分析与评估

基于菏泽市低温灾害危险性评估结果和风险评估模型，构建菏泽市低温致灾区划图（图 1a），菏泽市低温致灾危险性分布特征较为明显，郓城县、鄄城县和巨野县低温灾害危险性为高或较高，菏泽的中部、西部和西南部等为较低或低风险区。

统计菏泽市降温过程极端最低气温和霜冻日累年平均持续日数，采用插值方法得到过程极端最低气温和霜冻日累年平均持续日数空间分布图（图 1b 和图 1c），由图可见，菏泽市过程极端最低气温和霜冻日的出现大体上一致，总体由北部向南逐渐减少，其中以鄄城县偏北部、巨野县偏东部、东明县偏西部和郓城县中部出现最多，单县的南部、成武的东部、定陶区和成武县交界处较少，牡丹区中部显示出现最少。

2.1.2　菏泽市牡丹区低温致灾危险性分析与评估

油用牡丹种植分布在菏泽市各县区，但观赏牡丹主要集中在牡丹区部分乡镇，因此对菏泽市牡丹区低温致灾危险性区划、极端最低气温和霜冻日数进行分析，以便更好地做好菏泽市观赏牡丹低温气象保障服务。

根据低温灾害危险性指标值分布特征和风险评估结果，采用标准差等方法，绘制牡丹区低温致灾危险性区划（图 2a）可知，牡丹区低温致灾危险性分布特征和区划较为明显。菏泽城中心低温灾害危险性为高，北城街道、吴店镇、高庄镇、小留镇低温灾害危险性较高，牡丹街道和黄堽镇较低，但前面三个分布区是牡丹种植比较密集的区域，低温灾害的出现导致牡丹受灾的概率较大。牡丹区西部、南部和东部低温致灾危险性为低，这些地方牡丹种植面积较小，甚至没有种植牡丹，根据牡丹区低温致灾危险性区划，考虑可以在致灾危险性区划较低或低的区域扩大牡丹种植面积，增加花农经济效益。

基于牡丹区降温过程极端最低气温和霜冻日数空间分布图，由图 2b 和图 2c 可见，牡丹区过程极端最低气温大体上西北部低，向南、向东过程极端最低气温逐渐升高，最低值出现在菏泽城区，菏泽城区周边观赏牡丹种植较多，极端最低气温的出现，极大危及牡丹的生长，每年不同程度的低温导致牡丹遭受冻害。霜冻日数与极端最低气温分布差别较大，牡丹区多年霜冻日累年平均持续日数总体呈现由菏泽城区向四周逐渐递减的趋势，东城街道、丹阳街道出现最多，东部偏少，牡丹区的西北、西南部明显减少。但霜冻日的出现，特别是降温幅度较大，对牡丹生长危害最明显。

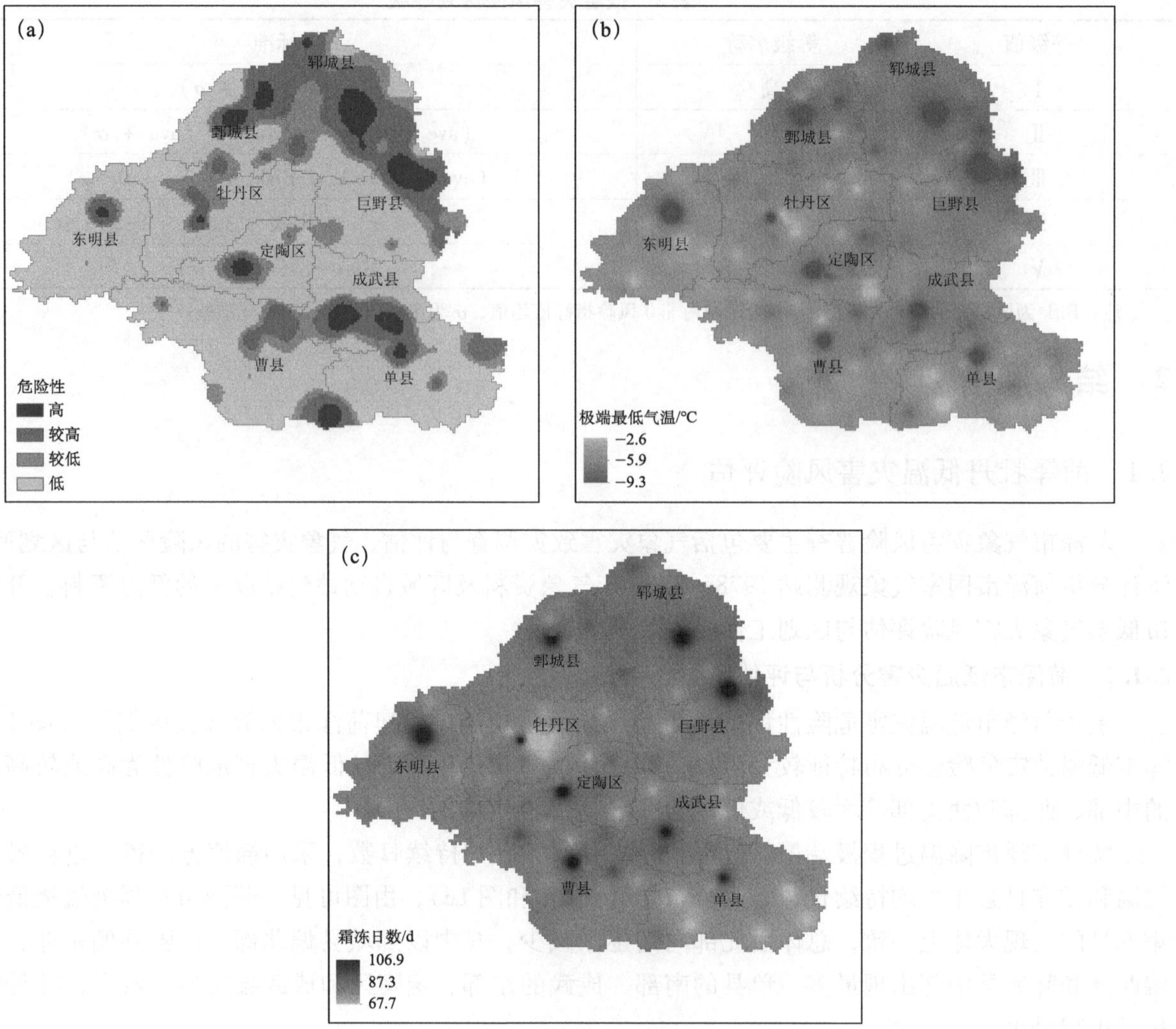

图1　菏泽市低温致灾危险性分析与评估

（a）菏泽市低温致灾危险性区划图；（b）菏泽市过程极端最低气温分布图；（c）菏泽市霜冻日数分布图

综上所述，菏泽低温灾害风险普查成果低温致灾危险性区划，能真实体现出本地低温致灾危险性的高或低，因此，综合风险普查成果的应用能更好地为防灾减灾、趋利避害等气象服务提供科技支撑。

2.2　低温灾害风险普查成果验证

2018 年 4 月 2—4 日菏泽市出现气温骤降天气，最高气温由 30.1 ℃降到 6.7 ℃，最低气温由 17.2 ℃降到 0.5 ℃，4 月 3 日最大风速为 9.2 m/s。4 月初油用牡丹正处于花粉形成期，此阶段耐低温程度最差，一般耐低温极限为 -3.0 ℃，在骤然降温的情况下，更易受低温冻害。这次低温冷冻灾害发生在油用牡丹授粉的关键时期，异常天气发生后，低温可能会对牡丹授粉产生影响，4 月未显现明显的灾情，5 月中旬牡丹种子败育现象逐渐显现。5 月下旬，由于断崖式倒春寒天气影响，造成菏泽市油用牡丹接近绝产，种子败育连片，受灾即成灾，成灾近绝产，损失极为惨重。据初步统计，全市共计 9 个县区 80 个乡镇 54283 人受灾，受灾面积约 5022.22 hm^2，其中，成灾面积 4331.07 hm^2，绝收面积 3684.86 hm^2，预计直接经济损失达 10098.57 万元（资料来自菏泽市民政局）。

2018 年 4 月 1—10 日菏泽市 159 个站最低气温变化趋势和实况图可见（图 3、图 4），全市多站出

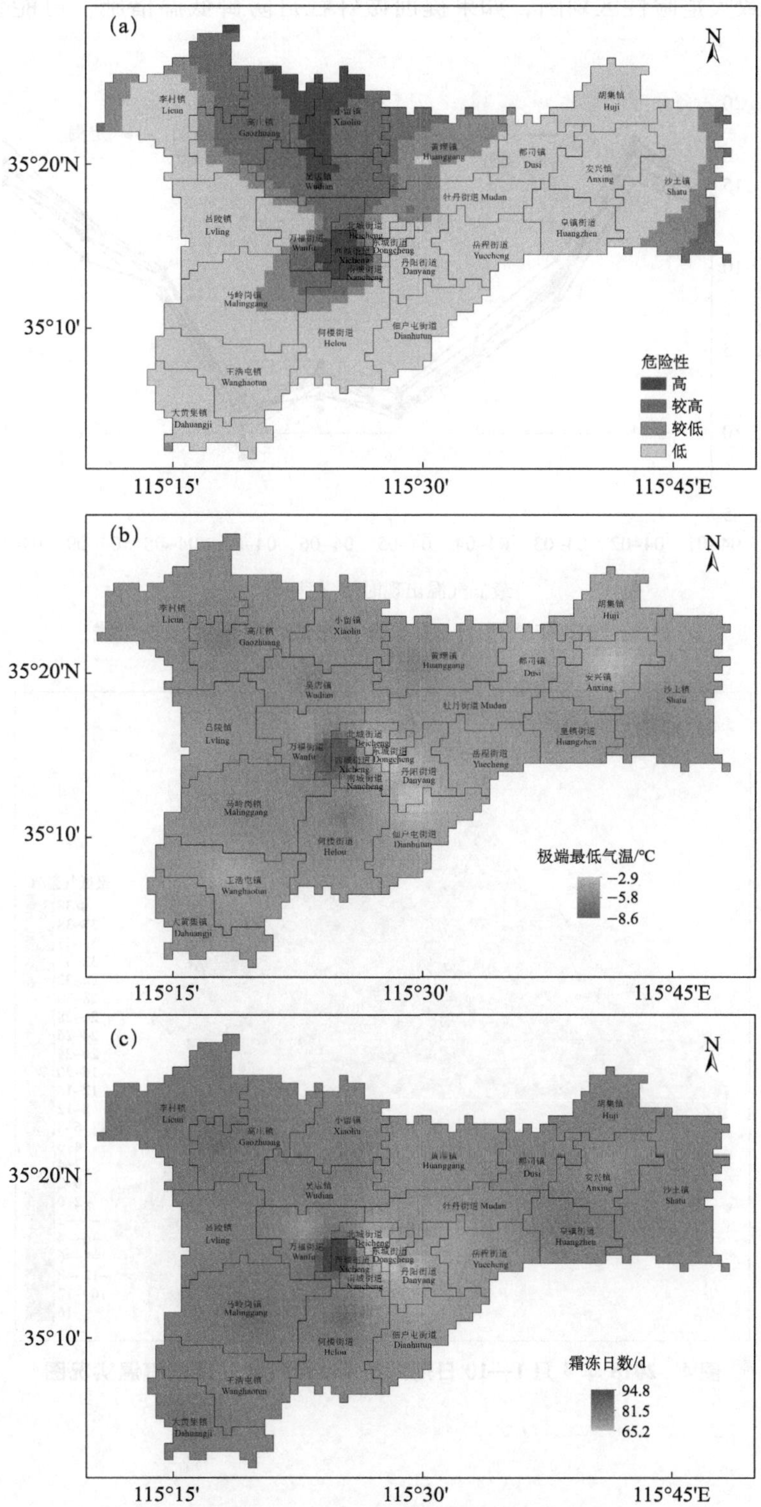

图 2　菏泽市牡丹区低温致灾危险性分析与评估

（a）牡丹区低温致灾危险性评估图；（b）牡丹区低温致灾危险性区划分布图；（c）牡丹区霜冻日数分布图

现 0 ℃以下的气温，最低温度达 −3.1 ℃。此次最低气温分布图与图 2b 菏泽市低温致灾危险性区划图基本一致，郓城县、鄄城县、巨野县及零星区域出现低温灾害危险性为高或较高，菏泽的中部、西部和西南部等为较低或低风险区。

根据菏泽市低温致灾危险性区划图，如果提前做好牡丹防御低温措施，可能会减少灾害给花农带来的损失。

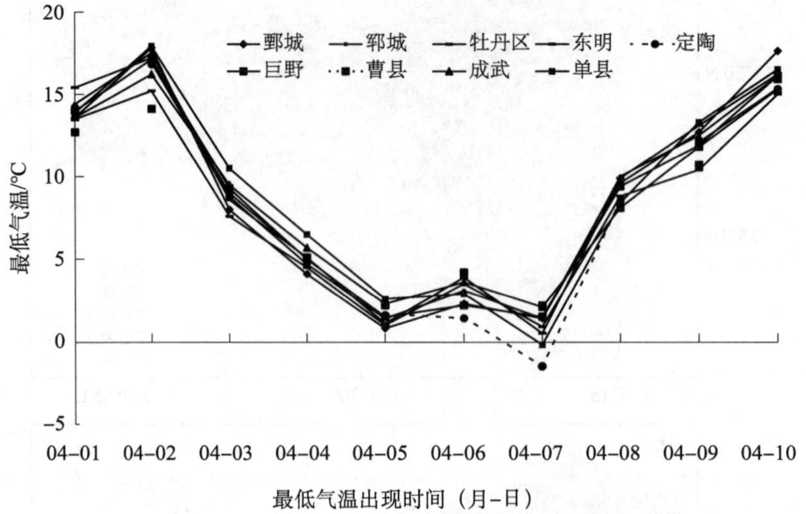

图3　2018 年 4 月 1—10 日菏泽市最低气温变化趋势线

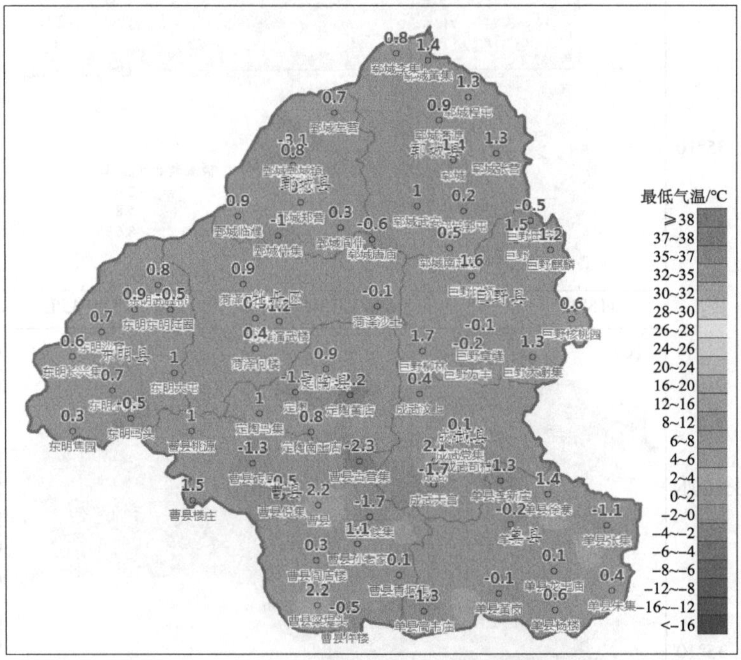

图4　2018 年 4 月 1—10 日菏泽市 159 个气象站最低气温实况图

3　成果应用

3.1　评估成果在牡丹低温冻害监测预报服务中的应用

按照“边普查、边应用、边见效”的原则，以筑牢气象防灾减灾第一道防线为重点，强化气象灾害风险普查大数据分析，开展气象灾害定量化影响评估，做好低温灾害影响预报和气象灾害风险预警服务，大力推进低温普查成果在防灾减灾和气象服务中的融合应用，全面提升防灾减灾气象保障能力。

2022 年 3 月 14 日，受强冷空气的影响，菏泽发布重要天气预报《降雨、寒潮天气预报》，15 日，市气象台发布寒潮蓝色预警，预计最低气温达 -1 ℃左右，并伴有降水和大风天气。3 月 14—23 日菏泽市 159 个站最低气温变化趋势线和实况图（图 5、图 6）可见，本次降温过程中定陶、鄄城、郓城、曹县、巨野和成武最低气温降到 0 ℃以下，其中定陶区域气象站最低气温达到 -1.0 ℃。

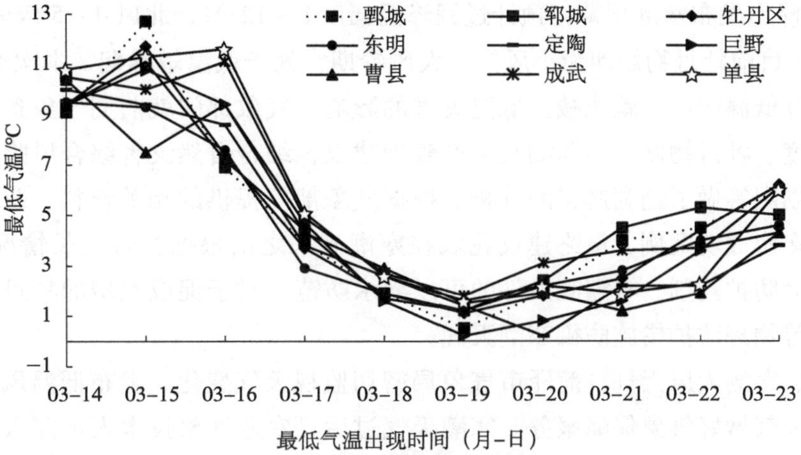

图 5　2022 年 3 月 14—23 日菏泽市最低气温变化趋势线

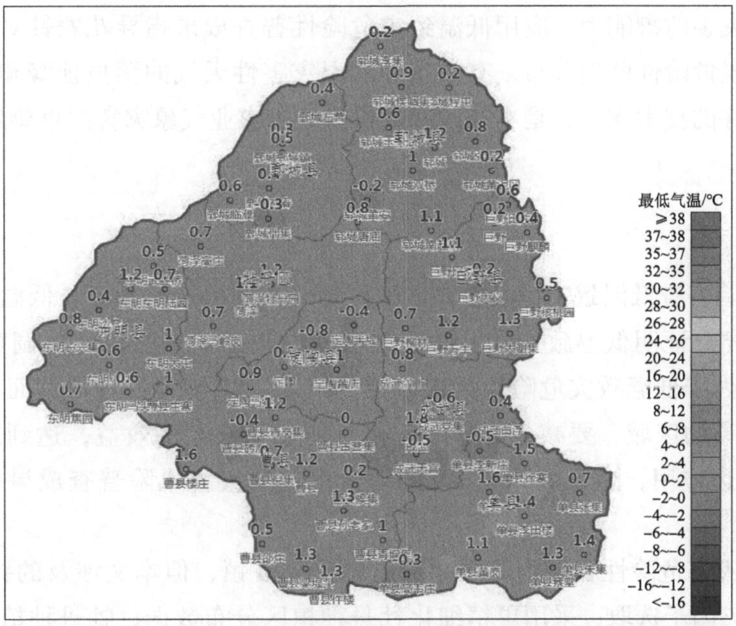

图 6　2022 年 3 月 14—23 日菏泽市 159 个气象站最低气温实况图

10 ℃是春季喜温作物生长的下限温度[26]。但在自然条件下，牡丹的生长下限温度低于农作物生长的温度，春季温度稳定在 3.6 ℃以上时，牡丹开始萌动生长[27]，当气温 <3.6 ℃时，牡丹逐渐停止生长。因此，当日平均气温持续低于界限温度（3.6 ℃）时，对牡丹生长的影响越大，最明显的是影响牡丹花期的迟早[28,29]。每年春季牡丹发生不同程度的冻害，比如 2018 年春季温度骤变对牡丹的危害较大，大部分油用牡丹遭受冻害，导致牡丹大面积减产，部分地块甚至绝产。

气象部门根据灾害普查低温冻害的指标，结合菏泽市和牡丹区低温致灾危险性评估图、低温致灾危险性区划分布图、当前牡丹物候期等，分析本次寒潮天气可能对牡丹的影响，由于 3 月中旬牡丹已陆续进入小风铃、大风铃期，此期对气温变化比较敏感，易受冻害[26]，低温冻害发生后，如果再出现大风天气，根系因失水而导致牡丹死亡。根据牡丹生长及天气趋势预报制作灾害风险评估快报，详细列举防御低温冻害的对策建议，提醒花农提前做好应对低温的准备工作。

3.2 评估成果在牡丹低温冻害防御气象保障服务

3月15日，菏泽市发布寒潮预警，预计过程降温幅度8～12 ℃，北风4～5级阵风7～8级，最低气温可达－1.0 ℃。目前牡丹物候期为小风铃、大风铃期，处于低温敏感期，本次低温与2018年4月相比，只要提前做好低温防御，就能减少低温灾害的影响。气象部门就前期气象条件对牡丹生长的影响，本次降温的幅度、牡丹物候期的预测及生产管理建议，结合自然灾害综合风险普查低温致灾危险性评估、危险性区划图等做了趋利避害的分析。根据气象部门提供的相关资料，菏泽牡丹专家探讨牡丹安全抵御低温的多次成功案例，最终建议花农在寒潮到来之前根据牡丹生长情况选择适宜的措施，采取搭建风障、喷洒防护药剂、有灌溉条件的可以灌水防范、对于促成栽培的牡丹或切花芍药可以采取搭建拱棚、套袋等物理防护措施防御寒潮天气。

针对本次降雨、寒潮大风天气，菏泽市气象局密切监视天气变化、发布低温风险评估快报等，为本次牡丹抵御寒潮天气做好气象保障服务。寒潮天气过后，农业气象技术人员深入大田调查牡丹的生长情况，由于提前向公众及时精准发布预警信息、防御低温的措施，各大牡丹园、花农采取不同的防御措施，本次寒潮天气没有对牡丹的生长造成明显的灾害。

菏泽市优化低温灾害防御能力，应用低温致灾危险性普查成果指导花农针对性的防御低温，有助于全面认识菏泽市低温危险性区划分布，有效指导低温灾害性天气的预报预警和相关业务，为特色作物防御灾害提供了良好的技术支撑，是本地区特色作物防御农业气象灾害的重要参考。

4 结论和讨论

（1）对菏泽市风险普查低温致灾危险性评估和区划分布结果进行验证，低温灾害实际出现的分布区与区划基本一致，充分证明低温致灾危险性区划可靠性较高。应逐步优化调整菏泽市牡丹种植布局，牡丹种植区基本处于低温致灾危险性低或较低的区域，应扩大牡丹种植面积，但部分牡丹种植区在低温致灾危险性高的区域，要减少牡丹的种植，增加花农经济效益，达到趋利避害的作用。菏泽市做到“边普查，边应用，边见效”，积极推动全市气象灾害风险普查成果应用，为乡村振兴提供科技支撑。

（2）菏泽市低温灾害危险性和风险等级划分已精确到乡镇，但本文涉及的针对牡丹关键发育期、主要生长季的低温致灾因子选取；采用更精细化牡丹种植区分布数据；牡丹种植面积没有精细到乡镇等方面，未来仍需进一步深入开展研究和应用，随着牡丹低温灾害资料的积累，进一步为特色牡丹服务做好科技支撑。

菏泽风险普查在牡丹低温冻害防御气象服务的应用中存在诸多不足，下一步为特色牡丹服务的重点边实践、边服务、边应用，制作更精细化牡丹种植区，为地方政府做好决策服务。

自然灾害综合风险普查的目的在于成果的应用，把普查成果留在地方、用在地方、益于地方。全国气象灾害综合风险普查对于认识和把握气象灾害发生发展规律、建立综合防灾减灾救灾体系、实现灾害风险管理，全面做好气象灾害综合风险普查，用好自然灾害综合风险普查的成果，对于气象高质量发展具有重要意义。

参考文献

[1] 郑国光．全面推进风险普查成果应用 着力提升自然灾害防治能力［J］．中国减灾，2022（17）：12-15.

[2] 佚名．国务院第一次全国自然灾害综合风险普查领导小组办公室负责人就有关问题答记者问［J］．中国减灾，2020（13）：8-11.

[3] 余永欣，任小强，张译，等．“BDS＋5G”定位技术在北京市自然灾害综合风险普查中的应用研究［C］//中国卫星导航定位协会．卫星导航定位技术文集，2021.

[4] 王向春．遥感技术在自然灾害综合风险普查工作中的应用［J］．无线互联科技，2022，19（4）：91-92，101.

[5] 韩晓栋，王曼曼，舒慧勤．第一次全国自然灾害综合风险普查成果应用思考［J］．中国减灾，2022（17）：37-39.

[6] 国务院普查办．关于加强第一次全国自然灾害综合风险普查成果应用的指导意见摘编［J］．中国减灾，2022（17）：10-11.

[7] 肖丽妮，朱伟，叶飞，等．加强风险普查成果应用 提高应急管理能力［J］．中国减灾，2022（1）：38-41.

[8] 音振兴．3S 技术在森林火灾风险普查中的应用——以歙县为例［J］．安徽林业科技，2022，48（2）：56-60.

[9] 张学权，赵飞，刘蓓蓓，等．关于自然灾害综合风险普查成果业务化应用方向的初步探索［J］．中国减灾，2022（7）：8-9.

[10] 陈东辉，熊安元，唐为安．气象灾害风险普查数据质量控制技术研究与应用［J］．灾害学，2022，37（4）：135-142.

[11] 郭娜，林伟，陈红兵，等．气象灾害风险普查工作制度研究［J］．农业灾害研究，2021，11（9）：63-64.

[12] 王国复．气象灾害调查与风险评估［J］．城市与减灾，2021（2）：5-9.

[13] 张广泉．边普查 边应用 边见效——第一次全国自然灾害综合风险普查综合分析［J］．中国应急管理，2020（7）：16-19.

[14] 李兆玉．凤丹牡丹［M］．北京：北京时代华文书局，2016.

[15] 成仿云，李嘉珏，陈德忠，等．中国紫斑牡丹［M］．北京：中国林业出版社，2005.

[16] 李嘉珏，张西方，赵孝庆，等．中国牡丹［M］．北京：中国大百科全书出版社，2011.

[17] 喻衡．菏泽牡丹［M］．济南：山东科学技术出版社，1980.

[18] 韩建新．菏泽牡丹大鉴［M］．北京：光明日报出版社，2003.

[19] 王莲英，袁涛．唐山世园会牡丹芍药专题展论文集［M］．北京：中国林业出版社，2017：59-87.

[20] 贺漫媚，朱纯，陈妙贤，等．温度对多花野牡丹花芽分化的影响［J］．广西热带农业，2006，（6）：44-45.

[21] 杨芳绒，陈文超，杨凯亮，等．温度变化对牡丹花期影响的研究［J］．河南科学，1997，15（1）：78-81.

[22] 樊景豪，王国庆，刘晓华．气象因素对菏泽市牡丹开花的影响［J］．菏泽学院学报，2013（6）：194-196.

[23] 中国气象局．农业气象观测规范（上卷）［M］．北京：气象出版社，1993.

[24] 国务院第一次全国自然灾害综合风险普查领导小组办公室．气象灾害调查与风险评估［M］．北京：应急管理出版社，2022.

[25] 国家气候中心．中国灾害性天气气候图集（1961—2015 年）［M］．北京：气象出版社，2018.

[26] 中国气象局．生态气象监测指标体系（试行），农田生态系统［Z］．2006.

[27] 高志民，王莲英．有效积温与牡丹催花研究初报［J］．中国园林，2002（2）：86-88.

[28] 张志薇，高苹，王宏斌，等．油菜花最佳观赏期变化及对温度因子的响应［J］．气象，2019，45（5）：667-675.

[29] 屈振江，周广胜，魏钦平．苹果花期冻害气象指标和风险评估［J］．应用气象学报，2016，27（4）：385-395.

江苏冰雹灾害农业风险预评估方法研究

顾荣直 吴海英 禹梁玉 田心如 吴洪颜 陈圣劼

（江苏省气象台，南京 210041）

摘要：本文利用江苏地区70个国家气象站的冰雹数据研究了江苏冰雹致灾因子时空特征和冰雹天气类型分类特征。结果表明：江苏雹日分布呈东北向西南减少特征，降雹多开始于午后到傍晚，尤其是15—17时达近3成，降雹频次在5—7月最多。风雹是江苏发生频次最多的冰雹天气类型，降雹频发期相比其他3类冰雹天气较早，主要集中在3—6月；雨雹、混合雹和其他类雹常出现在5—8月。风雹是较容易产生大冰雹的天气类型，其他3类雹以小冰雹为主，混合雹和其他类雹也能产生大冰雹。结合2008—2020年冰雹灾害农业灾情数据，分析得出冰雹最大直径与农业成灾（绝收）面积比之间有较好的正相关关系，特别是直径超过20 mm的大冰雹更易造成农作物成灾或绝收。基于冰雹天气类型、落区、最大直径和降雹时段等潜势预报，结合农作物分布和生长态势，评估农作物可能受灾情况和风险等级，形成冰雹灾害农业风险预评估产品。

关键词：冰雹致灾因子；风雹；雨雹；混合雹；农业风险预评估

1 引言

冰雹是一种冰相降水粒子，具有直径大、落速快、局地性和突发性强等特点，通常发生在强对流云中，属于一种强烈的对流性天气[1-3]。我国每年冰雹天气频发，是世界上四大多雹区之一，故冰雹灾害是我国最严重的气象灾害之一。强烈的降雹过程易产生强破坏性灾害，导致农作物成灾或绝收，对国家经济造成严重的影响，此外冰雹常伴随短时强降水和雷暴大风等强对流天气一起出现，还会对人身安全、交通运输、城市运行、电力和通信设备等造成不同程度的威胁。

中国是农业大国，开展不同区域冰雹频次、冰雹持续时间和冰雹最大直径等冰雹过程关键要素的时空变化特征研究，对冰雹灾害影响预报、风险预警和经济损失预防有积极作用。已有许多气象学者研究了我国冰雹的气候变化趋势[3-7]，Zhang 等[8]研究发现，1960年到20世纪80年代初的年平均冰雹天数的变化趋势较平稳，但是之后有显著下降的趋势，并进一步分析冰雹频次的时空分布特征。赵文慧等[9]对中国地区降雹持续时间的时空分布特征进行了分析，得出降雹持续时间与海拔高度、地形等密切相关，中国地区平均单次降雹持续时间在1961—2015年期间呈现明显的上升趋势，午后至夜间出现的冰雹过程持续时间较长。上述研究对冰雹频次、冰雹持续时间等时空分布特征及可能影响因子进行了分析，然而对于冰雹灾害的影响预报、风险预警方面的研究相对较为匮乏。本文将在江苏地区冰雹发生频次、持续时间、最大直径等致灾因子时空分布特征分析基础上，引入历史农业灾情统计分析，构建基于灾情的冰雹灾害影响预报和农业风险预评估方法，以期为江苏冰雹灾害防范提供参考依据，降低降雹造成的农业损失。

2　资料与方法

本文所用的资料包括气象资料和灾情资料。其中气象资料包括有气象观测记录以来至2020年，基于地面观测数据、灾害大典、地方志、气候年鉴、媒体报道等多源资料的江苏地区70个国家气象站冰雹雹日、降雹开始时间、降雹结束时间、降雹持续时间和冰雹最大直径等观测数据、降雹持续过程中的小时降水量和极大风速数据。灾情数据来源于中国气象局灾情直报系统及统计的历史灾情数据，主要包括2008—2020年冰雹灾害的受灾农作物种类、农作物受灾面积、成灾面积和绝收面积，灾情数据共计101条。

由于冰雹常与雷暴大风、短时强降水等对流性天气相伴出现，利用降雹持续过程中的942条小时降水量和极大风速数据，将冰雹天气过程分成以下四种类型冰雹过程：①雨雹，在降雹过程中小时降水量超过10 mm/h，但极大风速值小于13.8 m/s（风力7级）；②风雹，在降雹过程中极大风速值超过13.8 m/s（风力7级），但小时降水量不足10 mm/h；③混合雹，在降雹过程中极大风速值超过13.8 m/s（风力7级），且小时降水量超过10 mm/h；④其他类雹，在降雹过程中极大风速值小于13.8 m/s（风力7级），且小时降水量不足10 mm/h。

在不同类型冰雹统计分析的基础上，基于主客观融合预报产品，提炼冰雹天气潜势预报指标。进一步，结合农业灾情分析，建立冰雹天气类型、冰雹最大直径与农业灾情之间的统计关系，构建冰雹灾害农业影响预报模型，提出一种基于灾情分析的冰雹灾害危险性预评估和农业风险预评估方法，为冰雹灾害防灾减灾的决策建议提供科学基础。

3　江苏冰雹致灾因子时空特征分析

3.1　江苏雹日和冰雹最大直径时空特征分析

基于第一次全国自然灾害综合风险普查工作中江苏冰雹灾害致灾危险性评估成果，对冰雹灾害致灾因子的时空特征进行分析。江苏雹日分布整体呈现东北向西南减少的特征，东北部连云港地区和盐城北部是全省冰雹最频发的地区，徐州市区、盐城中南部和南通北部地区也较易出现冰雹天气，南京、镇江、常州、无锡和苏州等地雹日相对较少（图1）。冰雹最大直径分布则呈现较为散发的特征，冰雹频次较少的地区也能形成50 mm以上的特大冰雹，徐州邳州、泰州兴化和泰兴都曾出现过直径达10 cm的特大冰雹。由图2可知，江苏降雹多开始于午后到傍晚时段，尤其是15—16时这两个小时的时段内开始的降雹事件占近3成，夜里是最不易出现降雹的时段。

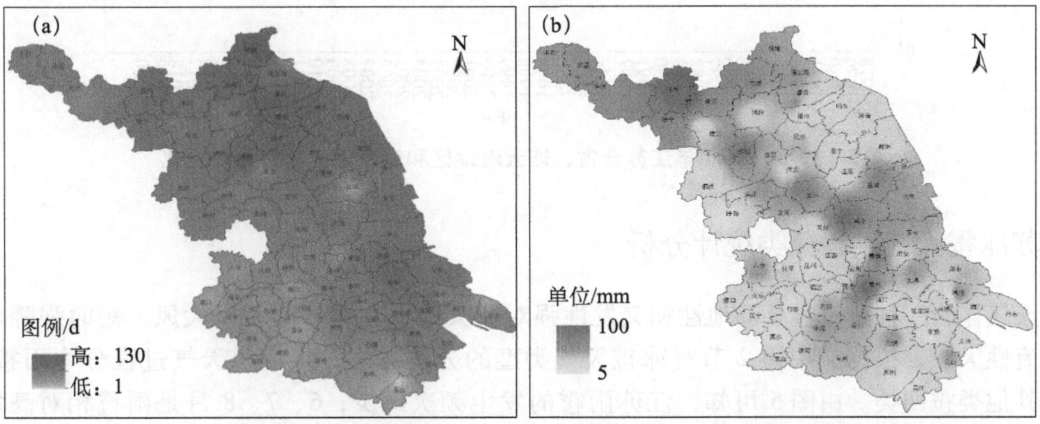

图1　江苏省冰雹雹日空间分布（a）和最大冰雹直径空间分布（b）

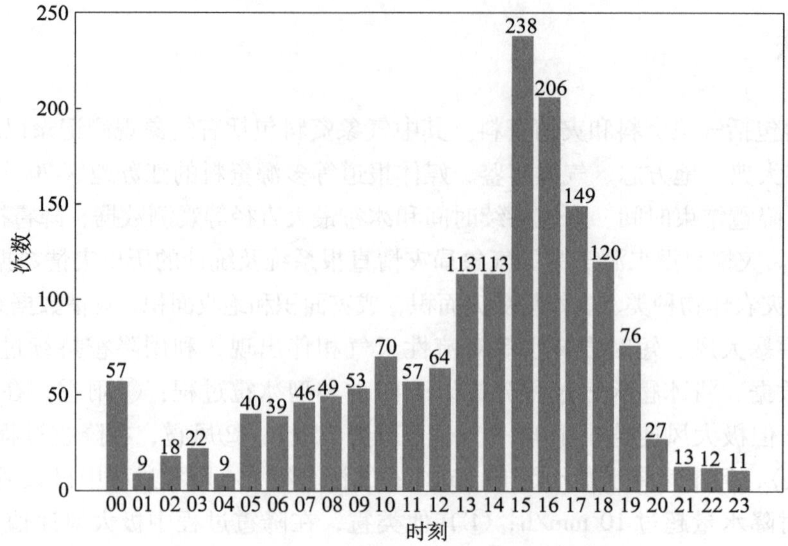

图 2　江苏降雹开始时间频次

根据雹日空间分布特征，分析冰雹发生频次较大的东北部连云港地区和发生频次较少的南部南京地区的雹日逐年、逐月变化特征（图 3、图 4 选择冰雹灾害重点风险普查时段 1978—2020 年作为分析时段）。全省年平均雹日基本在 1 ~ 2 d，2020 年最多达 2. 58 d，年平均雹日整体呈减少趋势，21 世纪之前的雹日相比进入 21 世纪后较多；连云港地区年平均雹日整体上要多于全省平均雹日，其中 1979 年、1986 年、1992 年、1998 年和 2020 年均超过 2 d，1998 年达到最多 3 d，进入 21 世纪后年平均雹日也有明显减少的趋势；南京地区年平均雹日相对较少，很多年份平均雹日在 1 d 左右，只有 8 a 年平均雹日在 1 d 以上，其中 1988 年和 1989 年年平均雹日均达到 2 d。江苏地区在 2—12 月均可出现冰雹天气，但降雹大多发生在 3—9 月，其中 4—7 月更易降雹。全省平均雹日在 5—7 月最多，为 5. 1 d（7 月）~ 5. 9 d（5 月）；连云港地区从 4 月份开始雹日明显增多，4—7 月雹日达 4. 4 d（4 月）~ 10. 0 d（6 月），显著高于江苏其他地区；南京地区 5 月和 7 月雹日较多，分别为 3. 3 d 和 3. 0 d，均显著小于连云港地区和全省平均雹日。

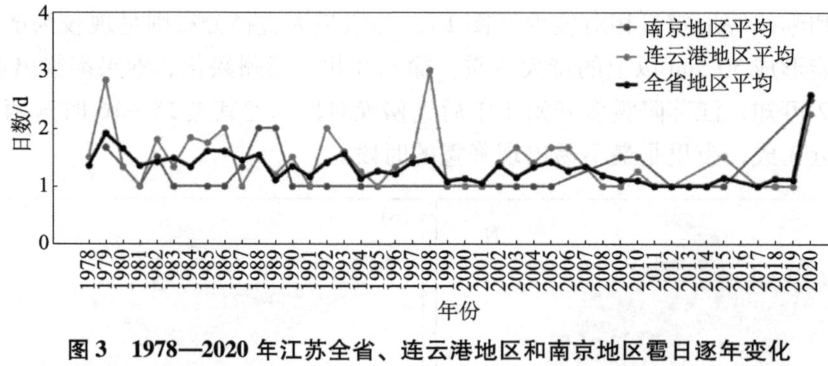

图 3　1978—2020 年江苏全省、连云港地区和南京地区雹日逐年变化

3. 2　江苏冰雹天气过程分类统计分析

冰雹天气作为一种具有显著局地性和突发性强对流天气，往往伴随雷暴大风、短时强降水等其他类型的对流性天气，根据文中第 2 节对冰雹天气类型的分类方法，将冰雹天气过程分为雨雹、风雹、混合雹和其他类雹四类。由图 5 可知，江苏雨雹的发生频次最少，6、7、8 月是雨雹相对高发期，而 6—8 月正是江苏梅雨期前后及后西太平洋副高控制期间热力、水汽条件更为充沛的季节，其常发生于

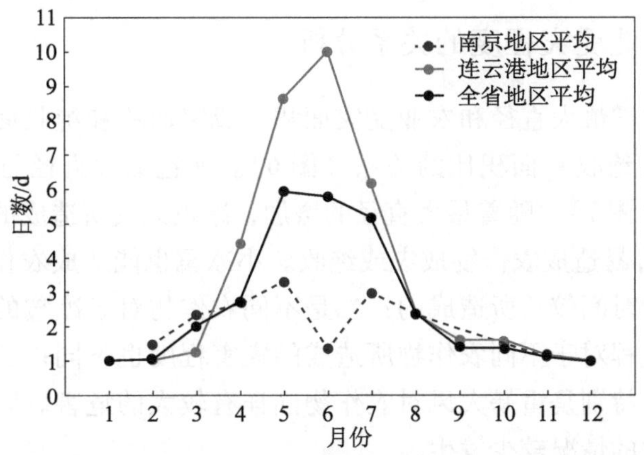

图 4　1978—2020 年江苏省、连云港地区和南京地区冰雹日数逐月变化

梅雨锋、江淮切变线、江淮气旋和西太平洋副高等天气系统影响的形势背景下；混合雹频次比雨雹多，基本发生在 4—10 月，其中 5、6、7 月梅雨期前和梅雨期尤多，与东北冷涡、江淮切变线、江淮气旋和西太平洋副高等天气系统有较好的对应关系；其他类雹频次多于雨雹和混合雹，该类冰雹天气多出现于 5—8 月，易产生冰雹的各类天气系统形势下均可能出现；风雹是江苏发生频次最多的冰雹天气类型，降雹频发期相比其他 3 类冰雹天气提前，主要集中在 3—6 月，期间，江淮地区暖湿气流逐渐活跃但尚未发展至强盛阶段，冰雹天气常发生在冷锋、东北冷涡（或华北冷涡）等天气系统影响过程中。

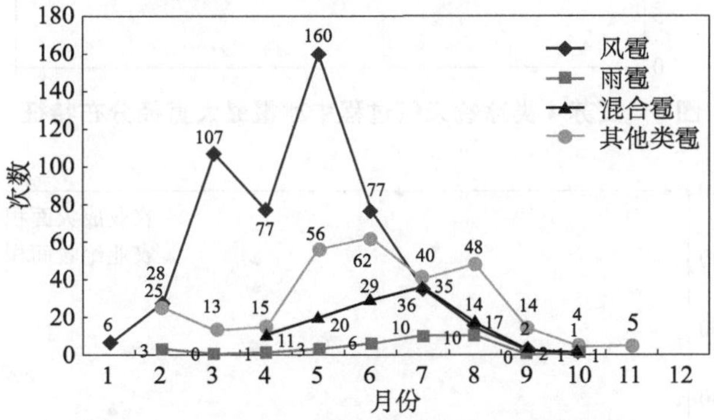

图 5　江苏不同类型冰雹天气逐月降雹频次

4　冰雹灾害农业风险预评估方法

上节对江苏冰雹致灾因子如雹日（降雹频次）、冰雹最大直径等的时空特征，以及不同类型冰雹频次的季节分布和环流背景进行了分析。下面将通过分析不同类型冰雹天气的最大直径特征，冰雹最大直径与农业灾害损失之间关系，研究冰雹灾害农业风险预评估方法。

4.1　4 类冰雹天气过程冰雹最大直径特征分析

利用冰雹天气过程分类数据样本中 349 有冰雹最大直径信息的样本数据，分析 4 类冰雹天气过程中冰雹最大直径的特征。雨雹最大直径相对较小，均为 20 mm 以下的小冰雹，难以形成大冰雹，而其他 3 类均可产生大冰雹。混合雹和其他类雹最大直径整体来说也较小，以小冰雹为主，形成大冰雹的概率较小，75 百分位以下都是 15 mm 以内的小冰雹；风雹是较容易产生大冰雹的天气类型，75 百分位最大直径数值为 20 mm，有较大的概率形成大冰雹。

4.2 冰雹最大直径与农业受灾程度的关系分析

利用101条同时包含冰雹最大直径和农业受灾面积、成灾面积和绝收面积信息的样本数据，分析冰雹最大直径与农业成灾（绝收）面积比的关系（图6）。冰雹最大直径与农业成灾（绝收）面积比之间有较好的正相关关系（图7），随着最大直径的增加，冰雹天气所造成的农业灾害越重，特别是直径超过20 mm的大冰雹较容易造成农作物成灾或绝收。小冰雹也能造成农作物成灾，这可能有以下三种原因：一是由于降雹持续时间较长所造成的；二是不同农作物对于冰雹的耐受条件不同，即使是相同直径和持续时间的冰雹过程对于不同农作物所造成的灾害程度也不同；三是冰雹天气所伴随的雷暴大风或短时强降水导致的，特别是雷暴大风对农作物同样有较大的危害。同时，小冰雹虽然能使农作物成灾，但导致农作物绝收的情况较少发生。

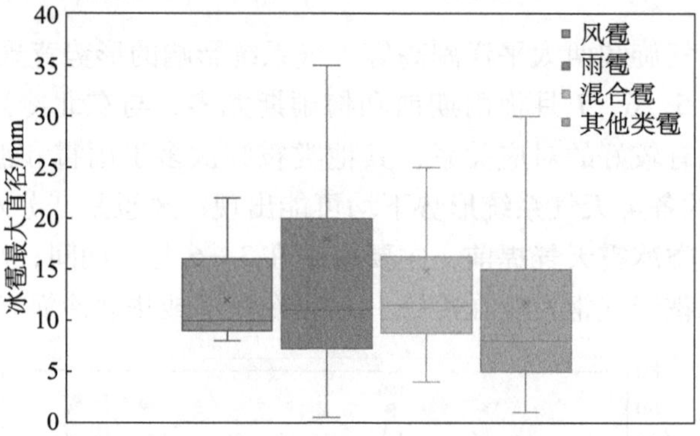

图6 江苏4类冰雹天气过程中冰雹最大直径分布特征

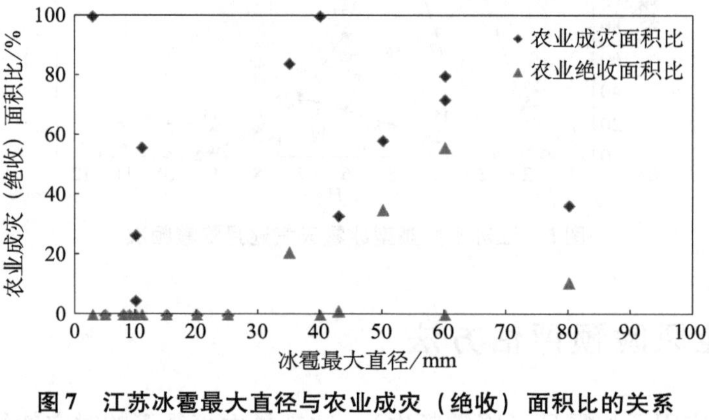

图7 江苏冰雹最大直径与农业成灾（绝收）面积比的关系

4.3 冰雹灾害农业风险预评估方法

基于上述分析，可以建立冰雹天气对农作物的影响预报和风险预评估，并根据影响预报和风险预评估结果提出科学合理的针对性决策防御建议。基于气象要素数值预报、对流条件分析和预报员主观经验形成不同季节不同天气系统影响下的对流天气潜势预报结论，针对冰雹天气过程得出冰雹天气类型、冰雹落区预报、冰雹最大直径预报和降雹时段预报计算冰雹天气过程综合强度指数，根据冰雹最大直径预报和受影响区域当前农作物分布和生长情况，基于统计评估模型评估农作物受灾程度和风险等级，最终形成每次冰雹天气过程的冰雹灾害农业影响预报产品和风险预评估产品，为防雹、消雹工作以及灾害预警防御提供更精细的气象服务支撑。

4.3.1　冰雹天气过程综合强度指数

基于历史冰雹天气过程气象因子和农业灾情信息分析，确定对农业灾害损失有明确相关关系的不同类型冰雹天气的致灾因子，包括降雹持续时间、冰雹最大直径、降雹频次、过程极大风速、大风持续时间、最大小时降水量等气象因子。利用主客观融合预报产品和潜势预报结论提取出上述致灾因子指数，计算冰雹天气过程的综合强度指数。

$$H_{comp} = A \times \mathrm{Hail}_{\mathrm{freq}} + B \times \mathrm{Hail}_{\mathrm{durt}} + C \times \mathrm{Hail}_{\mathrm{maxd}} + D \times \mathrm{Wind}_{\mathrm{maxs}} + E \times \mathrm{Wind}_{\mathrm{durt}} + F \times \mathrm{Prep}_{\mathrm{max1h}}$$

式中：A、B、C、D、E、F 分别是各个预报致灾因子的权重系数，D、E、F 根据冰雹天气类型可能为 0，权重系数可由信息熵权法和德尔菲法综合考虑历次冰雹天气过程灾害损失程度确定；$\mathrm{Hail}_{\mathrm{freq}}$、$\mathrm{Hail}_{\mathrm{durt}}$、$\mathrm{Hail}_{\mathrm{maxd}}$、$\mathrm{Wind}_{\mathrm{maxs}}$、$\mathrm{Wind}_{\mathrm{durt}}$、$\mathrm{Prep}_{\mathrm{max1h}}$分别为过程降雹频次、降雹持续时间、冰雹最大直径、极大风速、大风持续时间、最大小时降水量这些预报致灾因子的归一化指数。

4.3.2　冰雹天气过程农业风险预评估

根据冰雹天气过程综合强度指数、当前农作物种类及分布情况和各种农作物生长期及对冰雹灾害的耐灾程度，建立冰雹天气过程的农业风险预评估模型：

$$V = H_{\mathrm{comp}}^{w_h} \times \mathrm{VD}^{w_d} \times \mathrm{VF}^{w_f}$$

式中：V 为本次冰雹天气过程农业风险指数；VD 为根据农作物种类及其分布情况得出的农作物暴露度指数；VF 为根据各种农作物生育期及耐雹灾程度得出的脆弱性指数；w_h，w_d和w_f分别为冰雹天气过程综合强度指数、农作物暴露度和农作物脆弱性的权重系数，满足$w_h + w_d + w_f = 1$。

由冰雹天气过程农业风险指数确定风险等级，提供科学合理建议，指导防雹消雹工作开展，有效降低冰雹灾害造成的损失。

5　结论与讨论

本文利用有气象观测记录以来至 2020 年，基于地面观测数据、灾害大典、地方志、气候年鉴、媒体报道等多源资料的江苏地区 70 个国家气象站的冰雹记录信息，有记录的小时降水量和极大风速数据，结合 2008—2020 年冰雹灾害灾情数据讨论分析了江苏冰雹致灾因子时空特征、冰雹天气类型分类、不同类型冰雹天气过程的冰雹最大直径特征、冰雹最大直径与农业受灾程度的关系，并在此基础上提出冰雹灾害农业影响预报思路，主要结论如下：

（1）江苏雹日分布整体呈现东北向西南减少的特征，东北部连云港地区和盐城北部是全省冰雹最频发的地区，降雹多开始于午后到傍晚时段，尤其是 15—16 时这两个小时时段内开始的降雹达到近 3 成，夜里是最少出现降雹的时段。全省平均冰雹频次在 5—7 月最多，为 5.1 d（7 月）~5.9 d（5 月），不同地区降雹频发期略有不同。

（2）风雹是江苏发生频次最多的冰雹天气类型，降雹频发期相比其他 3 类冰雹天气较早，主要集中在 3—6 月梅雨期前，常在冷锋、冷涡等天气系统影响时出现。雨雹、混合雹和其他类雹常出现在 5—8 月，易发生于梅雨锋、江淮切变线、江淮气旋和西太平洋副高等天气系统影响的形势背景下。风雹是较容易产生大冰雹的天气类型，雨雹、混合雹和其他类雹以小冰雹为主，混合雹和其他类雹也能产生大冰雹。

（3）冰雹最大直径与农业成灾（绝收）面积比之间有较好的正相关关系，随着最大直径的增加，冰雹天气所造成的农业灾害越重，特别是直径超过 20 mm 的大冰雹较容易造成农作物成灾或绝收。小冰雹也能使农作物成灾，但导致农作物绝收的情况较少发生。

（4）提出一种冰雹灾害农业影响预报和风险预评估方法：基于冰雹天气类型、冰雹落区、冰雹最大直径和降雹时段潜势预报，评估冰雹天气过程综合强度指数，结合受影响区域当前农作物分布和生长情况，通过农业风险预评估模型评估农作物可能受灾情况和风险等级，形成每次冰雹天气过程的冰雹灾害农业影响预报产品和风险预评估产品。

在实际工作中，由于冰雹观测数据相对其他气象灾害来说较为缺乏，尤其是冰雹最大直径、降雹开始时间和持续时间信息极度不完整，同时灾情信息相对匮乏，数据完整度不够，因此在统计分析时受到数据样本的极大限制，若要更好地开展冰雹灾害农业影响预报和风险预警业务，还需收集不同种类农作物承灾体数据、农作物生长期和耐灾性、更翔实的灾情信息等。

参考文献

[1] BERTHET C，DESSENS J，SANCHEZ J L. Regional and yearly variations of hail frequency and intensity in France [J]. Atmospheric Research，2011，100（4）：391-400.

[2] KAHRAMAN A，TILEV-TANRIOVER S，KADIOGLU M，et al. Severe hail climatology of Turkey [J]. Mon Wea Rev，2016，144（1）：337-346.

[3] 金晓中，贡觉顿珠．那曲冰雹天气的气候特征分析 [J]. 西藏科技，2007（3）：61-63.

[4] XIE B G，ZHANG Q H，WANG Y Q. Trends in hail in China during 1960—2005 [J]. Geophys Res Lett，2008，35（13）：L13801.

[5] 杨敏，丁建芳．河南省冰雹时空分布及天气形势特征 [J]. 气象与环境科学，2015，38（1）：54-60.

[6] 高晓梅，王令军，王世杰，等．1952—2012 年潍坊地区冰雹时空分布特征 [J]. 气象与环境学报，2016，32（3）：77-82.

[7] LI M X，ZHANG Q H，ZHANG F Q. Hail day frequency trends and associated atmospheric circulation patterns over China during 1960—2012 [J]. J Climate，2016，29（19）：7027-7044.

[8] ZHANG C X，ZHANG Q H，WANG Y Q. Climatology of hail in China：1961—2005 [J]. Journal of Applied Meteorology and Climatology，2008，47（3）：795-804.

[9] 赵文慧，姚展予，贾烁，等，1961—2015 年中国地区冰雹持续时间的时空分布特征及影响因子研究 [J]. 大气科学，2019，43（3）：540-551.

应用普查成果提升城市降水预报预警能力

汤 洁 邵正艳 安礼政 耿晓雯 张 梦

（江苏省淮安市气象局，淮安 223001）

摘要：利用第一次全国自然灾害综合风险普查成果、ERA5 再分析风场数据和淮安市历史气象观测资料，对 1961—2020 年淮安地区气象灾情普查初步成果、降水天气气候演变特征、预警调整指标、决策服务要点等展开分析，结果表明：50 a 间淮安市共发生 3591 次气象灾害，降水、大风、大雾是引发灾害的主要天气现象，其中由降水引起的灾情占比达 36.14%；淮安地区降水量呈增多趋势，降水日数减少，表明灾害性强降水多发；降水日的显著性合成风场有明显的季节特征，500 hPa 春秋季主导风为西北风，而夏季为明显的东风；通过对当地历史雨强及致灾情况的调查研究，加入短历时强降雨的灾害影响，修改了淮安市暴雨预警信号的标准，形成一套防御指南，从而推动普查成果落地应用，更好保障人民群众生命财产安全和经济社会持续健康发展。

关键词：风险普查；降水；预警服务；决策防御指南

1 引言

第一次全国自然灾害综合风险普查（以下简称“风险普查”）是提升自然灾害防治能力的基础性工程，也是一项重大国情国力调查。习近平总书记在党的二十大报告中指出，“增进民生福祉，提高人民生活品质”。必须坚持在发展中保障和改善民生，鼓励共同奋斗创造美好生活，不断实现人民对美好生活的向往。要实现好、维护好、发展好最广大人民根本利益，就需要紧紧抓住人民最关心最直接最现实的利益问题，着力解决好人民群众急难愁盼问题，健全基本公共服务体系，提高公共服务水平。而风险普查的目的就是在于通过开展普查，摸清全国自然灾害风险隐患底数，查明重点地区抗灾能力，客观认识全国和各地区自然灾害综合风险水平，为中央和地方各级人民政府有效开展自然灾害防治工作，切实保障经济社会可持续发展提供权威的灾害风险信息和科学决策依据[1]。

风险普查需要强化成果的应用，淮安市气象局始终坚持“边普查、边应用、边见效”的原则，持续推进普查成果应用工作，深入分析和用好普查资料，推动普查成果落地应用，进一步完善防灾减灾区划，夯实气象防灾减灾基础，为全面提升抵御自然灾害综合能力提供科学依据，更好保障人民群众生命财产安全和经济社会持续健康发展。本文选取了 1961—2020 年淮安地区 50 a 降水过程为研究对象，利用第一次全国自然灾害综合风险普查成果、ERA5 再分析风场数据和淮安市气象观测资料，对气象灾情普查初步成果、降水天气过程的气候演变特征、预报预警调整指标、决策服务要点等展开分析。

2 淮安灾情普查初步成果与降水气候特征

2.1 研究区域概况

淮安市地处江苏省北部中心地域，是长三角北部现代化中心城市、淮河生态经济带首提首推城市，坐落于古淮河与京杭大运河交点，处在中国南北分界线“秦岭—淮河”线上，拥有中国第四大淡水湖洪泽湖。淮安市地形西高东低（图1），除盱眙县有丘陵、岗地外，全市以平原为主，地势平坦，全市平原面积占总面积的69.39%，湖泊面积占总面积的11.39%，丘陵岗地面积占总面积的18.32%[2]。

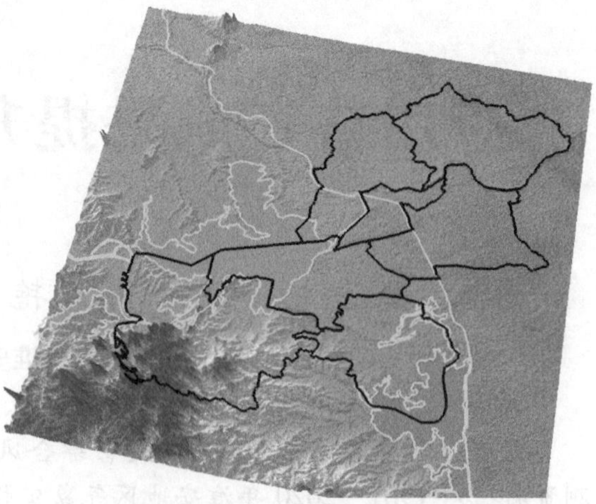

图1　淮安三维立体地形图

淮安市兼有南北气候特征，苏北灌溉总渠以南地区属北亚热带湿润季风气候，以北地区为北温热带半湿润季风气候。受季风气候影响，四季分明，雨量集中，雨热同季，冬冷夏热，春温多变，秋高气爽，光能充足，热量富裕。通过1990—2020年的淮安气象数据统计可知，淮安的年平均气温为15.2 ℃，平均年降水量为1001.7 mm，平均年日照时数为2040.3 h。

2.2　淮安气象灾情普查初步成果

通过对气象历史资料的梳理和气象灾情的调查[3,4]，形成1961—2020年淮安市气象灾害数据库，汇总了3591次气象灾害过程，主要灾害类型有暴雨、连阴雨、雪灾、台风、大风、大雾、低温冻害、霜冻、干旱、高温、雷电、龙卷和冰雹，具体占比分布如图2所示。其中由降水（未统计冰雹）引起的灾情占比达到35.80%，为最多，因此开展降水天气的预报预警研究十分有必要。另外由大风引起的灾情占比达到27.64%，大雾引起的灾情占比达到27.30%，这三类灾害占比总和达到了90.74%，说明淮安地区更需要关注这三类天气类型。

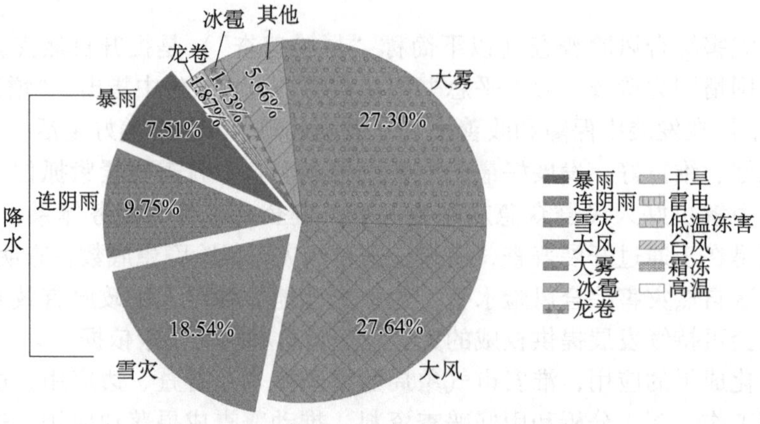

图2　1961—2020年淮安市各类历史气象灾情分布

2.3　淮安降水天气气候特征

对1961—2020年淮安地区降水量进行分析（图3），发现50年淮安平均年降水量为977.4 mm，少于近30 a平均值，历史上年降水量最多为1479.1 mm，出现在1991年，年降水量最少为559.9 mm，出现在2004年。从多项式拟合可以看出，淮安地区降水呈正弦波动，1980年之后处于上升阶段，年降水量逐渐增多。从淮安市50 a平均年降水日数来看，淮安地区年平均雨日为105 d，雨日最多为133 d，出现在1964年，雨日最少为78 d，出现在1995年。对雨日也做多项式拟合，发现淮安地区降水日数呈现减少趋势，特别是近30 a明显少于1980年之前，因此可以得出降水过程呈现减少趋势，而降水量却逐渐增加，说明降水过程逐渐增强，灾害性强降水天气在逐渐增加，从近年降水天气过程看，也可以发现屡破历史极值。

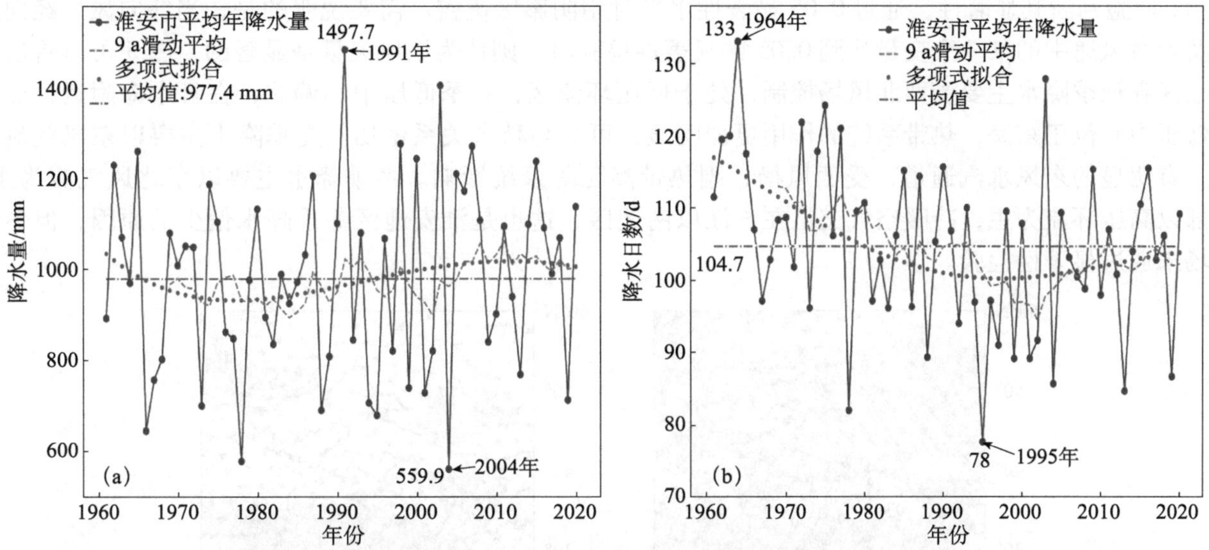

图3　1961—2020 年淮安市年平均降水量（a）与年平均降水日数（b）

将普查出的淮安地区日降水量做散点图（图4），统计出降水的月变化，以便加强预报预警，重点防范防御[5]，发现淮安地区主要降水时段在6—10 月，次降水时段在3—5 月和11 月，受明显的季节影响。其中1 月、2 月和12 月日降水量在30 mm 以下，次降水月日降水量多在50 mm 以下，偶有暴雨量级以上，主降水时段在50 mm 以上，最大日降水量达到170. 4 mm。

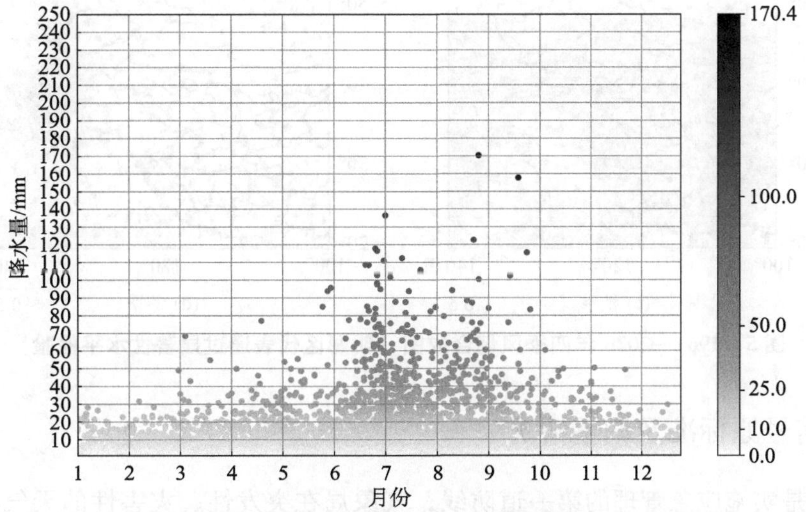

图4　1961—2020 年淮安市日降水散点图

3　降水日风场合成分析与降水预警指标的调整

3. 1　降水日风场合成分析

季节性风场的变化影响着旱涝等灾害性天气和灾害性天气的发生[6]，因此用显著性风场变化来刻画环流背景，突出降水日的天气尺度风场特征，探讨淮安地区与副热带高压、西风通道等系统之间的相互作用，进而对降水的原因、预报的角度等提供积极的参考价值。

利用 ERA5 再分析风场数据，将 50 a 降水日 500 hPa 风场进行高通滤波处理后分季节合成[7]，并利用 t 检验判断其显著性，通过 0.05 显著性水平时用阴影区覆盖。需要说明的是，当纬向风、经向风以及绝对风速中的某一个变量达到 0.05 的显著性检验时，则认为该风矢量是显著的。图 5 可以看出淮安地区春秋季降水主要受西北风场控制，处于低压环流区，春季低压中心偏北，在日本海附近，而秋季低压中心位于东海，热带系统的作用更加明显，可能与秋台关系密切。夏季降水主要以东风气流为主，有明显的东风水汽通道，受西风槽、副热带高压等系统影响。冬季降水主要以东北风气流为主，北部以高压环流为主，冷暖空气交汇在长江以南地区，这也是淮安地区冬季降水偏少的原因，但冬季风场未通过显著性检验。

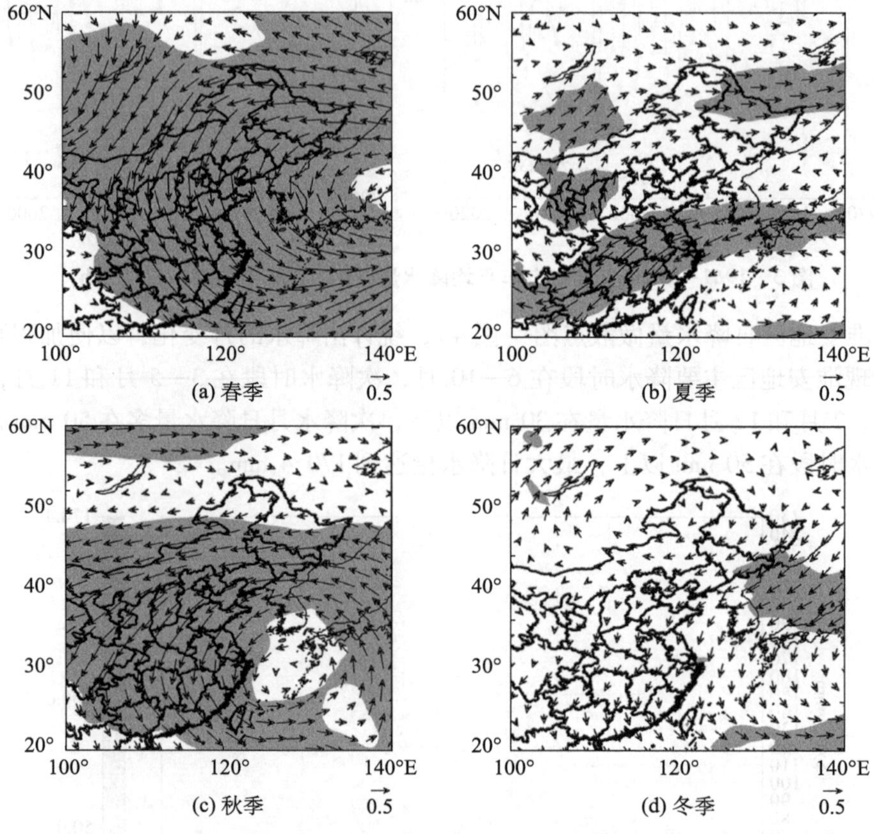

图 5　1961—2020 年四季风场合成图（阴影区代表通过显著性水平检验）

3.2　暴雨预警信号原标准及调整情况

气象预警工作是实施应急管理的第一道防线，气象局在突发性、灾害性的天气可能发生之前，向社会公众发布气象警报，是降低或避免灾害损失的重要手段[8]。通过对淮安地区降雨气候特征分析，强化气象灾害综合风险普查阶段性成果应用，就需要对淮安地区暴雨预警信号级别、阈值进行本地化修订，提高气象灾害监测和预警能力，以便深入贯彻习近平总书记关于防灾减灾救灾和气象工作重要指示精神，坚持人民至上、生命至上。

暴雨预警信号标准为预计未来 24 h 内预报责任区将出现暴雨，或已经出现暴雨且可能持续。根据雨强的大小分为四级。蓝色：12 h 雨量 50 mm。黄色：6 h 雨量 50 mm。橙色：6 h 雨量 100 mm，或小时雨量 50 mm。红色：6 h 雨量 200 mm，或小时雨量 100 mm。

按照上述标准，淮安市平均每年发布暴雨预警信号 13 次（图 6），其中黄色暴雨预警信号最多，占 51.6%，近 5 a 各县区发布预警信号次数接近，这与淮安市降水分布特征相吻合，淮阴区、涟水、淮安市发布过暴雨红色预警信号。

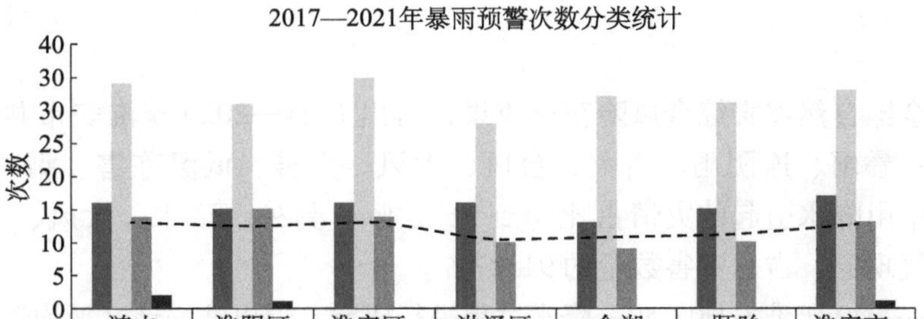

	涟水	淮阴区	淮安区	洪泽区	金湖	盱眙	淮安市
蓝色	16	15	16	13	13	15	17
黄色	34	31	35	28	32	31	33
橙色	14	15	14	10	9	10	13
红色	2	1	0	0	0	0	1
年平均	13.2	12.4	13	10.2	10.8	11.2	12.8

图6　2017—2021 年淮安市分县区发布预警信号情况

但从标准与实际发布中发现，目前蓝色暴雨预警标准在淮安地区偏低，同时缺少 1 h 强降水的指标，不利于预报预警服务工作，趋利避害效果仍需要提高。因此通过气象灾害综合风险普查成果和国家气象观测站长序列小时雨量数据，构建了淮安市短时效（0～12 h）历史雨量数据集，进而开展基于百分位等统计方法的分等级阈值统计工作（具体表格略），结合上述淮安地区降水天气气候特点，根据历史雨强及致灾情况，充分考虑短历时强降雨可能引发的城市内涝、地质灾害、中小河流洪水等灾害影响，同时与江苏省气象局有关专家综合研判，完成了暴雨预警信号级别、阈值等修订工作。暴雨预警信号具体修改标准见表 1。通过预警信号不断地本地化释用，可以在城市防灾减灾中起到重要作用，同时由于气象预警信息的特点是精度高、时效性短、预报及时，能为提前预防灾害天气提供更好的保障，在最大程度上减少了气象灾害造成的人员伤亡和经济损失。

表 1　暴雨预警信号属地化标准

区域	蓝色	黄色	橙色	红色
淮安	6 h 雨量 50 mm	6 h 雨量 100 mm 或小时雨量 50 mm	6 h 雨量 150 mm 或小时雨量 75 mm	6 h 雨量 200 mm 或小时雨量 100 mm

4　与降水相关的决策支撑服务

决策气象服务是面向生命安全、生产发展、生活富裕、生态良好，是为各级党、政、军领导和决策部门指挥生产、组织防灾减灾，以及在气候资源合理开发利用和环境保护等方面进行科学决策提供气象信息[9]。因此，做好气象决策服务，主动融入国家重大战略和防灾减灾救灾工作大局，不断提高决策服务的针对性、科学性、有效性，是十分重要的[10]。

通过第一次全国自然灾害综合风险普查，结合淮安当地降水引发的灾情，完善服务产品制作、发布和服务流程的工作实践，探讨服务过程中的经验和问题，推动普查成果落地应用，切实保障人民群众生命财产安全和经济社会高质量发展提供有力支撑，形成一套降水防御指南。①当预测出产生对本地造成灾害影响的降水时，政府及相关部门按照职责做好防灾害性降水的准备工作；②要注意防范强降水对交通运输、设施农业、水产养殖、户外作业及人身安全的影响；③须防范强降水和上游来水造成的城乡积涝、中小尺度河流洪水、山体滑坡等次生灾害；④要加强田间管理，减轻渍涝影响；⑤做好灾后调查终结工作，完善自然灾害综合风险普查评估常态化机制。

5 结论

利用第一次全国自然灾害综合风险普查成果，得出1961—2020年淮安市共发生3591次气象灾害，主要灾害类型有：暴雨、连阴雨、雪灾、台风、大风、大雾、低温冻害、霜冻、干旱、高温、雷电、龙卷和冰雹，其中由降水引起的灾情占比达到36.14%。另外，降水、大风、大雾是引发淮安气象灾害的主要三类天气现象，占总灾害数量的91.07%。

通过对1961—2020年淮安地区50 a降水过程进行研究，得出淮安地区平均年降水量为977.4 mm，年平均雨日为105 d，1980年之后年降水量逐渐增多，但降水日数呈现减少趋势，因此淮安地区降水过程强度逐渐增强，灾害性强降水发生次数增多，过程降水量屡破历史极值。每年的6—10月更需要防范灾害性降水的发生发展。

风向合成分析显示，淮安地区春秋季降水日在500 hPa主要受低压影响，显著风向为西北风，低压中心位置有明显季节差异，夏季降水日在500 hPa有明显的东风水汽通道，受西风槽、副热带高压等系统影响。

通过第一次全国自然灾害综合风险普查，结合淮安地区历史雨强及致灾情况的调查研究，加入短历时强降雨可的灾害影响，修改了淮安市暴雨预警信号的标准，提升了12 h降水量的指标，增加了1 h降水的强度，提高预警信号发布内容的规范性、针对性和有效性，并形成一套降水防御指南。目前还需要结合淮安实际，因地制宜，积极探索，边应用边改进，不断拓宽普查成果应用的深度和广度，持之以恒地做好风险普查成果应用和推广。

参考文献

[1] 郑国光．全面推进风险普查成果应用 着力提升自然灾害防治能力［J］．中国减灾，2022（17）：10-13.

[2] 王月香．基于遥感和GIS技术的淮安市土地利用变化研究［D］．长春：东北师范大学，2009.

[3] 邵正艳，耿建武，范秀莲．周密部署 协同合作 积极推进气象灾害风险普查工作［J］．中国减灾，2021（24）：2.

[4] 高鹏，付杰，张春燕，等．气象灾害普查数据处理［J］．科技创新导报，2022（19）：67-70.

[5] 於琍，徐影，张永香．近25 a中国暴雨及其引发的暴雨洪涝灾害影响的时空变化特征［J］．暴雨灾害，2018，37（1）：67-72.

[6] 李建平，曾庆存．风场标准化季节变率的显著性及其表征季风的合理性［J］．中国科学：D辑，2000，30（3）：331-336.

[7] 石晓雪，龚道溢，董雪晨．1979—2018年冬季京津冀区域大风日环流型的聚类分析［J］．北京师范大学学报：自然科学版，2020，56（5）：710-718.

[8] 庆涛，夏斌，朱鑫君．依托网格化治理的基层气象预警信息传播实践与思考［J］．江苏科技信息，2021，38（31）：69-71.

[9] 李明娟．陕西致灾暴雨气象决策服务分析［J］．陕西气象，2015（1）：45-47.

[10] 张永红，葛徽衍，韩蓓蓓．深化地市级气象决策服务的思考［J］．陕西气象，2014（3）：49-50.

暴雨过程致涝能力分析及在基层积涝风险评估中的应用*

张雪慧　董文娟　王伶瑞　盛文斌　钱　戈

（浙江省嘉兴市气象局，嘉兴 314050）

摘要：暴雨引发的涝灾对城镇生产生活影响极大，暴雨过程特性的差异导致涝灾程度不同，积涝风险评估产品在防灾减灾方面有较大的应用前景。通过2021—2022年两次前期条件类似、极值落区相近、总雨量量级相同而灾情完全不同的大暴雨过程为典型个例，结合城市排水能力、土壤墒情、水情和灾情，来比对说明不同特性暴雨的致涝能力，并总结暴雨致涝的风险评估模型。致涝能力分析结果表明：雨强、强降雨历时和强降雨间隔是直接致涝的关键特征因子，当短时雨强超过当地城镇排水设计量时会导致城镇出现积水，大幅超标、持续超标或超标降水间隔较近时累积效应会使致涝能力迅速增强；总累积雨量、暴雨面积是致涝的辅助因子，通过增加承灾环境的脆弱度，降低后期暴雨的致涝阈值。以该思路形成的积涝风险评估模型产品经过2年的调整与使用，在基层积涝防治与应对中提供了可靠的决策依据。与传统致灾因子危险性评估模型相比，它更多地结合了地理地貌与城市排水能力等承灾体特征；与淹没模型预测积涝风险方法相比，则更多保留了气象降雨因子精细化的地区分布和强度变化特征，规避了城市大型建设变动对模型的影响。

关键词：暴雨；致涝能力；风险评估

近年来暴雨过程的次数和量级都趋于极端，对人类社会和经济安全造成了较大影响，强降雨引发的城镇内涝等次生灾害受到越来越多的关注[1-3]。2021年7月20日河南郑州特大暴雨、2020年5月22日珠江三角洲地区极端强降水、2016年7月20日北京特大暴雨等[4-7]都引发了严重的城镇内涝，造成巨大的经济损失，有些甚至引发河堤塌方、山体滑坡等次生灾害，威胁人民生命安全。加强极端天气致灾能力研究，建立合理的灾前评估关系，有助于最大程度保障生命和财产安全，有助于后续对韧性城市的建设[8,9]，有助于制定不同等级防灾减损应对措施[10]。

暴雨过程作为内涝的直接致灾因子，其降雨时长、范围、雨型、峰值等特性决定了涝的程度不同，结合承灾区的地理、人口、经济、风险体特性等最终表现为涝灾的损失程度。目前气象学科研究较多的是分析极端降雨形成的原因及其在预报中的经验[11-14]，水文学科研究较多的是不同暴雨雨型、集中度等对内涝产生作用[15]和防洪排涝体系建设[16]，建设方面更多关注防涝措施和城镇排水如何匹配越来越极端的降水[17,18]，对降雨特征与灾害形成的确定性关系研究的尚不多见。

随着监测手段的完善与预报预警准确率的提升，能捕捉到更精细的降雨特征，也具备将气象的要素预报转为更直接的灾害风险预报的条件，但降雨的哪些特征与致涝风险密切相关、不同地区致涝阈值划定，仍是准确的风险影响预报需要攻克的难点。选取2021年9月10日和2022年4月13日两次前期条件类似、极值落区相近、总雨量量级相同而灾情完全不同的大暴雨过程，结合气象降水监测数据、土壤水分监测数据、水文水位监测数据、城建设计数据和实地灾情调查资料等，厘清降水和排水能力

* 基金项目：浙江省科技计划项目（2022C03150）；浙江省气象科技计划项目（2021YB23）。

之间的关系，研究涝灾产生的相关因子及阈值，对暴雨致涝特征因子进行总结提炼，以期在基层防灾减灾中能起到积极的作用。

1 研究区、数据源及研究方法

长江三角洲平原位于中国长江的下游地区，濒临黄海与东海，地处江海交汇之地，沿江沿海港口众多，是长江入海之前形成的冲积平原，总面积约 8×10^4 km^2，其中陆上面积约 2.3×10^4 km^2，海拔多在 10 m 以下[19]。受亚热带季风气候和台风等因素的影响，春夏秋三季梅雨、强对流、台风等天气均会造成暴雨，当地河网密布、地势低平，有时还会受海水高潮位顶托，排涝水困难，所以内涝和渍涝灾害是暴雨产生的最主要的灾害，对城镇的经济、农业、交通、人民生命财产安全都有较大影响[20,21]。且长江三角洲平原位于中国第一大经济区之内，人口密集，中大型城市多，对气象灾害的放大效应明显，研究暴雨的致灾特性对提高预报针对性和抗涝风险能力具有积极意义。

本文涉及数据包括长三角地区气象自动站监测的降水数据、土壤监测数据和水文数据。降水和土壤监测数据来源于气象部门，水文数据来源于水利部门。灾情资料来源于建设部门实地调查。

暴雨确切的致涝能力判断难度较大，一是因为从区域暴雨到内涝发生内含聚集、衰减、滞后和延长等特性，具有明显的非线性和非均匀性的复杂关系；二是内涝灾情进行实况统计面大点多，搜集的数据往往容易以偏概全，难以形成关系分析的基础数据集；三是城镇建设更迭、人口流动快、经济变化大，即使同样的暴雨过程致灾程度变化也大，评估模式难以长期使用。首先需要厘清一定区域内雨水量收支的关系，再分析影响收支关系的降雨特征因子和城镇排水能力因子，最后确定相互关系，并通过实况验证，形成涝灾的评估关系公式，用于基层实际应用。

2 涝灾类型及定义

长三角平原地区主要的涝灾类型包含城镇内涝和农田渍涝，本文选取同一地区相同承灾体进行分析，有助于对比降雨特征对致涝的贡献能力。

2.1 城镇内涝

城镇范围内的强降雨或连续性降雨超过城镇雨水设施消纳能力，导致城镇地面产生积水的现象称为城镇内涝[22]。强降雨或连续降雨都有可能造成积水，但只有达到一定程度才能称为“内涝”。在国家标准《城镇内涝防治技术规范》条文中明确“各城市应根据地区重要性等因素，因地制宜确定设计地面积水时间。在规定的积水深度和积水时间内，不应视作内涝”。不同地区对内涝定义的具体尺度不同，以浙江省为例，内涝的定义标准如表 1 所示。

表 1 内涝设计防治重现期下城镇内涝的控制要求[23]

重要程度	积水时间/h	积水深度/cm
中心城区重要地区	$t\leqslant0.5$	$h\leqslant15$ (8)
中心城区	$t\leqslant1.0$	
非中心城区	$t\leqslant1.5$	

2.2 农田渍涝

渍涝是我国主要农业气象灾害之一，农田渍涝的发生是由于降水过多，农田土壤含水量处于过湿或饱和状态，土壤大孔隙充水，缺少空气，造成植株根部环境条件恶化、生长发育不良，降雨径流和土壤渗流会造成农田养分流失，土壤容易加重水环境负荷，常造成农作物减产或品质降低[24]。根据农田渍涝气象等级划分标准[25]，发生农田渍涝的可能性与 0～50 cm 土壤相对湿度、地表径流深度、降雨量指数密切相关，降雨量指数与日降雨量和 5 d 累积降雨量有关，土壤相对湿度接近饱和，或田间有积水就可能发生农田渍涝。

3　两例大暴雨过程及其涝灾概况

以两次较为典型的大暴雨过程来说明致涝能力与降水特征的相关性。

3.1　降雨实况

2021 年 9 月 10 日下午长三角地区发生强对流天气，简称“9・10”过程（下同）。10 日 08：00—11 日 08：00（BJT）24 h 累积雨量图（图 1a）显示，雨带位于上海至浙江与江西交界处，雨带较窄呈“撇”型分布，降雨量区域分布极不均匀，浙江中北部有暴雨区，浙江省嘉兴市出现约 150 km^2 的大暴雨区。由嘉兴国家气象站小时雨量时序图（图 2 浅色柱）可见，本次降水总量达 151.4 mm，96% 集中在 12：00—14：00 两小时内，最大小时雨强 82.4 mm，具有突发性强、降水不均、短时雨量特别大、持续时间短等强对流天气降水特征。

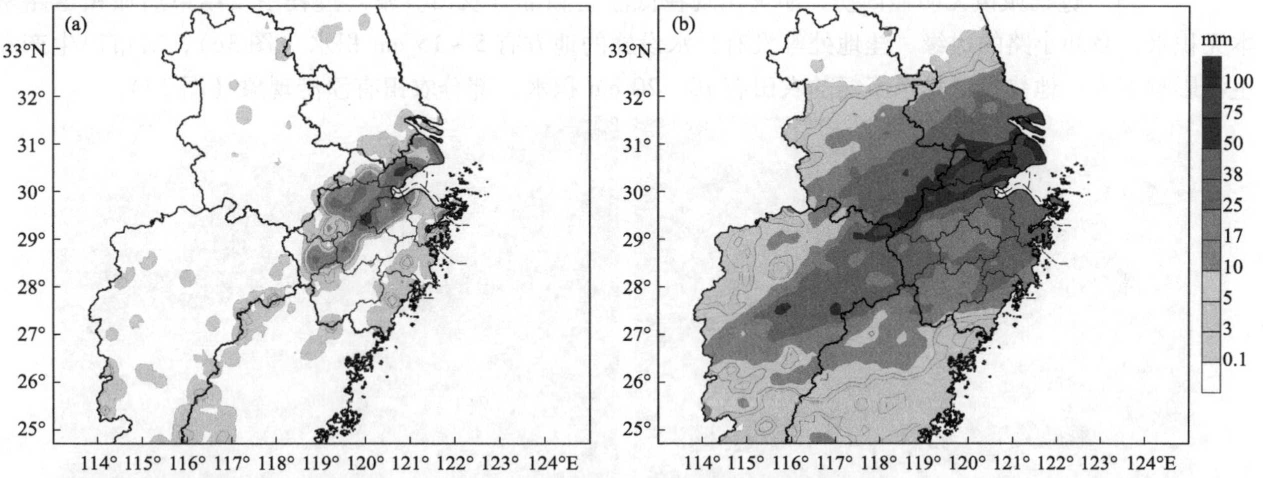

图 1　2021 年 9 月 10 日 08：00—11 日 08：00（a）和 2022 年 4 月 13 日 08：00—14 日 08：00（b）长三角地区累积雨量

2022 年 4 月 13 日午后至夜里长三角地区出现大暴雨，简称“4・13”过程（下同）。本次降雨主要由高空槽、江淮气旋和冷空气共同造成，大气整层水汽条件较好，且气旋入海缓慢，在长江口滞留时间较长，导致浙北到上海区域出现了大暴雨区域。13 日 08：00—14 日 08：00 的 24 h 累积雨量图（图 1b）显示，雨带宽阔呈东北—西南向分布，降水极值中心出现在苏、浙、沪交界处，达 146.7 mm。降水极值中心代表站点姚庄镇小时雨量时序图（图 2 深色柱）可见，降水持续 17 h 且呈双峰型分布，小时雨量廓线较为平滑，最大小时雨强 26.7 mm。本次降雨过程累积雨量大但雨强相对平均，具有持续时间较长、暴雨范围较大等系统性降水特征。

两次暴雨过程均达到 24 h 暴雨标准，雨带都呈东北—西南向分布，且降雨区中心极值都达大暴雨量级，极端降水量都在 150 mm 左右。不同的是，“4・13”过程强降水面积大于“9・10”过程；从极值落区的降水雨型来看，“9・10”过程为尖峰型，强降水集中在 2 h 内，其余时次弱降水或无降水；“4・13”过程为双峰型，降雨强度较为平均，10 mm/h 强度降水达 6 h，但最大小时雨强未超过 30 mm/h。

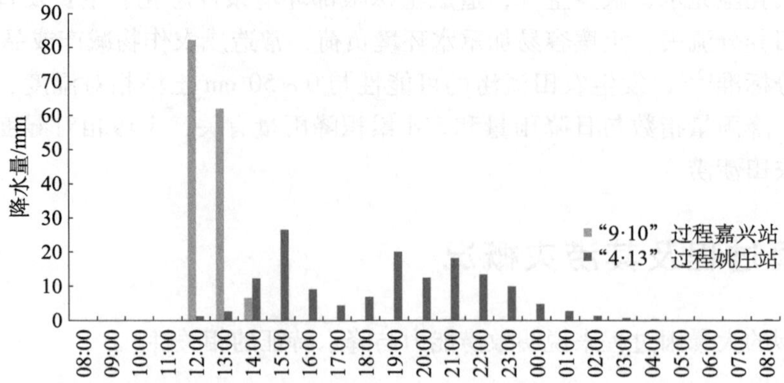

图 2　"9·10"过程嘉兴站（浅色柱）和"4·13"过程姚庄站（深色柱）小时雨量时序图

3.2　内涝实况

根据大暴雨区的灾情调查，"9·10"过程城镇内涝严重，农田渍涝不明显。暴雨后市区部分城市道路积水，积水面积 100 ~ 500 m²，积水深度 15 ~ 30 cm（图 3a）；部分桥梁涵洞、下穿道路、地下室等积水深度 20 ~ 40 cm（图 3b），部分公交与轨道交通停运，大暴雨区市民生活受到一定程度影响。经过排涝抢险，降水峰值后 2 h 大部分道路积水消退。

"4·13"过程城镇无明显内涝，涝灾出现在低洼处和部分农田。暴雨过程中及结束后城镇道路基本无积水，乡间小路的边缘、洼地处等没有排水设施的地方有 5 ~ 15 cm 积水（图 3c），对市民生产和生活影响不大；地势较低排水不畅的农田有 10 ~ 20 cm 积水，部分农田有渍涝现象（图 3d）。

图 3　"9·10"过程城镇主干道（a）和地下室（b）积水情况；"4·13"过程在建工地（c）和黄桃田地（d）积水情况

4　致涝能力分析

考虑到降水的流动、汇聚和消纳等特性，不宜用单站雨量进行对比，比较一个区域的面雨量情况更为合理[26]，图4为以乡镇（街道）为单元统计的两次大暴雨的面雨量时序图，特征分析与3.1节分析一致。暴雨过程前的土壤墒情和水位等对承灾体的纳水能力有较大的影响，相同区域前期土壤墒情和水位相似才有利于对比暴雨的不同特性导致内涝的能力。

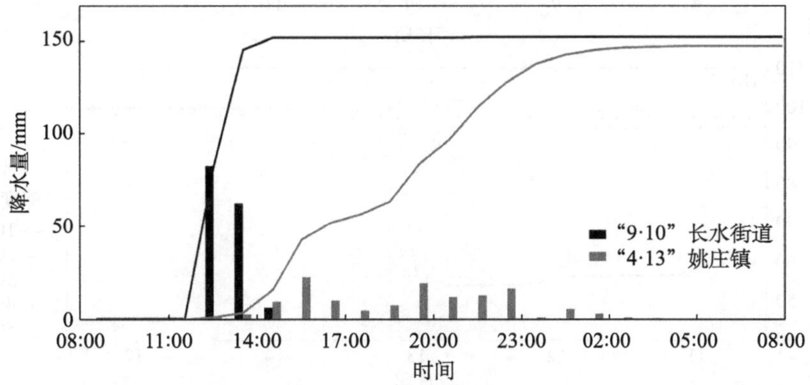

图4　"9·10"长水街道和"4·13"姚庄镇面雨量时序图（柱）和累积雨量（线）

4.1　土壤墒情和水情

"9·10"过程前，流域内有两次降水过程，9月2—3日太湖水系面雨量10.6 mm，5日太湖水系面雨量3.1 mm。土壤墒情见图5a，暴雨过程前0～20 cm平均土壤相对湿度在50%～70%，30～50 cm平均土壤相对湿度在80%～90%，处于不饱和状态。图6深色曲线为过程前后水位（黄海水位，下同）变化图，阴影底色为暴雨发生当天，由图可见9月5—9日水位维持在1.3～1.4 m，低于警戒水位1.46 m，为正常水位。

"4·13"过程前，流域内近半个月（4月1—12日）无有效降雨，由图5b可见暴雨过程前土壤墒情持续下降，4月12日0～20 cm平均土壤相对湿度降至60%以下，30～50 cm平均土壤相对湿度在90%～100%，上层土壤墒情持续处于不饱和状态。图6浅色曲线为4·13过程前后水位变化图，可见暴雨过程前水位逐渐走低，嘉善站水位最低为0.87 m，低于警戒水位（1.46 m）0.59m，为正常水位偏低。

综上，这两次大暴雨过程前土壤墒情和水位均处于正常状态，区域纳水能力接近，其涝灾的产生与降水特性的关系更大。

暴雨当天，"9·10"过程累积雨量在2 h内迅速攀升至150 mm左右，后续无增加；结合图5a土壤墒情和图6水位的变化线可见，大暴雨过程后平均土壤相对湿度曲线陡升，20～50 cm的代表曲线接近100%，并持续多天处于较饱和状态；暴雨后两站平均水位上涨0.23 m，均超过警戒水位，但之后比较平稳，一直维持在1.5～1.7 m。"4·13"过程降水时间持续较长，12 h累积雨量也攀升至150 mm左右，15：00、19：00、22：00三个时次出现20 mm以上的小时雨量，但不连续；结合图5b和图6可见，大暴雨过程后土壤各层相对湿度不断增加，上升的陡度小于"9·10"过程，13日夜里起均处于饱和状态；水位方面，"4·13"大暴雨后两站水位平均暴涨0.65 m，达到1.74 m，超过警戒水位，后一天两站水位继续上涨，嘉善站最高涨至1.86 m，超过该地保证水位（1.76 m），上升陡度大于"9·10"过程，与暴雨区面积较大有关，汇水总量较大造成水位上涨较快。

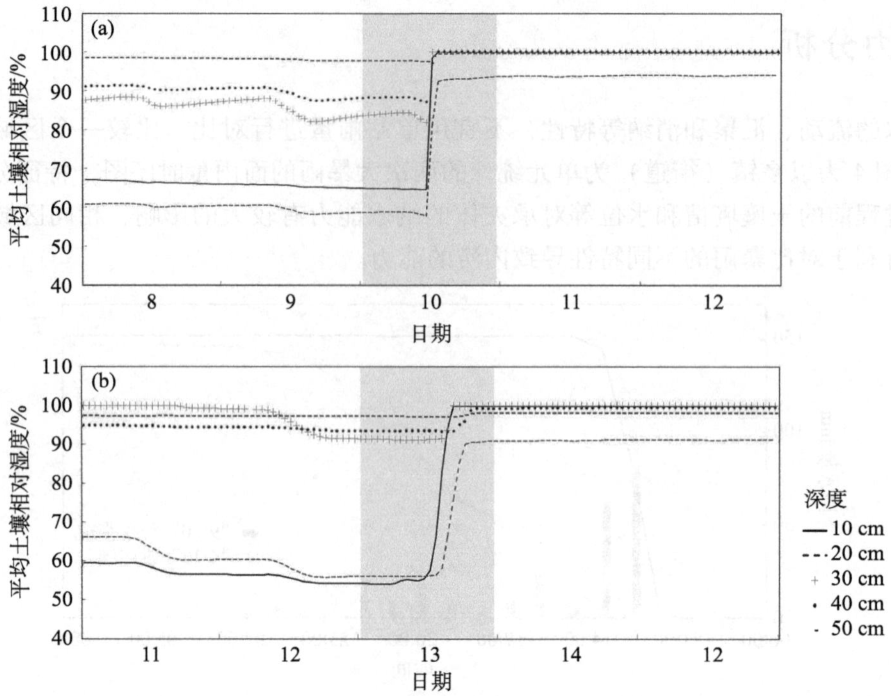

图5　“9·10”过程（a）“4·13”过程（b）嘉兴站不同深度平均土壤相对湿度变化
（阴影时段为大暴雨当天00：00—24：00）

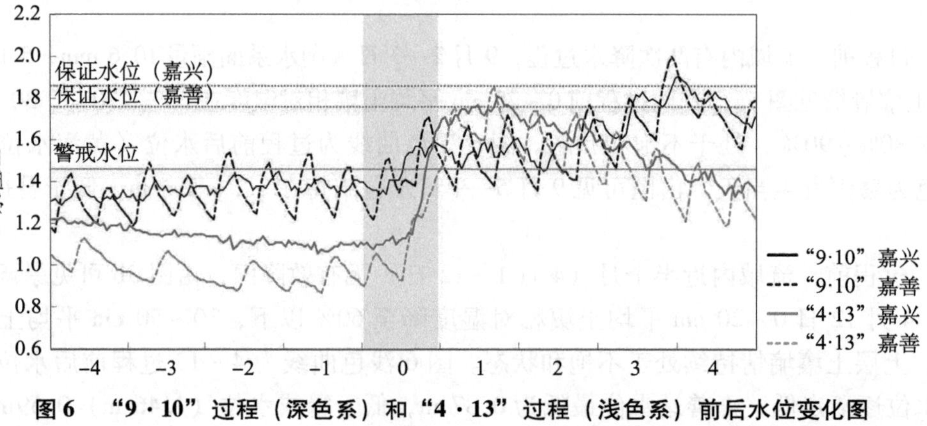

图6　“9·10”过程（深色系）和“4·13”过程（浅色系）前后水位变化图
（阴影时段为大暴雨当天00：00—24：00，横坐标负值代表大暴雨之前日数，正值代表大暴雨之后日数）

由分析可见，两次大暴雨过程总雨量都在150 mm左右，均造成土壤相对湿度增加并达到饱和，土壤相对湿度增加的速率与降水强度有关，降水越强相对湿度增加越快，饱和后纳水能力下降；暴雨区域越大水位上涨越快，水位超保证水位后自然排水和强排能力会受到制约，后期暴雨的致涝性会明显增强。

4.2　暴雨强度与城镇排水能力

城镇内涝防治系统中包含了源头减排设施、排水管渠设施和排涝除险设施等具体设计[22]，目的为正常消纳一定量的降水。简言之，如果降水超过了城镇设计的消纳能力，就会出现积水，大幅度降水大于或长时间大于排水能力时便会致涝。

城建室外排水设计规范中，室外管网的雨水设计流量 Q_s（式（1））已考虑了径流系数 Ψ（在排水工程中，径流指降水超出一定区域内地面渗透、滞蓄能力后产生的地面多余水量）、汇水面积 F 等城市建设相关的变动因素，唯一与降水特性相关的 q_s 为设计暴雨强度（$L/(s \cdot hm^2)$），强度与时间的乘积即设计消纳水量 L（式（2））。对比降水量与消纳水量的大小即可判断暴雨的致涝能力。

$$Q_s = q_s \cdot \Psi \cdot F \tag{1}$$

$$L = 6 \cdot 10^{-3} \times q_s \times t \tag{2}$$

通常具体的设计暴雨强度值由各地通过近30年年历史降水资料，选取每个历时（5～180 min）的最大雨量记录，用“年最大值法”选样计算得出，通过拟合，形成该地区暴雨强度公式。以嘉兴地区为例，按该地暴雨强度公式（式（3））计算的消纳雨水量如表2所示。

$$q_s = \frac{6458.229 \times (1 + 0.698 \lg P)}{(t + 19.571)^{0.937}} \tag{3}$$

表2　不同重现期设计消纳雨水量估算值　　单位：mm

历时/min	重现期/a					
	1	2	3	4	5	10
30	29.99	36.29	39.98	42.59	44.62	50.92
60	38.50	46.58	51.32	54.67	57.28	65.37
90	42.79	51.78	57.04	60.77	63.66	72.65
120	45.48	55.03	60.62	64.59	67.66	77.22
150	47.36	57.32	63.14	67.27	70.47	80.43
180	48.79	59.04	65.04	69.30	72.60	82.85

目前内涝防治设计重现期在2～3 a，老城区或正在改造区重现期与1 a重现期排水量接近，对照表2中60 min消纳水量在38.5～51.32 mm，180 min消纳水量在48.79～65.04 mm。

在“9·10”过程中最大1 h面雨量82.4 mm、2 h面雨量144.6 mm均大大超过重现期3 a历时60 min设计的51.32 mm和120 min设计的60.62 mm的雨量，具有强致灾性，城镇会出现比较严重的积涝。“4·13”过程小时面雨量为双峰型，最大1 h面雨量22.5 mm、最大3 h的面雨量44.25 mm，对照表2可见均小于1 a重现期、更小于3 a重现期下的设计流量，致涝能力不强，城镇排水正常区域不会产生内涝。通过以上对比可知，暴雨过程的致涝能力与雨强、强降雨历时和强降雨间隔有直接关系，雨强越大、强降雨历时越长和强降雨间隔时间越短越容易致涝；短时雨强小于当地实际排水能力时致涝性不强，超过当地城镇排水能力时会导致积水，大幅或长时间超过排水量时累积效应会使致涝性迅速增强，即雨强与致涝性为非线性关系，强降雨历时长和强降雨间隔短对致涝有叠加效应。

4.3　总雨量与土壤入渗量

城镇大多为固化地表面，有排水设计，而农田种植园等为非固化地表面，积水的产生与土壤的入渗能力关系更大。降雨量大于可入渗量时，就会在表面产生径流，而土壤入渗总量是降水时间与入渗率的函数，而入渗率是变化的，随着渗入的水量增加入渗率会减小。土壤下渗能力随时间的变化可按照式（4）计算。

$$f_m = f_c + (f_0 - f_c)\, e^{\frac{-k_0 t}{3600}} \tag{4}$$

$$I = a \cdot (s \cdot t^{0.5} + i_f \cdot t) \tag{5}$$

式中：f_m 为土壤入渗率，f_c 为稳定入渗率，f_0 为初始入渗率，单位均为 mm/h；k_0 为衰减常数，单位 h^{-1}；t 为下渗时间，单位 s。根据土壤入渗率计算累积入渗量，通常采用土壤水分入渗 Philip 公式（式(5)），s 和 i_f 为相关参数，t 为下渗时间，单位 h，I 为累积入渗量，a 为地形系数。需要注意的是，不同地方土壤黏性、地势高低和降水强度等均会使参数发生变化，进而影响计算的入渗率和累积入渗量。表3估算值为嘉兴地区一般状况下的参考值，以土样均值为体积含水率为19.5%的黏土（约等于田间60%持水量）、降水强度40 mm/h的样本来计算，参数 a、s 和 i_f 分别为0.85、119.16和0.3775，计算得表3。由表中数值变化关系可见，正常状态下起始入渗量比较大，随着强降水时间延长入渗量会越来越少，趋于饱和，饱和后的雨水承载能力会非常弱，所以长时间的强降水更易造成农田渍涝。

表3　嘉兴地区一般状态下的土壤入渗量估算值

时间/min	入渗量/mm	累积入渗量/mm
30	63.32	81.86
60	33.91	104.90
90	20.88	118.27
120	13.12	126.62
150	7.81	131.78
180	3.90	134.67

集中降水的总雨量可以与对应时间的本地土壤可入渗量做对比，大致可以判断降雨在地表为土壤地区的致涝能力。在“9·10”过程中最大2 h降水量144.6 mm，超过估算的土壤累积入渗量，对田地也有一定的致涝性，但就降水时长来看，强降水只维持2 h且后续无降水，有利于排水排涝。“4·13”过程为流域型暴雨，10 h（14：00—24：00）累积面雨量126 mm，达到累积入渗量的上限，对地势较低处或水流不畅的地块，有农田渍涝可能。通过以上对比可知，暴雨过程的致涝能力与累积雨量、暴雨面积有间接关系，累积雨量越大、暴雨面积越大会使土壤墒情、河道水位等条件改变，后期暴雨的致涝阈值减小。

4.4　暴雨过程致涝能力总结

长江中下游平原地区受台风、梅汛期暴雨和强对流影响，每年都会发生不同程度的涝灾。本文以平原地区的两场前期条件类似、极值落区相近、总雨量量级相同而灾情完全不同的大暴雨过程为研究对象，结合承灾体特性——城镇排水设计、农田入渗能力等，对暴雨过程的致涝特性进行了分析，结论如下。

（1）暴雨过程的致涝能力与雨强、强降雨历时和强降雨间隔有直接关系，雨强越大、强降雨历时越长和强降雨间隔时间越短，暴雨的致涝性越强。暴雨过程的致涝能力与累积雨量、暴雨面积有间接关系，累积雨量越大、暴雨面积越大会使土壤墒情、河道水位等条件改变，承灾环境脆弱化，导致后期暴雨的致涝能力增加。

（2）短时雨强与致涝性有非线性关系，强降雨历时长和强降雨间隔短对致涝有叠加效应。当暴雨过程的短时雨强小于当地实际排水能力时致涝性不强；超过当地城镇排水能力时会导致积水；大幅或长时间超过排水量时累积效应会使致涝性迅速增强。如文中研究地区1 h雨量51.32 mm以上或2 h雨量达60.62 mm以上容易出现城镇内涝，部分排水能力较弱的区域小时雨量38.50 mm以上就易出现排水困难。

（3）暴雨的累积雨量大会导致排水不畅地区积涝和农田积水，强降雨历时较长时容易引起农田渍涝。如文中研究地区正常条件下 3 h 土壤下渗量的饱和值在 135 mm 左右，后续的纳水能力减弱明显，对于 24 h 累积雨量达 135 mm 以上的降水土壤表面的地区致涝性较强。

在使用中需要注意的是，暴雨的不同特性对致涝的贡献是定性的，定量的对比是按照设计条件标准状态下的参考值，具体到某一地点某一时段是变动的，提前采取开闸放水、水泵抽水等人工干预措施也会增大致涝阈值，使实际灾情小于预判灾情。而且，随着气候数据的积累，暴雨公式需要定期更新；随着城市建设的优化和防涝排水设计等级的提高，相同暴雨过程的致涝能力会相应减弱，致涝性预判标准也应相应调整。

5　积涝风险评估应用

暴雨致涝能力的研究有助于气象灾害风险防御等级划分，有助于当地应急措施的分级制定，文中提供了一种致涝性分析的思路。以城市排水设计标准为参照，可以厘清城镇降水和排水之间的关系，可以简化条件相似地区的内涝判断条件，且不受城市建设更新较快的影响；以土壤入渗量为参照，可以快速判断土壤地表的积涝条件。评估关系中还考虑了地势高低、前期土壤饱和条件等因素。按此思路设计的积涝风险评估产品可以契合人们对城市内涝灾害的关切，也可以作为基层防灾减灾的决策依据。

5.1　以乡镇为单元的评估应用

乡镇（街道）是我国最基层的行政机构，以乡镇为单元提供风险评估产品有助于政府按照风险等级提前对积涝防控进行部署，方便交通、建设等部门调度管控、规避灾害风险，组织救援修复等。按照研究区域（长江下游平原）主要下垫面及排水方式的机理不同，将评估种类分为城镇硬化下垫面和农耕自然土壤下垫面 2 种（图 7）。

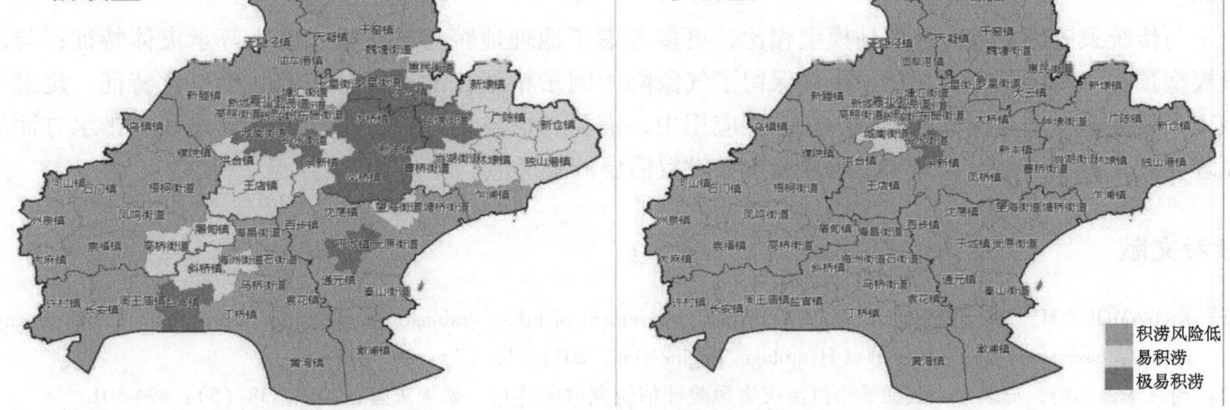

图 7　“9 · 10”大暴雨过程积涝风险评估平台显示产品

该应用平台可以用于积涝风险的实时评估和预报评估。在实时评估中可以对已产生的雨量致涝性进行分析，给出乡镇（街道）的风险等级提示，政府和部门可以根据掌握的易积涝点信息，采取相应级别的减灾措施；在预报评估中，使用的短时临近天气预报产品落区和降雨量级测准确性与评估结果可靠性关系十分密切，准确的精细化快速预报对风险预估至关重要。

5.2 精细网格化的评估应用

面对社会公众的防灾减损自救需求，进一步研发了精细化网格化（1°×1°）的积涝评估产品平台，可以结合定位推送个人所在地或关注地的积涝易发等级，为保障社会各行业安全生产和人民群众生命财产安全提供重要支撑（图8）。

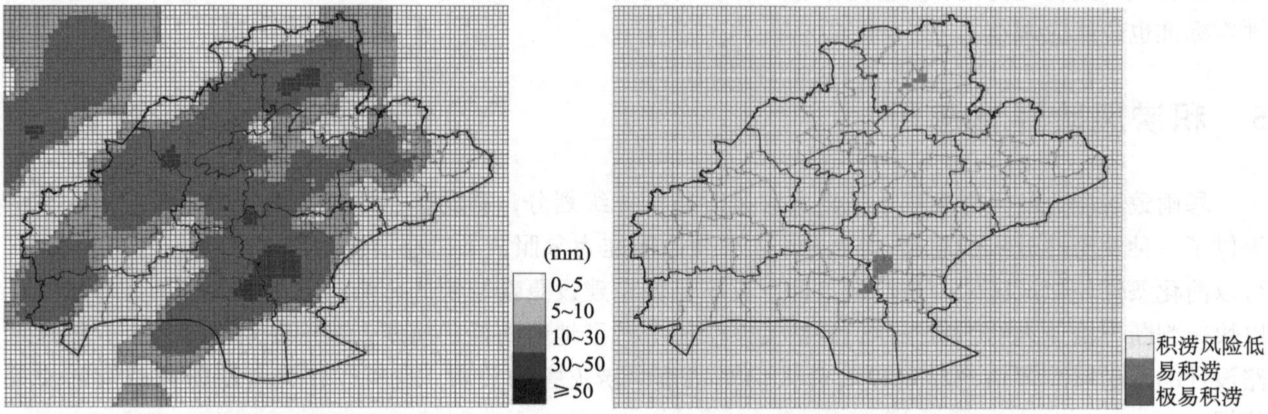

图8 2022年7月17日13：00—16：00雨量分布和细网格积涝风险评估产品

精细网格化的积涝评估产品地区针对性更强，更适合对企业和个人的风险提醒。同样精细网格化的积涝评估产品也可提供实时和预报两种评估产品。在使用中发现，网格评估产品与乡镇为单元的评估产品相比有时等级会有差异，主要是评估面积不同，地形和雨量数据差异产生的。与实况验证对比中，以乡镇为单元的评估更为准确，在城建部门掌握易积涝点的基础上，更具有防灾救灾价值。

5.3 评估应用方面总结

目前，“嘉兴市积涝易发风险评估平台”已正常运行2年，在2021—2022年汛期多场暴雨中评估结果与实况相吻合，多次为应急避险措施的采取提供了决策依据，目前是本地气象服务的一项成熟产品。

与传统致灾因子危险性评估模型相比，更多考虑了地理地貌与城市排水能力等承灾体特征；与淹没模型预测积涝风险方法相比，更多保留了气象降雨因子精细化的地区分布和强度变化特征，规避了城市大型建设变动对模型的影响。在推广应用中，需要考虑各地降雨、水流聚集方式和蓄排水方面的原理异同，对不同城市条件和土壤环境参数设置需要调整适应。

参考文献

[1] KARAMOUZ M, HOSSEINPOUR A, NAZIF S. Improvement of urban drainage system performance under climate change impact: case study [J]. Journal of Hydrologic Engineering, 2011, 16 (5): 395-412.

[2] 周月华，彭涛，史瑞琴．我国暴雨洪涝灾害风险评估研究进展［J］．暴雨灾害，2019，38（5）：494-501.

[3] 陈鹏，赵剑伟．城市暴雨内涝灾害起源分析与对策研究［J］．灾害，2022，37（3）：33-36，60.

[4] 国务院灾害调查组．郑州“7·20”特大暴雨灾害调查报告［R］．2022.

[5] 喻谦花，吕哲源，李姝霞，等．郑州“7·20”特大暴雨卫星云图和双偏振雷达特征分析［J］．气象与环境科学，2022，45（2）：102-111.

[6] 肖柳斯，张华龙，张旭斌，等．基于CMA-TRAMS集合预报的“5·22”极端降水事件可预报性分析［J］．气象学报，2021，79（6）：956-976.

[7] 陆婷婷，崔晓鹏．北京两次特大暴雨过程观测对比［J］．大气科学，2022，46（1）：111-132.

[8] 程晓陶，刘昌军，李昌志，等. 变化环境下洪涝风险演变特征与城市韧性提升策略［J］. 水利学报，2022，53（7）：757-768，778.
[9] 张孝奎，冯立超，崔晓莉. 郑州"7·20"暴雨情景下城市韧性内涝防治体系构建研究——以福州滨海新城核心区为例［J］. 灾害学，2022，37（2）：79-83.
[10] 中国气象防灾减灾编委会. 中国气象防灾减灾［M］. 北京：气象出版社，2021.
[11] 徐卫红，刘昌军，吕娟，等. 郑州主城区 2021 年"7·20"特大暴雨洪涝特征及应对策略［J］. 中国防汛抗旱，2022，32（5）：5-10.
[12] 赵娴婷，王晓芳，王珏，等. 2016 年 7 月 18—20 日湖北省特大暴雨过程的中尺度特征分析［J］. 气象，2020，46（4）：490-502.
[13] 伍志方，蔡景就，林良勋，等. 2017 年广州"5·7"暖区特大暴雨的中尺度系统和可预报性［J］. 气象，2018，44（4）：485-499.
[14] 靳奎峰，巢惟志，陈虹杏，等. 双偏振天气雷达在灾害性降水估测中的应用——以广州"5·22"特大暴雨灾害为例［J］. 灾害学，2021，36（3）：140-146.
[15] 侯精明，康永德，李轩，等. 西安市暴雨致涝成因分析及对策［J］. 西安理工大学学报，2020，36（3）：269-274.
[16] 陈小龙，王小雨，王永桂. 基于陆面－管网耦合模型的城市排水系统评估［J］. 人民长江，2022，53（11）：79-85.
[17] 柳发根，丘汶卉，李文钰. 基于韧性治理理论的城市内涝治理路径研究——以郑州"7·20"特大暴雨灾害为例［J］. 中国西部，2022，379（2）：47-56.
[18] 邸文正. 嘉兴市路面雨水土壤渗滤回用技术研究［D］. 北京：北京建筑大学，2014.
[19] 王杰，王保畲，罗正齐. 长江大词典［M］. 武汉：武汉出版社，1997.
[20] 俄有浩，霍治国. 长江中下游地区暴雨特征及洪涝淹没风险分析［J］. 生态学杂志，2016，35（04）：1053-1062.
[21] 中国的灾害性天气编委会. 中国的灾害性天气——洪涝［M］. 北京：人民教育出版社，2015.
[22] 张辰，吕永鹏，等. 城镇内涝防治技术规范：GB 51222—2017［S］. 2017.
[23] 赵萍，周凌，厉帅，等. 城镇内涝防治技术标准：DB 33/T 1109—2020［S］. 2020.
[24] 王国峰，许福康，张益农，等. 浙北嘉湖平原三熟制农田渍害的研究［J］. 土壤通报，1991，22（1）：16-19.
[25] 薛建军，赵琳娜，齐丹，等. 农田渍涝气象等级：GB/T 32752—2016［S］. 2016.
[26] 俄有浩，马玉平. 农田涝渍灾害研究进展［J］. 自然灾害学报，2022，31（4）：12-30.

第二篇

基层防灾减灾

基于数据共享系统的气象灾害防御网格化治理平台设计与实现*

邱忠洋　蒋　骏　陈宏波　姚丽娜

（江苏省常州市气象局，常州 210044）

摘要：近年来，国际国内极端天气灾害呈现频发、重发态势，多地出现短时强降水、雷暴大风、冰雹、龙卷等强对流天气，因气象灾害造成的人民生命财产损失十分巨大，这一现象也引起社会高度关注。如何将气象信息及时高效地以网格化形式精准靶向发布给决策者或普通用户，成为气象部门讨论的重要问题。为解决这一实际需求，常州市气象局依托数据共享系统，对接常州市突发事件预警信息平台，并结合常州市域社会治理现代化联动指挥系统，设计研发了气象灾害防御网格化治理平台。该平台可将预警、预报、重要通知、气象防灾减灾信息高效精准发布至网格员使用的 PC 端或 APP 端，再由网格员扩散。技术上，网格化治理平台所使用的数据共享系统引入了 Token 令牌管理机制分配资源，平台采用了 B/S 数据处理架构，数据库采用了 Oracle，数据调取采用了 Mybatis 框架提供 API 服务。实际使用效果表明，系统灵活高效，基本满足服务的需求。

关键词：气象灾害；网格治理；Token 令牌；B/S 架构；Oracle 数据库；API 服务；Mybatis 框架

引言

近年来，气象灾害呈现“频发、重发”特点，全世界各国政府普遍意识到防御气象灾害的重要性和迫切性。在提高气象信息的传播效率防灾减灾方面，具有代表性的是美国、日本等。美国是气象灾害频发国家，其防灾减灾工作的理念是软件重于硬件，地方重于中央，很早就提出了气象灾害网格化治理方案，并以立法形式存在。其在现代化预警方面建设了完备的体系，通过互联网、电视、广播等新闻媒介实时公布气象灾害信息，指导公众防灾减灾。美国的预警系统处于世界领先地位，预报能够提前 19 min，准确率达到 78%，预警传播高效。日本因其地形、气象等自然条件综合作用，台风、暴雨等自然灾害较多，影响较大。日本建有整套防灾法律体系，明确国家、都道府县、市街村、公民都有防灾责任，建立了有效的网格化防灾行政体制。我国是世界上气象灾害最严重的国家之一，在自然灾害中 70% 属于气象灾害，造成的损失约占国内生产总值的 1% 以上，受灾害影响人口在 4 亿以上。我国历来重视气象灾害防御，但与先进国家相比，还有一定的差距。关于气象防灾减灾网格化治理方案，上海、苏州、杭州等地都提出建设设想并相继实施。本文依托政府支持，强化面向网格员的气象灾害预警信息指导，全面打通部门与部门、部门与基层的信息通路，用“网格 + 气象”融出强大的合力，筑牢防灾减灾“第一道防线”。

随着移动互联网技术的飞速发展，气象行业的资料服务不断普及并全方位涉及各个领域。作为社会化服务的重要组成部分，气象部门担负气象监测、预报、服务等职能，在做好气象预报的同时，也

* 项目资助：江苏省常州市气象局重点项目（课题号：1504）。

有责任和义务为特殊行业提供气象资料服务。大到国家层面，依托国家发展改革委批复的“新一代天气雷达共享平台”项目，中国气象局建设的全国综合气象信息共享平台（CIMISS），是集数据收集与分发、质量控制与产品生成、存储管理、共享服务、业务监控于一体的气象信息共享系统[1,2]。小到地级市层面，如何提供给相关部门所需的气象数据信息，成为常州气象信息部门首要解决的问题。在过去，凡是用到气象数据的业务系统，都需要单独为其建立数据处理、更新、存储、分发，过程复杂，效率低下，重复工作较多，推广也比较困难。基于这方面的考虑，常州气象“十三五”规划中，将共享基础数据库建设作为气象信息化建设的重要一环。目前常州市气象局已经形成了多元数据管理的基础共享数据库，解决了数据出口来源不一致、标准不统一的问题，为气象灾害防御网格化治理平台的建设提供了业务和技术基础。极端天气灾害频发、重发引起常州市政府的高度关注。常州也应为相关单位和决策机构提供及时高效的气象数据信息，方便政府决策以降低因灾害带来的损失。多种灾害突发事件预警信息系统是突发事件的“消息树”，其快速传播发布事关人民群众生命财产安全、事关地方经济社会发展。坚持“人民至上、生命至上”，把担当实干挺在前面，全力推进将气象灾害预警信息传播，将气象灾害预警信息传播、气象防灾减灾宣传等气象防灾减灾工作有序纳入基层网格员服务事项清单，推动预警信息发布到村到户到人，自觉帮助群众解决“预警信息传播最后一公里”的瓶颈难题，切实为群众办实事成为当前气象部门首要解决的问题。同时，在落实《江苏省城乡网格化服务管理办法》中，还要以推进气象防灾减灾进网格为切入点，加强工作联动，建立健全气象防灾减灾融入基层网格化社会治理体系的工作机制。加快推进市域社会治理现代化联动指挥平台功能拓展，开发预警信息传播、气象防灾减灾宣传、气象灾情收集上报等模块，将常州市突发事件预警信息平台与市域社会治理现代化联动指挥平台有机对接，提升气象防灾减灾融入基层网格化社会治理体系的信息化水平。

1　系统相关技术

1.1　共享基础数据库

常州市气象局信息部门于2015年开始建设基础数据库，起初是支撑气象预报业务，后经过不断补充完善，数据库逐渐成熟。数据库选择Oracle作为数据存储工具，应用数据主要包括实况监测、天气预报、气象预警、其他四种类型。目前依托基础数据库已经对多家单位提供了数据接口服务，其中不乏特殊需求的定制化开发。

1.1.1　Oracle数据库

Oracle数据库具备常规的数据库操作功能，同时还具备数据库开发工具和应用客户端。作为对象关系数据库的代表，Oracle具有可存储内容形式多样、可拓展性强、结构化查询共性等特点[3]。对于常州市气象局目前现代化建设现状对数据库的要求，一是需要数据库具备强大存储能力，数据吞吐量要求较高；二是数据需要支持除了本单位业务系统以外的多家单位业务系统，而使用的业务系统操作系统不一，这就需要数据库具备强大的兼容性。基于上述原因，系统选择Oracle数据库作为后台数据支撑，包括预警预报表、卫星雷达图、用户信息表、网格员信息表、Token管理表、资料清单详情表等，部分结构如图1所示。

1.1.2　共享库的使用

关于共享库的使用，首先从数据库中获取基础数据，形成数据接口，提供服务。基础数据存储在基础共享数据库中，以元数据形式记录，包括实况监测、天气预报、气象预警、其他等四种，具体来看包括基本气象站信息，如分钟级的云、雨量、气压、温度、湿度、风；加密气象站信息，如雷

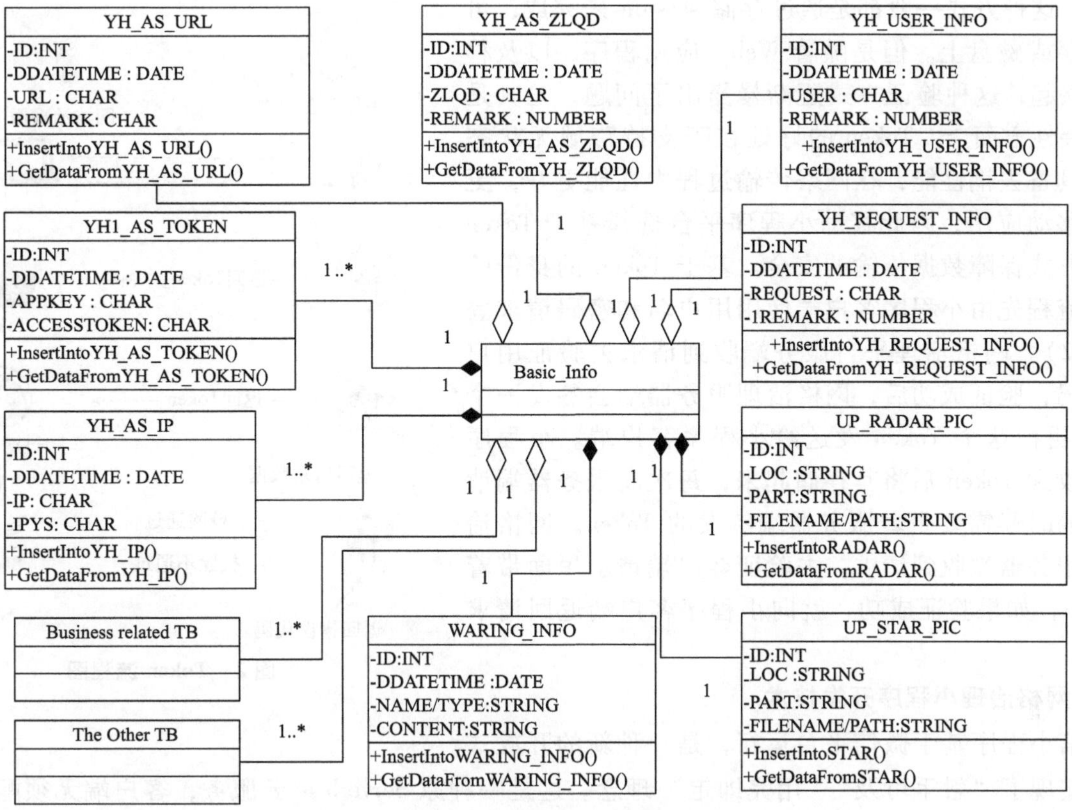

图 1 数据库部分结构图

达、卫星资料、大气成分（$PM_{2.5}$、PM_{10}）等。数据接口分为通用接口和专用接口两种类型。通用接口包括普通的站点信息、温压湿风监测信息、预报预警信息、卫星雷达数据、大气成分信息等。专用信息包括特殊行业所需要的定制化信息，如给定时间的雨量信息、给定时间的气温信息、给定时间的云信息、给定站点的风信息等，这些信息都需要定制化开发获得。对外服务方面，服务单位主要是指通过向气象局申请获取气象信息的单位，当前已经达到 20 余家，包括应急、海事、水利、污水管理、自然资源、政法、生态环境、渔业管理等单位。对应的服务单位既有通用接口需求，又有定制化的需要。

1.2 系统后端架构构建

1.2.1 SpringBoot 后端架构构建

网格平台后端主要是基于 Java 语言的 maven 构建的 SpringBoot，开发工具为 idea，服务器使用的是轻量级阿里云应用服务器。由于网格治理平台涉及数据库，依托 spring-jdbc，把 spring-boot-starter-jdbc 加为应用的依赖，来触发数据库访问相关的自动配置行为。考虑到网格治理平台使用的 Oracle 是关系型数据库，用其存放持久化数据，将数据存储在硬盘中，读取速度较慢，于是引入了 redis 缓存技术。redis 是 NOSQL 非关系型数据库，也是缓存数据库，可将数据存储在缓存中。缓存读取的速度较快，能够大大提高小程序客户端获取数据的运行效率，但是数据在时间保存上有所限制。小程序客户端同步使用了 redis，取长补短。

1.2.2 Token 令牌管理机制

气象灾害防御网格治理平台使用了共享数据库提供的数据接口，在供给过程中为保障数据安全采用了 Token 令牌管理机制。传统基于服务器的验证方式都是通过在服务端存储登录的用户信息来辨别身份的。这种方式一般都是通过存储 session 来完成，可放在内存或磁盘上。但是随着 Web、应用程序，以及移动端的兴起，这种验证方式逐渐暴露出了问题，尤其是在可扩展性方面[4]。Token 的好处在于支持跨域无状态访问，具备去耦性能，在网络传输过程中性能更好，更加适合移动应用，因此移动小程序平台选择基于 Token 验证的方式保障数据传输的安全。基于 Token 的身份验证方法流程先由小程序客户端使用用户名和密码请求登录（图2）。网格治理平台服务端收到请求去验证用户名与密码，验证成功后，网格治理服务器端会签发一个 Token，再把这个 Token 发送给小程序客户端。小程序客户端收到 Token 后将其存储起来，每次向服务器端请求资源的时候需要带着服务器端签发的 Token。网格治理平台服务器端收到请求，去验证客户端请求里面带着的 Token，如果验证成功，就向小程序客户端返回请求的数据。

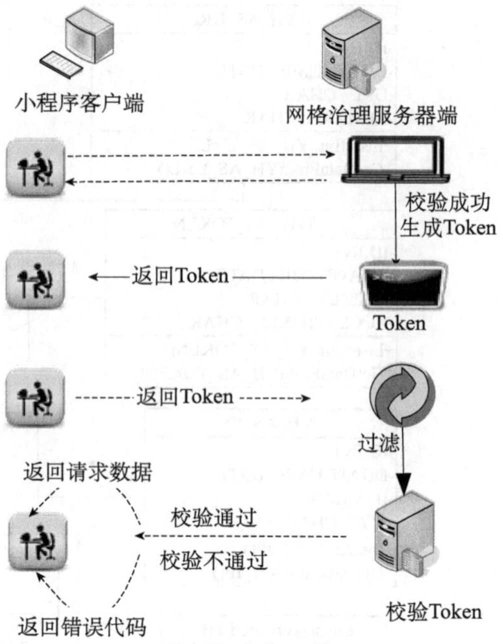

图2　Token 流程图

1.2.3　网格治理小程序开发技术

微信小程序基于微信平台运行，是一种新的开放式应用，实现了“触手可及”“用完即走”理念。这是一种原 Serverless 云服务，客户端无须配置服务器，代码程序等运行皆由云函数、云数据库和云存储协作完成。通过腾讯提供的微信公众平台，下载微信开发者工具，即可进行小程序的研发。网格治理小程序与网格治理公众号的关联，可以功能互补，打造更具个性化的移动平台。用户通过扫描二维码的方式搜索小程序即可打开应用，不需要安装与卸载，用户也不需要担心安装太多的应用，并且解决了在微信中游览网页卡顿等问题，提供了更加接近原生应用的体验，能够快速加载，用户使用也更加流畅。

1.2.4　小程序与后端通信

完成小程序开发之后，需要在小程序端发起网络请求。主要调用的 API 是 wx. requset，完成小程序端与 Java 后端写好的对应接口进行通信。因 SpringBoot 具有快速开发、便捷部署的特性，项目采用了 RESTful API。由于接口较多，细节复杂项目使用 Swagger 自动生成相应的接口文档。Swagger 可以轻松地整合到 Spring Boot 中，并与 Spring MVC 程序配合组织出强大 RESTful API 文档。项目存在众多接口，且不同端的工作进度不一样，故使用 Postman 来进行接口测试。做接口测试的好处在于节约时间，缩短项目成本，提高工作效率，提高系统的健壮性。

1.2.5　Mybatis 框架提供 API 服务

气象灾害防御网格治理平台采用架构 Mybatis 的主要目标是降低数据操作开发的复杂度，提高服务稳定性。实现的目标是为数据接口统一管理，对入参、出参进行统一规范，通过配置实现数据操作。最终通过约定方式，实现开发人员只需要配置 Mapper. xml 就实现数据服务接口[5]。后台 Mybatis 框架主要分为三层：一是 API 接口层，小程序访问 API 接口，通过 Token 获取接口调用信息，进行接口权限验证，向后台的 body 传递操作参数信息，映射到 Map 中，作为参数传入，最后通过 Mapper 配置节点进入下一个流程；二是数据处理层，小程序在提交申请后，进行数据库操作，将返回的结果根据配置进行映射，序列化返回结果；三是基础支撑层，负责上两层的基础数据支撑。网格治理平台需要业务化运行，涉及对外服务的多家单位，考虑到对外服务接口使用的可扩展性、高效性、兼容性、通用性，选择 Mybatis 作为系统开发的 ORM 框架。框架结构如图 3 所示。

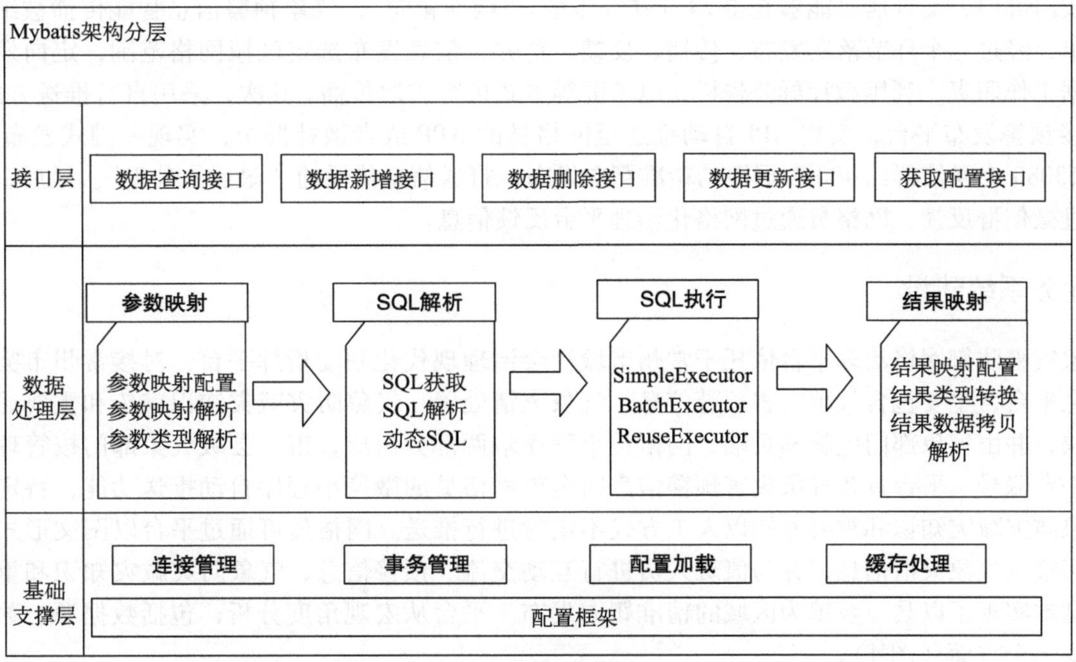

图 3 Mybatis 架构图

1.3 开发语言及相关环境

网格治理平台采用 Java 语言以及 J2EE 体系架构实现。Java 语言是由 Sun Microsystems 公司推出的程序设计语言，面向对象，是安全、跨平台、强大稳健、流行的程序设计语言与环境。

J2EE 体系架构则将展示逻辑、业务逻辑与数据逻辑分离，充分利用操作系统的并行能力提高网络计算能力，采用分层的设计理念，结合框架式开发降低软件研发难度，降低其耦合，增强软件的可扩展性及方便运维。本文采用了 Spring + Struts + Mybatis 架构及分层体系结构，前端采用 html5/js/json 等页面设计及返回技术，构建安全、稳定、高效、简单实用的中心服务端应用[6]。

2 系统设计与实现

系统设计主要包括系统的研究实践、业务系统建设、技术架构设计、Token 分配数据流以及系统软件设计，其最终目的是让系统能够正常业务化运行。实践证明设计方案是可行的、稳定的。

2.1 业务系统研究实践

作为网格化治理试点城市，目前常州共设置网格 6257 个，其中基础网格 4962 个、专属网格 1295 个，全市共配备专职网格员 3420 名、兼职网格员 9660 名，实现了网格无缝隙、无重叠，按照基层社会治理“一张网”要求统筹力量，整合资源，全面铺设。作为防范化解各类风险全要素网格治理参与单位，常州市气象局积极参与推送气象预警、防灾减灾各项重要信息至基层。

随着移动互联 5G 时代的到来，信息传播发生了变革，依托微信、朋友圈、工作圈等社会关系获取信息较多。常州市建立了 13080 个全要素信息发布网格微信群，微信群以网格为单位，汇聚了同一居住或工作区域的居民，形成了具备信息共享、政策宣传、重要通知等公告发布的微社群。每个微社群人员占比达到网格区人员 80% 以上，对气象信息的上传下达、多次传播和舆论引导起到了积极作用。微社群中的成员可以人工反馈信息，网格员还可以通过网格化治理平台与气象部门进行信息互动，实时连线政府部门，实现居民能够获得24 h在线服务。“精准靶向”，气象预警信息智能传播被纳入网格工作清单，经过三个环节落实发布、传播、反馈。首先，信息发布选定区域网格范围，定向发布，网格员依据工作职责，利用微社群公告栏、电子屏等方式进行扩散传播。其次，采用自行推送方式传播，通过对接预警发布平台，实现API自动推送至网格员的APP或者微社群中，实现一键式发布，3 min全覆盖13080个微信群约400万居民的精准靶向发布，打通信息传播的“最后一公里”。最后，反馈指居民通过微信群反馈，网格员通过网格化治理平台反馈信息。

2.2 业务系统建设

气象灾害防御网格治理平台依托于常州市域社会治理现代化联动指挥平台，对接常州市突发事件预警信息平台，主要包含气象灾害预警信息、气象灾情处置、气象防灾减灾知识宣传和重要通知四个功能模块，并由气象部门电脑网页端、网格员小程序端两部分组成，市、县级气象部门按管理区域分别配置平台账号。平台具备气象灾害预警信息向全市网格员的微信小程序自动推送功能，特定预警信息、气象防灾减灾知识和重要通知以人工方式不定时进行推送。网格员可通过平台以图文形式及时向气象部门报送气象灾情信息，并与值班人员进行互动交流。预警信息、气象防灾减灾知识和重要通知的推送基本实现了以县、乡镇为区域的精准靶向发布。平台从宏观角度分析，包括数据源、数据库以及服务层三个方面（图4）。

（1）数据源：该模块主要任务在于统一数据源，将零散的数据资源整合到同一个数据库。目前集中处理的数据源包括CIMISS、CMACAST、省气象局数据共享平台、自建数据库及外部共享数据等。

（2）数据库：该模块主要使用Oracle共享数据库，对来源多、种类繁杂的气象数据进行自动采集、处理、分批入库，主要包括雷达、卫星云图、自动气象站等数据，涉及大气成分、降水、温度、湿度、气压、风、能见度等多种类型[7]。

（3）数据服务层：该模块主要展示共享基础数据库的服务和推送，优先将预警预报信息推送给网格员，然后由网格员再将信息通过微信群或者其他方式推送给公众。

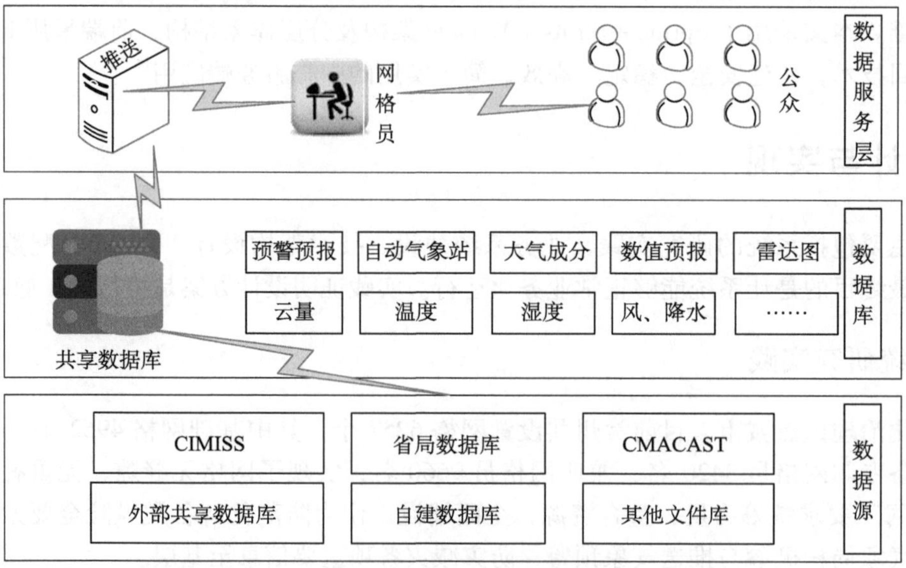

图4 业务系统结构图

2.3 技术架构设计

从系统设计角度分析，为方便对系统的操作和管理，分级设计了菜单项，包括总菜单气象灾害防御，分级菜单分为气象灾害预警信息、气象防灾减灾知识宣传、气象灾情处置以及重要通知。

（1）气象灾害预警信息模块。该模块设计了预警信息的查询、新增、编辑、删除等功能。查询条件可以依据所属社区、预警标题、数据来源以及创建时间和状态进行筛查。在本模块中可以新增预警信息，完成录入后可以通过信息提示查看所录入的预警信息以及受众网格员。

（2）气象防灾减灾知识宣传。本模块用于防灾减灾知识宣传，具备查询、新增、编辑、删除功能。通过筛选所属社区、标题、创建人、创建时间可进行防灾减灾知识具体宣传内容。通过新增可以录入所属地区、标题、内容等信息。也可以对录入的信息进行删除。信息录入成功之后右下角会有信息提示，提示信息是否已经发布成功，显示内容包括所属地区、所属网格、灾情标题、时间以及网格员姓名。

（3）气象灾情处置。在该模块可以处理由网格员所发布的气象灾害信息，气象部门对网格员发布的信息有审核的权利。同时具备查询功能，可通过网格员姓名、灾情标题、上报时间等进行灾情查询。

（4）重要通知。在该模块可以联合其他单位发布重要通知。该模块具备重要通知新增、编辑、删除、查询等功能。目前已尝试使用发布防空警报试鸣公告。

系统全局功能模块如图 5 所示。

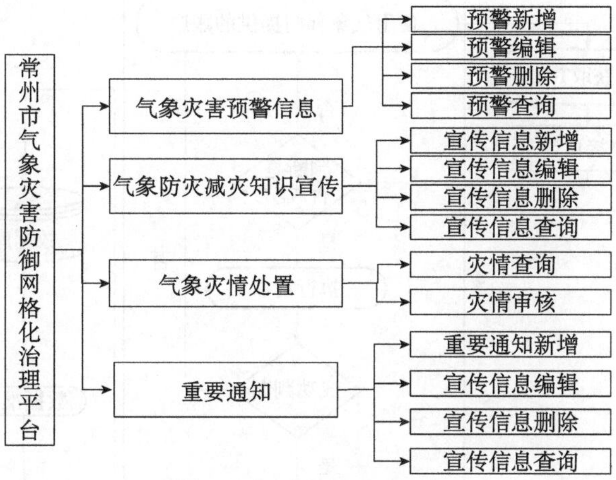

图 5　系统全局模块图

2.4　网格治理平台 Token 分配数据流

如图 6 所示，气象灾害防御网格治理平台 Token 的分配，从开发单位提出申请开始，由气象部门的管理机构进行审核分配，审核不通过则不分配账号，审核通过则分配相应的 AppID、Appserect 账号。在程序调用过程中，使用分配的账号自动生成匹配的 Token 数据串。在使用之前系统会对 Token 进行过滤、校验，若不成功将返回到账号申请阶段；若通过，则进入接口调用阶段。接口调用成功则反馈数据，数据反馈成功则进行数据解析、提取，前端将对数据进行调取，并最终展示。调用结束以后，Token 将失效。若还需要调用接口，账号将在下一次调用中重新生成 Token[8,9]。在实际的使用过程中，考虑到有多家单位将调用气象部门提供的接口，所以本系统设置了 Token，方便区分，也方便在后台进行管理，能够监测到外单位的 Token 调用方实际对接口调用的频率、次数。

2.5　系统软件设计

基于对软件系统的详细设计，网格治理平台的模块划分包括客户端网页（B/S）前端、Mybatis后台服务以及 Oracle 数据库数据调用。网页前端通过气象部门提供的账号登录之后，在使用时将获取新

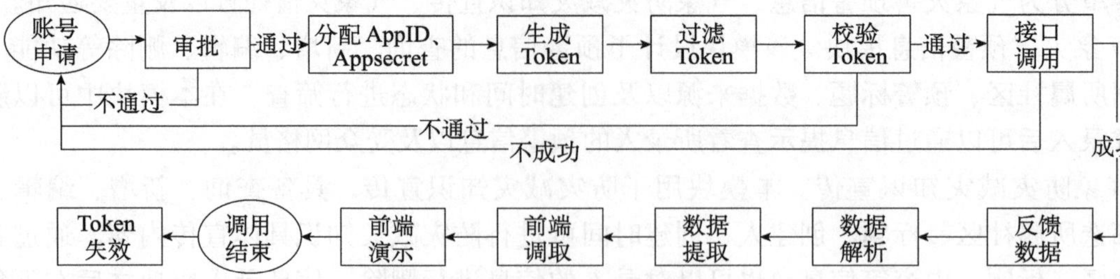

图6　Token分配数据流

生成的Token。在接口的申请、审核通过后，提交操作请求，流程将通过POST/GET方式进入Mybatis后台服务，经过后台一系列的判断最终执行访问数据的请求，通过SQL命令调用数据库数据。数据库经过数据准备并反馈至Mybatis后台，数据以JSON方式传递。后台对JSON数据解析，将前端需要的数据进行页面展示，并将查询的结果以日志的方式存到数据库中[10,11]。软件数据流程如图7所示。

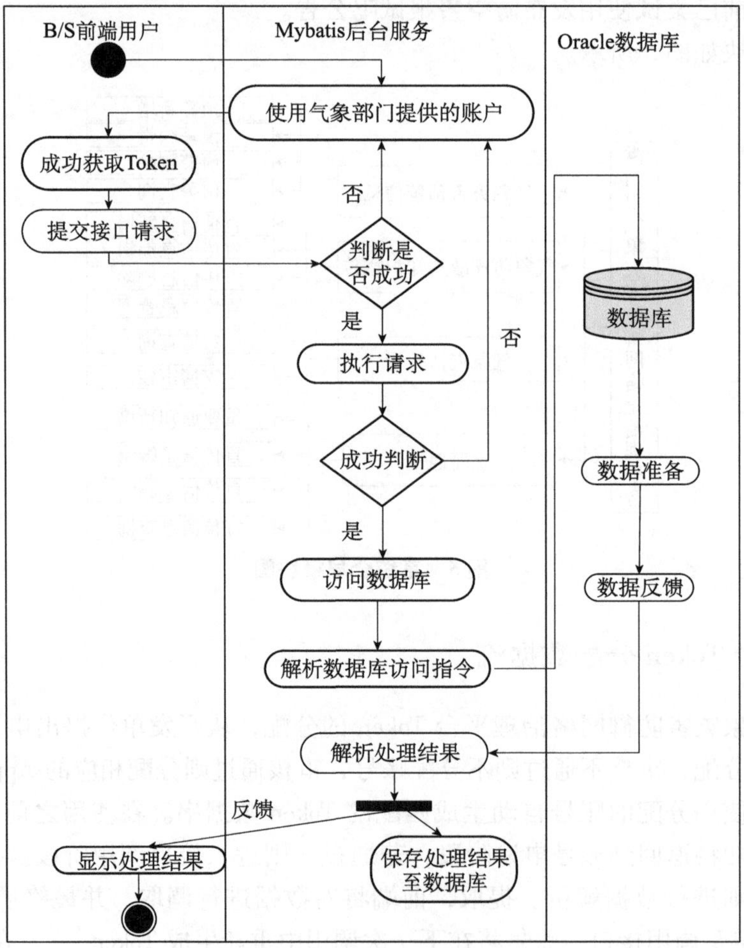

图7　软件流程图

3　系统应用及展示

软件展示方面，主要包括两个方面：一是系统网站信息展示（图8），二是小程序推送的信息展示（图9）。气象灾害防御纳入网格管理的具体工作内容，在各级气象部门发布气象灾害预警信息后，网格员快速通过微信群等渠道在所属的综合网格或专属网格内快速传播，确保信息及时到户到人、到单位到人。所属的综合网格或专属网格发生气象灾情后，网格员及时到灾情发生地进行拍照、摄像，走访了解灾情信息，以图文形式及时向气象部门报送气象灾情信息。发生重大气象灾情时，网格员第一时间向气象部门初报信息，进一步了解灾情信息后再续报。此外，各级气象部门根据不同季节、当前主要灾害性天气类型，定时或不定时向网格员发送灾害性天气防御指南等气象防灾减灾知识，网格员接收到相关信息后，通过微信群等各类渠道在所属的综合网格或专属网格内广泛传播，开展气象防灾减灾知识的宣传教育。为加快推进市域社会治理现代化联动指挥平台功能拓展，开发气象灾害预警信息、气象灾情、气象防灾减灾知识三个功能模块，提升气象灾害防御有关工作网格化管理信息化水平。实际使用表明，系统运行效果良好，基本达到了初步的业务要求。

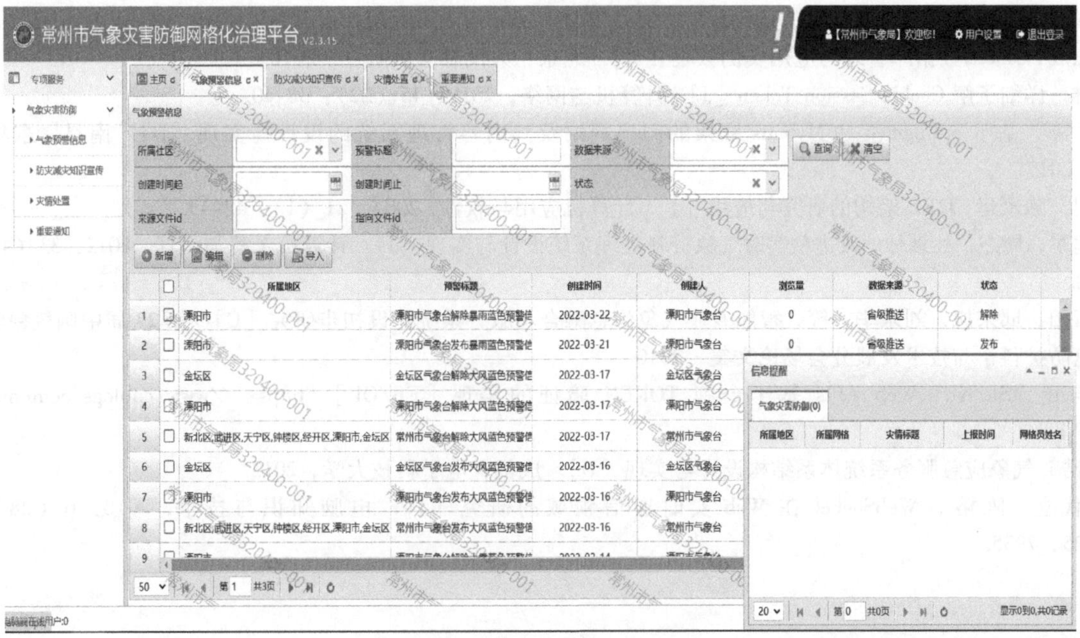

图 8　网站展示相关内容

4　结束语

在气象部门整体推进突发事件预警信息广覆盖工作进展过程中，常州市气象局按“有职责、有设施、有制度、有名库”的要求，从预警信息传播责任、体制、机制及网络等方面，落实落细“基层气象灾害预警传播功能配置标准”，并提出了气象防灾减灾进网格的设想。通过市突发事件预警信息平台与市域社会治理现代化联动指挥平台对接，实现气象灾害预警信息通过预警平台向网格平台、网格员微信小程序自动推送。气象灾害防御有关工作融入基层网格化社会治理体系，将气象灾害防御的触角延伸到社会治理的“最小单元”，进一步健全气象灾害防御组织体系，增强全社会对突发性气象灾害的应急处置能力、气象防灾减灾意识和公众自救互救能力。气象灾害防御网格治理平台应运而生，有效突破了气象信息发布效率低下，覆盖面窄的瓶颈。本文通过对共享基础数据库、Token 令牌管理机制、Mybaitis 提供 API 服务等介绍，对气象灾害防御网格治理平台所涉及的核心技术进行了说明，同时在业务系统架构、软件设计

图 9　小程序推送展示

架构中做详细的解析。就目前而言，系统处于应用阶段，还有很多不足和需要改进的地方。后期将重点放在海量数据处理和数据挖掘上，结合人工智能、大数据、云计算等，将气象研究成果应用到气象服务中去。同时将全方位有重点地结合社会化的需求，让气象信息满足“行业＋气象”的实际需要，发挥更大的作用。

参考文献

［1］熊安元，赵芳，王颖，等．全国综合气象信息共享系统的设计与实现［J］．应用气象学报，2015，26（4）：500-512.

［2］中国气象局．关于印发《气象信息化行动方案（2015—2016年）》的通知（气发〔2015〕60号文）［Z］．2015.

［3］刘志成．Oracle数据库管理与应用实例教程［M］．北京：人民邮电出版社，2010.

［4］林琳．详细了解Cookie Session Token［J］．计算机与网络，2019，45（22）：38-40.

［5］吕学婷．基于Springmvc和Mybatis框架的门户网站及其内容管理系统的设计与实现［D］．南昌：东华理工大学，2017.

［6］蔡明，陈永运．J2EE架构的研究与应用［J］．计算机应用与软件，2004，21（1）：42-43.

［7］薛建军，周杰，杜景林．改进型实时气象资料处理系统设计与实现［J］．计算机工程与设计，2012，33（4）：1623-1628.

［8］孙石阳，邱宗旭，刘东华，等．智能专业气象信息融合与服务系统建设初步研究［C］//第27届中国气象学会年会雷电防护科学与技术发展分会场论文集．2010

［9］行与止 ASP. NET Web APIs 基于令牌 TOKEN 验证的实现［EB/OL］．https：//www. cnblogs. com/niuww/tag/SP. NET/.

［10］李浩．气象应急服务系统体系结构设计与实现［D］．成都：电子科技大学，2013.

［11］李代立，陈榕．WebSocket在Web实时通信领域的研究［J］．电脑知识与技术，2010，6（28）：7923-7925，7935.

多灾种综合风险预警服务产品和业务机制研究

杨继国　翁向宇　刘丽媛　朴明威　鲍雅芳

（中国气象局公共气象服务中心，北京 100081）

摘要： 国家预警信息发布中心是国务院应急管理部门面向政府应急责任人和社会公众提供综合预警信息的权威发布机构，承担自然灾害、事故灾难、公共卫生事件和社会安全事件四大类突发事件的预警信息发布工作。为贯彻落实“两个坚持、三个转变”这一新时代防灾减灾救灾新理念和新要求，国家预警信息发布中心充分发挥预警信息枢纽优势，开展多灾种综合风险预警产品研发和业务机制建设，满足社会公众对一条预警信息中包含多灾种综合风险提示的现实需求，是“以人民为中心”将预警做“实”的有益探索。

关键词： 预警发布；多灾种；综合风险

早期预警是公共突发事件应对的重要环节。党的十八大以来，以习近平同志为核心的党中央把防灾减灾救灾工作摆在更加突出的位置。2016 年 7 月，习近平总书记在唐山调研考察时指出，要努力实现从注重灾后救助向注重灾前预防转变，从应对单一灾种向综合减灾转变，从减少灾害损失向减轻灾害风险转变。2019 年 11 月，习近平总书记在主持中央政治局第十九次集体学习时强调，要加强风险评估和监测预警，提升多灾种和灾害链综合监测、风险早期识别和预报预警能力。突发事件往往具有复杂性特征，且常伴发次生和衍生灾害，涉及多部门，影响多领域，所以打破部门藩篱，以人民为中心，为社会提供多灾种综合风险预警服务产品，是贯彻防灾减灾新要求的重要举措。

1　多灾种综合风险预警业务开展背景

1.1　国家预警发布系统构筑多灾种预警信息枢纽

2015 年，国家预警信息发布中心正式成立。中国气象局作为国家突发事件预警信息发布系统建设实施和业务运行单位，建成了国家、省、市、县四级相互衔接、上下畅通的预警信息发布体系。目前，外交、公安、应急管理、自然资源、农业农村、卫健、文旅、水利等多部委利用该系统发布本部门预警和提示类信息，全国 31 个省（区、市）、358 个地市、2015 个县都成立了预警发布工作机构。截至 2022 年 6 月，全国各级各部门利用国家突发事件预警信息发布系统共发布预警信息 222 万条，向应急责任人发布预警提示短信 151.4 亿人次。作为国务院应急管理部门面向政府应急责任人和社会公众提供综合预警信息的权威发布机构，以及国家应急管理体系的重要组成部分，国家突发事件预警信息发布系统为各部门提供预警信息发布平台，也为社会提供综合预警服务，充分发挥国家预警发布系统枢纽作用，为开展综合风险预警业务奠定了基础。

1.2　全国各行业和部门预警信息发布现状

从全国来看，各省（区、市）预警中心分别与公安、民政、国土、环保、交通、铁路、水利、卫生、安监、林业、旅游、地震、电力、海洋、应急办、广电、食药监、教育、住房城建、国防、农业、海事、人防办、通管局、武警等近 30 个主要行业部门签署了预警发布合作协议，利用国家突发事件预警信息发布系统发布本部门预警信息，如图 1 所示。

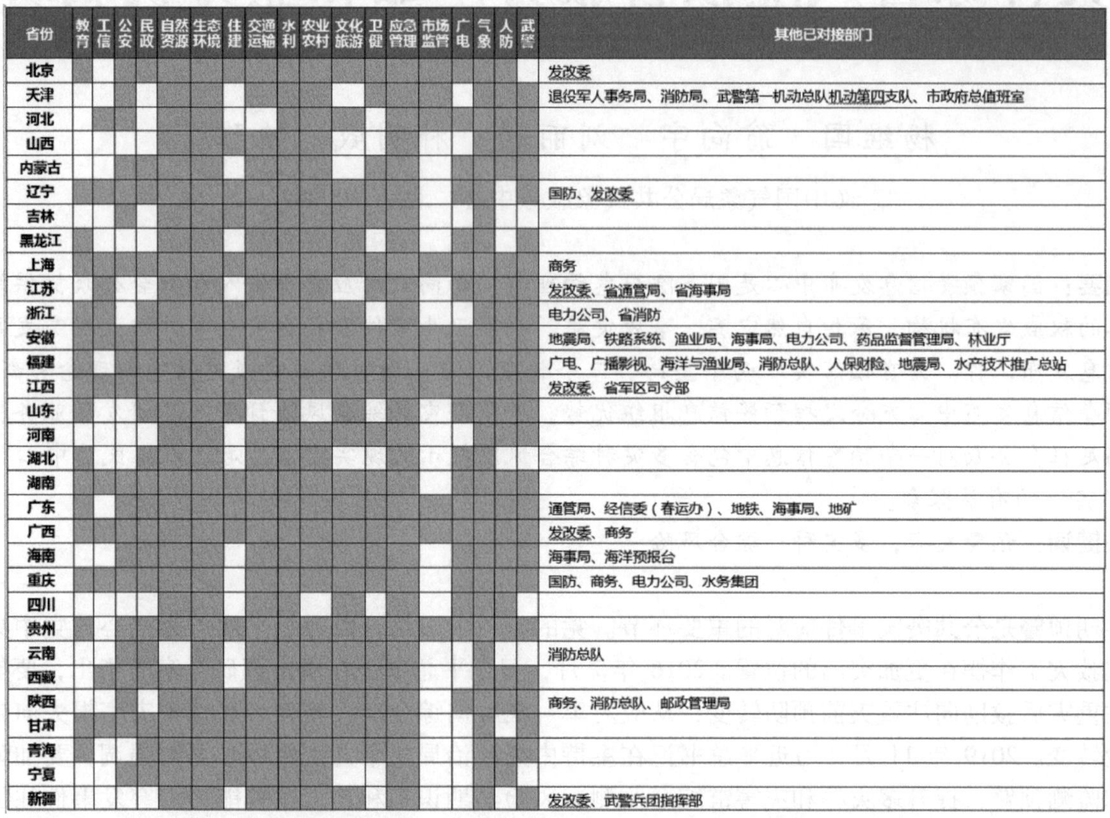

省份	其他已对接部门
北京	发改委
天津	退役军人事务局、消防局、武警第一机动总队机动第四支队、市政府总值班室
河北	
山西	
内蒙古	
辽宁	国防、发改委
吉林	
黑龙江	
上海	商务
江苏	发改委、省通管局、省海事局
浙江	电力公司、省消防
安徽	地震局、铁路系统、渔业局、海事局、电力公司、药品监督管理局、林业厅
福建	广电、广播影视、海洋与渔业局、消防总队、人保财险、地震局、水产技术推广总站
江西	发改委、省军区司令部
山东	
河南	
湖北	
湖南	
广东	通管局、经信委（春运办）、地铁、海事局、地矿
广西	发改委、商务
海南	海事局、海洋预报台
重庆	国防、商务、电力公司、水务集团
四川	
贵州	
云南	消防总队
西藏	
陕西	商务、消防总队、邮政管理局
甘肃	
青海	
宁夏	
新疆	发改委、武警兵团指挥部

图 1　省级国家突发事件预警信息发布系统各部门预警信息对接情况

在与相关部门建立预警发布机制的同时，各级气象部门的预警信息发布工作机构积极对接地方传播渠道，利用短信、广播、电视、高音喇叭、显示屏、传真、邮件及微博、微信等新媒体对外发布预警信息，并不断完善与社会媒体渠道的预警信息发布工作机制。截至 2022 年 6 月，全国非气象部门预警发布情况如图 2 所示。

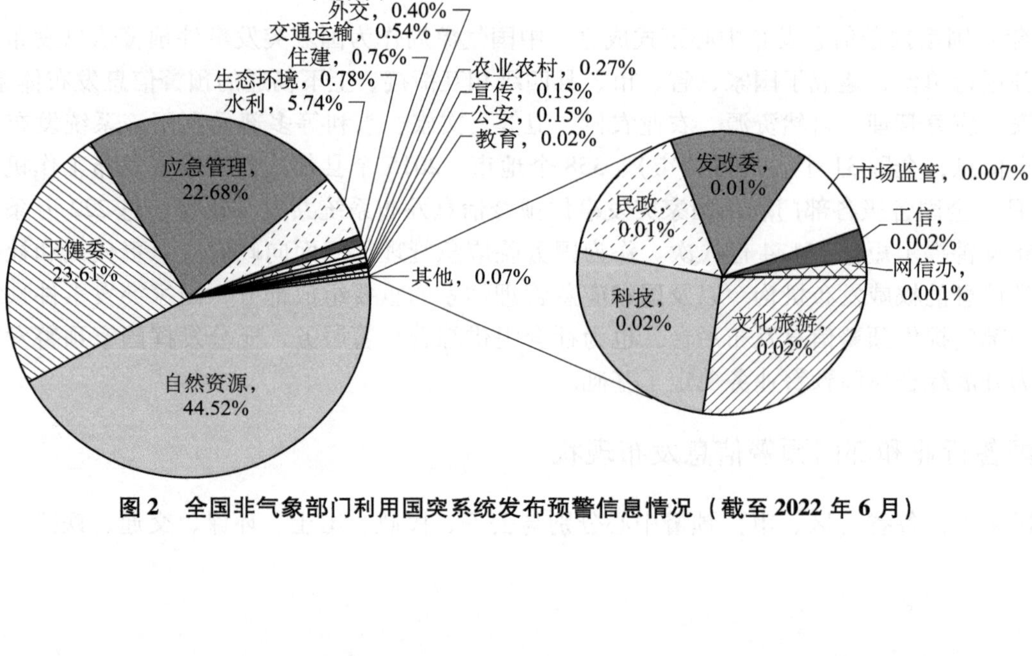

图 2　全国非气象部门利用国突系统发布预警信息情况（截至 2022 年 6 月）

1.3　预警信息经历从单一向综合风险转变

目前，各预警发布单位发布的预警信息多为单一灾种要素型预报预警信息。2020 年 8 月台风“黑格比”影响期间，某市气象、资源、水利、住建、农业、应急管理等 6 个部门发布了台风、暴雨、海浪、山洪、城市内涝等 18 类预警信息共 50 条，对于公众而言存在接收的预警条数多、防御指引单一、需要用户自行整合等不足，有必要为公众、基层安全员和信息员等用户提供基于影响的综合性风险预警产品，实现在一条信息中较全面告知未来可能存在的灾害风险，以便用户提前做好综合性防御准备。2022 年 4 月，中国气象局下发《关于气象灾害（暴雨）预警信号调整工作的通知》，就是充分考虑了短历时强降雨可能引发的城市内涝、山洪、地质灾害、中小河流洪水等灾害影响来建立的暴雨预警信号新标准。

2　多灾种综合风险预警的社会需求

2.1　多灾种综合风险预警用户需求调研

2021 年，国家预警信息发布中心针对预警信息接收、灾害风险防御、多灾种综合风险预警接收情况分别对电话和手机 APP 两个公众群体进行需求调查，结果显示：71% 的电话用户和 92% 的 APP 用户表示收到过预警信息，64% 的电话用户和 89% 的 APP 用户部分了解或不了解灾害风险及其防御方式，81% 的电话用户和 71% 的手机 APP 用户更倾向于接收多灾种综合风险预警信息。调查结果如表 1 所示。

表 1　综合风险预警公众需求调查

问题一：请问您是否收到过气象灾害或其他灾害的预警信息？		
接收情况	电话用户	APP 用户
收到	71.15%	91.67%
没有收到	28.85%	8.33%
问题二：您对不同种类灾害风险（如大风、寒潮、暴雪、高温等）及其防御方式了解吗？		
了解情况	电话用户	APP 用户
了解	36.53%	10.56%
部分了解	34.62%	81.11%
不了解	28.85%	8.33%
问题三：在一次寒潮天气过程中可能发布寒潮、大风、强降温、暴雪、道路结冰等不同种类的预警信息，您希望收到多条单一灾种的预警信息，还是一条多灾种综合风险预警提示？		
预警信息接收类型	电话用户	APP 用户
多条单一灾种预警信息	19.23%	29.44%
一条综合风险预警提示	80.77%	70.56%

调查结果表明，积极拓展渠道提高预警发布接收率仍是当前重要的工作，普通公众对灾害风险及防御了解的程度并不高，在加强科普工作的同时，还要关注基于影响的风险预警产品的研发，让公众收得到、看得懂、能管用。对于普通公众用户而言，更倾向于收到一条包含多灾种综合风险预警产品的信息。所以，从基于要素预警向基于影响预警转变，从单一灾种向多灾种综合风险转变符合公众用户需求。

2.2 多灾种综合风险预警社会需求分析

一是新时期防灾减灾对风险预警的新要求。“两个坚持”“三个转变”为新时期防灾减灾工作指明了发展方向，也对预警发布工作提出了更高的要求，就是要“从应对单一灾种向综合减灾转变”“向减轻灾害风险转变”。突发事件往往具有复杂性特征，且常伴发次生和衍生灾害，以人民为中心为社会提供“多灾种综合风险预警”，是贯彻防灾减灾新要求的重要举措。二是立足“监测精密、预报精准、服务精细”实现精细服务的现实需求。由于灾害本身的综合性、复杂性，在一次灾害事件中，应急责任人和社会公众可能收到不同部门或同一部门发布不同灾种的多条预警信息，过多“碎片化”预警信息往往会让用户“盲人摸象”，或对预警“麻痹大意”。开展综合风险预警业务是提供“精细服务”，满足人们需求的重要举措。三是“一纵四横”部门信息枢纽的责任要求。国家预警信息发布中心是国务院应急管理部门面向政府应急责任人和社会公众提供综合预警信息的权威发布机构，是国家应急管理体系的重要组成部分。预警信息发布系统是多灾种预警信息的汇集与发布的权威平台，为开展综合风险预警业务奠定了基础。四是筑牢防灾减灾第一道防线的公众需求。开展综合风险预警服务对保障人民生产生活和生命财产安全起到至关重要的作用，在一条预警服务信息中包含多灾种综合风险提示顺应了绝大多数普通公众的需要，是筑牢防灾减灾第一道防线普通公众的现实需求。

3 多灾种综合风险预警业务及服务产品研发

3.1 国家预警信息发布中心综合风险预警业务建立

为更好地利用和整合资源，发挥预警信息气象防灾减灾第一道防线中的作用，落实党中央关于防灾减灾新要求，国家预警信息发布中心开展综合风险预警业务，根据中央和各部委要求，以气象灾害为主线，综合各部门多灾种风险，面向应急责任人和社会公众研发综合“风险提示”产品。一是建立综合风险预警产品制作和发布业务各项制度和流程规范，包括“风险提示”业务流程规范、“风险提示”业务会商规范、业务管理办法（试行）、业务规划方案、业务流程规范等，保障该项业务开展和运行。二是开展常规化数据挖掘分析，利用业务支撑系统开展气象灾害风险、历史灾害风险、舆情采集、行业热点分析等业务，并结合天气趋势提出服务要点。三是开展风险提示产品服务会商，建立每周会商和针对特殊事件临时会商机制，把握需求重点，确定产品内容。四是产品研发，根据会商要求和产品规范进行多灾种综合风险服务产品制作，建立发布策略，由首席（总师）把关，部门领导审核，最后提交国家预警信息发布中心领导签发。

3.2 多灾种综合风险预警服务产品研发

产品充分依托各部门各业务监测、预报预警成果，站在“前人的肩膀上”进行研发。一是天气趋势及服务重点分析。充分参考中央气象台和各省级决策服务产品，公共气象服务中心各行业服务产品，以及气象灾害风险普查行业共享成果等，结合未来重要天气过程对当前服务重点进行综合分析。二是历史数据挖掘分析。利用预警信息监控平台和气象信息决策支持系统，对历史同期预警数据、重大突发事件进行挖掘，对重点区域、重要灾害、防御措施等进行分析，结合当前趋势提出服务要点。各地（以北京为例）不同时空逐月高发气象灾害预警分类如图3所示。三是舆情采集分析，利用舆情监控系统平台，进行社会热点事件采集与舆情分析，结合当前趋势提出服务要点。四是行业热点分析，利用各部委需求信息采集系统，对当前交通、海洋、地质灾害、水利、生态环境等行业动态进行监测，分析风险隐患，结合当前趋势提出服务要点。结合自行研发的动态山洪和地质灾害县域图谱，全国近年来主要灾害风险影响及防御指南，以及历史灾害库等进行综合分析，研发综合风险提示产品。产品利用国家预警发布系统及相关渠道进行一键式对应急责任人发布，并制成文本、图片、视频等产品通过学习强国、人民号、百度、抖音等新媒体对公众发布。

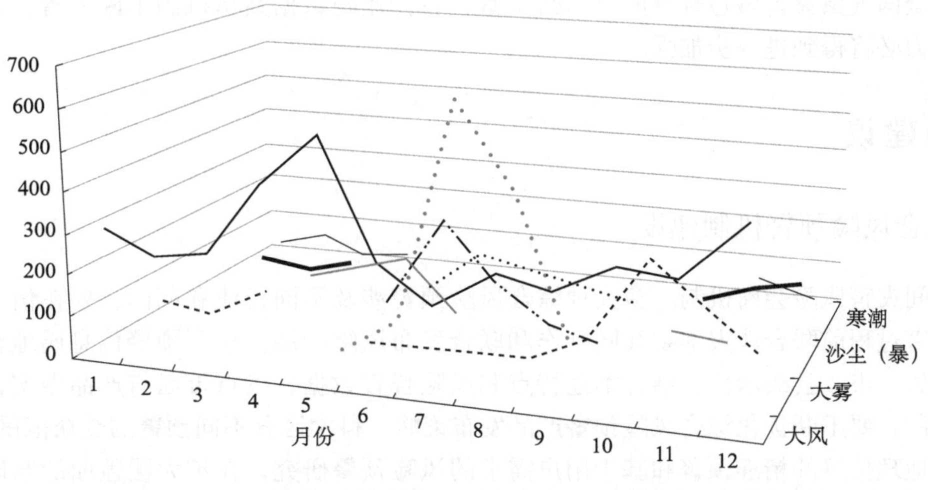

图3　北京逐月高发气象灾害预警分类

3.3　多灾种综合风险提示产品关注度高

目前，国家预警信息发布中心已对外发布综合风险提示100余期。在新冠肺炎疫情防控，及2020年“非洲猪瘟”疫情、长江流域强降水、东北台风叠加影响，2021年河南郑州暴雨、东北暴雪灾害，2022年华南强降雨、四川强对流等事件前面向公众均进行综合风险提示，产品在各主流媒体广泛发布。社会公众在一条服务提示信息中可全面了解面临的灾害风险及防御措施，提前做好应对。在学习强国等新媒体中，国家预警中心风险提示产品的阅读量及点赞量均远高于同时期单一灾种预警信息。多灾种综合风险提示产品样例如图4所示。

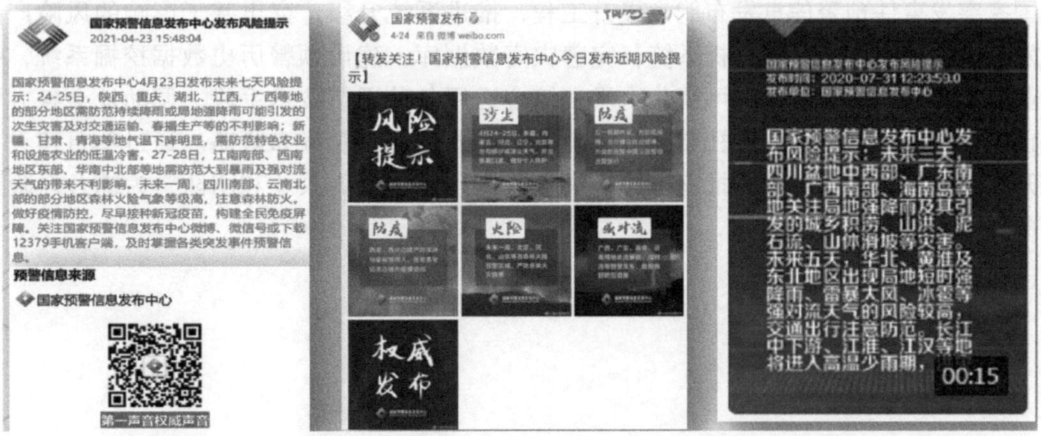

图4　国家预警信息发布中心发布的多灾种综合风险提示产品样例

3.4　融合与支撑不够仍面临挑战

综合风险预警产品受到社会广泛关注，福建、广东、重庆等省（市）也开展本省的属地化综合风险预警业务。但由于综合风险预警业务刚起步且还处于试运行阶段，所以仍存在一些不足，面临诸多挑战。主要表现为信息融合与产品支撑不够，产品深加工能力和精细化水平还有待提高。综合风险预警产品针对四大类突发事件，涉及多个部门，跨学科多领域，需要有较强的风险意识和多部门基础数据共享与协同合作。另外，在核心算法研究及数据挖掘、舆情分析、灾害库建设等系统支撑方面还需要加强。随着全国气象灾害风险普查成果不断丰富，各行业间数据共享机制不断完善，多灾种综合风险预警业务能力必将得到进一步加强。

4 启示与建议

4.1 加强综合风险预警机制建设

建立部门间灾害风险会商机制。多灾种综合风险预警涉及不同行业和部门，要在信息共享的基础上，在重大灾害过程前联合涉灾部委共同制作和联合发布风险产品。按照预警信息属地化原则，在有条件的省开展省、市、县级示范，结合本地特点和风险普查数据，以点带面将产品做实，并建立上下联动的工作机制。要不断优化综合风险预警产品发布策略，科学区分不同预警的受众范围和发布手段，推动实现基于地理位置的精准预警和基于用户需求的风险预警研究，在扩大覆盖面的基础上提高按需发布的精准度，做到既减少信息干扰又提升防灾效果。

4.2 加强综合风险预警方法研究

以综合减灾为前提，以基于影响的风险为主线，加强面向四大类突发事件的机理及影响研究，面向多灾种叠加效应风险及单一灾种的次生和衍生灾害链风险研究。加强长期、中期和短临灾害风险研究，以及多尺度灾害监测、多手段信息融合与综合风险研判等方面持续研究。要建立基于影响的灾害风险模型，引入神经网络优化算法，对风险预警内容、分级分类标准和制图规范等进行梳理分析，形成操作性强、可业务化的标准和技术方法。

4.3 加强综合风险预警系统支撑

结合国家突发事件预警信息发布能力提升工程，推进系统升级，突出基于影响的风险产品辅助决策系统研发。要进一步优化舆情分析系统，完善灾害数据库，建设预警历史数据挖掘系统，提高综合风险预警业务的自动化、智能化和可视化水平。综合运用各种通信技术手段，调动社会各方资源完善综合风险预警信息发布渠道，提升社会再传播能力，不断优化预警发布策略。通过项目建设、模型研究、系统开发、产品服务等培养一批灾害综合风险监测预警领域的人才和团队，为综合风险预警决策和精细服务提供全面支撑。

海南省暴雨预警信号阈值修订论证*

宾　昕[1,2]　董凌宇[1,2]　吴　俞[1,2]　林晓斌[1,2]　钟文婷[2,3]

（1. 海南省气象台，海口 570203；2. 南海气象防灾减灾重点实验室，海口 570203；
3. 海南省海口市气象台，海口 570203）

摘要： 利用2012—2021年海南岛18个市县国家气象观测站、649个区域自动站逐小时雨量数据和近10年海南岛地质灾害事件信息，结合海南省现行暴雨预警信号标准，统计分析了海南省现行暴雨预警信号的不足，提供暴雨预警信号发布标准修订论证，对新旧标准进行历史数据回算。结果表明：海南省现行暴雨预警信号红色预警信号标准过低、发布频繁，缺少小时雨量标准，对极端短历时暴雨描述不足；现行标准6 h降水量100 mm和12 h降水量200 mm在地质灾害过程中具有一定参考意义。红色预警信号的3 h降水量100 mm，标准较低，根据雨量统计和地质灾害分析，认为将其修订为3 h降水量150 mm较为合理，同时引入1 h降水量70 mm和90 mm作为新的发布标准之一。

关键词： 海南岛；暴雨；预警信号；小时雨量

引言

暴雨是我国主要的灾害天气之一[1]，在实际业务中，应对暴雨天气主要采用短期预报和短临监测相结合。短临监测主要在气象灾害到来前及时发布气象灾害预警信号，同时提供科学的防御指南。由于我国地域南北、东西跨度大，不同地区的主要气象灾害不同，影响程度也不同，许多省份结合当地气候特征，分析预警信号的时空分布特征，制定适合当地的预警信号标准。福建省利用2010—2019年国家气象观测站和区域自动气象站逐5 min数据和暴雨预警信号资料，分析了强降水时空分布、不同暴雨预警信号发布差异，给出了细化预警发布标准及规范[2]；辽宁省利用2015—2019年暴雨预警信号资料和全省自动气象站分钟级降水资料，统计分析了暴雨预警信号和短时大暴雨年际变化与时空分布，给出了辽宁省汛期短时大暴雨易发区、暴雨预警信号高发时段及预警时间[3]；湖北、广西、贵州和上海等地也对暴雨预警信号分布特征进行了研究[4-7]。

海南岛位于我国最南端，是典型的热带季风海洋性气候，是我国雨量最多的地区之一，岛内年均雨量达900 mm以上[8]。由于海南岛常年受台风影响，秋季具有特殊的环流特征[9]，导致海南岛暴雨日数多而强，成为海南的主要气象灾害之一。目前，海南暴雨预警信号发布标准依照2009年发布的《海南省气象灾害预警信号及防御指南》，至今已有十余年，而且由于全球气候变化，近年极端天气愈发频繁，气象极值屡破新高。随着社会的快速发展，政府部门和社会公众对预警信号发布工作提出了更高的要求，旧的标准暴露了许多问题，同时中国气象局启动了暴雨预警信号优化调整工作，因此需要对海南省暴雨预警信号发布标准进行修订。

* 资助项目：海南省气象局科研项目“海南省暴雨预警信号发布标准研究”（HNQXJS202204）。

1 资料和方法

本文所用资料包括海南岛18个市县国家气象观测站和649个区域自动站2012—2021年逐小时雨量数据，以及2012—2021年海南岛地质灾害信息。海南省现行暴雨预警信号标准见表1。

表1 海南省现行暴雨预警信号发布标准

预警信号等级	发布标准
橙色	6 h内降水量将达或已达到100 mm以上且降水将持续
红色	3 h内降水量将达或已达到100 mm以上且降水将持续。 12 h内降水量将达或已达到200 mm以上且降水将持续

依据上述资料和标准进行常规疏理、百分位阈值、绝对阈值统计。其中，百分位阈值统计方法采用非参数化方案[10]，计算方法是将各时效雨量数据按照升序排序 X_1，X_2，…，X_m，…，X_n，某个值小于或等于 X_m 的概率为

$$P = (m - 0.31)/(n + 0.38)$$

式中，P 为百分位，m 为对应位置的数据序号，n 为数据序列样本数。当所求百分位不能被整除时，采用所求百分位对应序号 m 前后两个数据线性插值。

2 结果分析

2.1 现行标准的不足

在日常业务值班中，预警信号按照市县发布，一个市（县）出现多个站点暴雨时不重复发布，所以将市县任意站点达现行暴雨预警信号发布标准则认为出现一次暴雨预警信号发布事件。按照这个原则统计海南岛18个市县2012—2021年各个发布标准和暴雨预警信号事件的天数，发现3 h降水量100 mm和6 h降水量100 mm标准在海南岛存在较高的伴随性，有超过一半以上的6 h降水量100 mm降水事件在其前3 h就已经达到100 mm的标准，同时接近7成的12 h降水量200 mm降水事件中同时伴随着3 h降水量100 mm降水事件（图1a）。海南岛暴雨事件整体表现出东部多于西部，中部最少；各市（县）除琼中外，均表现出红色预警信号事件多于橙色预警信号事件；中部市县橙色和红色预警信号比例接近1∶1，而暴雨发生较多的市县如海口、文昌、琼海、三亚等均表现出红色预警信号远多于橙色预警信号天数（图1b），这导致海南省暴雨红色预警信号标准过低，发布频繁，起不到该有的警示效果。近年极端天气频发，例如，2021年郑州"7·21"暴雨事件中，河南省有57个站点小时雨强超过50 mm，最大小时雨强超200 mm[11]。海南省现行标准中缺少小时雨强标准，对极端短历时暴雨描述不足。

2.2 发布标准阈值修订

对各站点雨量数据进行百分位阈值计算，并对得到的阈值进行站点平均（图2a），可以发现，99%和98%分位值小时雨量仅有28.9和12.1 mm，3 h和6 h降水量100 mm降水量阈值对应的小时降水量为59.4和43.3 mm。再对各站点雨量数据进行绝对阈值计算，阈值设定为60、70、80和90 mm，并对比现行预警信号标准（图2b），发现小时雨量60 mm和6 h小时雨量100 mm事件天数相当，小

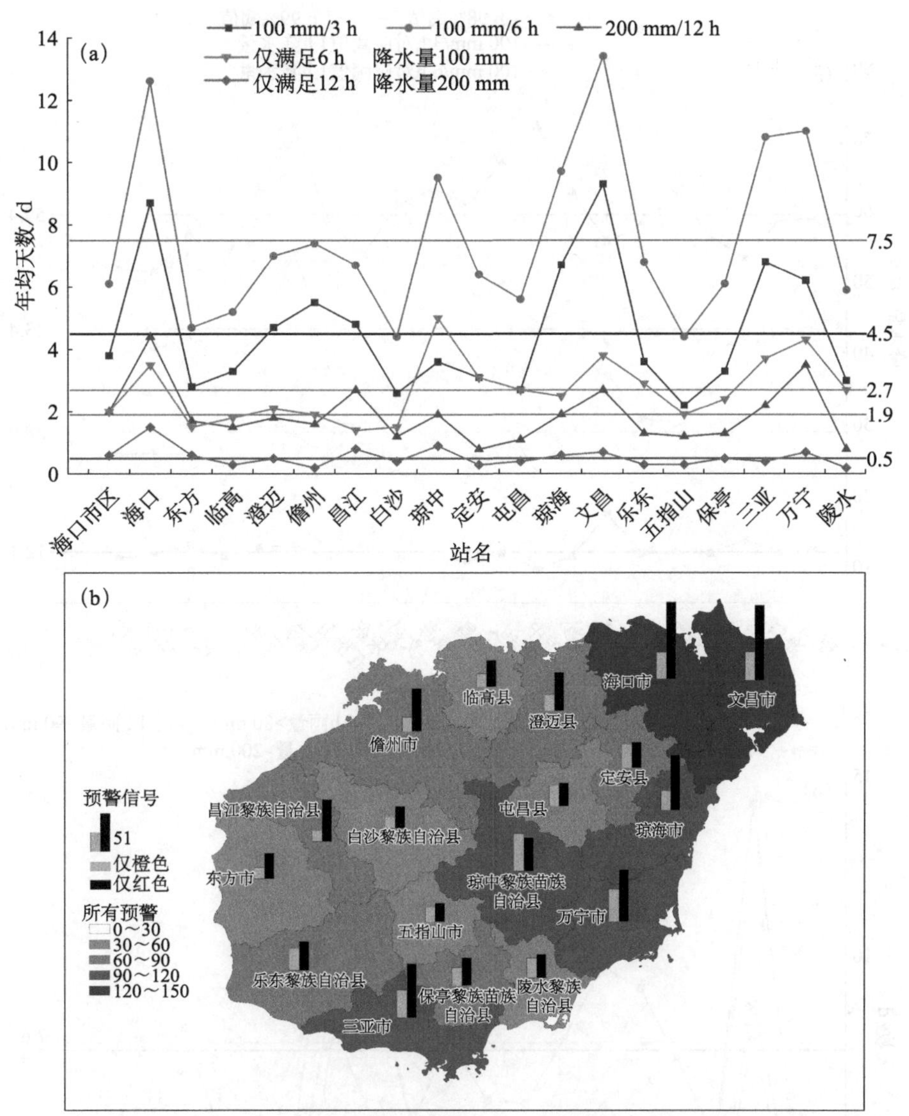

图1　2012—2021 年各发布标准天数（a）、现行暴雨预警信号发布天数（b）

时雨量 70 mm 和 3 h 雨量 100 mm 事件天数相近，小时雨量 80 mm 和 12 h 雨量 200 mm 事件天数相近。

对 3 h 降水量进行统计分析（图 3a），可以看出，现行标准 3 h 降水量 100 mm 年均每个市县要发布 4.5 d，雨量标准每上升 20 mm，需要发布的天数明显下降。通过对比 1 h、3 h、6 h 和 12 h 各雨量标准（图 3b），平均每年海南岛各市县累计发生 6 h 降水量 100 mm 事件 62.4 次；3 h 降水量 100 mm 事件发生 46.1 次，140 mm 事件发生 15.4 次，160 mm 事件 10 次；1 h 降水量 60 mm 事件发生 72.5 次，70 mm 事件发生 46.0 次，90 mm 事件发生 16.1 次；12 h 降水量 200 mm 事件 18.2 次。

对 2012—2021 年海南岛 124 次地质灾害事件当日不同时效雨量进行了统计分析（图 4a）。在这 124 次地质灾害过程中，小时雨量平均值仅 40 mm，3 h 雨量平均值仅 75 mm，6 h 雨量平均值 110 mm，12 h 雨量平均值 158 mm，可以知道在地质灾害过程中 6 h 降水量 100 mm、12 h 降水量 200 mm 标准具有一定的参考意义，而小时雨量、3 h 雨量明显较小。不同时效雨量均出现了异常值，说明异常偏大雨量事件也是导致地质灾害的原因之一。对地质灾害发生 5 d 内的降水进行统计（图 4b），地质灾害事件发生的当天和前一天雨量均值分别为 178 mm 和 130 mm，前两天至前五天雨量均值也在 80 mm 以上，说明长时间连续性降水是导致地质灾害的重要原因。

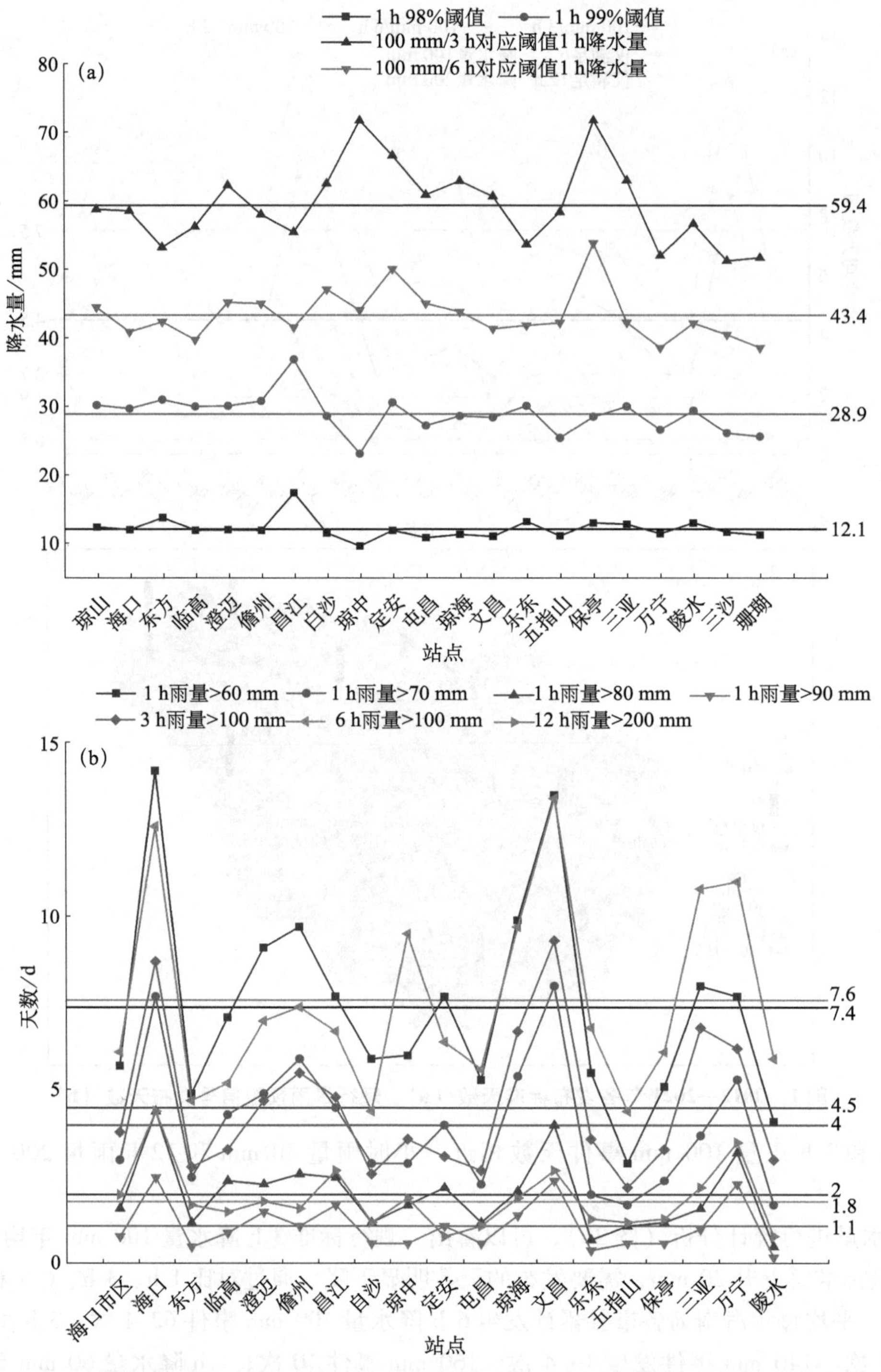

图2　小时雨量百分位阈值（a）、小时雨量绝对阈值和现行预警信号标准的天数（b）

修订暴雨预警信号标准将红色预警信号发布次数降低至每个市县每年2～3次为佳，同时修改后的暴雨预警信号不能降低现行标准的预警能力。通过上述分析讨论，认为原标准6 h降水量100 mm和12 h降水量200 mm在发生次数和地质灾害指示意义等方面较为合理，对这两项选择保留；小时雨量方面，1 h降水量60 mm事件相比6 h降水量100 mm事件相比更加频繁，引入此标准会使得橙色预警信号大幅度增加，因此将1 h降水量70 mm作为橙色预警信号标准，1 h降水量90 mm作为红色预警信号较为合理；而红色预警信号3 h降水量100 mm标准过低，将3 h降水量150 mm作为新的标准。最终暴雨预警信号发布标准修订为表2所示。

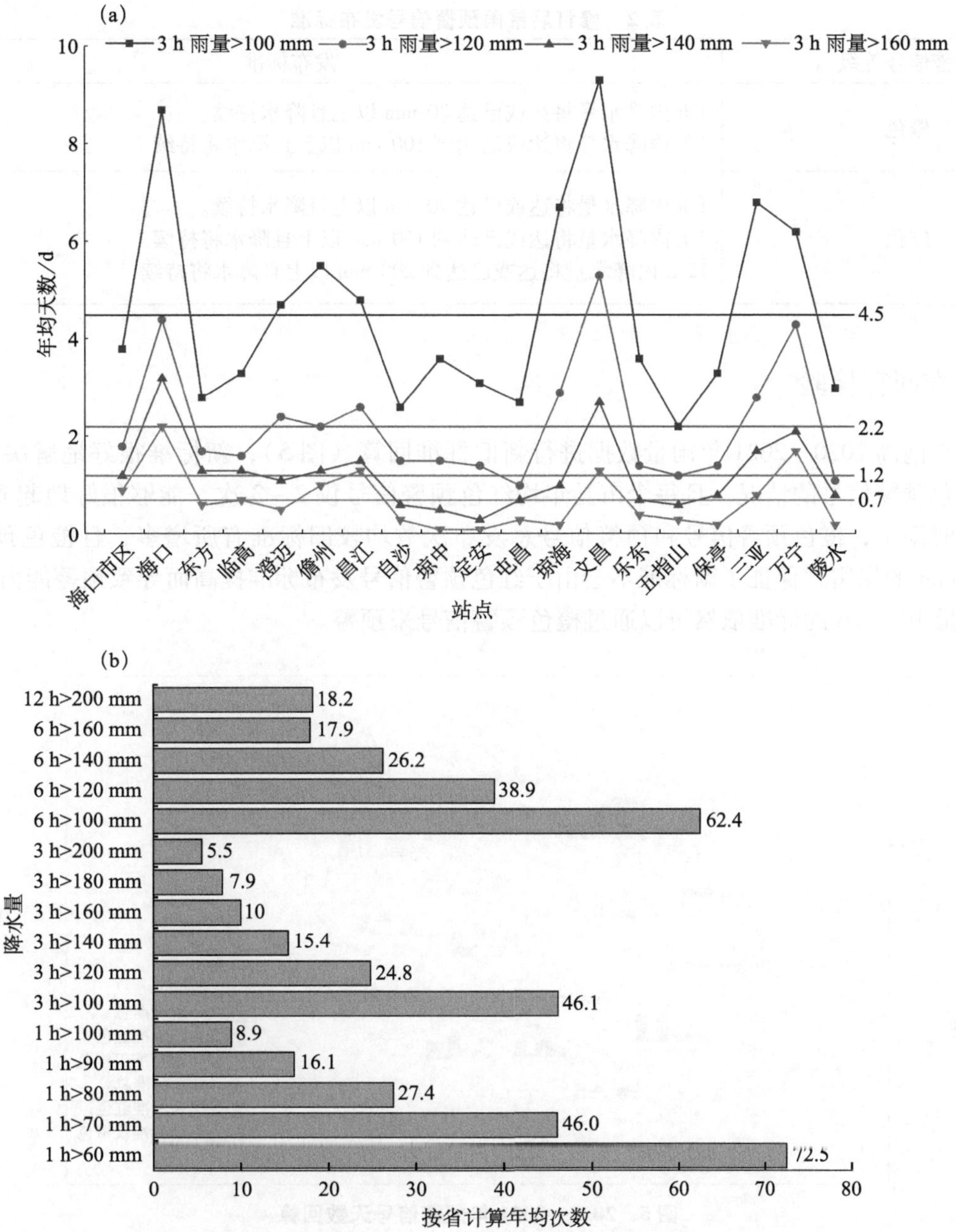

图 3　3 h 雨量不同阈值天数（a）、各时效各阈值事件发生天数（b）

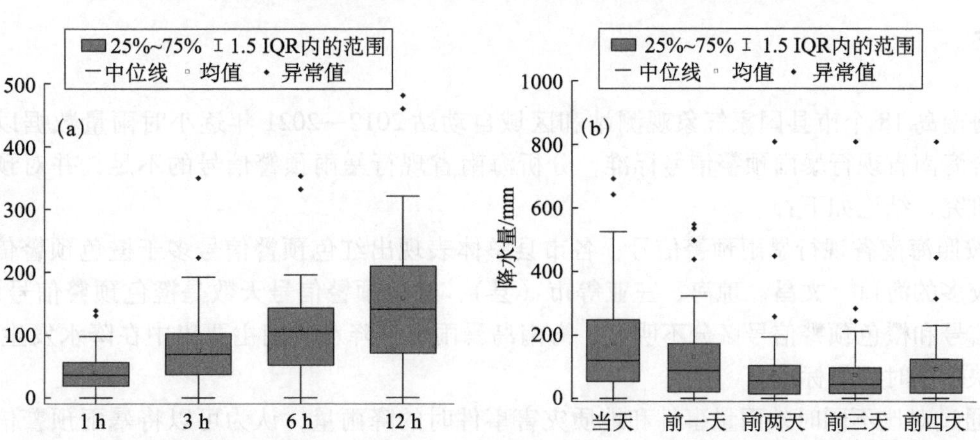

图 4　地质灾害发生当天各时效雨量（a）、地质灾害发生当天和前四天日降水量（b）

表 2 修订后暴雨预警信号发布标准

预警信号等级	发布标准
橙色	1 h 内降水量将达或已达 70 mm 以上且降水持续。 6 h 内降水量将达或已达到 100 mm 以上且降水将持续
红色	1 h 内降水量将达或已达 90 mm 以上且降水持续。 3 h 内降水量将达或已达到 150 mm 以上且降水将持续。 12 h 内降水量将达或已达到 200 mm 以上且降水将持续

2.3 新标准回算检验

通过对海南岛 2020—2021 年雨量数据进行新旧标准回算（图 5），新标准很好地解决了红色预警信号多于橙色预警信号的情况，且每个市县年均红色预警信号仅 2～3 次，能够很好地起到警醒作用。由于引入小时雨量，橙色预警信号和预警信号总发布次数均较旧标准有所增多，且橙色预警信号 6 h 降水量 100 mm 的保留，保证了新标准不会由于红色预警信号发布标准提高而导致预警能力的降低，原来 3 h 降水量 100 mm 的标准依然可以通过橙色预警信号来预警。

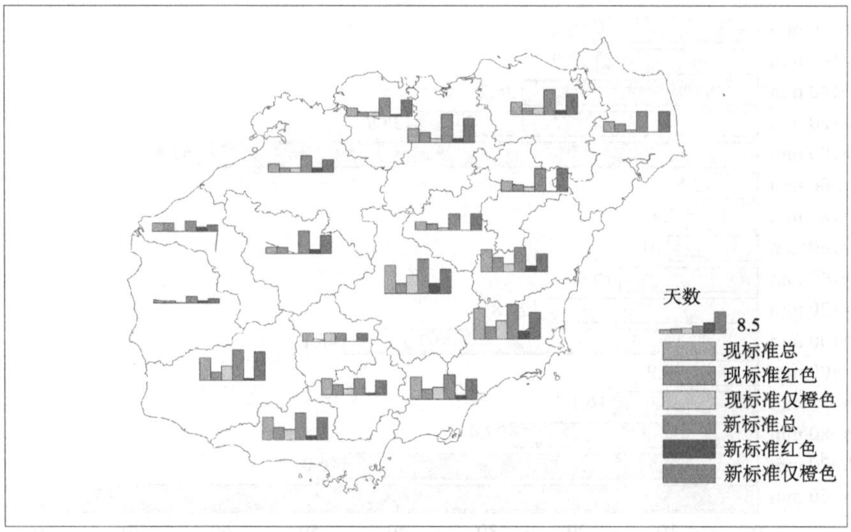

图 5 2020—2021 年预警信号天数回算

3 结论

利用海南岛 18 个市县国家气象观测站和区域自动站 2012—2021 年逐小时雨量数据以及地质灾害信息，结合海南省现行暴雨预警信号标准，分析海南省现行暴雨预警信号的不足，并对预警信号标准进行修订研究，结论如下：

（1）按照海南省现行暴雨预警信号，各市县整体表现出红色预警信号多于橙色预警信号，尤其是暴雨发生较多的海口、文昌、琼海、三亚等市（县），红色预警信号天数是橙色预警信号的 2 倍以上；红色预警信号和橙色预警信号区分不明显，海南岛暴雨事件降水时间主要集中在降水发生后的 3 h 内；现行标准缺少小时雨量标准。

（2）通过对比不同时效雨量事件和地质灾害事件时的降雨量，认为可以将暴雨预警信号阈值修订为：橙色预警信号 1 h 降水量 70 mm、6 h 降水量 100 mm；红色预警信号 1 h 降水量 90 mm、3 h 降水量

150 mm、12 h 降水量 200 mm。

（3）对 2020—2021 年雨量数据进行新旧标准回算，依据新标准发布预警信号，会使预警信号总发布次数增多，红色预警信号发布频率明显降低，有效解决红色预警信号发布频繁的情况，同时能起到非常强的警示作用，原橙色预警信号 6 h 降水量 100 mm 标准的保留，保证了新标准不会由于红色预警信号发布标准提高而导致预警能力的降低。

参考文献

[1] 陶诗言．中国之暴雨［M］．北京：科学出版社，1980.

[2] 黄玲光，黄慧琳．福建省短时强降水分布特诊及暴雨预警指标分析［J］．海峡科学，2021，9（9）：10-15.

[3] 刘静，陈传雷，严俊，等．2015—2019 年辽宁省暴雨红色预警信号分布及其特征［J］．气象与环境学报，2021，37（1）：100-105.

[4] 陈石定，罗嘉，刘翔．2016—2019 年湖北省气象预警信号的时空分布特征与发布原则［J］．南京信息工程大学学报（自然科学版），2020，12（3）：390-394.

[5] 孙崇智，李有华．广西气象灾害预警信号的时空分布特征［J］．气象研究与应用，2022，43（2）：87-92.

[6] 潘岑，罗俊才，苏静文，等．贵州夜间降水特征与暴雨预警发布现状分析［J］．中低纬山地气象，2021，45（5）：109-116.

[7] 周伟东，韩宁，戴建华，等．上海地区暴雨预警评估及不同天气型暴雨预警差异分析［J］．暴雨灾害，2022，41（4）：405-412.

[8] 吴胜安，邢彩盈，朱晶晶，等．海南岛气候特征分析［J］．热带生物学报，2022，13（4）：315-323.

[9] 冯文．热带扰动和弱冷空气引发的海南岛秋汛期特大暴雨时空分布特征及形成机制研究［D］．南京：南京信息工程大学，2020.

[10] BONSAL B R，ZHANG X，VINCENT L A，et al. Characteristics of daily and extreme temperatures over Canada［J］. Journal of Climate，2010，14（9）：1959-1976.

[11] 段汀，陈权亮，廖雨静．“21・7”郑州极端暴雨的形成过程及致灾机理分析［J］．气象科学，2022，42（2）：152-161.

流域强降水面雨量预警等级及其应用效果评估*

高　琦[1,2]　吴翠红[1,2]　包红军[3]　徐　明[4]

（1. 湖北省武汉中心气象台，武汉 430074；2. 长江流域气象中心，武汉 430074；3. 国家气象中心，北京 100081；4. 中国气象局武汉暴雨研究所暴雨监测预警湖北省重点实验室，武汉 430205）

摘要：本文基于相对阈值法开展了流域强降水面雨量等级及阈值研究，并开展了应用效果评估，结果表明：①本研究制定的阈值能够有效代表流域性强降水；②本研究相较于基于固定阈值面雨量等级更具有“针对性”，即可根据流域气候差异，实现“一流域一策”；③应用评估表明，一旦面雨量达到上述等级阈值后，发生洪水、山洪等高影响事件的概率非常大，可有针对性开展预报预警服务。

关键词：相对阈值法；流域；面雨量；预警；评估

引言

面雨量监测和预报产品是各级政府部门组织防汛抗洪及水库调度等决策的重要依据。面对世界范围内极端洪涝、山洪、地质灾害事件频发，如何通过及时有效的面雨量预报预警服务，使灾害程度达到最小是水文气象业务中始终面临的考验。

在实际业务中，不同流域达到流域性强降水的面雨量值是不同的。目前我国已经建立了基于绝对阈值的面雨量等级普适标准[1]，而针对具体流域，由于其所处的气候区差异，导致其在应用上具有一定局限性。针对这种差异，辽宁建立了适用于本省各流域致洪预报等级[2]，福建、江西也分别建立了适用于本省的江河流域面雨量等级标准[3,4]。此外，基于水文模型的临界面雨量阈值法，也是广泛采用的做法[5-8]，但在实际业务中往往由于缺少长序列的水文资料导致其难以推广应用，尤其是当前水库、涵闸等人工干预节点较多，基于自然河道洪水演进规律建立的雨洪关系，在难以获得调度信息的情况下难以取得较好效果。目前，极端降水监测标准[9]及中国气象局预报、减灾职能司对暴雨预警信号调整的要求中，均提到相对阈值法。该方法的优点是，能够较好地反映降水相较于历史气候序列的强度。

本研究的核心目标是：参考暴雨预警业务，当流域发生足够强的降水时，也应予以监测、预报、预警、服务。需要解决的核心问题是：如何去定义流域性强降水。本文采用相对阈值法，研究流域高影响、高致灾性的强降水面雨量阈值等级，以提高服务敏感性，为流域强降水面雨量的监测、预报预警、评估及服务提供参考。

* 资助项目：气象行业标准预研究项目（Y-2022-03），湖北省地方标准项目（T-Z-05-2022214），湖北省气象科技基金（2022Z01-04）。

第一作者：高琦，女，1980 年生，高级工程师，主要从事流域水文气象及旱涝灾害机理研究。E-mail：20421268@ qq. com。

1　资料与方法

本文采用数据有1981—2022年国家气象站逐日降水资料，2016—2021年长江流域区域气象站降水资料，1991—2022年石泉以上流域、清江等流域主要控制水文站点或水库的水位、流量资料。面雨量的计算采用站点平均法[10-12]。

1.1　相对阈值法

将一组面雨量数据从小到大排序，剔除小于0.1 mm的面雨量后，某一百分位所对应数据的值即为这一百分位的百分位数[13]。

1.2　流域分区

根据长江水利委员会分区方案，将长江流域细分为39流域，见图1，图中实线为流域边界，圆点为流域内气象站点分布。此外，本文涉及的鸭河口水库上游流域及辽宁饶阳河流域暂无边界示意图。

图1　长江39流域分区示意图

2　流域强降水面雨量预警等级阈值的确定——以石泉以上流域为例

石泉以上流域为汉江上游子流域，石泉水库为该流域下游主要水库，其水位、流量表征了石泉以上子流域的水情特征。

2.1　石泉以上流域洪水特征及致洪敏感时间尺度

利用2000—2020年石泉水库水位、流量等水文信息，研究石泉以上流域洪水过程特点。2000年以来，石泉以上流域共发生5000 m^3/s以上的洪水过程35次，平均涨水时间为26.4 h，其中10000 m^3/s以上的涨水时间均在21 h以上。因此在考虑设计强降水面雨量阈值时应重点关注24 h涨水时间，即令时段$t = 24$ h。

2.2　石泉以上流域面雨量阈值特征

利用气候标准期（1991—2020年）站点实况降水数据，计算24 h（08时至次日08时）面雨量序列，对大于等于0.1 mm的面雨量从小到大排序，计算各百分位对应的面雨量阈值结果如表1所示。

表1　石泉以上流域逐日面雨量各百分位数对应的面雨量阈值

逐日面雨量百分位数	24 h面雨量阈值/mm
15%	0.2
30%	0.5
45%	1.2
60%	2.5
75%	5.4
90%	13.9
95%	21.6
96%	24.0
97%	27.2
98%	32.0
99%	39.2
99.10%	40.1
99.20%	41.3
99.30%	42.9
99.40%	44.3
99.50%	46.3
99.60%	48.8
99.70%	52.9
99.80%	60.9
99.90%	66.9
100%	89.0

2.3　致洪面雨量统计特征

统计石泉以上流域35场洪水过程前24 h面雨量ZH_{24h}以及ZH_{24h}的最大值、平均值、75%分位、中位数等信息（表2）后发现，致洪面雨量ZH_{24h}平均值和中位数分别为98.57%、99.20%，即约等于逐日面雨量99.00%百分位数；ZH_{24h}的60%分位数，约等于逐日面雨量99.50%百分位数；ZH_{24h}的75%分位数，约等于逐日面雨量99.70%百分位数；ZH_{24h}的最大值，均大于等于逐日面雨量百分位数99.90%。因此，在石泉以上流域选取99.00%、99.50%、99.70%、99.90%百分位数作为强降水面雨量各等级阈值。

表2　石泉以上流域致洪面雨量对应的面雨量阈值统计表

ZH_{24h}统计值	逐日面雨量百分位数
最大值	99.90%
平均值	98.57%
75%分位数	99.80%
60%分位数	99.50%
中位数	99.20%

2.4　石泉以上流域强降水面雨量等级及阈值

结合石泉以上致洪面雨量统计特征，设计了石泉以上流域强降水面雨量预警等级及阈值，将强降水面雨量分为4个等级，各等级阈值见表3。

表3　石泉以上流域强降水面雨量预警等级及阈值

石泉以上流域强降水面雨量等级	含义	判别阈值
Ⅰ级（红色）	极端强降水	$P_{24h} \geqslant 99.9\%$
Ⅱ级（橙色）	强降水	$99.7\% \leqslant P_{24h} < 99.9\%$
Ⅲ级（黄色）	较强降水	$99.5\% \leqslant P_{24h} < 99.7\%$
Ⅳ级（蓝色）	较明显降水	$99.0\% \leqslant P_{24h} < 99.5\%$

利用上述阈值统计了2000—2021年石泉以上流域面雨量达阈值次数及洪水次数（表4），满足强降水面雨量预警等级次数有52次，其中达阈值后有洪水出现28次，面雨量达红色及橙色等级后均有洪水出现，而在黄色及蓝色等级则有50%及30%概率出现洪水。此外，未达阈值出现洪水的次数有6次。

表4　2000—2021年石泉以上流域强降水面雨量预警频次及洪水频次

等级	面雨量达阈值频次	洪水频次	面雨量达阈值后洪水出现概率
Ⅰ级（红色）	3	3	100%
Ⅱ级（橙色）	10	10	100%
Ⅲ级（黄色）	12	6	50%
Ⅳ级（蓝色）	27	9	30%

3　应用效果评估

在既有长序列降水数据又有长序列水文数据流域时，可利用上述方法对流域强降水面雨量阈值进行推求；而在仅有长序列降水数据无长序列水文数据流域时，可将相似气象水文特征的流域强降水面雨量阈值移植应用。以下应用评估均建立在将石泉以上流域的强降水面雨量等级阈值移植应用的基础上，即选取各流域1991—2020年≥0.1 mm日面雨量序列的99.0%、99.5%、99.7%、99.9%百分位数作为强降水面雨量各等级阈值，计算长江39流域不同等级阈值所对应的面雨量，如图2所示。

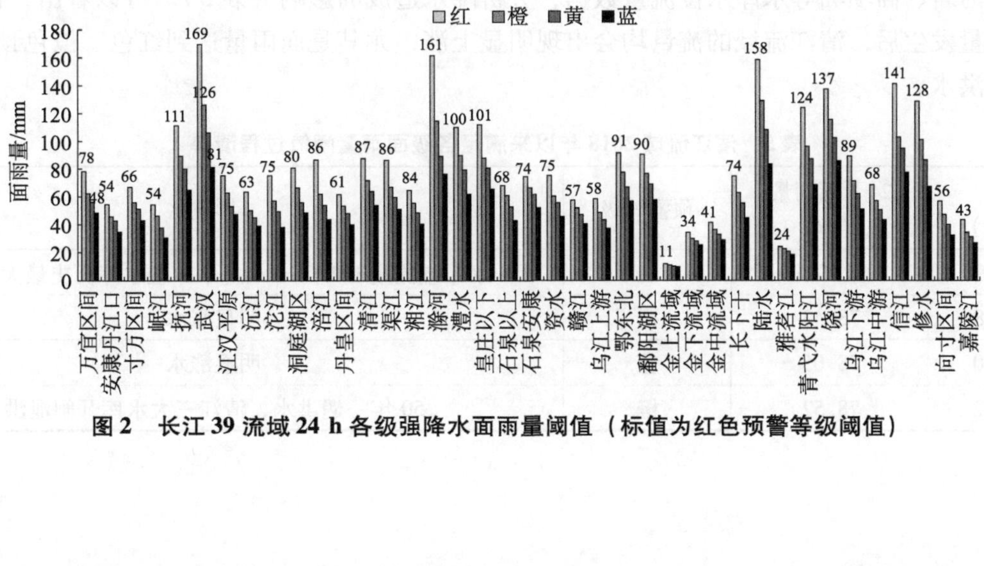

图2　长江39流域24 h各级强降水面雨量阈值（标值为红色预警等级阈值）

3.1 2022 年业务应用实例

2022 年 10 月 3—5 日，长江上游的渠江及汉江上游流域发生了强降水过程，受强降水影响，渠江的罗渡溪水文站在 10 月 6 日 13 时出现了 16800 m^3/s 的洪峰，汉江上游的安康水库在 10 月 4 日 14 时出现 12058 m^3/s 的洪峰，丹江口水库在 10 月 5 日 18 时出现 13400 m^3/s 的洪峰。利用计算的强降水面雨量阈值，绘制此次过程的强降水面雨量等级图，如图 3 所示。可见，利用此强降水面雨量等级，可以较好地指示高影响流域性强降水，据此可有针对性地开展气象服务及应急联动。

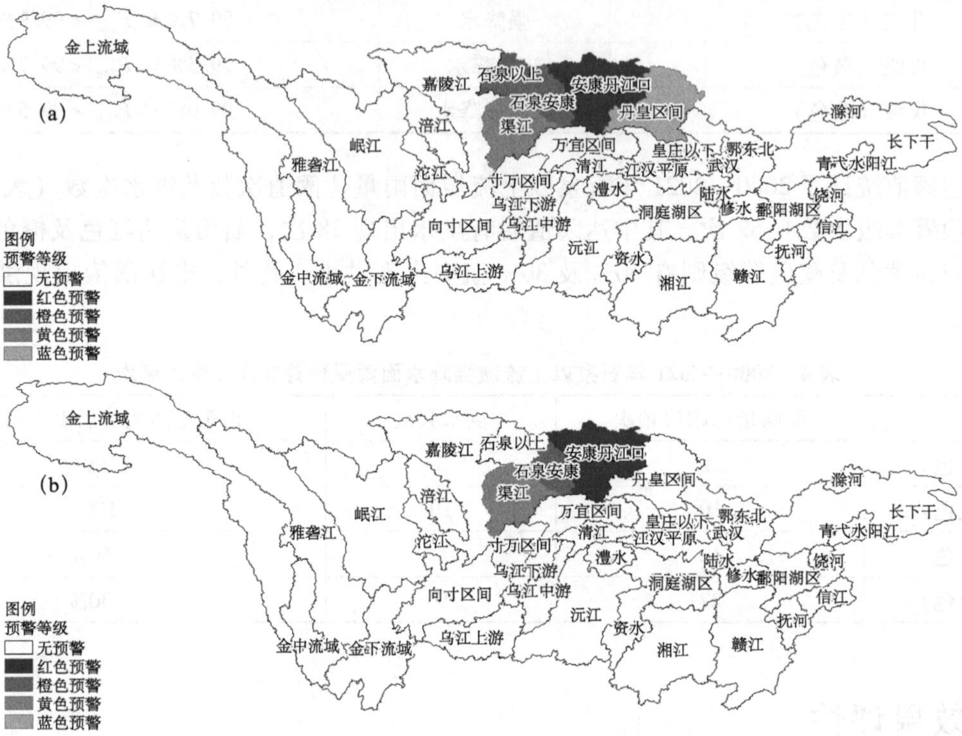

图 3　2022 年 10 月 3—5 日强降水面雨量等级分布

（a）基于实况；（b）基于主观预报

3.2 在清江流域的应用

利用图 2 中计算的清江强降水面雨量阈值，对清江流域的历史面雨量进行反算，并利用该流域的水布垭、隔河岩、高坝洲等水库水位流量数据，分析降水造成的影响（表 5）。可以看出，在上述阈值等级的面雨量发生后，清江流域的流量均会出现明显上涨，尤其是面雨量达到红色、橙色预警等级后，往往有明显洪水。

表 5　清江流域 2018 年以来满足各级面雨量阈值过程清单

日期（年-月-日）	24 h 面雨量 /mm	预警等级	影响
2016-07-19	113.85	红	水布垭流量 13100 m^3/s（水布垭水库历史最大洪水）
2017-07-08	73.43	橙	明显涨水
2017-09-10	58.05	蓝	明显涨水
2017-10-02	78.52	橙	50 年一遇洪水，清江三大水库开闸泄洪

续表

日期（年-月-日）	24 h 面雨量/mm	预警等级	影响
2018-05-06	53.83	蓝	明显涨水
2019-08-07	54.73	蓝	明显涨水
2020-06-27	72.73	橙	隔河岩水库水位 196.27 m（历史次高洪峰）
2020-06-28	62.53	蓝	隔河岩水库水位 196.27 m（历史次高洪峰）
2020-07-17	96.60	红	高坝洲水库流量 8190 m^3/s（高坝洲水库历史最大流量）
2020-07-26	82.42	橙	建始以来百年一遇山洪
2021-05-15	56.15	蓝	明显涨水
2021-07-07	57.58	蓝	明显涨水
2021-07-12	80.25	橙	明显涨水，综合流量涨幅超 7000 m^3/s
2021-08-13	79.48	橙	明显涨水，流量涨幅超 3000 m^3/s

3.3　在长江中小流域（鸭河口水库）的应用

鸭河口水库的集水区，属长江流域中小流域，但在实际业务中尚未对该流域开展针对性服务，因而预报员对该流域何种程度降水应予以重视缺乏认识，服务的敏感性尚未建立。在我国类似这种情况的流域有很多，如何对这类流域的降水进行有效监测、预报与服务，敏感捕捉中小流域强降水情况，及时开展服务，是流域服务中亟待解决的问题。

2021 年 9 月 25 日凌晨，鸭河口水库发生超历史特大洪水。根据国家气象中心提供的流域边界，鸭河口水库上游分为两个子流域，根据两子流域历史 1991—2020 年降水数据，选取不同时段面雨量序列的 99.0%、99.5%、99.7%、99.9% 百分位数作为强降水面雨量各等级阈值，计算面雨量阈值，如表 6 所示。

表 6　鸭河口水库上游流域各等级各时效面雨量阈值　　单位：mm

流域名称	等级	1 h	3 h	6 h	12 h	24 h
子流域 1	Ⅰ级（红色）	9.54	20.68	28.70	42.26	57.54
	Ⅱ级（橙色）	13.18	26.78	38.74	55.06	82.11
	Ⅲ级（黄色）	16.84	31.24	47.36	66.72	103.24
	Ⅳ级（蓝色）	21.14	47.55	75.64	111.15	137.21
子流域 2	Ⅰ级（红色）	10.36	22.12	33.06	45.50	64.22
	Ⅱ级（橙色）	13.08	27.58	40.08	56.03	77.69
	Ⅲ级（黄色）	14.54	30.78	47.47	61.29	91.21
	Ⅳ级（蓝色）	19.06	39.24	56.78	70.80	118.66

对 2021 年超历史洪水发生前的逐 1 h、3 h、6 h、12 h、24 h 面雨量进行计算，并根据表 6 中计算的各时效面雨量阈值开展统计。子流域 1 在 9 月 24 日 10：00 的过去 12 h 面雨量即已达蓝色预警等级（图 4a）；子流域 2 在 9 月 24 日 08：00 及 9 月 24 日 09：00 过去 12 h 及 24 h 面雨量先后达蓝色预警等级（图 4b）。可见如有强降水面雨量预警阈值，则在 9 月 24 日上午 8：00—10：00，即可根据过去的降雨实况捕捉此次强降水过程。将阈值形成阈值库集成于系统平台中，一旦任一时效阈值超警，给预报员以提醒，此时如预报员经过分析天气系统、卫星、雷达等产品，判断未来仍有较强降水，即可及

时与调度管理部门开展联动，提前并有效降低此次强降水的影响。

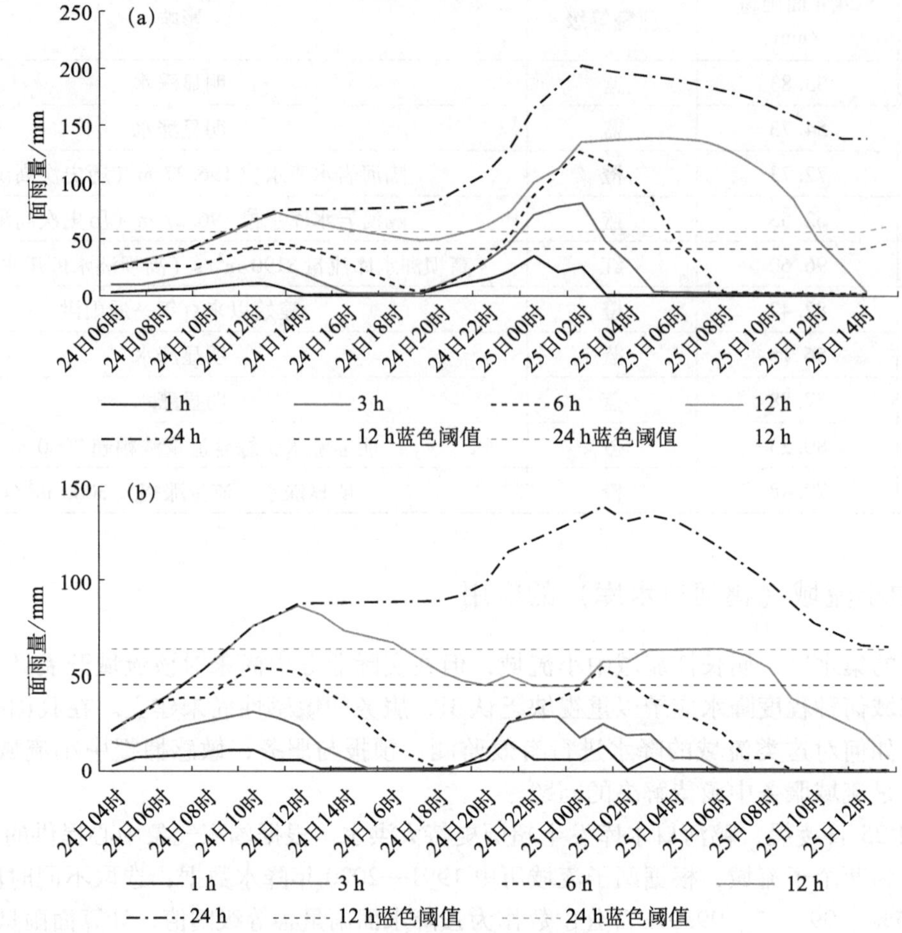

图4　鸭河口水库上游流域2021年洪水期间逐1 h、3 h、6 h、12 h、24 h面雨量

（a）子流域1；（b）子流域2

3.4　在辽宁饶阳河流域的应用

根据辽宁省气象台提供的饶阳河流域面雨量的站点信息，计算饶阳河流域各等级强降水面雨量阈值（表7）。参照饶阳河流域洪水气象条件预报等级[2]，可知本研究中面雨量阈值Ⅳ级47 mm、Ⅲ级62 mm与该标准中设定的洪水气象条件预报等级中容易产生流域洪水（50 mm≤R＜70 mm）较为一致，而本研究设计的面雨量Ⅱ级77 mm、Ⅰ级113 mm与其标准中设定的洪水气象条件预报等级中的极易产生流域洪水（70 mm≤R）较为一致，可见虽然本研究基于长江流域的子流域设计，但在其他流域，也同样具有指示意义。

表7　辽宁饶阳河流域强降水面雨量等级及阈值

等级	阈值/mm
Ⅰ级（红色）	113
Ⅱ级（橙色）	77
Ⅲ级（黄色）	62
Ⅳ级（蓝色）	47

据新闻报道，受2022年7月7日、7月28日两轮强降水影响，辽宁饶阳河发生了有水文记录以来的最大洪水，从该流域6—7月逐日面雨量演变来看（图5），7月7日及7月28日前24 h面雨量分别满足了橙色、红色预警等级，而这两日也恰恰为导致洪水的降水主要时段，而在未达面雨量预警等级的时段，也恰好没有洪水过程发生。

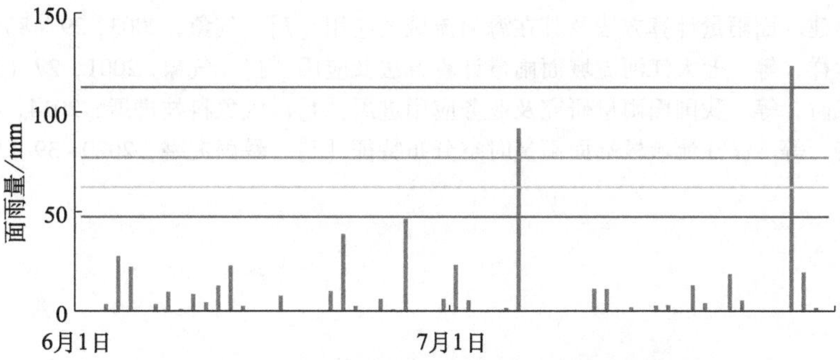

图5　2022年6—7月饶阳河流域逐日面雨量演变

（水平线依次为蓝、黄、橙、红各级预警面雨量阈值）

4　结论

本研究以石泉以上流域为例，开展了流域强降水面雨量预警等级研究，并在部分流域开展了应用效果评估，得出以下几点结论。

（1）在典型流域的应用表明，根据本研究建立的强降水面雨量阈值，与国家标准及多个地方标准[1-4]中暴雨以上量级流域性降水容易致洪、极易致洪的面雨量阈值相当，因此本研究制定的阈值能够有效代表流域性强降水。

（2）本研究主要基于相对阈值法开展研究，相较于基于固定阈值更具有“针对性”，这种“针对性”表现在两方面，一是本研究只针对流域性强降水制定等级，二是可以根据流域气候差异实现“一流域一策”。

（3）应用表明，当流域降水达到一定强度即开展相应的预报预警服务的办法是可行的。本研究目的并非寻找致洪面雨量的阈值，但从上述研究结果可见，一旦面雨量达到上述等级阈值后，发生洪水、山洪、城市内涝等高影响事件的概率非常大。一旦面雨量达到上述强度，可通过预警等方式，及时开展服务，以有效避免流域性强降水带来的洪水、山洪、地质灾害、城市内涝等损失。

鉴于我国流域众多，流域特性存在一定差异，需进一步在更多流域业务应用中对指标进行完善，以提高适用性。

参考文献

[1] 中华人民共和国国家质量监督检验检疫总局，中国国家标准变化管理理委员会．江河流域面雨量等级：GB/T 20486—2017［S］．2017.

[2] 辽宁省质量技术监督局．流域洪水气象条件预报等级：DB 21/T 1632—2008［S］．2008.

[3] 福建省质量技术监督局．江河流域及城镇区域面雨量等级：DB35/T 1895—2020［S］．2020.

[4] 江西省质量技术监督局．中小流域面雨量等级：DB36/T 1409—2021［S］．2021.

[5] 包红军，林建，曹爽，等．基于流域地貌的中小河流致洪动态临界面雨量阈值研究［J］．气象，2020，46（11）：1495-1507.

[6] 刘志雨，杨大文，胡健伟．基于动态临界雨量的中小河流山洪预警方法及其应用［J］．北京师范大学学报（自然科学版），2010，46（3）：317-321.

[7] 叶金印，李致家，常露. 基于动态临界雨量的山洪预警方法研究与应用 [J]. 气象，2014，40 (1)：101-107.
[8] 彭涛，殷志远，李兰. 水文模型在计算中小流域致汛临界面雨量中的应用 [J]. 气象，2014，40 (11)：1354-1362.
[9] 中华人民共和国国家质量监督检验检疫总局，中国国家标准化管理委员会. 极端降水监测指标：GB/T 33669—2017 [S]. 2017.
[10] 毕宝贵，徐晶，林建. 面雨量计算方法及其在海河流域的应用 [J]. 气象，2003，29 (8)：39-42.
[11] 徐晶，林建，姚学祥，等. 七大江河流域面雨量计算方法及应用 [J]. 气象，2001，27 (11)：13-16.
[12] 高琦，徐明，李武阶，等. 我国面雨量研究及业务应用进展 [J]. 气象科技进展，2014，4 (2)：66-69.
[13] 高琦，徐明，彭涛，等. 汉江流域极端面雨量时空分布特征 [J]. 暴雨灾害，2020，39 (5)：60-67.

基于“三体共值”理论模型的防灾减灾协同管理研究*

高　琰　曾凡雷**　段永亮　闫　琳

（中国气象局气象干部培训学院，北京 100081）

摘要： 加强防灾减灾理论研究是提升气象防灾减灾能力的重要方面。本文通过对极端天气防灾减灾行为主体的分析，构建了极端天气防灾减灾中由“政府部门、气象部门和社会组织及公众”构成的“三体共值”理论模型，探讨了运用“三体共值”理论解决极端天气防灾减灾工作的综合协同管理机制，包括三方主体间的决策协同机制、认知协同机制、科宣协同机制、执行协同机制、创新协同机制以及响应协同机制等。

关键词：“三体共值”理论模型；极端天气；防灾减灾；协同管理

1　我国极端天气危害影响以及气象防灾减灾研究进展

近年来，在全球气候变化影响下，极端灾害天气呈现多发、频发、重发态势，给人类社会经济发展及生产生活造成重大影响和损失。据统计，2021 年全球自然灾害造成的经济损失达到 2700 亿美元[1]。我国是世界上受自然灾害影响最为严重的国家之一，具有灾害种类多、影响范围广、发生频率高、灾害损失重等特点，气象灾害损失占自然灾害损失的 70% 以上[2,3]。近年来，我国极端气象灾害发生更加频繁，例如，2010 年 8 月甘肃舟曲短时强降雨引发特大山洪泥石流灾害导致 1481 人遇难，2015 年 6 月下击暴流极端天气引发“东方之星”客轮翻沉造成 442 人死亡，2016 年 6 月江苏盐城发生龙卷等强对流天气造成 99 人死亡，2021 年 7 月河南郑州暴发历史罕见特大暴雨造成 398 人死亡。在灾害应对中，通过总结经验、吸取教训，才能不断提高应对各种极端灾害事件的能力和水平。河南郑州“7·20”特大暴雨灾害发生后，国务院专门成立调查组，对灾害的发生过程及灾害应对情况开展调查。调查报告认定，河南郑州“7·20”特大暴雨灾害是一场因极端暴雨导致严重城市内涝、河流洪水、山洪滑坡等多灾并发，造成重大人员伤亡和财产损失的特别重大自然灾害。责任认定表明，本次事件整体为天灾，具体有人祸，暴露出地方政府存在诸如风险意识不强、认识准备不足、防范组织不力、应急处置不当等一系列问题[4]。

当前许多学者从不同角度对极端灾害应对问题开展研究，例如，庄国泰从气象防灾减灾第一道防线的角度，分析了气象部门在极端灾害应对中应发挥的作用，认为要牢牢把握“早、准、快、广、实”的要求，深刻认识“发挥气象防灾减灾第一道防线作用”的丰富内涵[5]。王亚伟提出，应从继续强化气象监测预报先导作用、预警发布枢纽作用、风险管理支撑作用、应急救援保障作用等方面，充分发挥气象防灾减灾第一道防线作用[6]。肖红雷从舆论宣传的角度提出，应从“思想防线、意识防

* 本研究得到中国气象局气象干部培训学院科研项目（2022CMATCZD07、2022CMATCZD09）、灾害天气国家重点实验室开放课题（2021LASW-A21）资助。

** 通讯作者：曾凡雷。

线、科技防线、精神防线”等方面强化气象防灾减灾第一道防线工作[7]。黄思琦等研究了城市突发极端气象灾害应急管理问题，提出应从五方面加强防灾减灾相关工作，包括理念应从减少灾害损失向减轻灾害风险转变；提高气象灾害应急管理的智慧化水平，加强新一代信息技术与气象应急管理的融合；加强部门联动响应、应急处置能力；加强气候可行性论证，增强城市应对极端天气风险的能力；加大气象防灾减灾科普宣传等[2]。单嘉帝等从韧性城市规划的角度，提出了城市群、城区、社区等不同空间尺度下应对极端气候灾害风险的策略[8]。娄朋举以河北省为例研究了政府气象防灾减灾能力评估指标体系问题[9]。邹积亮分析了我国灾害管理信息化的问题，提出建立安全可靠的灾害信息传输网络，降低灾害冲击，发挥地理信息系统在灾害管理上的支撑作用，构建开放性网络协作平台，推动灾害信息众包，推动政府与社会灾害信息有机融合等意见建议[10]。张金平研究了自然灾害危机管理中的公众参与问题，提出政府部门和公众需要提升和加强救灾意识等有效化管理思路[11]。

由前述分析可知，目前的研究大多从灾害管理的部分环节[8,9]或部分主体[5-7,11]的角度，分析和研究加强灾害管理问题。加强极端天气灾害管理，提升综合防灾减灾能力，需要从灾害管理的全过程、全要素、全主体等方面进行分析和研究，不断完善和改进极端天气防灾减灾工作。本文通过对极端天气防灾减灾行为主体的分析，构建了极端天气防灾减灾中由“政府部门、气象部门和社会组织及公众”构成的“三体共值”理论模型，并探讨了运用“三体共值”理论解决极端天气防灾减灾工作的有关协同管理机制问题。

2 “三体共值”理论模型的设计及其作用机理揭示

由于全球气候变化的影响，极端天气事件呈现愈演愈烈之势。因此，在现有应对机制和策略的基础上，通过应急管理理论创新，防灾减灾应对机制优化，实现提高极端天气防灾减灾治理水平，强化极端天气事件应对能力，提升防灾减灾实际成效，已成为当前极端天气防灾减灾刻不容缓的工作任务。

2.1 极端天气防灾减灾的创新理论——“三体共值”理论模型

“三体共值”理论模型（图 1）是根据我国应急管理体系的组织结构特点和极端天气防灾减灾特殊性质而设计的。“三体共值”理论模型中的三方主体是指政府部门、气象部门和社会组织及民众。政府部门作为三方主体中的核心机构，主要以应急管理部为主管牵头单位，组织指挥包括气象部门在内的各相关部门和单位，组成极端天气事件应急处置的中枢机构。由于气象部门在极端天气防灾减灾过程中发挥的气象预测预报专业服务具有不可替代性，因此，专门将其列为三个主体之一。社会组织及民众是极端天气事件危害的主要承担者，也是极端天气事件应急处置的主要保护对象。

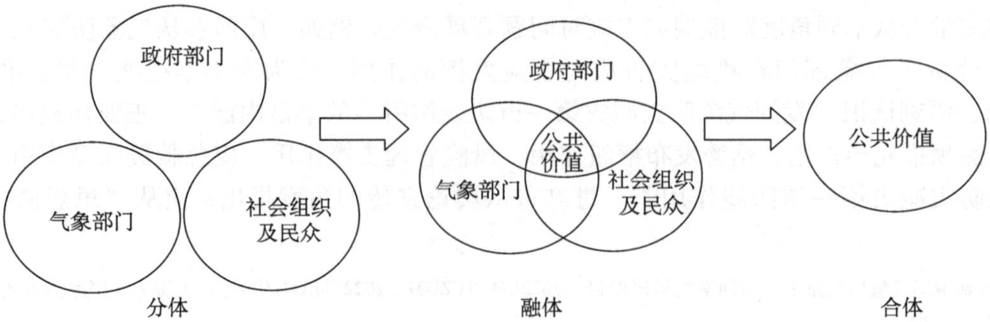

图 1 “三体共值”理论模型

图1中的三方主体是整个极端天气事件应急处置的主要参与者、执行者和利益相关者，其在应对极端天气事件过程中通过各自发挥作用和相互协同，力求实现最佳的应对效果和公共价值最大化。在实际应对过程中，三方主体之间关系在图1中体现为动态变化的特点，分体、融体和合体三种形态分别代表完全分离、一定程度契合和完全契合状态。分体和合体属于两种极端情况，现实中基本不存在，模型中主要是为了比较说明而设置。现实中形成的主要是融体形态，融合程度不同所形成的三方交叉区域面积大小不同，公共价值大小（极端天气防灾减灾成效）也不同。“三体共值”理论所研究的就是在实践中如何使三方主体间的融合程度达到最大化，进而实现防灾减灾公共效益最大化目标。现实中融合程度最大化的区间应该在图1中融体与合体之间，靠近合体的区域内。

2.2 “三体共值”理论模型构建基于“决策、支持、响应”的价值分析架构

基于“决策、支持、响应”的价值分析架构（图2）作用在于，通过深入分析极端天气防灾减灾成效（三方公共价值）与三方主体影响要素决策、支持、响应之间的内在规律，揭示决策、支持、响应三要素与公共价值之间的相互影响关系，进而提出有针对性和实效性的应对措施。

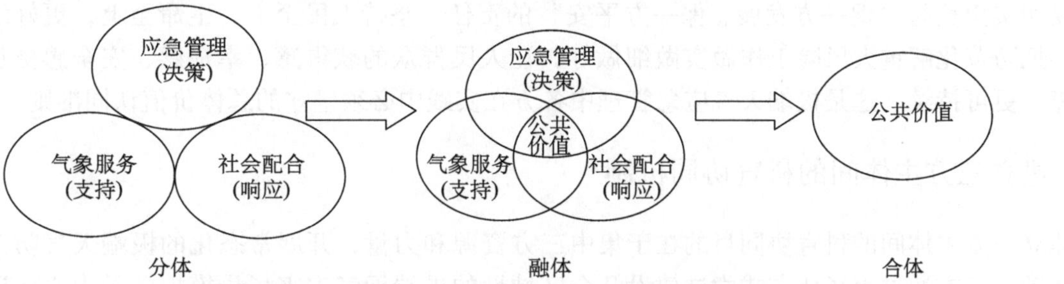

图2 基于“决策、支持、响应”的价值分析架构图

通过对已发生的极端天气事件的综合分析发现，极端天气事件之所以造成较严重的人员伤亡和财产损失，其中一个无法回避的因素就是应急管理过程中各方之间的协同程度不足，协同机制不完善，协同效果不好，导致极端天气事件防灾减灾成效大打折扣。

3 运用“三体共值”理论探究极端天气防灾减灾难题

如何提高三方主体的协同效应，实现防灾减灾效用和价值最大化，是“三体共值”理论模型基于“决策、支持、响应”价值分析架构所要重点研究解决的问题。

图3中三方综合协同体系包括建立六个方面的协同机制。六个协同机制分成两大部分：理念系统和执行系统。理念系统包括决策协同、认知协同、科宣协同，在图中形成正三角的三个顶点；执行系统包括执行协同、创新协同、响应协同，在图中形成倒三角的三个顶点。下面就建立以上六个方面的协同机制提出具体对策。

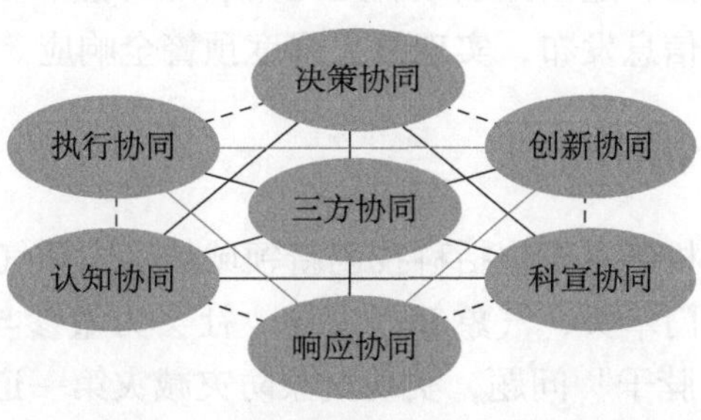

图3 极端天气防灾减灾工作的综合协同体系

3.1 建立三方主体间的决策协同机制

极端天气防灾减灾的决策包括防灾减灾体系规划决策和极端天气应急决策。在三方主体中决策主要以应急管理部门为核心，其他两方发挥辅助作用。建立三方主体间的决策协同机制，首先，应进一步优化决策体制。应急管理决策体系中应该增加气象专业人士的比重。同时，极端天气防灾减灾工作需要得到社会力量的大力支持，将社会力量纳入应急管理决策体系具有现实意义。其次，建立科学高效的决策机制。无论是规划过程还是应急过程，气象部门的专业意见对应急决策的重要性日益凸显，社会力量在此过程中的作用价值也越来越大。因此，通过进一步优化完善应急联动机制和社会响应机制，充分调动参与各方的力量和智慧，对极端天气防灾减灾应急决策有重要帮助。

3.2 建立三方主体间的认知协同机制

确立体现高度契合的价值准则。三方主体要建立统一的价值准则，即按照习近平总书记的重要指示精神，在防灾减灾工作中，始终把保障人民群众生命财产安全放在第一位，抓细抓实各项救灾措施。各方要切实担负起“促一方发展、保一方平安”的责任，坚持人民至上、生命至上，更好统筹发展和安全，把防范化解重大风险工作做实做细做好，让人民群众的获得感、幸福感、安全感更加充实、更有保障、更可持续。这是极端天气应急管理中各方在实践中必须坚守的总体价值认同准则。

3.3 建立三方主体间的科宣协同机制

建立三方主体间的科宣协同目的在于集中三方资源和力量，开展常态化的极端天气防灾减灾科普宣传活动。三方通过市场化方式尝试建设几个区域性的极端天气灾害场景模拟演示中心，运用虚拟技术、元宇宙等各种新技术，实现灾害场景模拟推演，对各种可能后果进行灾害场景模拟或沙盘演练，实现具象化演示。这样既可以作为科普宣传阵地，提升全民灾害防范意识；也可将其打造成民众喜闻乐见、愿意打卡的地方，带来一定的经济效益。

3.4 建立三方主体间的执行协同机制

三方主体间建立的执行协同机制最主要体现在执行的融合程度上，具体包括以下方面。

首先，应建立践行效率优先的行动规范。极端天气发生快、发展快、时间短、破坏大，因此，必须采取以快制快的应对策略。按照效率优先的原则，极端天气应急管理要事先形成一套效率导向的行动规范，以此规范、引导各方应对措施和行为，实现极端天气危机应对政令统一、高效协同、相互补强、步调一致。其次，要实现执行力优化。实际应急预案执行中通常存在诸多问题，比如，对已有应急预案不熟练，面对实际灾害场景和应急预案场景不一致时缺乏灵活性，应急预案无法进行与时俱进的调整等。要提高极端天气应急管理各参与方的积极性、能动性和创造性，塑造应急管理的高效执行力。第三，优化灾害预警信息传播，建立全领域、无死角、点对点、多渠道、复合式的预警信息传播系统，多举措强化气象灾害预警信息发布，实现最大限度预警全响应。

3.5 建立三方主体间的创新协同机制

三方主体间建立的创新协同机制主要包括科技创新领域的协同和气象服务发展领域的协同。

首先，应建立由应急管理部门牵头、气象部门主导、社会力量参与的气象科技创新合作机制，通过合作创新攻关，解决气象“卡脖子”问题，实现气象防灾减灾第一道防线关口前移的目标。

其次，联合社会力量开发极端天气防灾减灾信息应用技术产品。如通过仿真模拟具象化极端天气。

要对极端天气事件进行仿真模拟、沙盘推演，制定预警阈值。通过开发气象灾害信息发布 APP 等应用型产品，定制特定行业领域的气象产品，向市场提供通用型灾害信息发布和特殊定制型气象灾害信息服务，推动气象服务水平提质升级。联合自然资源、水利等相关部门进行气象灾害引发次生灾害的可能性分析研究。加强各区域地形、地质特点以及气候、气象变化规律研究，建立综合性的地理、地质、气候、气象等要素的基础信息系统，构建气象灾害电子地图。

第三，要实现气象服务和市场的充分融合。气象部门要积极主动走出去，用开放思维搞服务。尝试和金融、保险等相关行业联合组建极端天气灾害等巨灾气象保险服务机构、绿色发展保险服务机构等。牵头组织、协调、推动培育灾害天气金融保险服务新业态，利用经济和金融工具对冲极端灾害性天气造成的重大社会经济损失。

3.6　建立三方主体间的响应协同机制

首先，建立具有高响应度的动员机制。要通过立法形式明确气象灾害预警的权威性和强制性，形成科学、权威、快速、高效的极端天气应急动员机制，提升气象灾害预警社会响应度和民众配合度。其次，政府、气象部门、社会力量要联合起来开展气象科普活动，发挥气象专业优势，提高民众防灾减灾意识。加大防灾减灾科普宣传力度，宣传内容和形式要接地气，尽量以民众容易理解、通俗易懂的方式进行。再次，动员民众积极主动参与极端天气等气象防灾减灾的应急演练，让社会公众获得主动自救和配合他救的知识和方法。

参考文献

[1] LUCIA B，FEDERICA R. 2021 年度自然灾害：洪水泛滥报告［R］. 瑞士，苏黎世：瑞再控股股份有限公司，2022.

[2] 黄思琦，顾雄萍，肖志鹏，等 . 城市突发极端气象灾害应急管理的若干思考［J］. 气象研究与应用，2022，43（3）：120-124.

[3] 史培军，应卓蓉 . 中国气象灾害对宏观经济增长的影响分析［J］. 北京师范大学学报（自然科学版），2016，52（6）：747-753.

[4] 国务院事件调查组 . 河南郑州“7・20”特大暴雨灾害调查报告［R］. 2022.

[5] 庄国泰 . 努力筑牢气象防灾减灾第一道防线［J］. 求是，2021（14）：72-77.

[6] 王亚伟 . 坚决筑牢气象防灾减灾第一道防线［N］. 中国应急管理报，2020-05-09（7）.

[7] 肖红雷 . 做好舆论宣传这篇大文章 筑牢防灾减灾第一道防线——气象防灾减灾宣传的启示［J］. 科技传播，2020，12（22）：56-59.

[8] 单嘉帝，田健，曾坚 . 应对极端气候灾害的韧性城市规划方法［J］. 城市与减灾，2022（5）：6-12.

[9] 娄朋举 . 政府气象防灾减灾能力评估指标体系研究——以河北省为例［J］. 湖北农业科学，2022，61（3）：216-221.

[10] 邹积亮 . 国际灾害管理信息化趋势及对我国灾害管理信息化的借鉴［J］. 中国防汛抗旱，2019，29（5）：5-6.

[11] 张金平 . 我国自然灾害危机管理中的公众参与问题研究［J］. 改革与开放，2011（14）：147-148.

基于雷电灾害风险普查的工程管理实践——以云南农村防雷减灾示范工程为例*

吴永斌　殷　娴　胡　颖　胡易生

（云南省气象灾害防御技术中心，昆明 650034）

摘要：云南省雷电灾害风险普查形成的成果包括技术规范成果、数据成果、图件成果和报告成果。工程建设需要充分防范自然灾害风险，科学高效实施安全管理。雷电灾害是影响工程建设安全的主要气象灾害之一，提高雷电灾害风险防控意识和安全管理水平是工程建设项目科学管理的应有之意。本文介绍了云南雷电灾害风险普查取得成果，并以云南农村防雷减灾示范工程为例，总结应用雷电灾害风险普查成果在规划选址、施工建设等工程管理中的具体实践经验，并提出雷电灾害风险普查成果在工程建设管理、风险评估预警、灾害防御应急联动、科普宣传等方面应用的思考和建议，希望能够对挖掘普查成果价值、加快普查成果应用提供一些参考。

关键词：农村防雷；雷电灾害；风险普查

1　引言

第一次全国自然灾害综合风险普查是一项重大的国情国力调查，是提升自然灾害防治能力的基础性工作，目的是摸清灾害风险隐患底数，查明重点区域抗灾能力，客观认识灾害综合风险水平，为有效开展自然灾害防治和应急管理工作、切实保障社会经济可持续发展提供权威的灾害风险信息和科学决策依据。我国气象灾害频发，气象灾害占所有自然灾害的70%以上，抓住和搞清楚气象灾害的基本情况就解决了自然灾害的主要矛盾，开展气象灾害风险普查既是自然灾害综合风险普查的要求，也是气象部门应尽的职责和任务。根据我国气象灾害种类的分布、影响程度和特征，本次普查的气象灾害主要有8种，雷电灾害是其中之一。云南省气象灾害综合风险普查技术组在开展全省雷电灾害致灾因子调查和评估、开展气象灾害风险评估和区划的同时，坚持边普查、边应用、边发挥效益的原则，应用普查成果提高雷电灾害风险管理能力，在雷电灾害风险评估、雷电防御工程、气候可行性论证中不同程度地应用了雷电灾害风险普查成果。尤其是在雷电防御工程中，充分应用了雷电灾害风险普查的历史数据和实况监测数据成果、风险评估和区划成果，指导规划选址、施工建设等工程管理工作，较好地挖掘出了雷电灾害风险普查成果价值，并在云南省农村防雷减灾示范工程中得到推广应用。

2　云南雷电灾害风险普查成果

2.1　技术规范成果

按照云南省气象灾害综合风险普查实施方案，综合考虑雷电灾害的致灾因子、孕灾环境、成灾机

* 资助项目：云南省气象局科研项目“云南省雷电灾害风险区划技术方法研究”（项目编号：QZ202109）。

制以及防灾减灾能力、社会经济状况等，以县级行政区域为基本单元，开展雷电灾害风险综合普查。云南省气象灾害综合风险普查技术组制定《雷电灾害调查与风险评估》技术规范，规定了云南省雷电灾害风险普查的工作原则、普查内容、防范等级划分以及分工与组织，用于指导云南省级和州（市）、县级相关（气象）部门开展雷电灾害风险普查工作，也作为开展雷电灾害风险管理业务和科研的参考资料。

2.2 数据成果

数据类成果包括省级和州（市）、县级雷电定位数据，州（市）、县级雷暴日数据，省级和州（市）、县级雷击点密度和强度数据，省级和州（市）、县级雷电灾害历史灾情数据。其中，雷暴日数据是1978年以来观测资料的普查信息。气象台站在1978年后建站的，收集建站以来的观测资料。雷电定位数据、雷击点密度和强度数据是2007—2020年的普查信息。雷电定位数据只收集与云地闪有关的要素，并对普查区域的雷电定位资料进行质量控制。雷电灾害历史灾情数据收集普查区域内有历史记录以来不少于20年的历史雷电灾害资料普查信息。

2.3 图件成果

图件类成果包括省级和州（市）、县级致灾因子危险性分布图，省级和州（市）、县级雷电灾害风险区划图。根据综合致灾因子和孕灾环境指数确定权重系数，根据致灾危险性指数计算结果，将危险性划分为5级（一般、中、较高、高、极高），绘制致灾危险性分布图，完成危险性评估。根据雷电灾害危险性评估结果，综合考虑行政区划，对雷电灾害风险进行基于空间单元的划分。综合减灾资源，目前已经完成雷电灾害人口风险区划、雷电灾害GDP损失风险区划，下一步还将完成雷电灾害致灾要素分布与危险性评估图、雷电灾害综合风险评估与区划图，形成图谱数据库。

2.4 报告成果

报告类成果包括省级和州（市）、县级雷电灾害危险性评估和风险区划报告，省级和州（市）、县级雷电灾害风险普查报告，省级和州（市）、县级雷电灾害防范等级划分。其中，雷电灾害危险性评估主要是对雷电灾害致灾因子、孕灾环境进行评估，涉及的评估因子包括雷击点密度、雷电强度、海拔高度、地形起伏度及土壤电阻率。雷电灾害防范等级划分依据雷电灾害风险指数大小，将雷电灾害风险划分为极高风险等级（Ⅰ）、高风险等级（Ⅱ）、较高风险等级（Ⅲ）、中等风险等级（Ⅳ）、一般风险等级（Ⅴ），分别用红、橙、黄、蓝、绿五种颜色标示，并按照规范制作相应的风险区划图。根据雷电灾害风险等级划分情况，将其对应的雷电防范等级划分为五级，并制定分级防御策略。

3 云南雷电灾害风险普查成果应用

3.1 云南农村防雷减灾示范工程基本情况

云南省气象局自2011起开始实施云南省农村防雷减灾示范工程，十余年来共完成117个农村防雷减灾示范点建设，建成340座避雷塔、96座防雷应急避险亭，安装753组避雷器，在示范工程所在农村开展了94场防雷知识科普培训，发放防雷科普宣传册31600余册[1]。工程建设逐步完善了农村防雷装置和野外空旷及农田劳作区域的雷电应急避险场所，扩大了雷电灾害防御科普宣传覆盖面，切实提高了群众雷电灾害的自我防护和救助能力，有效防御和减少了农村雷击伤亡事故，切实保障了人民群众生命财产安全[2]。工程惠及云南省16个州（市）的100个县，示范工程农村直接受益人数233285

人，县辐射受益人数约3616.9万，工程受到当地党委政府及广大人民群众的认可和好评。

随着第一次全国自然灾害风险普查工作的启动，云南雷电灾害风险普查工作也全面展开，并按照边普查、边应用、边发挥效益的原则，在云南农村防雷减灾示范工程中充分应用雷电灾害风险普查成果。风险普查成果的科学应用，使工程规划选址更加科学合理、施工建设更加安全高效，工程建成后的区域雷电灾害发生率和雷击损失明显减少，防雷避险效果得到实际检验，产生的防护效果和社会效益十分明显，起到了良好的示范引领作用。一些地方政府和群众主动要求增加示范点建设，进一步扩大农村防雷避险辐射范围。通过云南农村防雷减灾示范工程的实施，各地党委政府逐年加强农村雷电灾害防御工作，农村雷电灾害风险管理、灾害应急救援处置、农村气象灾害防御能力得到明显提升。

3.2 基于雷电灾害风险普查的工程管理实践

3.2.1 应用普查成果开展规划选址

规划选址是农村防雷减灾示范工程的重要工作，项目实施前各地按要求上报农村防雷减灾示范工程拟建备选点，并说明选择示范点的依据，在各地上报农村防雷减灾备选点的基础上，按照《云南省农村防雷减灾示范工程项目管理办法（试行）》及示范点建设选址原则，综合考虑各地实际情况，确定项目实施建设的示范点。开展雷电灾害风险普查以来，将全省雷电致灾危险性分析与评估结果应用于农村防雷减灾示范工程规划选址，在2020年24个示范点、2021年19个示范点、2022年10个示范点的选址工作中，充分应用雷电灾害风险普查成果，合理规划工程建设选址，优先在雷电致灾危险性较高的区域开展农村防雷减灾示范工程建设。

通过云南省雷电致灾危险性区划结果，将工程选址示范点与雷电致灾危险性区划图叠加（图1），分析拟选址区域的雷电发生概率和雷电灾害风险，结合雷电灾害致灾因子的调查数据，以及当地孕灾环境和承灾体情况，评估规划选址的安全性和合理性，做出科学的工程建设规划。通过示范点实地雷灾情况与雷电致灾危险性区划图对照，用示范点雷灾情况反向验证气象灾害风险普查结果，将其作为气象灾害风险普查结果的补充与完善。示范点建设的实际位置多处于雷电致灾危险性区划等级较高的地区。

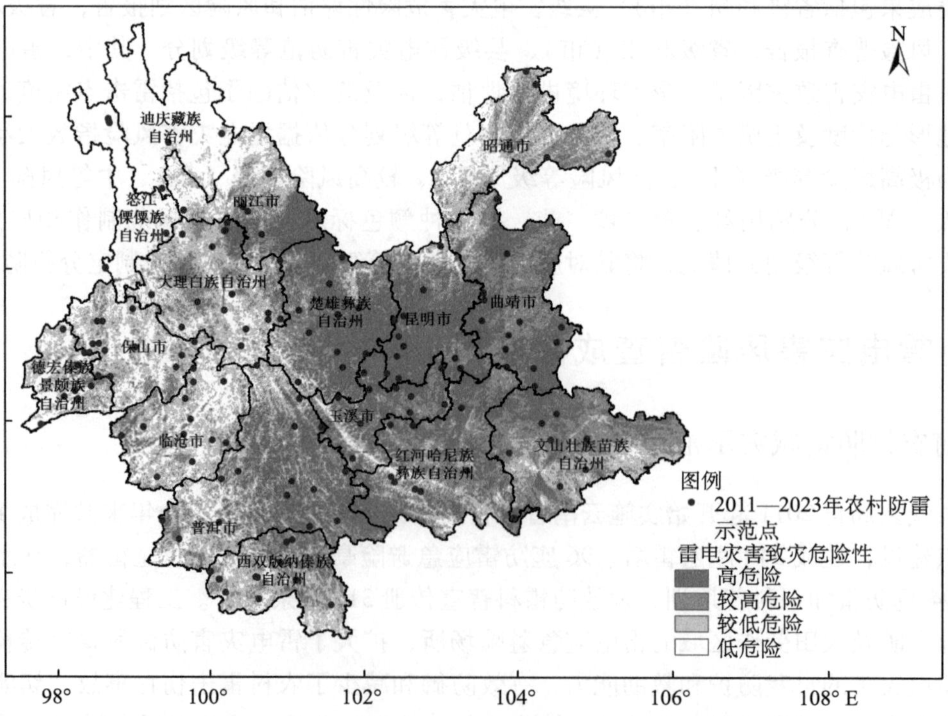

图1 云南省农村防雷减灾选址示范点与雷电致灾危险性区划叠加图

3.2.2 应用普查成果组织建设施工

应用雷电灾害风险普查成果，开展精细化雷击风险评估，分析工程建设区域雷电活动时空分布特征和灾害特征，结合现场实际，对雷电可能导致的人员伤亡、财产损失程度与危害范围等方面进行综合风险计算，把握关键和薄弱的环节，确定示范点的雷电防护等级，为工程雷电防护设计与施工提供科学依据[3]。根据不同的雷电致灾危险性，在国家规范标准前提下，结合实际情况，采取一定程度差异化的施工建设。一是地闪密度、土壤电阻率与接地电阻的优化。土壤电阻率高且地闪密度较低的地区，接地电阻适当放宽；土壤电阻率高但地闪密度较高的地区，接地电阻值尽可能降低。二是地闪强度与避雷器选型配置的优化。地闪强度明显较高的地区，在国家规范标准的基础上，选用通流容量能够承受地闪强度极值的避雷器。三是建设过程规避雷电多发季节和时段，科学安排工期计划，根据需要设置临时防护措施，有效降低施工过程中的雷击风险。

工程建设完成投入使用后也充分应用普查成果。在日常检查维护修缮中，根据雷电活动频次和强度，研判接闪概率和受损风险，合理统筹安排防雷装置安全检测、运维检查修缮的时间，科学规避风险。根据雷电闪击频次、雷电活动时空分布、雷电综合风险，制定有针对性的防雷应急预案[4]。在雷电活动密集的月份，加强针对雷灾的医疗、电力等应急准备；在雷电活动集中的时段，减少户外作业，加强设备备用电源等应急准备。根据示范工程所在地的雷灾类型、雷电风险、雷电活动时空分布，开展防雷安全知识培训[5]。在日间雷电多发区域，加强野外作业和田间劳作的防雷避险知识科普；在夜间雷电多发区域，宣传室内雷电防护知识，最大限度减少雷电灾害带来的影响和损失。

4 雷电灾害风险普查成果应用的思考

雷电灾害风险普查对摸清雷电灾害风险底数、防范雷电灾害风险具有重要作用。云南雷电灾害风险普查成果应用于云南农村防雷减灾示范工程，为项目管理提供了规划选址、建设施工和运维保障的决策依据，为农村防雷减灾撑起了一把科学有效的“保护伞”。然而风险普查成果的应用才刚刚起步，目前普查成果应用意识还不强，普查成果应用还不充分，普查成果应用价值也有待进一步挖掘。相信随着第一次全国自然灾害综合风险普查任务的圆满完成，普查成果将在国家基础设施、社会公共服务、综合防灾减灾、气候资源利用开发等领域工程建设中逐步得到广泛应用。雷电灾害风险普查成果要重点应用于工程规划建设、风险评估和预警、灾害防御应急联动，同时也要加强普查成果的科普宣传。

4.1 强化普查成果在工程规划建设中的应用

应用普查成果科学进行工程规划建设，把《云南省雷电易发区域及其防范等级划分》作为重大工程规划选址的参考依据。针对重大工程建设项目，尤其是易燃易爆场所、矿区、旅游景区、农村等敏感和薄弱区域，科学合理且有针对性地采取雷电灾害防御工程性和非工程性措施。根据雷电灾害致灾危险性和雷电活动规律，优化和调整工程规划建设。将普查成果应用于气候资源保护和开发利用的重大工程项目建设，实现挖掘价值、趋利避害的目的。在工程项目气候可行性论证中充分评估雷击风险，并依据雷电灾害风险普查成果，设定工程设计参数和防雷等级，制定防御策略。

4.2 强化普查成果在风险评估和预警中的应用

强化气象灾害风险普查数据共享和成果应用，加强部门普查数据的共享和汇集，建立健全气象灾害风险数据库，推进建立云南省气象灾害风险评估预警业务体系。解决长期以来气象灾害风险基础数据匮乏的问题，将普查成果应用到气象灾害风险评估和风险预报预警业务中，依托风险普查大数据挖掘建立完善基于影响的预报和预警业务，夯实气象防灾减灾第一道防线。将雷电灾害风险普查成果应用于易燃易爆场所和雷电易发区等敏感行业和部门，尤其是要应用于防雷安全重点单位的雷击风险评估、雷电监测预警、雷电灾害应急预案制定、防雷装置设计施工和定期安全检测工作中。

4.3 强化普查成果在灾害防御应急联动中的应用

充分将雷电灾害普查成果应用到灾害防御应急联动工作中，针对雷电高敏感行业和单位，制定雷电灾害防御“一张图”，将普查区划成果和数据成果融入图中。建立雷电风险管控和隐患排查治理台账，及时发现和消除雷电风险点隐患，落实风险管理闭环和联动。在重大气象灾害、地震应急救援、大型活动保障中应用雷电风险普查成果做好服务，合理避险抢险，有效规避风险。可以将雷电灾害风险普查成果中的数据成果接入全国防雷减灾综合管理服务平台，实现防雷安全重点单位、检测机构、雷电灾害等信息共享，与全国危化品风险监测预警平台等行业监管平台进行数据交互，实现灾害防御应急联动管理。

4.4 强化普查成果的科普宣传

充分利用社会资源力量，广泛开展防雷减灾科普知识宣传，让公众了解当地灾害风险隐患基本情况，客观认识灾害综合风险水平，增强风险意识和防灾减灾意识。向防雷安全重点单位提供防雷减灾安全政策法规、标准规范、安全知识、安全技能等方面的咨询与服务，定期组织开展防雷减灾科普培训，为防雷安全重点单位找准雷电风险点、危险源，指导雷电危险因素的排查和隐患整改。向承担应急救援保障的职能部门开展灾害风险普查成果应用培训，避免在应急救援保障过程中发生灾害，科学防范和避免雷电灾害影响，让普查成果实现更大价值、发挥更大作用。

参考文献

[1] 庄嘉，杨宗凯，吴永斌．农村防雷工程实施方案的可行性研究——以凤庆县新林村防雷示范工程为例［J］．农村经济与科技，2018，29（15）：251-253.

[2] 彭启洋，熊长铮．低纬高原乡村雷电灾害发生规律及特征分析［J］．灾害学，2015，30（4）：96-100.

[3] 殷娴，尹丽云，许迎杰，等．云南省雷灾特征分析及灾情评估［J］．气象科技，2013，41（1）：186-192.

[4] 张琨，余海蓉，卜俊伟．四川省雷电灾害风险致灾性评估研究［J］．农业灾害研究，2021，11（4）：130-131.

[5] 中国气象局．雷电灾害风险区划技术指南：QX/T 405—2017［S］．北京：气象出版社，2018.

“气象＋”赋能探索“四式”专班服务模型

盛　芳　胡　楠　胡慎慎　赵　宇　张　璇　李静怡

（江苏省徐州市气象局，徐州 221000）

摘要：本文着眼于提升气象服务供给能力、推动智慧气象发展、筑牢气象防灾减灾第一道防线、构建高质量现代气象服务体系四个方面需求，建立起以融入政府防汛排涝专班为核心，优化内部防汛、能源、农业等专班服务的“专班化”气象服务体系，助推“气象＋”在城市防汛、能源安全、粮食安全等领域赋能行动。积极探索“链条式、矩阵式、三维式、点单式”专班服务“四式”新模型，实现专班服务梯次化、扁平化、一体化、集约化运转，为优化气象服务供给，提升气象服务针对性、有效性和均等化水平提供有力支撑。

关键词：“气象＋”；“四式”；专班；气象服务供给

1　引言

近年来，徐州天气气候特征发生显著变化，强降水、强风雹等极端气象灾害广发频发重发，汛期旱涝急转已呈常态，连续五年主汛期降水明显偏多，多次发生流域性洪水和城市严重内涝，给高质量发展及城市生命线安全运行带来了极大考验，对气象预报预警服务提出了新的挑战。党的二十大报告强调，完善公共安全体系，提高防灾减灾救灾和重大突发公共事件处置保障能力，加强重点领域安全能力建设，确保粮食、能源资源安全。2022 年 4 月，《气象高质量发展纲要（2022—2035 年）》印发，要求发展精细化服务体系，建立气象部门与各类服务主体互动机制，探索打造面向全社会的气象服务支撑平台，促进气象信息全领域高效应用[1]。

徐州市政府 2021 年出台《关于推进气象事业高质量发展的实施意见》《徐州市“十四五”气象发展规划》，2022 年召开全市气象高质量发展会议，均提出聚焦淮海中心城市发展需求，以强对流灾害监测预警服务体系建设为突破口，全面发展智慧气象[2]，瞄准提升气象服务有效供给能力[3]，构建高质量现代气象服务体系。徐州市气象局坚持目标引领和底线思维，坚决落实江苏省气象局“质量提升年”重点任务决策部署，秉持“多维发力、重点突破”的工作方针，积极实施“气象＋”赋能行动，立足各类专班，持续做好递进式服务和精准靶向发布。

2　构建“专班化”气象服务体系

近年来，徐州市气象局深度融入政府防汛排涝专班，优化内部防汛、能源、农业等专班服务运行机制和模式，致力于发挥“专班化”统筹协调、同向发力作用，强力实施“气象＋”城市防汛、能源安全、粮食安全等领域赋能行动[4]。

2.1　融入政府排涝专班，“气象＋城市防汛”迈出新节奏

2023 年 7 月，市防汛抗旱指挥部组建徐州市主城区排水防涝应急专班。徐州市气象局牵头专班监

测预警组，制定主城区排水防涝应急专班气象监测预警服务简明流程，建成“重要天气服务、预警前置服务、短临递进服务、实况及时汇报、过程结束汇报”全过程递进式气象服务架构。主城区出现较强降水时，依托专班微信群“线上”实时传递信息；当预估降水致灾风险达到阈值时，建议启动并迅速参加专班“线下”集中办公。面向专班其他9个组成员和主城区基层责任人，开启“徐州气象”微信公众号定制信息和预警信息靶向推送，无缝对接“无线徐州”“徐州发布”等官媒动态发布预报预警和实况信息，为主城区防汛排涝指挥和市民及时避险争取“提前量”。

2.2 升格能源服务专班，“气象+能源安全”祭出新手段

深化开展面向发电供电、供暖等行业的气象预报预警服务，整合业务单位骨干力量，组建保障能源安全服务专班，设置监测预警、平台运维、技术研发三个工作组。根据电网安全运行和电力调度保障精细化需求，服务模式由运行16年的常规预报预警服务，转换为以徐州智慧电力气象服务平台为主，预警服务增量补充。自主研发基于CMA-WSP模式的徐州市太阳能精细化专业数值预报平台，生成高时空分辨率的太阳辐照度要素产品，预报时效达126 h，逐日滚动向电力调度和光伏企业服务，为保障发电生产、配置和供电调度提供可靠支撑。调研分析徐州历史采暖期能耗、管道运维和低温冰冻关联特征，根据季节转换和冷空气阶段性影响，连续两年采暖期向住建部门和供暖企业及时提供逐日供暖气象等级和负荷率预报。

2.3 深耕农气服务专班，“气象+粮食安全”挖掘全模式

巩固徐州农业气象服务基础和先发优势，推出保障粮食安全全方位服务。2023年4月，由市气象局主要领导牵头组建农业气象服务工作专班，涵盖综合协调、专家服务、人工增雨、应急保障等六个工作组，针对大田作物、设施农业、大蒜等特色农产品全方位开展农业气象灾害风险预警、产量预报、品质评估和人工增雨服务。专家服务和微信机器人同步入驻全市乡村振兴“微气象”工作群，畅通农情、墒情和气象信息互通渠道。优化从前期开展农业气候资源调查、编制精细化农业气候区划和气象灾害风险区划指导农业布局，到中期开展不同农业种植区关键农时针对性气象服务，再到后期作物产量预报和评估的全链条“递进式”农气服务。依托自主研发的“农田墒情精细化评估系统”“设施农业小气候预报平台”，提升旱情监测、设施农业气温预报等精细化服务水平。

3 创建“四式”专班服务运行模型

聚焦近年来气象服务难点和痛点，以各专班为服务主体，集约单位各部门精干力量，创建“链条式”专班服务流程，开创“矩阵式”部门衔接机制，首创“三维式”专班协作机制，开启“点单式”专班服务模式，实现专班服务工作“梯次化、扁平化、一体化、集约化”高效运转。

3.1 开辟“链条式”专班服务流程，递进服务“梯次化”

构建“源头疏通、中端研判、末端发布”链条式专班服务运行机制，实现全过程、全方位、梯次化专班服务模式。积极与水务、应急管理等涉灾牵头部门开展平台对接、数据实时共享，“源头疏通”气象信息发布“绿色通道”。搭建会商研判机制，常态化开展线上线下重大天气风险“中端研判”。动态更新研判结论，实时指挥应对重要天气，指导启动重大气象灾害预警全网和靶向“末端发布”。严密监视灾害性天气发生发展，提前1~2天发布决策气象服务专报、联合发布气象灾害应对提示单，提前24 h发布台风、暴雨、寒潮等气象灾害预警信号，提前1~2 h发布突发性中小尺度气象灾害预警信号，滚动发布天气快报，建立起梯次化的预警服务业务体系，逐步实现层级分明、对象清晰、标准明

确的递进式专班叫应服务。

3.2　开创“矩阵式”部门衔接机制，专线服务“扁平化”

着力打造“横向到边、纵向到底、内部强化、外部衔接”的矩阵式专班服务模式，形成以政府主导、部门联动、社会参与的共生关系，实现“零摩擦”联动专班服务。横向瞄准防汛排涝、能源保供、农业防灾减灾需求，依托专班服务，实现数据交换、风险研判、联合防范高效运转。纵向对接江苏省气象局减灾处、预报处和有关业务单位，对标示范体系建设、质量提升年行动目标，提升预报预警精准度。内部构建“一意见一规定一流程”服务机制（即预警信号精细化发布指导意见、重大气象灾害“叫应”服务暂行规定、主城区排水防涝应急专班气象监测预警服务简明流程），明确职责分工，开展关键技术攻关，夯实专班服务根基。外部充分利用叫应机制，突出关键岗位和重点责任人，动态更新叫应对象库，建立扁平化专班叫应专线。通过内部发力、外部融合，让专班服务“活起来”。

3.3　开放“三维式”专班协作机制，统筹服务“一体化”

坚持“一盘棋”思想，聚焦“点线面”齐发力，打造“三维一体”专班服务模式。预警机器人入驻各专班微信群，助力精准调度、重“点”防控。城市防汛、农气服务、能源服务等专班多“线”协作，优势互补、协调联动、结对共建。遇有重大天气过程，专班集中办公，形成紧密配合、同向发力的工作格局。将徐州市委、市政府和应急、水务、自然资源、农业农村、住建等部门责任人，以及农民合作社、专业大户、供电供暖企业负责人纳入专班服务对象。按照分类、分步、动态服务原则，各专班分设专人负责对接，发挥网格化服务、灾害信息员、保险理赔员等基层责任人的“神经末梢”作用，实现专班服务全“面”覆盖。

3.4　开启“点单式”专班服务模式，精准服务“集约化”

聚焦分行业、分时段的精细化服务需求，打造“点单式”专班气象服务模式。搭建党委政府及相关涉灾部门、供电供暖企业、农业种植大户等分用户的气象服务需求一键式“点单”，专班迅速启动一键式“派单”，工作组根据分工一键式“接单”的服务模式。依托平台、会议终端、工作群实现预报预警、天气实况等产品的快速生成，供排水防涝、电力运行负责人和一线人员第一时间掌握使用，变分散服务为集中服务，变断点服务为全程服务，变宽泛服务为精准服务，助力专班服务提质增效。

4　成效分析

4.1　气象防灾减灾效益得到显著提升

2023年汛期，徐州遭受8次区域性强降水和历次冰雹、雷暴大风影响期间，全程面向专班所有服务对象开展滚动预警和叫应服务，及时传递灾害性天气实况及演变趋势信息，做好“吹哨人”，为保障防汛排涝、电网安全运行、农业防灾减灾打响“主动仗”。尤其在7月30日突发大暴雨期间，预报人员克服预报的不足，深夜第一时间在各专班微信群开展信息呼叫并同步开展电话叫应服务，暴雨预警信号层层升至红色，针对主城区影响区域开启暴雨预警短信全网靶向发布。市防指迅速启动集中办公机制，快速开展会商研判，及时进入高级别应急响应状态。由于服务及时、指挥高效，主城区水灾风险大大降低。

4.2 过硬的服务获得上级充分肯定

精准的预报、精细的服务已成为徐州市气象局在市委、市政府及相关部门领导眼里一张亮丽的名片。2023 年主汛期，市领导通过批示或会议肯定气象服务多达十余次，其中 6 月 24 日、7 月 4 日的暴雨、强对流天气期间，市长、副市长均作出批示并赞扬气象部门超前的服务意识，为全市成功抵御台风、暴雨洪水发挥了关键作用。8 月，市委书记指出，全市气象系统围绕中心、服务大局、开拓创新，为促进全市经济社会高质量发展、保障和改善民生、防灾减灾救灾等做出了重要贡献。由于近年来在保障防汛排涝、能源安全、粮食安全等方面成绩突出，市气象局由市减灾委推荐被授予“2021 年度全省防灾减灾救灾工作先进集体”。

4.3 务实的作风赢得社会良好口碑

近年来，在发生强对流天气、高温、低温雨雪冰冻之际，供电、供热企业及时掌握精准精细的气象信息，在设备、管线发生故障时，第一时间处置修复，未出现大面积、长时间的供电供热中断事件。2023 年遭遇突发强降水期间，气象部门联合供电部门第一时间启动暴雨天气用电安全提醒全网短信发布，累计覆盖影响区域内短信用户 508 万人次，为市民有效防范降水导致的室外漏电事故风险发挥了关键作用。“通过关注‘徐州气象’微信公众号，或者加入‘徐州气象服务微信群’，随时就能了解近期的土壤墒情情况，精准的服务信息指导我们进行科学灌溉。”睢宁县王集镇农民王昊说[4]。“点单式”的服务满足了群众个性化的需求，完成了气象服务“零距离”交流，真正实现“让数据跑腿，群众少跑腿，信息快传递，服务在身边”，大大提升了徐州老百姓对气象服务的获得感。

参考文献

[1] 国务院．气象高质量发展纲要（2022—2035 年）[R]．2022.

[2] 徐州市人民政府．关于推进气象事业高质量发展的实施意见 [R]．2021.

[3] 徐州市人民政府．徐州市“十四五”气象发展规划 [R]．2021.

[4] 苏杰西．“气象＋”赋能各行各业 服务经济高质量发展 [N]．中国气象报，2022-09-19（1）．

基于微博评论情感分析的气象预报预警信息发布策略研究

王团团[1]　王　健[1]*　唐明山[1]　黄　艇[2]　邬晓冬[1]

（1. 辽宁省大连市气象服务中心，大连 116001；2. 辽宁省大连市气象台，大连 116001）

摘要：微博在气象预警信息传播及气象部门收集社会公众信息反馈中发挥了积极重要作用，同时也产生了海量级的交互信息，客观分析研究此类信息对于气象部门及时引领舆论导向和调整发布策略具有较高的参考价值。本文以大连市近三年重大气象灾害过程为例，运用自然语言处理情感分析等方法对大连气象及气象预警信息转发微博博文及评论内容进行分析研究。结果表明，公众关注最多的是天气预报准确率、天气过程对生活影响以及信息发布及时性。公众对重大天气过程特别是致灾天气过程本身负面评价多于正面，发布策略应根据气象灾害持续时间及时调整公众关注重点；公众对大风、冰雹等气象灾害预警信号关注度随季节变化明显，发布策略应针对旅游业、养殖户、种植户等提出专业防范对策；针对发布频率高的大风预警信号，有必要调整业务发布规范，注重收集预警发布后灾害发生事件跟踪发布。研究还发现，负面情感产生主要原因是天气预报准确率。

关键词：气象灾害预警信号；气象微博；气象情感分析；发布策略

引言

利用机器学习和自然语言处理技术分析公众对某一社会热点问题的评论情感，作为研判社会舆情或优化应对策略越来越受到相关部门的关注。突发公共事件的政务微博回应方式研究发现回应议题对公众评论情感值影响显著[1]。“天津爆炸”“李子柒”事件舆情热点的研究对新浪微博全量数据进行主题提取和情感分析，探求了突发事件下政府如何利用微博平台收集、研判、应对网络舆情[2,3]。气象微博服务采用大数据、情感分析法的研究，识别情感倾向，成为气象服务效益评估方式的新依据[4-6]。

注重公众情感评价研究不论对做好舆情引导还是做好社会服务均有重要的实际意义。目前，情感分析方法主要包括基于情感词典、机器学习和深度学习等的方法。基于情感词典的情感分析法需要具有标注好的情感词典、语法规则，利用情感词典进行分类；基于机器学习的情感分析法主要通过统计文本中的特征，使用 SVM、随机森林和梯度提升决策树对特征进行立场检测，最后结合各类分类器进行融合；基于深度学习的情感分析法主要将各类文本分词转化为词向量的形式，利用 LSTM（Long Short-Term Memory）模型改进的 Bi-LSTM 实现双向注意力机制[7]，进行文本情感分析。本文利用 Bi-LSTM 模型，对近三年大连市气象热门微博就气象预警信息公众关注度，并结合气象实况数据，从数据

＊ 第一作者：王团团，女，高级工程师，主要从事专业气象服务、新媒体气象服务及预警信息发布和管理工作。E-mail：13842865656@139.com。

通讯作者：王健，女，高级工程师，主要从事气象服务管理和研究。

抓取、分词系统建立、热点提取等，建立模型展开分析，创建了气象行业专业分词库，为客观分析社会公众情感评价提供参考。

1 资料与方法

1.1 信息流程

软件实时提取微博正文、转发内容及评论内容，对非文字符号进行过滤，对文字进行分词处理、统计、排序，按照气象灾害种类进行分类，并对热词进行相关性分析，针对单条气象预警信息话题评论进行情感词分析，得出公众对气象预警信息态度和情感状态，输出状态分析图。

1.2 资料选取

选取大连市2017年1月1日至2020年7月3日期间的气象实况数据、大连气象微博评论数据及预警信息（包括气象灾害预警信号、实况、预报等）发布数据。典型重大天气事件选取对社会经济影响程度较大、社会关注度较高的台风暴雨、大风、降雪等影响严重的3次天气过程。公众评价媒体选取大连地区气象传播影响力较大的《半岛晨报》、“大连天气饭”“大连气象爱好者”等。

1.3 分析方法

（1）相关性对比分析法。基于大连市降水量、气象预警信号时空特征及气象微博转发点赞评论数量进行相关性分析[8]。相关性分析公式如下：

$$\rho_{XY} = \frac{\mathrm{Cov}(X,Y)}{\sqrt{D(X)}\ \sqrt{D(Y)}} \tag{1}$$

式中，Cov（X，Y）为X与Y的协方差，D（X）为X的方差，D（Y）为Y的方差。

（2）情感分析法。用双向长短时记忆网络 Bi-LSTM（Bi-directional Long Short-Term Memory, Bi-LSTM）[8]自然语言处理、文本挖掘以及计算机语言学等方法来识别和提取微博评论中的主观信息，如观点、情感、态度、评价、情绪等，然后进行提取、分析、处理、归纳和推理。本文采用朴素贝叶斯原理训练，基本原理如下：

$$P(Y \mid X) = \frac{P(X \mid Y)P(Y)}{P(X)} = \frac{P(Y)\prod_{i=1}^{d}P(x_i \mid Y)}{P(X)} \tag{2}$$

式中：样本数据集$D=\{d_1, d_2, \cdots, d_n\}$；对应样本数据的特征属性集$X=\{x_1, x_2, \cdots, x_d\}$，$x_i$为评论中的具体某一个词；类变量$Y=\{y_1, y_2, \cdots, y_m\}$指的是类别的集合，例如$Y=${气象}，$y_i$为具体的某一个类别；概率$P(y_i \mid X)$为具体每一条评论属于某一个类别的概率值；$P(y_i)$为求出的先验概率。

本文利用Python语言开发的全中文情感分析模块SnowNLP，针对每次天气过程预警、预报和对天气过程评述等微博关注情况提取微博评论数据，形成文本信息。读取每段评论并依次进行情感值分析，最后生成一个0～1之间的值。当该值大于0.5时，代表句子的情感极性偏向积极；当该值小于0.5时，情感极性偏向消极。当然越偏向0表示越消极，越偏向1表示越积极。

2 结果分析

2.1 降水天气与微博评论相关性分析

判断各特征数据分布及其之间的关系是情感分析基础。本文利用Pandas和Numpy的散布矩阵函数及相关系数函数对数据集特征及其关系进行实例分析[9]。2017 年 1 月 1 日至 2020 年 7 月 3 日“大连气象”“大连天气饭”“大连气象爱好者”微博转发评论点赞数总和变化曲线与同期大连市降水实况、预警信号发布情况变化曲线（图 1）。

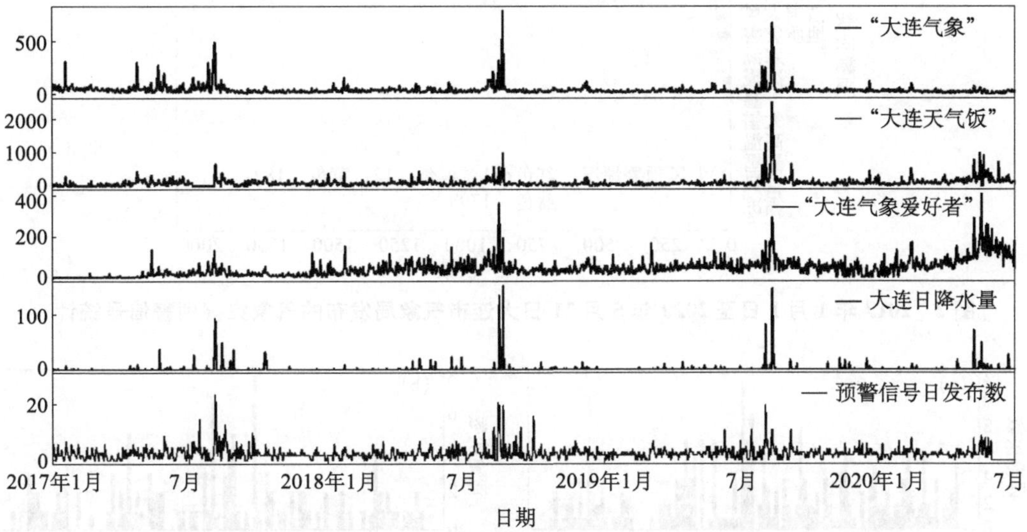

图 1 2017 年 1 月 1 日至 2020 年 7 月 3 日微博转发评论点赞数、日降水量、预警信号日发布数

为验证上述定性相关描述，采用式（1）对上述各数据进行定量相关求解（表 1），对高度相关的特征值在微博评价情感分析中继续采样重点分析。

表 1 大连逐日降水量与微博评论转发点赞数相关性

大连日降水量	相关系数	大连预警日发布数	相关系数
“大连气象”	0.712314	“大连气象”	0.516693
“大连天气饭”	0.595786	“大连天气饭”	0.406549
“大连气象爱好者”	0.433339	“大连气象爱好者”	0.334095

可见，图 1 微博评论转发点赞数与降水及预警发布数曲线走向分布具有高度一致性，通过相关对比分析（表 1）发现，大连日降水量与大连气象微博转发评论点赞数综合相关性较大，为 0.71 以上，“大连天气饭”为 0.59，“大连气象爱好者”为 0.43。“大连气象爱好者”相关性偏低的缘由是发布非气象预警信息引发的转发评论等情况。

2.2 预警信号微博评论情感分析

气象灾害预警信号是反映大连市气象灾害发生的重要预警指标，对气象预警信号评论进行情感分析，是舆情监控、信息预测和气象工作认可度的指标之一。从图 2 可见，两年多的气象灾害预警信号发布情况中，大风、大雾、暴雨发布数量排在前三，大风预警信号明显多于其他预警信号总和，大风蓝色预警信号为 1793 次，平均每天发布 2 次大风蓝色预警信号。

分别对大连气象微博中大风、大雾、暴雨气象灾害预警信号评论进行提取分析，使用情感分析模块进行处理，按照 SnowNLP 的结果取值范围在 0 到 1 之间，越接近 1 表示越倾向正面情绪；越接近 0 表示越倾向负面情绪（图 3）。综合统计 <0.5 和 >0.5 的情况，大风预警信号负面情绪多于正面情绪，大雾预警信号基本相当，暴雨预警信号正面情绪多于负面情绪，表明公众对预警信号影响公众生产、生活与气象预报水平期望值高密切相关。

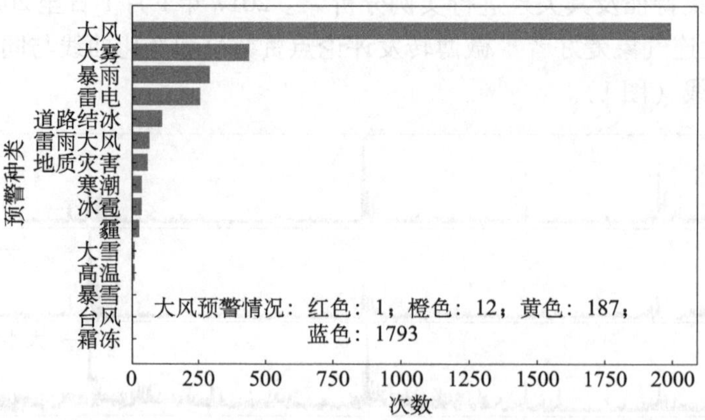

图2　2017 年 1 月 1 日至 2020 年 5 月 21 日大连市气象局发布的气象灾害预警信号统计

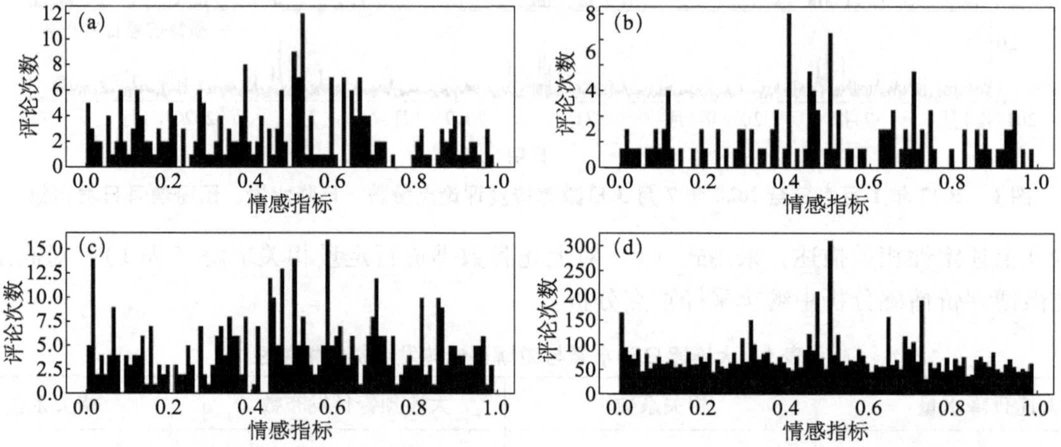

图3　大风（a）、大雾（b）、暴雨（c）等关注度高的及总体（d）气象灾害预警信号发布情感指标分析图

2.3　正负面情感来由分析

为了进一步对正负面情感成因挖掘研究，分别对 2017 年 1 月 1 日至 2020 年 7 月 3 日暴雨天气情感指标大于 0.5 和小于 0.5 的 3000 余条评论词，采用 Python 的 jieba、gensim 库进行中文分词、聚类相似度分析，通过剔除停用词、低频词，按照“天气过程本身对生产、生活影响”“气象部门预报准确率”及“气象预警信息发布及时性”等三个方面分类，通过 TF-IDF 建立算法模型，得出基于上述三个方面正负评论相似度（表 2）。

表 2　正负面情感来由分析表

相关度分析	正面评论相似度	负面评论相似度
天气过程本身对工作、生产生活影响	57.9%	33.5%
气象部门预报准确度	11.2%	63.6%
气象预警信息发布及时性	45.8%	20.4%

可以看出，正面评论中，社会公众对天气过程带来的正面评价较高，主要是降雨过程带来的利于农业、樱桃产业、净化空气等方面的正面需求；对于预警信息发布及时性也给予了较好的评价。相反，负面评价中对气象预报准确率反应最高，即社会公众对天气预报的准确率期待更高要求，天气过程的影响和预警发布及时性相对次之。正负面情感来由分析表明，公众关注最多的是天气预报准确率、天

气过程对于生活影响以及信息发布及时性。

2.4　典型天气过程的微博评论情感分析

选取2017年至2020年三次重大天气过程进行分析（图4）。2019年8月11—15日，受9号台风“利奇马”影响[10,11]，大连市区降雨量为235.6 mm，“大连气象”官方微博加密发布降雨实况和预报预警信息共计55条，转发数192次，评论数669条；“大连天气饭”评论数4426条；“大连气象爱好者”评论163条。2018年1月21日夜间到22日上午，大连地区出现区域性降雪，降雪主要时段在22日00—12时，“大连气象”官方微博加密发布的降雪及预警信息共计18条，转发数123次，评论数43条；“大连天气饭”评论数288条；“大连气象爱好者”评论数48条。2019年1月14日至15日，大连地区出现了一次大风降温过程。极大风极值主要出现在15日凌晨，出现阵风10级以上的站点为13个。“大连气象”官方微博大风预警信息共计25条，转发数14次，评论数5条；“大连天气饭”评论数50条；“大连气象爱好者”评论数16条。

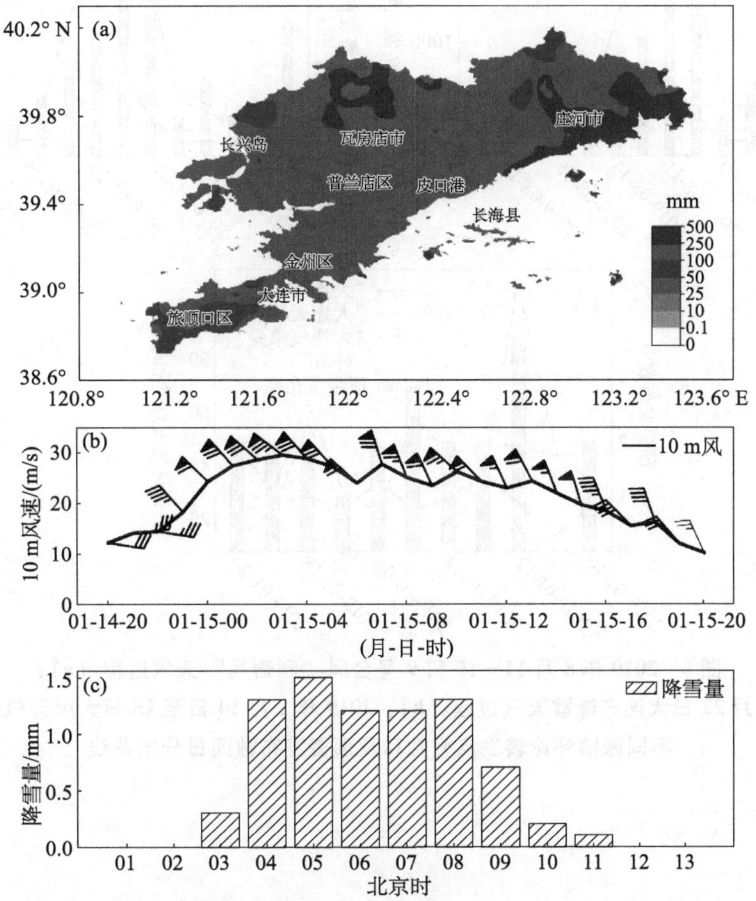

图4　大连市9号台风“利奇马”天气过程降雨分布图（a）、2019年1月14日至15日长兴岛测站风速（b）和2018年1月22日大连市降雪量（c）

对三次天气过程发生前后72 h预警发布数及微博评论转发点赞数等相关数据整理（图5）及评论情感分析得出，台风、降雪相比大风天气过程更受到大众关注。对台风天气过程，三个微博账号的评论转发点赞数随着预警发布次数发生变化，说明公众关注度同步于预警信息发布数量，变化较为一致而且关注度较高。通过对评论词频分析发现，台风天气过程负面评价主要集中在关注降雨时间和台风给生活带来的影响担忧，是否停课及带来的其他影响；降雨开始后评价较多的是带来的交通影响、网络传播的关于“双台风”影响的谣言；降雨过程中，随着实况信息和预警信息的不断更新发布，公众确认预报结论的准确性从而担忧带来的生活和工作的影响；随着降雨结束后，公众关注的是降雨情况、灾情情况和准确率的评价。暴雪天气过程关注度在预警当日和结束后仍在持续，由于降雪出现在周一凌晨，评论多数担心周一上班的影响，同时前期一直未降雪，大家对降雪带来的感觉给予正面评价较多。对于大风天气过程，关注度明显低于其他天气过程，且发布大风预警信号前后变化较小，评价数明显较少，又是常见的气象灾害，因此负面评价是非大风灾害，多为对空气质量等的评价。这与频繁的大风预警信号发布有一定的关系，无法引起公众的足够关注。

通过分析发现，重大天气过程预警发布要及时，应该关注后续事件跟进，发布重点关注天气灾害对社会及给公众生产生活影响方面，同时需要关注次生灾害预警信息的发布。

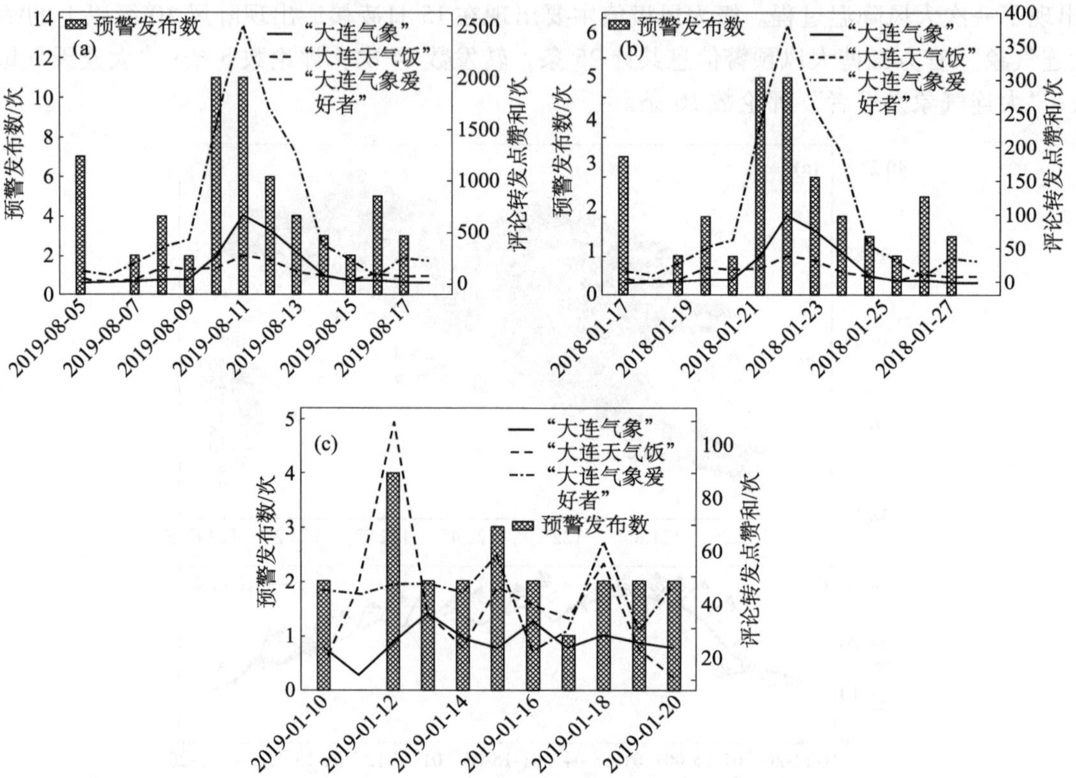

图 5　2019 年 8 月 11—15 日 9 号台风“利奇马”天气过程（a）、2018 年 1 月 22 日大连市降雪天气过程（b）、2019 年 1 月 14 日至 15 日大风天气过程（c）不同微博评论转发点赞数和及预警发布数逐日分布曲线

3　结论

（1）三次典型天气过程的微博评论社会公众表现出不同的评价结果，负面评价多于正面评价。通过分析评价词频发现，天气过程长时间持续就会引起社会公众的高度关注，负面评价中对气象预报准确率的反应最高，可以看出社会公众期望天气预报准确率更为迫切，如何切实提高天气预报准确率是气象部门重要任务。

（2）气象预警信号的时效性决定了气象微博评论受季节和日变化影响，由于技术原因暂时无法对微博评论者的职业、身份、年龄等分类，但可以确定的是不同季节、不同气象预警信号对不同人群和行业的影响不同，比如秋季果农关注冰雹灾害性天气、旅游业关注海上大风、盐业关注晴雨等，这样对同一类或不同类气象灾害预警就会出现不同情感的评价。

（3）大风预警微博评论情感分析显示消极评价多于积极评价。建议考虑针对大连大风天气特点，针对如海上交通行业、石油行业、农业等大风预警等级的划分原则，修订大风预警等级，提升业务流程高效性和社会认同感。

（4）社会各行各业无论对气象工作本身还是对天气影响的评价均是对气象服务工作的认知，仅仅从微博评论等相关数据进行分析，不能全面客观评价一次天气过程的真实服务情况。本文未覆盖与气象相关各行业和不同公众等，具有一定的局限性和片面性，对于专业气象服务特别是与气象要求较密切的大中型企业、农业、交通等行业的影响评价也是值得进一步分析和研究探讨的。

（5）“大连气象”微博是大连市气象部门预警信息官方发布渠道之一，公众关注度理应更高，从本文所选取的微博来看，发布渠道和承载媒体更应多样化，内容和形式丰富多样，更新频次和及时性更加符合信息时代和公众生产生活的需求。

参考文献

[1] 纪雪梅，翟冉冉，王芳．突发公共事件政务微博回应方式对公众评论情感的影响研究［J］．情报理论与实践，2020，43（12）：126-132.

[2] 赵晓航．基于情感分析与主题分析的“后微博”时代突发事件政府信息公开研究——以新浪微博“天津爆炸”话题为例［J］．图书情报工作，2016，60（20）：104-111.

[3] 杜彦熳，张军，郑棋方，等．基于 SnowNLP 技术的微博评论分析研究——以“李子柒”微博为例［J］．科技经济导刊，2020，28（18）：37-43.

[4] 任芳，陈琳，杨承睿．陕西气象微博舆情自动分析系统的研究及应用［J］．农业网络信息，2016（7）：65-70.

[5] 喻迎春，吴楠，黄震宁，等．基于大数据的公共气象服务需求分析与效益评估［J］．气象与减灾研究，2018，41（3）：226-230.

[6] 张晓美，李筱竹，吕明辉．基于非线性加权综合法的公众气象服务经济效益评估［J］．气象与减灾研究，2019，42（2）：151-155.

[7] 汤世松，练丽萍，贺成龙，等．一种基于 Bert 与 Bi-LSTM 的舆情信息情感识别［J］．网络安全技术与应用，2021（7）：57-59.

[8] 周艳平，朱小虎．基于正负样本和 Bi-LSTM 的文本相似度匹配模型［J］．计算机系统应用，2021，30（4）：175-180.

[9] 陈石定，罗嘉，刘翔．2016—2019 年湖北省气象预警信号的时空分布特征与发布原则［J］．南京信息工程大学学报（自然科学版），2020，12（3）：390-394.

[10] 王团团，黄振，邹善勇，等．大连地区短时强降水天气特征及预报指标研究［J］．气象与环境学报，2016，32（4）：32-38.

[11] 林毅，肇毓，李倩，等．基于数据挖掘处理的影响辽宁高速公路冬季交通事故主要气象要素分析［J］．气象与环境学报，2020，36（3）：55-63.

搭建基于气象灾害性天气的闽南语语音库

朱 艺 邱骄胤 刘新苗 陈 琳

（福建省泉州市气象局，泉州 362000）

摘要：泉州地处闽南，暴雨、强对流和热带气旋等灾害性天气频发，当地说闽南语的人群众多，许多气象服务产品在泉州本地化的设计研发都将接入闽南语语音作为一项需求点。鉴于此，为了更好地开展本地气象服务工作，研究如何搭建基于气象灾害性天气的闽南语语音库，成为本地气象服务的一项工作重点。经过一系列技术攻关，目前已形成完整的气象灾害性天气闽南语语音库词条，具备接入各类气象服务平台的条件，在影视业务、气象科普等方面也具有很好的实用价值，对提升泉州市气象局气象服务水平有积极意义。

关键词：搭建；灾害性；闽南语；语音库

1 引言

搭建基于气象灾害性天气的闽南语语音库，首先需从汇编气象灾害性天气闽南语语音库词条入手，确立具有普适性的闽南语发音；而后研究合理的语音库采编手段及存储方法，从而搭建出完整的气象灾害性天气闽南语语音库并加以应用。本文将着重介绍气象灾害性天气闽南语语音库的搭建方法及应用情况。

2 搭建基于气象灾害性天气的闽南语语音库的需求分析

（1）泉州闽南语气象影视节目《闽台天时》长期在泉州电视台四套定点播出。该节目辐射面广，服务观众数量多，对一些气象灾害性天气词条的闽南语发音有严格要求。为避免出现不同主持人发音不一的情况，搭建相关闽南语语音库作为统一的发音标准，以此参照就能有效地解决这一问题。

（2）一些气象服务平台，如泉州气象“12121”语音信箱、泉州市气象局直通式预警信息发布平台等，均设计了播报闽南语语音的功能，以此服务为当地只会讲闽南语的老年人提供便利，这也是气象领域精准服务打通最后一公里的关键所在。

通过这些需求分析，我们认为搭建基于气象灾害性天气的闽南语语音库势在必行。

3 搭建基于气象灾害性天气的闽南语语音库方法

3.1 词条的选定

通过与气象台等业务部门对接，查阅《气象灾害防御手册》等，拟定了气象灾害性天气的闽南语语音库词条（表1）。

表 1　气象灾害性天气的闽南语语音库部分词条节选

公共词条	数字	时间	地点（全市乡镇台列表）全国、地名方位	风名称表
灾害性天气常见词条	泉州市气象台、预警信号、请注意防范、大部、局部、乡镇、地区、有、个别、部分、分散性、活动、局地、并、伴有、雷暴、短时强降水、级、雷雨大风、等、强对流天气、能见度、我市、我县、全市、区、沿海、地质灾害气象风险等级、较高、高、很高、较强、强、明显、降水、降雨、持续性、连续性、未来、昨天、今天、白天、明天、早晨、上午、夜间、夜里、午后、傍晚、清晨、早上、小时、预计、已经出现、仍有、将、仍将、还将、持续、继续、维持、超过、低于、米、的、天气、发生、毫米、以上、受冷空气、低涡、北抬、影响、阵风、请沿海作业人员和出海船只注意安全、风、内、其余、目前、到、和、大、中、小雨、特大暴雨、小于市辖区、雷雨时、请注意防范持续降水引发的局地滑坡、泥石流等次生灾害、并及时采取应对措施、最低、最高、气温、可达、低、霜、或、高海拔、结冰、雾、部分路面、温度、对交通、影响、路段、现象、晴空、辐散、在、大于等于、升至、年、月、日、时、分、秒、第、号、中心位于、方向、约、公里、洋面、一带登陆、受其影响、风力、逐渐、增强、至、台风、陆上风力、增至、前后、附近、最大风力、强度减弱、远离、北纬、东经、度、米/秒、之间、该、低压、海面、上、近海、即将、已于、热带辐合带、请做好相关地质灾害的防御工作、距、距离偏、近、其、以每、左右、速度、移动、移入、然后、向、靠近、变化不大			
颜色	蓝色、黄色、橙色、红色			
类型	台风、暴雨、雷电、干旱、高温、降温、霜冻、道路结冰、冰雹、雪灾、大雾、霾、大风			
操作	发布、变更发布、继续发布、解除			
年份	2019 年、2020 年、2021 年、2022 年、2023 年、2024 年、2025 年、2026 年、2027 年、2028 年、2029 年			
数字	−10、−9、−8、−7、−6、−5、−4、−3、−2、−1、0、1、2、3、4、5、6、7、8、9、01、02、03、04、05、06、07、08、09、10、11、12、13、14、15、16、17、18、19、20、21、22、23、24、25、26、27、28、29、30、31、32、33、34、35、36、37、38、39、40、41、42、43、44、45、46、47、48、49、50、51、52、53、54、55、56、57、58、59、60、70、100、200、500、1000			
符号	℃、~、-、( )			
方位	东、南、西、北、中、偏西北、东南、东北、西南、中北、东偏南偏西			

3.2　制定词条的闽南语发音标准

通过参考闽南方言大词典（图 1），与各县气象局从事气象业务的本地人员交流，深入基层走访调研等方式[1]，确定了气象灾害性天气的闽南语语音库各词条的发音标准，使其具有普适性。

3.3　语音库的录制

采用 GoldWave 软件（图 2），由主持人录制语音库词条语音，相关录制要求如下。

3.3.1　良好的录音状态

语音录制前应做好相关准备工作，录音棚要求做好杂音隔离，主持人在良好的状态下录音。录制天气词条要求尽量在同一时间内完成，以确保主持人音量、音调、语速等的一致。

3.3.2　录制技术参数设置

语音库词条的存储格式为 WAV 或 MP3，词条语音文件的通道数、采样率、采样一次所占字节数、每秒播放字节数等参数的设置如表 2 所示。

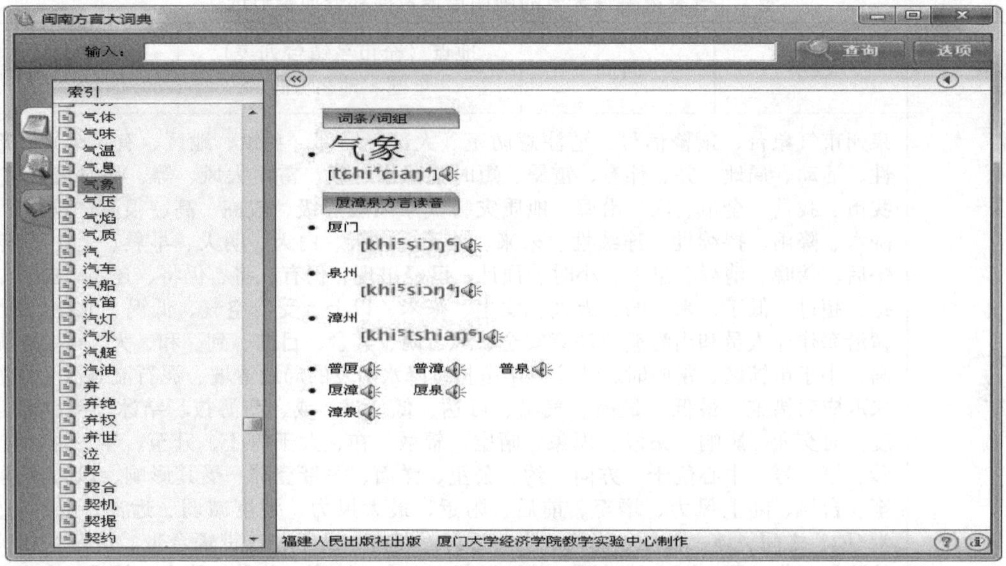

图 1　闽南方言大词典

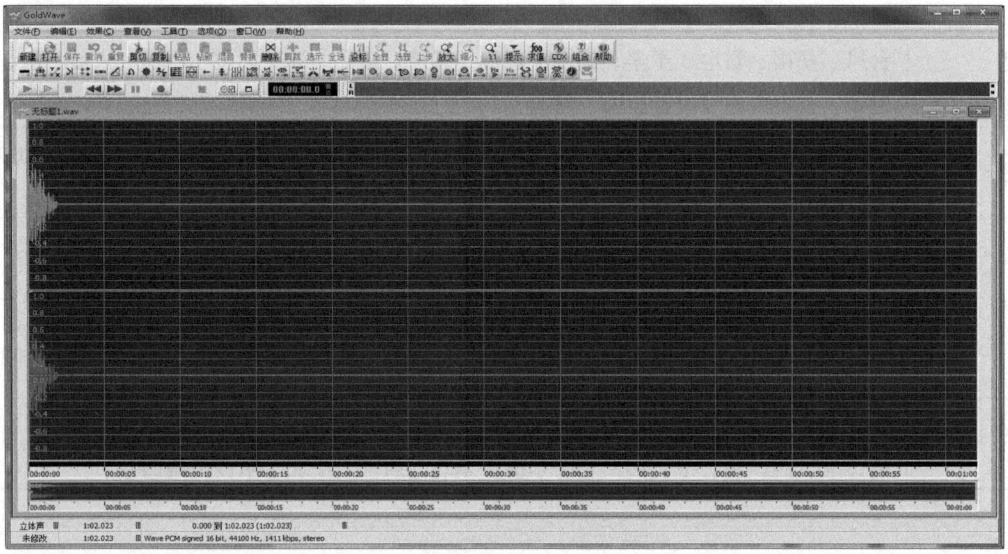

图 2　GoldWave 软件

表 2　录制技术参数表

编码格式	声道数	每秒采样率	每次采样大小	位速（码率）	数据速率
PCM	2	44.1 kHz	16 位（bit）	1411.2 kbps	176.4 kB/s

3.4　语音库配音文件的剪辑与生成

将所录制的气象灾害性天气闽南语语音库各词条逐个进行剪辑并生成，处理技术如下。

3.4.1　语音词条剪辑

采用 Adobe Audition 声音编辑软件导入之前所录制的一连串语音词条，在语音波形图（图 3）上，无波动的直线区域为静音，有波动的则为各词条音频，选取所需的语音波形，点击右键选“存储选区为”，将选中波形进行命名，即可剪辑出所需要的词条语音。

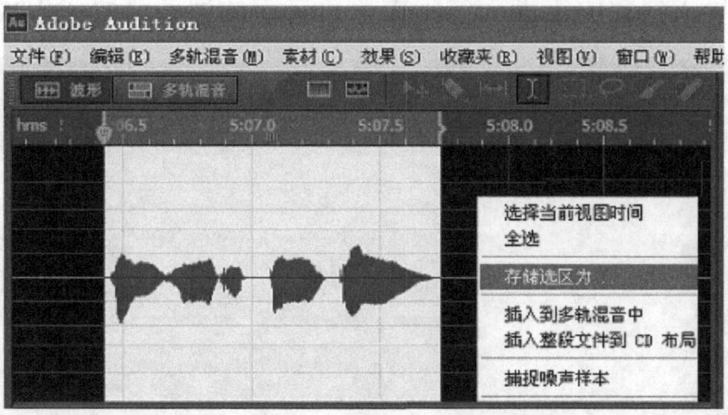

图 3　Adobe Audition 声音编辑软件词条语音剪辑与保存示意图

3.4.2　语音词条生成

每个词条语音文件以“内容”命名，如“多云.wav”“晴.wav”“5.wav”“到 38 度.wav”“暴雨.mp3”“橙色.mp3”“冰雹.mp3”等，并生成保存到相应语音库文件夹（图 4）。

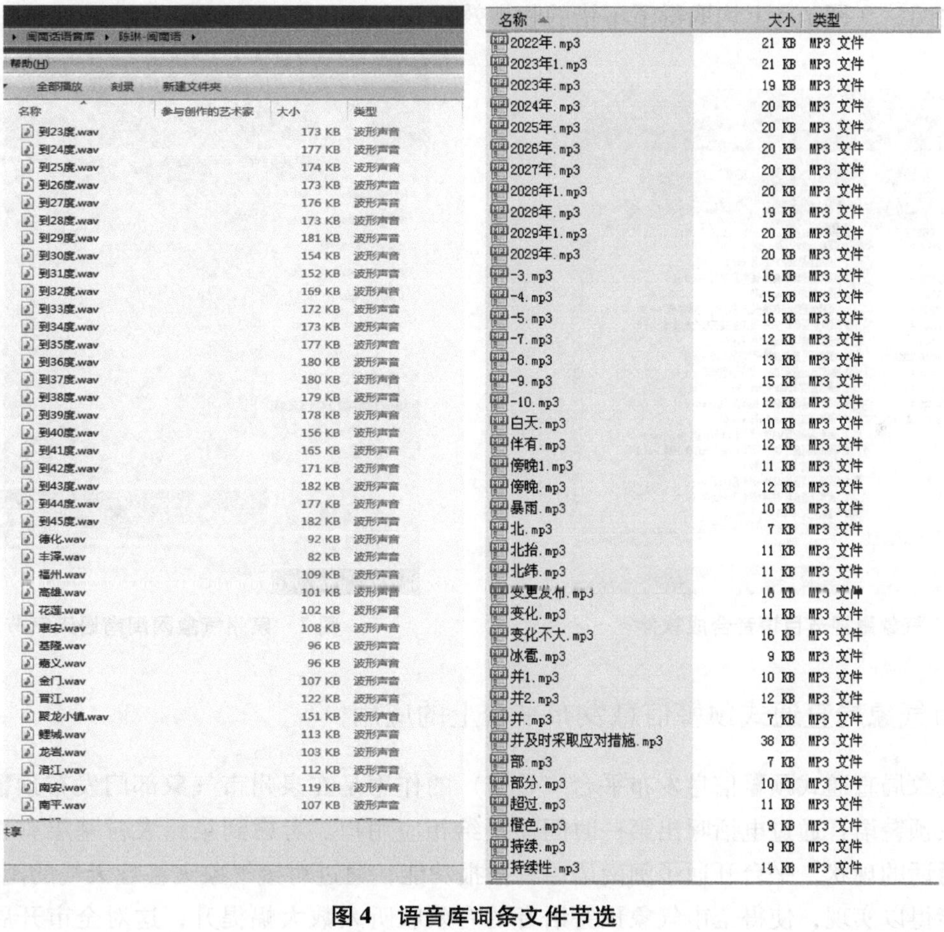

图 4　语音库词条文件节选

4　气象灾害性天气的闽南语语音库的应用个例

4.1　气象影视节目上的应用

泉州气象影视节目《闽台天时》的制作播出充分运用了气象灾害性天气的闽南语语音库，通过伍豪气象非编系统（图5）导入气象灾害性天气闽南语语音库的词条可快速生成制播场景。

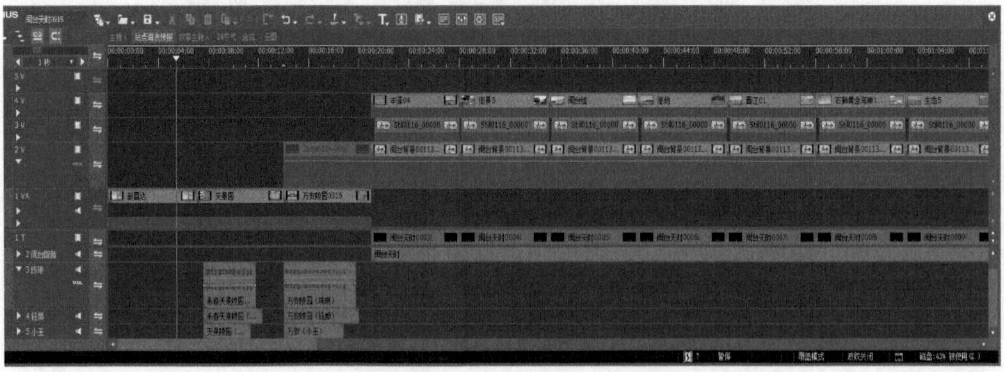

图5　伍豪气象非编系统闽南语节目制播场景

节目的窗口播报部分通过气象影视节目语音合成软件（图6）快速抓取语音库词条，能够输出完整的窗口语音播报音频，大大节约了节目录制的时间成本，提高了闽南语节目的制作效率。节目在电视荧屏及气象网站（图7）上均取得了不错的收视效果。

图6　气象影视节目语音合成软件

图7　泉州气象网闽南语天气节目

4.2　泉州市气象局直通式预警信息发布平台上的应用

泉州市气象局直通式预警信息发布平台（图8）的作用是在泉州市气象部门发布预警信号时，能够自动将气象预警语音通过电话呼出第一时间播报给相应用户。考虑到泉州农村基层有相当一部分群众听不懂普通话的现状，平台开通了闽南语语音播报功能，通过对接气象灾害性天气的闽南语语音库，顺利将该功能得以实现，使得全市气象预警语音的有效收听人数大幅提升，这对全市开展气象防灾减灾工作大有益处。

5　结语

搭建基于气象灾害性天气的闽南语语音库给后期接入各类气象服务平台、影视业务、科普作品等打下了一定基础。该语音库具有很强的实用性，是对气象灾害性天气气象服务的一项拓展，也为本区

图 8　泉州市气象局直通式预警信息发布平台

域气象灾害防御工作的开展起到了积极作用。

参考文献

[1] 孙丽娟，朱翠红．气象灾害防御探讨［J］．自然科学（文摘版），2016，6（1）：119.

低温雨雪冰冻天气下的基层气象服务工作

王传贺

（吉林省通化市气象局，通化 134000）

摘要： 持续低温雨雪冰冻天气对交通运输和农业生产等有严重影响，要做好雨雪冰冻天气的公共气象服务工作，不仅需要全面监测和准确预报，还需要研究不同行业的服务对策，及时进行灾害评估，为政府部门和人民群众提供有针对性的对策建议。本文结合2020年11月通化县一次雨雪冰冻天气下公共气象服务的实际情况，对交通运输和农业生产的服务对策进行分析整理，并讨论了业务规范和服务效果的统一、道路冰雪预警信号的发布依据等问题，为进一步做好雨雪冰冻天气下的公共气象服务工作提供了一些有益的思路和方法。

关键词： 雨雪冰冻；气象服务；预警发布；对策

1 引言

受江淮气旋北上影响，2020年11月17—20日通化县迎来强雨雪冰冻天气过程。此次降水过程伴随复杂的雨、冻雨、雨转雪、雪的相态转换。17日夜间开始，通化县出现降雨天气过程。截至19日20时，过程降水量66.6 mm。19日傍晚，由雨转雪，出现雨雪冰冻天气过程。截至20日12时，平均积雪深度2 cm。受冷空气影响，气温明显下降，累积降温幅度达10～12 ℃。降雨主要集中在18日到19日白天，持续的低温雨雪冰冻天气给交通运输、工农业生产和人民生活造成严重影响。

通化县气象局认真做好公共气象服务，为政府领导应对冰雪灾害提供准确及时的决策气象服务，为广大人民群众抗击雨雪冰冻灾害提供全面细致的公众气象服务，为专业用户防范和减轻冰雪灾害提供贴心周到的专业气象服务，取得了抗击雨雪冰冻灾害公共气象服务的全面胜利。本文对这次强雨雪冰冻天气过程公共气象服务的对策进行了初步分析，也针对实际工作中发现的一些问题进行思考和探讨，为以后更好地做好类似灾害性天气的公共气象服务工作提供了一些有益的思路和方法。

2 雨雪冰冻天气下的公共气象服务对策

持续的低温雨雪冰冻天气对交通运输、工农业生产和人民生活造成了严重影响，在公共气象服务过程中除了准确及时发布预报预警外，还应根据本地实际情况，重点关注低温、冰雪天气对交通运输和农业生产等方面的危害[1]。下面归纳整理了相应的服务对策建议。

2.1 交通运输业服务对策

雨雪和道路结冰导致路面打滑，强降雪时段能见度恶化，严重低温时车用电瓶性能下降、影响车辆发动，露天停放车辆的挡风玻璃结冰。

应减少不必要的出行（必要时停课、停业）。减少自行骑车、驾车，多使用公共交通工具。车辆加装防滑链；稳住方向，低挡控速；点刹、轻踩、慢速行；不脱挡、冰冻路面禁急刹；车辆间加大安全距离。选用合适的抗冻液。露天停放的车辆用一次性塑料布盖住挡风玻璃，防止结冰；已经结冰的可以盐擦、铲除、热水冲。及时清除路面积雪积冰；初步清理的积雪积冰不要堆在交通隔离栏、绿化带或路上，要及时清运；结冰路段可以撒盐、沙土、锯屑、碎石子。

2.2　农业生产服务对策

积雪过厚容易造成蔬菜大棚和家禽家畜简易圈舍坍塌；林木积雪积冰容易压裂压断枝干，甚至使整株倒伏；大量的积雪造成农田土壤水分过多；部分抗冻性不好的早播作物易受冻害；低温冰雪使畜禽受冻生病、饲料短缺，等等[2]。及时清除棚屋面积雪，加固棚架等易被雪压的临时搭建物，防止蔬菜大棚和畜圈禽舍坍塌；及时清除树冠积雪，防止树枝树干断裂、倒伏；清沟理墒、排水降渍；及时松土、施肥、除草，恢复作物长势；盖双层棚或用草帘覆盖，根据需要给蔬菜大棚和畜圈禽舍补光、加热、保温；对于过湿的蔬菜大棚，可抢晴天中午揭膜降湿，及时闭棚保温；苗床过湿的可以适当撒干土吸湿。畜禽舍内铺草，防止畜禽受冻；备足饲料和饲草，防止饲料饲草供应和运输困难；持续低温时有条件的可以给家畜饮用温水，防止低温拉痢。

3　预警信息的发布依据

在这次雨雪冰冻天气过程中，通化县气象局多次发布并升级道路冰雪预警信号。县政府应急办曾经问我们，雪停了，城市主干道、主要公路干线上的积冰积雪也发动干部群众清扫干净了，而你们还在发布道路冰雪预警，这是根据什么发布的？有没有观测事实做依据？在这次过程中，我们的预报测报、行政后勤人员全部发动起来，利用一切可能的方式和机会，注意路面积冰积雪情况的巡查，为准确及时发布道路冰雪预警提供宝贵的第一手资料[3]，因此，我们在回答这个问题时有理有据。

第一，尽管城市主干道、主要公路干线上的积冰积雪已经做了清理，但是小巷小路、乡下道路、非机动车道、人行道上的积冰积雪仍然很严重，特别是路面结冰后覆盖雪，加上持续低温，气温下降速度较快，必然会有比较严重的道路结冰。

第二，不少城市主干道的机动车道和非机动车道上的积冰积雪虽然已经清除，但是大多数都堆积在机动车道和非机动车道之间的隔离栏附近。虽然降雪已经结束几天，但是白天气温回升，积雪融化，非机动车道上覆盖了一层水膜。夜晚气温下降，路面温度很快降到 0 ℃以下，非机动车道上仍然会有结冰，自行车和行人很容易滑倒，所以继续发布并升级道路冰雪预警。

4　公共气象服务的服务效果

针对此次天气过程，通化县气象局于 11 月 19 日 06 时发布道路冰雪黄色预警，发布时效为 24 h；于 11 月 19 日 14 时发布寒潮黄色预警，发布时效为 24 h；于 11 月 19 日 18 时升级为道路冰雪橙色预警，发布时效为 24 h。

通化县气象局通过手机短信发布预警信息 3600 余人次，预警信息送达率 100%，保证了预警信息的有效发布。由于本次预报的降水量与实况一致，雨转雪过程预报及时，做好提前量，通过短信、电话等方式与交警联动，效果较好，服务及时有效，使清雪工作及时高效完成，保障交通安全。领导和社会各界对通化县气象局服务给予高度评价。

5　小结

预警信号的发布需要以观测事实为依据，建议采用视频全景监控和人工现场观测相结合的方式，增加道路结冰的相关观测项目；或在启动相应的应急响应机制时，对加测道路冰雪提出明确要求。

持续低温雨雪冰冻天气对交通运输和农业生产有严重影响，要做好低温冰雪天气的公共气象服务工作，不仅需要全面监测和准确预报，还需要分行业研究服务对策，对灾害做预评估，为政府部门和人民群众提供有针对性的对策建议。

参考文献

[1] 佚名．气象灾害预警终极目标：把信息迅速传递给每一个人［J］．中国减灾，2006（2）：45-46.
[2] 齐胜香．气象灾害预警应急体系［J］．北京农业，2014（3）：5-9.
[3] 师琴．气象灾害预警信息传播机制研究［D］．呼和浩特：内蒙古大学，2015.

公众参与灾害风险行为的影响因素研究*

谢　勇[1]　刘　刚[1]　王　爽[1]　许　乐[2]　代世磊[3]

（1. 吉林省突发事件预警信息发布中心，长春 130062；2. 吉林省气象局，长春 130062；
3. 吉林省政务服务和数字化建设管理局，长春 130062）

摘要： 利用 Logistic 回归模型对“吉事办”1325 份调查问卷进行实证分析。研究表明，公众对灾害风险认知程度、灾害预警发布能力感知程度和对预警工作认可程度对其参与灾害风险行为具有显著影响，而公众个体因素和防灾减灾科普宣传教育程度对其参与灾害风险行为无显著影响；具有易用性、娱乐性和用户画像感知的新媒体渠道更能发挥好预警信息“早、准、快、广、实”的社会效益。结合实际提出政策建议：①加强防灾减灾气象知识的科普教育；②推进气象灾害风险普查力度；③打造互联网条件下的立体传播网；④开发吉林省特色化气象灾害服务产品。

关键词： Logistic 回归；公众参与；灾害风险；影响因素；实证分析；小程序实例

引言

暴雨、暴雪、强对流、台风、沙尘暴等灾害性天气普遍具有局地性、突发性，严重威胁着人民生命和财产安全，往往造成农业、交通等出现巨大损失。我国每年受灾害性天气影响的人口数量约 6 亿人次，造成的经济损失相当于 GDP 的 3%～6%[1]。国外学者在 20 世纪 70 年代开展了灾害性天气对居民生产、生活、出行安全等方面影响的研究。Kreibich 等实地调研了 1200 个受洪水影响的家庭，以衡量洪水预防措施的有效性，研究发现采取预防措施将显著降低建筑物及内容物的损坏率[2]。Peek 等的研究也进一步表明，自然灾害频发区的公众一般很少采取或者不采取预防措施，而这往往是灾害造成财产损失和人员伤亡较为严重的原因[3]。因此，如何沟通并引导公众采取及时有效的防灾减灾措施是减少灾害造成损失程度的关键。Witte 提出，灾害风险沟通一般侧重于分析灾害与公众的风险感知、应对态度和行为之间的关系[4]。Rodr'Iguez 等的研究发现，大众媒体对灾害事件的报道会显著影响公众对灾害的感知、看法和行为[5]。以群众为媒介的灾害风险沟通通常由单一来源产生信息并传播给大量受众，受众几乎没有机会做出反应并采取有效行动。然而，社交媒体等新传播技术的发展，为双向媒介传播提供了更多的机会。David 认为，社会影响个人态度和性格倾向塑造行为，因而个体采取的避灾行为必然有相应的规律和影响因素[6]。综上所述，气象灾害造成损失的大小，不仅取决于灾害的强度，更重要的是取决于公民的防灾意识和避灾行为。公众是灾害事件的行为主体，其参与程度对于防灾减灾效果非常重要。

当前国内针对公众参与灾害风险行为的研究较少。盘石军以 DBO 理论为基础，梳理了影响公众网络参与灾害风险沟通的多种因素，并采用问卷调查法进行了实证研究[7]。薛凯竟采用随机抽样方式收

* 吉林省科技厅项目“基于遥感和 GIS 的吉林省积雪动态监测和雪灾风险评估研究”（JJKH20210290KJ）和吉林省地方标准制修订项目“预警信息文本格式校验规范”（DBXM146-2022）共同资助。

集了四川省汶川和芦山两次地震重灾区农村居民样本数据，研究表明，农户更倾向于“一劳永逸”式的防灾响应[8]。邓玲等针对游客、导游分别设计调查问卷，并对旅游气象服务满意度进行了分析[9]。上述研究均未对公众参与灾害风险行为背后的影响因素进行分析，因此，本文利用1325份调查问卷的数据，从公众个体因素（性别、年龄、学历、收入、职业、城市等六变量）、灾害风险认知度、灾害预警发布能力感知度、对预警工作认可度等四个方面，采用Logistic模型研究公众参与灾害风险行为的影响因素，为防灾减灾工作提供实证建议。

1　资料与方法

1.1　数据来源

本文数据来源于“吉事办”微政务平台2022年4月28日—8月19日“关注公众应对灾害风险行为、筑牢防灾减灾第一道防线”调查问卷，调查范围覆盖吉林省10个市（州）60个县（区），调查过程客观、科学。“吉事办”作为吉林省政务服务窗口，受众用户近2000万人，通过自主访问“吉事办”小程序完成线上答题。共收到答卷1325份，有效答卷1325份，问卷结果在吉林省政务信息“祥云”共享网站背书。

1.2　变量选取

按照人口统计学研究，影响个体行为的因素通常考虑性别、年龄、学历、收入、职业及所在地区等变量[10]，本文另选取了灾害风险认知度、灾害预警发布能力感知度以及对预警工作认可度等三方面实证因素，共计15个随机变量（表1）。

表1　公众参与灾害风险行为的变量

变量选取	变量定义
随机变量说明：影响个体行为的因素（$x_1 \sim x_6$）	
性别（x_1）	1＝男；2＝女
年龄（x_2）	1＝18岁以下；2＝18～30岁；3＝31～45岁；4＝46～60岁；5＝60岁以上
学历（x_3）	1＝小学及以下；2＝初中；3＝高中/中专/技校；4＝大专/高职；5＝本科；6＝硕士及以上
收入（x_4）	1＝1万元以下；2＝1万~3万元；3＝3.1万~6万元；4＝6.1万~10万元；5＝10万元以上
职业（x_5）	1＝政府公务人员；2＝企事业单位；3＝个体工商户；4＝离退休人员；5＝学生；6＝自由职业；7＝务农及相关；8＝失业/待业；9＝其他
城市（x_6）	1＝长春市；2＝白城市；3＝松原市；4＝四平市；5＝吉林市；6＝辽源市；7＝通化市；8＝白山市；9＝延边朝鲜族自治州；10＝长白山
随机变量说明：灾害风险认知度（$x_7 \sim x_9$）	
对突发灾害性天气的关注程度（x_7）	1＝非常关注；2＝比较关注；3＝一般；4＝不太关注；5＝不关注
对灾害性天气科普知识了解程度（x_8）	1＝非常了解；2＝比较了解；3＝一般；4＝不太了解；5＝不了解
对预警级别和对应防御指南了解程度（x_9）	1＝非常了解；2＝比较了解；3＝一般；4＝不太了解；5＝不了解

续表

变量选取	变量定义
随机变量说明：灾害预警发布能力感知度（x_{10}~x_{13}）	
获得预警信息的渠道是否快捷（x_{10}）	1=非常方便；2=比较方便；3=一般；4=不太方便；5=不方便
获得预警信息的主要渠道（x_{11}）	吉事办、手机短信、微博、微信公众号、*APP*、网站、广播、电视、抖音、快手、今日头条、报纸等其他
预警信息的及时性（x_{12}）	1=非常及时；2=比较及时；3=一般；4=不太及时；5=不及时
预警信息的准确性（x_{13}）	1=非常准确；2=比较准确；3=一般；4=不太准确；5=不准确
随机变量说明：对预警工作的认可度（x_{14}~x_{15}）	
预警工作满意程度（x_{14}）	1=非常满意；2=比较满意；3=一般；4=不太满意；5=不满意
防灾减灾科普宣传必要性（x_{15}）	1=非常必要；2=比较必要；3=一般；4=不太必要；5=不必要
因变量说明：个体对灾害风险危害程度的感知（x_{16}）	
是否会根据不同预警级别及相关防御指南做出相应防范措施（x_{16}）	0=不采取；1=采取

1.3 模型建立

鉴于样本数据的特性，若采用回归分析方法[11]，变量间相关性小，所有样本点到分类决策面的距离在数据分布不均匀时会导致误差较大。Logistic 模型[12]较好地规避这一问题，具体表现在：①本文中的随机变量属于数值型变量，且不满足正态分布，Logistic 回归只要求随机变量为二项分布；②各随机变量相互独立，且均为分类变量而不是连续变量。Logistic 回归优点在于可通过选择更多变量以增强模型的预测精度，但缺点是选用随机变量 x_{11} 非二项分布变量。因此，本文综合考虑后决定采用 Logistic 模型对公众参与灾害风险行为的影响因素进行分析，随机变量 x_{11} 另做分析。

二元 Logistic 回归模型如下：考虑具备 n 个随机变量的向量 $x = (x_1, x_2, \cdots, x_n)$，设条件概率 $P(y = 1 \mid x) = p$ 为在自变量 x 条件下事件 y 发生的概率，那么 Logistic 回归模型表示为

$$P(y = 1 \mid x) = \pi(x) = \frac{1}{1 + e^{-g(x)}} \tag{1}$$

这里 $\pi(x) = \frac{1}{1 + e^{-x}}$ 称为 Logistic 函数，其中 $g(x) = \beta_0 + \beta_1 x_1 + \beta_2 x_2 + \cdots + \beta_n x_n$。因此，事件发生与不发生的概率比为

$$\frac{P(y = 1 \mid x)}{P(y = 0 \mid x)} = \frac{p}{1 - p} = e^{g(x)} \tag{2}$$

事件的发生比（the odds of experiencing an event），简记为 odds。对 odds 取对数得

$$\ln \frac{p}{1 - p} = \beta_0 + \beta_1 x_1 + \beta_2 x_2 + \cdots + \beta_n x_n \tag{3}$$

式中：p 为在给定系列自变量 $x_1, x_2, \cdots, x_n$ 值对应事件的发生概率；β_0，β_1，β_2，$\cdots$，β_n 是待估未知参数。由此可知，Logistic 回归是围绕 Logistic 函数来展开的。

2 结果分析

2.1 影响因子分析

应用 IBM SPSS V21 对 14 个随机变量和 1325 个样本数进行二元 Logistic 回归分析（表2）。公众参

与灾害风险行为的显著性影响因子依次为：对突发灾害性天气的关注程度、预警信息的准确性、对预警级别和对应防御指南的了解程度、预警信息的及时性、预警工作满意程度、获得预警信息的渠道是否快捷及对灾害性天气科普知识了解程度。对突发灾害性天气的关注程度具有反向影响，即公众对突发灾害性天气的关注程度越高，就越倾向于采取防范措施应对。对灾害性天气科普知识、对预警级别和对应防御指南的了解程度具有反向影响，即公众对灾害性天气的了解程度越高，采取防范措施应对风险的可能性就越大。防灾减灾科普宣传必要性（x_{15}）的显著程度不高，灾害性天气相关的科普知识普及远远不够，公众对灾害防御知识了解较少，导致公众的关注度低和严重损失。预警信息的准确性、及时性和预警工作满意程度都具有反向影响，即预警信息越准确、发布越及时，公众对预警工作越满意，采取防范措施就越积极。反之，错误预警往往会降低公众的信任度。预警工作满意程度反映了公众对预警工作的认可程度，认可程度越高，防范灾害的意识就越容易建立，就越倾向于采取积极措施来减少损失。获得预警信息的渠道是否快捷对因变量有反向影响。即公众获得灾害预警信息的渠道越多，途径越方便，公众获得信息后采取措施应对的可能性就越大。

个体因素和防灾减灾科普宣传的必要性对公众参与灾害风险行为的影响不显著。就个体因素而言，男性更愿意采取措施应对，且年龄越大越愿意采取措施；学历变量有反向影响，受教育程度越高，安全防范意识越强；收入变量有反向影响，随着收入的增长和资产的积累，人们更愿意采取措施来减少损失；职业变量有正向影响，由于问卷中设置的职业由稳定向不稳定过渡，因此职业越稳定的群体越愿意采取措施；城市变量的影响很小，略正向，可能与问卷中设置的城市不是按照 GDP 的变化有关。防灾减灾科普宣传的必要性影响很小，略反向，现阶段防灾减灾气象知识的宣传教育还远远不够，导致公众对其相关影响持不确定态度。

表 2　公众参与灾害风险行为的 Logistic 模型回归结果

随机变量	相关系数	标准差	卡方值	显著性	期望值
性别（x_1）	−0.254	0.124	4.178	0.541	0.776
年龄（x_2）	0.314	0.054	33.822	0.270	1.369
学历（x_3）	−0.261	0.001	9.757	0.342	1.299
收入（x_4）	−0.279	0.049	0.345	0.057	0.972
职业（x_5）	0.352	0.024	4.277	0.039	1.051
城市（x_6）	0.001	0.020	0.299	0.584	1.011
对突发灾害性天气的关注程度（x_7）	−0.293	0.079	13.841	0.000	0.746
对灾害性天气科普知识了解程度（x_8）	−0.119	0.089	1.807	0.009	1.126
对预警级别（蓝色、黄色、橙色、红色）和对应防御指南了解程度（x_9）	−0.100	0.076	0.016	0.001	1.010
获得预警信息的渠道是否快捷（x_{10}）	−0.107	0.085	0.006	0.007	1.007
预警信息的及时性（x_{12}）	−0.152	0.108	0.229	0.002	1.053
预警信息的准确性（x_{13}）	−0.108	0.114	0.771	0.000	0.905
预警工作满意程度（x_{14}）	−0.123	0.108	1.299	0.004	1.131
防灾减灾科普宣传必要性（x_{15}）	−0.020	0.093	0.572	0.049	0.932

2.2　渠道分析

随着互联网时代的发展和多媒体应用的普及，预警服务愈发受到人们重视。将互联网推送技术与预警广覆盖相结合，能在第一时间获知未来一段时间可能发生的突发性灾害。借助互联网立体传播网对灾害预警信息进行快速传递，从而为人们争取提前防灾避灾的大量时间，对保护人民的生命财产安全具有十分重要的实用价值。

依据调查问卷，公众获得预警信息的主要渠道（x_{11}）调查情况如下：首先通过微信小程序（吉事办）获取预警信息的问卷占比最高，为64.1%；其次是手机短信、微信公众号（吉林气象、吉林预警发布）、抖音、快手；通过广播、电视、报纸等传统媒体获取预警信息的不足样本总数的17%。信息技术的广泛使用是衡量媒体传播能力有效性的重要标志，显然，基于互联网条件下的预警新媒体发布渠道很好地契合了当前公众的使用习惯。微信小程序、抖音、快手等这类具有易用性、娱乐性和用户画像感知的渠道能大幅增加用户持续使用意愿，从而更好地发挥预警信息“早、准、快、广、实”的社会效益。

3　结束语

本文通过“吉事办”小程序对公众参与灾害风险行为展开问卷调查，实证分析得到如下结论：个体因素对公众参与灾害风险行为的影响均不显著；灾害风险认知方面，公众对突发灾害性天气的关注程度、对灾害性天气科普知识了解程度、对预警级别和对应防御指南了解程度对因变量有显著影响；灾害预警发布能力感知方面，公众获得预警信息的快捷程度、预警信息的及时性、准确性对因变量有显著影响；预警工作认可度方面，公众对预警工作满意程度对因变量有显著影响，防灾减灾科普宣传的必要性对因变量无显著影响；现阶段公众获取预警信息主要通过互联网条件下的新媒体发布渠道，微信小程序、抖音、快手等此类具有易用性、娱乐性和用户画像感知的渠道更能满足用户持续使用意愿。

基于上述结论，结合实际提出如下政策建议：

（1）加强防灾减灾气象知识的科普教育，气象科普宣传通俗化；

（2）推进气象灾害风险普查力度[13]，提升预警的“准度”；

（3）打造互联网条件下的立体传播网，强化预警广覆盖和“叫应”能力；

（4）开发吉林特色化气象灾害服务产品，强化预警风险服务意识。一是加大对气象灾害保险的扶持力度；二是开发一些针对性强、比较灵活的灾害性服务产品；三是提升精细化气象预报预警服务的系统化建设能力。

参考文献

[1] 张倩，赵艳霞，王春乙．我国主要农业气象灾害指标研究进展［J］．自然灾害学报，2010，19（6）：40-54.

[2] KREIBICH H，THIEKEN A H，PETROW TH，et al. Flood loss reduction of private households due to building precautionary measures-lessons learned from the Elbe flood in August 2002［J］. Natural Hazards and Earth System Sciences，2005，5：117-126.

[3] PEEK L A，MILETI D S，BECHTEL R B，et al. The history and future of disaster research［C］//Handbook of Environmental Psychology，2022.

[4] WITTE K. Generating effective risk messages：How scary should your risk communication be?［J］. Annals of the International Communication Association，1995，18（1）：229-254.

[5] RODR'IGUEZ H，D'IAZ W，SANTOS J M，et al. Communicating risk and uncertainty：science，technology，and disasters at the crossroads［M］. New York：Springer，2007.

[6] DAVID M. 社会心理学［M］．北京：人民邮电出版社，2006.

[7] 盘石军．参与还是不参与——自然灾害风险沟通中的公众网络参与研究［D］．武汉：武汉大学，2015.

[8] 薛凯竟．四川省地震重灾区农村居民灾害风险沟通、认知及行为响应关系研究［D］．北京：中国科学院大学（中

国科学院水利部成都山地灾害与环境研究所)，2021.
[9] 邓玲，王林．山岳型景区旅游气象服务评价及气象风险感知调查研究［J］．农业灾害研究，2017，7（8）：22-25 +28.
[10] 谭玲，叶汶华，吴先华，等．基于灾害全过程的公众对于气象防灾减灾信息的需求分析——基于 78287 份调查问卷的实证［J］．灾害学，2019，34（4）：195-202.
[11] 吴敏宁，张永恒．BP 神经网络在水产品安全风险预警中的应用［J］．网络新媒体技术，2017，6（4）：60-64.
[12] MANAPAT PATRICK D，EDWARDS MICHAEL C. Examining the robustness of the graded response and 2-Parameter Logistic Models to violations of construct Normality［J］. Educational and Psychological Measurement，2022，82（5）：967-987.
[13] 郑国光．全面推进风险普查成果应用着力提升自然灾害防治能力［J］．中国减灾，2022（17）：12-15.

关于夯实广西气象防灾减灾基层根基的策略研究

黎惠金* 钟 韬 李 蔚

（广西壮族自治区气象局应急与减灾处，南宁 530022）

摘要：防灾减灾工作基础在基层，薄弱环节在基层。如何夯实防灾减灾基层一线的根基，解决基层叫应难、响应不及时、应对不足等问题，是新形势下气象防灾减灾的重点。广西壮族自治区气象局紧扣地方防汛抢险救灾新需求，坚持问题导向，直击基层，精准发力，以强化基层临灾叫应能力、基层预警靶向发布能力、基层防灾减灾应对能力和完善预警为先导的防汛响应机制的“3+1”举措，有效夯实了气象防灾减灾基层根基，因灾伤亡人数大幅减少，成效显著。

关键词：气象防灾减灾；基层根基；气象服务能力；防汛响应机制；策略研究

1 引言

防汛救灾工作基础在基层，第一现场在基层，薄弱环节在基层，抗灾自救在基层，安全度汛关键在基层。党中央、国务院高度重视基层防灾减灾能力建设，习近平总书记强调，要提高局部强降雨、台风、山洪、泥石流等预测预报水平，预警信息发布要到村到户到人。国家防汛抗旱总指挥部指出，极端暴雨往往发生在夜间，预警信息落地难，容易发生人员伤亡，须建立直达基层责任人的叫应机制，同时强化气象预警与应急联动响应。广西极端天气高发、频发、重发，特别是汛期，多极端降雨，局地性强，夜雨频繁，极易引发山洪、滑坡、泥石流等灾害，且往往发生在基层，是基层人员伤亡的“第一杀手”。地方党委政府对气象工作空前重视，自治区党委刘宁书记提出“凡红必停、凡红必应”，许永锞常委要求气象部门预报预警更精准、更精细，部门联动和预警响应更密切、更及时，基层临灾叫应更及时、更有效，为精准防汛救灾提供更有力支撑。

近年来，广西气象部门抓住地方应急管理机构改革的契机，契合地方防汛指挥精准调度新需求，建立健全了重大信息直报、预警响应调度、人员精准转移等一系列机制，实现气象服务深度融入地方防汛指挥体系、应急行动体系、绩效考评体系（“三融入”一线气象服务机制），取得明显服务成效。但各地仍不同程度存在着应急联动机制不够完善，部分地方政府和有关部门、相关行业对重大气象灾害防范应对的快速响应和应急联动机制不完善，不能做到分类分级响应，基于重大气象灾害高级别预警信息相关行业自动停工停业制度尚未建立完善；气象灾害预报预警水平与地方要求存在差距，预警服务规范标准有待优化，灾害风险预警服务能力薄弱；预警信息发布特别是靶向预警发布能力仍需强化，面向一线的快速叫应能力不足等问题，这些问题又以基层更为突出[1]。因此，如何基于现有“三融入”一线气象服务机制基础，夯实防灾减灾基层一线根基，进一步提升气象服务能力，最大限度减少人员伤亡，是新形势下广西气象防灾减灾的重点。

* 第一作者：黎惠金（1975—），女，处长（高级工程师），主要从事气象服务管理工作。E-mail：lihuijin-121@163.com。

2 夯实基层根基的“3 +1”举措

面对新形势新要求，在中国气象局和自治区党委政府的大力支持下，广西气象部门坚持问题导向，直击基层，精准发力，通过强化基层临灾叫应能力、基层预警靶向发布能力、基层防灾减灾应对能力和完善预警为先导防汛响应机制的“3 +1”举措，有效夯实了气象防灾减灾基层一线根基，气象服务工作成效进一步提升。

2.1 聚焦模式创新，强化基层临灾叫应能力

2.1.1 创建“红警双叫应”制度

发现有强降雨苗头，立即进入预警服务特别工作状态，并启动“红警双叫应”机制，一旦监测到可能达暴雨红色预警信号发布标准天气时，即提前叫应提醒相关部门和影响区域乡镇党政负责人；发布红色预警信号后再次叫应提醒，确保1次暴雨红色预警信号2次叫应服务，为防汛救灾赢得更多时间。

2.1.2 建成“警务 +气象”“网格员 +气象”等气象服务模式

将气象灾害预报预警信息发布融入网格化综合服务管理内容，建立起“警务 +气象”“网格员 +气象”的基层综合防灾减灾队伍，实现警务员和网格员对气象预警的快速响应和“二次”传播，提升基层叫应能力。

2.1.3 建成预警信息靶向语音叫应系统

发布重大预警信息时，可以同时语音呼叫数十个号码，直到指定区域责任人电话接通，并可自动播报预警内容和留痕，解决长期困扰基层台站人少事多、难以迅速叫应，以及基层一线责任人“叫不醒”“叫不应”的问题。

2.2 聚焦部门合作，强化基层预警靶向发布能力

通过与多部门合作，实现信息共享和资源优势互补，建成区、市、县一体化的多渠道靶向预警发布系统[2]，具体举措有：①联合自治区通管局建成基于通信管理平台和短临一体化平台的短信靶向预警发布渠道，自动划定预警区域并快速获取全部号码信息（含外省和携号转网手机）及对外发布，预警短信发布更精准、效率更高；②联合自治区广电局、农业农村厅实现预警发布系统与广电应急大喇叭、电视机机顶盒、广西渔业救助系统的对接，并实现指定区域圈选精准发布，使偏远农村、山区、海区预警信息发布更广、更实、更精准；③收集基层气象信息员、网格员所负责村屯或网格经纬度，录入预警发布系统，实现预警信息第一时间向圈选区域责任人的精准发布[3]。

2.3 聚焦业务支撑，强化基层防灾减灾应对能力

2.3.1 强化气象部门基层防灾减灾应对能力的措施

（1）成立多个创新团队，吸收基层科技人才加入，聚集关键核心技术，研发多尺度来源主客观预报产品融合算法，构筑无缝隙、全覆盖智能网格预报体系，为基层精细化服务奠定基础。

（2）基于气象灾害风险普查成果，通过水文模型模拟和智能计算方法，构建基于位置1、3、6、12、24 h暴雨致灾阈值，建成区、市、县一体化精细化暴雨灾害风险预警系统，实现不同时次、精细化到米级的暴雨灾害风险预警，为地方临灾精准转移避险提供科学支撑。

（3）建立预警信号早期识别指标和临灾自动电话、短信提醒报警，基层预警信号发布提前量明显提升。

2.3.2 强化外部门基层防灾减灾应对能力的措施

（1）联合编制《广西重大气象灾害防御手册》，由自治区防汛抗旱指挥部下发至各部门及一线防灾减灾人员，助力相关部门和基层一线人员有效应对灾害性天气。

（2）精心组织针对性培训，多次为应急、教育、水利、水文、消防等部门及市县政府水旱灾害防御工作主管领导授课，讲解广西主要气象灾害及应急处置要点，有效提升各部门及地方领导应对气象灾害能力[4]。

（3）把气象台“搬进”防汛抗旱指挥部。开通数据专线，在市县防汛抗旱指挥部现场配置气象专用电脑并与应急指挥调度平台连接，当开展联合值班时，实现在指挥部现场为地方领导展示多元化、科学化和可视化的气象服务信息。

2.4 聚焦机制建设，完善以气象预警为先导的防汛响应机制

2.4.1 构建广西“11631”递进式精细化服务模式

“11631”递进式精细化服务模式的具体流程如下：过程前，提前1周报出灾害性天气影响时段，划定重点时段；提前1～3天自治区发布精准到县、市县发布精准到乡预报，以及暴雨预警。过程期间，提前6 h或12 h划定未来6～12 h暴雨落区；逐3 h更新暴雨橙红预警信号，制作未来3 h精准定量到乡的降雨预报，达严重致灾阈值时逐小时更新。过程结束后，及时就预报和服务进行总结复盘。

2.4.2 开展市级预警业务改革

以新型业务技术体制改革试点为抓手，明确市级负责市级气象灾害预警的标准制定和制作发布，以及不设气象机构的县级预警信号制作发布，并将预警作为应急预案启动条件之一衔接市级应急预案。

2.4.3 完善以气象预警为先导的防汛响应机制

完善以气象预警为先导的防汛响应机制的措施包括：①严格落实自治区党委刘宁书记“凡红必停、凡红必应”的要求，联合自治区教育厅共同印发《关于极端天气实行停课措施的通知》；②推动自治区防汛抗旱指挥部出台《广西暴雨预警防御应急响应机制》；③全程参与编制《广西壮族自治区防汛抗旱应急预案》《广西低温雨雪冰冻应急预案》等地方应急预案，明确各灾害性天气各级别预防行动、响应要求及停工、停业、停课要求。

3 夯实基层根基的成效

3.1 气象防灾减灾效益突出

快速精准的靶向预警发布和高效便捷的精细化临灾叫应服务，为基层处置应对气象灾害赢得更充裕时间。2021年，广西洪涝灾害零死亡；2022年，广西遭遇新中国成立以来最强“龙舟水”，因洪涝灾害死亡人数较历史相似年份大幅下降。2022年，庄国泰、余新文等中国气象局领导三次批示肯定广西气象服务工作，指出，自治区气象局极端暴雨监测预报有序、预警服务有力、应急联动有效，履职尽责有为，充分发挥了气象防灾减灾第一道防线作用；自治区党委书记刘宁提出“凡红必停、凡红必应”；自治区人民政府主席蓝天立在全区强降雨防御工作会上特别强调了直达基层的临灾预警“叫应”机制的建立为防汛救灾提供了重要的支撑；自治区政府办公厅通报表扬6起防汛救灾成功避险案例等。

3.2 政府责任意识和防御组织能力明显加强

《广西壮族自治区防汛抗旱应急预案》等约束性文件出台，暴雨预警防御应急响应机制的建立，

针对性的培训、重大气象灾害防御手册的编印，以及基于位置、精细化风险预警产品的应用，使“党委领导，政府主导，部门联动，社会参与”气象防灾减灾应急机制更加健全，政府应对气象灾害能力明显增强[5]。

3.3 部门联动和社会响应更加规范有序

市级预警业务的开展，优化了区市县预警服务业务布局，进一步健全了气象预警与应急响应联动机制，闻“令”而动的流程和标准更加清晰完备，部门联动更加规范有序。基于重大气象灾害高级别预警信息“三停”机制的建立，为政府部门在台风暴雨等恶劣天气下部署停工停课提供了政策支持，增强了社会公众的防灾避险意识，提升了社会响应水平。2022 年，全区各级政府根据气象灾害预警信息共启动 168 次应急响应，果断采取停课措施 35 次，社会反响良好。

3.4 气象部门工作效率和形象口碑日益提升

预警靶向发布、语音叫应技术以及网格化服务模式等创新叫应方式的运用，不但提升了基层预警服务技术水平，同时也减轻了基层业务人员的工作负担，让大家有了工作的“利器”、服务的“底气”，服务更精细、效率更高，各方对气象部门好感逐年攀升。自治区气象局已连续五年获得地方绩效考核一等等次，气象服务满意度保持较高水平。

4 成功经验及启示

4.1 深化部门合作，打通基层精准发布“最后一米”

通过部门间强力合作，建成短信、喇叭、电视等靶向精准发布渠道，其中短信端依托自治区政府在通管局为疫情精准防控搭建、投资 5000 余万元的短信平台而开发，号码抓取和发布快速、运行安全可靠，可全覆盖外省和携号转网手机；其他渠道通过广电和农业部门系统对接建成，其应急大喇叭、电视机顶盒覆盖面广、受众多，渔业救助系统可填补海上服务盲区。此举，既节约了部门成本，又有效解决当前靶向预警仅依赖短信传播、发布速度和影响面不够等问题。

4.2 创新叫应模式，实现“叫得早”“叫得醒”“叫得应”

叫应机制上充分发挥递进式气象服务模式的优势，创新开展“红警双叫应”，为政府及有关部门组织防汛救灾打足提前量。叫应范围上通过打造“警务 + 气象”“网格员 + 气象”等模式，将预警信息传播融入网格化管理，预警得以快速响应和二次传播。叫应方式上通过科研与业务结合，建成靶向语音叫应系统，实现预警快速靶向语音叫应，弥补了人工叫应不及时、不到位等不足，提高了叫应效率，确保了“叫得早”“叫得醒”“叫得应”。

4.3 建成精细化暴雨风险预警系统，明确基层“往哪动”“怎么动”

基于气象灾害风险普查成果应用建成的精细化暴雨灾害风险预警系统，完善了基于位置、不同时次的暴雨致灾阈值，实现了逐 6 min 制作 1、3、6、12、24 h 精细化到米级的暴雨灾害风险图，解决暴雨灾害风险预警业务能力较低难以支撑风险预警业务应用问题。2022 年，系统在应急部门进行了业务试运行，为应急部门人员精准转移避险提供了科学决策依据，解决了基层“往哪动”“怎么动”问题。

4.4　开展业务改革，进一步健全基层预警为先导防汛响应机制

“11631”递进式精细化服务模式的构建和市级预警业务的改革，重构了预警业务服务链条，有效提升了预警精准度、针对性和服务规范性，完善了地方应急预案启动标准；全程参与地方应急预案编制，出台预警响应文件，有效促进了预警联动和响应，解决了基层预警响应不到位、流程不明晰、不及时等问题。

参考文献

[1] 王丽娟，姚秀萍，吕明辉，等．气象信息员在农村防灾减灾中所发挥作用的研究［J］．中国农学通报，2017，33（36）：157-164.
[2] 陈刚，陈欣宇，纪高杰．浅谈气象服务下的气象防灾减灾系统建设［J］．农业灾害研究，2020，10（4）：124-125.
[3] 陈胜军，陈颖．福建省基层气象防灾减灾体系建设思考［J］．农业灾害研究，2020，10（5）：75-76.
[4] 孔锋．提高基层气象灾害预警信息服务能力［J］．中国安全生产，2022，17（6）：26-27.
[5] 陈海山．防灾减灾救灾新理念下防汛抗旱减灾工作探讨［J］．中国防汛抗旱，2020，30（12）：86-88.

基于5G和应急组网技术在天津气象灾害应急通信中的应用研究

侯天宇[1]　苑　超[1]　金　峰[1]　霍　凯[1]
赵　敏[1]　张春莉[1]　梁　好[1]　陈　洋[2]
（1. 天津市突发公共事件预警信息发布中心，天津 300074；2. 国家预警信息发布中心，北京 100081）

摘要：国家突发事件预警发布系统为中国各类突发事件，特别是气象灾害早期预警发布工作提供了重要通道保障。在重点研究5G技术、应急组网等关键技术和特性的基础上，结合预警发布部门业务需求，率先在天津区域气象灾害应急通信中开展研究与实践。提出一种基于5G网络和应急网络相结合的预警信息快速靶向发布解决方案，并从技术架构特性、预警业务规范流程、信息安全等方面提出新的技术标准和建议，同时阐述了该项技术的优势和前瞻性。针对突发事件通信需求，该解决方案可有效提升应急部门对城市和偏远地区的预警发布精准性和时效性，以及密集人群等特点场景的通信能力，满足了复杂多变的应急通信环境。

关键词：5G技术；边缘计算；应急组网；快速靶向

引言

各国政府都迫切需要将灾害预警第一时间传递到民众手中。中国有望在“十四五”期间凭借5G技术在国内实现预警快速和精准触达每个公民[1]。

5G技术在中国已经进入发展的攀升期，具备出色的高带宽、低时延、大连接三大特点。目前已经有诸多5G技术应用于商业、医疗、军事等多个领域，然而，5G技术在应急通信和预警发布领域还没有开展深入研究和探索。与之对应的问题是，当前国内预警发布的通信方式、时效性、精准性、覆盖面还远不能满足社会公众、政府部门、行业用户的需求。本文从预警发布通信技术着手，结合5G新技术应用对网络测试和硬件设备的需求，研究依托5G技术的预警发布通信系统组网方案。

随着中国5G商用进程加快推进，5G技术已经融入公众生活、经济发展、社会运行的各个方面。目前，工信部已向三大运营商和中国广电发布了5G牌照，但并不是所有5G频段均被商业领域完全分配，同时国家为了更好地平衡商业、国防、基础科学研究的发展，很有可能会分配部分5G频段用于应急部门使用。获得专用频段，将有助于5G技术在应急管理部门的发展应用。同时，由于5G技术在大带宽、低时延、高可靠、强安全上的优势和特点，能更加深入地融入应急通信与应急指挥系统，实现应急发布智能化转型的目标。

1　国际形势与国内现状

1.1　国际形势

2018—2019年，中国气象局组织专家赴美国学习预警发布体系建设。调研组了解到，多个欧美国家的预警通信手段是由应急部门建设和掌控的，既可以与运营商网络、设备、技术服务高度耦合，互相支撑，还可以独立运维。德国公共安全数字集群系统、日本全国瞬时警报系统、美国“总统警报系统”均能够实现公众无须下载安装任何软件，就可以收到影响区域内的相关信息[1]。

1.2　国内现状

国内已有的发布手段还不能实现公众无须下载安装任何软件就可以收到影响区域内的相关信息的效果。例如，国内小区广播技术在运营商、芯片供应商、终端厂商硬件支持程度不尽相同的瓶颈下无法推广。ETWS 海啸预计信令由于安全原因未获得工信部批准，短信“电子围栏”技术实时获取手机号码需要 30 min 时延。今日头条、微信等 APP 都需要用户主动下载和安装，且获得位置和通知权限。以上预警通信技术均受通信标准或法律制约[2]。

虽然我国在应急信息精确触达和全覆盖方面与欧美国家还有一定差距，但值得肯定的是，过去十年我国突发事件应急通信体系建设取得巨大提升，防范和应对突发事件综合能力显著提升。国家“十二五”“十三五”期间成功应对了四川芦山、云南鲁甸、甘肃岷县漳县等地震灾害，天津港“8·12”瑞海公司危险品仓库特别重大火灾爆炸事故，有效防控了人感染 H5N1 禽流感、H7N9 禽流感等突发急性传染病疫情，应急通信体系经受住了严峻考验[3]。下一步，国家将致力于建设天地一体、互通共享的公共应急通信保障能力，实现对各类重大风险和隐患的识别、监控、预警等全流程动态管理。我国有望在“十四五”期间通过 5G 技术实现应急通信能力的进一步提升。

1.3　前期工作基础

2019 年以来，天津市气象局在 5G 技术领域先行先试，率先组建 5G 技术项目攻关小组，并给予充足项目研发经费支持。项目组联合手机终端厂商、运营商开展基于 5G 网络和应急组网的研究工作。2019 年底，项目组测试成功，研发初代 5G 预警广播基站和测试手机终端，实现在一公里范围内预警信息秒级精准发布。该项目获得第二届全国智慧气象服务创新大赛三等奖，获得了有关部门和专家的鼓励和支持。

2　技术方法与特性

2.1　技术方法

利用 5G 边缘计算、应急组网（图 1）、5G 广连接等技术，研究一种面向 5G 手机终端的新预警信息发布手段，通过定制应急物联网手机芯片和研发基站模组，建立一套安全、精准、靶向发布的应急发布技术方法。从理论模型角度出发，研究建立为政府服务的 5G 应急发布一张网。在自然灾害发生时，实现预警信息通过所在辖区的基站向 5G 手机终端分布式传播，达到向千万级 5G 手机终端用户分钟级、靶向区域秒级发布的效果，同时收集手机终端心跳和位置等信息，实时获取反馈信息。

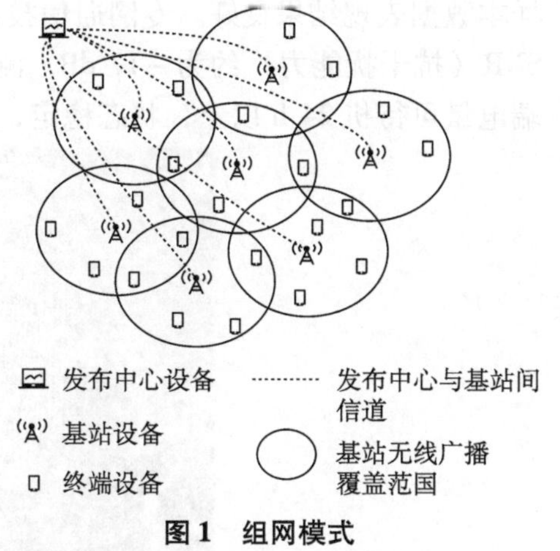

图 1　组网模式

2.2　技术特点

从快速构建应急通信应用场景入手，建立 5G 预警广播基站、植入应急通信芯片的手机终端、5G 预警信息精准发布平台[4]。通过该技术，应急部门可不依赖运营商，当极端气象灾害发生时，通过平台自主向多个基站发布指令，通过应急专网向手机终端广播预警信息，即使在无网络的恶劣条件下，仍然可以快速发送到用户手机终端，实现强制性弹窗提醒。

2.3　场景应用

该技术可实现5G网络与应急专网的自由切换，通信方式可灵活调整。采用应急专网的实际意义主要在于能够提升应急部门预警信息送达的效率，在运营商4G/5G蜂窝网络覆盖区域内作为应急手段，在4G/5G蜂窝网络覆盖区域外作为补盲与拓展延伸手段。研发的手机终端全面支持蜂窝网络和应急专网（远距离通信技术），且支持双向通信。同时4G/5G蜂窝网络与应急专网各自使用互不干扰的不同频率资源，故蜂窝网络与应急专网技术可以共存且可以自由切换或并发。

预警广播设备可以移植到运营商5G基站融合蜂窝网络，通过5G融合短消息的方式快速覆盖城市人群；也可以自建基站，应用于城市密集区域作为应急发布手段；同时，适用于无人区、自然保护区等特殊场景。相比运营商不便于铺设光缆的区域，该设备可通过蓄电池或太阳能板等简易方式运维，具有功耗低、增益强、时延小、造价低，抗干扰能力强等技术优势[5]。

基于此项研究工作，天津市气象局在中新生态城和本单位附近测试部署了移动通信频点，通信频率为上行903.3～903.5 MHz、下行948.3～948.5 MHz，发射功率5 W，发射时长30 s左右，带宽200 kHz。

目前采用的通信方式为：预警信息经由4G/5G蜂窝网络传送至指定的自建低功耗、广覆盖、小型化预警广播基站，进而通过自研的远距离通信技术将信息广播，使移动终端（手机）接收。手机在收到信息后，经由4G/5G蜂窝网络将地理位置、状态回执等关键信息上报至后台管理系统。

2020年11月4日，项目组前往中新生态城现场测试（图2）。在中新生态城智慧中心协调下，项目组在智慧中心、华为CBD、生态城信息园、国家动漫科技园等多处建筑物楼顶和楼内开展测试。

在测试点位对预警发布基站反复进行试验，避免由于两种网络调配融合、强磁场等因素引起的各种干扰因素，确保网络可以并行复用，检验设备的稳定性和可靠性，为开展业务测试打好基础。

测试期间，项目组使用9部定制手机终端分别在天津市气象局和中新生态城4个基站周围3 km范围内不同位置实际场景进行了30次业务测试，每次测试发布信息超过500条，发布不同级别的提醒信息和预警信号。手机终端信息接收成功率保持在96%以上，从平台发送到终端接收数据时延在2 s左右，最长不超过5 s。在最短8 s间隔连续发布消息的机制下，终端接收数据稳定性可达100%，测试样本数据表现结果良好。专网通信技术的接收灵敏度（远距离传输能力）约为－130 dBm，解调门限SNR（抗干扰能力）约为－17 dB。测试期间手机终端拨打电话、发送短信等基础功能均保持正常，终端电量可待机24 h以上，状态稳定，达到预期测试效果。

图2　中新生态城现场测试

3　基于5G和应急组网技术的网络通信架构

3.1　基于5G和应急组网技术的网络通信架构设计

项目组在气象局突发事件预警发布中心网络环境内，基于气象行业云架构（图3）自主研发5G预警发布系统。该系统支持业务人员输入待发布预警信息与指令信息。其中，预警类信息至少应包含突发公共事件的类别、预警级别、起始时间、影响范围、警示事项及应采取的措施、发布的机构等要素。通知类指令信息至少应包括内容、时间、地点，必要时加上参与人员。系统通过安全可靠的通信信道将预警信息与指令第一时间传送至基站设备。注意：信息中不宜携带任何直接或间接增加网络流量负荷的内容。

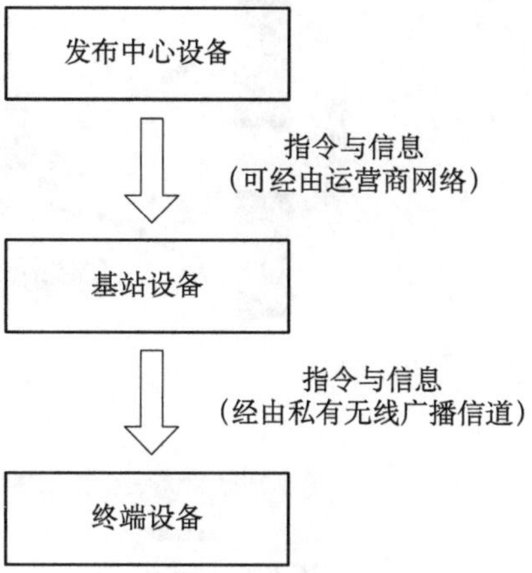

图3　网络架构设计

3.2　网络通信安全机制

基站设备中具备两种创新的关键技术验证算法，即数据校验算法和消息序列同步算法，以强化信息发布安全策略。主要包括两种机制：基于数据校验机制保障发布中心设备与基站设备间的数据通信安全和基于消息序列同步机制保障发布中心设备与终端设备间的数据通信安全。基于较高的风险等级保护策略避免信息通过基站下发过程中出现数据丢失、疑误数据、数据泄露等情况发生[6]，以避免干扰。如遇到外界干扰，本项目中采用应急专网通信技术的强抗干扰能力（解调门限 SNR -17 dB）和专网中的重发机制可以有效降低干扰造成的负面影响（图4）。

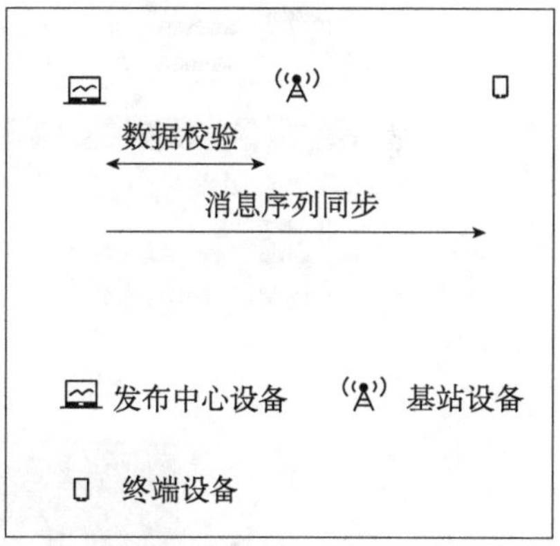

图4　信息安全机制

本研究项目所用频点是在有关部门指导下用于科研测试使用的，使用期限为1年。如需稳定可靠的专网通信频道需经过工信部无线电管理局批准正式申请区域内统一专有频点资源。

3.3　基于5G和应急组网技术的网络技术优势

3.3.1　基站设备优势

项目组研发预警广播基站设备，实现预警消息分布式广播和靶向发布。应用5G物联网芯片和应急组网通信技术，该预警广播基站设备具有低成本、适用性强、易损性小、低功率、高精度的特点，通过调节设备功率设定覆盖范围（0~10 km），利用边缘计算技术，将预警信息发布权限下沉到每一个基站，不再通过运营商核心网排队下发，实现预警信息分布式发布，千万级用户5 min内、靶向区域10 s内发布到用户终端[7]（图5）。

基站具备以下三方面功能（图6）：一是后端通信模块接收发自发布中心设备的有效指令及信息（过滤无效信息）；二是后端通信模块将接收到的有效指令和信息转发至前端通信模块；三是前端通信模块按要求将有效指令与信息通过无线信道向终端设备广播（图7）。

3.3.2　手机终端信息接收优势

项目组联合终端厂商基于手机低层操作系统研发预警广播APP，可实现高级别预警信息的强制性弹窗提醒功能[8]。手机在锁屏、非锁屏状态下均可弹出预警内容窗口，用户通过下拉状态栏也可看到预警信息（图7）。

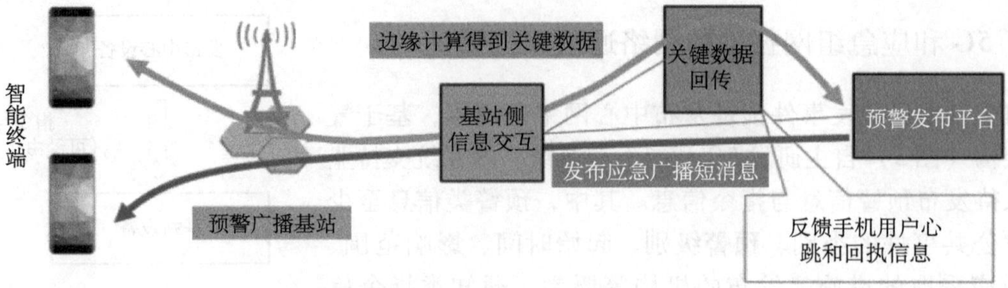

图5　预警信息通信流程

基站发送状态				
YJ00100001	预警发布时间	2020-12-09 17:37:37	预警发布指令	#*SEND_YJ YJC20201209173734824 594A303031303030303031594A4332303230313230393137333733343834BBA7CDE2C2A5B6A5B2E2CAD431
	基站反馈时间	2020-12-09 17:37:47	基站反馈指令	594A303031303030303031594A4332303230313230393137333733343834BBA7CDE2C2A5B6A5B2E2CAD431
	模块反馈时间	2020-12-09 17:37:47	模块反馈指令	A5D0000100FFFF150061005A
YJ00100002	预警发布时间	2020-12-09 17:37:37	预警发布指令	#*SEND_YJ YJC20201209173734824 594A303031303030303032594A4332303230313230393137333733343834BBA7CDE2C2A5B6A5B2E2CAD431
	基站反馈时间	2020-12-09 17:37:38	基站反馈指令	594A303031303030303032594A4332303230313230393137333733343834BBA7CDE2C2A5B6A5B2E2CAD431
	模块反馈时间	2020-12-09 17:37:39	模块反馈指令	A5D0000100FFFF150061005A

终端接收状态

	client006
手机号	
送达时间	2020-12-09 17:37:47
查看时间	2020-12-09 17:37:59

图6　基站与终端信息反馈

图7　预警信息弹窗提醒

3.3.3　信息通信优势

该项通信技术改变了传统手机收听广播信息的模式。基站与手机终端由单向预警广播转变为双向应急通信交互。预警广播基站与手机中的应急物联网芯片互联互通，获取0～10 km范围内手机终端的心跳和位置信息，且每个芯片有唯一16位编码，安全性高，从而实现实时监控发布反馈，使预警发布从以往的单向广播转变为双向交互。

实现预警信息通过5G信息网络的精准靶向发布，APP支持在状态栏、锁屏方式下进行强制预警提示。手机终端通过5G网络实时向基站自动上报一条msgType信息，实现手机终端上报时间、经纬度、手机号码、用户名等信息（表1）反馈，同时基站每隔5 min向平台反馈基站与终端所有位置、回执、状态信息，并向服务端实时上传。

表1　手机状态信息上报参数

参数	描述	数据（举例）
lat	纬度	31. 306404
lng	经度	121. 512231
msgType	数据上报类型	1
phone	手机号（手机自动读取）	1750000000
usermame	用户名	Liy2
time	时间	20200927114854

3.3.4　业务应用优势

该技术实现应急组网与5G蜂窝网络通信功能合二为一[9]。运营商4G/5G网络、应急专网两种网络通道可并行复用通信。在多基站连续发布信息的情况下进行压力测试，每个基站能够稳定广播预警信息，保障信息发布及时有效。

如遇自然灾害或其他因素使运营商4G/5G基站损坏，导致运营商蜂窝网络无法通信时，可切换至应急专网通信模式。该技术支持手机终端在3 km内点对点通信和GPS定位，用户可选择主动关机，延长定位时间等待救援[10]。同时，应急救援部门可驾驶移动基站车辆，赴现场搜寻受困人员信号，以平战结合的原则发挥5G预警广播基站的多元作用。

4　结论

纵观国际上多个国家建设的自上而下的应急通信体系，无不需要政府、手机厂商、运营商、社会资源等多个环节链路的紧密配合。项目组基于5G和应急组网两种模式开展了平台－基站－手机终端的全链路通信初步研究测试，仅仅是将天津作为试点进行测试，该项技术能否落地需要工信委等国家有关部门的政策支持，更需要社会各界的紧密配合。项目组接下来将联合中国信通院、手机厂商加强5G预警发布技术行业规范和标准等方面内容制定，针对网络通信、安全策略、信息格式、业务流程、接口协议要求、功能实体等多个方面进行深入研究，不断增强技术深度，拓展应用场景，确保预警发布的应用效果。

参考文献

[1] 刘丹妮，李琦，张艳，等．5G技术在电力应急通信中的应用研究［J］．电信网技术，2020（4）：41-46.

[2] 齐飞，王秋红，朱雪田．基于5G切片技术的区域应急解决方案研究［J］．电子技术应用，2020，46（3）：23-27.

[3] 黄志勇．5G网络建设需求评估标准研究［J］．数字通信世界，2020，184（4）：42-43.

[4] 王晟，周晓东，陈小倩，等．基于5G网络的应急通信超密集组网技术研究［J］．电子设计工程，2020（18）：80-84.

[5] 惠大勇，赵华，姚剑．基于北斗的应急通信指挥系统的设计与实现［J］．无线通信技术，2019，112（4）：35-38，48.

[6] 侯佳龙．宽窄融合应急通信相关技术于公共安全的应用探讨［J］．数字通信世界，2019，179（11）：38，41.

[7] 刘荣朵．我国应急通信发展的需求分析［J］．信息通信技术与政策，2019（12）：63-66.
[8] 王超．无人机基站部署与位置更新研究［D］．西安：西安电子科技大学，2019.
[9] 朱雪田，王秋红，张少伟，等．应急通信场景下的5G轻量核心网应用研究［J］．电子技术应用，2020，46（2）：1-4，13.
[10] 王小明．震后应急救援移动模型与应急通信系统研究［D］．西安：西安电子科技大学，2020.

基于地理位置的微信气象预警发布技术优化和应用*

朱俊翰[1,2]　徐晓亮[2]　孙少华[2]　魏明明[2]

（1. 山东省气象防灾减灾重点实验室，济南 250031；2. 山东省青岛市崂山区气象局，青岛 266102）

摘要：在移动互联网时代，以微信为典型代表的社交媒体已经成为气象信息服务和预警信号发布的重要途径之一。本文在充分分析研究微信气象信息服务技术应用进展的基础上，针对在气象预警信息发布领域微信服务号接口开发技术应用存在的问题，对基于微信模板消息的气象预警发布技术方法进行改进，并完善了基于位置的气象预警信号精准发布和气象预警信号高并发发布技术。该优化改进技术在县级基层台站进行了应用，显著提高了气象预警信号的发布效率和及时性，对推动发挥气象防灾减灾第一道防线作用具有显著的作用和重要意义。

关键词：微信；模板消息；预警信号；基于位置服务；高并发

引言

随着人类社会的发展和科技的进步，我们已经进入以万物互联和数据赋能为最显著特征的数字时代，云计算、大数据、物联网等新一代信息化技术已经融入我们生活的方方面面[1]。在这样的大背景下，微信作为我国当前最主要的社交媒体之一，已经成为广大人民群众必不可少的重要组成部分。日常生活中，从获取信息到朋友交流，再到购物支付，使用微信已经成为我们每天工作生活的“必修课”。与此同时，随着社会需求和人民期盼的日益增长，天气预报也逐渐与人们的生活深度交融，并融入工作生活中的方方面面。近年来，我国提出“智慧气象”发展战略并多维度推进，气象信息传播手段和方式更是不断发展。这其中，微信公众号已成为包括气象系统在内的各气象服务主体争相使用的重要手段之一。

近年来，全国各级气象部门针对基于微信的气象信息发布都开展了一系列的技术研发和应用工作。例如，作为省一级气象部门官方媒体的“江西预警发布”就使用微信服务号利用该方式建立预警信息精准智能推送平台，并实现了基于位置的网格化临近预报信息实时发布和预警信息靶向发布[2]。沈阳市气象局针对快速及时发布气象预警信息的需求，采用Java编程语言、Oracle数据库技术建立基于B/S架构的气象预警平台，研究了包括微信等发布手段于一体的一键式发布功能[3]。江门市气象公共服务中心使用微信企业号，实现了川岛航线小时极大风超阈值自动推送，显著提高气象实况信息的监测和发布效率，从而满足专业用户实际需求，达到气象防灾减灾目的同时也使专业气象服务增值[4]。在应用技术方面，微信公众号“顺德天气”利用模板消息接口实现预警信息发布，并通过分布式系统提高发布速度。张伟强等[5]对该技术进行了详细的分析和研究，取得了大量的研发经验和应用实践。大量

* 山东省气象局科研引导类项目（2021SDYD21）资助，获得天津市科技成果应用一等奖、第十五届雨雪冰冻灾害论坛优秀论文奖（已发表在《气象研究与应用》，2021年42卷1期）。

的应用证明，微信在气象应用中可以取得很好的成效[6-8]。

与此同时，在日常研发工作中，业务需求对预警信息发布精准性、及时性等的要求越来越高，基于位置的服务（LBS）已经成为“服务精细”的必然要求。为更好地完善和发展基于微信服务号模板消息接口的预警信息发布技术，提高公众对预警信号接收的满意度和时效性，本文在详细介绍微信公众号接口实现类型的基础上，分析了微信服务号开发技术现状，研究了基于模板消息的预警信息发布技术方法，并提出了具体的研发思路、过程和方法，最终实现了基于微信服务号模板消息接口技术和基于位置服务（LBS）技术的结合，显著提升了基层气象台站气象预警信息发布能力和水平。

1 微信服务号开发技术分析

当前，微信服务号作为受广大公众喜爱的社交工具，除了其基本功能使用外，也成为包括气象系统在内的各类企事业单位发布和推送信息的重要手段。对微信公众号进行二次开发，实现相应业务功能，更是向用户提供更高层次服务的重要手段。通过获取用户地理位置、UID、回复内容在内的微信服务号拓展功能，可以为各单位的服务提供更多的服务可能性和功能扩展空间。

但是，在具体研发实践中，特别是在面向基层气象部门业务和“最后一公里”问题中，开展微信公众号接口的研发和应用还存在一定的挑战。气象行业微信服务号研发需求有其独特性，如需要单一信息在短时间内进行大用户量的并发发布，包括对不同气象灾害信息基于位置的精准发布。这些都需要对微信服务号进行大量的定制性研发，特别是区县级气象局开展具有位置属性的预警信号等的发布业务，为研发带来不小的难度。以青岛市为例，大部分区县级乃至市一级的微信服务号，仅具备基础的发送文章及模板消息功能，对地理信息的应用尚存在不足，不能符合“识别人群、识别行业、识别位置、进而识别影响程度”的时代需求。同时，区县级气象局作为气象事业的基层，其对群众的服务较为直接，需要及时接收群众反馈。如能将地理信息经过区县局分析后再上传，可有效降低市局和上级部门系统的分析压力，还能依靠区县局实地调查的结果，对地理信息分析结果的错误进行及时修改。因此完善区县局的微信服务号开发功能，拓展其开发模块，可有效增强气象部门对广大群众的服务能力，同时更有效地收集用户信息，从而切实提升气象防灾减灾第一道防线的作用。

2 研发采用的主要技术方法

通常来讲，进行微信服务号接口的研发，不仅要有研发必需的服务器，还要进行必要的注册和准备工作，从而实现微信服务云端、微信应用服务器和气象预警信息接口三方协同，然后才能开始相应的研发、测试和部署工作。

2.1 接口申请和设置

在研发微信服务号之前，需要首先向微信公众平台申请注册，然后开始微信服务号开发的最基本准备。其中，研发必需的开发者 AppID、AppSecret 和令牌 Token，在“设置与开发”的“基本配置”里可以获取，获取后需妥善保存，特别是 AppSecret 这类不属于明码的设置。如有必要，需要开发者关注微信公众号并获取其 OpenID 以作为发送信息的测试样本，方便检查用户管理页面的网页元素。

另外，对于基于位置的服务需求，如获取和解析用户地理信息，需向有关地图服务平台申请相关服务。提前取得最少一个地图平台的开发者账号并获取其接口关键字，如百度地图需要申请应用并获取访问应用号（AK）作为关键字，以此来进一步解析地理信息中的经纬度信息。

2.2　系统搭建和关键开发技术

2.2.1　服务器端环境设置

在做好相关注册准备后，需要接着准备研发使用的应用服务器。微信服务号接口实现，需要首先在微信公众服务平台的“服务器配置”中填写服务器地址，同时准备一个子目录，用以接收用户发送的文字信息，并将该子目录注册进“功能设置”的“业务域名”和“JS 接口安全域名”中，将相应文件复制进该目录并保存。之后在子目录主页（index）下的页面读取函数（如 Asp 的 Page_ Load）填写获取信息后处理的程序模块即可。

此外，对于用户设置页面，如设置用户是否接收注册地预警信息，更改用户注册地等的页面和功能模块，需要在微信公众服务平台的“功能设置”中注册“网页授权域名”以在页面中接收用户回传的 OpenID。如需获取用户地理信息，需预先在微信公众平台“接口权限”的“用户管理”中单击“获取用户地理位置”并选择期望的获取频率。再次需要根据业务要求设置合适的频率，一般每 3 min 获取一次即可，以免因为服务器资源被大量占用导致出现性能瓶颈。详细注册和服务器准备流程见图 1。

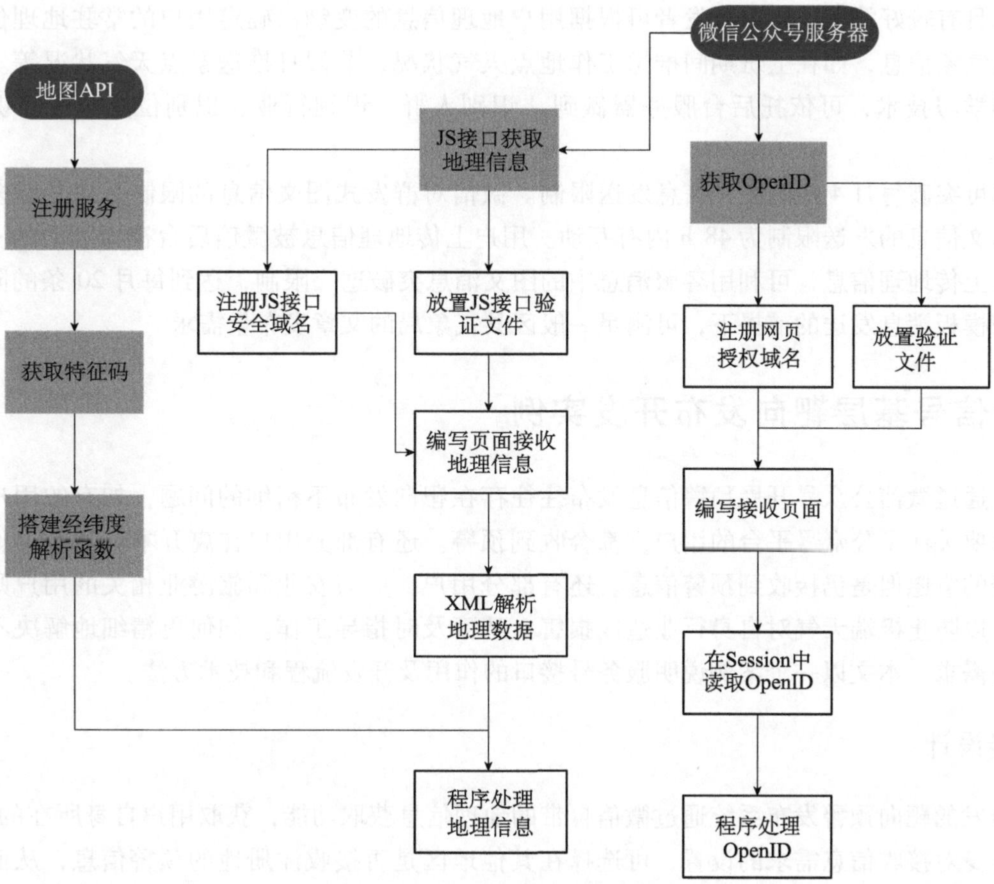

图 1　注册和服务器准备流程图

2.2.2　信息的解析与分类

微信服务号接收的信息为 XML 格式。根据气象工作领域气象信息类型，目前大致可分类为文本信息、地理位置和其他三种类型。几乎每一类信息都包含接收者（ToUserName）、发送者（FromUserName）、发送时间（CreateTime）、信息类型（MsgType）等四种数据。研发人员需要进行 XML 解析以便获取相关信息。

在具体的处理过程中，当信息类型（MsgType）为 event 而事件类型为“LOCATION”时则为地理信息，包含纬度（Latitude）、经度（Longitude）和精度（Precision）。借助之前准备的地图平台，可以编写函数上传经纬度信息，来获取用户所在的省、市、县等具体地理信息，以方便用户信息的存储、预报的发布等。当信息类型为 text 时为文本信息，可通过读取 Content 参数来获取文本内容，以做进一步处理。当信息类型为其他信息，包括图片、语音、视频等时，可根据业务需要对此类信息进行处理，以便获取其他更多数据信息。

2.2.3 接口的调试优化

在程序研发过程中，因步骤错误、接收模块错误、服务器错误等问题，可能会出现信息接收及发送不准确的问题。因此，为有效获取程序错误信息，应设置一个日志文件（一般为 txt 文件）存储接收到的内容、时间及错误信息，以便获取错误日志信息。同时，需要限制接收信息的大小，不得少于两字节，从而快速查找出问题出现的函数及代码段落，加快研发进程。

2.3 基于 LBS 的模板微信技术

该技术具有较好的拓展性。开发者可根据用户地理信息的变动，确定用户的常驻地理位置，从而精准地推送气象信息，如在上班期间推送工作地点天气状况，节假日推送景点天气状况等。利用人工智能和机器学习技术，可依托后台服务器做到“识别人群、识别行业、识别位置、进而识别影响程度”的效果。

该技术可突破每月 4 次的图文信息发送限制。微信对群发式图文信息的限制是每月最多 4 次，但对互动式图文信息的发送限制为 48 h 内有互动。用户上传地理信息被微信后台视为互动的一种，因此若用户持续上传地理信息，可利用客服消息中的图文消息突破这一限制，达到每月 20 条的限度。在预警信息采用模板消息发送的前提下，可满足一般区县气象局的文章发布量需求。

3 预警信号基层靶向发布开发实例

目前，通过微信公众号开展预警信息发布往往存在靶向发布不精细的问题，如有的用户即使不在某市内，只要关注了公众号平台的用户，都会收到预警。还有部分用户在离开本市甚至本地区后并没有接收预警的意愿但是仍接收到预警信息。还有部分用户，如与农业和旅游业相关的用户则需要一直接收预警，以防止极端天气对自身行业造成损害，从而及时指导工作。如何更精细地解决不同用户对预警信号的需求，本文以一个案例说明服务号接口的作用及开发流程和技术方法。

3.1 功能设计

本文研发的靶向预警发布系统通过微信自带的地理信息获取功能，获取用户自身所在的地理位置，根据用户自身对接收信息需求的设置，可选择在其他地区是否接收注册地的预警信息，从而更有针对性地发布预警。发布系统不仅可以提供当地的预警信息，根据定制用户还可获取主动推送的外地预警信号，方便用户安排行程、调整计划，避免受极端天气影响而出现航班延误、旅行被迫中止等问题。

3.2 系统结构设计

该系统采用 C#. Net 以及 Asp 相关技术开发，所采用的包均在 Nuget 程序包管理器中直接引用。为实现上述预警信息的快速靶向发布需求，该平台具备用户地理信息采集、用户信息获取和预警信号发布等功能（图2），主要包括以下模块。

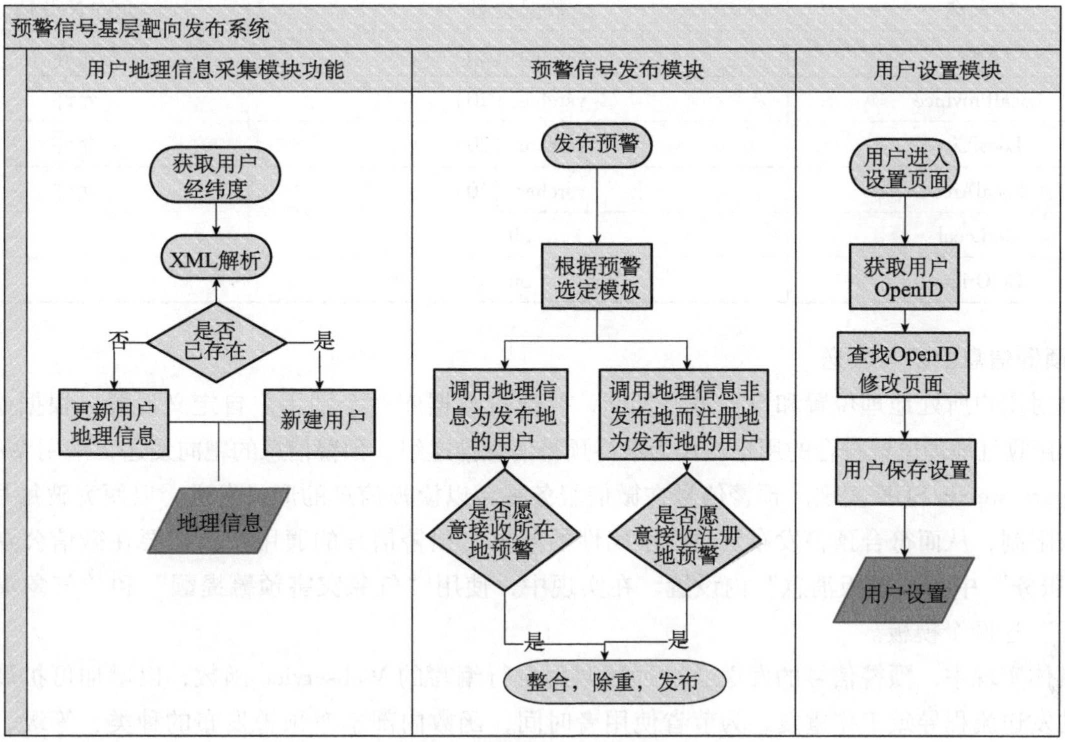

图2　预警信号靶向发布系统各模块工作流程

3.2.1　用户地理信息采集

通过微信服务号接口，每3 min接收一次用户发送的经纬度。通过XML解析，当判断接收到的信息为地理信息时，获取相关的经纬度地理信息。同时，通过百度地图API分析用户所在的省、市、县，将地理信息存储入用户数据库中。

3.2.2　用户信息匹配

通过网页授权域名界面获取用户的OpenID，最终查找OpenID并将其存储在数据库中。该模块包含一个以Asp. Net编写的模块，可以方便微信用户直接进行设置，以便定制相关自定义选项。用户设置放置于公众号下方菜单中，包含用户常用的预警区县，用户是否愿意在注册城市不同区县接收本区县的信息，用户是否愿意在外地接收常用预警区县信息，以防止用户在不愿接收信息时被打扰。

3.2.3　数据存储和数据库设计

根据关注气象微信服务号的人数规模，研究中使用了数据库SQLserver，通过C#. Net的Linq进行数据库的读取、写入和查询等。其中，UserInfo表储存了用户地OpenID和用户希望接收的省、市、县的信息，以及用户目前所在的省、市、县（表1）。Area表仅储存省、市、县信息，方便用户设置页面的下拉菜单进行省、市、县三级联动。

表1　用户信息数据表设计

字段名	数据类型	允许Null值
Num	int	自动
OpenID	varchar（MAX）	
Provice	varchar（20）	允许
City	varchar（20）	允许

续表

字段名	数据类型	允许 Null 值
Area	varchar（20）	允许
LocalProvince	varchar（20）	允许
LocalCity	varchar（20）	允许
LocalArea	varchar（20）	允许
GetLocal	bit	
GetOrigin	bit	

3.2.4 预警信息解析与发送

通过对用户所处地理位置和设置进行判断，并通过数据库对个别用户自定义设置，根据业务逻辑选取愿意接收且地理位置符合的用户，作为最终预警信息推送组。预警信息的靶向发送，采用 Webservice 调用 senparc. weixin SDK 实现。预警信号在微信服务平台以模板信息的形式发送，以便突破每月 4 次的发送次数限制，从而符合预警发布及时性准确性的要求。预警信号的通用模板需要在微信公众平台的“广告与服务”中的“模板消息”内设置。在实现中，使用“气象灾害预警提醒”和“气象灾害预警解除提醒”这两个模板。

在具体实现中，预警信号的发送通过远端调用自行编写的 Webservice 函数，以增加可扩展性，避免封闭的发送流程导致工作重复。为节省使用者时间，函数内部不对预警发布的种类、等级、形式进行分别填写，而是统一填写在标题中，再筛选出关键词来决定。之后通过 Linq 搜索在发布区域且愿意接收的用户、不在发布区域仍然愿意接收信息的用户和与发布区域在同一城市愿意接收预警的用户，再选择 OpenID 并用 Distinct 去除重复项。通过 AppID 和 Appsecret 获取 access_ Token，按照相关模板编写预警信息，最后通过调用方法 TemplateApi. SendTemplateMessage 发布，从而实现在外部调用 Webservice 发送预警。在大量用户须同时推送的需求下，系统实现中使用了 Webservice 自带的 Async 函数，实现超线程并发执行发布动作，以提高发送效率，让预警信息更快更及时地发出。

4 平台业务应用

目前，该系统已经在崂山区气象局测试运行，具有较为良好的业务适用性，其分区域、分意愿的靶向发布功能，可直接应用于省、市、县各级的公众号的预警信号发布，按照用户所在地、注册地和发布意愿，确定发布预警信号的范围。该系统的可拓展性较好，在开发中增加其他气象信息的主动推送功能。该系统已在崂山区陆续运行 6 个月，经过实践证明，具有良好的稳定性，可以在配置并不算高的服务器上运行，适配性好。同时，该系统不需依赖其他 APP，仅依靠微信服务号及其功能便可研发和定制，可以更好地在基层气象部门推广使用。

5 小结与探讨

本文在充分分析研究微信服务号接口开发技术的基础上，对基于微信模板消息的气象预警发布技术方法进行改进，完善了基于位置的气象预警信号精准发布和气象预警信号大容量并行发布技术，显著提高了气象预警信号的发布效率，缩短了发布时间。

同时，针对基于微信模板消息的气象预警信息发布技术研发也表明，其在基层气象服务中有很强的适用性。另外，基于微信平台的研发还可以应用于其他相关产品和服务，从而提升基层气象台站气象服务的质量和成效，推动基层气象与社会、行业联动，推进气象基层服务能力高质量发展。

参考文献

[1] 牛金玲，宋青育．大数据时代云计算技术的应用［J］．网络安全技术与应用，2021（10）：55-56.

[2] 喻迎春，王妍婕，万昕成．基于微信的气象灾害预警信息精准智能推送技术的实现［J］．气象科技，2020，48（2）：195-199.

[3] 王新秀，杨黎黎，于璐，等．气象预警平台多手段发布的研究与应用［J］．计算机技术与发展，2021，31（3）：216-220.

[4] 徐碧裕，徐加民，徐浩彬，等．利用微信企业号开展川岛航线气象服务［J］．广东气象，2019，41（6）：63-66.

[5] 张伟强，招伟文．基于微信模板消息接口的气象预警信息发布［J］．广东气象，2018，40（4）：48-51.

[6] 姚巍，宫志宏，李仁禹，等．气象信息微信公众服务平台设计与应用开发［J］．气象科技，2016，44（4）：571-575.

[7] 姚俊萌，单九生，余冬晖，等．一体化微信气象为农服务平台设计［J］．气象科技，2016，44（3）：387-391.

[8] 息涛，孙丽，明慧青．辽宁省公众服务微信平台的设计与建设［C］//第 33 届中国气象学会年会 S20 气象信息化——业务实践与技术应用．中国气象学会，2016.

后疫情时代下防雷安全监管数字化转型的探究与实践——以浦东新区为例

王　岩　顾松强　金　玲　陈丽君

（上海市浦东新区气象局，上海 200135）

摘要： 聚焦防雷安全监管数字化转型建设，在后疫情时代下以传统监管工作存在的管理和技术难题为导向，总结分析了浦东新区防雷安全监管开展的数字化转型的探索和实践。基于“12442”体系架构，立足应用场景运用智能化技术手段实现风险隐患的自动抓取、智能研判和快速预警的流程再造，通过应用实践提升了监管效能。据此，也提出了在防雷安全领域数字化转型的思考建议。

关键词： 防雷监管；数字化转型；应用场景；浦东新区

1　引言

作为“全面推进城市数字化转型”的重要举措之一，治理数字化转型是当今城市治理的研究热点，数字化转型是贯彻习近平总书记数字治理思想的必然要求。党的十九届五中全会指出，加强数字社会、数字政府建设，提升公共服务、社会治理等数字化智能化水平，坚持整体性转变，推动经济、生活、治理全面数字化转型，引导全社会共建共治共享的数字城市。在当今改革开放再出发的时代背景和新冠疫情后恢复再发展的阶段下，如何通过数字化转型推动治理手段、模式、理念创新从而提高治理效能成为各行业领域的新任务和新挑战[1]。

近年来，国内外各界对治理数字化转型的研究讨论愈见广泛和深入，但客观而言，还存在系统性不够、指导性不足、理论性不强等问题。当前，我国气象安全领域治理数字化转型尚处于初步探索阶段，防雷安全监管是气象安全治理的重要内容，故本文主要围绕防雷安全监管数字化转型的现实、实践与思考，以浦东新区为样本案例，聚焦传统监管中存在的短板弱项，创新监管机制，运用智能化技术手段，将制度创新与技术支撑并重，开展防雷安全监管数字化转型工程。这既是适应治理数字化转型要求，又是应用新一代信息技术提升气象安全监管效能的路径，在提升监管效能的同时优化营商环境，融入浦东智慧城市建设，提升气象防灾减灾能力。

2　防雷安全监管存在的问题

随着“放管服”改革向纵深发展，防雷安全监管逐渐暴露出缺少平台抓手、监管手段落后、执法力量薄弱、防雷能力不足、监管数据信息不全、监管闭环不通等问题，在当下后疫情时代，需要守牢安全底线同时支持企业复工复产，传统纯人工实地检查的防雷监管方式已经无法满足适应高效治理的要求，气象部门亟须抓住数字化转型的契机探索适应时代要求的监管模式，运用数字化手段构建起与数字政府相匹配的防雷安全监管机制，提升防雷安全治理能力[2]。

2.1　监管缺乏平台抓手

自2016年推进防雷行政审批“放管服”改革工作以来，《国务院关于优化建设工程防雷许可的决定》（国发〔2016〕39号）、《防雷安全重点单位监督管理职责划分规定（试行）》（气法函〔2019〕21号）、《中国气象局办公室关于进一步加强防雷安全监管工作的通知》（气办发〔2019〕9号）、《中国气象局办公室关于建立防雷安全责任落实工作清单的指导意见》（气办发〔2021〕36号）等文件的相继出台，对强化防雷安全监管起到积极推动作用，但仍然存在事中、事后监管缺少作业指导，执行过程缺乏抓手支撑，没有统一的监管平台的问题，大大削弱了监管效果。

2.2　监管手段落后

目前防雷安全监管主要靠人力实地检查、手工记录等传统方法，对于大量的数据信息、防雷装置检测报告仍然依托人工逐一核对，这就导致监管效率低下：一是对监管数据信息掌握不全，部分防雷重点单位出现监管空白或多头管理现象，检查重点单位、重点内容难以突出；二是监管过程中因人工处理可能出现错误的情况，主管部门失去公信力，容易被监管对象所诟病。

2.3　执法力量薄弱

目前国内的防雷主管部门整体编制人员较少，监管人员与监管对象的数量不成比例，区级防雷主管部门作为一线执法力量一般仅有2人左右，而对应的监管对象可能有成千上万个，这就导致防雷安全“双随机”检查无法全覆盖，特别是油库、气库、弹药库、化学品仓库、烟花爆竹、石化等易燃易爆建设工程和场所因防雷安全管理不到位将存在重大的安全隐患[3]。此外，日常法规宣贯、风险提示、技术培训等工作也因为人手不足无法做到尽善尽美。

2.4　防雷能力不足

相当一部分的监管对象对防雷安全工作认识不到位，防雷设施投入不足，未建立防雷安全责任制度，未能自觉地接受气象部门的防雷行业管理。同时，作为防雷工作的重要技术要求，防雷装置定期检测存在无资质或者超越资质检测、检测数据粗劣、内容不全面、报告结论不清、编制不规范等问题[4]，靠人工逐一跟踪管理难度很大。

3　浦东新区防雷安全监管数字化转型的探索与实践

浦东新区气象局认为，把握数字化转型新机遇、新赛道，数字化转型是深化放管服改革的重要路径，也是超大城市治理体系和治理能力现代化的必然要求，是提高现代化治理效能必然选择，传统防雷监管模式已明显不符合时代所需，浦东数字化转型“机不可失”“时不我待”“迫在眉睫”，在“智慧气象”系统建设中将防雷安全监管率先创新转型，以监管数字化为切入点，融入引领区建设，深入探索超大城市治理，以高效能治理推动高水平改革开放。

3.1　浦东新区防雷安全监管现状

目前浦东新区气象局将易燃易爆危险化学品企业、加油站、燃气站油库等作为浦东防雷安全重点单位，学校、四星级酒店、甲级医院等气象灾害防御重点单位也作为防雷安全监管隐患排查对象，总体监管对象涉及千余家，占上海全市总量的1/4。浦东面积达1200多平方千米，专职执法人员2名，在体量大、人手紧的现实情况下，亟须构建数字化转型建设与应用的新生态。2018 年起，浦东新区气象局落实推进浦东新区区委区府“放管服”改革决策部署，以制度创新为基础，以监管方式转变为核心，在探索中建立防雷安全“六个双”（双告知、双反馈、双跟踪、双随机、双评估、双公示）监管机制创新，配合上海自贸试验区推进落实“证照分离”改革试点等一系列简政放权举措做了良好的防雷安全监管制度建设，在各部门信息共享的基础上，通过大数据分析和信用、风险评估，监管效能显著提升，为防雷安全的数字化转型发展奠定了基础。

3.2 浦东新区气象部门主要做法

浦东新区气象局以制度创新为基础，以监管方式转变为核心，将防雷安全监管数字化转型进行初步定义，以数字化、智能化的监管方法取代以人工、纸质资料的监管方式，运用数字信息技术，以数据为基础精准施策和科学治理，变被动响应为主动发现，推动监管服务创新和管理流程再造。

基于此，探索构建防雷安全监管数字化转型“12442”体系架构。所谓“12443”体系架构，“1”即气象安全智能综合监管平台，首创性打造防雷安全领域的数字化应用场景，重在系统实战应用；第一个“2”即气象安全监管业务平台和智慧气象监管小程序，“网上 + 掌上”业务平台，建设立体化数据收集渠道，夯实数字基座；第一个“4”即“四个监管”创新机制，分别是“动态监管、风险监管、信用监管、分类监管”；第二个“4”即四种智能化手段，分别是“物联感知、图像识别、自动巡检、移动设备”；最后一个“2”是指“内部处置”和“协同处置”两种业务流程再造。

浦东新区气象部门主要基于技术应用、数据融合两个关键核心实现防雷安全监管业务流程的转型变革。技术应用主要是在夯实部门共享数据的基础上，通过物联感知、图像识别、数据比对、大数据分析等新一代信息技术，变人工巡查发现问题为智能发现问题，实现智能发现、精准监管、自动派单、协同处置，由传统人力密集型向人机交互型转变。数据融合是基于“线上 + 线下”“网上 + 掌上”的立体化数据收集渠道，将防雷监管的各种行为、记录、监管对象信息等转变成数字，从物理形态的数字转变成虚拟形态的数字，打通全方位、全过程、全领域的数据实时流动与共享，实现各类数据深度融合，通过各项智能化技术手段，实现防雷安全监管领域全方位的流程再造、规则重构，推动监管理念、监管手段、监管流程变革，打造了防雷安全数字化转型浦东样板，作为创新亮点纳入 2022 年上海市全面推进数字化转型亮点工作动态中。

3.2.1 数字化场景建设

防雷安全监管数字化应用场景的建设不是简单地把线下的数据搬到线上，而是把数据在业务后台进行智能分析，最终通过可视化场景展示的实时动态。浦东新区防雷安全领域的数字化应用场景聚焦防雷检测机构、气象灾害防御重点单位，以动态监管、信用监管、风险监管、分类监管为日常管理模式，建立防雷安全监管要素的标准化、规范化、智能化、现代化的监管内容，初步构建城市防雷安全监管的基本构架。基于智能化安全监管业务平台，运用物联网在线监测、图像识别、大数据分析等技术手段，实现线上“智能发现、精准监管、自动派单、协同处置”全流程、全闭环安全监管，构建统一、规范、多级联动的数字化监管体系，实现“实时、动态、可视化、远程化”，形成防雷安全智慧综合监管应用场景，解决了传统气象安全监管方式单一以及监管人员不足的痛点难点问题。促进气象部门监管规范化、精准化、智能化，助力提高政府治理体系和治理能力现代化水平。同时，监管平台在后疫情阶段发挥了重要的服务功能。由于疫情影响，大多企业出现了报告临期或超期情况，平台自动推送临期提醒，提醒企业复产复工后及时完成防雷检测，让企业感受到了有温度的监管。

3.2.2 数字化技术手段运用

（1）防雷装置智能在线监测技术。选取 10 家重点易燃易爆危化品场所作为试点，建立了易燃易爆危险化学品重点场所的防雷设施在线监测系统（功能见图 1），基于云物联、传感器、智能算法技术、大数据、移动互联等技术手段，对重点单位敏感区域的防雷装置（接地电阻、电涌保护器等）进行全过程在线监测，通过对全项数据实时采集、传输和分析，当防雷装置异常时系统自动派单给被提醒企业相关人员对相应防雷设施进行检修或者更换处理，解决了原有靠人工一年两次检测中可能有的疏漏以及检测周期较长的问题，实现了风险的实时报警。平台运行以来物联感知累计报警 4474 次，推送提醒给企业进行处置更换。

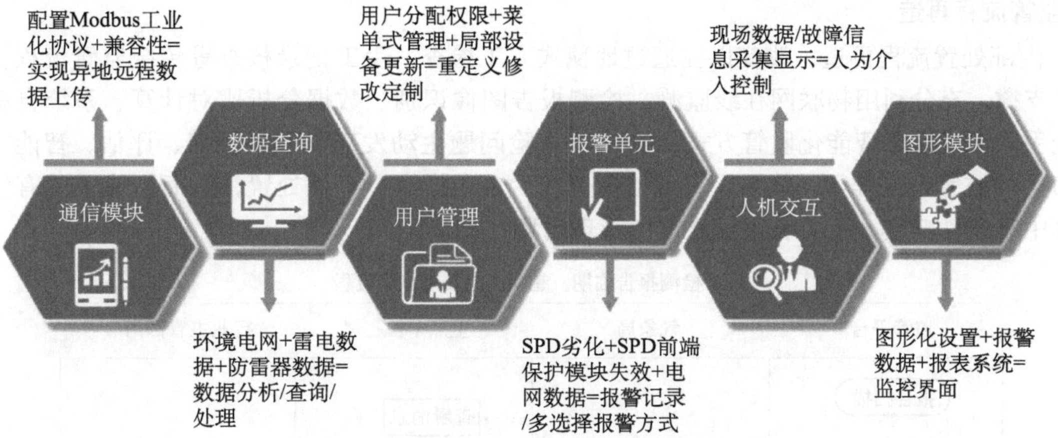

图 1　防雷安全智能在线监测系统构成图

（2）防雷安全检测报告的图像识别。防雷安全重点单位将防雷检测报告以图像形式上传至“浦东智慧气象监管”小程序或电脑端业务平台。后台系统通过 GIS 地图技术实现风险的精确定位，借助图像识别技术，抓取防雷安全检测报告的关键信息，如检测机构名称、检测日期，有无整改内容等，再用数据比对、数据判别等方法分析被检单位是否存在防雷装置安全风险。累计实现图像识别 1240 份检测报告，识别发现问题整改推送 69 条。

（3）管理数据的自动巡检和数据比对。区别于传统的日常人工巡查方式，监管平台系统自动对接全国防雷管理平台等外部门数据并进行比对分析，同时对系统内相关监管数据开展巡检，判别是否有不符合监管规定情况，一旦出现问题（如检测报告过期等）就发出提醒，据此作为后续风险监管和信用监管的依据。对检测机构资质、被检测单位信息数据、检测报告内容等数据开展数据比对识别，判别检测机构是否符合资质要求，检测报告是否过期，是否需要整改，检测报告是否有效等内容，为风险监管和信用监管做好数据支撑。平台运行以来实现数据比对 998654 次。

（4）移动监管设备的运用。通过将企业主体系统、审批系统和监管执法系统等数据进行大融合，开发形成监管移动终端“浦东气象智慧监管”，使用移动终端可快速查询或采集监管对象的信息、历史检查情况及防雷检测人员信息等，同时又可作为移动执法设备，具有现场取证、电子签名、现场电子检查单等功能，从而实现“发现、核查、处置”的全流程线上监管闭环。

3.2.3　监管方式创新

（1）动态监管着眼于“全项实时，主动发现”，基于物联感知、图像识别、数据比对等智能化手段，实现精准感知、快速响应，是掌握各重点单位运行情况的窗口，风险隐患可在“动态”监管中主动发现。

（2）信用监管着眼于“精准画像，联合奖惩”，各部门共享市场主体信用信息，形成市场主体多维度全面信用评估，浦东新区气象局将防雷安全领域信用评价纳入新区守信联合激励失信联合惩罚措施清单，将结合企业的信用评价和企业主体防雷安全信用，综合确定企业信用等级，实现了防雷安全领域的社会共治。

（3）风险监管。着眼于“智能研判，自动预警”，对标行业国标，构建了以“识险－评险－排险”

为主线的风险评估闭环监管体系。建立了企业主体防雷安全风险指标体系，建立防雷安全监管模型，对企业进行实时风险评估，动态调整风险等级。

（4）分类监管。着眼于“分类施策，聚焦重点”，根据企业防雷安全风险等级和信用等级状况，按“科学分类、合理配置、精准施策”原则实施差异化管理，明确企业防雷安全的风险等级、信用等级状况，细化监管频次和内容，形成数据循环和监管闭环，优化资源配置，提高了管理效能。

3.2.4 监管流程再造

（1）内部处置流程再造。改变以往通过地毯式人工检查、手工记录核查等传统监管流程，以智能化为技术支撑，充分利用物联网在线监测、检测报告图像识别、数据分析比对计算、系统自动巡检等人工智能手段形成动态智能化监管方式，构建“风险问题主动发现、风险预警、评估、智能派单、处置、反馈”的监管全流程闭环体系，实现指令生成、自动推送、有效处置，从而形成事前有气象风险预警、事中有联动响应、事后有评价反馈的管理闭环（图2）。

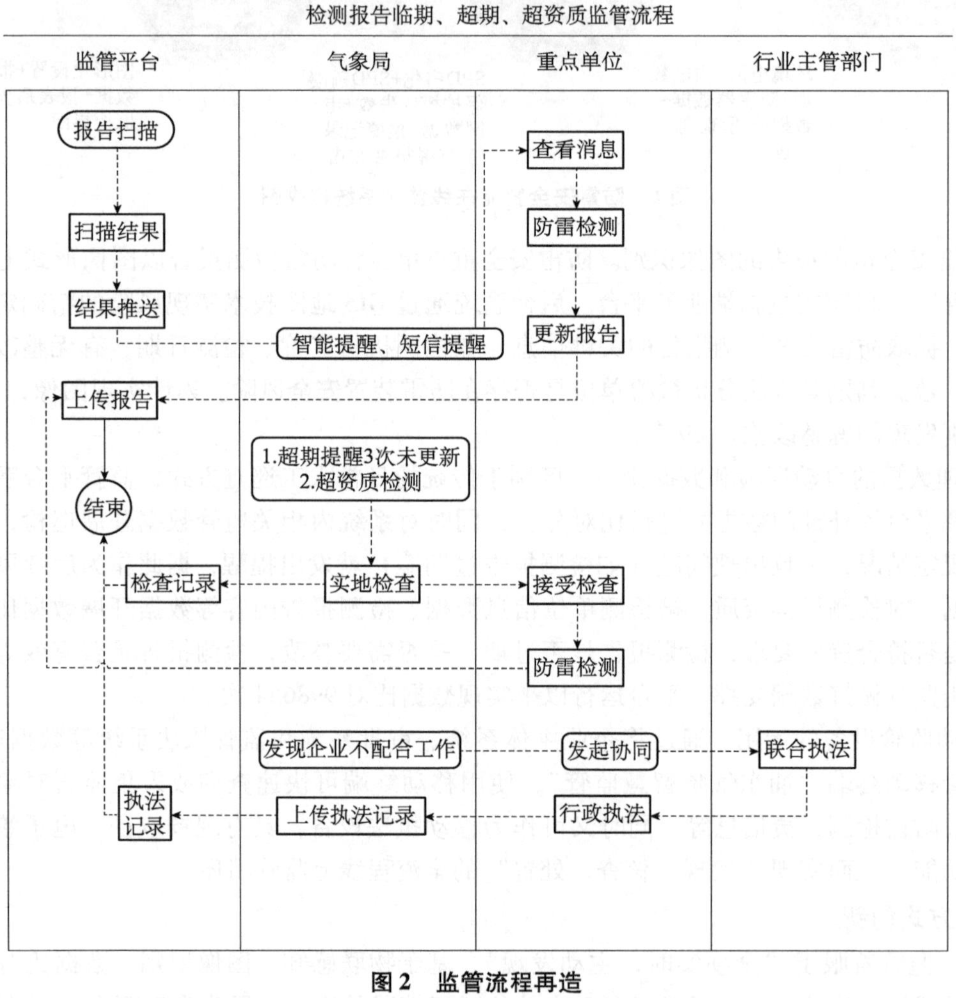

图2 监管流程再造

（2）协同处置流程再造。构建分级联动响应闭环机制，纳入新区城运协同治理平台。对于通过社会主体自行处置的问题形成“小闭环”强化企业安全主体责任，如防雷安全智能在线监测发现的问题；对于通过跨处室、跨层级处置的问题形成“中闭环”，如雷击事故调查；对于需要跨政府部门、跨行业、跨主体处置的问题形成“大闭环”，如跨部门防雷安全监管等，通过可视化后台管理系统设计，结合图像识别、数据对比以及外部协同系统的接口开发建设，实现浦东新区气象监管协同治理。借助先进的技术和管理模式，打破原有业务流程封闭、数据信息不能共享的局限，联动应急管理局、综合执法局等相关部门，一是针对危化品企业防雷安全风险，经应急管理局检查发现“危化品企业因雷击引发安全事故或安全隐患”的情况，由应急管理局发起协同工单，推送至气象局，开展跨部门协同处置，将处置流程纳入区城运中心标准化、智能化协同监管处置平台。

3.3　实践成效

通过防雷安全监管数字化转型应用实践，实现了从源头上及时发现、智能发现，切实提升了科学监管的成效。

（1）降低了重点单位雷电灾害风险，减少生命财产损失。在原有年度安全检测的“人防”情况下，智能在线监测设备可有效加固“技防”短板，弥补原有年度检测周期过长（一年一次或两次）的问题，同时系统与浦东新区一体化业务平台对接，雷电预警信息第一时间发送给企业相关负责人，便于企业提前做好必要的雷电防护措施。运行以来智能在线监测累计报警 4474 次，推送给企业进行及时处置。

（2）提升了监管效能，进一步优化营商环境。浦东防雷安全监管数字化转型解决了传统监管手段存在问题发现慢、处置效率低等问题，系统主动识别防雷监管的风险隐患点，智能推送给执法人员，有效开展具有针对性的分类监管。2022 年，通过“浦东气象智慧监管”小程序非现场完成了加油站 152 家、星级酒店 19 家、重点危化品企业 67 家的防雷安全监管检查，按照“高中低”风险自动推送监管措施，提升监管效能近 60%；减少跑腿数三分之一，累计发送监管提示短信 111357 条，形成“无事不扰、有事必究”的监管模式，提升科学监管效能的同时优化了营商环境。

（3）加快了政府职能转变，着力提升服务水平。按照监管“无事不扰”和服务“无处不在”原则，开展了“线上＋线下”同步检查，将政策法律宣传、风险排查管控、气象应急预案指导等服务贯穿监管检查的事前、事中、事后各环节，多次受到企业好评。

4　结语

随着数字社会、数字政府建设提上日程，数字化转型是促进信息技术渗透融合、深度应用的现实选择，在后疫情时代下如何运用数字化手段转变原有治理理念和管理模式，借助现代科技力量平战结合推动防雷安全监管数字化工作，需要发挥数字系统永远在线、永不休息、灵敏高效的优势，是一个全新的课题，在不断探索实践的过程中应注意以下问题。

（1）全局观和系统化。数字化转型建设应从全局出发，创新监管制度，梳理管理流程，建立以应用场景为基础的数据共享，形成国家、省市、地市、区县和气象部门与外部门的数据交换、共享、协同管理。数字化转型建设应注重可复制推广的系统化，建立涵盖“采集、归集、应用、运行、算法和监管”全生命周期的防雷安全监管体系，形成统一可复制的规则、数据和流程标准[5]。

（2）可操作性和有效性。防雷安全监管数字化转型建设在推进路径上应秉承合理可操作性的原则，既需要数字技术和数据要素的全方位赋能，更需要流程、规则、功能和生态的革命性重塑，并在不断研究、实践中反演完善。数字化转型建设的初心、过程和目标都应以人民为中心，让技术和监管方式“为人而转”，需注重数字化转型给企业、市民带来的实际体验和感受，真正让城市更智慧、更温暖和更美好[6]。

参考文献

[1] 王放，姚敏．新形势下提升数字治理能力的有效路径［J］．人民论坛，2021（18）：79-81.
[2] 王光波，武宁，吴华斌．新形势下提升防雷安全监管能力的探讨［J］．农业灾害研究，2020（7）：51-52.

[3] 中华人民共和国住房和城乡建设部，中华人民共和国国家质量监督检验检疫总局．建筑物防雷设计规范：GB 50057—2010［S］．2010.
[4] 李昌驭，陆文宇．江苏省建筑工程防雷检测现状及对策［J］．中国建筑金属结构，2021（7）：42-43.
[5] 珞佳．数字化改革进程新观察［J］．群众，2021（11）：19-20.
[6] 王振．论“以人民为中心”思想下的城市治理——以上海为例［J］．城市学刊，2018（5）：88-93.

海南岛台风“暹芭”暴雨过程气象服务案例分析

陈　明　王恬爽　连俊标

（海南省气象灾害防御技术中心，海口 570203）

摘要：受台风“暹芭”影响，2022 年 7 月 1—3 日，海南岛出现全岛强降雨天气过程。此次过程具有雨势强、历时长、范围广的特点。针对此次台风天气过程，海南省气象局预报较为准确，预警信息发布及时，在降低台风灾害影响中发挥了重要作用，引起社会的广泛关注和高度评价。本文以此次优秀的气象服务为案例，分析总结了此次过程中预报预警、气象服务的成功经验与不足，为今后防灾减灾工作积累经验，进一步提高气象服务水平。

关键词：台风；暴雨；气象服务；典型案例

引言

台风被认为是地球上气象灾害破坏性最大的天气系统。台风带来的灾害主要有大风、暴雨和风暴潮及伴随而来的次生灾害[1]。我国是世界上受台风影响最严重的国家之一，中国的台风灾害呈现发生频次高、危害程度重等特点，自 20 世纪 90 年代开始日益受到关注[2]。海南岛是我国的第二大岛屿，属热带季风海洋性气候，全年大部分地区水汽充沛，具有独特的气候特点。由于其地处中国最南端，且四面环海，是热带风暴、台风的多发区，素有“台风走廊”之称。台风带来的暴雨及次生灾害是海南岛重要的气象灾害之一，严重影响地区的经济发展和人民生命财产安全。而气象服务是气象部门积极应对台风等灾害天气及其次生灾害的有效手段。2022 年 7 月 1 日至 3 日，第 3 号台风“暹芭”影响海南岛。海南省气象局通过及时准确的预报预警和气象服务为公众和各行业部门提供了有效的防御时间，在降低台风灾害影响方面做出了较大贡献。本文以此次过程优秀的气象服务为案例，分析总结了此次过程中预报预警、气象服务成功经验与不足，为今后防灾减灾工作积累经验，进一步提高气象服务水平。

1　台风“暹芭”暴雨过程天气实况简述

受台风“暹芭”影响，2022 年 7 月 1—3 日，海南岛出现强降雨天气过程。监测资料显示，此次过程全岛普降暴雨，局地大暴雨，过程累计降水量见图 1。全岛 18 个市县及洋浦开发区共 210 个乡镇（区）雨量超过 100 mm，共 58 个乡镇（区）雨量超过 200 mm。最强降水主要出现在西部、南部乡镇，昌江、三亚、乐东和东方 4 个市县共 12 个乡镇（区）雨量超过 400 mm，最大为昌江县王下乡（581. 4 mm）。7 月 1 日 20 时至 2 日 20 时，三亚国家气象观测站降雨量 421. 6 mm，突破当地有历史记录以来日降雨量极值（327. 5 mm，1986 年 5 月 20 日）。综上所述，此次过程主要有三个特点：过程雨势强、持续时间长和影响范围广。

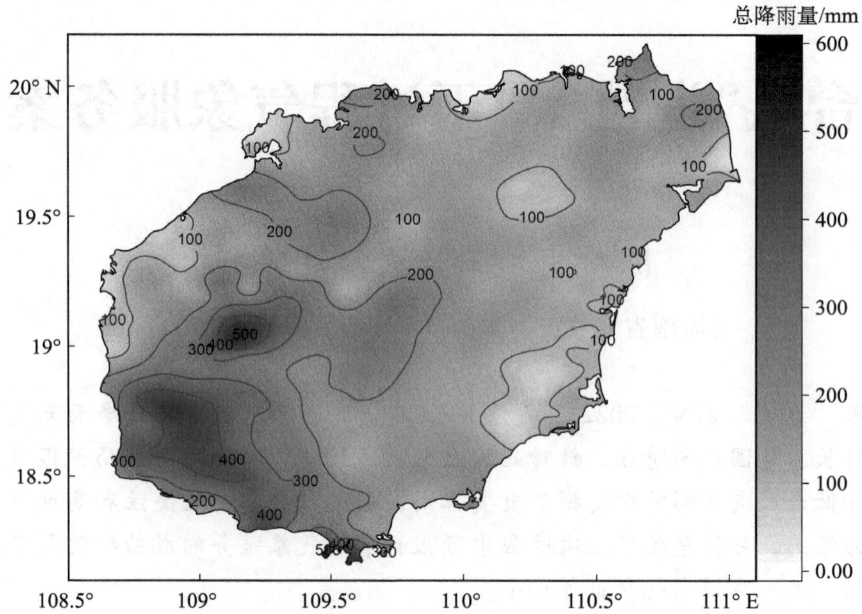

图1　海南岛台风“暹芭”暴雨过程雨量图

2　灾情及影响

据统计，台风“暹芭”影响期间，琼州海峡全线停航，海南环岛高铁、海口市郊列车全线停运；全岛受灾人口3.55万人，因灾死亡2人；农作物受灾面积1382.56 hm^2，农作物绝收面积151.28 hm^2，直接经济损失1.83亿元。同时，台风“暹芭”带来的强降雨造成白沙县、保亭县、昌江县、儋州市、乐东县、琼中县、三亚市和五指山市8个市（县）出现不同程度的山洪地质灾害，其中昌江县和儋州市还出现了不同程度的中小河流洪水灾害和城乡积涝。

3　预报预警情况

台风“暹芭”生成前期及影响期间，海南省气象部门于6月22日提前一周预报南海将有热带气旋生成，提前3天准确预报热带低压将发展为台风影响海南岛，且预报台风向西北方向移动，登陆粤西到海南岛东部一带沿海地区，路径预报准确。6月29日19时，经应急办成员单位负责人与各气象台值班人员会商后，海南省气象局启动气象部门部分单位台风四级应急响应。7月1日06时，将部分单位台风四级应急响应提升为全省气象部门台风三级应急响应，同日22时提升为台风二级应急响应。7月3日10时，终止全省气象部门台风三级应急响应。具体预报预警情况如图2所示。从启动应急响应开始，海南省气象局严格落实领导、首席24 h应急值班制度，密切监测天气，加强部门联动，全力做好台风与强降雨天气过程的应对服务工作。

6月29日起，预报开始提到此次台风过程将给海南岛及四周海域带来强风雨天气，随即海南省气象台发布台风和暴雨预警，并在后期联合海南省水务厅和海南省自然资源和规划厅多次发布山洪和地质灾害气象风险预警。据统计，6月29日11时至7月3日10时，气象部门共向全省决策部门和社会公众发布热带低压消息5次、台风预警22次、暴雨预警12次；联合省资规厅发布地质灾害气象风险预警2次，联合海南省水务厅多次发布山洪灾害气象风险预警2次。

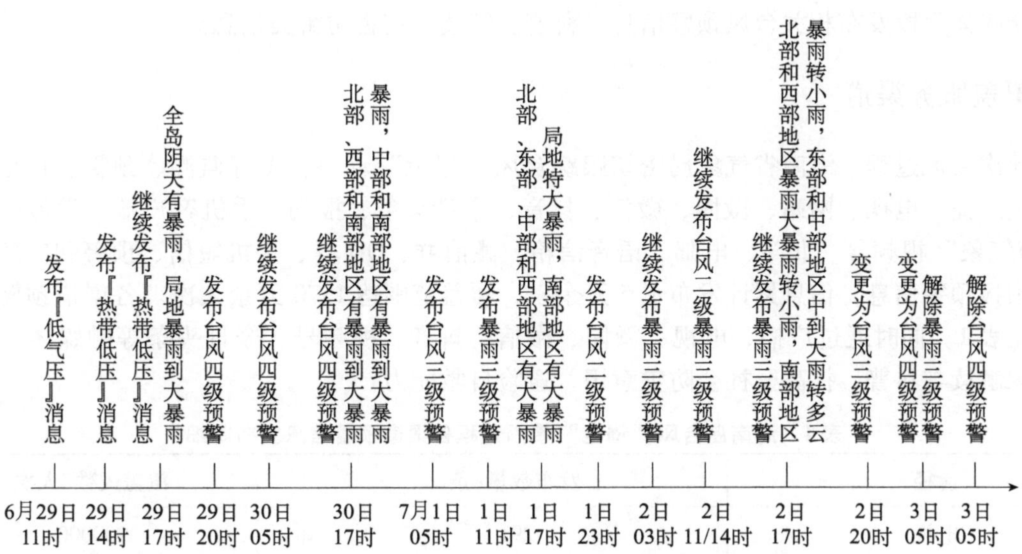

图2　2022年6月29日—7月3日预报和预警发布情况

4　气象服务成效

4.1　递进式气象服务

围绕防御台风“暹芭”关键时间节点，按照“7+31631”递进式气象服务模式开展决策服务。提前7天在重要气象信息报告预报南海将有热带气旋生成；提前3天准确预报热带低压将发展为台风，6月29日热带低压生成后，决策服务信息迅速送往省委、省政府及应急、交通运输、水利、城管、农业农村、自然资源、旅游等部门，通过7期《重要气象信息报告》为省委、省政府、各防灾部门提供定量风雨预报，做到防御有重点；提前1天滚动提供风雨落区和具体影响时段，及时调整台风路径预报和风雨预报，细化防御建议；每6 h定位高风险区并开展临灾精细化预警，发布省级台风预警22次、暴雨预警12次、各级气象灾害预警信号181条；每3 h滚动分区预警和风险提示，为省三防指挥部提供逐3 h精细到乡镇的《雨情统计及预报》15期；每1 h滚动发布台风定位信息，为各级政府及防汛部门提前防御提供科学依据。

4.2　多样化服务手段

此次台风过程发生前，6月16日，海南省气象局与海南省三防指挥部联合编制印发《关于加强台风、暴雨灾害防御工作的指导意见》，对各级政府及各行业部门的台风、暴雨预警信号响应行动做出明确指导，针对不同级别预警信号提出相应组织落实措施，实现台风、暴雨预警信号与“五停一关”有效衔接。此外，于6月27日与省应急管理厅联合印发《全省气象灾害公众防御指引》，强化公众气象灾害风险防范意识，提升应急避险和自救互救能力。

台风“暹芭”影响期间，海南省气象局召开新闻发布会，向媒体通报台风“暹芭”最新情况以及相关防御建议；海南省突发事件预警信息发布中心启动全省全网发布，提醒公众和有关部门做好防台风准备，以7月1日22时海南省政府发布台风二级预警为例，全省90余万人通过有线数字电视、985万人通过手机准时收到台风二级预警；通过北斗卫星发射系统向全省5095艘渔船发送预报预警信息76次；向7216个执业导游，司机、旅行社等相关责任人提供专项预报预警信息21次；通过微信向“平价菜行动专班”提供琼州海峡预报等信息25次；省气象台首席预报员不定时接受媒体现场采访，同时充分利用新媒体手段发布相关台风预警信息、科普、解读、灾害防御类信息。

4.3 全覆盖服务渠道

针对此次台风过程，海南省气象局密切跟踪台风“暹芭”动态，做好监测、预警、预报、服务工作，并通过广播、电视、网站、微博、微信、抖音、今日头条、报刊、手机客户端、学习强国海南平台、“海南气象”视频号、北斗、电邮、语音信箱、微信群、QQ 群、手机短信、预警和应急大喇叭等渠道发布预报预警信息，信息累计发布 1.5 万余条，覆盖范围达 1570 万余人次。各渠道预警信息发布明细具体见表 1。同时通过广播、电视、微博、微信、抖音、视频号、今日头条等融媒体平台广泛开展气象知识解读与科普，提高全社会防灾意识、避险自救能力。

表 1　海南岛台风“暹芭”暴雨过程各渠道预警信息发布明细

途径	发布数量/条	覆盖人数/人次
电视	291	900000
广播	291	600000
应急大喇叭、显示屏	291	43533
电话	11633	786843
短信	550	1654000
传真	87	765
网站	291	5170
邮件	861	861
微信	291	78000
微博	291	365724
APP	291	1374684
运营商	1	9850000
其他	50	44000
总计	15219	15703580

5　社会反馈

台风“暹芭”过程中公众获取有效气象信息的方式比例如图 3a 所示，使用手机获取信息的公众最多，高达总数的 55%；其次是通过网络途径获取信息的公众，占总数的 15%；通过报纸获取信息的公众最少，仅为 3%；此外，通过广播、电视、信息员和显示屏获取信息的公众分别为总数的 10%、8%、5%、4%。收到预警信息后各途径均有 80% 及以上的公众采取了应对措施；由于信息员的信息传递方式为点对点，收到预报预警的公众全部及时采取了应对措施；而报纸、显示屏以及电视由于受众量较小且年龄层次偏大，因此通过这些途径获取气象信息后仅有 80% 的公众采取措施，具体数据见图 3b。在此次台风服务过程中，海南省气象局提供了出色气象保障服务。调查显示，95% 的社会公众表示非常满意，另外 5% 的公众表示比较满意。特别是手机上的“海南气象服务”的官方微博、“海南气象”微信、抖音以及视频号受到了广大网友的关注，并对气象工作做出了很高的评价。

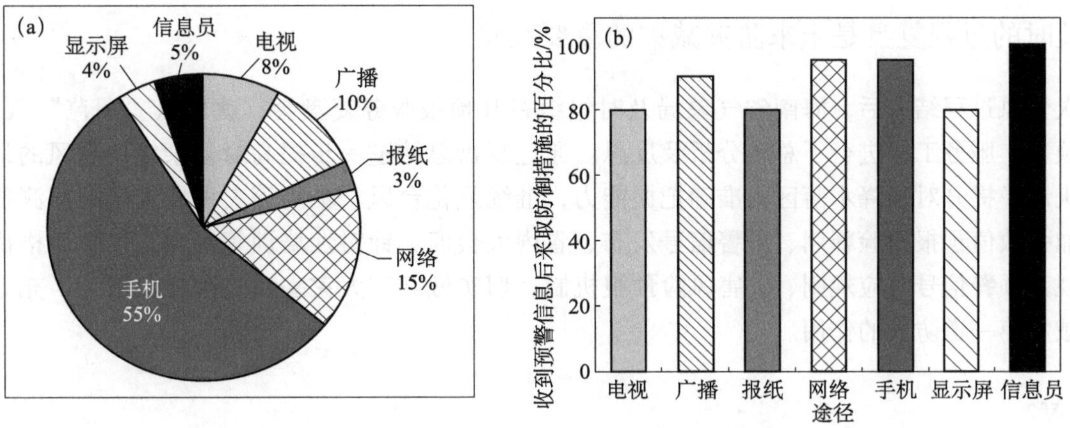

图 3 海南岛台风“暹芭”暴雨过程预警信息发布各渠道的公众评价

6 总结与讨论

6.1 超前的预报预警服务是防灾减灾的前提条件

此次台风服务过程中，海南省气象局提前预测，及时预警，准确预报，效果良好。同时，通过会商、新闻发布会和各类新媒体渠道提前传递预报预警信息，如做好回港避风船只的安全管理工作、加强水库安全巡查、城市积涝、中小河流洪水和地质灾害防范工作等，为各级政府、防汛部门和社会工作提前防御提供科学依据。

6.2 递进式气象服务是防灾减灾的第一道防线

“7 +31631” 递进式气象服务，是海南省气象部门针对大尺度灾害性天气过程，围绕“灾前、临灾、灾中、灾后”关键时间节点，建立的灾害性天气递进式预报预警工作机制。在此次应对台风“暹芭”服务过程中，“7 +31631” 机制在每个时间节点上巧妙发力，大大提高气象部门与各部门的应对效率，是做好应急气象服务的保证。

6.3 高效部门联动是防灾减灾的关键举措

7 月 1 日，海南省防汛防风防旱指挥部召开防御“暹芭”视频部署会议，分析台风“暹芭”的发展态势，研判其带来的灾害风险，提出防御建议，强化台风预警与响应联动衔接。针对此次台风过程，各部门领导在省三防办联合值守，指导各市县各部门迅速进入临战状态，形成全省联动、齐抓共管合力，发挥气象监测预报预警联动机制作用。

6.4 多渠道气象服务是防灾减灾的有力支撑

此次台风服务过程中，海南省气象局担当“消息树”角色，给海南省主流报纸、网站以及中央驻琼等媒体发送相关稿件 32 篇（含原创科普图解）。同时微信、微博和今日头条等多渠道新媒体总阅读量创历史新高。融媒体矩阵联动和防灾减灾科普，加强了气象预报预警信息的快速传递与宣传，提高了社会公众对台风等自然灾害的应急处理能力，受到社会各界的广泛好评，切实保障人民群众生命财产安全。

6.5 及时的过程复盘是未来防灾减灾的重要经验

此次台风过程结束后，海南省气象局及时组织召开预报服务复盘会，就台风“暹芭”气象监测、预报、预警、服务工作进行了总结分析及反思。通过复盘总结进一步提高对复杂结构台风的认识，剖析降水机制，提升对强降水落区的准确把握能力，继续强化台风、暴雨等灾害性天气的监测预报预警服务；加强数值预报检验释用、预警信号发布、省内大会商、针对性培训等各项工作；严格执行叫应制度，规范预警信号叫应规则、灾害风险预报机制。切实做好重大灾害性过程气象服务，充分发挥气象防灾减灾第一道防线的作用。

参考文献

[1] 梁必骐，梁经萍，温之平．中国台风灾害及其影响的研究［J］．自然灾害学报，1995（1）：84-91.
[2] 王咏梅，任福民，李维京，等．中国台风降水的气候特征［J］．热带气象学报，2008（3）：233-238.

基于智能网格预报的精细化地质灾害气象风险预警技术与应用*

张肃诏[1,2,3]　纪晓玲[1,2,3]　黄　玮[4]　张亚刚[1,2,3]　罗　楷[4]

（1. 中国气象局旱区特色农业气象灾害监测预警与风险管理重点实验室，银川 750002；
2. 宁夏气象防灾减灾重点实验室，银川 750002；3. 宁夏气象台，银川 750002；
4. 宁夏国土资源调查监测院，银川 750002）

摘要：针对宁夏地质灾害气象风险预警技术支撑不够、精准化程度不高、预警能力偏弱等问题，利用 2015—2021 年，宁夏地质灾害发生案例和降水资料，分析了降水型地质灾害类型及其与不同性质降水的关系，给出了地质灾害与降水的关联指标；基于宁夏高分辨率智能网格降水预报和地质－气象数据共享信息，采用数据挖掘模式和 BP-DNN 神经网络等机器学习算法，建立了地质灾害气象风险预警动态训练模型，研发了精细化地质灾害气象风险预警产品，业务化试用效果良好，有效提升了地质灾害气象风险预警精准化水平和综合防治能力。

关键词：地质灾害；气象风险预警；智能网格预报；机器学习

引言

宁夏地处青藏高原东北部，境内地质条件复杂，地质环境脆弱，地质灾害分布点多、面广，每年均有新的地质灾害隐患点出现，不仅给国家和人民生命财产带来巨大隐患，也给当地国民经济建设和社会发展造成严重影响，防治任务重。据 2019 年地质灾害排查成果，宁夏现有地质灾害隐患点 953 处，威胁人口 52247 人，威胁财产 10. 8 亿元。气象与自然资源部门联合开展地质灾害风险预警业务以来，有效推动了地质灾害风险防御防治，避免、减轻了较大规模的地质灾害损失[1-7]。但随着经济社会不断发展，地质灾害风险预警精细化程度和能力已满足不了经济社会发展需求。本文在分析地质灾害与降水关系基础上，采用数据挖掘和机器学习算法[8-11]，建立了基于地质－气象信息融合的地质灾害气象风险预警模型，研发了精细化风险预警产品，提高了宁夏精细化地质灾害气象风险预警水平和服务能力。

1　资料选取

2015—2021 年宁夏降水型地质灾害因强降雨或连续降雨诱发，普查详查数据包括详细时间、位置

＊ 资助项目：宁夏回族自治区重点研发计划项目“基于智能网格预报的精细化地质灾害气象风险预警关键技术研发与应用”（2020BEG03027）。

第一作者：张肃诏（1988—），男，四川绵阳，学士，工程师，主要从事天气预报及方法研究。E-mail：1186313294@qq. com。
通讯作者：纪晓玲（1967—），女，陕西富平，硕士，正高级工程师，主要从事灾害性天气预报技术研究。E-mail：jixlingyc@163. com。

记载的地质灾害点，同期逐日降水量以及坡度、坡向、地貌类型、地表起伏度、工程地质岩组、地表断裂影响、坡面径流影响、坡型、土地利用类型、人类扰动强度等地质环境数据。

2　地质灾害发生特点及其与降水关系分析

2.1　宁夏地质灾害特点

2015—2021 年，宁夏地质灾害隐患点有 752 个，其中，滑坡点 307 个，崩塌点 191 个，泥石流点 254 个；共发生降水型地质灾害 75 次，其中，滑坡类 55 次（占比 73.4%），崩塌类 19 次（占比 25.3%），泥石流类较少（仅发生 1 次，占比 1.3%）。从图 1 可看出，宁夏海原及以南地区为高发区，尤其是六盘山区，主要为滑坡、崩塌，吴忠市利通区北部发生 1 次崩塌，贺兰山东麓发生过泥石流。

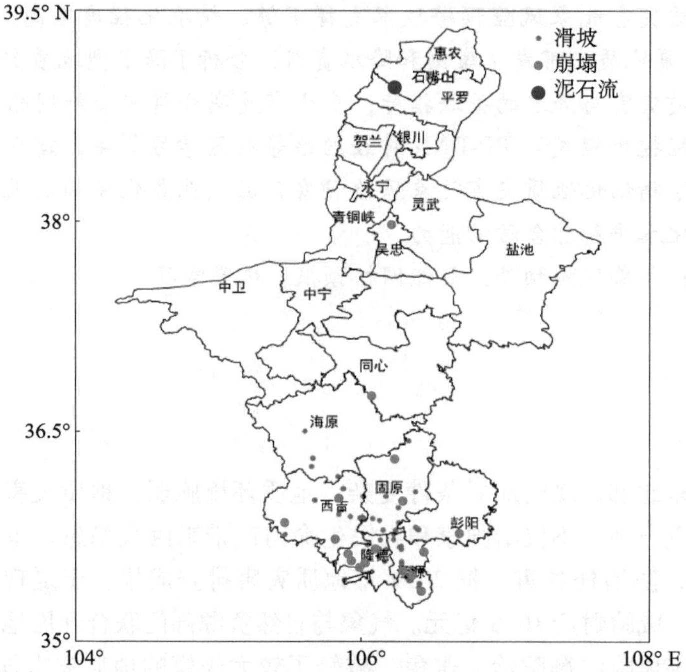

图 1　2015—2021 年地质灾害发生地点分布图

2.2　地质灾害与降水关系分析和关联指标

2.2.1　与年、月、日降水量关系

从图 2a 可以看出，各站平均年降水量基本上呈逐年上升的趋势，且除西吉外，其他各区（县）平均年降水量大小与地质灾害发生频次呈正比，其中泾源最大。地质灾害次数随着平均年降水量呈线性增加关系。

图 2b 显示，地质灾害发生与月降水量变化一致，呈正态分布，集中发生在每年 7—9 月，特别是 8 月、9 月，占比分别为 33.3%、28%；3 月、4 月、6 月、10 月也有出现，但占比少，与降水集中期有较好的对应关系。

从图 2c 看出，当日降水量≥10 mm 的地质灾害 22 次，其中滑坡 16 次，崩塌 6 次，占地质灾害总次数的 29.3%；当日降水量 10 mm 以下的地质灾害 43 次。

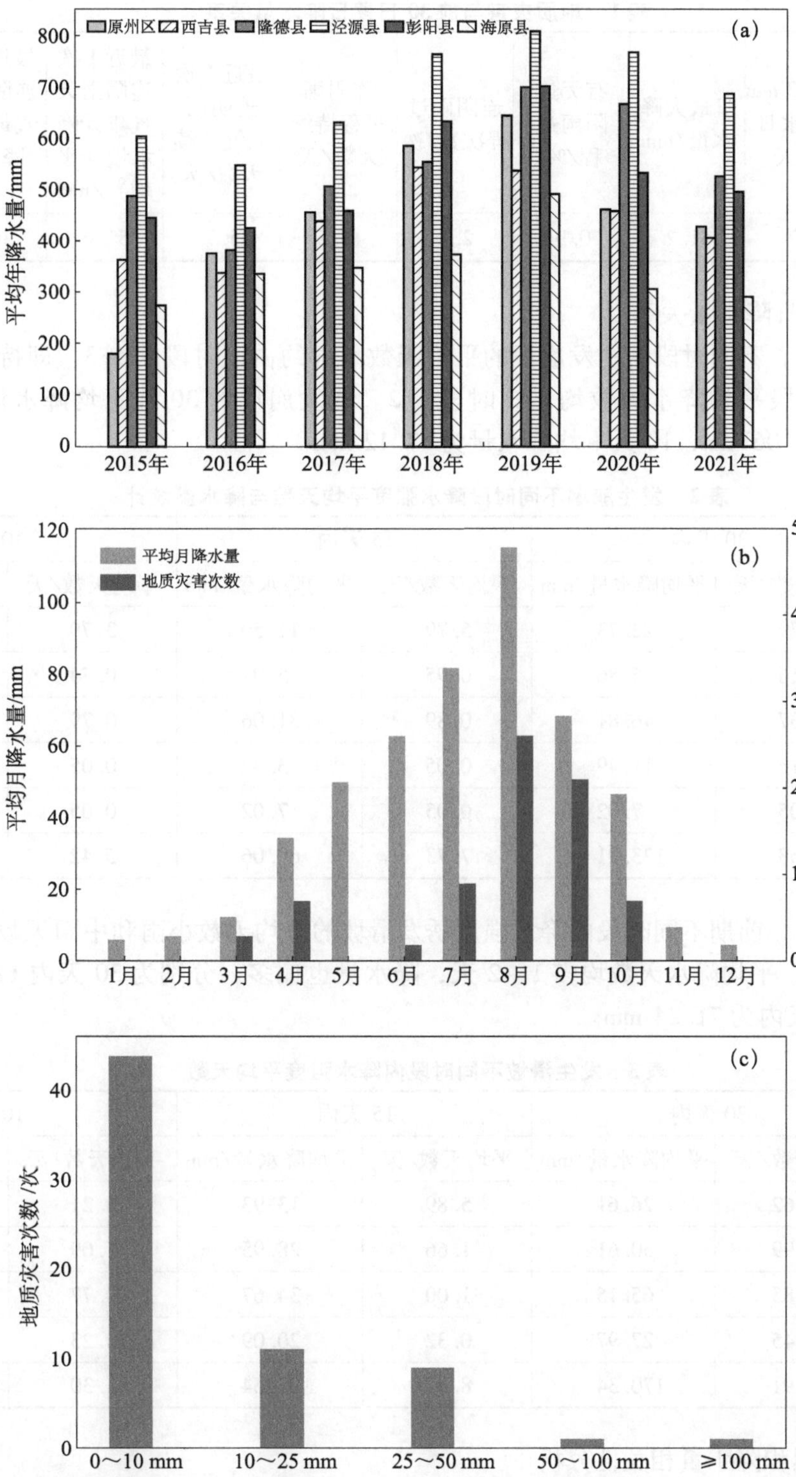

图2　2015—2021年地质灾害次数与平均年降水量（a）、平均月降水量（b）、不同量级日降水量（c）关系

2.2.2　与发生前期降水量关系

（1）与前期30日逐日降水量关系

从表1看，地质灾害发生前30日降水日数平均为15.8天，超过10 mm的降水日数平均为4.7天，最近1次连阴雨天气持续天数平均为5.7天、累计降水量平均为51.6 mm、最大日降水量36.0 mm、距离发生当天间隔日数为2.6天。

表1　地质灾害与前30日逐日降水量关系

	地质灾害发生前1个月降水日数/天	超过10 mm的降水日数/天	日最大降水量/mm	有无连阴雨过程/%	连阴雨过程次数/次	连阴雨过程持续天数/天	最近1次连阴雨天气持续天数/天	最近1次连阴雨天气累计降水量（平均）/mm	最近1次连阴雨天气最大日降水量/mm	最近1次连阴雨天气距离地质灾害发生当天间隔日数/天
平均值	15.8	4.7	41.2	0.9	2.7	15.5	5.7	51.6	36.0	2.6

（2）与前期累积日降水量关系

对于崩塌（表2），不同时段内诱发崩塌的平均天数小雨约占该时段的1/3，即持续降水造成崩塌概率较大，且不同时段平均降水天数均占该时段1/2。诱发崩塌的30天平均降水量为123.91 mm，15天平均降水量为69.06 mm，10天平均降水量为57.12 mm。

表2　发生崩塌不同时段降水强度平均天数与降水量统计

	30天内		15天内		10天内	
	平均天数/天	平均降水量/mm	平均天数/天	平均降水量/mm	平均天数/天	平均降水量/mm
小雨	9.79	22.73	5.79	11.59	3.79	7.35
中雨	2.16	35.86	0.95	15.97	0.74	12.14
大雨	1.37	46.81	0.89	31.06	0.79	27.20
暴雨	0.16	11.49	0.05	3.42	0.05	3.42
大暴雨	0.05	7.02	0.05	7.02	0.05	7.01
平均	13.53	123.91	7.73	69.06	5.42	57.12

对于滑坡（表3），前期不同时段内降水强度诱发滑坡的平均天数小雨和中雨天数和崩塌相似，但大雨和暴雨明显偏多，平均降水天数均多1～2天，降水量也偏多，分别为30天内170.34 mm，15天内为97.64 mm，10天内为71.24 mm。

表3　发生滑坡不同时段内降水强度平均天数

	30天内		15天内		10天内	
	平均天数/天	平均降水量/mm	平均天数/天	平均降水量/mm	平均天数/天	平均降水量/mm
小雨	11.62	26.61	5.89	13.93	4.21	10.11
中雨	2.99	50.61	1.66	28.95	1.09	19.44
大雨	1.85	65.15	1.00	34.67	0.77	26.39
暴雨	0.45	27.97	0.32	20.09	0.23	15.30
平均	16.91	170.34	8.87	97.64	6.30	71.24

（3）与前10 d累积降水量相关性分析

选取前10 d逐日降水量和前10 d逐日累积量（用后一天加上前期总降水量）形成新的特征量，与地质灾害进行相关分析。如第10天前降水为－9day，第9天前为－8day，则这两天之和为－98day，－97day为第10天前、第9天前和第8天前降水量之和，后面依次类推。然后，将10天日降水量和新生成的9个累积降水量，作为特征量与地质灾害计算相关系数并进行显著性检验。

根据显著性检验计算得到p值，当$p<0.01$时，通过99%显著性检验，$p<0.05$，通过95%显著性检验。20个特征量（表4）中，通过95%显著性检验的特征量为－7day、－95day、－96day、－93day、－91day、－94day，7天内的累积降水量与地质灾害发生的相关性最高。

表 4　显著性检验表

标签	相关系数 r	显著性 p	标签	相关系数 r	显著性 p
-7day	0.41	0.00	total	0.20	0.16
-95day	0.37	0.01	-1day	0.19	0.18
-96day	0.34	0.02	0day	-0.18	0.22
-93day	0.31	0.03	-8day	-0.16	0.27
-91day	0.31	0.03	-3day	0.14	0.33
-94day	0.29	0.04	-4day	-0.10	0.50
-92day	0.27	0.05	-6day	0.07	0.61
-5day	0.25	0.07	-98day	0.07	0.62
-9day	0.22	0.11	-2day	-0.05	0.72

2.2.3　关联指标

（1）地质灾害多发生在宁夏南部山区，发生次数与年均降水量变化一致，集中发生在7—9月。

（2）灾害发生前，有多次连阴雨过程，平均为5.7天，发生前3天至少有一次连阴雨过程，且累积降水量在36 mm以上。

（3）持续性降水造成崩塌概率较大，较强降水则易诱发滑坡。崩塌和滑坡降水临界阈值不一样，滑坡降水量大于崩塌，且滑坡降雨天数要多于崩塌。

3　地质灾害气象风险预警模型建立

BP-DNN模型具有非线性映射、自适应和自学习、泛化等能力，适用于与周围环境、人类活动、气象等因素相关、相互之间影响机理复杂的问题研究，故研究时采用此方法建立动态训练模型。

3.1　数据选取

选取坡度、坡向、地貌类型、地表起伏度、工程地质岩组、地表断裂影响、坡面径流影响、坡型、土地利用类型、人类扰动强度等10个地质环境相关数据集（部分见图3），构成数据通道，并为样本点增设了相应维度。

利用历史记载发生地质灾害的3994个样本点，根据样本点位置信息，抽取位置附近雨量站的历史数据，从降雨形态和降雨量两个维度进行分层抽样，选取277个有效个例作为反例样本点，个例作为58个正例样本点，再随机选取70%（即234个样本点）作为训练集，剩余101个样本点作为测试集。

3.2　模型建立与优化

（1）BP模型训练与建立技术流程

主要使用三层BP[12]网络进行预测（图4），输入层到隐层使用ReLU，$f(x)=\max(0, x)$函数，隐层到输出层使用SigMoid函数。

通过多次调试，确定BP神经网络模型的参数配置。因为维度高、属性之间的关系复杂，经过反复实验，选定了7层BP神经网络，即含有5个隐层的网络。输入层与隐层、隐层之间采用ReLU激活函数，隐层与输出层之间采用SigMoid激活函数，损失函数使用Binary Cross-Entropy。训练初始化使用Xavier均匀分布初始化器，优化器使用Adam优化器，参数遵循文献[13]中提供的值，在每一个隐层，对当前神经网络层单个训练样本的所有神经元的输入进行计算，利用统一均值和方差，对数据进行归一化处理。

（2）参数优化及动态训练

首先将模型中随机化的部分全部关闭，排除随机化导致的误差，然后通过各种方案对模型进行训练，发现当每个隐层节点均相同时，网络表现最为优异。

根据经验，隐层层数不应超过 $\sqrt{训练数据维度}$ ，隐藏层神经元数量不应超过训练数据维度的两倍。经反复试验，确定了5层的层数和每层45个神经元数量，这样可以获得最好的训练结果，试验结果与经验吻合。

随后，对不同隐层数量也进行了类似的实验，发现隐层数量为5时表现最好。表5表明，不同隐层数量准确度保持在80% ~85%，而测试集准确度起伏较大，隐层数量为5时准确度最高，为81.25%。

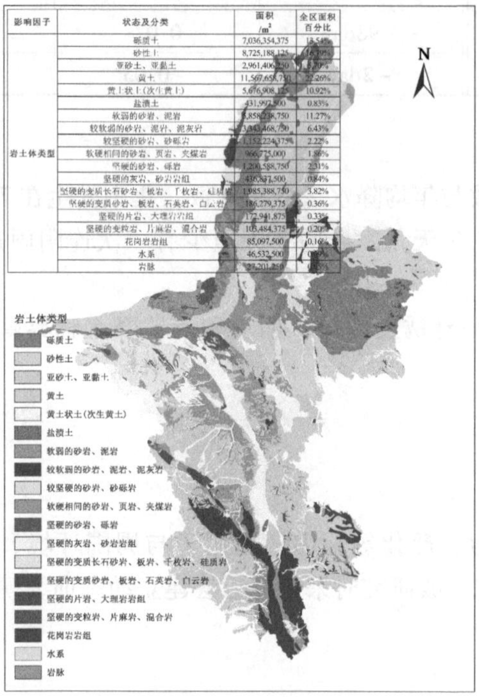

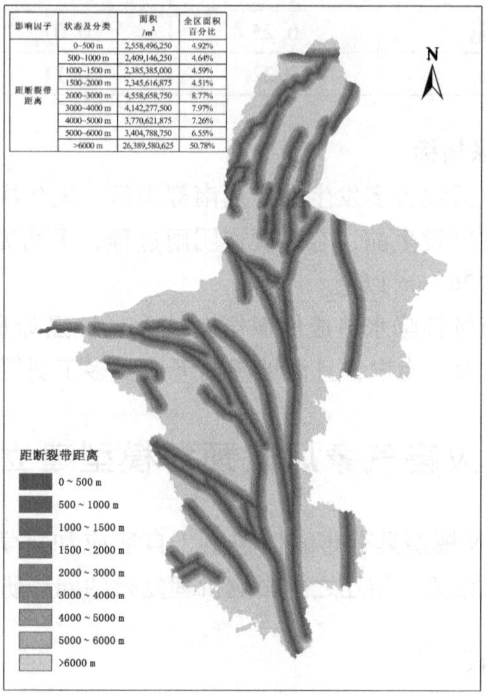

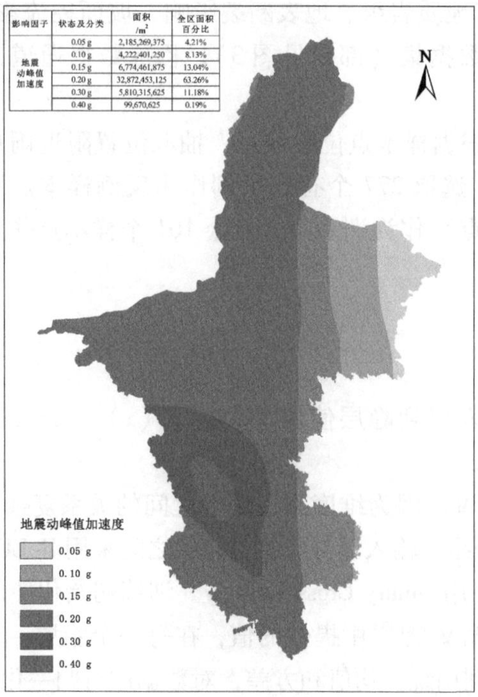

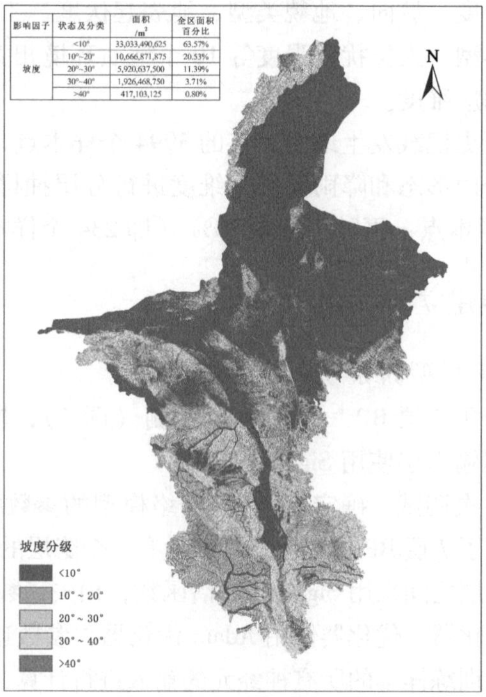

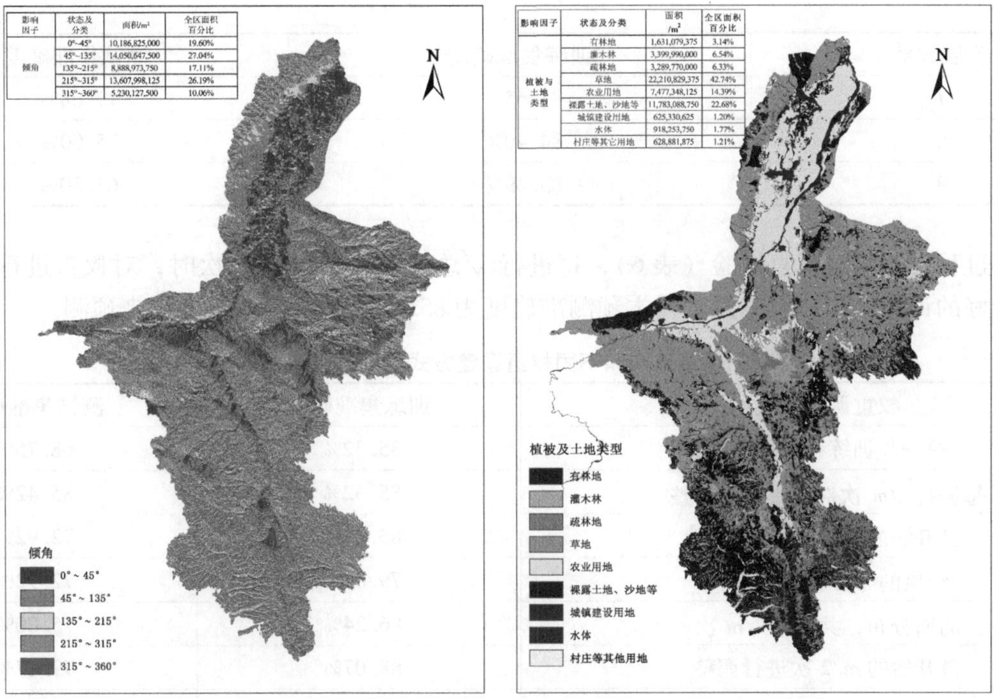

图3　部分影响因子相关数据

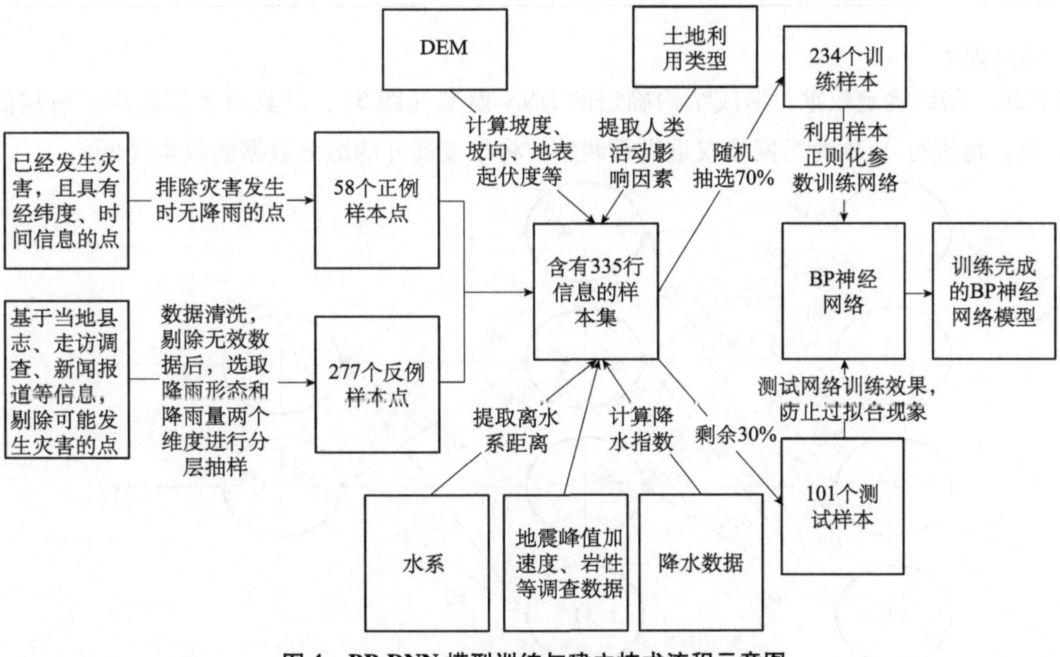

图4　BP-DNN 模型训练与建立技术流程示意图

表5　不同隐层数量对训练结果的影响

隐层数量	训练集准确度	测试集准确度
2	80.73%	72.92%
3	82.57%	75.00%
4	80.73%	75.00%
5	85.32%	81.25%
6	84.40%	60.42%

续表

隐层数量	训练集准确度	测试集准确度
7	81.65%	77.08%
8	84.40%	75.00%
9	83.49%	62.50%

在训练过程中，经过反复试验（表6），每进行 $\sqrt{总共训练的次数\ m}$ 次时，对权重进行上述调整，能够得到最好的训练结果。最终测试样本预测准确度为85.42%，可比较好地用来预测。

表6　网络结构和不同权重调整方式对训练结果的影响

权重调整方式	训练集准确度	测试集准确度
每一步训练都进行调整	85.32%	68.75%
每进行 $\sqrt{m}$ 次对权重进行调整	85.32%	85.42%
最开始的 $\sqrt{m}$ 次进行调整	85.32%	72.92%
结束的 $\sqrt{m}$ 次进行调整	79.82%	72.92%
高斯分布，共调整 $\sqrt{m}$ 次	86.24%	75.00%
最开始的 $m/2$ 次进行调整	88.07%	79.17%
结束的 $m/2$ 次进行调整	84.40%	70.83%
高斯分布，共调整 $m/2$ 次	87.16%	75.00%

（3）模型建立

通过训练，最终确定权重，形成结构确定的DNN模型（图5），其具有5层隐层，每层隐层具有45个隐节点，每进行 $\sqrt{m}$ 次时对网络权重进行调整，将维度展开的部分数据的权重降低。

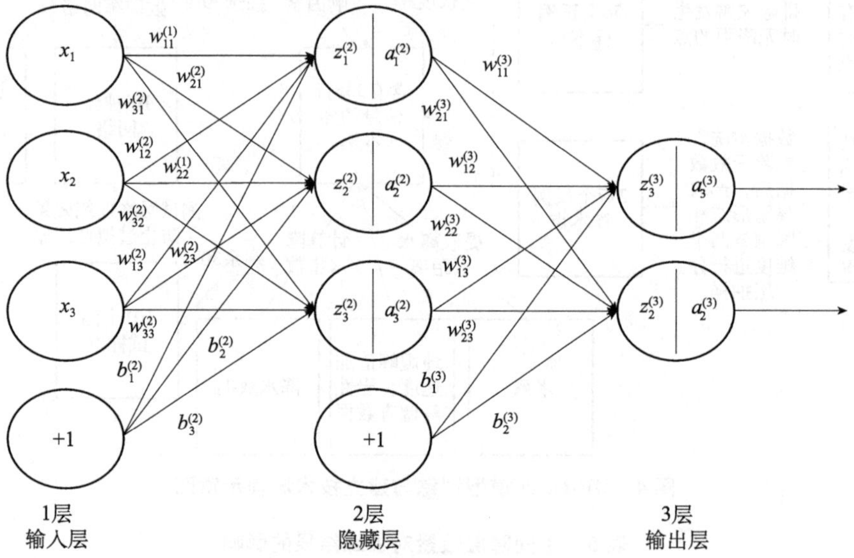

图5　BP-DNN模型示意图

3.3　优化风险预警业务技术流程

基于上述研究成果和智能网格降水预报建立了地质灾害气象风险预警技术和流程，研发风险预警产品，开展业务应用。

首先，预报员结合雷达、卫星、自动雨量站实时监测情况和降水演变情况分析研判，对未来10天宁夏智能网格降水预报进行实况订正，重点订正较短时效预报，形成新的不同时效降水预报。其次，选取过程前 N 天全区降水实况资料和未来 10 天内智能网格降水预报产品，得到降水特征因子，结合地质环境数据，根据降水型地质灾害特点，分析各个因子与地质灾害发生的相关性，确定各影响因子的权重系数，形成地质灾害敏感本底模型，然后使用 BP-DNN 神经网络建立地质灾害模型。最后，通过计算自动输出可编辑的风险预警产品，预报人员结合关联指标，对自动输出的风险预警产品进行编辑审核，形成最终对外发布、图文并茂的精细地质灾害气象风险预警产品（图 6）。产品时间分辨率与智能网格降水预报保持一致，即时间分辨率为 3、6、12、24 h，空间分辨率为 5 km×5 km。

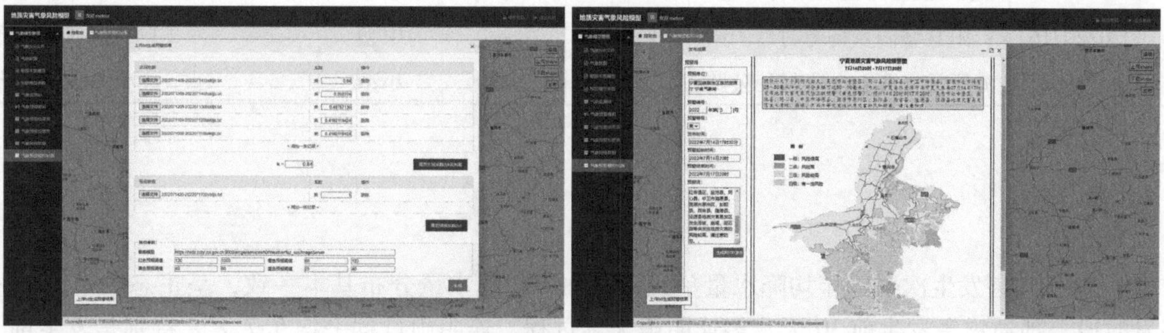

宁夏回族自治区地质灾害气象风险预警产品签批单

2021 年第 6 号

2021 年 9 月 24 日

气象预报时间	10 时 00 分	发送地质灾害气象风险预警信息时间	2021 年 9 月 24 日
风险预警时段	2021 年 9 月 24 日 10 时到 2021 年 9 月 30 日 8 时		
预报预警：预计 24 日白天到夜间，中卫市南部及固原市降水量在 20-40mm，部分乡镇 40-80mm。为此，宁夏自然资源厅与宁夏气象局 9 月 24 日 10 时 00 分发布地质灾害气象风险二级预警（橙色预警）。预计 24 日 10 时至 30 日 08 时，中卫市海原县、固原市大部发生滑坡、崩塌、泥石流等突发性地质灾害的风险较高，请注意防范，其中固原市彭阳县发生滑坡、崩塌、泥石流等突发性地质灾害的风险高，请加强防范。			
气象局领导值班员	马金仁 陈豫英	地质灾害预报值班员	仲佳鑫 黄玮

图 6　地质灾害气象风险预警产品

3.4　业务试用效果

2019—2022 年共发布地质灾害气象风险预警信息 33 条。预警准确率逐年提升（图 7），从 2019 年的 58% 提升到 2022 年的 75%；漏报率从 2019 年的 58% 逐渐下降至 25%；空报率整体处于下降趋势，从 2019 年的 62% 下降至 2022 年 25%，整体预警效果良好。

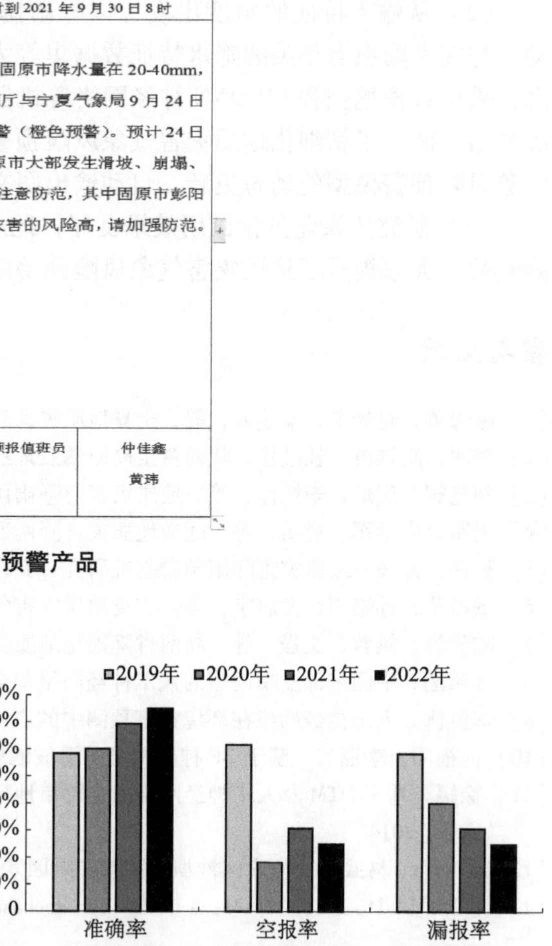

图 7　2019—2022 地质灾害风险预警信号检验

根据地质灾害风险预警当地群测群防网格员联

动排查上报灾情来看，2021 年有效避免了约 300 万元经济损失，2022 年有效避免了约 65 万元经济损失（表 7）。

表 7　2022 年度汛期地质灾害统计情况

序号	上报时间	发生位置	死亡人数	经济损失/万元	灾情等级	威胁财产	威胁人数	验证情况
1	20220625	西吉县平峰镇三合村街道	–	30	小型	0		漏报
2	20220714	原州区官厅镇后川村二组	–	15	小型		1 户 6 人	成功预警
3	20220716	彭阳县城阳乡杨塬村后山组	0	–	中型	–	2 户 7 人	成功预警
4	20220825	海原县九彩乡九彩村处公路	0	20	小型	–		成功预警

4　结论

（1）地质灾害发生次数随年均降水量呈线性增加，与降水量分布基本一致，呈正态分布，7—9 月是多发时段；地质灾害发生前 30 天，多连阴雨天气过程，连阴雨过程平均 5.7 天，特别是发生前 3 天连阴雨天气过程、累计降水量在 36 mm 以上；持续性降水易造成崩塌，发生前 1 个月内有 1/3 时间有雨，10 天平均降水量 57 mm；大雨、暴雨易诱发滑坡，平均降水天数在 1 ~ 2 天以上，10 天平均降水量 71.25 mm。

（2）从输入特征的角度出发，以降雨诱发的典型地质灾害隐患点、相关地质环境条件、人类扰动、与灾害隐患点相关的降水特征数据集等为学习样本，基于智能网格降水预报和地质 – 气象共享信息，采用数据挖掘和 BP-DNN 神经网络等机器学习算法，建立了降水型地质灾害气象风险预警动态训练模型，研发了精细化地质灾害气象风险预警产品，实现了地质 – 气象多源资料快速融合和地质灾害气象风险预警模型的动态更新，自动输出图文并茂的预警产品。

（3）研究成果业务化试用效果良好，地质灾害气象风险预警准确率逐年提升，空（漏）报率呈下降趋势，大幅提升了地质灾害气象风险预警质量，有效提升了防范化解重大气象灾害风险的能力。

参考文献

[1] 陈豫英，赵光平，桑建人，等．宁夏地质灾害气象预报预警研究［J］．自然灾害学报，2008，17（3）：81-86.

[2] 李明，高维英，杜继稳．陕西黄土高原诱发地质灾害降雨临界值研究［J］．陕西气象，2010（5）：1-5.

[3] 刘艳辉，唐灿，李铁锋，等．地质灾害与降雨雨型的关系研究［J］．工程地质学报，2009，17（5）：656-661.

[4] 冯军，尚学军，樊明，等．陇南地质灾害降雨区划及临界雨量研究［J］．干旱气象，2006，24（4）：20-24.

[5] 陈伟，许强．地质灾害降雨预警基准研究［J］．地球与环境，2011，39（3）：393-398.

[6] 杨淑萍，孙银川，尤志宇，等．宁夏地质灾害气象条件的初步研究［J］．沙漠与绿洲气象，2005（5）：1-7.

[7] 陈静静，姚蓉，文强，等．湖南省降雨型地质灾害致灾雨量阈值分析［J］．灾害学，2014，29（2）：42-47.

[8] 孙照渤．中国东部夏季雨型的人工神经网络集合预测［J］．大气科学学报，2013，36（1）：1-6.

[9] 李英柳．人工神经网络在环境灾害预测中的应用进展［J］．地质灾害与环境保护，2010，21（1）：8-11.

[10] 柯福阳，李亚云．基于 BP 神经网络的滑坡地质灾害预测方法［J］．广西科学，2014（8）：55-60.

[11] 徐媛．基于 DTM 及人工神经网络的合肥市地质灾害气象风险预报预警模型及其应用研究［D］．合肥：合肥工业大学，2014.

[12] 陈书生，易武．三峡库区沙坝沟滑坡影响因素分析与稳定性评价［J］．灾害与防治工程，2008（1）：19-24.

[13] KINGMA D，BA J. ADAM：a method for stochastic optimization［J］．Computer Science，2014：arXiv. 1412. 6980.

基于智能物联网技术的天津城市积水监测预警系统

侯天宇　梁　好　霍　凯　赵　敏　陈子煊　张春莉　苑　超

（天津市突发公共事件预警信息发布中心，天津 300000）

摘要：通过智能物联网技术实时获取积水监测实况数据，利用天津市气象精细化格点预报产品和城市自动雨量观测站实况数据，以机器自学习、神经网络模型和天津市城市内涝风险等级划分原理为基础，研究基于用户实时位置的城市内涝预报预警技术，研发天津市城市自动化积水监测预警系统，通过“天津天气”微信公众号实时推送预警消息。该系统在2018—2020年期间发挥重要作用，在2018年台风“安比”“摩羯”“温比亚”等多次重大天气过程中，验证结果良好。积水深度预报结果与监测结果基本一致。应用数据表明，该系统具备一定的城市内涝风险监测预警预报能力，为政府决策辅助、指挥调度提供精准、及时的数据支撑。

关键词：城市内涝；智能物联网；机器自主学习；神经网络模型；内涝预报预警

引言

天津位于华北平原温带季风气候区，夏季在西风带系统的控制下，受东南季风暖湿气流的影响，气象灾害十分严重，特别是强降水引起的城市内涝灾害。近几年，夏季暴雨引发的天津城市内涝“看海”模式屡见不鲜，给公众出行带来极大不便。

为了应对这一棘手问题，天津市防汛部门着重加强城市内涝综合治理能力建设。其中，建立完善的特大城市内涝监测预警系统是解决城市内涝的关键环节。国内外研究机构和学者对此开展了卓有成效的探索。张忠义等分析基于液位计和电子水尺的积水监测预警技术[1]；张书函等进行城市内涝判定标准量化研究[2]；黄丹萍等以内涝模型和风险等级划分原理为核心，研发精细化到街区的暴雨内涝监测系统[3]。

“十三五”期间，天津市突发公共事件预警信息发布中心自主研发智能物联积水监测预警技术，运用智能物联网技术走出了一条集积水监测、预报、发布于一体化的创新路线，通过物联网传输、GPS定位等方式，实现分钟级获取积水实况深度。现有技术可实现2 min内采集2万个监测点位的积水实况。目前，天津市主城区已建设177个积水监测站点，以内涝隐患点位的积水实况数据为基础，结合机器自主学习和神经网络模型算法，能够精确预测未来1 h以内各个点位的积水深度，再通过手机移动端“天津天气”微信向公众提供精准的城市内涝风险提示信息，提供用户实时位置和请求的积水深度监测预报预警产品。

1　资料来源及研究方法

利用2018年1月—2020年6月期间，天津市主城区31个城市雨量观测站逐小时降水资料、天津市气象精细化格点预报产品和历史积水实况数据（包含177个积水监测点名称、经纬度，以及积水起始结束时间、积水深度实况和内涝风险指数）。

2 内涝致灾因素

2.1 气象因素

日降雨量达到50 mm以上或12 h内降雨量达到30 mm以上，其中日降雨量100.0～249.9 mm或12 h内降雨量达到70.0～139.9 mm时，可称为大暴雨；日降雨量达到250 mm或12 h内达到140 mm时就可称为特大暴雨[4]。

造成天津市多次出现城市严重内涝的直接因子是降水因子。本文对2018年1月—2020年6月天津市内六区暴雨日进行查找筛选。筛选范围是市区内全部31个自动观测站，降雨量标准为每日08时—次日08时、20时—次日20时日降水量超过50 mm的暴雨日。统计结果为，2018年1月—2020年6月天津市内六区共出现20个单日降水超过50 mm的暴雨日。由图1看出，在这两年半时间内暴雨集中在5—8月。

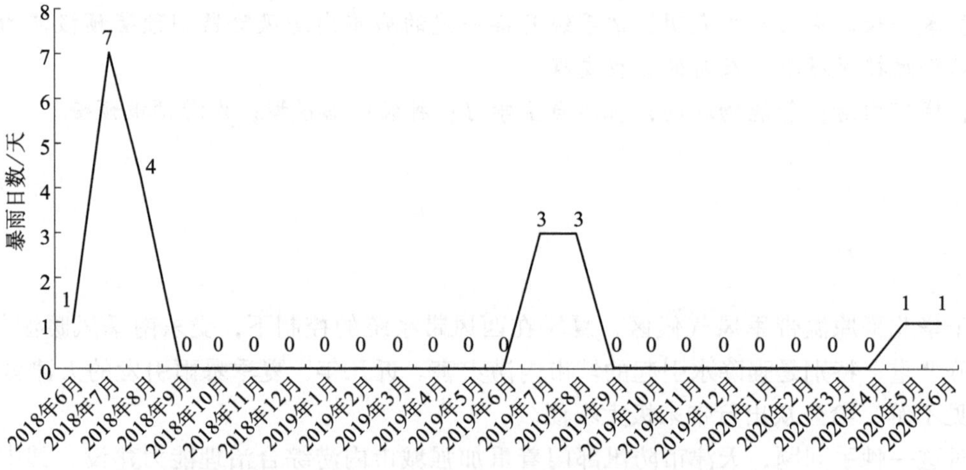

图1 2018年1月—2020年6月天津市内六区暴雨日数统计

2.2 地理因素

天津中心城区地势低洼，短时强降水过后，极易形成积水。天津市土地总面积95%都是地势平坦的平原，海拔均在5 m以下[5]，坡降大多为0.1%～0.5%。天津地势总体呈北高南低，北部山区从海拔高度1000 m降至50 m，东部沿海地区海拔高度2.5 m以下，西部从武清永定河冲积扇尾部向东缓缓倾斜，南从静海南运河大堤向东部的海河河口逐渐降低。市内多处洼地，被河道分割成大小不一的小洼地，使得地面一旦积水，不易自排[6]。

2.3 社会因素

天津作为北方最大的港口城市，在城市化进程的推动下，人类活动很大程度上改变了城市的地形、地貌、下垫面[7-9]。城市不断扩建，建筑物密度增大，绿地面积变少，使得不透水地面占比显著增大，每当短时强降水来临之际，较大雨量的降水超过了城市的排水能力，造成内涝灾害。内涝导致城区房漏屋塌、道路积水，给人们的生产活动、交通出行，甚至是生命安全造成较严重的影响。

3 城市自动化积水监测传感器设计

3.1 传感器原理

硬件设备通过薄膜式压力传感器实现，充分考虑水底外部空间压力差，薄膜发生细微形状变化后，传感器将会立即转化为电容信号，精准采集水位深度数据。该硬件兼具 GPS 定位功能和 GPRS 通信功能，水位实况数据和 GPS 位置数据将被实时推送至软件服务端。API 接口将设备位置数据、硬件序号和水位深度第一时间推送到在平台地图上[10]。

3.2 数据采集系统

系统分为节点设备和 Web 服务器端。节点设备主要实现针对城市积水检测预警系统需求，采集单个目标容器中的水位深度信息和设备所处位置的 GPS 信号并上传至指定服务器，接收来自服务器端的命令，解析后执行相关操作。

Web 服务器端接收各节点上传的数据并将位置信息和水位信息显示在地图界面中，单选或多选目标设备，下发操作命令。

4 城市内涝风险预警技术

4.1 神经网络模型影响因子及来源

（1）城市地理信息[11]：地形高程、下垫面属性，行政区域、高速公路、桥梁、涵洞。地形高程的精度可满足市内六区服务需求，比例尺为 1 ∶ 10000[12]。

（2）工程设施信息：排水管道、泵站、闸门等。

（3）城市化信息：建筑物密度、交通网络分布，以及重要单位、学校、医院等固定场所信息。

（4）气象要素：自动气象站实况、精细化格点预报数据、雷达分钟降水数据、彩云雷达。其中雷达分钟降水数据来源于中国气象局公共气象服务中心提供的全国雷达回播数据外推送预测临近 2 h 内降水信息数据。彩云雷达数据来源于北京华风创新网络公司提供的全国雷达回播拼图产品数据。

（5）积水要素：积水区范围已建 177 个监测站点实时采集的积水实况数据。

4.2 神经元网络模型

采用神经元网络算法，对自动雨量站累积雨量、雨强、基于雷达估算降水的面雨量、地形、排水量等预报因子与隐患点积水深度数据进行反复训练，确定出输入层、隐层的神经元和偏移量矩阵系数，建立预报隐患点积水深度的神经元网络模型[13]。

利用天津市气象局 CIMISS 平台获取的历史降水监测数据和从天津市排水管理处、市交管局、基层社区搜集的历史积水监测数据，统计降水数据（自动雨量站不同时间的累积雨量、雨强、基于雷达估算降水的面雨量、精细化网格降水预报应用产品）与关联积水隐患点积水深度数据（包括地形、排水量）的关系，分析积水成因，挑选预报因子，进行归一化处理。

输入向量（$x^{(t)}$，$y^{(t-1)}$），输出 $y^{(t)}$，循环神经网络算法公式为[14]

$$s^{(t)} = \boldsymbol{W}(x^{(t)}, y^{(t-1)}) + \boldsymbol{U}h^{(t-1)} + b_h$$

$$h^{(t)} = g(s^{(t)}), \quad y^{(t)} = \boldsymbol{V}h^{(t)} + b_y$$

式中，$x^{(t)}$、$y^{(t)}$ 表示 t 时刻降水量、积水量，$\boldsymbol{W}$、$\boldsymbol{U}$、$\boldsymbol{V}$ 为权值矩阵，b_h、b_y 为基底，$s^{(t)}$ 为隐层的输入，$h^{(t)}$ 为中间层的非线性变换，g 为预定义的非线性函数。

将逐 10 min 更新的过去 1 h 累计降水量数据、过去 1 h 最大积水深度数据以及未来 1 h 雷达估测降水量数据作为输入因子，未来 1 h 最大积水深度作为输出。当降水发生时，一方面，通过快速计算得到降水强度和积水深度之间的相关性，与历史曾出现的类似降雨情景相比较，从而估测得到该点的积水规律，并利用 TensorFlow 深度学习框架实现单点积水深度的短时预测计算。另一方面，将累计降水量数据与城区各积水片内涝风险降水量阈值、积水片地理信息数据、内涝风险等级标准相结合，处理生成全市内涝风险预警等级分布图。

4.3 积水深度分布

利用预测隐患点积水深度，结合地形分布，计算隐患点周边地区的积水深度分布，根据隐患点的积水深度预测值加工更为精细的积水分布产品[15]。

5 内涝灾害预警产品和等级划分

过去 5 年，天津市气象局初步建立了基于全市易积水区临界致灾雨量的内涝积水风险预警、预报风险评估体系，同时在市内示范社区建立有城市内涝预警监测设施和联防联控机制，针对重点区域街道开展了风险预警服务和内涝普查工作[16]。

参考中国气象局气象灾害等级划分方法，结合天津地方多部门联合调查结果[17]。给出不同易损性承灾体灾害风险等级划分标准（表 1），以城市内涝风险等级的形式快速发布内涝灾害预警产品。

表 1 天津城市内涝风险等级划分标准

分级	1	2	3	4
积水深度 PD/cm	PD ≥80	50≤PD＜80	25≤PD＜50	10≤PD＜25
积水程度	特别严重积水	严重积水	中度积水	轻度积水
积水情况描述	预计积水深度将超过 80 cm，车辆基本无法通行，交通中断，工厂、商店、住宅进水现象严重，对生产生活造成特别严重影响	预计积水深度在 50～80 cm，大型客（货）车通行困难、对交通造成严重影响，部分工厂、商店、住宅有进水现象发生，对生产生活造成严重影响	预计积水深度在 25～50 cm，中小型车辆通行困难，对交通造成一定影响，少数工厂、商店、住宅有进水现象发生，对生产生活造成一定影响	预计积水深度在 10～25 cm，行人通行困难，对居民生活造成一定影响

6 城市自动化积水监测预警平台

基于以上内涝风险预警技术，研发天津城市自动化积水监测预警服务平台。目前平台基于 WebGIS 技术实时显示各积水监测站点的积水监测实况、精细化格点化预报、气象监测自动站实况、卫星云图、雷达图等实况数据[18]。

6.1 数据传输与加工

积水传感器具备数据实时回传和 GPS 定位功能。当短时强降水引发城市内涝时，积水传感器按照每 2 min 采集 1 次的频率将积水实况回传到预警平台，存入积水监测数据库。

平台中嵌入的神经网络模型将气象自动站实况、卫星资料、天津市气象一体化平台气象格点化降水预报等相关数据融合处理，反复训练后，预报出未来 1 h 积水深度初值。随后，平台利用人工智能中的机器自学习算法将历史积水训练的经验与值预报数据进行对比修正，最终训练出未来 1 h 积水深度预报数据终值。

6.2　基于位置内涝风险预警推送服务

积水服务平台读取积水监测实况数据，并转化为适用于移动端的数据格式。平台将获取的数据和以经过经纬度计算的精确街道和社区进行匹配，将各个隐患站点积水深度预报数据插值到 GIS 地图上。据此生产覆盖社区的网格化区域，提供社区内涝数据，完成积水预报预警数据的业务化生产，基于移动端展现，实现基于位置的城市积水监测及内涝风险预警。同时，通过“天津天气”微信公众号积水模块向公众提供基于居住社区位置和基于请求位置的内涝风险信息，提醒公众出行规避积水路段或延时出行，做到贴心、精准靶向服务。目前，天津市气象局已业务化形成天津城市内涝风险预警决策产品，为天津市政府和有关防汛部门提供决策辅助支撑[19]。

7　天津市 2018 年台风“安比”短时强降水过程分析检验

2018 年 7 月 23—24 日，台风“安比”影响天津，带来暴雨强降水天气过程。24 日早晨，项目组到积水监测站点现场勘测，选取三个易积水点位作为代表站，将实况数据与平台预报数据进行对比（表 2）。其中，河北区增产道与王串场四号路交口实测值 40.1 cm，系统预报值 43.2 cm，实际内涝风险和模型预报风险都是三级，结果相符；南开区广开四马路与西市大街交叉口实测值 31.9 cm，系统预报值 32.8 cm。实际内涝风险三级，模型预报风险为四级，结果存在偏差；河西区吴家窑地铁站实测值 30.7 cm，预报值 31.4 cm，实际内涝风险和模型预报风险都是三级，结果相符。

由上述三个代表站点的结果初步发现，一方面，预报模型对于不同区域的内涝隐患点预报能力趋于一致；可较好地预报天津市内城区隐患点的积水深度。另一方面，由于城市化进展导致路面变化等复杂原因，本系统的预报模型还需要经年累月获得大量实况数据，形成天津城市积水监测业务案例库，在科研与业务融合的过程中，对积水预报模型不断进行优化改进，逐渐缩小单站预报值和实况值之间的数据偏差。

表 2　积水实况值与模型预报值对比

序号	内涝点	定位信息	人工实测深度/cm	系统实况深度/cm	系统预报深度/cm	绝对误差/cm	实际风险等级	预报风险等级
1	河北区，增产道与王串场四号路交口	117.21°E，39.15°N	40.2	40.1	43.2	2.1	三级（中度）	三级（中度）
2	南开区，广开四马路与西市大街交叉口	117.15°E，39.13°N	31.8	31.9	32.8	0.9	三级（中度）	四级（一般）
3	河西区，吴家窑地铁站	117.17°E，39.09°N	30.8	30.7	31.4	0.7	三级（中度）	三级（中度）

8 结论

（1）基于智能物联网技术研发了低功耗、低成本、易安装的积水监测设备，可快速获取天津城市积水实况信息。

（2）研发具有天津本地特色的针对不同积水区域不同情景的积涝智能快速预警预报模型。该系统模型可较好预报未来 1 h 天津市内六区积水深度变化。

（3）天津城市自动化积水监测预警服务平台自 2018 年投入使用以来，多次为市政府和防汛部门提供了数据支持和决策服务，为天津地方防灾减灾发挥重要作用。政府决策部门及公众如果能在第一时间收到不同区域的积水预测信息，则可采取更具针对性的排水措施，保障人民生命财产少受或免受损失。

但是客观地讲，该系统在实际业务工作中仍然存在诸多瓶颈和改进的地方。平台目前监测范围及基础数据采集量有限，导致内涝风险预测精确度未达到 95% 以上，仍然需要积累宝贵的积水实况数据，并优化神经网络模型和 AI 机器自学习算法，力求发挥本平台的最大效益，将智能积水预警服务更好地融入天津智慧城市的建设。

参考文献

[1] 张忠义，王喆，方丹辉．基于物联网与 GPRS 技术对武汉市内涝监测预警系统的优化设计［J］．安全与环境工程，2018，25（2）：37-43.

[2] 张书函，肖志明，王振昌，等．北京市城市内涝判定标准量化研究［J］．中国防汛抗旱，2019，29（9）：1-5.

[3] 黄丹萍，黄莉．南宁市暴雨内涝监测预警系统［J］．气象研究与应用，2019，40（3）：43-46.

[4] 陈靖，解以扬，李大鸣，等．天津市典型区域立体多重城市内涝模型研究［J］．气象与环境学报，2017，33（3）：36-44.

[5] 章国材．暴雨洪涝预报与风险评估［M］．北京：气象出版社，2012.

[6] 解以扬，韩素芹，由立宏，等．天津市暴雨内涝灾害风险分析［J］．气象科学，2004，24（3）：342-349.

[7] 杨艳娟，任雨，郭军．1951—2009 年天津市主要极端气候指数变化趋势［J］．气象与环境学报，2011，27（5）：21-26.

[8] 段丽瑶，解以扬，陈靖，等．基于城市内涝仿真模型的天津风暴潮灾害评估［J］．应用气象学报，2014，25（3）：354-359.

[9] 陈靖，解以扬，东高红，等．雷达雨量计联合估算降水在城市内涝模型中的应用［J］．气象科技，2015，43（5）：866-873.

[10] 郝莹，陈靖，王元，等．基于高时空分辨率降水预报产品的城市内涝预警研究［J］．暴雨灾害，2019，38（3）：229-237.

[11] 尹占娥，暴丽杰，殷杰．基于 GIS 的上海浦东暴雨内涝灾害脆弱性研究［J］．自然灾害学报，2011，20（2）：29-35.

[12] 柳园园，王船海，吴朱昊，等．城市排水管网明满交替非恒定流数学模型的研究［J］．水动力学研究与进展（A 辑），2016，31（2）：210-219.

[13] 魏军，魏铁鑫，陈莎，等．基于 GIS 的石家庄市暴雨内涝数学模型与应用［J］．干旱气象，2018，36（4）：701-708.

[14] 闫慧，赵桂香，董春卿，等．集合预报方法在山西暴雨预报中的应用试验［J］．干旱气象，2017，35（2）：321-329.

[15] 房国良，解以扬，李培彦，等．上海城市暴雨积涝预警系统研究［J］．大气科学研究与应用，2010（2）：32-41.

[16] 张萍萍，王丽，张宁．武汉市城市积涝预警系统及其仿真模拟效果［J］．暴雨灾害，2010，29（1）：71-88.

[17] 黎健，殷剑敏，张瑛，等．南昌市城区暴雨积水的数值模拟［J］．南京气象学院学报，2007，30（4）：450-456.

[18] 郑国，薛建军，范广州，等．淮河上游暴雨事件评估模型［J］．应用气象学报，2011，22（6）：753-759.

[19] 张玮玮，王颖，许浩恩，等．阶段性动态风险评估方法在暴雨灾害风险评估中的应用［J］．干旱气象，2017，35（4）：694-701.

蓟州山区地质灾害气象风险预警信息智能靶向发布策略设计

苑　超[1]　梁　好[1]*　张嘉霖[2]　周锦程[3]　韩玉妍[1]

（1. 天津市突发公共事件预警信息发布中心，天津 300074；
2. 天津市津南区气象局，天津 300350）

摘要：当前，气象部门针对突发性、局地性灾害的快速发布能力存在短板，没有建立起从灾害感知、风险分析到自动分发的智能化发布策略。本文以蓟州山区地质灾害气象风险预警为例，开展智能靶向发布技术策略的思路设计。通过应用灾害风险普查成果数据，结合地质灾害预警经验数据和监测感知数据等，得到面向地质灾害风险区的信息靶向发布技术要素。最终建立蓟州山区地质灾害气象风险预警分级靶向服务策略，实现针对受灾区域不同人群高时效、精细化发布，提升递进式、精细化防灾减灾服务能力。

关键词：地质灾害；预警信息；智能靶向；发布策略

引言

当前，气象灾害预警信息以“普发式”为主，存在“大水漫灌”现象。一是信息针对性不强，面向不同区域、不同群体缺少差异化发布策略；二是信息内容存在多层级重复，一条预警反复接收；三是结合灾害风险的点对点、靶向发布能力不足，缺少递进式精准服务。《气象高质量发展纲要（2022—2035 年）》提出要“健全分灾种、分重点行业气象灾害监测预报预警体系”，以及“发展基于场景、基于影响的气象服务技术”。因此亟须开展预警信息精准靶向发布关键技术研究，解决精准性不足、预警效率偏低的服务痛点。

目前，基于电子围栏的靶向发布技术和服务策略研究，大部分省（区、市）还处于初级阶段。贵州、湖南等地开展了电话叫应、区域发布等创新性尝试。在针对特定风险区域信息精准发布方面，陈石定等从时间、区域、人群三个维度研究预警信息精准发布的关键技术，设计了针对手机短信、手机 APP 等多渠道靶向发布的技术方案[1]。邓云峰等[2]、张岚等[3]开展突发事件下的信息传播策略研究。国家突发事件预警信息发布中心曹之玉等研究了预警信息发布效果评估所对应的评价指标与各种传播手段之间的关系[4]，提出了预警传播效能的概念，结合自然灾害灾种的综合致灾强度指数[5,6]，为预警类型自动适配传播手段提出了客观的解决方法。

虽然借助运营商基站可实现基于电子围栏的靶向发布，但围栏设定多大范围，覆盖多少人群，选用何种渠道开展服务无法快速界定。因此，设计面向不同风险区域的智能靶向发布技术策略是十分必要的。

* 通讯作者：梁好（1991—），女，本科，工程师，主要从事预警信息发布技术工作。

1　蓟州山区地质灾害气象风险预警服务的现状

1.1　业务运行情况

天津蓟州北部山区众多，降雨量年际变化大，年内分布不均，突发性和局地性强，其西部和北部山区处于构造抬升区，且沟谷上游有支沟利于汇水，在强降雨和持续降雨下存在诱发崩塌、滑坡、泥石流等地质灾害的客观条件。目前隐患点共244处，威胁居民点136处、道路59处、景区10处，历史发生85起灾害致53人死亡。山区既分布着当地居民，又是每年夏季本市及周边游客集中的地带，一旦发生地质灾害，损失和社会影响极大。

天津市气象局与天津市规划和自然资源局（原天津市国土资源局）从2004年起开展蓟州山区地质灾害气象风险预警业务，通过手机短信、网站、新媒体、大喇叭等渠道向决策部门和公众发布信息，截至2022年共发布81期预警信息，基本实现在1 h内覆盖全市应急责任人及蓟州区部分居民。

1.2　服务“痛点”和需求

通过对2017—2022年发布的蓟州山区地质灾害历史预警信息进行调研分析，发现主要存在两个问题：一是预警信息以普发式为主。主要面向已知的群组人员进行普惠性服务，发布范围为整个蓟州区，未实现面向山区范围村镇人群的精细化服务；二是预警信息内容固定不变。首次发布预警后，没有结合实况监测开展递进式服务，出现局地极端强降雨造成的灾害风险时难以实现针对特定区域人群快速提醒。在2021年7月29日至30日台风“烟花”暴雨过程中，蓟州区局地降雨量超过160 mm，当地村镇政府共转移安置427户1143人。由于缺少快速有效的精细化预警提示，给政府决策和公众防灾减灾带来较大风险。

经调研分析，共有四类人群具有实际服务需求，包括政府部门，及时启动应急决策处置、人员转移任务需要；当地居民，根据风险提示提前采取防范措施需要；山区游客，及时防灾避险、安全躲避需要；周边人群，向刚刚进入风险区的人群触发紧急提醒需要等。

2　智能靶向发布关键技术分析

2.1　数据来源与方法

基于天津蓟州山区244个地质灾害隐患点分别划定隐患区域，对区域内以下三类数据进行分析。

（1）普查数据。根据风险普查结果、运营商大数据平台得到隐患区内的基础数据，主要包括：①覆盖的乡镇、农村数量；②固定人口数；③工作人口数；④活动人口数；⑤人口标签库；⑥应急责任人信息；⑦承灾体信息；⑧有效的精准发布渠道。

（2）经验数据。实地调研区域内短信、外呼、公众号、大喇叭等渠道传播效益、致灾阈值、服务需求等，得到预警经验数据。

（3）感知数据。结合244个地质灾害隐患点附近的自动气象站雨量监测数据（图1），配合使用市地质灾害调查研究院安装在蓟州山区的山体位移监测数据，得到风险感知数据，实现基于降雨量的风险动态监测，综合分析灾害风险。

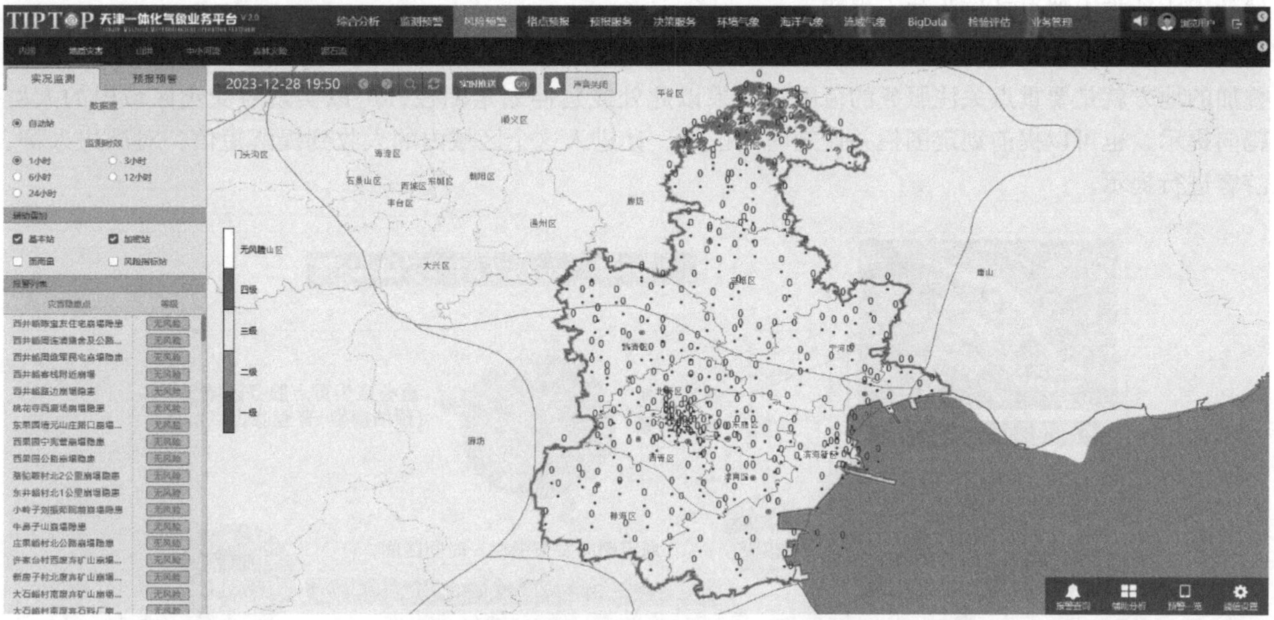

图 1　天津市自动气象站实时回传雨量监测

2.2　阈值分析

与天津市地质灾害调查研究院联合对蓟州区地质灾害隐患点周边的村庄、公路、景区等承灾体进行调查分析和综合研判，以受灾程度为指标，得到不同等级下的地质灾害气象风险小时降雨量阈值（表 1）。当实时监测的降雨量达到风险阈值时，随即启动快速发布预警信息程序。

表 1　基于不同小时降雨量监测的地质灾害风险阈值划分　　单位：mm

级别	1 h	3 h	6 h	12 h	24 h	72 h
一级	96.0	184.0	230.0	283.0	336.0	400.0
二级	72.0	138.0	172.5	212.5	252.0	270.0
三级	48.0	92.0	115.0	136.0	168.0	188.0
四级	23.6	34.4	50.5	75.5	107.6	127.0

2.3　智能靶向发布技术实现

2.3.1　技术要素

基于三类数据融合分析，确定靶向发布技术要素（P）。影响因子包括发送范围（A）、启动时间（B）、发布手段（C）、服务对象（D）等，即 $P=\{A, B, C, D\}$。技术要素主要包括：根据灾害风险情况自动划定围栏区域、根据需求确定发送时间、选择哪些发布渠道、面向不同人群采取何种服务方式。

2.3.2　定义发布区域

电子围栏划定（图 2）涉及两个方面。一是定义受灾区域围栏：根据地质灾害模型预估的风险区与风险普查隐患区域叠加的地带，定义为“地质灾害风险影响区域”，可以此为基础划定围栏并针对风险区内决策人员、公众发布提示信息。二是定义周边地带围栏：根据上述划定的“地质灾害风险影响区域”，预估地质灾害发生时的最大危险范围，定义为“地质灾害风险波及区域”，让刚刚进入该区域的周边地带人群自动接收勿入提醒。

这里模拟下营镇内的高、中、低三个隐患区，当通过模型判断这片区域有重度风险，它和隐患区叠加的地方就是要重点关注服务的范围。如果以此处或延伸划定围栏，可以实现对受灾区域内的人群靶向提示，也可以提前划定围栏并设定时间区间，让进入这个区域内的人收到提醒短信，对周边人群、游客进行提示。

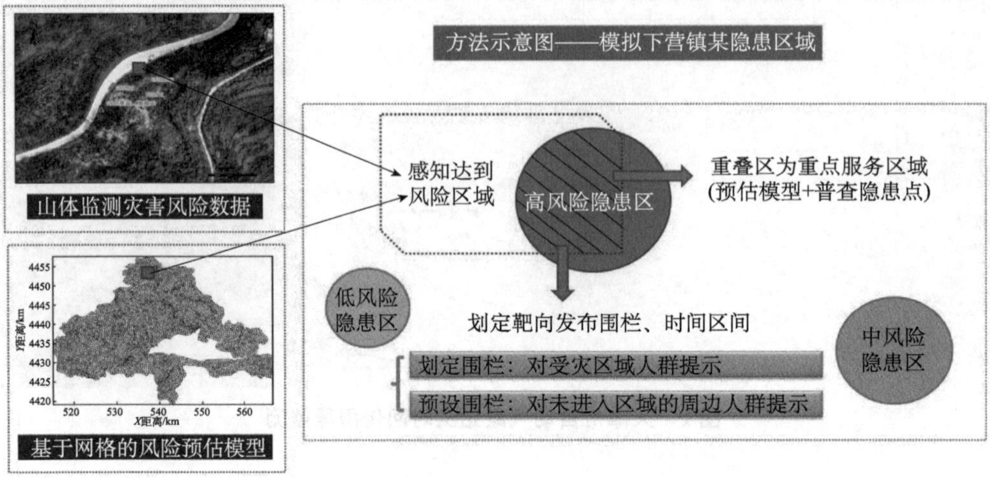

图 2　模拟下营镇隐患区的电子围栏划定方法

2.3.3　设定启动时间

对历史地质灾害过程开展综合调研分析，包括灾害发生频次、时间、影响范围、应急处置时长等数据，量化预警信息发布的提前量，包括政府部门转移处置所需时间量、公众采取防灾避险措施的时间量等，设定预警任务的启动时间。

2.3.4　选择最优发布渠道

对区域内具备靶向发布能力的各种渠道进行整合分类，主要包括手机短信、电话外呼、微信公众号和预警大喇叭等。根据灾害发生进展，分别选择对应的渠道分类别发送。如通过手机短信靶向提示受灾区域内的固定和流动人口，以及周边地区进入影响区域的人群。通过天津预警 12379 电话外呼向辖区内应急责任人第一时间紧急叫应，可实现在 1 min 内迅速呼叫 2000 名责任人。基于手机定位功能，利用“天津天气”微信公众号的“社区吧”，向注册居住地的公众实时发送基于位置的风险预警信息；或基于用户实时位置请求，发送所在区域灾害预警。同时，借助分布在蓟州山区的 424 个预警大喇叭，实现对受灾区域及下游地区村民、游客的快速应急广播，提示做好紧急避险措施。

2.3.5　服务对象分类发布

风险分级预警有两类。一是对内预警，针对不同承灾体自动生成不同的风险预警；根据山区地质灾害应急预案要求，向应急人员迅速发出风险处置指令。二是对外预警，通过短信、微信、大喇叭等渠道，根据社会公众所在位置，提示其风险到达时间、防御措施、逃生路线、紧急避险地点等。

3　分级风险预警服务策略适配及智能发布

3.1　定量分析风险级别

采用定量分析法，预估风险级别。应用蓟州山区各雨量站实况和格点预报数据，配合使用市地质灾害调查研究院提供的山体监测数据，与地质灾害的致灾阈值进行实时对比，实现对灾害风险的动态监测。

3.2　策略匹配和自动分发

3.2.1　策略匹配

建立不同风险等级的服务策略和提示模板（表2），结合地质灾害危险度分级（分为有一定风险、风险较高、风险高、风险很高四个级别），实时代入得到的靶向发布技术要素指标，自动匹配相应等级的服务策略进行自动发布（表2）。

表2　不同等级风险下的智能靶向信息发布策略设计

风险级别	手机短信	电话外呼	微信公众号	预警大喇叭	渠道选择	圈选范围	覆盖人群	时间提前量	服务对象	服务形式	预警产品
有一定风险	内容1	内容1	内容1	内容1	策略1	策略1	策略1	策略1	政府决策人员	责任人叫应	文字
风险较高	内容2	内容2	内容2	内容2	策略2	策略2	策略2	策略2	当地居民	群组短信	图片
风险高	内容3	内容3	内容3	内容3	策略3	策略3	策略3	策略3	流动游客	区域靶向	音频
风险很高	内容4	内容4	内容4	内容4	策略4	策略4	策略4	策略4	周边区域人员	小范围广播	视频

3.2.2　富媒体预警产品靶向发布

制作基于图文、音视频等富媒体形式的预警产品模板，满足面向不同人群和场景的快速精准发布需要。例如自动根据感知数据生成预警文字内容，可通过短信、公众号等形式向政府领导、应急责任人、当地居民和周边游客自动分发。制作的图文和音视频产品，适合通过电话外呼、预警大喇叭等渠道向决策人员和社会公众发布，形成富媒体传播矩阵，最大程度上实现预警信息的广覆盖。

应对2023年9月18日凌晨蓟州区的一次强降雨过程中，天津市气象局联合天津市规划和自然资源局，通过突发事件预警信息发布系统，面向蓟州山区范围约934 km^2 区域的公众用户精准靶向发布了地质灾害气象风险黄色预警短信（图3），提醒广大市民注意出行安全。有关部门及时响应，对隐患点周边人群进行转移安置，取得较好的服务效果。

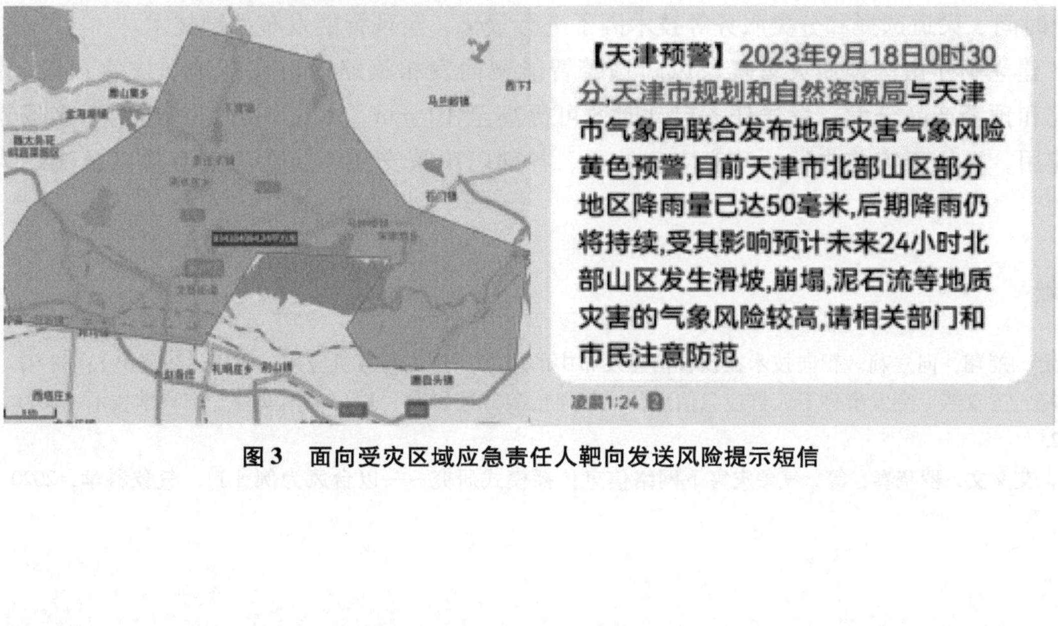

图3　面向受灾区域应急责任人靶向发送风险提示短信

3.3　智能靶向发布流程设计

建立蓟州山区地质灾害气象风险预警信息智能靶向发布业务流程（图4）：启动地质灾害气象风险预警后，通过已有手段向指定人群发送信息，并面向重点隐患区提前发送提示告警。随着降雨开始，基于模型动态监测风险级别，达到阈值后触发风险等级，并结合隐患点数据综合分析风险情况。随即自动触发靶向发布任务，根据技术因子匹配相应的服务策略，并按模板生成适合不同渠道发布的预警产品，实现自动分发。基于该服务策略，从监测到灾害风险分析，再到预警信息靶向发布任务启动，时效可提高到10 min。

图4　蓟州山区地质灾害气象风险预警信息智能靶向发布流程设计

4　结论与思考

（1）对2017—2022年发布的蓟州山区地质灾害历史预警信息发布情况、重大灾情数据分析和实地调研结果说明，当前地质灾害预警传播虽“广”却“不精”，缺少递进式服务，难以满足紧急状态下当地政府决策处置和公众防灾避险。

（2）基于受灾区域，应用标准化的自然灾害风险普查成果数据，融合分析非标准化的预警经验数据和监测感知数据，可以得到面向蓟州山区地质灾害风险区的预警信息靶向发布技术要素，对发布区域、启动时间、渠道选择和分类服务等技术因子进行量化，实现智能发布关键技术。

（3）建立蓟州山区地质灾害气象风险预警智能靶向发布策略，可实现地质灾害风险动态监测、策略匹配和预警产品分发，发送任务启动时效可提高至10 min。本设计思路还适用于多场景风险预警服务应用，可用于灾前告警、政府应急处置、各部门决策支持、公众防灾避险以及流动人群风险提示等。

参考文献

[1] 陈石定，刘翔，向立莉．靶向技术在预警信息发布中的应用［J］．计算机应用，2019，39（S1）：88-92.

[2] 邓云峰，王双燕．突发事件下人群应急信息传播策略推演方法研究［J］．中国安全生产科学技术，2021，17（1）：36-42.

[3] 张岚，艾文文，罗晓春，等．气象灾害下网络信息传播模式研究——以台风为例［J］．气象科学，2020，40（6）：

868-874.

［4］曹之玉，朱小祥，兰海波，等．自然灾害预警信息与传播手段自动适配策略研究——以湖北为例［J］．灾害学，2021，36（3）：180-183.

［5］郭芳薇，孟耀斌．面向公众的灾害预警信息发布手段比较分析［J］．中国减灾，2012（23）：51-53.

［6］高玉琴，陈鸿玉，刘云苹，等．基于云模型的自然灾害灾情等级评估［J］．水利水电科技进展，2018，38（6）：38-43.

南京气象预警信息发布的实践与探索*

姜 迪 陈 曲 韩照全

（江苏省南京市气象服务中心，南京 210019）

摘要：预警信息的发布是做好防灾减灾工作的重要环节。近年来，南京预警信息发布工作在应急管理部门的牵头下，机制建设和发布能力等均取得了较大的发展，通过合作共享、法律规章、绩效考核等多种方式，以突发事件预警信息发布系统为核心，整合预警发布渠道，打通信息发布堵点，扩大了覆盖面；以地铁气象服务为示范，针对地铁敏感灾害，摸索建立基于行业的气象灾害分级预警标准，取得了一定成果；与应急管理部门联合开发靶向预警系统，将灾害信息与城市承灾体智能匹配，推动预警信息和防灾指令的精准发布。未来，气象预警信息发布将依托数字化、信息化技术的发展，朝着更规范化、更专业化、更智能化的方向不断发展。

关键词：气象预警；防灾减灾；靶向预警；智慧发布

1 气象预警信息发布建设与开展现状

近年来，在全球气候变暖的大背景下，我国极端天气气候事件呈现出频次增多、强度增大、损失加重的趋势。对于大城市而言，由于发展速度较快，人口和经济高度集中，气象灾害造成的影响和损失更为严重。根据统计，气象灾害及其相关的灾害在大城市自然灾害事件中的占比在90%左右[1]。

加强大城市的气象灾害应急管理，是政府面临的重大课题。这一方面需要统一高效的应急联动机制和细致务实的应急预案；另一方面，需要及时有效地传播灾害预警信息，不仅能起到事前防范、启动预案、信息送达等作用，并且可以作为事后评估的重要留痕信息[2]。《江苏省“十四五”气象发展规划》明确提出，要完善以气象预警为先导的应急响应机制，提升预警信息发布能力。

预警信息传播处于灾害分析研判与防灾减灾救灾之间的重要节点位置，起着承上启下的重要作用[3]。长期以来。这一环节都相对被忽视。目前我国的气象预警信息传播，存在模式固化、形式固化等弊端，需要及时加以改进。众多气象从业者和研究者也都从制度建设和发布手段的角度进行了不少研究。

李月英提出，气象预警发布应该由气象部门行为上升为政府统一组织下的全社会行为，把势单力薄的气象行为变为权威的政府行为[4]；敖意等提出建立“分层次、多手段、广覆盖”的城市预警信息发布系统，增加预警信息发布能力[5]；许丽佳等从北京市暴雨预警精准化发布的经验提出，要细化发布渠道管理模式，提高预警信息标准化，提升预警信息的影响能力[6]；各行业也对预警发布策略开展了研究，对不同的手段发挥的作用予以分析[7]；深圳气象通过将自动预警技术和行政区划相结合，将气象灾害预警信息的发布精细至街道辖区[8]；不少气象部门已将多种信息发布手段接入预警平台，实现了一键式预警信息的发布，有效提高了发布效率[9]；微信等APP新媒体的加入，使预警信息发布实

* 江苏省气象软科学研究项目“南京气象灾害靶向预警应急联动机制研究”资助。

现了双向互动、预警定制和定向发布等目标[10]；白静玉等认为预警信息发布要充分发挥互联网优势，建立预警传播矩阵，增强信息传播的马太效应[11]。

2　南京城市气象灾害预警信息发布的发展经验

2.1　依托应急管理部门，提升预警发布的权威性和覆盖面

突发事件预警信息发布平台（以下简称预警信息发布平台）是根据国家应急体系要求建设的预警信息权威发布系统，是政府应急部门和社会公众及时获取预警信息的主要渠道[12]。

过去，多数发布渠道掌握在各部委办局自己管辖范围内，依托自有渠道覆盖专业人员，但对公众指导有限。预警信息发布平台的投入使用，一方面改变了过去预警信息发布“各自为政”的局面，促进了发布渠道的整合，提高了预警信息的统一性和权威性；另一方面，也有利于发挥气象灾害预警的先导性作用，推动城市灾害的整体应急联动和防御。

2019 年，南京市应急管理局作为全市应急工作的管理部门正式挂牌运行，整合了过去诸多部门的应急管理、救灾减灾等工作职能。市应急管理局非常重视灾害预警信息的发布和传播，采取了一系列措施，以气象预警信息为基础，带动了全市预警信息发布工作的快速发展。

首先，明确预警信息发布的职能和定位，确定应急管理部门、预警信息发布中心、各职能部门的角色、相互关系和工作机制。市应急管理局与南京气象部门签订了合作框架协议，特别提出要把预警信息发布平台打造成为全市统一权威的预警类信息发布平台，充分发挥传播权威预警信息的作用。

此外，应急管理局还率先接入预警信息发布平台并使用，为其他部门起到了示范作用。目前气象部门在平台上发布气象灾害预警信号后，市应急办立即跟进发布安全提醒，并加入防御指南对灾害防御进行具体指导，督促各应急部门和责任人进行灾害防范，有效提升了预警信息的发布效果。

近年来，市应急管理局还多次牵头组织了全市突发事件预警信息发布工作会议，就预警信息发布平台建设、应急广播建设、预警信息发布管理机制建设等方面进行了交流；提议市政府办公厅并组织制订了《南京市突发事件预警信息发布管理办法》，进一步规范了预警信息发布行为；通过出台规章制度、纳入绩效考核等行政手段，督促政府职能部门接入预警信息发布平台并使用，提升预警信息发布平台的使用率。

其次，发挥管理和协调职能，整合发布渠道，打通传播堵点，扩大预警覆盖面。2020 年，南京气象部门与市广电集团就建立全市重大气象灾害预警信息快速发布机制签署合作协议，打通了预警信息在广电集团所属渠道的发布堵点，确保了重大气象灾害预警信息的及时接收和传播；市气象局还与移动通信运营商签订了合作协议，从而使得重大气象灾害信息实现了必要时的全网发布功能。

目前，除了短信、传真、网站等传统发布方式，预警信息发布平台还整合了新浪微博、微信服务号、微信机器人、“我的南京”手机 APP、社区电子显示屏等媒体渠道，可以实现预警信息的点对点、点对面的主动或被动方式接收。“一键式”的发布方式配合众多样的发布渠道，既减少了工作量，也提升了发布效率。

依托应急管理部门的行政力量，全市预警信息的传播得以融入网格化社会治理体系，全市预警信息发布覆盖率达 98% 以上，基本解决了预警信息发布的“最后一公里”问题。

2.2　结合地铁专项服务，摸索基于行业的气象灾害分级预警标准

2021 年河南郑州“7・20”特大暴雨灾害震惊全国，生命财产损失惨重，虽然气象部门及时发布了预警信息，但是并未能及时有效地转化成为防灾救灾措施，这也为南京气象部门对城市灾害预警

“找短板，提弱项”的工作指明了方向。

南京地铁运营责任有限公司自 2019 年起与本地气象部门签订了地铁行业的气象服务协议，建设了南京地铁气象预警服务平台，将地铁因天气引起的限速、停运等运营指令与气象监测数据挂钩。气象部门也通过平台发送短中长期的天气预报、灾害预警等气象服务产品，及时为地铁公司的运营决策和防灾减灾提供支持。

由于地铁站点数量多，线路较长，在复杂环境下所面对的灾情与气象灾害预警并不完全一致。针对地铁运营较为敏感的气象灾害和次生灾害，南京气象部门与地铁公司初步拟定了地铁气象灾害分级预警标准（部分见表 1），主要包括暴雨、短时强降水、雷电、低温冰冻、线缆结冰等共 11 类高影响天气和 4 级预警标准，并制定了对应的应急措施，例如区间列车减速、相关站点停运关闭等。气象部门研判将发生灾害对地铁运营造成影响的情况后，通过地铁气象服务平台或预警信息发布平台，以及电话、视频、QQ 或微信工作群组等多种形式，向地铁应急责任人提供天气提醒、高影响天气预报、高影响天气预警等信息，以便有效应对灾害，尽量减少对地铁正常运营的影响。

表 1　部分地铁气象灾害分级预警标准及防御措施

高影响天气	可预报时效	限速 75 km/h	限速 50 km/h	限速 35 km/h	停运	其他措施
台风	>72 h	台风蓝色预警	–	–	台风红色、橙色、黄色预警	加固简易设备
大风	6～24 h	平均风 7 级	平均风 8 级	–	平均风 9 级或	加固简易设备
		阵风 8 级	阵风 9 级		阵风 10 级以上	
暴雨	6～24 h	暴雨橙色预警	暴雨红色预警	–	–	
短时强降水	0～2 h	≥40 mm/h	≥60 mm/h	≥80 mm/h	≥100 mm/h	注意车站积水
暴雪	6～24 h	暴雪黄色预警	暴雪橙色预警	暴雪红色预警	≥20 mm/h	
线缆结冰（雾凇）	6～12 h	≥0 ℃	<0 ℃	–	–	采取除冰措施
		≥90%	≥95%			

经过初步运行，预警信息发送的针对性得到了明显提高。特别是 2021 年台风“烟花”过境南京前后，预报的移动路径一再变化，给地铁公司的决策带来了较大困扰。气象部门一面跟踪台风动态，一面结合地铁台风灾害预警标准和应急预案，为地铁公司提供滚动的预报和防灾建议，引导多条地铁线路在台风中心过境前后及时限速、停运和重新营运，最大程度减小了对城市交通和公众出行的影响。

2.3　聚焦城市高影响天气，探索靶向精准预警

针对中小尺度的短临强对流天气对城市危害较大的问题，市应急管理局和市气象局依托网格化社会治理“一体化”平台、应急管理“181”平台、气象灾害预警平台，在不替代原有预警防御模式基础上，联合开发了“金陵气象灾害靶向预警防控系统”，以“大数据 + 网格化 + 铁脚板”的防灾减灾模式，力求做到靶向发布、靶向责任、靶向防御、靶向管理。

该系统目前主要关注对城市影响较大的四种主要灾害，包括台风、暴雨、雷暴和大风，以及七种次衍生灾害（包括倒塌、倒伏、坠落、塌陷、滑坡、水涝以及综合受灾），并分析出主要的城市承灾体，主要包括人（主要是空巢老人）和城市部件（户外广告牌、积淹水点、地质灾害点、危险房屋、地下空间、建筑幕墙、高空构筑物和行道树等八种）（图 1）。另外，应用南京市地理信息，结合过往灾害普查信息，根据承灾体的门牌地址，结合网格化机制责任清单，将承灾体与责任单位和责任人进行智能精确匹配。

过往，气象灾害预警信息多采取普遍发送的方式，预警的指向性、针对性不强，工作指令不明确。该系统将气象预警信息与网格化社会治理、城市重点承灾体等数据对接，不仅可将预警范围精确到基层街道社区级别，而且还能针对不同的承灾体直接向其责任主体发出明确的工作指令，推动灾害防御从以事中事后为重点的应急管理向以事前预知预判为重点的精准预防管理升级。

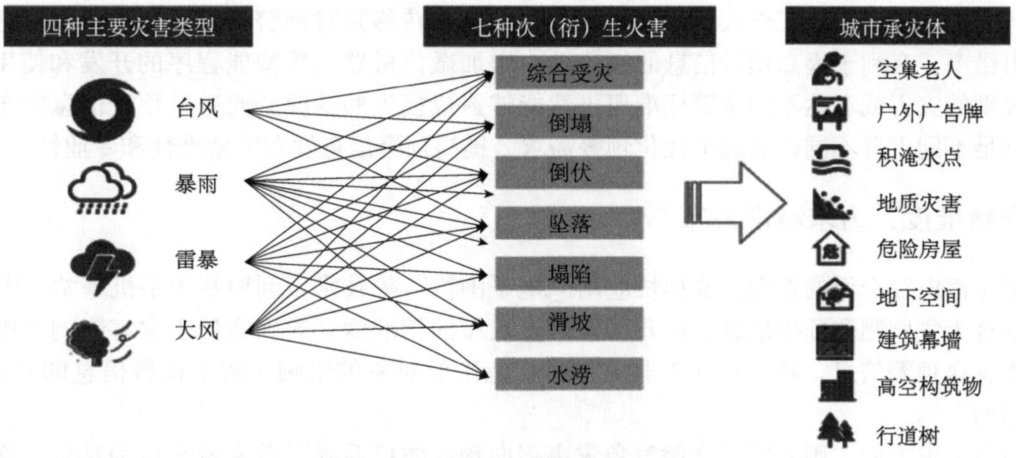

图1　灾害类型与承灾体关系示意图

3　未来发展方向

3.1　立足防灾减灾应急，依法权威发布

城市灾害往往具有复杂性和扩散性等特点，单一部门难以有效预防和处置。因此，预警信息发布工作的开展仍然需要依靠应急管理部门的行政力量进行主导和推动，有针对性地推进预警信息传播相关法律规章制度的制定和修订，确立预警信息发布平台在突发事件信息发布中的权威地位，进一步从法律上完善预警发布工作在应急流程中的法律地位，鼓励城市防灾部门直接使用、转发或依据平台发布的权威信息来制定本行业本部门的预警信息，以及优化重大防灾减灾措施和程序中预警信息的发布和使用。气象部门要做好先导性气象预警和预警信息发布保障工作，要做到内容权威、体系完整、规范有序，减少误导性信息对防灾减灾和社会稳定的影响。

3.2　提升标准化水平，研究分级预警标准

在预警信息发布平台的推广过程中，南京预警发布部门了解到，多数应急单位对自身预警信息的发布没有相应的规范，例如存在只发布预警，不管解除的情况。这样容易引发预警标准随意、发布内容不规范、发布的条件和时机不正确、预警信息针对性不足等问题。

在这方面，南京气象部门起到了很好的示范作用，不仅气象灾害预警信号由正式文件明确相关发布标准，而且预警信息发布行为也通过《南京市突发事件预警信息发布管理办法》进行了规范。南京气象部门还参照气象灾害预警信息的规范，联合相关部门拟定或完善了各自预警信息的发布标准、等级和用语等，例如地质灾害预警信号、洪水预警信号等。

未来还是要以完善地铁气象灾害分级预警标准为重点，针对重点站点和线路节点，进行有针对性的气象监测，积累观测数据，进而分析致灾条件，细化灾害分级预警的标准、分级和防御对策，形成一套实用有效的地铁专项灾害分级预警标准，力争形成符合南京地区气候特点、适应城市地铁运营规律的地方标准，并将经验推广到其他部门和相关灾种，提升全市预警信息发布工作的标准化水平。

3.3 满足不同需求，做到智慧发布

预警信息的发布要继续以预警信息发布平台为核心，整合和升级各类信息发布渠道，拓展预警信息专用通道的发布能力，同时也要兼容各部门自有的发布渠道和方式；加大对一键式发布和自动发布等技术的研究和应用，减轻工作人员的发布负担，把重心转移到对预警信息的标准化、信息审核等环节，减少出错率，有利于提高预警信息的权威性；增加微信机器人等智能程序的开发和使用，针对特定类别和级别的灾害或者达不到预警标准但仍然能够造成损失的情况，通过对预警信息发布策略进行定制，来满足不同人群不同行业的个性化预警需求，提高预警信息发布的精准性和专业性。

3.4 提升精准度，力求精准发布

预警信息面向社会面的发布，要加快应用“电子围栏”等技术，利用基于手机基站、IP地址等位置信息，结合天气监测和预报信息，提升预警信息发布的精准度，向确实处于灾害影响范围或将要受影响的对象发送预警信息，减少对处于非灾害影响范围的对象的影响，实现预警信息的“动态接收”和“精准接收”。

专业应急减灾方面，则要以“金陵气象灾害靶向预警防控系统”等专业平台为基础，逐步完善方案并扩大到其他灾害性天气；加大跨行业的数据共享和交流，加入城市防洪、积涝排水、地质灾害防范等城市防灾方面专业的技术支撑和对策建议；加强“大数据、人工智能”等技术的应用，完善基于多源数据的“成灾阈值”，继续融合社会网格化治理、自然灾害普查等数据，优化预警信息、承灾体以及责任人的智能匹配规则，让“靶向”防御更精准。

4 结语

近年来，南京气象部门在城市灾害预警信息的发布方面取得了快速的发展，但仍有很大的进步空间。“十四五”期间，南京气象部门要在城市灾害防御体系中找准自身定位，依托信息化、智能化的技术的发展应用，朝着更规范化、更专业化、更智能化的目标不断发展，把预警信息有效应用于基层气象服务。

参考文献

[1] 张锦瑸，姚健，王晓生，等．开发利用气候资源促进乐清生态城市建设［J］．浙江气象，2010，31（1）：42-45.
[2] 白静玉，吕宸．“大应急”体系下的预警信息发布工作思考［J］．应急管理，2018，28（11）：37-39.
[3] 郭俊萍．提升气象预警信息传播效果的分析与建议［J］．气象科技进展，2020，10（6）：131-133.
[4] 李月英．气象灾害预警信号发布与传播渠道分析［C］//中国气象学会2008年年会极端天气气候事件与应急气象服务分会场论文集．中国气象学会，2008.
[5] 敖意，益建芳．城市多灾种早期联合预警GIS系统的设计与应用［J］．测绘与空间地理信息，2012，6：170-171.
[6] 许丽佳，石玉恒，周洁．北京市暴雨预警精准化发布初探［C］//第35届中国气象学会年会S14大数据、互联网、融媒体时代气象服务的创新与变革——第八届气象服务发展论坛．2018.
[7] 郭芳薇，孟耀斌．面向公众的灾害预警信息发布手段比较分析［J］．中国减灾，2012，23：51-53.
[8] 兰红平，陈训来，孙向明，等．深圳市气象灾害分区预警系统研究［J］．气象科技，2010，38（5）：629-634.
[9] 王新秀，杨黎黎，于璐，等．气象预警平台多手段发布的研究与应用［J］．计算机技术与发展，2021，31（3）：216-220.
[10] 喻迎春，王妍婕，万昕成．基于微信的气象灾害预警信息精准智能推送技术的实现［J］．气象科技，2020，48（2）：195-199.
[11] 白静玉，赵晶晶．互联网背景下预警信息的多样化传播［J］．气象科技进展，2017，7（1）：202-204.
[12] 杨光．国家预警信息发布中心运行 预警1分内可传达公众［J］．计算机与网络，2015（15）：6.

气象大喇叭助力农村防灾减灾能力建设研究

戴永欣

（河北省沧州市气象局，沧州 061001）

摘要： 本文通过对沧州14个县（市）农村大喇叭预报预警信息发布应用现状进行研究，归类出以南皮县气象局为代表的“主控模式”、以黄骅市气象局为代表的“分控模式”、以青县气象局为代表的“遥控模式”三种模式，对其各自的发布流程、发布内容、播出情况、发挥作用情况、优势和短板进行全面分析，并提出了今后工作的改进建议和优化策略，有效解决预警信息发布“最后一公里”问题。

关键词： 大喇叭；预报预警

预报预警信息是做好气象防灾减灾工作的“发令枪”，各种发布渠道是预报预警信息传递的“消息树”。近年来，气象预报业务能力大幅提升，时效精细到逐小时，空间分辨率精细到1 km，“发令枪”越来越准确。气象灾害预警信息发布渠道不断拓展，纵向上气象部门通过电视、广播、手机短信、微信、微博、短视频平台等多种手段及时向党委政府、重点防御单位、气象信息员和社会公众发布预警信息；横向上，建成了国家、省、市、县四级相互衔接、规范统一的突发事件预警信息发布系统，汇集了16个部门76类预警信息，“消息树”越来越通畅。农村作为气象防灾减灾工作的薄弱环节，在诸多发布手段中，利用大喇叭发布预报预警信息有着独特优势，有力地解决了“最后一公里”问题[1]。

本文通过对沧州14个县（市）农村大喇叭预警信息发布应用现状、不同特点、问题不足、经验做法等进行全面分析，探究农村大喇叭预警发布的优化策略。

1　各县（市）气象局预报预警信息大喇叭发布现状

目前沧州14个县（市）5557个行政村共建有5566套大喇叭发布系统，全部实现了预报预警信息的发布接入工作。接入方式主要分三种。

（1）主控模式：南皮县大喇叭主控平台设在南皮县气象局，除气象预报预警信息外，南皮县委县政府重点工作、党政要闻、乡村振兴政策、疫情防控等信息，也通过南皮县气象局大喇叭发布中心进行播送。

（2）分控模式：黄骅、泊头、献县、吴桥、河间、肃宁6个县（市）的大喇叭发布主控平台设在政府或广电部门，各气象局建有发布分控平台，根据分配的播出时段发布预报预警信息等内容，如遇强对流天气等突发事件需要发布的，可随时插播。

（3）遥控模式：青县、沧县、任丘、东光、盐山、孟村、海兴7个县（市）气象局通过向主控平台管理单位提供预报预警信息，由管理单位每日两次播送天气预报，遇有灾害性天气需插播预警信号时须经管理单位审批。

2　大喇叭发布系统在农村防灾减灾工作中发挥作用情况

2.1　农村大喇叭在预报预警信息发布中的独特优势

农村大喇叭曾是农村主要的信息传播工具，但随着电视、手机、互联网等普及，大喇叭被渐渐遗忘。近年来，在预报预警信息发布和疫情防控工作中，大喇叭重新焕发生机，发挥了突出作用。

“覆盖广、靶向准”是大喇叭播报的优势，在农村地区，大喇叭能让广大群众第一时间获取突发应急信息[1]。南皮县冯家口镇中上桥村党支部书记刘培恒感慨，现在电视家家都有，手机也几乎人手一部，但有的老人不会使用智能机；有的家里有小孩的，家长们不让看电视和玩手机；大人们干起活来也顾不上看手机，而大喇叭一响，村民都会停下手里的活儿，听一听最新消息。现在智能手机基本都有推送天气预报的软件，获得预报不是难事，但有时候提供的信息会互相矛盾、一个手机一个样、一会儿一个样，但大喇叭不一样，它代表政府，代表权威，老百姓就信这个。刘培恒在不知不觉中养成了听每天两次的天气预报信息的习惯，特别是收到暴雨、雷电、大风这些恶劣天气预警信息的时候，还会通过村务喇叭再喊一遍，提醒农户、施工人员注意安全。疫情时间，大喇叭里播放的疫情信息、防控政策、防护知识让百姓有了实实在在的获得感。

农村大喇叭把防灾、防疫、防火等重要信息打包式地送到村民耳畔，在“乡音”回荡中，打通了预报预警信息发布、政策发布、防灾减灾科普宣传的“最后一公里”。此外大喇叭还可通过重复滚动、增加频次等实现密集发布，已经成为农村社会治理中不可或缺的“传声筒”。

2.2　“主控模式”大喇叭发布模式发挥应用情况

南皮县大喇叭发布系统主控平台设在南皮县气象局。南皮县气象局不但聘用一名专职播音员负责各类别信息、政策的录制、发布工作，还负责大喇叭设备的监控和维修维护工作，可以说是南皮县整个大喇叭系统的当家人，这种发布模式可称为“主控模式”。

2.2.1　积极发挥主控模式优势

2020年疫情发生以来，根据中国气象局关于充分利用农村大喇叭发布应急响应消息、预警信息和防护科普知识的指示精神和南皮县委关于“县气象局大喇叭作为县疫情防控‘第一声音’”的要求，南皮县气象局全面部署，成立疫情防控工作大喇叭广播领导小组，明确职责分工，制定运行发布机制、工作流程、应急预案；录制播放各类疫情防控信息，传达中央及省市县疫情防控精神，指导全县广大群众做好防护工作；同时做好企业复工复产疫情常态化防护宣传工作，助力返工返岗、复工复学有序推进。在此基础上，充分发挥大喇叭覆盖面广、高效迅速的优点，遇有重大灾害、极端性天气过程，及时发布气象灾害预警信息。2020年以来，南皮县气象局共发布预报预警信息1600余条，疫情防控信息1400余条，在减轻灾害灾情、维护社会稳定方面发挥了巨大作用，为促进南皮县气象防灾减灾和疫情防控取得“双胜利”贡献了重要力量。

2.2.2　在农村大喇叭应用工作中，推动党建与业务深度融合

为确保气象大喇叭在气象服务、政策宣传、应急管理、脱贫攻坚、突发信息播报等方面持续发挥作用，南皮县气象局成立大喇叭平台保障队、抢修突击队，并推动党建与业务融合，设立“党员先锋岗”，充分发挥党员先锋模范作用。此外，还加强与乡镇党委的联系沟通，充分调动乡镇包村干部、村“两委”干部、驻村干部、大学生村干部、农民代表特别是村党支部书记等的积极性，定期举办农村大喇叭广播业务培训，进一步提升基层队伍的业务水平和综合素质。同时，组建由县党委组织部负责人、乡镇组织委员、各村信息员以及联通公司工作人员为主体的微信工作群，气象局业务人员及时在

群内发布预警信息及天气预报信息，气象信息员、广播员及时将极端天气造成的灾情状况、大喇叭问题故障等问题反馈至工作群，最大限度提高了工作效率。在此基础上，业务人员实时监控平台在线情况，及时主动与村负责人员联系，保障了南皮县312个村设备在线率始终保持在100%。

2.3　“分控模式”大喇叭发布模式发挥应用情况

以黄骅市气象局为代表的“分控模式”大喇叭发布模式主要借助当地政府“党的声音进万家”农村大喇叭系统平台，实现预警信息的对外发布。大喇叭安装、维护、接入等工作由地方党委宣传部负责、广电网络公司承办，气象部门通过自购设备开设气象分控平台，通过文字转换语音设备将天气预报、预警信号、防灾减灾知识、疫情防控建议等转换为语音进行广播，也可以通过话筒直接进行广播。

2018年4月，黄骅市气象局开始在“党的声音进万家”农村大喇叭广播平台中开设气象分控平台，每日11：50—12：00、17：50—18：00定时2次广播天气预报及气象灾害防御科普知识，每次各10 min。同时，市委宣传部为黄骅市气象局开通最高权限，在遇有重大灾害性天气时，可随时插播气象预警信息。运行期间，设备稳定，社会反响好，切实落实预警信息覆盖到全部327个行政村，解决了气象信息传输“最后一公里”问题。

2.4　“遥控模式”大喇叭发布模式发挥应用情况

以青县气象局为代表的“遥控模式”大喇叭发布模式，是气象部门在新时期面对气象防灾减灾和疫情防控需求而灵活反应、积极作为、主动充实到农村大喇叭发布系统中去的有力证明。

通过向主控平台管理单位提供预报预警信息，由管理单位及时通过大喇叭发布，进一步拓宽了气象预报预警信息的传播渠道。以青县气象局为例，地方农村大喇叭系统建成较晚，但在《中共沧州市委关于进一步发挥农村大喇叭广播作用强化基层动员群众工作的意见》的文件下发后，青县气象局第一时间对接青县县委组织部，建立青县气象灾害防御联动合作机制。

青县气象局将每日天气预报及预警信息内容文字材料制作成语音文件，及时发送至青县组织部，青县组织部通过农村大喇叭广播系统的345个大喇叭进行发布。天气预报于每日10:30、16:30前后择机播出，预警信息根据需要实时进行插播。

3　各模式大喇叭发布系统发挥作用的评价

3.1　“主控模式”评价

以南皮县气象局为代表的“主控模式”大喇叭发布模式，内容多样，形式丰富，气象部门的信息发布内容和时间段主动权均掌握在气象部门手中。南皮县气象局大喇叭发布工作得到各级政府高度认可，各类经费投入也更有保障。

与此同时，各部门各类信息的发布录制工作、各行政村多达几百部大喇叭设备的及时维修维护工作都落于南皮县气象局一身，大幅增加了工作量，这与南皮县气象局维修维护专业人才严重短缺、县级气象局“人少事多”的现状之间产生了较大的矛盾。

3.2　“分控模式”评价

以黄骅市气象局为代表的“分控模式”大喇叭发布模式，在完成气象部门需要的预报预警和防灾防疫信息发布需求的同时，实现了投入少量化、设备轻量化、工作定量化，可通过较少的人力、物力、财力，实现最大化的预报预警信息发布效益。

但“分控模式”的发布内容和时间段相对有限和固定，不利于气象部门根据广大群众服务需求，因时而变、因需而变及时调整发布内容和发布时间。

3.3 “遥控模式”评价

以青县气象局为代表的“遥控模式”大喇叭发布模式具有设备零投入，基本能满足发布需求的优点。

但信息制作模式不规范容易出现内容误差、传递方式不可靠容易出现内容泄密和篡改、播放时间不固定而影响发布时效性，总体来说是一种临时之举，今后还应该朝建立分控平台的方向进行建设。

4 大喇叭发布系统更好发挥气象防灾减灾作用的建议

4.1 全力支持南皮县气象大喇叭发布工作，打造气象标杆

南皮县气象局大喇叭广播系统，除发布气象预报预警信息之外，还肩负着政府各部门各项信息的发布工作，尤其是在疫情防控工作中，发布了大量的疫情防控信息，发挥了重大作用，河北省委常委、组织部以及沧州市委、省市气象部门领导先后到南皮县气象局指导工作并给予充分肯定；沧州市“抓防促保”现场观摩会在南皮气象局召开；新华社、《中国气象报》、河北新闻、《沧州日报》、今日头条等多家主流媒体对这一先进做法多次予以报道。

南皮县气象局大喇叭发布工作作为沧州市气象部门乃至河北省气象部门的工作标杆，显著提升了整个气象部门的社会影响力、带动了其他各级政府对气象部门工作的认可，形成了良好的社会效益和群众口碑。今后应从增加人员配备、提供维修维护技能培训、增大资金保障等各个方面为南皮县气象局大喇叭发布工作排忧解难、保驾护航，把这个标杆做大做强，树立气象部门的良好形象[2]。

4.2 大喇叭发布模式尽快从“临时工”转变成“正式工”

南皮县气象局“主控模式”的形成有其历史性和特殊性，全面复制推广起来难度较大。以建立分控平台为主的“分控模式”是目前气象部门投入收益比较大的可实现路径。“遥控模式”大喇叭发布模式的不足在上文已经提到，应尽快推动实现与地方政府主发布平台的可靠对接。

4.3 拓展农村大喇叭发布内容

气象部门的服务产品目前已丰富多样，在今后的农村大喇叭发布工作中，气象部门除做好预报预警信息和防灾信息发布外，还应适时将跟农民生活和农村生产密切相关的农业气象服务产品、环境气象产品、生活气象产品等服务信息也纳入到大喇叭发布中来，真正做到“气象在您身边”。同时对产业集中在一乡一村、气象服务需求较为一致的新型农业经营主体，尝试分乡镇、分村开展订制化大喇叭气象服务，助力“直通式”为农气象服务。

4.4 拓宽农村大喇叭发布渠道

目前农村大喇叭覆盖了沧州地区所有行政村，但城区的街道、社区还未实现覆盖，同时还存在一些一部大喇叭无法实现全员覆盖较大的村、有广播系统且具备条件的大型公共场所，这些都是气象防灾减灾声音传播的缺口，应当尽力补齐，纳入现有的大喇叭发布系统。针对声音敏感公共场所，如学校、医院，可将大喇叭语音接入显示屏，因地制宜地进行文字形式呈现，扩大预报、预警信息发布范

围，提高气象预报预警信息传播准确性、及时性和覆盖度，切实发挥气象防灾减灾第一道防线重要作用。

参考文献

[1] 张鹏，侯波，吴佳丽，等．气象预警大喇叭运行现状与发展前景［J］．现代农业科技，2017（3）：202，204.
[2] 黄英．如何发挥气象预警大喇叭在农村防灾减灾中的作用［J］．气象研究与应用，2016，37（4）：93-95.

青海基层气象防灾减灾业务平台的架构

李永花[1]　王　倩[2]　马玉芳[3]

（1. 青海省气象科学研究所，西宁 810001；2. 青海省气象台，西宁 810001；
3. 青海省气象服务中心，西宁 810001）

摘要： 结合青海省气象业务与基层气象防灾减灾现状，本文通过对平台系统架构、数据结构、主要功能的设计，建立了一套集“一本账”“一张图”“一把尺”“一张网”“一队伍”为一体的基层气象防灾减灾业务平台，实现了平台与“一本账”“一张图”“一把尺”的联动应用，梳理并归纳出了本平台采取的五个关键技术点，为基层防灾减灾标准化建设积累了经验，也为今后工作的开展提供了思路和支撑。

关键词： 青海；基层气象；防灾减灾；平台

1　引言

近年来，青海省广大农村牧区通过加强防灾减灾体系建设，使气象灾害防御管理能力和措施得到了有效提高[1,2]，但总体来看，农村气象服务体系建设滞后，气象灾害预警信息覆盖率不高。尤其是农村产业结构调整，设施农业、现代农牧业的大规模发展，农民对气象灾害监测、预报预警等服务信息的需求越来越高，农村气象防灾减灾工作成为各级政府和广大农民群众十分关心的问题。

另外，青海是气象灾害易发省份，有局地强降水、雷电、冰雹、干旱、山洪地质灾害、大风、雪灾等多种灾害[3,4]。全省气象灾害占自然灾害的 90% 以上，80% 的气象灾害都发生在农村牧区。专家研究发现，经济不发达地区比发达地区更容易产生自然灾害。同等级的自然灾害，在发达国家造成的经济损失比发展中国家严重，但造成的人员伤亡数量远少于发展中国家[5]，因此，农村牧区是气象防灾减灾的重点和难点，加强防灾减灾体系建设，提高气象、地质、地震灾害防御能力，制定乡村气象防灾减灾建设的规范，运用标准化手段加强气象灾害防御工作十分必要。

但目前来看，青海省各气象系统成果较独立，业务功能较离散；各系统间存在信息孤岛，多平台交叉使用与操作烦琐；各系统间操作逻辑差异性大；由于传统气象业务系统侧重于气象的专业性与独立性，外部门使用较为不便，从而降低了业务人员的工作效率。

基于以上问题，针对青海省气象防灾减灾体系存在的薄弱环节，建立基于全省各县（区）层次分明、功能全面、技术先进、快速高效的基层防灾减灾风险地图，并在省级建立基层气象防灾减灾业务平台，对其进行统一监管，形成青海省基层防灾减灾标准化示范作用，为全省所有区县的基层防灾减灾标准化建设积累经验，使气象灾害防御融入地方防灾减灾工作，为决策部门应急指挥、公众防灾避险提供有力的支撑，最大限度地减少人员财产损失。

2　平台架构

本平台是一个典型的以 B/S 架构模式设计的系统（图 1）。系统整体技术路线遵循规范性、可行性、先进性、开放性、灵活性、可配置性、可扩展性、可维护性、可靠性、成熟性、安全性等设计原则。Web 系统遵循 J2EE 规范，数据库与应用均部署在 Linux 环境上，地图服务运行在 Windows 环境上，支持主流操作系统终端，具有良好的可扩展性和跨平台能力。平台采用面向服务的架构（SOA），符合 Web Service 标准的访问接口。Web 端遵循 Html 5 开发规范[6]，并与 Web 端共享数据接口与后端数据服务。

平台安全策略主要包括权限的控制（省市县三级都有对应的上下级关系数据权限），同时页面访问做了密码的加密处理，作战图的名称全部使用了 UUID 来命名，确保不会被无关人员下载使用。

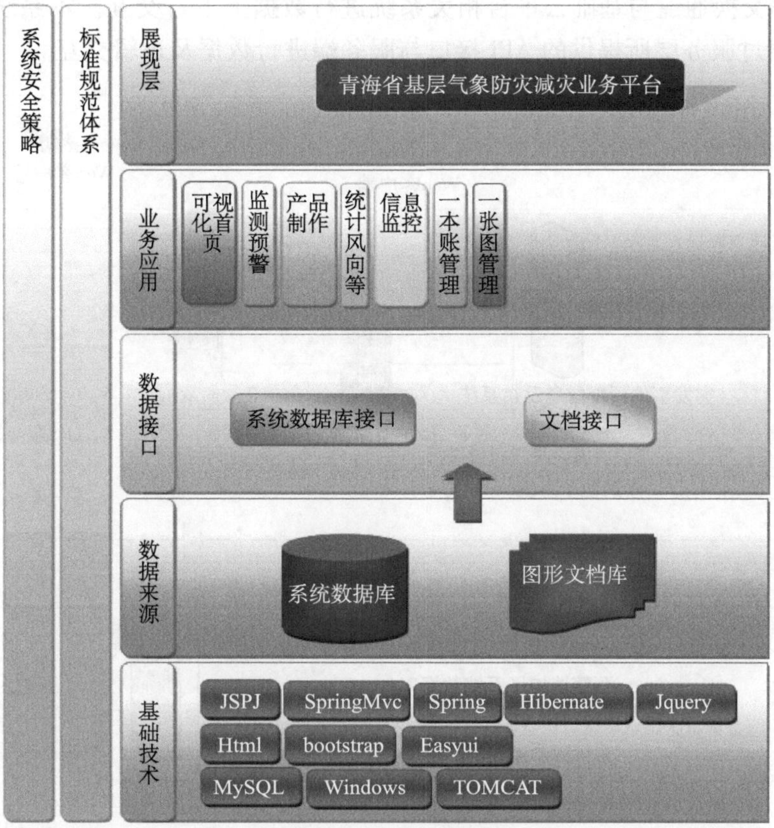

图1 平台架构图

2.1 平台系统结构设计

平台结构设计中，将展现层、业务逻辑层和数据访问层分离开来。用户通过对前端页面（展现层）的控件操作，将用户请求的表单数据发送给 controller（业务逻辑层）。业务逻辑层通过接口层（service）相应的操作实现类调用 DAO 接口。DAO 通过相应的业务数据处理进行持久化操作调用 model 层。model 层将相应的实体对象映射到数据库里面，再通过映射配置文件进行对数据库的增删改查操作。这样分层降低了各层之间的关联性，实现了高内聚、低耦合的设计思想。

各业务应用模块的建设遵循统一的技术框架，且根据各业务应用模块用户量大、信息交互多的特点，在整体技术框架的范围内进行进一步的细化，形成了各业务应用模块的开发框架。平台总体架构如图 2 所示，分为展现层、服务层、数据层，各层设计具体描述如下。

（1）展现层。各类通过数据层加工后的业务数据，最终通过本层进行统一展现，主要包括气象要素、雷达产品、实况报警、气象预警、信息监控、灾情管理等。系统提供表格、地图等多种展现方式，采用 jquery、vue 等前端业界流行技术，力求达到界面美观、交互良好的用户体验要求。

（2）服务层。是用户接口或 Web 客户端与数据库之间的逻辑层，所有业务对象在此实例化。服务层是生成并操作接收信息的业务规则和函数的集合，通过业务规则（可以频繁更改）完成该任务，并由此被封装到在物理上与应用程序程序逻辑本身相独立的组件中。本系统服务层主要通过统一平台框架进行管理，对系统的功能、组织机构、人员权限、阈值管理等进行初始化管理。

（3）数据层。主要是对原始数据（数据库或者文本文件等存放数据的形式）的操作层。这些操作包括存储、清洗、预计算等加工处理。根据业务数据类型划分，数据主要采用 MySQL 数据库进行存储。

数据层通过数据交换通道与基础云平台相关系统进行数据上下行交互。本系统应用层主要集中在 Web 端展示功能，通过服务层所提供的 API 接口与服务端进行数据及逻辑交互。

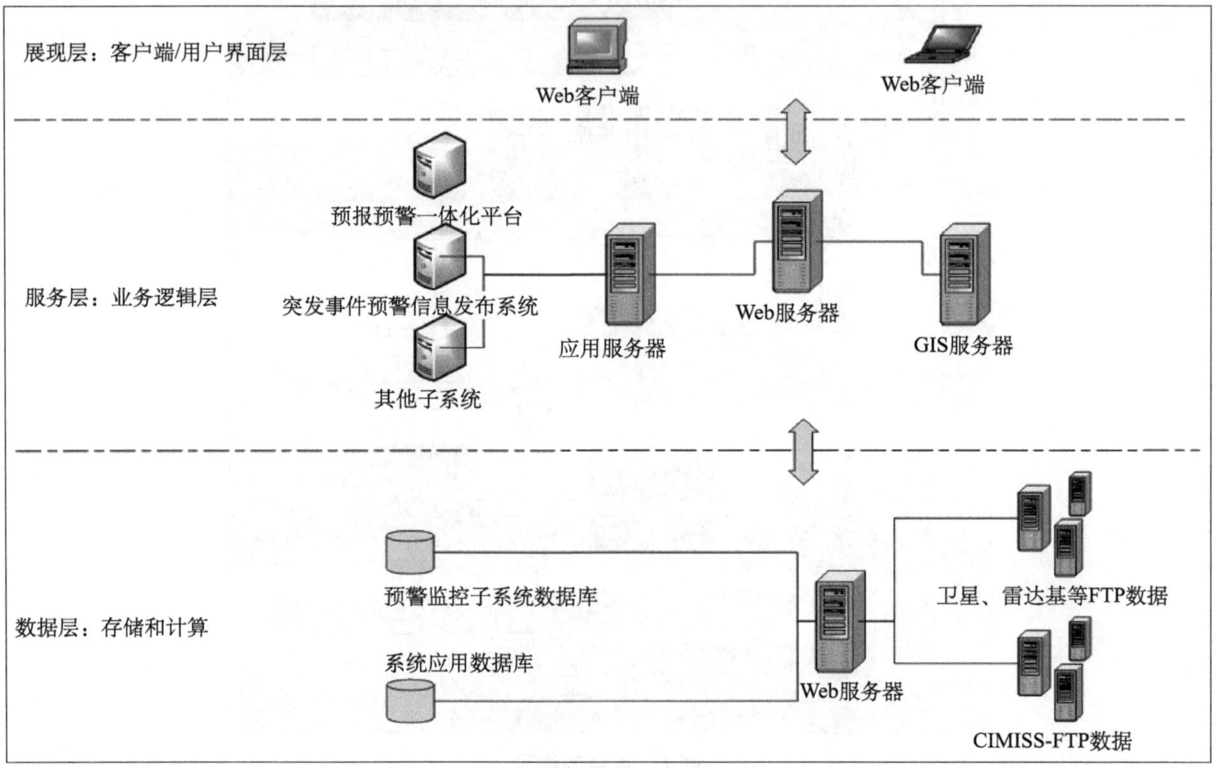

图 2　系统总体拓扑图

2.2　平台数据架构设计

平台数据架构采用分层架构设计，由数据采集、数据加工、数据存储元及提供给接口调用构成，数据架构见图 3。

（1）数据采集。气象数据主要来自于“天擎”系统的各类实况、数值预报及雷达卫星数据。气象防灾减灾数据主要来自于各区县搜集并提交的基础数据，包含防灾减灾设施、风险隐患区/点、重要涉灾单位、防灾减灾相关人员基础数据。

（2）数据存储。结合数据库本身（Job）、操作系统（Windows - 计划任务、Linux - corn）及 Java 常用框架（Quartz）及服务来实现多线程定时任务，完成数据采集、存储操作。针对数据量大的表，如小时实况数据，使用了 MySQL 表分区技术，可以极大地提升数据库的查询效率。

（3）数据加工。将防灾减灾基础数据、应用支撑数据、管理运行数据三类数据聚合汇总后，进行数据加工、计算，从而形成各类业务应用的数据资源，以供应用层进行调用，主要分为数据仓库区与

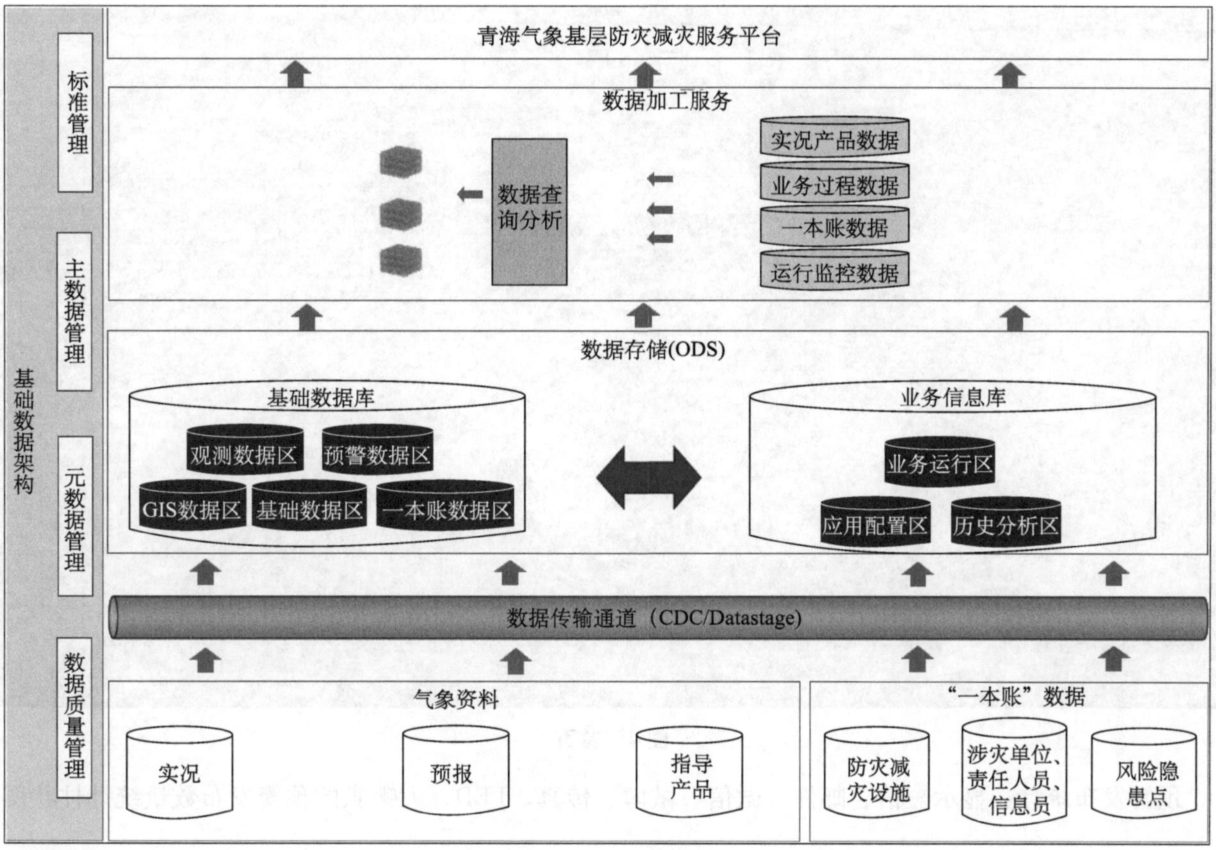

图3 数据架构图

数据集市区。

①数据仓库区：数据仓库统一存放所有业务系统的历史数据。通过ETL系统采集所有的历史数据，并定期自动把新增加的业务数据装载到数据仓库。基于数据仓库可生成面向不同应用主题的数据集市。

②数据集市区：数据集市是在数据仓库的基础上建立的。根据分析主题需求建立的数据高度聚集的集市层，一般按照维度模型建立对应的事实表及维表。数据集市一般面向各应用领域的分析主题，存储的是面向各具体应用的数据或产品。

3 主要功能设计与实现

本平台共包含首页、监测预警、产品制作、信息监控、“一本账”与“一张图”管理等功能模块。

3.1 首页

首页中主要展示当前辖区内各类气象要素数据内容（图4），方便直观、快速查询。主要包含如下内容：

预警信号详情：地图显示预警信号、风险预警、灾害预警图标信息，点击查看信号对应详情。

实况监控：显示雷达实况监控降水信息，以色斑图形式展示。

预报产品：显示降水、气温、温度的预报色斑图展示。

气象琅琊榜：显示当前辖区内降水、气温、风过去一小时累计数据排行。

图4　首页

预警发布统计：显示短信、邮件、微信、微博、传真、LED、大喇叭的预警发布数量统计柱状图。

3.2　监测预警模块

该模块综合展示实况、预报、雷达、卫星、闪电等数据资料，为气象防灾减灾信息发布工作提供支撑，提供地图基础功能，可放大、缩小、拖动进行地图交互（图5）。

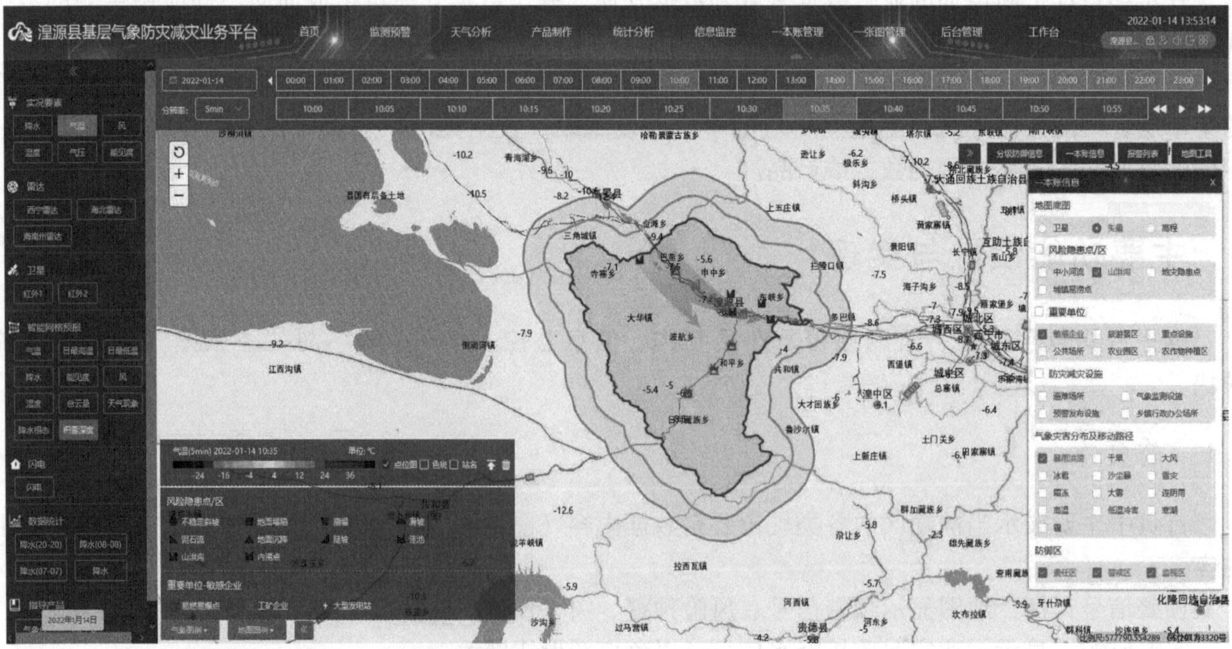

图5　监测预警

（1）实况与预报数据展示：对接入的站点实况数据和预报数据进行基于GIS地图的展示和弹窗的

方式显示，以柱状图和折线图的方式展示未来 7 天逐 3 h 预报详情，要素包括降水、气温、风、湿度、气温、能见度。

（2）雷达卫星数据：接入单站雷达产品在地图上进行展示。雷达产品包括：基本反射率、组合反射率、VIL、回波顶高产品作展示；接入风云 2G 地球静止轨道气象卫星，展示 IR1 和 IR2 卫星灰度值色斑图。

（3）智能网格预报：解析 CIMISS 接口获取的智能网格文件，起报时间为 08 时和 20 时，在地图上展示逐 3 h 格点预报数据。展示要素包括降水、气温、风、湿度、能见度。可随时随地获得基于位置的精细化气象服务，实现从传统站点预报向格点预报的转变。

（4）闪电数据：统计正闪、负闪次数，并结合地图展示。

（5）分级防御信息：各区（县）可查看辖区内分级防御详情，内容包括辖区县当前防御等级、当前服务措施、当前气象灾害分级防御详情。可切换查看当前气象灾害责任区、警戒区、监视区内预警信息与报警信息。其中，报警信息内容包括报警点、报警概述、报警提醒信息（可一键确认当前报警）、报警站点 2 km 内受影响的重要单位数量。

（6）数据查询统计：平台将所需若干气象要素加工为 5 min、小时、日、候、旬、月、季、年等分辨率用于查询。数据统计加工处理流程主要实现不同时间分辨率下不同气象要素的常规统计、同期对比统计、环比统计、历史同期极大值、历史同期极小值、统计时段历史最大、统计时段历史最小、统计时段滑动平均、统计时段累计、统计时段平均、历史极值以及各类要素和数值区间等功能。

设计的数据按照分钟、小时、日、候、旬、月、季、年单独建表，小时表再加入表分区，确保数据的查询效率。

3.3　产品制作模块

本模块可制作预警信号产品、风险预警产品、灾害预警产品、服务效果分析评估报告、决策出图等服务产品（图 6）。拥有签发权限的账号可对需要签发的产品进行签发。以预警信号产品制作签发发布流程为例，省市县账号根据分级防御情况制作相应的预警产品，选择发布渠道，其中发布渠道与青海省突发事件预警信息发布系统进行对接，获取在省平台配置的群组信息，通过对产品进行首发、更新、确认、解除操作，将该预警信息通过接口上传至省平台进行“一张网”的多渠道发布。

3.4　信息监控模块

本模块以饼状图、条形图、表格的形式展示预警监控、报警监控、“一本账”收集与上报状态监控、灾情监控、气象监测设施运行状态监控信息（图 7）。

其中预警监控根据地区、预警类型、预警种类、首发预警等级、当前预警等级、预警状态、发布类型、统计时段等条件，展示包含预警、预警信号、风险预警、灾害预警在内的四类监控信息。

报警监控根据地区、时段展示气象报警、风险报警详情，也可查看报警点的报警详情。

“一本账”收集与上报状态监控为省市县级用户提供辖区内“一本账”数据收集与上报情况展示，具体展示辖区内的重要单位、风险隐患区、防灾减灾设施、气象灾害责任人的数据更新情况。

灾情监控根据地区、灾害种类、要素、时段展示辖区灾害情况统计与详情，可查看灾情的详情以及预警关联、附件下载。

气象监测设施运行状态监控根据设施名称、设施类型、地区、经纬度、设备状态、更新时间展示，包含预警发布与监测设施及国家气象站、本地气象台、区域气象站、雷达站在内的全省各类气象监测设施信息与运行状态。

图 6　预警产品制作

图 7　气象监测设施运行状态监控

3.5　“一本账”与“一张图”管理

本模块根据《基层气象防灾减灾标准化建设方案》的要求，在全省、2 个市、6 个自治州、4 个县级市、6 个区、34 个县编制建立层次分明、功能全面、技术先进、快速高效的基层主要防灾减灾指挥作战图。平台通过 Web－GIS 技术，基于各市州县矢量图、卫星影像图和高程三维地图，以数据可视化技术，将基层气象涉灾数据以图层方式叠加至 GIS 地图上，进行综合应用。

气象防灾减灾“一张图”模块（图 8）从天气事件着眼，基于高程三维地图，通过网格形式分布叠加隐患点、涉灾单位、预警设施、信息员和责任人信息，辅以雷达网、主要气象灾害路径、卫星云图等气象产品，同时给出气象服务、预警发布情况、预报等与事件相关联的气象要素和服务信息。以气象灾害预警为起点，灾害过程为主线，通过时间轴呈现天气事件全过程的实况、预报、预警、服务、灾情全要素动/静态信息，凸显重要节点和服务行为，支持拖拽至全屏显示，形成完整的天气事件链，便于多类型多角度对比查看。

图 8　“一张图”模块

4　平台采取的关键技术

4.1　在线填报技术、在线定位技术应用

（1）通过在线表单动态生成、表单设计器、表单动态验证技术、Geolocation 地理定位技术，实现数据在线收集上报，解决了基层“一本账”数据收集难题，提供标准、准确和全面的防灾减灾数据。

（2）通过基层防灾减灾标准数据集建立，实现对数据分类聚类、分析应用，将原来分散的数据有效应用到气象防灾减灾工作中，发挥其使用价值。

4.2　“一张图”技术应用

（1）后端通过 ArcGIS 技术将监测、预报、预警、服务、灾情等多种数据集于“一张图”中，其独特的空间数据模型以及空间分析能力将科学的计算结果应用于系统中，动态监控气象风险态势，实现“一张图”与防灾减灾数据、平台的联动应用，使基层气象人员在应对天气系统演变时气象服务更灵活、更迅捷。

（2）依托“一张图”在线编辑功能，针对单次天气过程，通过 poi 技术，对气象灾害影响范围、救灾物资点、避灾路线等重要信息进行绘制，为政府决策调度提供更加精准化、精细化的服务。

4.3　业务规范与流程融合应用

（1）以传统的“一把尺”为基础，分区域、分灾种、分等级完善青海省气象防灾减灾“一把尺”业务流程，形成贯穿整个气象预警服务事件的全新“一把尺”业务规范；

（2）采用 JBPM 企业级工作流引擎，实现对“一把尺”业务流程节点的动态化定义、自动化管理，将“一把尺”业务规范转换为平台功能，依托分级防御服务规范，为基层气象人员提供分级防御业务指导。

4.4 页面刷新技术和数据动态交互

采用 Ajax 技术进行实时异步数据通信，实现局部页面刷新和数据动态交互，为用户提供更为自然的浏览体验。技术实现方式为用户单击按钮时，使用 JavaScript 和 DHTML 立即更新 UI，并向服务器发出异步请求，以执行更新或查询数据库。当请求返回时，就可以使用 JavaScript 和 CSS 来相应地更新 UI，而不是刷新整个页面，经过优化后的前端页面实现即时响应。

（1）平台支持无刷新更新数据：Ajax 最大优点就是能在不刷新整个页面的前提下与服务器通信维护数据，这使得平台更为迅捷地响应用户交互，并避免了在网络上发送那些没有改变的信息，减少用户等待时间，提升整个前端界面的响应性能。

（2）平台前端实现与服务器异步通信：使用 Ajax 的异步方式与服务器通信，不需要打断用户的操作，优化了 Browser 和 Server 之间的沟通，减少不必要的数据传输时间及降低网络上数据流量。

（3）前端和后端负载平衡：采用 Ajax 技术，把部分服务器的负载分配给客户端，利用客户端闲置的能力来处理，以减轻服务器和带宽的负担，节约硬件资源提高系统性能，实现平台前端和后端负载平衡。

（4）良好的前端适配性能：Ajax 基于标准化并被广泛支持的前端技术，不需要下载过多的浏览器插件或者小程序就能很好地实现前端的各类交互功能。

（5）界面与应用分离：采用 Ajax 技术，使 Web 中的界面与应用分离（也可以说是数据与呈现分离），有利于分工合作、减少非技术人员对页面的修改造成的 Web 应用程序错误、提高效率，也更加适用于现在的系统开发和维护。

4.5 Activiti 流程引擎技术应用

通过 Activiti 流程引擎技术将业务系统中复杂的业务流程抽取出来，使用专门的建模语言 BPMN2.0 进行重新定义，实现业务流程完全由 Activiti 进行管理，从而减少业务系统由于流程变更进行系统改造的工作量，提高系统的健壮性。通过平台流程优化基层气象人员工作流程，去除多平台同时使用场景，减少基层人员“冗余性”工作，弥补基层气象人员匮乏问题，改善气象服务指导及时性。

5 总结

本平台使用 Java 开发语言，以 Spring MVC + MyBatis 作为基础框架[7]，结合 MySQL 数据库[8]管理工具以及 Html、CSS、JavaScript、jQuery 等相关技术进行系统的开发，主要实现了监测预警、产品制作、信息监控、“一本账”与“一张图”应用等功能，为青海省基层气象防灾减灾工作提供了技术支撑。

（1）提升早期预警、灾前防范能力。平台集“一本账”“一张图”“一把尺”“一张网”“一队伍”为一体，将灾害、气象、服务结合起来，实现“作战图”与数据、平台的联动应用，提升了整体基层气象防灾减灾效能，使基层气象人员在应对天气系统演变时，从查看气象资料到查看报警与指导产品、预警服务产品制作与发布，都可在统一平台中快速完成，大大缩短了服务产品及预警产品制作发布时间，服务效率得到有效提高。

（2）多部门联动防灾，实现气象惠民。“作战图”将气象灾害的基本特点、气象服务的对象、服务的策略进行整理、展示。一方面有利于服务人员构建起气象防灾减灾的意识：灾害形势怎样、服务对象在哪里、和谁联系，通过“作战图”做到心中有数。另一方面，在防灾减灾决策指挥时，“作战图”使非气象专业的领导、决策者也能够清晰看懂，实现多部门之间信息共享、联动防灾、精准御灾，为青海省社会经济发展保驾护航。

（3）建立基层短临监测预警靶向服务模式。平台依托基层防灾减灾“六个一”标准化建设成果，以雷达、智能网格预报为主要短临监测预警手段，叠加本区域基础信息、高分辨率地形地貌信息、中小河流信息、灾害隐患点位信息及重要单位分布信息，配合降水、风速、数值预报等监控图层及相应报警阈值，实现气象灾害分区域、分灾种、分受众进行短临监测预警服务。

参考文献

［1］高永英，张元．对青海农业防灾减灾工作的探讨［J］．青海农牧业，2006（1）：3-4.

［2］祁如英，钟存，雷玉红，等．青海省主要农业气象灾害及防御措施［J］．安徽农业科学，2018，46（8）：153-155.

［3］罗生洲，汪青春，戴升．青海省气象灾害的若干气候特征分析［J］．冰川冻土，2012，34（6）：1380-1387.

［4］牛苗苗，苗培林．青海高原常见气象灾害分析［J］．农家科技，2018（9）：121.

［5］BEMD H，ROLAND F S. Disaster risk management working concept［Z］．German，Deutsche Gesellschaft fttr，2002.

［6］蹇红梅．WEB 平台下的基于 HTML5 标准离线应用开发［J］．四川理工学院学报：自然科学版，2012，25（5）：41-44.

［7］葛管库．MVC 模式下程序设计［J］．软件，2013，34（2）：49-51.

［8］皮金鹏．MySQL 数据库的安全防御体系研究［J］．软件，2012，33（11）：263-264.

山地极端暴雨事件引发的决策气象服务思考*

罗菊英[1]　陈全胜[2]

（1. 湖北省恩施土家族苗族自治州气象局，恩施 445000；2. 湖北省利川市气象局，利川 445400）

摘要：位于鄂西南的恩施土家族苗族自治州全境为山地，常年灾害天气多发频发，损失严重。极端灾害天气事件的形成与山地地形复杂密切相关，防范难度大，对气象服务的需求极高。本文针对2020年汛期两次极端暴雨灾害事件，对其特点进行了分析，从预报和决策服务角度进行了客观评价，最后结合山区防灾减灾特点提出了建议。主要结论包括：①极端暴雨突发性、局地性强，预报难度很大。②极端暴雨时段和落区高度集中，致灾风险很高；强降雨主要发生在夜间，防范难度更大。③服务提前有防范，最大限度降低了灾害；极端灾害天气提前准确预报难，信息传输、防灾减灾机制等都有待完善。④强业务基础、补服务短板、立本地实际、广信息覆盖、重部门协调是提升决策防灾减灾服务水平和能力的有效途径。

关键词：山地；极端暴雨；气象服务；思考建议

引言

位于鄂西南的恩施土家族苗族自治州全境为山地，境内海拔高度300～3000 m不等，高低悬殊，沟壑纵横[1]，整体看，北部、西部、东部三面环山，中部、南部则为海拔较低的谷地，地形地貌总体呈倒“V”形喇叭状。复杂地形地貌为极端降水和其他灾害形成创造了先天条件，州境内灾害种类多而频发，同时，由于自治州位于四川盆地东侧西南涡系统东移影响的首站，加上特殊的喀斯特地质构造特点，汛期极端暴雨诱发的洪涝灾害影响最重，强降水直接导致或间接诱发的山洪、滑坡、城市内涝等次生灾害，给当地人民生命财产和国民经济造成的损失巨大。如在2016年6月16日到7月20日，多站一个月累积雨量在800 mm左右，局部超过1000 mm，多站同期雨量创历史极值，全州受灾人口147.7万，因洪涝灾害死亡10人；2020年汛期，仅6—7月恩施州先后出现10轮大范围强降雨过程，其中以7月16—18日大范围连续暴雨、局地特大暴雨，7月26日大范围暴雨、局地大暴雨和特大暴雨两次过程尤为极端，导致较严重人员伤亡。综上，自治州由于特殊地理位置和山区地形地貌特点，每年都会不同程度出现极端气象灾害事件，防范难度极大，对气象服务的需求极高。

本文以2020年7月16日利川市忠路镇小河乡特大暴雨、7月26日建始县城及附近乡镇特大暴雨两次典型极端气象灾害事件为例，结合自治州山地复杂地理环境特点，针对鄂西南山区气象防灾减灾工作进行总结分析和思考，提出有针对性的建议，以期在现有的预报技术能力前提下，能为更好地做好预报决策服务工作提供借鉴。

* 本文受湖北省气象局重点项目“鄂西南山地极端强降水成因及预报概念模型建立（2021Z01）”资助，获2020年全国决策气象服务业务技术交流优秀论文奖。

1 实况与灾情

2020 年 7 月 16 日，自治州利川市忠路镇小河乡出现特大暴雨，日雨量达 334 mm（雨量统计以 20 时为日界，下同，图 1a），降水集中在 7 月 15 日 22：00—16 日 03：00、16 日 07：00—09：00 两个时段内。强降水诱发山洪和泥石流暴发，4 人遇难，农作物受灾面积 4149 hm^2，绝收面积 1536 hm^2，农业损失 6915 万元，其他损失 16921 万元。

2020 年 7 月 26 日，自治州出现大范围暴雨、局部大暴雨或特大暴雨，建始县城及附近多个乡镇出现区域特大暴雨，多站在 10 h 左右（26 日 02：00—12：00）累积雨量超过 250 mm；最强为建始头坝堰，达到 359 mm；建始县城也出现了 262.2 mm 的特大暴雨，为建始 1959 年建站以来极大值（图 1b）。城区附近多条中小河流域洪水陡涨后快速汇集涌入城区，导致建始县城在短短数小时内形成严重内涝。此次极端强降雨造成直接经济损失 48091 万元，其中建始县城溺亡 6 人、失踪 1 人。

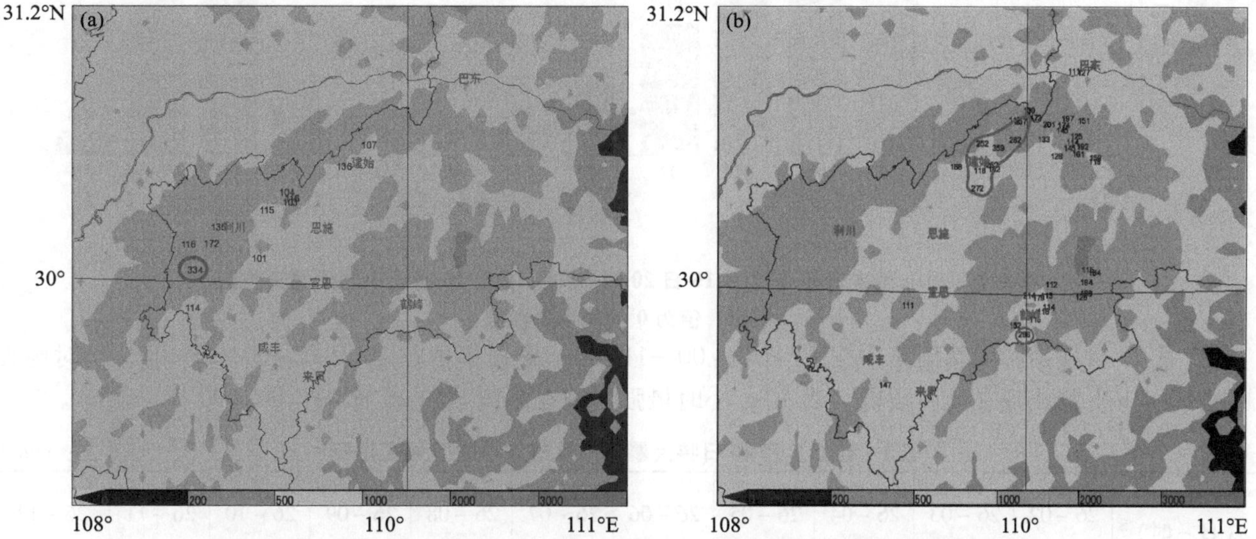

图 1 2020 年 7 月 16 日（a）和 7 月 26 日（b）自治州大暴雨空间分布图
（色斑为 0～3000 m 中国矢量地形图；黑线闭合区域为 250 mm 及以上特大暴雨区）

2 两次极端暴雨特点

分析两次极端暴雨灾害事件，其发生时间均在天气尺度系统影响之前 6～8 h 开始出现，先受暖区中尺度对流系统影响出现突发性对流性暴雨，随后与天气系统带来的系统性强降雨叠加共同影响。极端暴雨的发生，除有利的天气形势外，也与灾害发生地区特殊的地形地貌有关[2-6]。两次极端暴雨发生地利川小河及建始附近地形兼具山地“喇叭口”和“迎风坡”形状结构，有利于气流的辐合抬升和对中尺度对流系统起到加强作用[4,7-10]，是常年强降水的多发地。同时，两次极端暴雨事件还具有以下共同特征。

2.1 极端暴雨突发性、局地性强，预报难度很大

从两次过程中大暴雨落区看，针对全州而言，具有局地发生的特点，特大暴雨落区更加局地（图 1）。7 月 16 日的大暴雨仅仅出现在利川市西南部的小河乡，7 月 26 日特大暴雨 7 站中有 6 站位于建始城区及附近乡镇。强降雨局地性强，预报难度很大，两次极端暴雨的各家数值预报比实况偏小 2 个量级以上，仅预报出大到暴雨量级，各级台站预报均不太理想。究其主要原因：一是数值预报对复杂地

形影响下的鄂西南山区预报能力相对平原地区明显偏弱，特别是对山区局地极端强降雨，数值预报误差更大；二是预报员对山地暴雨机理研究总结较少，对复杂地形及特殊地理环境背景下极端暴雨的形成机理认识不够。

2.2 强降雨时段和落区高度集中，小时雨强大，致灾风险很高

两次极端暴雨均表现出对流特征明显、强降水时段高度集中、强落区高度集中、小时雨强大、累积雨量大的特点。7 月 16 日利川小河站特大暴雨集中在 7 月 15 日 22：00—16 日 03：00、16 日 07：00—09：00 两个时段（图 2），最强在 16 日 00 时（59.1 mm/h）。

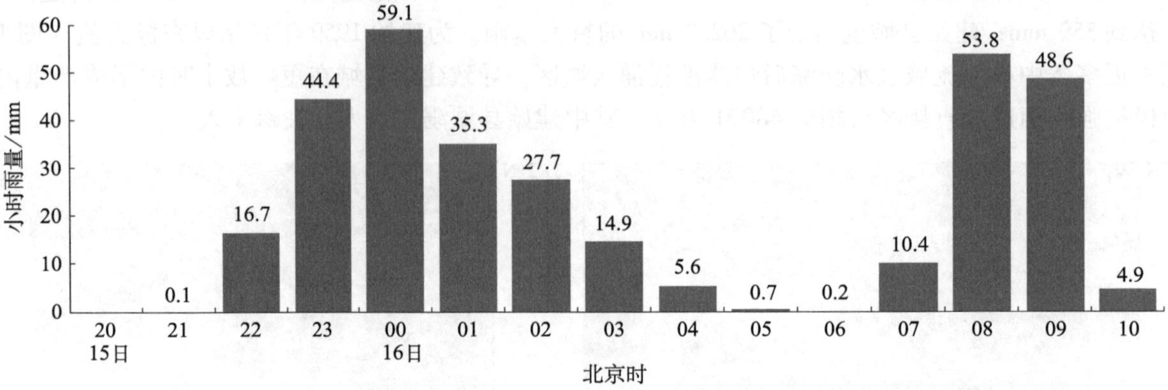

图 2 利川小河站 2000 年 7 月 15 日 20 时—7 月 16 日 10 时逐小时雨量直方图

（提示：值为 0 的表示是微量）

7 月 26 日建始特大暴雨集中在 26 日 02：00—11：00，最强集中在 26 日 02：00—08：00，小时雨强超过 50 mm/h 均出现在此时段内（表 1），小时最强出现在茅田站的 26 日 03：00（90.3 mm/h）。

表 1 建始 7 月 26 日特大暴雨雨量站点小时雨强变化表 单位：mm/h

时间（日－时）	26－02	26－03	26－04	26－05	26－06	26－07	26－08	26－09	26－10	26－11	26－12
茅田	13.2	**90.3**	37.2	17.5	10.1	4.4	2.7	2.7	12.4	25.8	8.7
刺竹坪	7.9	16.7	**61.3**	**55.3**	38.5	12.2	1.6	4.4	21.3	24.9	6
红瓦屋	0.1	0.1	25.3	10.6	41.5	47.9	22.4	3.4	21.3	13.2	3
头坝堰	3.3	12.9	**52.4**	**68.2**	**53.3**	42.3	31.7	17.8	41.1	17.3	5.2
建始				14.8	28.3	**88.5**	43	25.3	30.3	21.6	3.9
白杨坪			0.2	0.5	9.1	**71.5**	**81.5**	34.2	48.6	12.3	3.6

注：小时雨强超过 20 mm/h 数据阴影加深，其中 50 mm/h 以上数据字体加粗；表中站点根据所处地理位置从北到南自上而下排列。

两次极端暴雨突发性强，致灾风险很高，高度集中的强降雨导致河水猛涨、山洪暴发、城市内涝，均造成较严重的人员伤亡和财产损失。

2.3 强降雨集中在夜间，灾害防范难度更大

两次极端暴雨强时段主要集中在夜间 23 时后到早晨。夜间由于人们处于熟睡阶段，对突发性灾害的防范能力极其有限。自治州山区多夜雨，暴雨在夜间段发生的概率也更大，本文所分析的两次极端暴雨具有很好的代表性。为了更好地说明上述事实，统计了自治州 360 个区域加密雨量站 2015—2020 年达到 50 mm/h 及以上短时强降雨（即致灾风险很高的强对流暴雨）出现次数逐小时分布情况，得到图 3。

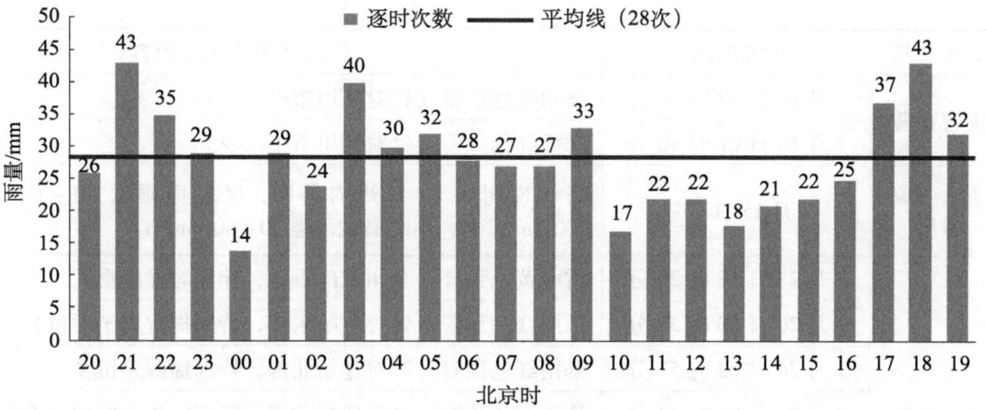

图 3　自治州加密雨量站 2015—2020 年短时强降雨（≥50 mm/h）逐时分布

从历史背景看，2015—2020 年，州内 360 个加密雨量站共出现 50 mm/h 及以上短时强降雨 676 次，最强出现在宣恩板栗园站的 2019 年 6 月 25 日 03 时（125.4 mm/h），若以 20—08 时为夜间，08—20 时为白天，夜间和白天段出现 50 mm/h 及以上强降雨的比例分别是 53%、47%。从图 3 可以看出，短时强降雨有 2 个相对高发时段：一是 14 时到 23 时，18、21 时出现峰值，该时段多为盛夏季节局部对流，相对降水持续时间较短，影响范围相对较小；二是在 01 时到 09 时，03 时左右出现峰值，多伴有明显天气系统影响，降水持续时间较长，影响范围广，属于对流性特征明显的系统性强降雨，致灾风险更高，如本文出现的两次极端暴雨。

3　决策气象服务情况

3.1　服务产品质量评价

针对两次极端暴雨过程，从气象部门的决策服务看，省—地—县三级指导业务体系和联动机制发挥了很好的作用，做到了以下两点：灾前针对当地政府、防灾减灾职能部门等发布重大气象专报、决策防汛会议专题材料等，对大范围强降雨趋势能较好把握；灾中针对重要防灾减灾责任人、公众及时跟踪预警，且在灾害预警方面做到了精细、有针对性。

表 2 中列举了自治州气象台针对 2 次极端灾害天气所发布的主要产品情况。从表中可以看出，针对自治州 7 月 16—18 的大范围连续强降雨、7 月 26 日大范围强降雨重大专报趋势预报正确，区域面雨量也与实况相差不大。在灾害预警服务针对极端暴雨中心区域，暴雨红色预警提前了 1~2 h，且根据雨情发展情况多次针对同一强降雨区发布高级别预警，如在 7 月 15 日夜间到 16 日针对利川小河乡先后连发 3 次暴雨红色预警，7 月 26 日凌晨针对建始连发 3 次暴雨红色预警。综合上述，单纯从灾害预警的角度，在现有的预报技术手段上已经做得很好，但也存在不足，主要表现在专报时间提前量不够，均在 12 h 内，特别是 7 月 16 日上午才发布专报，实况是 7 月 15 日夜间局部强降水已开始发展，专报对极端暴雨落区和强度明显把握不足。

表 2　恩施州气象台针对两次极端灾害天气过程发布的主要决策服务产品一览表

过程日期	服务产品	发布时间	针对区域或主要内容
7 月 16 日	重大气象专报	7 月 16 日上午	16—18 日州内连续暴雨，区域面雨量 100~180 mm，局部 250 mm 以上，小时最大雨强 60~80 mm/h
	灾害预警	7 月 15 日 17 时 44 分	雷电黄色预警（全州大部雷电，伴短时强降雨）
		7 月 15 日 23 时 19 分	暴雨红色预警（针对利川市小河乡）

续表

过程日期	服务产品	发布时间	针对区域或主要内容
7月16日	灾害预警	7月16日02时18分	暴雨红色预警（针对利川市小河乡）
		7月16日07时40分	暴雨红色预警（针对利川市小河乡）
7月26日	重大气象专报	7月15日下午	25日夜间到26日州内暴雨，区域面雨量40～60 mm，局部100 mm以上，小时最大雨强30～60 mm/h。
	灾害预警	7月25日18时20分	雷电黄色预警（全州大部雷电，伴短时强降雨）
		7月26日00时52分	暴雨红色预警（针对建始东部，特别提醒店子坪村）
		7月26日02时57分	暴雨红色预警（针对建始北部，特别提醒茅田乡）
		7月26日06时04分	暴雨红色预警（针对建始北部，特别提醒头坝堰附近）
		7月26日06时35分	暴雨橙色预警（针对建始南、恩施北，特别提醒白杨坪乡）
		7月26日07时04分	暴雨红色预警（针对建始南、恩施北，特别提醒白杨坪乡）
		7月26日09时09分	暴雨红色预警（针对建始县城）

3.2 服务效果评价

3.2.1 提前有防范，最大限度降低了危害

面对复杂山区地形下的局地极端灾害天气，自治州气象部门采取多种方式和措施加强天气预报决策及预警服务工作，主要是：一是充分利用预报业务一体化平台优势，将重要防汛责任人、重要部门等服务对象根据需求不同进行服务产品规范分发管理。重要天气信息通过邮件、传真、短信、政务协同网多渠道对关键部门防汛责任人同时发送。二是不断强化预报业务人员责任意识。如在2019年7月24日自治州气象台专门召开专题会议，以贵州“7·23水城滑坡”事件为警醒，要求预报员要重点关注局地极端天气危害，高级别灾害预警信息要精细到乡镇或落区。三是充分发挥部门合作效益，根据情况启动灾害应急，及时与应急局、防汛办等重要防灾部门保持密切联系，基本实现防灾减灾快速响应机制。如在2020年汛期，自6月8日进入降水集中期后，恩施州气象部门进入防汛救灾气象保障服务特别工作状态，严格执行24 h值班值守及领导带班制度，重大天气信息局领导直接给州领导通过不同方式报送。在7月16日重大专报发布后，7月17日14时，全州气象部门将重大气象灾害暴雨Ⅲ级应急响应提升为Ⅱ级应急，7月17日13时40分，自治州气象灾害应急指挥部将自治州气象灾害（暴雨）Ⅲ级应急响应也提升为Ⅱ级。

由于相关部门做到了提前防范，在一定程度上降低了人员伤亡和财产损失。特别是7月16日利川市小河乡极端暴雨发生前后，利川市气象局及其当地政府的做法取得了很好的服务效果（图4）。利川市气象局发布暴雨预警后，及时启动电话叫应，向地方政府领导汇报雨情和后期天气趋势，并提出合理防灾建议，同时也充分发挥乡村信息员作用开展决策服务。地方领导也高度重视气象部门建议，主要领导亲临灾害现场进行指挥调度，及时采取了有效防范措施连夜转移危险地带老百姓704人，把灾情带来的人员伤亡风险和财产损失降到了最低。忠路镇小河乡回龙村“尖刀班”，在村里发生滑坡和泥石流险情前，当机立断、快速反应，组织党员干部在暴雨中转移群众34户83人，避免了更多人员伤亡（图5）。回龙村“尖刀班”被评为2020年度“恩施楷模”榜单人物。

3.2.2 存在的不足

两次极端暴雨防灾减灾服务过程也暴露出一些存在的问题和不足，主要有以下几点：一是现代预报技术手段下决策气象服务产品针对山区极端暴雨提前预报难度大；二是针对山大人稀的山区，高级

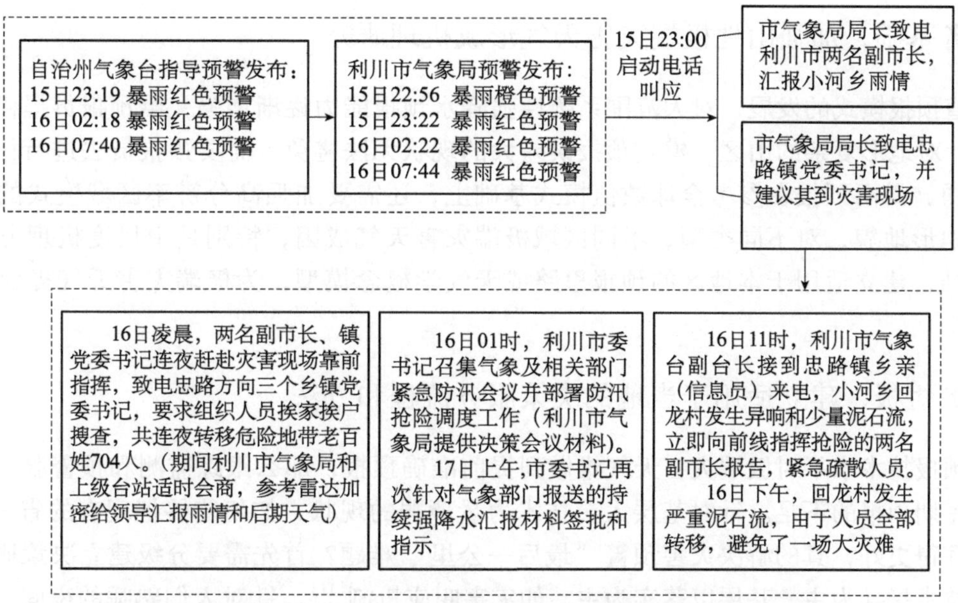

图4　利川市小河乡7月16日极端暴雨发生前后决策服务流程框图

图5　2020年7月16日下午利川市回龙村泥石流现场实况

别灾害预警信息覆盖面很有限，发布渠道和方式还有待改善；三是政府主导、地方部门协调配合的防灾减灾机制还有待进一步健全和完善。

4　思索与建议

山区由于地形地貌的复杂性、地质构造的脆弱性，加上河流众多且纵横交错，山大人稀且交通不便，汛期频发的强降水及诱发的泥石流、山洪、滑坡等次生灾害影响最大的是广大农村，极端暴雨下形成的严重城市内涝也损失巨大。如何结合本地特点，气象部门在现有的预报技术基础上，更好地筑起防灾减灾第一道防线？笔者作为一名长期在基层气象台站工作的老预报员和业务管理人员，有以下想法和建议。

4.1 强业务基础，加强山地极端灾害天气形成机理研究

随着数值预报模式的发展，对大范围系统性强降水预报能力逐渐增强，给预报员提供了很好的参考依据，但针对地形复杂的山区，模式预报误差大的现状无法避免，需要预报员去进行订正释用。在未来的工作中，暴雨预报在参考全球数值模式基础上，还需要加强高分辨率区域模式的应用，更需要结合本地地形地貌，对不同类型、不同区域极端灾害天气成因，特别是中尺度机理方面，进行分析研究和总结，建立适用于本地区的预报思路或天气学概念模型，为极端灾害天气提前提供一些可预见性。

4.2 补服务短板，建立适用于当地的决策服务流程和方法

现有的预报技术水平对极端灾害天气难做到提前准确预报，那么跟踪监测和预警服务就一定要跟上，弥补中短期预报的不足。针对基层人员技术力量薄弱的现状，如何能够把现有的省—地—县三级联动机制发挥得更好，真的解决灾害预警“最后一公里”难题？首先需要分级建立决策服务方案，原则是上级以技术指导为主，基层以落实为主，如灾害叫应机制[11]，针对人们熟睡的夜间，电话叫应很有必要，但机制建立不能上下一致、一刀切，不能完全按照预警级别的高低来设计叫应对象（一般为政府领导），叫应对象过多、叫应次数过多，却缺少针对性会出现负面效应。如上述的利川“7·16”小河乡极端暴雨灾害叫应是一个很成功的案例，仅针对极端暴雨区域主要领导直接叫应，而且还提出很明确的防灾建议，这种叫应是非常有用且必需的。

4.3 立本地实际，防灾减灾防为先

防灾减灾，“防”的成本永远低于“减”和“救”的成本，从这个思路出发，防灾减灾工作要立足于当地实际。作为气象及相关防汛职能部门，首先是清楚了解致灾主要因子中的水情、雨情实况和预报，对有可能致灾的灾害天气预报高度重视；还要结合本地地形、河流走向、降水演变等，对雨情水情的关注不仅仅停留在本地和一个时间点，还要密切关注周边特别是上游情况进行综合分析后提出有价值的防灾建议，以便决策部门提前采取有效防灾措施。如针对本文中的两次极端强降雨，位于清江上游的利川境内在7月15日夜间到16日已出现强降雨且流域及州内强降水持续，那么一定要考虑清江水位上涨会对位于清江中游的自治州城区安全带来严重威胁。又如在7月26日凌晨开始在建始附近及北部乡镇已出现大范围强降雨且降水持续，降水对流性特征明显，雨强大，会导致河水陡涨，一定要考虑区域性极端强降雨会带来山洪暴发、河水会在短时间汇集涌入城区的高致灾风险，那么高级别预警发布后就要引起高度重视，果断采取转移低洼地带人员等防范措施。

4.4 广信息覆盖，多元方式传输有必要

目前气象部门发布的灾害预警信息受众有限，一般为主要防汛责任人和领导，虽然高级别预警会通过运营商全网发布，但时效明显滞后，失去预警作用。预警发布方式也较单一（一般为手机短信）。从信息的受众分析，虽然已传输到村级责任人，但对象很有限。建议能紧跟时代步伐，加强新媒体的利用和开发，如地方主流媒体的公众号、抖音信息发布，基于云数据的智慧气象服务APP开发等，能达到天气预报预警信息随心看、灾害预警信息实时推送等。针对农村和城市防灾特点、难度等不同，除上述新媒体的应用外，防灾方式也应有差别，如城市可以充分利用公共交通工具信息显示屏、人员聚集公共场所信息显示屏等对灾害预警信息第一时间向公众发布，而针对山大人稀人员居住分散的农村，紧急时刻，最好的传播方式是农村大喇叭。

4.5　重部门协调，政府主导、部门配合机制待完善

防灾减灾是一项系统工程，需要多部门的良好配合与协作。目前，政府主导、部门配合的防灾减灾新格局已形成，在近年防汛抗旱工作中也发挥了很好的作用，但随着社会经济的不断发展，人们对服务需求的提高、极端灾害天气的增多等，还需要进一步完善和优化政府部门职责分工，加强政府协调组织功能，完善灾害处理应急指挥系统等。

5　结语

决策气象服务工作是气象部门工作的重点，随着大数据、云平台下智慧气象的不断推进，预报技术的不断提高，决策防灾减灾水平和能力也会不断提升，但与社会经济发展下人们的高需求、高要求仍有一定差距，特别是现有的预报技术手段对山地极端灾害天气预报的难点在短时期内难以改善，那么，如何做好强基础、补短板，采取切实有效的、适用于本地实际的服务手段和方法，将是摆在气象工作者和相关防灾减灾职能部门面前的一项课题，需要在未来工作中继续探索和创新。

参考文献

[1] 张全榜，等. 恩施州志（1983—2003）[M]. 武汉：湖北人民出版社，2013.

[2] 陈春艳，孔期，李如琦. 天山北坡一次特大暴雨过程诊断分析 [J]. 气象，2012，38（1）：72-80.

[3] 慕建利，李泽椿，李耀辉. 高原东侧特大暴雨过程中秦岭山脉的作用 [J]. 高原气象，2009，28（6）：1282-1290.

[4] 王宁，张立凤，彭军，等. 局部地形对北京“7·21”特大暴雨影响的数值研究 [J]. 暴雨灾害，2014，33（1）：10-18.

[5] 杨侃，纪晓玲，毛璐，等. 异常环流背景下贺兰山地形对“8·21”特大致洪暴雨的影响分析 [J]. 自然灾害学报，2020，29（1）：132-142.

[6] 张家国，周金莲，谌伟，等. 大别山西侧极端降水中尺度对流系统结构与传播特征 [J]. 气象学报，2015，73（2）：291-304.

[7] 张家国，岳阳，王珊珊，等. 2008 年“7·1”鄂东北特大暴雨过程的中尺度分析 [J]. 暴雨灾害，2012，31（4）：306-312.

[8] 高珩洲，李国平. 黔东南地形影响局地突发性暴雨的中尺度天气分析与数值试验 [J]. 高原气象，2020，39（2）：301-310.

[9] 肖递祥，杨康权，俞小鼎，等. 四川盆地极端暴雨过程基本特征分析 [J]. 气象，2017，43（10）：1165-1175.

[10] 陈红专，叶成志，唐明晖. 2011 年 6 月湖南两次暴雨过程的中尺度特征对比分析 [J]. 气象，2013，39（12）：1580-1590.

[11] 夏兆林，蔡成良，谭权，等. 中小河流域三个叫应机制气象服务标准分析——以余庆河为例 [J]. 中低纬山地气象，2020，44（1）：38-42.

同安帆船联赛气象服务保障的实践与思考

陈牧浒　许　盈

（福建省厦门市同安区气象局，厦门 361100）

摘要：2022 年 7 月 29 日—8 月 1 日，为期四天的 2022 梅沙教育全国青少年帆船联赛（厦门站）在同安湾海域拉开帷幕。同安区气象局组织气象台与现场保障两支队伍，做好赛事气象服务保障。这次的帆船比赛气象服务过程给第一次开展大型赛事气象服务保障的同安区气象局留下了许多经验：①赛前与赛会组织者、帆船比赛方面的专家沟通对接，做好比赛应急预案；②赛事的举办离不开市区两级气象部门的协作；③应用好新型观测设备，能够对强对流天气有一个更快速的反应，提前预报预警；④派工作人员入驻现场，与赛事组织者直接对话，提升双方沟通的效率。另外，同安区作为自然灾害风险普查的试点，也引申出如何利用好普查结果为此类大型赛事保驾护航这一思考方向。

关键词：帆船联赛；大型赛事；气象服务保障

1　引言

帆船运动中，运动员依靠自然风力作用于船帆上，驾驶船只前进，是一项集竞技、娱乐、观赏、探险于一体的体育运动项目。中国帆船帆板运动协会副秘书长傅丹青这样说："帆船不仅仅是一项体育运动，它可以让孩子接触大自然，在大自然中受到品质意志的锻造，越来越多的老师、家长们看到帆船对孩子有益，送孩子学习帆船，使越来越多的孩子加入帆船运动中。"

2022 年 7 月 29 日—8 月 1 日，为期四天的 2022 梅沙教育全国青少年帆船联赛（厦门站）在同安湾海域拉开帷幕。此次联赛是赛事自创办以来，参赛选手最多、规模最大的一站赛事，有 345 名帆船手，共同角逐出 12 个组别的名次。同安区气象局对此次比赛全程跟踪气象服务，组织气象台与现场保障两支队伍，提供实时气象观测资料，做好赛事气象服务保障。本次全国青少年帆船联赛是同安区气象局第一次为大型体育赛事提供气象服务保障，对赛事气象服务的需求，气象服务的组织形式等方方面面都缺乏相关保障经验。此外，同安受地形、气候等因素影响，7、8 月交际之时正是雨量充沛、热量充足的季节。这个季节里，同安地区强对流天气频发，且具有明显的"小、短、强"特征，发生发展迅速，局地性强，这样的气候特点也给此次服务带来一定的难度。因此，此次联赛的气象保障极具挑战。

大型赛事活动受天气影响大，气象要素的变化会直接影响赛事的顺利开展。针对大型赛事的气象保障服务已成为赛事组织实施和运行体系中不可或缺的重要内容[1]。从以往经验上看，加强对数值预报模式产品的开发及释用，提高对雷达、卫星、区域自动站等非常规资料的分析和应用，提供更加丰富的预报服务产品[2]，都有助于提高大型赛事的气象服务保障能力。另外，完善的组织实施方案是成功的前提[3]，由于赛前与赛事举办方沟通确定好比赛"熔断"指标，一旦气象台发现有高影响天气将影响比赛区域，赛事组委会就立刻行动暂停比赛，最终在多方面的积极配合下，成功顺利地完成了此次帆船联赛项目的气象保障服务。

厦门每年会举办多场大小型比赛，对于如何提高大型赛事气象服务保障能力、建立一套有效的气象服务保障体系，仍然值得我们进一步分析和探讨。

2　基本情况

2.1　同安气候概况

同安地处台湾海峡南部西侧，盛行风向为偏东风，属南亚热带海洋性季风气候，气候暖和，雨量充沛，热量充足。冬短夏长，春暖晴雨多变，秋凉气爽怡人。年平均气温为 21.9 ℃，平均年降水量为 1530.2 mm，年平均雷暴日数为 48.4 d，主要气象灾害有台风、干旱、暴雨、雷电、高温、低温冻害等。

比赛于 7、8 月举办，这是一年中最炎热的季节，7 月年平均温度达到 29.0 ℃，8 月年平均温度也达到 28.7 ℃，同安历年极端最高气温 39.5 ℃正是出现在 8 月份。同时，这个季节里降雨量也比较高，具有雨热同期的特点，年平均降雨量达 451.1 mm，占全年降雨量 29.4%，仅次于降水最多的 5、6 月。

2.2　赛事概况

2.2.1　比赛场地

全国青少年帆船联赛（厦门站）在同安美峰公园广场举行。同安美峰公园西起天马路，向东穿过同集路和滨海西大道，并延伸至同安湾，是一处串起山、海、湖的公园，总面积达 256.7 万 m^2。

2.2.2　赛场周围站点布设

在美峰公园附近布设有古龙酱文化园站、同安大桥站等测量不同气象要素的区域自动气象站（图 1）。在比赛现场还临时布设一台便携式自动气象站。在同安国家气象观测站，还设立一台激光测风雷达。同安区、翔安区、海沧区架设的 X 波段相控阵雷达组网运行，共同为此次大型赛事保驾护航。

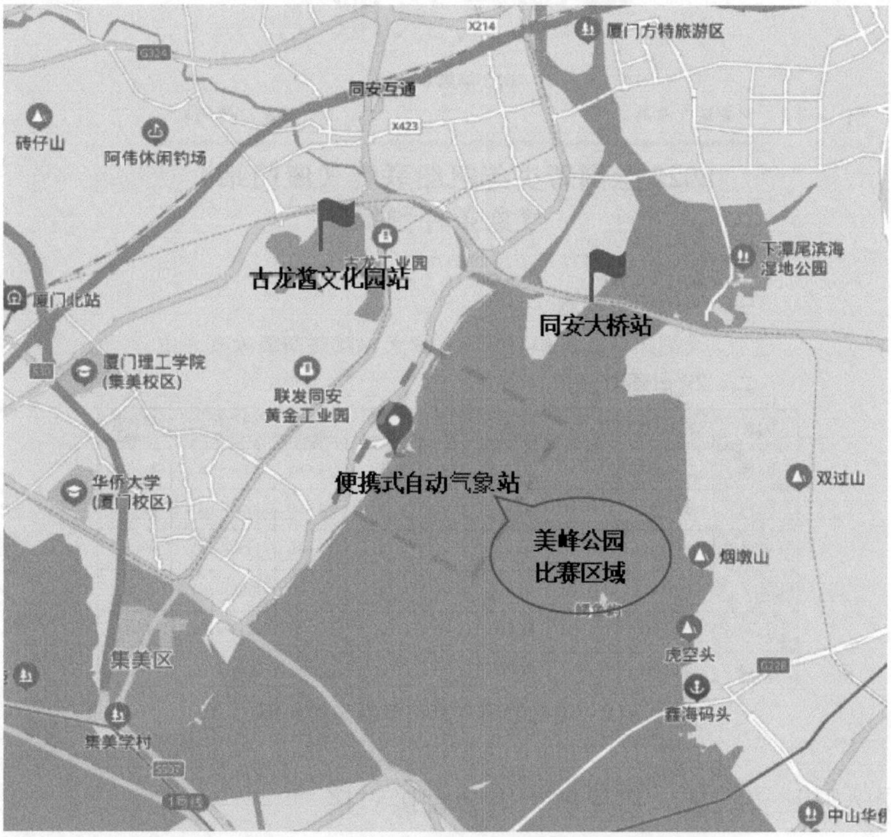

图 1　美峰公园比赛场地与周围自动站点布设情况图

2.2.3 天气关注重点

由于是水上户外运动，赛事开展的顺利与否与气象要素密切相关，其中特别需要关注风速情况。与帆船项目相关的专家会商后，最终以7级阵风作为赛事的“熔断”标准。

3 气象服务情况

3.1 赛前沟通，做好恶劣天气应对准备

此次帆船联赛，厦门市区两级气象部门高度重视，在比赛开始前联系组委会并确定阵风对帆船赛的影响程度，敲定大风对赛事的“熔断”指标，并按照“一活动一方案”的原则，提前制定帆船联赛专题气象服务。

3.2 专项气象服务材料，提前做好天气预报

同安区气象局加强与市气象台的天气会商，并为此次帆船联赛推出专题气象服务《2022全国青少年帆船联赛（厦门站）气象条件预报》（图2）。从比赛前一日（28日）起，每天16时将帆船联赛专题气象服务材料通过传真、邮件发送至区政府办与区文旅局。此次比赛共发布4期专题材料，内容涵盖逐小时多要素的指导预报，实现雨量、气温、气压、湿度等要素全覆盖，并提醒人员比赛期间气温较高，要注意做好防暑降温工作，尤其是要持续关注午后强对流天气的不利影响。30日的气象条件预报特别指出，受副热带高压影响，31日白天以晴热高温天气为主，午后有短暂雷阵雨天气，可能伴有短时强降水、短时大风等强对流天气。

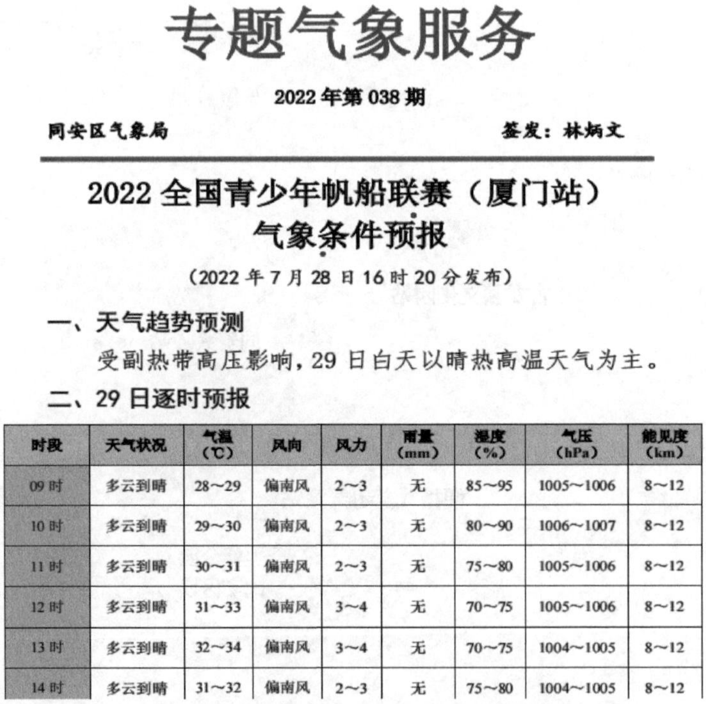

专题气象服务

2022年第038期

同安区气象局　　签发：林炳文

2022全国青少年帆船联赛（厦门站）
气象条件预报

（2022年7月28日16时20分发布）

一、天气趋势预测

受副热带高压影响，29日白天以晴热高温天气为主。

二、29日逐时预报

时段	天气状况	气温（℃）	风向	风力	雨量（mm）	湿度（%）	气压（hPa）	能见度（km）
09时	多云到晴	28～29	偏南风	2～3	无	85～95	1005～1006	8～12
10时	多云到晴	29～30	偏南风	2～3	无	80～90	1006～1007	8～12
11时	多云到晴	30～31	偏南风	2～3	无	75～80	1005～1006	8～12
12时	多云到晴	31～33	偏南风	3～4	无	70～75	1005～1006	8～12
13时	多云到晴	32～34	偏南风	3～4	无	70～75	1004～1005	8～12
14时	多云到晴	31～32	偏南风	2～3	无	75～80	1004～1005	8～12

图2　帆船联赛专题气象服务材料图

3.3 工作人员入驻比赛现场，与赛事组委会直接对接

同安区气象局工作人员和厦门市气象灾害防御技术中心提前两天进行场地和设备的准备，与驻

守在气象局的值班人员共同构成两支赛事气象服务保障队伍，确保及时将天气实况传递给赛事组织者。

3.4　新观测设备投入使用，立体式监测天气实况

本次赛事恰逢激光测风雷达布设落地，因此赛事当天除了现场架设的气象应急指挥车和便携式自动气象站以外，还用最新装备的激光测风雷达进行同步观测（图3）。该款激光测风雷达基于光学脉冲相干多普勒频移检测原理，可实现中下层对流层（包括大气边界层）三维风场的精细化探测，可以有效弥补海上气象要素探测不全的缺陷，为赛事提供全方位服务。

图3　激光测风雷达（左）及现场便携式自动气象站（右）

此外，同安新建成X波段相控阵雷达，已实现与翔安、海沧X波段相控阵雷达组网运行（图4），日常短临预报预警变为“S波段天气雷达组网警戒+X波段相控阵雷达组网监测”模式。组网后的相控阵雷达每70 s就能提供一张空间分辨率高达30 m的扫描图，为预报员短临预报提供更加坚实的数据支撑。

3.5　突发雷暴天气，及时启动比赛“熔断”机制

31日，同安突发雷暴天气，上游区域观测站与雷达回波均观测到灾害性天气出现后，气象台提前通知现场气象服务保障队，并建议举办方必要时启动赛事熔断机制（图5）。13时46分比赛暂停，选手陆续安全回到岸上，据自动气象站数据显示现场实况风力已达到8级。此次帆船联赛虽然遇到强对流天气的小插曲，但由于气象部门的提前预报预警，最终平安顺利地完成了后续的比赛。

4　7月31日雷暴天气预报、监测预警情况

第5号台风“桑达”北上进入黄海，副热带高压随之北抬试图重新夺回福建地区的控制。在这样的天气背景下，31日大气层结变得不稳定，据当日厦门站的探空图，K指数达到了37.2。EC风场预报中高层以偏南风为主，水汽条件较充足，同时14时低层流场在福建沿海处出现风速辐合。上海、广东等区域模式在福建南部预报出分散性的大雨到暴雨点。天气不稳定的因素增加，同安区气象局加强与市气象台会商，当日会商预报的结论为：同安今日白天气温较高，需要特别注意午后局部地区可能出现的阵雨或雷阵雨。

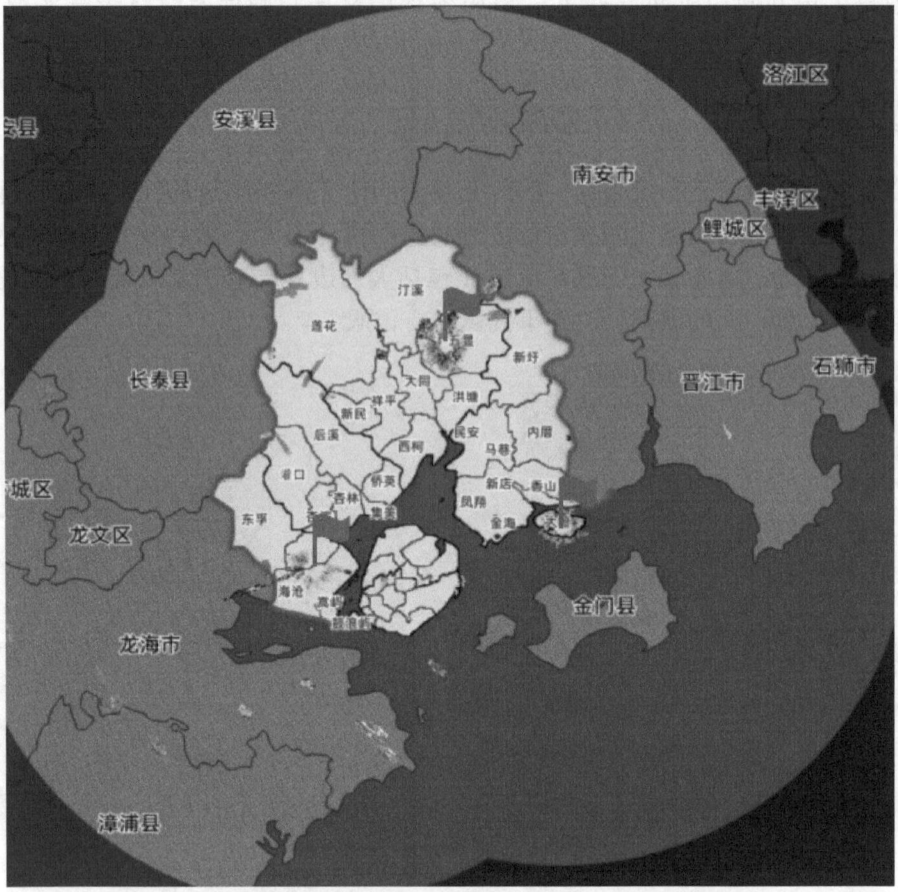

图4　同安、翔安、海沧三地X波段相控阵雷达组网图

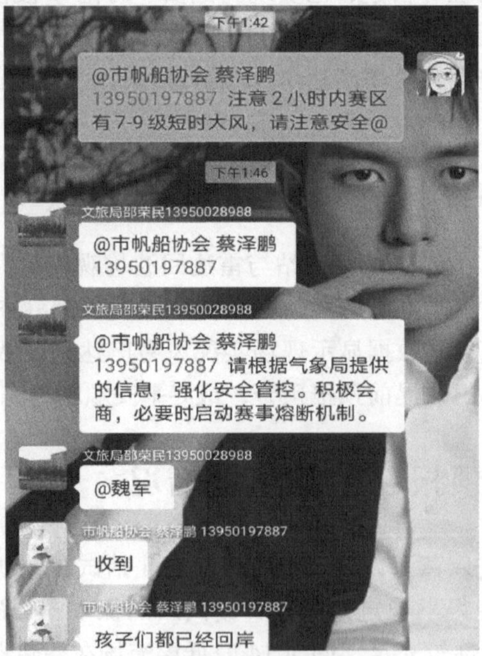

图5　“熔断”机制启动截图

11时，气象台雷达观测到同安地区上空已出现分散性的雷达回波，并发布当日第一份雷电黄色预警信号。

12 时 30 分，区气象局向区政府部门、区防汛办、区应急管理局等发布一份短时强天气报告，通知“预计未来 6 h 我区有强对流天气，局地将出现短时强降水、雷电和 7 ~ 9 级短时大风”。

13 时，位于比赛区域上游的观测站大同街道站已观测到 8 级阵风、五显镇布塘村站已观测到 40 mm 的强降水。气象台于 14 时变更发布雷电橙色预警信号、发布暴雨橙色预警信号，提醒市民公众未来 2 h 有强雷电活动，局地有强降水和 8 ~ 10 级大风。

16 时许，雷达回波消散，降水停止，区气象台陆续解除雷电、暴雨预警信号。

5　气象服务效益

准确的气象预报预警成功为此次全国青少年帆船联赛保驾护航，得到赛事组委会一致认可。“气象预报对此次活动的顺利举办具有重要的意义，尤其是 7 月 31 日的雷暴过程，气象预报及时准确，我们据此及时‘熔断’比赛，确保选手的生命安全。”赛事落幕时厦门市帆船协会会长魏军激动地说，“此次预报很及时，效果很好，非常感谢气象局的大力支持。一定要把厦门气象部门的靠前服务向青岛、秦皇岛等地赛区推广。”

此次全国青少年帆船联赛的成功举办，为同安区气象局积累宝贵的赛事应急保障经验，保障人员也更深刻地体会到了市区天气会商与气象服务对象沟通协调的重要性。

6　气象服务保障的总结与思考

6.1　赛前需要与比赛组委会进行充足的对接和沟通

在比赛开始前，气象人员就和赛事组委会取得联系，一是获取比赛时段，二是向熟悉帆船运动的专家了解帆船比赛顺利举办所需要的相关气象条件，气温、风力、湿度、能见度等，并据此提供这个时段内精细化的预报内容，这样可以确保气象部门提供的各项气象要素预报是服务对象所需要的。此外，与比赛组委会共同敲定大风对赛事的“熔断”指标，对可能出现的危险做好应急预案，提前防备，保证在赛场比赛的运动员生命安全。可以说充分的赛前准备为这次比赛顺利举行奠定基础。

6.2　市区两级气象部门协作联动

第一次为大型体育赛事提供气象服务保障，区气象局是缺乏相关气象服务保障经验的。但是市气象部门不同，他们为厦门马拉松等大型体育赛事做过气象服务保障，有丰富的为大型赛事提供气象服务保障经验。所以区气象局第一时间向市气象部门提出这次帆船比赛气象服务协助请求，最终定下服务方案，制作《2022 全国青少年帆船联赛（厦门站）气象条件预报》服务材料，与厦门市气象灾害防御技术中心工作人员一同入驻现场进行的现场服务保障。在天气预报和应急保障方面都离不开市级气象部门的大力支持。

6.3　新型观测设备大显身手

本次服务保障过程有多项新型观测设备投入使用，完成“精准补位”。7 月 31 日的强对流天气带有非常明显的区域特征，虽然持续时间短，但强度却不容小觑，在上游测站出现大风等强对流天气后仅过了半小时比赛场地附近的同安大桥站也监测到同样 8 级阵风。在这种情况下，对于帆船比赛这种天气条件要求十分敏感的水上项目来说，提前的监测预警是非常关键的。X 波段相控阵雷达、激光测风雷达等新观测手段的加入，能精准地捕捉到对流回波的发生发展与动向变化，达到分钟级别的刷新频次也促成更多更快的预警提前量，给予赛事组委会更多的应急处置时间，组织选手安全回港避风。

6.4 入驻现场让气象服务保障“零距离”

比赛地点选址的同安美峰公园周围布设有多处自动气象站，但公园是没有测站的，入驻现场后架设的便携式观测站填补了这片区域的观测空白，也让赛方能第一时间了解当地的气象条件。

另外，遇到像31日的雷暴天气，可第一时间与组委会取得联系，以现场对话的形式直通式、零距离地向他们报送天气实况，提醒他们关注该高影响天气的出现，后续比赛“熔断”的处置也更为迅速果断。

6.5 自然灾害风险普查成果在大型赛事气象服务保障方面的使用

目前全国自然灾害风险普查正如火如荼地进行，同安区是福建省的试点区之一。大型赛事的时间并不固定，举办地也因比赛项目而变化，对于如何利用好普查结果更好地为此类大型赛事保驾护航，是值得我们进一步思考与探索的。

参考文献

［1］马晓琳，马中元，黄水林，等．庐山重大社会活动气象保障服务的实践与思考［J］．气象水文海洋仪器，2010，27（3）：117-124.

［2］尹烈，王晓芙，孙琼博．探索气象服务对厦门国际“马拉松”赛的贡献［C］//中国气象学会年会．2015.

［3］唐忠莲．第十届中国（珠海）航展气象保障服务技术探讨［C］//中国气象学会年会．2015.

基于降雨强度与历时的秦巴山区滑坡降雨阈值分析*

李培荣　冯　典

（陕西省气象台，西安 710000）

摘要：秦巴山区滑坡、崩塌、泥石流等地质灾害频发，而降雨是滑坡灾害的主要诱发因素之一。本文基于秦巴山区2011—2021年的气象站雨量观测数据及滑坡等地质灾害普查资料，分析该地区地质灾害空间分布特征及灾害发生点的地形特征，并利用$I-D$阈值曲线逐级分类做幂指数拟合的方法建立滑坡降雨阈值曲线模型，以期为秦巴地区滑坡预报预警提供理论依据。

关键词：降水；地质灾害；滑坡；秦巴山区

地质灾害是自然灾害的一种，是指在各种地质营力作用下，地质环境不断恶化，最终造成人类生命财产损毁或生存环境破坏的地质过程。据中国地质调查局地质环境监测院统计，2008—2016年，我国共发生地质灾害142320起，造成失踪和死亡人数6571人，直接经济损失419.85亿元[1,2]。而滑坡灾害是中国分布范围最广、影响最大、破坏最严重的地质灾害，目前我国约1/5～1/4的陆地存在滑坡威胁，是滑坡灾害最严重的国家之一，近10年来，我国发生了很多大型崩滑事件，造成了严重的人员伤亡和财产损失。因此，对触发滑坡事件的成因分析是非常重要的一项研究课题。

降雨是滑坡灾害的主要诱发因素之一，它可以决定和影响滑坡灾害发生的时间[3-9]，是地质灾害监测预警的重要影响因子。研究指出，降雨对边坡稳定性的影响主要是雨水入渗导致的渗流作用使得边坡的下滑力增加及随着雨水入渗岩土体抗剪强度降低或软化。国内外不少学者对于降雨诱发的滑坡发生与前期降雨量及持续特征等进行了研究。目前研究降雨影响边坡稳定性的方法有两种：一是基于无限边坡算法的室内外试验、数值模拟来作为滑坡预警的依据[10-13]；二是根据历史上观测直接得到的降雨所诱发的滑坡灾害，使用统计的方法建立降雨与滑坡灾害之间的经验性降雨阈值或建立概率预报模型[14,15]，由此提出了阈值曲线的方法。阈值曲线方法[16]是Caine在1980年所提出来的，可以反映出降雨强度和持续时间对滑坡灾害发生的影响。20世纪90年代，Guzzetti等对Caine模型进行了改进，并使用全球2185个滑坡分析了全球的阈值曲线[17]。

陕西秦巴山区是指陕西省境内的秦岭地区和巴山地区，位于中国大陆的中部地区，这里山高谷深，地形起伏大，活动断裂发育，地质构造复杂，岩石风化严重，夏秋暴雨多发，地质环境极其脆弱。此外，由于人口膨胀、人类工程活动不断加剧造成秦巴山区的植被破坏，斜坡稳定性降低，水土流失严重，生态环境恶化，由此引发的滑坡、崩塌、泥石流等地质灾害频繁发生，给当地人民的生命财产安全造成巨大威胁。鉴于此，本文使用秦巴山区2011—2021年的气象站雨量观测数据及滑坡等地质灾害普查资料，采用$I-D$阈值曲线的方法来分析该地区的滑坡降雨阈值。由于Caine模型中滑坡灾害所对应的$I-D$散点图分布范围广，若以最低阈值来作为预警阈值，对于多数滑坡灾害点，预警阈值存在偏小的问题。因此，本文通过逐级分类作幂指数函数拟合的方法来分析滑坡普查数据，以便于得出不同

* 资助项目：陕西省气象局秦岭和黄土高原生态环境气象重点实验室开放研究基金（2021-K）。

级别滑坡降雨阈值曲线，以期为秦巴地区滑坡预报预警提供理论依据。

1　Caine 阈值曲线

Caine 阈值曲线使用指数型函数表征降雨强度和降雨时间的关系，对后续降水与滑坡的研究具有重要的影响。在滑坡降雨阈值分析中，采用 $I-D$ 阈值曲线的方法来描述降水持续时间与平均雨强的关系，滑坡灾害的有效降雨持续时间及平均降雨强度满足指数型函数的分布。

$$I = a \times D^{-b}$$

式中：I 为平均有效降雨强度（mm/h）；D 为有效降雨持续时间（h）；a、b 为 $I-D$ 所满足的指数型函数的分布参数，a（截距）为初始降雨的强度值，b（斜率）为有效降雨强度下降的速度。在确定 I、D 前，首先计算滑坡灾害的前期有效降水。

$$R_{cp} = \sum a^{n_i} R_i$$

式中：R_{cp} 为有效降水量；R_i 为该降水过程中第 i 小时的降水量；n_i 为该降水过程中第 i 小时距滑坡发生时刻的时间；a 为经验系数，此处取值为 0.85，表示降雨对滑坡泥石流作用随时间衰减的速度。因此，定义滑坡发生时刻为 D 的截止时刻，在不知道滑坡灾害发生的具体时刻时，使用滑坡灾害发生当天，最后一次雨量大于全球最低阈值 2.2 mm 的时刻作为滑坡发生时刻。有效降水的初始时刻则满足，若某时刻之前的有效降雨量之和小于本时刻至结束时刻之间有效降雨量之和的 10%，且距离滑坡发生时刻 6 d 以内，则本时刻作为 D 的初始时刻。D 的初始时刻至滑坡发生时刻则为有效降雨持续时间。平均有效降雨强度 I 为前期有效降雨除有效降雨持续时间。即当某地前期有效降雨持续时间为 D 时，实况平均有效降雨强度 I 大于等于 $I-D$ 阈值曲线的平均有效降水强度，则可判定滑坡灾害发生。

2　灾害特征分析及提取

2.1　灾害空间分布特征

灾害数据分为总灾害、崩塌、滑坡、泥石流。通过分布图（图 1）可以直观看出，灾害数量有较大的差异，其中滑坡占主导，有三个大值区，分别是汉中西部秦岭南麓、安康西部秦岭南麓盆地、安康东部秦岭南麓，秦岭南北差异明显；崩塌数量位居第二，有三个大值区，分别是宝鸡南部秦岭北麓、商洛北部秦岭北麓、安康东部低洼地，秦岭南北差异明显；泥石流数量位居第三，有二个大值区，分别是汉中北部秦岭南麓、安康南部巴山北麓，秦岭南北差异明显。

分析发现，不同灾害数量、分布存在明显差异，其中滑坡数量最多，呈秦岭南麓远多于秦岭北麓，巴山北麓也有分布；崩塌在秦岭北麓明显多，秦岭以南主要集中在盆地丘陵处；泥石流在秦岭以南明显多于秦岭以北，主要分布在秦岭南麓和巴山北麓。

2.2　散点特征提取分析

通过制作 DEM，结合坡度、坡向、起伏度物理量，同时对灾害点的散点进行要素提取，绘制各要素分布图，对各个灾害的不同要素之间进行相关性分析，可以得到不同灾害之间的关键信号差异。

结合相关性分析和 DEM、坡度、坡向、起伏度的箱线图（图 2）分布可知：①崩塌和总样本数在 DEM、坡度、起伏度中均存在明显差异，坡向不存在明显差异，说明崩塌是一个比较特殊的灾害种类。其中 DEM、坡度、起伏度均为关键要素；②滑坡仅坡度与总样本存在明显差异，坡度为差异的关键要

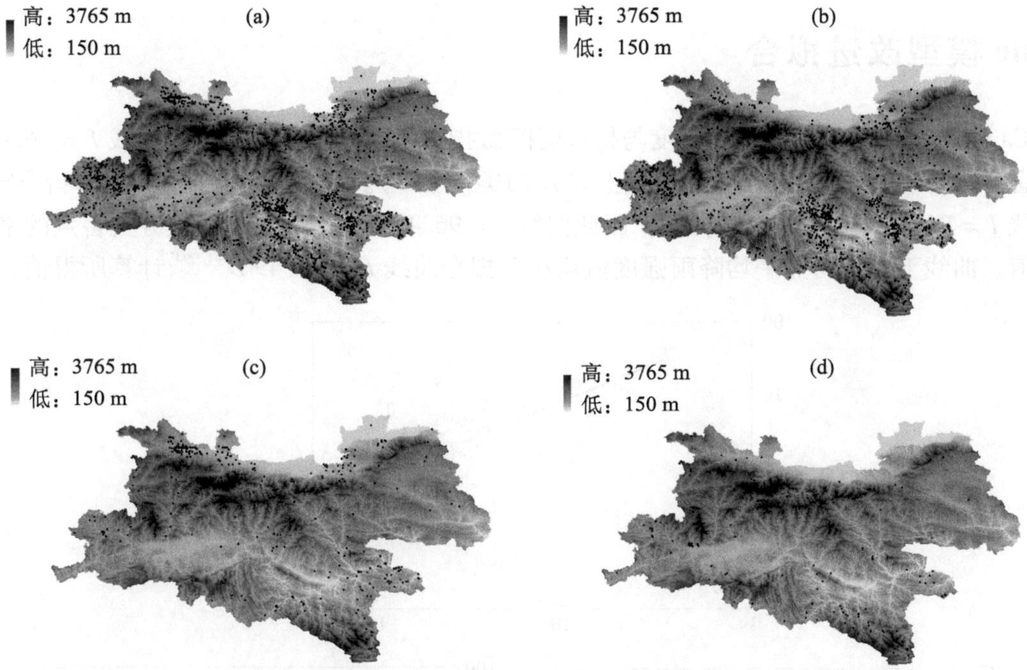

图 1　地质灾害点分布（黑点）、DEM 高程（填色）

（a）总灾害；（b）滑坡；（c）崩塌；（d）泥石流

素；③泥石流的 DEM、起伏度与总样本存在明显差异，是关键要素。

同时，崩塌、泥石流、滑坡直接也存在差异。通过对比发现，崩塌与滑坡相比，坡度和起伏度是差异的关键要素。崩塌与泥石流相比，DEM、坡度、起伏度是差异的关键要素。滑坡与泥石流相比，DEM 是差异的关键要素。

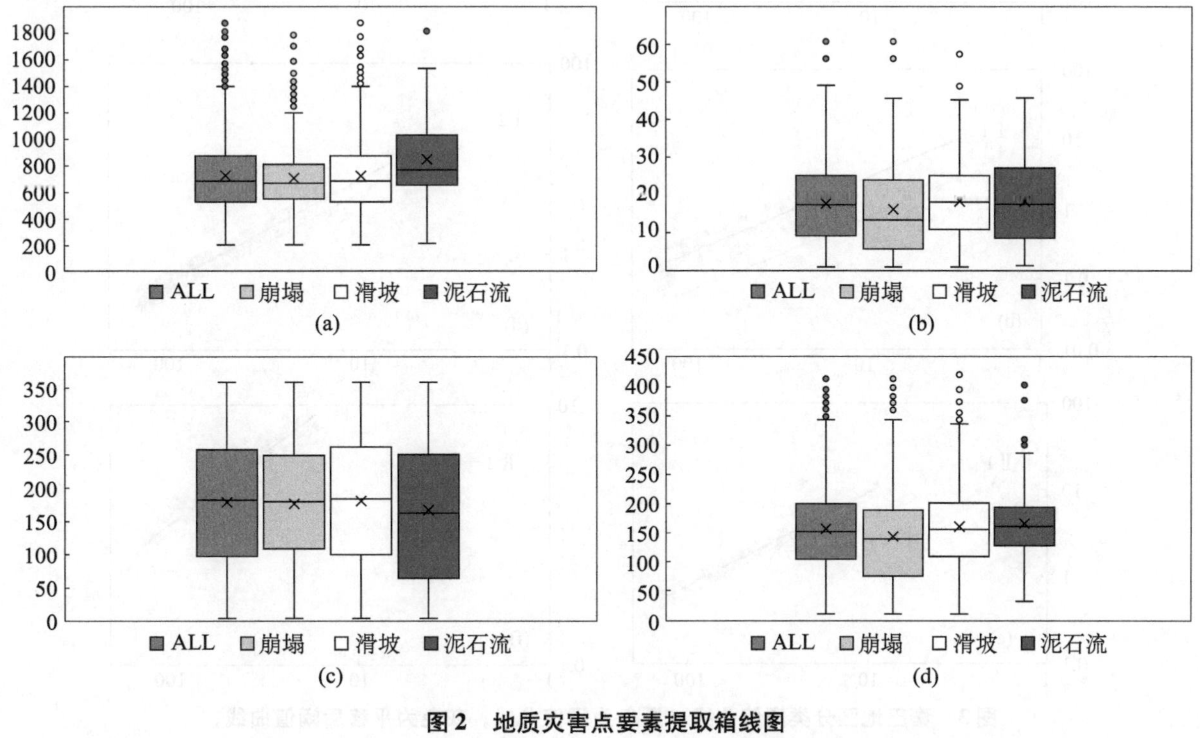

图 2　地质灾害点要素提取箱线图

（a）DEM；（b）坡度；（c）坡向；（d）起伏度

3 Caine 模型改进拟合

使用 Caine 模型对滑坡有效降雨强度与持续时间做指数函数的拟合，得拟合曲线 $I = 96.49\,D^{-1.094}$，将滑坡灾害分为Ⅰ（曲线下方）、Ⅱ（曲线上方）两类（图 3）。曲线上方灾害点平均降雨强度值均大于拟合曲线 $I = 96.49\,D^{-1.094}$ 计算所得值，因此曲线 $I = 96.49\,D^{-1.094}$ 表示曲线上方灾害点的平均降雨强度最小阈值。曲线下方灾害点平均降雨强度值均小于拟合曲线 $I = 96.49\,D^{-1.094}$ 计算所得值，因此曲线

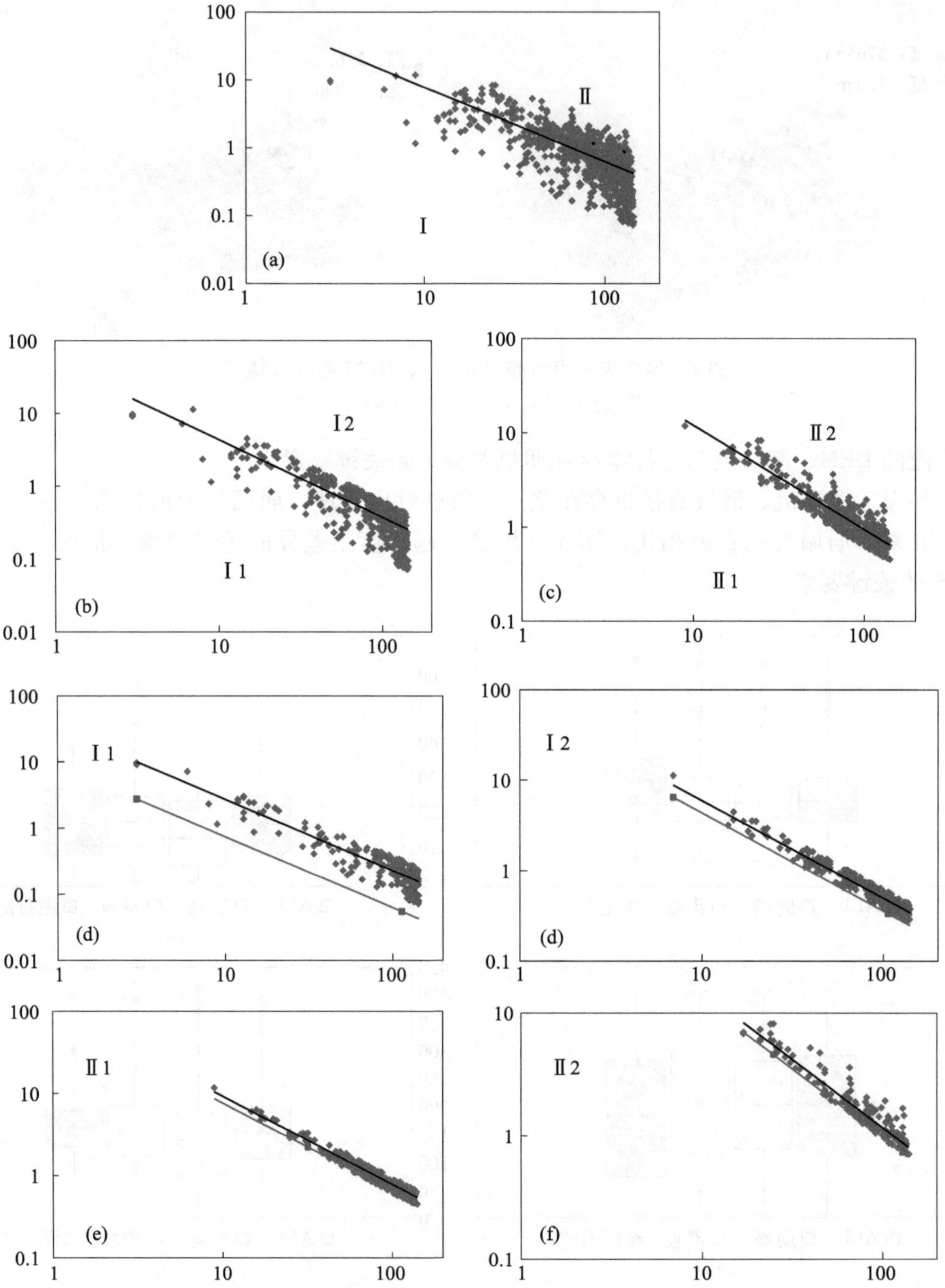

图 3　秦巴地区分类阈值曲线（黑色为阈值曲线，灰色为平移后阈值曲线，横坐标为降水历时（h），纵坐标为降水强度（mm/h））

下方灾害点的平均降雨强度最小阈值不能由曲线 $I = 96.49 D^{-1.094}$ 表示。Ⅰ类滑坡做指数函数的拟合可得曲线 $I = 50.75 D^{-1.064}$，分为Ⅰ1、Ⅰ2 两类。Ⅱ类滑坡做幂指数函数拟合 $I = 152.31 D^{-1.102}$，将Ⅱ类分为Ⅱ1、Ⅱ2 两类。通过对Ⅰ1、Ⅰ2、Ⅱ1、Ⅱ2 分别做幂指数函数拟合，可得拟合曲线 $I = 32.59 D^{-1.075}$、$I = 72.36 D^{-1.080}$、$I = 109.99 D^{-1.070}$、$I = 191.96 D^{-1.106}$。在滑坡预报预警业务中，需要分析致灾降雨的最低阈值，因此，对以上 4 条拟合曲线向坐标原点平移。参数 b（降雨强度下降的速度）不变，可使样本降雨强度变化特征保持不变。截距 a（初始降雨的强度值）的值变小，当位于拟合曲线最下方的灾害点在平移后的曲线上时，截距 a 取最小值。平移后样本平均雨强计算值小于或等于实况值，灾害点判断为灾害发生。可得曲线 $I = 8.89 D^{-1.075}$、$I = 53.72 D^{-1.080}$、$I = 90.5 D^{-1.070}$、$I = 160.61 D^{-1.106}$，即为 4 类滑坡降雨阈值曲线。参数 a（截距）分别为 8.89、53.72、90.5、160.61，参数 b（斜率）分别为 −1.075、−1.090、−1.070、−1.106。

改进后的 Caine 模型可将研究区域滑坡点共分为 4 类，分别对应Ⅰ1、Ⅰ2、Ⅱ1、Ⅱ2 这 4 条阈值曲线，分别占所有降雨型滑坡灾害的 16.5%、28.5%、29.6%、25.4%。截距 160.61 属于较高阈值，截距 8.89 属于较低阈值。若某地有效降雨持续时间及平均雨强散点处于Ⅰ1 下方，则判定为无危险性；若处于Ⅰ1 上方、Ⅰ2 下方，则判定为低危险性；若处于Ⅰ2 上方、Ⅱ1 下方，则判定为中危险性；若处于Ⅱ1 上方、Ⅱ2 下方，则判定为高危险性；若处于Ⅱ2 上方，则判定为极高危险性。

4　模型检验

以秦巴山区作为研究区，搜集了发生在 2022 年的地质灾害事件的雨量数据，以此来检验上述模型中降雨阈值的可靠性。由表 1 可以看到，除了 2022 年 7 月 17 日镇巴县赤南镇的地质灾害事件外，其余 5 次均与降水有一定关系。计算各事件的降水历时和降水强度，与各个等级的曲线阈值比较，5 个时间的降水强度都大于 1 级临界值，即具有一定危险性，其中部分事件达到了高危险性或极高危险性，表明此分级模型在地质灾害的预报中具有较好的效果。

表 1　2022 年 6 次地质灾害事件雨量阈值检验

时间，地点	灾害类型	降水历时/h	实际降水强度/(mm/h)	1 级临界值/(mm/h)	2 级临界值/(mm/h)	3 级临界值/(mm/h)	4 级临界值/(mm/h)
2022 年 9 月 15 日 20 时，留坝县江口镇	滑坡	68	0.104	0.095	0.575	0.969	1.721
2022 年 7 月 17 日 6 时，镇巴县赤南镇	滑坡，泥石流	1	0	0	0	0	0
2022 年 10 月 5 日 8 时，勉县元墩隧道	滑坡	115	0.453	0.054	0.327	0.551	0.978
2022 年 6 月 23 日 10 时，宁强县舒家坝镇	滑坡	56	1.311	0.117	0.71	1.194	2.121
2022 年 10 月 4 日 13 时，汉滨区紫荆镇	滑坡	36	2.846	0.188	1.14	1.921	3.409
2022 年 7 月 22 日 10 时，商州区北宽坪镇	滑坡	90	0.657	0.07	0.426	0.717	1.273

参考文献

[1] 徐邦栋．滑坡分析与防治［M］．北京：中国铁道出版社，2001.

[2] 许春青．滑坡预测预报模型比较分析［D］．哈尔滨：哈尔滨工程大学，2011.

[3] GUZZETTI F，PERUCCACCI S，ROSSI M，et al. Rainfall thresholds for the initiation of landslides in central and southern Europe［J］．Meteorology and Atmospheric Physics，2007，98：239-267.

[4] CAINE N. The rainfall intensity-duration control of shallow landslides and debris flows［J］．Geografiska Annaler：Series A，Physical Geography，1980，62（1-2）：23-27.

[5] 赵衡，宋二祥．诱发区域性滑坡的降雨阈值［J］．吉林大学学报（地球科学版），2011，41（5）：1481-1487.

[6] CHEN C Y，CHEN T C，YU F C，et al. Rainfall duration and debris-flow initiated studies for real-time monitoring［J］．Environmental Geology，2005，47（5）：715-724.

[7] 伍宇明，兰恒星，高星，等．台风暴雨型滑坡降雨阈值曲线研究——以福建地区为例［J］．工程地质学报，2014，22（2）：255-262.

[8] 李宇梅，狄靖月，许凤雯，等．基于当日临界雨量的国家级地质灾害风险预警方法［J］．气象科技进展，2018，8（3）：77-83.

[9] 杨康权，肖递祥，罗辉，等．四川盆地西部两次暖区暴雨过程分析［J］．气象科技，2019，47（5）：795-808.

[10] 林鸿州，于玉贞，李广信，等．降雨特性对土质边坡失稳的影响［J］．岩石力学与工程学报，2009，28（1），199-204.

[11] 黄恒伟．云南昌宁“9·16”群发性浅层滑坡与植被关系研究［D］．昆明：昆明理工大学，2017.

[12] 王俊，黄润秋，聂闻，等．基于无限边坡算法的降雨型滑坡预警系统的模型试验研究［J］．岩土力学，2014，35（12），3503-3510.

[13] 杨攀，杨军．考虑前期降雨的边坡稳定降雨阈值曲面［J］．岩土力学，2015，36（1）：169-174.

[14] 齐大鹏，汪超，韩小令，等．基于加密降水资料的贵州地质灾害概率预报模型［J］．气象科技，2016，44（5）：788-792.

[15] 李忠燕，田其博，章国材，等．铜仁地区滑坡临界雨量研究［J］．气象科技，2016，44（4）：680-685.

[16] 王仁乔，周月华，王丽，等．大降雨型滑坡临界雨量及潜势预报模型研究［J］．气象科技，2005，33（4）：311-313.

[17] GUZZETTI F，PERUCCACCI S，ROSSI M，et al. The rainfall intensity-duration control of shallow landslides and debris flows：an update［J］．Landslides，2008，5：3-17.

“三个三”模式在商洛气象防灾减灾中的应用

瑚 波 袁 媛 郭毅春 张鸿雁

（陕西省商洛市气象局，商洛 726000）

摘要：本文简要介绍了商洛市气象防灾减灾工作现状，以及“三个三”工作模式在全市防灾减灾体系建设中的应用和取得的成效，将其应用在气象防灾减灾救灾服务中，不仅可以提高气象防灾减灾能力和气象部门综合影响力，而且地方政府加大资金投入，使得气象监测设备优化升级，有效减小气象灾害损失。此模式为提高气象灾害防御能力提供参考依据，值得推广应用。

关键词：“三个三”工作模式；防灾减灾；气象服务；商洛市

气象防灾减灾救灾是气象工作的重中之重，是国家防灾减灾救灾体系中不可替代的主要力量，是国家公共安全体系的重要组成部分[1]。党的十九大明确指出，要健全公共安全体系，提升防灾减灾救灾能力。中国气象局在《关于加强气象防灾减灾救灾工作的意见》中指出，要坚持以防为主、防抗救相结合，坚持常态减灾和非常态救灾相统一，努力实现从注重灾后救助向注重灾前预防转变，从应对单一灾种向综合减灾转变，从减少灾害损失向减轻灾害风险转变，全面提升全社会抵御自然灾害的综合防范能力[2]。

商洛地处秦岭腹地，境内地形地貌复杂，气象灾害频发，每年暴雨、干旱、大风、低温冻害等气象灾害给农业生产、防汛、森林防火等造成严重危害，甚至对人民生命财产安全造成重大损失。为进一步贯彻落实习近平总书记对防汛救灾工作重要指示精神，始终把保障人民群众生命安全放在第一位，抓细抓实各项防汛救灾措施[3]，商洛市委、市政府结合商洛防汛形势和气象防灾减灾工作实际，探索性地提出了“三吹哨、三主动、三下沉”气象防灾减灾“三个三”工作模式，在商洛防汛救灾“人盯人防抢撤”机制体制建设及筑牢气象防灾减灾第一道防线等方面发挥了重要作用，取得了显著成效。本文以商洛市防灾减灾工作为例，重点介绍“三个三”工作模式在气象防灾减灾服务中的应用和取得的成效，以期提高气象防灾减灾服务的效率和效果。

1 商洛气象防灾减灾工作现状

1.1 成立气象防灾减灾组织机构

2011年，商洛成立了以市政府分管副市长为总指挥，气象、应急、农业农村、资源等28个部门为成员的气象灾害应急指挥部，指挥部办公室设在市气象局，办公室主任由市气象局分管副局长担任。全市六县一区政府随即成立了县级气象防灾减灾应急指挥部，同时在镇、村也成立了相应的组织机构，目前商洛的市－县－镇－村四级气象防灾减灾应急机构健全，人员到位，职责明确，工作正常，指挥顺畅。市级和各县（区）政府均出台了气象灾害防御规划、气象灾害应急预案和应急准备认证管理办法，市县两级的应急指挥运行经费纳入财政预算，应急管理工作纳入政府目标考核。根据《商洛市气象防灾减灾应急指挥部联络员会议制度》，市县两级都建立了指挥部组成单位的部门联席会议机制，各部门不定期召开联席会议，互通天气情况和灾害防御等信息。

1.2 完善综合观测站网建设

近年来，商洛市气象局积极开展地面观测自动化工作。目前7个国家级台站均完成天气现象视频智能观测仪、三温三雨等设备安装，实现压、温、湿、风、雨、日照、蒸发（基本站及以上部署）、能见度、天气现象、冻土等要素自动观测。“十三五”期间全市开展区域气象站升级改造工作，完成160站次老旧区域气象站淘汰升级工作，升级改造多要素区域气象站44套。为探索基层防灾减灾能力提升建设，主动承担中国气象局农村微物联气象站建设，在山阳、商南县部分乡镇安装120套农村微物联志愿气象观测站。为提升预报预测能力，市气象局争取商洛新一代天气雷达大修，已提交商洛新一代天气雷达大修及技术升级改造可行性研究报告。作为全省雷电探测设备的重要组成部分，山阳、商南县均安装闪电定位仪检测设备。现阶段，全市建有国家级自动气象站7个、镇办自动气象站244个，山洪雨量监测站30套、负氧离子监测仪13套、农田小气候监测站5个，自动土壤水分站5个、便携式自动土壤水分站2套、闪电定位监测站2个、实景监测系统50套，人影作业点40个，北斗气象站45个，新一代多普勒天气雷达1套，在秦岭（商洛段）建设8个剖面站，形成了秦岭断面观测网，并完成1部车载式探测系统建设。

1.3 多举措提高气象灾害防范能力

建立以突发事件预警信息发布为枢纽的气象信息发布体系，全面推进向乡镇延伸的子系统，为各部门实现预警信息第一时间精准直达政府决策者、部门应急责任人、企事业负责人和社会公众提供平台支撑。建立完善突发事件预警信息发布工作流程，明确各部门职责。完善与广电、工信等部门和新闻媒体、移动通信运营商的预警信息传播机制，在电视台开通绿色通道，通过飞播形式播放预警信号。联合市委组织部组织对全市98个镇办主管气象工作镇长进行培训，加强气象信息员、联络员队伍管理。

完成全市干旱、暴雨、高温、雷暴、冰雹、暴雪六种常见灾害的风险区划图。建成现代中草药标准化生产气象灾害监测预警系统、CIMISS、经济作物区划系统、粮食作物气象服务系统等。强化关键性、转折性天气及重大气象灾害实时监测和影响评估，完成核桃、金银花、茶叶等特色农产品气候品质认证等工作。为市农业农村局、保险公司等单位制定商洛七县区巨灾（干旱、暴雨、连阴雨、霜冻）政策性农业保险的灾害发生时段、触发指标及理赔指标，并制定核桃、茶叶等气象保险理赔判定标准，为农村防灾减灾、助推农村产业脱贫提供保障。

2 “三个三”工作模式在商洛气象防灾减灾中的应用

2021年7月，商洛市委、市政府结合全市防汛形势和气象防灾减灾工作实际，探索性地提出了“三吹哨、三主动、三下沉”气象防灾减灾“三个三”工作模式，市政府随即下发《商洛市人民政府办公室关于建立气象防灾减灾“三个三”工作机制的通知》，建立全市气象防灾减灾“三个三”工作机制，并在党政机关进行推广[4]。

2.1 “三吹哨”打响防灾避险“指令枪”

第一个“三”，即“三吹哨”，市县气象部门在监测、预报到重大灾害性天气时，第一时间发布预警信息，向市、县、镇三级党委、政府紧急吹哨，开展叫应服务，为政府决策提供依据；向气象防灾减灾指挥部成员单位紧急吹哨，及时准确对雨情、水情等气象数据进行滚动预报，加强对次生灾害预报，与相关部门开展联防联动；向城乡群众紧急吹哨，提醒防灾避险，要求预警信息发布要到村到户到人，切实做到“灾前预警到位、灾中抢撤及时、灾后保障有力”。

在2021年8月19—22日重大天气过程中，市县气象部门精密监测，提前发布预警信号共48期。受强降雨影响，全市五大河流及部分支流水位均有多次涨水，其中，洛河灵口水文站8月23日11时15分出现建站以来最大洪峰流量3220 m^3/s（保证流量2000 m^3/s），列实测洪水系列第1位，为超50年一遇洪水。直接经济损失近45亿元，由于气象部门提前“吹哨”，预警及时，政府采取措施有力，全市虽然受灾严重，但未发生人员伤亡。

2.2　“三主动”靠前指挥“防抢撤”

第二个“三”，即“三主动”，县区党政主要领导汛期靠前指挥，每天主动与气象局研判一次天气，准确掌握天气形势，不打“糊涂仗”“被动仗”；镇办干部每天主动掌握临近天气情况，熟练使用“陕西气象”APP，及时组织“防抢撤”，把转移谁、谁来转、怎么转、转到哪儿逐一落实到位；村组干部主动学习气象知识，准确传递预警信息到片区长、网格员，有序撤离危险区群众到集中避险点，确保“人盯人”不漏一户、不落一人。

在2021年汛期几次强降雨天气过程中，各级党政干部恪尽职守，履职到位，始终保持备战状态，提前落实预警转移措施，部署转移群众，确保人民群众生命财产安全。同时，还邀请陕西省气象干部培训学院专家对市、县、镇、村、组五级干部基层干部进行集中培训，各级领导均下载安装“陕西气象”APP，提升基层气象防灾减灾应急处置能力。

2.3　“三下沉”落实“包抓责任”

第三个“三”，即“三下沉”，市、县、镇三级党政领导下沉一级指挥调度防汛救灾工作，市委常委和副市长下沉到县区指挥调度；县（区）委常委和副县（区）长下沉到镇办蹲点督战；镇办干部下沉到村组发动群众，做好隐患排查，落实责任清单，组织转移避险、保障灾民生活，全面夯实“人盯人、防抢撤”工作机制“五级包抓责任”落实到位，让各级防汛责任人学习气象卫星云图、了解天气形成一种习惯。同时，商洛市政府印发《防汛救灾人盯人防抢撤工作实施方案》（商政办函〔2021〕53号）明确要求，各级防汛指挥长、包抓责任人必须了解掌握每日天气情况，认真研判汛情雨情，在雨情来临之前，必须提前到镇到村开展工作。

3　“三个三”工作模式取得的成效

商洛气象防灾减灾“三个三”工作模式的建立，成功开启气象防灾减灾的新常态，形成党委政府一把手亲自抓气象、各级领导都来支持气象、社会公众关注气象的新局面，切实体现了“需求牵引、政府主导、融入发展”使气象工作越来越融入政府的思路，以开放共融的姿态回归气象主业，服务生命安全、生产发展、生活富裕、生态良好。

3.1　气象防灾减灾能力有效提高

2021年“7·23”暴雨后，商洛在全市探索建立防汛防灾“人盯人”防抢撤机制。全市各县区和商洛高新区共划分盯撤责任片区12324个，落实片区责任人22947人，设立避灾安置点8475处，盯撤户及人数166024户513337人。应对“8·19”“8·28”“9·5”三次强降雨过程时，全市充分运用“人盯人防抢撤”工作机制，在汛雨到来前紧急撤离转移避险群众19.92万人次，通过雨前、水前、灾前的紧急转移避险，全市未发生人员伤亡，创造了奇迹。8月下旬，商洛又将气象防灾减灾“三个三”工作模式和“人盯人”机制延伸到了城市板块、城镇内涝点、地质灾害点、尾矿库等重点区域，实现了“人盯人”全市全域全覆盖，确保了人民生命财产安全。例如，在镇安县“8.21—8.23”暴雨天气过程中，城关镇降雨量达 141.4 mm，县城大面积进水，6 个乡镇断路、断电、通信中断，由于预报预警及时，县气象局建议县政府启动暴雨气象灾害一级应急响应，组织各镇办紧急避险转移 21000 户 68000 人，没有出现人员伤亡。特别是县政府提前在县城设立三道防线进行疏水，防止了县城低洼地带积水，全县虽然发生了大面积进水，但无过深积水，未造成人员伤亡。

3.2 气象监测设备优化升级

商洛市县政府先后投入 800 多万元建设北斗应急气象站网和气象应急卫星电话。2021 年 8 月 21—22 日，商洛市出现暴雨天气，镇安县达仁、月河等 8 个镇办和洛南县洛源镇因网络通信中断导致气象数据异常。安装在上述区域的北斗卫星气象监测站发挥了重要作用，确保了雨量等数据的正常传输，为精密监测、精准预警提供了数据支撑。投入 230 万元启动建设秦岭温室气体监测站。该监测站建成后将填补秦岭地区高精度温室气体监测的空白，运用数据同化、再分析技术，科学分析秦岭区域温室气体浓度动态变化特征和连续变化趋势，建立温室气体浓度变化指标体系，为温室气体排放源和吸收的估算奠定基础，进一步研究秦岭生态系统的固碳能力，对气象部门积极融入“碳达峰”“碳中和”行动具有十分重要的意义。除此之外，市政府在“两拆一提升”行动方案中，还规划建设城市内涝气象保障服务平台，并出资全面升级改造了市县气象部门会商会议系统。

3.3 气象部门综合影响力显著提升

商洛气象防灾减灾“三个三”工作模式建立以来，3 位市级领导 7 次赴市气象局检查指导工作，批示市气象局报送的气象信息 18 期。市、县级领导 75 人 134 次赴县区气象局检查指导工作，共计在 267 期气象信息上批示。自从建立了市（县）委书记、市（县）长亲自与气象部门研判天气制度，气象工作受到了党政领导的高度重视，为气象事业全面高质量发展营造了良好氛围。商南县新任县委书记上任第一天就到县气象局调研工作，明确要求地方相关部门 1 个月内解决气象业务用房建设用地手续问题，商州区政府主要领导也明确表态解决商州区院落绿化等建设缺口，柞水、洛南、丹凤等县区党政主要领导几乎每天到县气象局或者电话了解天气情况。2021 年洛南县气象局在暴雨防御工作中成绩突出，监测预报预警准确，被市政府在全市通报表彰并奖励 10 万元，也被省气象局在全省气象部门通报表扬；山阳县气象局被县委、县政府在全县通报表彰，并奖励 5 万元，全面提升了气象部门的综合影响力。

4 结语

“三个三”工作模式不仅提高了气象防灾减灾能力和气象部门综合影响力，还争取加大了地方政府对气象工作的扶持力度，优化升级气象监测设备，有效减小了气象灾害损失，值得推广应用。做好新形势气象防灾减灾救灾工作，需要市－县－镇－村－组五级组织体系共同支持，层层落实，找准部门定位，明确气象防灾减灾救灾的发力点，充分发挥气象部门在全国综合防灾减灾救灾中的监测预报先导、预警发布枢纽、风险管理支撑、应急救援保障、统筹管理职能和国际减灾示范等作用。后期，可以通过不断加强人才培养、创新工作方式，在体制机制、能力建设和保障措施的不断创新和支持下完善气象防灾减灾救灾工作体系。

参考文献

［1］刘锐，邹槟骏．基层气象防灾减灾救灾中存在的问题及其对策［J］．科技研究，2018（8）：143-144.
［2］中国气象局．中国气象局关于加强气象防灾减灾救灾工作的意见［Z］．2017.
［3］新华社．习近平对防汛救灾工作做出重要指示［Z］．2021.
［4］王婕妤，党率航．提前“吹哨”，守护人民“生命线”［N］．陕西日报，2021-11-30（2）.

新疆气象防灾减灾服务平台设计与实现

刘兆旭　陈金根　马亚伟　郑国宏　刘　晶

（新疆金锋华云气象科技有限公司，乌鲁木齐 830002）

摘要：为提升防灾减灾能力，开发了新疆气象防灾减灾服务平台。平台采用 B/S 架构设计开发，主要由气象综合报警系统、产品发布系统、防灾减灾系统、决策服务系统等部分组成。实现了地市级行政区域内自动气象站数据的预警制作、综合报警、预警发布、地图制作、灾情数据管理、灾情统计以及防灾减灾数据集管理等功能。平台满足了新疆气象防灾减灾技术服务的需求，可为用户在预警预报及防灾减灾工作中提供技术支撑。

关键词：气象；防灾减灾；服务平台；新疆

近年来，随着云计算、大数据、人工智能、地理信息等新技术新方法的快速发展和防灾减灾救灾机制的实施，气象水平不断提高，气象网络逐步完善，为提升基层气象防灾减灾能力，亟待开展基层气象防灾减灾平台建设工作[1-6]。

以往针对气象服务平台或系统建设的设计研究较多[7-12]，但是多数研究系统的地理信息地图数据分辨率较低，不能满足要求，需采用由国家卫星中心下发的高分辨率卫星遥感影像图为底图制作，不能分辨地形地貌、河流水系、植被分布、村庄、道路、街区、建筑设施等的遥感资料；缺乏气象防灾减灾相关信息的显示功能，缺乏深度的自动气象站历史实况、灾情数据分析功能，导致在服务过程中难以快速准确地得到需要的数据支持，如日降水历史排位、温度历史排位等，用户体验较差。

为满足现阶段气象防灾减灾业务需求，更好地提升防灾减灾能力，本研究设计开发了新疆气象防灾减灾服务平台。该平台可以实现气象防灾减灾所需相关信息的快速收集、显示、统计与分析，满足地区智能网格预报制作，提供丰富美观的图表素材、对策建议、产品模板以及方便快捷的服务材料制作环境，具备较为完善的超阈值自动预警功能，能够实现基层防灾减灾基础数据、防灾减灾作战图、规章制度、基层防灾减灾队伍等信息在平台的实时动态监控。

1　平台总体设计

新疆气象防灾减灾服务平台是满足省级气象环境监测、数据资料综合分析、预报产品制作、防灾决策服务需要的综合性业务管理平台，由气象综合报警系统、产品发布系统、防灾减灾系统、决策服务系统等部分组成。平台采用 B/S 架构设计开发，后端使用 SpringBoot + SpringCloud，前端使用 Ant Design of React，编译和发布采用 Docker 技术体系，各功能子系统都进行分解和微服务化，前后端分离设计，最终实现了整个系统的分布式开发部署。新疆气象防灾减灾服务平台系统总体结构见图 1。

1.1　体系架构

新疆气象防灾减灾平台体系架构如图 2 所示，分为 5 个层级，分别为支撑层、数据资源层、应用支撑层、业务应用层和用户层。平台建设主要包括首页、数据查询、产品制作发布、预报服务产品和

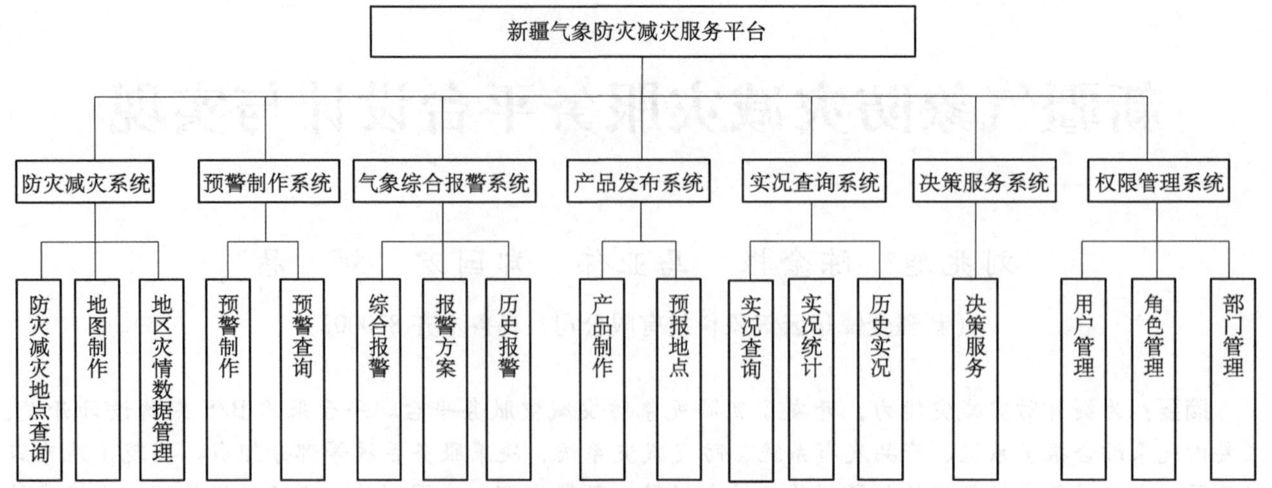

图 1　新疆气象防灾减灾服务平台系统总体结构

系统管理等模块。用户是系统的服务目标，通过新疆气象防灾减灾服务平台为管理员、业务人员、决策人员提供各类信息服务和管理。

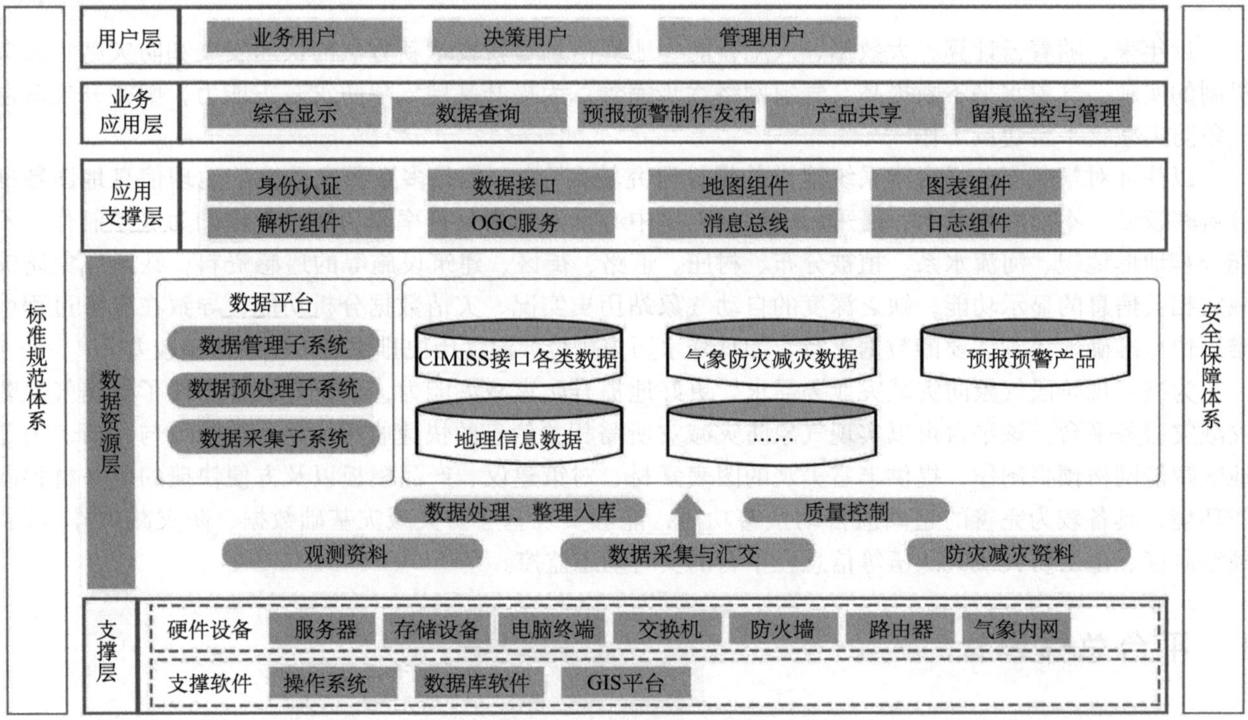

图 2　新疆气象防灾减灾服务平台架构

1.2　技术架构

客户端采用浏览器模式（PC/Android/IOS/微信）使基层气象防灾减灾数据集成应用系统的易用性更强，不需要安装专用的软件，使整个系统的维护运行工作大量减轻。平台的用户数量较多，每次软件的更新迭代，都会由于客户操作系统的不同，引起软件的适配差异，当前较好的解决办法就是使用 BS 架构。用浏览器作为访问工具，有利于业务人员按角色获取岗位所需的业务数据。系统的结构示意图如图 3 所示。

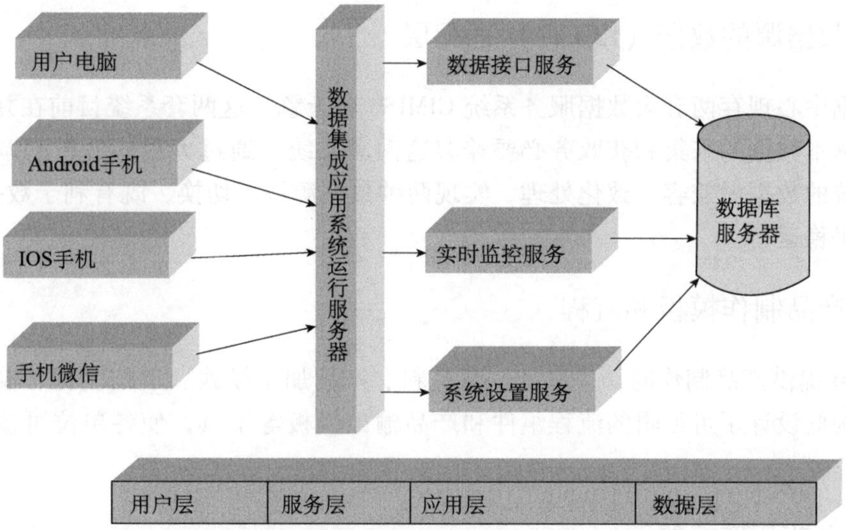

图 3　新疆气象防灾减灾服务平台结构示意图

2　关键技术

新疆气象防灾减灾服务平台是一个大型综合业务平台，涉及多种数据源数据接入、数据库存储、发布渠道和开发语言混合编码，涉及多个部门、多种业务，开发复杂度高，在并发性能、响应特性和容错性等方面都有严格要求。

2.1　基于 OAuth2 的授权、认证和接口权限管理

本系统采用符合 OAuth2 体系的 JWT 技术。JWT 是为网络应用环境传递基于 JSON 加密的认证信息的技术标准，以便于各种应用通过传递 JWT 信息获取资源服务器的资源。JWT 传递的 Token 既可以被用于认证也可用于数据加密。平台中的所有微服务部署在 Nginx 反向代理的后端，Nginx 作为代理服务和负载均衡器，所有的应用访问在通过网关时，前置 AOP 服务层截获需访问资源（类别和内容）、用户和角色（权限、地域、单位、岗位、用户编号等），根据资源的性质判断用户是否具备相应的权限，如果权限匹配就返回资源的内容，权限不匹配就返回其他信息。

2.2　冷热数据采用不同高速缓存技术

气象防灾减灾服务平台单次访问的气象信息规模较大，在数据访问和数据查询统计接口设计中采用了 Springboot 内置的缓存机制，通过调整参数可满足一般的需要；另外有些热点数据比如格点预报数据数据量庞大（接近 20 GB），用户在一些特殊时段使用频繁，频繁加载和删除无疑很耗时间，在这些时段将数据设置热数据标记，将其以内存数据库的形式驻留在内存，以方便查询和计算，可极大地改善用户体验。

2.3　采用 RabbitMQ 消息总线协调各个分系统的消息传递

采用分布式设计，各微服务功能独立，微服务相互通信的并发性、可靠性和一致性显得尤为重要。采用成熟消息队列机制，能满足这些要求，同时可简化设计、统一标准。

2.4 兼容不同数据源的数据（130种）适配层

由于省级数据中心现存两套大数据服务系统CIMISS和天擎，这两套系统目前在并行运行，为保证业务的连续性，基本数据的采集和获取务必要兼容这两套系统。通过大量的分析和调研设计了数据适配层，将两个系统的数据做兼容一致化处理，实现两种数据源按需切换，既有利于数据的查看和比较，也有利于系统的平稳运行。

2.5 定制化的产品制作模板和流程

各县（市）在提供产品制作时，关联的气象资料、产品加工模式、审核流程、输出格式等可能各有独特的需要，为此设计了可编辑的流程组件和产品输出模板等工具，使各单位可按要求定制产品制作的模板和流程。

2.6 实时数据自动预警功能

实时监测温度、湿度、雨量、风速等气象要素超限情况，判断是否达到各类天气预警信号相关技术标准，并根据用户、角色、岗位、单位和所在区、县等信息自动显示相关预警。

2.7 完善的系统留痕和监控机制

系统留痕见图2，能够在气象防灾减灾决策服务、预警服务、灾害应急救援气象保障服务等方面实现流程监控和关键过程、节点留痕。支持留痕数据的列表导出。设置实时监控界面，对接气象预警服务设施、设备，能够实时接收设备的运行状态、网络通信情况数据等运行状态进行状态跟踪、实时监控，设备发生故障，自动标注、主动提醒，能够实现对各子系统的实时动态监控。

3 系统的优点

3.1 GIS技术优势

GIS技术具有分析管理多源空间数据的能力。GIS强大的空间分析功能如叠加分析、缓冲区分析等能为其提供支持。如通过GIS缓冲区分析功能，可以识别出明显或潜在的重点防护目标和重大危险源等信息，再结合人口密度、街道、管线、电力线等其他地图数据，使用叠加统计、空间关联分析等基础的空间分析功能，开展风险分析和评估。在风险表达中，可以综合使用GIS的可视化技术和图表功能，将风险隐患辨识、分析和评估的结果制作为二维专题图的形式，不仅具有丰富的效果，更便于信息的传递、理解和应用。

通过GIS可以进行地理位置定位，按比例尺查询显示监测地区周边环境信息，进行地图标绘，制作服务信息专题图。通过GIS的空间查询、空间数据编辑、区域统计等功能，可以对监控点、各类资源进行查询检索和维护管理，保证监测监控的有效性和现实性，全面掌控资源状态，及时更新资源信息。

3.2 模块化设计

系统采用Docker技术进行系统的模块化分层设计，对系统有灵活的扩展性。对外接口基于开放式标准设计，便于二次开发和后期扩展，如新增加渠道发布不需对系统做大的调整，只需增加新的渠道建设，根据接口标准方便地融合到系统中。

3.3　系统的应用安全体系设计

应用安全体系架构分为安全层次、安全技术、安全目标3个部分（图4）。作为全方位、整体的网络安全防范架构是分层次的，不同层次反映不同的安全问题。可以将企业安全防范架构的层次划分为物理层安全、传输层安全、网络层安全、应用层安全和用户层安全。由于层次的不同，也需要采用不同的安全技术来针对每层的安全问题进行应对和防护，因而也就产生了如图4所列的种类繁多的安全技术。

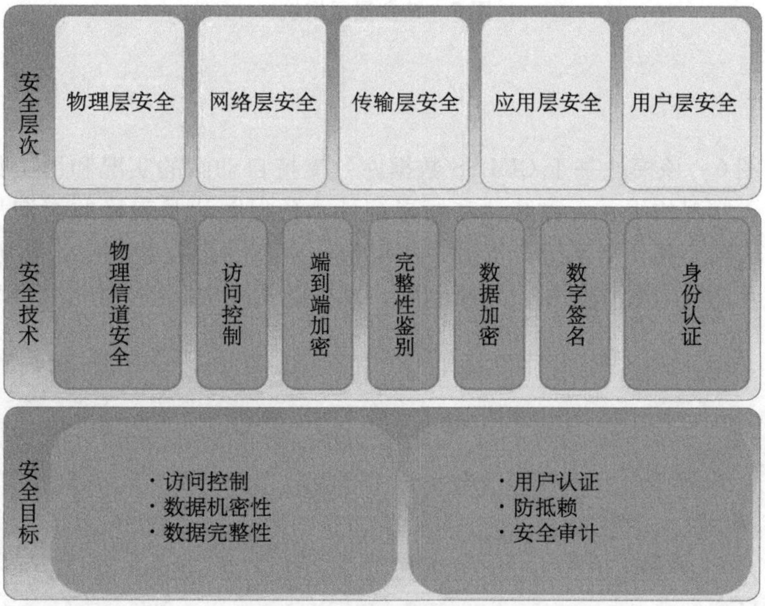

图4　应用安全体系架构

4　平台的主要功能

新疆气象防灾减灾平台建设主要包括综合显示、数据查询、预报预警制作发布、产品共享、系统留痕等模块。

4.1　综合显示模块

综合显示模块（图5）是涵盖系统各模块功能的集约化显示区，通过该模块可以直观地获取值班表、危险天气提示、重点关注、自动提醒、超阈值自动报警、灾情舆情监测、区地县信息联动、地理信息、气象观测数据、气象预报数据、气象防灾减灾等相关信息，显示区域具备一定的位置定位、测距、截图功能及数据统计功能。平台接入国家卫星中心下发的高分辨率卫星遥感影像图（能分辨地形地貌、河流水系、植被分布、村庄、道路、街区、建筑设施等），实现基于新疆气象防灾减灾需求的综合信息显示，以行政区边界为基础，依据灾害性天气对本辖区的影响距离的不同，进行三级防御区划。其中，责任区为本行政区域，警戒区为距责任区50 km范围内的区域，监视区为距责任区100 km的区域。显示叠加中小河流、水库、地灾隐患点、旅游景区、工矿企业等防灾减灾基础数据，叠加气象自动站实况、雷达回波、卫星云图、闪电、危险天气等观测数据的实时动态显示和超阈值提醒，实现天气概况、天气趋势和预报数据的查看。

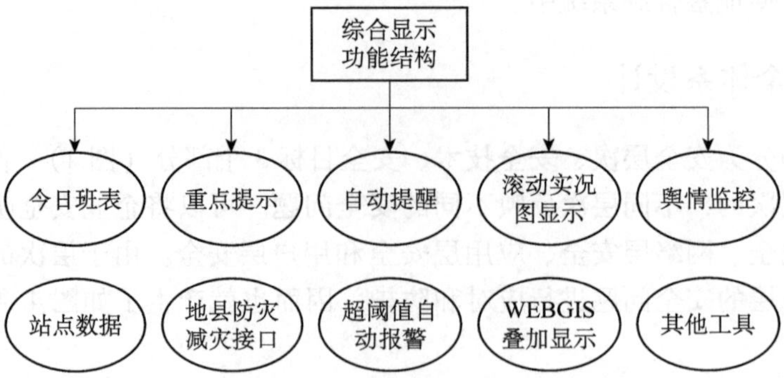

图 5　综合显示模块

4.2　数据查询模块

数据查询模块见图 6。该模块基于 CIMISS 数据库，支持自动站的实况和历史数据快速查询，支持灾害个例、排序极值、实况均平、天数统计和要素统计、预报图片及表格的查询与导出；查询统计气象灾情信息，可直连灾情直报 3.0 系统；支持中小河流、水库、地灾隐患点、旅游景区、工矿企业等防灾减灾基础数据以及防灾减灾作战图、规章制度、基层防灾减灾队伍等信息数据的统计查询。

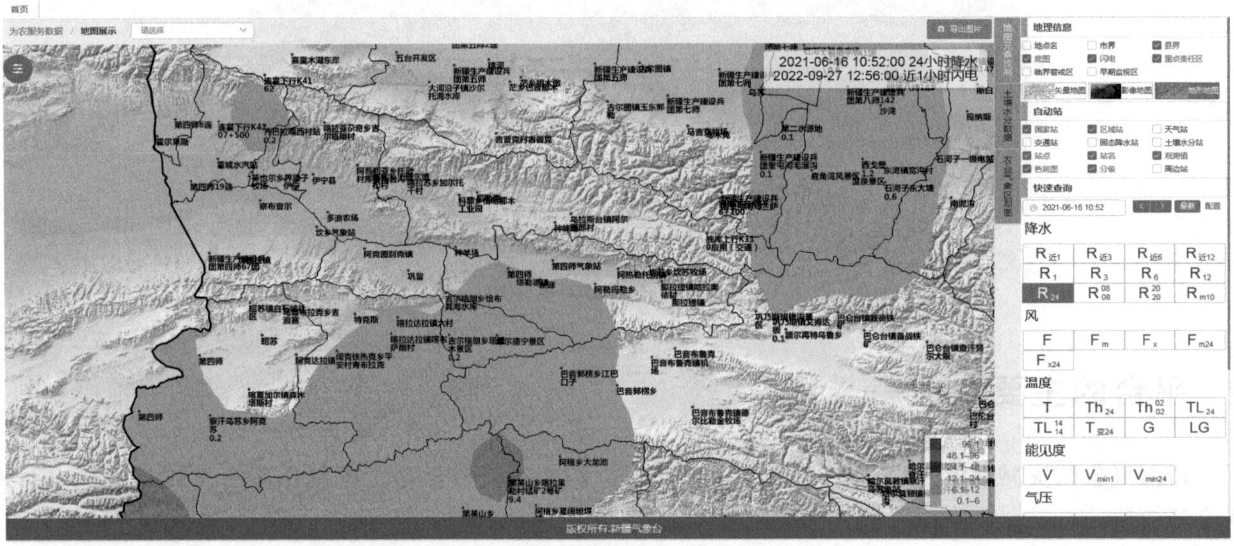

图 6　数据查询模块

4.3　预报预警制作发布模块

预报预警制作发布模块直接调用新疆气象局现有的预报预警制作、一键式发布模块。该模块包含预警信息制作发布、气象防灾减灾服务产品制作发布、叫应中心三个子模块。预警信息制作发布模块实现统一输入接口、多种输出接口的功能，数据接口能够与突发事件预警信息发布系统无缝连通，实现气象灾害预警信息，通过手机短信、大喇叭、显示屏、网站、微信、传真等渠道一键式发布。从统一渠道接收到的信息都存储在系统数据库中，对接收和处理的过程以日志记录的方式保存，提供页面监控告警。气象防灾减灾产品制作发布模块，可以根据自选素材手动制作决策服务资料，也可设置时间轴、阈值等作为产品制作触发条件通过预生成、审核、发布三部分自动生成产品，还具备交互制图功能，可以根据各级气象部门实际需要，定时制作各类实况图表，具有天气符号添加、线条修改等二次编辑功能。叫应中心模块能够为电话叫应服务提供辅助支持，可设置叫应阈值，当发布预警信号或实况超过阈值时，能自动提醒值班人员开展叫应工作。

4.4　决策服务产品制作模块

决策服务产品制作模块见图 7。该模块紧贴业务实际，根据各类材料配置模板，包括素材查询、产品制作（定时自动生成、任意时刻手动制作）和一键式发布（包括任务设置、渠道设置、分发时间等）功能，还具备交互编辑、交互制图功能，可以根据各级气象部门实际需要，定时制作各类实况及预报图表，具有天气符号添加、线条修改等二次编辑功能。

产品制作基于不同于模板，可以根据自选素材手动制作决策服务资料，也可设置时间轴、阈值等作为产品制作触发条件，通过预生成、审核、发布三部分自动生成产品。

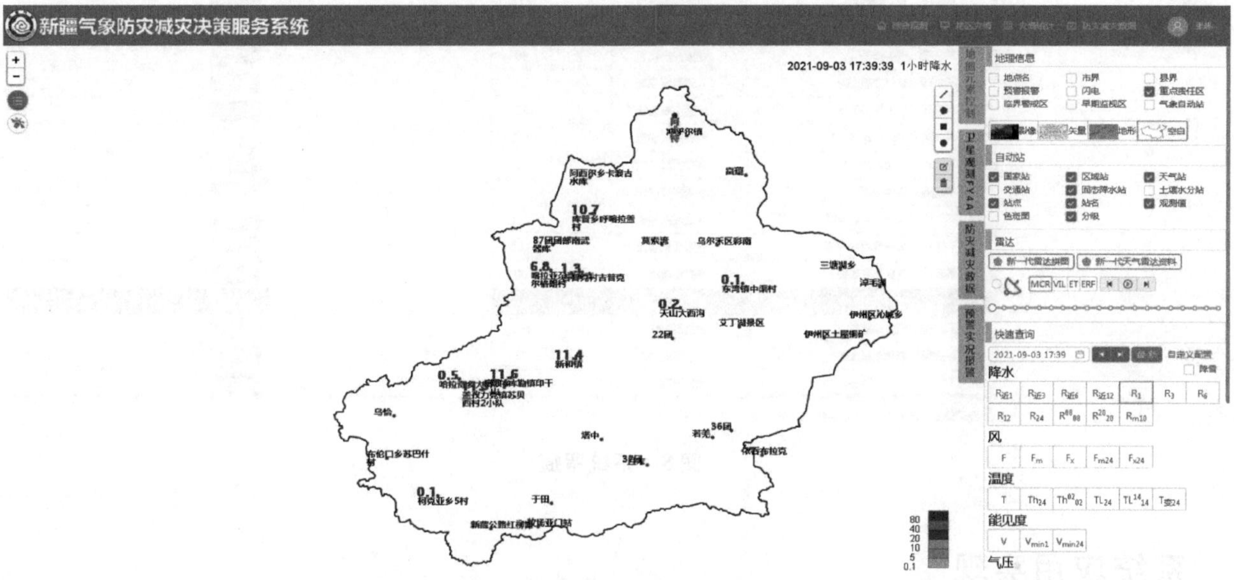

图 7　决策服务产品制作模块

4.5　产品共享模块

产品共享模块直接调用新疆气象局现有的产品管理模块。包括区、地（州）、县三级气象服务产品以及各地规章制度的浏览、产品检索和查看下载等功能。通过对新疆地区各类决策服务产品的采集、存储、管理、检索、统一、数据交换和归档处理，实现区级、地（州）级、县级决策产品的共享、查询统计和下载，可根据实际业务需求创建分类目录，上传相应文档。产品类别可初步分为重要气象情报、预报预警、专项预报、气象信息快报、决策服务总结、灾害性天气过程评估、一周重点提示、其他等类别；同时可以对决策材料进行分类管理、浏览，按照时间、发布单位、产品类别进行上传、储存、浏览；支持区级每日预报、服务产品的自动上传和显示。

4.6　系统留痕模块

系统留痕模块能够在气象防灾减灾决策服务、预警服务、灾害应急救援气象保障服务等方面实现流程监控和关键过程、节点留痕，支持留痕数据的列表导出。设置实时监控界面，对接气象预警服务设施和设备，能够实时接收设备的运行状态、网络通信情况数据等运行状态，进行状态跟踪和实时监控，设备发生故障会自动标注和主动提醒，能够实现对各子系统（基层防灾减灾基础数据、防灾减灾作战图、规章制度、基层防灾减灾队伍等信息）在平台的实时动态监控（图 8）。

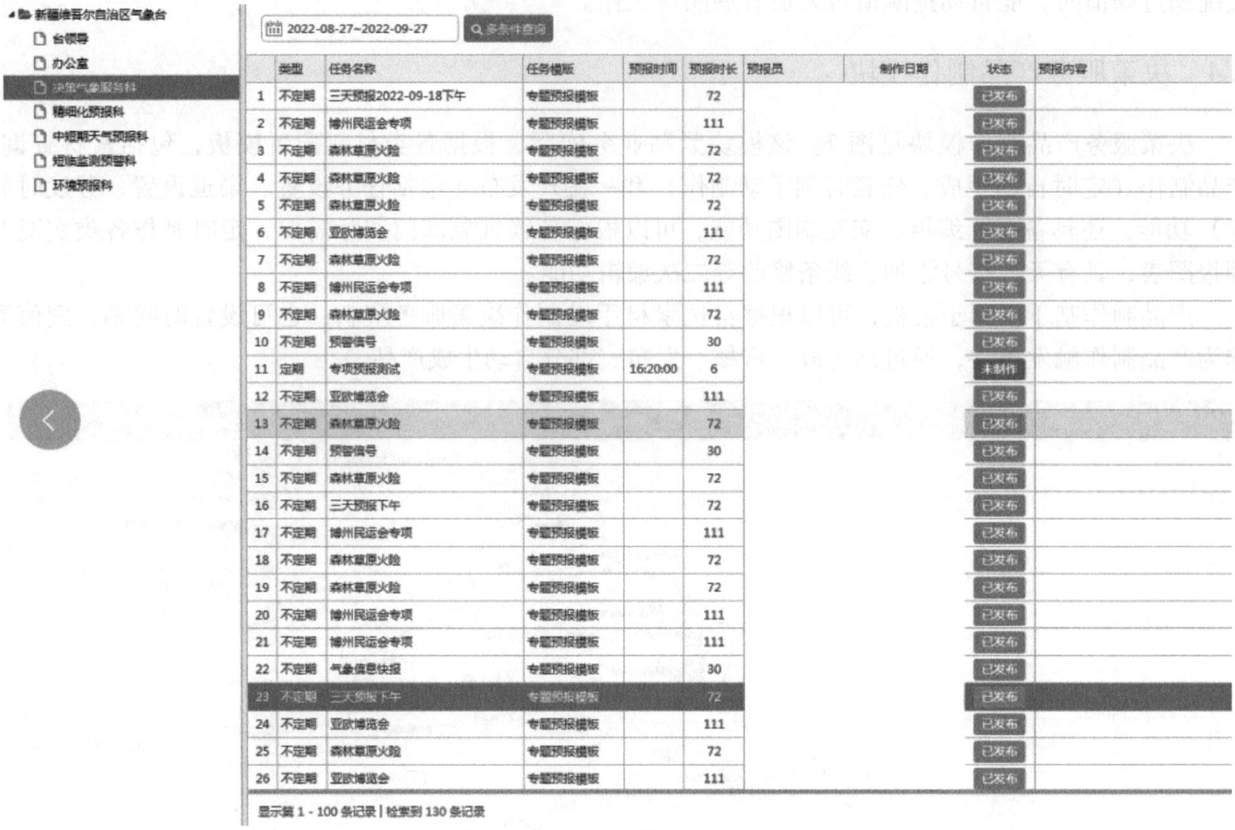

图 8　系统留痕

5　系统应用实现

新疆气象防灾减灾服务平台主要由防灾减灾决策服务平台、预警发布系统、产品发布系统、短临预警平台、综合观测平台和决策服务平台组成，实现了地市级行政区域内自动站数据的预警制作、综合报警、预警发布、地图制作、灾情数据管理、灾情统计以及防灾减灾数据集管理等功能。

5.1　实际应用案例一

2021 年 6 月 4 日 11 时 09 分，新疆气象台发布暴雨蓝色预警。预警显示伊犁州、博州、塔城地区、阿勒泰地区、克拉玛依市、石河子市、乌鲁木齐市、巴州、吐鲁番市、哈密市、五家渠市、北屯市 24 h 内降雨量将达 24.1 mm 以上，或者已达 24.1 mm 以上且降雨可能持续。气象防灾减灾服务平台实时发布了预警信号，并及时跟进实况信息，为这 12 个地区发布了预警提示。

5.2　实际应用案例二

2021 年 9 月 3 日，南疆西部塔城及博州地区出现冰雹以及闪电预警信号。其中，托里县库普乡呼喀拉盖村国家气象观测站的暴雨蓝色预警信号已发布 6 次，阿克苏市、新和县、托里县的观测站显示降水量都已超过 10 mm。气象防灾减灾服务平台显示图可以实时发布预警信号，及时跟进实况信息，气象防灾减灾服务平台也及时发布了各个天气现象的预警提示。

6　结论

随着气象观测网络逐步完善，云计算、大数据、人工智能、地理信息等新技术新方法的快速发展，为了更好地服务防灾减灾工作，提高气象现代化水平，提升基层气象防灾减灾能力，开发了新疆气象防灾减灾服务平台。该平台实现了气象防灾减灾所需相关信息的快速收集、显示、统计与分析，提供基于地理信息的数据查询、显示和导出；满足了区地智能网格预报制作、提供丰富美观的图表素材、对策建议、产品模板以及方便快捷的服务材料制作环境，可设置时间轴、阈值等作为产品制作触发条件自动生成产品，实现智能化决策产品制作；能够在气象防灾减灾决策服务、预警服务、灾害应急救援气象保障服务等方面实现流程监控和关键过程、节点留痕；能够对接气象预警发布设施、设备，能够实时接收设备的运行状态、网络通信情况数据，实现对气象预警发布设施以及整个发布链路进行状态跟踪、实时监控，设备发生故障时能够自动标注和主动提醒；能够实现基层防灾减灾基础数据、防灾减灾作战图、规章制度、基层防灾减灾队伍等信息在平台的实时动态监控。目前，该平台正在新疆气象局推广使用，系统运行稳定，操作简便。

参考文献

[1] 陈亮，王小坚，吴坤悌，等．海南省气象服务产品分发系统设计与应用［J］．气象科技，2015，43（1）：76-82.

[2] 陆晓静，周虎，徐阳春，等．宁夏短时灾害性天气预报服务系统设计［J］．干旱气象，2006，24（1）：67-70.

[3] 杨有林，陈海波，王建林，等．宁夏智能化综合气象业务服务共享管理平台设计与实现［J］．气象，2018，44（7）：961-968.

[4] 姚秀萍，吕明辉，范晓青，等．气象服务效益评价研究进展［J］．气象，2011，37（6）：749-755.

[5] 李永华，姜磊，杨宝祝．北京市大兴区农资监管服务系统的设计与实现［J］．贵州农业科学，2018，46（3）：122-125.

[6] 林伟，李开奇，王志武，等．沿海台风决策服务系统研制［J］．气象科技，2004，32（2）：129-131.

[7] 李艾卿，肖清，陈建军．湖南 GPS/MET 信息共享服务平台的设计与实现［J］．湖南农业大学学报，2009，35（2）：217-220.

[8] 蔡宏，张福贵，李俊．地面气象观测站远程保障系统设计与实现［J］．成都信息工程大学学报，2019，34（5）：506-511.

[9] 李德泉，周勇，虞海燕．北京奥运气象服务产品制作系统设计与实现［J］．应用气象学报，2010，21（3）：372-378.

[10] 王若瞳，黄向东，张博，等．海量气象数据实时解析与存储系统的设计与实现［J］．计算机工程与科学，2015，37（11）：2045-2054.

[11] 哈金花．图书馆文献信息资源智能推荐检索平台设计［J］．吉林大学学报：信息科学版，2019，37（5）：556-571.

[12] 李莉婕，童倩倩，陈维榕，等．大数据背景下作物施肥推荐系统的开发与应用［J］．贵州农业科学，2019，47（12）：152-156.

信息化技术助力农村气象防灾减灾能力提升

王 杰[1,2] 徐 祥[1] 朱雅丽[1] 张 萌[1] 黄 潋[1]

（1. 安徽省农业气象中心，合肥 230031；2. 安徽省农村综合经济信息中心，合肥 230031）

摘要： 随着大数据、物联网和人工智能等信息化技术的发展，以及小农户和新型农业经营主体个性化、精准化、智能化的需求，农村信息化成为农村防灾减灾“最后一公里”服务的重要手段。研究基于农村气象防灾减灾视角，探索利用信息化技术在农村气象防灾减灾中开展应用研究，助力推进气象高质量发展和实现乡村振兴。本文从安徽农村气象防灾减灾实际出发，以气象为农大数据平台、一体化智慧农业气象业务服务平台和融媒体服务矩阵三个应用平台为例介绍信息技术在农村气象防灾减灾中的具体应用，以及取得的经济效益和社会效益。三个平台已在安徽气象为农服务中应用，提升了农村气象防灾减灾能力，具有较好的行业知名度和社会影响力。

关键词： 信息化技术；农村气象防灾减灾

引言

随着社会经济发展及国家各项农村信息化建设政策的实施，我国农村信息化建设已取得巨大成效[1]。截至 2021 年 11 月底，安徽省全境行政村 100% 实现了 4G 网络覆盖和通光纤宽带，全省 1233 个乡镇和农村热点区域已实现 5G 网络全覆盖[2]，基于信息化技术开展农村气象防灾减灾服务的基础设施条件已经成熟。

20 世纪 80 年代以来，气象部门便运用信息化手段开展政府粮食安全评估、农村防灾减灾等服务，从气象短信和 96121 天气预报语音自动答询系统，到以气象电子显示屏、大喇叭和 PC 段网站及系统，积累了宝贵的信息化服务经验。但以规模化、集约化、机械化、智能化、社会化为主要特征的新型农业经营体系，对防灾减灾服务提出了新的需求与挑战，传统的技术手段与服务方式已不能满足形势下农村防灾减灾服务的需求。

近年来，大数据、移动互联网和人工智能技术的发展，给农村气象防灾减灾服务提供了新的技术手段和服务渠道，服务逐步转向依托新兴技术手段提供个性化、精细化、智能化服务[3]。基于此，安徽气象利用大数据、云计算、移动互联、物联网等技术手段，依托自身技术、数据资源优势，整合各类涉农数据资源，构建安徽气象为农大数据平台，在此基础上集成农业气象服务模型和算法，研发适用于农业气象技术人员和涉农专家的省市县一体化智慧农业气象业务服务平台。平台利用大数据技术建立服务用户行为画像、预测网络服务热点，开展精准化的服务产品研发与制作[4]，指导后续关键农时农事建议和防灾减灾决策服务，最后通过新媒体服务矩阵将服务产品推送到用户手中，形成农村气象防灾减灾服务闭环。

1 安徽农村气象防灾减灾服务信息化服务体系

农村气象防灾减灾服务信息化服务体系包含三大要素：数据中台、业务平台和服务前台。数据中台负责数据清洗、数据分级分类、数据存储、数据监控、数据展示、数据接口开发，业务平台制作服务产品和决策服务材料，服务前台为用户提供精细化信息推荐服务。

图 1 中建立用户行为画像、预测后续服务热点和服务效果评估是引入人工智能技术构建的网络模型，目前已应用在实际业务服务。除了这三种人工智能网络，笔者及其他同事尝试利用深度学习技术开展了小麦、水稻等主粮作物病虫害预测[5]、生育期智能识别[6]、生育期智能预测、都市农业大棚棚内温度预测模型研究等，但具体应用到服务中还需通过时间和实践验证。本文重点介绍目前安徽气象农村防灾减灾信息化服务闭环中应用比较成熟的三个平台：安徽气象为农大数据平台（数据中台）、安徽省省市县一体化智慧农业气象业务服务平台（业务平台）和融媒体服务矩阵（服务前台）。

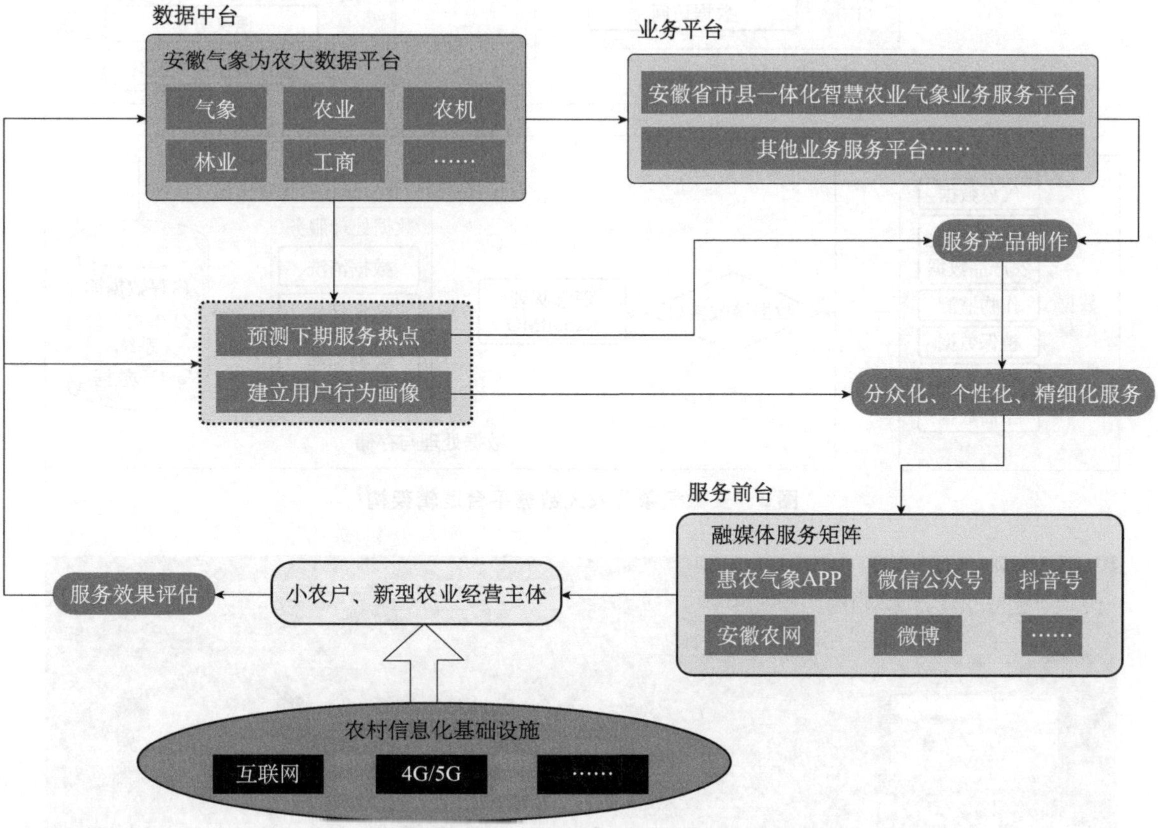

图 1　安徽农村气象防灾减灾服务信息化服务体系

1.1　安徽气象为农大数据平台

此平台作为数据中台汇集了安徽省气象、农业、林业、工商等部门的多源异构涉农大数据资源，实现了涉农数据资源从采集、存储交换、清洗融合、智慧分析、数据共享到可视化展示的全流程贯通。平台的系统逻辑架构如图 2 所示。

按照相关数据传输协议、数据接口规范及业务规定等，接入安徽各涉农部门数据资源；建立强大的数据感知与获取能力，通过消息队列、网络接口、FTP、物联网等各种数据采集技术，汇聚安徽省各类涉农数据资源；对原始数据进行数据清洗、数据集成融合、数据转换等预处理，基于 NoSQL 数据库、分布式文件系统、内存数据库等存储技术，实现海量数据二维表存储和文件服务器存储；提供完善的大数据分析挖掘功能，包括模型管理、统计分析、深度学习工具、语义引擎、数据展示与可视化等（图 3 为数据展示与可视化应用安徽气象为农大数据平台数据监测页面）；开展用户画像、服务预测、数据监控、农气产品、气候好产品和天气指数保险等精细化应用服务。

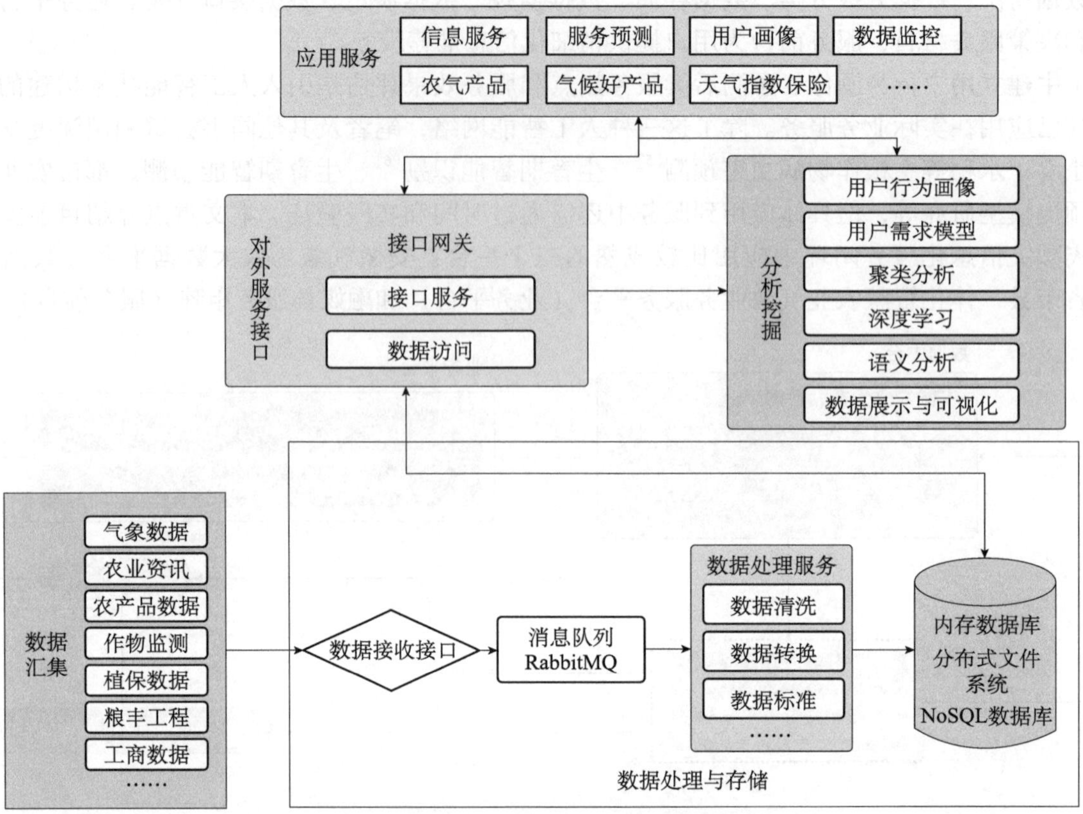

图 2　安徽气象为农大数据平台逻辑架构

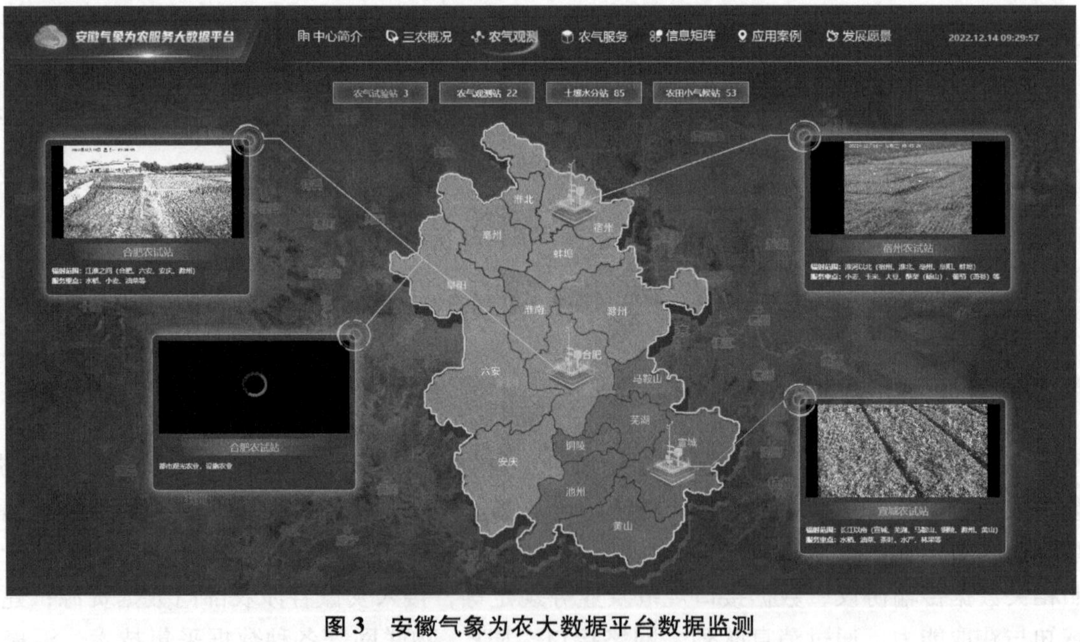

图 3　安徽气象为农大数据平台数据监测

1.2　安徽省市县一体化智慧农业气象业务服务平台

依托安徽气象为农服务大数据平台，采用 Java J2EE 企业级开发框架，面向农业气象专业技术人员和涉农专家构建了安徽省市县一体化智慧农业气象业务服务平台。平台将原有多个分散的业务服务系统整合到一个统一平台。平台集气象监测预报、农业气象观测、农业气候资源分析、分作物农业气象服务、农业气象产品制作、服务产品共享、知识库管理等功能于一体。平台功能模块示意如图 4、图 5 所示。

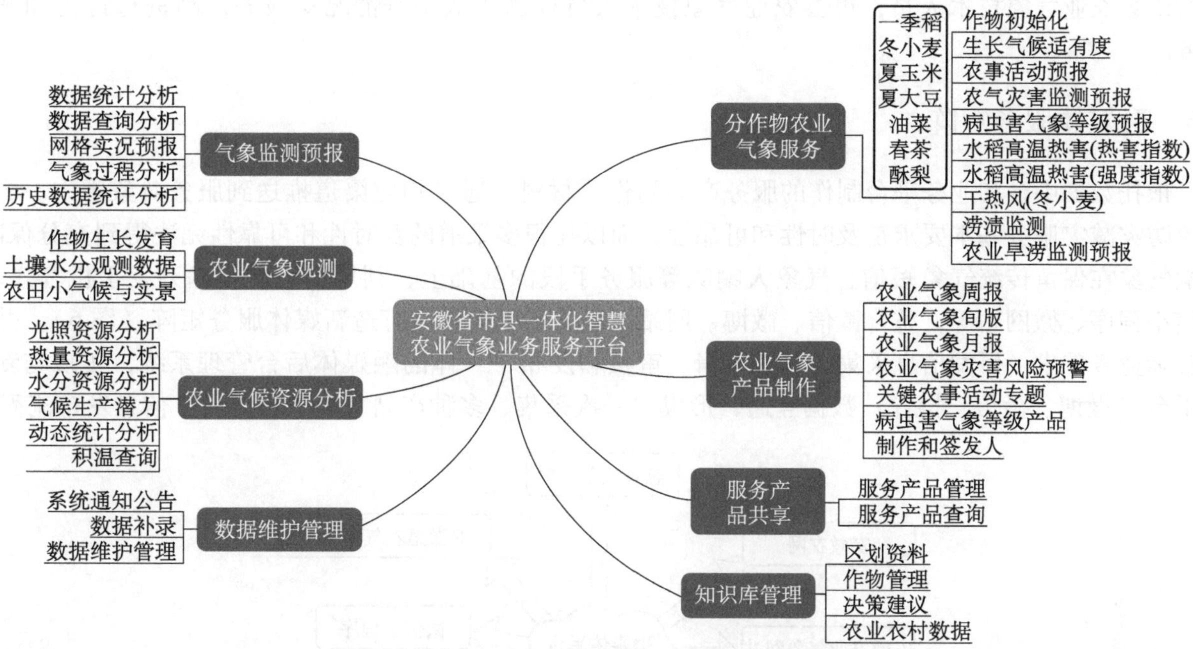

图 4　一体化智慧农业气象业务服务平台功能图

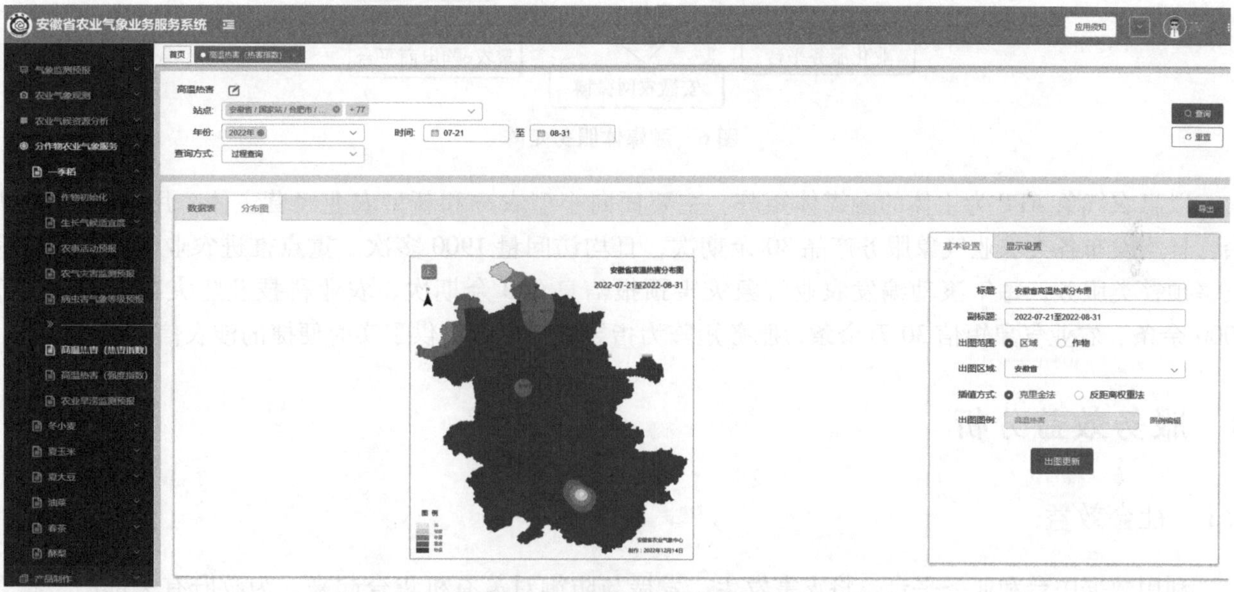

图 5　一体化智慧农业气象业务服务平台气象灾害产品

针对农村气象防灾减灾服务，平台完成了以下功能模块研发和业务应用。一是农业气象观测。实现了全省 53 个农田小气候、实景和物联网观测气象数据查询；22 个农气观测站主要观测作物发育期、苗情和株高等农气观测数据查询；85 个自动土壤水分站 0～100 cm 土层相对湿度数据查询；逐年主要作物总产、单产、面积数据查询。二是农业气象常规要素统计。实现光照和太阳辐射、气温、降水、无霜期和农业气象资源的查询、计算和分析。三是农业灾害监测评估与预测预报。实现安徽省主要粮食作物和经济作物涝渍害、旱涝、高温热害、霜冻害和干热风等主要农业气象灾害的统计分析。

为推进平台实际业务应用和延伸气象为农服务链条，安徽省气象局以安徽省农业气象中心为主导，分别在皖北、皖中和皖南建设农业气象分中心。分中心在省农业气象中心指导下依托业务服务平台在线实时制作所属区域常规气象服务产品、病虫害气象等级预报产品和决策服务材料，并分发到分中心辐射市县农业气象技术人员，市县农业气象技术人员根据实地调研情况对服务产品进行订正和开展服务。

1.3 融媒体服务矩阵

依托数据中台和业务平台制作的服务产品制作和材料，通过相应渠道推送到服务对象手中。农村气象防灾减灾服务基本要求是及时性和可靠性，而以往很多渠道的及时性和可靠性无法得到充分保障。安徽气象在保留传统气象短信、气象大喇叭等服务手段的基础上，利用信息化技术开发手机客户端、微信小程序、微网站等，整合微信、微博、网站、系统和移动终端打造新媒体服务矩阵（图6），并结合实际业务需求，研发信息采集、稿件编辑、审核和发布于一体的融媒体后台管理系统，实现与新媒体平台（微博、微信、抖音）数据互通，形成“一次采集、多种产品、多平台传播”信息发布流程。

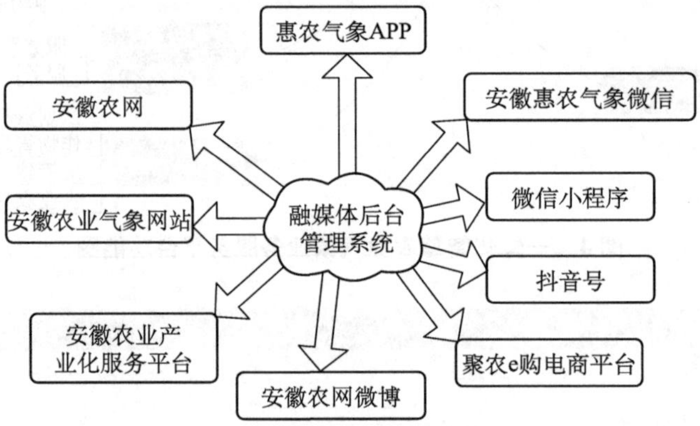

图6　融媒体服务矩阵

以惠农气象APP为主体的融媒体矩阵，主要面向小型农户和新型农业经营主体，用户达73.3万余，日均发布各类农业气象服务产品30余期次，日均访问量1900多次。重点推进农业气象类服务和灾害预警类服务，每年滚动编发农业气象灾害预报信息200余期次、农业科技及防灾减灾服务信息6000余条、农业气象短信30万余条，服务矩阵为指导农户生产提供了实时便捷的涉农信息服务。

2 服务效益分析

2.1 社会效益

利用数据中台和业务平台，将灾害发生、发展与防御对策有机集合起来，为政府有关部门、粮食作物生产者提供客观、及时、准确的灾情监测评估信息、灾害发展趋势预测和相应的防御对策方案，为安徽省的农业生产指挥决策提供技术支持。这样，一方面可以使决策者及时合理地安排救灾、安排农业生产，另一方面可以使生产者及时、科学地采取减灾补救措施，从而最大可能地减轻灾害的影响，提高社会效益[7,8]。

（1）农村气象防灾减灾服务效果显著提升，一是气象服务与农业生产融合度明显提升，延伸了产业服务链条，面向安徽省新型农业生产经营主体、小型农户等提供农业“种、管、收、销”产业链的气象服务，让数据融入农业农村全产业链，精准服务现代农业，助力乡村产业振兴。二是服务产品制作智能化水平明显提高。通过数据挖掘分析与应用，实现涉农数据融合、信息智能推荐服务，提升了产品制作智能化水平，有力地提高了服务精准度。三是为农服务的针对性显著增强。通过对用户行为画像智能分析，大数据实现从过去“人找信息”到“信息找人”的转变，明显改善服务效果，提高农业精准生产投入与产出效率，保障产品质量安全，提升农产品质量和品牌价值。

（2）行业应用前景十分广泛。服务前台主要为新型农业经营主体提供实时权威和精细化的气象信息服务、个性化和针对性的农技指导服务、便捷高效和多元立体的交互服务，为气象与农业部门提供融合服务的统一线上出口，平台已成为安徽省气象为农服务的重要品牌，具有较大的应用价值和前景。研究成果“气象为农服务大数据云平台”（农气微云）荣获“2018 年度安徽省信息化十件大事”优秀项目，具有很强的扩展性和可移植性，已在安徽省农业农村厅信息中心和江西省计算研究所的为农服务中应用。

2.2　间接经济效益

通过集成搭建气象为农服务大数据云平台、农业气象灾害监测预报业务平台、以惠农气象 APP 为主体的融媒体服务矩阵，开展研究成果和服务系统的培训、推广和业务应用，开展农业服务信息众创发布及基于用户画像的农业综合信息分众化服务，丰富了农业和气象灾害的数据获取渠道，增强了数据实时性，改变气象服务传统的单向供给模式，实现面向新型农业经营主体的众智互融服务，破解三农服务存在的部门、行业、社会壁垒，能够有效防御和降低灾害损失，保障粮食安全。平台提供的服务能够帮助涉农部门、农业企业、农民合作社、种养大户等在节省人力、物力、财力的同时，还能提升各自的工作效率和经济效益。平台在引导农业结构调整、发展现代农业、增加农民收入以及促进乡村振兴发展等方面发挥了重要作用，取得了显著经济效益[8]。

业务平台开展的小麦赤霉病、玉米草地贪夜蛾、水稻高温热害等农业气象灾害影响预报，每年保障安徽近亿亩农作物生长。农业气象灾害预报服务的开展，可使粮食作物气象灾害损失率降低 2% 以上。通过农村电商精准营销模式，助力 300 多个贫困村销售农产品，销售额达到 1200 多万元，电商扶贫见成效，社会经济效益显著。

3　结论与展望

本文从数据中台、业务平台和服务前台三个方面阐述利用信息化技术助力安徽农村气象防灾减灾能力提升，数据中台是基础，业务平台是核心，服务前台是目的[9]。平台的应用，大大缩短了服务产品和防灾减灾服务材料的生产时间，有力提高了服务精准度，整合多渠道的新媒体服务前台保障业务服务及时高效。通过引入大数据、人工智能技术实现了对不同用户个性化、智能化的信息推荐服务和网络传播效果评估，探索实现从“人找信息”到“信息找人”的转变，改变了传统防灾减灾信息化服务模式[10]。本文平台已在安徽气象为农业务服务中应用，提升了安徽气象为农服务能力，具有较好的行业知名度和社会影响力，受到各级领导、中央和地方媒体的广泛关注。

本文平台未深入使用智能网格预报和卫星遥感等新数据、作物模型和机器学习等新方法，后续将进一步加深相关技术的研究与应用。同时亟须强化分区域、分作物、分时段精细化服务产品研发，提升多元服务主体针对性靶向服务能力。

参考文献

[1] 朱卫未，孙秀成．我国新农村信息化建设的研究现状及发展趋势［J］．南京邮电大学学报（社会科学版），2010，12（3）：18-24.

[2] 杨丹丹．看，“皖”美乡村风景独好［N］．农民日报，2022-05-18（1）．

[3] 琚书存，程文杰，徐建鹏，等．安徽省农业气象服务手机 APP 平台设计与应用［J］．气象科技，2018，46（5）：1055-1059.

[4] 徐建鹏，张辉，伍琼，等．安徽气象为农服务大数据平台设计与应用［J］．计算机与现代化，2020（8）：105-108，121.

[5] 徐敏，徐经纬，谢志清，等．随机森林机器算法在江苏省小麦赤霉病病穗率预测中的应用［J］．气象学报，2020，78（1）：143-153.

[6] 徐建鹏，王杰，徐祥，等．基于 RAdam 卷积神经网络的水稻生育期图像识别［J］．农业工程学报，2021，37（8）：143-150.

[7] 侯素芳．探讨农村信息化对农业经济增长的影响及对策［J］．农家参谋，2022（18）：55-57.

[8] 娄德星．乡村振兴背景下农村信息化建设的必要性及优化建议［J］．农业工程技术，2022，42（27）：78-79.

[9] 徐勇．农业大数据平台的实现与数据分析算法［D］．哈尔滨：东北农业大学，2017.

[10] 叶婷，马宏娟，卢锐，等．人工智能在智慧农业中的应用——以数据挖掘与机器学习为例［J］．智慧农业导刊，2022，2（18）：27-29，32.

雅安市气象风险预警闭环管理服务系统研究*

吴亚平　周学云　华国文　胥志强

（四川省雅安市气象局，雅安 625000）

摘要：针对雅安市地质和山洪灾害防御气象服务需求，利用 SQL Server 数据库、中国移动手机短信接口和语音外呼接口、ASP. NET 技术，以及 Python、C#等计算机语言，设计并研制了一个基于 B/S 模式的雅安市气象风险预警闭环管理服务系统。系统主要由雅安市智慧气象服务平台、智能语音外呼子系统、雨量预警精准靶向服务子系统和气象灾害风险预警发布子系统组成。为了满足不同用户的精细气象服务需求，设计并开发了气象服务产品查询、雨量预警精准靶向发布、气象灾害风险预警信息闭环管理等功能，建立了短临定量降水预报模型和气象灾害风险智能预警模型。系统已投入业务运行，结果表明，该系统运行稳定、资源利用率高、界面简洁美观、操作方便易用，解决了预警信息“有叫无应”的顽疾问题，具有较强的实用性、操作性和可移植性，提升了本地防灾减灾气象保障服务能力。

关键词：精准靶向；闭环管理；服务系统

引言

随着气象服务的高质量发展，传统的短信服务向移动互联网服务方向拓展，形成了从短信到语音、微博、微信、网站等多元的服务方式，并取得了一定的成效。国内气象部门建设了决策气象服务系统[1,2]，有的业务人员面向公众开发了公共气象服务平台[3,4]，有的业务人员开展了产品集成技术的研究[5,6]，有的业务人员设计开发了基于云服务的气象服务平台[7,8]，有的业务人员针对智慧气象开发了相关的智慧气象服务平台[9,10]，还有的业务人员应用大数据技术、靶向技术或 SMS 技术等开展了气象预警信息发布的应用研究[11-14]。

然而，现有的气象服务平台或预警信息发布，不能完全满足气象防灾减灾需求。气象预警信息是防灾减灾工作的“发令枪”，要求及时传递到市、县（区）、乡（镇、街）、村（社区）、组，“喊醒”“叫应”所有防灾责任人。当前，气象预警信息传递方式主要有手机短信、微信群、语音外呼等方式。传统的 3G、4G 手机短信传递方式，只有发送记录，没有防灾责任人是否收到、是否查阅的记录，没有实现预警信息“喊醒”“叫应”防灾责任人的目的。微信群传递方式只适用于智能手机，而部分偏远山区的防灾责任人使用的仍是非智能手机（如老年机），无法通过微信的方式接收到信息。语音外呼传递方式中，防灾责任人只能听一遍信息，不能随时查阅或再次复听预警信息，不便于防灾责任人掌握预警信息的详细内容。

因此，一方面，通过传统的手机短信、微信群、语音外呼传递预警信息的方式，不能满足预警信

* 资助项目：雅安市科技计划项目（22KJJH0113）；雅安市智能网格预报产品创新团队项目；四川省科技计划资助项目（2022YFS0544）；中国气象局西南区域气象中心川藏铁路气象服务技术创新团队基金；中国气象局西南区域气象中心创新团队基金。

第一作者：吴亚平（1984—），男，高级工程师，主要从事气象服务与应用气象研究。E-mail：276547614@ qq. com。

通讯作者：周学云（1982—），男，高级工程师，主要从事天气预报。E-mail：42333700@ qq. com。

息快速有效“喊醒”“叫应”所有防灾责任人的需求。另一方面，当前雨量预警的阈值条件普遍采用的是实况雨量数据，且多以整点报警，即一小时监测报警一次，严重影响预警信息的时间提前量，减少了应急准备时间，甚至耽误避险转移。

为解决以上问题，有效增加气象灾害预警的时间提前量，有针对性地做好地质（山洪）灾害防御工作，实现雨量预警信息的精准靶向发布和气象灾害风险预警信息的闭环管理，发挥气象决策“第一枪”作用，满足防灾减灾部门的精细气象服务需求，本文设计并实现了雅安市气象风险预警闭环管理服务系统。

1 系统设计

1.1 总体框架

系统由雅安市智慧气象服务平台、雨量预警精准靶向服务子系统、智能语音外呼子系统和气象灾害风险预警发布子系统组成。整个系统利用 SQL Server 数据库[15]、中国移动手机短信接口和语音外呼接口、ASP. NET 技术，以及 Python、C#等计算机语言[16]，采用基于 B/S 的数据层、服务层、表现层和客户层的体系结构进行开发，系统结构见图 1。

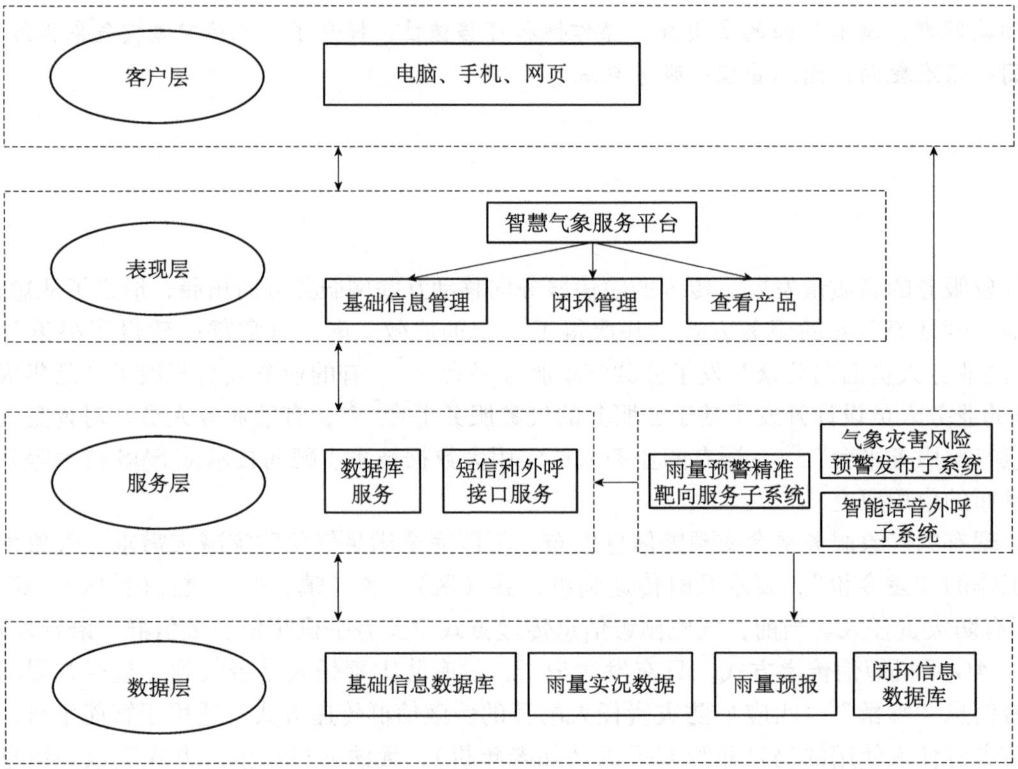

图 1 系统结构图

1.2 数据部署

整个系统分为三部分：本地端、隔离区和客户端。本地端主要是在内网环境下，部署预警信息手动发送软件、雨量预警精准靶向自动发送程序、相关的气象数据和资料自动处理程序等。隔离区主要由数据库服务器和应用服务器组成，数据库服务器部署 SQL Server 数据库和智能语音外呼软件，应用服务器部署 Web 应用气象服务网站。客户端主要是用户通过互联网访问平台网站。

在数据部署上，首先，本地服务器收集或制作好相关数据、资料或产品后，单向推送到隔离区数据库服务器。在隔离区，有一台数据库服务器和一台应用服务器，服务器之间数据互通。其中，数据库服务器主要存储数据、开发产品制作系统等；应用服务器主要是利用数据库服务器的数据、资料或产品，部署网站平台。最后，用户通过移动或电脑终端访问数据、资料或产品，通过互联网反馈信息至隔离区数据库服务器。系统的数据部署见图 2。

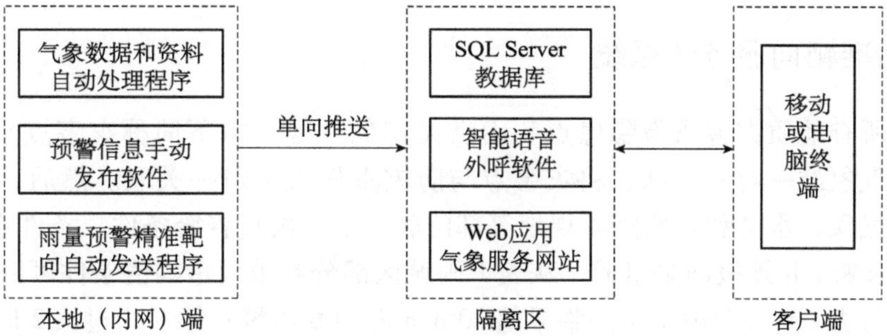

图 2 数据部署图

2 系统主要内容

2.1 智慧气象服务平台

采用 Java EE + SQL 技术，基于 B/S 开发模式搭建雅安市智慧气象服务平台，满足用户对气象服务产品查询、气象数据统计及基础信息管理等需求。图 3 为雅安市地质灾害防御精准靶向智慧气象服务平台首页，产品展示有文档、数据统计表格、图片等样式。气象服务产品大多数都是 Word 文档，通过 Python 把所有 Word 类型的产品转换成 PDF 格式，然后生成 html 文件，实现文档在线查阅功能；大部分数据统计表格和图片产品利用 Python 读取本地气象数据与资料，直接生成 html 文件，存放到隔离区；个别数据统计表格产品直接读取隔离区 json 数据文件，生成 aspx 文件。

图 3 雅安市地质灾害防御精准靶向智慧气象服务平台首页

2.2 智能语音外呼子系统

采用移动云客服外呼服务，利用 Java，通过人工智能（AI）创建话术，生成智能外呼机器人队列，实现批量同时语音外呼功能。每 2 min 动态监测一次预警数据库、基础信息数据和闭环信息数据库，当识别到最新预警信息时，立即将信息内容自动转换成语音并开启语音外呼服务。

2.3 雨量预警精准靶向服务子系统

首先确定全市所有地质灾害风险隐患点和山洪灾害危险区（以下简称灾害点），按就近原则，将灾害点与区域自动气象站一对一关联，将灾害点与防灾责任人一对一关联。然后，根据各镇（街道）地质结构等因素，气象、水文和自然资源规划等部门联合设定雨量告警条件。条件主要由过去 1 h、过去 2 h 实况雨量和未来 1 h 预报雨量组成。从表 1 雨城区部分乡镇雨量阈值条件可以看出，触发条件分三种情况：第一为过去 1 h 实况雨量达到临界值 20 mm 即触发预警；第二为过去 2 h 实况雨量达到临界值 35 mm 即触发预警；第三为过去 1 h 实况雨量未达到临界值 20 mm，但大于等于 5 mm，同时未来 1 h 预报雨量达到临界值 30 mm 即触发预警。雨量告警级别分为Ⅲ、Ⅱ、Ⅰ级，雨量强度依次由弱到强，Ⅲ级代表灾害风险较高，Ⅱ级代表灾害风险高，Ⅰ级代表灾害风险很高。

表 1 雅安市雨城区部分乡镇雨量阈值条件 单位：mm

镇	级别	触发条件			
		过去 1 h 实况雨量（r_1）	过去 2 h 实况雨量（r_2）	过去 1 h 实况雨量（r_1）且未来 1 h 预报雨量（r_f）	
多营、八步、周公山	Ⅲ	$20 \leq r_1 < 40$	$35 \leq r_2 < 75$	$5 \leq r_1 < 20$	$30 \leq r_f < 50$
	Ⅱ	$40 \leq r_1 < 50$	$75 \leq r_2 < 90$	$5 \leq r_1 < 20$	$50 \leq r_f < 80$
	Ⅰ	$50 \leq r_1$	$90 \leq r_2$	$5 \leq r_1 < 20$	$80 \leq r_f$

利用 PyCharm，编写雨量预警精准靶向服务的 Python 程序，基于中国移动手机短信 API 接口和语音外呼接口，搭建雨量预警精准靶向服务子系统。应用计算机任务计划程序，将雨量预警精准靶向服务的 Python 程序设定为每 5 min 重复 1 次，自动监测实况雨量和预报雨量。

2.4 气象灾害风险预警发布子系统

利用 PyQt，开发气象灾害风险预警信息入库系统，基于中国移动手机短信 API 接口和语音外呼接口，搭建气象灾害风险预警发布子系统。通过入库系统的可视化界面（图 4），手动输入地质（山洪）灾害气象风险预警、强降水短时临近天气预报等不定期的气象灾害预报预警信息内容。点击“智能识别”即可识别出预警产品期数、产品类型、发布范围、发布单位。点击“匹配号码”即可选择出与该预警发布范围、产品类型相关联的防灾责任人手机号码。点击“确认发布”即可将预警信息以短信和外呼两种方式发布。

2.5 模型与算法

2.5.1 短临定量降水预报模型

该模型主要包含两个算法，一个是基于雷达不同层次的反射率权重计算和权重反射率的实时定量降水估测算法，另一个是权重反射率的 0 ~ 1 h 智能外推算法。

利用雅安新一代 C 波段天气雷达不同层次的反射率资料和对应时间的地面降水实况数据，对不同

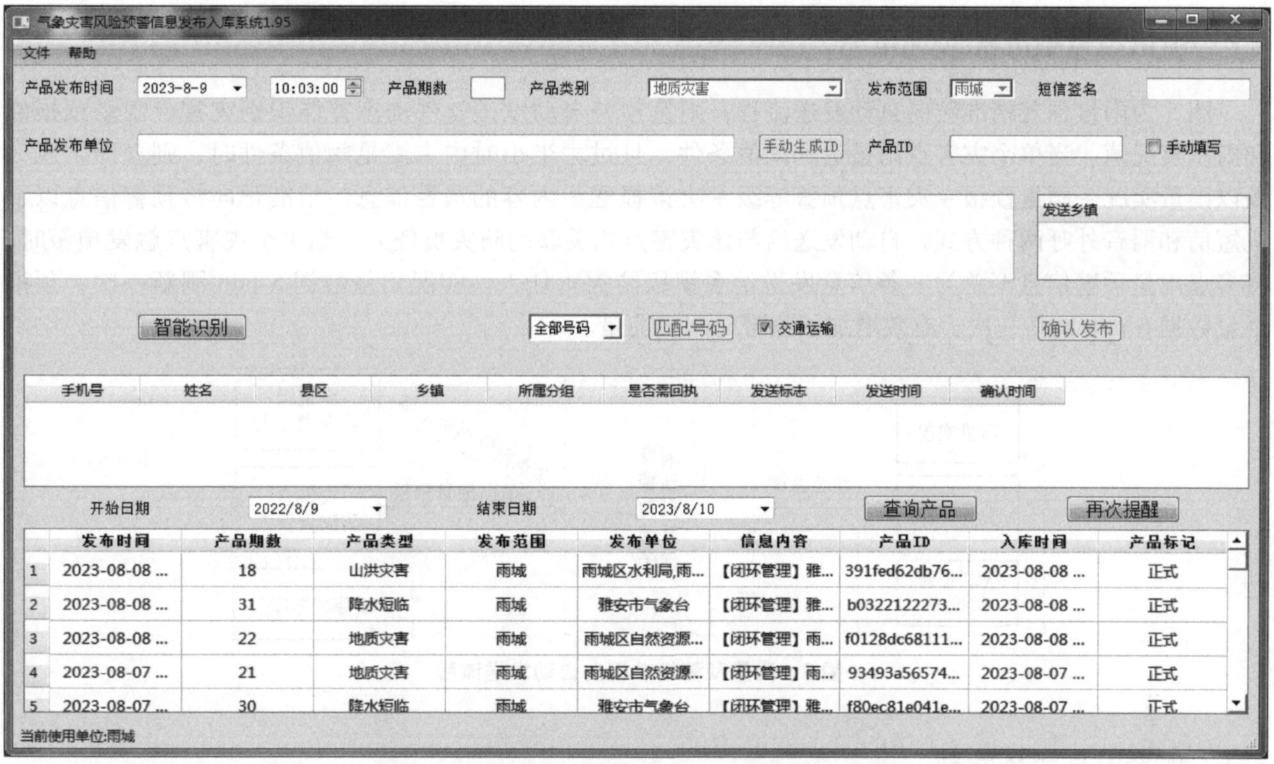

图 4　气象灾害风险预警信息入库系统可视化界面

层次不同位置的反射率进行拟合，赋予其权重值。这比单纯由组合反射率进行降水估测要更加符合实际情况。在应用权重反射率的基础上，结合相应时段的地面雨量实测值实时推算 $Z-R$ 关系的参数值。

另外，根据 2018—2022 年的雅安雷达数据计算的权重反射率数据集，使用 PredRNN 算法，对反射率未来 1 h 的回波进行外推，根据外推的反射率值和对应时段的定量降水估测参数预报未来 1 h 雨量。预报结果空间分辨率为 1 km×1 km，每 6 min 自动滚动预测。

2.5.2　气象灾害风险智能预警模型

该模型包含基于位置信息的风险匹配算法和智能靶向信息发布策略。根据气象灾害风险点的位置和绑定的防灾责任人，搭建基础信息相关联的数据库。提取最邻近距离（≤5 km）的区域自动气象站进行匹配，如果在此范围内无气象站，则以实况智能网格周边（5 km）区域内最大雨量数据作为预警值。

根据专家打分法将各个气象灾害风险点的雨量阈值条件分为 3 级，不同的级别设定不同的触发条件，当达到预警标准时，自动匹配预警内容与发布对象，采用分级靶向发布的算法，实现气象灾害风险精准靶向预警。这样既避免了广而告之导致的信息服务对象不明确，也精准及时地将信息传递给了需要的人员。

3　系统实现功能

3.1　服务产品展示

平台分为市县镇三级，包含 1 个市级、8 个县级、96 个镇（街道）的各类气象服务产品。服务平台能够全天候查询雅安新一代天气雷达回波产品、精准靶向雨量产品、预警闭环管理产品以及各类监测预报预警等服务产品。

3.2 雨量预警精准靶向发布

图5为雨量预警精准靶向自动发送流程，雨量预警自动发送软件动态智能识别灾害点雨量预报值和雨量实况值。当单个灾害点雨量达到阈值条件，且过去半小时内未满足阈值条件时，则立即生成一条以雨量实况＋雨量预报＋灾害点预警等级＋决策提醒为内容的预警信息，精准靶向将预警信息以手机短信和语音外呼两种方式，自动发送给与该灾害点相关联的防灾责任人。当多个灾害点触发预警时，将多点雨量预警信息汇总为一条信息发送给乡镇级防灾责任人。实况雨量数据5 min刷新一次，预报雨量数据6 min刷新一次，有效增加了预警时间提前量。

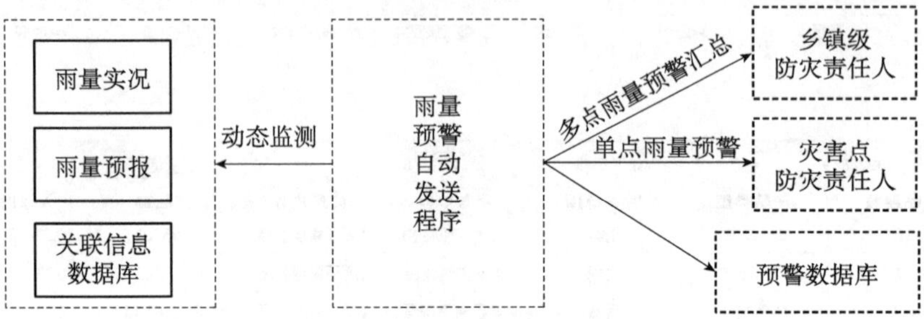

图5 雨量预警精准靶向自动发送流程

3.3 预警信息闭环管理

将短信和语音外呼闭环高度融合，实现全覆盖自动有效闭环管理，保障预警信息传递的及时性和完整性。气象预警信息闭环的实现，离不开预报员、防灾责任人和防灾管理员。预报员负责发布预警信息，防灾责任人负责确认收到预警信息，防灾管理员负责监督管理防灾责任人是否收到预警信息。

如图6预警信息闭环管理流程图所示，预报员手动发送气象灾害风险预警信息；防灾责任人通过点击预警短信末尾处的唯一“网址链接”，以互联网方式将“确认收到”的信息反馈到智慧气象服务平台实现闭环，或者通过完整接听预警信息语音电话，以电话通信的方式将“确认收到”的信息反馈到智慧气象服务平台实现闭环；防灾管理员通过互联网访问智慧气象服务平台，及时查阅预警信息的确认回执情况，包括产品接收人姓名、手机号、确认时间、确认方式等信息。对于50 min内一直处于未确认回执状态的防灾责任人，系统会自动进行反复提醒，从而实现预警信息的闭环管理。

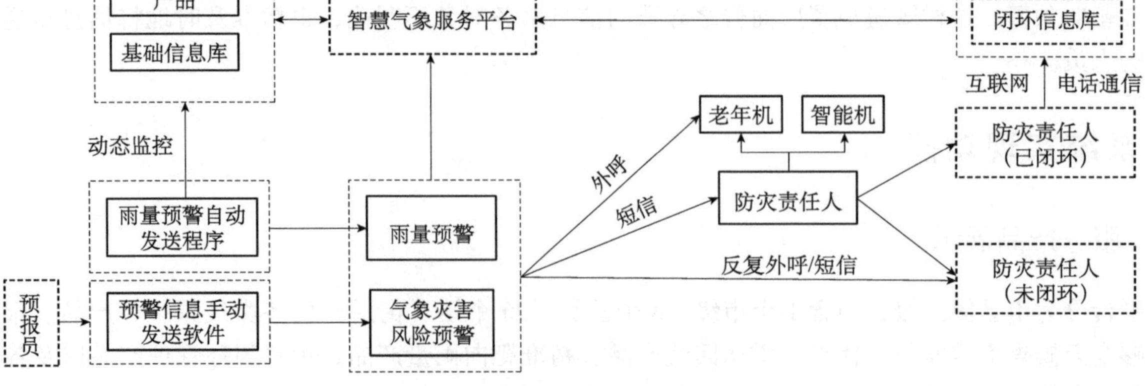

图6 预警信息闭环管理流程图

3.4　基础信息管理

为了明确职责，系统中的防灾责任人信息、灾害点信息由市级和各县（区）防汛抗旱指挥部、地质灾害指挥部的防灾管理员负责增删查改。基础信息管理模块分为防灾责任人信息管理和灾害点信息管理两个功能。

防灾责任人信息管理功能，可对防灾责任人的姓名、手机号、所在镇、所在村、所属行业、防灾职责、是否接收预警闭环信息等信息进行增删查改。同时，数据库会记录增删编辑的操作时间、操作人等信息。

灾害点信息管理功能，可对灾害点的名称、编号（唯一）、所在镇、所在村、所属行业等信息进行增删查改。同时，每个灾害点可匹配相关联的防灾责任人，数据库会记录增加、删除、编辑的操作时间及操作人等信息。

4　结论

雅安市气象风险预警闭环管理服务系统运行以来，面向雅安市4000余名防灾责任人和100余名防灾管理员开放，系统运行稳定、资源利用率高、平台简洁美观、操作方便易用，具有较强的实用性、操作性和可移植性。系统实现了气象服务产品的全天候查询、雨量预警的精准靶向发布，气象灾害风险预警信息的闭环管理，解决了预警信息“有叫无应”的顽疾问题，尤其是实现了对使用非智能手机防灾责任人的“喊醒”“叫应”，有效打通预警信息传播的“最后一公里”，为决策气象服务提供强有力的科技支撑，提高了本地防灾减灾气象保障服务能力。

参考文献

[1] 李刚，石艳，谭健，等．贵州省智能化决策气象服务平台简介［J］．中低纬山地气象，2021，45（1）：85-89.

[2] 朱星球，张瑛，殷剑敏．智能化决策气象服务系统的设计与实现［J］．中低纬山地气象，2021，45（1）：95-99.

[3] 陈聪，谢雨辰，林江，等．广东省公共气象服务平台的设计与实现［J］．广东气象，2022，44（3）：97-100.

[4] 娟娟．公共气象服务平台的设计与实现［J］．内蒙古科技与经济，2015（7）：70-72.

[5] 周强，柳昭辉，李旭旭．省级公共气象服务产品集成技术研究［J］．气象研究与应用，2020，41（2）：59-62.

[6] 宋智，吕爽，王凌．区域气象服务产品共享平台的设计与实现［J］．高原山地气象研究，2012，32（1）：77-80.

[7] 宋智，徐晓莉，何嘉．云计算在省级气象信息系统建设中应用的研究［J］．高原山地气象研究，2014，34（4）：88-80.

[8] 吴亚平，胥志强．基于公有云的雅安市公共气象服务平台［J］．气象研究与应用，2019，40（3）：82-84.

[9] 荣裕良，张霞，马忠芬，等．松江智慧气象为农服务系统开发研究［J］．气象研究与应用，2017，38（1）：102-106.

[10] 范保松，李娇，吴颖，等．基于位置服务的智慧气象信息服务系统开发与应用［J］．气象与环境科学，2020，43（2）：122-129.

[11] 邵戎，宋晓亚，李荣．SMS技术在气象传输业务中的应用［J］．高原山地气象研究，2012，32（3）：68-70.

[12] 叶子铭，吴楠，黄震宇，等．江西省12379省市县预警叫应系统的研发［J］．现代信息科技，2021，5（22）：4-7.

[13] 陈石定，刘翔，向立莉．靶向技术在预警信息发布中的应用［J］．计算机应用，2019（S1）：89-90.

[14] 李剑莉，罗永夔，蒋镇．基于大数据技术的重庆市预警信息发布平台研究与设计［J］．数字技术与应用，2018（1）：171-173.

[15] 罗运模，王珊，等．SQL Server数据库系统基础［M］．北京：高等教育出版社，2002.

[16] 尚涛．Python数据分析［M］．北京：北京大学出版社，2020.

数智气象应用在基层防汛抗台中的实践探索*

华正江[1]　王小良[2]　杨丽萍[1]　耿迪[1]

（1. 浙江省杭州市萧山区气象局，杭州 311201；2. 浙江省杭州市气象局，杭州 310051）

摘要： 为提高基层防灾减灾救灾数字化治理水平，解决防汛抗台过程中部门数据获取难、防汛信息分散、政府决策指挥效率低等问题，萧山区气象局主动对接政府防汛抗台决策需求，充分应用上级气象部门大数据技术支撑，强化气象与应急、水利、规划与自然资源、城管等区级部门多跨协同数据共享，根据需求开展各类算法研究，于 2021 年完成数智气象应用电脑端和手机端开发，并在 2021 年 7 月烟花台风期间投入实战应用，有力提升了政府防汛抗台协同高效数字化治理能力，得到了政府部门和基层干部的积极肯定。

关键词： 数智气象；防汛抗台；多跨协同；数字化改革

引言

受全球气候变暖加剧的影响，台风、暴雨、强对流等极端灾害性天气多发、频发、重发，给城乡经济社会发展和人民生命财产带来较大影响，政府防汛抗台任务日益艰巨。数字化改革是实现政府治理体系和治理能力现代化的有力抓手，习近平总书记在主持召开中央全面深化改革委员会第二十五次会议时提出，把数字技术广泛应用于政府管理服务，推动政府数字化、智能化运行，为推进国家治理体系和治理能力现代化提供有力支撑。2021 年 2 月，浙江省政府正式启动了数字化改革，以跨层级、跨地域、跨系统、跨部门、跨业务的高效协同为突破，以数字赋能为手段，以数据流整合决策流、执行流、业务流，推动各领域工作体系重构、业务流程再造、体制机制重塑，推进省域治理体系和治理能力现代化[1]。其中，基层智治系统是数字化改革在基层的落地落细。通过基层智治系统，形成数字化改革落地落细到乡镇、村社一级，推动基层治理现代化。

2020 年以来，浙江省气象部门融入政府防灾减灾数字化改革，积极探索开展智慧气象决策服务应用取得阶段性成果。杭州市气象局率先推出气象数字驾驶舱 1.0 版，为城市防汛提供气象信息化技术支持。在前期防汛抗台工作中，区县基层政府防灾减灾决策指挥仍存在部门间信息化孤岛难以贯通、乡镇干部防汛信息难以主动掌握等困难，切需以一体贯通、多跨协同、智慧高效的防汛决策应用进一步提升政府防灾减灾数字化治理能力。2021 年初，在省市气象部门数字化改革成果的有力支撑下，杭州市萧山区启动数智气象本地化决策指挥系统项目建设，并纳入当年萧山数字政府建设重要应用场景。萧山数智气象本地化应用是一款基于“浙政钉”、面向基层防汛抗台的政府决策指挥系统（图 1），分电脑版与手机版，其中电脑版可实现在防汛抗台指挥部及防汛相关部门、镇街、乡村协同共享，手机版可供区、镇、村三级防灾救灾用户便捷掌握各类决策信息。应用系统开发既充分应用了上级气象部门智慧气象数据成果，又实现了地方政府中气象、应急、水利、规资、城管、农村、住建等相关部门

* 该应用列入 2022 年杭州市数字化改革应用清单、2021 年萧山区数字政府建设信息化项目。

多跨协同数据融合应用，并基于决策用户便捷性体验需求开展各类算法研究，于2021年6月完成开发并投入应用。特别是2021年第6号台风“烟花”对萧山造成历史罕见风雨影响，萧山区面雨量和单点降水均突破历史极值，萧山全区上下充分发挥防汛抗台数字化成果，众志成城迎战台风防御，有效避免人民生命财产损失，数智气象应用得到全区上下的一致好评，并得到浙江省政府、杭州市政府相关领导的批示肯定。

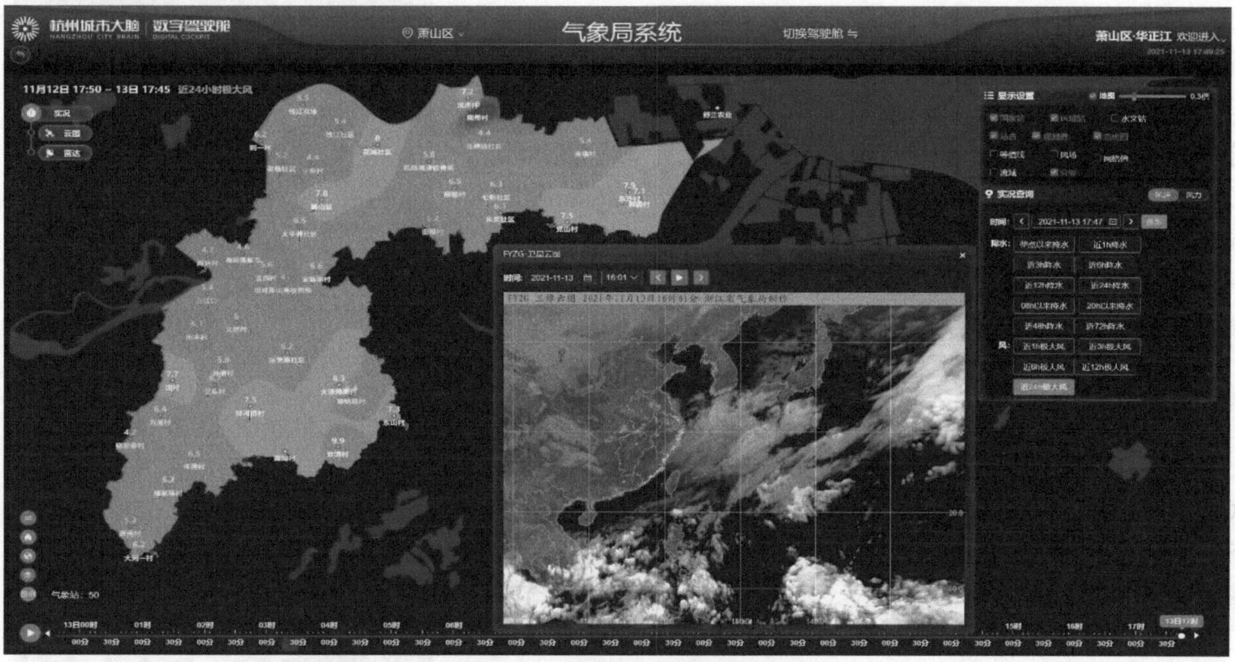

图1　萧山数智气象本地化应用

1　需求分析

前期，面对台风、暴雨、强对流等灾害性天气影响，政府部门在开展防灾减灾救灾工作中，主要存在以下困难：一是政府部门决策层，因气象、水文、地质灾害、城市积涝、应急准备等决策数据分散在各个部门手中，无法实时掌握一手数据，不利于精准决策指挥；二是乡镇村基层干部，难以根据本地需求及时获取气象、水文、地质灾害等相关防汛抗台信息，缺乏主动防灾救灾能力，影响抢险成效；三是气象预报服务人员，在防汛抗台指挥部因网络安全等原因，缺乏有效的预报分析工具，影响气象现场决策效率；四是针对台风、暴雨、强对流等不同灾害性天气的防御决策指挥需求有差异，需要有针对性、便于决策指挥的服务产品。

2　场景建设

2.1　任务拆解

根据决策用户的需求分析，萧山数智气象本地化应用分常规版、梅汛期、台汛期（图2）、雨雪冰冻等四个专题，便于决策用户根据不同天气场景采取针对性指挥决策。每个应用专题基于用户决策便捷性，配置不同模块的决策信息，并可根据用户喜好自定义选择子模块。数智气象应用开发18个子模块，包含气象实况、预警、预报、卫星云图、台风、决策材料、应急响应、智能网格、天气快报、水库水文、钱塘江潮汐、地质灾害、城市积涝、气象科普、应急预案、数值预报、气候统计、安全监管等数据。数智气象应用提供PC端、手机端服务，面向“浙政钉”决策用户。

2.2 业务协同和数据归集

在场景建设中，实现部门多跨融合数据共享。坚持省、市、县一体化思维，充分应用上级气象部门产品数据，强化气象监测、预警、预报、气候等服务产品应用。如气象预警、台风产品、卫星云图、雷达回波、智能网格预报、数智预报分析、安全监管等服务产品自浙江省气象大脑获取，实况分析、天气快报、气候统计等数据算法由杭州市气象局提供。同时，强化防汛部门横向数据融合，基于萧山云数据一体化平台，共享浦阳江流域、山塘水库、钱塘江潮汐、地质灾害、城市易积涝点、应急等部门数据。

2.3 算法研究与综合集成

为便于决策用户便捷掌握气象灾害事前预警影响、事中风雨实况数据及应急处置等信息，在省市气象部门技术支撑下，实况数据、气候资料、天气快报等10多个模块进行气象统计分析算法研究。对水库水位、流域水位、地质灾害等部门共享数据进行危险等级算法排位，并积极开展基于实况的主动叫应分级研究，基于梅汛期、台汛期等气象专题开展用户应用体验研究。系统开发总体上采用B/S结构，前、后端分离的架构方式，后端基于Spring Boot微服务架构。

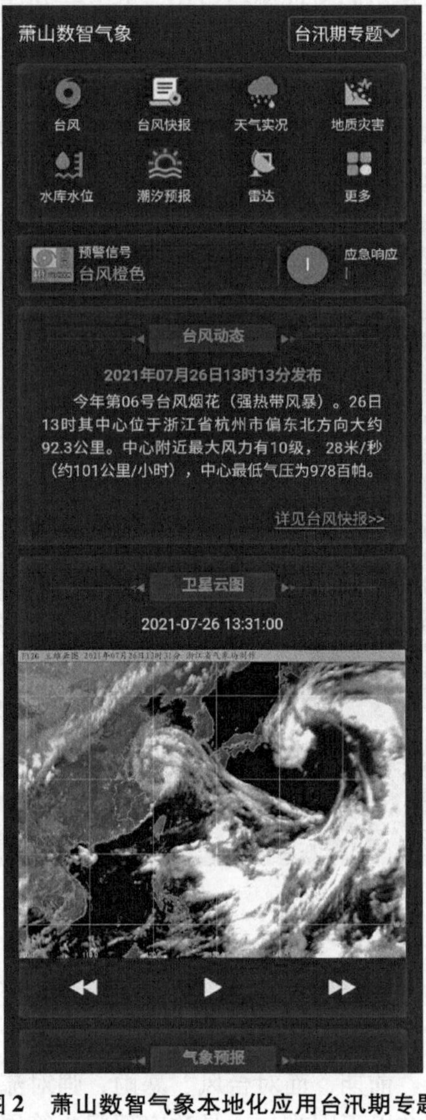

图2 萧山数智气象本地化应用台汛期专题

2.4 实现部门共享、乡镇全覆盖

数智气象本地化应用开发完成后，在区应急局、城管局、农业（水利）局、数据局、规资局等10多个部门共享应用，并在全区乡镇、村实现全覆盖。在萧山防汛抗台指挥部，区委区政府决策指挥主要基于萧山数智气象应用，并结合全区云视频监控进行决策指挥，有效提高萧山数字化抗台能力。

2.5 烟花台风期间应用实战案例

2021年7月22日08时—28日18时，第6号台风“烟花”对萧山造成历史罕见风雨影响，全区过程面雨量336 mm，其中戴村镇骆家舍村站最大，雨量为752.9 mm。全区多处发生城市内涝和山洪、泥石流，多处水库、河道溢洪，农业损失6300多万，转移安置约12.6万人。萧山数智气象应用在数字化抗台实战应用中，多次发挥重要作用，有效避免人民生命财产损失。

2.5.1 实战案例一

台风来临前，萧山区防汛抗台指挥部通过数智气象水库水位数据，对乡镇山塘水库防御准备进行检查，发现萧山进化东方红水库超警戒水位、戴村钟岭水库等接近警戒水位。防汛抗台指挥部立即责成进化、戴村等乡镇加强水库提前开闸放水。因提前开展危险水库排水措施，在台风影响前及时解除水库风险隐患。

2.5.2　实战案例二

7 月 24 日 05 时 30 分，“数智气象”驾驶舱实况报警，显示萧山区河上、戴村、进化等乡镇多个测站出现 1 h 雨强超过 40 mm 以上持续强降水。数智气象应用自动开展实况报警并主动叫应当地协理员、乡镇领导，萧山气象台预报员立即发布暴雨橙色预警信号，并通过电话再次主动叫应相关镇街协理员，区防汛抗台指挥部立即组织救援力量紧急向进化镇部署。当天上午，进化镇、戴村镇等地出现 3 h 雨量 102 mm 以上的重大险情，因救援力量及时组织，安排群众撤离，有效避免人员伤亡。

2.5.3　实战案例三

7 月 24 日夜，萧山南部乡镇出现持续超强降水，浦阳江永兴河段因上游诸暨、富阳雨量异常集中，造成水位超警戒 1.5 m，恰逢钱塘江大潮，浦阳江下游往钱塘江出口排水异常困难，政府决策重点关注永兴河流域排洪抢险。区委区政府主要领导在防汛抗台指挥部，通过数智气象应用系统对钱塘江大潮涨潮落潮数据、浦阳江流域实况水位、乡镇水库水位等信息查询，判断浦阳江闻堰段 25 日 02 时涨潮，04 时水位下降，并结合数智气象预测 25 日 01—04 时有降雨减弱的间隙，及时组织强化应急救援力量抢险。全区干部群众及时利用降雨减弱、潮汐影响的时间差，紧急加固永兴河堤坝，确保堤坝安全度汛。

3　改革突破

萧山数智气象本地化应用场景实现了政府防汛抗台从“信息收集难、应急指挥难”到“数据一网打通、精准决策指挥”的转变。区委区政府领导、防汛抗台成员单位在防汛抗台指挥中，通过归集气象、水利、城管、规资、交通、公安、应急等各类数据，实现防汛抗台一网打通，解决了以往数据获取难、防汛信息分散、决策指挥难的问题，无论在指挥部还是救灾现场，均能随时掌握灾情重点及应急情况，极大提高决策指挥精准度，通过聚焦重点灾区应急资源调度，有效提高政府数字化治理能力。

数智气象应用场景覆盖乡镇村，实现了基层干部从信息“被动接收”到“主动掌握”，提升防灾救灾成效。基于数智气象乡镇定位，乡镇干部通过手机端应用就能随时掌握本区域的各类风雨量实况、预报预警信息，随时了解本地水库、河流水位信息及地质灾情，防灾救灾实现了由过去被动接收信息到主动掌握的改变，便于乡村在救灾过程中发挥主观能动性，有效减少人民财产损失。

2021 年抗击台风“烟花”期间，萧山数字化抗台相关成果得到时任浙江省政府副省长刘小涛批示，时任杭州市委副书记、萧山区委书记佟桂莉曾多场合肯定萧山数智气象应用，认为真正尝到了“数字化改革的甜头”“气象部门的预报和数智气象功不可没”。新华社、《中国气象报》等媒体对萧山“数智气象”应用进行专题报道。

4　下一步工作展望

万物互联的数字时代已然开启，数字变革成为世界百年未有之大变局的重要变量。在习近平总书记和党中央的坚强领导下，随着改革的持续深化，数字化改革的体系架构必将不断完善、细化，在推进气象服务数字化、智能化转型中，数智气象本地化应用为政府提供了多跨协同的防汛抗台决策参谋，进行了有益的探索，并在梅汛期暴雨、强对流天气、台风防御等工作中取得了显著成效。2022 年以来，数智气象应用已在杭州全市开展应用推广，并得到全市上下的一致好评。

下一步，将继续按照习近平总书记对气象工作的重要指示精神，进一步贯彻落实《气象高质量发展纲要（2022—2035 年）》，积极融入国家、省、市气象部门数字化改革战略布局，持续迭代升级数智气象应用场景，深化城市智能感知的共建共享，继续加强暴雨、大风等灾害性天气对城市积涝、地下构筑物、城市建设等风险影响指标研究，强化气象风险普查成果应用；基于乡镇一线基层，提供更具精细化的灾情相关决策服务，提高防灾救灾决策信息精细度；深化城市防灾减灾一张图气象服务，开发气象数据共享型“气象插件”，提升萧山城市防灾减灾数字化治理能力。

参考文献

[1] 袁家军．数字化改革概论［M］．杭州：浙江人民出版社，2022.

怀化地区农村雷电防护现状调查分析及对策研究

马育虎　彭晓霞　彭　誉　粟　娟

（湖南省怀化市气象局，怀化 418000）

摘要：以怀化为例，通过对南方山区农村雷电防护现状的深入调查和分析，找到导致其雷电灾害发生的原因，提出南方广大山区农村雷电灾害防御的一些普适措施，以期避免和减少因雷电而造成的财产人员灾损失，减少山区农民因雷灾返贫的可能。同时，把雷电灾害防御同乡村振兴有机结合起来，努力筑牢气象防灾减灾第一道防线。

关键词：农村；雷灾；现状；成因；对策

引言

怀化市位于我国南方低山丘陵区，处于武陵山脉和雪峰山脉之间，沅水自南向北贯穿全境，山水相间、地形复杂。受地形影响，东南气流、西南气流、偏北气流能够在此交汇，利于气流的抬升和形成风速切变，容易诱发对流而形成剧烈天气。沅水流经境内，水汽充足，使当地植被生长较好。怀化纬度较低，27°N 横穿而过。综合地形、水文、植被、纬度等因素，怀化极具雷电易发地典型特征。从1980—2020 年怀化市多个气象站近 40 a 雷电日数据统计得出，怀化市年平均雷暴日数为 40.3 d/a，属于典型的多雷区。据中国气象局近十年不完全统计数据显示，中国因雷击造成的经济损失高达数十亿元，其中 90% 的雷击事故发生在农村，因此研究怀化市农村地区的防雷工作，对中国广大低山丘陵地区农村防雷工作具有广泛指导价值[1]。

1　怀化农村地区雷电防护现状调查分析

1.1　防雷现状调查

近些年，随着社会经济的发展以及政府对农村工作的重视，怀化农村地区经济条件取得了很大改善，家用电器走入了普通百姓家，即使在偏远农村，小洋房、小高楼也随处可见。但是在走访调查过程中发现，新建的房屋大多没有安装防雷装置，电源线、信号线、室外天线变成引雷器，农民防雷意识淡薄、防雷知识贫乏甚至还有不少迷信说法。多数山区农村防雷减灾工作基本处于原始状态。

1.2　典型雷击案例

怀化市芷江麻婴塘乡高冲村同一地点遭雷电连击，五人身亡。2004 年 9 月 20 日 12 时左右，芷江麻婴塘乡高冲村雷子岭七村民上山伐木，因避雨躲至两棵树下的一个棚子里。一个雷电袭来，一人当场死亡，其中四人对其进行人工呼吸，不巧又一个雷电袭来，四人当场死亡，余下两人因距离较远受重伤。

1.3 雷击事故特征

根据近年来对怀化农村地区发生雷击事故的调查，当地发生的雷击事故主要有以下特征。①大多雷击事故发生在户外。如农民在田地行走、作业，或在树木下避雨时发生，室内雷击事故也有发生，但只是个例。②存在雷击事故“重灾区”。一些地区频繁发生雷击事故，如怀化市溆浦县山背村是全国罕见的雷灾村，因每年都造成人员伤亡而闻名于国内，被称为“雷击村”。据相关资料统计，自1979年村里架设低压电线以后，雷击现象越来越严重，先后被雷击打死11人，打伤245人，打死、打伤牲畜无数。怀化市新晃县方家屯乡新民村近年雷电灾害频发，自2007年至2013年，雷击事故共造成八人受伤，一头耕牛死亡，一栋房屋倒塌，83台次电视机、电冰箱等损坏，直接损失30余万元。③架空电源线、电话线等将雷电波引入室内是雷电灾害发生的重要途径。发生的雷击事故大多是在雷雨天气村民没能及时将电器电源、信号线路断开引起的。

2 雷击事故的主要原因

2.1 人们防雷意识的淡薄、防雷知识的贫乏

怀化地处南方低山丘陵区，地形复杂，交通不便，经济发展滞后，山区农民思想相对闭塞，再加上经济实力有限，在建筑物选址时往往不合理，修建时不能采取规范的避雷措施，发生雷电现象时不懂正确的防护措施[2]。村民对雷电灾害的认识不够，有的人认为是得罪了“雷公”，甚至于求神拜佛祈求平安。另外，由于客观条件的制约，农村雷电灾害的科普宣传工作的深度和广度也远远不够，导致农民防雷知识的贫乏，这也是雷灾一直困扰农村的重要原因之一。

2.2 地理环境的特殊性

怀化纬度较低，27°N线横穿而过。综合地形、水文、植被、纬度等因素，怀化极具雷电易发地典型特征，年平均雷暴日数为40.3 d/a。怀化地区农村山区面积广大，因地形限制，农户居住地大多只能分布在迎风面山坡地带上，增加了建筑物遭受直击雷的可能性。外加农村地区植被相对茂盛，在一定程度上又产生了引雷效果。农村很多民房的四周都是农田，或者一些村庄临近水域而建，这些空旷地带以及土壤电阻率突变、雷暴运动轨迹的迎风面或者山坡上往往容易遭受雷击[3]。

2.3 各种线缆布置混乱，增加了雷击的可能性

由于地形、经济条件以及山区农民认知的局限性，当地线缆路线规划缺乏科学性，很多山区农村的线缆都是直接用电线杆子架起的，线缆经过农田、水塘、山坡进入室内，如果有雷电击中线缆或者击中附近区域，雷电流及感应电流就会通过架空线缆冲击所有家电。

3 怀化溆浦山背村成功防雷案例分析

3.1 防雷改造工程实施前

据相关资料统计，山背村自1979年村里架设低压电线以后，雷击现象越来越严重，先后被雷击打死11人，打伤245人，打死、打伤牲畜无数，击坏变压器20多台，120多台电视机遭损，经常击毁房屋、树木和田土，严重影响着山背村民的生命财产安全。

3.2 防雷改造工程内容

2012 年，时任国务院副总理李克强做出批示，要求将山背村的雷灾防治作为一项民生工程，确保山背村的雷击风险低于国际标准容许值。山背村防雷改造工程项目建设内容包括区域雷电灾害防御设施建设、应急避险场所建设、完善现有建构筑物综合防雷设施建设等防雷设施的供货、安装及调试。项目共建设 16 根仿生树接闪杆、10 个应急避险亭建设、495 栋建构筑物防雷设施安装，同时安装 508 个三级电源避雷器及 508 个电视信号避雷器。

3.3 防雷改造工程实施后

2015 年，溆浦县山背村防雷改造工程项目顺利竣工，山背村建成了全方位、立体性的雷电防护体系。自项目竣工之后，该地区再未发生一起雷击伤人事件，其防灾减灾成效非常显著。山背村防雷改造工程项目的成功也说明，只要做到科学应对，雷电气象灾害亦可防可控。

4 雷电防御改进措施

通过对怀化区域概况、防雷现状、雷电灾害特征、造成雷击事故的主要原因及成功案例的分析，得出对怀化农村地区的雷电防御改进措施在政策和技术两个方面的建议。

4.1 政策性建议

（1）加大科普宣传力度，普及防雷知识，提高防雷意识。前期，我们就雷电防御工作在多个乡镇开展调研，调研内容包括经费落实、重视程度、防雷宣传等。在调研内容的基础上，结合多年防雷减灾服务经验，就目前来说，做好农村雷电灾害防御工作最切实可行的手段就是加强雷电灾害防御宣传工作，提高广大农村地区居民的防灾减灾意识。宣传形式要多样化，可以结合电视、收音机、报纸、网络等媒体进行多渠道宣传。

（2）建立农村雷电灾害预警制度。气象部门要做好雷电天气、雷击落区灾害等级等雷电检测和预报预警制度，充分利用电话、电视、收音机、“96121” 等手段，及时准确地将雷电灾害预警信息发送到广大农民群众手中[4]。

（3）加强对农村建筑物防雷装置的管理。对农村个人和企业新建建筑物选址进行风险评估，对防雷装置图纸进行设计审核、在施工过程中进行监督、竣工以后进行验收，严格按照防雷技术规范要求，引导山区居民采取规范的避雷措施。

4.2 技术性建议

（1）防直击雷措施。怀化市农村地域广阔，农户居住分散，山区农村经济水平较为落后，住房结构较为简单，建筑物周围环境差异较大，如严格按照《建筑物防雷设计规范》规定采取防雷措施，难度较大。因此，应因地制宜，就当地农户的分布情况、居住方位、建筑物的海拔高度等因素进行实地考察，并结合居住地主要气流方向，在常见气流的迎风面上安装适当数量的避雷针，通过避雷针将雷电流导入大地[5]。

（2）防感应雷措施。防雷电波侵入主要对象是电源线和信号线。关于电源线路的防雷电波侵入措施，首先应增设变压器低压端的浪涌保护器（SPD）；其次，改善变压器的接地电阻使之达到技术规范要求；最后，在后续线路上安装下一级 SPD，并确保 SPD 与地网导通。

5 结语

中国作为世界人口第一大国，有五亿多人口居住在农村，做好农村防雷灾害管理工作意义重大。溆浦山背村防雷改造工程项目的成功案例说明，只要科学应对，雷电气象灾害亦可防可控。除了山背村之外，全国还有很多不知名的农村饱受雷灾袭扰，而气象部门受人员、经费、管理理念等主客观因素制约，在农村雷电灾害防御管理上不论是深度还是广度都远远不够。农村地区防雷减灾工作任重而道远，这需要在管理服务方式上不断进行新的探索和尝试，找到与现阶段经济发展水平相适应的道路，进而建立农村防雷减灾的长效机制，筑牢气象防灾减灾第一道防线。

参考文献

[1] 闻景东．浅析农村雷电灾害成因及其管理措施［J］．科技促进发展，2012（2）：145-146.
[2] 赵永云，刘刚，曾诏盛．肇庆农村雷电灾害防御分析［C］//第八届中国国际防雷论坛论文摘编．2011.
[3] 李家启，谭彬全，陈宏，等．开县“5·23”重大雷电灾害事故分析［J］．中国雷电与防护，2007（1）：1-6.
[4] 范小雷．大别山区农村防雷的现状与对策［J］．安徽农业科学，2012，40（34）：16644-16646.
[5] 吴锋利，于月东，高建文．关于新农村建设中的防雷保护［J］．科技创新导报，2010（3）：133-134.

气象防灾减灾“六个一”成果在决策气象服务中的应用思考

张　磊　武永利　董春卿　韩　普

（山西省气象台，太原 030006）

摘要：山西省气象防灾减灾“六个一”成果——山西省气象防灾减灾业务支撑平台可提供丰富的气象防灾减灾重要信息，为汛期自然灾害的预防预警指挥调度工作提供基础的技术支撑。为探索气象防灾减灾业务支撑平台的实际应用，通过地形图、卫星遥感图、天气系统及预报、实况气象监测信息、防御区划等多种信息图层的叠加，配以自动化生成的预警和服务产品输出，让基础决策气象服务更加智慧高效。

关键词：气象防灾减灾；决策气象服务

为认真贯彻《中共中央 国务院关于推进防灾减灾救灾机制改革的意见》和习近平总书记关于综合防灾减灾救灾的重要论述，强化履职、落实责任，以降低基层气象灾害风险、提升基层气象防灾减灾能力为目标，按照中国气象局基层气象防灾减灾“一本账、一张图、一张网、一把尺、一队伍、一平台”（“六个一”）基本能力建设要求，实现基层气象灾害预警服务的科学化、标准化、规范化，切实提升基层气象灾害防御和应对能力，基于建设项目成果，山西省气象防灾减灾业务支撑平台已完成了业务准入工作，通过对平台的思考探索，充分发挥象灾害风险隐患数据在决策气象服务中的作用，让决策气象服务方向更加智慧高效。同时，依托于基层气象防灾减灾“六个一”建设成果在全省的全面铺开，克服了研究成果推广壁垒，所探讨技术路线和决策服务理念、服务形式等都有着较高的普适性，具备广泛推广的应用潜力。

1　区域概况

山西地处中纬度黄土高原与华北平原的过渡地带，下垫面高低悬殊，海拔相差最大 3000 m 左右。由于地处中纬度，不仅冷空气活动频繁，而且夏季暖湿空气北上也可以达到该地区，冷暖空气交汇往往会造成很强的降雨。受蒙古冷涡东移南下影响，2019 年 7 月 17 日，山西省忻州市多个乡镇遭受短时强降水袭击，小时雨量超过 30 mm。洪涝灾害共造成 19 个村 9000 余人受灾，冲倒农作物 1400 余亩，1100 人饮水中断，直接经济损失共计千万元。受高空冷涡的影响，2021 年 7 月 20 日到 21 日，山西长治、晋城出现大暴雨天气，暴雨之后的泥石流、洪水等次生灾害造成了上亿元的经济损失。以上受灾个例说明，短时强降水的破坏性越来越大，城市化建设的脚步也受到了影响，气象部门的正确预报和预警，对百姓生活和社会发展都起到了保障作用[1]。同时，产业发展对气象灾害有极强的敏感性，地方政府对气象灾害预警预报决策支撑能力有较高要求。

2 气象防灾减灾需求

2.1 气象灾害决策服务需求

从影响力和多发性来看，山西省暴雨灾害多发，雷电、大风灾害次之，大雾、冰雹、寒潮等灾害偶有发生，次生灾害以山洪、泥石流、崩塌、滑坡、内涝为主，涉及规划与自然资源局、水务局、应急管理局、住建局、公安局、行政审批局等决策部门。在日常业务沟通了解到，各部门对气象决策服务能力认知滞后，大多数决策部门提出的需求集中在气象实况实时展示和天气系统发展形势预判、预警信息及时传播等功能上，在现有的防灾减灾成果利用率和使用方式上还有所差距。

2.2 需求清单梳理产品模型

根据对单位和基础决策型产品梳理和提炼，结合基层气象部门实际业务提升需求，讨论确定一条基于“六个一”建设成果的产品设计路线：①产品首先要满足气象部门内部决策服务需求[2]；②产品能供各级政府等决策部门使用；③能满足灾害敏感的企业或个体用户特殊信息预警需求。

2.2.1 内部决策服务应用

目前，县级基层气象部门开展强对流短时临近监测预警服务，主要依靠 PUP 雷达监测系统，但该系统监测层级只细化到区市县一级，没有乡镇级别行政边界及地形地貌、风险区划、隐患点位等更细化的地理信息显示，业务人员不能很好对应回波与具体点位空间关系，特别是局地性短时强对流天气和定点定位气象保障服务时，难以进行天气系统跟踪定位及靶向服务。针对上述问题，产品模型设计需考虑在现有雷达监测资料和实况雨强资料基础上，叠加地理信息及地质灾害隐患点位分布、河流分布、重点危化品企业、重点水库等信息，将短临预警服务定点到乡镇和重点灾害区域。

2.2.2 各级政府等决策部门服务需求

产品需要直观展现出灾害性天气系统与灾害风险隐患点位直观关系以及即将造成的灾害影响分析，同时还能根据灾害性天气轻重和位置有针对性地对不同等级、不同种类隐患点进行自动告警提示，最好能实现将相关告警信息推送到对应灾害点的指定责任人。这就要求产品具备高影响天气灾害数据分类、隐患点位管理、预警信息分类自动发布、涉灾人员精准叫应、短临天气形势预判、短期天气预报以及气象灾害影响预估等功能，根据气象灾害风险等级区划，配合雨量、风速和闪电定位监视、数值预报展示等监控产品，以及相应报警阈值，将监测、预警、发布、叫应等制度差别化、定制化、精细化，融入产品形成监测范围层次化、警戒阈值标准化、预警类别精细化、响应机制流程化、输出产品图像化的数据产品展示模式[3]。

2.2.3 灾害敏感企业或个体用户对气象灾害信息的特殊需求

产品要具备需求定制客户端，将产品架构扩大到移动端，能实现用户地理定位和定位周边气象实况和预报数据实时采集，同时具备根据用户定义阈值将满足条件的灾害信息推送给用户的功能[4]。

2.3 基于数据监控与产品展示两大模块构建最终应用平台框架

根据产品目标功能和基础数据库，构建以基层气象防灾减灾“六个一”建设成果为基础，辅以雷达监测、雨量监测、风速监测、气温监测、天气实况、数值预报产品和灾情数据展示等监控图层的山西省气象防灾减灾业务支撑平台[5]。平台填充以本地乡镇区划信息、高分辨率地形地貌信息、中小河流信息、地质灾害隐患点位信息、城镇易涝点信息及旅游景区、医院、学校、易燃易爆场所、工矿企业、行政政府、重点水库、集镇村寨、农业园区、应急避难场所、林场防火点和物资储备场所等点位分布信息，引入基层气象预警发布与叫应机制为平台运行逻辑内核，最终形成“山西省气象防灾减灾业务支撑平台”框架设计。

3　气象防灾减灾业务支撑平台模块设计

3.1　防灾减灾监测告警预报数据一平台模块

该模块基于GIS地图，根据业务人员所属省市区县，自动展示对应行政区划底图，可自定义三区图及地图底图类型与行政站、国家气象站、区域气象站、边界、水系图等进行叠加。将防灾减灾预报预警发布信息一张网，防灾减灾规章制度一把尺，防灾减灾指挥图，防灾减灾各重点单位负责人与气象信息员一队伍，地质信息点位、涉灾单位、发布设施、基础防灾减灾点等13类基础数据一本账进行集成显示。同时实现了降水、温度、风、能见度、雷达回波、卫星云图、闪电定位、灾害天气、预警信号等实况数据的叠加显示，支持以填值、色斑图、等值线的方式进行数据展示，并给出了各气象要素的实况排名，支持按时次进行动态数据展示。支持给定时间段内所有气象灾害发生情况查询。根据设定好的阈值信息并支持自行添加，实时监控当前各项气象要素，在主界面提供超过阈值的站点统计情况表，并发布对应灾害性天气的叫应流程公告，为值班员提供参考。

3.2　防灾减灾指挥图模块

该模块提供实时快速制作与动态展示功能，丰富展示信息类别，为不同叫应状态和不同服务产品提供具有针对性的不同信息类别的防灾减灾指挥图，主要包括电子地图和卫星影像图基础数据叠加、基础数据表加载、各类线段的绘制、图层管理、三区叠加、指挥图输出清晰度及应用方式的选择等功能。可实时生成防灾减灾指挥图应用至一平台界面中，同时支持导出功能及时绘制打印，为各级指挥部提供决策指挥支持。

3.3　预报预警产品制作模块

该模块实现了临近预报、补充预报、预警信号、城市内涝、山洪预警五类产品的在线制作。临近预报包括雷达、冰雹、雷雨大风、短时强降水等产品自动制作。补充预报包括雨、雪、雾、霾、大风、雨夹雪、寒潮、沙尘等产品自动制作。预警信号包括暴雪、暴雪、高温、干旱、沙尘暴、大风、大雾、雷电、寒潮、霜冻、暴雪、冰雹、道路结冰、霾等。不同级别的预警信号发布制作与目前执行中的预警信号实现智能显示查看。城市内涝预警包括不同级别的城市内涝预警产品制作发布。山洪预警包括不同风险结冰的中小河流、山洪沟、地质灾害隐患点预警产品制作。同时在预警信号制作模块中接入了覆盖24 h实况72 h预报时长的基于格点的图像格式显示的霜冻、寒潮、暴雨、暴雪、道路结冰、高温、霾、沙尘暴、大雾、强对流、大风等11类气象灾害客观预报产品，为业务人员发布预警信号提供客观指导。

3.4　分析服务产品制作模块

该模块为业务人员向各级决策部门和领导制作服务材料提供了有力的支持。该模块对降水、气温等气象资料检索和分析，实现在线气温、降水等气象要素进行逐小时、日、旬、月、年、任意时段、任意区域的历史资料检索和极值查询等功能，实现实时与历史值的比较分析、排序、表格、图形、文字的显示及输出，支持对各类输出结果进行配置。同时，以上所有生成素材均可实时插入正在编辑的

Word 产品中，并提供发布下载与模板保存功能。通过在线 Word 编辑功能实现对可自定义模板的自动调用、在线编辑、实时产品发布，提供各类服务产品模板和表格模板后台编辑管理。

4 气象防灾减灾业务支撑平台的应用思考

4.1 在业务应用层面上转化价值

随着山西省大部分基层气象局已完成基层气象防灾减灾“一本账、一张图、一张网、一把尺、一队伍、一平台”的“六个一”基本能力建设，基层气象灾害预警服务内部体系正逐步向科学化、标准化、规范化方向发展，调研与实践证明，“一本账”“一张图”“一把尺”等建设成果可成功外化到实际基层防灾减灾决策气象服务中。

4.2 依托“六个一”建设成果建立基层短临监测预警靶向服务模式

短临监测预警以雷达为主要手段，叠加本地乡镇区划信息、高分辨率地形地貌信息、中小河流信息、地质灾害隐患点位信息及重要点位分布信息，配合雨量、风速和闪电定位监视、数值预报展示等监控图层及相应报警阈值，实现气象灾害可分区域、分灾种、分受众进行短临监测预警服务模式。

4.3 融合“六个一”建设成果，优化短临预警服务产品的展现形式

随着基层“一本账”“一张图”等灾害隐患数据层次性逐步丰富，短临预警服务脉络也愈发清晰，对于原本局限于文字表达的短临预警服务产品是一个革新的契机。在现有短临预警服务产品中，合理地融入灾害隐患点位信息和雷达及雨量图等内容，形成可直接发布于微信、微博等服务端的图片型产品，让决策产品展示模式更直观、更精细、更实用。

4.4 完善气象防灾减灾法规标准和机制

推进分灾种的重大气象灾害防御等相关气象立法工作，建立和完善气象防灾减灾救灾标准体系，明确以气象灾害预警为先导的联动联防机制。推动地方政府和各有关部门修订和完善适用于本地区本部门实际情况的气象灾害应急预案，建立重大气象灾害停工停课停业制度。

参考文献

[1] 宋军芳，刘强军，焦玉玲，等．2018 年 4 月晋城市倒春寒天气及气象服务分析［J］．中国农学通报，2019，35（20）：65-69.

[2] 汪玲，罗衣．基层气象防灾减灾“六个一”建设成果在决策气象服务中的应用探索［J］．南方农业，2020，14（30）：177-179.

[3] 王莉萍，王维国，连治华．2019 年夏季决策气象服务分析与改进探索［J］．防灾科技学院学报，2020，22（1）：52-59.

[4] 张秀艳，赵美玲，武折章，等．关于重要天气的决策气象服务的总结及探讨［J］．科学技术创新，2017（35）：10-11.

[5] 姚彩霞，朱临洪，史源香，等．山西决策气象服务产品加工制作系统研究［J］．吉林气象，2010（1）：28-31，33.

应急气象保障服务在重庆“8·21”山火救援中的作用

吉　莉　　李　强

（重庆市北碚区气象局，重庆 400700）

摘要：应急气象保障服务在突发事件处置中具有重要意义。2022 年 8 月 21 日，重庆市北碚区歇马街道突发山火并迅速蔓延。该地紧邻缙云山国家自然保护区，形势非常严峻。北碚区气象局针对歇马山火组建现场气象监测组、后台预报组和人工增雨保障组开展了全方位的气象保障服务，为守护北碚绿水青山贡献了气象力量。此次应急保障服务，收效明显，是监测精密、预报精准、服务精细的生动实践。本文通过对重庆北碚“8·21”山火应急气象保障服务进行总结复盘，梳理此次气象服务的成功经验，总结存在的不足，并思考下一步工作的方向。

关键词：应急；气象保障；山火

近年来，随着现代化、工业化和城市化的深入发展，气候变暖已经成为全人类共同面临的大问题。全球气候变暖不仅会带来更多的高温热浪、强降雨、洪水，气温上升还会导致冰川融化、陆地干旱、荒漠化，加快水分蒸发与水土流失，最终形成更多的极端天气。极端天气引发灾害后，部分救援工作受到天气因素的制约，应急气象保障服务工作的重要性凸现出来。2022 年 8 月 21 日，重庆市北碚区歇马街道虎头村发生山火并严重威胁到缙云山国家自然保护区，重庆市北碚区气象局立即开展了全方位的气象保障服务，自始至终为守护青绿山水贡献了气象力量。此次应急气象保障服务，收效明显，是监测精密、预报精准、服务精细的生动实践。

1　重庆北碚“8·21”山火回顾

2022 年 8 月 21 日 22 时 30 分许，重庆市北碚区歇马街道虎头村凹儿坪发生山火。火场位于缙云山东北—西南纵向分布的林带，从主山脉向东北方向的缙云山自然保护区核心区蔓延，并于 8 月 24 日凌晨蔓延至重庆市璧山区八塘镇，过火面积 156 亩（1 亩≈666.67 m^2）。8 月 26 日 08 时 30 分，经各方救援力量五天五夜全力扑救，明火全部扑灭，随后进入全面清理零星余火烟点阶段。

1.1　“8·21”山火发生的气候背景

2022 年 7 月 1 日至 8 月 25 日，北碚区出现了极端高温干旱天气。全区平均气温为 33.3 ℃，较常年（28.7 ℃）显著偏高 4.6 ℃，比全市平均气温（31.2 ℃）偏高 2.1 ℃，仅次于沙坪坝区（34.1 ℃），位于全市平均气温第二高；40 ℃以上的高温日数 31 天，为 1951 年以来最高，高于全市 40 ℃的平均天数（15.4 天），居全市第一多。连续两天出现极端最高气温 45 ℃（8 月 18 日、8 月 19 日），突破本地历史极值 44.3 ℃（2006 年 8 月 14 日）的同时，也突破全市历史最高。降水量为 29 mm，较常年（250.9 mm）显著偏少近 8 成，也为 1951 年以来同期最少。根据重庆市气象干旱评价地方标准，北碚区从 6 月 28 日起连续 75 天日平均降水量≤1.3 mm，达特重气象干旱标准。

1.2 重庆北碚“8·21”山火起火点自然环境

起火区域位于北碚区歇马街道虎头村片区，周边山势连绵起伏，附近地貌为两山夹一槽，处于虎头村石坝子槽谷东侧斜坡中上部，海拔高程约 600 m，总体坡向约 330°，地形坡角 40°～55°不等。起火点除西北方向外均为林地，西北方为公路、堰塘、房屋、耕地、良田等，公路沿南北方向延伸。地表草本及灌木极为茂密，主要树种为平均胸径约 20 cm、树高约 12 m 的马尾松，伴有少量青冈、杂木。

2 应急气象保障服务概况

由于重大突发事件具有突发性、紧迫性和危险性特征，从而决定了应急气象服务的特殊性——及时、准确、时效强[1]。接到火情后，根据《北碚区气象局森林火灾应急保障预案》，北碚区气象局迅速成立山火专项气象保障服务领导小组。局领导第一时间带领应急监测人员赶赴现场，对接前线指挥部，熟悉情况，了解需求，开展工作，并组建现场气象监测组、后台预报服务组和人工增雨保障组（图 1），确保提供精准的现场气象要素和气象决策服务建议。此次山火，北碚区气象局全过程开展气象保障服务，历时近 10 天，取得了圆满成功。

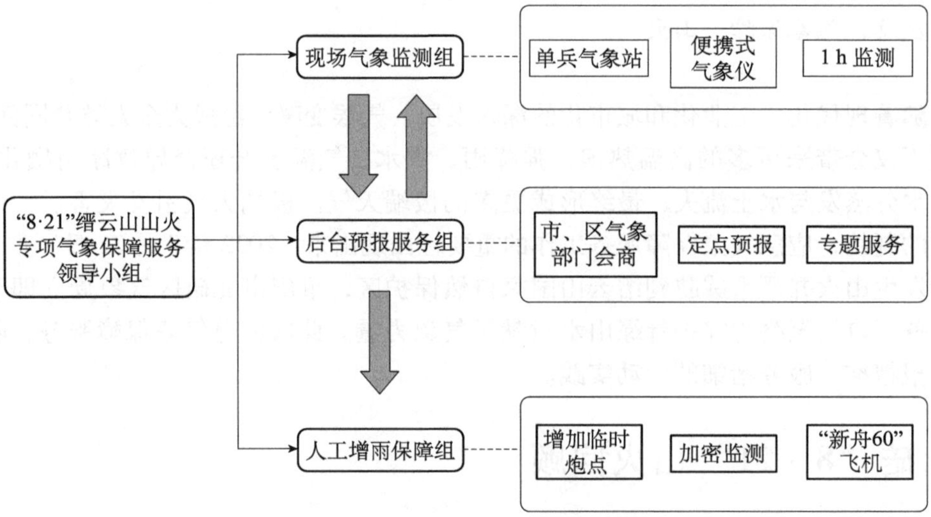

图 1 山火专项气象保障服务领导小组分工

2.1 现场气象监测

风是火灾蔓延的重要条件，它不仅能加速可燃物水分的扩散，使着火点降低，同时还能在火灾发生时及时补充燃烧所需要的氧气，增加燃烧的条件[2]。受歇马街道虎头村凹儿坪的地理环境影响，风向的监测预报是山火处置的重要决策条件之一。根据森林火灾的应急保障思路以及现场指挥部的需求，把风向风速确定为应急监测重点，气温、湿度等要素作为辅助。现场气象监测组出动单兵气象站 2 套、手持气象仪 1 套，气象应急车在火灾现场作为应急气象监测站点。因地理、火情影响，应急监测站点测得风速风向与高空和预测的风存在一定差异，为确保监测精密，从虎头村到挖断坟（隔离带前线指挥部），工作人员 5 次调整现场观测点，并充分利用周边已经建成的区域气象站，尽力保证监测数据准确管用。现场监测组适时向指挥部报告实况，为灭火队伍进攻提供方向。25 日 16 时起（总攻发起前），启动加密观测，每半小时报一次现场实况。

2.2　后台预报服务

后台预报组根据指挥部需求，依托全区的自动站数据和 X 波段雷达分析，结合数值预报产品，预报未来三天的风向风速、温度、湿度、天气现象，制作 3 h、6 h 间隔的滚动预报；在提供天气监测预报基础上，每天在固定时次与市气象台进行会商，对现场天气预报进行订正。灭火总攻发起前，24 日 09 时开始进行“一时一报”，直至 26 日火点明火全部扑灭；明火扑灭后，为防止复燃，继续制作发布专题气象服务直至 28 日。本次应急气象保障服务共制作专题气象服务产品 59 期。

2.3　人工增雨保障

此次山火紧邻缙云山国家自然保护区，防灭形势非常严峻，北碚区气象局派出 2 组人工增雨小组，和渝北区气象局支援队伍一道，分别在澄江、挖断坟、云山小学多点蹲守作业机会，璧山气象局在山北协同作战，市人影办安排“新舟 60”飞机环山飞行，构建起空地协同的增雨灭火作业网，实施精准包抄人工增雨作业。尤其是 8 月 29 日晚，大家协同作战、共同发力，及时增雨，取得了良好增雨效果。据区域气象站资料显示，缙云山及周边区域降雨量明显多于其他地方，彻底消灭了残火余烬。前线指挥部也据此宣布驻守火点人员撤离，灭火战胜利。

3　经验做法

此次应急气象保障服务的主要作用有：一是确定开挖隔离带的方向及距离，除最大最终隔离带外，指挥部还开挖了多条隔离带，保护了附近居民房屋安全；二是提供反烧灭火的决策依据；三是提供消防、武警等队伍灭火路径；四是通过人工增雨作业，助力更快更彻底地消灭残火余烬。此外，这次山火应急气象保障服务还做到了以下方面。

3.1　应急响应到位

火灾发生后，北碚区气象局第一时间做出反应，快速完成应急气象保障服务任务部署。1 h 内启动重大突发事件气象保障应急响应；相关应急人员 1 h 内携带单兵气象站、便携式自动气象站、笔记本电脑等必备应急物资，赶赴火灾现场；2 h 内在火灾现场搭建完成应急自动气象站，开始实时采集气象数据，随时可以向应急指挥部门提供气象实况和气象预报信息。

3.2　安排部署合理

北碚区气象局党组高度重视，将应对此次山火作为一场重大“战役”，统筹安排部署监测预报人影服务工作。全员在岗，合理排班，各司其职，充分调动各方资源，协同配合，形成合力，打赢灭火保障的“持久攻坚战”。

3.3　精准靶向气象服务

山火受地理环境和火情影响，风向风速不断发生变化，预报难度较大，在此次气象服务保障过程中，北碚区气象局依托重庆“四天”系统，结合现场观测，开展精准靶向气象服务，每小时滚动发布未来天气预报，让指挥部心中有数、脑中有策。

3.4　上下联动、左右协同

此次山火气象保障服务，战线长、时间久，重庆市气象台、信息中心、人影办长时指导和渝北区气象局、铜梁区气象局、合川区气象局及时援手，充分发挥了上下联动、左右协同作用。尤其决战前夕，在指挥部和隔离带双线气象观测，在缙云山周边多点置炮，驰援的人手和技术助力取得最终胜利。

3.5 气象科普宣传有力

火情汇集八方力量、聚焦万众目光，干旱、高温、火情叠加，各级领导和人民群众的急切心情可以理解。北碚区气象局及时发布后期高温将持续的预报，使各方对灭火的艰巨性和持久有清醒认识；配合各类媒体加强科普宣传，让各方正确认识气象保障的科学性，理解气象部门和大家一样迫切“等云来”，明白气象工作者的努力和“东风”的重要作用。

4 气象防灾减灾效益

“8·21”山火气象保障服务中，北碚区气象局应对及时，主动作为，处置得当，取得了较好的社会效益。一是在山火扑灭中发挥了作用。将山火阻灭在缙云山核心区外，保障青山无恙，汇聚微光大爱，气象没有缺位。二是气象服务工作得到重庆市北碚区区领导及相关部门的认可。在灭火过程里，指挥部须臾不离气象；重庆市北碚区歇马街道专程送来“众志成城灭山火，同舟共济显真情”锦旗；重庆市北碚区区委宣传部正在筹拍的灭火纪录片中，气象也是其中的重要“角色”。三是树立了气象部门的良好形象。让外界充分认识气象部门在干什么、能干什么，推动气象工作能更好地融入式发展。

5 思考

通过重庆北碚“8·21”山火的应急气象保障服务，北碚区气象局获得了应对山火突发事件的丰富实战经验，同时也发现了自身应急气象服务体系存在的不足。主要表现在：一是提高在地方应急管理体系中地位。在突发事件应急处置中，往往忽略通知气象部门参与，若无更高层次领导要求或气象部门不主动靠拢，缺席的可能性较大。二是核心业务支撑力有待加强。在火灾调度的关键阶段，由于各数值预报模式的不一致和不稳定，加之现场地形复杂与火势变化影响，风的预测预报难度较大，给现场服务带来一定的难度。三是强化野外地面人工观测能力。由于山火发生的地理环境较为复杂，有些自动观测设备不易架设，需要人工进行同步观测。同时城市山火对人工增雨的要求特别高，在晴朗的天气下，若有一丝条件都需要开展作业，这就要求现场作业人员需要具备云的识别能力。

6 结语

通过对重庆北碚“8·21”山火应急气象保障服务进行总结复盘，进一步认识到应急气象保障服务的重要性和必要性。同时，预报的准确率是切实提升应急保障能力的关键。

参考文献

[1] 于莉莉，东高红，刘畅．从“8·12”天津港特别重大火灾爆炸事故论应急决策气象服务［J］．中国人口·资源与环境，2016，26（5）：530-533.

[2] 吴振玲，刘畅，熊明明，等．救援气象风险评估在天津港“8·12”事故处置中的作用［J］．城市与减灾，2018（2）：7-14.

第三篇

农业气象服务

乡村振兴战略下气象为农服务能力提升的探讨

李国华[1]　李中华[2]　金健强[1]

（1. 湖北省黄冈市气象局，黄冈 438000；2. 湖北省气象信息与技术保障中心，武汉 430074）

摘要： 中国进入高质量发展阶段，从脱贫攻坚取得胜利到全面推进乡村振兴，是中国“三农”工作重心的历史性转移，这对高质量气象保障提出更高要求。做好乡村振兴气象保障是贯彻落实党中央、国务院决策部署的重大举措，是气象工作服务国家、服务人民的重要抓手，也是气象事业高质量发展的内在需求。本研究以黄冈为例，总结了近年来气象为农服务工作取得的成就，分析了存在的问题，提出了提升气象为农服务能力的建议。

关键词： 乡村振兴战略；气象；为农服务；能力；探讨

气象为农服务是中国共产党中央委员会、中华人民共和国国务院对气象工作的明确要求，是农业现代化发展的重要保障。乡村振兴战略是我国政府为了促进农村经济社会发展、提高农民收入、改善农村环境、促进城乡一体化发展而提出的重要战略。在乡村振兴战略下，气象为农服务能力的提升对于农业的可持续发展和农村的繁荣稳定具有重要意义。

1　黄冈农业概况

黄冈农业久负盛名，素有“鱼米之乡”“大别山粮仓”的美誉。东北部为大别山脉，盛产茶叶、药材、板栗、油茶等多种经济作物和经济林木等；中南部分别为丘陵区、狭长平原湖区，盛产水稻、棉花、油料、畜禽和水产品。粮食、油料、蔬菜、茶叶、中药材、蚕桑、畜禽、水产、奶牛、速生丰产林等十大特色农业产业基地面积超过 50 万 km^2，创建了 5 个国家级省级粮食生产先进县、4 个省级油料大县、5 个国家级生猪调出大县、2 个水产十强县。罗田是全国板栗第一县，蕲春是全国著名的药市和中药材之乡，红安花生、英山茶叶、浠水蛋鸡居全省之冠，麻城是全国秸秆养牛示范县，黄梅青虾基地、龙感湖农场美国斑点叉尾鮰鱼苗种繁殖基地全国第一。全市建成现代农业示范园区 22 个，4 个县（市、区）被省农业农村厅认定为第一批省级现代农业示范区。农产品加工产值达 948.8 亿元，全市农产品加工产值与农业总产值之比达 1.6 ∶1。

2　气象服务助力乡村振兴的意义

黄冈地处湖北省东部、大别山南麓、长江中游北岸、京九铁路中段。现辖 1 区（黄州）、2 市（武穴、麻城）、7 县（红安、罗田、英山、浠水、蕲春、黄梅、团风）和 1 个县级龙感湖农场，版图面积 1.74 万 km^2，总人口数 740 万。是一个农业大市，也是湖北省受气象灾害影响最严重的地区之一，气象灾害种类多、强度大、频率高，严重威胁人民生命财产安全，尤其是给农业生产带来了巨大的损失。

面对新时代农业发展的新需求，气象部门落实习近平总书记的“围绕气象服务国家、服务人民和保障生命安全、生产发展、生活富裕、生态良好”的战略定位指示精神，着力提升“监测精密、预报精准、服务精细”的水平，建设以农村气象灾害防御体系和农业气象服务体系为基础的现代气象为农服务体系，按照乡村振兴战略总体部署，立足“三农”、精准发力，充分发挥气象在乡村振兴战略中的趋利避害作用，在促进农业基础稳固、农村和谐稳定、农民安居乐业方面有着重要的意义[1]。

3　气象为农服务的现状

农业气象服务是气象部门的一项重要职责。一直以来，气象部门以建设“两个体系”——农业气象服务体系和农村气象灾害防御体系为抓手，气象趋利避害作用得到了有效发挥。通过多年的探索与实践，中国农村气象灾害监测、预警信息发布能力显著增强，横向到边、纵向到底的农村气象灾害防御体系基本建立。黄冈各级气象部门积极融入脱贫攻坚大局，全面推进气象现代化建设，进一步健全气象防灾减灾能力服务体系，提升气象为农服务水平，切实发挥气象服务在脱贫摘帽过程中“趋利避害、减灾增收”的独特作用，取得了扎实的效果。

3.1　深化气象灾害防御体系建设

依托2016年、2017年中央财政“三农”专项建设成果，继续深化气象灾害防御体系建设，积极深入开展气象灾害防御工作。各级气象部门大力推进扩大气象信息覆盖面的工作，按照“六个一”的原则，完成农村公共气象服务体系建设试点，不断扩大气象信息服务的覆盖面。黄冈市各级气象部门都已建成气象预警信息发布平台，并将地方领导、防汛指挥部、乡（镇）长、村主任（书记）、各大水库及中小学负责人的手机号码搜集录入，每年及时进行更新。遇到重大转折性、灾害性天气时通过气象预警信息发布平台向各级政府领导及气象信息员免费发送气象预警信号，在气象灾害防御中发挥了有效的作用。

3.2　强化气象为农服务能力建设

2018年中国气象局出台了《智慧农业气象服务行动计划（2018—2020年）》，明确到2020年基本建成全国一体化的智慧农业气象大数据平台、国省两级精细智能型的农业气象业务平台、便捷智慧的全国农业气象服务平台，推进全国农业气象业务服务互联互通、共享融合，为全面实施乡村振兴战略提供有力支撑。黄冈各级气象部门依托智慧农业气象服务系统、“楚农气象”微信公众号，针对不同农事季节制作发布《三农气象服务周报》《春耕春播气象服务专报》《夏收夏种气象服务专报》《秋收秋种气象服务专报》等基础性气象为农服务产品，为农业生产、农民增收提供了科学保障。

3.3　不断完善气象灾害监测站网建设

黄冈所辖区域共建成1个新一代多普勒天气雷达站、10个国家气象观测站、233个自动气象观测站、4个农田小气候自动气象观测站、1个农业科学试验基地自动气象观测站、6个土壤水分观测站、3个雷电监测站。充分利用新一代天气雷达、自动气象观测网、雷电观测网等，加强对气象灾害及其次生、衍生灾害的全方位监测，为农业生产提供科学的数据支撑。

3.4　不断提高气象灾害防御服务能力

多年来，各级气象部门在气象为农服务方面开展了大量的工作，制定了不同作物各个生育期的服务指标、开发针对性的服务产品、开展面向新型农业经营主体的直通服务、推进智慧农业气象服务，拓展气象信息发布渠道和手段，及时将服务产品发送给地方政府决策部门和农户，为政府及时部署灾害防御工作提供决策依据，为农户减灾增收打好基础。

（1）建立有效的合作机制。与农业农村、水利、林业、应急管理等部门实现信息共享，为新型农业经营主体提供雨情、墒情，并在农作物播种、生长、收获以及灾害性天气来临前做好相关预警预测和指导工作。同时，抓住有利时机开展人工影响天气工作，有效降低了气象灾害给农业带来的损失，降低了森林火险等级。

（2）加大气象灾害防御宣传力度。利用“3·23”“5·12”“12·4”等宣传日，加强对全社会尤其是对农民、农村中小学生的防灾减灾科学知识和技能的宣传教育；开展多形式的农业气象防灾减灾知识宣传；开拓宣传手段，开启气象科普“云端”模式，通过官方微博、微信、抖音等多种互联网渠道向社会公众普及各类灾害的知识和防范应对技能，有效提高了全市综合防灾减灾能力[2,3]。

4 气象为农服务存在的问题

各级气象部门努力提高农业气象服务能力和农村气象灾害防御水平，积极开展一系列气象为农服务标准化创建工作。目前，湖北省灾害性天气的监测、预警预报能力已有很大提高，并建成了省、市、县3级重大气象灾害预警信息发布系统，为各级政府防灾减灾提供科学的决策依据，但是还存在着一些问题。

4.1 气象为农服务产品单一、缺乏针对性

当前农业气象服务具有一定指导性，但产品种类和服务形式相对单一、精细化程度不够、科技含量不高、缺乏针对性，导致可用性不高，农户使用气象信息指导生产的积极性不高，不利于产业多样化发展需求。

4.2 农业气象监测体系不健全

与农业生产密切相关的农田小气候站、土壤水分自动站监测系统等观测设施覆盖面不足，黄冈所辖农田小气候站只有4个，乡村农业气象灾害监测手段缺乏，不利于农业生产。

4.3 气象信息覆盖面不广

农村气象灾害信息传播和接收的渠道相对少、信息覆盖面不全，容易造成群众接收不及时、气象为农服务存在盲点，气象信息“最后一公里”的问题长期存在。

4.4 农业气象服务专业人才、技术缺乏

现代农业发展需要丰富的农业气象观测项目和农事服务内容，要求有针对性地服务。然而由于市、县2级气象部门缺少农业气象服务专业技术人员，农业气象专业服务工作无法全面开展。

5 气象服务助力乡村振兴的几点建议

农村始终是气象灾害防御的薄弱地区，农业始终是受气象灾害影响的脆弱行业。各级气象部门要把为农服务放在气象服务的首位。主动适应国家发展和改革需要，积极推进气象服务体制改革，为适

应农业生产精准化、智能化的发展趋势，气象部门要大力发展基于“互联网+”的智慧农业气象服务[4]。加快构建现代气象为农服务体系，充分发挥气象工作在乡村振兴中的趋利避害作用，助力实施乡村振兴战略。

5.1 提高气象为农服务的针对性，丰富服务的多样性

基于黄冈乡村特色、气候特征及发展需求，有针对性地制定气象为农服务具体内容：完善农业气候资源精细化评估与区划，优化农业种植结构；完善气候资源开发利用，实现气候减贫和光伏扶贫；加强乡村旅游气候资源评价，发掘气候资源潜力，助推乡村特色旅游、生态旅游发展；拓宽直通式气象服务的覆盖面，提高服务的时效性、针对性。

5.2 健全农业气象服务体系

完善设施农业、特色农业、土壤水分等方面的自动气象观测站网和农业重大病虫害等方面的小气候监测站网；完善农业气象条件和农业气象灾害影响指标体系，实现农业气象服务的集约化、标准化和品牌化；发展适合“一县一业”的特色农业、设施农业的专项气象服务新模式。

5.3 健全农村气象灾害防御体系

建立健全精细化的乡村气象灾害监测预警系统，不断提高乡村气象灾害预警预报的精细化水平和准确性；推进乡村气象灾害预警信息发布网络全覆盖，实现气象信息及时、有效地进村入户。

5.4 建立健全气象为农服务的长效保障机制

把发展农业和生态气象服务作为实施乡村振兴战略的着力点，建立健全“政府决策，部门联动，社会参与”的农业气象防灾减灾联动响应机制，实现农业发展资源共享、优势互补。

5.5 加强气象为农服务的人才队伍培养

重视农业气象服务人才队伍和技术力量的培养，逐步建立镇、村气象为农服务专业队伍。加强农业气象信息监测、气象灾害风险评估及灾害防御技巧等专业培训，提升气象为农服务队伍整体素质。

5.6 加强农村气象防灾减灾科普宣传

充分利用广播、电视、报纸、网络、防灾减灾明白卡、宣传册等作为气象防灾减灾科普宣传的有效手段，推动农村气象防灾减灾知识和技能的宣传教育下乡、进村、入户。

6 结语

“三农”工作与气象工作密切相关，中国气象局高度重视气象为农服务工作，持续加强农村气象灾害防御体系和农业气象服务体系建设[5]，助力乡村振兴，提升农村气象信息服务、直通式气象服务、气象为农服务社会化、智慧气象为农服务、农村防灾减灾能力建设水平，加快智慧气象应用和现代气象为农服务体系建设仍然是气象部门的首要任务。

参考文献

[1] 舒志亮，陈彦虎，程雅茹．宁夏智慧农业气象服务建设探讨［J］．农业与技术，2021，41（4）：84-88.
[2] 廖晓婷．惠安县农业气象服务现状与发展趋势［J］．农村实用技术，2020（11）：175-176.
[3] 王明芳．新形势下天全县农业气象服务存在的问题及对策［J］．乡村科技，2019（25）：118-119.
[4] 朱怀卫．广东省乡村振兴战略中气象为农服务的思考［J］．现代农业研究，2020，26（11）：48-49.
[5] 刘若馨．完善农业气象综合监测网络 提升农业气象灾害防范能力［N］．中国气象报，2021-02-23（1）.

基于 HP 滤波的 3 种宣州区烟草产量分析与预测方法比较

华 华[1] 曹 鲁[1] 周宗圣[1] 范业能[2]

（1. 安徽省宣城市气象局，宣城 242099；2. 中国人保财险宣城市分公司，宣城 242000）

摘要：本文以安徽省宣城市宣州区为例，通过分析宣州区气候概况和烟叶的历史气象灾害，选取宣州烟叶气象灾害因子，构建了宣州区烟叶气象产量的模型。文章利用 HP 滤波法分离出烟草生产过程中的气象产量和趋势产量，结果近年来宣州区烟叶产量总体上呈现稳定趋势，当气象因素对烟叶生长有益时，烟叶产量增加；当气象因素破坏烟叶生长适宜环境时，烟叶产量下降。正是气象因素的不确定性导致烟叶产量的波动，随后结合农业气象观测数据对影响烟叶生长的气象因子做 Pearson 相关性分析，选取了 6 月连续性降水量、7 月连续性降水量以及 7 月中等冰雹次数为气象因子，利用回归分析法和 BP 神经网络方法分别构建了宣州区烟草气象产量预测模型，由于烟叶观测数据有限等原因，发现两种算法均不能完全描述气象要素对烟叶整个生长周期的影响，随后结合月平均气温、月连续性降水等，对烟叶气象产量做了岭回归分析，结果显示岭回归分析能较为精准地分析及预测宣州区烟叶产量。文章结论可广泛应用于宣州区烟草产量提升及烟草气象指数保险设计等方面，有一定的经济应用价值。

关键词：HP 滤波法；气象产量；趋势产量；烟叶；Pearson 相关性；BP 神经网络；岭回归分析

1 引言

宣州区是皖南的主要烟草产区，自 1985 年被确定为全国烟叶生产的适宜种植区以来，宣州烟草的规模种植发展已有数十年，近年来种植面积稳定在 5000 hm^2左右。烟草单产也随着栽培技术的不断成熟而趋于稳定，平均产量为 2250 kg/hm^2，由于气候条件较为适宜，烟草品质优良。

宣州区近年来粮食作物在主要农作物中占比逐渐升高，经济作物占比相对下降，但烟草播种面积占比相对稳定。

2 宣州区气象因素与烟叶产量的相关性

2.1 影响烟叶的气象因素

烟叶的种植周期长，整个大田生长期大约为 120 d，期间烟草生长容易受到外界气象因素的影响。宣州区烟草生育期具体如表 1 所示。

烟叶种植是整个烟草产业的基础环节，提供了传统烟草产业链所必需的原材料，产业链以烟叶为核心进行展开。受气象条件波动影响，每年烟叶的品质和产量都有所波动，直接影响到烟农的经济收入，进而影响到下游产业的材料供应。

表 1　烟草历年平均生育期

生育期	播种	出苗	二真叶	四真叶	七真叶	移栽	成活	团棵	现蕾	脚叶工艺成熟	腰叶工艺成熟	顶叶工艺成熟
时间	12 月 31 日	1 月 18 日	2 月 3 日	2 月 17 日	3 月 15 日	3 月 23 日	3 月 28 日	5 月 3 日	5 月 19 日	6 月 8 日	6 月 27 日	7 月 16 日

通过对历史数据分析及调查发现，烟叶常见的致灾风险及其致灾机理有如下几类。

2.1.1　渍（涝）灾害

对于宣州来说，洪涝一般是因为短时间内集中的强降水引发的次生灾害，具体反映到烟田，造成损害的具体表现主要是以烟株受淹或直接被冲毁为特征，主要发生时段多在 5—7 月，尤其在 6 月中旬—7 月上旬的梅雨期，暴雨引发的洪涝往往发生突然，会冲毁烟田或造成积涝。暴雨之间气温回升很快，又因为田间湿度大，极易引起大量烟草病害发生。烟区每年因梅雨受灾明显，洪涝成为烟区最严重的气象灾害。

2.1.2　高温干旱

7 月烟区受副热带高压控制时，会出现持续高温引发高温热害（包含日灼危害）。高温对烟草的早衰有显著影响。气温越高，烟草逼熟程度也随之大幅升高，有时甚至会因高温导致烟叶脱水枯萎死亡，因此，高温热害作为烟区的主要气象灾害之一，严重影响了烟草的产量和质量。

2.1.3　低温霜冻

在烟叶生长期间若气温长期低于 10 ℃会造成烟叶的叶片数减少，从而严重影响烟叶产量。若 2 月发生严重的低温霜冻灾害，即使烟叶处于田棚种植期间仍会造成烟苗冻伤、冻死现象。而 3 月发生低温霜冻，此时大部分烟苗移栽至大田种植，轻者会造成烟苗植株抵抗性下降，重者导致植株大面积损毁。

2.1.4　冰雹

冰雹是一种中小尺度天气现象且局地性很强，有明显的季节性和持续时间短等特点。冰雹对烟叶的影响主要集中在 6、7 月。轻雹会导致部分烟叶形成孔洞，叶片被击断；重雹会击折烟茎，击碎叶片，出现大面积烟株倒伏现象。该段时间正是烟叶采摘期，一旦发生雹灾，烟农面临烟叶减收甚至绝收的威胁。由于冰雹发生概率偏小，加之具有中小尺度天气特征且局地性很强，有时发生在偏远乡镇，冰雹大风导致农业受损统计资料相对较少。

2.2　确定天气变量

天气变量的选取应遵循选择对该种农作物影响最大的气象因素且指标可度量、数据易获取的原则。注意排除高频低损、低频重灾的风险。宣州区气象灾害的种类很多，发生次数频繁，危害的范围大，造成的损失比较重。常见的气象灾害包括旱灾、水灾、风雹灾、冷冻害、连阴雨、寒潮、雾害等。其中，水灾是宣州区最主要的气象灾害，是造成烟叶大幅减产的重要气象因素，已成为宣州区烟草农业持续发展的障碍；风雹灾和冷冻害是宣州区次要气象灾害，对烟草农作物产量具有一定的影响，具体情况根据气象灾害不完全统计如图 1 所示。

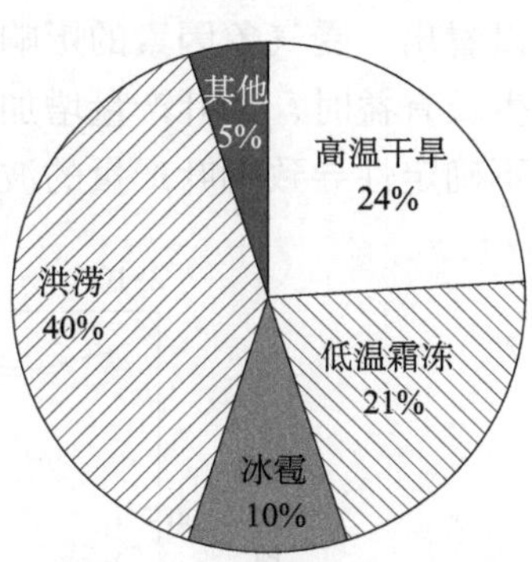

图 1　主要气象灾害对烟叶致灾比重

根据宣城农业试验站统计资料，目前对烟区有重大影响的气象灾害发生期主要集中在大田期（3 月中旬—7 月），大风冰雹灾害虽时有发生，但均为局地性，影响范围相对较小。从气象灾害发生的频率来看，烟区主要气象灾害有低温冷害、高温热害、渍害、洪涝。其中，洪涝灾害占全部灾害的三分之一，加上渍害，由水分偏多引起的涝渍灾害占烟叶气象灾害的一半，重灾比例更是占到了60%；从各生育期灾害的分布看，移栽期到成活期主要的气象灾害类型是低温冷害、渍害，团棵期主要发生的气象灾害类型是干旱，成熟期的气象灾害类型主要是洪涝和高温热害；从各生育期灾害发生频次的比较看，成熟期灾害发生最多，占烟叶气象灾害的一半，移栽期到成活期次之，旺长期灾害发生最少。总的来看，成熟期洪涝和伸根期渍害是烟区最为主要的气象灾害，发生气象灾害多的年份，相应的当年烟叶年景也很差[1]。

据此本文选择降水量、气温、冰雹作为天气变量。烟叶的实际产量受气象条件、社会经济等多种因素的影响。为研究宣州区气象因子对烟叶的影响，我们必须刻画出烟叶的趋势产量，描绘出烟叶单产的变化趋势。在通常情况下，烟叶单产是综合气候产量、趋势产量和随机产量后的产物。其中，气象产量代表生长期间因各种气象因素导致的产量波动；趋势产量受生产期间农业经济和技术发展水平的控制，其中包括施肥、农业技术等；随机产量包含误差和其他不确定因素对作物产量的影响。

气象指数的确定是本文研究的重点，主要刻画出因气象因素导致烟叶产量的波动，所以要在剔除社会经济和其他不确定因素对烟叶产量的影响后计算烟叶的减产率[2]。首先需要求解烟草趋势单产。

根据上述说明，可以将实际单产 Y_a 分解为

$$Y_a = Y_t + Y_w + u$$

式中，Y_t 为趋势产量，Y_w 为气象产量，u 为随机产量。

拟合作物趋势产量的方法主要有滑动平均法、Logistic 拟合法、HP 滤波法和指数平滑法等。相关研究结果表明[3]：从提取的趋势产量与惠民政策的实施及社会发展的实际情况来看，HP 滤波拟合出来的趋势产量与实际情况吻合最好，能较为真实反映生产力和国家政策带来的实际变化趋势。基于此，本文选择 HP 滤波法来拟合宣州区烟叶的趋势产量。

$$g_t = (\lambda \boldsymbol{F} + \boldsymbol{I})^{-1} y_t$$

式中，g_t 为趋势产量，y_t 为实际产量，$\boldsymbol{F}$ 为系数矩阵，$\boldsymbol{I}$ 为单位矩阵。参数 λ 的取值影响 HP 滤波法的最终结果，通常情况下，λ 的取值增大，对应的趋势线就趋于平缓。总结前人经验后设定 λ 的取值为100。

本文选取 Eviews 软件[4]中的 HP 滤波法进行趋势单产的拟合，宣州区拟合效果见图 2，从图中可以看出，受气象因素的影响，2010—2021 年宣州区烟叶产量总体上呈现稳定趋势，当气候因素对烟叶生长有益时，烟叶产量增加，当气象因素破坏烟叶生长适宜环境时，烟叶产量下降。正是气象因素的不确定性导致烟叶产量的波动。

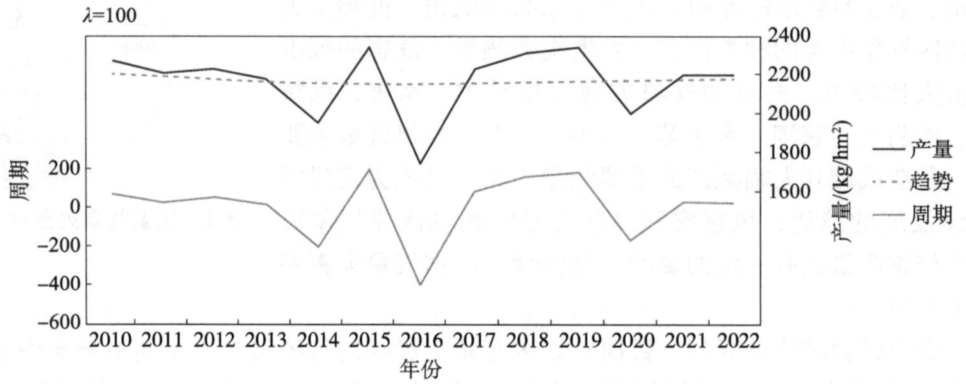

图 2　宣州区气象单产拟合效果图

3　天气变量与烟叶相对产量的相关性分析

3.1　降水量与烟叶产量的相关性分析

水分对烟叶的生长至关重要，一是烟叶植株高、叶面宽，需要提供足够多的水分维持植株的剧烈蒸腾作用；二是水分会影响肥料的利用率；三是叶片的生长极大依赖于水分的供给，当供水充足时，烟叶细胞膨大并且可以充分伸展，烟叶可以变得更长和更宽且结构疏松；四是水影响烟叶生理代谢的方向，当水供应充足时，它可以帮助代谢烟叶中的碳，并且在烟叶中会积累更多的糖；五是水分直接决定烟叶的品质。

对于宣州来说，宣州区地处温和湿润的亚热带季风气候区，雨量充沛，多年平均降水量为 1356 mm，降水量的年际变化较大。降水量年内分配很不均匀，一般集中在 5—8 月，约占全年降水量的 50.6% 。具体反映到烟田，造成损害的具体表现主要是 5—7 月以烟株受淹或直接被冲毁为特征，暴雨之间气温回升快，田间湿度大，极易引起大量烟草病害的发生。

利用 SPSS 软件将 1—7 月的月平均降水量（P_1、P_2、P_3、P_4、P_5、P_6、P_7）、月连续降水量（L_1、L_2、L_3、L_4、L_5、L_6、L_7）与烟草单产做 Pearson 相关性分析[5-7]，得到的结果如表 2、表 3 所示。

表 2　月平均降水量与烟叶单产的 Pearson 相关性分析

	P_1	P_2	P_3	P_4	P_5	P_6	P_7
Y_w	-0.268	0.360	0.232	-0.372	-0.491	-0.548	-0.599

表 3　月连续降水量与烟叶单产的 Pearson 相关性分析

	L_1	L_2	L_3	L_4	L_5	L_6	L_7
Y_w	-0.040	0.433	0.123	-0.100	-0.311	-0.590	-0.830

相关分析结果显示，烟叶气象单产（Y_w）和当年 7 月降水量（P_7）二者之间呈负相关关系，其相关系数是 -0.599。经显著性检验得到 p 值小于 0.05，说明二者显著相关。烟叶气象单产（Y_w）和当年 6 月连续降水量（L_6）、7 月连续降水量（L_7）均呈负相关关系，其相关系数分别是 -0.590、-0.830。经显著性检验得到二者 p 值均小于 0.05 且 7 月连续降水量 p 值小于 0.01，说明二者显著相关。

3.2　气温与烟叶产量的相关性分析

烟草是喜温作物，生长所需的最适气温为 22 ~ 28 ℃，最低气温为 10 ~ 13 ℃，最高气温为 38 ℃，成熟期不低于 20 ℃（图 3）。2011 年开始宣州区采用温室大棚漂浮法育苗，3 月中下旬进行大田移栽。进入 4 月之后宣州区平均气温达到 15.9 ℃以上，满足烟草生长所需最低气温条件。

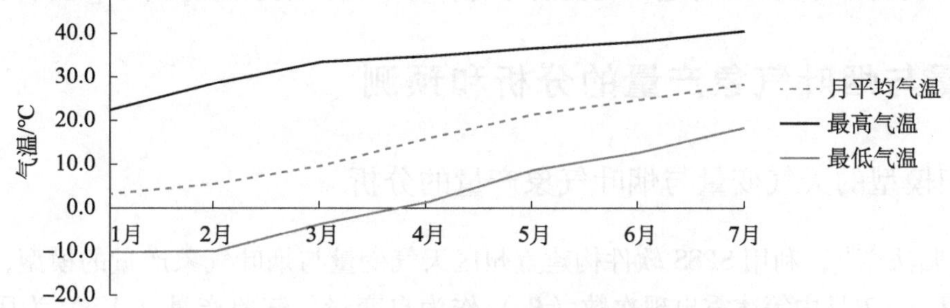

图 3　烟草生育期历年月平均气温

利用 SPSS 软件将 1—7 月的月平均气温（T_1、T_2、T_3、T_4、T_5、T_6、T_7）与烟草气象单产做 Pearson 相关分析，得到的结果如表 4 所示。

表 4　月平均气温与烟叶单产的 Pearson 相关性分析

	T_1	T_2	T_3	T_4	T_5	T_6	T_7
Y_w	-0.085	-0.224	-0.158	-0.001	0.268	0.192	0.116

结果显示 p 值均大于 0.05，说明烟草气象单产与月平均气温相关性不大。将 1—7 月的日最高气温 ≥35 ℃的日数（P_1、P_2、P_3、P_4、P_5、P_6、P_7）与烟草单产做 Pearson 相关分析，得到的结果如表 5 所示。

表 5　月日最高气温≥35 ℃的日数与烟叶单产的 Pearson 相关性分析

	P_1	P_2	P_3	P_4	P_5	P_6	P_7
Y_w	.	.	.	.	0.255	0.033	0.197

注：. 代表没有相关性，下同。

显著性 p 值均大于 0.05，结果说明宣州区较为适宜烟草种植。宣州区 5 月平均气温在 20 ℃以上，适合烟草生长，且历史最高气温为 38.1 ℃和烟草生长最高气温 38 ℃相接近，对烟草植株不会造成太大损伤。

3.3　冰雹与烟叶产量的相关性分析

冰雹作为烟叶生长生产中的主要气候灾害之一，具有四个主要特征：突发性、范围广、强度大和重灾害。冰雹下降过程中的机械作用会损坏烟叶和烟茎。损害程度不仅取决于冰雹的大小、冰雹个数、下降密度和降雹时间等气象条件，还和烟叶品种等内在条件息息相关。其中冰雹大小是决定烟叶损失程度的最直接、最根本的原因。烟叶大田生长期间最易受到冰雹的侵害，恰好此时也是烟叶的生长爆发期，冰雹灾害的发生会给烟农带来不可逆的损失。

利用 SPSS 软件将 1—7 月的月中等及以上冰雹出现次数（冰雹直径大于 10 mm，B_1、B_2、B_3、B_4、B_5、B_6、B_7）与烟草气象单产做 Pearson 相关分析，得到的结果如表 6 所示。

表 6　月中等及以上冰雹出现次数与烟叶单产的 Pearson 相关性分析

	B_1	B_2	B_3	B_4	B_5	B_6	B_7
Y_w	.	.	.	.	-0.301	.	-0.654

结果显示，7 月的中等及以上冰雹出现次数与气象烟叶单产呈负相关关系，p 值小于 0.05。

4　天气变量与烟叶气象产量的分析和预测

4.1　基于回归模型的天气变量与烟叶气象产量的分析

采用逐步回归法[8-10]，利用 SPSS 软件构建宣州区天气变量与烟叶气象产量的模型，选定宣州区连续降水量（L_6、L_7）、7 月中等冰雹出现次数（B_7）作为自变量，气象产量（Y_w）为因变量，逐步回归结果见表 7。

表 7 逐步回归结果

<table>
<tr><td colspan="10">线性回归分析结果 n = 13</td></tr>
<tr><td rowspan="2"></td><td colspan="2">非标准化系数</td><td>标准化系数</td><td rowspan="2">t</td><td rowspan="2">p</td><td rowspan="2">VIF</td><td rowspan="2">R²</td><td rowspan="2">调整 R²</td><td rowspan="2">F</td></tr>
<tr><td>B</td><td>标准误</td><td>Beta</td></tr>
<tr><td>常数</td><td>206.786</td><td>41.413</td><td>-</td><td>4.993</td><td>0.001***</td><td>-</td><td rowspan="4">0.808</td><td rowspan="4">0.743</td><td rowspan="4">F = 12.593
p = 0.001***</td></tr>
<tr><td>R6</td><td>-0.27</td><td>0.232</td><td>-0.212</td><td>-1.162</td><td>0.275</td><td>1.553</td></tr>
<tr><td>R7</td><td>-0.86</td><td>0.327</td><td>-0.534</td><td>-2.633</td><td>0.027**</td><td>1.926</td></tr>
<tr><td>B7</td><td>-119.221</td><td>54.341</td><td>-0.366</td><td>-2.194</td><td>0.056*</td><td>1.304</td></tr>
<tr><td colspan="10">因变量：气象产量</td></tr>
</table>

注：***、**、*分别代表 1%、5%、10% 的显著性水平。

从上表可知，显著性 p 值为 0.001，呈显著性，拒绝回归系数为 0 的原假设，因此模型基本满足要求。对于变量共线性表现，VIF 全部小于 10，因此模型没有多重共线性问题，模型构建良好。

模型的公式如下：

$$y = 206.786 - 0.27 \times R_6 - 0.86 \times R_7 - 119.221 \times B_7$$

通过逐步回归模型得到影响宣州区烟叶气象产量的 3 个主要天气变量，其中 6 月和 7 月的连续降水量（R_6 和 R_7）、7 月的冰雹次数对烟叶产量的贡献是消极的。拟合效果如图 4 所示，展示了本次模型的原始数据图、模型预测值。

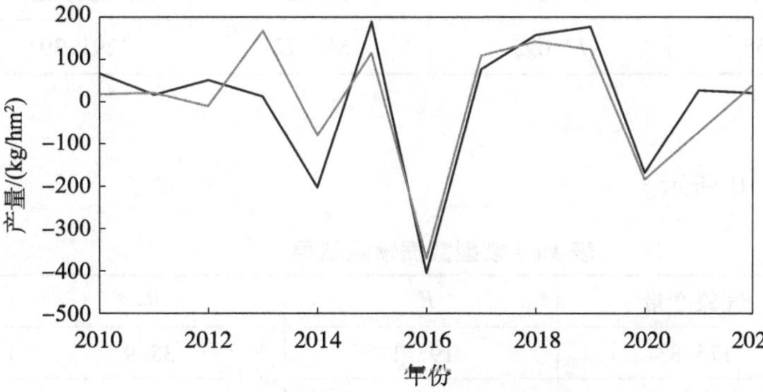

图 4 宣州区烟叶气象产量拟合效果

4.2 基于 BP 神经网络的天气变量与烟叶气象产量的分析和预测

由于气象产量的波动比较大，故预测利用构建的机器学习中的 BP 神经网络模型来实现。影响的气象因子根据前文分析所得，分别为 6 月连续性降水量、7 月连续性降水量以及 7 月份中等及以上冰雹发生次数。

4.2.1 样本选择

结合分析及专家意见，利用烟叶气象产量数据的 70% 来做训练，30% 的数据检验组合模型的预测效果。其中选择 6 月连续性降水量、7 月连续性降水量以及 7 月份中等及以上冰雹发生次数为输入，以 HP 滤波法产量分离得出的气象产量为输出做模型训练。

4.2.2 模型参数设置

模型参数设置如表 8 所示。

表 8　模型参数表

参数名	参数值
数据切分	0.7
数据洗牌	否
交叉验证	否
激活函数	identity
求解器	lbfgs
学习率	0.1
L_2 正则项	1
迭代次数	1000
隐藏第 1 层神经元数量	100

4.2.3　模型评估结果

结果（表 9）显示该模型精度在训练集上较逐步回归模型优秀，R^2 为 0.824，但测试集准确率不高，R^2 仅为 0.597。说明数据体量较小，训练出的模型能大体反映烟叶气象产量情况，但有误差。

表 9　模型评估表

	MSE	RMSE	MAE	MAPE	R^2
训练集	5512.573	74.247	59.508	127.02	0.824
测试集	6036.55	77.695	66.572	291.391	0.597

4.2.4　测试数据预测结果

模型数据预测结果如表 10 所示。

表 10　模型数据预测结果

预测结果（Y）	气象产量	R_6	R_7	B_7
114.02	175.83	193.1	38.9	0
-220.60	-169.09	130.5	279	1
-105.79	25.33	75.7	157.4	1
-2.26	19.56	93.7	29	1

测试数据预测结果如图 5 所示。

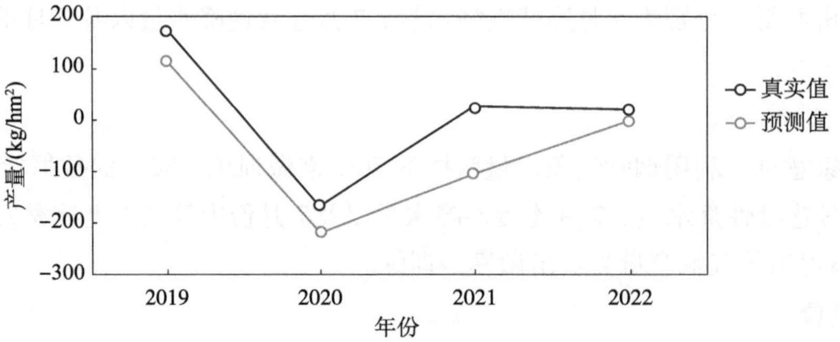

图 5　测试数据预测结果

4.3　基于岭回归的天气变量与烟叶气象产量的分析与预测

采用的部分数据具有共线性，而岭回归是一种专用于共线性数据分析的有偏估计回归方法[11-14]。对1—7月平均气温（T_1、T_2、T_3、T_4、T_5、T_6、T_7）、1—7月连续性降水（R_1、R_2、R_3、R_4、R_5、R_6、R_7）、7月中等冰雹次数（B_7）做岭回归分析。结果见表11，根据方差扩大因子法确定$K=0.118$。

表11　岭回归结果分析

$K=0.118$	非标准化系数		标准化系数	t	p	R^2	调整 R^2	F
	B	标准误	Beta					
常数	−1551.869		−		NaN	0.941	1.236	−3.191（NaN）
T_1	4.682		0.043		NaN			
T_2	−0.265		−0.003		NaN			
T_3	−31.795		−0.295		NaN			
T_4	7.597		0.060		NaN			
T_5	19.647		0.096		NaN			
T_6	65.358		0.345		NaN			
T_7	−8.672		−0.082		NaN			
R_1	0.275		0.049		NaN			
R_2	1.501		0.245		NaN			
R_3	0.592		0.090		NaN			
R_4	−0.442		−0.120		NaN			
R_5	0.406		0.065		NaN			
R_6	−0.160		−0.125		NaN			
R_7	−0.518		−0.322		NaN			
B_7	−145.678		−0.448		NaN			

因变量：气象产量

结果显示：基于F检验显著性p值为NaN，水平上不呈现显著性，表明自变量与气象产量之间不存在回归关系。同时，模型的拟合优度R^2为0.941，模型表现为比前两者都要优秀。

模型的公式：

$$气象产量=-1551.869+4.682\times T_1-0.265\times T_2-31.795\times T_3+7.597\times T_4+19.647\times T_5+65.358\times T_6-8.672\times T_7+0.275\times R_1+1.501\times R_2+0.592\times R_3-0.442\times R_4+0.406\times R_5-0.16\times R_6-0.518\times R_7-145.678\times B_7$$

烟草是喜温作物，生长所需的最适气温为22～28 ℃，最低气温为10～13 ℃，最高气温38 ℃，成熟期不低于20 ℃。结合公式分析发现4—6月温度也非常适宜烟草生长的，而7月的高温是不太利于烟草气象产量的。5月适量的雨水与6、7月过量的连续性降水也在公式中有具体的体现。拟合结果示意如图6所示，包含了本次模型的原始数据图、模型拟合值。

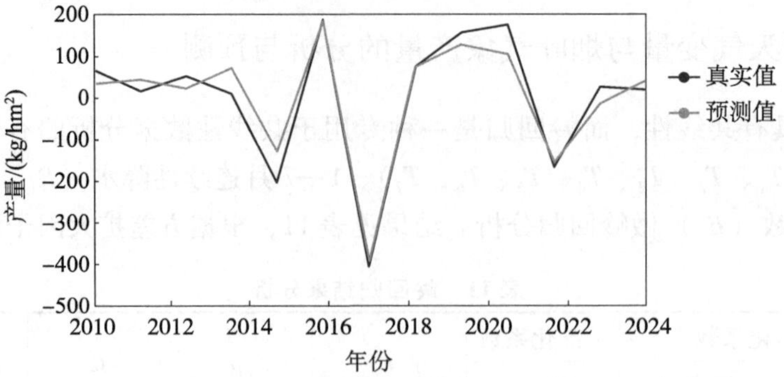

图 6　岭回归模型结果图

5　结论

本文以安徽省宣城市宣州区为例，研究影响烟叶产量的天气变量。通过分析宣州区气候概况和烟叶的历史气象灾害，结合烟叶种植机理，选取了宣州烟叶气象灾害因子。发现近年来宣州区烟叶气象产量总体上呈现稳定趋势，气象因素的不确定性导致了烟叶产量的波动，通过回归分析法、BP 神经网络方法及岭回归法分别构建了宣州区烟草气象产量预测模型，由于烟叶观测数据有限等原因，发现回归分析法、BP 神经网络方法均不能完全描述气象要素对烟叶整个生长周期的影响，随后结合月平均气温、月连续性降水量等，对烟叶气象产量做了岭回归分析，结果显示岭回归分析能较为精准地反映及预测宣州区烟叶产量。文章结论可广泛应用于宣州区烟草产量提升及烟草气象指数保险设计等方面，有一定的经济应用价值。

参考文献

[1] 李龙，田青，凤宝文，等．皖南烟区渍（涝）灾害分析与应对措施［J］．安徽农学通报，2016，22（21）：99-101.

[2] 陈帆．云南省烟叶天气指数保险研究与设计［D］．昆明：云南财经大学，2021.

[3] 赵东妮，王艳华，任传友，等．3 种水稻趋势产量拟合方法的比较分析［J］．中国生态农业学报，2017，25（3）：345-355.

[4] 吴琦磊，邓金堂．基于 EViews 的我国农产品产量与相关投入的模型分析与预测检验［J］．情报探索，2010（5）：39-41.

[5] 黄桃翠，李加纳，唐世义．2014—2015 年度长江中游组区试油菜稳定性探析［J］．中国油料作物学报，2016，38（4）：423-430.

[6] 米方秋，徐锡增，方升佐，等．杨稻复合系统的胁地因子分析［J］．林业科技开发，2008，22（4）：56-58.

[7] 王倩，刘峰，王素云．克罗恩病患者 216 例生活质量影响因素及其与出院准备度、正念觉知水平的相关性［J］．中华消化杂志，2022，42（4）：259-264.

[8] 丛菁，孙立娟．大连市负氧离子浓度分布及预测模型的建立［J］．气象与环境学报，2010，26（4）：45-47.

[9] 徐温新，李艳，代允超，等．影响小白菜铅吸收的土壤因素和预测模型研究［J］．农业环境科学学报，2018，37（8）：1584-1591.

[10] 沈路路，王聿绚，段雷．神经网络模型在 O_3 浓度预测中的应用［J］．环境科学，2011，32（8）：2231-2235.

[11] 杨楠．岭回归分析在解决多重共线性问题中的独特作用［J］．统计与决策，2004（3）：14-15.

[12] 楚建军，陈平．大气污染与肺癌关系的岭回归分析——徐州市 1980—1991 年大气污染与肺癌断面研究［J］．环境与健康杂志，1993，10（5）：201-204.

[13] 熊国经，董玉竹，宗瑾．基于岭回归法对“三废”排放影响因素的研究——以江西省为例［J］．生态经济，2017，33（2）：103-107.

[14] 邱强，顾尤莉．国际能源价格波动对我国碳排放影响的效应研究——基于岭回归分析［J］．国际商务研究，2017，38（5）：35-46.

冠县鸭梨始花期与气温关系及预测模型研究*

李雪源　李　楠　宋　波

（山东省聊城市气象局，聊城 252000）

摘要：基于冠县国家气象观测站1961—2021年日平均气温数据和2012—2021年梨树物候期观测资料，利用相关分析和回归分析进行探讨。结果表明：①梨花始花期与日平均气温稳定通过3 ℃、5 ℃初日之间呈现明显的正相关，其中与稳定通过5 ℃初日的相关性最好，3 ℃次之。②1961—2021年，冠县日平均气温稳定通过5 ℃初日总体呈现出提前的趋势，但并不显著；同时年代际变化呈现波动性特点，20世纪70年代和21世纪初期呈现不明显的推后趋势，20世纪80、90年代和21世纪20年代均呈现提前趋势。③梨花始花期总体呈现显著的提早趋势。④利用2012—2019年逐日平均气温稳定通过5 ℃初日与梨花始花期的资料，建立始花期预测模型，并通过显著性检验。研究结果可为当地梨花始花期的预测提供服务。

关键词：冠县；日平均气温稳定通过3 ℃、5 ℃初日；梨花始花期

引言

在植物的生长发育进程中，气温作为重要的影响因子之一，与植物的物候期存在显著的相关性[1]。根据农业生产和作物所处的气象条件等实际，人们提出了界限温度的概念，用以标志某些重要农事活动的开始和终止[2]。农业气象学中常用的界限温度有0 ℃、3 ℃、5 ℃、10 ℃、15 ℃和20 ℃[3]。其中，逐日平均气温稳定通过3 ℃、5 ℃的初日预示早春作物播种和树木开始生长[4]。在鲁西地区，日平均气温稳定通过0 ℃时，树木生理开始活动，日平均气温稳定通过5 ℃时，树木的叶芽开始萌动。同时，大量文献表明，植物花期预测建模的过程中，温度因子的相关性优于其他气象要素[5]。

冠县地处华北平原南部、黄河故道河滩高地，其土壤为冲击固定草甸风沙土，为鸭梨栽培提供了优越的自然条件[6]。冠县鸭梨不仅享有“鸭梨甲天下”的美称，其花期、采摘期也成为当地鸭梨文化旅游品牌的重点，对开展花期预测提出更高要求[7]。本文拟在气候变化的背景下，以冠县1961—2021年的日平均气温数据与梨花始花期观测资料为基础，分析界限温度0 ℃、3 ℃、5 ℃、7 ℃与梨花始花期的相关性，并进行预测[8]。该研究成果可为当地的农业生产管理及旅游业提供科学依据[9]。

1　资料与方法

气象资料来自冠县国家气象观测站1961—2021年近61 a的逐日平均气温数据，主要用于日平均气温稳定通过0 ℃、3 ℃、5 ℃、7 ℃初日及其变化趋势的计算与分析。2012—2021年冠县鸭梨始花期物

* 资助项目：山东省气象局青年科研基金项目“鲁西鸭梨气候适宜度预报模型研究”。本文已发表在《气象水文海洋仪器》2022，39(2)。

候观测资料（源自冠州梨园内）。

以 1 月 1 日为日序列数起点，将冠县日平均气温稳定通过 0 ℃、3 ℃、5 ℃、7 ℃初日数据和鸭梨始花期数据转化为日序资料。分析冠县日平均气温稳定通过 0 ℃、3 ℃、5 ℃、7 ℃初日及鸭梨始花期日序列数变化特征。采用线性回归趋势分析法，利用时间与变量的相关系数对上述变化特征进行显著性检验[10]。

2 结果与分析

2.1 冠县日平均气温稳定通过 0 ℃、3 ℃、5 ℃、7 ℃初日与鸭梨始花期的关系

根据冠县国家气象观测站资料计算出历年日平均气温稳定通过 0 ℃、3 ℃、5 ℃、7 ℃初日，同 2012—2021 年冠县鸭梨始花期物候数据统一转换为日序列数，进行相关性分析，进一步探讨日平均气温稳定通过 0 ℃、3 ℃、5 ℃、7 ℃等不同界限温度初日对鸭梨始花期的影响。

结果显示，鸭梨始花期与日平均气温稳定通过 3 ℃、5 ℃初日日期均呈现较为明显的相关性（表 1），冠县鸭梨始花期日序与日平均气温稳定通过 5 ℃初日日序相关性系数为 0.819，回归方程系数的 F 检验值对应的显著性概率为 0.004（<0.05），表示线性回归具有显著性，系数 t 检验值对应的显著性概率为 0.004（<0.05），即线性假设也是显著的。冠县鸭梨始花期日序与日平均气温稳定通过 0 ℃、7 ℃ 初日日序的相关系数，均未通过 $p<0.05$ 的显著性检验。即鸭梨始花期日序与日平均气温稳定通过 5 ℃初日日序的相关性最好，与日平均气温稳定通过 3 ℃初日日序的相关性次之。故本文选取日平均气温稳定通过 5 ℃初日作为高影响因子，以此探讨其对鸭梨始花期的影响[11]。

表 1　冠县日平均气温稳定通过 0 ℃、3 ℃、5 ℃、7 ℃初日日序（X）与鸭梨始花期日序的相关性

	方程式	R	p
0 ℃	$0.198X+81.683$	0.420	0.227
3 ℃	$0.341X+71.635$	0.703	0.023
5 ℃	$0.412X+63.141$	0.819	0.004
7 ℃	$0.422X+59.908$	0.532	0.113

2.2 日平均气温稳定通过 5 ℃初日日序变化趋势

根据冠县国家气象观测站 1961—2021 年历年观测资料，日平均气温稳定通过 5 ℃的初日，历年平均为 3 月 3 日；最早为 2 月 3 日，出现在 2002 年；最晚为 4 月 1 日，出现在 1991 年。

日平均气温稳定通过 5 ℃的初日整体呈现提前趋势，线性倾向率为 −2.5/10a（$R=0.413$，$p=0.001$）。年代际变化特征分析显示，1961—1970 年为不显著的推后趋势，线性倾向率 2.3/10a（$R=0.518$，$p=0.125$）；1971—1980 年为提前趋势，线性倾向率为 −9.7/10a（$R=0.458$，$p=0.183$）；1981—1990 年为不明显的提前趋势，线性倾向率为 −2.4/10a（$R=0.135$，$p=0.711$）；1991—2000 年为 −17.4/10a（$R=0.376$，$p=0.284$）；2001—2010 年线性倾向率为 7.9/10a（$R=0.215$，$p=0.551$）；2011—2021 年线性倾向率为 −16.4/10a（$R=0.57$，$p=0.06$）。

各年代日平均气温稳定通过 5 ℃初日日期与 1961—2021 年 61 a 平均值对比显示，2011—2021 年的日平均气温稳定通过 5 ℃初日与历年平均基本持平；20 世纪 70 年代偏晚 8 d，80 年代偏晚 2.5 d，90 年代偏晚 3.5 d；1991—2000 年提前 1.6 d，2001—2010 年提前 11.3 d（图 1）。

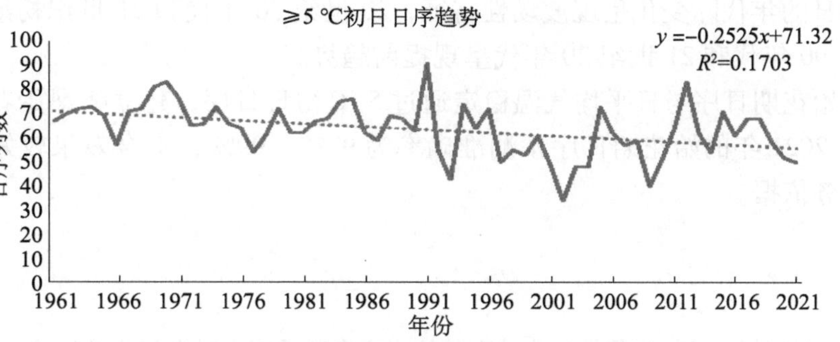

图 1　冠县日平均气温稳定通过 5 ℃初日日序变化趋势

2.3　冠县鸭梨始花期变化趋势

2012—2019 年冠县鸭梨始花期物候观测资料显示，历年平均为 3 月 30 日；最早为 3 月 22 日，出现在 2020 年；最晚为 4 月 8 日，出现在 2012 年；始花期日期极差为 17 d。鸭梨始花期整体呈现明显的提前趋势，线性拟合倾向率为 - 14.4/10a（$R = 0.86$，$p = 0.001$）。该趋势与日平均气温稳定通过 5 ℃初日日序列数的变化特征一致（图 2）。

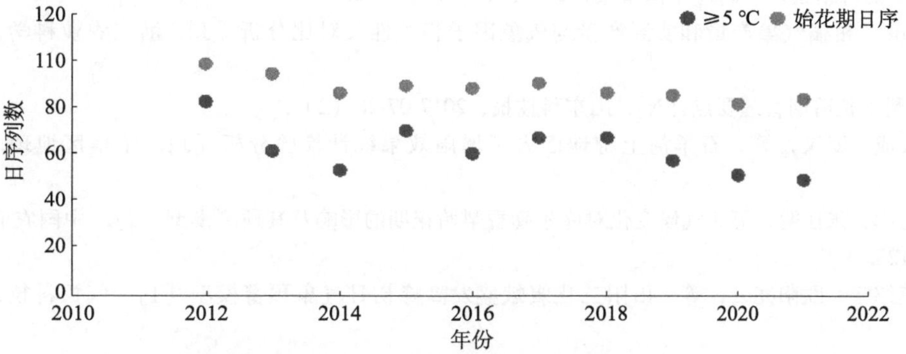

图 2　≥5 ℃初日日序与始花期日序变化趋势图

2.4　构建冠县鸭梨始花期预测模型

利用 2012—2019 年冠县日气温稳定通过 5 ℃初日（X）与鸭梨始花期的日序资料，建立鸭梨始花期（Y）预测模型：

$$Y = 0.412X + 63.141 \tag{1}$$

回代检验结果显示，2020 年、2021 年鸭梨始花期的预测准确率[12]（式 1）为 97%、99%，预测效果较好。

$$\text{预测准确率} = 1 - \left|\frac{\text{预测值} - \text{实际值}}{\text{实际值}}\right| \times 100\% \tag{2}$$

3　结论与讨论

冠县鸭梨始花期与日平均气温稳定通过 3 ℃、5 ℃初日之间存在较为明显的正相关性，与日平均气温稳定通过 5 ℃初日的相关性更好。1961—2021 年冠县日平均气温稳定通过 5 ℃初日总体呈提前趋势，该趋势表现不明显。

冠县鸭梨始花期与日平均气温稳定通过 5 ℃初日的变化趋势总体一致，均表现为提早。日平均气温稳定通过 5 ℃初日的年代际变化呈现波动性特征，20 世纪 70 年代和 21 世纪初期呈现不明显的推后趋势，20 世纪 80、90 年代和 21 世纪 20 年代呈现提前趋势。

基于冠县鸭梨始花期日序与日平均气温稳定通过 5 ℃初日日序，建立鸭梨始花期预测模型，回代检验显示 2020 年、2021 年的始花期日序预测准确率为 97%、99%，拟合效果较好。可为当地梨花始花期的预测提供服务依据。

参考文献

[1] 范辽生，金志凤，王培娟，等．物候模型支持下的杭州市春茶霜冻害时空变化及风险区划［J］．生态学杂志，2021，40（3）：919-928.

[2] 王智颖，臧淑英，周道玮，等．1957—2016 年中国农业界限温度时空变化研究［J］．地理科学，2020，40（1）：137-148.

[3] 刘波，谢清萍，李大军，等．基于高斯坐标平滑的界限温度日期求算的新方法［J］．江苏农业科学，2015，43（1）：347-350.

[4] 高璐迪．近 50 年黑龙江省农业界限温度及地表温度时空变化特征分析［D］．哈尔滨：东北农业大学，2016.

[5] 田苗，向导．石河子地区近 50 年各界限温度初终日变化特征分析［J］．新疆农垦科技，2018，41（12）：31-34.

[6] 赵洪杰，闫景东，陈广瑞，等．积温对比法在鸭梨始花期预报中的应用［J］．气象科技，2019，47（5）：872-878.

[7] 李爱巧．鸭梨的种植技术［J］．中国果菜，2020，40（1）：78-80.

[8] 叶飞，劳晓璨．柑橘气象产量和实际产量与气象因子相关性及对比分析［J］．浙江农业科学，2021，62（6）：1119-1122.

[9] 陈运其．鸭梨生长后期管理要点［N］．山东科技报，2017-07-28（2）．

[10] 程鹏，沈天成，罗汉，等．石羊河上游地面人工增雨效果统计检验分析［J］．干旱区地理，2021，44（4）：962-970.

[11] 李晓川，陶辉，张仕明，等．气候变化对库尔勒香梨始花期的影响及其预测模型［J］．中国农业气象，2012，33（1）：119-123.

[12] 周冬梅，莫绍宁，欧阳兆云，等．田阳三化螟蛾盛发高峰初日气象预警模型［J］．气象科技，2019，47（3）：526-530.

淳安山茱萸适宜生长的生态气候条件分析*

童永前[1]　叶雄方[2]　白　森[1]　安　涛[1]　郑平汉[3]　汪爱君[4]

（1. 浙江省淳安县气象局，淳安 311700；2. 淳安传化现代农业科技有限公司，杭州 311722；
3. 浙江省淳安县临岐镇公共服务中心，淳安 311703；4. 浙江省淳安县林业局，淳安 311799）

摘要：通过对淳安中药材基地山茱萸对比观测试验，找出山茱萸适宜生长的气候指标。方法：利用淳安县临岐镇夏中村中药材生长基地的山茱萸发育期观测数据和实地小气候观测资料进行模糊聚类分析，在实际观测、调研、统计分析的基础上找出山茱萸适宜生长的气候生态指标和生育期内主要气象灾害及指标，为政府相关部门合理布局、科学规划并有效管理中药材产业发展，以及趋利避害气象服务提供科学依据和方法。

关键词：山茱萸；生态气候条件；气象灾害；防御措施

山茱萸，学名“*Cornus Officinalis* Sieb. & Zucc.”，俗称“红枣皮”，为落叶乔木或小乔木，树高 3～10 m，呈黑褐色。核果椭圆形，成熟时呈红色、有光泽，外果皮革质，中果皮肉质，肉果核皮坚硬木质，有补益肝肾，涩精固脱之功效，是一种重要的药用原料。山茱萸野生于含钙质土壤，喜生长于溪边或较湿润的向阳山坡，喜温暖湿润气候、忌严寒属中性植物，既耐阴又喜光，要求土壤为疏松深厚、湿润肥沃且排水良好的微酸性和中性轻质土或沙壤土，若土壤 pH <5.5 则生长不良，对热、水要求较严格，以种子繁殖为主，也可嫁接、压条繁殖。开花期在 3 月中旬，果实采摘期在 9 月下旬至 11 月[1]。山茱萸主产于浙江、陕西、河南等地，淳安县临岐镇是中国著名中药材之乡，山茱萸是“淳六味”品种之一，该品种在临岐种植有五百多年的历史，夏中村是种植重点村，面积3000 亩（200 hm^2），年产量150 t，年产值600 万元。

1　资料来源及说明

1.1　试验地概况

本文选择淳安县淳北临岐镇夏中村中药材基地、淳安南部枫树岭镇、淳安中部千岛湖镇的气象条件为研究对象，分析山茱萸适宜生长的气象数据。

1.2　数据处理

淳安县光温水历史资料（1961—2020 年）取自浙江省气象局气象资料库（淳安国家基本气象观测站）；淳安县区域自动气象站温度雨量资料（2015—2020 年）取自杭州市气象局网络中心区域自动气象站资料库；空气质量数据（2015—2020 年）取自杭州市环境保护局淳安分局资料库；地理信息数据为淳安

＊　资助项目：浙江省“十四五”育种专项中药材协作项目（2021C02074）。

县数字地图提供的行政区划及国土面积；气象灾情数据来自淳安县统计年鉴、淳安县财产保险有限公司及淳安县气象局灾情调查、评估及上报数据等，所用灾害资料均按《气象灾害标准》（DB 63/T 372—2001）的相关规定进行统计和处理。

数据统计采用 Excel、SPSS 软件进行整理、绘图、分析，当要用到多类指标进行分析比对时，为了消除各指标因子之间的量纲差异，需对每一个指标因子值进行归一化处理，各个指标归一化计算公式为

$$X' = \frac{x}{X_{sum}}$$

式中，X 与 x 相应为指标的量化值序列和原始值序列，X_{sum} 为指标序列的合计值。

2 结果与分析

2.1 山茱萸生态气候环境适宜指标

山茱萸是喜温湿润的木本植物，生长适温为 20 ~ 30 ℃，抗寒性强，可耐短暂的 –15 ℃低温，超过 35 ℃则生长不良。年降水量以 1000 ~ 1500 mm 较为适宜，年均相对湿度 70% ~ 80% 较好。山茱萸在年平均日照时数 1600 ~ 2000 h 的地区都能栽植，为中性植物，既耐阴又喜光，通常在山坡中下部地段的阴坡、阳坡、谷地以及河两岸等地生长，一般分布在海拔高度 200 ~ 1400 m 的区域，其中以 300 ~ 900 m 居多。生长要求≥0 ℃积温为 4500 ~ 5000 ℃ · d，年无霜期 190 ~ 280 d[2]。参考前人研究结果，结合淳安山茱萸生长期，确定山茱萸生态气候环境适宜评价指标（表 1）。

表 1　淳安山茱萸生态气候环境适宜性评价指标

指标因子	等级		
	适宜	较适宜	不适宜
年平均气温/℃	[13，17)	[10，13) 或 [17，20)	<10 或≥20
年均降水量/mm	[1000，1600)	[800，1000) 或 [1600，1800)	<800 或≥1800
年均日照时数/h	[1600，1900)	[1400，1600) 或 [1900，2000)	<1400 或≥2000
年极端最低温度≤ –13 ℃频率/%	<20	[20，50)	≥50
3 月下旬—4 月中旬雨日/d	<12	[12，18)	≥18
8—9 月最高温≥35 ℃天数/d	<30	[30，40)	≥40
海拔高度/m	[300，900)	[900，1200) 或 [100，300)	<100 或≥1200
土壤类型	石灰岩土、钙质黑色土、钙质紫砂土	红壤、黄壤、潮土、水稻土、粗骨土、棕壤	滨海盐土
土壤酸碱度（pH）	[5.5，7.5)	(5.0，5.5) 或 [7.5，8.2)	≤5.0 或≥8.2

2.2 淳安县农业气候资源特点

淳安县属中亚热带季风气候。主要气候特征是温暖多雨，四季分明，冬夏长、春秋短，年平均气温 17.2 ℃，最热月（7 月）平均气温 28.7 ℃，年极端最高气温为 41.8 ℃。最冷月（1 月）平均气温

5.0 ℃，年极端最低气温 -7.6 ℃。平均年降水量为 1519.7 mm，其中 4—6 月为多雨期，雨量占全年的 44%，11 月至次年 1 月为少雨期，雨量占全年的 10%。平均年雨日为 155 d，年平均相对湿度为 76%，平均年日照时数为 1865.7 h，年辐射总量为 106.9 kcal①/cm^2。≥10 ℃的活动，积温为4948 ℃·d，初霜常年出现在 11 月下旬，终霜常年在 3 月上旬，平均无霜期 236 d。淳安县农业气候特点：水热同季，光照充足，无霜期长，对作物生长有利（图 1）。

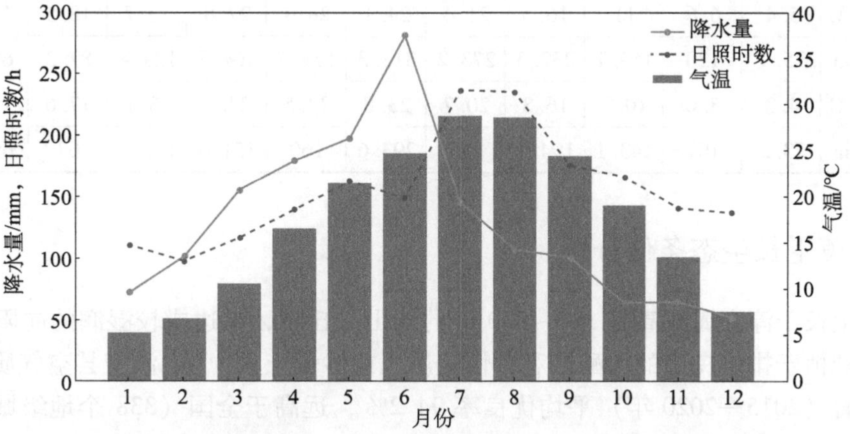

图 1　淳安县常年光、温、水月际变化（1961—2020 年）

淳安县地形西高东低，县境四周山峰林立，中部是著名的 5A 级景区千岛湖，由于湖泊效应加上山区垂直气候，全县气温南高北低，由中心湖区向四周山区递减（图 2）；而降水则相反，南多北少，由中心湖区向四周递增（图 3）。

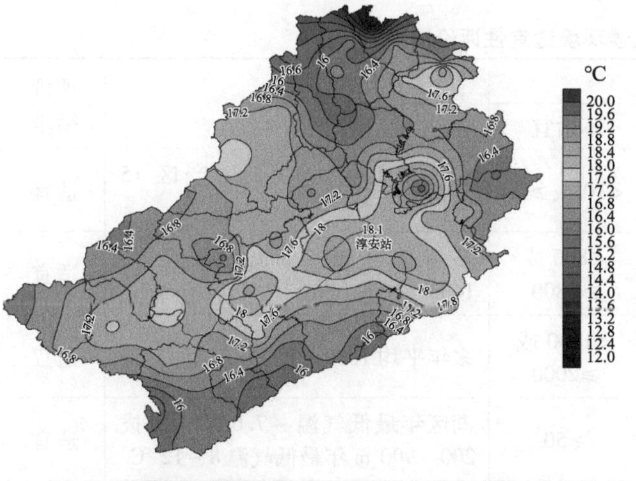

图 2　淳安县 2015—2020 年平均气温分布

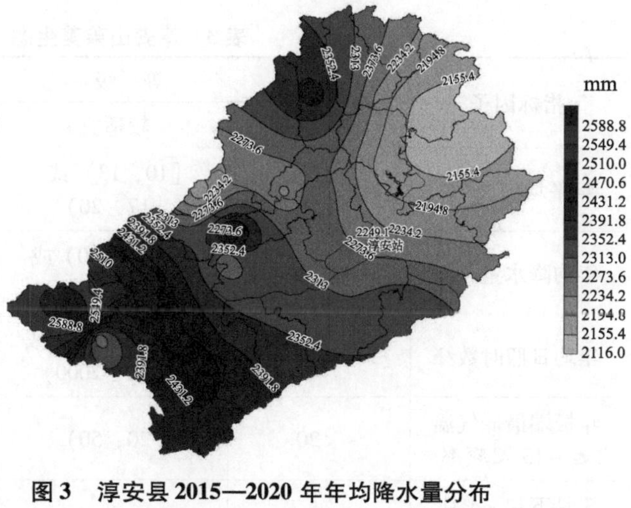

图 3　淳安县 2015—2020 年年均降水量分布

淳安县气候条件的共性是上半年雨热同季、下半年光照充足。山茱萸花期（3 月中旬—4 月中旬）平均气温 9.4～15.7 ℃，降水量在 150～200 mm，非常适宜山茱萸正常开花要求的温度和水分条件；旺盛生长期（6—8 月）平均气温 22.4～26.2 ℃，降水量 300～550 mm，对山茱萸生长非常有利[3]。

成熟期 9 月下旬平均气温为 21.8 ℃，降水量在 90～110 mm，气候温和少雨，适宜采收。但由于地形及千岛湖湖泊效应，小气候条件也存在明显的不同[4]。从淳安县北部、南部、中部三个乡镇代表站光、温、水要素来看（表 2），淳安县北部气候条件更适宜发展山茱萸中药材种植。

① 1 kcal = 4.18585 kJ。

表2　淳安县北部、中部、南部光、温、水对比

	要素	1月	2月	3月	4月	5月	6月	7月	8月	9月	10月	11月	12月	年平均
淳安国家基本气象站	平均气温/℃	5.3	6.7	10.6	16.5	21.4	24.7	28.7	28.5	24.4	19.1	13.4	7.6	17.2
	降水量/mm	71.7	101.7	155.3	178.7	197.3	281.1	145.8	106.5	100.4	64.1	65	52.2	1519.7
	日照时数/h	110.3	97.7	117.0	139.3	162.6	148.5	236.3	234.9	175.9	166.0	140.5	136.7	1865.7
枫树岭镇	平均气温/℃	5.4	6.6	11	16.5	21.4	24.1	28.4	27.8	23.7	18.5	12.9	7.2	17
	降水量/mm	75.9	120	169.7	232.3	273.2	313.3	179.7	164.7	129.4	87.3	69.3	75.7	1890.5
临岐镇夏中村	平均气温/℃	4.3	5.6	10.2	16.3	20.7	23.8	27.5	27.2	23.1	17.6	11.8	6.3	16.2
	降水量/mm	73.5	107	143.1	194.1	225	293.6	160	151.5	122.3	67	69.9	75	1682

2.3　淳安山茱萸生长生态条件分析

山茱萸适宜生长于淳安海拔高度 300~900 m 的低山、丘陵，溪边或较湿润的向阳山坡，土壤要求疏松肥沃，最好种植于排水良好的微酸性和中性轻质土或沙壤土里[5,6]。淳安县空气质量优良，从空气质量监测数据来看（2015—2020 年）平均优良率 94.2%，远高于全国（338 个地级城市）平均优良率（79.3%）；淳安县 $PM_{2.5}$浓度较低，2015—2020 年平均 $PM_{2.5}$浓度为 29.7 μg/m^3，低于全国（338 个地级城市）平均值（41 μg/m^3）；淳安县陆地生态好，森林覆盖率高达 76.82%，2019—2020 年淳安县负氧离子监测数据显示，平均浓度 2103 个/cm^3。淳安东北部的临岐镇、屏门乡、瑶山乡和西北部的王阜乡、威坪镇等乡镇多含钙质土壤，土层深厚、土质较好，气候适宜，具有得天独厚的自然条件，可发展为淳安的山茱萸药材生产基地（表3）。

表3　淳安山茱萸生态气候环境适宜性评价结果

指标因子	等级			淳安县	评价结果
	适宜	较适宜	不适宜		
年平均气温/℃	[13，17)	[10，13) 或 [17，20)	<10 或≥20	多年平均 17.2 ℃，主产区 15~17 ℃	适宜
年均降水量/mm	[1000，1600)	[800，1000) 或 [1600，1800)	<800 或 ≥1800	多年平均 1515 mm，主产区在 1400~1600 mm	适宜
年均日照时数/h	[1600，1900)	[1400，1600) 或 [1900，2000)	<1400 或 ≥2000	多年平均 1850 h	适宜
年极端最低气温 ≤-13 ℃频率	<20	[20，50)	≥50	湖区年最低气温 -7.6 ℃，海拔 200~900 m 年最低气温 8~12 ℃	适宜
3月下旬—4月中旬雨日/d	<12	[12，18)	≥18	多年平均 16 d，主产区平均 14 d	较适宜
8—9月最高温 ≥35 ℃天数/d	<30	[30，40)	≥40	多年平均 26.5 d，主产区平均 25 d	适宜
海拔高度/m	[300，900)	[900，1200) 或 [100，300)	<100 或 ≥1200	全县海拔高度 300~900 m，约占陆地面积的 45%；100~300 m 约占 40%。主产区适宜面积大	适宜
土壤类型	石灰岩土、钙质黑色土、钙质紫砂土	红壤、黄壤、潮土、水稻土、粗骨土、棕壤	滨海盐土	全县石灰岩土与紫色土面积约占 18%，红、黄壤约占 72%；适宜、较适宜土壤类型超过 90%	适宜

续表

指标因子	等　级			淳安县	评价结果
	适宜	较适宜	不适宜		
土壤酸碱度（pH）	[5.5，7.5)	(5.0，5.5）或[7.5，8.2)	≤5.0 或≥8.2	土壤 pH 为 4.8～8.0，适宜和较适宜土壤占 21%	适宜
综合评价					适宜

2.4　生育期内主要气象灾害及指标

山茱萸生育期内主要气象灾害有低温连阴雨、干旱、暴雨、冰雹大风。对山茱萸产量和品质影响较大的主要气象灾害是春季寒潮低温、夏季高温干旱和秋季连阴雨。

2.4.1　春季寒潮低温时段及指标

山茱萸耐寒能力较强，一般都能安全越冬，但在花芽萌动和开花期，花器官的抗寒能力最弱。据试验，花芽萌动后，3 月中旬—4 月上旬，日平均气温大于 7 ℃且小于 12 ℃最为适宜，若低于 5 ℃影响芽期生长，日最低气温低于 2 ℃其花芽容易受冻害，严重影响开花坐果率[7]。冻害发生后，当年产量大减。据淳安县 1961—2020 年气象资料分析，春季寒潮低温（3 月下旬—4 月上旬日最低气温≤2.0 ℃）发生冻害次数为 10 次，约五年一遇。

2.4.2　高温干旱时段及指标

山茱萸果实膨大期一般在 7—8 月，此时正值淳安县出梅后进入三伏高温干旱期。据试验，果实膨大期出现干旱时，影响果树坐果率，当空气相对湿度 <30% 时，叶片凋萎，并易造成大量落果，因此果实膨大期空气相对湿度保持在 60% ～70% 为宜。据淳安县 1961—2020 年气象资料分析，7—8 月出现干旱（降水距平百分率在 -50% 以下）共有 16 a，约三年一遇；出现严重干旱（降水距平百分率 < -60%）有 6 a，分别为 1966 年、1967 年、1973 年、1990 年、2004 年和 2013 年，为十年一遇。

2.4.3　秋季连阴雨时段及指标

山茱萸在果实成熟期如遇长期阴雨天气，土壤中水分过多，空气湿度太大，加之光照条件差，会导致病虫害严重发生，果实着色差、品质下降，轻则落叶落果，重则烂根和死亡[8]。9 月初到 9 月中旬，日平均气温小于 20 ℃、降水量大于 100 mm 且空气相对湿度 >80%，连阴雨时间 >10 d。期间日照时数≤同期 20%，产品质量受到严重影响。据淳安县 1961—2020 年气象资料分析，秋季出现 7 d 以上的连阴雨天气次数为 11 次，五年一遇；10 d 以上的连阴雨天气有 3 次，约二十年一遇。

2.4.4　冰雹大风指标

山茱萸在花期如遇冰雹大风会打落大量花蕾，损坏山茱萸叶片及树枝，砸落果实，影响山茱萸的品质和产量。淳安县冰雹大风天气多出现在 3—8 月，以 4 月出现频率最高。此外，3—4 月还易受北方沙尘影响，导致落花落果，影响山茱萸的结果率。

2.5　灾害防御对策及生产建议

2.5.1　提高林园小气候观测水平

淳安县种植山茱萸在气候资源上具有地形小气候优势，充分利用已建的中药材农业气候观测站及区域自动气象站等观测设备，开展空气温湿度、风向风速、土壤墒情等气象要素监测与分析，加强对山茱萸低温冻害、高温干旱以及连阴雨等主要气象灾害的监测和预警，逐步建立山茱萸生育期与气象条件关系的农业气象数据库，为主要气象因子与山茱萸产量和质量关系的深入分析提供数据支撑。

2.5.2 主要气象灾害防御措施

根据淳安县多年气候资料和中药材灾情调查资料，经统计归纳，综合得出山茱萸生长期主要气象灾害，分析了淳安气象灾害的分布特征和发生规律，提出山茱萸中药材农业气象灾害防御的预警指标和防御措施[9]（表4），以最大程度减轻药农经济损失。

表4 淳安山萸肉中药材气象灾害预警指标及防御措施

灾害类型	预警指标	防御措施
低温冻害	开花期日最低气温≤5 ℃	冬季树干刷白，幼树主干稻草包扎，翻耕林园，松土覆草，增施有机肥，提高地温；有霜冻发生时林园实施杂草熏烟等
高温热害（干旱）	果实膨大期（7—8月）日极端最高气温>35 ℃	培土覆盖，保持土壤含水量，通风降温减少水分蒸发，并促进山茱萸果树根部生长；叶面喷微肥，增强抗旱能力，提高坐果率
连阴雨	（日降水量>0.1 mm且每日日照时数<2 h）>5 d	连阴雨时每3 d摇花一次，以减少染病和节约养分消耗；及时清除林园杂草等遮阴植物，以利通风透光降湿；注意及时挖沟排水，防止水多烂根
风灾	风力≥7级	建园时应考虑在周围栽植防护林，调节林园小气候，同时配合矮化密植、整形，在大风来临前做好树体支撑等增强抗风能力，大风过后，及时清除园中被吹折（断）树枝，扶正倒伏

3 小结

本文叙述了山茱萸栽培生长的适宜条件，温度适宜、日照时间长、湿度条件好，适合种植于海拔高度300~900 m的低山、丘陵，溪边或较湿润的向阳山坡上，土壤要疏松肥沃。

本文通过分析对比淳安县的农业气候资源特点，发现东北部的临岐镇、屏门乡、瑶山乡和西北部的王阜乡、威坪镇等乡镇多含钙质土壤[10]，土层深厚、土质较好，气候适宜，具有得天独厚的自然条件，更适宜发展为淳安的山茱萸药材生产基地。

本文分析了易影响山茱萸生长的寒潮、高温干旱、连阴雨、大风等气象灾害及指标，提出了相应防御对策，并对加强林园管理、提高气象监测水平、土壤管理等提出了建议。

参考文献

[1] 胡晓黎，张鸿雁，雷蕾，等．山茱萸适宜生长的气候条件及灾害指标研究［J］．陕西农业科学，2014，60（11）：22-23.

[2] 李天陪．山茱萸栽培［M］．成都：四川科学出版社，1998.

[3] 黄海欣，许柯．山茱萸生物生态学研究［J］．河南农业科学，1990（10）：21-22.

[4] 张梦娇，彭良志，朱春钊，等．重庆市长寿区气象站与当地果园冬季温度的比较［J］．中国南方果树，2017，46（2）：37-40.

[5] 原媛，祁一剑．阳城县发展红山茱萸种植的气候条件分析［J］．农业与技术，2017，37（16）：222.

[6] 宋婕，梁亮．陕西佛坪山茱萸规范化种植基地适宜性研究［J］．现代中药材研究与实践，2004，18（5）：9，13.
[7] 黎章矩，钱莲芳，刘泽民．山茱萸结实规律与保花保果技术研究［J］．浙江林学院学报，1991，8（4）：444-449.
[8] 张明明．山茱萸病虫害危害及防治［J］．安徽林业，2001（4）：29-31.
[9] 童永前，叶雄方，蒋梦非，等．铁皮石斛栽培农业气象灾害预警指标研究［J］．浙江农业科学，2021，62（6）：1092-1096.
[10] 姜路花，童永前．利用大水库湖泊效应抗逆栽种软条白沙枇杷技术探讨［J］．中国南方果树，2017，46（2）：166-168.

气候变暖背景下柑橘木虱在中国的适生区变化*

刘 丹[1,2] 姚俊萌[1] 余焰文[3] 段里成[1] 蔡 哲[1]

（1. 江西省农业气象中心，南昌 330096；2. 江西省气象科学研究所，南昌 330096；
3. 江西省抚州市气象局，抚州 344199）

摘要： 为明确气候变暖背景下柑橘木虱（*Diaphorina Citri*）在中国的适生区变化趋势，通过对影响柑橘木虱分布的关键气候环境变量进行筛选，并基于其在中国的历史分布数据，利用最大熵 MaxEnt 模型分析 1961—2010 年气候变暖对柑橘木虱在中国的适生区变化趋势的影响。结果表明，影响柑橘木虱适生区的 6 个主要气候环境变量是最冷季节降水量、最冷季节平均温度、冬季日平均气温≤－5 ℃的日数、温度季节性变化标准差、最暖月最高温度以及 8 月日平均气温＞30 ℃的日数。受气候变暖影响，20 世纪 60 年代至 21 世纪初，柑橘木虱在我国的总适生区、中适生区和高适生区分布面积呈明显扩大趋势，高适生区扩大趋势较中适生区更为明显。其中高适生区在广西、贵州、湖南、江西、湖北、安徽和浙江等省份增加明显；中适生区在云南、贵州、重庆、湖北、安徽、江西和江苏等省份增加明显；低适生区的总体面积虽然在减少，却是由于中、高适生区北移造成的，且湖北、四川、重庆和江苏的北部部分地区由原来的不适生区转为低适生区。表明气候变暖导致我国气候更加适宜柑橘木虱生存，高适生区、中适生区和低适生区的北界都在北移，而其传播的柑橘黄龙病扩散风险加大，需要给予足够的重视。

关键词： 柑橘木虱；MaxEnt 模型；潜在分布；气候变化

引言

柑橘黄龙病又称黄梢病、青果病，是全球柑橘生产上最具毁灭性的病害之一，一旦感染此病会导致柑橘果实品质变差，产量降低，丧失经济价值，因此黄龙病的流行给柑橘生产带来了重大威胁，对柑橘产业破坏力极大（李彬 等，2020）。柑橘黄龙病主要通过柑橘木虱（*Diaphorina Citri*）成虫扩散传播，由于目前黄龙病缺少有效防治措施，因此防控柑橘木虱扩散成为阻止黄龙病蔓延的重要手段。气候条件是影响柑橘木虱繁殖、生存和分布的重要环境因素，其中温度、降水和光照等是制约柑橘木虱分布的重要气候因子（杨余兵，1989）。政府间气候变化专门委员会（Intergovernmental Panel on Climate Change，IPCC）第五次评估报告指出，1880 年到 2012 年，全球海陆表面平均温度呈线性上升趋势，升高了 0.85 ℃；2003 年到 2012 年平均温度比 1850 年到 1900 年平均温度上升了 0.78 ℃。全球气候变暖改变了病虫害适生范围，导致其地理分布区域扩大，尤其增加了受低温限制的昆虫向高纬度或高海拔地区传播的机会。因此，深入了解影响柑橘木虱分布的主要气候因子，分析气候变暖对柑橘木虱在

* 本文已在《植物保护学报》第 48 卷第 4 期发表。

我国的适生区变化的影响，预测柑橘木虱扩散风险，对于科学防控柑橘黄龙病，促进柑橘产业健康发展具有重要意义。

以往多采用田间调查方法研究柑橘木虱种群的分布规律和分布北界，如熊红利等（2011）通过对浙江、江西、湖南、四川和贵州等省的调查初步明确了国内柑橘黄龙病与柑橘木虱的发生北界；刘慧等（2019）通过田间调查研究了柑橘木虱在湖南省的发生规律；黄静等（2020）通过田间调查分析了柑橘木虱在广东省梅州市的发生规律。田间调查方法可信度较强，对于柑橘木虱迁移和监测具有很强的指导意义，但对于中国乃至全球大尺度区域的分析和预测，整体实施难度较大，耗时耗力。目前，基于调查资料、气候和土地环境要素，利用物种分布模型分析和预测物种分布已成为一种新的高效方法。

物种分布模型是研究物种适生性的重要工具，其代表模型有最大熵（maximum entropy model，MaxEnt）模型、规则集遗传算法（genetic algorithm for rule set prediction，GARP）模型、广义线性模型、生物气候（bioclimatic prediction，Bioclim）模型和领域（Domain）模型（王茹琳 等，2019）。MaxEnt 模型是根据农业气候相似原理，计算一定生态位约束条件下物种分布规律的最理想状态，即熵最大时物种在预测地区的可能分布情况（林珊 等，2020）。Elith（2006）研究认为，MaxEnt 模型的性能较其他模型更好；闫东等（2020）在对长爪沙鼠 Meriones unguic-ulatus 鼠疫源地动物间疫情潜在风险的研究中证明 MaxEnt 模型的预测结果较 GARP 模型更准确；段义忠等（2020）在利用 MaxEnt、Bioclim 和 Domain 模型对沙冬青属植物潜在地理分布进行预测时，也认为 MaxEnt 模型具有较高的准确度。目前，MaxEnt 模型已经成功应用于多种昆虫在中国的潜在地理分布研究，如亮壮异蝽 Urochela distincta（崔麟 等，2016）、突颊侧琵甲 Prosodes（Lioprosodes）dilati-collis（李培先 等，2017）、烟粉虱 Bemisia tabac（赵健 等，2019）和苹红缢管蚜 Rhopalosiphum oxyacanthae（贾栋 等，2020）等。针对柑橘木虱在中国的适生性研究，MaxEnt 模型目前应用比较少，仅罗伟等（2019）利用 MaxEnt 模型研究了未来不同气候情景下柑橘木虱在中国的潜在地理分布，但未分析 1961—2010 年气候变化对柑橘木虱潜在分布区变化的影响。

20 世纪 60 年代以来，全球气候呈现变暖趋势，柑橘木虱在中国的适生区和生存北界发生了明显变化。本研究通过实地调查和文献整理得到柑橘木虱地理分布数据，并基于 1961—2010 年中国地面格点气象数据集，结合柑橘木虱生物学特性，利用 MaxEnt 模型确定影响柑橘木虱适生性的关键气候环境变量，分析 1961—2010 年气候变暖对柑橘木虱在我国适生区变化的影响，探讨柑橘木虱向北蔓延的北界范围，以期为柑橘木虱的监测、预防和控制提供理论依据。

1　材料与方法

1.1　材料

样本数据：柑橘木虱的分布数据通过实地调查及查阅文献获得，共获取 212 个柑橘木虱发生点的经纬度信息，组成柑橘木虱在我国的分布数据，但未包括港澳台地区。

环境变量数据：本研究使用中国气象局地面格点数据集 2.0 中的日值和月值数据，包括 1961—2010 年中国地面气温 0.5°×0.5°格点数据集和中国地面降水 0.5°×0.5°格点数据集。环境变量在参考 WorldClim（https：//www. worldclim. org）气候数据库中气候因子的基础上，再结合柑橘木虱生物学特性以及相关文献中柑橘木虱适生性指标（谢佩华 等，1988；杨余兵，1989），共选择 19 个环境变量因子，分别为年平均气温、平均气温日较差、温度季节性变化标准差、最暖月最高温度、最冷月最低温度、最干季节平均温度、最暖季节平均温度、最冷季节平均温度、年降水量、最湿月降水量、最干月降水量、降水量变异系数、最干季节降水量、最暖季节降水量、最冷季节降水量、冬季日平均气温小于等

于 -5 ℃的日数、冬季日平均气温低于0 ℃的日数、7 月日平均气温大于30 ℃的日数以及8 月日平均气温大于30 ℃的日数，并计算形成20 世纪60 年代、70 年代、80 年代、90 年代和21 世纪初5 个年代数据集。

1.2 方法

1.2.1 影响柑橘木虱分布的主要环境变量筛选

影响柑橘木虱分布的环境变量包括气候因子、植被分布和柑橘自身特性等。本研究在构建初始模型时共选择了 19 个环境变量，但其变量因子之间易产生多重共线性以及数据冗余等问题。为提升 MaxEnt 模型的运算效率，采用环境因子多重共线性检验对相关变量进行共线性分析（王雨生等，2019）。当2 个环境变量间的多重共线性检验相关系数大于或等于 0. 8 时，则表明两者间存在共线性关系，只需保留其中 1 个环境变量，且选择保留在 MaxEnt 初始模型中贡献率较高的环境变量。当2 个环境变量间的相关系数小于 0. 8 时，表示两者间不存在共线性关系，均需要保留用于后续分析。通过共线性检验剔除部分变量后，将剩余变量再次输入 MaxEnt 模型进行运行，根据 MaxEnt 模型计算的环境变量贡献率，剔除贡献率为 0 的变量，筛选得到影响柑橘木虱分布的主要环境变量。

1.2.2 MaxEnt 模型模拟结果评价

采用接受者操作特征（receiver operating characteristic，ROC）曲线进行 MaxEnt 模型精准度的检验，ROC 曲线以特异度和灵敏度为横纵坐标绘制而成，曲线与横坐标围成的面积即为 AUC（area under curve）值，用以评价模型预测结果的精准度。一般来说，AUC 取值范围为［0. 5，0. 6)，定义模型模拟结果失败；AUC 取值范围为［0. 6，0. 7)，定义模型模拟结果较差；AUC 取值范围为［0. 7，0. 8)，定义模型模拟结果一般；AUC 取值范围为［0. 8，0. 9)，定义模型模拟结果好；AUC 取值范围为［0. 9，1. 0］，定义模型模拟结果很好（张华 等，2020）。

1.2.3 柑橘木虱适生区的等级划分

利用 MaxEnt 模型模拟柑橘木虱的潜在分布区，通过 AUC 值评价精准度后，将运算结果导入 ArcGIS 10. 2 软件，转化成栅格形式展示。根据 MaxEnt 模型计算得到的柑橘木虱适宜性分布概率 P，P 的取值范围为［0，1］，并结合柑橘木虱在中国的实际分布情况，将柑橘木虱的适生区分为 4 类：当 $0 \leqslant P < 0.05$ 时，为不适生区；当 $0.05 \leqslant P < 0.15$ 时，为低适生区；当 $0.15 \leqslant P < 0.40$ 时，为中适生区；当 $0.40 \leqslant P \leqslant 1.00$ 时，为高适生区。

1.2.4 环境变量对柑橘木虱适生区分布的影响

为探讨主要环境变量对柑橘木虱的影响程度，开展环境变量与柑橘木虱分布概率之间的相关研究。不同环境变量与柑橘木虱分布概率间的关系可以反映环境变量取值范围对柑橘木虱分布概率的影响。采用刀切法检验各个主要环境变量对柑橘木虱的影响程度，分别计算“仅此变量”“除此变量”和“所有变量”模拟时的规则化训练得分情况，判定标准为：“仅此变量”模拟时规则化训练得分较高，说明该因子具有较高的预测能力，对物种分布贡献较大；“除此变量”模拟时规则化训练得分降低较多，说明该变量具有较多的独特信息，对物种分布较为重要（马菁 等，2019）。

1.2.5 MaxEnt 模型模拟不同年代柑橘木虱适生区

将计算得到的 5 个年代数据集、已有的柑橘木虱分布数据和筛选出的主要环境变量数据作为 MaxEnt 模型输入数据，模型运行时随机将75% 的物种分布数据作为训练集，剩余25% 的分布数据作为测试集（王茹琳 等，2017）。通过多次运行后，输出不同年代的柑橘木虱分布预测结果，输出格式为 ASCII，利用 ArcGIS 10. 2 软件转化成栅格形式显示，并结合 1. 2. 3 小节中关于适生区等级划分标准，划分出不同年代柑橘木虱的适生区。同时，为了判断不同适生区在年代间的变化趋势，利用 Matlab 2016b 软件进行适生区面积与年代间的线性回归分析，得到线性回归系数，并计算气候倾向率，即线性回归系数乘以 10，表征年代间适生区面积的变率，正值表示呈现增加趋势，负值表示呈现减少趋势。

2　结果与分析

2.1　影响柑橘木虱分布的主要环境变量筛选

首先剔除贡献率为0的变量，包括年平均气温和平均气温日较差；再通过因子间多重共线性检验结果，剔除相关系数在0.8以上且贡献率较小的变量，包括最干月降水量、最暖季节降水量、最干季节降水量、最干季节平均温度、最暖季节平均温度、最冷月最低温度、最湿月降水量、冬季日平均气温低于0 ℃的日数、7月日平均气温大于30 ℃的日数和年降水量这10个变量；然后将剩余变量输入模型重新运算，继续剔除贡献率为0的变量；如此反复迭代10次后，确定影响柑橘木虱分布的6个主要环境变量，分别为冬季日平均气温小于等于－5 ℃的日数、最冷季节降水量、温度季节性变化标准差、最冷季节平均温度、8月日平均气温大于30 ℃的日数以及最暖月最高温度，贡献率分别为71.8%、20.2%、3.0%、2.6%、1.7%和0.7%。

2.2　MaxEnt模型的准确性检验结果

为检验主要环境变量的可靠性，将由6个主要环境变量重构的MaxEnt模型检验结果（图1a）与基于19个初始环境变量构建的MaxEnt模型检验结果（图1b）进行对比，发现两者模拟结果接近，AUC分别为0.968和0.972。依据AUC评价标准，由6个主要环境变量重构的MaxEnt模型预测准确性达到很好标准，表明选择的主要环境变量有很好的代表性，可作为主导环境变量用于柑橘木虱适生区的研究。

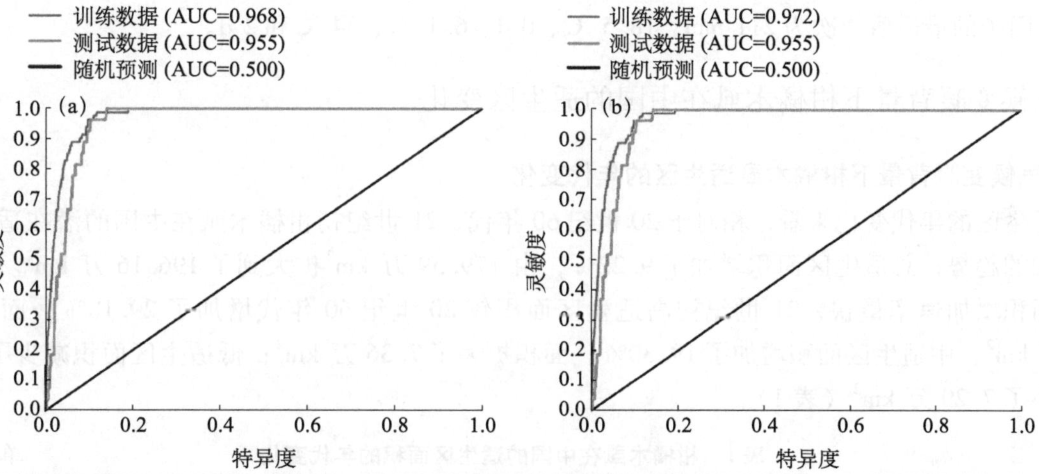

图1　MaxEnt模型适用性检验AUC值

（a）关键环境变量重构模型；（b）未经筛选环境变量构建模型

2.3　影响柑橘木虱分布的主要环境变量检验与分析

2.3.1　主要环境变量检验

利用模型自带的刀切法对2.1中筛选得到的6个主要环境变量进行检验，得到各环境变量对柑橘木虱的重要性结果（图2），重要性大小由规则化训练得分确定。其中，最冷季节降水量、最冷季节平均温度和冬季日平均气温小于等于－5 ℃的日数是影响柑橘木虱分布的关键环境变量，其规则化训练得分均超过了1.5；温度季节性变化标准差也是较为重要的环境变量，其规则化训练得分为0.9，说明这4个指标对柑橘木虱分布的影响较大；最暖月最高温度和8月日平均气温大于30 ℃的日数的规则化训练得分稍低，分别为0.7 和0.3，对柑橘木虱分布的影响相对较小。

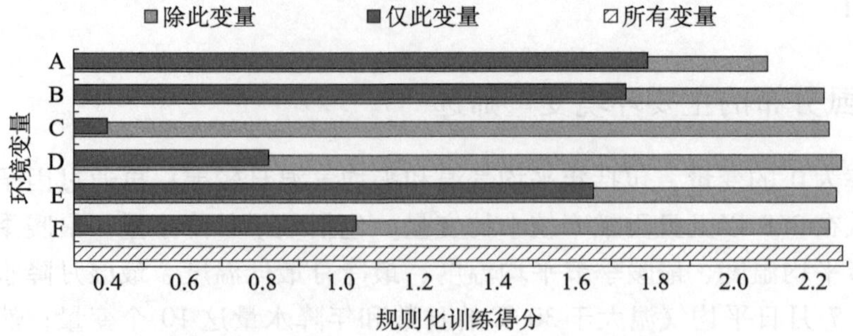

图 2　主要环境变量对柑橘木虱分布的重要性

（A：最冷季节降水量；B：最冷季节平均温度；C：8 月日平均气温大于 30 ℃的日数；D：最暖月最高温度；E：冬季日平均气温小于等于 –5 ℃的日数；F：温度季节性变化标准差）

2.3.2　主要环境变量的适宜范围

总体来看，柑橘木虱的分布概率与冬季日平均气温小于等于 –5 ℃的日数呈负相关，与最冷季节平均温度呈正相关；柑橘木虱的分布概率随着最冷季节降水量、温度季节性变化标准差、最暖月最高温度以及 8 月日平均气温大于 30 ℃的日数的增加，均呈先上升后下降的趋势（图3）。在主要环境变量的适宜范围内，柑橘木虱的分布概率随着各主要环境变量的变化而变化，而在适宜范围之外时对柑橘木虱的分布影响概率逐渐减小，直至不适宜柑橘木虱生存。最冷季节降水量、最冷季节平均温度、冬季日平均气温小于等于 –5 ℃的日数、温度季节性变化标准差、最暖月最高温度和 8 月日平均气温大于 30 ℃的日数的适宜范围分别为63～341 mm、3～20 ℃、0～3 d、0～7.7 ℃、27.2～41.0 ℃和0～22 d，各因子的最适值依次为211 mm、18.5 ℃、0 d、6.1 ℃、34 ℃和2 d。

2.4　气候变暖背景下柑橘木虱在中国的适生区变化

2.4.1　气候变暖背景下柑橘木虱适生区的年代变化

从适生区的年代变化来看，相对于20 世纪60 年代，21 世纪初柑橘木虱在中国的潜在适生区呈现持续增加的趋势，总适生区面积增加了9.22%，由 179.59 万 km^2扩大到了 196.16 万 km^2。其中，高适生区面积增加速率最快，21 世纪初高适生区面积较20 世纪60 年代增加了29.18%，面积扩大了16.51 万 km^2；中适生区面积增加了 19.30%，面积扩大了7.36 万 km^2；低适生区面积减少了8.59%，面积缩小了7.29 万 km^2（表1）。

表 1　柑橘木虱在中国的适生区面积的年代变化　　单位：万 km^2

年代	低适生区	中适生区	高适生区	总适生区
20 世纪60 年代	84.87	38.14	56.58	179.59
20 世纪70 年代	84.47	34.75	62.20	181.42
20 世纪80 年代	79.55	33.60	76.95	190.10
20 世纪90 年代	81.24	41.22	73.34	195.80
21 世纪初	77.58	45.50	73.09	196.16

2.4.2　气候变暖背景下柑橘木虱在中国的适生区变化

从不同年代的空间分布来看，在20 世纪60—70 年代，高适生区集中在海南省、广西壮族自治区（简称广西）东部、广东省、福建省、江西省南部、湖南省南部和浙江省南部；中适生区在20 世纪60

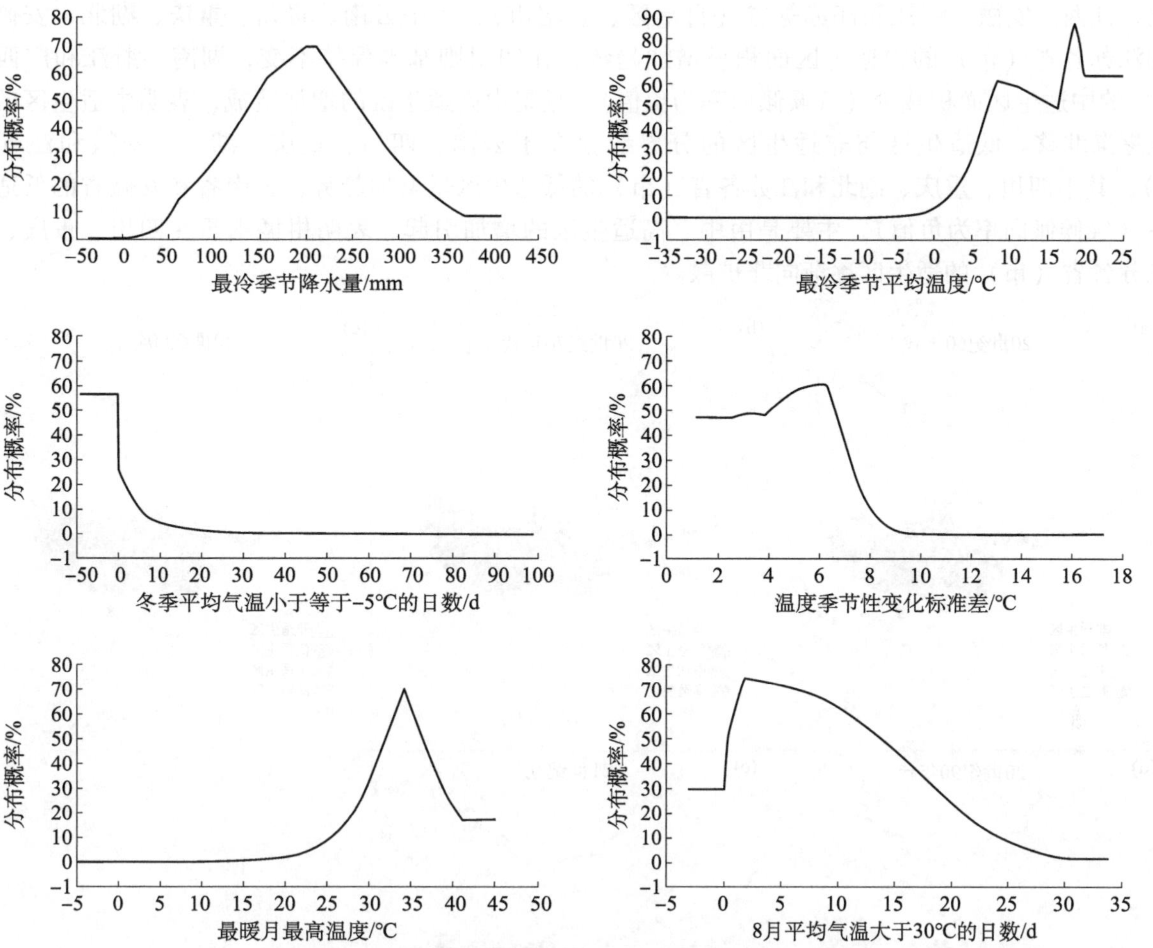

图3　主要环境变量与柑橘木虱分布概率间的关系

年代和70年代在浙江省存在较大差异，20世纪60年代集中在浙江省中部，20世纪70年代集中在浙江省北部，而在其他省份大致保持一致，集中在广西西部、贵州省南部边缘和东部边缘、湖南省中西部和江西省中部；低适生区在江苏省和浙江省存在较大差异，20世纪60年代集中在浙江省北部边缘和江苏省南部边缘地区，20世纪70年代集中在江苏省南部、云南省、贵州省大部、四川省东部、重庆市、湖南省北部、湖北省西南角和安徽省南部（图4a、b）。在20世纪80年代和90年代，高适生区集中在海南省、广西东部、广东省、福建省、江西省南部、湖南省中南部和浙江省南部；中适生区位于广西西部、贵州省南部和东部边缘地区、湖南省北部、江西省北部、安徽省南部边缘地区和浙江省北部；低适生区位于云南省、贵州省北部和西部、四川省东部、重庆市、湖北省南部、安徽省中部和江苏省南部（图4c、d）。在21世纪初，高适生区集中在海南省、广东省、广西西部、福建省、湖南省南部、江西省南部和浙江省南部；中适生区集中在广西西部、贵州省东部和南部、湖南省北部、江西省北部、湖北省南部、安徽省南部、浙江省北部边缘地区和江苏省南部；低适生区集中在云南省、贵州省西部和北部、四川省东部、重庆市和湖北省中部（图4e）。

从不同地区来看，自20世纪60年代以来，柑橘木虱的潜在适宜分布区主要集中在云南、贵州、重庆、四川、湖南、湖北、江西、安徽、浙江、江苏、海南、广西、广东和福建这14个省（自治区、直辖市）。其中，自20世纪70年代起，海南省一直为高适生区，广东和福建2省的高适生区占到该省总面积的85%以上。高适生区与中适生区的分界线沿着广西、贵州、湖南、江西、湖北、安徽及浙江一线分布，且这7个省（区）的高适生区面积呈增加趋势（气候倾向率为正值），表明高适生区北界正在逐渐北移（表2）。中适生区与低适生区的分界线存在于云南、广西、贵州、四川、湖南、重庆、湖北、江西、安徽、浙江和江苏等省（自治区、直辖市），其中云南、贵州、重庆、湖北、安徽、江西和江苏各省（市）的中适生区面积呈增加趋势，在四川则基本保持不变，湖南、浙江和广西各省（区）的中适生区面积减少（气候倾向率为负值），且是由高适生区的增加造成，表明中适生区的北界也在逐渐北移。低适生区与非适生区的分界线存在于云南、四川、重庆、湖北、安徽和江苏等省（市），其中四川、重庆、湖北和江苏各省（市）的低适生区呈增加趋势，云南省和安徽省的低适生区减少（气候倾向率为负值），主要是由中、高适生区的增加引起，表明柑橘木虱在四川、重庆、湖北和江苏各省（市）的适生区逐渐向北扩散。

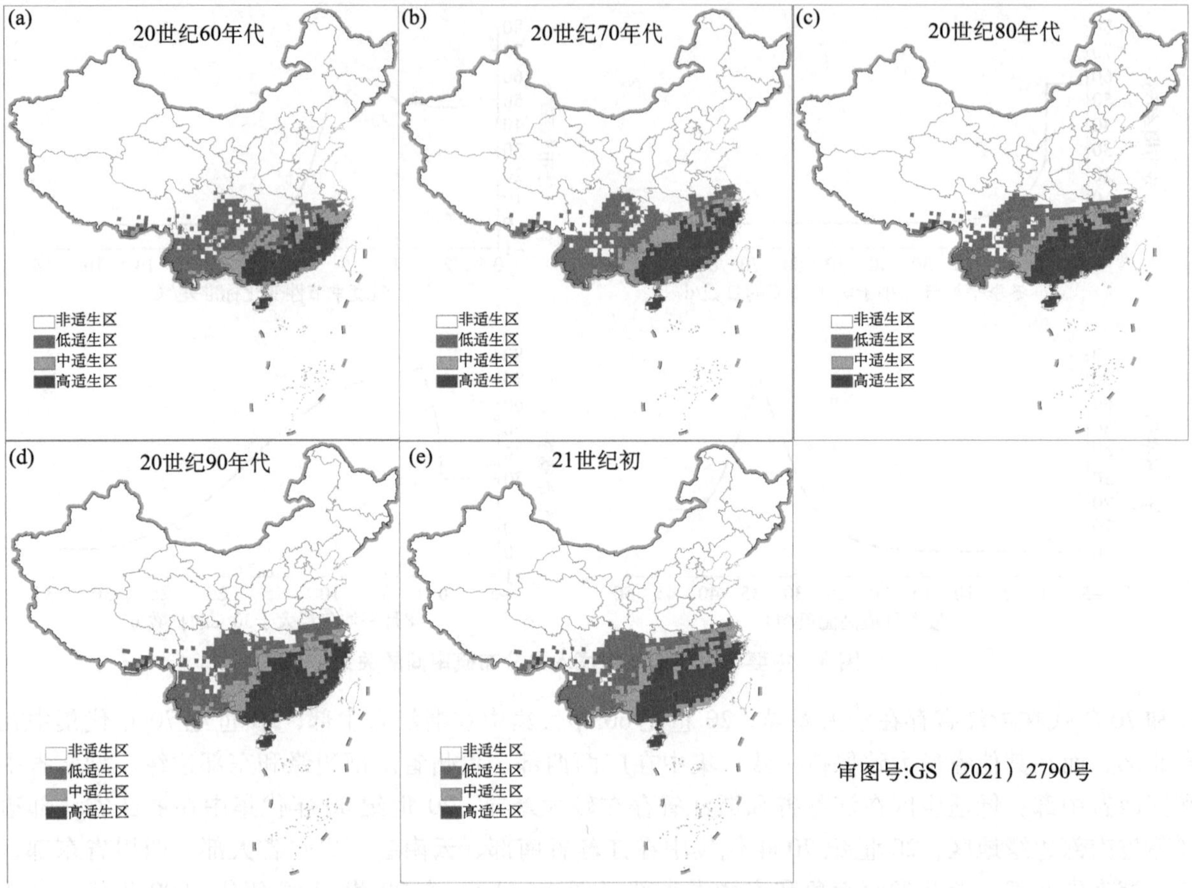

图 4　基于 MaxEnt 模型预测柑橘木虱在中国的适生区年代变化

表 2　柑橘木虱在中国各省（自治区、直辖市）的适生区年代变化

适生等级	省（自治区、直辖市）	面积/万 km^2					气候倾向率/（万 km^2/10a）
		20 世纪 60 年代	20 世纪 70 年代	20 世纪 80 年代	20 世纪 90 年代	21 世纪初	
高适生区	广西	14.17	12.84	15.65	16.02	14.69	0.42
	贵州	0.13	0.11	1.10	0.65	0.65	0.16
	湖南	5.65	5.78	12.60	14.22	13.56	2.43
	江西	9.73	10.14	12.09	7.64	11.08	0.02
	湖北	0.13	0.13	0.47	0.55	1.27	0.27
	安徽	0.23	1.11	0.75	1.13	2.05	0.37
	浙江	3.00	6.34	5.56	6.53	6.37	0.69

续表

适生等级	省（自治区、直辖市）	面积/万 km²					气候倾向率/（万 km²/10a）
		20 世纪 60 年代	20 世纪 70 年代	20 世纪 80 年代	20 世纪 90 年代	21 世纪初	
中适生区	云南	2.44	1.25	1.85	3.41	1.81	0.09
	广西	6.67	7.45	5.05	4.86	6.15	-0.36
	贵州	4.86	3.04	5.64	6.59	5.43	0.47
	四川	1.57	1.57	1.61	1.32	1.66	-0.01
	湖南	6.47	8.05	5.85	4.83	5.81	-0.45
	重庆	0.15	0.02	0.28	0.27	0.50	0.10
	湖北	0.91	0.91	2.36	2.85	4.45	0.90
	江西	3.37	3.87	3.19	7.65.	4.20	0.54
	安徽	1.73	1.68	2.61	3.12	4.57	0.71
	浙江	4.01	2.32	3.05	2.13	2.28.	-0.36
	江苏	0.00	0.36	0.61	0.80	2.28	0.50
低适生区	云南	28.01	28.40	27.21	26.18	28.37	-0.15
	四川	18.37	18.18	18.99	18.09	19.05	0.13
	重庆	5.69	4.68	6.04	6.46	6.72	0.38
	湖北	4.48	3.96	7.51	6.70	6.71	0.72
	安徽	3.57	3.10	2.77	4.89	1.00	-0.34
	江苏	0.71	2.97	1.79	3.83	1.20	0.18

综上所述，受气候变暖影响，柑橘木虱在我国的潜在气候适宜区呈现向北扩散趋势。其中，中、高适生区北扩明显，高适生区北扩较中适生区更显著；低适生区的南部部分转为中适生区，而湖北、四川、重庆和江苏的北部部分地区由原来的不适生区转为了低适生区。

3　讨论

柑橘木虱是喜温性昆虫，气温变化对柑橘木虱种群的影响较大。谢佩华等（1988）在柑橘的耐寒性研究中指出最冷月的平均气温及极端低温和低温持续时间是限制柑橘木虱地理分布的主要因子。赖剑锋等（1991）及冯贻富等（2013）研究证实气温是影响柑橘木虱种群数量消长的主要因素之一；邓铁军等（2010）通过实地调研分析得出 0 ℃持续天数与柑橘木虱死亡率明显相关；邝凡等（2017）认为高温导致柑橘木虱种群生存时间缩减是其在高温季节出现种群消退现象的主要原因；赵健等（2019）认为选择的自然环境变量不同则其预测结果会有差异，在选择变量时应充分参考前人研究结果进行综合判断。因此，本研究根据柑橘木虱的生物学特性，重点考虑将夏季高温、高温持续时间、冬季低温和低温持续时间等指标作为输入因子，结合文献中的柑橘木虱研究指标和气象上常用的低温、高温指标，增加了 7 月日平均气温大于 30 ℃的日数、8 月日平均气温大于 30 ℃的日数、冬季日平均气温低于 0 ℃的日数以及冬季日平均气温小于等于 -5 ℃的日数 4 个更贴近柑橘木虱生存环境的变量，这更贴合柑橘木虱在中国的实际消亡和扩散规律。

在利用 MaxEnt 模型对各类物种、入侵昆虫等的潜在分布研究中，通常生物气候因子选择的是世界气候数据库中一套固定的生物气候变量，其数据为 1970—2000 年的平均值（杨彪 等，2020；杨楠 等，

2020)，没有年代间的变化，也不包含高温、低温的持续天数等与特定物种生物学指标的数据，在针对柑橘木虱潜在分布的不同年代动态分析上具有一定的局限性。鉴于此，本研究选择了中国气象局网格化日值、月值气象数据，计算得到了7月日平均气温大于30 ℃的日数、8月日平均气温大于30 ℃的日数、冬季日平均气温低于0 ℃的日数、冬季日平均气温小于等于－5 ℃的日数等限制柑橘木虱种群生长的生态学指标数据集以及与WorldClim世界气候数据库中相同的15个生物气候变量进行综合分析。与以往研究结果相比，8月日平均气温大于30 ℃的日数和冬季日平均气温小于等于－5 ℃的日数对于柑橘木虱的分布具有主导性，反映了温度限制是制约柑橘木虱适生性的主要因素，这与柑橘木虱的喜温性一致，因而能更加准确地预测柑橘木虱的潜在分布区。

关于柑橘木虱迁移北界问题，熊红利等（2011）和王晓亮等（2016）通过调查柑橘木虱的实际发生情况，发现我国柑橘木虱区域正在逐步北移，本研究也得到了相似的结论，而且筛选到了影响柑橘木虱北移的主要环境变量，发现最冷季节降水量、最冷季节平均温度、冬季日平均气温小于等于－5 ℃的日数这3个变量的变动起到了主要作用。最冷季节降水量从20世纪60年代的31.5 mm增加到21世纪初的38.3 mm，最冷季节平均温度从－8.2 ℃增加到－6.5 ℃，冬季日平均气温小于等于－5 ℃ 的日数从58.7 d降到54.0 d。表明气候变化造成的中国冬季变暖、变湿是柑橘木虱不断向北迁移和扩散的主要诱因，导致柑橘木虱适生区的总体面积呈增加趋势，部分原来气候条件不适宜柑橘木虱生存的区域开始适宜柑橘木虱分布；另一方面柑橘木虱中、高适生区的面积持续增加，区域内气候条件越来越适宜柑橘木虱生存，表明柑橘黄龙病在我国扩散的风险相应加大。

在我国柑橘产区中，已有广东、广西、福建、海南、台湾、云南、贵州、四川、江西、浙江和湖南共计11个省区报道有柑橘木虱发生，而重庆、湖北、安徽和江苏等省市尚未发现该虫，其中重庆市和湖北省是我国柑橘的重要产区。本研究结果表明，湖北省南部和重庆市大部均为柑橘木虱的适生区，与汪善勤等（2015）和罗伟等（2019）的预测结果一致，且这2个地区与四川、贵州、湖南和江西等中、高适生区省份交界，柑橘木虱有极高的传入风险，应加强这2个地区的苗木检验检疫，做好果园监测预警，严防严控外来性输入。柑橘木虱的生长消亡除与气候环境因子相关外，还与土地利用类型、地形地势和人为防控密切相关，如赵健等（2019）在对烟粉虱潜在分布的研究中发现土地利用类型是影响烟粉虱在我国发生的重要因素，同理认为柑橘果园分布对柑橘木虱的发生也是一个重要因素，本研究着重于探讨气候环境变化对柑橘木虱分布的潜在影响，后续可结合土地利用类型和地形地势展开进一步的深入研究。

参考文献

崔麟，魏洪义，2016. 基于MaxEnt和DIVA-GIS的亮壮异蝽潜在地理分布预测［J］. 植物保护学报，43（3）：362-368.

邓铁军，王凯学，覃贵亮，2010. 冰冻灾害对柑橘木虱越冬存活率影响的调研分析及灾后防治对策［J］. 广西植保，23（1）：9-11.

段义忠，王驰，王海涛，等，2020. 不同气候条件下沙冬青属植物在我国的潜在分布：基于生态位模型预测［J］. 生态学报，40（21）：7668-7680.

冯贻富，汪恩国，潘伟，2013. 柑橘园柑橘木虱种群数量消长规律研究［J］. 中国园艺文摘，29（5）：39-40.

黄静，钟进良，刘蕊，等，2020. 柑橘木虱在梅州地区的发生规律及防治技术［J］. 安徽农学通报，26（9）：97-98.

贾栋，徐朝茜，刘艳红，等，2020. 基于MaxEnt模型预测苹红缢管蚜在中国的适生区［J］. 植物保护学报，47（3）：528-536.

邝凡，林梦琪，袁水秀，等，2017. 高温对亚洲柑橘木虱死亡率和活动行为的影响［J］. 南方农业学报，48（9）：1600-1604.

赖剑锋，杨清华，1991. 赣南柑橘木虱发生规律与防治研究［J］. 江西植保，14（3）：67-74.

李彬，罗聪，苏玲，等，2020. 柑橘黄龙病病原快速检测技术研究进展［J］. 基因组学与应用生物学，39（2）：652-657.

李培先，郑江华，林峻，等，2017. 基于MaxEnt模型的突颊侧琵甲新疆潜在地理分布预测和主要影响因子分析［J］.

植物保护学报，44（3）：445-452.
林姗，陆兴利，王茹琳，等，2020. RCP8.5 情景下气候变化对四川省猕猴桃溃疡病病菌地理分布的影响［J］. 江苏农业科学，48（3）：124-129.
刘慧，何利庭，龚碧涯，等，2019. 柑橘木虱在湖南发生规律的初步研究［J］. 湖南农业科学（10）：49-52.
罗伟，王闫利，林姗，等，2019. 气候变化情景对柑橘木虱潜在地理分布的影响［J］. 贵州农业科学，47（9）：30-35.
马菁，刘垚，张学俭，2019. 基于 MaxEnt 模型的宁夏枸杞蚜虫适生分布预测研究［J］. 地理与地理信息科学，35（5）：40-45.
王茹琳，郭翔，李庆，等，2019. 四川省猕猴桃溃疡病潜在分布预测及适生区域划分［J］. 应用生态学报，30（12）：4222-4230.
王茹琳，李庆，封传红，等，2017. 基于 MaxEnt 的西藏飞蝗在中国的适生区预测［J］. 生态学报，37（24）：8556-8566.
汪善勤，肖云丽，张宏宇，2015. 我国柑橘木虱潜在适生区分布及趋势分析［J］. 应用昆虫学报，52（5）：1140-1148.
王晓亮，李潇楠，冯晓东，等，2016. 柑橘黄龙病与柑橘木虱在我国发生情况调查［J］. 植物检疫，30（2）：44.
王雨生，王召海，邢汉发，等，2019. 基于 MaxEnt 模型的珙桐在中国潜在适生区预测［J］. 生态学杂志，38（4）：1230-1237.
谢佩华，苏朝安，林自国，1988. 柑橘木虱耐寒性研究［J］. 植物保护，14（1）：5-7.
熊红利，林云彪，项宇，等，2011. 柑橘黄龙病与柑橘木虱在我国发生北界调查［J］. 植物检疫，25（4）：79-80.
闫东，刘冠纯，侯芝林，等，2020. 利用两种生态位模型预测长爪沙鼠鼠疫疫源地动物间疫情潜在风险［J］. 中国媒介生物学及控制杂志，31（1）：12-15.
杨彪，张全建，王彬，等，2020. 基于 MaxEnt 模型的雅砻江冬麻豆生境适宜性评价［J］. 生态学报，40（17）：6077-6085.
杨楠，马东源，钟雪，等，2020. 基于 MaxEnt 模型的四川王朗国家级自然保护区蓝马鸡栖息地适宜性评价［J］. 生态学报，40（19）：7064-7072.
杨余兵，1989. 光、温湿度对柑橘木虱发育、繁殖与存活的影响［J］. 生态学报，9（4）：348-354.
张华，赵浩翔，王浩，2020. 基于 Max-Ent 模型的未来气候变化情景下胡杨在中国的潜在地理分布［J］. 生态学报，40（18）：6552-6563.
赵健，李志鹏，张华纬，等，2019. 基于 MaxEnt 模型和 GIS 技术的烟粉虱适生区预测［J］. 植物保护学报，46（6）：1292-1300.
ELITH J，GRAHAM C H，ANDERSON R P，et al，2006. Novel methods improve prediction of species' distributions from occurrence data［J］. Ecography，29（2）：129-151.

盐池牧草返青期变化特征及与气象因子的关系

姬菲菲[1,2]　戈晓峰[3]　赵斯文[1,2]

（1. 中国气象局旱区特色农业气象灾害监测预警与风险管理重点实验室，银川 750002；
2. 宁夏回族自治区吴忠市气象局，吴忠 751100；
3. 南京信息工程大学气象灾害地理信息工程实验室，南京 210044）

摘要： 利用1989—2018年盐池县国家基本气象站收集的禾本科天然牧草针茅观测资料及同期的气温、降水等气象数据，研究该地区天然牧草返青期特征及气象条件对其影响。结果表明：①盐池县牧草返青期主要集中在3月下旬到4月上旬，整体为提前趋势，并以每10年2.9 d的速度提前。从2003年后，针茅牧草返青期提前趋势更加明显。②盐池牧草返青期受热量影响较大，3月平均温度、3月最高温度与牧草返青期日序间有着较高相关性。③水分条件对盐池牧草返青期影响不一，3月降水日数与返青期相关性适中，3月降水量以及前一年11月到3月期间的降水量与其相关性较低。

关键词： 天然牧草；返青期；气象因子

引言

天然牧草返青期的预报与气象因素密切相关，不同气象条件对返青期的影响也不尽相同，其中水分和热量的影响尤为重要。20世纪80年代以来，国内很多学者针对典型草原牧草各生长发育期与气候条件的关系展开各类研究。高亚敏[1]研究表明，降水量是影响科尔沁草地北部牧草返青期和枯黄期的主要因素，降水量与返青期呈负相关，与其枯黄期呈正相关。郭斌等[2]认为，牧草生长期对平均温度、气温日较差、有效降水日数等气象因子敏感。孙小龙等[3]研究发现草原地上生物量的主要限制因子是降水，其次也与年平均最高气温和生长季平均最高气温相关。赵恒和等[4]认为在3月中旬，如果气温升高，西北针茅返青日会推迟，这主要因为高温促使土壤水分蒸发，而土壤干旱阻碍返青。

宁夏盐池县地处毛乌素沙漠边缘，地形属鄂尔多斯台地向黄土高原的典型过渡地带，主要由温性荒漠草原、温性草原、温性荒漠等草原类型组成。本文通过分析盐池县禾本科牧草针茅的返青期变化特征，探索其与气象因子的对应关系，以期为该区牧草的观测及定量评价气象条件对牧草生长发育提出科学依据，

1　材料与方法

1.1　数据来源及研究区域概况

气象数据来源于盐池县国家基本气象站1989—2018年的30 a地面气象观测资料，牧草资料选用盐池县牧业气象观测站禾本科天然牧草针茅1989—2018年共30 a观测资料。牧草观测点设在盐池县花马

池镇田记掌村，海拔高度 1350. 9 m，观测方法依据农业气象观测规范，观测地段面积一般不小于 10000 m^2。观测地段一般划分为 4 个观测区域作为 4 个重复，每个重复又分为 4 个观测区，一年用一个观测区。观测牧草各生育期、高度、覆盖度、产草量等要素。该地段以温性荒漠草原为主，草场种群主要以柠条锦鸡儿、蒙古冰草、杂类草为主，主要植物种类有短花针茅、黑沙蒿、蒙古冰草、胡枝子等。盐池县气象站位于 107°E、37°N，海拔高度 1350. 9 m，气候类型为中温带大陆性季风气候，年平均气温 8. 9 ℃，年降水量 303. 6 mm，5—9 月降水量 248. 8 mm，为该站全年总降水量的 81. 9%，雨热同季，年日照时数为 2832. 6 h。

1. 2　分析方法

牧草返青期变化趋势分析主要采用一次线性趋势方法，同时利用相关分析、趋势分析等方法分析了气象因子（积温、有效降水日数、降水量等）对针茅返青期的影响。

2　针茅返青期特征及变化

由表 1 分析得到，盐池县针茅返青期主要集中在 3 月下旬到 4 月上旬，平均日期为 4 月 1 日，但早晚年相差较大为 24 d，最早在 3 月 20 日，最晚在 4 月 12 日。30 a 中有 15 a 返青期晚于多年平均日期，15 a 早于多年平均日期。根据 1989—2018 年共 30 a 年际变化分析，针茅返青期整体为提前趋势，以 -2. 9/10a 的速度提前，相关系数为 0. 85。尤其是从 2003 年后，盐池县针茅返青期提前趋势更加明显，以 -6. 3/10a 的速度提前（图 1）。

表 1　盐池县针茅返青期出现时间

最早出现时间（月/日）	最晚出现时间（月/日）	平均时间（月/日）	早、晚年差/d
3/20	4/12	4/1	24

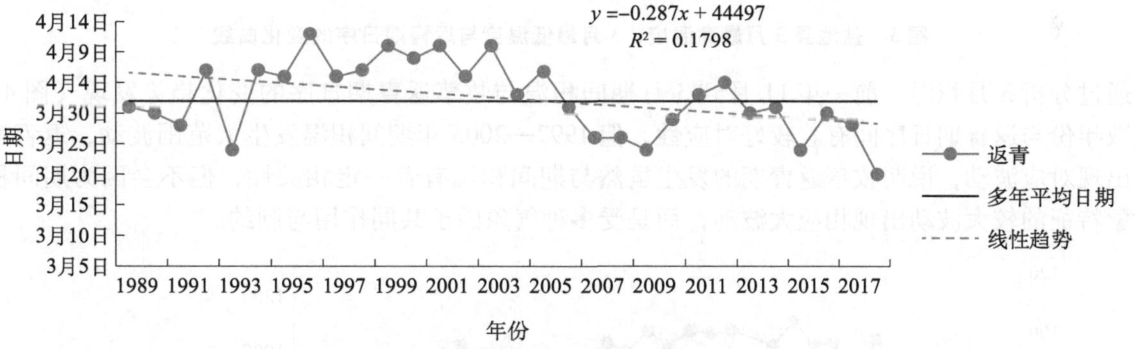

图 1　盐池县针茅返青期的年际变化趋势

3　针茅生长发育的气象条件分析

3. 1　热量条件对牧草返青的影响

将盐池县针茅牧草的返青期日序与 3 月平均温度及前一年 11 月到 3 月期间的平均温度进行对比分析（图 2），发现 3 月平均温度的变化曲线与返青期日序间有着较高相关性，尤其在 1991—1995 年以及2008—2018年表现最为明显，返青期日序会随着3月平均温度的上升或下降而随之推迟或推前。而期间平均温度与牧草返青期整体变化趋势有一致性，但某些具体年份变化无明显相关性。

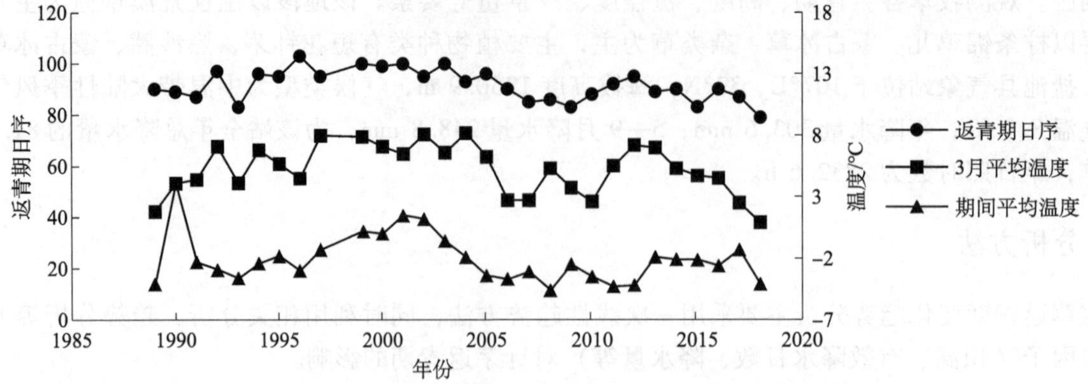

图2　盐池县3月平均温度、期间平均温度与返青期日序的变化曲线

通过分析牧草的返青期日序与3月最高温度和3月最低温度的变化趋势线发现（图3），3月最高温度的变化曲线与返青期日序间整体呈现较高相关性，尤其是2005—2011年表现最为明显。而3月最低温度变化曲线则与返青期日序间无明显相关性。

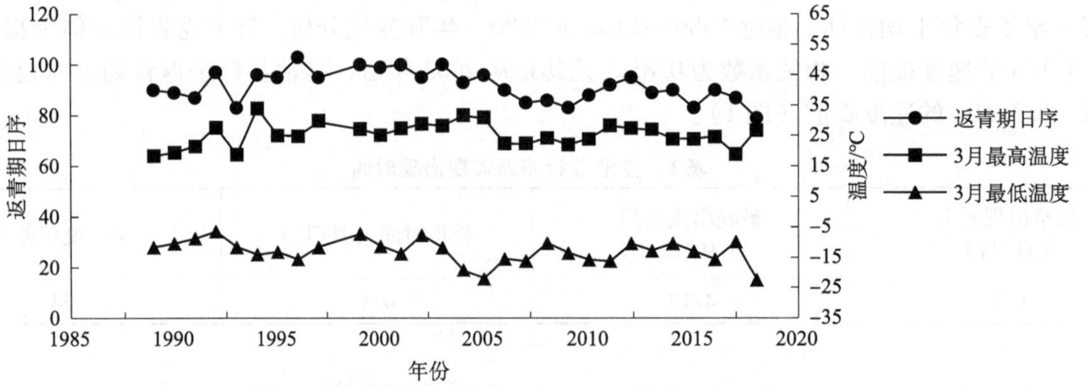

图3　盐池县3月最高温度、3月最低温度与返青期日序的变化曲线

通过分析3月积温、前一年11月到3月期间积温与牧草返青期日序的变化趋势发现（图4），两者多数年份与返青期日序间有着较好对应性，但1997—2005年期间积温发生大范围波动，返青期日序并未出现对应波动，说明牧草返青期的发生虽然与期间积温有着一定相关性，但不会因为期间积温单一气象特征的较大波动出现相应大波动，而是受多种气象因子共同作用与制约。

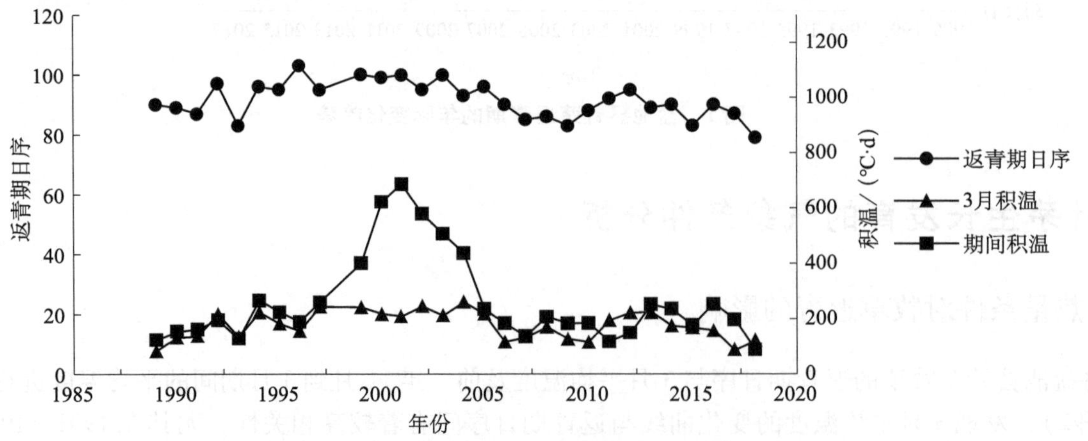

图4　盐池县3月积温、期间积温与返青期日序的变化曲线

3.2　水分条件对牧草返青的影响

通过分析图5发现，牧草返青期日序与3月降水日数的变化趋势部分年份间存在相应性，如1992—1996年、2001—2004年、2012—2018年较明显，但其余年份二者间变化趋势并不明显，说明返青期与3月降水日数间相关性适中。

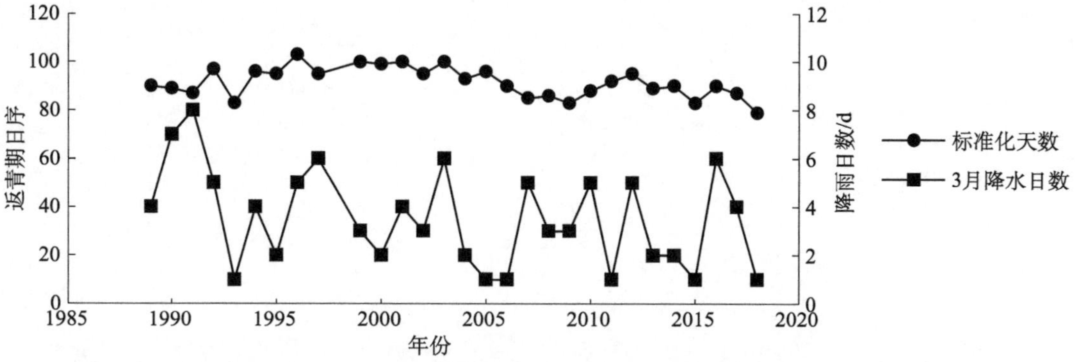

图5　盐池县3月降水日数与返青期日序的变化曲线

从图6中分析得出，牧草返青期日序与3月降水量以及前一年11月到3月期间的降水量二者之间的变化趋势相关性较低，期间降水量整体波动性较大，且在某些年份变化趋势与返青期日序截然相反。3月降水量在个别年份时段变化趋势与牧草返青期一致，而有些年份变化趋势则不尽相同。

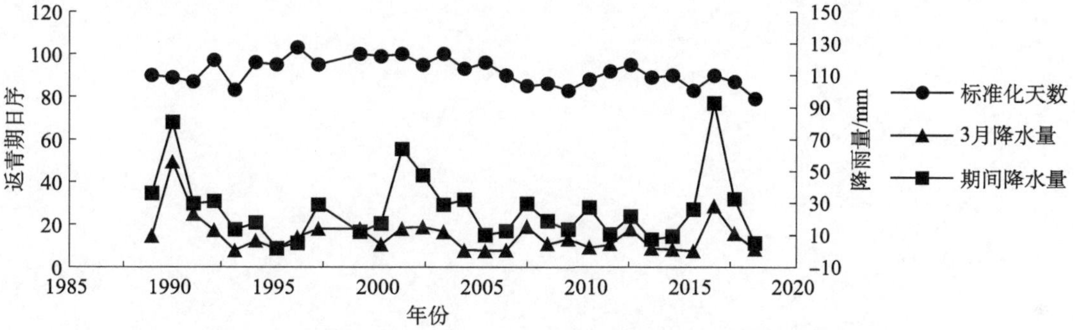

图6　盐池县3月降水量、期间降水量与返青期日序的变化曲线

4　结论与讨论

（1）盐池针茅牧草返青期整体为提前趋势，并以2.9 d/10a的速度提前。从2003年后，针茅牧草返青期提前趋势更加明显。

（2）盐池针茅牧草返青期受热量影响较大。3月平均温度、3月最高温度与牧草返青期日序间有着较高相关性。前一年11月到3月期间平均温度与牧草返青期整体变化趋势有一致性，但某些具体年份变化无明显相关性，而3月最低温度变化则与返青期日序间无明显相关性。3月积温、前一年11月到3月期间积温两者多数年份与返青期日序间有着较好相关性。

（3）水分条件对盐池针茅牧草返青期影响不一。盐池牧草返青期与3月降水日数间相关性适中，与3月降水量以及前一年11月到3月期间的降水量二者之间的变化趋势相关性较低。

参考文献

[1] 高亚敏．气候因素对科尔沁草地北部牧草生长发育的影响［J］．干旱区研究，2019，36（2）：412-419.

[2] 郭斌，王珊，张菡，等．若尔盖湿地天然牧草生育期变化特征及其对气候变化的响应［J］．高原山地气象研究，2018，38（2）：49-57.

[3] 孙小龙，李平，张存厚，等．镶黄旗典型草原地上净初级生产力对气候变化响应的模拟［J］．中国草地学报，2015，37（5）：103-108.

[4] 赵恒和，郭连云，赵年武．高寒草地西北针茅生长发育特征及与气象因子的关系［J］．干旱区资源与环境，2011，25（11）：187-192.

辽宁花生霜冻危险性研究与风险预警服务案例

王贺然[1]　陈鹏狮[1]　周晓宇[2]

（1. 辽宁省生态气象和卫星遥感中心，沈阳　110166；2. 辽宁省气候中心，沈阳　110166）

摘要：良好的资源禀赋和规模化种植优势推动东北花生种植面积不断扩大，但霜冻灾害是东北新兴花生种植区最突出的生产性气候问题。本文从致灾角度研究霜冻对辽宁花生种植的危险性，对保障新兴产区油料作物的稳定、安全生产意义重大，以2021年、2022年大范围花生初霜冻服务为例，实现了花生霜冻的日动态预报，花生霜冻过程的风险预警，并分析花生日霜冻概率和初、终霜日概率分布，对开展农业气象灾害风险预警的服务思路、产品设计和服务流程改进提供了参考。

关键词：霜冻；花生；低温灾害；危险性；风险管理

1　研究背景

黄曲霉污染率低、食用型品质优良、种植规模化和机械化程度较高、生产与加工产业聚集等四大优势，使得东北地区成为中国第四大花生产区[1]，种植面积主要增加在农牧交错区[1,2]。辽宁是东北花生主要种植区[3]，目前的播种面积占全国比例超6%，成为新兴花生主产省[4]。播种期—苗期和成熟期—收获期的霜冻害[2,5,6]，是东北地区花生种植的突出问题[6,7]，种植户、涉农企业和政府重视程度高，对气象服务的需求极为旺盛。这对以高温、干旱、连阴雨和洪涝为主要气象灾害的黄淮海花生产区来说是极少面对的生产问题[8-10]。但有关花生的气象灾害危险性或风险研究起步较晚，目前主要针对的仍是其他主产区面临的主要气象灾害——旱涝[9, 10]，而关于辽宁花生霜冻的危险性和风险研究还未见报道。

面对国家大力实施油料产能提升工程，提高油料自给率的粮食安全战略目标[11]，调整镰刀湾地区种植结构的需求[12,13]，和未来辽宁甚至东北地区的花生种植面积将会继续扩大，尤其是抗寒性较弱的高油酸花生的现状[14,15]，本文针对辽宁花生种植所面临的主要气象风险，考虑最低气温、发育期和农事活动3个因素，识别生长季内的霜冻灾害，建立花生霜冻危险性评估指标体系，进行辽宁花生春、秋霜危险性区划，为相关部门开展花生霜期预报，播种期、收获期预测，通过调整播种和收获等农事活动的时间，实现农业防灾减灾和农产品提质增效提供技术支撑。

2　数据与方法

2.1　数据

气象数据为辽宁56个国家基本气象观测站1961—2020年逐日最低气温（℃）。对站点缺测数据进行线性插补。花生播种的气温条件与大豆接近[16,17]，在辽宁两者几乎同步播种，故花生播种和收获日期参考大豆发育期观测资料，时间序列为有观测记录以来（1980年或1981年）至2019年。根据气候相似性原理和水源地或灌溉水源地的一致性，将5个大豆农业气象站的发育期观测资料代用至全省（图1）。气象数据、发育期观测资料来自辽宁省气象信息中心。

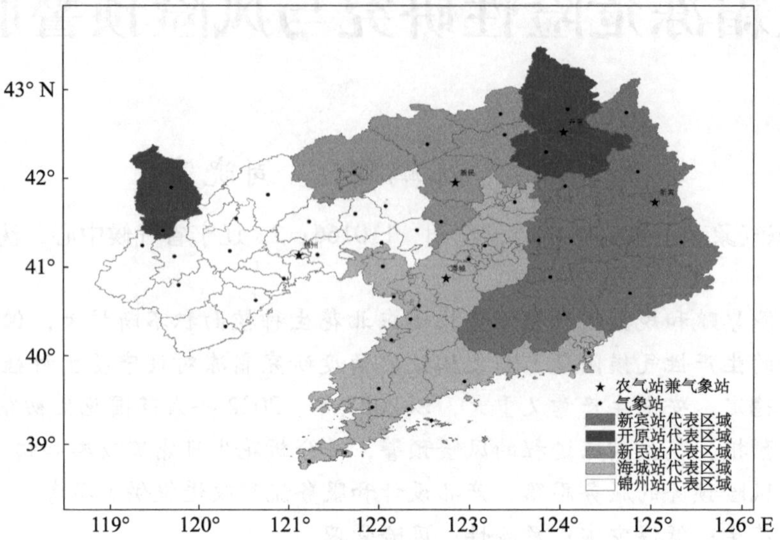

图1　辽宁气象站点的分布及代用

2.2　研究方法

2.2.1　危险识别

根据表1[18]识别辽宁花生生长季内的霜日及霜冻害等级[19, 20]，即日平均气温≤0.5 ℃为一个霜冻日。

表1　花生霜冻等级划分标准[18]

	轻霜冻	中霜冻	重霜冻
日最低气温/℃	0.0 ~ 0.5	-1.0 ~ 0.0	-2.0 ~ -1.0

发育阶段、最低气温和播种/收获与否决定了作物能否遭遇霜冻灾害[21,22]。本文将发育期观测资料中最早播种日前5 d至最晚成熟日后5 d之间的时段定义为花生生长季，最早播种日前5 d至5月31日为播种期—苗期，9月1日至最晚成熟日后5 d为成熟期—收获期（表2），符合目前正常年景下辽宁花生的播种时段和收获时段，霜日的识别结果表明，各站5月31日至8月31日未发生霜冻，故辽宁花生霜冻包括春季霜冻（春霜）和秋季霜冻（秋霜）。

表2　辽宁花生关键农事活动日期

农业气象站	最早播种日	最晚播种日	最早成熟日	最晚成熟日
新民	4月18日	5月23日	9月15日	10月8日
开原	4月23日	5月9日	9月18日	9月30日
新宾	5月4日	5月16日	9月18日	10月7日
锦州	4月23日	5月20日	9月11日	10月4日
海城	4月24日	5月16日	9月8日	9月28日

识别初、终霜日[23]，其中80%保证率下的日期为初、终霜日界限值[24]，统计播种期—苗期和成熟期—收获期的霜日数[25]。由于辽宁花生夏季未识别出霜冻，故春霜日数与秋霜日数之和为生长季霜日数。

2.2.2　危险性评估

霜冻危险性用霜冻致灾因子危险性指数表示[26]：

$$H = \sum_{1}^{n} X_i \times A_i \tag{1}$$

式中，H 为某类霜冻致灾危险性指数，X_i 为第 i 个致灾因子的归一化值，n 为致灾因子总数，A_i 为第 i 个致灾因子的权重系数，由信息熵赋权法获得。致灾因子须能反映霜冻发生的可能性、严重程度和影响范围[27]，是多年平均状态。具体致灾因子及其权重见表3。

表3　辽宁花生霜冻致灾因子及权重

霜冻危险性类型	致灾因子及其权重/%	
春霜危险性	年均春霜日数（83.02）	平均终霜日（16.98）
秋霜危险性	年均秋霜日数（90.15）	平均初霜日（9.85）

致灾因子的无量纲化处理如下：

$$x' = \frac{x - x_{min}}{x_{max} - x_{min}} \tag{2}$$

式中，x' 为致灾因子归一化值，x 为致灾因子值，x_{min} 为致灾因子最小值，x_{max} 为致灾因子最大值。

根据霜冻危险性指数进行霜冻危险性区划。用标准差法将花生春、秋霜危险性分为低、较低、较高、高4个等级，危险性指数值越大，危险性越高（表4）。

表4　辽宁花生霜冻危险性等级划分标准

	低	较低	较高	高
标准	$<$ ave -0.5σ	ave -0.5σ ~ ave	ave ~ ave $+0.5\sigma$	$>$ ave $+0.5\sigma$

注：ave为区域内非0危险性指数均值，σ 为区域内非0危险性指数标准差

用Excel进行数据处理和图表绘制，用Excel和SPSS进行数据分析和显著性检验。用SPSSAU在线工具进行权重计算。在ArcGIS 10.0中用克里金插值法和反距离权重插值法进行要素的空间化表达。

3　结果与结论

3.1　春、秋霜日数

大部分站点花生生长季秋霜日数为0~3 d，建平镇、西丰、抚顺、清原、新宾、草河口为4~7 d，大洼、营口、盖州、丹东、东港、瓦房店、普兰店、皮口、长海、庄河、旅顺、大连秋季未发生霜冻（图2），大部分站点秋霜多发生在10月（图3）。

大部分站点花生生长季春霜日数为0~3 d，建平镇、法库为4~7 d，长海、旅顺、大连春季未发生霜冻（图4），大部分站点春霜多发生在4月（图5）。

花生生长季内，大部分站点年秋霜日数少于年春霜日数，年秋霜日数多于年春霜日数的站点主要分布在东部山区、东南部山区、南部沿海地区。

3.2　初、终霜日

平均初霜日最早出现在西部山区，其次为东部山区，之后从东北到西南推进（图6a）。平均终霜日从西南到东北逐渐结束，西部山区最晚结束霜冻，其次为东部山区（图6b）。

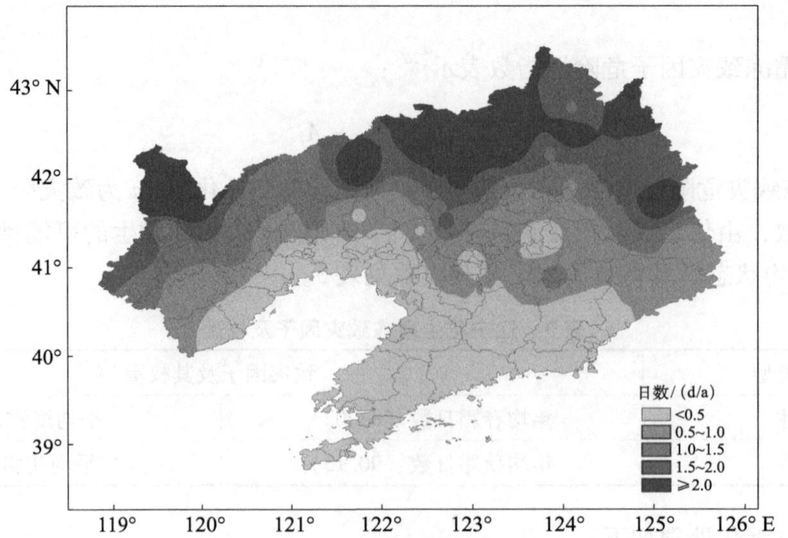

图 2　辽宁花生秋霜日数分布

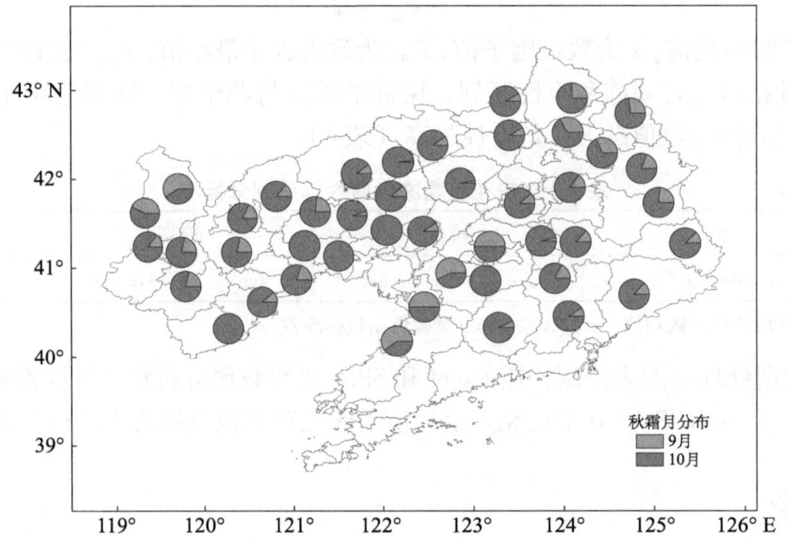

图 3　辽宁花生秋霜日数月分布

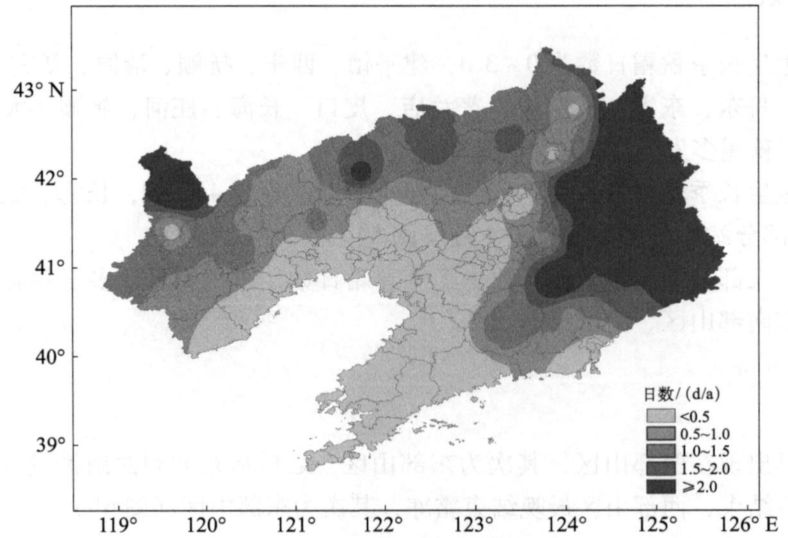

图 4　辽宁花生春霜日数分布

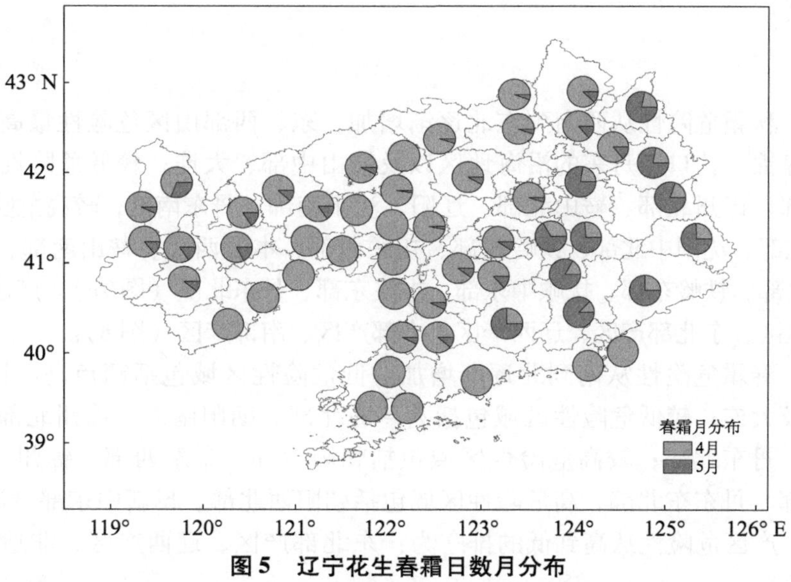

图 5　辽宁花生春霜日数月分布

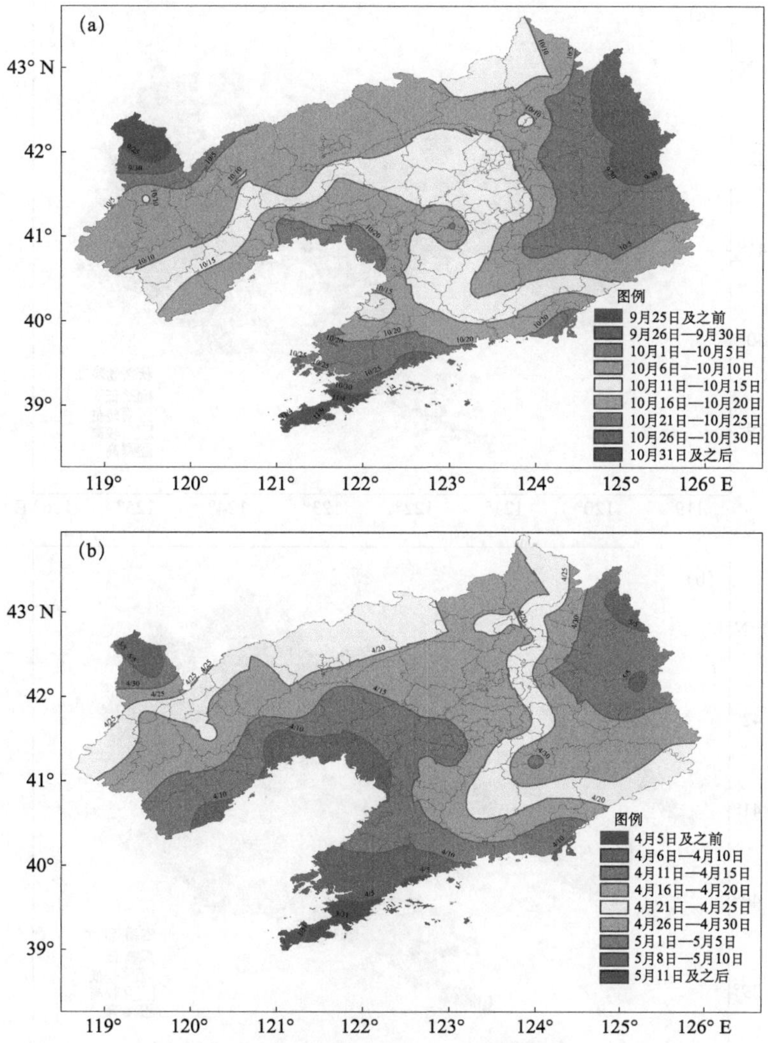

图 6　辽宁花生平均初、终霜日分布

（a）初霜日；（b）终霜日

3.3 危险性评估

花生生长季内，秋霜危险性从西南到东北逐渐增加，东、西部山区危险性最高。低危险性区域包括葫芦岛、锦州、盘锦、营口、丹东的沿海地区以及鞍山中部、大连；较低危险性区域包括葫芦岛北部、朝阳南部和东部、锦州北部、鞍山北部、辽阳、沈阳南部、丹东南部；较高危险性区域包括朝阳中部、阜新、锦州东北部、沈阳中北部、铁岭西部、抚顺西部、本溪西部、鞍山南部、丹东中部；高危险性区域包括朝阳西北部、铁岭东部、抚顺中东部、本溪东部、丹东北部（图7a）。产区危险性从高到低的排序为：非适宜种植区、东北部产区、辽西产区、中部产区、南部产区（图8）。

花生生长季内，春霜危险性从南到北逐渐增加。低危险性区域包括葫芦岛、锦州、盘锦、营口、丹东的沿海地区以及大连；较低危险性区域包括葫芦岛北部、朝阳南部、锦州北部、鞍山、辽阳、沈阳南部、本溪西部、丹东北部；较高危险性区域包括朝阳中部、阜新西部、锦州东北部、沈阳中部、抚顺西部、本溪东部、丹东东北部；高危险性区域包括朝阳西北部、阜新中东部、沈阳中北部、铁岭、抚顺东部（图7b）。产区危险性从高到低的排序为：东北部产区、辽西产区、非适宜种植区、中部产区、南部产区（图8）。

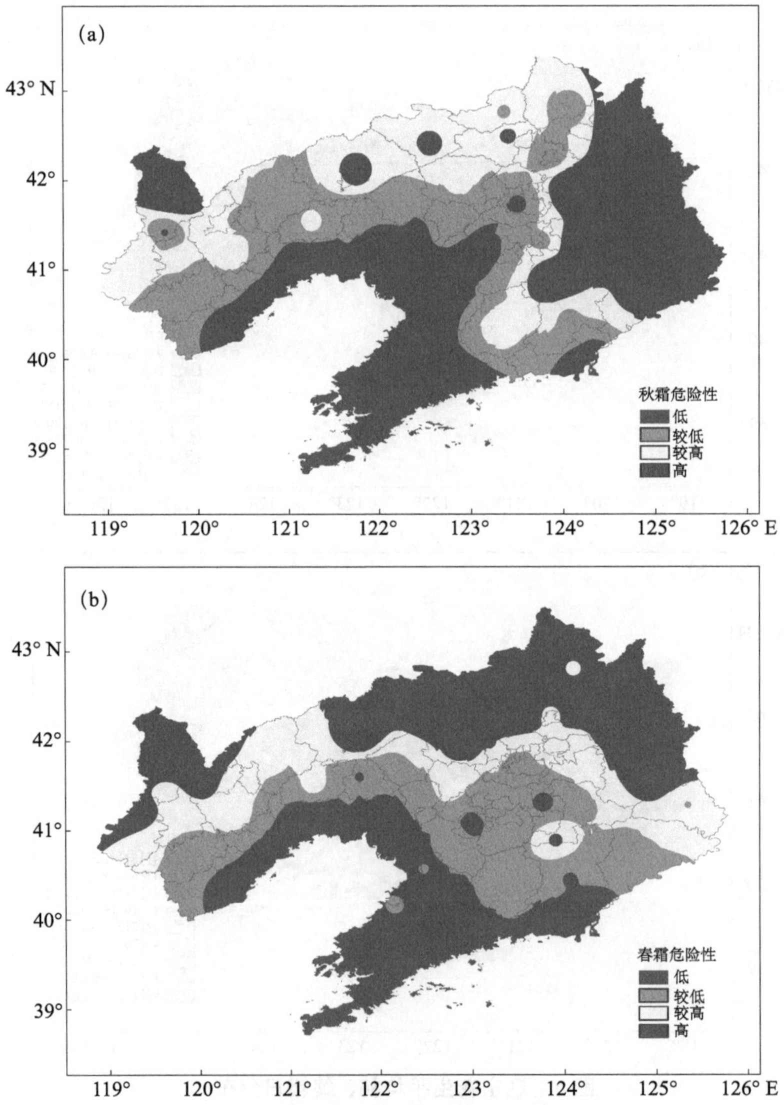

图7　辽宁花生春、秋霜危险性分布

（a）秋霜；（b）春霜

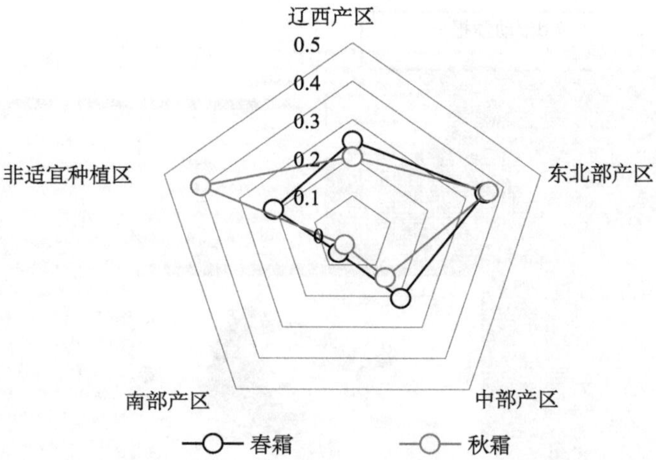

图8　辽宁各花生产区春、秋霜危险性指数比较

4　服务案例

4.1　花生霜冻动态预报

2021年针对10月上旬可能出现的大范围初霜冻，为实现霜冻服务的动态化、简单化，将智能格点温度预报实时数据接入辽宁省农业气象业务平台（图9），根据表1的霜冻等级，开发了辽宁花生霜冻预测模块，初步实现了1～7 d站点霜冻等级表格产品、格点霜冻图片产品的自动化生成和人工修订功能（图10），为省市级农业气象服务人员了解霜冻的演进过程、确定预警发布日期提供技术参考。

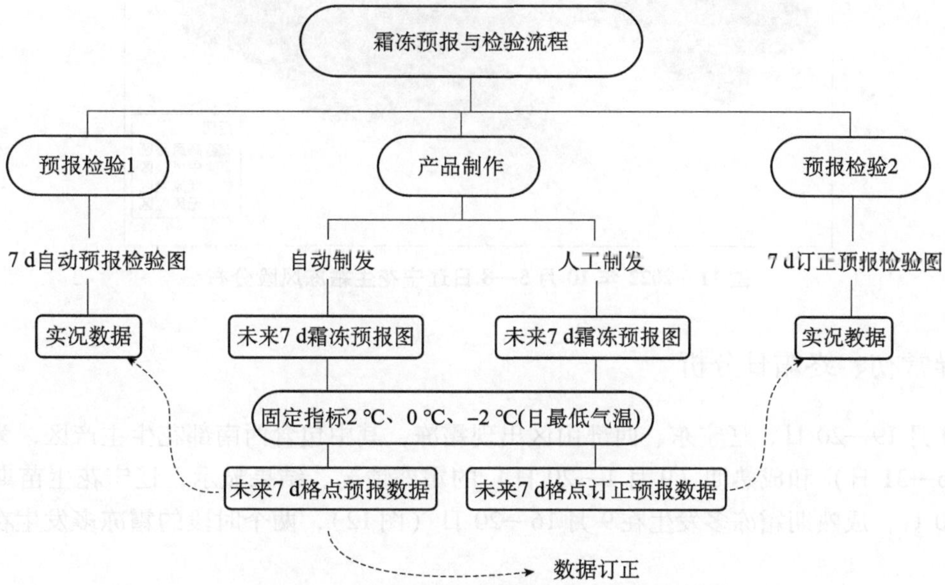

图9　辽宁花生霜冻动态预报技术流程

4.2　花生霜冻过程风险预警服务

2022年10月5—8日，辽宁出现大范围初霜冻。9月29日，根据智能格点温度预报数据，以旱田作物分布为花生暴露度依据，针对本次降温过程，提前7 d制作发布了精细化到乡镇的花生霜冻风险

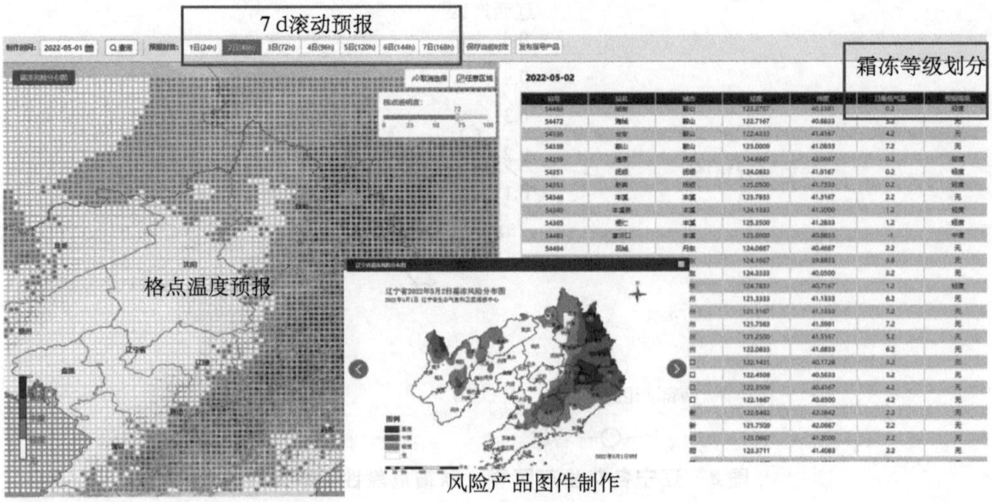

图 10　辽宁花生霜冻动态预报服务平台

分布图，将霜冻风险分为无风险、低风险、中风险和高风险 4 个等级，提示南部沿海地区花生霜冻风险较低，可以收获，其他产区建议延后避灾收获（图 11）。

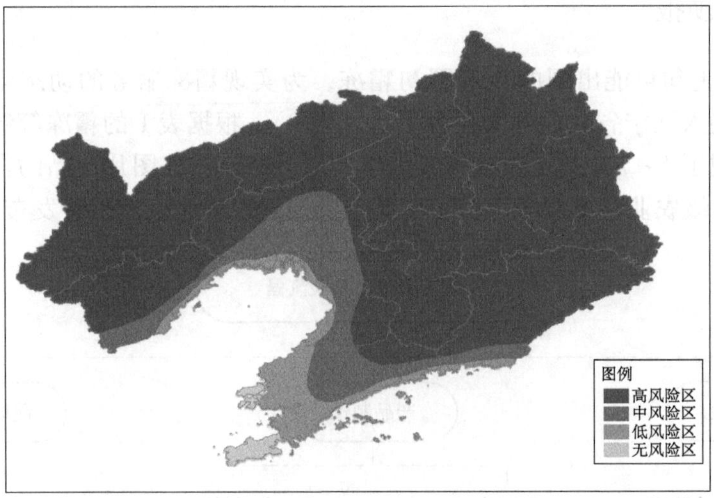

图 11　2022 年 10 月 5—8 日辽宁花生霜冻风险分布

4.3　花生异常初、终霜日分析

2022 年 9 月 19—20 日，辽宁东、西部山区出现霜冻，其中包含西南部花生主产区，为此识别花生苗期（5 月 16—31 日）和成熟期（9 月 1—20 日）的霜冻情况。结果显示，辽宁花生苗期霜冻多发生在 5 月 16—20 日，成熟期霜冻多发生在 9 月 16—20 日（图 12），两个时段的霜冻多发生在东、西部山区（图 13）。

5　服务经验与思考

5.1　服务经验

需要明确不同低温类灾害的差异性。发生在辽宁的低温类灾害包括寒潮（冷空气）、低温冷害和

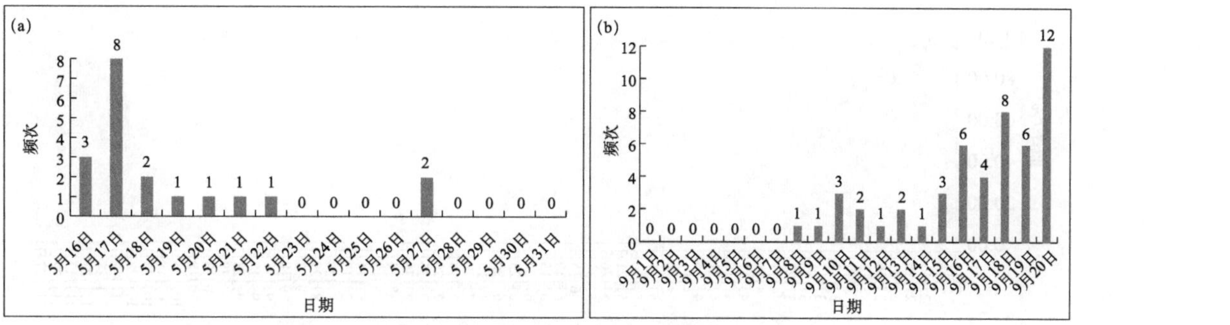

图 12　辽宁花生苗期和成熟期霜冻日的时间分布

（a）苗期；（b）成熟期

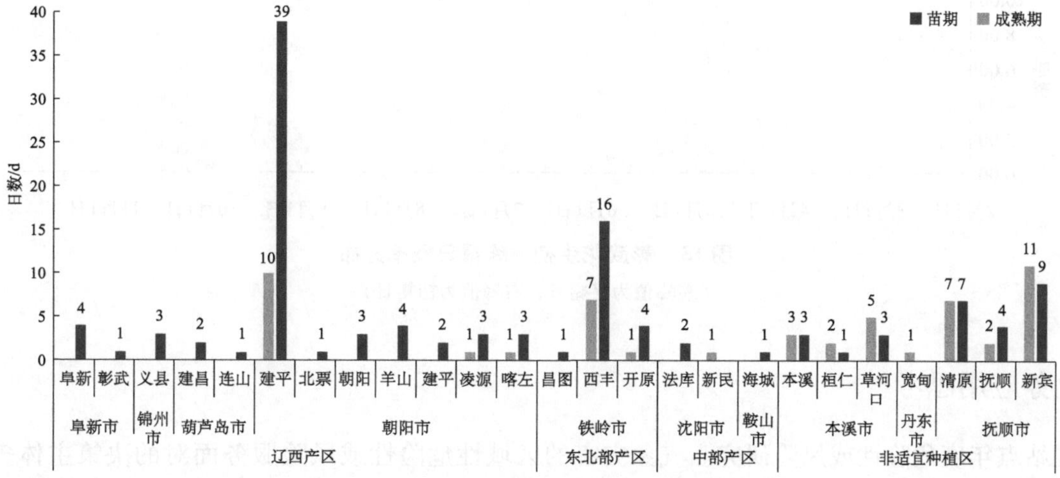

图 13　辽宁各站花生苗期和成熟期霜冻日数

霜冻，三者的属性、承灾体、发生时段和计量单位都存在不同，气象部门应根据承灾体选择低温类灾害开展服务（表 5）。

表 5　辽宁低温类灾害的特征对比

低温类灾害的类型		特殊性			
一级分类	二级分类	性质	发生时段	承灾体	单位
寒潮		天气活动	除夏季	人体、电力等	过程
低温冷害	延迟型冷害	农业气象灾害	生长季	玉米、水稻	年
	障碍型冷害	农业气象灾害	孕穗期、花期	水稻	过程
霜冻	作物霜冻	农业气象灾害	生长季两端	相应作物	日

气象灾害研究需要考虑对预报的作用。气象灾害风险研究包括灾害识别、特征分析、危险性分析和风险分析 4 步。特征分析虽然简单，但灾害的时间分布可能会对灾害的起报时间有借鉴作用。分析花生日霜冻概率可以看出，各站秋季日霜冻概率逐渐增加，呈“S”形，春季日霜冻概率逐渐降低，呈反“S”形（图 14，以彰武为例）；初、终霜日的概率分布呈正态分布（图 15，以彰武为例），可以据此选择花生霜冻的服务时段。

气象灾害事件的研究单位与服务单位有差异。气象灾害的服务不仅要考虑季节、发育期，服务产品的时段选择不能完全参考灾害事件的计量单位（表 5），以霜冻为例，灾害特征分析和致灾因子的选择都考虑霜日，但 2022 年的风险预警产品以天气过程为预警单元，这是由于冷空气过程是因，霜冻灾害是果。

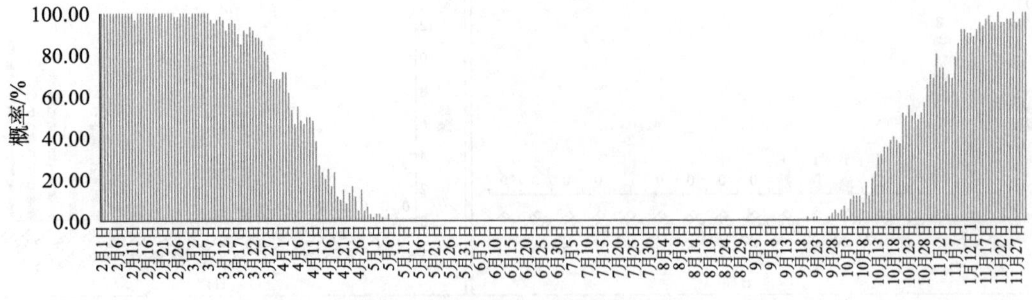

图 14　彰武花生日霜冻概率分布

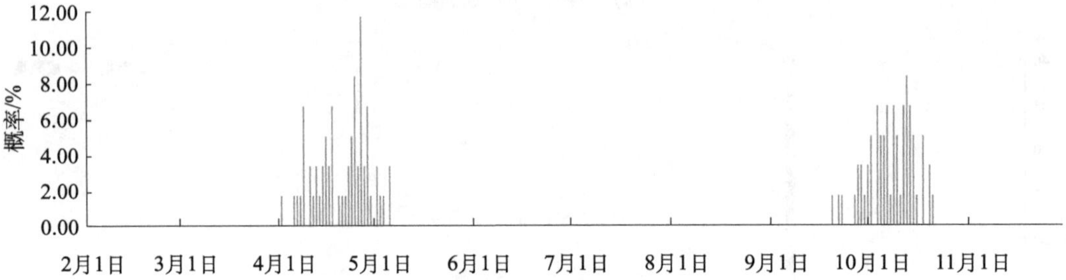

图 15　彰武花生初、终霜日概率分布

（左峰值为终霜日，右峰值为初霜日）

5.2　业务应用思考

开展站点年度危险性或风险研究。气象灾害的区域性危险性或风险服务面对的决策主体多为省级或国家级，对比站点不同年度的危险性或风险，可能发挥气象部门专业指导产品的服务价值。

摸清气象灾害“家底”，重置低温类灾害服务板图。根据作物关键发育阶段面临的灾害风险，按季节、月设计低温类灾害服务产品板图。为方便气象灾害上下游地区的产品交换，图片切割的最小单元为省。现有农业气象风险预警产品的承灾体是作物，在文字表达上增加农事活动等细分场景表达。

探索分作物、分时段、分灾种的低温类风险产品的服务流程。针对一次农业气象灾害，根据要素预报结果，开展风险预评估、风险预警和风险评估 3 类产品，每类产品不限于发布 1 期产品，比如在灾中，可以多次发布风险预警。

开展承灾体暴露度研究，解决风险预警“最后一公里”问题。目前气象部门对不同农作物的精细化分布尚不清楚，危险性应用向风险应用迈进过程中缺少承灾体暴露度数据，可以通过高分、遥感数据获取不同年度的种植地块加以解决。

致谢：感谢第一次全国自然灾害综合风险普查辽宁省气象局气象灾害风险普查技术组的支持。

参考文献

[1] 廖伯寿．我国花生生产发展现状与潜力分析［J］．中国油料作物学报，2020，42（2）：161-166.

[2] 牛海龙，李玉发，何中国，等．吉林省花生产业发展需求报告［J］．东北农业科学，2019，44（3）：11-13.

[3] 郭洪海，李新华，杨丽萍，等．我国东北地区花生生产现状及发展对策［J］．花生学报，2010，39（2）：45-48.

[4] 张怡．中国花生生产布局变动解析［J］．中国农村经济，2014（11）：73-82，95.

[5] 马树庆，杨菲芸．我国霜期、霜冻时空特征及其对气候变暖的响应［J］．气象灾害防御，2015（2）：1-4，36.

[6] 吕建伟，马天进，李正强，等. 花生种质资源出苗期耐低温性鉴定方法及应用［J］. 花生学报，2014，43（3）：13-18.
[7] 何中国，朱统国，李玉发，等. 吉林省花生育种现状及发展方向［J］. 作物杂志，2018（4）：8-12.
[8] 翟镜翔. 河南省花生连阴雨气象指数保险产品设计研究［D］. 郑州：河南大学，2021.
[9] 魏思成，李凯伟，张继权，等. 黄淮海地区春花生旱涝灾害危险性评价［J］. 应用气象学报，2021，32（5）：629-640.
[10] 张美恩，王春乙，宋艳玲，等. 河南省夏花生生育期旱涝灾害危险性评价［J］. 农业工程学报，2022，38（1）：158-168.
[11] 王明利，鄢朝辉. 俄乌冲突对世界及我国食物安全的影响与应对策略［J］. 经济纵横，2022（7）：97-106.
[12] 杨翔宇，何中国，牟书靓，等. 吉林省花生生产现状与发展对策［J］. 农业科技管理，2020，39（5）：63-66.
[13] 毛留喜，赵俊芳，徐玲玲，等. 我国“镰刀弯”地区春玉米种植的气候适宜性与调整建议［J］. 应用生态学报，2016，27（12）：3935-3943.
[14] 王传堂，王秀贞，唐月异，等. 中国高油酸花生种质创制、品种选育进展与建议［J］. 花生学报，2015，44（2）：49-53.
[15] 海龙，吕永超，宁洽，等. 高油酸花生耐低温高产栽培技术［J］. 东北农业科学，2020，45（2）：13-15.
[16] 张承祥，张勋利，李矩琛，等. 我国花生种植区划——Ⅰ花生生产布局现状和品种适宜气候区划［J］. 花生科技，1984，13（1）：15-19.
[17] 马树庆. 我省发展大豆生产的农业气候条件及主产区划分［J］. 吉林农业科学，1994（4）：90-94.
[18] 中国气象局. 作物霜冻害等级：QX/T 88—2008［S］. 北京：气象出版社，2008.
[19] 吕佳佳，朱海霞，宫丽娟，等. 1971—2016 年寒地大豆霜冻害时空演变特征及对产量影响［J］. 大豆科学，2020，39（2）：260-268.
[20] 王晾晾，杨晓强，李帅，等. 东北地区水稻霜冻灾害风险评估与区划［J］. 气象与环境学报，2012，28（5）：40-45.
[21] 陈凯奇，米娜. 辽宁省玉米低温冷害和霜冻灾害风险评估［J］. 气象与环境学报，2016，32（1）：89-94.
[22] 王惠贞，唐红艳，韩雪，等. 内蒙古大豆秋季霜冻风险指数分析及灾害风险区划研究［J］. 中国农业资源与区划，2022，43（2）：23-32.
[23] 叶殿秀，张勇. 1961—2007 年我国霜冻变化特征［J］. 应用气象学报，2008，19（6）：661-665.
[24] 张磊，王静，张晓煜，等. 近 50 a 宁夏初、终霜日基本特征及变化趋势［J］. 干旱区研究，2014，31（6）：1039-1045.
[25] 王惠贞，李丹，吴瑞芬，等. 1961—2017 年内蒙古霜冻时空分布特征及演变趋势［J］. 江苏农业科学，2020，48（18）：274-282.
[26] 高晓容，王春乙，张继权，等. 东北地区玉米主要气象灾害风险评价模型研究［J］. 中国农业科学，2014，47（21）：4257-4268.
[27] 李世奎，霍治国，王道龙，等. 中国农业灾害风险评价与对策［M］. 北京：气象出版社，1999.

智能网格预报在农业气象服务中的应用

王彦平　曲学斌

（内蒙古自治区呼伦贝尔市气象局，呼伦贝尔 021008）

摘要： 通过建立系统的农业气象服务技术指标、方法和模型，开发了呼伦贝尔市农业气象业务服务系统，将指标和模型嵌于此系统中，对接 CIMISS 数据接口，自动获取智能网格预报要素，预报时效10 d，空间分辨率为 5 km，精细化程度提高 500 倍左右；智能网格预报在平台的应用和全程化的自动采集、诊断和产品输出功能，减少了业务人员工作量，提高了农业气象服务产品制作智能化程度；形成了格点化、分地域、分作物、分生育期、分农事季节和分灾种的监测、预报、预警、评估服务产品，产品数量、种类倍增，解决了农业气象服务产品供给能力不足的问题，并取得了良好的社会效益和经济效益。

关键词： 智能网格预报；农用天气预报；呼伦贝尔市

随着精细化天气预报业务的发展，在农业气象预报、农业气象条件诊断评价等技术支持下，以影响种植业和设施农业等生产过程中的农事活动气象适宜性指标为依据，采用精细化乡镇预报要素及智能网格预报要素建立判识农事活动气象适宜程度的模型，是目前农用天气预报的一个发展趋势[1,2]。本研究建立了农事活动气象适宜度预报、作物生长气象适宜度预报和农业气象灾害风险预警的指标、模型和评价体系，在此基础上利用 CIMISS 数据接口和格点预报数据，实现了基于格点预报的农事活动气象适宜度自动诊断判别、作物生长适宜度等级预报和评价，以及暴雨洪涝、霜冻、大风、冰雹等农业气象灾害风险的自动判识功能，并以等值线色斑图、表格方式实现对各类数据的显示加工，实现了农业气象服务业务自动化。

关键技术是以本地化的农用天气预报指标、模型为基础，以格点预报在农业气象服务中的应用为切入点，以农业气象服务的智能化诊断、自动化制作和精细化服务为目标，形成对内能够有力支撑业务、对外能够获得服务效益的农业气象服务模式。

1　建立现代农用天气预报指标，修正预报模型

1.1　农事活动气象适宜等级预报模型的建立

采用隶属函数方法[3,4]建立了小麦、玉米、大豆和马铃薯耕整地、播种（施底肥）、收晒 3 个气象适宜度模型及模型中的 65 项气象指标，确定了中耕除草追肥和灌溉农事活动的 15 项气象指标。利用呼伦贝尔扎兰屯农业气象监测站和兴安盟科右前旗农业气象监测站的实际农事活动日的气象资料对模型和指标进行了检验。

1.2　作物生长气象适宜等级预报模型的确定

建立了玉米、大豆的温度适宜度、降水适宜度及水热综合适宜度预报（评价）模型，确定了模型中 80 项气象指标，划分生长气象适宜等级指标 72 项。利用呼伦贝尔扎兰屯农业气象监测站和兴安盟科右前旗农业气象监测站生育阶段株高、长势及收获时地段产量对模型和指标进行了检验。

1.3　农业气象灾害风险预警和影响预报

收集整理了霜冻、干旱、暴雨洪涝、冰雹和大风等农业气象灾害的国标、行标和地标，确定了灾害性天气农用天气预报指标。通过对历史灾情和气象数据的分析对指标进行了检验和本地化订正。

通过检验和订正，模型和指标基本适合内蒙古自治区呼伦贝尔市和兴安盟两地的农业气象业务。

2　应用格点预报，开发智能化的农用天气预报模块

2.1　格点预报的获取

通过CIMISS数据接口获取温度、降水、相对湿度以及灾害性天气的格点预报要素（图1）。

图1　通过CIMISS数据接口获取智能网格预报

2.2　格点预报在农业气象服务业务中的应用

2.2.1　关键农事活动气象适宜等级预报

根据未来10 d 5 km分辨率的智能网格预报和农事活动所需的气象指标，自动判断播种、收获、喷药、施肥等农事活动适宜和不适宜区域，计算主要农业乡镇、农场及村屯的气象适宜等级，并自动生成对应的初级服务产品（图2、图3）。

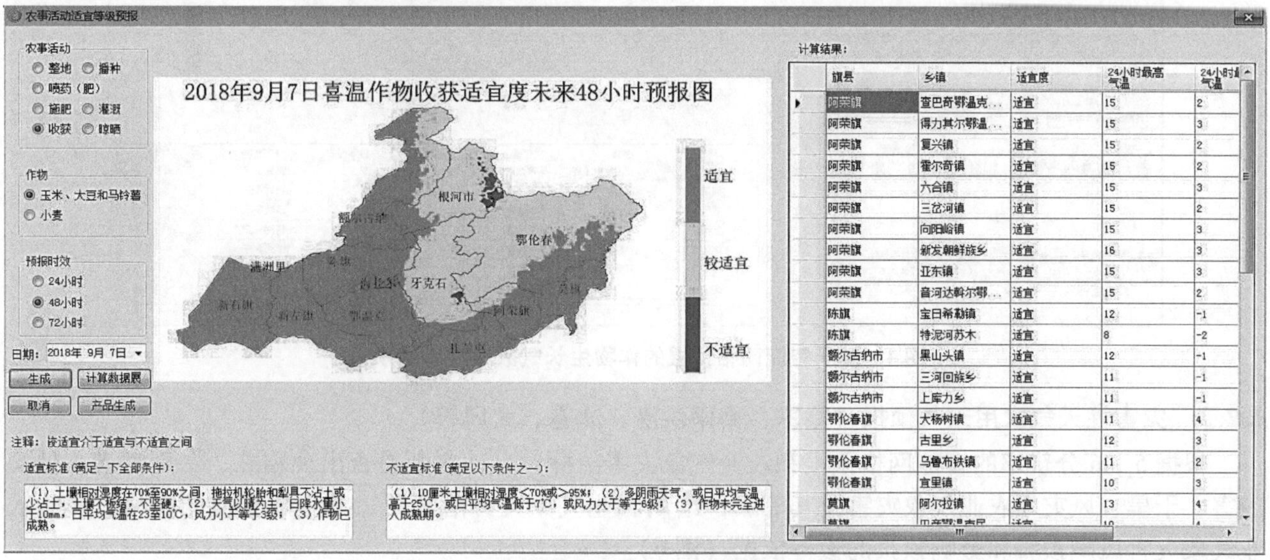

图2　基于智能网格预报的农事活动预报

图3　自动生成农事活动预报产品

2.2.2　作物生长气象适宜等级预报

根据未来 10 d 5 km 分辨率的智能网格预报和农作物生长气象适宜度模型，自动判断未来一段时间农作物生长的适宜和不适宜区域，计算主要农业乡镇和农场作物生长的气象适宜等级（图4、图5）。

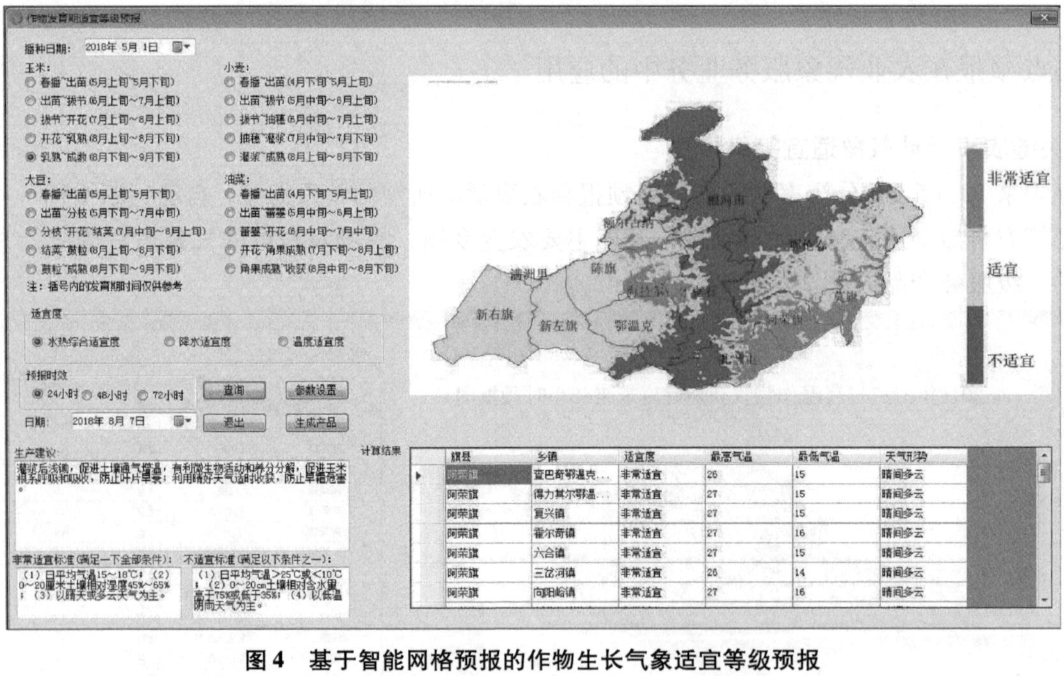

图4　基于智能网格预报的作物生长气象适宜等级预报

2.2.3　灾害性天气农用天气预报（霜冻、暴雨洪涝、冰雹、大风等）

根据 5 km 分辨率的智能网格预报和农业气象灾害指标，自动判断是否出现霜冻、暴雨洪涝、低温冷害、干旱、风灾等农业气象灾害及其等级，绘制农业气象灾害落区图，并生成相应的表格，作为农业气象灾害风险预警和影响预报的参考依据（图6）。

图 5　自动生成作物适宜生长预报初级产品

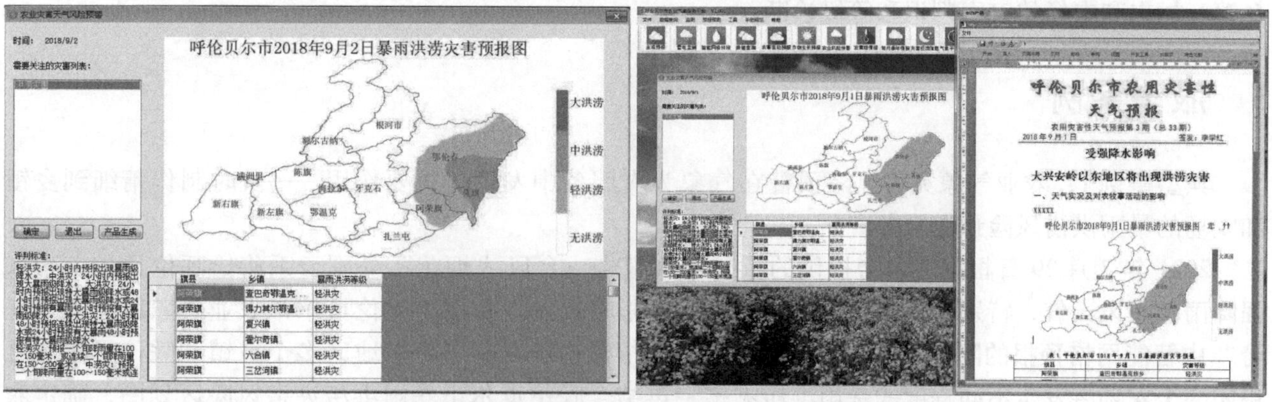

图 6　农业灾害预警落区和级别分析自动生成产品

3　对农业气象服务的重要作用

3.1　格点预报在农用天气预报中的应用填补了智能网格预报在农业气象服务领域应用的空白

2013 年以来，内蒙古自治区气象部门逐步开展农用天气预报业务，但由于对常规天气预报在农业生产实际中的解释应用缺乏统一、专业的标准，缺乏客观的定量预报[5,6]；而且所用预报为站点预报，农用天气预报产品无论从精细化程度，还是供给量和科学性，均不能满足现代农业生产的需求[7,8]。基于天气预报的农用天气预报业务必然要从传统的站点模式逐步走向格点模式[9-12]，为适应这一发展需求，以本地化的指标、模型为基础，开发了“呼伦贝尔市农业气象服务业务平台”，获取格点预报，预报时效 10 d，空间分辨率 5 km，使农用天气预报服务在预报时效上更灵活，在空间上更精细。

3.2　自动化的诊断判识，使农用天气预报业务逐步走向客观化和智能化发展道路

本研究的核心内容是将农用天气预报研究成果和智能网格预报要素相结合，实现农事活动气象适

宜等级预报的自动判别、作物生长气象适宜度的自动诊断功能以及农业气象灾害落区、等级的自动判识，并能够自动绘制适宜等级分布图、灾害落区图（表）和初级产品的自动生成，使农用天气预报业务由主观向客观转变。例如，2017 年制作一份春播农用天气预报，需要 1 ~ 2 h，图表绘制和适宜度判断主要是由人工绘制，每个值班员不仅要重复查找指标，根据指标判断适宜等级，还要人工绘制适宜等级图，而2019 年后，依托本研究成果“呼伦贝尔农业气象服务业务平台”制作一份同样的产品，由于所有指标、模型均由后台自动计算，自动获取格点预报，实现了适宜度等级图（表）的自动输出，大大节省产品制作时间，且提高了产品制作的科学性。

4　主要创新点

创新点一：格点预报的应用，提高农用天气预报的精细化程度，空间分辨率由25. 3 万 km^2的16 个气象预报站点，提高到5 km 的网格预报，精细化程度提高500 倍左右。

创新点二：农用天气适宜度自动判别实现了农业气象服务的智能化，产品自动输出降低业务人员低水平重复劳动。

创新点三：格点预报在农业气象风险预警和灾害影响预报方面实现了一定的突破，可生成精细化乡镇、村屯和农场的灾害判识和等级诊断。

5　服务案例

典型事例 1：农业气象灾害风险预警在气象为农服务中发挥了重要作用——及时制作精细到乡镇和农场的暴雨洪涝风险预警服务产品。

2021 年 7 月 29 日根据气象台提供的重要天气报告，台风“烟花”外围云系将给呼伦贝尔市带来强降雨和大风天气，特别是对呼伦贝尔市岭东农区影响较大。利用“呼伦贝尔市农业气象服务业务平台”中智能网格预报的降雨量，根据暴雨洪涝灾害指标初步判断了岭东地区多个乡镇和呼伦贝尔农垦集团多个农场将发生不同程度的暴雨洪涝灾害，再结合呼伦贝尔市暴雨洪涝灾害风险区划图，确定农垦集团岭东地区有 12 个农场可能发生轻度至中度洪涝灾害，岭东扎兰屯市、阿荣旗和莫旗有 38 个乡镇将发生轻至中度洪涝灾害，制作了基于智能网格预报的 1 期农业气象灾害风险预警产品，提前 2 d 通过电视天气预报、微信群等多手段发布到农垦集团和农业生产一线，提出防范建议，减少了经济损失（图 7）。

2020 年 9 月 2 日针对台风“美莎克”可能给呼伦贝尔市岭东农区带来的强降雨和大风天气制作暴雨洪涝风险预警产品。初步判断农垦集团岭东地区有 13 个农场可能发生中度洪涝灾害，扎兰屯市、阿荣旗和莫旗有 25 个乡镇发生中度洪涝灾害，制作了基于智能网格预报的 1 期农业气象灾害风险预警产品，并在产品中绘制了落区图和表，提前 2 d 通过电视天气预报、微信群等多手段发布到农垦集团和农业生产一线（图 8）。

典型事例 2：春季透雨预报助力春播生产——2019 年 5 月 18 日，针对呼伦贝尔市严重春旱，春播期制作了第一场透雨的农用天气预报。

根据最新预报，呼伦贝尔市岭东地区将出现 25 mm 以上降水天气，局部达 50 mm 以上，将成为岭东地区第一场透雨。呼伦贝尔市气象局灾害防御中心利用“呼伦贝尔市农业气象服务平台”制作了题为《我市岭东地区将迎来第一场透雨，大部地区旱情缓解或解除》的农用天气预报，利用格点预报数据制作了降雨落区和暴雨洪涝落区，并在当日电视天气预报播出，同时利用呼伦贝尔气象微信公众号宣传，获得良好的公众服务效益（图 9）。

呼伦贝尔市农业气象灾害风险预警

第 03 期—暴雨洪涝（总 107 期）

2021 年 07 月 29 日　　签发：李学红

7 月 30 日至 8 月 1 日我市再次迎来强降雨

暴雨洪涝高风险地区雨量偏大 需加强防范

暴雨洪涝灾害风险预警分析

利用格点预报降雨量数据和暴雨洪涝灾害等级指标，结合呼伦贝尔市暴雨洪涝灾害风险区划图（图 2），得出如下灾害风险预警结论（如图 2 和表 1），且此次强降水落区与我市暴雨洪涝高风险区高度重合。

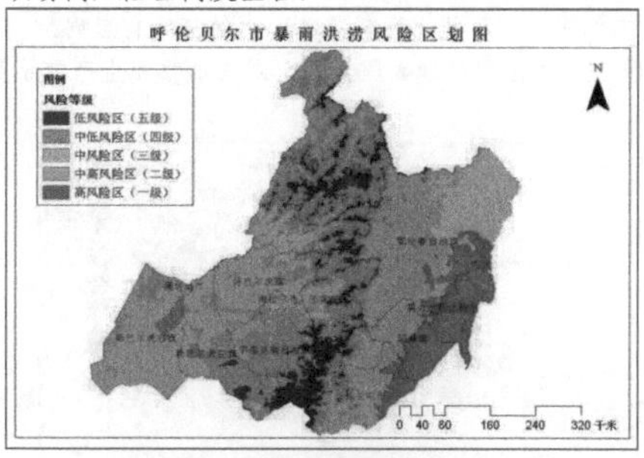

图 1　呼伦贝尔市暴雨洪涝灾害风险区划图

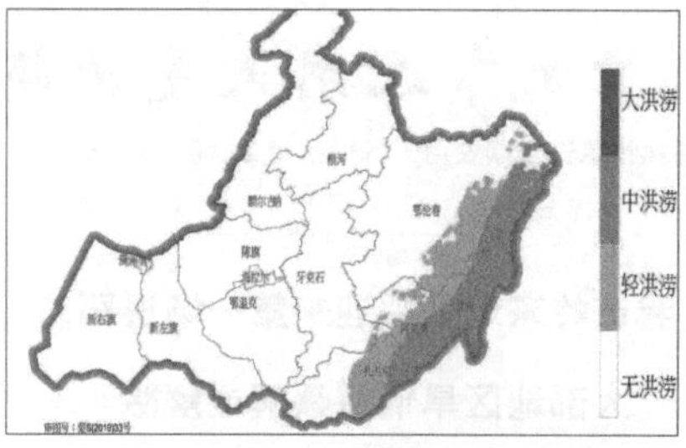

图 2　7 月 30 日至 8 月 1 日暴雨洪涝灾害预报图

表 1 7 月 30 日至 8 月 1 日暴雨洪涝灾害等级预报表

旗县/农垦集团	农场/乡镇	暴雨洪涝等级	暴雨洪涝风险区
农垦集团	三河马场	无	中高风险区
农垦集团	苏沁牧场	无	中风险区
农垦集团	上库力农场	无	中风险区
农垦集团	拉布大林农牧场	无	中低风险区
农垦集团	哈达图农牧场	无	中低风险区
农垦集团	特泥河农牧场	无	中低风险区
农垦集团	陶海农牧场	无	中风险区
农垦集团	谢尔塔拉农牧场	无	中风险区
农垦集团	免渡河农场	无	中低风险区
农垦集团	牙克石农场	无	中高风险区
农垦集团	莫拐农场	无	中低风险区
农垦集团	扎兰屯马场	轻洪灾	中高风险区
农垦集团	大河湾农场	中洪灾	高风险区
农垦集团	绰尔河农场	无	中高风险区
农垦集团	那吉屯农场	中洪灾	高风险区
农垦集团	格尼河农场	中洪灾	高风险区
农垦集团	甘河农场	中洪灾	高风险区
农垦集团	巴彦农场	中洪灾	高风险区
农垦集团	东方红农场	中洪灾	高风险区
农垦集团	欧肯河农场	中洪灾	高风险区
农垦集团	宜里农场	轻洪灾	中高风险区
农垦集团	扎兰河农场	轻洪灾	中高风险区

图 7　针对台风“烟花”产生的强降水制作的基于智能网格预报的农业气象灾害风险预警产品

呼伦贝尔市农业气象灾害风险预警

第 03 期—暴雨洪涝（总 131 期）

2020 年 08 月 28 日　　签发：李学红

29 日至 30 日岭东地区明显降水天气

将导致部分农田出现洪涝灾害

一、降水预报

受高空冷涡及台风外围云系共同影响，29 至 30 日我市岭东偏东地区出现明显降雨天气，岭东阿荣旗东北部、莫力达瓦旗及鄂伦春旗东南部累积雨量 25～50 毫米。（见图 1）。

图 1　8 月 29 日 08 时至 30 日 08 时降水量预报图

二、暴雨洪涝灾害风险预警分析

利用格点预报降雨量数据和暴雨洪涝灾害等级指标，结合呼伦贝尔市暴雨洪涝灾害风险区划图（图 2,3），得出如下灾害风险预警结论：

29 日至 30 日位于我市暴雨洪涝高风险区的阿荣旗格尼河农场、查巴奇鄂温克族乡、得力其尔鄂温克族乡、霍尔奇镇、六合镇、兴安镇、三岔河镇、亚东镇，莫力达瓦旗的阿尔拉镇、宝山镇、杜拉尔鄂温克民族乡、库如奇乡、塔温敖宝镇、藤克镇，西瓦尔图镇和扎兰屯的达斡尔民族乡发生农田轻洪涝灾害的风险较高。

以上地区雨量较大，对进入成熟收获期的小麦和玉米、大豆的灌浆成熟十分不利。

图 2 8 月 29 日至 30 日暴雨洪涝灾害预报图

图 3 暴雨洪涝灾害风险区划图

表 1 8 月 29 日至 30 日暴雨洪涝灾害等级预报表

旗县	乡镇	暴雨洪涝等级
农垦集团	格尼河农场	轻洪灾
阿荣旗	查巴奇鄂温克族乡	轻洪灾
阿荣旗	得力其尔鄂温克族乡	轻洪灾
阿荣旗	霍尔奇镇	轻洪灾
阿荣旗	六合镇	轻洪灾
阿荣旗	兴安镇	轻洪灾
阿荣旗	三岔河镇	轻洪灾
阿荣旗	亚东镇	轻洪灾
莫旗	阿尔拉镇	轻洪灾

图 8　针对台风“美莎克”制作的基于智能网格预报的农业气象灾害风险预警产品

呼伦贝尔市农用天气预报

春播和牧草返青期农用天气预报第 24 期（总 76 期）

2019 年 05 月 19 日　　签发：郑红玉

我市岭东地区将迎来第一场透雨

大部地区旱情将缓解或解除

一、前期土壤墒情及旱情分析

全市春播面积已达 70%左右，岭东地区小麦及东南部玉米、大豆已经进入出苗期，牧区大部天然牧草已进入返青期。近期全市出现持续性降水天气，旱情逐步得到缓解。5 月 19 日土壤水分自动站监测数据显示，岭东除扎兰屯市为三类墒，其余地区为一、二类墒，牧区大部为极干墒和三类墒；从土壤干旱分析，岭东扎兰屯市为中旱，局部重旱，其余地区无旱情，岭西南部地区为中旱，北部地区为轻旱或无旱。全市墒情提升明显，旱情得到缓解，岭东偏东地区旱情得到解除。

图 1　5 月 19 日土壤墒情等级分布图

3. 牧区大部墒情将得到进一步改善，利于牧草快速返青。

图 2　5 月 24 日至 30 日作物生长适宜等级预报图

不利影响：

1. 岭东偏东地区雨量较大，可能出现局地洪涝灾害，前期墒情偏好地区出现过湿墒，对播种和幼苗生长产生不利影响。

2. 岭东部分地区玉米、大豆已经出苗，近期温度偏低，21 日岭东偏东地区可能出现轻霜冻，对幼苗略有影响。

3. 牧区西部出现局地大风天气，对当地牧业生产有不利影响。

图 3　5 月 19 日至 20 日暴雨洪涝灾害分布图

图 9　针对春旱的基于智能网格预报的第一场透雨预报

6　业务服务及其他效益

为呼伦贝尔市农业气象业务服务提供丰富的产品素材，提高了为农服务的客观化、定量化水平，建立健全了农业气象指标体系，提高农用天气预报的精细化程度，使农业气象服务产品更具有针对性和科学性。

该研究对内效益，填补全区农业气象业务较零散状态，系统梳理了农业生产中农用天气预报全程化业务的流程、规范，确定关键农事活动、作物生长及灾害性天气农用天气预报和风险预警的指标和模型，形成农用天气预报业务体系，极大地推动了农用天气预报业务“从无到有，从粗放到精细”的发展；智能网格预报在平台的应用和全程化的自动采集、诊断和产品输出功能，减少了业务人员工作量；提高了农业气象服务产品制作智能化程度，解决了农业气象专业技术人员匮乏、服务产品质量不高的问题；同时农用天气预报从站点到格点，精细化程度得到了极大提高。

该研究对外效益，将智能网格预报和农业气象指标、标准和模型有机结合，形成格点化、分地域、分作物、分生育期、分农事季节和分灾种的监测、预报、预警、评估服务产品，产品数量、种类倍增，解决了农业气象服务产品供给能力不足的问题。从 2019 年开始应用，一改原有主观、概括性的预报方式，农事活动气象适宜度、作物生长气象适宜度和农业气象灾害风险均精细到乡镇一级，能给出对应的客观预报结论，预报准确度和精细化程度高，并将每一期服务产品通过微信群、电视等手段广泛发布，成效显著。特别是在 2018 年至 2021 年的干旱、暴雨洪涝、霜冻、大风等灾害性天气过程中，做到提前 3 至 5 d 的精细化农业风险预警，服务产品图文并茂，客观准确，对农业生产指导性强，为呼伦贝尔市农业丰产丰收提供了有力保障，受到农业部门的高度评价。2020 年春季农垦集团与呼伦贝尔市气象局签订合作协议，根据协议农垦集团每年给呼伦贝尔市气象局支付服务费50万元，呼伦贝尔市气象局每隔3 d滚动为农垦集团提供播种、施肥、除草、秋收、作物生长气象适宜等级的农用天气预报，特别是在灾害性天气方面，提前3～5 d提供基于格点的暴雨洪涝、大风、冰雹等农业气象灾害的风险预警和影响预报产品，预报精细化到各农场，服务产品图文并茂，通俗易懂，对农业生产指导性强，对粮食丰产丰收起到一定的作用，取得显著的服务效益和经济效益。

参考文献

[1] DECKER W L，马树庆．农业气象学的发展历程［J］．气象科技，1996，24（3）：31-35.

[2] 冯定原．农用天气预报［J］．气象，1986，12（6）：39-43.

[3] 马树庆，王春乙．我国农业气象业务的现状、问题及发展趋势［J］．气象科技，2009，37（1）：29-34.

[4] 马树庆．现代农用天气预报业务及其有关问题的探讨［J］．中国农业气象，2012，33（2）：278-282.

[5] 毛留喜，吕厚荃．国家级农业气象业务技术综述［J］．气象，2010，36（7）：75-80.

[6] 杜筱玲．江西省农用天气预报服务思考［J］．气象与减灾研究，2010（4）：57-60.

[7] 刘锦銮，何键，陈新光．广东省农用天气预报技术研究［J］．气象，2006，32（2）：116-120.

[8] 王馥棠，冯定原，张宏铭，等．农业气象预报概论［M］．北京：农业出版社，1991：133-200.

[9] 杨继武．农业气象预报和情报［M］．北京：气象出版社，1994：133-137.

[10] 王建林，毛留喜．现代农业气象业务［M］．北京：气象出版社，2010：121-128.

[11] 王萍，李帅，杨晓强，等．黑龙江省农用天气预报技术及应用研究进展［J］．气象与环境学报，2013，29（1）：89-92.

[12] 高茂盛，范建忠，景毅刚．陕西省农用天气预报服务关键技术及内容［J］．陕西气象，2012（1）：32-35.

第四篇

智慧气象服务

面向决策用户的数字化气象服务系统研究与应用

赵潇然　王慕华　唐　卫　渠寒花

（中国气象局公共气象服务中心，北京 100081）

摘要： 做好面向部委的气象服务是气象汇聚合力服务国家、服务人民的重要内容，是气象服务生命安全、生产发展、生活富裕、生态良好的重要抓手。公共气象服务中心以预警信息为先导，以气象观测预报基础数据产品为基础，以部委用户需求为导向，从内外双联的协同联动机制、多元化的供给方式、场景化的供给内容、智能气象服务技术四个方面发力创新，建设“数字化决策支持气象服务系统”。通过“3 微 +1 平台”多种数字化手段，实现部委个性化服务由“外挂式”向“融入式”转变，为多个部委机关提供决策气象服务支持，为部委用户会商研判、决策部署、力量预置和抢险救援等提供坚实有力的数字化气象保障服务，促进“融入更细致、应用更高效、品质更优异、创新更协同、体验更智慧”的气象服务高质量发展。

关键词： 决策气象服务；微服务；“融入式”气象服务

1　服务背景

《中华人民共和国国民经济和社会发展第十四个五年规划和 2035 年远景目标纲要》明确提出，全面推进政府运行方式、业务流程和服务模式数字化智能化。深化“互联网 + 政务”服务，提升全流程一体化在线服务平台功能。加快构建数字技术辅助政府决策机制，提高基于高频大数据精准动态监测预测预警水平。国务院印发的《气象高质量发展纲要（2022—2035 年）》中指出，要加快发展精细气象服务系统（庄国泰，2022），推进气象服务向数字化、智能化转型，发展智能研判、精准推送的智慧气象服务（车玉川 等，2019），建立气象部门与各类服务主体、服务对象互动机制，促进气象信息全领域高效应用。

数字化决策支持气象服务系统于 2017 年 7 月 28 日正式上线，在为各部委提供服务过程中，实际发现多部门提到了因缺乏气象专业知识在应用气象服务产品时显得无从下手；2021 年初，中国气象局应急减灾与公共服务司致函商请 30 个部委和中央企业反馈气象服务需求（梁科 等，2020），应急管理部防汛司提到，迫切需要暴雨、台风、强对流等与防汛抗旱工作相关的气象灾害专题页（图 1）；农业部门提出需要可以用于回溯分析的气象服务；国家能源局提出，需要提供长期趋势 + 短时临近预报预警，针对重大活动或重大灾害和事故提供定制化的气象服务的需求；教育部教育考试院提出，需要影响大规模教育考试的高影响天气预警预报服务，如影响英语听力的雷电天气、影响考生出行的暴雨天气灾害的决策气象服务；自然资源部提出，需要短时临近降雨预报，特定关注区高精度 1 ~ 3 km 格点。

分析结果表明，决策服务无论从联动机制，还是服务方式及服务内容上，都对精细气象服务提出了更高的要求。为提升气象决策工作的服务效率，为多部委、多行业决策用户提供定制开发的数字化决策支持气象服务系统，以解决当前气象服务中有效信息分散导致的不聚焦、产品种类繁多等问题，

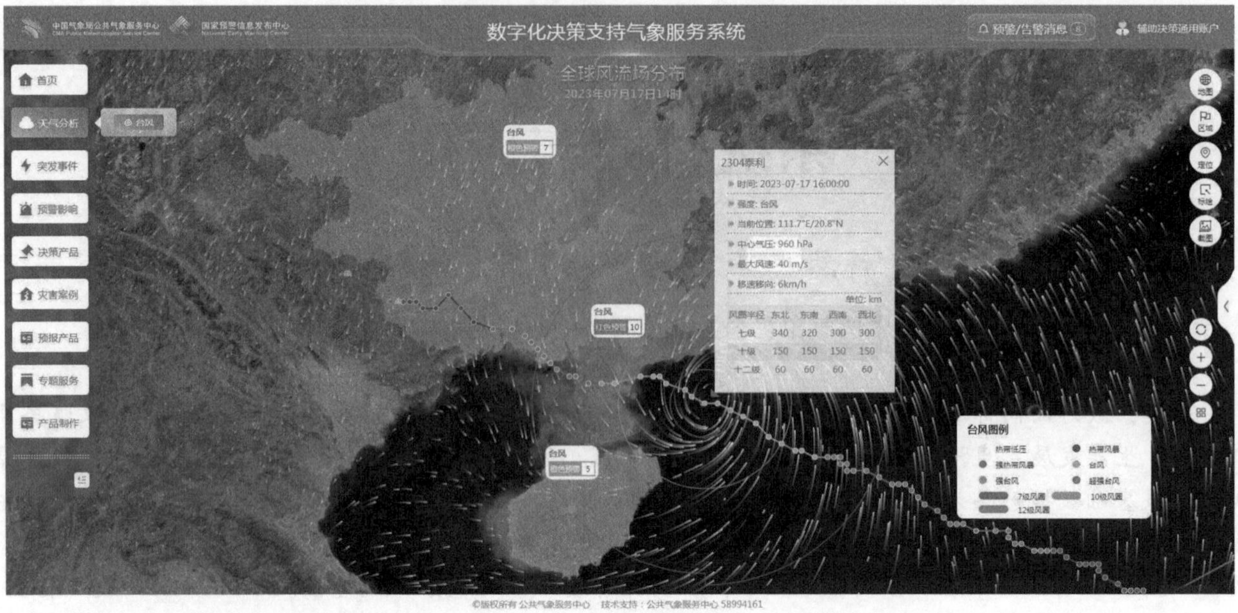

图 1　数字化决策支持气象服务系统台风专题页示意

从而有效支撑应急指挥决策。公共气象服务中心从内外双联的协同联动机制、多元化的供给方式、场景化的供给内容、智能化气象服务技术四个方面发力创新，围绕服务主线，深度调研农业稳产、海上交通和能源保供气象服务需求，以气象影响关键点、风险点及服务介入点为研究核心，挖掘精细化服务需求及迫切度。打造气象服务新需求催生新供给、新供给创造新需求的双循环业态，助力气象服务从“大水漫灌”转向“精准滴灌”式个性化服务，促进气象服务高质量发展。

2　主要服务内容

2.1　差异化构建服务提供方式

针对部委用户信息化能力的不同，打造“3 微 +1 平台”的供给方式，对于信息化能力较强，且具有完备应急指挥平台的部委用户，如应急管理部，通过“微”服务（沈晨笛 等，2023）的方式提供所需气象数据和产品；针对气象数据解析复杂的难题，以“微”组件、“微”引擎方式将气象数据和产品封装为“微”应用（郝江波 等，2020），无缝集成到标准化程度较高的部委信息化系统；针对保密安全性要求较高的部委，实现平台前置到用户指挥平台的“微”终端（杨恩雄，2018），如武警部队作战勤务局；以及满足用户个性化的后台配置型系统平台，如教育部教育考试院。

2.2　场景化提供产品解决方案

依托数字化决策支持气象服务系统，融合构建应急决策场景服务，针对应急事故灾难、武警演练，提供事前会商研判、决策部署、力量预置，事中抢险救援、区域预报预警（丰德恩 等，2018），事后复盘总结等决策服务产品。2022 年高考期间，与教育部教育考试院合作，实现教育考务信息数据的共享，开展基于场景的气象风险影响分析。将全国 7520 个考点信息全部接入系统。实现了基于位置的气象分析、灾害预警等精准提供。面向国家能源局电力安全监管司，开展能源保供气象服务。国家能源局 22 家内设机构和职能司派出机构共同开展部委联动，研发能源专报、年景公报等 3 类能源服务专报及能源预报产品，以数字化为手段，使能源用户高影响天气应对工作由事后被动应急处置向事前主动干预转变，做到防灾减灾关口前移，为夏季能源安全与保供提供服务支撑。

2.3　智能优化全链条气象服务业务流程

需求智能感知，基于数字化决策支持气象服务系统，智能捕捉用户浏览动态，从关注时间、空间、气象灾害类型、服务产品内容、系统功能板块等维度精确分析用户偏好，“线上”感知用户需求。系统有针对性地展示用户所关注的预警灾害类型，并有针对性地推送用户经常访问的时间尺度、空间尺度的气象实况、预报数据和气象产品；热点自动发现，基于机器学习的时空信息精准提取技术，抽取时间、空间、关联灾害等信息，实时捕获舆情走势，为高质量气象服务提供空间精准、时间精准、内容精准的热点素材；建设产品自动化制作，综合利用自然语言处理和知识图谱技术，从多源、异构的气象数据及产品中智能提取与用户需求精准匹配的气象信息与语义片段，生成基于影响的气象服务产品；产品智能匹配，结合影响行业指标和多源数据知识聚合能力，构建产品和需求之间的关联，实现对各部委用户的供需匹配。供需智能在线互动，以数字化决策支持气象服务系统为需求在线反馈载体，在线收集、汇总、统计、分配供给需求，真正做到“需求智能感知—热点自动发现—服务智能生成—产品智能匹配—供需在线反馈”的智能气象服务闭环。

2.4　全方位协作实施保障服务

践行中国气象局副局长张祖强在《开启气象服务高质量发展新征程》中提出的服务主动、互动、联动的“三动”指示。对接外部委，联合部委专家组建气象服务“别动队”，共同讨论、联合建设，根据国家特别重大突发公共事件分级标准，第一时间启动伤亡过大的突发事件保障服务，研制智能网络预警发布机器人“预小警”，建立重大灾害过程“红色预警短信叫应”机制（谢国权 等，2018），为国家应急管理和防汛指挥有关部门提供微信群自动提醒服务。在气象部门内部形成了“业务管理－专家在线－信息化支持－24 h 运维”的协作实施模式，在中国气象局应急减灾与公共服务司的指导下，以公共气象服务中心为出口，国家气象中心和国家气候中心为上游支撑单位，形成上下游服务合力。由运维团队提供“7×24 h”不间断保障支持，采用专岗定时巡检与监控自动化相结合的方式，全面保障各项功能的正常运行及所需数据的稳定传输（图2）。

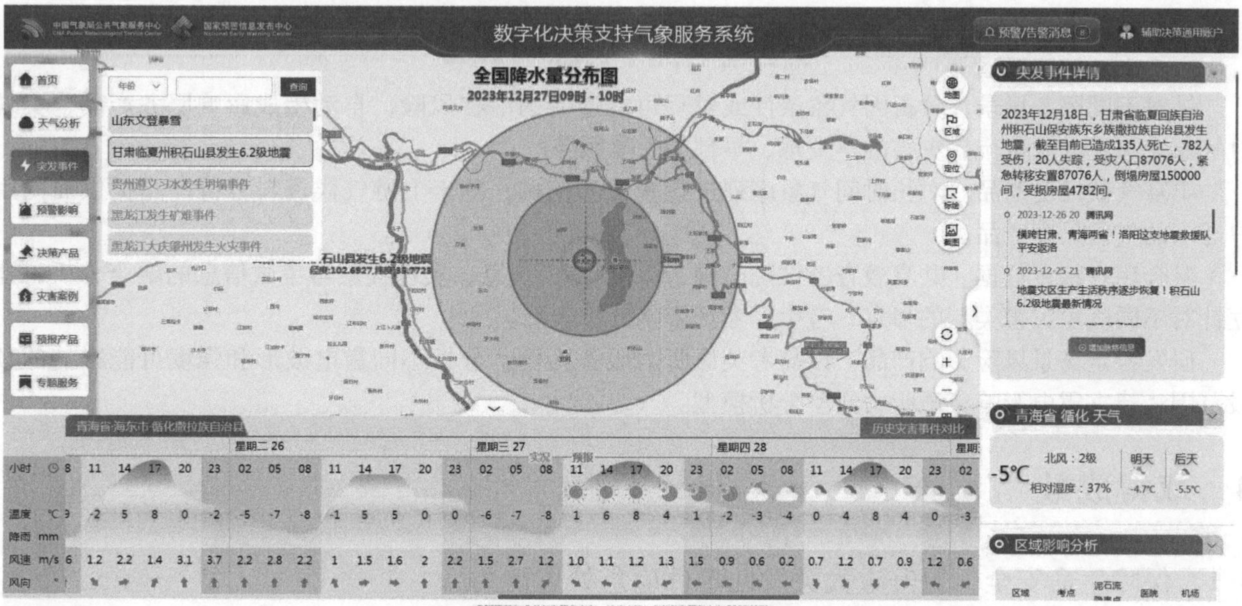

图2　数字化决策支持气象服务系统突发事件示意

3 创新做法

深耕“气象+”精细化气象服务理念，中国气象局公共气象服务中心在联动机制、供给方式、供给内容、服务技术方面实现“协同”“多元”“影响”“智能”四大创新，推动气象决策支持服务由“外挂式”逐步向“融入式”转变。

3.1 深挖科技内涵，让AI赋能气象服务

利用“自然语言处理+知识图谱技术”，实现产品智能推荐服务。将海量、多源、异构气象数据及产品与分众化和专业化的用户需求精准匹配，实现决策服务材料与气象灾害突发事件的时空精确关联，按需生成气象服务产品。

强化“千人千面”的数字支撑，打造开放式便捷化的应用框架。采用微服务架构，将气象数据和产品封装为“气象微件”，支撑微服务、微应用、微终端及生态型平台的数字化构建，满足应急、教育、能源、保险等特色服务需求。

3.2 凝聚服务合力，构建内外双联的协同联动机制

“对外一窗口”：数字化决策支持气象服务系统作为中国气象局减灾体系信息化服务窗口，瞄准部委需求，实现以最小投入、最快速度来获取高质量、产品好、服务精的气象服务。

“对内一盘棋”：上连应急减灾与公共服务司、横连兄弟单位、下连公共气象服务中心各业务处室，做到职责明确、分工清晰、协同联动，有效形成高质量气象服务团队。

3.3 坚持需求牵引，实现“3微+1平台”多元供给

部委按照其需求可自主选择微服务、微应用、微终端及生态型平台四种供给方式。形成“数据+产品+业务”的服务模式（傅仁壮 等，2016），分用户、分区域、分级别，为各部委提供层级清晰且可在线更新的决策气象服务。

3.4 突出分灾种分影响的精细化服务，提供场景化供给内容

针对不同服务场景，分析因气象条件或过程可能遭受的潜在风险，自动生成影响服务产品，实现对气象灾害及其次生衍生灾害的早发现、早预警、早服务。

丰富气候尺度产品。对长时间气象序列进行统计和挖掘，基于上游气候资料分析产品提供面向用户需求的气候尺度产品。

融合用户特色数据。共享教育考试院全国7520个考点信息，实现气象与考试信息的融合分析，建立针对不同气象灾害类型的考点、考生、考场影响分析模型。

研发特定场景风险影响产品。以高考英语听力服务为例，分析不同雷电波形和强度可能影响的频段范围，建立雷电影响英语听力风险分析模型。

4 取得成效

4.1 保障生命安全，提升重大突发性事件应急处置能力

系统于2017年部署国务院应急办总值班室。于2018年4月应急管理部成立时部署应急管理部指

挥中心，2018—2021 年为应急管理部门提供四川冕宁特大暴雨灾害、山西忻州森林火灾、宜宾地震等突发事件灾害打点保障共计 385 次。2022 年针对台风“梅花”应急服务期间，国务院应急办总值班室根据台风预报应急服务需求，研发台风路径概率预报图，在服务系统业务化上线服务，及时为国务院总值班室开展防台风应急服务与调度指挥提供了决策支持。

4.2　服务生产发展，科技气象赋能能源安全

在台风“暹芭”登陆期间，数字化决策支持气象服务系统为国家能源局安全司针对台风可能给广东沿海的电站和电力系统带来的不利影响及时做出预警提醒，实时更新发布 32 ℃高温线气象产品等按需定制产品，时刻关注高温对电力负荷上升需求，为电力系统的生产、运输、调度保驾护航。

4.3　切实为民办实事，有力保障高考和研考安全、平稳、顺利实施

2021—2022 年，数字化的气象监测预报预警信息接口融入国家教育考试数字化指挥平台，有效支撑四川芦山 6.1 级地震临时考点选定工作。教育考试院工作人员实时获取关注点及周边地区的精细化气象实况和逐小时气象预报产品，综合研判分析天气影响后，及时选定天全县第一中学为临时安置考点，确保了该地考生顺利完成考试。

4.4　秉承“问效式”发展理念，社会影响和经济效益显著提高

公共气象服务中心注重效益评价的“问效式”发展，为教育部在 2022 年高考中给予顺利保障，提升了气象服务社会影响。面向国家地理信息中心、应急管理部防汛抗旱司、武警保障大队等部委，提供定制化图层、接口服务。期间用户数量达到了 212 个部门，2018—2021 年为应急管理提供突发事件专题气象服务保障共计 355 次，服务人次达到 10 余万人次，受益民众 1 亿人以上，社会经济效益凸显。

5　下一步工作计划

5.1　推动气象服务需求调查业务化发展

公共气象服务中心持续承担气象服务需求调查工作，常态化、业务化开展气象服务需求调查与分析，不断提高气象服务需求调查的科学性和规范性，及时准确把握用户需求，定期反馈气象服务单位，提高气象服务针对性，更好地促进气象服务高质量发展。

5.2　推动部委气象服务集约发展

系统梳理各单位面向部委的气象服务清单，优化面向部委气象服务业务布局。

5.3　优化健全气象服务保障机制

深化部委合作，针对需要新研发气象服务系统和产品，推动建立联合研发和购买气象服务机制，为气象服务发展争取更多支持。

参考文献

车玉川，杨建才，程瑛，等，2019. 新时代我国综合气象防灾减灾的综述与展望［J］. 首都师范大学学报（自然科学

版)，40（4）：67-72.
丰德恩，唐卫，柳艳香，等，2018．中国高速公路交通气象灾害风险预警业务系统设计与应用［J］．气象科技，46（4）：822-828.
傅仁壮，吴坤悌，符传博，等，2016．基于 Android 的决策气象服务系统的设计与实现［J］．计算机技术与发展，26（8）：125-128.
郝江波，唐卫，王慕华，等，2020．基于微服务的气象信息决策支撑系统重构与实践［J］．气象科技，48（6）：829-835.
梁科，王亚伟，何孟洁，等，2020，国家级决策气象服务需求变化分析［J］．气象与减灾研究，43（3）：210-215.
沈晨笛，兰海波，郭杰，等，2023．基于微服务架构的气象服务支持系统设计与实现［J］．气象科技，51（2）：215-221.
谢国权，郑伟才，张锋，等，2018．基于国家突发事件预警信息发布系统的数据对接与应用开发［J］．气象科技，46（6）：1130-1135.
杨恩雄，2018．疯狂 Spring Cloud 微服务架构实战［M］．北京：电子工业大学出版社.
庄国泰，2022．以气象高质量发展服务保障社会主义现代化强国建设［Z］.

浦东新区“城市大脑”——智慧气象系统的研发应用

张丽亚　顾松强　陆佳麟　韩晶晶　金　玲

（上海市浦东新区气象局，上海 200135）

摘要：浦东新区“城市大脑”——智慧气象系统实现了气象数据、城市运行体征数据的汇聚，并对各类数据进行质量控制，通过综合地图形式，实现基于地理位置、应用场景和重要天气的可视化展示；基于多源数据融合的方法，建立了智能化精细化的风险预警模型，实现了灾害性天气的智能发现和精细化风险预警的自动推送；通过融入浦东新区经济、社会、城市三大治理体系，建立服务对象的提醒反馈机制，从而实现了“智能发现、智能推送、智能管理”的城市精细化管理工作闭环。

关键词：智慧气象；多源数据；风险预警；城市治理

1　引言

气象事业与社会经济发展、人民生活息息相关[1]，面对气象灾害事件频发，气象部门从精密监测、精准预报、精细服务出发，构建基于大数据的气象信息化建设，开展智慧气象服务已成为气象事业发展的趋势。

智慧气象依托于气象科学技术的进步，使气象系统成为一个具备自我感知、判断、分析、选择、行动、创新和自适应能力的系统，让气象业务、服务、管理活动全过程都充满智慧[2]。近年来，重庆“知天”智慧气象服务应用系统[3]、深圳市数字化智慧交通气象服务系统[4]在气象部门均得到了较好的实施与探索。融合城市治理、数字政府，开展“气象＋”场景化服务成为超大城市智慧气象实现可持续发展的趋势和方向。

浦东新区作为引领区，对智慧气象的应用提出了更高的需求。浦东新区城市运行综合管理中心作为上海市首家集合城市网格化管理、应急管理、安全生产、公安、消防、急救、防汛等职能部门实体运作机构，整合了与城市管理和安全运行相关的管理资源，深化了拓展城市运行综合管理功能。建设符合浦东实际、体现浦东特点的精细化、智能化的气象服务成为必然需求。

预期通过浦东新区“城市大脑”——智慧气象系统建设，实现智慧气象的落地式应用和气象服务的精细化、智能化推送，从而实现智慧气象真正融入浦东新区经济、社会、城市三大治理体系。

2　系统总体设计

本系统，一是建设智能化、可视化的数据汇聚工具，设计各种可视化图形样式，实现气象数据、城市运行体征数据的汇聚和展示分析；二是利用目前先进的地理信息系统（GIS）、监测、通信、网络、视频显示技术，建立一套覆盖浦东新区的远程气象监测预报体系，实现实况数据智能监控、预报预警智能提醒、服务信息智能推送、反馈措施智能管理；三是基于多源数据融合方式，针对不同服务对象的风险隐患，建立基于智能发现的风险预警模型，实现结合承灾体特征的精细化风险预警服务，融入浦东新区经济、社会、城市三大治理体系。

系统中主要采用 XML 数据服务。XML 易于在任何应用程序中读写数据，这使 XML 成为数据交换的唯一公共语言，程序可以与 Windows、Mac OS、Linux 以及其他平台下产生的信息结合，便于加载和分析。本系统所涉及的数据接口是规范用于地理信息展示应用系统与其他环境系统间进行信息交换时的数据接口，支持结构化数据、非结构化数据的封装。

3　功能模块

智慧气象服务系统为浦东“城市大脑”提供专业化、精细化的智慧气象服务，涵盖气象监测、预报预警和产品服务等内容。其大屏展示系统主要分为气象要素板块、综合地图板块和服务应用场景展示板块，如图 1 所示，根据不同的场景、不同的天气条件，智能选择展示的内容。

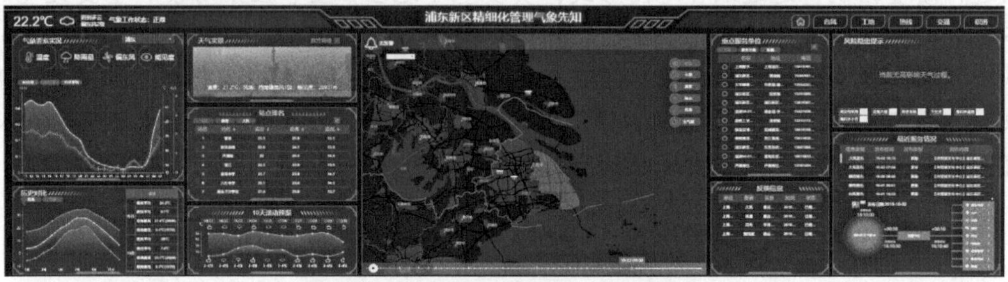

图 1　智慧气象服务大屏展示系统

3.1　气象要素板块

气象要素板块主要提供各类气象要素的观测实况、历史资料对比分析和预报信息，如图 2 所示。通过此板块的展示，可以快速地了解当前天气信息及未来天气趋势。

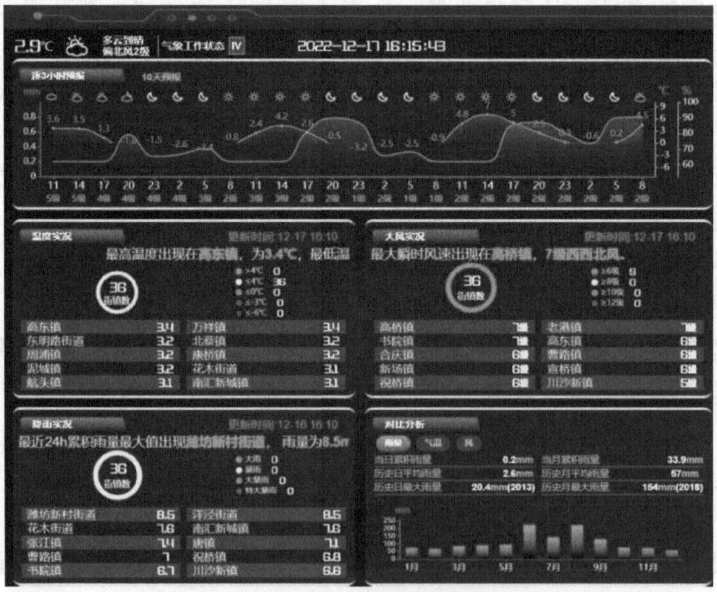

图 2　智慧气象大屏气象要素板块

观测实况主要包含气温、大风、降水实况及排名。其中降水、风力默认按照降序排列，气温默认按照降序排列，当所有站的气温最小值小于 5 ℃时，按照升序排列；对比分析板块针对当日的气象信息与浦东站历史气候统计值的对比分析，包括雨量、气温与降水的月度平均值、极值，当日历史平均值、历史极值、历史排名，等等；预报信息主要包括浦东新区 72 h 逐 3 h 预报和未来 10 d 预报。72 h 逐 3 h 预报是基于精细化智能网格预报产品，10 d 预报则是自动读取每日人工订正后的预报产品，根据预报结果展示相应天气图标和信息。

3.2　综合地图板块

综合地图板块（图 3）主要提供各类信息综合展示，实现气象要素板块和场景服务板块的智能互动和基于时间、位置的联动展示。具体展示内容包括气象要素图层、灾情分布和场景信息。自动站监测实况、雷达、云图、风场等图层信息可通过切换图层选择显示或隐藏；在地图上加载显示台风、工地、热线网格、积涝等场景的点位分布信息后，点击可进一步显示对应内容的详细信息。同时，基于地图位置的服务场景，可实现气象数据智能联动：根据当前天气状况，拖动时间轴，实现查看过去、现在和未来最关心的天气相关信息；在地图上显示行政管理单元，点击行政管理单元后对应所有气象要素板块自动切换到该选中地区，服务情况也自动切换到该选中地区最近的服务情况。

图 3　智慧气象大屏综合地图板块

3.3　服务应用场景

场景服务功能模块主要提供预警服务、各类气象应用场景信息和服务情况。

3.3.1　预警服务板块

主要包含重要信息区领导专报、预警信号及风险预警的相应推送情况与展示（图 4）。重要天气信息的服务专报可实现查阅详细功能，并实时更新，方便在线实时汇报。预警信号的发布与解除，一方面包含预警信号的图标、内容及相应的防御指引，另一方面预警信号发布对象的接收情况，成功率可实时体现。相应的气象风险预警地图及与各委办局之间的风险预警推送情况，点击相关内容均可展示详细信息。

3.3.2　台风场景

台风场景可显示当前台风和历史台风，当前台风显示内容包括台风编号、英文名和中文名，选中后联动到地图上显示台风路径；历史台风联动到地图上显示历史台风路径、强度、风圈等，并根据台风路径、影响程度等可自动匹配相似路径台风进行展示。现已整理了影响浦东 2014 年以来的台风历史个例集，包含对应的雷达回波、风雨实况、灾情影响等，可实现随时调阅与查询。

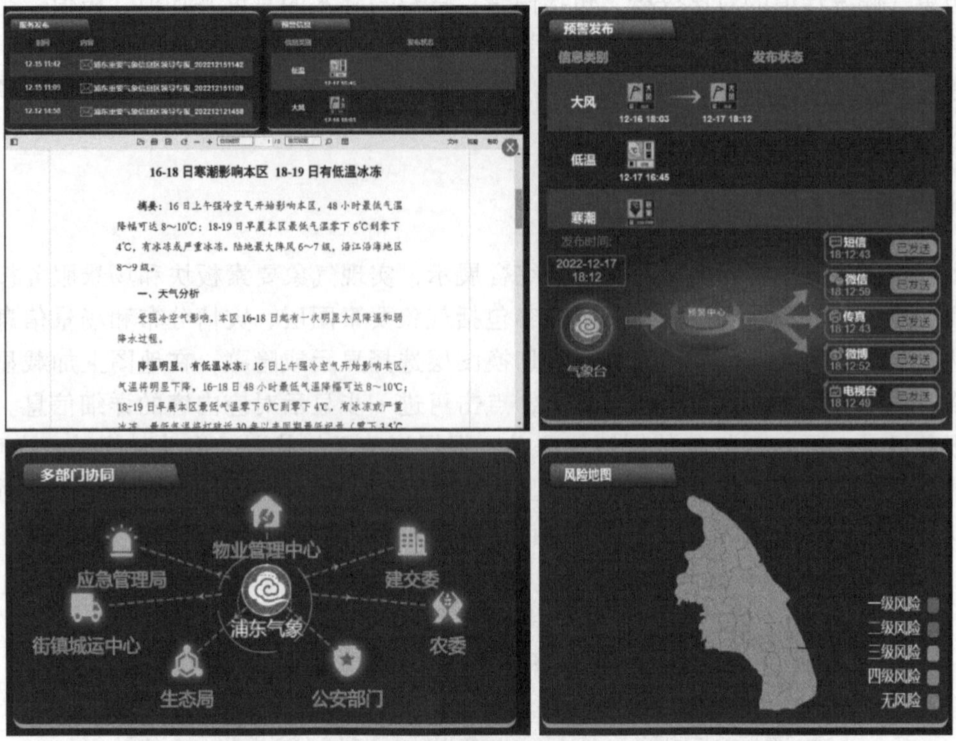

图4　预警服务相关板块

3.3.3　重点对象服务场景

重点对象服务场景主要针对工地、学校、防汛部门、老年慢性支气管炎和易感人群开展重点气象服务。针对工地的敏感气象要素，包括大风、高温、空气质量、暴雨、雷电等建立相应的风险预警提醒；针对校园场景，主要针对台风对校园的风险隐患进行分析，建立风灾风险预评估产品[5]；针对防汛部门，主要实现城市积涝的风险隐患提示，并且整理了2014年以来的暴雨积涝个例库（包含雷达回波、风雨实况、积涝情况和预警发布情况），同时接入排水所的积涝实时监控数据，方便开展相应服务；针对老年慢性支气管炎和易感人群开发了健康气象场景。

重点服务单位在收到灾害性天气提醒、预警信息后，应及时采取相应措施，第一时间反馈工作落实情况，并通过平台展示灾害性天气信息智能发现、智能推送和智能管理的全流程闭环。

4　关键技术介绍

4.1　核心开发技术

本系统主要用到的数据包括：上海市气象局及浦东新区本地的气象数据，包括观测、预报产品和服务产品等数据；浦东新区城市运行综合管理中心交换数据，包括“12345”热线数据、网格巡检数据、工地和交通数据等。针对以上数据，采用异构数据解析融合技术、大数据快速提取技术和数据质量控制方法进行融合处理。

（1）异构数据解析融合技术

气象数值预报模式数据量庞大，数据标准不统一，数据类型和格式复杂。因此采用异构数据解析融合技术，在处理数据时，一方面充分利用国际上行业常用的标准化数据格式标准，如NetCDF、GRIB等，开发针对标准化数据格式接口；另一方面对本地常用的“非标准”数据接口进行开发，从而使所有数据源无须进行统一化的数据转换，直接无缝融入。数据接口可兼容规则、曲线、三角网格、混合网格、离散点等常见大气数值模型网格。

（2）大数据快速提取技术

针对气象数值预报模式数据的不同维度和时空差异等特征，采用大数据快速提取技术提升数据提取速度。一是引入元数据（Metadata）和数据层的概念。数据源作为数据层被添加进系统时，先对该数据层定义一个元数据，包括数据的结构或类型、数据存储方法和路径、数据文件命名的时空规律、数据图层变量定义、数据中时间定义使用的时区、数据更新频率、时间步长、预报时长、数据变量间的关系等信息。使用该数据层时，系统可以根据元数据快速查询到数据所在的位置并获取相应的基础信息。二是借鉴自描述类型数据格式（如 NetCDF、GRIB 等）的优势，对数据量大的多维数据，初次对该数据格式进行读取时，在二维空间上基于多级四分法对数据网格进行不同等级的切分，建立对应的自动索引文件并保存，供数据查询时重复使用，从而使得该类数据提取以指数级的效率提升。自动索引记录了各等级数据的网格信息，在收到变量、时间、空间范围及请求方法等数据提取指令后，将需要解析的空间重定位到索引的区块中，然后利用数据接口直接调取相应的数据，从而使访问的数据量大幅度降低，达到快速提取的目的。利用以上方法对于不规则网格（三角网格）格点数量达到百万元素（ELEMENT）的模型数据进行查询，可实现任意点微秒级的实时识别。

（3）数据质量控制方法

本系统中的气象数据质量控制[6-10]参照世界气象组织基本系统委员会有关自动气象站技术指南推荐的方法，行业数据质量控制根据行业数据管理规则处理。主要采用了极值控制法、连续变化控制法、数据的空间比较法、各类要素相关比较法等。

4.2　灾害性天气风险预警智能发现技术

通过对农业农村委员会、公安、应急部门等服务对象进行深入调研后，针对不同行业不同领域的服务需求进行汇总和整理，结合承灾体的脆弱性，基于多源数据融合的方式，设定相关阈值（表 1），结合服务对象的地理位置，应对不同气象灾害风险的承受能力，建立灾害性天气风险预警智能识别、分析和推送模型，如图 5 所示。

表 1　灾害性天气行业风险预警判别阈值

天气要素	阈值	阈值来源	时效	行业/对象
气温（高温）	≥39.5 ℃	自动站实况	实时	工地
	≥35.0 ℃	智能网格预报 10 d 预报	提前 1 d 12 时推送	农业
	≥34.5 ℃	自动站实况	实时	农业
气温（低温）	≤0 ℃； ≤ −3 ℃	智能网格预报 10 d 预报	提前 1 d 12 时推送	农业
	≤ −3 ℃； ≤ −6 ℃	智能网格预报 10 d 预报	提前 1 d 12 时推送	小区
大风	阵风风速 >14 m/s； 阵风风速 >17 m/s； 阵风风速 >20 m/s； 阵风风速 >24 m/s	智能网格预报 重要天气领导专报 自动站	提前 2 d 实时	街镇城运中心； 工地；小区； 农业
	V≥17 m/s； 有 TVS； CR≥6060 dBZ， 且 ET≥12 km	雷达	实时	

续表

天气要素	阈值	阈值来源	时效	行业/对象
暴雨	1 h降水量≥35 mm或6 h降水量≥50 mm；1 h降水量≥50 mm或6 h降水量≥80 mm；1 h降水量≥80 mm或6 h降水量≥100 mm；1 h降水量≥100 mm或6 h降水量≥150 mm	智能网格预报 重要天气领导专报	提前1 d	城市积涝、工地、小区、农业
		预警信号	实时	
		自动站	实时	
	CR≥40 dBZ且ET≥10 km，且KDP≥ 2.0 deg/km；QPE≥ 30 mm/h	雷达	实时	
大雾	能见度≤500 m	自动站	实时（10月到次年5月）	公安
道路结冰	最低气温2 ℃以下，且出现2 ℃前3 h有大于1.0 mm的降水	智能网格预报	提前1 d 17时推送	建交委
	有降水（大于0.1 mm）且气温在2 ℃及以下	自动站	实时	

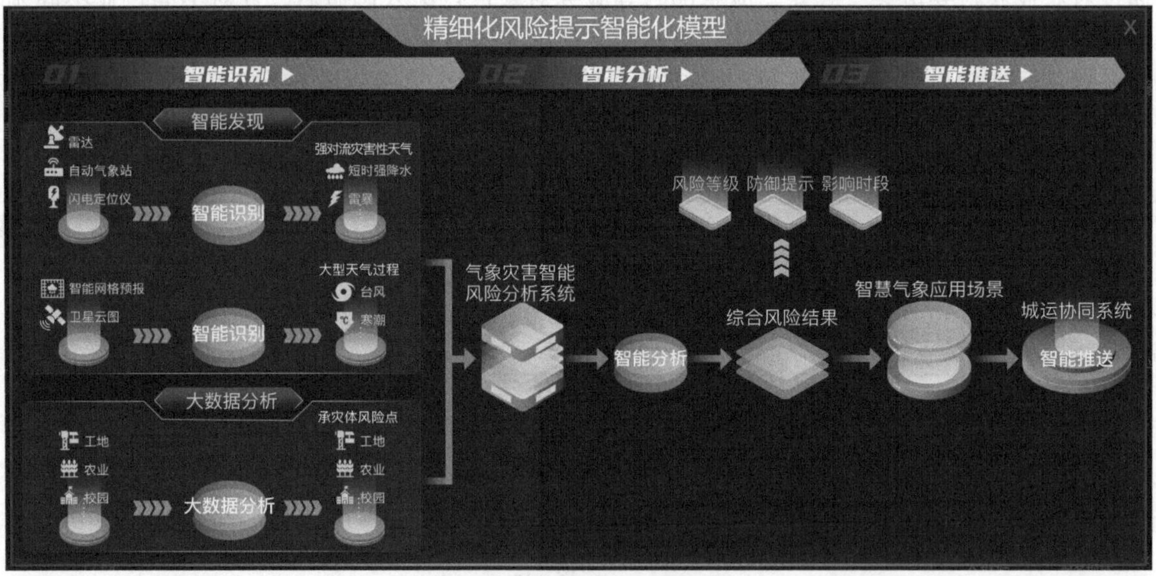

图5　风险模型示意图

根据不同类型的天气特点（影响范围、影响时间、预报能力），将风险预警的天气过程分为两大类，分别是过程性天气（包含台风、寒潮、高温、低温、过程性暴雨等）和强对流天气（包含短时强降水、雷电、雷暴大风、冰雹等）。针对过程性天气，主要通过智能网格预报、重要信息天气领导专报、十天预报、结合自动站（大风、气温）实况进行风险预警的智能发现和推送。采用格点插值、阈值判断、关键字识别等技术实现相应的风险提示。

针对强对流天气过程，进行大量强对流天气个例分析，针对雷暴大风、短时强降水，通过探空、雷达、自动站、闪电定位仪等多源数据融合的阈值判断方法进行分析。利用宝山探空资料和青浦、南汇 S 波段双偏振雷达的相关参量（组合反射率、径向速度、微差反射率因子 ZDR、相关系数 CC、相位差 KDP）以及雷达小时定量降水估测产品 QPE、回波顶高 ET 等进行强对流天气类型的智能判别和智能发现。若上述强对流天气发生在上游，则利用光流法回波外推产品，实现未来 1 h 是否影响本区预警区域的智能提醒。主要判断方法如图 6 所示。

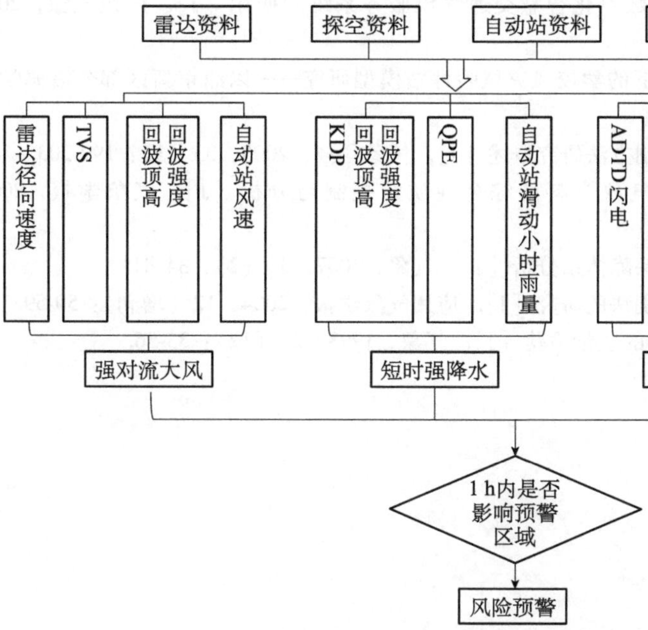

图 6　风险预警流程图

5　应用与讨论

相比传统的气象服务系统，该系统集数据采集、天气分析、预报预警、服务管理于一体，在智能发现、智能推送、智能管理方面有较好体现。该系统已正式投入业务运行并融入浦东“城市大脑”，赋能浦东新区经济、社会、城市三大治理体系，效果明显提升。

一是实现智能化。主要体现在对观测数据的智能分析，对智能网格预报的实际应用，对灾害性天气的智能提醒。

二是实现管理闭环。本平台充分利用了新区城运中心平台，打通了气象部门与服务对象之间的沟通渠道，实现了智能管理闭环。

三是实现精细化服务。精准个性化是本平台所提供的智能服务的最大特点，依据服务对象提出的服务需求，开展定制化的风险预警产品推送。

此系统自上线以来，不断更新迭代。在 2022 年台风影响浦东期间发挥重要作用。自 2022 年系统运行以来，通过该平台向各个行业部门推送风险预警 1000 余条，形成 8 个部门 20 项跨部门、跨层级协同事项。“智慧气象”应用场景在赋能浦东新区经济、社会、城市三大治理体系中发挥了重要作用，纳入浦东新区“一网统管”协同治理体系，并作为“率先构建经济治理、社会治理、城市治理统筹推进和有机衔接的治理体系”的应用场景典范，在全市进行复制推广。

浦东新区“智慧气象”应用场景虽然初步实现了灾害性天气发现提醒智能化，但由于汛期强对流天气的突发性、智能网格预报、光流法外推产品的局限性及不稳定性，针对汛期强对流天气的智能发现仍然存在空报、漏报情况。在未来仍然需要不断的个例检验，修改风险发现阈值，进行改进和提高。

参考文献

[1] 张杰．大数据时代气象信息化面临的问题与对策探讨［J］．现代农业研究，2022，28（11）：148-150.

[2] 沈文海．“智慧气象”内涵及特征分析［J］．中国信息化，2015（1）：80-91.

[3] 顾建峰．重庆智慧气象探索与实践［J］．气象科技进展，2021，11（2）：32-38，104.

[4] 孙石阳，周佐欢，苏琳智，等．深圳市数字化智慧交通气象服务系统的研用［J］．广东气象，2022，44（5）：76-80.

[5] 金玲，张欣馨，陈佩燕，等．台风影响下的学校风灾风险评估模型研究——以浦东新区部分沿海学校为例［J］．灾害学，2022，37（2）：54-59，78.

[6] 刘小宁，任芝花．地面气象资料质量控制方法研究概述［J］．气象科技，2005，33（3）：199-203.

[7] 任芝花，刘小宁，杨文霞．极端异常气象资料的综合性质量控制与分析［J］．气象学报，2005，63（4）：526-533.

[8] 陶士伟，徐枝芳．加密自动站资料质量保障体系分析［J］．气象，2007，33（2）：34-41.

[9] 王佰民．基本气象资料质量控制综合判别法的研究［J］．应用气象学报，2004，12（增刊）：50-59.

[10] 杨贤为．气候应用专用数据库气象资料的质量检验［J］．气象，1998，24（12）：33-36.

建筑工地防风避险智慧服务场景应用技术研究

郑腾飞[1]　陈蔚翔[1]　朱　平[2]　韦智嘉[3]　于　鑫[4]　李昱文[5]

（1. 广东省气象局应急与减灾处，广州 510000；2. 广东省气象服务中心，广州 510000；
3. 广东省气象局机关服务中心，广州 510000；4. 广东省气象台，广州 510000；
5. 广东省佛山市气象局，佛山 528004）

摘要： 本文通过调研论证、风险评估、系统观测和场景建模等技术手段，依托精细化网格预报、相控阵雷达三维风场反演、区域数值预报模式等前沿预报预警技术，以“精密化监测预测体系，精准化预报预警体系，协同化应急响应体系”为主体，建立“实时保障、提前预警、精准发布、快速联动”一体化智慧工地监测监控平台，围绕“灾前、临灾、灾中、灾后”关键时间点，针对建筑工地防风避险智慧服务场景试点区域开展智慧气象定制化服务，探索建立建筑工地应对雷雨大风、暴雨等气象灾害停工、停产联动工作机制，切实做到智慧服务场景试点建设在全省的“可复制，可推广”，主动服务地方经济社会发展，充分发挥气象防灾减灾第一道防线的作用。

关键词： 场景建模；智慧服务；联动工作机制

1　引言

党的二十大报告和习近平总书记在新中国气象事业 70 周年时作出的重要指示，为新时代、新阶段气象事业高质量发展指明了方向，提供了根本遵循。推动气象高质量发展，是贯彻落实党的二十大精神和习近平总书记关于气象工作重要指示精神必然要求，是适应并服务党和国家经济社会发展大局的现实需要。中国气象局原党组书记、局长庄国泰同志在《气象高质量发展纲要（2022—2035 年）》（以下简称《纲要》）[1]落实推进会上强调，必须把握好《纲要》出台是国务院落实习近平总书记关于气象工作重要指示精神的重大举措，处理好推动有关部委落实、推动地方党委政府落实与气象系统骨干作用发挥的三个关系；做到转段发力，围绕贯彻党的二十大精神，从“实”字上下功夫，聚焦重点任务转化成工程项目，进一步凝练年度重点工作、明确完成目标、提出落实举措；要充分体现实用与实效，推进智慧气象体系建设；充分体现系统性的体系化设计，既做好监测预报服务体系建设，又注重全业务链条体系建设；充分体现上下左右融合性，统筹内部各业务板块之间、各业务板块内部之间以及气象与各行各业之间的智慧气象体系建设。发展行业智慧气象服务既是气象高质量发展的重要组成，也是气象部门服务国家“五位一体”总体布局和“四个全面”战略布局，为经济、政治、文化、社会和生态文明建设提供全方位、全领域、全时段保障服务的重要抓手。

为贯彻落实《气象高质量发展纲要（2022—2035 年）》《广东省人民政府办公厅关于印发广东省推进气象防灾减灾第一道防线先行示范省建设的实施意见的通知》[2]（粤办函〔2021〕311 号）以及广东省气象局党组对智慧气象服务场景试点工作的部署和要求，本文选取广东省佛山市三龙湾工业园区南海建设片区作为试点，通过前期评估和系统场景搭建等技术手段，依托高分辨率模式和三维风场反演等前沿预报预警技术，以“精密化监测，精准化预报，协同化应急”为主线，建立一体化智慧工地监测监控平台，并针对建筑工地防风避险智慧服务场景试点区域开展智慧气象定制化服务，探索建立建筑工地应对雷雨大风、暴雨等气象灾害停工、停产联动工作机制，充分发挥气象防灾减灾第一道防线的作用。

2 资料与方法

2.1 试点信息及数据产品资料

2.1.1 建筑工地防风避险智慧服务场景试点位置

建筑工地防风避险智慧服务场景试点的拟选址区域具体位置如图1所示，为广东省佛山市三龙湾工业园区南海建设片区，目前在建的产业载体项目11个，工程项目2个，房建项目6个。本研究通过对园区的前期调研，初步筛选出园区内具有代表性的3个建筑工地区域作为高空观测站点，如图2所示，即大松林和镰岗尾森林公园项目（113°13′29″E，23°2′15″N），垂直高度约10 m；三山科创中心（113°14′32″E，23°1′27″N），垂直高度约60 m；万科天空之城（113°13′33″E，23°1′22″N），垂直高度约100 m。

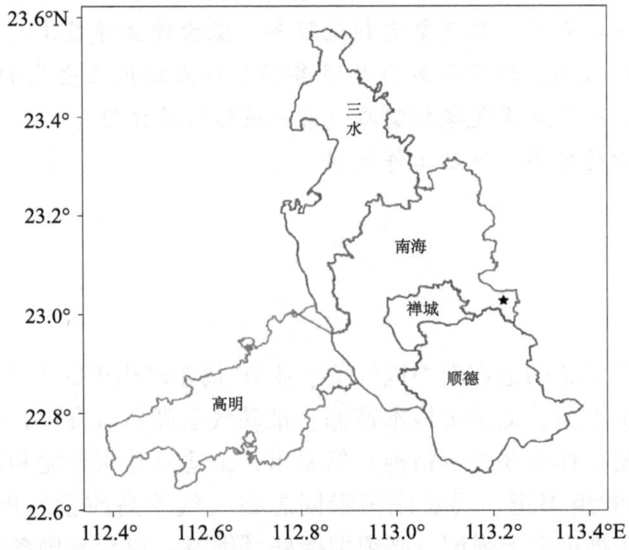

图1 佛山市三龙湾工业园区南海建设片区的位置（图中★位置）

2.1.2 数据产品资料

“10 m－60 m－100 m”垂直梯度风观测资料，观测满1 a后，建立基于4个建筑工地区域高空观测站点的“建筑工地高空风观测布网数据库”，为后续修订风廓线经验模型参数和风险阈值提供本地化的数据支撑和应用。

拟安装WindPrint S4000激光测风雷达[3]，采用风廓线（DBS）[4]扫描模式下的每6 min风速、风向数据资料，数据为24 h不间断连续采集，垂直高度上距离分辨率为10 m，风速、风向数据精确到小数点后一位。

预报预警产品资料包括：精细化网格预报系统产品、佛山市城市精细化短时强天气监测预警系统产品（相控阵雷达组网三维风场反演产品）、“GRAPES 9-3-1”模式系统产品、短时临近外推预报产品、雷暴大风智能识别实况产品、雷暴大风逐时潜势预报产品。

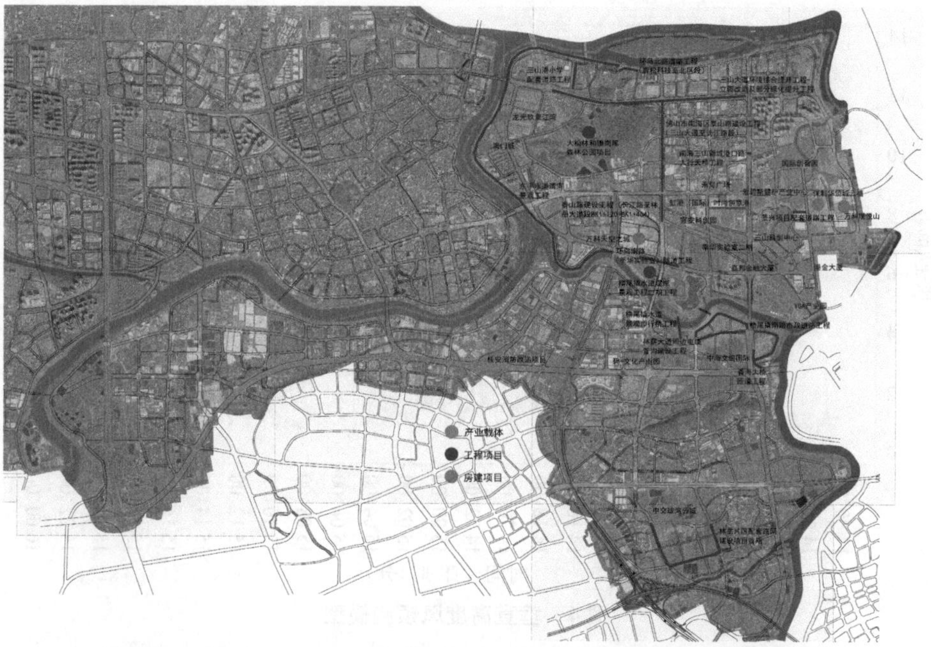

图 2　佛山市三龙湾工业园区南海建设片区主要项目布局及高空站点选址分布情况

2.2　模型算法

2.2.1　垂直高度风经验预测模型

选取梯度风观测、激光测风雷达与近地面自动站风力数据，利用边界层风廓线分布的物理规律，研究 10 m－60 m－100 m 高度的风力之对应关系，如图 3、图 4 所示，为基于本地化梯度风观测建立的初步模型，以逐步逼近算法[5]为初始经验模型的驱动算法，采用逐 5 min 滚动预测的方式对不同天气背景场下的实时风场做梯度预测，探索建立本地化的垂直高度风预测模型，为实现智能化垂直梯度风场预测奠定数学建模基础。

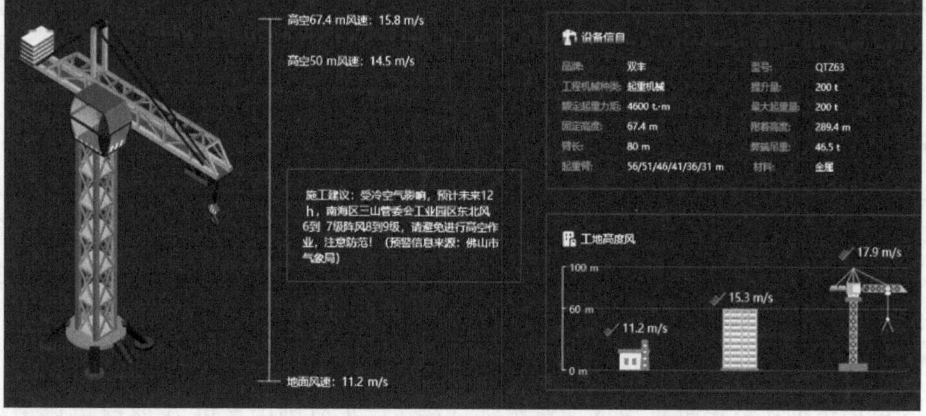

图 3　基于本地化梯度风观测建立的初步模型

2.2.2　DBS 算法原理和反演算法

为得到矢量风速，需要利用激光光束扫描技术，将发射激光的光束指向至少两个不同的方向。例如图 5，可将激光光束指向天顶方向（垂直 z 方向）、斜东方（x 方向）和正北方（y 方向），并进行矢量合成，即可计算得到实际矢量风速 V。

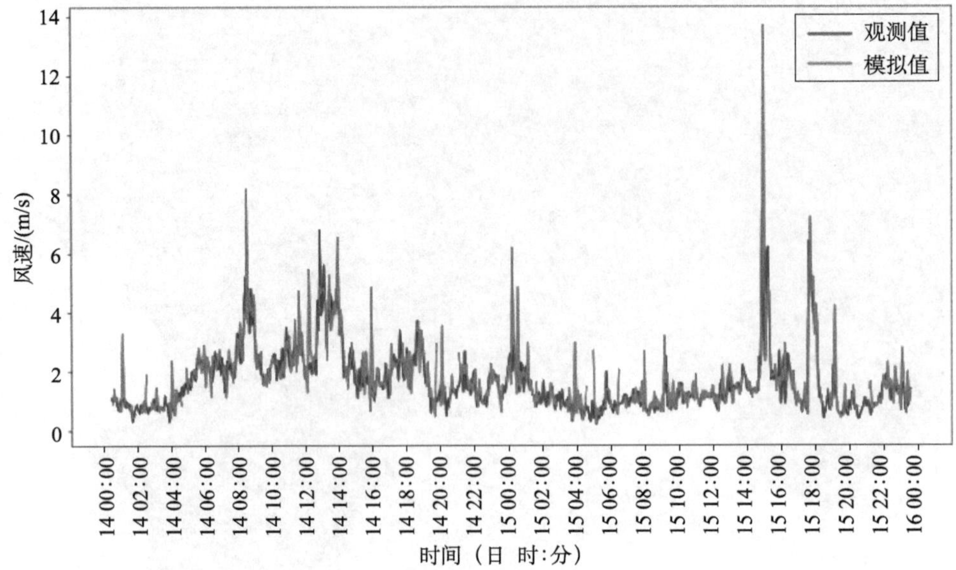

图4　垂直高度风预测模型

3　建筑工地防风避险智慧服务场景

3.1　精密化监测预测体系

3.1.1　梯度观测体系

在大松林和镰岗尾森林公园区域（约10 m）、三山科创中心楼顶（约60 m）、万科天空之城楼顶（约100 m）各建设1套四要素自动观测系统，通过 VPN 宽带网建立省—市—区气象业务内部网络，保障观测数据的实时上传和系统集成分析，初步实现三龙湾区域防风避险“10 m－60 m－100 m”梯度风观测系统。在主站周围3～4 km范围内选取现有的“田字格”六要素自动站作为主站的上游地面雷雨大风监测站。

在三山科创中心附近区域，选址布设垂直探测距离1 km，垂直分辨率为10 m的激光测风雷达（图5），实时获取拟选址点区域的近地面风场信息，为后续研究拟选址点的近地面垂直风廓线分布规律，建立长时间序列的数据库建模打下坚实的数据研究基础。

3.1.2　数据中台体系

本研究拟建立以“数据不出门”为前提的数据中台建设预案，寻求业务数据的深度挖掘和综合利用，基于“天擎”环境，提供数算一体平台化环境开发服务，全面支撑“云＋端”的场景能力建设，为建筑工地智慧服务场景的建设工作提供更为有效的数据和产品支撑，同时也为广东防灾减灾第一道防线、主动探索智慧服务场景示范工作奠定坚实的数据平台基础（图6）。

3.1.3　基于雷达组网的精密化监测系统

佛山多波段雷达精细化数据融合预报预警系统（图7）是对佛山4部X波段机械雷达和3部X波段相控阵雷达的单站基数据进行融合算法处理获得的表示雷达气象特征的数据、图像、文字等信息。雷达融合产品主要分为基本产品、反射率分析产品、降水估计产品、风场产品、强对流产品、综合分析产品、预警产品七大类。主要用于回波强度、移动方向及发展趋势探测，强对流回波特征的识别，降水粒子的形态、种类、融化程度及均一性的识别。

精细化强天气监测预警系统（图8）是以佛山7部X波段相控阵天气雷达探测为基础，以丰富的

图 5　拟布设的 WindPrint S4000 激光测风雷达

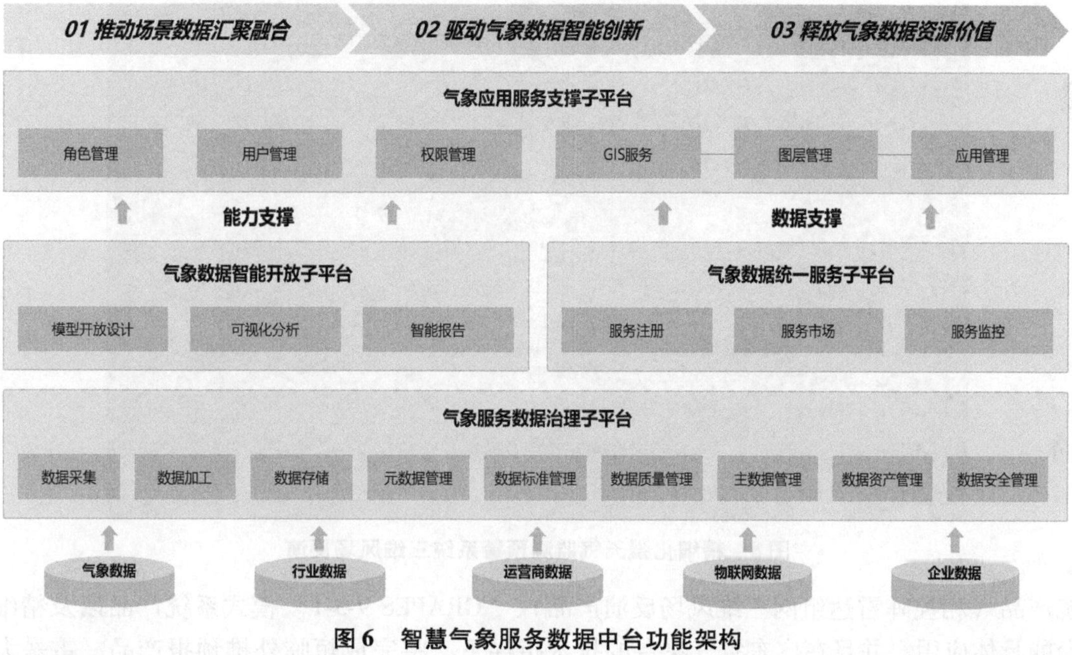

图 6　智慧气象服务数据中台功能架构

雷达产品算法和智能算法为核心，以三维地理信息系统为载体的一款雷达应用系统。系统集合了高效组网融合、准确风场合成、实时风场反演等先进技术手段，提供三维强度场、三维风场、相态识别、0～2 h 临近灾害天气分类预报、危险天气自动识别、冰雹－大风－龙卷等强天气新型临近预警指数等产品，实现动力和热力学的综合探测及应用，实现对短时强降水、冰雹、雷暴大风等强天气的实时精准预报预警。

3.2　精准化预报预警体系

为实现监测预警的及时性和时效性，需配合预报预警产品、雷达产品和模式产品对智慧场景试点区域进行精准预报预警服务（图9）。预报预警产品要求根据区域数值模式预报、精细化格点预报以及相控阵雷达组网产品进行滚动预测，以满足长时效（72 h、24 h）及短时效（3 h、1 h）两种预测时效的需求。在该体系建设中，将重点体现精细化网格预报系统产品、佛山市城市精细化短时强天气监测

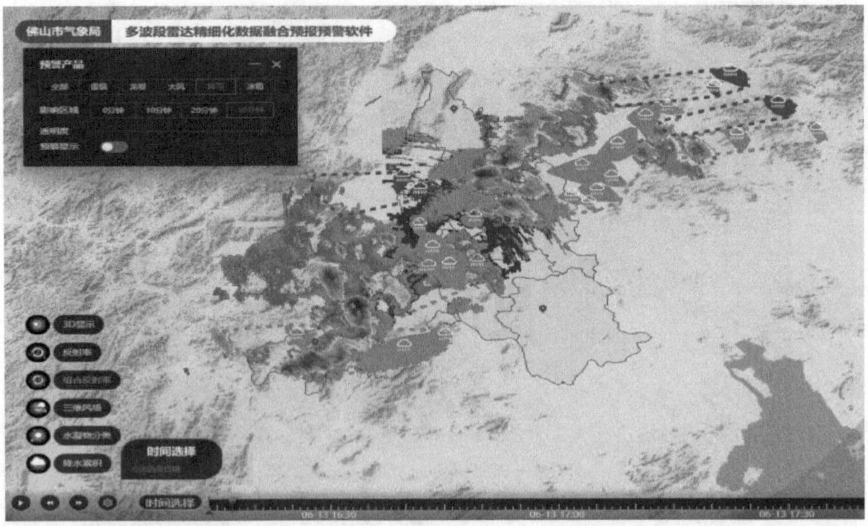

图 7　多波段雷达精细化数据融合预报预警系统对未来 30 min 的暴雨外推预警产品

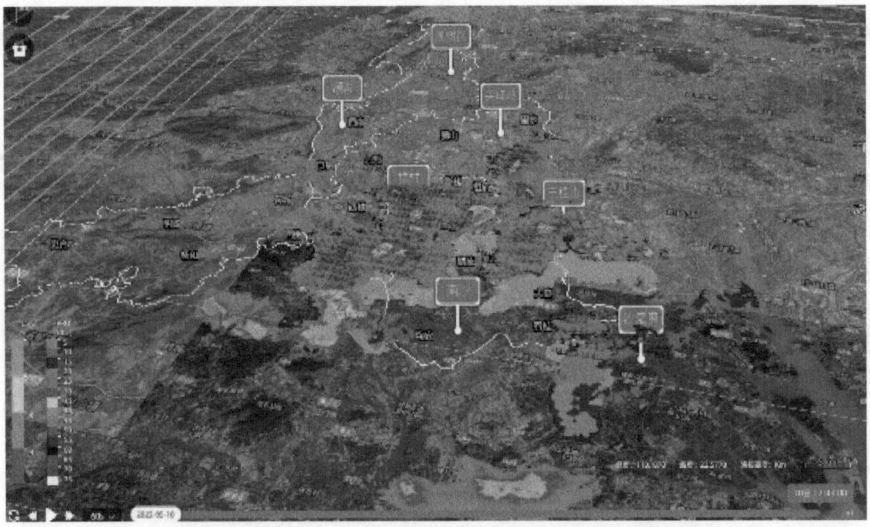

图 8　精细化强天气监测预警系统三维风场反演

预警系统产品（相控阵雷达组网三维风场反演产品）、“GRAPES 9-3-1”模式系统产品以及精细化预警发布平台的具体应用，并且在广东省气象台的技术指导下，将完成短临外推预报产品、雷暴大风智能识别实况产品、雷暴大风逐时潜势预报产品等适用预报服务产品在佛山的本地化应用，为本场景工作提供预报服务的决策支撑。

建立“实时保障、提前预警、精准发布、快速联动”一体化监测监控气象风险预警平台（图 10），提供天气实况、预警预报以及基于智能网格预警预报的未来逐 12 h 的建筑工地气象动态风险“一张图”产品和相应风险提示信息，各工地的未来一周的施工气象风险日历图，各工地相关气象要素历史极值信息展示服务以及工地工期进展的实景图片展示功能，提升建筑工地安全保障能力。

如图 11 所示，利用城市信息模型（CIM）对试点工地进行三维建模，立体直观展示工地建筑高度、塔吊高度、气象站布设高度等垂直维度信息，并结合工地气象、扬尘噪声、视频监控等环境数据对工地施工指数和工序风险进行分析。同时，可针对具体塔吊承载风险进行画像，包括塔吊高度、臂长、起重臂、臂端吊重等设备信息，以及基于垂直高度风预测模型模拟的近地面 10 m、60 m 和 100 m 高度的风力之对关系，显示塔吊附近的高空风场风力情况。

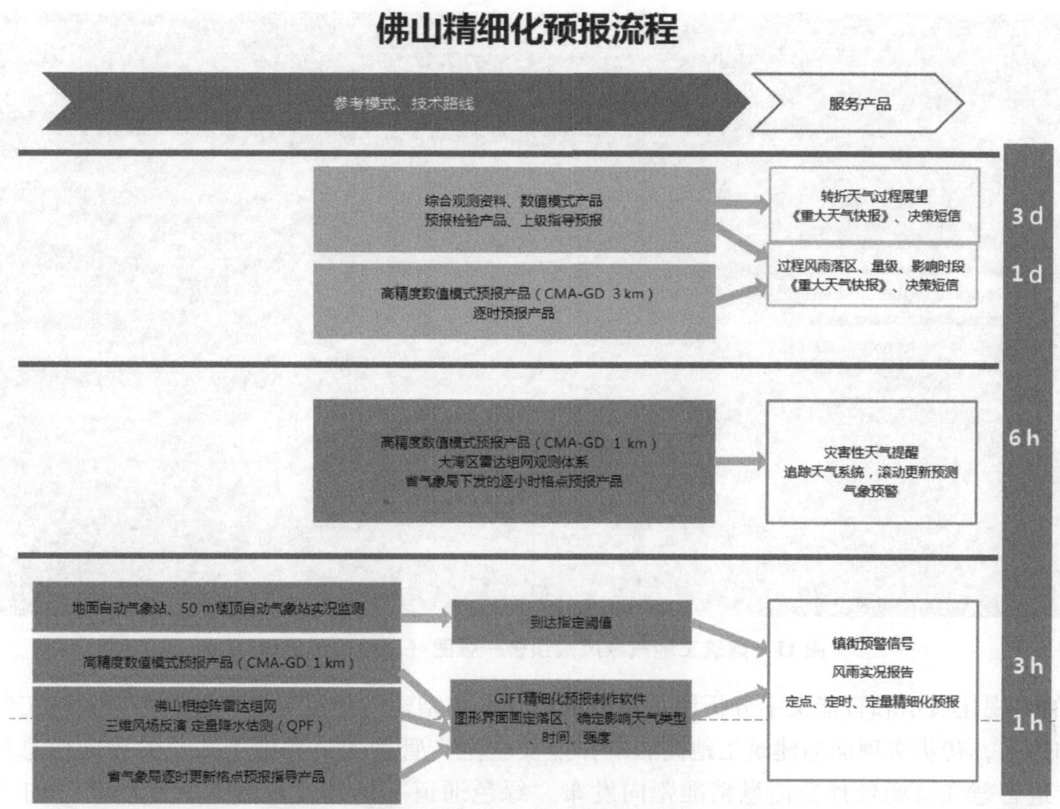

图 9　智慧场景精细化预报预警服务体系流程图

图 10　建筑工地一体化监测监控气象风险预警平台

3.3　协同化应急响应体系

参考《气象条件对建筑施工的影响和指标》，设定针对工地高空作业的安全风力阈值，建立本地化风险阈值库（图 12），利用站点实况、格点预报和风险预报预警评估产品，针对全域工地风险基础数据进行不同等级下的风险影响分析，支持影响分析范围内的工地风险负责人进行告警提醒，支持

图 11　建筑工地气象风险预警一张图（工地三维分析）

WebGIS 的可视化展示和智能文字分析展示。分灾种、分类型建立建筑工地智慧服务场景施工气象风险提醒自动体系，初步实现面向建筑工地高影响作业安全生产管理人员和施工人员的靶向信息自动触达机制，推进智慧气象场景预警信息精准靶向发布“绿色通道”的建立，由“大水漫灌”向“精准滴灌”转变。

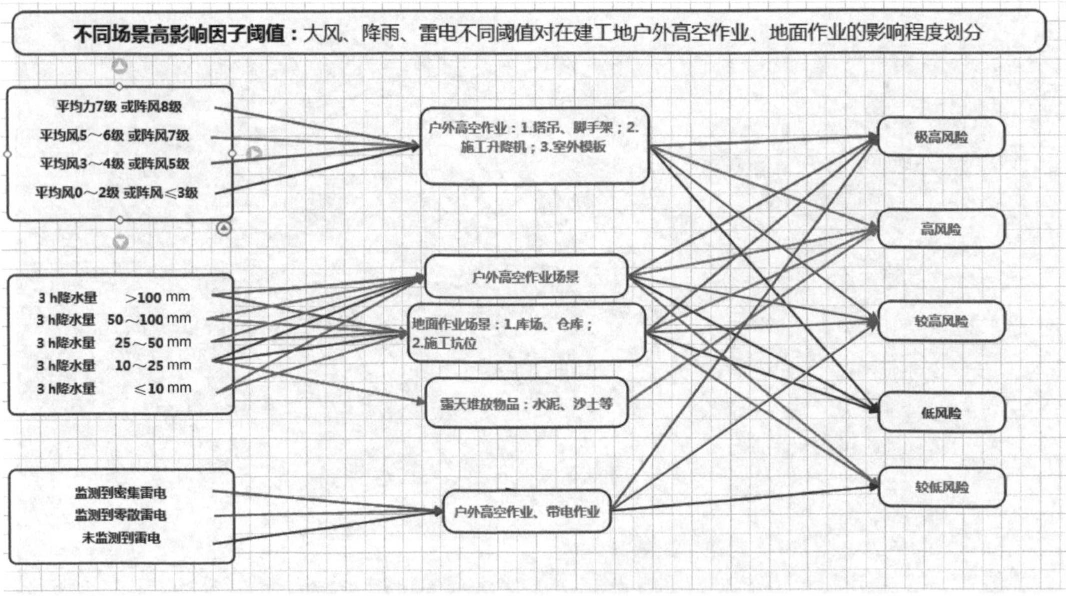

图 12　建筑工地智慧服务场景高影响因子阈值库

如图 13 所示，在不同的气象条件影响不同的施工工序基础上，将不同施工工序与气象状况深度融合，得到了一套施工指数的算法体系，实现各施工项目分别展示综合施工指数与各项工序的指数，用量化的标准，更直观地指导相关单位与部门进行施工安排。真正做到从机制上建立完善体系化管理、精准化防控，将联动联防联控贯穿建筑工地智慧气象场景施工工序全流程，充分体现上下左右融合性，统筹建筑工地各流程板块之间、各流程板块内部之间以及气象与住建部门之间的智慧气象体系建设。

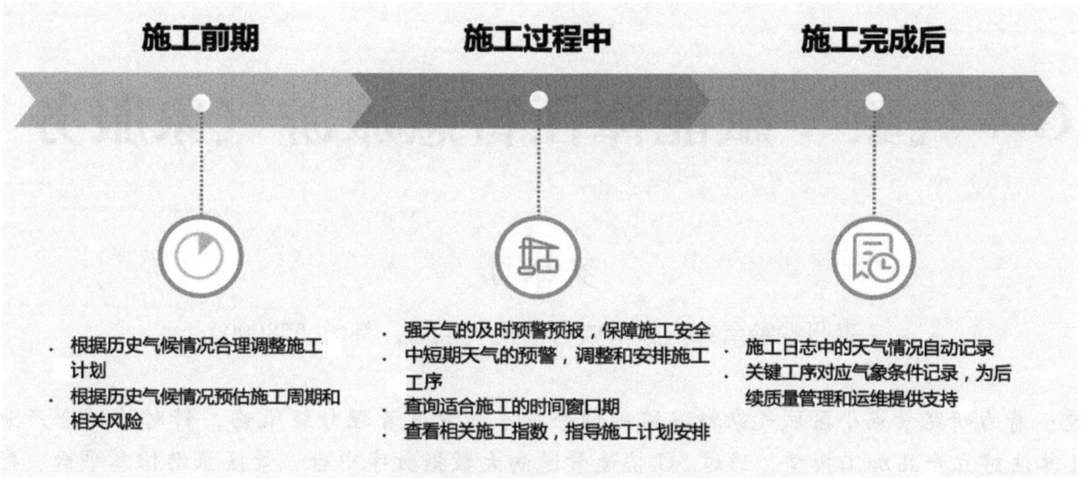

图 13　建筑工地施工气象风险流程图

为贯彻落实《建设工程安全生产管理条例》《广东省气象灾害防御条例》《广东省气象灾害防御重点单位气象安全管理办法》（省政府令第 254 号）和《广东省住房和城乡建设厅 广东省气象局关于建立健全建筑工地应对雷雨大风、暴雨等气象灾害防御协同工作机制的通知》（粤建质函〔2021〕469 号）等有关规定，提升应对灾害性天气防御能力，最大限度降低建筑工地的人民生命财产安全损失，广东省气象局将充分调研调查施工过程中对气象要素的需求和气象灾害风险（比如大风对高空作业、临时建筑物、塔吊、脚手架的影响，气温、湿度对混凝土浇筑、防火安全的影响，暴雨对室外施工和工地排水的影响等），进行需求和风险分析，设定预警阈值，开展基于建筑工地智慧气象服务的阈值预报、影响预报和风险预警，联合住建部门建立《佛山市建筑工地应对气象灾害停工停产实施细则的通知》（粤建〔2022〕61 号），并结合各个风险阈值的提醒，探索建立基于精细化预警的广东省建筑工地分级停工停产机制。

4　结论

目前，广东针对建筑工地的定制化场景智慧气象服务正处在建设初期，尤其是在智慧气象服务场景建模和气象灾害应急联动机制方面并未建立完善的服务模式和闭合服务链条。本文通过一系列技术手段，依托前沿观测、预报、预警技术，以“三个体系建设”为主体，建立“实时保障、提前预警、精准发布、快速联动”一体化智慧工地监测监控平台，围绕关键时间点，针对场景试点区域开展智慧气象定制化服务，探索建立广东省建筑工地应对雷雨大风、暴雨等气象灾害停工、停产联动工作机制，切实做到场景试点建设在全省的“可复制，可推广”，充分体现整体的融合性，统筹建筑工地各流程板块之间、各流程板块内部之间以及气象与住建部门之间的智慧气象体系建设，充分发挥气象趋利避害作用。

参考文献

[1] 中华人民共和国国务院．气象高质量发展纲要（2022—2035 年）[R]．2022.
[2] 广东省人民政府办公厅．广东省人民政府办公厅关于印发广东省推进气象防灾减灾第一道防线先行示范省建设的实施意见的通知 [R]．2021.
[3] 郑腾飞，李肖雅，万齐林，等．综合观测试验中的激光测风雷达探测性能分析 [J]．大气与环境光学学报，录用待刊．
[4] 马秋杰，李珍妮，宋小全，等．基于多普勒测风激光雷达的低空急流观测研究 [J]．海洋气象学报，2019，39（4）：61-67.
[5] 高静，洪冠新．复杂地形低空三维风场数值仿真方法 [J]．航空计算技术，2006，36（4）：108-111.

“5G+气象”赋能樟江智慧旅游气象服务*

罗林勇

（贵州省黔南布依族苗族自治州气象局，都匀 558000）

摘要：着力研究景点小区域气象精准监测预警技术和景区管理分级策略，针对旅游全产业链利用5G的AI算法建立产品加工模型，通过5G快速管道向大数据数字中台、景区旅游信息平台、短信平台和APP新媒体等智慧推送。让游客及时获得差异化、个性化的旅游气象信息服务，提高旅游体验；让景区管理获得递进式的科学决策支撑，提高运维安全和效益；让政府或部门得以掌控本地旅游消费等大数据信息，提高数据变现能力。示范带动全州旅游产业高质量发展，助力乡村振兴。

关键词：5G；气象；赋能；旅游

引言

由于5G、人工智能AI等技术的兴起和广泛应用，服务智慧化成为各行各业聚焦和重点研究的方向。目前气象智慧化服务面临三个方面的制约因素，一是气象监测预报预警还不够精细精准，不能很好地形成支撑气象对各行业服务的智慧信息流[1]；二是缺乏面向不同行业和群体的智慧服务管道，海量气象信息无法实现数字产业化；三是各产业数字化程度还不够，存在传统模式与智慧信息无法融合的发展瓶颈。黔南布依族苗族自治州（简称黔南州）气象局针对旅游智慧气象服务存在的问题，选取荔波樟江风景名胜区作为“5G+气象”赋能智慧旅游的场景开展试点研究。通过加密景区气象监测站点，引入3 km×3 km数值预报模式产品，解决小区域气象服务精准问题[2]，利用5G专网的定位、筛选和AI算法，对定点气象监测预报预警数据进行信息化加工，借助黔南州创新建成的大数据数字中台和景区旅游信息平台进行智慧化推送，初步构建智慧气象服务模式。

旅游是贵州特色产业，旅游产业信息化被作为贵州主攻“四化”的重点目标。选取黔南州荔波樟江风景名胜区作为“5G+气象”赋能智慧旅游的场景开展研究探索，一方面荔波樟江风景名胜区作为世界自然遗产地、国家5A级景区具有较高的知名度，旅游资源丰富、旅游产业成熟且数字化程度较高；另一方面荔波樟江风景名胜区“气象+旅游”的服务模式已有一定基础，能够起到很好的试点示范带动作用，预期可能形成全州乃至全省智慧旅游示范基地，对农业、交通、生态、能源等行业应用也具有示范意义。

1 内容和方法

根据荔波樟江风景名胜区特点，着力研究景点小区域气象精准监测预警技术和景区管理分级策略，针对旅游全产业链利用5G的AI算法建立产品加工模型，通过5G快速管道向黔南州大数据数字中台、

* 资助项目：2022年度黔南州社会发展科技计划项目（黔南科合社字〔2022〕8号）。

景区旅游信息平台、短信平台和 APP 新媒体等智慧推送。让游客及时获得差异化、个性化的旅游气象信息服务，提高旅游体验；让景区管理获得递进式的科学决策支撑，提高运维安全和效益；让政府或部门得以掌控本地旅游消费等大数据信息，提高数据变现能力，示范构建智慧气象服务模式。

1.1　技术路线

基于“气象大数据 + 旅游全产业链”服务模式，气象服务产品通过 5G 技术（定位、筛选、传输）精细化加工，并智能分发到现有黔南州大数据数字中台、樟江旅游信息平台和微信、抖音 APP 新媒体等场景应用，即通过“模型 + 算法”构建智慧化旅游服务模式[3]，让 5G 技术打通平台壁垒直达用户，提供优质体验（技术路线见图 1）。

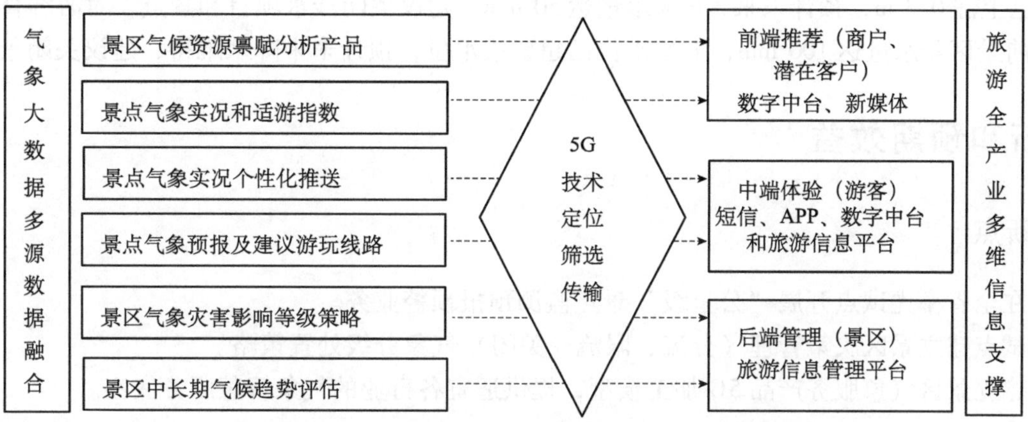

图 1　“5G + 气象”数字中台模式赋能荔波樟江智慧旅游技术路线

1.2　任务分析

荔波樟江风景名胜区位于荔波县境内，总面积 118.8 km²，由大七孔景区、小七孔景区、水春河景区和樟江风光带组成。要实现“5G + 气象”赋能樟江景区智慧旅游的目标，地面气象监测站网数据、雷达卫星产品和智能格点数值预报产品多源融合是基础，因此，在已有的乡镇级气象监测站网、5G 专网、数字中台和旅游信息化系统平台基础上，还需要开展如下建设和研究。

（1）在小七孔景区与大七孔景区之间的瑶山乡高桥村增加建设一个六要素自动气象站，弥补小七孔景区周边天气系统监测盲区，支撑本地高影响天气系统的追踪研究。

（2）在景区主要景点增加建设 5 ~ 10 套智能微型气象站（不影响景区外观），获取“公里级”气象数据，支撑景点小气候精准监测预测研究。

（3）在景区河流上游入水口处新增 1 个高清水位视频监测点，获取上游水位变化实况数据，支撑基于面雨量的暴雨灾害影响等级评估研究。

（4）建立“5G + 气象”智慧化产品加工系统，赋予气象产品精准的时间和空间信息[4]，通过 5G 管道向短信平台、景区旅游信息平台、大数据数字中台等智慧推送。

1.3　难点分析

1.3.1　景点（公里级）小区域气象精准监测预报预警分析

（1）气象精密监测通过加密站点（智能微型气象站）实现，即通过高密度气象监测站点数据实时标校雷达回波，提升小区域预警准确率和提前量。

（2）精准预报预警还需要应用智能格点预报技术，融合都匀 C 波段天气雷达和惠水、三都 X 波段雷达实时数据建立景区预报模型，以模型和标准实现定点智能预报预警。

1.3.2 景区气象产品5G智慧化加工和精准推送分析

（1）利用5G定位等AI算法建立气象产品智慧化加工系统，系统通过5G快速通道对接到大数据数字中台、旅游信息平台、短信平台、APP新媒体等发布系统进行推送，实现不同地点（景点）游客获得差异性气象信息服务体验。例如，给正在七孔桥的游客推送信息“游客您好，您目前的景点温度已升至34 ℃，天气较闷热，建议您可以先到较为凉快的卧龙潭景区（30 ℃）或室内景点游览”。

（2）利用5G低时延高带宽能力，采集、传输并比对景区上游水位实况，实现科学依据“景区降水实况+上游水位实况+预估降水量”制定分级处置策略。例如，四级“当前景区降水量达10 mm，上游水位已上涨0.3 m，预计未来3 h降水量达50 mm，建议关闭涉水项目和景点，对游客合理引流”；一级“当前景区降水量达100 mm，上游水位已超警戒水位，预计未来降水维持，建议关闭景区”。

2 创新和预期效益

2.1 创新点

（1）在全省率先试点开展“公里级”景点监测预报预警业务。

（2）试点建立景区决策管理（分流、限流、关闭）气象分级处置策略。

（3）建立景区气象服务产品5G加工模型，提供适宜各行业的气象智慧服务底座。

2.2 预期效益

经济效益：通过“5G+气象”赋能樟江景区智慧旅游研究，提高游客旅游体验和满意度，预期助推荔波樟江风景名胜区客流量同比增长；提供景区科学管理决策支撑，最大限度节约人财物成本，保障运营收入；发挥黔南大数据数字中台等平台作用，掌控旅游大数据信息，真正提高旅游消费对地方经济的贡献率。

社会效益：通过“5G+气象”赋能樟江景区智慧旅游研究，预期游客体验满意度提升，景区安全运营能力提升，负面影响降低，提高旅游品牌竞争力。研究形成的小区域气象监测预报预警技术及5G智慧化产品加工模型还可以在农业、交通、生态等多行业推广应用。

生态效益：通过“5G+气象”赋能樟江景区智慧旅游研究，预期实现小区域（景点）气候精准监测预警，合理调控水位，减轻山洪等对景区生态的破坏影响。

3 结论与讨论

黔南州气象局结合多年来的气象服务工作实际，选取荔波樟江风景名胜区作为“5G+气象”赋能智慧旅游的场景开展试点研究。通过加密景区气象监测站点，引入3 km×3 km数值预报模式产品，解决小区域气象服务需求更精准的问题。利用5G专网的定位、筛选和AI算法，对定点气象监测预报预警数据进行信息化加工，借助黔南州创新建成的大数据数字中台和景区旅游信息平台进行智慧化推送，初步构建智慧气象服务模式。预期实现在全省率先试点“公里级”景点监测预报预警业务，创新建立景区决策管理（分流、限流、关闭）气象分级处置策略，形成的景区气象服务产品5G加工技术模型，为各行业智慧气象服务推广应用提供借鉴。通过智慧服务推动气象高质量发展，助力黔南主攻“四化”。

参考文献

[1] 杜正静，帅世章，陈静怡，等．贵州省旅游气象服务的现状与发展思考［J］．中低纬山地气象，2021，45（5）：1-3.

[2] 胡争光，薛峰，金荣花，等．智能网格预报应用分析平台设计与实现［J］．气象，2020，46（10）：1340-1350.

[3] 王光宇．5G 时代电信运营商的商业模式创新研究［J］．数字通信世界，2022（8）：17-19.

[4] 赵大鹏，曹之玉，赵晶晶，等．新一代 5G 预警短信平台研究［J］．科技创新与应用，2022，12（27）：111-114.

浦东新区智慧气象服务系统建设情况

陆佳麟　顾松强　金　玲　张丽亚　韩晶晶

（上海市浦东新区气象局，上海 200135）

摘要：浦东新区“城市大脑”——智慧气象系统实现了气象数据、城市运行体征数据的汇聚，并对各类数据进行质量控制，通过综合地图形式，实现基于地理位置、基于应用场景和基于重要天气的可视化展示；利用人工智能和大数据挖掘手段，通过智能发现和智能分析，实现了针对不同场景和不同行业的气象风险隐患提醒，并结合服务对象信息库，实现风险隐患信息的自动推送，利用突发事件预警发布平台，建立服务对象的提醒反馈机制，从而实现了“智能发现、智能推送、智能管理”的城市精细化运行管理工作闭环。

关键词：智慧气象；气象风险；城市精细化运行；管理闭环

引言

浦东新区城市运行综合管理中心是全国首家，也是上海市首家集合城市网格化管理、应急管理、安全生产、公安、消防、急救、防汛等职能部门实体运作机构，通过整合与城市管理和安全运行相关的管理资源，深化拓展城市运行综合管理功能，建设符合浦东实际、体现浦东特点、形成浦东特色的新区城市运行综合管理体系，实现城市网格化综合管理与社会治理、应急管理的深度融合，实现城市运行综合管理全行业、全区域、全时段覆盖，实现城市管理资源高度整合、监控信息系统高度集成、部门联勤联动高度协同、上下贯通指挥高度统一。气象作为重要的城市运行体征，各部门急需精细化、智能化的气象服务，浦东新区“城市大脑”——智慧气象系统就是在此需求基础上开展的。

1　系统总体设计

通过本系统实现气象数据、城市运行体征数据的汇聚，利用智能分析，实现针对不同场景和不同行业的气象风险隐患提醒，并结合服务对象信息库，实现风险隐患信息的自动推送，利用突发事件预警发布平台，建立服务对象的提醒反馈机制，从而实现“智能发现、智能推送、智能管理”的工作管理闭环。融入浦东“城市大脑”，通过可视化手段，实现实战、汇报、展示等功能。

1.1　实现气象数据、城市运行体征数据综合汇聚

开发建设智能化、可视化的数据汇聚工具，梳理各类气象数据、城市运行体征数据，按照不同的可视化场景需求，针对各类数据资源设计相应的采集、缓存和统计分析及处理方法，以信息要素、业务模型等多种形式，为实现多样化、可视化的展示提供数据保障。

1.2　实现可视化展示分析

为梳理出来的各种数据设计各种可视化图形样式，包括文字、图片、动画、视频、图表、地图、地图热点、图文组合、表格等各类基础图形，对于复杂的数据设计如拓扑图、关系图、热力图、散点图、时序图等数据可视全景图。同时，通过分析不同情况下的业务需求，明确需要获取的信息及关联的数据构成，针对实际业务情形设计出能够根据实时信息进行联动切换等各类操作的大数据可视化展示预案。

1.3　实现智能气象服务

通过智慧气象大屏幕系统，全方位、多层次、多角度展示城市的天气情况。利用目前先进的地理信息系统（GIS）、监测、通信、网络、视频显示技术建立一套覆盖浦东新区的远程气象监测预报体系。建设基于 GIS 的大数据智能分析系统，实现实况数据智能监控、预报预警数据的智能提醒、服务信息的智能推送、反馈措施的智能管理，从而实现“智能发现、智能推送、智能管理”的工作管理闭环。

2　数据接入处理和交换

2.1　数据源接入和主要处理方法

数据接入主要包括：上海市气象局及浦东新区本地的气象数据，包括观测、预报产品和服务产品等数据；浦东新区城市运行综合管理中心交换数据，包括 12345 热线数据、网格巡检数据、工地、卫生、交通数据等；风险普查数据，如学校、危化企业、景区、酒店等气象灾害防御重点单位的风险隐患点实地普查数据。

数据处理方法主要包括：异构数据解析融合技术、大数据快速提取技术和数据质量控制。

2.1.1　异构数据解析融合技术

气象数值预报模式数据量庞大，数据标准不统一，数据类型和格式复杂。在数据处理时，一方面可以充分利用国际上行业常用的标准化数据格式标准，如 NetCDF、GRIB 等，开发针对标准化数据格式接口；另一方面对本地常用的“非标准”数据接口进行开发，从而使所有数据源无须进行统一化的数据转换，直接无缝融入。数据接口兼容规则、曲线、三角网格、混合网格、离散点等常见大气数值模型网格，从而实现多源异构数据的融合与解析。

2.1.2　大数据快速提取技术

气象数值预报模式数据具有不同的维度，时空特征差异很明显。本系统从两个方面提升数据提取速度。

①引入元数据和数据层的概念，每个数据源在作为数据层被添加进系统时，首先将对该数据层定义一个元数据（Metadata），包括数据的结构或类型、数据存储的方法和路径、数据文件命名的时空规律、数据图层变量的定义、数据中时间定义使用的时区、数据更新频率、时间步长、预报时长、数据变量间的关系等信息。使用该数据层时，系统可以根据元数据快速查询到数据所在的位置并获取相应的基础信息。

②借鉴自描述类型数据格式（如 NetCDF、GRIB 等）的优势，对数据量大的多维数据，第一次读取该数据格式时，在二维空间上基于多级四分法对数据网格进行不同等级的切分，建立对应的自动索引文件并保存，供数据查询中重复使用，从而使得这些类型的数据提取以指数级的效率提升。自动索

引记录了各等级数据的网格信息，在收到变量、时间、空间范围及请求方法等数据提取指令后，将需要解析的空间重定位到索引的区块中，然后利用数据接口直接调取相应的数据，从而使访问的数据量大幅度降低，达到快速提取的目的。利用以上方法对于不规则网格（三角网格）格点数量达到百万元素（ELEMENT）的模型数据进行查询，可实现任意点微秒级的实时识别。

2.1.3 数据质量控制

质量控制根据误差检验规则对数据质量检查结果进行标识处理。其中，气象数据质量控制[1-5]功能要求参照世界气象组织基本系统委员会有关自动气象站技术指南推荐的方法；行业数据质量控制根据行业数据管理规则处理。本系统中的数据质量控制方法有极值控制法、连续变化控制法、空间数据比较法、要素相关比较法。

①极值控制法。将附近台站各要素的历史月极值作为判据，超过极值即质量控制干预。系统根据历史资料对站点各月进行极值处理，生成月极值温度、降水、气压值等表格。新的数据进入系统时，与该表进行对比，超过范围的记录按缺测处理，同时将情况写入错误记录中。

②连续变化控制法。根据要素连续变化规律确定两次采样差值的上限，超过上限值即质量控制干预，如果超过上限的两倍即提示检查观测设备。系统记录数据错误信息，并提出数据异常报警。

③空间数据比较法。比较每个站与附近几个站点在不同观测时间的数据，若均为正偏差或均为负偏差，且偏差幅度超过历史上限，则将该记录视为可疑，并采取质量控制干预；若偏差幅度超过历史上限两倍，按缺测处理。

④要素相关比较法。根据气象学原理和审核经验确定各类要素极端变化的条件，发现极端变化的条件存在时，不按缺测处理。

数据经过质量控制模块处理后，系统将异常情况写入报错记录，并根据质量控制结果给数据文件加上质量标识代码（详见表1），便于质量控制。

表1 数据质量标识代码表

标识代码值	描述
00	“没有检查”：该变量没有经过任何质量控制检查
01	“正确”：数据没有超过给定界限
02	“不一致”：一个或多个参数不一致；不同要素的关系不满足规定的标准
03	“存疑”：不可信的
04	“错误”：错误数据，已超过给定界限
05	“校验过的”：原始数据标记为存疑、错误或不一致，后来利用其他检查程序确认为好的
06	“缺失”：缺失数据（不论何种原因）

2.2 数据调用接口开发

数据接口协议清晰描述与系统支持平台系统之间的数据、服务或应用的对接方案。

2.2.1 数据接口标准

结合国家信息标准规范，制定数据服务交换规范，涉及的数据交换标准主要有统一的信息保存格式、统一的信息传递方式、统一的信息共享方式。

系统中主要采用XML数据服务。XML简单且易于在任何应用程序中读写数据，这使XML成为数据交换的唯一公共语言，程序可以更容易地与Windows、Mac OS、Linux以及其他平台下产生的信息结合，然后可以很容易加载XML数据到程序中并分析，以XML格式输出结果。

（1）统一的信息保存格式

通过 XML 技术确保各个应用系统的信息以统一的标准存储于水文数据决策分析系统中。各个应用系统可以将其他应用系统生成的 XML 文件，按照自己需要的方式进行解析和显示。同时，各个应用系统按照标准的格式存储自己的 XML 文件。

（2）统一的信息传递方式

系统提供统一的信息交换平台，支持可靠的点对点、发布/订阅方式的消息传输。各个应用系统在传递信息的时候，通过统一的队列处理方式进行信息点对点的传递。

（3）统一的信息共享方式

信息应用展示系统作为重要的决策支持数据，在系统建设中应充分考虑其共享性，按照相关的数据标准进行数据的规划设计，预留数据接口实现数据的共享与交换。

2.2.2　数据接口规范

本系统所涉及的数据接口规范用于在地理信息展示应用系统与其他环境系统间进行信息交换时的数据接口，可支持结构化数据、非结构化数据的封装。

数据接口模型由数据结构、数据集组成。数据结构是可选元素，元素名称是 Data Structure，用来描述交换信息内容的结构信息。数据集是必需的元素，元素名称是 DataSet，用来封装具体的交换信息内容。

（1）数据结构

数据结构由信息资源标识符、信息资源显示名称、说明性注释、数据单元、扩展属性 5 个元素组成，其结构如图 1 所示。

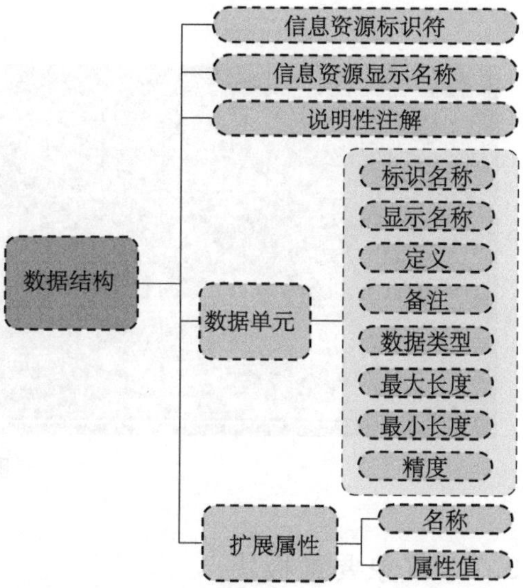

图 1　数据结构

（2）数据集

数据集封装信息资源实体，用来封装结构化数据。数据集由一个或多个数据记录组成，如图 2 所示。

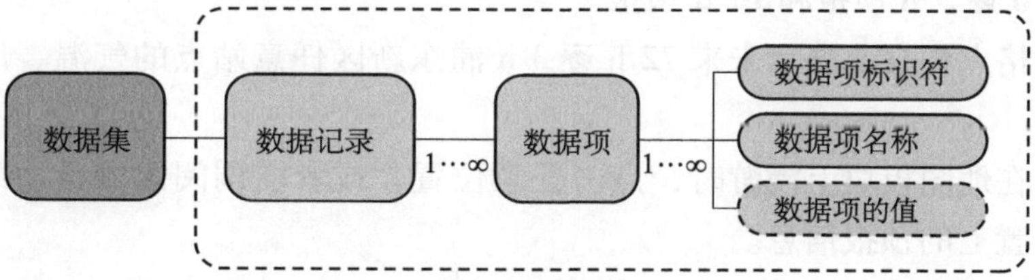

图 2　数据集

3　智慧气象大屏展示和服务系统

智慧气象系统为浦东“城市大脑”提供专业化、精细化和实时的智慧气象服务，涵盖气象监测、预报预警和产品服务等内容。此系统利用 GIS、监测、通信、网络、视频显示技术，建立一套覆盖浦东新区的远程气象监测预报体系，实现实况数据监控、预报预警数据的提醒及专题决策报告服务等数据的高度融合与展示，实现各业务系统信息间的联动，以更加全面、精细和动态的方式展示气象信息，解决以往各系统间业务割裂、无法统一查看和展示的弊端。

根据城市运行主要敏感事件，我们主要开发了气象主屏（图 3）、台风专屏（图 4）、重点单位专屏、工地专屏、健康气象专屏和网格热线专屏等，大屏的板块分布主要有气象要素板块、综合地图板块和服务应用场景板块三大部分。根据不同的场景、不同的天气条件，智能选择展示的内容。

图3　智慧气象系统主屏

图4　智慧气象系统台风专屏

3.1　气象要素板块

气象要素板块主要提供各类气象要素的历史统计、观测实况和预报信息，主要内容如下。

3.1.1　浦东地区 72 h 逐 3 h 预报和 10 d 预报

基于精细化智能格点预报，展示未来 72 h 逐 3 h 浦东新区任意站点的气温、风力以及降水等气象要素的预报信息。

智能展示方式：在地图板块上漫游时，点击任意位置，或者在调阅区域自动站实况信息时，该内容就自动调阅相应位置上的预报信息。

3.1.2　实时视频实景及气象要素展示

接入浦东新区实时视频监控，展示视频监控内容，同时在视频界面上标注该视频点位附近自动站气温、风向、风速及能见度等气象要素信息。

智能展示方式：该内容在调阅不同街镇、不同区域气象站点信息时，自动切换到附近的视频监控上，方便了解附近的实际天气情况。

3.1.3　沿海海面实况风场和天气预报

展示实况和未来一段时间（24 h、48 h、72 h、96 h、120 h）长江口、长江口西、长江口东、东海北部、杭州湾北部、洋山海域的天气情况。

3.1.4　站点排名和历史统计

根据当前降水、大风、气温三要素，按照任意时间（近三个月可自由选择）进行排名，排名结果联动到地图高亮显示，同步显示时段，也可形成气象要素面图。

3.1.5 台风路径和历史灾情

显示当前台风和历史台风，当前台风显示内容包括编号、英文名和中文名，选中后联动到地图上显示台风路径；历史台风联动到地图上显示历史台风路径、风雨强度和灾情信息等。

智能展示方式：在台风场景下展示。当有相似台风出现时，同时展示相似台风对浦东的风雨影响分布情况，可以按照台风移动路径动态展示。

3.1.6 历史统计分析提醒

显示浦东站历史气候统计值，包括月度平均值、极值，当日历史平均值、历史极值，当日历史排名，等等。

3.2 综合地图板块

综合地图功能模块主要提供各类信息综合展示，实现与气象要素模块和场景服务模块的智能互动，主要建设内容如下。

3.2.1 自动站监测数据要素分布图

根据自动气象观测站的监测数据，针对温度实况数据和雨量实况数据，调用实时等值面插值算法，实现等值面数据显示。

3.2.2 “110”和网格热线的灾情分布图

根据实时接入的“110”灾情位置信息，在地图上显示灾情点，点击灾情点进一步显示灾情详细信息。

3.2.3 气象要素图层展示

在地图上分图层叠加显示雷达、云图、温度、降水、风场、台风、天气图的图层信息，通过切换图层选择可见或不可见。

3.2.4 场景信息

在地图上加载显示台风、工地、热线网格、重点单位、易积水道路等场景的点位分布信息，点击之后进一步显示对应内容的详细信息。

3.2.5 预警信号

在地图上方滚动显示当前浦东新区气象局已经发送的预警信息，点击后显示预警信息的具体文字。

3.2.6 基于地图位置的服务场景、气象数据智能联动

根据当前天气状况拖动时间轴，实现查看过去、现在和未来最关心的天气相关信息；在地图上显示行政管理单元，点击行政管理单元后对应所有气象要素板块自动切换到该选中地区，服务情况也自动切换到该选中地区最近的服务情况；实现基于时间、位置的联动展示。

3.3 服务应用场景板块

场景服务功能模块主要提供各类气象应用场景信息和服务情况，主要建设内容如下。

3.3.1 台风场景

显示台风快讯信息、台风专报信息及对应服务内容。快讯信息包括台风实况强度、中心位置、最大风速、中心气压和预报路径、强度、风力、距离上海直线距离等；台风专报信息内容主要为台风对上海的风雨影响时段和强度；对应服务内容为各类场景点对点的服务情况，包括发送时间、对象名、位置、联系方式、预警内容、管理提示等。

3.3.2 工地场景

显示浦东地区在建大型工地的基本信息，包含位置、预计工期、联系人等，并自动关联所在街镇

的格点预报结果。同时，建立针对工地的风险预警算法，在不同的灾害性天气条件下，根据不同工程状态，给出针对性的风险隐患提示，并通过不同的图标色标展示不同的提醒等级和提示语，同时通过新区突发事件预警发布中心向相关责任人发布提醒、预警等信息。

3.3.3 重点服务单位

根据气象灾害防御重点单位的普查信息，初步梳理了以学校为例的重点单位风险隐患点，根据不同天气下致灾因子的不同和对普查信息的评估，建立详细的浦东地区学校风险隐患数据库，包括隐患点、制度措施隐患和历史受灾情况等，完善各个重点单位的地理位置和责任人，并在地图上展示。当重点单位所在地出现对其日常生产、经营和管理工作产生影响的灾害性天气时，及时通过新区突发事件预警发布中心向相关责任人发布提醒、预警等信息。

3.3.4 网格热线场景

通过气象观测数据和城市热线、网格数据的结合，运用大数据分析挖掘技术，建立一套气象与城市运行态势之间的大数据分析预警模型，实现案件发生区域、主责部门、案件发生类型、案件发生时间事件的预测产品。

3.3.5 健康气象场景

基于大数据云平台浦东地区历史门诊和人数记录、历史天气情况，结合流行病学和毒理学研究成果，进行智能相关性匹配，建立气象对慢性阻塞性肺疾病（COPD）、中暑等发病率影响模型，结合实时天气预报，做出天气变化可能发生的浦东地区不同街镇的COPD和中暑等疾病的风险预测产品。

4 小结

本系统是从数据采集、分析到服务、管理全流程，集业务监控、业务展示、服务管理于一体的业务系统，目前已经正式投入业务运行并融入浦东“城市大脑”，集实战、汇报、展示等功能于一体。其主要特点如下。

一是智能。主要体现在对观测数据的智能分析，对智能网格预报的实际应用，出现灾害性天气时实现智能提醒。平台的展示内容是根据高影响天气来智能调整的，并且通过智能发现，及时提醒业务人员；智能网格预报产品利用本平台实现了展示和使用；风险隐患提醒和预警信息提醒是根据服务对象智能开展的。

二是实现管理闭环。本平台充分利用了新区城运中心平台，打通了气象部门与服务对象之间的沟通渠道，实现了智能管理，使得智能发现、智能推送发挥更大的价值，实现管理闭环。

三是精准个性化。精准个性化是本平台所提供的智能服务的最大特点，不再是以往“大水漫灌式”的气象服务，而是精准个性化的风险隐患提醒；不再是以往“一人得病全体吃药式”的预警发布机制，而是针对特定对象的风险预警发布机制，探索精细化气象服务方式。

参考文献

[1] 刘小宁，任芝花．地面气象资料质量控制方法研究概述［J］．气象科技，2005，33（3）：199-203.
[2] 任芝花，刘小宁，杨文霞．极端异常气象资料的综合性质量控制与分析［J］．气象学报，2005，63（4）：526-533.
[3] 陶士伟，徐枝芳．加密自动站资料质量保障体系分析［J］．气象，2007，33（2）：34-41.
[4] 王佰民．基本气象资料质量控制综合判别法的研究［J］．应用气象学报，2004，12（增刊）：50-59.
[5] 杨贤为．气候应用专用数据库气象资料的质量检验［J］．气象，1998，24（12）：33-36.

智慧气象服务发展态势分析与对策建议

王　喆　张　阔　张滨冰　周　勇　张　勇

（中国气象局气象发展与规划院，北京 100081）

摘要：发展智慧气象服务，就是实现服务体系支撑、服务效益发挥、服务机制保障的智能、互动、融合、共享发展。现阶段，气象部门通过试点和社会化合作不断探索智慧气象服务建设路径，智慧气象服务领域和服务对象逐步拓展，但仍可借鉴水利、交通等行业建设经验，促进智慧气象服务发展。采用态势分析法（SWOT），进一步分析智慧气象服务发展面临的机遇和挑战，并从加强智慧化顶层设计、加快服务支撑体系建设、完善服务机制保障、提高场景式服务效益等四个方面提出智慧气象服务发展的对策建议。

关键词：智慧气象；气象服务；态势分析

1　智慧气象服务内涵

随着气象服务领域和服务对象的逐步拓展，气象服务水平不断提高，公众和社会对气象服务的需求更加多元。新形势要求气象服务向“智慧化”的方向发展，《气象高质量发展纲要（2022—2035年）》（以下简称《纲要》）明确提出，推进气象服务数字化、智能化转型。同时为了适应新形势新需求，气象部门提前布局，发布《智慧气象服务发展行动计划（2019—2023年）》（以下简称《行动计划》），提出到2023年，初步形成智能感知、精准泛在、情景互动、普惠共享的新型智慧气象服务发展生态。

根据《纲要》《行动计划》的部署，发展智慧气象服务的关键影响因素在于精准的气象服务技术、快速且安全的气象服务平台、靶向的服务发布手段、互动的气象服务方式、交互的气象服务机制。概括而言，智慧气象服务的内涵包括服务支撑体系建设、充分发挥服务效益、建设服务保障机制三个方面[1]。其中，服务支撑体系建设包括气象服务技术升级，服务制作和发布平台建设；充分发挥服务效益包括创新服务发布手段和服务方式；建设服务保障机制包括建立和完善工作创新机制、工作联动机制、业务法规和标准等。

智慧气象服务的特征包括智能、互动、融合、共享。智能是指新技术能够有效应用，并通过新手段、新方法促使气象服务模式改变或升级；互动是指气象部门、政府、公众等气象服务的利益相关方能够通过气象服务信息的传播产生相互影响，该影响包含正向的满意、消极的批判和中性的反馈等；融合是指数据同化、跨行业技术应用、跨媒体的交互机制建设达到一定水平，气象服务的行业、领域的边界被模糊；共享是指整合闲散的气象资源和各类社会资源，充分发挥经济效益、社会效益和环境效益[2]。上述特征将充分融入实现气象服务的智慧化转型，就是实现服务体系支撑、服务效益发挥、服务机制保障的智能、互动、融合、共享发展。

2　行业智慧服务建设分析

通过调研智慧水利和智慧交通建设成果，为发展智慧气象服务提供借鉴。

2.1　顶层架构清晰

水利部坚持服务全局、突出重点的原则，印发了《关于大力推进智慧水利建设的指导意见》等顶层设计文件，科学确定智慧水利建设的目标任务、设计总体架构、实施路线和工作要求，明确了“驱动服务水利全业务、全面提升整体能力”的改革发展基调，结合水利网信工作的实际和发展条件，制定近期和中远期目标，并设计时间表、路线图、任务书、责任单等，依托相关工程和项目建设，有序推进智慧水利服务建设。

交通运输部坚持规划引领，出台《交通运输领域新型基础设施建设行动方案（2021—2025 年）》等顶层设计文件，明确了交通服务运输数字化转型、智能化升级、融合化发展的发展目标和实施路径。同时，交通运输部重视服务评价体系的建立，在交通强国建设评价指标体系中，将应急保障水平、交通快捷顺畅程度作为重要评价维度。

2.2　服务机制落地

水利部构建“规划设计—产品发布—成果评估—产品宣传—经验推广”的全链条智慧水利试点成果转化机制，按照“看难点—选区域—创产品”的试点建设思路，围绕智慧水利服务难点和痛点，选择基础较好并有代表性的地区开展试点，推进物联网、卫星遥感、人工智能（AI）等技术与智慧水利服务的深度融合。试点成果通过专题网站等形式集中展示，并逐步推广到其他地区，实现率先突破与全面提升的联动机制。

交通运输部构建“有产品—选城市—验效果”的试点建设思路，将针对性强、可推广性好的服务产品依次投入使用，并建立有效试点反馈机制确保试点工作落地落实。

2.3　服务效益突出

交通运输部以智能网联汽车作为智慧城市发展的切入点，通过建设智慧城市基础设施与智能网联汽车协同发展的“双智”试点城市，推进智慧交通融入智慧城市建设，提升智慧交通服务效益。“双智”试点城市内涵包括参与（Engage）、体验（Experience）、赋能（Empower）三个方面，主要借助基础设施数字化与配套设施数字化的服务手段，搭建车路协同服务场景。同时，交通运输部展望未来服务发展，提出“适度超前 + 利旧升级”这一面向未来自动驾驶、服务当下数字交通的道路基础设施建设思路，即通过百度 AIR（AIRoad）智能道路系统，形成路端“自动驾驶系统”，并能有效利用已有设施，通过软件 OTA 升级持续为数字城市智能交通提供场景支持。

3　智慧气象服务发展态势分析

现阶段，智慧气象服务工作越来越受到重视，我国通过开放试点和开展社会化合作不断探索智慧气象服务建设路径，智慧气象服务已扩展到工业、农业等重要领域，通过不断地实践探索，进一步明晰了现阶段我国智慧气象服务的机遇和挑战、优势和劣势。

3.1　从外部机会分析，存在“三个机遇”

一是新要求。党的二十大强调，高质量发展是全面建设社会主义现代化国家的首要任务，要以中国式现代化全面推进中华民族伟大复兴。而中国式现代化也包括气象现代化，包含以服务为根本的全链条气象事业。因此，大力发展智慧气象服务，是气象部门新时期贯彻落实党中央要求、服务最广大人民群众的重要手段。

二是新需求。随着极端天气事件的频发，气象对行业发展、国家重大战略实施、社会运行、经济增长的影响日益增强，社会和公众对气象服务质量、服务方式和服务内容的要求也越来越高。国家智慧城市建设的步伐持续加快，气象智慧化服务对城市运行管理的决策支撑作用日益显著。同时，我国面临的防灾减灾和粮食安全等压力越来越大，风云气象国际应用、应对全球气候变化、“一带一路”国际服务保障等同样离不开气象支撑。

三是新支撑。新一轮科技革命深入发展，云计算、人工智能、物联网、区块链等新技术手段以多点并发的态势涌现，以“互联网＋”“智能＋”为代表的数字经济蓬勃发展，驱动经济社会加速向数字化转型，国家在新基建、大学科装置的投入日益增长，都对智慧气象服务工作的发展起到强有力的支撑作用[3]。

3.2　从外部风险分析，面临“两个挑战”

一是社会竞争挑战。近年来，高精技术企业纷纷投入气象服务市场这片“蓝海”。例如，百度旗下的百度智慧云开发了智慧气象场景，搭建了精准普惠的气象信息供给机制；华为提出智慧气象方案，建设了智能调度、AI预报、大数据开发存储等场景，并通过挖掘气象与各行业数据相融合的市场化应用价值，开发了数据算法、融合数据、交互平台等，向社会用户提供视频、图像、文字、数据等多种方式的服务；阿里云开发的数智气象引擎利用时空数据管理（Ganos Base）、数据治理和数据中心网络，可为用户提供高时空分辨率的气象数据服务。这些高精技术企业对气象业务的研究有助于气象部门开展社会化合作，获得技术平台支持，也给智慧气象服务带来产业规模、知识产权等方面的挑战。

二是行业竞争挑战。伴随着行业发展，气象与其他行业服务范围的重合性不断提高。例如，农业农村部通过搭建农业气象站，为本地农业生产提供气象观测服务；水利部为进行洪水风险预警，应对防汛抗旱、应急减灾事件，通过水文站监测相关气象要素，完善流域管理服务；除此之外，交通、海洋、能源等行业都在气象决策咨询、公共服务等方面不断发力[4]。各行业形成的智慧化服务让公众有明显的感知和现实的体会，与之相比，气象服务用户的应用意识不强，气象“存在感”需要强化，这种“主体淡化效应”导致智慧气象服务效果不能被充分感知。

3.3　从气象部门内部优势分析，存在“三大优势”

一是部门重视程度高。气象部门不仅提前布局发布智慧气象服务专项工作方案，并且各类全国气象工作部署会议提出，智慧气象体系要紧密围绕服务精细要求，既要做好监测预报服务体系建设，又要注重全业务链条体系建设。

二是气象科技发展日趋成熟。装备技术和新一代信息技术的加快发展推动气象探测和预报技术发展，为开展智慧服务打下坚实基础。通过应用人工智能与大数据分析等，实施了基于用户和场景的个性化服务；通过积极构建“气象＋”的智慧气象服务新格局，实施了基于影响的行业气象灾害风险预估，如面向交通管控的公路气象灾害风险预估，面向电网安全的覆冰等灾害风险预估等。当前气象服务产品智慧化水平和满足用户需求的智慧化能力都有显著提升。

三是试点成果显著。2015年起，气象部门不断开展智慧气象试点，部分省（区、市）在智慧气象服务领域已取得先进成果。其中，上海推进智慧气象三大基础赋能“神器”建设，通过建设“气象智能插件”提供服务；重庆构建智慧气象“四天”系统，可提供分级精准推送服务；深圳打造智慧气象“六个一”模式，利用“深圳天气”“预警铃”等模块提供即点即得的智慧化服务。多项试点工作为智慧气象服务提供产品设计、供给路径、反馈模式等方面的宝贵经验，也为构建智慧气象服务体系提供有力支撑。

3.4 从气象部门内部劣势分析，存在“三大劣势”

一是科技和服务能力有待提升。当前气象服务的水平与商业和社会需求不相匹配，气候预测的时效性和精细度与部分气象敏感性行业的需求仍存在差距，对服务对象需求的挖掘不足，个性化气象服务产品还不够丰富，尤其是公共服务产品信息过于笼统，对时间、区域、品种的指向性都有很大提升空间。

二是缺乏成果推广和转化路径。受制于气象条件和区域经济的差异化的影响，多项智慧气象服务试点项目收获的经验成果未得到广泛推广和应用。由于成果转化路径的不完善，大气科学类专业高校和科研院所在智慧气象服务领域的创新性学术成果也缺少实践检验和规模化应用的场景。

三是标准化体系建设有待完善[5]。国省市县四级应用的气象服务业务布局以及气象服务体系的属地建设特征，使得各省（区、市）气象服务产品的研发和维护具有相对独立性，缺乏统一的生产、推广和管理标准，进而导致数据的流通和产品共享困难，气象服务效益未得到充分发挥。气象服务市场无序竞争的现象，也给气象服务标准化、体系化建设工作带来挑战。

4 智慧气象服务发展对策建议

4.1 加强智慧化顶层设计

当前我国智慧气象服务建设处在“百花齐放”的阶段，亟须国家层面出台智慧气象服务建设指南和智慧气象服务评价指标体系，统一建设思路和建设理念。一方面可以整合气象服务资源，力求通过指南和指标的设置完善制度环境，激发智慧气象服务动力和活力；另一方面可以转变服务模式，从“以资源为中心”转变为“以用户为中心”，深入探索智慧气象服务在新能源、交通、农渔业、生态环境、健康医疗等各行业的服务模式及服务内容，打造以用户满意为目标、以“有温度”为特征的智慧气象服务。

4.2 加快服务支撑体系建设

一是促进智能技术融合。气象部门可通过社会合作、建设创新团队等方式，强化气象服务数据与智能技术间的融合，打造“有内涵”的智慧气象服务。二是数字化赋能现有气象服务制作平台。通过信息数字化、流程数字化、业务数字化，打通气象预报业务与服务业务间、气象与其他行业之间的管理流程，持续丰富气象服务资源，分领域分用户分场景丰富产品模型，集成智慧气象服务成果。三是从需求端出发，持续完善应用平台架构。树立大系统设计、分系统建设、模块化链接的系统观念，构建有开放框架、能灵活部署的“平台化 + 微应用”系统，探索供给侧改革方式，实现自动化舆情监测、快速化产品生成、精准化推送服务等智慧气象服务供给体系。

4.3 完善服务机制保障

一是强化智慧气象服务标准建设。当前气象部门标准制定仍然滞后于智慧气象的发展要求，尤其围绕智慧城市建设和城市网格化管理领域，仍需探索建立依法发展、充满活力、互动高效的服务标准，尤其需要考虑标准与城市规划、社会运行、经济发展等方面的衔接。二是推进业务机制改革。根据《新型气象业务技术机制改革方案（2022—2025年）》部署，推动地方智慧气象服务产品纳入国家统一气象服务平台管理，强化国家级智慧气象服务产品的下沉应用，支持省（区、市）重点发展特色服务领域，健全“主动、互动、联动”的智慧气象服务机制，推动气象服务主动融入数字政府、智慧城市（群）建设。

4.4　提高场景式服务效益

一是开发智慧气象服务应用场景。实施“捕捉需求—研发场景—示范应用—反馈改进—产业化推广”的智慧气象服务场景建设流程，加快行业数据与气象数据的融合应用，打破行政区划限制，结合气象服务需求，因地制宜搭建特色场景，并通过持续跟踪场景应用，形成可复制、可推广、可借鉴的智慧气象服务产品。二是提升智慧气象服务手段。以“互联网＋”和大数据的理念重构气象服务信息发布方式，充分利用现有手机端、媒体端，为不同用户提供更具备针对性的信息分发手段和气象服务平台，最终达到“无感化”水平，为用户自动定制适应服务系统。三是培育气象服务市场。重新设定数据价值标准，通过开发气象数据产品，将气象数据流通转变为气象数据产品流通；健全气象服务市场政策和机制，尤其关注特色气象服务标准、跨区域气象服务竞争、私营企业的无序扩张等问题。

参考文献

[1] 陈艳莹．智慧气象服务的研究与展望［J］．数字通信世界，2019（9）：124，130.

[2] 王兴，朱彬，卞浩瑄，等．“互联网＋”背景下我国智慧气象服务模式优化研究［J］．中国管理信息化，2019，22（23）：135-138.

[3] 武玉龙，付亚楠．智慧气象服务体系的研究综述与展望［J］．现代经济信息，2017（19）：355.

[4] 贾思之．“互联网＋”环境下我国智慧气象服务模式分析［J］．科技资讯，2022，20（10）：7-9.

[5] 王兴，周娟，卞浩瑄，等．互联网＋背景下智慧气象业务与服务众创架构研究［J］．浙江气象，2020，41（2）：17-22.

基于机器学习和智能语音识别的“陕西气象”APP技术研究及应用

王 莹 任 芳 巨晓璇

（陕西省气象服务中心，西安 710014）

摘要：文章介绍了“陕西气象”APP系统研发背景、业务流程、系统框架设计等内容，重点阐述了系统研发所采用的关键技术与创新、功能设计与实现。同时，对系统创新、推广应用、服务效果等情况进行了简单说明。

关键词：智能终端；机器学习；智能语音；APP

随着社会的发展进步，机器学习、深度学习、自然语言处理、语音识别、计算机视觉、计算机图形、机器人、人机交互、数据库、信息检索与推荐、知识图谱、知识工程、数据挖掘、安全与隐私、深度神经网络、可视化、物联网等人工智能技术与传统行业深度融合，越来越多地应用到多领域多行业中，给人类的生产和生活带来革命性的转变[1]。同时，公众对气象服务的需求和要求也日益增高，气象服务产品在社会各领域中都起着非常重要的作用，一次及时准确的气象服务给社会带来的经济效益不可估量。气象服务产品和信息传播途径只有不断创新，将新的传播媒介应用到气象信息服务中，才能满足公众的需求。新媒体融合背景下，智慧气象的发展迎来了新的机遇和挑战，智慧气象是新时代气象现代化的重要标志，是以信息化技术为依托形成的气象观测、预报、服务、管理新理念和新模式，是气象发展的新阶段、新境界、新形态[2]。因此，充分应用大数据、云计算、人工智能等信息技术，实现气象服务产品制作从体力劳动向智能生产转变、服务模式从单向推送向双向互动转变、服务体系从低散重复向集约化转变，初步形成智能感知、精准泛在、情景互动、普惠共享的新型智慧气象服务发展生态，是我国气象部门面临的重要课题[3]。

政府和公众对移动气象信息服务的需求，随着移动互联网技术的飞速发展和智能终端不断普及与日俱增。国外对移动互联网与气象结合方面的研究开展较早，应用领域也比较丰富[4]。在国内，天气类APP因为方便快捷的查询功能同样获得了高速发展[5]，为了让用户能够灵活便捷地获取气象信息，各级气象部门做了大量的研究工作。近年来，陕西省气象局一直开展气象APP研发工作，主要针对决策用户、专业用户、公众用户先后研发了决策版、专业版、公众版等版本的“陕西气象”APP。但是，气象部门的大多数APP存在运营情况不佳、用户黏性不强、用户数量明显不多等缺点，主要原因是其除了展示核心天气信息，缺乏个性化设计、运行不稳定，尤其是没有注重用户体验。同时，国内针对大型赛事等重大活动类的气象APP研发及应用较少。因此，陕西省气象局以中华人民共和国第十四届运动会、中华人民共和国第十一届残疾人运动会暨第八届特殊奥林匹克运动会（以下简称十四运会和残特奥会）为契机，定位为大型赛事的决策用户、运动员、公众媒体、公众用户等不同类型用户提供基于位置的个性化智能定制服务，针对用户行为进行需求分析[6]，研发了“陕西气象”APP。

1 系统概述

“陕西气象”APP是一款以气象大数据云平台为基础，基于机器学习和智能语音识别实时获取所在地区相关气象实况监测、天气预报、预警信息及自动告警提醒，全天候为各类用户提供基于城市、基于位置的个性化智能定制服务，实现精准定位、智能应答、智能告警、智能推送的智能精准气象服务系统。平台不仅为陕西省气象服务决策用户、专业用户和公众用户提供“监测精密、预报精准、服务精细”的互联网气象信息服务，重点为十四运会和残特奥会提供了智慧移动互联网气象服务。

系统建设依托于气象科学技术进步，构建多触点渠道统一用户体系，充分运用大数据分析、微应用框架、智能用户交互、智能告警、智能内容审核、高性能图形产品运算、分布式缓存等先进技术和设计理念[7]，提高多源数据处理、海量数据分析和气象服务定制能力，增强气象服务的精细化和智慧化，旨在建成一个具备自我感知、判断、分析、选择、行动、创新和自适应能力的智能系统，使业务、服务、管理活动全流程充分体现智慧。通过整合天气热点、预警、预报、动态、用户管理、我的应用，从不同维度打造精确、准时的天气服务，主要解决了以下技术问题：①多触点渠道统一后台用户管理；②气象服务的多维度可视化展示、多方位数据分析和多源数据融合；③个性化智能定制服务，实现精准定位、智能应答、智能告警、智能推送等；④重大赛事一站式服务，实现十四运会和残特奥会气象服务全覆盖、气象信息实时共享和一站式查询。

2　系统设计

2.1　系统架构设计

系统面向政府决策用户、气象服务工作者、社会民众、专业用户（包括赛事组织者、参赛人员、志愿者、交通管理者、景点服务人员等）提供全面、精准、及时、智能的气象信息服务，主要由基础设施、业务支撑、应用系统和渠道触点四个部分组成。系统架构如图 1 所示。

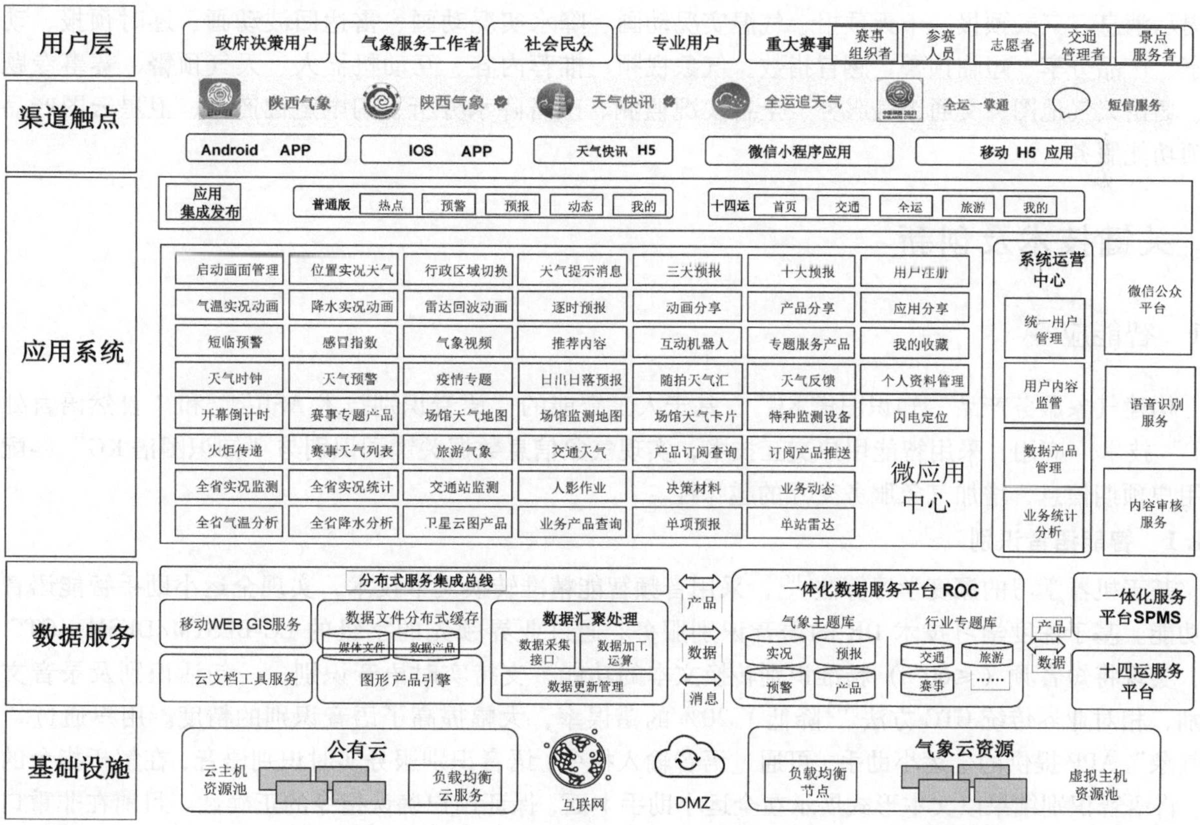

图 1　“陕西气象” APP 系统架构

（1）基础设施：基础设施层是构建平台的网络环境与运行环境，是支撑平台运行的基础。由于应用系统需要在移动互联网上提供服务，且需要利用公有云弹性扩容和 CDN 能力保障用户体验，但同时要满足气象内网的气象业务系统安全性和数据访问安全性要求。平台以公有云上部署为主，利用私有云安全隔离区（DMZ）访问气象内部业务系统，并对云服务采用了负载均衡保障业务连续性。

（2）业务支撑：业务支撑层为应用系统不同模块公共能力组件提供支撑作用，主要包括数据汇聚处理、移动 WebGIS 服务、数据文件分布式缓存、云文档工具服务和图形产品引擎五个部分，同时通过分布式服务集成向上层应用提供各类服务能力。

（3）应用系统：应用系统层采用微应用中心框架，部署运行超过 50 个微应用服务，可以由应用集成发布模块打包封装成不同的移动端应用后台服务，并发布上架到 API 网关。同时，系统运营中心提供统一用户管理、用户内容监管、数据产品管理和业务统计分析功能，从而满足移动应用日常业务运营需求。

（4）渠道触点：渠道触点层为用户提供了 Android 移动应用、IOS 移动应用、微信小程序应用和移动 H5 应用四个访问渠道，用户可以通过"陕西气象" APP 应用、"全运追天气"微信小程序、"天气快讯"公众号、"全运一掌通" APP 等智能手机软件，访问后台管理平台授权提供的信息内容，还可以通过短信或订阅微信服务号接收提醒信息。

2.2 系统功能设计

系统包括数据汇聚处理、应用集成发布、系统运营中心、微应用服务等应用功能。①数据汇聚处理包括数据采集接口、数据加工运算、数据更新管理；②应用集成发布包括移动应用版、微信小程序版、微信服务号集成、移动 H5 应用功能；③系统运营中心包括统一用户管理、用户内容监管、数据产品管理、业务统计分析功能；④微应用服务包括启动画面管理、位置实况天气、行政区域切换、天气提示消息、三天预报、十天预报、气温实况动画、降水实况动画、雷达回波动画、逐时预报、动画分享、产品分享、短临预警、感冒指数、气象视频、推荐内容、互动机器人、天气预警、赛事专题产品、场馆天气地图、交通天气服务、全省实况监测、全省降水分析、闪电定位产品、卫星云图产品等多项功能服务。

3 关键技术及创新

3.1 智能应答

构建气象服务产品"知识图谱 KG"，基于人工智能的"语音识别技术 ASR"[8]和"自然语言处理 NLP"技术[9]应用，采用智能用户交互技术，实现气象信息数据关键词识别与"知识图谱 KG"匹配得到用户预期信息，增加气象服务交互的趣味性。

3.1.1 智能语音识别

基于机器学习的深度学习算法[10]，采用音频智能精准转换文本技术，实现全运小助手智能语音识别功能。基于深度学习技术 DR 的语音识别服务，通过业界领先的字级的 LC-BLSTM/DFSMN-CTC 模型，实现将短音频（≤60 s）精准识别转换文本的功能，支持实时语音识别、一句话识别及录音文本识别，相对业界传统 CTC 方法[11]降低了 20% 的错误率，大幅提高了语音识别的精度。用户通过"陕西气象" APP 提供的全运小助手，可通过语音输入指令，语音识别服务实时识别语音，在解析指令的同时，将语音识别结果以文本形式展示在全运小助手上面，保证用户确认指令的正确性。目前在非重口音和非强噪声场景下效果更佳，例如在 60～70 dB 以下的非强噪声场景下对陕西方言、陕西普通话等非重口音识别效果良好。

系统为提高语音识别的准确度以及识别效率，在基于语音识别服务的深度学习能力之外，同时支持预先设置模板方式，以提醒用户如何输入相关指令，如“西安天气怎么样?”等相关指令模板。语音识别技术，给客户在获取赛事、场馆、天气等信息时提供了便利，并增加了趣味性。

3.1.2　关键词识别

基于自然语言处理 NLP 技术，结合历史数据和自注意力机制模型，实体抽取文本，实现气象信息数据关键词识别。在全运小助手的大量使用过程中，系统不断积累数据识别样本，在语音识别的同时，采用 NLP 技术，通过文本分类、命名实体识别、关键词抽取和多方面情感分析这四步实现人机交互。

3.1.3　知识图谱构建

构建气象服务“知识图谱”，智能搜索信息，响应用户需求。通过预先设置语音模板和业务数据标签，构建气象服务“知识图谱”，支撑“陕西气象”APP 的语音智能应用。结合客户画像、智能气象预报产品引擎、语音在线合成技术，根据用户对天气预报提出的时间、位置需求，从海量精细化实况预报预警数据中，提取天气预报文本，实现气象信息数据关键词识别与“知识图谱 KG”匹配得到用户预期信息，实现对各类天气信息、场馆信息、赛事信息等进行智能搜索、知识问答，生成具有不同声音特点的语音播报内容，让客户感受到个性化差异，增加客户黏性。

3.2　智能推送

针对不同类型的气象服务用户，建立全省多级气象产品靶向差异化服务体系，采用“微服务 + 应用管理”的移动微应用框架技术[12]，实现多源数据集成服务系统，为用户提供灵活、个性化的气象服务产品。

3.2.1　多触点渠道统一后台用户管理

采用多触点渠道融合技术，同时建立多级气象产品靶向差异化服务体系，实现跨渠道、跨终端的统一用户管理服务。针对不同类型的气象服务用户建立信息体系，为用户提供 Android 移动应用、IOS 移动应用、微信小程序应用和移动 H5 应用四个访问渠道，完成不同触点渠道用户 ID 的映射转换，包括 APP、微信小程序、微信公众号、H5 页面，对不同平台用户进行统一管理，实现陕西气象移动业务平台后台管理系统。同时，通过构建全省多级气象产品靶向差异化服务体系，为用户提供产品自选功能。在十四运会和残特奥会应用中，用户仅需注册一个账号，即可实现跨渠道、跨终端的统一订阅服务，并支持自选服务渠道、定制关注功能模块，达到“一处订阅，多处服务，个性体验，快速精准”的服务效果。

3.2.2　多源数据快速集成

采用微服务技术框架，实现多源数据快速集成服务，大幅缩短新模块开发时间，有效提升系统更新效率。微服务架构前端支持递进式大型赛事气象服务体系，模块间通过消息或协议来通信，使系统保持高度自动化、可持续改进和去中心化的架构特点。系统针对各项赛事及活动，通过可复用的方式结合微架构服务，来实现上层应用和数据平台间的松耦合，最终达到多源数据集成效果。在十四运会和残特奥会应用中，系统使用了微服务应用架构，借助其松耦合、可扩展、微应用等特点，“陕西气象”APP 仅需 12 h 即可完成从数据到上线服务，对比传统技术，从数据采集、数据解析、接口封装、界面设计、功能开发、后台应用、数据过滤到前端应用展示、功能测试、性能测试、打包上线的开发周期，本系统将新模块开发时效提升近 600%，及时保障了十四运会开幕式紧急气象服务需求，获得了组委会高度认可。

3.2.3 微应用功能多端复用

采用微应用管理技术，将产品和功能应用模块化处理，实现微应用功能复用，为用户提供灵活、个性化的气象服务产品。微应用管理实现移动运行支撑和管理服务中台，通过跨平台开发，集成 React Native、H5 等移动开发技术，将产品和功能应用模块化处理，快速构建高质量的移动应用容器，实现一次开发、多类终端运行，使系统功能更加粒度化，为多端应用接入及自身的管理维护提供极大便捷。在十四运会和残特奥会服务应用中，成功实现了微信小程序、H5 页面、APP 三端微应用的快速组建和功能复用，极大提高了整体开发效率，为用户提供了多种灵活的气象服务方式。

3.3 智能告警

采用机器学习的深度学习算法，将各项赛事气象条件影响指标与陕西历史观测数据融合，构建陕西省体育赛事高影响气象条件风险评估指标体系，实现全省高影响气象条件下体育赛事的智能告警功能，为赛事指挥调度提供决定性依据。在十四运会和残特奥会应用中，融合陕西省精细化要素格点预报数据、分钟级实时观测数据、陕西省地形数据、30 年历史气候数据及历史赛事指标数据等赛事相关的风险样本数据，结合卷积神经网络（CNN）[13]进行分布式模型训练学习，建立各项赛事风险预警模型，将实况、预报等生产数据输入风险预警模型，针对各项赛事风险预警模型进行评估测试调优，最终形成陕西省体育赛事高影响气象条件风险评估指标体系，实现系统智能告警功能，为赛事指挥调度提供决策依据。

4 功能实现

系统充分应用人工智能、大数据分析、智能语音识别（ASR）、机器学习等新技术，并“特邀”“十四运会”和残特奥会五个吉祥物“担任”全运天气应用智能语音机器人和天气定制小助手，通过智慧语音问答，帮助用户获得陕西省城市、场馆、赛事以及交通旅游相关的精细化、个性化气象信息服务，实现了全省全运和残特奥会基于“场馆+赛事”的实时共享和一站式查询。面向不同人群，完成专业版、志愿者版、公众版、媒体版的开发，提供了“我的”“首页”“全运·追天气”“交通天气”“旅游气象”五大模块。

4.1 我的

系统支持 APP 启动页的定制配置，在“十四运会”期间上线具有“十四运会”特色的应用启动页。普通版和十四运会启动页效果如图 2 所示。

根据公众及决策用户权限，提供不同的气象服务功能模块，分为专业版、志愿者版、公众版和媒体版四个版本。面向各地市竞委会提供专用账号登录。系统登录页面如图 3 所示。

4.2 首页

首页提供手机定位、当前实况、预警提醒、语音助手、倒计时等功能，展示定位点天气预报，以及全省雷达实时信息。开辟“全运天气”和“全省天气”气象应用模块，展示开闭幕式、火炬传递、赛事天气、赛事专题模块、场馆天气、场馆监测、特种观测信息，根据用户权限开放不同模块。同时，为五个模块提供入口导航等功能。首页部分功能展示效果如图 4 所示。

4.3 全运追天气专版

显示全省 13 个赛事举办地、53 个场馆的实时天气情况。首页按区域切换，并以图表的形式展示

普通版　　普通版　　全运版　　残特奥会版

图 2　“陕西气象”APP 系统启动页效果图

登录 –版本选择页　　登录 –账号输入页　　登录 –个人信息页

图 3　“陕西气象”APP 系统登录页效果图

比赛场馆的实况气象概要。点击场馆标签，进入场馆详情页面，展示场馆天气、场馆监测、特种观测信息展示，查看包括场馆简介、场馆地址、场馆承办赛事、赛事指标、各类气象要素近 24 h 实况及未来 24 h 预报趋势图。同时，提供语音助手、火炬传递、预警信息、短时告警、日出日落、随拍天气汇、反馈天气等功能。模块部分效果如图 5 所示。

首页-自动告警　　首页-全省雷达、赛事专题　　首页-气象应用

图 4　首页效果图

全运会模块首页　　场馆详情　　站点实况　　特种观测

图 5　全运会模块效果图

4.4　交通气象

以地图的形式提供全省主要高速公路、赛场周边道路以及机场、高铁站等重要交通枢纽及重点场所的天气信息。同时，支持用户通过设置起点及终点自动生成路线规划，并展示路线沿线的天气实况。高速公路、比赛场馆、主要景点以图层的方式叠加展示于地图中，用户点击比赛场馆或景点可分别跳转至“场馆天气”和“旅游气象”模块，查看所选场馆或景点的详情信息。部分效果如图 6 所示。

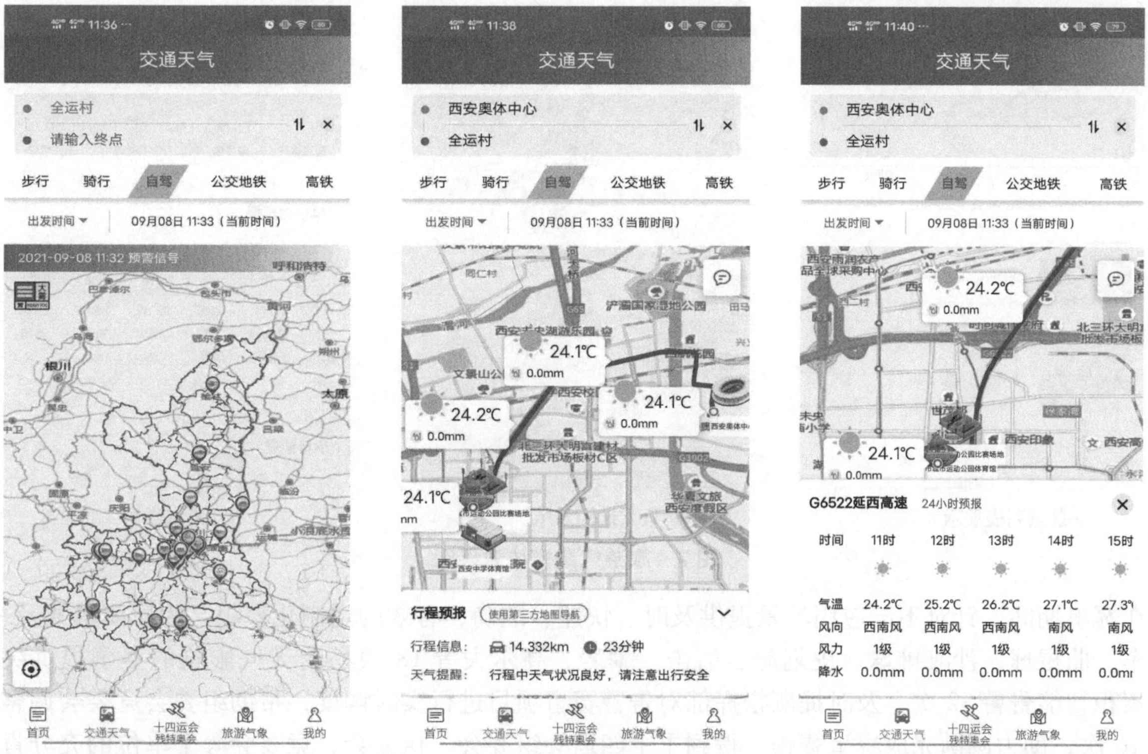

交通气象模块首页　　　　规划路线　　　　沿线天气实况详情

图 6　交通气象模块效果图

4.5　旅游气象

以列表的形式展示省内主要风景名胜区天气信息，包括景点图片、景点简介等。点击进入景点详情后，可查看景区简介、旅游生活指数以及实时气象要素实况展示及未来 7 天天气预报趋势图。部分效果如图 7 所示。

5　系统应用

“陕西气象”APP 部署在阿里云公有云平台，在苹果及安卓共四个应用市场已上线。访问方式列入“通用政策”及公路自行车、高尔夫球、田径（马拉松）、马术、攀岩、山地自行车、小轮车比赛竞赛指南文件中，并接入十四运会官方 APP（“全运一掌通”），接入“全运一掌通”APP 3 个月访问量破 100 万人次，决策用户量达 20 万人。系统先后在组委会、赛事指挥中心、西安市气象局（十四运会和残特奥会气象台）、各地市及部分赛事举办地的区县共计 26 个单位应用，并利用后台的权限控制，为全省公众用户、决策用户、专业用户、志愿者用户提供智慧、精准的场馆、赛事、城市以及交通旅游的气象服务信息。

景点列表展示　　　　景点地图展示　　　　景点详情

图 7　旅游气象模块效果图

在赛事期间，针对不同应用场景提供及时、快速、准确、有效的定制化警报，为开闭幕式及垒球、小轮车、曲棍球、沙滩排球、皮划艇、射击、攀岩、高尔夫等 18 项易受天气影响的赛事提供决策支撑，累积智能告警 32 次，及时提醒指挥部对告警赛事项目进行实时调度，帮助组委会竞委会调整比赛时间 16 次，助力圆满完成赛事赛程。得到了十四运会组委会、执委会、竞委会等个单位的充分肯定和认可。相关服务技术多次被各大媒体（《人民日报》、人民网、今日头条、《陕西日报》、《中国气象报》、中国气象网、陕西气象网等）宣传报道，反响良好。

6　结语

“陕西气象” APP 作为陕西省汛期业务保障和十四运期间主要的业务支撑系统，以其方便、快捷、高效的信息服务特点，在省市县三级得到了广泛的应用，大大提升了决策服务信息化水平，并为陕西省防灾减灾和“十四运会”赛事指挥调度提供了重要的技术支撑。系统的研发及应用，是推动预警应急联动机制建设的主动实践，成果及配套技术具有明显的应用推广和潜在的学科拓展前景，对以后国内赛事、重大活动举办具有重要参考意义。

参考文献

[1] 刘建成．人工智能气象服务研究现状分析［J］．现代农业科技，2021（10）：50-54.

[2] 王兴，朱彬，卞浩瑄，等．“互联网＋”背景下我国智慧气象服务模式优化研究［J］．中国管理信息化，2019（23）：58-63.

[3] 岑瑶，田晓龙．人工智能技术在气象行业中的应用现状及发展前景［J］．电子技术与软件工程，2021（2）：128-131.

[4] 唐伟，周勇，董昊，等．我国气象领域应用人工智能技术的现状和国际对比［J］．气象科技进展，2019（5）：20-25.
[5] 夏小正．完美的移动智能终端［J］．互联网天地，2009（8）：36-37.
[6] 李海龙，曹梅，文凤洁．基于深圳天气移动互联网渠道用户行为分析的智能气象服务模型构建［J］．气象科技进展，2019（3）：101-103.
[7] 王惠明，黄焯威，付一多．大数据与人工智能技术助力社区应急管理［J］．中国物业管理，2021（4）：111-115.
[8] 胡钊龙，李栅栅．语音识别技术在智能语音机器人中的应用［J］．电子技术与软件工程，2021（13）：10-14.
[9] 陆正扬．基于计算机自然语言处理的机器翻译技术应用与简介［J］．计算机软件及计算机应用，2019，11（22）：98-103.
[10] 姜维，张重生，殷绪成．基于深度学习的场景文字检测综述［J］．电子学报，2019（5）：80-85.
[11] 刘晓峰，宋文爱，陈小东，等．基于多核卷积融合网络的BLSTM-CTC语音识别［J］．计算机应用与软件，2021，38（11）：81-85.
[12] 蔡璟，丁宗银．基于移动平台的微应用开发框架技术的研究与应用［J］．通信技术，2018（5）：132-136.
[13] 林景栋，吴欣怡，柴毅，等．卷积神经网络结构优化综述［J］．自动化学报，2020（1）：17-21.

基于数字化转型的宁波舟山港气象精细化服务技术研究*

孔 扬[1] 钱燕珍[1] 赵昶昱[2] 申华羽[1] 陆 鋆[1] 沃伟峰[2]

（1. 浙江省宁波市气象服务中心，宁波 315012；2. 浙江省宁波市气象台，宁波 315012）

摘要：近年来，宁波市气象局通过一系列关键技术攻关和业务平台建设，联合港口、海事等部门共同深化“超大型港口精细化气象服务”的宁波示范，保障世界第一大港安全精准作业。通过融合应用港区高密度监测资料，分析港口小尺度精细化气候特征和风险分布特征，利用人工智能技术和经典数值预报释用技术等，研制港口高影响天气预报订正模型、影响阈值预报模型；研发 3 个跨场景应用系统；制定 1 项行标、5 项地标；研究效益评估技术。在保障港口安全作业的大前提下，年均为港口产生直接经济效益上亿元，服务费收入（2017—2021 年）累计 3606.9 万元。

关键词：港口气象服务；数字化转型；人工智能；服务效益

1 研究背景

宁波舟山港地处中国大陆海岸线中部（图 1），位于“丝绸之路经济带”和“21 世纪海上丝绸之路”交汇的枢纽位置，年货物吞吐量 12.24 亿 t，已连续 13 年货物吞吐量位居世界第一，2018 年开始集装箱吞吐量位居世界第三。宁波舟山港是浙江省港口运营主平台，充分发挥浙江海洋港口战略“大龙头”作用，全面融入“一带一路”、长江经济带建设，积极推进国际一流强港和海洋强国建设。

宁波舟山港地形复杂，进出港航道长达 40 海里（74.08 km），大风、海雾、雷电、台风等高影响灾害性天气频发，对船舶锚地停泊、航道行驶、进出港离靠泊和货物装卸等港口作业环节均有明显的影响。因为恶劣天气造成的港口停工管制每年为 800 ~ 1000 h，天气是影响港口正常运转的主要因素之一，是港口持续发展的掣肘。

目前，国际上最有影响力的港口如釜山港、洛杉矶港、新加坡港等气象服务各有特点，但也存在观测体系不完整、预报精细化程度不够、产品针对性不强等问题（Lee，2009；Mujiasih，2013）。近年来，宁波市气象局通过一系列关键技术攻关和业务平台建设，与港口、海事等部门展开多方合作。通过融合应用港区高密度监测资料，分析港口小尺度精细化气候特征和风险分布特征，利用人工智能技术和经典数值预报释用技术等，研制港口高影响天气（大风、海雾、雷电等）预报订正模型、影响阈值预报模型；通过编制相关规范、标准，研究效益评估技术等，建设港航船舶调度多旱联动机制；搭建多场景业务平台，使其更加智能、高效，解决港口气象服务精准化不够、数据利用不足、沟通低效等问题，从而促进港口气象服务向精细化、智能化、标准化发展。

* 资助项目：宁波市“科技创新 2025”重大专项（2019B10025）、宁波市公益类科技计划项目（2022S181）。

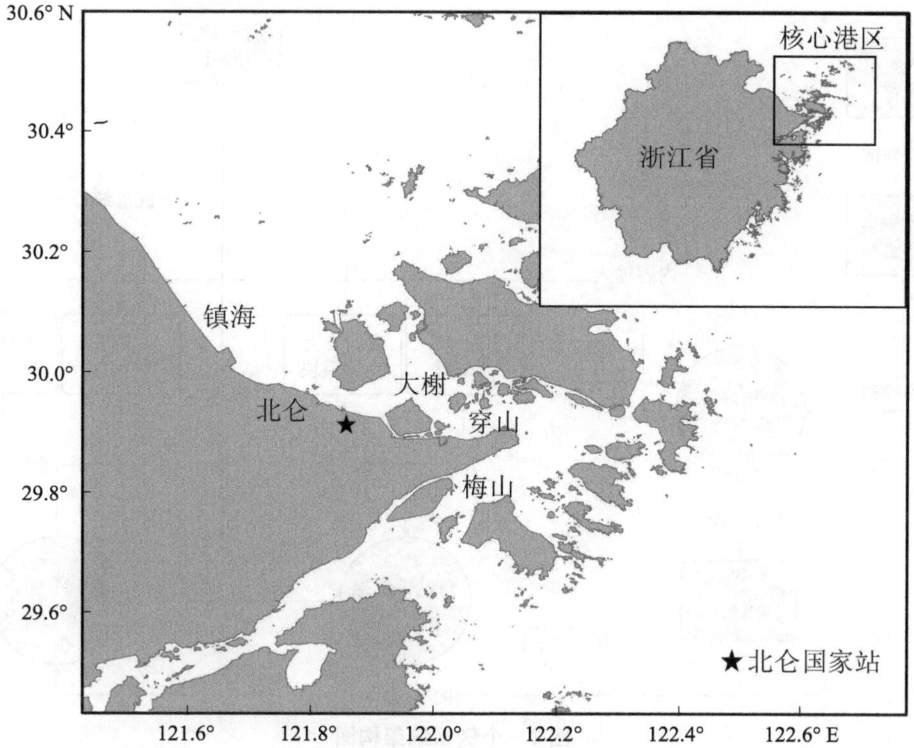

图 1　宁波舟山港总体布局

2　技术内容

2.1　数据处理和数据库技术研究

数据融合技术是将来自多个信息源的数据和相关数据的信息相结合，不同数据互相验证或彼此驱动，从而实现比单独使用单个信息源所能实现的更高的准确性和更广泛的应用功能（师春香 等，2019）。该技术整合多源观测数据、结合国省标准，建立标准化目录，对观测数据进行一定技术上的质量控制和修正（沃伟峰 等，2022），包括港区气象数据采集、个例的标记和规范、格式的归一化和质控、历史数据库构建等工作。同时通过对港口服务或订正识别的目标和周边雷达、省内自动气象站等近 10 年的地面观测资料的收集和整理，初步建立可用于气象人工智能训练的数据环境，包括将实况资料不断地补充到该数据库的能力，实现实时环境下采集、转换和数据可视化的软件工具集，为后续的智能识别和预报业务流程提供相应的工具和环境（图 2）。

2.2　港区精细化气候特征分析

通过对气象和港口各方自动气象站和测风站历史数据进行收集处理分析研究，探寻港口不同片区的不同风向平均风和阵风风力分布规律特点。通过融合自动气象站、能见度仪、毫米波雷达、港口海事气象站和宁波舟山港集团观测站等观测资料及港口航空管制大雾资料，分析港区不同区域能见度特征和低能见度出现规律。分析雷达资料和加密自动气象站资料，分析港口不同片区的雷电出现和分布规律特点。普查港区各作业点不受天气影响的时间分布，分析受天气影响的概率分布，以便涉港各方生产规划。

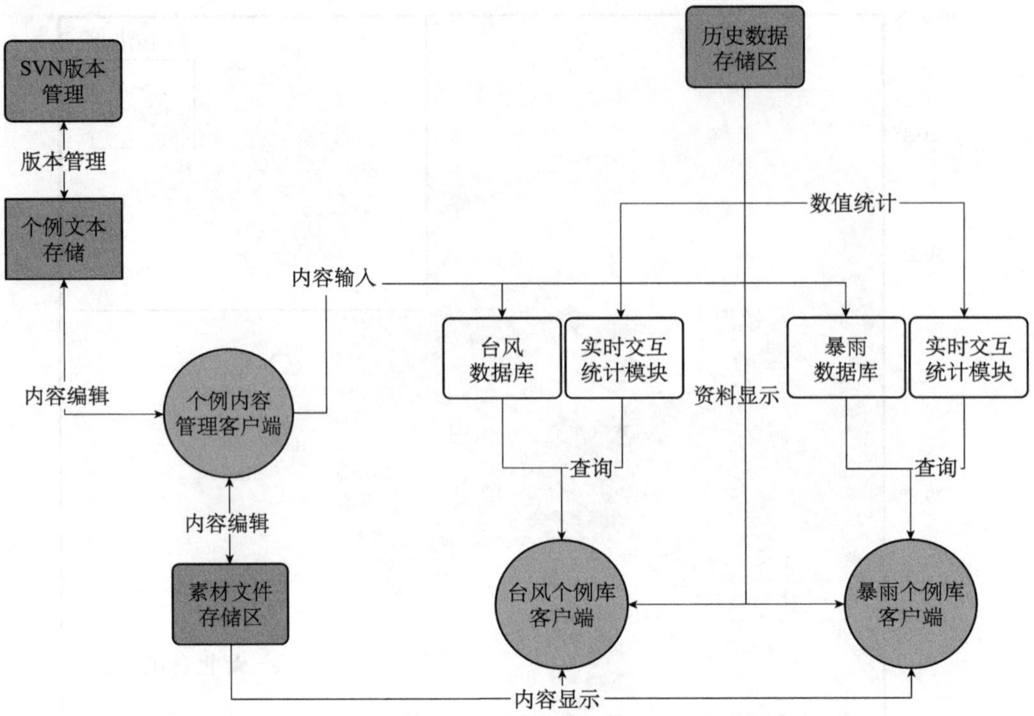

图2　个例系统架构图

2.3　高影响天气短临预报模型研究

基于中尺度WRF预报模式及配套的资料同化系统WRFDA（4.0版本）和美国业务同化系统GSI（3.6版本）中的云分析模块（陈兵 等，2020），构建一套以宁波舟山地区为核心区域的高时空分辨率快速更新循环同化系统，实现多源资料快速融合和同化，以此提高目标区域的高影响天气预报能力（图3）。

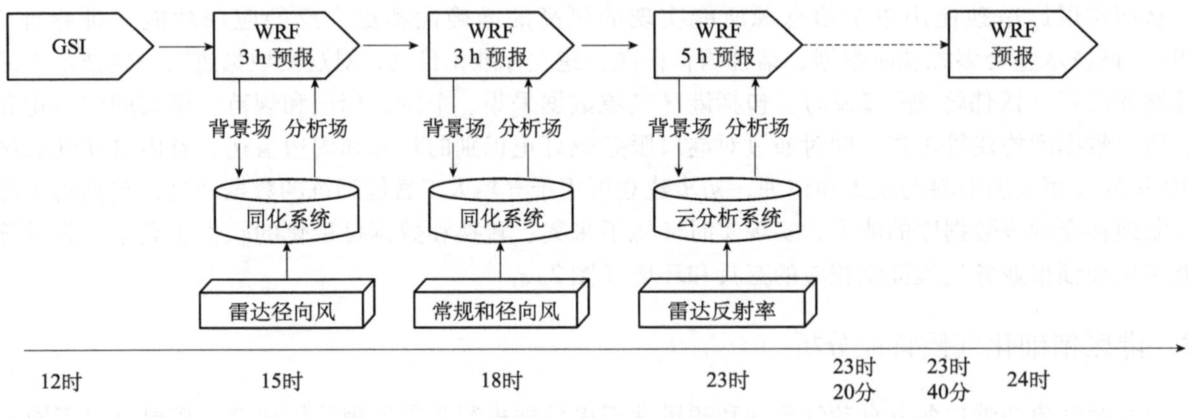

图3　短临系统预报流程图

通过提高循环同化间隔，实现3 h或逐小时快速更新循环同化，研制高时空分辨率1 km×1 km的预报模型（12～24 h），提高了精细化水平，对雨和风预报的准确率相较于本地的WRF数值模式预报有所提高，但相对于EC等数值模式预报没有明显提高。调整后的能见度TS评分从0.52提高到0.61。

图4为CMORPH融合降水观测、DA组试验、CA_35组试验、CA组试验结果。

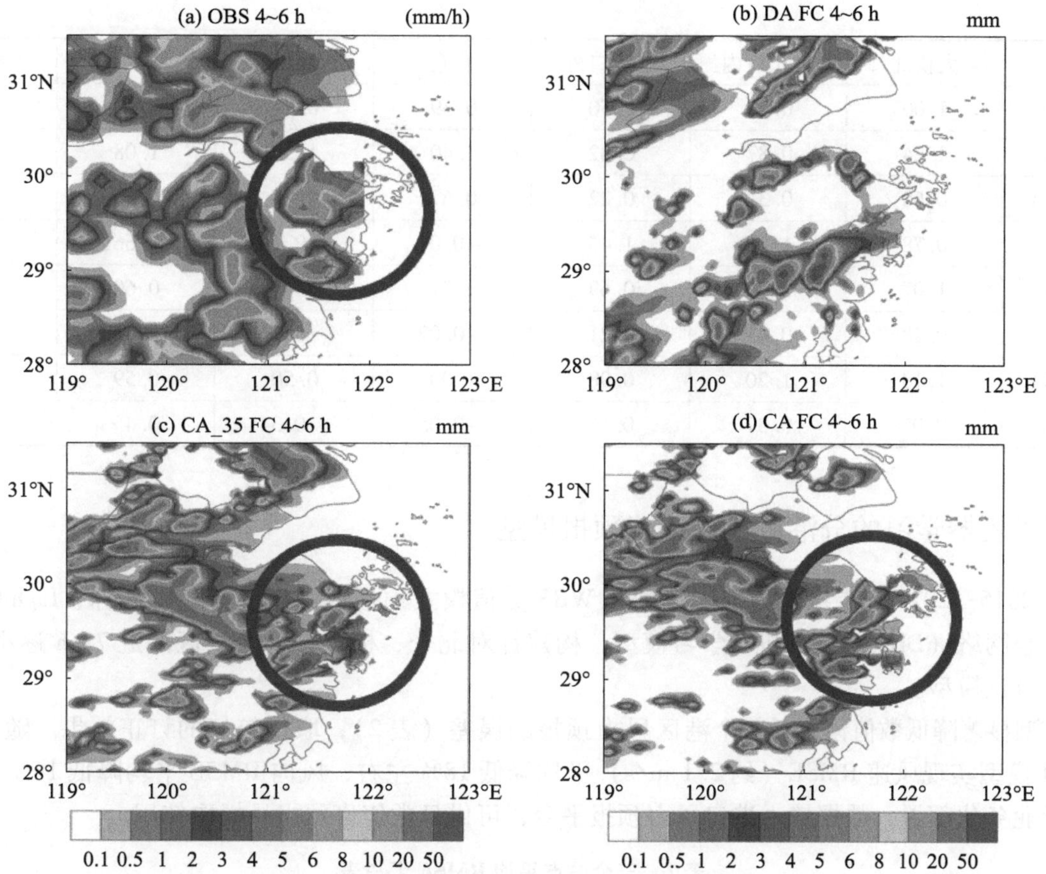

图4　3 h 累积降水分布图

（a）融合降水观测；（b）DA 组试验；（c）CA_35 组试验；（d）CA 组试验

2.4　港口风力预报产品检验和数值模式订正释用

根据风力预报误差评估，选择 EC 数值模式预报风力产品进行港区风力的释用订正。利用 MOS 方法建立回归方程（申华羽 等，2020），对沿海海面冷空气过程最大风速进行有效订正，72 h 预报时效内，平均偏差 MBE 从 -2.7 m/s 降至 -0.2 m/s，均方根误差 RMSE 从 3.0 m/s 降至 1.0 m/s。

在此基础上对港区历史风力实况数据和模式预报数据进行收集整理，并按月、季、年保存成表格。建立各片区最大风力线性回归方程。开发港口多片区风力预报平台，包括历史大风个例库、客观订正、主观订正、订正参数选择、订正参数配置（表1）等功能模块。

表1　各片区 8 风向线性回归方程两参数 *k* 和 *b*

港区	大桥北	甬江口内	甬江口外	北仑	穿山	梅山	虾峙门
北（*k*）	1.17	0.89	0.96	0.51	1.10	0.46	0.91
北（*b*）	-0.66	1.14	-0.25	1.25	-2.09	0.52	-0.05
东北（*k*）	1.08	0.37	0.69	0.61	0.80	0.43	0.83
东北（*b*）	0.28	0.56	0.95	1.37	-0.96	0.86	0.28
东（*k*）	0.92	0.44	0.54	0.91	0.50	0.41	0.45
东（*b*）	1.06	1.41	0.88	0.40	0.22	1.33	1.16
东南（*k*）	1.09	0.48	0.53	0.72	0.30	0.42	0.56
东南（*b*）	1.05	1.60	1.38	0.74	0.76	0.83	0.51

续表

港区	大桥北	甬江口内	甬江口外	北仑	穿山	梅山	虾峙门
南（k）	1.00	0.43	0.50	0.39	0.21	0.63	0.74
南（b）	1.24	0.87	0.82	1.40	1.53	1.08	-0.23
西南（k）	0.68	0.34	0.22	0.67	0.88	0.59	0.71
西南（b）	0.78	1.10	1.45	-0.01	-0.14	0.66	-0.19
西（k）	1.07	0.70	0.69	1.21	0.78	0.60	0.64
西（b）	0.28	0.47	0.21	-0.02	-0.96	0.62	-0.24
西北（k）	1.18	1.20	0.98	1.00	0.50	0.59	0.91
西北（b）	0.03	0.37	0.19	-0.05	-0.34	0.45	0.00

2.5 基于机器学习的分港区风力订正预报模型

根据2015—2020年港区风力监测数据和WRF数值模式预报数据，基于随机森林、LightGBM、深度卷积神经网络（DNN）三种机器学习模型，构建针对北仑、梅山、远东港区的近72 h逐小时风力、风向自动订正模型。

该模型显著降低数值模式对单个港区风力预报的误差（表2），取得较好的订正效果。随机森林及LightGBM模型实现风速RMSE（约2.1 m/s）平均降低18%左右，风向RMSE平均降低16%左右。对模型进行业务化部署，数据接入港口风力预报平台，可供日常值班预报员提取使用。

表2 三个站点平均RMSE汇总表

站点	原始RMSE		随机森林		LightGBM		DNN	
	风速/(m/s)	风向/°	风速/(m/s)	风向/°	风速/(m/s)	风向/°	风速/(m/s)	风向/°
北仑	2.93	65.59	2.47	54.23	2.46	53.12	2.74	59.83
梅山	2.16	59.92	1.70	51.89	1.67	50.79	1.87	55.30
远东	2.65	73.28	2.17	60.91	2.16	59.97	2.48	65.56
均值	2.58	66.26	2.11	55.68	2.10	54.63	2.36	60.23
降幅			18.22%	15.97%	18.60%	17.55%	8.53%	9.10%

2.6 涉港作业气象服务标准编制

共发布6项海洋气象相关标准（表3），其中1项行标、5项地标，处于同行业领先水平。行标由宁波联合天津、深圳、大连等涉港城市气象部门共同完成。地标由宁波气象、海事、港口等部门联合发布。标准覆盖涉港多部门，实现观测、预报预警、服务、应急处置全流程闭环。

表3 宁波已发布的海洋气象相关标准

编号	标准名称	类型
QX/T 622—2021	《应用气象观测站建设规范海港》	行标
DB 3302/T 2001—2020	《港口作业气象预警等级及图标》	地标
DB 3302/T 1108—2019	《港口水上交通气象条件等级》	地标

续表

编号	标准名称	类型
DB 3302/T 2002—2021	《航标自动气象站观测规范》	地标
DB 3302/T 1121—2021	《雷电专业气象服务规范》	地标
DB 3302/T 1116—2020	《防雷重点单位防雷安全管理规范》	地标

2.7　港航气象服务效益评估技术

基于港口气象灾害风险减少和作业时间延长两个方面对港口气象服务进行效益评估（孔扬 等，2021）。致灾因子危险性评估采用主成分分析法，承灾体脆弱性评估将重现期概率与遭破坏概率相乘。灾害风险减少更多体现的是社会效益，作业时间延长主要体现为经济效益（图5）。

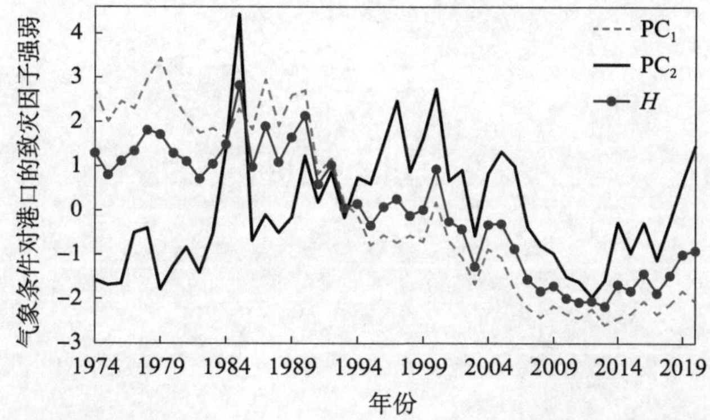

图5　致灾因子的前两个主成分（PC_1、PC_2）和危险性综合强度指数（H）

加强港口、海事及气象等部门紧密合作和改善合作机制以便可持续发展。缩短港口调度、海事管制等反应时间，在可能预警时，或者天气影响即将减弱时，提前告知，以便合理安排，延长作业时间、提高效率等。经评估，2021 年港口管制准确率 0.53，风险率 0.09，延误率 0.45（图6）。相比较开展服务前的2013—2016 年平均水平，港口集装箱码头管制风险率降低 83.8%（达到历史最低），总体准确率提升 27.7%。

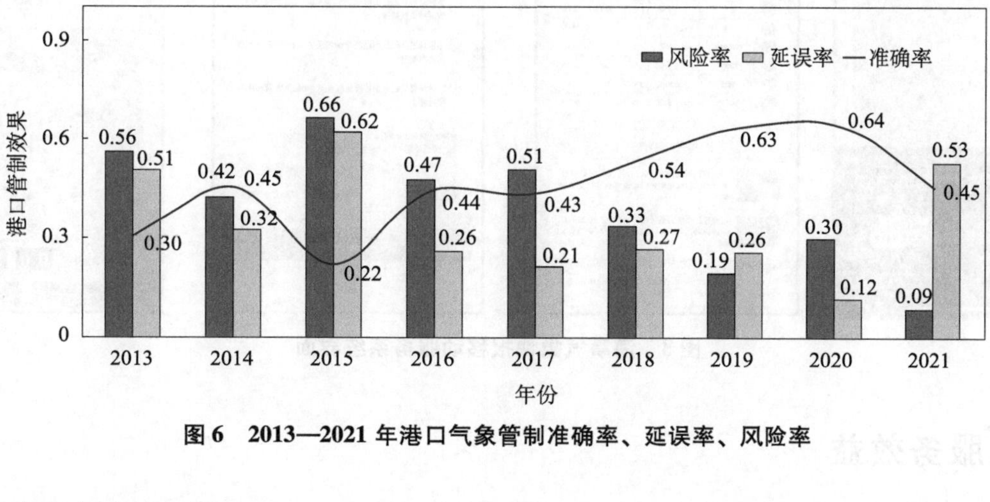

图6　2013—2021 年港口气象管制准确率、延误率、风险率

2.8　开发多场景业务平台

建设“港口全息化气象预警与决策系统”（胡亚旦 等，2020），实现大屏端多源数据融合展示，中期、短期、短临灾害天气全覆盖。建设“海事气象快报移动服务系统”，在移动端提供分钟级监测报警、多部门信息推送和实时查询功能。为临港危化企业开发“靶向式雷电预警系统”，实现同时对不同企业发布不同预警产品，雷电预警准确率超过 90%，发布时间提早 24 min。共获港口气象服务相关软件著作权 8 项（图 7～图 9）。

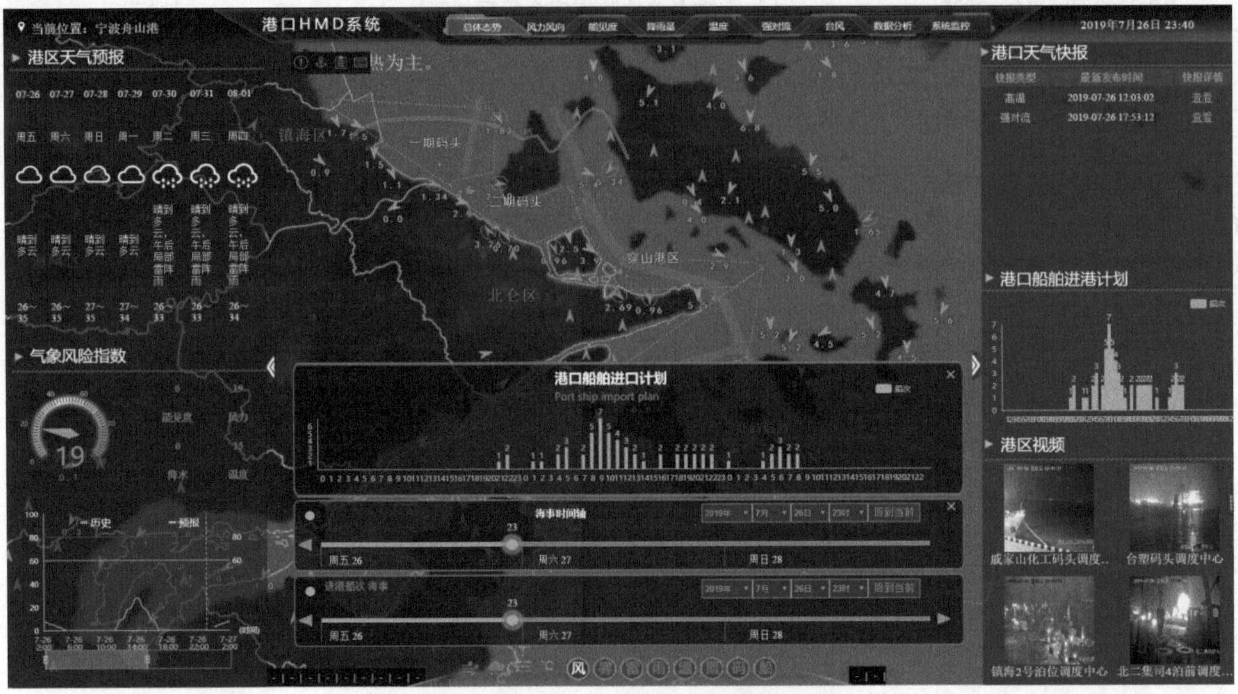

图 7　港口全息化气象预警与决策系统主界面

图 8　海事气象快报移动服务系统界面

3　气象服务效益

3.1　经济效益

得益于精细化的港口气象服务，宁波舟山港的集装箱船舶二次引航预排成功率由 40% 增加到 70%

图9　靶向式雷电预警系统主界面

以上（钱燕珍 等，2022）。相比于2013—2016年平均水平，2020年海事管制的延误率降低67.5%，风险率降低46.8%，总体准确率提升85.5%。经统计，针对台风和大风天气，港航气象服务年均为港口争取到的新增可作业时长约为150 h，产生直接经济效益亿元左右。针对海雾天气，港口排班得到优化，"雾航二次引航"预排成功率由40%提升到70%。港航气象服务可避免船舶因封航产生的滞港费、延迟违约费、保险费等次生费用，间接经济效益数额巨大。

3.2　专业气象服务费提升

以本技术研究成果（包括算法、平台等）为核心技术支撑，培养了宁波市港航气象服务团队的核心技术人员，在宁波市气象局领导下，面向港区生产企业开展有偿专业气象服务，帮助企业规避气象风险、提高生产效率，服务单位也以服务费的方式给予肯定。近年来年均服务费稳步提升，累计获得企业支付气象服务费3606.9万元。

4　下一步推广应用前景及措施

在已有研究成果、技术积累和服务生态的基础上，下一步需要通过推进气象服务产品创新、优化多源数据融合方案、强化数字化平台建设等，继续提升气象服务保障"世界一流强港"的能力。具体来说：一要围绕港口生产调度、海事安全管制和海洋运输航线等环节，针对重点发展的涉港制造业，深度挖掘用户需求，探索多元业务应用场景，建立分灾种分港区精细化预报体系，提高气象服务产品创新能力；二要加强新型探测资料的应用研究，构造多种资料融合应用模型，重点提高海雾、大风预报模型的预测能力和时空分辨率；三要优化业务服务流程，形成气象、海事、港口、海洋等多部门跨场景协同合作机制，依托行业标准、规范等着重解决涉港单位面临的保安全、提效率方面的关键问题；四要数字化赋能港航气象服务，搭建具有专业性强、融合度高、技术水平先进、用户感受方便等特点的多终端个性化数字平台。

参考文献

陈兵，黄绮君，卢长浩，等，2020. 云分析方法在浙江省一次强对流天气过程数值模拟的应用初探［J］. 气象科学，40

(6)：782-790.
胡亚旦，孔扬，薛国强，等，2020. 宁波舟山港气象预警和决策系统设计［J］. 气象科技进展，10（1）：69-72.
孔扬，赵昶昱，王科，等，2021. 宁波舟山港气象灾害风险及服务效益评估［J］. 热带气象学报，37（1）：82-90.
钱燕珍，赵昶昱，孔扬，等，2022. 港口气象服务进展及其效益评估技术研究［J］. 海洋开发与管理，(4)：55-61.
申华羽，方艳莹，涂小萍，等，2020. ECMWF 细网格 10 m 风预报在浙江沿海的评估与订正［J］. 气象，46（11）：1485-1494.
师春香，潘旸，谷军霞，等，2019. 多源气象数据融合格点实况产品研制进展［J］. 气象学报，77（4）：774-783.
沃伟峰，赵昶昱，段晶晶，等，2022. 基于 VTK 的雷达基数据交互式三维重建功能实现和业务应用［J］. 气象科技，50（3）：457-466.
LEE D Y，PARK K S，SSHI J，2009. Establishment of an operational oceanographic system for regional seas around Korea［J］. Ocean & Polar Research，31（4）：361-368.
MUJIASIH S，2013. Requirement Identification of Marine Weather Services For Coastal 2324［R］.

基于“一张网”的数智流域气象监测预报服务系统研用

王晨迪[1]　朱占云[2]　张　珏[2]

（1. 浙江省预警信息发布中心，杭州 310000；2. 浙江省气象服务中心，杭州 310000）

摘要： 水灾害频发、水资源短缺、水环境污染是水文领域长期面临的难题，如何利用现有数据信息为水文领域提供决策建议，是当前研究的热点问题。浙江省气象部门以浙江省数字化改革为契机，紧扣“高质量”和“一体化”两个关键，建立了基于“一张网”的数智流域水文气象预报预警服务体系。以黄岩永宁江流域和兰溪钱塘江流域为试点，面向服务端，建立黄岩流域安全数字服务系统，针对政府、企业、公众等多方主体，打造流域安全气象服务场景；面向治理端，建立兰溪市钱塘江流域洪水气象预报数字化服务系统，解决业务联动问题，打造钱塘江全流域省市县协同服务流程。为政府科学防汛提供了及时精准的气象支持，为企业洪水管理、调度生产提供了科学支撑，为公共防灾避灾提供了有力保障。

关键词： 水文气象；数智；服务端；治理端

1　引言

根据国际灾害统计数据库数据（EM-DAT），中国 1997—2020 年洪水灾害累积影响近 12.82 亿人，直接经济损失 2.32 亿美元，被公认为是造成人员伤亡和经济损失的主要灾害类型之一[1, 2]。特别是在中国东部地区，受极端天气和人类活动的双重影响，洪水事件频发、高发[3-5]。浙江地处东南沿海，境内河网复杂，有大小水库 4104 座。水库行洪蓄洪等调节调度，不仅保障流域安全，也对经济社会发展起到至关重要的作用。

近些年，浙江省气象部门不断加强与水利部门合作交流，联合开展水文预报模型研究，不断深化产品体系建设，完善水库流域气象预报服务 1 个系统 2 个平台建设。联合高校、科研所等研究资源，以提高洪水预报精度和延长洪水预见期为目标，加强科研合作和协同创新，重点突破水文气象耦合技术，解决了降水信息场与水文模型时间和空间尺度上的匹配问题，建成雨洪耦合洪水预报调度系统。持续优化全流域融合降水监测、面雨量计算、多模式集成、预报评估订正及系列数字化产品等，初步构建起了一套面向水库实时调度的短临、中短期精细化预报，服务水库蓄放水、供水、汛期等关键时期的系列专题预测，为包括新安江、富春江在内的大中小型水库电厂提供了高效、精准、及时的气象服务，取得较好服务成效。

经济社会的快速发展和以人为本理念的提升，对防灾减灾、保障人民生命财产安全提出了更高的要求。为深入贯彻落实习近平总书记对气象工作提出的“监测精密、预报精准、服务精细”要求，牢牢把握发挥气象防灾减灾第一道防线作用的战略重点，落实国家和省（区、市）对流域安全相关要求以及提升流域气象服务保障能力的迫切需求，浙江省气象部门以浙江省数字化改革为契机，紧扣“高质量”和“一体化”两个关键，秉持“整体智治、高效协同”理念，打破数据壁垒，联合省水利厅进一步规范全省面雨量计算与应用，建立了基于“一张网”的数智流域气象监测预报服务应用场景，以期为聚力做好全流域气象服务提供坚实的气象保障。

2　数智化架构设计

以台州黄岩区永宁江流域、钱塘江流域（兰溪）为试点，面向服务端，建立黄岩流域安全数字服务系统，针对政府、企业、公众等多方主体打造流域安全气象服务场景，分别入驻“浙政钉”“浙里办”应用；面向治理端，建立兰溪市钱塘江流域洪水气象预报数字化服务系统，解决业务联动问题，打造钱塘江全流域省市县协同的服务流程。

2.1　总体架构设计

2.1.1　总体思路

立足“数据从哪里来、数据放哪里、数据怎么用”，跨部门融合水文和气象信息资源，推进政府信息、行业数据、公共数据的互联开放共享；深入挖掘数据资源价值，突破发展机制与技术障碍，跨领域开展水文气象交叉学科技术研究，实现技术创新应用；依托省级数据和技术资源，通过成果转换、人才激励等保障机制，跨层级实现省市县业务技术交流与融合；梳理业务清单，跨系统开展多部门业务联动和协同。为全面提升水利行业治理能力和服务水平，全力服务国家信息经济示范区建设，为浙江全面建成小康社会标杆省提供有力支撑。

2.1.2　部署方式

系统部署在政务云平台，由云平台提供基础运行环境、网络通信和安全防护体系。应用与数据分离，访问入口提供云安全访问策略。管理后台、应用支撑服务器、数据库服务器部署在政务云端。在市政务云，通过安全等保服务包实现数据交互和安全防护，利用数据存储建设系统数据库，并为市公共数据平台提供数据服务；利用 ECS 服务器搭建 WEB 服务应用，通过网闸等安全设备连接互联网，对外发布网站和服务产品。以黄岩项目为例，部署设计架构如图 1 所示。

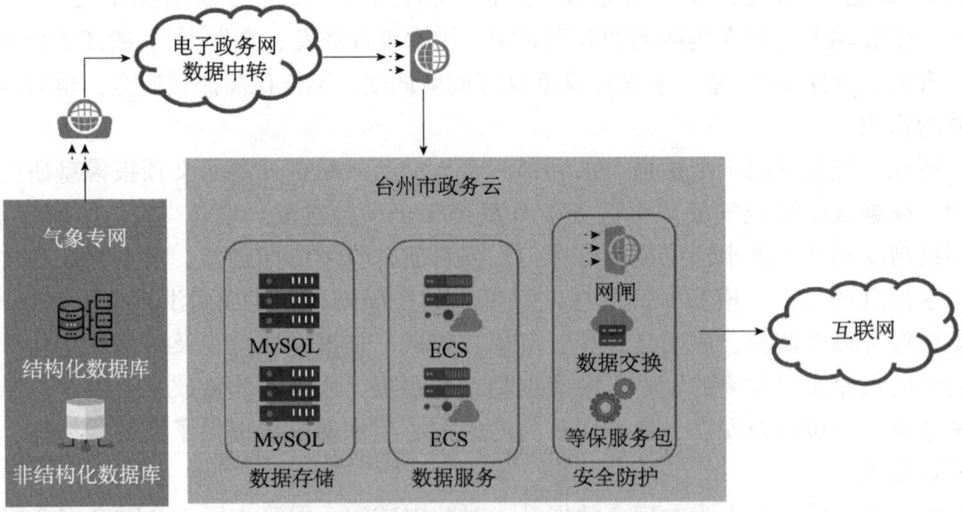

图 1　黄岩区流域数字化项目网络架构

2.2　黄岩流域安全数字化分析系统

根据黄岩区政府数字化转型总体框架图的“四横四纵”体系，结合部门及行业信息化顶层设计，按照“一个部门一个平台，一个大系统”的原则，进行架构模型设计，其中“四横”分别是基础设施层、数据支撑层、应用支撑层、业务应用层，“四纵”分别是政策法规、标准规范、组织保障、网络安全体系（图2）。系统依托台州市政务云平台进行建设，由云平台统一提供数据服务、地图服务、可视化服务和算法服务，平台应用层通过对实况告警分析、预报告警分析、雷达数据分析、决策数据计算、图像识别分析、专题数据统计、灾害分析、预报产品加工、服务产品加工、文字翻译、指数计算和决策数据计算，由展现层通过GIS、图标、三维动画、图片或文字进行显示，最终通过网站、微信、FTP、邮件、国突平台、显示屏或卫星电话等渠道对外发布。

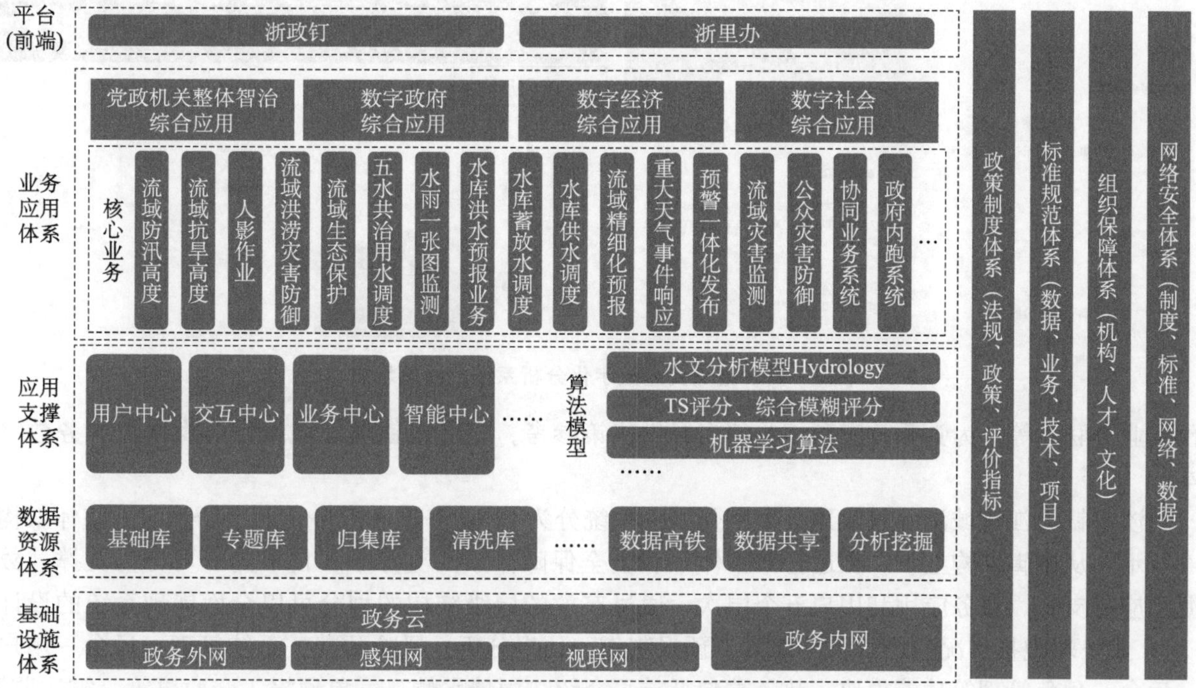

图2　黄岩流域安全数字化分析系统整体架构

黄岩区域流域水文气象数字化服务系统分为11个子系统，包括流域水雨一张图子系统、流域数字地图、气象灾害全流程子系统、决策支持子系统、信息推送子系统、防汛调度气象服务子系统、生产调度气象服务子系统、材料报告显示子系统、相似台风检索子系统、公众发布子系统、后台管理系统。

系统完成了永宁江12个子流域的划分、70多个水库河道基础信息的采集处理以及基于12个子流域的分钟级面雨量产品输出，所有数据采用MySQL数据库在气象内网进行存储，日均入库数据达6万条，最终构建了长潭库区、永宁江流域水情雨情监控一张图、流域气象灾害全流程保障、水库防汛抗旱气象服务、水库生产调度气象服务，以及决策支持等。系统可支持电脑端和移动端多渠道应用（图3）：各级党委政府、应急管理部门及水库调度部门使用水文气象服务数字化系统和“浙政钉”应用终端访问，并接收相关预警告警信息；水利等生产企业使用水文气象服务数字化系统和“浙里办”应用终端访问；乡镇（街道）、村（社区）及人民群众等建设主体和公众通过“浙里办”及微信小程序终端访问。

2.3　兰溪市钱塘江流域洪水气象预报数字化服务系统

为解决钱塘江全流域水文气象信息共享、业务联动等问题，设计搭建了兰溪市钱塘江流域洪水气象预报数字化服务系统，实现了钱塘江上下游雨情水情一张图展示、户外防汛气象风险预警、流域气

图3　黄岩流域安全数字化分析系统各终端示意

象预报业务联动等，为党委政府和相关部门提供决策参考，打造成钱塘江流域性防洪气象服务数字化样本。

兰溪市钱塘江流域洪水气象预报数字化服务系统分为PC业务端和政务端两个子系统，整体架构如图4所示。从逻辑结构上看，在运行维护体系和安全保障体系的支撑下，自下向上可分为支撑、数据资源、应用支撑、业务应用和用户五个层次，通过有效的层级结构的划分可以全面展现系统的设计思路。PC业务端包括实况监测、水情雨情、预报制作、预报分析、风险预警、系统管理、后台－用户管理、后台－角色管理等功能模块，政务端包括首页介绍、雨情水情、气象预报、会商决策、雷达监测、户外防汛、预警信息等功能模块。其中，政务端部署在兰溪市政务云平台。

兰溪市钱塘江流域洪水气象预报数字化服务系统PC业务端和政务端的界面如图5、图6所示，通过智慧化、一体化、精细化、精准化的操作和展示平台，业务人员及用户可以清晰明了地获取靶向信息。

两个系统均为各级党委政府及应急管理部门科学防汛提供了及时精准的气象预报支持，为水库企业科学洪水管理、科学调度生产提供了有力科技支撑，为公共防灾避灾、生产生活用户安全提供了保障。依托市公共数据平台的互联开放共享，实现跨部门水文和气象信息资源融合；通过深入挖掘数据资源价值，突破发展机制与技术障碍，实现跨领域水文气象交叉学科技术创新应用；依托省级数据和技术资源，通过项目合作、人才激励等，实现跨层级省市县业务技术交流与融合；梳理业务清单，实现气象、水利、应急等多部门业务联动和协同。

3　主要算法介绍

3.1　空间分析引擎和数据融合处理算法

数据融合处理层，在统一了各类数据的时空坐标系的基础上，采用叠加分析、缓冲区分析、空间统计分析、趋势分析模型等空间分析算法，并充分发挥地理信息系统（GIS）的算法，将多种气象模型的数据和行业数据进行耦合，并统一叠加显示在地图上。能够实现自由组合叠加即点即现，进行灵活变化、重组和调整，产生比单一信息源更精确、更完全、更可靠的估计和判断，提高数据展示效率。

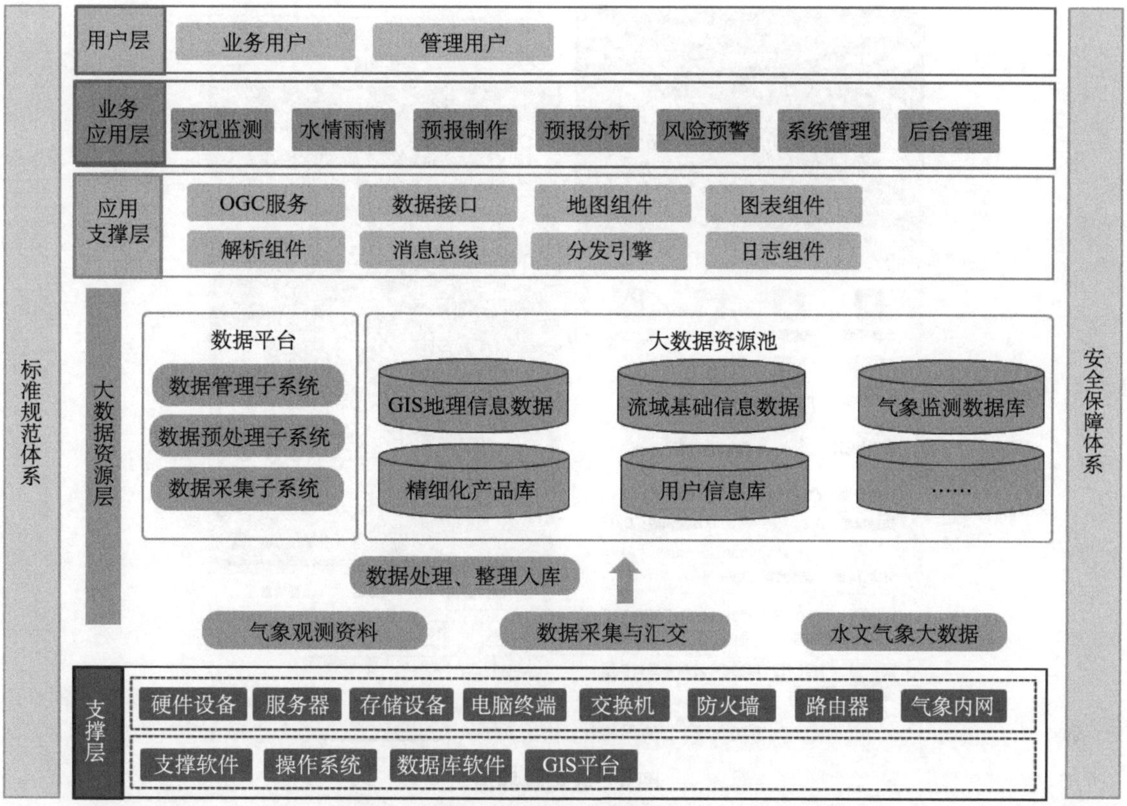

图 4　兰溪市钱塘江流域洪水气象预报数字化系统架构

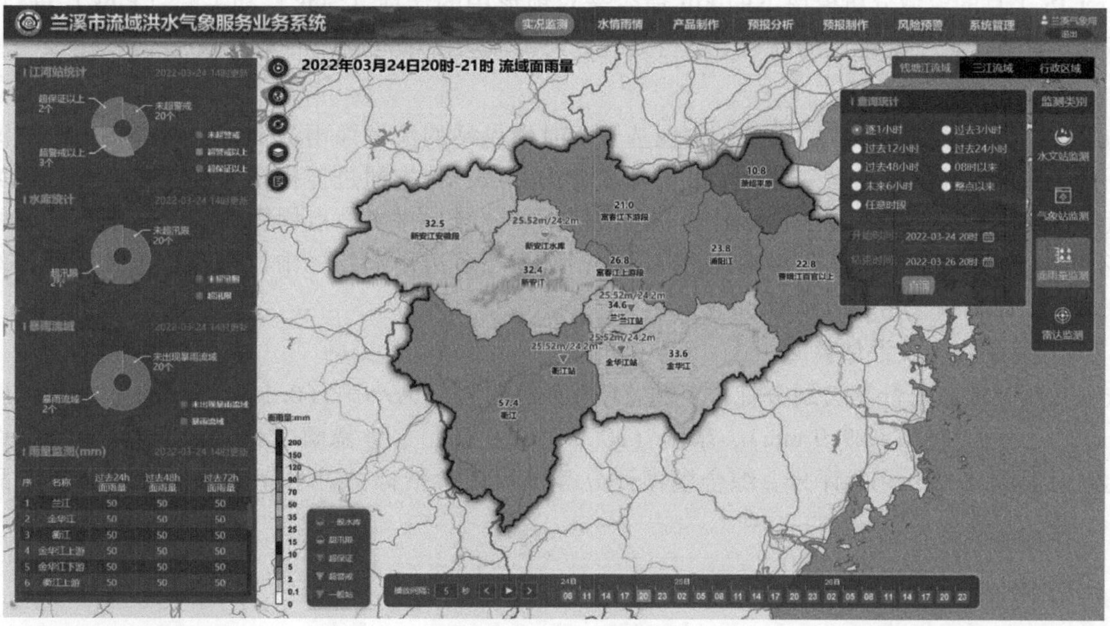

图 5　PC 业务端界面

3.2　基于流域的定量降水预报评估

3.2.1　流域数字化边界提取

利用水文分析模型 Hydrology 提取目标流域水系、水库集水区域，划分水文响应单元。应用 ArcGIS

图 6　政务端界面

开展目标水库流域相关的基础信息统计，重点采集水库流域边界、水库大坝位置、水位、水文信息，通过 ArcGIS 工具的流域分析模块下的 Fill 命令来对地形中的洼地（Sink）和尖峰（Pink）进行处理，采用高程增量算法对平地地区的高程值进行处理，得到流域区域范围内的 DEM 数据。

3.2.2　流域面雨量估算

构建泰森多边形法面积权重模型，实现基于实时雨量站的流域面雨量估算。泰森多边形法又称为垂直平分法或加权平均法，是一种计算平均降水量的方法。首先通过连接相邻雨量站点，把区域划分为大量的锐角三角形，接着在三角形的每一边做垂直平分线，每一站点周围的相互的垂直平分线形成一个多边形，计算该多边形面积与流域面积之比，作为各多边形上的降雨权重系数，最后用各站点雨量与该站所占面积权重相乘后累加。

3.2.3　多指标综合精度评估算法

依据我国江河面雨量等级划分标准，将 24 h 面雨量划分为小雨（0.1～5.9 mm）、中雨（6.0～14.9 mm）、大雨（15.0～29.9 mm）、暴雨（30.0～49.9 mm）、大暴雨（≥50.0 mm）五个等级。采用平均绝对误差（Ea）、TS 评分、综合模糊评分等统计评价指标，对水库流域面雨量预报产品进行检验。

3.3　告警阈值确定

构建基于流域的历史小时降水序列，在流域强降水历史特征的基础上结合实时水位制定高影响天气预警指标。分析一定时间段的水库、流域面雨量数据和水位数据，研究其二者的分布形态和潜在的关系，进而分析降水量和前一影响降水的关系，找出“关键期”。根据得到的关键期分段给出不同的告警指标。

告警方式上，按照风险等级设置告警范围和告警阈值，并支持管理员用户对范围和阈值进行调整；当告警范围内的监测实况出现超阈值天气时，出现弹窗、飘窗、信息推送告警。

4　结论与展望

浙江因水而生，因水而富，必然也应该因水而强。浙江省气象部门以浙江省数字化改革为契机，利用高精度、高时效的气象实况和预报数据，联合省水利厅进一步规范全省面雨量计算与应用，建立了基于“一张网”的数智水文和流域气象监测预报服务应用场景，面向服务端和治理端，分别建立了黄岩流域安全数字服务系统和兰溪市钱塘江流域洪水气象预报数字化服务系统，取得了良好的应用效果。未来将继续优化算法及平台，并将其推广至其他流域，建立全省数智水文和流域气象监测预报服务系统，为聚力做好全省流域气象服务提供坚实的气象保障。

参考文献

[1] JIA S F, LI Y Y, LÜ A F, et al. City storm-flood events in China, 1984—2015 [J]. International Journal of Water Resources Development, 2019, 35 (4): 605-618.

[2] LI Y, GONG S Y, ZHANG Z R, et al. Vulnerability evaluation of rainstorm disaster based on ESA conceptual framework: A case study of Liaoning Province, China [J]. Sustainable Cities and Society, 2021, 64: 102540.

[3] SHI J, CUI L L, TIAN Z. Spatial and temporal distribution and trend in flood and drought disasters in East China [J]. Environmental Research, 2020, 185: 109406.

[4] LI L P, ZHANG K M, LUO T, et al. An analysis of the drought and flood hazard characteristics and risks during the pre-rainy season in South China [J]. Natural Hazards, 2014, 71 (2): 1195-1213.

[5] SAHARIA M, KIRSTETTER P E, Vergara H, et al. Characterization of floods in the United States [J]. Journal of Hydrology, 2017, 548: 524-535.

浙江省“智慧气象”APP数字化改革实践及展望

陈锦慧 张 锋 陈 冲 李俊徽 王 伟 刘 娟

（浙江省气象服务中心，杭州 410000）

摘要：气象服务数字化改革是构建智慧精细、开放融合、普惠共享的新时代现代气象服务体系重要举措。本文阐述了对气象服务数字化改革的理解和分析，介绍了浙江省“智慧气象”APP数字化改革举措和初步成果，并提出加快推进改革工作的展望。

关键词：气象数字化改革；智慧气象；智能服务

1 背景

浙江省气象局深入学习党的二十大精神，落实《气象高质量发展纲要（2022—2035年）》，按照中国气象局党组和浙江省委省政府关于数字化改革的要求，结合浙江实际，明确了浙江省气象部门数字化改革的总体思路，就是“以不断强化全省气象观测、预报、网络业务为支撑，重点打造全省决策气象服务、公众气象服务和气象安全监管三大数字化应用场景（拟简称为‘1+3N’）”。同时要求进一步规范全省互联网气象服务出口，公众气象服务应用集约至“浙里办”APP和“智慧气象”APP。

“智慧气象”APP作为浙江省气象局官方APP，一直承担着移动端的气象数据支撑、辅助决策和便民服务等重要职责，在历年浙江省气象防灾减灾和公众气象服务工作中发挥了突出作用。目前，“智慧气象”APP累计下载用户量超200万，累计访问次数近亿次。

2 气象服务数字化改革思路

气象服务数字化改革的本质属性，是从各种气象服务需求中谋划切入点，构建解决不同场景下用户实际问题的标准化服务模式，实现气象服务方案的任务拆解、量化闭环，是对气象服务工作的体制机制、组织架构、方式流程、手段工具进行全方位、系统性重塑的过程，实现多跨协同的流程再造、体系重塑[1,2]。

气象服务数字化改革的关键方法，是系统分析V字模型。V字模型可分为以下方面。

（1）业务协同模型：以“定准核心业务—确定业务模块—拆解业务单元—梳理业务事项—确定业务流程—明确协同关系—建立指标体系—汇总数据需求”为路径，从梳理气象服务核心业务出发，逐层拆解到最具体最基本的事项，并从治理与服务两个维度加以标识形成业务事项清单，逐一明确支持事项及业务流程的数据指标，实现事项的标准化、数字化，形成可认知、可量化的部门职责体系。

（2）数据共享模型：以“形成数据共享清单—完成数据服务对接—实现业务指标协同—完成业务事项集成—完成业务单元集成—完成业务模块集成—形成业务系统”为路径，按照数据需求清单，逐项明确数据所在系统与所属部门，明确数据共享方式与对接接口，加快业务单元、业务模块的数据定义和系统开发，开发支撑部门职责体系的业务系统。按照系统分析 V 字模型持续迭代，将“业务协同模型和数据共享模型”的方法贯穿到气象服务数字化改革的各领域、各方面、全过程。

气象服务数字化改革的核心内容，是建设一个集约高效、自主可控、安全可信、开放兼容的数字化智能化气象服务平台。以数字化改革总要求为牵引，依托天擎、政务云等基础支撑体系开展数据治理，实现气象服务数据和各行业各类数据的汇聚共享，为各级气象部门提供统一稳定的气象服务数据支撑和存储保障，实现对外服务产品的同根同源。面向数字政府、数字社会、数字经济、数字文化等改革领域，推进各类气象服务数字化场景建设，提升专业气象服务产品的标准化、精细化水平和生产发布效率，使气象服务逐步由“外挂式”向“融合式”转变，形成面向水文、能源、交通、农业、海洋、旅游等重点行业的智慧化气象服务解决方案，实现对各领域、各层级、各环节、各场景的一体化服务支撑。

3　“智慧气象”APP 数字化改革实践

3.1　问题分析

“智慧气象”APP 上线运行多年，虽然一直在更新完善，但在产品丰富性、数据时效性、服务一致性、运行稳定性等方面仍存在诸多难点诸点问题，不符合数字化、智慧化气象服务 APP 的定位要求，无法满足气象数字化改革工作要求，开展系统性改革的需求非常迫切，具体问题分为以下几方面。

（1）前端应用问题。由于 APP 上线年限长，系统基础框架落后，采用的开发技术已被淘汰。很多栏目、功能都是后期不断增加堆砌，界面设计和功能布局缺乏整体性，部分功能模块无法使用，用户操作体验差。

（2）数据质量问题。各类气象数据产品来源不一，存在逐时预报与短临预报数据矛盾、实况网格数据与站点数据偏差、与其他出口数据不一致等问题。

（3）数据延迟问题。智慧气象应用的气象数据类别繁多，不同数据源的存放位置和读取方式各异，数据采集方式和传输环节复杂，导致数据传输效率低、更新时效性差等问题。

（4）业务流程问题。智慧气象业务是一项从内网数据采集、数据处理、产品加工和外网产品发布的复杂工程，需要各业务单位紧密协作、合力支撑。但一直以来缺乏快速高效的业务协同机制，导致各出口数据不一致、上下级产品变更不同步、故障响应处置不及时等突出问题。

3.2　改革思路

2021 年起，由浙江省气象服务中心牵头，根据省局提出的构建“智慧气象民生服务体系”的任务要求，以数字化改革要求为牵引，遵循数字化改革“V”字模型，搭建“四横四纵”系统架构（图 1）。依托天擎、政务云、公有云等基础支撑体系，对现有“智慧气象”APP 进行系统梳理和流程重塑，形成数据共享清单和系统集成清单，按照“公众 + 专业”气象服务的应用布局，研发分众化、差异化的精细气象服务产品，运用大数据分析、AI 智能等技术实现智慧感知、精准推送，打造便捷好用、有温度、有体验的智慧气象服务 APP。

同时，各支撑单位建立起更加紧密的业务协同和上下联动机制，建立标准化的业务流程和产品体系，明确各单位的职责分工和服务产品的规范要求；建立更加高效的故障响应处置机制，针对各类数据异常和网络传输故障，制定从发现、响应、处理到恢复的全流程管理制度。

3.3　具体举措

智慧气象研发团队重点开展了 APP 前端应用架构的重建工作，采用 uni - APP + H5 的混合开发框

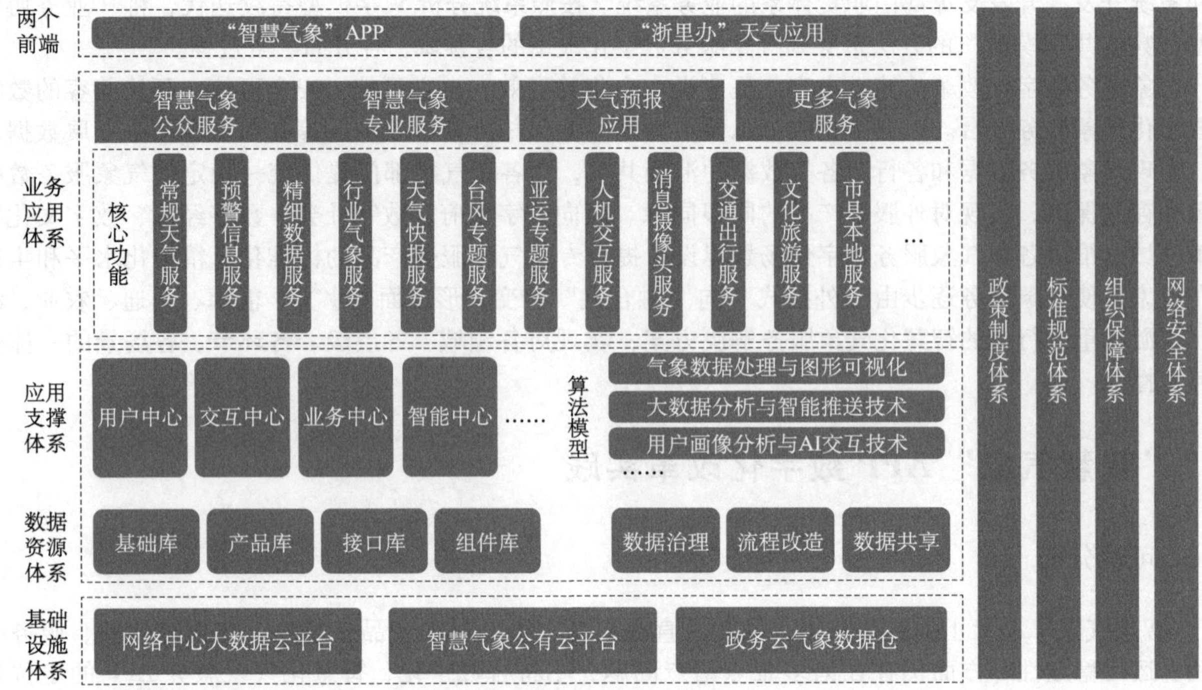

图 1　总体架构图

架，将原生 APP 与 Web APP 进行融合，大大提升 APP 兼容性和扩展性；后端支撑迁移至政务云平台，提升应对大访问量的弹性负荷能力；丰富服务产品种类和内容，从普适性气象服务向差异化气象服务转变，重点建设两个服务子场景。

3.3.1　公众服务子场景

按照简洁美观的原则，重新设计 APP 整体界面风格，提升服务表现形式和展示效果；按照易懂易用的原则，系统梳理需新增功能、需改造功能和可剔除功能，更贴近公众用户的实际需求。具体内容包括：重新设计开发首页界面，增加今日关注、今明天气、天气视频、生活指数等服务产品；增加"天气小诸葛"智能交互功能，实现气象灾害预警、短临预报自动提醒和城市天气查询；重建"气象台"模块，简化产品层级结构，改造 GIS 地图页面，优化数据显示效果和渲染速度；增加出行模块，实现出发地和目的地天气对比以及沿途预警显示等功能；改造后台管理系统，实现前端功能菜单和二级页面的灵活配置和扩展。

3.3.2　专业服务子场景

面向水文、交通、电力、农业、海洋等气象高影响行业用户，设计开发更具针对性的专业气象服务场景，提供更加精细化的气象服务产品，包括各类模式融合预报、行业气象指数、重要天气快报和行业专项服务材料等。同时，通过用户画像分析和需求反馈分析，实现定制化、智能化的气象信息主动提醒和精准推送，真正体现专业气象服务的内核价值。

3.4　改革成效

"智慧气象"APP 已于 2022 年 10 月迭代至 3.0 版，更新上线首页、气象台、台风、出行等主要模块（图 2）。

3.4.1　首页天气

除了显示常规的天气实况、预报数据之外，还融入省市官方微博数据，展示最新天气头条信息。基于阿里云 AI 平台的语义解析和逻辑判断能力，以及科大讯飞的语音转换技术，开发"天气小诸葛"

机器人，实现人机智能交互功能。此外，展示丰富有趣的天气视频节目，并提供穿衣、晾晒、运动等多种生活气象指数（图2）。

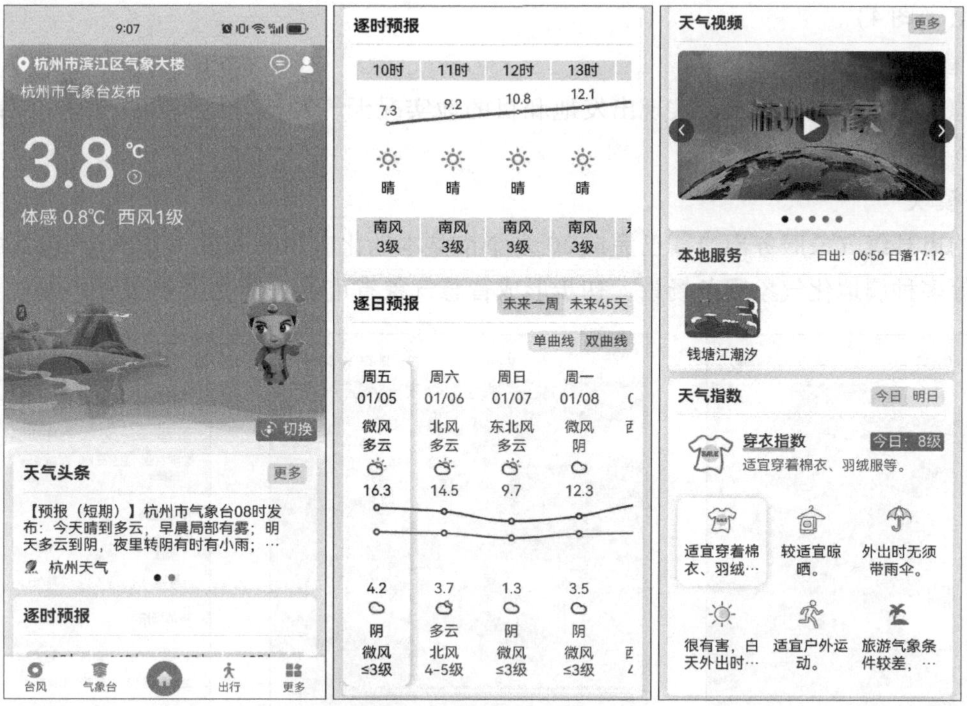

图2　“智慧气象”首页

3.4.2　气象台模块

分监测、预报、预警三个子模块，实现更加便捷的气象数据显示、统计、排名显示，支持站点数据和网格数据在地图上的叠加显示。同时支持市县级行政区划的选择切换，实现省市县不同层级、不同区域的分级显示，用户可根据需求选择相应区域的气象服务并保存配置信息，减少重复操作（图3）。

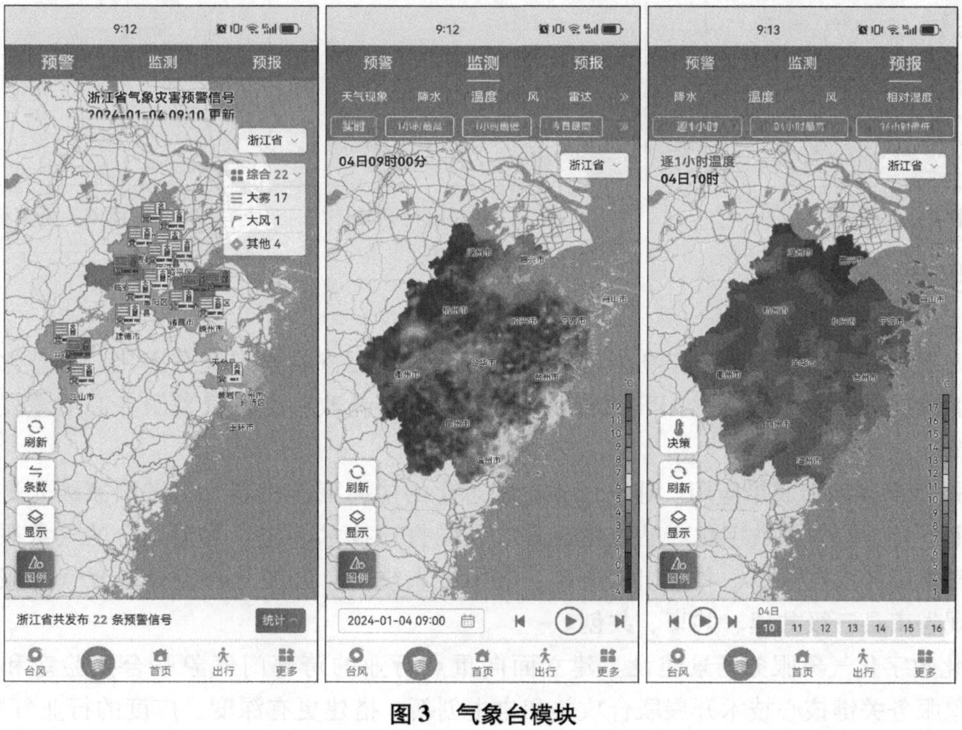

图3　气象台模块

3.4.3　台风模块

发布最新台风动态信息，包括当前台风位置、历史台风路径，以及全球各家预报机构提供的台风路径预测信息（图4）。

3.4.4　出行模块

融合高德地图路线规划技术，实现出发地和目的地实况天气对比、逐日预报查看、沿途预警提醒等功能（图5）。

3.4.5　更多模块

整合集约市县级气象服务出口，已完成30多个市县本地化应用的入驻（图6），包括旅游、农业、海洋、交通等多种属地化气象服务场景，初步形成智慧气象省市县一体化服务布局。

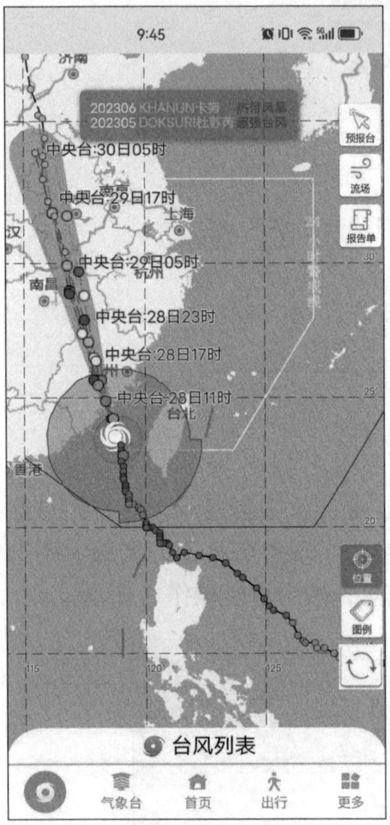

图4　台风模块

图5　平安出行模块

图6　更多模块

4　下一步展望

浙江省气象服务数字化改革工作刚刚起步，下一步，我们将紧紧围绕数字化、智慧化、集约化的改革要求，加快推进“智慧气象”APP的转型升级，以数字化改革引领气象服务高质量发展。具体有以下三点展望。

（1）加强上下联动和成果应用。建立国省市常态化的协同工作机制，引进国家级先进算法和通用产品，构建上下合力的气象数字化产品应用矩阵，共同打造技术领先、数据融合的气象服务矩阵；研究制定智慧气象服务数据清单、共享组件清单、应用准入规范，开展分行业分场景气象服务产品的研究应用，实现省市县三级共建、共享、共创。

（2）深化数字化气象服务场景建设。建立面向重点行业的跨部门气象联合实验室和联合创新团队，围绕气象服务关键核心技术开展联合攻关和自主创新，搭建更有深度、广度的行业气象服务场景；

探索发展面向数字城市、数字乡村、数字社区等公众侧的智能气象服务场景，全面融入地方数字化改革和民生保障工作。

（3）强化科技创新和人才支撑。加强与高新企业、科研院所、高校等合作，借助外部技术力量，研发应用创新型气象服务产品，不断提升智慧气象的科技内涵和创新水平；加大创新型、技能型人才培养，建立一支能满足数字化智能化气象服务业务需求的高素质人才队伍。

参考文献

[1] 段文广，范飞勇，刘燕，等．智慧气象服务融入智慧城市时空信息云平台的思考与探索［J］．气象科技进展，2021，11（6）：71-73.

[2] 王兴，周娟，卞浩瑄，等．互联网＋背景下智慧气象业务与服务众创架构研究［J］．浙江气象，2020，41（2）：17-22.

韧性城市建设智慧化气象服务的若干思考

黄思琦[1]　黄海洪[2]

（1. 广东省生态气象中心，广州 510640；2. 广西壮族自治区气象科学研究所，南宁 530022）

摘要：城市韧性建设是近期基于自然灾害防御提出的一种防灾减灾新型治理模式。本文设计了一个基于南宁市城市韧性建设的问卷调查方案，认真详尽地分析了问卷调查的结果，总结出南宁市在城市韧性建设中的基本现状、存在的问题、韧性建设的基本思路、技术路径、基本目标，在此基础上，在转变理念、科学顶层设计、集约化建设、智慧化建设等方面，形成基于自然灾害防御的南宁市韧性城市建设若干思考，上述分析可为南宁市自然灾害的防御提供有益的科学参考。

关键词：自然灾害防御；城市韧性建设；问卷调查

在全球气候变暖的背景下，自然灾害的发生频率更高，突发性更明显，强度更强[1,2]，城市自然灾害的防御形势越来越严峻。如何提高城市的防灾减灾能力，已成为城市现代化治理的一个重要命题。城市韧性建设是近期基于自然灾害防御提出的一种防灾减灾新型治理模式[3,4]，该治理模式软硬结合、远近结合、防灾救灾结合，已受到广泛关注，并开展探索。南宁市经过多年的建设积累，自然灾害防御工作取得长足进展[5]，特别是在“海绵城市”的建设中处于全国领先水平[6,7]。为了进一步提升南宁市城市韧性建设水平，本文设计了一个基于南宁市城市韧性建设的问卷调查方案，认真详尽地分析了问卷调查的结果，总结出南宁市在城市韧性建设中的基本现状、存在的问题、韧性建设的基本思路、技术路径、基本目标，在此基础上形成基于自然灾害防御的南宁市韧性城市建设若干思考，上述分析可为南宁市自然灾害的防御提供有益的科学参考。

1　韧性城市建设概述

1.1　韧性城市的基本内涵

“韧性”和“韧性城市”是目前国际社会在防灾减灾领域使用频率很高的两个概念。“韧性城市”是指能够化解和抵御外界的灾害或冲击，保持其主要特征和功能不受明显影响，并随后能够快速恢复的城市或者城市系统[8,9]。也就是说，当灾害发生的时候，韧性城市能承受冲击，快速应对、恢复，并保持城市功能正常运行，进而通过内部的自适应过程来更好地应对未来的灾害风险。在“韧性”这一视角下，城市这一客观的物质实体，逐渐成为具备“生命”概念的有机体。

1.2　韧性城市建设动态

党的十九届五中全会审议通过的《中共中央关于制定国民经济和社会发展第十四个五年规划和二〇三五年远景目标的建议》（简称《建议》），首次提出建设“韧性城市”。《建议》提出，推进以人为核心的新型城镇化。强化历史文化保护、塑造城市风貌，加强城镇老旧小区改造和社区建设，增强城市防洪排涝能力，建设海绵城市、韧性城市。提高城市治理水平，加强特大城市治理中的风险防控。

国际上，伦敦、纽约、东京、新加坡等国际大都市都有相应的法律法规保障韧性城市建设的顺利推进，并都制定了韧性城市建设的长远规划。中国北京、上海等大城市在城市生态文明建设规划中也提到韧性城市建设内容[10,11]，标志着我国韧性城市建设已从理论探索向实践探索转变。

2 关于南宁市自然灾害城市韧性建设的问卷调查

2.1 问卷调查的基本途径

为进一步改进南宁市自然灾害城市韧性建设工作，针对南宁市自然灾害城市韧性建设工作现状开展了一次问卷调查。调查前向调查对象提供了城市韧性建设的相关背景知识和背景数据。调查的对象是气象、水文、环保、国土、林业、地震等防灾减灾部门的管理人员及业务骨干，共收回问卷378份。调查的样本不算太多，但层次较高，专业性较强，具有一定的代表性。在此仅根据本次问卷调查结果并结合平日调研的情况，初步分析了南宁市自然灾害城市韧性建设工作现状。

2.2 问卷的分析和解读

2.2.1 你认为南宁市自然灾害城市韧性建设成效（单选题）

选项为：（1）非常好（4%）；（2）较好（28%）；（3）不理想（37%）；（4）较差（31%）。

该项工作的成效认为非常好的比例很小，说明该项工作还存在不少问题，有较大的提高空间；后面三项比例差不多，估计是这些专业人士从各自专业角度发现不少问题，这也为我们对该项工作的定位提供了参考依据。

2.2.2 你认为南宁市自然灾害城市韧性建设成效有待提高的主要问题是（多选题）

选项为：（1）自然灾害应急管理水平不高（62%）；（2）自然灾害预报预警水平不高（73%）；（3）自然灾害防灾救灾水平不高（34%）；（4）自然灾害防御集约化程度不高（53%）；（5）其他。

这是一个多选题，是个问题分析题。应急管理水平的提高是个永恒的课题，但是专业人士认定水平不高，肯定有其专业性的解读，或者是横向的比较，或者是实际效果不佳等；自然灾害防灾救灾水平问题也是城市韧性建设的最终落脚点问题，包括投入组织效率等问题，是个系统性的问题，认为该项工作水平不高的比例不算太高，说明大家对南宁市该项工作基本认可；对灾害防御集约化水平的不满比例较高，这也在预料之中，虽然政府通过应急管理体系试图提高防灾减灾的综合效益，但现实还是部门间各自为战，集约化程度有限。

2.2.3 你认为南宁市自然灾害城市韧性建设最迫切的工作是（多选题）

选项为：（1）做好城市韧性建设的顶层设计（72%）；（2）建立防灾减灾一体化的业务实体（76%）；（3）开展城市自然灾害风险精细化评估（64%）；（4）开展自然灾害分类精准防控技术研究应用（43%）；（5）其他。

这是一个城市韧性建设的发展问计问题。城市韧性建设高质量发展前提是必须有一个既契合城市灾害与城市特点，又有高科技支撑和可操作的顶层设计方案，所以这是一个高比例认可的建议；一个集灾害收集、灾害监测、灾害分析预报、灾害评估、救灾指挥于一体的一体化业务系统，是破解救灾碎片化问题的必经途径，这一想法得到业内人士的高度响应；开展灾害风险评估是对城市灾害家底彻查的科学途径，只有做到了然于胸才能防患于未然，所以该项工作也是高票通过；开展自然灾害分类精准防控技术研究应用工作认可度不算太高，可能是因为该项工作的难度太大，操作性不强，但是城市韧性建设高质量发展离不开这项工作的支撑。

2.2.4 你认为南宁市自然灾害防灾减灾一体化建设的要点是（单选题）

选项为：（1）目前这种在应急响应管理指导下各自为战的模式（10%）；（2）以某个部门为主的改进型模式（7%）；（3）建立防灾减灾一体化的业务实体（72%）；（4）把所有防灾减灾部门合并，建立大部制防灾减灾部门（11%）。

这是一个老生常谈的问题，目前这种在应急响应管理指导下各自为战的模式的认可度不到10%，说明大多数业内人士对这种运作模式的不满，相对应对建立防灾减灾一体化的业务实体的期待占了压倒性的优势，旧的运作模式效率低、成效差，已成为灾害防御的障碍性体系，建立防灾减灾一体化的业务实体已成为改进防灾减灾管理体系的关键环节。

2.2.5 你认为南宁市自然灾害城市韧性建设最核心的技术支撑是（多选题）

选项为：（1）以大数据技术集约融合各防灾部门的数据（81%）；（2）综合自然灾害的监测预警技术提高（68%）；（3）智慧化的城市自然灾害防灾减灾救灾指挥体系建设（72%）；（4）自然灾害分类精准防控技术研究应用（47%）；（5）其他。

这是一个核心技术应用的多项选择题。以大数据技术集约融合各防灾部门的数据成为首选并不意外，信息的壁垒已成为影响防灾减灾成效的重要因素，通过大数据技术，实现部门间数据的共享融合迫在眉睫；单灾种的监测预报分析研究较系统深入，但综合自然灾害的演变规律研究较单薄，这对综合自然灾害防御的技术支撑严重不足，所以该项工作认可度也较高；智慧化的城市自然灾害防灾减灾救灾指挥体系建设应该是智慧化城市建设的重要组成部分，是城市韧性建设的“大脑”，这是韧性建设的重要组成部分；自然灾害分类精准防控技术研究应用也很重要，只是技术难度大而影响认可度。

2.2.6 你所憧憬的南宁市自然灾害城市韧性建设理想模式是（多选题）

选项为：（1）各类主要自然灾害预报及时准确（87%）；（2）对公众的服务精准到位（76%）；（3）出现突发灾害时专业救灾队伍及时救灾（68%）；（4）灾害造成的损失可控，恢复及时（72%）。

这是一个对韧性城市建设目标的调研。灾害的预报准确率始终都是公众最关心的事情，没有预报准确率作为保障，防灾减灾工作将会非常被动；准确的预报预警信息怎样迅速送到公众手中，这也是公众关心的焦点；专业救援队伍的及时救援非常重要，这是减少人员伤亡的关键环节，所以该项工作的认可度也较高；灾害造成的损失可控，恢复及时，这是城市韧性建设的核心环节，认可度非常高。

2.2.7 你认为南宁市自然灾害防御指挥中心应该怎么建设（单选题）

选项为：（1）应该像“110”应急指挥中心那样，日常统一接警处警（67%）；（2）达到自然灾害某个等级后各成员单位专家集中统一研判指挥（17%）；（3）以某个防灾部门为主研判，由指挥部统一指挥（11%）；（4）完全由某部门研判处置（5%）。

应该像“110”应急指挥中心那样，日常统一接警处警，这种运行模式认可度占了压倒性优势，说明集约化监测预警指挥已成为业内共识；其他几种运行模式虽然比较容易操作，但其弊端显而易见，应该只是过渡性操作。

2.2.8 你认为南宁市自然灾害城市韧性智慧型建设的内容包括（多选题）

选项为：（1）可以自动智能提示定时定量的自然灾害风险等级（41%）；（2）可以自动智能及时靶向提供灾害预警信息（66%）；（3）可以自动智能提供目前灾害应采取的防灾措施（61%）；（4）遇到突发灾害时能及时通报专业救援队救援（53%）；（5）能自动智能提供灾后恢复的科学建议（45%）。

最大认可度的目标选项是可以自动智能及时靶向提供灾害预警信息，说明这还是公众最关心的信息。如何实现自动智能提供目前灾害应采取的防灾措施，这关系到如何减少损失，也是公众很关心的选项；其他几个选项虽然也重要，但因迫切性较低，所以认可度有限。

2.2.9 你认为南宁市哪种自然灾害造成人员伤亡风险最大（多选题）

选项为：（1）暴雨造成的内涝（71%）；（2）强风（56%）；（3）冰雹雷电等强对流天气（35%）；

（4）地质灾害（51%）；（5）大气污染（12%）。

可能是受郑州暴雨洪涝严重灾害的影响，暴雨洪涝的威胁排在榜首；因为城市各种高层建筑，广告牌及树木等影响，风灾的威胁风险也很大；近年雷电等强对流天气似乎对农村影响更大；最近国内外地质灾害造成的房屋倒塌时有发生，所以这种灾害影响也引起大家高度关注；大气污染是慢性影响灾害，造成人员伤亡不大。

2.2.10　你认为南宁市自然灾害城市韧性建设高质量发展最大的阻碍是（多选题）

选项为：（1）政府不重视（78%）；（2）顶层设计不专业（38%）；（3）建设质量不高（35%）；（4）科技支撑不足（56%）；（5）管理体系不科学（43%）。

出乎意料，担心政府不重视居然占了压倒性多数，不过也确实如此，如果该项工作得不到政府重视，就无法纳入规划，难以取得立项；对科技支撑的不足也有较多的担忧，主要还是担心科技含量不足，可持续发展难以为继；至于另外几项，近年来政府的建设项目管理越来越规范，所以包括设计、建设质量和后期管理等，大家信任度越来越高，这也不足为奇。

2.2.11　你认为郑州市暴雨灾害造成巨大损失的主要原因是（多选题）

选项为：（1）暴雨预报不准（23%）；（2）暴雨预警服务不及时到位（56%）；（3）突发暴雨洪涝灾害应急管理有漏洞（53%）；（4）暴雨诱发的各类灾害阈值体系不健全（66%）；（5）救援队伍不专业不及时到位（57%）。

这次暴雨过程的预报虽然在强度预报上有一定的偏差，但是强降水过程预报基本准确，所以业内人士大部分不认为预报偏差是主因；预警信息到达公众手中确实有一定滞后，这对抢险救灾造成一定的影响；由于强降水破历史纪录，突破了各类灾害阈值的设定，所以应急保障预案基本失效，这也算是主因之一；救援不及时不专业，考虑到降水量突破历史极值，遍地洪灾，救援资源严重不足，虽不忍责备，但确实是主因之一。

2.2.12　你认为甘肃省白银市越野赛突发事件造成巨大损失的主要原因是（多选题）

选项为：（1）天气预报不准确，预警服务不及时（25%）；（2）组织方没有突发灾害应预案（68%）；（3）跟踪监控不到位（62%）；（4）突发灾害抢救反应迟缓（61%）。

本次降温降水过程提前一天已告知主办方，虽然在预报的精细化程度上不太理想，但过程预报基本准确，不应成为主因；组织方没有突发灾害应预案、跟踪监控不到位、突发灾害抢救反应迟缓是造成巨大损失的主要原因；主办方及当地政府对这次活动的各种风险没有进行认真评估，管理严重不到位，组织应变能力严重缺失，应负主要责任。

3　南宁市自然灾害城市韧性建设的几点设想

（1）在自然灾害呈多发重发的背景下，自然灾害的防御逐渐从注重灾后救助向注重灾前预防转变，城市韧性建设正是契合这一灾害防御新理念而得以广泛认同。因此，城市的防灾减灾工作必须大力推动城市的韧性建设，把该项工作作为智慧城市建设的一个重要组成部分，把自然灾害的防御工作的重点转移到城市韧性建设上来，这是一项造福子孙的惠民工程，功在当代，利在千秋。

（2）城市韧性建设要做好科学的顶层设计，主要应做好三个结合：一是把长远建设与近期需求相结合；二是把先进的经验与本地具体实际相结合；三是把先进的科学技术与多年的实践经验相结合。设计的方案要充分考虑可行性、可持续性、先进性及实效性。一个好的顶层设计是城市韧性建设的基础和良好的开端。

（3）集约化是城市韧性建设的关键，如何把防灾减灾部门的资源有机融合在一起，这是提高自然灾害防御的点睛之笔。集约化进程应包含综合观测、综合监测、综合预报预警、综合评估、一体化指挥等环节。一体化的自然灾害防御指挥实体是优化集约化进程的必由之路，集灾情收集、监测分析、预报预警、灾情评估、统一指挥等功能为一体的自然灾害防御业务平台是实现集约化的技术支撑。

（4）应高度重视自然灾害分类精准防控技术研究应用，目前救灾工作大部分还处在“全民皆兵、各显神通”的碎片化状态，自然灾害类型千差万别，为了提高救灾效率，必须对一些突发的容易造成人员伤亡的灾害类别进行专业划分，对这些灾害演变规律进行深入系统分析研究，并探索救灾抢险的科学技术方法。只有这样才有可能通过科学的救灾抢险，减少群死群伤事件的发生。

（5）智慧化城市韧性建设是智慧城市建设的重要组成部分，一来智慧建设大大提高项目建设的技术含量，使得城市韧性建设能分享到大数据云计算等前沿科技成果，二是智慧化建设能让公众更便捷更智能地接收到防灾减灾的信息服务；三是通过智慧化的城市韧性建设，可以大大提高灾害防御服务的覆盖面，从而提高防灾减灾的成效。

参考文献

[1] 孙洋，卢毅．四川省21市州城市自然灾害脆弱性评估研究［J］．自然灾害学报，2017，26（4）：116-124.

[2] 史培军，袁艺．重特大自然灾害综合评估［J］．地理科学进展，2014，33（9）：1145-1151.

[3] 张永欢，薛晔．京津冀城市韧性动态预测及时空演进研究［J］．管理现代化，2021（5）：77-81.

[4] 孙亚南，尤晓彤．城市韧性的水平测度及时空演化规律——以江苏省为例［J］．南京社会科学，2021（7）：31-40.

[5] 麻荣永，张东龙．南宁市洪涝风险评价［J］．自然灾害学报，2017，26（3）：200-206.

[6] 黄雁．“海绵城市”理念下的南宁城市园林景观设计探讨［J］．绿色科技，2020（5）：77-79.

[7] 姚焕玫，卢燕南．基于SWMM模型的南宁市海绵城市建设优化模拟［J］．环境工程，2019，37（11）：102-109.

[8] 王奇珍，朱英明．中国城市经济韧性及影响因素研究［J］．生态经济，2021，37（10）：84-92.

[9] 张勤，宋青励．韧性治理：新时代基层社区治理发展的新路径［J］．理论探讨，2021（5）：152-160.

[10] 仇保兴．创建韧性城市：北京应补充十二种微循环［J］．城乡建设，2021（16）：36-41.

[11] 卢溪．基于“全球安全城市指数”的上海韧性城市建设思考［J］．科学发展，2021（2）：101-105.

首都气象服务探析——打造有效益的气象服务

马　丁　韩　超　王琳红

（北京市气象服务中心，北京 100097）

摘要：本文对首都气象服务发展过程中的优势、存在的问题进行分析。围绕“业务高效、服务精细、机制灵活、提质增效”的思路，对现行首都气象服务发展提出具体建议。

关键词：首都气象；服务升级；措施建议

国务院印发的《气象高质量发展纲要（2022—2035年）》为促进和规范气象服务有序发展，激发气象市场活力指明了方向。围绕首都城市战略定位，《北京市人民政府关于加快推进气象事业高质量发展的意见》推出诸多利好措施，使得首都气象服务迎来发展的大好时机。第六届全国气象服务主任会议，提出要致力于打造有温度、有内涵、有效益、有秩序的气象服务，把握好社会公众及各行各业对气象服务的新需要，持续升级打造气象服务核心竞争力，注重用户、产品、效益的多维提升，有的放矢推进服务的融入式、内涵式、分众式、问效式、安全式发展，实现气象服务“不可或缺、不可替代”的目标[1]，为气象服务市场做大做强提出了要求。

1　首都气象服务发展状况

1.1　产值规模

根据北京市气象局2017—2021年局属企业气象服务产值情况统计（资料来源：北京市气象局计财处），2017　2021年共实现经营收入5.6亿元，规模产值平均每年1.1亿元左右，整体业务收入比较平稳（图1）。

1.2　营收比例

由图2可知，营收主要集中在防雷业务（占比58%）、广告收入（占比22%）、软件开发及技术服务（占比14%），三部分占据主营收入的94%。总体来看，首都气象服务继续分食防雷工程、气象信息服务、传媒广告、专业气象服务、气象应用软件开发、气象仪器设备生产销售等传统气象服务领域，总体发展处于稳定期（图2）。气象服务高端市场研发投入不足，在缺少新的增长因素、新型业态情况下，气象服务短期内实现规模扩张的条件有限。

2　首都气象服务面临挑战及存在问题

虽然首都气象服务具备先进的基础设施、精密的观测系统和高水平的人才队伍，在各行业和企业中有较好信誉和影响力优势，但仍然存在着诸多问题。

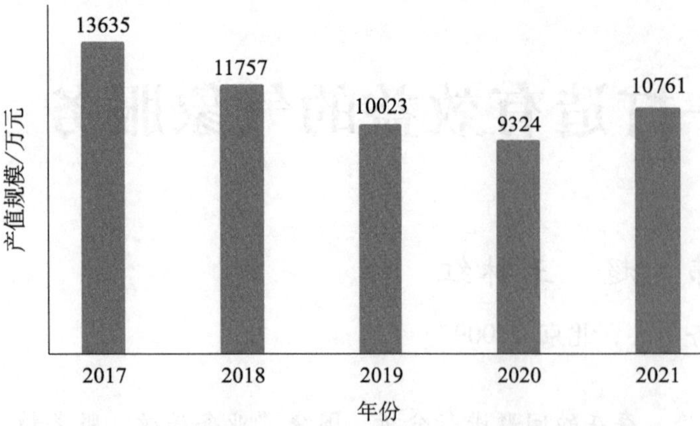

图 1　2017—2021 年北京市气象局局属企业产值规模

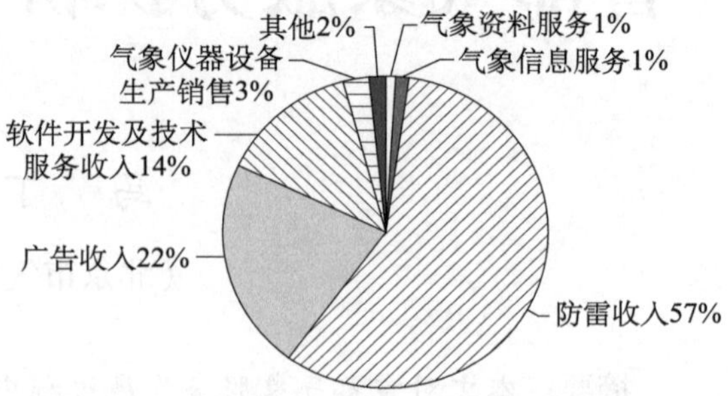

图 2　2017—2021 年气象服务营收比例

2.1　市场对气象服务价值的认知有待提高

市场对气象服务价值的认知是气象服务成功的必备前提。但很多行业认为气象信息是否可以转化为生产力，能否降低成本、减少损失、提高利润增长点均难以量化评估。

从商业气象服务环境支持上看，与气象经济相适应的法律条款还不健全。气象服务发展过程中仍存在预报错误的风险，而由此造成的损失等问题还需要进一步的法律规定。

2.2　客户决策过程长，获客成本高、难度大

单纯的互联网思维或技术优势也很难撬动市场中的大中型客户，往往要经过多轮谈判、系统评估、长期考察。关系型营销难以保证长期合作的稳定性，获客成本高、难度大，气象服务往往在社会生产价值链条中属于中下端，服务黏性不强。

2.3　商业气象的信息壁垒

气象服务对企业信息化程度要求较高。但现阶段在智慧气象和气象大数据应用中，数据质量问题、数据敏感问题和数据孤岛问题是限制气象企业级服务商业模式的瓶颈[2]。

智慧气象服务发展希望实现按需服务，没有用户大数据支撑是无法做到的。但是如交通、能源等牵扯到国民经济命脉的行业，有大量的基础设施数据是不能够公开的。

对于气象部门来说，基础信息是气象行业的生命线，基于信息安全角度的考虑，气象基础信息还很难以一种有效的方式为商业气象发展提供支撑，导致真正有技术含量的精细化服务产品研发难度大。

2.4　服务产品研发能力不强，产品缺乏市场竞争力

在气象服务中几乎不可能有一个通吃各行业的产品，都需要在基于需求的基础上针对性研发，涉及更复杂的专业认知，气象服务产品研发成本高、周期长。

以往我们积累专业气象服务能力，主要依靠一些课题开发，或者是少量的专业用户投资，延续性上很受限。往往课题结束如果没有用户应用或用户不再采购，这项专业服务业务也就结束了。无法形成针对某个行业的持续性的研发，致使服务缺少黏性也缺乏在实践中去验证和调整服务的能力。

2.5　气象服务产品同质化严重

在外部市场拓展有限，业务创新动力不足，成本控制压力大的情形下，习惯性地依赖气象部门的

技术和产品，主要业务来源单一。紧盯有限需求，必然会导致利润摊薄，效益增长乏力。

2.6　新型气象服务人才存在巨大缺口

目前，针对气象服务的激励机制、人才培养、考核管理办法有待健全，业务人员对参与用户需求调研、专项产品研发的主动性不强，科研骨干进行研究成果转化的积极性不高。懂预报、懂行业、懂应用场景、懂用户需求的新型气象服务人才存在巨大缺口。

3　首都气象服务措施建议

3.1　细分气象服务市场，建立完整的服务体系

气象服务发展的关键在于真正把气象信息转化为用户认可的价值。从市场和技术的角度进行全面布局，不断细分气象服务市场，完善技术架构。注重各类数据包括天气数据和相关的行业数据基础平台的建设，将气象面向用户的基础性的数据服务、预报预警服务向参与用户产品研发决策转化，推动气象数据融入行业的数据管理，并由此产生一系列的特色产品和行业优势，打造服务产品品牌化，提升气象服务精细化、针对性和准确性，实现气象服务整体增值。

3.2　气象服务产品优化升级

升级一般是指使产品附加值提高的生产要素改进、结构改变、生产效率与产品质量提高。一般包括产品内部优化调整和产品外部空间拓展。内部优化调整主要包括产品迭代升级、结构优化等。目前气象服务链条中比较薄弱的环节主要分布在产品研发、市场化服务和品牌打造与推广方面。

3.2.1　产品生命周期

产品生命周期理论，指产品从准备进入市场开始到被淘汰退出市场为止的全部运动过程，一般分为导入期、成长期、成熟期、衰退期四个阶段。产品从进入市场，到最后衰落退出市场的整个生命周期内，要针对产品各个阶段制定不同的战略目标。

气象软件及专业服务处于产品生命周期的成长阶段。产品取得了一定程度的市场认可，并且需求预测较为准确。在这一阶段的战略是扩大市场占有率。

气象装备制造、防雷工程、防雷检测、影视传媒业务均处于成熟期，市场需求趋于饱和，产品边际利润降低，潜在需求不确定性变小。调整价格和服务就成为一种标准的战略措施。面对激烈的竞争和较低的边际收益，要打造品牌，提高用户忠诚度，提供更多的增值服务。

随着科技的发展，新产品和替代品的出现，手机短信、声讯业务等产品的利润持续下降，已进入衰退期。这一阶段的目标是开发新产品和替代品。

3.2.2　优化存量，拓展增量

（1）气象科普产业的发展应以满足科普市场需求为导向，主动与文化、教育产业融合

北京气象科普资源丰富，近年来在科普展教、出版、影视、网络信息方面发展较快，形成了一些具有影响力的科普项目，这些科普资源为气象研学资源的开发提供了丰富的素材。

气象知识与中小学学科知识融合，以气象文化品牌带动气象知识传播，拓宽气象研学活动范围，与相关教研机构合作研发一系列研学、营地教育产品，打造出更加优质、丰富的研学课程体系。通过市场机制构建社会需求，促使价格形成，按照市场化的原则、要素和主体间关系构建科普服务体系。

（2）新媒体运营策略

互联网时代主力消费人群获取信息的渠道发生转变，新媒体凭借信息传递高效、交流与互动性强、

信息受众广、迅速超越了传统媒体，改变了传统的媒介格局。传统气象媒体面临观众流失、广告收入下滑等问题。

新媒体时代下，气象传媒产品要实现创新性开发和运营，就必须立足新媒体特征，探索与新媒体融合的路径，从气象产品内容、传播平台、表现形式、市场营销等方面入手，打造气象产品的优势品牌。

新媒体涵盖了所有数字化的形式，运营的工作内容分为内容运营、用户运营、产品运营、活动运营。在具体工作中，这四个环节环环相扣，密不可分。

内容运营通过原创、编辑、组织等手段，围绕自己的产品，输入用户需要的或是感兴趣的高质量产品。同时通过文字、音频、视频、动漫等多种形式综合性表达，加大与公众的互动。通过引流的方式，提高转发率、点赞数、评论数和阅读量，以获取更多的潜在用户。将粉丝转化为潜在用户，增加品牌知名度。

用户运营是新媒体运营的核心，用户是气象产品在网络上扩大影响力的根本。对于气象影视平台的内容来说，要采取互动共享策略，深入了解用户的需求和产品使用意愿来优化内容。

产品的创新运营是重中之重。

活动运营是指通过活动曝光产品、推销产品、拉动新用户。活动运营能够在较短的时间内对目标数据进行提升。

为了全方位地触达目标用户，通过多种渠道的新媒体组合，搭建属于自己的新媒体矩阵，甄选合适的新媒体平台和打造人设 IP，在互联网的各个角落积累自己的用户群体，制定不同平台的运营策略，进行差异化推广引流运营，并结合业务在需要集中引爆的时候，将各个平台的优势资源集合起来形成合力，通过新媒体矩阵的整合联动，扩大自己的品牌影响力。

此外，数据监测、分析贯穿在运营的整个过程中，数据作为定量的衡量方式，能真实地反映产品运营的状况，帮助我们进一步了解产品、用户、渠道、进而优化运营策略。

（3）依托气象景观品牌，赋能地方经济发展

昌平区作为全国全域旅游示范区，拥有明十三陵等世界物质文化遗产以及优质的自然生态涵养旅游资源，2022 年北京市气象服务中心对昌平区气象景观进行普查，制定了气象景观评估标准，将一定气象条件下所形成的气象景观，如蓝天白云、朝霞、彩虹和雾凇等与昌平区的人文景观相融合，通过推选活动，评选出气象景观网红打卡新地标，依托摄影展、电视、广播、网络、新媒体客户端等全媒体平台，共同推荐昌平最美气象景观网红打卡地，为昌平区旅游添加气象元素，助力开发北京旅游资源新概念。

此次活动参与人数达 1300 万人次。这是一次有益的尝试，通过活动让百姓体会到文旅融合所带来的获得感、满足感及幸福感，在此基础上创建气象景观品牌，并外延至旅游、农业、林业、健康、教育、体育等领域，赋能地方经济发展，是气象服务发展的新增长点。

3.3　探索研发机构和气象服务技术创新联盟，建立内外合作的互补机制

当前众多行业越来越关注气象作为重要生产要素模块在整个市场中的不可或缺性，例如，能源电力系统认识到精准的气象预测是保障电力系统安全稳定运行的有效手段之一，基于对气象的高依赖性，中国电力科学研究院建立了用于电力系统生产运行的数值天气预报运行中心。主要面向电力安全生产的各个环节、不同业务对气象的需求，提供面向电网不同环节的定制化、精准化气象预报预警，保障电网安全稳定运行。这样外部介入的成功案例，对于我们来说既要看到挑战，同时也看到机遇，更迫切促使我们打破行业壁垒，寻求自我突破。在交叉领域拓宽资源融合渠道，创造新的气象服务发展空间和形态，实现高质量融合，增强气象在更广泛用户决策中的价值。一方面发挥气象部门垂直管理的

整体优势，建立与气象台、研究院、气候中心、信息中心及区气象局间的良好合作机制，建立预报、科研、服务互动发展机制，对外探索发展新型研发机构和气象服务技术创新联盟[3]，组建“专精特新”高水平产业技术创新联合体，在交叉领域拓宽资源融合渠道，通过优势核心技术和先进服务理念，使气象融入行业领域发展并建立服务效益反馈和评估机制，提升气象服务精细化、针对性和准确性，最终实现气象服务市场规模的扩大。

3.4　优化气象服务发展人才机制

3.4.1　人才培养机制

气象服务是一个需要多学科背景支撑的专门的职业类别。我国高校商业气象人才培养还处在起步阶段，在气象服务人才培养方面，建议增加产品设计、商业模式、公司运营等内容。首都具有高校、研究单位及头部企业众多的优势，要顺应当前气象服务市场边界融合的趋势，利用好高校和学术机构的资源，加强既具备气象专业背景又了解行业的气象跨学科人才培养，搭建气象商业人才孵化平台，推动气象人才转型发展和素质提升。

3.4.2　人才激励机制

建立、完善以创新价值、能力、贡献为导向的人才考核评价体系和激励机制，与岗位职责、工作业绩、实际贡献等紧密联系，充分体现人才价值、鼓励创新、创造，逐步建立、形成气象服务发展的研发队伍、技术队伍、市场运营队伍，促进气象服务良性发展。

参考文献

[1] 李悦．第六届全国气象服务中心主任会议召开［N］．中国气象报，2022-11-17（1）．
[2] 佚名．To B 气象服务：到底难在哪？［Z］．2019.
[3] 郭文利．深化改革创新机制，推进专业气象服务发展［Z］．2020.

第五篇

融媒体气象服务

广东气象微信矩阵服务能力评估方法研究*

殷美祥[1]　罗瑞婷[2]　朱　平[1]**

（1. 广东省气象服务中心，广州 510640；2. 广东省突发事件预警信息发布中心，广州 510640）

摘要： 为加强微信矩阵传播协同性和积极性，促进服务能力提升和流量归集，运用层次分析法构建了以信息发布能力、“微天气”引流能力、“停课铃”引流能力为准则的微信矩阵服务能力评估指标体系，采用改进的熵值法确定指标权重，从而构建气象微信矩阵服务能力评估模型。以广东气象微信矩阵为例进行实证研究，发现提高气象服务能力、强化部门联动、整合优质社会渠道资源、促进传播流量汇集是提升气象微信矩阵服务能力的关键。

关键词： 应用气象；气象信息；微信矩阵；服务能力；评估方法；广东省

微信庞大的用户量和高效的数据连接、处理能力，使之成为气象部门进行预报预警、应急减灾的重要渠道，以及开展互动式、定制式服务的重要平台。微信矩阵是基于微信平台搭建的，有统一宣传目标和传播策略，且能相互协作、相互促进，从而实现传播效果提升和流量归集的微信公众号集合。微信矩阵服务能力是指微信矩阵通过微信平台将信息传递给用户的能力以及传递的信息对用户产生的实际影响能力。量化分析和评估微信矩阵的服务能力对于了解矩阵传播发展态势、优化传播策略、提升矩阵协同性、把握舆论场导向等都有重要意义。目前包括广东在内的全国多省份都建立了气象微信矩阵，但针对气象类的微信矩阵服务能力评估模型的研究几乎是空白的。针对媒体类、健康类、科技类等行业微信公众号，虽已积累不少关于微信矩阵服务能力评估相关的研究成果[1-4]，但是，大部分研究主要是针对相互独立的公众号开展的，并非专门针对微信矩阵，没有考虑矩阵成员之间相互影响，难以体现矩阵成员为矩阵共同的宣传目标汇聚流量的能力。

为进一步凝聚矩阵传播合力，充分发挥传播效益，本文将广东气象微信矩阵作为有机整体，基于矩阵实际联动工作机制和发展需要，研究建立客观统一的服务能力评估模型，为对矩阵服务能力现状进行实时统计分析，深入研究服务能力影响机制，针对性地提高微信矩阵的服务能力，进而为扩大气象服务效益提供参考依据。

1　资料与方法

1.1　数据来源

使用资料包括：①2019 年 1 月 1 日—12 月 31 日广东省 21 个地市气象微信公众号粉丝量、推送次数、推送文章数、总阅读量数据；②2019 年 1 月 1 日—12 月 31 日“缤纷微天气”小程序（简称“微天气”）浏览量和“停课铃”APP（简称“停课铃”）下载量数据；③《2015 年政务微信报告》中公众号的评估

* 资助项目：广东省气象局科技项目（GRMC2017Q09，GRMC2019M20）。

** 通讯作者：朱平（1980 年生），男，高级工程师，主要从事气象服务管理、气象服务数字化转型研究工作。E-mail：61231442@qq. com。

指标权重数据[5]；④《2018 年广东国民经济和社会发展统计公报》人口分布和经济发展分布数据[6]。

1.2 研究方法

1.2.1 层次分析法

层次分析法是一种以定性与定量相结合地处理各种决策要素，实现多准则决策的方法，具有系统化、层次化的优点。关于层次分析法的原理及应用方法，详见文献[1]，本文不再赘述。

1.2.2 熵值法

在信息论中，熵是被用来衡量信息的不确定程度。熵值法是基于信息熵特性建立的客观赋权数学方法，能够深刻反映出指标信息熵值的效用价值，适用于时间序列评估中权重的确定，所确定的指标权重值比层次分析法和专家经验评估法可信度更高[7]。设有 m 个评估方案，共有 n 项评估指标，形成指标数据矩阵 $\boldsymbol{X}=\{x_{ij}\}_{m\times n}$，其中 x_{ij} 为第 m 个评估方案中第 n 项评估指标值。指标体系中各个指标有不同的分级，需要对各个指标逐级进行熵值法计算权重。计算步骤如下。

（1）数据标准化处理。由于指标数据的单位不同，需要进行标准化处理，形成统一量纲的数据。本文采用正向极差化法进行标准化处理：

$$y_{ij}=\frac{x_{ij}-x_{\min j}}{x_{\max j}-x_{\min j}} \tag{1}$$

式中，y_{ij}、x_{ij}、$x_{\max j}$、$x_{\min j}$ 分别为第 i 个评估对象的第 j 个指标的标准化数值、原始数值、最大数值、最小数值。

（2）指标值比重。熵值法自身的弱点在于对极端值的处理束手无策。为解决熵值法无法处理极端值的问题，需要通过将坐标平移进行修正，对熵值法进行改进。为尽可能保留原始数据信息特征，应尽可能选取可以达到非零效果最小的数值[8]。令 $f_{ij}=y_{ij}+0.00001$，则第 i 个评估对象在第 j 个指标中的比重 p_{ij}：

$$p_{ij}=\frac{f_{ij}}{\sum_{i=1}^{m}f_{ij}} \tag{2}$$

（3）熵值。计算第 j 个指标的熵值 e_j：

$$e_j=-\frac{1}{\ln m}\sum_{i=1}^{m}p_{ij}\ln p_{ij} \tag{3}$$

（4）差异性系数。计算第 j 个指标的差异性系数 g_j：

$$g_j=1-e_j \tag{4}$$

（5）定义权重。计算第 j 个指标的权重系数 w_j：

$$w_j=\frac{g_j}{\sum_{j=1}^{n}g_j} \tag{5}$$

（6）计算广东气象微信矩阵服务能力综合指数 R：

$$R=\sum_{j=1}^{n}w_jp_{ij} \tag{6}$$

2 结果与分析

2.1 评估指标设计

2.1.1 评估指标体系框架

微信矩阵服务能力由信息传递给用户的能力和传递的信息对用户产生的实际影响能力组成，主要体现在矩阵成员信息发布能力和为矩阵中心宣传目标引流能力。“微天气”和“停课铃”是广东气象部门开发的，以品牌化发展为目标，是微信矩阵联动发展的中心和汇聚流量的“蓄水池”。根据评估指标体系设计原则和信息传播的规律，设计出由目标层、准则层、指标层、方案层组成的指标体系框架（图1）。其中，目标层是广东气象微信矩阵服务能力综合指数（R）；准则层包括信息发布能力（R_1）、“微天气”引流能力（R_2）、“停课铃”引流能力（R_3）3个部分，反映微信矩阵在信息传播中各个阶段的能力对目标层的影响；指标层是由5个指标构成；方案层为需要评估的微信矩阵成员——以“地名+天气”命名的21个地市气象微信公众号。

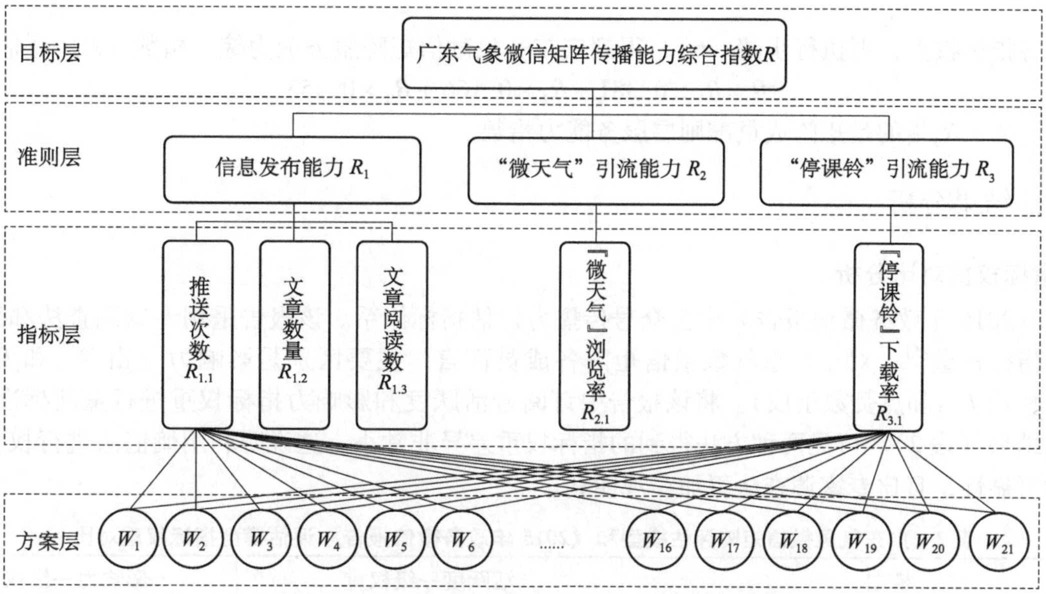

图1　广东气象微信矩阵服务能力评估指标体系

2.1.2　评估指标构建

微信矩阵成员信息发布能力不直接因矩阵而产生，但它构成了矩阵服务能力的基础要素，是微信矩阵进行信息传播的第一阶段和产生影响的前提条件。根据信息发布情况设置3个指标：图文推送次数（$R_{1.1}$）、文章数量（$R_{1.2}$）、文章阅读数（$R_{1.3}$），体现准则层中信息发布能力（R_1）。

为矩阵中心宣传目标引流是组建矩阵的主要目的之一。引流能力体现传播主体对用户产生的传播效果和影响程度。“微天气”和“停课铃”是广东气象微信矩阵共同传播目标，因此将各矩阵成员对它们的引流能力作为评估其服务能力的核心指标。作为微信矩阵成员服务能力基础条件之一的粉丝量，具有明显的区域不平衡特征，即珠三角地区矩阵成员具有的服务能力基础条件显著优于粤东西北矩阵成员。为此，基于矩阵成员粉丝量，针对准则层中“微天气”引流能力（R_2）设计一个评估指标：“微天气”浏览率（$R_{2.1}$）；针对准则层中“停课铃”引流能力（R_3）设计一个评估指标：“停课铃”下载率（$R_{3.1}$）：

$$R_{2.1} = V/A \tag{7}$$

$$R_{3.1} = D/A \tag{8}$$

式中，V为某地“微天气”浏览量，D为某地“停课铃”下载量，A为各个矩阵成员微信粉丝量。

2.2　评估指标权重赋值

以广东21个地市气象微信服务号为对象，基于改进的熵值法，利用2019年1月1日—2019年12月31日微信传播数据，计算评估模型指标权重。首先执行步骤（1）对评估指标的数据进行标准化处理，再执行步骤（2）～（6），逐级计算得到评估指标的数值和权重（表1）。

表1 广东气象微信矩阵服务能力评估模型评估指标权重

指标	指标权重	准则权重	指标综合权重
$R_{1.1}$	0.066	0.381	0.025
$R_{1.2}$	0.094		0.036
$R_{1.3}$	0.840		0.320
$R_{2.1}$	1.000	0.166	0.166
$R_{3.1}$	1.000	0.453	0.453

基于各指标权重，再执行步骤（6），得到广东气象微信矩阵服务能力综合指数（R）评估模型：

$$R = R_1 \times 0.381 + R_2 \times 0.166 + R_3 \times 0.453 \tag{9}$$

式中，R_1、R_2、R_3指的是矩阵成员准则层服务能力指数。

2.3 评估结果分析

2.3.1 指标权重对比分析

对比《2015年政务微信报告》中公众号传播力评估指标体系。该报告采用专家调查法和层次分析法，确定指标权重[5]。对于广东气象微信矩阵各成员而言，主要区别是影响力（由$R_{1.1}$和$R_{1.2}$组成）和活跃度（由$R_{1.3}$和点赞数组成）。将该报告中订阅号活跃度和影响力指标权重进行重新标准化处理，得到对比结果（表2）。可见两种方法得到的指标权重差异非常小，这说明利用熵值法进行权重赋值具有较高的可靠性，且比专家调查法更加客观便利。

表2 广东气象微信矩阵评估模型和《2015年政务微信报告》评估模型指标权重对比

模型	活跃度一级权重	影响力一级权重
广东气象微信矩阵评估	0.160	0.840
《2015年政务微信报告》评估	0.174	0.826

2.3.2 实例评估数据分析

利用广东气象微信矩阵服务能力评估模型，计算得到2019年微信矩阵服务能力综合指数及准则层指数情况（表3），以此展开分析。

表3 2019年广东气象微信矩阵服务能力指数（限于篇幅，仅列出综合指数前十名）

方案	矩阵成员	R_1	R_2	R_3	R	综合指数排名
W_1	惠州天气	0.06	0.54	1.00	0.57	1
W_2	肇庆天气	0.13	0.80	0.76	0.53	2
W_3	清远天气	0.12	0.62	0.63	0.43	3
W_4	深圳天气	1.00	0.00	0.00	0.38	4
W_5	茂名天气	0.12	1.00	0.21	0.31	5
W_6	汕尾天气	0.01	0.17	0.56	0.28	6
W_7	广州天气	0.29	0.32	0.22	0.26	7
W_8	河源天气	0.10	0.64	0.12	0.20	8
W_9	揭阳天气	0.11	0.58	0.13	0.20	9
W_{10}	江门天气	0.15	0.54	0.11	0.20	10

R_1得分排名前六位都位于珠三角地区，得益于其紧跟天气变化节奏，紧贴服务需求，制作丰富的优质气象服务产品，提高气象服务质量，赢得大量用户关注。另外，R_1 的排名也和各矩阵成员所在区域的人口、经济、气象服务投入、粉丝量等服务能力基础条件排名次序相近。一是在经济发展层面，珠三角城市人口基数大、经济发展水平高，粤东西北区域则反之。2018 年珠三角常住人口占广东 55.53%，生产总值占比 80.23%[6]（表略）。二是气象服务能力层面，粤东西北地区气象服务能力与珠三角地区相差悬殊。三是粉丝量层面，截至 2019 年 8 月，粉丝量排名前七的矩阵成员，全部位于珠三角，其粉丝量占比 87%。可见，服务能力基础条件也是 R_1 指数的重要影响因素。

R_2和 R_3各自得分排名前六位中，有五位来自珠三角，七位来自粤东西北，说明其区域性差异不大。R_2和 R_3得分与矩阵成员是否基于本地服务能力基础条件，充分利用传播资源为矩阵中心宣传目标引流相关。通过考察发现，提升 R_2 和 R_3得分除了依靠提升自身气象服务能力外，有效的举措包括：一是加强纵向和横向部门联动合作，积极与省（市）气象新媒体、地方政务新媒体矩阵联动，将服务产品或者渠道嵌入其他部门服务渠道，不断提升矩阵传播力。二是以大型活动气象保障服务为契机，为公众提供更多场景化产品，提高服务渠道黏性和关注度。三是积极整合优质社会渠道资源，如充分利用重要公共场所宣传媒介，与本地社会化媒体合作，有效扩大气象服务覆盖面。总体而言，提高气象服务质量、强化部门联动、整合优质社会渠道资源、促进传播流量汇集是提升微信矩阵服务能力综合指数的关键。

3　总结和讨论

（1）在对广东气象微信矩阵现状深入分析的基础上，结合信息传播学规律，运用层次分析法构建了以信息发布能力、“微天气”引流能力、“停课铃”引流能力为准则的微信矩阵服务能力评估指标体系，采用改进的熵值法确定指标权重，从而构建评估模型。与已有相关研究相比，本文构建的评估模型有如下特点：一是提出将矩阵成员向微信矩阵共同宣传目标引流的能力作为评估其服务能力的核心指标，强化微信矩阵的向心力和协同性，促进传播效果提升和流量归集；二是将矩阵成员的服务能力基础条件作为评估指标的影响要素，实现在气象服务能力存在明显区域不平衡的现状下统一调动矩阵成员传播积极性。

（2）该评估模型能够对微信矩阵服务能力进行较为客观的评估。实证研究表明，提高气象服务质量、强化部门联动、整合优质社会渠道资源、促进传播流量汇集是提升微信矩阵服务能力的关键。未来可根据业务发展变化进一步优化完善评估模型。

参考文献

[1] 张良，张日龙．微信公众号传播力评价指标体系研究［J］．新媒体研究，2019（22）：1-7.
[2] 谢坤，陈申鹏．从“深圳天气”微博和微信维护谈新媒体的气象服务［J］．广东气象，2015，37（1）：59-61.
[3] 李晓娜，罗曼宁，陈玥熠．天气微信气象服务现状分析［J］．广东气象，2017，39（3）：53-56.
[4] 曹梅，陆文．“广东天气”微信推送内容运营分析［J］．广东气象，2017，39（1）：65-68.
[5] 腾讯大粤网．广东省政务微信 2015 年度报告［EB/OL］．（2015-11-26）［2020-12-25］．https：//gd. qq. com/a/20151126/033899_2. htm.
[6] 广东统计信息网．2018 年广东国民经济和社会发展统计公报［EB/OL］．（2019-03-04）［2020-12-25］．http：//stats. gd. gov. cn /tjgb /content /post_2207563. html.
[7] 李雪铭，晋培育．中国城市人居环境质量特征与时空差异分析［J］．地理科学，2012，32（5）：521-529.
[8] 李景刚，张效军，高艳梅，等．基于改进熵值模型的城市土地集约利用动态评价——以广州市为例［J］．地域研究与开发，2012，31（4）：118-123.

台风过程微博统一话题联动服务效果分析*

曹 梅[1] 范绍佳[2] 黄仪虹[3] 许艾米[1]

(1. 广东省气象公共服务中心，广州 510640；2. 中山大学大气科学学院，广州 510275；
3. 广东省气象局，广州 510080)

摘要：对台风“查帕卡”影响期间“粤天气”品牌下99个官方天气微博账号的发布量、阅读量、互动量等数据进行统计分析，提出服务建议：抓住受台风影响的早晚高峰、台风生成、台风登陆等能高效提升服务效果的重要时间节点，适当加密服务，扩大服务影响力；产品形式上建议以视频、图文类产品为主；防御提醒类内容在传播力和互动效果都具有一定优势。对“粤天气”品牌旗下官微开展统一话题联动效果进行分析表明省市县三级联动，微博矩阵参与统一话题能够提升话题热度。通过在话题命名中突出地名、强调影响，联动气象“圈外”官微和社会媒体等策略，可降低“粤天气”品牌统一话题的局限性，提高信息覆盖面，提升统一品牌影响力，最终提高气象服务有效性。

关键词：微博话题；气象服务；台风

引言

微博自2009年诞生以来，发展迅速，已经成为互联网用户重要的获取资讯和发表意见、参与社会生活的平台。微博平台具有信息发布快、互动交往性强、承载形式多样等特点，截至2019年12月26日，经过微博平台认证的政务机构官方微博138854个，微博逐步成为政务机构和网民互动沟通的有效平台，政务服务的主要阵地[1,2]。

为了提升用户的参与感，微博推出话题功能。话题指的是包括微博热点、个人兴趣、网友讨论等多种内容，经过话题主持人补充说明和设置，与某个话题词有关的专题聚合页面[3]，将同类型的内容与讨论集合起来。热门话题直观地反映了在特定时间段内众多微博用户关注的焦点，吸引用户围观事件发表看法，实现高效传播[4-6]。据统计，有64.6%的用户参与过热门话题的讨论[7]，因此对气象官方微博来说，在重大天气事件中，合理利用话题能够有效提升服务影响力与传播力。

目前新浪微博气象官微服务与话题分析主要以单一账号主体为研究对象，如张眉[8]对台风“利奇马”影响期间浙江天气官微的微博服务数据进行分析和总结。程鲒[9]分析总结了“@合肥气象”官方微博微话题应用的现状、特点和成效。广东气象部门以品牌背书理论为基础，运用统一品牌策略，建立品牌暗示、品牌联想极值，构建以母品牌与子品牌协同发展格局，打造广东气象服务品牌体系——“粤天气”，通过省市县三级气象官微相互协作，给公众以权威形象，凝聚影响力，提高关注度[10]。本文将对台风“查帕卡”影响期间，“粤天气”品牌旗下官方微博服务概况进行分析，并对围绕统一话题上下联动的服务效果开展讨论，提出服务建议。

* 资助项目：广东省气象公共服务中心科研项目“‘粤天气’品牌双微影响力评价体系的初步研究”（项目编号：2021M05）；本文已发表于《广东气象》2022年第6期。

1　数据

本文统计“粤天气”品牌旗下99个官方天气微博账号（1个省级、21个市级、77个县级）于7月19日08时至7月21日20时发布微博的内容、阅读量、发布量、评论数、转发数、点赞数、粉丝数等数据。以及微博平台台风“查帕卡”相关话题的逐日阅读量、主持人等数据。

台风“查帕卡”服务期间“粤天气”品牌旗下官方天气微博账号共发布微博3113条（其中省级微博126条，市级1135条，区县级1852条），平均发布量为1224条/天，累计阅读量8657万，评论23928次，转发17690次，点赞50978次。

2　台风过程服务

2.1　服务概况

2021年7月19日08时今年第7号台风“查帕卡”生成，17时加强为强热带风暴级，23时加强为台风级（风力12级），20日21时50分以台风级在阳江江城区沿海地区登陆，登陆时中心附近最大风力12级，具有“近海生成、靠岸加强、移速偏慢、中心风大”的特点，是广东历史上近岸加强最急的台风。

通过分析广东省各气象官微服务数据可以发现，发布量及阅读量较高的地区主要为珠三角，粤东和粤北由于受台风影响较小，因此公共关注度相对较少。共有13个官微累计阅读率（总阅读量/粉丝量）超过100%，其中中山天气阅读率位于第一，达1985.9%。

2.2　服务节奏

以小时为单位对19日08时至21日20时微博发布量、平均互动量、平均阅读量做统计分析（图1）可以发现，“粤天气”品牌微博服务发布量高峰时段为08时、11时、16—17时，及台风登陆前后。公众的互动量和阅读量在有降水的早高峰、中午、下班等出行时段会出现一定的峰值，即互动量、阅读量激增。在19日台风生成时段为过程服务阅读量的最大值，可见公众对台风生成关注度高。另外，在每日20—21时存在阅读量小高峰，而该时段的微博发布量并不高，因而在此时段可适当增加服务内容栏目（为体现常规趋势，统计剔除爆款微博数据）。

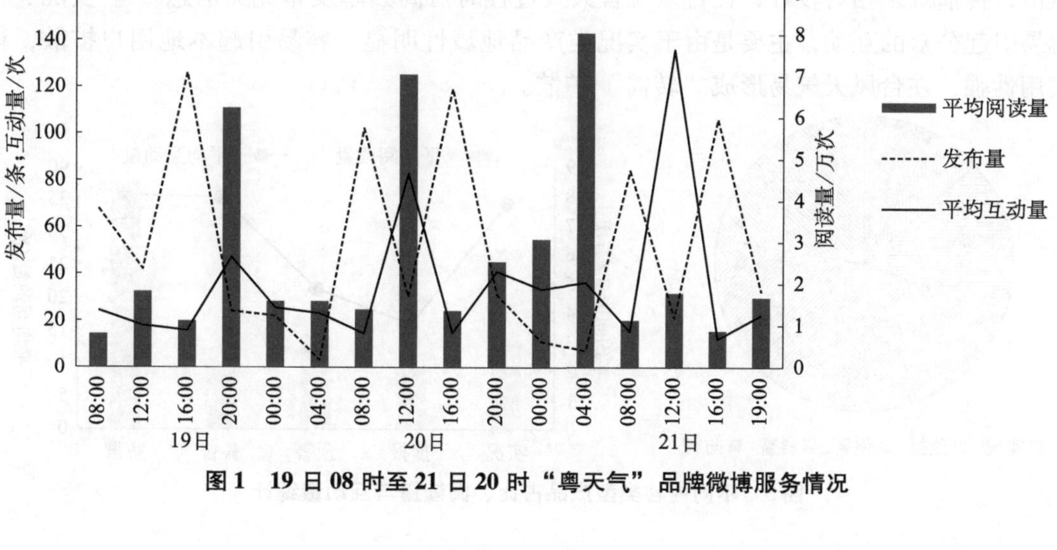

图1　19日08时至21日20时“粤天气”品牌微博服务情况

2.3 服务内容

2.3.1 展现形式

台风过程气象服务内容展现形式上主要为纯文字、图文、视频，其中纯文字占52%。通过以平均阅读量和平均互动量为指标对各类内容服务效果分析（图2），可以发现总体上视频 > 图文 > 纯文字，尤其视频类产品的平均阅读量远高于图文和纯文字。视频所承载的图像、声音能够以最直接的形象向观看者传达画面的内容信息，对于观看者而言更易产生一种身临其境的感觉，同时更易获得平台的推荐引起裂变，因此视频产品比图文、纯文字更加具备可传播性，服务效果更好[11-13]。而纯文字微博服务效果无论是阅读量、互动量还是传播量均稍显不足，因此在服务中建议尽量减少纯文字产品的发布。

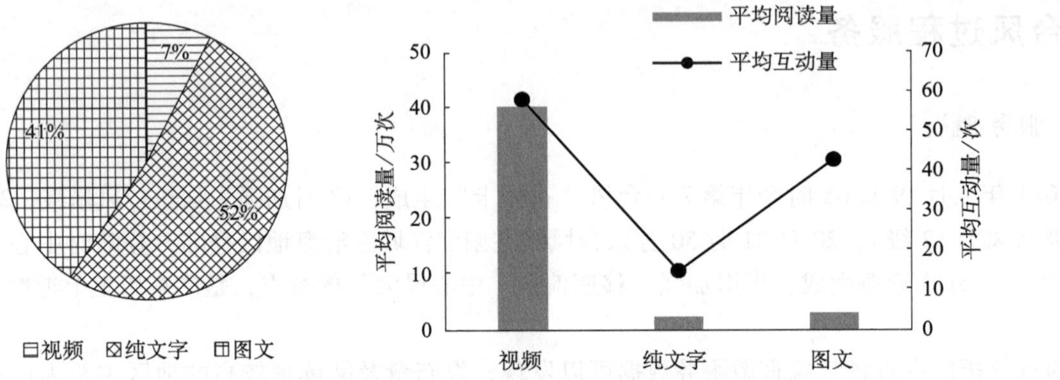

图2 视频、纯文字、图文产品占比、阅读量与互动量统计

2.3.2 内容特征

对各气象官微发布的博文按照服务重点可分为五类，基本涉及所有服务内容，分别为实况、预报、预警、科普、防御。实况类为台风的实时定位信息、台风已经造成的风雨影响情况以及表现的图片产品，如雷达图、云图、灾情。预报类主要为台风态势发展及可能带来的影响预报，如风雨预报、台风强度预报、路径预报、台风登陆点预报等。预警类为气象部分发布的气象灾害预警生效情况，及升降级信息，主要为台风预警和暴雨预警。科普类为用通俗易懂的方式对台风相关气象知识进行解读传播，如台风的分级、台风的命名规则等。防御类指围绕台风的可能带来的致灾影响针对公众进行的防御提醒。据统计，发布量上主要以预报产品为主（47%），其次为实况（22%）和预警信息（17%）。

对各类内容的服务效果进行统计分析（图3），防御类微博无论是阅读量还是互动量都优于其他内容类型微博，传播效果相对较好，在台风灾害天气过程时可高频率发布此类消息[14]。实况、科普、防御类微博易引起公众的互动，主要是由于实况类产品地域性明显，容易引起本地用户扩散，科普、防御内容实用性强，在台风天气易形成“转需”扩散。

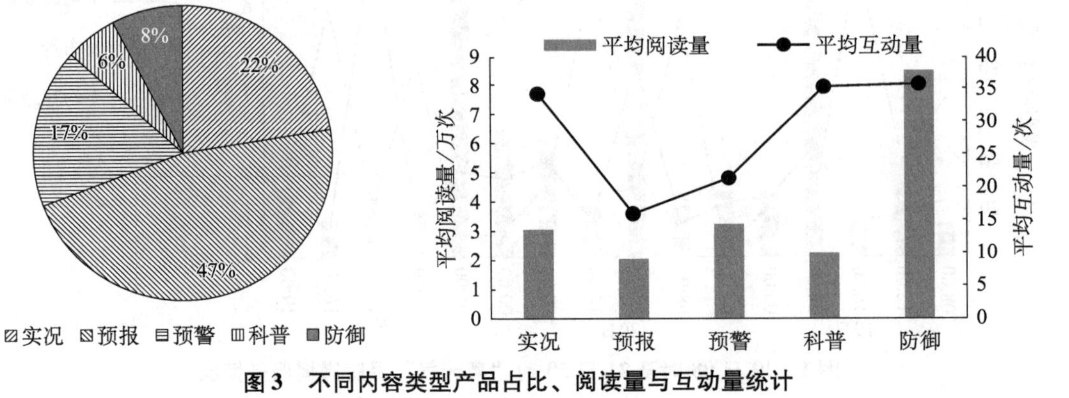

图3 不同内容类型产品占比、阅读量与互动量统计

3　统一话题

在台风过程服务期间“粤天气”品牌共启动10个统一话题开展省市县联动，分别为#广东台风消息#、#台风#、#2021台风查帕卡#、#广东初台#、#初台# #2021年初台#、#查帕卡正面袭击广东#、#台风查帕卡即将登陆广东#、#台风查帕卡登陆广东#、#台风登陆消息#。话题主持人是指某个话题页面具有相关管理权限的用户，能够为话题设置推荐用户等设置和重点突出，推进话题发展。@广东天气官方微博对于台风信息的快速发布、专业解读及话题方向引导具有一定优势，因此成功主持了其中5个话题。

3.1　统一话题设置

结合台风灾害的特点与公众关注热点，台风“查帕卡”服务过程中“粤天气”品牌统一话题的设置主要分为三种类型：一是通用型，即话题不带具体台风名称，其他台风过程可继续使用，从而形成流量的积累，如#台风登陆消息#；二是具名型，话题可贯穿整个台风“查帕卡”过程，各类“查帕卡”相关信息均可应用，如#2021台风查帕卡#；三是节点型，在台风查帕卡过程中根据生成、即将登陆、登陆影响的服务节奏进行话题设置，如#2021年初台#、#台风查帕卡即将登陆广东#、#台风查帕卡登陆广东#。根据台风发展、影响及气象服务节奏，从生成时的预热，到登陆影响期的服务，不同时段开启不同的话题，公众的关注度与统一话题的服务节奏大致一致（图4），从而加强了服务代入感，有效引导公众跟着服务节奏及时掌握台风发展及影响情况，增强了服务的条理性和完整性，提高服务效率。

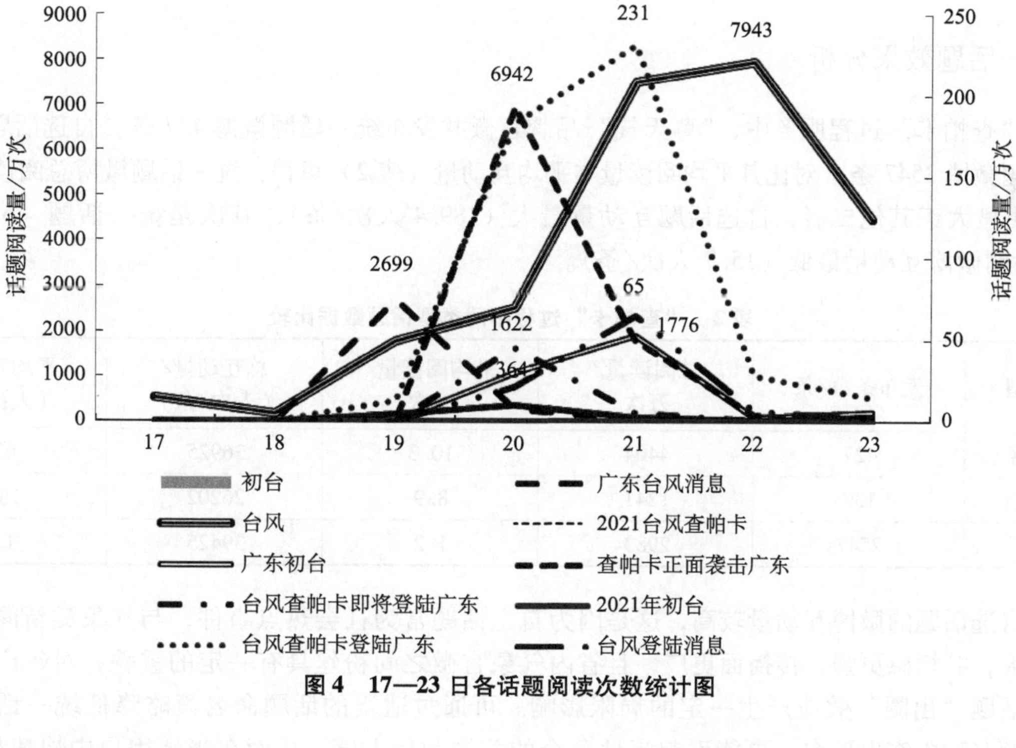

图4　17—23日各话题阅读次数统计图

3.2　统一话题阅读量分析

为了解粤天气统一品牌影响力，统计各媒体“查帕卡”过程启动的话题及阅读量进行分析（表1）。

据不完全统计，台风过程各媒体共启动53个“查帕卡”相关话题，总阅读量超57735万，其中@广东天气主持的5个话题总阅读量为18377.7万，平均阅读量超3675万/话题；其他48个话题阅读量为39357.3万，平均阅读量为819.94万/话题。@广东天气主持的话题平均阅读量远超其他媒体主持的话题平均阅读量。在53个话题中，话题#台风查帕卡来了#阅读量11000万（@中国天气主持），位于榜首，话题#查帕卡正面袭击广东#阅读量8989.3万，居话题阅读量第二名（@广东天气主持），远超阅读量第三。可见在影响广东的台风气象信息发布中，除了@中国天气这个全国性品牌外，@广东天气引领的“粤天气”品牌具有一定的社会影响力。

表1 “查帕卡”过程部分相关话题阅读量统计比较

话题名称	话题主持人账号	阅读量/万次
台风“查帕卡”来了	中国天气	11000.0
台风“查帕卡”正面袭击广东	广东天气	8989.3
台风“查帕卡”生成广东沿海风雨来袭	央视新闻	5032.5
广东台风消息	广东天气	3679.8
台风“查帕卡”登陆广东阳江市	央视新闻	3529.2
台风“查帕卡”或于明日登陆广东	央视新闻	3431.3
广东初台	广东天气	3143.5
台风“查帕卡”来袭广西	新浪广西	2751.0
直击台风“查帕卡”登陆	N视频	2480.6
台风“查帕卡”来袭广州南站部分高铁停运	新华社	2359.7

3.3 统一话题效果分析

台风“查帕卡”过程服务中，“粤天气”品牌官微共发布统一话题微博427条，自选话题微博139条，无话题微博2547条，对比其平均阅读量与平均互动量（表2）可得：统一话题微博总阅读量与平均阅读量均明显大于其他二者，自选话题互动量最大（189.4人次/条），其次是统一话题（63.3人次/条），无话题微博互动量最低（15.7人次/条）。

表2 “查帕卡”过程不同类型话题数据比较

话题类型	发布条数/条	总阅读量/万次	平均阅读量/万次	总互动量/（人次/条）	平均互动量/（人次/条）
统一话题	427	4404	10.3	26925	63.3
自选话题	139	1241	8.9	26202	189.4
无话题	2547	2983	1.2	39425	15.7

带有自选话题的微博互动量较高，这是因为自主话题常为社会热点事件，与气象类新闻话题相比讨论量更大，共情感更强，传播面更广，且省内气象官微之间粉丝具有一定的重叠，对@广东天气引领的统一话题“出圈”效应产生一定的局限影响。可通过适当的话题命名策略降低统一话题的局限性：在话题名称中突出地名，更能引起当地公众的关注和代入感，从而在当地用户中快速裂变扩散，如用#台风正面袭击广东#替代#台风来袭#；在话题中强调影响，如“停课”“停工”此类受众多关注度广的词语，让公众能够快速获取重点信息，如#台风来袭深圳明日停课#。以及与气象“圈外”官微进行联动，如广东发布、地铁、消防等，并让更多社会媒体加入统一话题，共同发声。

重大灾害性天气过程中，通过合理策略制定话题，形成热点传播，利用气象官博把最新实况及预报预警等消息扩散出去[15, 16]，依靠统一品牌下统一话题的共同运营、上下联动、内外联动，引导社会媒体积极响应，利用话题优势开展服务，提高服务信息扩散度，发挥气象防灾减灾第一声音、权威声音的发令枪、消息树作用，反过来再促进品牌影响力的进一步提升。

4 小结

台风服务过程中抓住高效提升服务效果的时机，如受台风影响的早晚高峰、台风生成、台风登陆等重要时间节点，适当加密服务，扩大服务影响力。

在台风服务中注重产品的质量，产品形式上，建议以视频、图文类产品为主，尤其是承载量更大的视频类产品，服务效果明显优于图片和文字产品，同时更易获得平台的推荐引起裂变，因此更加具备可传播性。内容上可多更新实况、科普、防御提醒等类型产品，尤其是防御类产品，在传播力和互动效果都具有一定优势。

台风“查帕卡”过程服务中，粤天气品牌@广东天气主持的话题平均阅读量远超其他媒体平均阅读量，统一话题是提升统一品牌影响力的有效途径，尤其在重大灾害性天气过程中，省市县三级联动，微博矩阵参与统一话题下的信息发布能推高话题热度。自选话题更具有社会性，相比之下@广东天气引领的统一话题受众群体较单一，具有一定的局限性，通过在话题命名中突出地名、强调影响，联动气象“圈外”官微和社会媒体等策略，降低“粤天气”品牌统一话题的局限性，强化信息扩散，从而提高信息覆盖面，最终提高气象服务有效性。

参考文献

[1] 人民日报．2019 年度人民日报政务指数微博影响力报告［EB/OL］．（2020-01-17）［2021-09-22］．http：//yuqing. people. com. cn/n1/2020/0117/c209043-31553643. html.
[2] 陈静，袁勤俭．国内外政务微博研究述评［J］．情报科学，2014，32（6）：156-161.
[3] 张萌．关于新浪微博热门话题的分析研究［D］．济南：山东大学，2015.
[4] 杨宁．传播学视域下微博热搜榜的问题研究［J］．新闻传播，2017（12）：121-122.
[5] 任盈盈．微博热搜对新闻生产的影响［J］．视听，2018（12）：180-181.
[6] 程辉．网络用户偏好分析及话题趋势预测方法研究［D］．北京：北京交通大学，2013.
[7] 艾瑞咨询．2014 年中国微博用户行为研究［EB/OL］．（2015-06-15）［2021-09-22］．http：//free. chinabaogao. com/it/201506/06152113 552015. html.
[8] 张眉，刘娟．台风“利奇马”影响期间气象微博服务分析［J］．浙江气象，2020（2）：23-26，45.
[9] 程鲒，冯妍．微话题在气象新媒体服务中的应用分析［J］．科技传播，2020（19）：156-158.
[10] 朱平，陈静，薛晓冰．广东省气象官方微博服务的实践与探索［J］．广东气象，2013，35（3）：64-67.
[11] 杨玺．短视频作为新闻传播新方式的发展前景探究［J］．新闻研究导刊，2021（15）：143-145.
[12] 高畅．短视频时代中新闻传播行业的发展方向［J］．办公自动化，2021（15）：28-29，53.
[13] 杨颖璨，许艾米，靳奎峰．“大数据”揭示气象政务微博号运营特征［J］．广东气象，2021，43（3）：41-43.
[14] 谢坤，陈申鹏．从“深圳天气”微博和微信维护谈新媒体的气象服务［J］．广东气象，2015，37（1）：59-61.
[15] 曹梅，李海龙，肖然．深圳市重大天气过程互联网数据变化与气象服务［J］．广东气象，2018，40（5）：51-53.
[16] 周佐欢，饶华炎，蔡然，等．暴雨期间“深圳天气”两微一端气象服务成效分析［J］．广东气象，2021，43（5）：54-56，61.

广东省气象预警服务效果评估模型研究

余小嘉　杨群娜　魏　炜　沈　平　杜家铭　李　琪

（广东省突发事件预警信息发布中心，广州 510641）

摘要：基于2021年预警信号发布、应急响应启动以及预警信息发布数据，采用层次分析法和加权综合评价法，从服务量和影响程度两个维度入手，构建了包含预警信号指数、应急响应指数、预警信息指数、综合评估指数4项指标的广东省气象预警服务综合评估模型。通过历史案例对比分析表明：利用模型得出的预警服务指数与区域预警服务能力、过程影响情况有较高的一致性。证明该方法能客观、量化评价广东的气象预警服务水平。

关键词：气象预警；服务质量；评估指标；评估模型；广东省

广东省地处低纬、濒临海洋，天气形势复杂多变，暴雨、台风等气象灾害频发。受全球气候变化等因素影响，极端天气事件突发性强、不确定性大的特征日益显现，给气象防灾减灾带来严峻挑战。为完善预警服务和应急响应机制，降低气象灾害风险，预警服务效益评估技术应运而生。早年对于预警服务质量的研究，多从定性分析出发，缺乏客观评价指标。制定科学的预警服务评价标准，是发展气象服务体系的切实需要。目前，已有专家学者投入到定量化评估预警服务的探索中[1-3]。吴楠等[4]以预警发布准确性、及时性和送达人次为标准，设计了江西的预警服务评估方法。殷美祥等[5]以信息发布能力、渠道引流水平为指标，构建了广东气象微信矩阵传播能力评价模型。杨颖璨等[6]采用网络爬虫等技术，定量分析了广东气象微博发布产品的公众影响力。梁家鸿等[7]通过计算预警信息发送效率，探讨了广东广州的靶向预警发布效果。目前广东尚未建立起综合性的预警服务质量评估模型。对服务体系的评估多局限于预警传播效果，未考虑综合气象服务程度，因此评价标准缺乏一定的系统性和全面性。本文将气象预警服务链中的预警信号发布、应急响应启动以及预警信息发布情况整合，从服务量和影响程度两个维度入手，构建气象预警服务综合评估模型。以期为客观判别重大天气过程期间的预警服务质量提供参考依据。

1　资料与方法

1.1　数据来源与处理

本研究所用的预警信号发布、应急响应启动以及预警信息发布数据，来源于广东省一体化数据访问平台、广东省突发事件预警信息发布管理系统和广东省突发事件预警信息发布中心。为了消除数据的量纲、数量级差异，确保服务指数在［0，100］区间内，需要进行数据规范化处理。$i=1,2,3$ 分别为预警信号、应急响应、预警信息三类预警服务指数对应的序号。由于存在预警信号级别、应急响应级别以及预警信息发布渠道优先级的差异，不同服务指数又包含影响程度各异的评价因子 j。对于预警信号和应急响应，设在第 q 个行政区域，评价因子 j 的发布量或启动量为 r_{qij}。r_{qij} 的数值通常与行政区域内的预警发布机构个数 n_q 满足正相关关系。利用阈值法计算预警信号发布量、应急响应启动量的

规范化值 $P_{qij}(i=1,2)$：

$$P_{qij}=\begin{cases}100\times\dfrac{r_{qij}}{C_i\,n_q} & r_{qij}<C_i\,n_q\\ 100 & r_{qij}\geqslant C_i\,n_q\end{cases}\tag{1}$$

式中，系数 C_i 可依据历史重大天气过程期间 r_{qij} 的最大值与机构数目 n_q 之比设定。就预警信息而言，其发布量主要取决于区域的预警发布能力与受众数，因此采用极差标准化法进行数据处理。以 $r_{\max qij}$、$r_{\min qij}$ 代表预警信息发布量的最大值与最小值，认为未发布预警信息的情况下 $r_{\min qij}$ 为 0。预警信息发布量规范化值 $P_{qij}(i=3)$ 为

$$P_{qij}=100\times\frac{r_{qij}-r_{\min qij}}{r_{\max qij}-r_{\min qij}}=100\times\frac{r_{qij}}{r_{\max qij}}\tag{2}$$

1.2　研究方法

鉴于预警信号发布、应急响应启动、预警信息发布流程串联起广东气象预警服务链，本文从预警信号、应急响应、预警信息的发布量和影响程度综合考虑，构建预警服务综合评价模型。首先采用层次分析法确立预警服务评估指标，并结合专家评分对指标重要性进行评估，构造判断矩阵，确定各要素的权重。然后利用加权综合评分法，将各量化指标加以集中，最终形成了包含预警信号指数、应急响应指数、预警信息发布指数，以及服务综合评估指数的预警服务综合评估模型。对于行政区域 q，预警服务指数 I_{qi} 以及综合评估指数 E_q 的计算公式为

$$I_{qi}=\sum_{j=1}^{m}\omega_{ij}\times P_{qij}\tag{3}$$

$$E_q=\sum_{i=1}^{3}W_i\times I_{qi}\tag{4}$$

式中：P_{qij} 为行政区域 q 服务指标 i 的第 j 级评价因子的规范化值；m 为服务指标 i 对应的评价因子数量；ω_{ij}、W_i 分别为评价因子权重系数、预警服务指数权重系数；ω_{ij} 代表评价因子 j 对于服务指标 i 影响程度的重要性，来源于专家对不同等级预警信号、不同级别应急响应、不同预警信息发布渠道影响程度的研判；W_i 代表服务指数 I_i 对预警综合服务评估指数 E 的重要性，依据专家对预警信息发布、应急响应启动、预警信息发布重要性的评分得出。

2　结果与分析

2.1　模型建立

广东省预警信号发布遵循属地管理原则，仅市县级气象部门发布预警信号。省级（$q=1$ 时）预警信号指数可依据市县预警信号总体发布情况来设计。根据历史过程服务案例，当预警信号发布次数 r_{q1j} 为辖区内预警发布机构数目 n_q 的 1.25 倍以上时，认为预警信号发布的服务响应度达到最高，即式（1）中 $C_1=1.25$。重大天气过程主要考虑暴雨、雷雨大风、台风三类气象灾害预警信号的发布情况。暴雨、雷雨大风预警信号按严重性和紧急程度由高到低分为红、橙、黄 3 个级别，式（3）中权重系数 ω_{1j} 为 0.4、0.35、0.25。台风预警信号分为红、橙、黄、蓝、白 5 个级别，权重系数 ω_{1j} 为 0.3、0.25、0.2、0.15、0.1。

广东省市县三级气象部门均会启动应急响应。市级应急响应指数依据市、县两级应急响应启动总量研判。结合历史案例，当 q 市的市县级 j 级应急响应启动次数为预警发布机构总数 n_q 的 1/4（$C_2=1/4$）以上时，即应急响应覆盖率达 1/4 时，市级应急响应启动量达到最大。对于省级应急响应指数，

仅考虑省级的应急响应启动情况。若省级启动 j 级应急响应，即认为对应级别的应急响应启动量的规范化数值为100，若不启动，则规范化值为0。应急响应分为Ⅰ级（特别重大）、Ⅱ级（重大）、Ⅲ级（较大）和Ⅳ级（一般）共4级，权重系数 ω_{2j} 为0.325、0.275、0.225、0.175。

广东省、市、县三级均有预警信息发布渠道。渠道发布分为全网短信发布渠道以及气象部门自有渠道两类，根据等权重技术方案，两类发布渠道的权重均占1/2。对于省级或者某市，若已发布全网短信或能接受全网短信，则对应全网短信发布量规范化值 P_{q31} 为100，否则 P_{q31} 为0。对于省级，目前可以获取全省服务短信、停课铃推送、大喇叭、电话和传真4类自有渠道的发布量，每种渠道的权重占省级自有渠道的1/3。对于市级，目前可以获取各市服务短信、停课铃推送、大喇叭3类渠道自有渠道的发布量，每种渠道的权重占市级自有渠道的1/3。根据公式（2），自有渠道的预警信息发布量规范化值，与此次过程的预警信息发布量与历史最大发布量之比正相关。

鉴于应急响应启动主要针对气象部门内部，预警信号、预警信息发布直接面向公众，传播性、影响面更广，因此确定权重系数 $W_i = 0.35, 0.3, 0.35$。最终利用加权综合评分法得到综合评估指数 E_q（表1）。

表1　广东省气象预警服务综合评估模型计算公式

	预警信号（$i=1$）	应急响应（$i=2$）	预警信息（$i=3$）
规范化值 $P_{qij}(i=1,2,3)$	对于全省或某市发布了预警信号：$P_{q1j} = \begin{cases} 80 \times \frac{r_{q1j}}{n_q} & r_{q1j} < 1.25 \times n_q \\ 100 & r_{q1j} \geq 1.25 \times n_q \end{cases}$	①对于省级应急响应（$q=1$）：$P_{q2j} = \begin{cases} 0 & r_{q2j} = 0 \\ 100 & r_{q2j} \geq 1 \end{cases}$ ②对于市级应急响应：$P_{q2j} = \begin{cases} 400 \times \frac{r_{q2j}}{n_q} & r_{q2j} < 0.25 \times n_q \\ 100 & r_{q2j} \geq 0.25 \times n_q \end{cases}$	①对于省级或市级全网短信发布渠道：$P_{q31} = \begin{cases} 0 & r_{q31} = 0 \\ 100 & r_{q31} \geq 1 \end{cases}$ ②对于省级或市级自有渠道：$P_{q3j} = 100 \times \frac{r_{q3j}}{r_{\max q3j}}$
预警服务指数 $I_{qi}(i=1,2,3)$	①若全省或某市仅发布了暴雨、雷雨大风预警信号：$I_{q1} = \sum_{j=1}^{3} \omega_{1j} \times P_{q1j}$（$\omega_{1j} = 0.4, 0.35, 0.25$）②若全省或某市还发布了台风预警信号：$I_{q1} = \sum_{j=1}^{5} \omega_{1j} \times P_{q1j}$（$\omega_{1j} = 0.3, 0.25, 0.2, 0.15, 0.1$）	对于省级或市级启动应急响应：$I_{q2} = \sum_{j=1}^{4} \omega_{2j} \times P_{q2j}$（$\omega_{2j} = 0.325, 0.275, 0.225, 0.175$）	①对于省级（$q=1$）发布预警信息：$I_{q3} = \frac{1}{2} \times [P_{q31} + \frac{1}{4} \times \sum_{j=2}^{5} P_{q3j}]$ ②对于市级发布预警信息：$I_{q3} = \frac{1}{2} \times [P_{q31} + \frac{1}{3} \times \sum_{j=2}^{4} \omega_{1j} \times P_{q3j}]$
综合评估指数 E_q	$E_q = \sum_{i=1}^{3} W_i \times I_{qi}(W_i = 0.35, 0.3, 0.35)$		

2.2　模型检验

选取2021年6次典型重大天气过程的预警服务情况，检验预警服务综合评估模型。历史案例分别为5月1—5日、5月30日—6月4日、6月21—24日的3次强降水过程，以及7月18—21日台风“查帕卡”过程、8月3—6日台风“卢碧”过程和10月8—14日台风“圆规”过程。由图1可见预警服务评估指数分值高低与过程影响程度有一定关联性，过程影响程度越大，预警综合服务响应度越

3 结果与分析

鉴于预警信号发布、应急响应启动、预警信息发布流程串联起广东气象预警服务链，本文采用层次分析法确立三项预警服务的影响程度为评估指标，结合专家评分对各要素赋予权重，并利用加权综合评分法，构建了包含预警信号指数、应急响应指数、预警信息发布指数、综合评估指数的预警服务综合评估模型。实证研究表明，预警服务评估模型既能合理评估重大天气过程中的预警服务支撑能力，又能间接展现灾害性天气过程的影响程度和影响范围。本文对气象预警服务的研究主要以服务响应度为切入点，后续将融合气象实况资料，跟踪评估公众反馈情况，进一步分析预警对灾害防御的服务效果。

参考文献

[1] 王昊宇．我国气象灾害预警信息时空特征分析［J］．安徽农学通报，2022，28（3）：154-157，168.

[2] 郑小华，娄盼星，马永永，等．2018 年陕西省暴雨灾害气象服务效益评估［J］．气象与环境科学，2022，45（1）：90-95.

[3] 孔扬，赵昶昱，王科，等．宁波舟山港气象灾害风险及服务效益评估［J］．热带气象学报，2021，37（1）：82-90.

[4] 吴楠，喻迎春，刘玲，等．江西强对流天气预警信息发布质量评估和分析［J］．科技传播，2021，13（19）：39-42.

[5] 殷美祥，张毅，朱平，等．广东气象微信矩阵传播能力评价模型［J］．广东气象，2021，43（4）：61-64.

[6] 杨颖璨，许艾米，靳奎峰．“大数据”揭示气象政务微博号运营特征［J］．广东气象，2021，43（3）：41-43.

[7] 梁家鸿，石伟伟，曾宇萌．靶向预警发布效果评估分析［J］．广东气象，2022，44（1）：62-65.

江苏省公路交通应急管理气象服务效益调查评估*

黄　亮[1,2]　杨茜茜[1,2]　蔡银寅[3]　张慧明[3]　张振东[1,2]　齐祥芹[3]

（1. 江苏省气象服务中心，南京 210048；2. 中国气象局交通气象重点开放实验室，南京 210048；3. 南京信息工程大学，南京 210044）

摘要：科学、准确的行业气象服务效益调查和评估对于引导政府和企业的正确决策、提高气象防灾减灾能力具有重要意义。本文评估了江苏省交通气象服务带来的面上效益，并以恶劣天气预警处置徐州试点为契机，分析了试点工作带来的社会和经济效益，主要得到以下结论：① 2013 年实施的基于道路气象监测网络的江苏高速交通气象基础服务全覆盖以来，在车流量明显增加的情况下，江苏全省高速事故数量减少趋势明显；②经济效益方面，江苏高速气象服务对高速交通营收的贡献呈现逐年扩大态势，2018 年以后，气象服务的贡献率超过了 100 亿元/a。③ 2020 年 12 月开始试点的徐州高速恶劣天气交通预警处置模式显著提升了徐州高速的交通管制次数，管制时长增加明显，次均管制时长略有增加，次均管制距离保持稳定，交通处置效率提升；雨雾分级识别技术与交通管制措施的融合效果明显，二级管制和特级管制识别度大幅度提升。④实际应用中，徐州样板可以有效帮助交管部门及时发现拥堵路段，据估算，徐州样板对徐州高速运行效益的贡献约增加了 15.6%。⑤徐州样板对徐州高速新增加的经济效益贡献约为 2.447 亿元/a，对徐州高速客运量的影响约为 20.088 万人/a，货运量的影响约为 88.213 万 t/a。本文研究结论将为省级恶劣天气高影响路段优化提升工作的开展提供参考。

关键词：公路交通；气象服务；效益评估；恶劣天气预警处理；优化提升

近年来，随着我国经济的快速发展，道路交通也迅猛发展，公路交通是覆盖范围最广、服务人口最多、使用最广泛的交通运输方式。然而，雾、雨、雪等恶劣天气对高速公路行车安全产生了严重影响，恶劣天气导致的道路能见度低、路面摩擦系数降低等给高速公路的管理者和使用者带来了诸多不便，研究表明，受到雾、雨、雪等天气的影响，与正常天气相比，车辆事故率高出 2 ~ 3 倍[1]，因此，精细的公路交通气象服务将有助于减少交通事故的发生率，保障人民生命财产安全。

为深入贯彻习近平总书记关于“生命至上、安全第一”的重要指示要求，维护高速公路交通安全，切实提高恶劣天气预警处置能力，2020 年 12 月，公安部与中国气象局联合开展高速公路恶劣天气预警处置试点工作，以点带面、示范引领，带动提升全国恶劣天气预警处置水平。江苏作为两个试点省份之一，在中国气象局的领导下，在中国气象局应急减灾与公共服务司和相关部门的大力支持下，积极主动开展试点工作，深化推动公安交管和气象两部门的上下联通与左右协同，努力高质量完成各项任务。针对浓雾、雨雪冰冻等恶劣天气高影响隐患路段，探索建立恶劣天气交通预警处置全业务流程，形成监测、预警、管控、发布、处置、反馈、评估等管理工作闭环，逐步实现恶劣天气交通预警处置的制度化、规范化、自动化和智能化，打造了可供全国学习借鉴的“江苏方案”和“徐州样板”。

* 资助项目：中国气象局创新发展专项（CXFZ2022J069）、江苏省气象局重点项目（KZ202105）、中国气象局交通气象重点开放实验室开放研究基金（BJG202206）。

科学、准确的行业气象服务效益调查和评估对于引导政府和企业的正确决策、提高气象防灾减灾能力具有重要意义。本文首先对江苏交通气象服务进行总结及面上效益评估，然后针对徐州试点工作对恶劣天气预警处置模式进行效益评估，兼顾点面，对交通气象服务带来的社会效益和经济效益进行了客观评估和分析，为各省开展交通气象服务工作提供参考。

1 江苏交通气象发展历程及面上效益

江苏高速交通气象服务起步较早。1998 年，江苏气象就在沪宁高速沿线布局了气象监测站，通过联网建成了国内较早的高速气象信息系统。此后，江苏省气象局与江苏交通控股有限公司建立了良好的合作机制，2013 年完成了江苏高速路网气象监测全覆盖，目前正常运行的高速交通气象站有 304 个，可观测 8 个道路气象要素，实现分钟级数据监测，路网平均间距达到 10 ~ 15 km，基本上能够满足对高速沿线气象基础信息的收集。

在过去 20 多年中，江苏省气象服务中心针对不同高影响天气（浓雾、强降水、大风、高温、低温、冰雪等恶劣天气）建立了规范的天气预警预报发布流程和业务服务流程，开展 7 × 24 h 全天候、跟踪式、精细化的交通气象预报预警服务。目前已研发交通气象服务产品 11 类，主要包括常规预报，临近预警预报，重要天气专报等。服务手段涵盖传真、微信、电话、平台、APP 等多种传输方式，为高速公路保驾护航[2,3]。

1.1 面上效益

我们首先通过江苏高速运行的基本信息，对江苏高速交通气象的面上效益做粗略的估算，如表 1 所示。其中，事故数量和直接财产损失数据来源于江苏省交管局；高速里程、机动车保有量数据来源于江苏省统计年鉴[4]；机动车保有量包含了摩托车、轻型货车等限制进入高速的机动车。

表 1　江苏高速交通安全整体状况

年份	事故数量/起	财产损失/元	高速里程/km	公里事故数/（起/km）	机动车保有量/万辆	万辆事故数/（起/万辆）
2006	794	32662513	3355	0. 236662	1023. 409	0. 775838
2007	551	21882307	3558	0. 154862	1221. 353	0. 451139
2008	475	18286176	3725	0. 127517	1349. 711	0. 351927
2009	407	20633793	3755	0. 108389	1501. 900	0. 270990
2010	415	13821565	4059	0. 102242	1381. 882	0. 300315
2011	357	13070821	4122	0. 086608	1459. 112	0. 244669
2012	313	12875373	4371	0. 071608	1528. 123	0. 204826
2013	301	13961934	4443	0. 067747	1649. 285	0. 182503
2014	284	13467726	4488	0. 063280	1678. 820	0. 169166
2015	308	15500703	4539	0. 067856	1699. 457	0. 181234
2016	296	11156563	4657	0. 063560	1733. 701	0. 170733
2017	292	12041017	4688	0. 062287	1884. 227	0. 154971
2018	301	21405760	4711	0. 063893	1987. 163	0. 151472
2019	310	88224200	4865	0. 063720	2111. 419	0. 146821
2020	265	20468100	4925	0. 053807	2230. 456	0. 118810
2021	276	34717700	5100	0. 054118	2365. 920	0. 116657

通过对表1数据的分析，针对江苏高速交通气象基础服务效率，大致可以得出这样几个结论。

（1）2013年实施的基于道路气象监测网络的江苏高速交通气象基础服务全覆盖以来，江苏全省高速事故数量减少趋势明显，2021年仅为2006年的34.76%，为2012年的88.18%，10年来下降了10%以上。同时，我们应该注意到，2013年起，江苏全省的机动车保有量已经超过1500万辆，而每万辆机动车的年事故数量已经下降到0.2以下，且此后不断下降，2020年后稳定在0.12以下，这与江苏高速交通气象服务应该存在正向关系。

（2）江苏高速从2006年的3355 km，增加到2020年的4925 km，15年增加了46.79%，每千米事故数量从2006年的0.237下降到2020年的0.054，2012—2020年，每千米事故数量从0.072下降到0.054，下降率为32.89%。值得注意的是，2013年以来，江苏全省的汽车保有量一直处于上升势头，2020年以后已经多达2300万辆。每千米的高速交通压力越来越大，同时事故数量越来越少，从侧面佐证了江苏高速运行效率的提升。

另外，我们收集了近20年来江苏高速的特重大交通事故数据。2006年至今，江苏省高速共发生特重大交通事故4起，其中2013年至今2起，均与恶劣天气无关，江苏高速全网基础气象服务基本上解除了恶劣天气因素致使特重大交通事故的风险。

为了进一步量化研究江苏高速交通的面上效益，我们做了相关性分析，结果如图1所示。其中，Year表示年份，ACC（Accident）表示江苏高速事故数量（单位：起/a），PD（Property damage）表示高速交通事故的直接经济损失（单位：元/a），TD（Total distance）表示江苏高速总里程数（单位：km），APM（Accidents per kilometer）表示每千米每年的事故数量（单位：起/(km·a)），TMV（Total motor vehicle）表示江苏全省当年的机动车总保有量（单位：万辆），APTT（Accidents per ten thousand）每万辆车每年的事故数量（单位：起/(万辆·a)）。

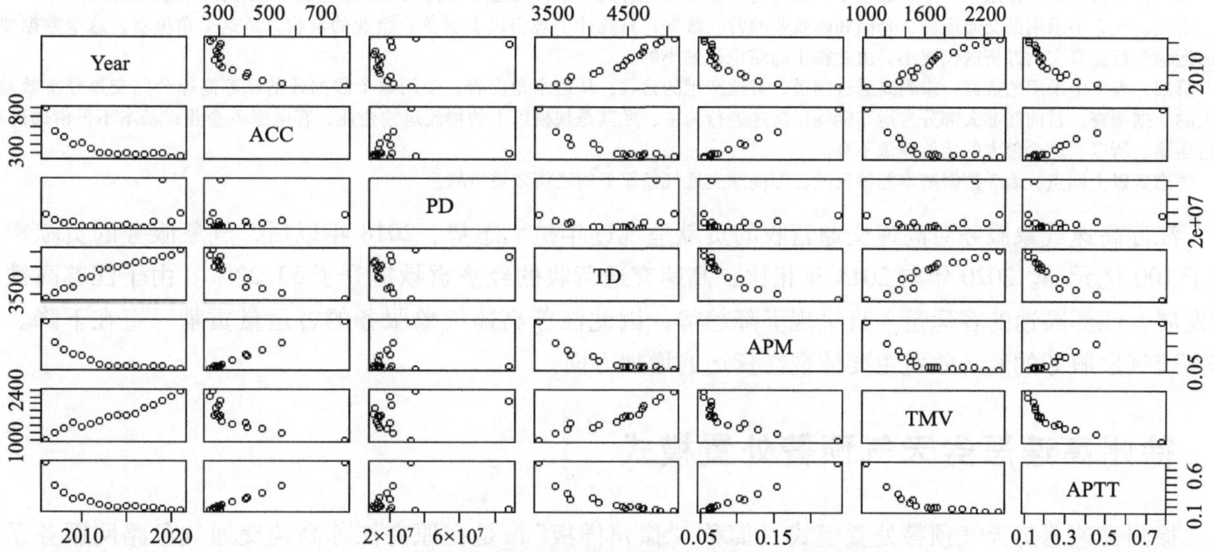

图1　江苏高速交通事故整体趋势（2006—2021年）

首先，从年变化来看，江苏高速事故数量逐年下降的趋势很明显（如图1第一列第二行所示），道路交通事故的直接经济损失在经过明显下降后有所回升（如图1第一列第三行所示），江苏高速总里程数量逐年增加（第一列第四行所示），每千米交通事故数量（第一列第五行所示）和每万辆车交通事故数量的下降趋势也十分明显（第一列第七行所示）。其次，每千米事故数量和江苏高速总里程之间的下降趋势十分明显（第四列第五行所示）。相较于每千米高速事故数量与高速总里程的关系，每万辆机动车事故数量的下降趋势与机动车保有量的关系，下降趋势更加明显（第六列第七行所示）。这些数据都佐证了江苏高速安全运行效率的提升。

1.2 经济效益

根据全国行业气象服务效益评估报告[5]提供的数据，全国公路交通行业气象服务贡献率为1.87%，江苏公路交通行业气象服务贡献率为2.06%，比全国平均水平高出0.19%。公路管理环节的贡献率为1.93%，公路设备维护的贡献率为1.64%。结合江苏省高速运行的营收情况，对江苏高速气象服务的经济效益进行估算，结果如表2所示。

表2 江苏高速气象服务的经济贡献估算（数据来源：江苏省统计局）

年份	高速交通营收贡献/亿元	客运量贡献/万人	货运量贡献/万 t
2014	67.84610	2649.311	2208.866
2015	71.61796	2596.873	2187.674
2016	77.58166	2190.415	2261.304
2017	83.57420	2018.124	2488.060
2018	92.56860	1872.583	2687.544
2019	102.50190	1823.368	3176.336
2020	103.98470	1305.915	3370.243

注：表2是根据江苏省统计局发布的规模以上服务业企业主要经济指标中，按照行业门类分类统计数据，交通运输、仓储和邮政业营收数据计算的。采用交通运输、仓储和邮政业营收数据估算江苏高速气象服务的经济贡献主要基于以下几点：

第一，交通气象服务效益，对交通运行的影响是全方位的，影响范围不仅包括高速公路的营业收入，如增加路桥费的收入，还包括交通运输的延伸效益，比如物流企业业务水平提升带来的营收、仓储效率提高带来的营收等。因此，交通气象服务的贡献对象应该是交通全行业的产出，而不是某个环节的经济影响。

第二，在我国统计体系中，一直保留了将邮政物流业单独统计的习惯，交通运输行业经济效益也应该将邮政业务包括其中。

第三，表2中采用的交通运输、仓储和邮政业的营收数据，只统计了规模以上服务业企业的营收，从这个角度看，这个数据要比交通运输全行业真实的经济规模要小，由此得出的结论是偏小的。

第四，表2中采用的数据，未剥离通过国道、省道产生的营收，从这个角度看，使用这个数据评估江苏高速公路交通经济效益是偏大的。据调查，目前江苏大部分营运车辆均以高速通行为主，尤其是规模以上的物流运输企业、客运服务企业，基本不再借助国道、省道运输。所以，这个偏大的比例应该不高。

考虑到以上四点，表2数据基本能够反映江苏高速交通气象服务的经济效益贡献。

江苏高速气象服务对高速交通营收的贡献呈现逐年扩大态势，2018年以后，气象服务的贡献率超过了100亿元/a。2020年与2014年相比，高速交通营收的经济贡献提升了53.27%。由于江苏高铁网的发展，江苏高速的客运量一直呈现下降趋势，因此江苏高速气象服务的客运量贡献一直在下降。江苏高速气象服务的经济效益主要体现在货运的增加方面。

2 徐州高速恶劣天气预警处置模式

徐州高速恶劣天气预警处置模式（简称“徐州样板”）是在原有江苏高速交通气象路网服务系统的基础上，融入新技术，实现交通气象技术与高速交通管理的融合[6-9]。

2.1 徐州样板运行逻辑

徐州样板的运行逻辑如图2所示，是一个多部门协调的技术和管理体系。首先，信息采集是跨部门的，气象部门负责气象预报数据和道路气象实时数据的采集，交通运输部门通过影像资料采集交通实况数据，二者进行初次汇总后，进行分析。

其次，徐州样板在高速交通指挥系统中，加入了智能硬件以配合后续的交通管理，包括测速测距设备、限速指示标识、导流信息、汇入警示等。

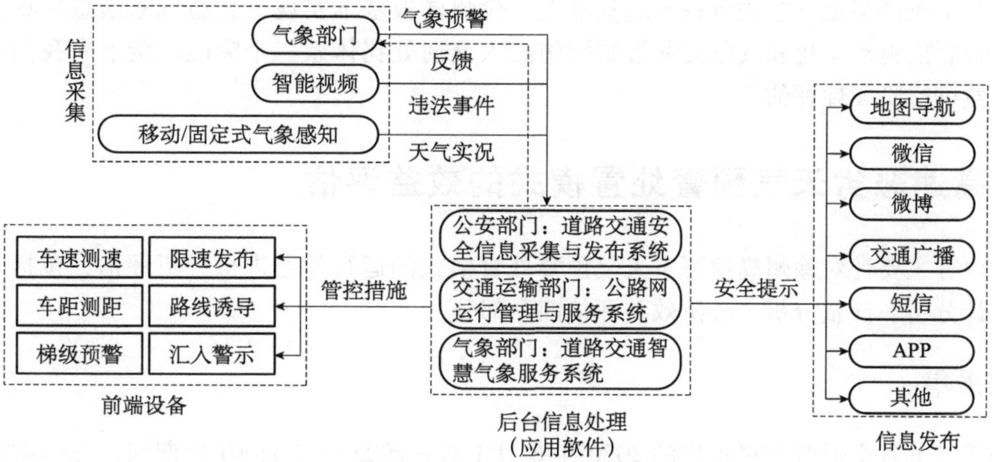

图 2　徐州高速恶劣天气预警管理模式运行逻辑

第三，基础信息在后台汇总，通过智能研判，生成三类指令下发：一是交通指挥指令，发反馈给硬件；二是综合信息产品，通过地图导航、微信小程序、微博客户端、短信、交通广播等进行高覆盖的信息发送；三是信息在各部门之间流转，进一步挖掘信息价值，进行融合管理。

2.2　徐州样板的运行条件

徐州样板的实施，解决了两个前提条件和三个关键技术。

两个前提条件分别为基础硬件和数据共享。

（1）基础硬件。根据徐州样板的运行逻辑，必须在高速公路沿线配置必要的基础硬件，同时需要配置一体化交通气象技术服务车，配合信息采集和管制信息发布。

（2）数据共享。多部门协同是徐州样板的核心，其前提条件是打破信息壁垒，实现一定程度上的数据共享。在徐州样板条件下，最少要实现交通车流数据、影像资料和交通管理设备车三种数据的共享和处理权限。

三个关键技术如下。

（1）基于多尺度融合网络的雾天图像识别技术。对雾的智能分级，是徐州样板解决的一个重要难题，也是高速交通气象服务从粗犷性管理到精细化管理的一个分水岭。传统对雾的识别主要依赖能见度仪，而能见度仪的优点是方便数据传输和整理，缺点是无法实时掌控真实的能见度。雾天图像识别分级技术，实际上是对所见即所得的一种技术实现，相当于用计算机程序代替了肉眼判断，可以大大提高对高速路况可视化的管理。相较于传统的雾天管控模式，既提高了肉眼判别的效率，又提高了能见度仪的识别精度，是一项技术性突破。也正是在这个技术突破下，徐州样板的运行逻辑才得以实现。

（2）精细化低温冰情监测预警技术。虽然徐州地区相对于北方来说低温冰情的出现次数不多，但危险系数比较高，是江苏高速中受低温冰情影响较大的城市。传统意义上，准确的低温冰情很难通过气象站来反馈。例如，当气温降低到 0 ℃以下时，路面不一定会出冰情，因为路面温度不一定降至 0 ℃ 以下，同时水汽条件也未必满足结冰条件。当遇到桥面时，往往会出现零度以上结冰的情况。这些都大大增加了路面低温冰情的判断难度。为此，徐州样板采用的移动设备车采样，复合反演模型的方法，有效地反映了高速路面低温冰情的实际信息。与笼统的低温预报预警相比，有效性会提高很多。

（3）基于深度学习的路面状况智能识别技术。在前两个技术突破的基础上，为了进一步提升精度和效率。徐州样板使用的深度学习技术，能够结合历史数据，不断优化算法。这是徐州样板可以不断进行完善的基础。

在满足两个条件突破三个关键技术的基础上，徐州样板基本实现了交通气象信息采集分析完全自动化、交通管制措施动态化和气象交通管制措施嵌入交通处罚体系三个突破。接下来我们将对徐州样板的运行效益进行阶段性评估。

3 徐州高速恶劣天气预警处置模式的效益评估

本部分内容主要针对徐州高速恶劣天气预警处置模式的运行效益进行分析评估，包括客观数据采集、描述统计分析、计量分析、经济效益评估四个部分。

3.1 数据采集

本文采用江苏省交通管理局提供的2020年6月1日—2022年3月10日期间，江苏省内所有高速的交通管制数据，以及徐州高速2017、2018、2019年三年完整的交通管制数据。交通管制数据结构示例如表3所示。

表3 徐州高速交通管制数据结构示例

高速公路	大队名称	管制等级	天气	开始时间	结束时间	桩号范围	管制时长/h	管制距离/km
G2513淮徐高速	徐州高速四大队	三级	雪	2021-12-24 16：21	2021-12-25 07：09	K120—K176	14.8	56
G30连霍高速	徐州高速二大队	三级	雪	2021-12-24 14：25	2021-12-25 06：59	K148—K213	16.6	65
S69济徐高速	徐州高速六大队	二级	冰冻	2021-12-24 12：24	2021-12-25 09：15	K0—K79	20.9	79

3.2 描述性统计

首先，我们对徐州高速2017、2018、2019和2021年四个完整年度的高速交通管制信息进行统计分析。由于徐州样板是2020年下半年开始组织试点，所以不再参考2020年的数据。

从表4可以看出，2017—2019年，徐州高速的交通管制次数维持在600次/a的水平，其中三级管制占比最高。2021年，徐州高速管制次数突破1000次，比2019年增加357次，增加了55.18%。其中二级管制增加了119次，增加了2倍多，特级管制增加了139次，同样增加了2倍多，而三级管制的增加数量有限，只增加了75次，增加率为14.2%。

表4 徐州高速近年来管制次数与管制级别 单位：次

年份	管制次数	一级管制	二级管制	三级管制	特级管制
2017	568	1	50	475	42
2018	610	0	46	473	91
2019	647	4	55	528	60
2021	1004	28	174	603	199

表5反映了2017—2019年和2021年徐州高速实施交通管制的天气原因。2017—2019年，雾和雨

是徐州高速交通管制的主要因素。整体而言，雾和雨相比，雾的次数略高于雨。

表5　徐州高速近年来由于各类天气原因实施的交通管制次数　　单位：次

年份	冰	大风	横风	结冰	湿滑	雾	小雪	小雨	雪	雨
2017	1	7	2	3	8	207	8	59	6	267
2018	0	3	0	4	0	337	0	0	10	256
2019	0	8	0	0	0	312	0	0	20	307
2021	1	11	0	0	0	441	0	0	12	539

2021 年与前三年相比，假定天气因素不存在突变情况，则徐州样板大幅度提升了雾和雨的识别能力。具体而言，2021 年与 2019 年相比，雾的识别数量提升了 41.35%，雨的识别数量提升了 75.57%。其他气象因素的识别度基本保持（这一点可能是徐州其他天气情况出现频次较低的缘故）。

可以看出，对雾和雨识别水平的提高，是增加管制次数的主要因素。而对雾和雨识别水平的提高，是大幅度增加二级管制和特级管制的主要原因。在实施徐州样板之前，雨雾作为恶劣天气因素的区分度不高，发现程度较低，发现次数较少，处置能力有限，导致三级管制次数较多。徐州样板之后（参见雨雾识别技术方案），对雾和雨实现了智能分级，从而实现了二级、三级和特级管制的分离，在数据上表现为二级管制次数和特级管制次数显著增加。

由此可见，徐州样板实现的三个技术突破，在徐州高速交通管制方面得到了较好的体现。

管制次数的增加，相应增加了管制总距离和管制时长。如表 6 所示，2021 年与 2019 年相比，徐州高速管制总距离增加了 17819 km，增加率为 57.29%，管制总时长增加了 6206.3 h，增加率为 95.05%。然而，次均管制时长只是略有增加，次均管制距离保持不变。说明徐州样板的智能化水平提升后，其单次管理效果仍然维持原有水平，智能技术未带来负面影响。

表6　徐州高速年均管制距离和时长

年份	管制总距离/km	管制总时长/h	次均时长/h	次均距离/km
2017	29401.20	6618.60	11.652	51.763
2018	29869.83	6735.02	11.041	48.967
2019	31104.99	6529.40	10.092	48.076
2021	48924.00	12735.70	12.685	48.729

3.3　评估方程

本文使用 DID 模型对 2020 年 12 月以后徐州高速恶劣天气预警处置模式进行效率评估，评估公式如下：

$$y_{i,t} = \alpha + u_i + \lambda_t + \theta \text{treat}_i \times \text{post}_t + \beta X_{i,t} + \varepsilon_{i,t} \tag{1}$$

式中：$y_{i,t}$ 表示待评估对象，本报告中主要为管制次数、管制距离和管制时长三个变量；u_i 表示不同的评估对象的差异，本报告中以高速交警大队为单位；λ_t 表示时间因素，本报告中以月份为单位；treat 为是否采用徐州样板的虚拟变量，采用时为 1，其余为 0；post 为采用徐州样板的时间虚拟变量，采用前为 0，采用后为 1；$X_{i,t}$ 为控制变量，本报告中未使用控制变量。

本次评估以徐州高速为实验组，剩余 12 市为对照组，实验开始时间确定为 2020 年 12 月。研究时段以月为单位，交通管制以大队为单位。通过对比徐州与不同城市之间的差别，判断徐州样板是否有效率，数学上反映为 θ 是否显著不为零，具有统计学意义。

3.4 评估结果

表 7 ~ 表 9 列出了基于 DID 回归模型的结果，大致可以得出如下结论。

徐州样板与江苏 12 市相比，并未显著影响管制次数。虽然在 2017—2019 年和 2021 年针对徐州高速的同比数据对比中，2021 年徐州高速的管制次数显著增加，但这一结论在与其余城市的对比中，并不具有统计学意义。

表 7　管制次数的模型检验

对比城市	θ 值	p 值	R^2	样本量	F 统计量	月管制次数均值
宿迁、淮安、连云港	3.0595	0.115	0.0120	462	2.72	11.318
南京、淮安	3.0595	0.114	0.0140	484	2.73	7.558
苏州、无锡、常州	3.0595	0.109	0.0140	594	2.75	3.877
淮安、盐城、连云港	3.0595	0.113	0.0097	506	2.73	12.287
南京、扬州、镇江	3.0595	0.112	0.0231	528	2.74	3.925
镇江、扬州、泰州、南通	3.0595	0.107	0.0186	660	2.76	6.012
南京	3.0595	0.121	0.0121	374	2.69	3.773
无锡	3.0595	0.134	0.0360	264	2.61	0.912
常州	3.0595	0.131	0.0310	286	2.63	6.106
苏州	3.0595	0.123	0.0156	352	2.67	4.000
南通	3.0595	0.123	0.0292	352	2.67	4.217
连云港	3.0595	0.134	0.0274	264	2.61	8.15
淮安	3.0595	0.134	0.0164	264	2.61	15.127
盐城	3.0595	0.131	0.0168	286	2.63	13.371
扬州	3.0595	0.139	0.0318	242	2.59	3.943
镇江	3.0595	0.144	0.0333	220	2.56	4.409
泰州	3.0595	0.128	0.0257	308	2.65	10.188
宿迁	3.0595	0.139	0.0249	242	2.59	10.523

无论是与逐个城市的对比，还是与邻近城市的对比，以及与苏南城市群的对比，徐州样板管制次数的增加，并不具有显著意义。由此可以基本判断，2021 年徐州样板管制次数的增加，可能与江苏高速整体状况的变化有关，徐州样板不太可能因为影响管制次数而降低高速运行的效率。

但是，徐州样板对管制距离的影响则具有统计显著性意义，如表 8 所示。对比发现，徐州样板每月的管制距离约增加了 278 km，这一特征与其他各市相比都显著。

表 8　管制距离的模型检验

对比城市	θ 值	p	R^2	样本量	F 统计量	月管制总距离均值/km
宿迁、淮安、连云港	278.4821	0.000	0.0457	462	22.32	575.438
南京、淮安	278.4821	0.000	0.0642	484	22.37	341.430
苏州、无锡、常州	278.4821	0.000	0.1091	594	22.58	143.675

续表

对比城市	θ值	p	R^2	样本量	F统计量	月管制总距离均值/km
淮安、盐城、连云港	278.4821	0.000	0.0324	506	22.42	680.486
南京、扬州、镇江	278.4821	0.000	0.1216	528	22.47	153.070
镇江、扬州、泰州、南通	278.4821	0.000	0.0841	660	22.67	259.472
南京	278.4821	0.000	0.1616	374	22.05	120.145
无锡	278.4821	0.001	0.1935	264	21.45	37.418
常州	278.4821	0.001	0.1444	286	21.60	294.811
苏州	278.4821	0.000	0.1395	352	21.96	101.949
南通	278.4821	0.000	0.1334	352	21.96	193.778
连云港	278.4821	0.001	0.0986	264	21.45	509.064
淮安	278.4821	0.001	0.0692	264	21.45	784.000
盐城	278.4821	0.001	0.0610	286	21.60	737.076
扬州	278.4821	0.001	0.1592	242	21.26	200.932
镇江	278.4821	0.001	0.1710	220	21.04	199.000
泰州	278.4821	0.000	0.1351	308	21.74	403.305
宿迁	278.4821	0.001	0.1353	242	21.26	397.705

类似地，管制时长的模型检验也具有统计显著性意义，结果如表9所示。徐州样板每月大概能够增加36 h的管制时间。

表9　管制时长的模型检验

对比城市	θ值	p	R^2	样本量	F统计量	月管制总时长均值/h
宿迁、淮安、连云港	35.976	0.051	0.0057	462	4.31	168.806
南京、淮安	35.976	0.050	0.0046	484	4.32	151.054
苏州、无锡、常州	35.976	0.047	0.0108	594	4.36	72.383
淮安、盐城、连云港	35.976	0.049	0.0053	506	4.33	174.822
南京、扬州、镇江	35.976	0.049	0.0075	528	4.33	87.075
镇江、扬州、泰州、南通	35.976	0.045	0.0114	660	4.37	80.036
南京	35.976	0.056	0.0092	374	4.25	98.616
无锡	35.976	0.067	0.0310	264	4.14	11.435
常州	35.976	0.064	0.0177	286	4.17	142.567
苏州	35.976	0.057	0.0154	352	4.24	59.454
南通	35.976	0.057	0.0240	352	4.24	53.104
连云港	35.976	0.067	0.0258	264	4.14	87.120
淮安	35.976	0.067	0.0072	264	4.14	255.929
盐城	35.976	0.064	0.0141	286	4.17	180.318
扬州	35.976	0.070	0.0223	242	4.10	54.785

续表

对比城市	θ值	p	R^2	样本量	F 统计量	月管制总时长均值/h
镇江	35.976	0.075	0.0248	220	4.06	91.661
泰州	35.976	0.061	0.0191	308	4.19	137.254
宿迁	35.976	0.070	0.0173	242	4.10	162.008

3.5 经济效益评估

此外，为了进一步考察徐州样板的运行效益，本文根据江苏省统计局数据和全国行业气象服务效益评估报告提供的数据计算，对徐州高速气象服务的经济效益做简要评估。徐州高速气象服务的经济效益如表 10 所示。参见本文表 2 注释。

表 10 徐州高速气象服务经济效益评估

年份	气象服务贡献/亿元	客运量贡献/万人	货运量贡献/万 t
2013	10.39270	285.9102	298.2815
2014	11.47008	290.7159	327.4631
2015	10.89328	257.5971	326.3437
2016	13.07688	255.0881	339.4098
2017	12.52686	212.5509	376.0605
2018	14.04380	192.2280	408.4652
2019	15.28438	182.0762	532.2168
2020	15.68690	128.7696	565.4707

为了进一步估算徐州样板的经济效益，按照徐州高速交通的运行效率提升 15.6%（根据徐州高速排障率和专家咨询综合考虑估算的系数）计算，徐州样板对徐州高速的经济效益贡献约为 2.447 亿元/a，对徐州高速客运量的影响约为 20.088 万人，货运量的影响约为 88.213 万 t。

4 结论

江苏省气象局开展高速交通气象服务以来，尤其 2013 年完成全省高速气象基础监测网络全覆盖后，取得了相对明显的成效。除了江苏气象自主进行的效益评估结果外，本文使用客观数据的概括性分析也得出相对一致的结论，具体如下。

（1）在车流量明显增加的情况下，江苏全省高速事故数量减少趋势明显。2020 年江苏高速机动车保有量为 0.46 万辆/km，比 2013 年增加了 24.97%。江苏高速的事故数量，2021 年仅为 2006 年的 34.76%，为 2012 年的 88.18%，10 年来下降了 10% 以上。

（2）江苏高速总里程从 2006 年的 3355 km，增加到 2020 年的 4925 km，15 年增加了 46.79%，而每百千米事故数量从 2006 年的 23.67 起下降到 2020 年的 5.412 起。2012—2020 年期间，每百千米事故数量从 7.161 起下降到 5.412 起，下降率为 32.89%。

（3）2006 年至今，江苏省高速共发生特重大交通事故 4 起，其中 2013 年至今 2 起，均与恶劣天气无关，江苏高速全网基础气象服务基本上解除了恶劣天气因素致使特重大交通事故的风险。

（4）经济效益方面，江苏高速气象服务对高速交通营收的贡献呈现逐年扩大态势，2018 年以后，气象服务的贡献率超过了 100 亿元/a。2020 年与 2014 年相比，高速交通营收的经济贡献提升了 53.27%。由于江苏高铁网的发展，江苏高速的客运量一直呈现下降趋势，导致江苏高速气象服务的客运量贡献一直在下降。江苏高速气象服务的经济效益主要体现在货运的增加方面。

在江苏高速交通气象服务的基础上，在徐州高速实施了更加精细和智能的恶劣天气交通预警处置模式。徐州样板始于 2020 年 12 月，根据实施前后的客观数据对比，其效益评估结论如下。

（1）显著提升了徐州高速的交通管制次数，2021 年全年交通管制次数为 1004，与 2019 年相比提高了 55.18%，与 2018 年相比提升了 64.59%。

（2）管制时长增加明显，2021 年与 2019 年相比增加了 95.05%，与 2018 年相比增加了 89.10%。

（3）次均管制时长略有增加，次均管制距离保持稳定，交通处置效率提升。

（4）对雾和雨两项恶劣天气的识别数量大幅度提升，2021 年与 2019 年相比，雾的识别效率提升了 41.35%，雨的识别效率提升了 75.57%。

（5）雨雾分级识别技术与交通管制措施的融合效果明显，二级管制和特级管制识别度大幅度提升。

（6）以高速大队和月度管制数量为基础的对比分析显示，2020 年 12 月前后，徐州高速大队交通管制水平与其余 12 市相比，月均管制总时长和月均管制总距离两项具有显著差别，徐州高速恶劣天气交通预警处置模式，每月增加管制时长约为 35.98 h，每月增加管制距离约为 278.48 km，管制次数方面，徐州样板并未产生显著影响，一定程度上说明，徐州样板在恶劣天气的识别方面，并未因精度提高而出现显著的误判。

（7）实际应用中，徐州样板可以有效帮助交管部门及时发现拥堵路段，提高高速公路运行效率，根据徐州高速道路排障记录和相关工作人员的访谈信息估算，徐州样板对徐州高速运行效益的贡献约增加了 15.6%。

（8）参考行业气象服务经济效益评估结论，结合徐州样板的实际数据估算，徐州样板对徐州高速新增加的经济效益贡献约为 2.447 亿元/a，对徐州高速客运量的影响约为 20.088 万人/a，货运量的影响约为 88.213 万 t/a（以 2020 年数据为基准估算）。

由于徐州样板的实施时间还比较短，缺少更长和更大范围的数据，本文只能得出相对笼统的结论，仅供参考。徐州高速恶劣天气交通预警处置模式，在气象高影响路段实施，效率更加显著。恶劣天气交通预警处置模式，应遵循管理优先、技术辅助的原则，尽量降低技术误判带来的效率损失（管理成本提高或连带经济影响）。徐州高速恶劣天气交通预警处置模式有效提升了高速公路运行效率，但持续性如何，仍需要进一步的观察和研究。

参考文献

[1] 张金满，谭桂容，武辉芹，等. 灾害性天气交通事故特征及雾天公路通行预警指标体系［J］. 干旱气象，2016，34（2）：370-375.

[2] 严明良，钱玮，袁成松，等. 公路交通气象精细化预报预警方法的集成应用［Z］. 江苏省气象科学研究所（科技成果），2015.

[3] 吴昊，田华，王志，等. 全国公路交通气象基本监测服务产品［Z］. 中国气象局公共气象服务中心（科技成果），2013.

[4] 江苏省人民政府. 江苏省统计年鉴［EB/OL］.（2020-01-10）［2021-02-15］. http：//www.jiangsu.gov.cn/col/col76741/index.html.

[5] 中国气象局公共气象服务中心. 全国行业气象服务效益评估年度报告 2020［R］. 2021.

[6] 中国气象局办公室，公安部办公厅，交通运输部办公厅. 恶劣天气高影响路段优化提升方案（气办发〔2021〕42

号附件 1）［Z］. 2021.

［7］中国气象局办公室，公安部办公厅. 省级恶劣天气高影响路段优化提升气象保障工作方案（气办发〔2022〕20 号）［Z］. 2022.

［8］中国气象局应急减灾与公共服务司，江苏省气象局. 浓雾交通气象监测预报预警服务技术方案（气办发〔2022〕20 号附件 4）［Z］. 2022.

［9］中国气象局应急减灾与公共服务司，江苏省气象局. 道路结冰交通气象监测预报预警服务技术方案（气办发〔2022〕20 号附件 5）［Z］. 2022.

“泉州气象”微信小程序的设计与实现

朱　艺　张　玲　邱骄胤

（福建省泉州市气象局，泉州 362000）

摘要：“泉州气象”微信小程序以快速获取气象有效信息为前提，以实现高效提供防灾减灾气象服务为宗旨。与应用市场现有气象APP相比，该程序特色更鲜明，一是推广更便捷，小程序无须安装，占用内存空间忽略不计，通过微信扫描二维码、搜索、分享即可获得；二是气象信息高度集成，如雨情通报不只停留在文字描述，更有预警信号发布显示、雨量分布乡镇填图/色斑图、雨情统计量级数量条形图、全市雨量排名和降水预报图等补充呈现，还贴心提供自动生成长图功能，便于信息分享传递及二次应用；三是丰富特色气象服务功能，包含农业、海洋、旅游服务及乡村振兴等相关内容；四是可服务数字泉州建设，气候品质认证及特色景点模块助力打造线上经济发展高地。

关键词：小程序；设计；实现

1　引言

泉州市每年因台风、暴雨、冰雹、雷电等灾害性天气造成的经济损失巨大，特别是在全球变暖的背景下，暴雨、台风等极端天气事件不断增加。在全面建设小康社会、实现社会主义现代化的宏伟目标下，推进更高水平气象现代化建设过程中，实现更加精细与高效的气象服务，是新时期气象防灾减灾工作的必然需求。

微信小程序是一种不需要下载安装即可使用的应用，它的诞生弥补了订阅号和服务号的不足，连接了人和应用，能够为用户提供更复杂、更个性化的服务体验[1]。从产品角度来看，微信小程序具备以下几个特点：无须安装和卸载，内存小、运行快，操作便利快捷，容易部署，具有丰富的延展性。另据统计，微信小程序日活用户数已突破5亿大关，基于此，设计与实现具有本地特色的“泉州气象”微信小程序，对提升福建省泉州市气象局防灾减灾气象服务能力和扩大气象信息传播覆盖面有着积极意义。

2　“泉州气象”微信小程序的功能设计与实现效果

2.1　一页天气

在首页可快速浏览泉州各地天气实况、预警信号和预报分析，当强天气来袭，可直接点击查看短时强天气报告和动态雷达图。继续下滑，还有一周天气预报、指数预报和更多权威气象信息，实现只需一页泉州天气全掌握的效果，随时可长图保存与分享，操作便捷（图1）。

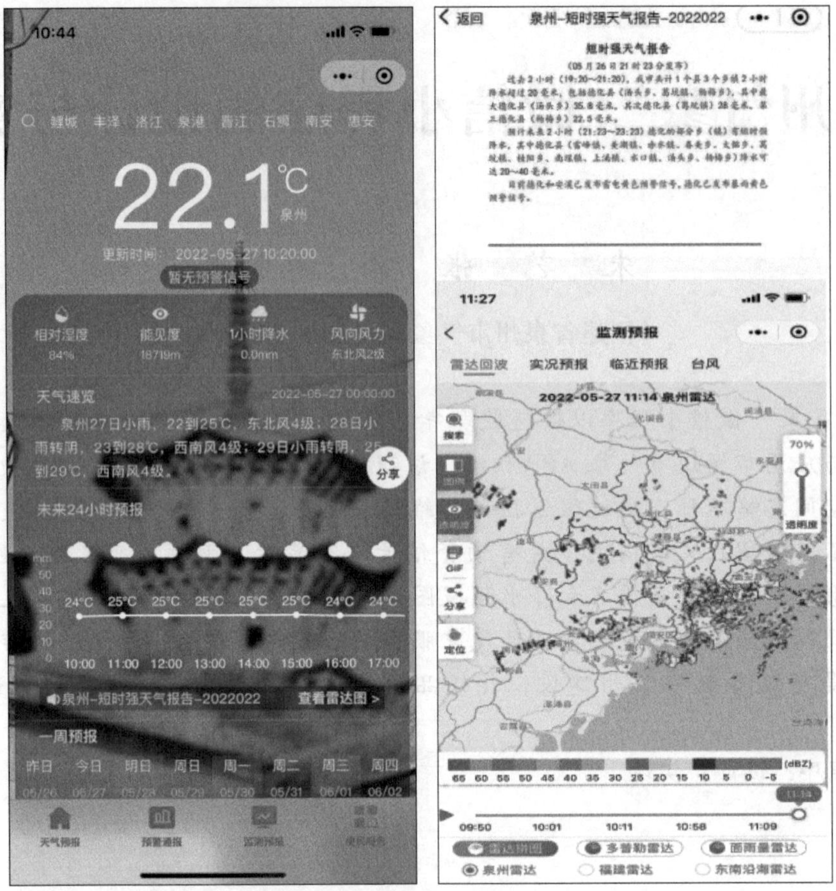

图1　一页天气界面

2.2　重要天气

当发生台风、暴雨、雷电、大风等重要天气时，一眼洞悉全市气象灾害预警信号状态，实时查看最新发布的重要气象信息专报、重要天气预警报告、短时强对流天气报告、专题服务报告、风雨情通报、台风通报等天气资讯。针对雨情、风情、台风、高温、低温、能见度，集成实况分布、预警信号、排名统计、预报趋势可快速生成一页通报，以高效辅助政府部门决策指挥（图2）。

2.3　监测预报

支持查看各类雷达回波动画产品，可实现快速生成 GIF 动图并一键分享，直览气象实况、预报分布图，分地区分等级乡镇统计，分地区站点实况排名，还有贴心的临近预报服务，可以展示未来 2 h 雨量、冰雹等演变趋势。实时追踪东南沿海及西太平洋热带气旋活动，及时掌握台风路径预报、台风快讯、雷达云图及风场等信息。实现了实况监测与预报分析的同步展示，逻辑性更强，服务力更佳(图3)。

2.4　特色服务

点击“农业气象”，速览农田小气候站实况监测，涵盖有芦柑、荔枝采摘等特色农业服务专题，还可跳转购买当地特色气候品质认证农产品链接，助力了乡村振兴和当地经济发展。“海洋气象”提供了海洋监测和鲍鱼、牡蛎、紫菜养殖等特色海洋服务专题。“旅游气象”展示了气候福地以及人文、

图 2　重要天气界面

观云、赏花、园林、看海等特色景点分布，方便用户随时查看景点图文详情和天气信息。通过接入天气网眼的监控画面实现九仙山云海、雨凇雾凇、日出日落等气象景观实时看。泉州气候概况及气象灾害科普知识版块的设置也能更加有效筑牢民众的防灾减灾意识（图 4）。

3　“泉州气象”微信小程序的应用与效益

“泉州气象”微信小程序于 2022 年 6 月 1 日正式上线，恰逢泉州市遭遇持续性强降雨侵袭，且正值高考前后，该小程序在市防汛办、市招生考试委员会得到广泛应用，其以气象数据、智能网格预报和预警信息为依托，实现监测、预报、预警、便民服务信息的一站式获取，得到了用户一致好评，也为泉州的智慧气象服务再添新翼。

进入秋冬季，小程序里的气象景观模块成为媒体记者、气象爱好者密切关注的对象。气象景观模块将泉州市气象局推出的特色气象景观预报产品进行集中展示，是构建“气象 + 旅游”为文旅经济赋能添彩的又一有力举措，增强了人民群众的幸福感和获得感。雨凇、雾凇、云海等奇妙的天气景观，让人们争相追捧，旅游“打卡”，小程序所展示的精细旅游气象服务产品，也使得气象趋利优势不断显现，仅首期高山雨凇、雾凇景观预报就为泉州九仙山景区新增游客 8000 人左右，直接经济效益较往年增加约 120 万元。目前，小程序里的气象景观模块已为全省旅游景观服务打下了坚实的技术基础，可复制、推广性强，对后续发挥福建省多山优势，构建“气象景观旅游大省”新品牌、新形象具有创新性意义。

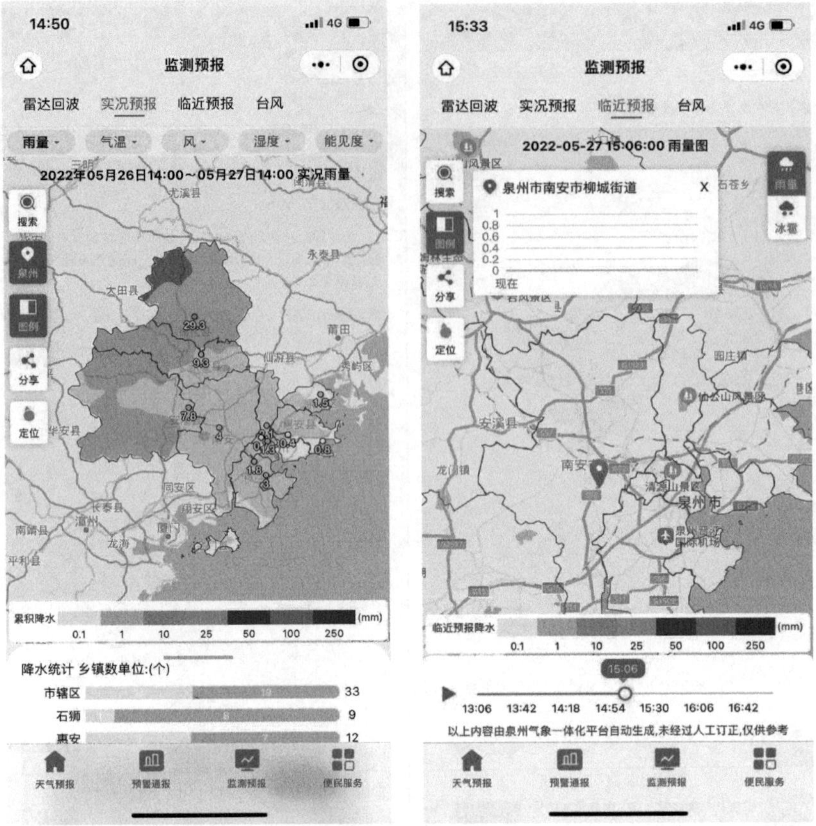

图 3　监测预报界面

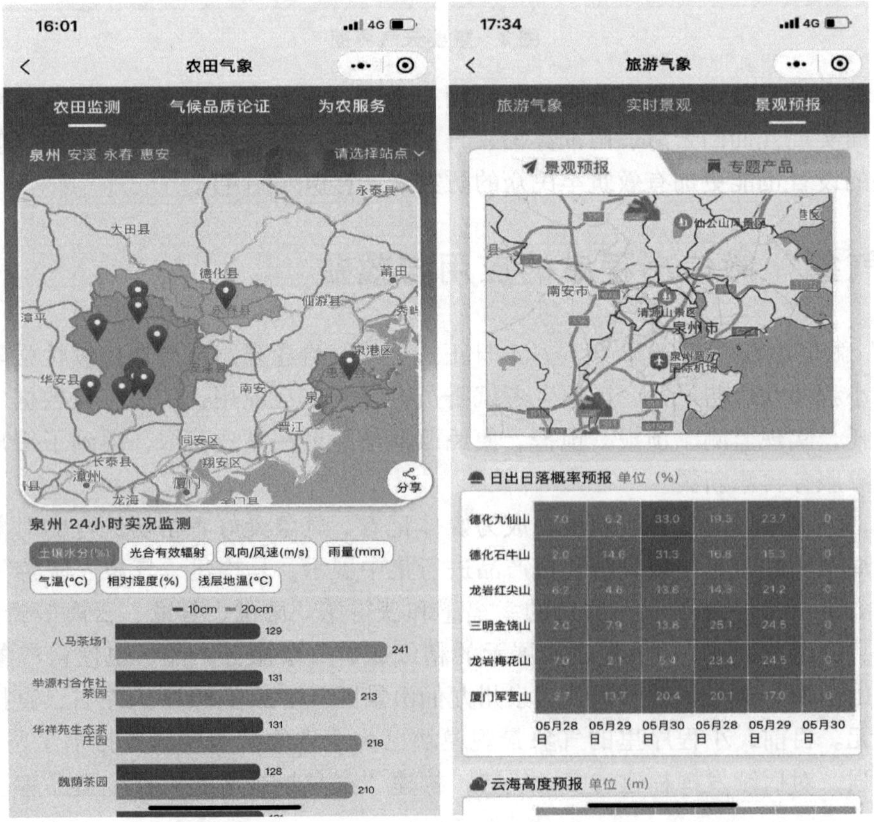

图 4　特色服务界面

高。5 月 30 日—6 月 4 日强降水过程的省级综合评估指数、预警信号指数、应急响应指数、预警信息发布指数在历次过程达到了最大值，分别为 76、73、68、87。

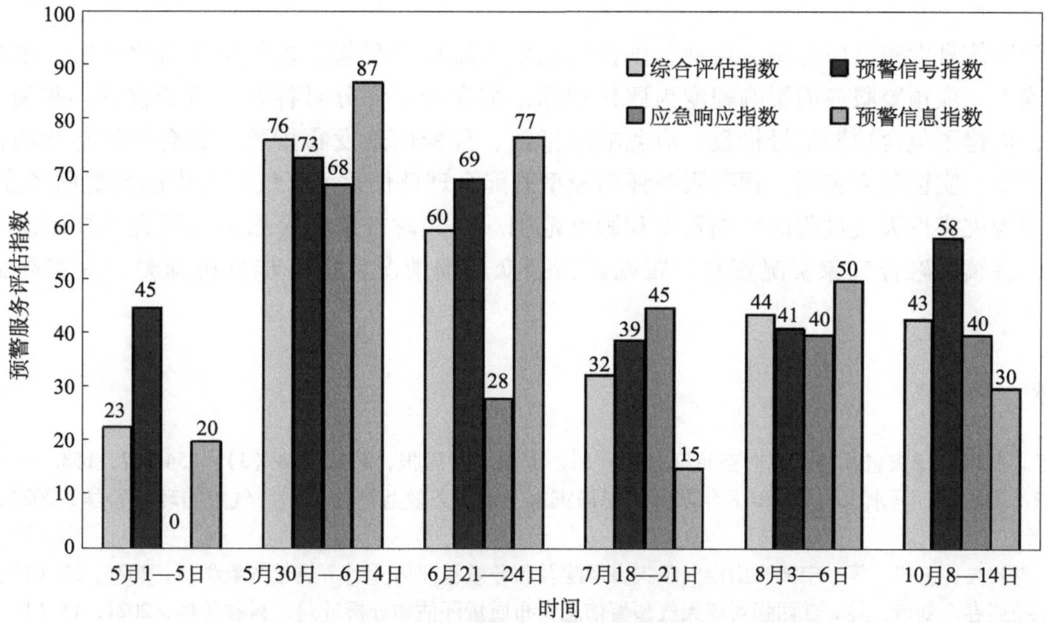

图 1　2021 年 6 次重大天气过程的省级预警服务评估指数

此次降水为广东 2021 年第一轮“龙舟水”过程，受季风、南支槽、锋面影响，全省大部普降暴雨到大暴雨，珠三角、粤东、粤北部分地区出现了特大暴雨，广东所有地市均发布了暴雨、雷雨大风预警信号。省级启动并变更暴雨应急响应等级 4 次，最高启动Ⅱ级应急响应。广东省突发事件预警信息发布中心先后 3 次向地市发布全网短信，各级气象部门积极通过自有渠道发布的决策服务气象信息，发布范围覆盖全省。在以气象灾害预警为先导的应急联动机制保障下，全省紧急转移安置 0.18 万人，未出现人员伤亡。在此次过程中，惠州龙门龙华镇 3 h 降水 400.9 mm，破广东历史极值。惠州市和龙门县预警发布中心及时发布预警，龙门县迅速启动Ⅰ级应急响应，当地政府安全转移 124 人。根据预警服务质量评估模型，此次过程中预警服务响应程度较高的地区主要位于珠三角、粤北、粤东，惠州市综合评估指数排名最高（表 2）。证明预警服务质量评估模型与重大历史气象事件中的预警服务情况具有良好的一致性。

表 2　2021 年 5 月 30 日—6 月 4 日强降水过程预警服务情况

区域	综合评估指数排名	综合评估指数	预警信号指数	应急响应指数	预警信息指数
惠州	1	89	86	94	87
广州	2	78	88	68	77
河源	3	78	71	62	99
中山	4	76	92	68	67
东莞	5	74	100	28	87
珠海	6	70	100	50	56
韶关	7	66	67	26	100
佛山	8	65	66	59	70
汕尾	9	63	48	64	78
清远	10	63	84	14	83

4　结语

由于“泉州气象”微信小程序上线时间较短，运行过程中还需不断改进优化。未来，泉州市气象局将继续把气象先导性、科技性、精细化等理念运用到“泉州气象”小程序的升级改造中，实现用户有需求、程序有响应，让“泉州气象”小程序成为更专业、更实用的随身气象服务平台，更好地为政府部门决策、公众生活出行、气象防灾减灾保驾护航。

参考文献

[1] 金淼．基于微信小程序的气象信息服务设计与实现［J］．新农民，2020（8）：25.

浙江气象融媒体业务平台的建设实践

张 眉 马辛宇 刘 娟 张 旗

（浙江省气象服务中心，杭州 310016）

摘要：气象融媒体平台建设实施对气象业务全媒体发展以及传统气象影视业务全面改革提升有着重要作用。本文分析了浙江融媒体气象服务面临的问题和需求，并基于浙江气象融媒体平台的建设，对该融媒体平台总体框架、功能模块和创新特色进行了概述，以期为其他省市气象融媒体服务平台建设提供参考和借鉴，进一步促进气象传统媒体和新兴媒体的深度融合，提升公共气象服务供给能力。

关键词：气象融媒体；融媒体平台；媒体融合；建设实践

1 引言

媒体融合时代的到来改变了人们获取天气资讯的方式，气象信息传播也面临着新的挑战和机遇。随着传播形式的不断升级，气象信息已经从传统的天气预报数据转变为图文、短视频、直播、H5 等融媒体产品形式，传播平台也从电视、广播、互联网扩展到以手机为主要阅读介质的移动平台[1]。因此，浙江气象融媒体业务平台建设定位应以坚持移动优先原则，以提升气象信息的传播力、引导力、影响力、公信力为目标，以现有公众气象服务业务为依托，整合气象部门影视、广播、报纸、网站、微博、微信、客户端等资源，打造全媒体气象产品融合生产平台，从而建立气象服务融媒体指挥调度体系，重构“策、采、编、发、追、评”智能一体化全媒体气象服务业务流程，使之成为公众气象服务和气象信息展示的主流舆论阵地。

2 国内气象融媒体平台的现状

《人民日报》“中央厨房”是国内融媒体平台当之无愧的领头羊。2016 年，“中央厨房”正式上线，将原先的新闻采编流程通过业务平台、技术平台、数据与可视化实验室三大平台，融合成全媒体联动、新闻深加工、满足不同用户需求的创新性流程，实现了新闻产品的一体策划、一次采集、多种生成、多元传播和全球覆盖[2]。中央人民广播电台的广播云采编系统和中国广播云平台建设，目前也已基本建成全媒体一体化作战体系，与全国 60 余家广播电台、2300 多名编辑记者实现资源共享共用、共采共编。

相比于传媒行业，气象部门建设具有融媒体理念的气象业务平台起步相对较晚。广东省气象局建成的“广东应急气象”以广东省气象服务中心为主体进行建设，已业务化运行较长时间。该平台依托广东气象应急网，提供免费的插件式、接口式的常规气象信息服务，供全社会使用，其配套天气 APP“停课铃”作为开放式的信息分享平台，得到了广东省委省政府的大力支持，影响广泛。中国气象局公共气象服务中心气象融媒体平台以气象频道为主体进行打造，2017 年初步建成，该平台最大的特点在于支持移动端的视频采编和发布，采编人员不仅可以进行常规的视频拍摄，还可进行后期的视频编辑，充分发挥了移动端信息发布时效性强的优势。

3　浙江气象融媒体平台的需求分析

2018 年初，浙江省气象局依托浙江省气象服务中心组建了气象融媒体中心，将传统的气象影视、天气网站和微信、微博、APP 等新媒体发布渠道进行合并，期望通过资源整合、平台聚合、内容优化、流程再造及管理创新等手段来探索公众气象服务的转型融合发展。

在气象融媒体平台未建成前，浙江气象融媒体中心所承担的气象影视业务、网络气象业务、新媒体气象业务之间的流程和制作发布平台相对独立，各媒体气象服务之间未能建立有效的联动协作机制，日常业务工作无法形成合力，主要存在以下问题。

第一，气象影视节目表现形式单一，画面缺乏个性，制作设备较为落后。相对于其他电视节目的多景别切换、虚拟技术的引用，气象影视节目的制作技术和表现形式的创新变革迫在眉睫。

第二，气象信息发布渠道分散，时效性不高。目前气象信息来源尚无统一的信息汇聚系统，存在发布流程不规范、发布时间不及时、发布渠道分散等问题。

第三，气象部门与政府其他部门、行业、媒体等互联互通和信息共享机制不健全，信息收集、发布、接收环节繁杂，导致气象信息传播效率低。

因此，浙江气象部门亟待通过气象融媒体平台和系统建设，整合现有资源，构建有效的输出渠道，全面改革和提升传统气象影视业务，促进公众气象服务全媒体融合发展[3]。

4　浙江气象融媒体平台建设

气象融媒体平台建设实施对气象业务全媒体发展有着重要作用。气象融媒体平台运用云计算、大数据等新的传播技术，有效实现内容与技术相互支撑、内容与渠道有机结合，为传统气象服务内容资源带来新附加值，提升了内容传播的有效性和感染力，增强媒体信息内容的核心竞争力。

4.1　融媒体平台建设总体框架

根据浙江省气象局统筹规划建设思路，气象融媒体平台的建设将融合全媒体业务内容汇聚、生产、管理、发布等环节，以全媒体气象信息产品采编发业务为核心，以建立融媒体气象服务业务流程为目标，打造的全媒体、跨渠道、一体化的气象服务业务平台，覆盖了微信、微博、影视气象节目、“智慧气象” APP、自媒体等各种发布渠道，可以实现气象信息及新闻资讯的汇聚采集、策划调度、数据分析、内容生产、综合服务、审核管理和融合发布等功能，实现了信息跨渠道融合采编、发布和推送，平台业务架构如图 1 所示。

4.2　融媒体平台功能模块

气象融媒体平台建设主要分为汇聚调度、内容生产、管理运营和资源共享四个功能模块。

4.2.1　汇聚调度模块功能

汇聚调度模块的功能主要是采集汇聚来自不同终端的基础气象信息、公众和社会媒体关注的天气热点以及和气象相关的社会热点事件等线索，并通过系统自动识别或者人工挑选，将信息分类保存到统一的公共资源库或者个人资源库中。

用户通过对热点事件进行深层次的跟踪、分析和挖掘，进行下一步策划选题。此外，通过对气象热点舆情信息的监测和预警，能够对影响较大的天气事件做到快速发现、及时处理，为气象部门正面引导舆论和宣传，构建积极向上的主流舆论环境提供信息支持。

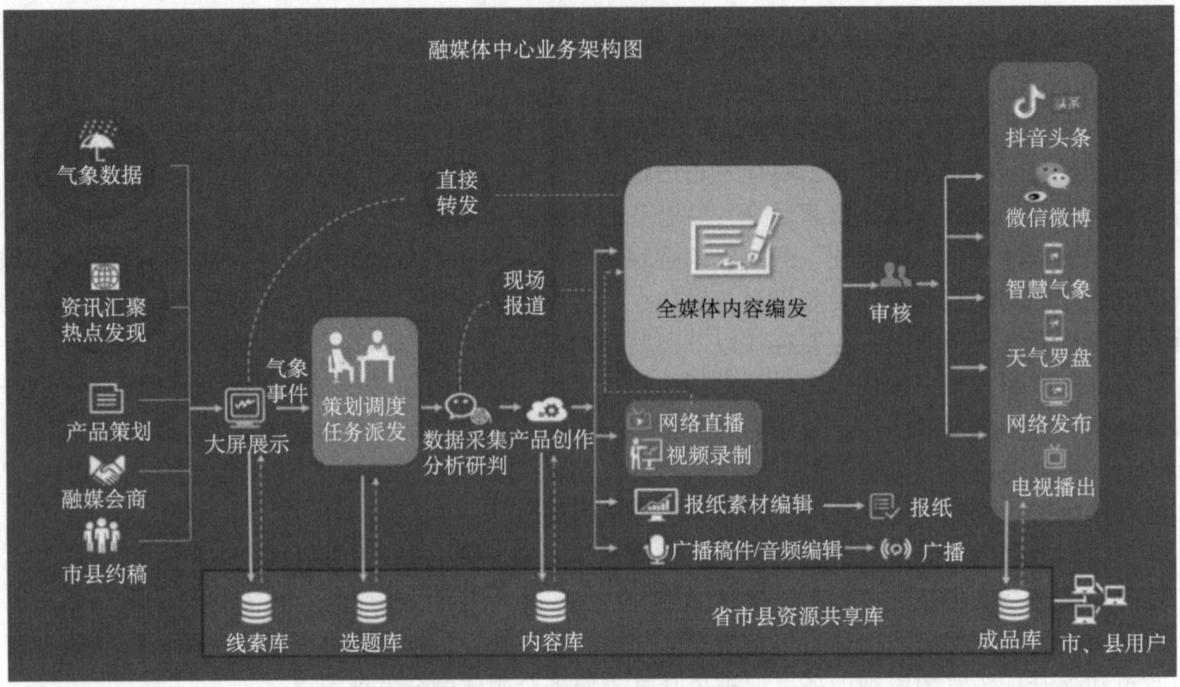

图 1　浙江气象融媒体平台业务总体框架

4.2.2　内容生产模块功能

内容生产模块是融媒体气象业务的主体部分之一，能根据汇聚监控调度中心的指令生产出丰富多彩的气象信息产品，可进行气象新闻资讯的文稿编辑、音视频编辑、图片编辑、H5 编辑等，最后发布到不同的传播渠道上去。内容生产模块具备适应融媒体特点的敏捷生产和业务弹性部署的能力，能完成统一的信息采集，音频、视频、图文等多种媒体格式的内容编辑和格式适配，具备面向多渠道、多终端的发布能力。

通过一体化的内容生产模块，用户可以从资源库中选择有价值的信息通过平台自身的可视化产品制作工具进行编辑，完成编辑的气象信息产品经过对应的审核流程，最终通过多种渠道发布到不同媒体终端。每个业务运作的同时，还会把关键信息数据以及业务流程情况推送至汇聚调度中心，从而将内容生产流程各业务节点进行统一展现。

4.2.3　管理运营模块功能

管理运营模块能对气象融媒体任务生产进行全流程跟踪监控、指挥协调，实现了从任务单产生、下发、接收、督办、反馈、审核、设备运行状态等全流程、可视化管控。用户可直观地了解各项工作的进展，更清晰地掌握生产效能和发布效果。在重大天气事件发生时，决策者根据气象数据的实时变化情况，在地图上实时掌握前方工作人员位置，了解任务资源分配，及时给前方工作人员资源调配。

通过管理运营模块，用户可对发布后的气象信息产品进行有效的跟踪，查询各大网站、微博、微信等端口上的传播量和转载量，客户端运营数据统计、分析和实时监控等数据，为版权转载分析、传播力影响力分析、工作人员绩效考核、用户反馈、用户的网络行为分析等提供量化数据支撑。

4.2.4　资源共享模块功能

资源共享模块能够实现基于原有各类型数据库、业务系统数据、文件目录、FTP、第三方应用数据等多种数据源的采集，所采集的资源数据产品包括文字、图片和视频。用户可根据需求将资源进行查阅、检索、取用，或添加收藏到编辑素材，还可按照网站、影视、微信、微博、“智慧气象”APP 等各个渠道，将已发布资源数据产品自动接入并存档。同时可以与各地市实现资源共享，实现产品和素材的上传及下发。

资源共享模块通过实现资源文件与工具的对接，支持视音频文件一键转码、一键编辑、一键写稿，可以使用户快速将文件应用于生产，满足融合媒体业务需求。

5　融媒体平台特色

浙江气象融媒体中心借助气象融媒体平台的建设，建立了浙江省市县一体化气象传播矩阵，打通了融媒体内容生产的各个环节，通过大数据深度融合各环节形成业务生产的闭环。同时，平台创新了浙江传统气象影视业务与网络、手机、社交媒体等新媒体间的聚合互动模式，通过跨媒体、跨区域、跨行业的合作运营，气象服务实现了由简单向精细化的转变，更好地满足用户多平台、多终端、多样化的文化需求。

5.1　媒体跨界融合特色

平台实现了气象、社会、文化、经济的内外融合，聚合包括气象在内的各类热点，使气象和社会紧密联系起来，提高了气象服务宣传的影响力、针对性，同时可接入合作单位，如将“交通之声”电台、钱江晚报纳入系统管理及权限应用，解决气象宣传的“自娱自乐”。

5.2　省市资源融合共享特色

平台实现用户、数据、技术、设备等气象资源共享体系，形成了全省统一的媒资库，宣传服务产品库、科普库等。通过地图配置功能，实现了特色化气象数据统计全省共用，图形、视频、文字编辑工具全省云上共用，从而减少系统和设备的重复投入。平台还实现全省气象宣传管理和业务系统的统一，全省各地融媒体采、编、发业务横向联成“一张网”，推动全省气象服务宣传矩阵的建设。

5.3　人才融合管理特色

平台系统具有集群概念、分类管理和社区概念，实现了全省各类宣传人才的统一协调、任务协同、共享共用，初步探索了业务人员宣传服务的绩效考核，解决了省市县各自为政的问题，为优秀的宣传策划人员提供了集中展示平台。

5.4　移动优先服务形式特色

平台服务宣传渠道迎合媒介发展需求，重点从影视大屏向手机小屏融合发展，在重视权威发布基础上，向有趣、生活化发展，重点打造抖音、微信、微博、H5 等各类编辑业务子系统。用时，平台还配备 APP 系统，实现基于位置的气象服务宣传产品的生产场景，使融媒体中心大部分业务可在移动端展现。

6　总结

融媒体时代媒介正在迅速发展，气象服务也在不断探索创新服务模式，推动传统影视业务与新兴媒体融合发展，是传统气象影视转型升级的必由之路。通过气象融媒体平台的建设，浙江气象融媒体中心优化了视、微、端、自媒体渠道的内容制作，提高了浙江卫视气象节目的直播和录播、气象科普宣传类节目的录制、重大气象灾害情况的播报等工作效率，气象媒体服务实现了内外跨界融合、信息汇聚、策划会商、多元制作、全媒体融合发布、效果评估等环节。同时，气象业务人员实现了一岗多责、一专多能的工作格局。随着技术的进步，融媒体气象服务还将有全新的突破。

参考文献

[1] 黎琮炜，廖雪萍，卢威旭．移动互联背景下推进气象媒体融合的思考［J］．气象研究与应用，2019，40（2）：106-108.

[2] 金柏青，陈悦．内蒙古气象融媒体平台建设——全国第十四届冬季运动会气象服务保障为例［J］．卫星电视与宽带多媒体，2019（6）：112，114.

[3] 叶海英．媒体融合时代的气象传播［J］．青年记者，2017（15）：55-56.

中国天气融媒体业务支撑平台技术开发实现

梁乐宁

（华风气象传媒集团，北京 100081）

摘要： 近年来华风气象传媒集团按照党和国家总体布局，结合中国气象局具体要求，不断推进部门融合和业务整合。天译科技目前承担中国气象局两大对外服务平台中国天气网和中国天气频道的运营工作，具体涵盖电视、网站和新媒体等媒体平台的内容生产、信息传播和节目播出。从业务积淀角度已经具备了媒体融合的基础条件，但现有业务系统支撑方面存在系统分散、系统老旧等问题，对于业务融合、资源共享和提升媒体内容的生产加工能力有较大制约。随着产品越来越多、渠道越来越丰富，就需要一个业务支撑平台对内容生产全流程进行管理，满足中国天气融媒体气象服务业务发展的需要。

关键词： 媒体融合；业务流程重塑；平台功能；气象服务工具集

引言

融媒体就是对互联网载体进行充分利用，将广播、电视、报纸、互联网、手机等存在共同点和互补性的不同媒体通过人力、内容、宣传等方面的整合，以更好地实现“资源通融、内容兼容、宣传共融、利益共融”的新型媒体[1]。而气象服务信息作为时效要求高、受众广的一种大众服务信息，结合融媒体信息服务手段，可实现民众及时准确获得气象信息服务，提升广大人民群众的获得感[2]。

建立气象融媒体业务是为了更好地服务公众[3]。因此需要时刻关注公众的新需求，了解公众喜好，积极引入新技术，切实做到没有盲点的气象服务[4]。在融媒体时代不断发展变革下，气象工作者也不断地面临着挑战[5]。面对网络信息时代的挑战和冲击，只有创新和升级产品内容、传播手段、服务模式和盈利模式，顺应时代发展趋势推进传统媒体和新兴媒体融合发展，才能在剧烈变化的传媒格局中寻找到气象信息传播更大的发展空间[6]。省级气象服务部门也在积极探索媒体融合发展，思考如何进一步提升气象服务的内容融合，提高气象服务竞争力[7-9]。

强调用户体验的移动互联网时代中技术是核心，智能化推送、个性化定制，阅读体验的优化以及一体化业务运行平台都需要技术的支撑[10]。媒介融合是大势所趋，气象部门构建融媒体势在必行[11]。随着媒体融合的发展和新技术不断涌现，技术进步、技术创新正在成为媒体深度融合的驱动力。天译科技负责“中国天气”品牌在全媒体平台的传播和运营，秉持“天气通讯社、百姓贴心人”的定位，代表官方权威国家级气象服务传播方向和气象信息服务方向，公司具备专业的全媒体传播、互联网运营和数据处理技术。

研发团队打造信息化、集约化的“天枢”中国天气融媒体业务支撑平台，深度挖掘气象数据应用能力，做深做足气象融媒体内涵，通过自主研发的工具集不断加强气象融媒体服务产品的生产制作能力。将先进技术手段与气象服务数据产品深度融合，有效集约各类服务手段，从而创新气象服务的布局和模式，推进气象服务与各领域加速融合[9]。

1　媒体融合业务流程优化

中国天气融媒体业务支撑平台重构了“策、采、编、发、传、评”业务生产流程，整合优势资源，以共享互通的模式建设融媒体资源库，实现自有资源和信息的共享（图 1）。优化中国天气网和中国天气频道现有采编流程，为媒体中心提供全面业务生产能力的同时，将总编室、资讯部、视频部、专题部和天气信息部等业务资源充分整合，结合传统生产模式，再造生产流程。实现业务上的交互和资源上的共享，健全一个选题多样策划、一个内容多种创意、一个创意多次开发、一次开发多种产品、一种产品多个形态的气象媒体融合的生产服务模式，最终建立信息内容、技术应用、平台终端和管理手段共融互通的业务流程。

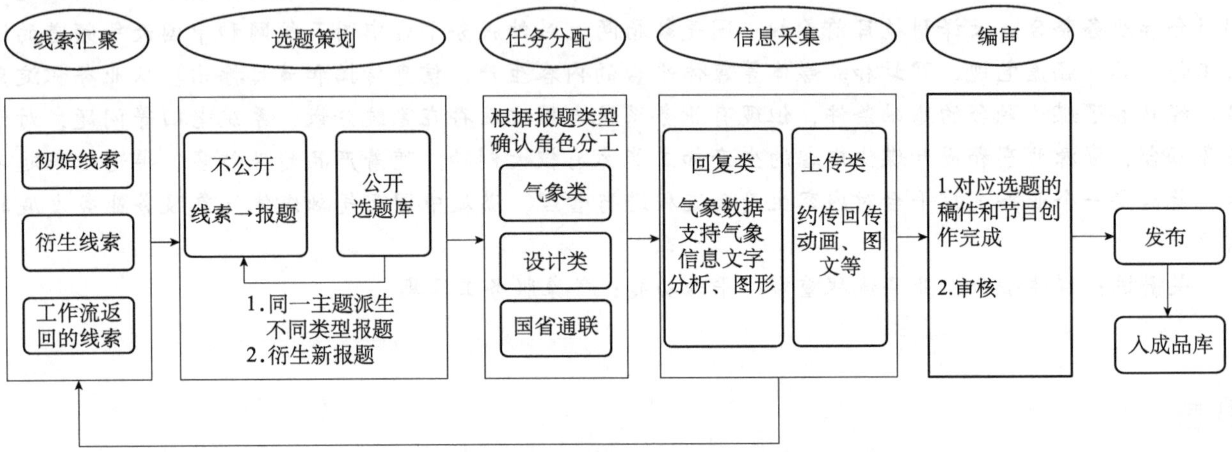

图 1　中国天气媒体融合业务流程示意图

平台业务运行将采用作战和日常工作相结合的模式，既能符合日程业务运行需要，又能满足重要天气过程期间业务高并发运行需求。对中国天气融媒体业务需求进行深入调研，并根据媒体中心各部门现行业务流程，绘制中国天气融媒体平台流程总图，以“全媒体采集、全素材共享和业务集约高效”为目标，规划线索汇聚、选题策划、任务分配、信息采集和成品汇聚的全新融媒体业务流程，指导业务支撑平台的开发建设。

2　融媒体业务支撑平台建设

“天枢”融媒体业务支撑平台（图 2）是根据媒体融合发展和中国天气业务运行的需要，重点解决媒体发展在线索汇聚、数据支撑、内容生产、产品加工和信息传播等方面的服务短板。按照统一规划、迭代实施、自主研发与合作伙伴合作建设相结合的模式进行构建。强化新一代信息技术支撑引领作用，支持自有媒体融合采编流程、建设业务支撑平台、优化管理手段、强化版权保护、打造媒体资源库和提升内容生产力。

平台将建立资源多元化汇聚、组合和再加工的生产模式，面向用户提供统一登录入口，并根据用户所在部门和岗位进行业务操作权限分配，用户根据权限可直接进入各系统应用，无须二次登录。平台包含线索汇聚、选题库、国省通联、天气信息、数据查询、智能加工、全媒体产品、传播分析和用户中心等功能频道，实现融媒体内容生产全流程业务管理。通过流程管理功能，实现平台生产加工全流程数字化跟踪。通过平台提供的统一发布功能，实现面向不同渠道的一体化分众发布。同时，平台预置气象融媒体业务生产所需的媒体工具集和气象工具集，使用灵活便捷，有助于提升业务生产效率。

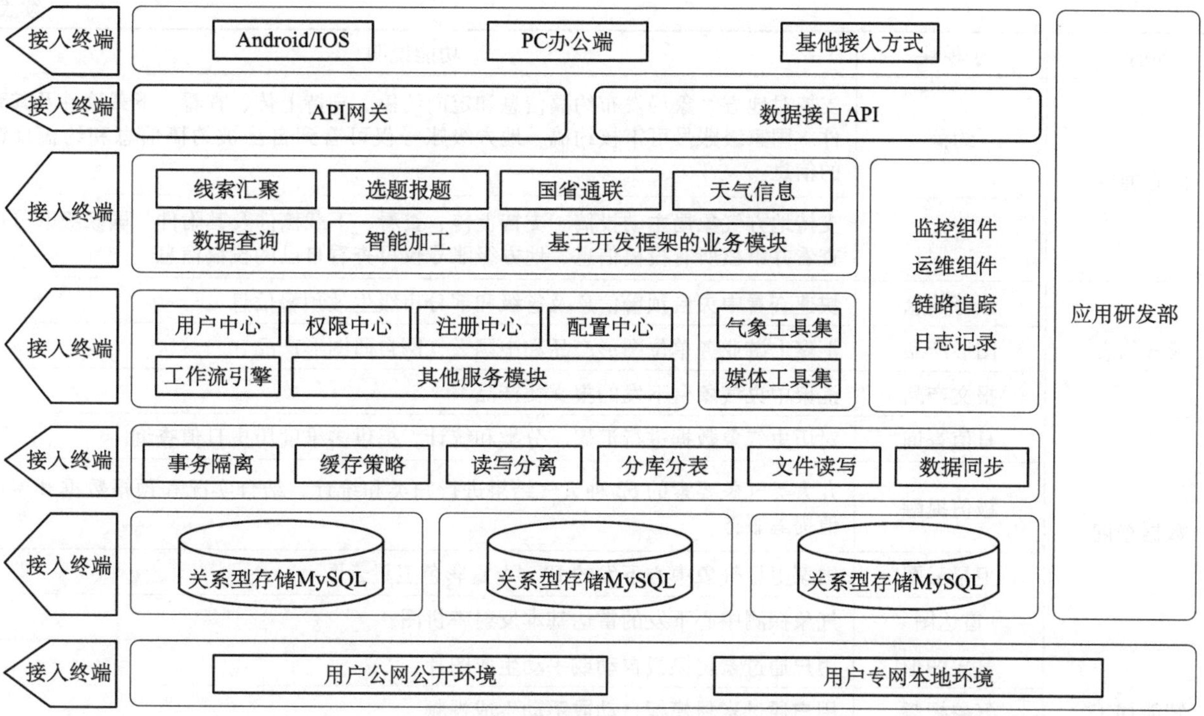

图 2　中国天气融媒体业务支撑平台技术架构

2.1　主要功能频道

融媒体业务支撑平台重点完成线索汇聚、选题库、国省通联、天气信息、数据查询、智能加工和全媒体产品共 7 个功能频道建设，功能覆盖气象融媒体业务生产全流程（表 1）。

表 1　中国天气融媒体业务支撑平台功能频道

频道	子模块	功能说明
线索汇聚	热点日历	总编室录入年度重要服务日期，系统根据日期进行关键服务期提醒
	天气热点	天气信息部录入重要信息
	预警信息	查看中央台预警信息及省级橙红级、特定市级生效预警信息
	新闻舆情	供抓取各新媒体渠道舆情信息内容和微博、百度热搜词条内容
	地方投稿	查看国省通联模块省级站用户投稿上传的内容
	用户上传	可快速查看融媒体平台及 APP 用户上传至素材库 – 公共库的内容
选题库	一键报题	提供新建报题，筛选功能。新建报题支持输入标题、摘要和报题类别，上传附件功能
	报题库	可在报题库审核报题，并提供审核意见编写，支持上传图片
	选题库	报题经业务流程审核通过后会自动流转至选题库，可进行选题筛选
	文稿库	文稿库可不通过提交报题直接新建在线文稿，文稿库展示所有在线文稿及其依附的选题
	文稿创建	选题库跳转至 CMS 平台，可编辑在线文稿、直播信息，上传视频、图片，提交审核，审核人可在选题库审核文稿和视频，并提供审核意见编写，支持上传图片

续表

频道	子模块	功能说明
国省通联	约稿	支持对地方气象局发布约稿信息和定向约稿。支持上传、查看、下载稿件及其附件。国家级账号可审核约稿，地方级账号仅可看到自己被约稿信息和约稿反馈的信息
	投稿	支持地方气象局主动投稿。支持上传、查看、下载稿件及其附件。国家级账号可查看并审核所有投稿信息，地方级账号仅可查看自己的投稿信息
天气信息	预警信息	快速查看中央台预警信息及省级和部分市级生效预警信息
	图形产品	汇聚上游业务单位图形产品和中国天气网自研图形产品
	报文产品	汇聚中央气象台下发的报文类产品
数据查询	日值查询	对历史气象数据进行汇聚、分类和统计，提供多维度历史日值查询
	极值提醒	九大类气象要素的62种天气结果进行归类和统计，结合实况和预报数据开展极值提醒服务
	卫星云图	国家卫星气象中心下发的FY-4A真彩色卫星云图
	雷达图	气象探测中心下发的雷达基本反射率拼图
智能加工	气象图形	用户通过素材模板自动或手动生成图片
	气象视频	用户通过素材模板自动或手动生成视频
	任务监控	查看自动生成任务运行状态
全媒体产品	下载申请	产品下载申请提出
	我的审核	用户下载产品申请审核
	图文资讯	天气网编辑发布的图文资讯
	短视频	天气网制作发布的短视频
	直播	天气网高影响天气直播及直播回看视频
	专题片	天气网剪辑制作的专题片
	原创图形	天气网自主设计的原创图形

2.2 常用功能模块

平台将用户常用的功能模块展示在首页左侧，方便用户使用，具体有个人工作台、工作预约、值班排班、绩效考核、数据统计和业务监控6个功能模块（表2）。

表2 中国天气融媒体业务支撑平台常用功能模块

频道	子模块	功能说明
常用功能模块	工作台	选题－文稿审核、选题任务、报题审核、投稿稿件审核、约稿稿件审核、视频审核、撤回申请、任务分配
	工作预约	用户可通过自定义日期时间段预约录制空间或直播仓，预约包括录制空间、直播仓预约和演播室参观预约
	值班排班	查看媒体中心各部门值班排班情况，部门主管可录入部门值班表
	绩效考核	用户通过设置考核项、权重等参数，分析考核基础数据，生成可视化的评估报告，对工作人员的工作量和工作效果进行评估和考核，形成基于量化数据的智能考核体系
	平台设置	支持融媒体平台前端页面应用、菜单、参数、存储、系统、日志、角色、权限、用户、部门模块的前端配置功能

2.3　业务生产工具集

《“十四五”公共气象服务发展规划》指出，到2025年，气象服务数字化、智能化水平明显提升，提升气象服务自动化水平，实时感知用户需求，智能推送服务产品。《华风集团“十四五”发展规划》强调深化精细服务的信息技术融合应用、推进融媒体平台核心技术研发、推动媒体融合发展，提升中国天气品牌影响力。《气象高质量发展纲要（2022—2035年）》明确发展精细气象服务系统，推进气象服务数字化、智能化转型，发展基于场景、基于影响的气象服务技术，研究构建气象服务大数据、智能化产品制作和融媒体发布平台，发展智能研判和精准推送的智慧气象服务。

天译科技贯彻上述规划和纲要中的精神，深化精细服务的信息技术融合应用，推动多样态融媒体气象服务产品智能加工系统建设，初步形成数据分析挖掘、专业图形生产、图文自动化加工、视频自动化合成、稿件编辑加工和气象数据可视化展示能力。融媒体气象服务工具的业务化应用将扩大中国天气媒体内容产能，提升产品生产数量和内容输出规模，满足融媒体时代信息传播能力要求。

平台提供工具集入口，用户可快速访问相关业务支撑工具，方便业务应用，有助于提升业务生产效率。工具集涵盖媒体工具集和气象工具集（表3），工具集访问链接可通过平台进行编辑和配置。

表3　中国天气融媒体业务支撑平台业务生产工具集

频道	子模块	功能说明
业务生产工具集	媒体工具集	天气热点、常用网址、一键报题、选题库、稿件编辑、新闻资讯、新闻专题、天气图片、天气视频、我的天空
	气象工具集	预警信息、极值提醒、历史日值、台风路径、城市预报、降水预报、气温预报、天气地图、分钟降水、天气形势

3　平台发展规划

气象媒体融合未来不仅仅局限于改造一个演播室、开发建设一个平台，而应当发挥管理优势和技术创新能力将气象融媒体做成一个生态，形成一个融合体系。天译科技将持续推动中国天气媒体业务流程融合改造，促进融媒体业务提质增效，打通“中国天气”台网微端屏各路资源，推动融媒体气象服务集约化发展。对中国天气融媒体业务支撑平台进行迭代，完善融媒体采集、制作、分发、运行、监控和效果评价等功能。其中，国省通联功能的建设将集纳国省气象部门融媒体资源，促进国省媒体融合业务协同发展。

3.1　业务支撑平台功能迭代升级

融媒体业务支撑平台是基于中国天气媒体融合需要而开发建设的综合性应用平台，平台基于气象新闻生产的策、采、编、发、传、评全业务流程，平台提供各功能应用，以实现气象融媒体的一体策划、一次采集、多种生成、多元传播和一站式管理。平台采用微服务框架进行设计，提供松散耦合的开发模式，为平台的升级扩展预留接口。随着中国天气自有媒体融合进程的不断深入，平台还将迭代升级以适应媒体融合业务发展新需要。

3.2　数据驱动媒体内容生产加工

充分发挥气象数据加工处理的技术优势，构建数据驱动的业务生产模式，实现一次采集、多元生成、多渠道传播的服务形态，推进内容生产供给侧结构性改革。注重对天气信息地挖掘，并进行更多尝试，通过数据挖掘和统计分析提炼更为精准的天气重点和气象服务热点。不断丰富数据维度，加强对上游业务单位数据产品的应用、解读和再加工，并以图表、图文资讯和短视频等不同形式扩展产品表现形态，最终通过中国天气各媒体服务终端广泛传播到千家万户，服务于人民的生产生活。

3.3 融媒体气象服务工具集研发

天译科技将持续推进融媒体气象服务工具集研发，面向业务生产一线人员提供方便、高效、快捷的工具支撑，提升业务生产效率。逐步形成数字化、智能化融媒体气象服务产品加工能力，满足中国天气融媒体平台多样态内容生产需要，以“中国天气”融媒体中心为基础，最终形成“天枢”中国天气融媒体业务支撑平台和融媒体气象服务工具集“一平台多工具”的新发展格局。

参考文献

[1] 冉玉芳．融媒体时代公共气象服务信息传播渠道的变革［J］．时代农机，2018，45（8）：114.

[2] 丁海清，黄莹霞．融媒体时代气象服务信息传播渠道的变革［J］．数字技术与应用，2014，22（4）：36-37.

[3] 王颖，刘丹妮，马辛宇，等．“互联网＋”时代浙江省气象服务产品的现状与发展［J］．浙江气象，2019，40（1）：38-42.

[4] 杜春燕，乔媛．多媒体融合下气象服务平台建设的研究与探讨［J］．气象研究与应用，2018，39（4）：86-88.

[5] 王涵．浅析融媒体时代气象信息传播效益的实践［J］．气象研究与应用，2019，40（2）：109-111.

[6] 孙玫玲，赵敏，李仁禹，等．新老媒体融合提升公众气象服务传播能力的研究［J］．气象研究与应用，2016，37（3）：123-125.

[7] 黎琮炜，宋彬，孔毅民．提高气象传媒竞争力的思考［J］．气象研究与应用，2017，38（2）：106-107.

[8] 袁迎蕾，符晓虹，刘原岳．海南融媒体气象服务发展现状及思考［J］．南方论坛，2022（3）：72-73.

[9] 燕振宁，杨春华，邱媛媛．青海气象服务在新媒体时代的发展浅析［J］．研究与发展，2017（4）：74-76.

[10] 陈瑾．关于气象服务媒体融合发展的思考［J］．中国高新技术企业，2015，22（2）：9-10.

[11] 刘娟，张眉，徐海军，等．试论决策气象服务［J］．浙江气象，2020，41（1）：30-34.

大数据时代气象短信的发展思考

丁洁琼　张宏艳

（甘肃省气象服务中心，兰州 730020）

摘要： 气象短彩信增值业务自2001年诞生起就成为甘肃省公众气象服务的重要板块，也是甘肃气象部门经济效益的主要组成部分。近年来，随着互联网、新媒体的迅猛发展，气象服务模式也经历着巨大变革，传统的短彩信服务模式已迅速被各类免费的互联网、新媒体类产品所替代，加之各通信运营商的短彩信业务整体收缩严重，业务收入贡献度急剧下滑，导致全国各地的气象短彩信业务均呈现出不可逆转的颓势。为减缓现有短彩信增值业务的下滑速度，借鉴其他省份先进经验，找到新的收入增长点，作者面向全国开展了一次增值业务现状调研，以求在传统业务与新媒体业务交替的节点寻求传统业务最后的出路。

关键词： 气象增值业务；气象短信；气象短信收入；公众用户

1　各省份运营模式概况

根据调研结果，各省份气象信息增值业务运营模式基本一致，由各省气象服务中心负责运营的省份占87%，由局属企业直接运营和预警信息发布中心运营的各占6%。

由气象服务中心运营短彩信增值业务，能最大程度调动气象局内部资源做好业务支撑，以专业、权威的预报数据作为产品内容，结合三家运营商的覆盖能力，将公众发布与预警发布相结合，获得经济效益的同时，更能提高公众预警信息覆盖面和精准送达率。

由于气象服务中心自身没有推广渠道，增值业务的推广完全依赖于运营商，随着新媒体产品的迅速壮大和运营商的业务转型，直接导致传统2G/3G业务被抛弃，现有模式的气象信息增值业务举步维艰，经过多年的创新与实践，颓势仍无法阻挡。近年来，80%的省份已放弃增值业务的推广，任由用户自然流失，用户数以每年减少25%的速度下滑，等待业务自然消亡。20%的省份计划或正在采取一些措施，用以减缓业务下滑的速度，寻找新的收入增长点。

2　各省份产品内容概况

除陕西、安徽和甘肃外，其余省份均已多年不再运营彩信产品，陕西和甘肃的彩信用户数分别为2.9万和0.6万。

各省份的短信产品均为基础预报产品内容，包括常规的24 h预报、3 d预报、一周天气提示、温馨提示等。除甘肃有实况内容外，全部为常规预报短信，内容简单明快，发布频次高。

各省均将短信作为专业预报服务的辅助手段，根据不同行业用户的服务需求发布相关的预报、预警短信。部分省份的预报预警产品截图如图1所示。

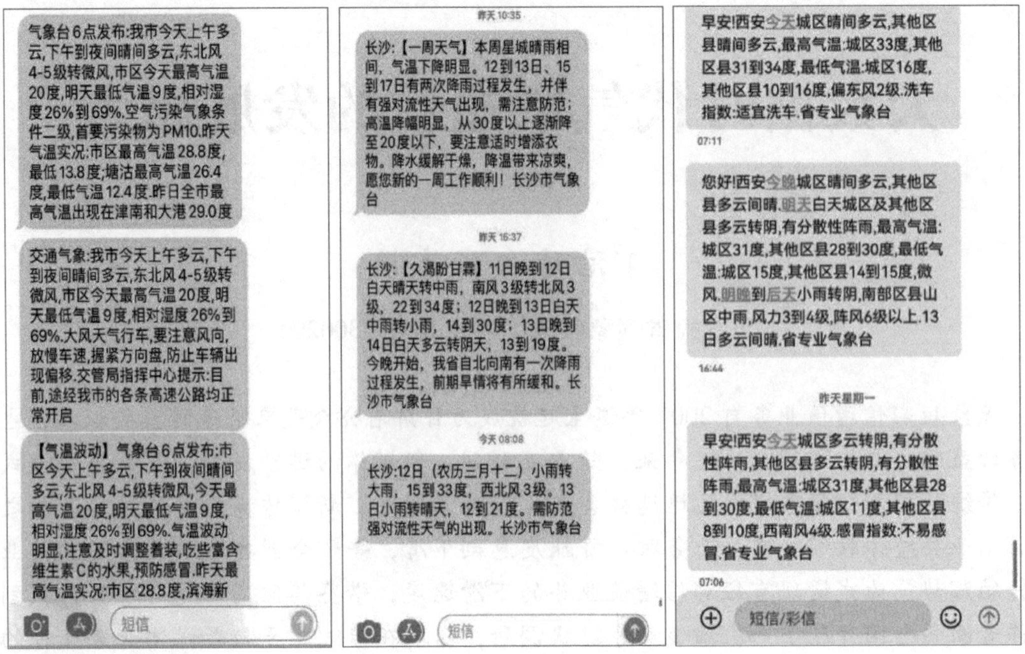

图1　部分省份预报预警产品

3　各省份用户数及收入情况概述

3.1　用户数情况

各省的气象信息增值业务用户数普遍以每年20%的速度递减，目前用户数维持在400万左右的省份仅有4个，分别为天津、广东、浙江、河北；而这4个省份在5年前的用户数均在1000万甚至2000万以上。用户数100万左右的省份有4个，分别为云南、山东、湖南、陕西（图2）。

甘肃、内蒙古、新疆等省份用户数基本持平，全面排名相对居中。宁夏、青海、海南等省的用户数仅能维持业务的基础运营。

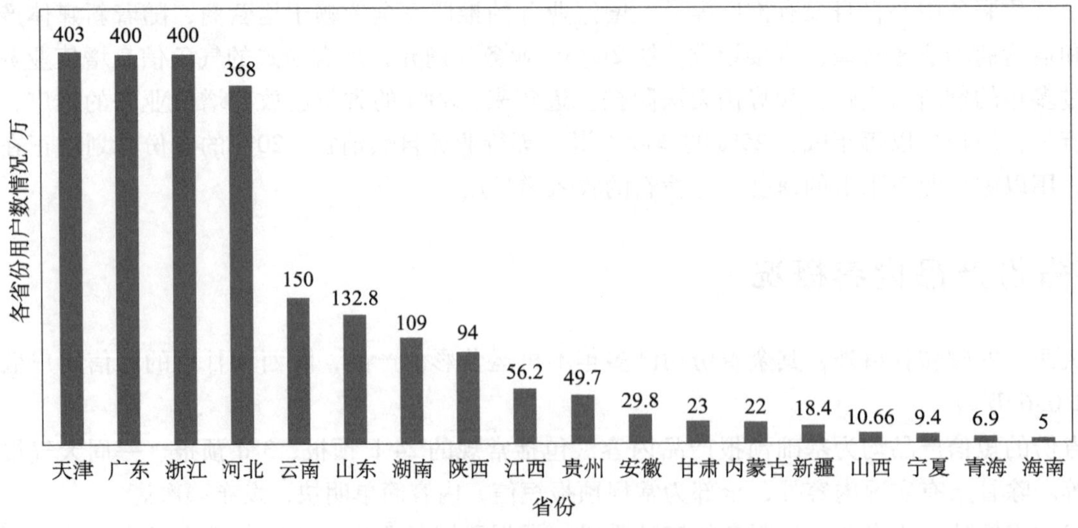

图2　部分省份短彩信用户数情况

3.2　收入情况

根据调研结果，各省的用户数与收入情况基本成正比（图3），已知用户数最多的省份为天津、广东、浙江、河北，2021年年收入最高的省份为河北、山东、湖南、江西、安徽。天津的用户数为403万，但2021年年收入为280万，这与具体的业务开展模式有关，有包年用户和大量免费用户。

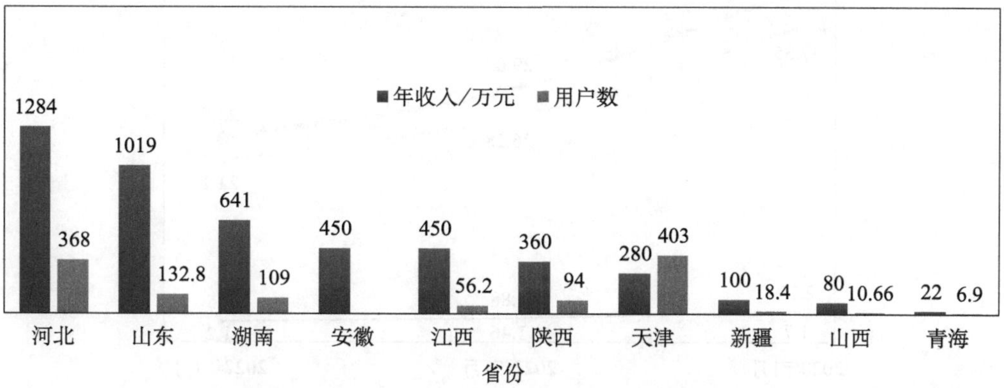

图3　部分省份2021年短彩信收入与用户数情况

4　各省份业务发展规划

4.1　放弃推广

根据调研结果来看，经过2000—2015年的高速发展后，由于通信管理部门对增值业务推广活动的严格考核与限制，如下线体验类活动、叫停外呼类活动等，最有效的推广方式被取消后，气象信息增值业务开始停滞不前，除个别省份采取一些活动适当阻挡或减缓了下滑速度外，全国各省气象信息增值业务的下滑趋势已无法逆转。各省运营商对业务的放弃，使得全国90%的气象部门不得不放弃对该业务的推广，对该业务持放弃态度，将人力财力从该业务抽离，仅剩维持业务发布的人员。

4.2　尝试推广

天津2021年推出和彩云和气象通的套餐包，但推广效果不佳，2022年计划制定电信套餐包或开发新业务，具体推广计划还在探索中。

山东省计划与山东电信开展60岁以上老人天气预报短信1年1元的活动，鉴于该活动收入无法支撑基本业务运营，对甘肃省没有太大借鉴意义。

湖南、广东、江西开始尝试5G消息服务，根据运营商的发展意向，利用5G消息服务盘活存量、减少流失，并尝试将其转为广告营收的新渠道。甘肃移动目前对5G消息推广积极，我们也应顺势而为，开发5G消息产品，搭上运营商的推广列车，摸索新的信息增长点。

5　甘肃业务现状

5.1　总体情况

甘肃省气象信息增值业务的逐年下滑态势与全国大环境基本一致。2020—2022年，收费用户由

2020 年初的 41.8 万减少到 23 万，平均每年减少 25%（图 4）。用户主要为移动用户，联通电信用户数收费用户均在 1 万人左右，相对稳定（图 5）。随着用户数的下滑，收入也逐年下降，由 2019 年的 510 万元减少到 2021 年的 282 万元，每年下滑 25%（图 6）。

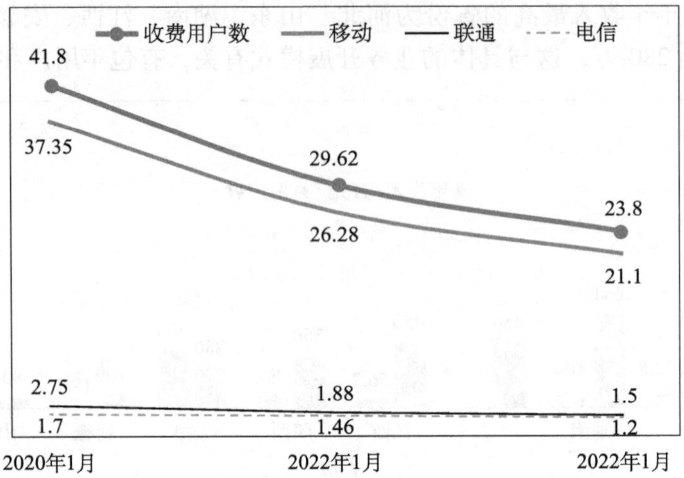

图 4　甘肃省 2020—2022 年气象信息增值业务收费用户情况（单位：户）

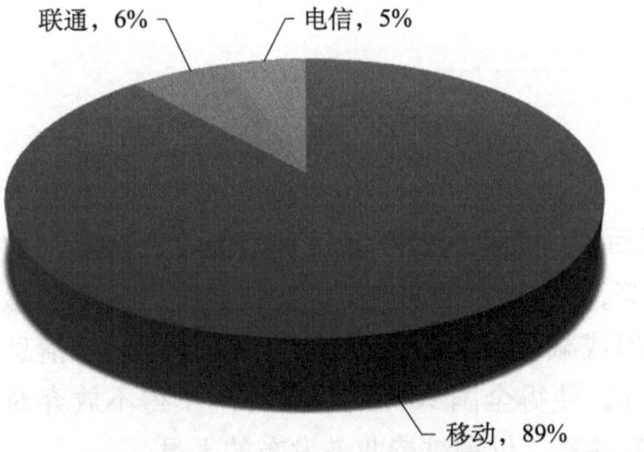

图 5　2022 年甘肃省气象信息增值业务用户占比情况

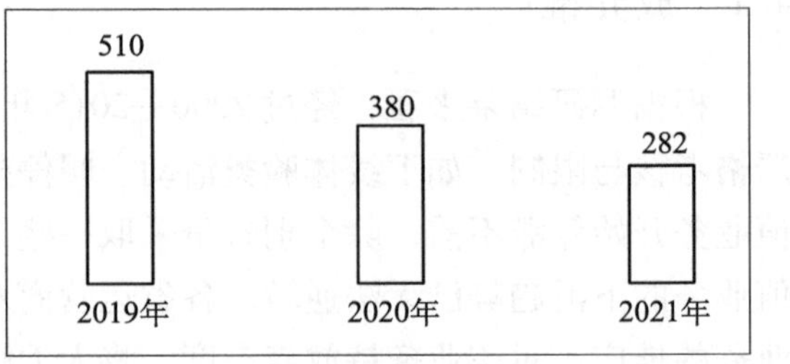

图 6　甘肃省近三年气象信息增值业务收入情况（单位：万元）

5.2　业务推广情况

近几年甘肃省对现有用户潜力进行了深入挖掘（图 7），直接送达用户 1100 万人，成功定制近 200 万，成功率为 20%。总体来看，甘肃移动推广效果好，甘肃联通的推广投入力度大、效果差，甘肃电信则对推广活动较为排斥。

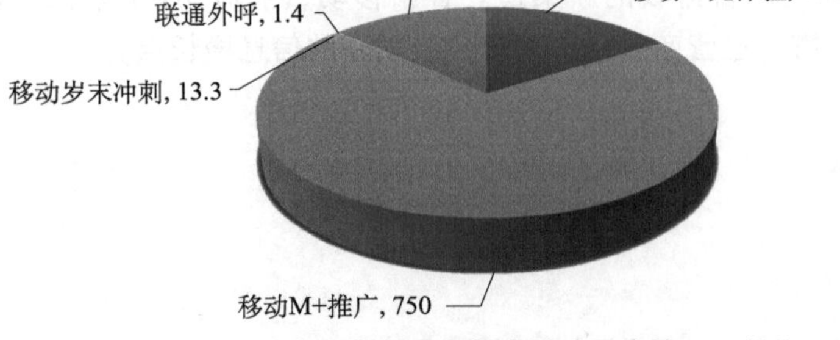

图 7　2020—2022 年甘肃省气象增值业务推广送达用户情况（单位：万人）

甘肃移动用户参与度更大，与甘肃移动的大力配合推广分不开（图8）。从各类活动的效果来看，免费体验转收费的活动效果最好。甘肃移动对全省进行定制业务考核，基层职工严格执行，体验转收费率为29.6%。活动为近几年的业务维持提供了用户基数。由于体验类活动被严格禁止，无法再次启动。甘肃联通的执行力度有限，经过数次不同渠道和不同目标客户的推广尝试后仍不见效，大大打击了甘肃联通的推广积极性，自2019年起不再开展任何形式的推广活动。目前，语音业务已下线，彩信用户也已迁转至短信业务。甘肃电信推广活动落地难、推进难，暂无任何成效。

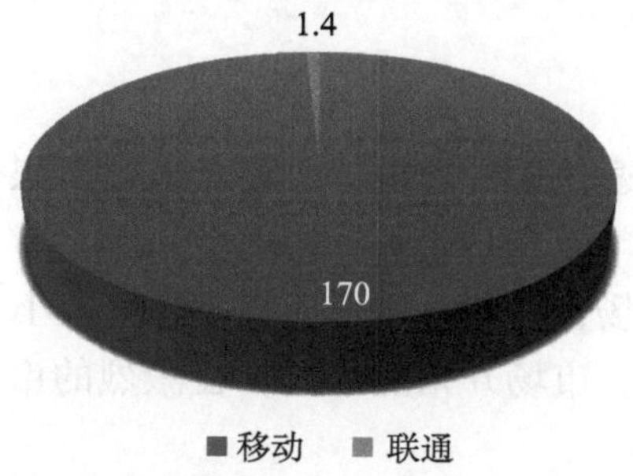

图8　近三年甘肃省气象信息增值业务新增用户情况表（单位：万人）

5.2.1　移动气象站推广情况

2015年12月，“1元不找零——移动气象站1元免费体验三个月活动”启动。截至2017年9月，共有170万人参加了活动，2017年10月至今的用户中，大部分为此次活动的留存用户。在全国增值业务大面积下滑的情况下出现逆势增长，也吸引了很多兄弟单位来甘肃省调研。2017年9月，体验业务被叫停，活动被迫下线，且无法复制，无再次操作的可能。

2018年，“一人订购，全家免费——移动气象站推广季”活动启动，旨在保住存量用户，增加用户黏性。经过三个月的开发，2019年3月活动上线，经过10个月的推广，活动收效甚微，仅有1万个定制用户参与了活动。因定制系统在网络安全方面存在隐患，且参与用户数太少，系统已下线。

2019年3月，推出重要天气过程、预警信息全网发布活动，遇有重要天气过程或各级别预警信息时，由甘肃移动通过移动M+系统向天气过程受影响地区的移动手机用户下发预警信息和业务宣传内容。自2019年3月至2019年12月，共向750万移动用户进行活动推广，但未取得任何实际效果。

2019年9月，通过数次沟通协商，将移动气象站业务纳入甘肃移动“岁末冲刺100天”活动中，移动各地市分公司大力推广，活动效果显著，共新增用户13.3万人。

2020年，甘肃移动业务调整，气象信息增值业务从数据业务部调整至市场部，业务重视程度也因运营商转型流量与5G而大幅降低，不再开展推广活动。定制用户出现了无法阻挡的颓势，以每月1.5万人的数量匀速下滑。目前，用户数已降至25万。

5.2.2　联通气象站推广情况

甘肃联通用户基数小，推广活动规模较小，活动效果均不尽如人意。仿照甘肃移动开展的“一人订购，全家免费——联通气象站推广季”活动、营业厅人员营销奖励活动、联通气象站全年包推广营销活动、联通气象站半年包营销奖励活动等，均因体制问题无法落地、无法推进。

2018年，与联通博士通外呼公司开展了为期一年的“5元漏电提醒赠送天气预报”活动，共增加用户1.4万人。后期，因外呼成本增加，且通信管理部门禁止所有外呼形式，活动下线。

5.2.3　电信气象站推广情况

甘肃电信历来对电信气象站业务重视程度极低，且对用户投诉考核极其苛刻，一直排斥开展业务推广活动。

2020年，以公益性质为切入点，与甘肃电信合作开展了“重要天气过程电信气象站推广”活动，在有重要天气提示信息时，加入业务定制方式后提供给电信，由电信向全省用户发送。累计完成了14次全网发送，共计140万用户。因流程烦琐，活动终止。

2021年，甘肃电信与甘肃省气象局签订战略合作协议，计划开展电信气象站业务免费体验两个月后转收费活动，对产品进行了优化，将现有电信气象站业务短信下发速率由100条/s提升到200条/s，提前做好投诉预案。甘肃电信负责将50万用户分摊到全省14个分公司，并进行用户转化率考核。因各种不确定因素，导致推进无效。

5.3 业务发展面临的主要问题

（1）新媒体产品快速发展及普遍使用的冲击下，公众通过新媒体免费获取气象服务的方式越来越多，传统短彩信渠道被用户逐步抛弃。

（2）运营商业务转型至流量市场，对信息增值业务关注度较小，信息增值业务拓展难度极大。

（3）气象部门市场敏感性较差，市场开拓能力弱，在激烈的市场竞争中不占优势，无法遏制下滑趋势。

（4）有效的推广营销方式被叫停，新的推广营销方式效果甚微。

（5）业务收入逐年降低，运营成本保持不变，产品运营需根据收支情况有侧重、有取舍。

5.4 业务发展方向

甘肃移动是气象信息增值业务的重要合作对象，但由于手机短信业务逐步失去竞争力，需寻找新的经济增长点。甘肃移动大力开展5G消息业务的拓展，气象部门可以此为契机，开通5G消息常规业务，并研发5G消息产品。同时，开展5G消息在预警信息发布中的应用，跟上甘肃移动的发展策略，加强融合，增加经济效益和社会效益。

甘肃联通因增值业务调整，合作的移动互联网服务内容供应商（SP）仅剩甘肃气象一家。运营商对业务仅为维持，不再投入人力物力，计划任用户自然流失后关停业务。因甘肃联通已在各个渠道均采取过推广措施，均无效果，建议不再投入推广费用进行推广。

甘肃电信再启电信气象站推广活动，但暂时仍未看到新用户入库，推广的效果需进一步跟进。

综上所述，应重点加强与甘肃移动、甘肃电信5G消息与气象业务的融合产品的开发工作，探索开展5G消息在预警信息发布中的应用，找到新的收入增长点。

第六篇

行业气象服务

海南昌江木棉花花期变化特征及预报方法研究

陈升孛[1]　张亚杰[2]　陈　明[1]　陈　亮[1]

（1. 海南省气象服务中心，海口 570203；2. 海南省气候中心，海口 570203）

摘要： 为预报昌江木棉花始花期，基于2012—2021年昌江木棉花花期记录资料，通过分析2012—2021年木棉花始花期变化特征，选取有效积温作为预报因子，建立了木棉花花期预报模型。结果表明：昌江木棉花平均始花期在2月4日，呈提前趋势，提前速率为14.5 d/10a；明确木棉花开花期有效积温的生物学界限温度为12.5 ℃，最终验证期预报结果与木棉开花日期平均误差为3.7 d，预报效果较好。本预报方法克服了缺乏开花前期形态、物候现象观察资料的问题，尝试引入中长期天气预报产品，为木棉花期预报研究方法提供了新思路。

关键词： 木棉花；积温；花期预报

木棉别名红棉、英雄花、攀枝花、烽火树等，原产于亚洲的热带地区，喜高温、耐旱，在我国广泛分布于广东、海南、广西、福建、台湾等省份。海南昌江素有“中国木棉之乡”的美称，拥有八大木棉观景区，每年的2月甚至更早，昌江的木棉花花朵巨大，花色醉红，花期预报在旅游业服务方面有着很大的实用价值[1]，可以指导游客提前合理安排旅游出行，规划路线，获得良好的旅游体验感；为政府旅游相关宣传和决策提供技术依据。

从植物学角度来讲，植物花期跟温度、光照、养分等因素有关。绝大多数早春开花和春夏开花的树木，花芽一般在前一年开始分化，前期气候条件对植物开花期早晚有着重要的影响[2]。植物的发育进度一般不由物候现象发生时的温度决定，而与前期一段时间内温度的累加值成比例[3]。目前预报花期的方法有三个。一是挑选气象因子，用统计分析方法确定与开花日期最相关的气象要素，如温度、湿度、日照、降水等，其中许多学者认为影响始花期的关键气象因子为平均气温、平均地温[1,4]或积温[5-8]等温度因素；二是对植物进行物候观察，根据物候现象发生的顺序相关性来预报；三是开花前期形态观察法，如花芽形态测量法[9]。我国已有对樱花[3,5,10]、桃花[6]、梅花[7]、梨花[8]、迎春花[11]等开花植物的花期预报，但对南方地区木棉花的研究较少。前人研究认为木棉树开花多在早春，据记载，广州木棉开花多在2—3月，最早在2月中旬，最晚在3月中旬[12]；张桂香等[13]在研究广州木棉花时发现，影响木棉花开花的主要气象要素为开花前1—3月的气温，且始花期与前期活动积温呈负相关，积温值越高，花期越早，反之越迟。关于海南木棉花花期的相关研究未见报道，本文通过走访当地居民、旅游部门、林业部门以及查阅相关资料，建立2012—2021年昌江木棉花花期资料集，结合同期气候资料，引入活动积温的概念，研究昌江木棉花花期特征，建立始花期的预报模型，以期更好地为政府宣传，为公众出游安排提供指导。

1　资料与方法

1.1　资料

昌江黎族自治县地处海南岛西北偏西部，属热带季风海洋性气候，阳光充足、热量丰富。昌江年平均气温24.9 ℃，全年无冬，年日照时数2229.6 h，年平均相对湿度77%。昌江在海南各市县中有较为独特的气候特点，夏季气温较高而且湿度较低，自然资源丰富，生态环境秀美，而木棉花是昌江最响亮的名片。昌江木棉观景区木棉花开花的起始日期来源于2012—2021年的调查资料：通过查阅往年旅游文化部门对木棉花的宣传报道，调研走访景点附近村民，搜集记录开花时期的照片，最终确定了2012—2021年的花期。气象资料为2011—2021年的昌江县七叉镇保湾村气象自动站的逐日平均气温、日照时数等，该站点距离最著名的昌化江畔木棉观景区最近，且地形、地貌、海拔等环境特征相近，数据来源于海南省气象信息中心，并已经过质量控制。

1.2 方法

开花属于植物生殖生长阶段，木棉进入生殖生长期的早晚，直接关系到其开花的时间[4]。因此，一旦能确定木棉进入生殖生长的某一生长节点，从这个日期开始计算积温，直到积温累积到某一指标，可认为木棉满足开花条件。本文引入界限温度和活动积温的概念，通过统计方法，选择积温作为预报指标来构建木棉花花期预报模型。

界限温度是指具有一定生物学意义、能指示农事活动的温度。界限温度的初终日期是用来分析、鉴定一种作物的可能生长期、可供利用的总热量等，初终日的确定对该植物的生长阶段划分具有重要意义[14]。利用五日滑动平均法计算所需的初日，五日滑动平均法是指：任意连续5 d的日平均温度平均值大于或等于某界限温度的最长一段时期内，在第一个5 d中挑取最先一个日平均温度大于或等于某界限温度的日期，作为初始日期。本文利用稳定通过某一界限温度的初始日期计算木棉树进入生殖生长期的日期。

活动积温，即作物某时段或某生长季节内逐日活动温度的总和，是表征作物生长发育对热量要求的主要指标。活动温度与生物学下限温度之差，叫作有效温度，高于生物学下限温度对作物的生长发育才是有效的。不同种类作物在发育期，其生物学下限温度也有差异。只有当日平均温度高于生物学下限温度时，温度因子才对植物的生长发育起促进作用。

因此，本文通过以下公式建立木棉花花期预报模型：

$$T_A = \sum_{i=D_1}^{D_2} (T_i - T_0) \quad i = D_1, D_1 + 1, \cdots, D_2 \tag{1}$$

式中：D_1为木棉花进入生殖生长的初始日期，采用稳定通过某界限温度（设为参数T_a）的初日来计算；D_2为木棉花始花期，即模型预报结果；T_0为木棉花生殖生长期的生物学下限温度；i为日期序列；T_i为第i日的日平均气温；T_A为木棉花从进入生殖生长的初始日期D_1到始花期D_2的活动积温。

基于上述模型，以木棉花始花期观测资料，通过C#编程，采用最小二乘法确定参数T_a、T_0，并进行独立样本检验，建立木棉花花期预报最优模型，运用气象站点观测资料结合未来7～15 d天气预报结果，实现花期滚动预报。

2 昌江木棉花花期变化特征

将始花期转换为日序数，2012—2021年平均结果表明，昌江木棉花平均始花期的日序数是34.8，对应日期是2月4日。其中开花最早为1月15日（2017年），最晚为2月18日（2014年）。图1为2012—2021年期间始花期日序逐年的变化，由图中趋势线可以看出，昌江木棉花日序在2012—2021年呈提前趋势，速率为每10 a提前14.5 d。

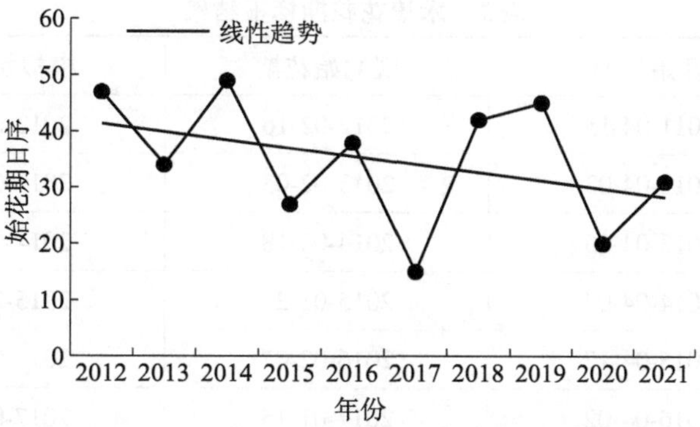

图 1　2012—2021 年昌江木棉花始花期日序变化趋势

3　木棉花始花期预报模型的建立及结果分析

3.1　花期预报模型参数确定

本文构建的花期预报模型需确定的参数有界限温度 T_a、T_0，以及活动积温 T_A。通过编程方法，设定 T_a、T_0两个参数范围均为 10 ~ 30 ℃，步长设置为 0.1 ℃调试参数。将 10 a 的始花期代入进行初步计算，用最小二乘法求最优解，得出当 T_a = 25 ℃，T_0 = 12.5 ℃，活动积温 T_A = 7643 ℃・d 时，为最优解组合，后三年为验证期，详细结果见表 1。从表 1 可以看出，除 2014 年、2021 年外其余 8 a 误差均较小。2014 年和 2021 年误差分别为 30 d 和 24 d，误差异常偏大。通过反查历史数据，发现主要是由于在 2013 年和 2020 年的 4 月均出现了清明风，即连续 3 d 平均气温低于 22 ℃。这种在 4 月突然出现的低温（清明风）导致开始计算开花准备期的初始日期异常偏晚（如 2013-05-05）。

为了得到更好的预报结果，需要剔除清明风的影响。通过计算得出发生清明风的日期，往前找到上一次稳定通过 25 ℃的日期作为计算积温的开始日期，分别为 2013-04-15 和 2020-04-15。将这两个开花日期重新代入预报模型计算，最优解为当 T_a = 25 ℃，T_0 = 12.5 ℃，活动积温 T_A = 7721 ℃・d 时出现。再将预报结果记录于表 2。经对比可看出，表 1 和表 2 中预报误差明显减小。

表 1　木棉花花期预报初步试算结果

	开始日期	观测始花期	模拟始花期	误差/d
调参期	2011-04-15	2012-02-16	2012-02-15	1
调参期	2012-04-03	2013-02-03	2013-01-23	11
调参期	2013-05-05	2014-02-15	2014-03-17	30
调参期	2014-04-07	2015-01-27	2015-01-31	4
调参期	2015-04-17	2016-02-06	2016-02-07	1
调参期	2016-04-02	2017-01-15	2017-01-15	0
调参期	2017-04-06	2018-02-11	2018-02-03	8
验证期	2018-04-19	2019-02-14	2019-02-12	2
验证期	2019-04-05	2020-01-20	2020-01-14	6
验证期	2020-04-29	2021-01-31	2021-02-23	24

表 2　木棉花花期预报结果

	开始日期	观测始花期	模拟始花期	误差/d
调参期	2011-04-15	2012-02-16	2012-02-18	2
调参期	2012-04-03	2013-02-03	2013-01-26	8
调参期	2013-04-15	2014-02-18	2014-02-23	5
调参期	2014-04-07	2015-01-27	2015-02-01	5
调参期	2015-04-17	2016-02-07	2016-02-09	2
调参期	2016-04-02	2017-01-15	2017-01-17	2
调参期	2017-04-06	2018-02-11	2018-02-06	5
验证期	2018-04-19	2019-02-14	2019-02-14	0
验证期	2019-04-05	2020-01-20	2020-01-15	5
验证期	2020-04-15	2021-01-31	2021-02-06	6

3.2　花期预报模型误差检验

将 2012—2018 年 7 a 的数据作为调参期，进行模型参数确定，2019—2021 年 3 年数据为验证期，进行预报检验。从表 2 可以看出，调参期始花期观测值和模拟值平均误差为 4.1 d，验证期始花期观测值和模拟值平均误差为 3.7 d，模拟效果较好。

4　结论与讨论

根据昌江木棉花花期记录资料分析，2012—2021 年木棉花平均始花期为 2 月 4 日，平均始花期十年来提前了 14.5 d。分析 2012—2021 年昌江基本气候要素变化的事实，可看出昌江年平均气温呈缓慢增长趋势，与始花期日序的变化趋势相同。基于农业气象学中积温理论初步构建了海南昌江木棉花花期预报模型，预报方法经多次尝试，剔除了有清明风特殊年份的影响，从检验结果来看，调参期始花期观测值和模拟值平均误差为 4.1 d，验证期始花期观测值和模拟值平均误差为 3.7 d，模拟效果较好。

前人在花期预报研究中主要考虑的气象因子有温度、日照等[1,3,6]，主要以通过温度计算积温为主，积温时段主要根据开花植物生育进程差异选择，本文通过对比分析最终选取了前一年稳定通过某一指示温度来代表进入开花准备期，从而开始计算积温，能合理地计算出始花期的具体日期。不足之处是，本文只考虑了温度指标，但生物的发育有赖于外界环境条件的综合作用，只有在其他条件得到满足时，温度才对生物发育速度起主导作用；而外界环境条件还包括光照、雨水等其他因素，因此，今后的研究应结合其他要素进一步开展花期预报技术研究。

参考文献

[1] 马晶昊，谭诗琪，龙帅，等. 长沙植物园樱花花期预报方法 [J]. 江西农业，2017 (17)：112-113.

[2] 竺可桢，宛敏谓. 物候学 [M]. 北京：科学出版社，1984.

[3] 舒斯，肖玫，陈正洪. 樱花始花期预报方法 [J]. 生态学报，2018，38 (2)：405-411.

[4] 刘璐，王景红，傅玮东，等. 中国北方主产地苹果始花期与气候要素的关系 [J]. 中国农业气象，2020，41 (1)：51-60.

[5] 陈正洪，肖玫，陈璇. 樱花花期变化特征及其与冬季气温变化的关系 [J]. 生态学报，2008，28 (11)：5209-5217.

[6] 姚日升，涂小萍，丁烨毅，等．宁波桃树花期预报方法［J］．气象科技，2014，42（1）：180-186.
[7] 廖碧婷，王四化，杜尧东，等．广州地区梅花花期的预报方法［J］．广东气象，2016，38（4）：55-58.
[8] 张利华，任曙霞，张永强，等．梨树始花期预报［J］．气象科技，2012，40（3）：485-488.
[9] 宋水华，宋良娈．界限温度初终日期的确定及意义［J］．沙漠与绿洲气象，2009，3（S1）：113-114.
[10] 谭静，陈正洪，肖玫．武汉大学樱花花期长度特征及预报方法［J］．生态学报，2021，41（1）：38-47.
[11] 车少静，赵士林，智利辉．迎春始花期预报方法的研究［J］．中国农业气象，2004（3）：70-73.
[12] 何大章．关于广州市花——木棉花的物候［J］．广东园林，1983（2）：25-26.
[13] 张桂香．广州市木棉花期预报研究［C］//第35届中国气象学会年会S14大数据、互联网、融媒体时代气象服务的创新与变革——第八届气象服务发展论坛．中国气象学会，2018.
[14] 贾坤，张黎霞，赵天禄，等．北京地区梅花的花期预报模式初建［J］．北京林业大学学报，2010，32（S2）：97-100.

基于随机森林的洋浦港口大风预报方法的研究*

汪婉婷[1,2]　陈　亮[1,2]　段玉聪[3]
（1. 海南省气象服务中心，海口 570203；2. 海南省南海气象防灾减灾重点实验室，海口 570203；
3. 海南大学，海口 570000）

摘要：根据对2018年3月—2020年6月智能网格的格点预报阵风风速的预报效果进行定量分析发现，各级风力的预报准确率不高，直接作为气象服务产品并不合适，因此需要寻找合适的方法对其进行订正。本文采用随机森林回归算法，通过选取重要特征变量和最优参数，建立最优模型，对模型的订正效果进行评估，并开展业务试运行。试运行结果表明，该随机森林回归模型的订正效果较为有效，但仅针对0~5级风力的大样本数据，可以考虑在大风预报下限采用模型预报数据，6级以上格点预报有较好的准确率，大风预报上限可采用格点预报数据。

关键词：随机森林模型；洋浦港口区；阵性风；预报技术；订正

1　引言

作为国家一类开放港口和海南天然条件最好的深水港，洋浦港业务的蓬勃发展对全省的经济发展可做出巨大贡献。而港口水路运输受气象条件影响较大，当出现6级及以上大风时，船舶进出港、货物装卸等具有不同程度危险性甚至需要停止作业，因此港口大风的准确预报对于保障航行、作业安全至关重要。

传统的公众预报注重某个比较大范围区域，而专业服务中注重服务对象，这就导致对某个点或者小区域的风速预报订正显得尤为必要。风速一般具有一定的非线性特征[1]，传统的订正模型大多采用线性方法[2]，无法有效捕捉其中隐藏的非线性特征。基于机器学习方法的订正模型则能很好地捕捉风速的非线性变化，主要有人工神经网络[3,4]、支持向量机[5]、随机森林[6,7]等。其中随机森林方法相比之下，具有更大的稳定性，适合大样本数据，同时拥有非常广泛的应用前景[8,9]。

为向洋浦港港口日常作业提供更好的精细化气象服务产品，本文对智能网格预报阵风进行检验评估，发现准确率较低，为适应专业气象服务发展需求，需要对其订正。因此，拟挑选重要的特征变量和最优参数，建立最优随机森林回归模型，验证效果，并进行业务试运行。

2　资料与方法

资料采用M1175（洋浦+原油码头）（109.14°E，19.8°N）2018年3月8日21时—2020年6月

* 海南省自然科学基金面上项目（420MS119）、中国气象局公共气象服务中心创新基金项目（M2021013）、海南省气象局青年基金项目（HNQXQN202002）共同资助。

16 日 20 时逐时的极大风速实况数据，以及邻近港口的格点（109.17°E，19.72°N）每日 20 时智能网格预报的未来 24 h 逐时海平面 10 m 阵风和地面 2 m 气温数据。

随机森林主要可应用在分类和回归问题上，在绝大多数情况下，比线性回归、Logistic 分类、K 近邻、决策树效果更好。本文建立模型的步骤如下。

（1）整理数据集：将对应时次的实况和格点预报数据整理成 csv 文件，对于少量缺测的数据用前一时次数据代替，大量缺测的暂不考虑。

（2）拆分数据集：按比例 75% 和 25% 将数据集随机拆分为训练集和测试集。

（3）创建模型：特征和标签选择，建立基本的随机森林回归模型。

（4）训练模型：将训练集代入模型，选取最优参数。

（5）模型评测：将测试集代入模型中预测，根据准确率和误差等指标对模型订正效果进行评价。

3　智能网格阵风预报检验

在风速订正之前，先对格点预报效果进行定量分析。首先以实况风力为准，计算格点预报阵风风力大于/等于/小于实况风力的个数 N_{more} 、N_{equal} 、N_{less} ，则准确率、偏强率和偏弱率的计算公式如下：

$$\text{准确率} = \frac{N_{\text{equal}}}{N_{\text{more}} + N_{\text{equal}} + N_{\text{less}}} \times 100\%$$

$$\text{偏强率} = \frac{N_{\text{more}}}{N_{\text{more}} + N_{\text{equal}} + N_{\text{less}}} \times 100\%$$

$$\text{偏弱率} = \frac{N_{\text{less}}}{N_{\text{more}} + N_{\text{equal}} + N_{\text{less}}} \times 100\%$$

表 1 为 2018 年 3 月—2020 年 6 月去除大量连续缺测数据后共 19306 条格点预报阵风风速的预报效果定量分析情况，由表可知，实况极大风速为 0 ~ 5 级时，样本数量较多，为 16006 条，占总样本的 82.9%，格点预报阵风风速预报准确率达到三成以上，且偏强率较高；当实况为 6 级时，样本数量占总样本的 12.1%，准确率超过四成，且偏弱率较高；当实况为 7 ~ 8 级时，随着风速逐渐增大，预报准确率和偏强率逐渐降低，偏弱率逐渐升高，实况达到 9 级及以上的样本偏少，格点预报阵风风速均偏弱。以上分析可见，实况极大风速为 6 级时，格点预报准确率最高，且 0 ~ 5 级、6 级及以上风速格点预报主要偏强、弱，因此直接用格点预报阵风风速作为气象服务大风预报产品明显不合适，需要对其进行订正后再用于气象服务。

表 1　2018 年 3 月 8 日 21 时—2020 年 6 月 16 日 20 时逐小时格点预报阵风风速和实况极大风速检验结果

	0 ~ 5 级	6 级	7 级	8 级	9 级及以上
准确率/%	36.3	41.5	13.9	8.3	0
偏强率/%	51.8	5.2	5.2	3.9	无
偏弱率/%	11.9	53.3	80.9	87.8	100

格点预报阵风风速在各个不同时段的可视化预报效果如图 1 所示。由图可知，仅在 2018 年 7—9 月和 2019 年 8—9 月这两个时段的较大风速上预报效果总体较好，但也有个别时段格点预报阵风风速偏大很多的情况；而在 2018 年 4—7 月、2019 年 4—7 月和 2020 年 4 月这三个时段，当实况极大风速大于 15 m/s 时，格点预报效果很差，均明显偏弱；其余时段的格点预报阵风风速与实况相对较接近。而从全时段对比情况看，当实况出现较弱的极大风速时，大部分格点预报则偏强。综上，无论是从准确率还是直观图上看，格点预报阵风风速都亟待订正。

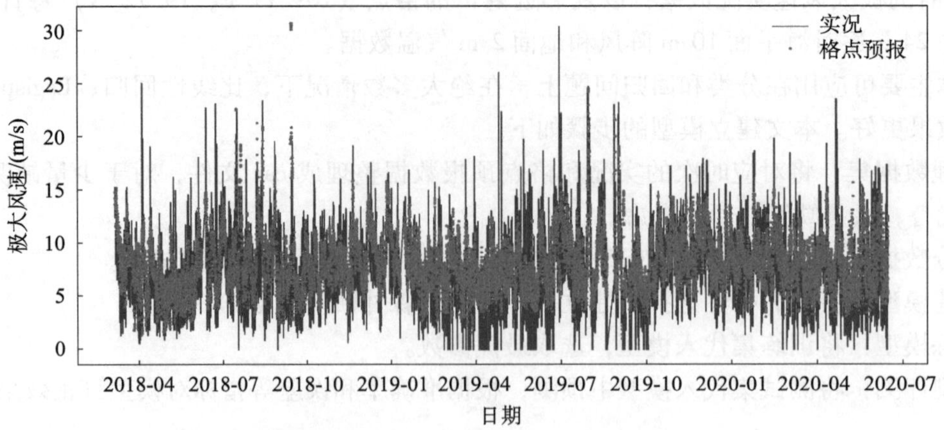

图 1　格点预报阵风风速和实况极大风速可视化对比情况

4　随机森林大风预报模型

4.1　模型的建立

在本文中采用的是随机森林回归的算法对格点预报阵风风速进行订正，模型建立过程如第 2 节中步骤所示。首先将原始输入的 19306 条数据按照 3 ：1 的比例以及 random_ state 定为 42 的情况下随机拆分成训练集和测试集，遵循多维输入、单维输出的原则，分析各输入变量特征的重要性（图 2），其中格点预报阵风风速重要性最高，达到 53%，其次是格点预报气温 15%、重要性最低是年份和月份，分别为 3% 和 7%。因此去除年份和月份数据后，模型输入特征变量变为格点预报阵风风速、气温以及对应的日和时，输出标签为实况极大风速，进而拆分为新的训练集和测试集，并代入随机森林回归模型中来进行下一步参数的调整。

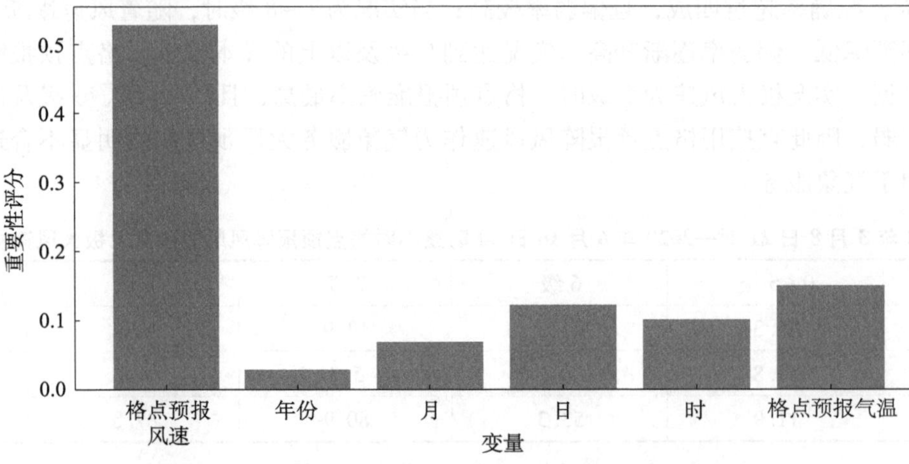

图 2　各特征变量在随机森林回归订正建模过程中的重要性

建模过程中需要参与调参的参数主要有 5 种，调参顺序为 n_ estimators（决策树棵数）、max_ depth（树的最大深度）、min_ samples_ split 和 min_ samples_ leaf（分割内部节点所需的最小样本数）、max_ features（每棵树用到的最大特征数）。

其中参数 n_ estimators 首次在 1 ~ 1000 间隔 10 进行调整，选取的最优参数为 921，最高得分为 0. 515564511，进一步缩小范围在 911 ~ 931 间隔 1 选取的最优参数仍为 921；其次，在决策树棵数确定为

921 时，在 1 ~ 100 间隔 2 搜索参数 max_ depth，可见，15 是转折点，所以暂定 max_ depth ＝15，最高得分 0. 51924971，再在 13 ~ 17 间隔 1 搜索选取的最优参数为 14；同理，对于 min_ samples_ split 和 min_ samples_ leaf 两个参数来说，分别先在 2 ~ 100 和 1 ~ 100 以步长 2 搜索最优参数，再间隔 1 进行精细搜索，可以发现，随着两个参数逐渐增大，模型得分逐渐降低，说明模型并没有出现过拟合现象，因此最优参数分别暂定为 4 和 1；最后一个参数 max_ features 则在 0. 1 ~ 1 间隔 0. 1 搜索，选取的最优参数为 0. 1，最高得分为 0. 5293799964611223。由于手动调参时，各参数之间会互相影响，进一步进行小范围网格搜索，得到精确度更高的最优参数，分别为 919、17、2、1、0. 1，其最高得分为 0. 5329232031128425，可见精确度又稍稍上升了一点（图 3）。

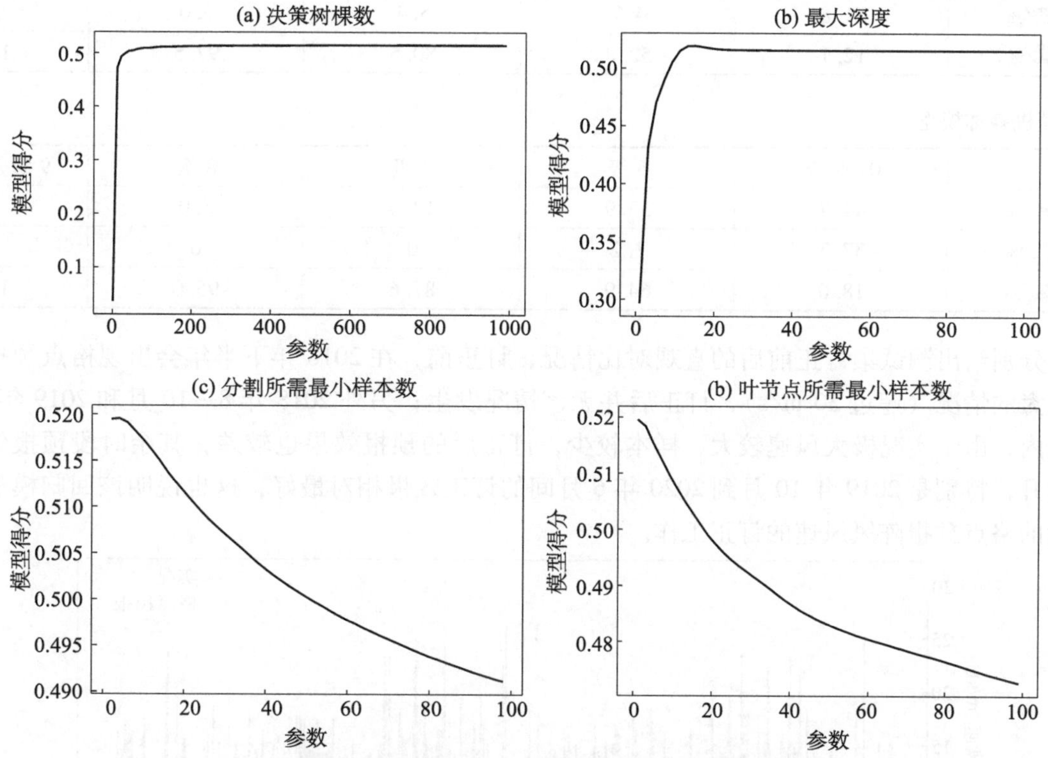

图 3　随机森林回归模型中最佳参数的调整

将上述各最优参数代入随机森林回归模型后，对测试集进行订正，得到订正前后的误差对比结果（表 2a），其中平均相对误差由 0. 45 减弱至 0. 35，平均绝对误差由 2. 22 m/s 减弱至 1. 83 m/s，均方根误差由 8. 75 m/s 减弱至 6. 10 m/s，表明订正后的预测值相对于真实值的误差和离散程度减小，各误差的统一减弱说明该模型订正效果还不错。进一步对准确率、偏强/弱率进行对比（表 2b，c），可知，测试集共有 4827 条数据，其中出现 9 级以上风力次数最少，仅 17 次，样本过少，该随机森林回归订正模型对其无效果；而针对 0 ~ 5 级和 8 级风力的订正结果中预报准确率有不同程度的提高，其中 0 ~ 5 级风力样本数为 3992 条，占测试集总样本的 82. 7%，其准确率提高 9. 6%，8 级风力的准确率提高 2. 5%，而 6 ~ 7 级风力的预报准确率有一定程度的降低，此外订正后 0 ~ 8 级风力的偏强率均降低，偏弱率则均升高。通过以上分析，虽然有部分等级风力预报准确率下降，但整体各误差均减小，说明模式订正仍有一定效果，且 0 ~ 5 级订正效果最好，说明该模型对大样本数据较有效，对 6 级以上的小样本数据订正效果相对较差。

表 2　测试集订正前后检验结果对比

（a）误差

	格点预报	随机森林模型
平均相对误差	0. 45	0. 35

续表

	格点预报	随机森林模型
平均绝对误差/(m/s)	2.22	1.83
均方根误差/(m/s)	8.75	6.10

(b) 格点预报

	0~5 级	6 级	7 级	8 级	9 级及以上
准确率/%	36.1	42.5	14.1	2.5	0
偏强率/%	51.8	4.7	5.4	5.0	无
偏弱率/%	12.1	52.8	80.5	92.5	100

(c) 随机森林模型

	0~5 级	6 级	7 级	8 级	9 级及以上
准确率/%	44.7	33.9	12.4	5.0	0
偏强率/%	37.3	1.2	0	0	无
偏弱率/%	18.0	64.9	87.6	95.0	100

图 4 分别给出测试集订正前后的直观对比情况，订正前，在 2018 年下半年会出现格点预报阵风风速极度偏大的情况（超过 30 m/s），订正后并无该情况发生；另外 2018 年 8—10 月和 2019 年 8—9 月两个时段内，由于实况极大风速较大、样本较少，订正后的预报效果也较差，其余时段预报效果基本上有所提升，特别是 2019 年 10 月到 2020 年 6 月间的订正效果相对最好，这也说明该回归模型基本可用于后续的格点预报阵风风速的订正工作。

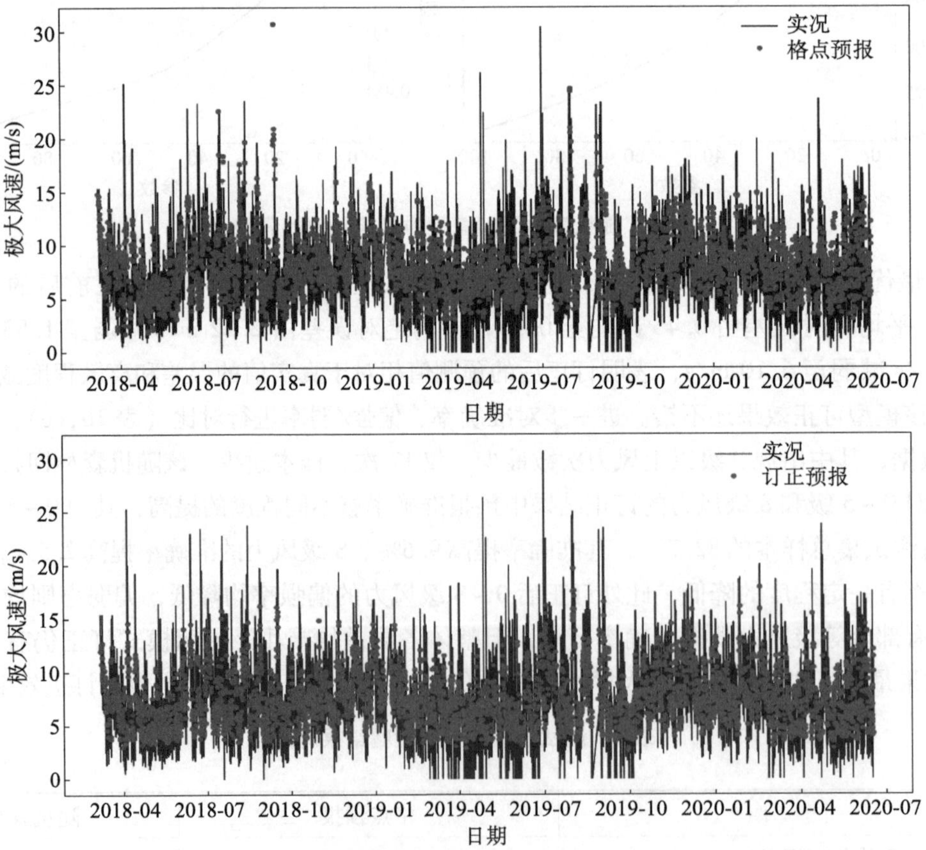

图 4　测试集订正前后预报风速与实况极大风速的对比情况

4.2　业务试运行结果

基于测试集的测试评估效果，发现该随机森林回归模型对于大样本数据订正效果较好，暂可用于后续的订正工作中，从2020年10月4日起将该随机森林回归模型用于业务试运行，截至2022年6月3日，从逐日的订正前后均方根误差对比图中（图5）可以发现，2021年4—10月这段连续时间内订正后的均方根误差基本都低于订正前，该时段订正效果较好，而其他时段则为有低有高的情况。

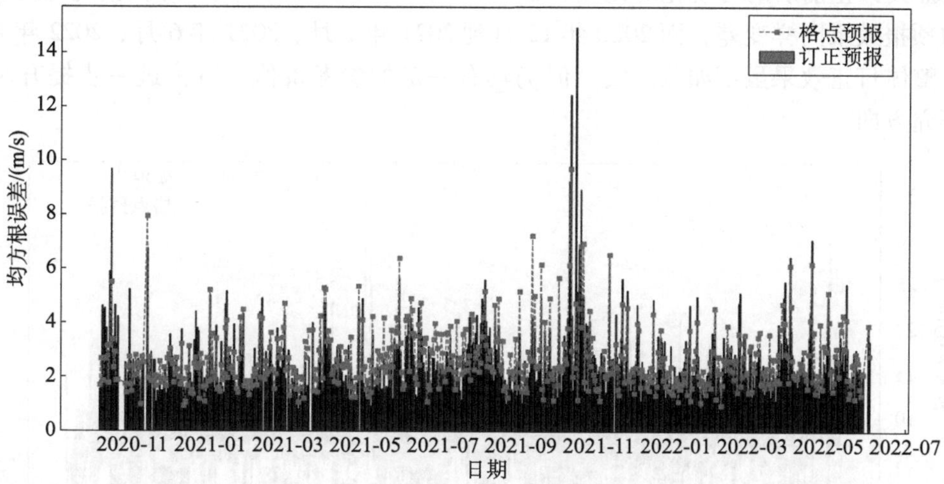

图5　2020年10月4日—2022年6月3日逐日预报阵风风速订正前后均方根误差对比情况

将逐日的订正数据整理成为验证集，对验证集订正前后的误差、准确率等进行对比，结果表明，订正后平均相对误差和平均绝对误差均有所减弱（表3），表明随机森林回归模型订正后的预测值与真实值之间的误差更小，但误差减小的程度弱于测试集，均方根误差则增大，表明订正后的预测值相对于真实值的离散程度更大，这可能与0～5级风力样本占总样本比例较测试集减小有关。验证集共有14352条数据，其中0～5级风力样本数为11153条，占总样本的77.7%，其预报准确率提高3.6%，而6级以上风力的预报准确率均不同程度降低。通过以上分析，误差的减弱说明应用随机森林回归模型订正后的预报风速与实况极大风速均更接近，准确率方面也仅有0～5级风力有所提高，说明该随机森林回归模型对0～5级风力的这类大样本数据较为有效，而对6级以上风力格点预报的订正可能需要更多的数据支撑或多次大风天气过程的统一分析。

表3　模型业务试运行检验结果对比

（a）误差

	格点预报	随机森林模型
平均相对误差	0.400	0.350
平均绝对误差/(m/s)	2.207	2.205
均方根误差/(m/s)	8.060	8.730

（b）格点预报

	0～5级	6级	7级	8级	9级及以上
准确率/%	38.2	35.4	17.4	13.6	24.7
偏强率/%	48.6	5.2	3.8	1.9	无
偏弱率/%	13.2	59.4	78.8	84.5	75.3

（c）随机森林模型

	0～5 级	6 级	7 级	8 级	9 级及以上
准确率/%	41.8	24.9	4.6	0	0
偏强率/%	39.7	1.7	0.1	0	无
偏弱率/%	18.5	73.4	95.3	100	100

图 6 为验证集订正前后的可视化对比图，在 2020 年 10 月和 2021 年 10 月，实况风速较大、样本偏少，订正后的预报效果同样变差，而 2020 年 12 月到 2021 年 1 月、2021 年 6 月、2022 年 4 月的订正效果相对较好，整体订正效果虽不如测试集，但仍具有一定的参考价值，可为进一步提升风速预报准确率提供一个研究方向。

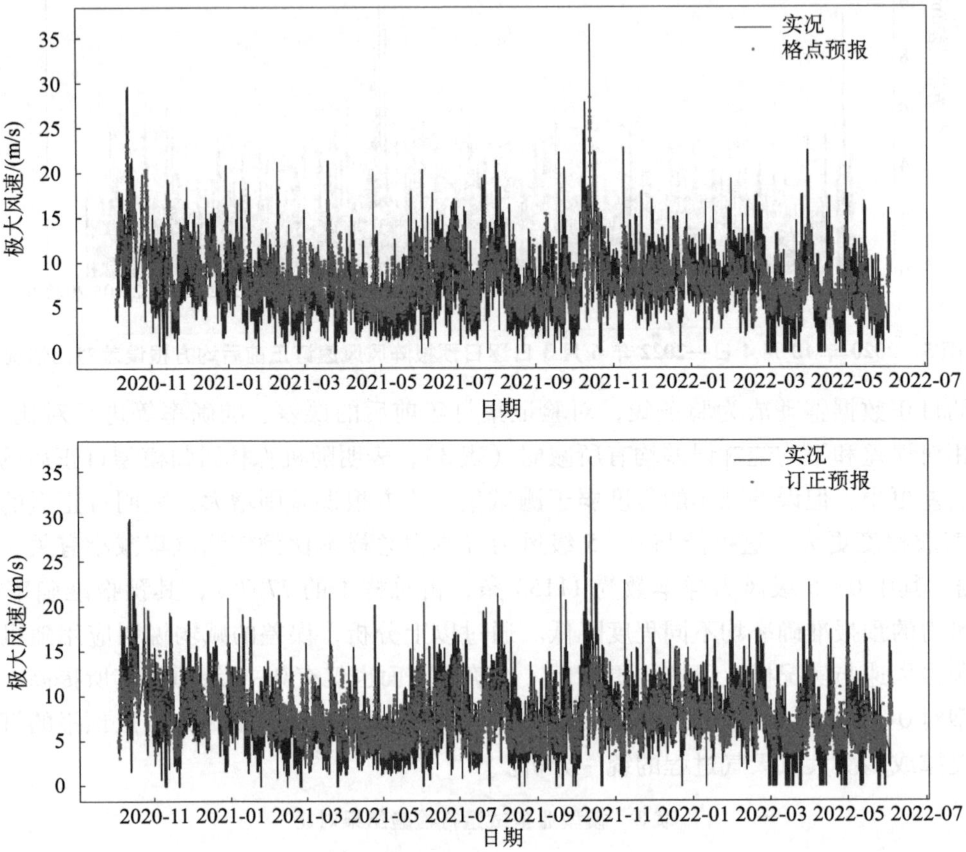

图 6　验证集订正前后与实况极大风速的对比情况

5　结论与讨论

本文采用随机森林回归算法，通过选取重要特征变量和最优参数，建立最优风速订正回归模型，用测试集对模型的预测效果进行评估，并进一步应用于后续的逐日订正工作中，通过验证可得：

（1）格点预报阵风风速各级风力的预报准确率不高，直接作为气象服务产品并不合适，因此需要对其进行订正以便更好地用于气象服务。

（2）通过对测试集和验证集的订正前后误差和准确率的对比分析，发现该随机森林回归模型的订正效果较为有效，但仅针对 0～5 级风力的大样本数据，而对 6 级以上风力格点预报的订正可能需要更多的数据支撑、多次大风天气过程的统一分析或者分季节、分月份进行分析。

（3）模型订正后对 0 ~ 5 级的阵风预报效果好，可以考虑在大风预报下限采用模型预报数据，6 级以上格点预报有较好的准确率，大风预报上限可采用格点预报数据。

参考文献

［1］袁全勇，李春，杨阳，等．风速时间序列非线性特性分析［J］．热能动力工程，2018，33（8）：135-143.

［2］王洁，郭鹏，何晓凤，等．基于测风塔观测资料的近地层风速平面订正［J］．气象与环境学报，2020，36（6）：115-121.

［3］ZJAVKA L. Wind speed forecast correction models using polynomial neural networks［J］. Renewable Energy，2015，83：998-1006.

［4］蔡佳佳，曾玉明，周浩，等．基于人工神经网络的高频雷达风速反演［J］．海洋学报，2019，41（11）：150-155.

［5］孔令彬，赵艳茹，王聚杰，等．基于支持向量机风速订正方法的研究［J］．西南大学学报（自然科学版），2014，36（5）：194-200.

［6］LIN Y J，KRUGER U，ZHANG J P，et al. Seasonal Analysis and Prediction of Wind Energy Using Random Forests and ARX Model Structures［J］. IEEE Trans Control Syst Technol，2015，23（5）：1994-2002.

［7］付旭东，王金艳，李龙燕，等．基于随机森林算法的风场预报［J］．兰州大学学报（自然科学版），2021，57（4）：503-509.

［8］OLIVEIRA S，et al. Modeling spatial patterns of fire occurrence in Mediterranean Europe using Multiple Regression and Random Forest［J］. Forest Ecology and Management，2012，275：117-129.

［9］周康辉，郑永光，韩雷，等．机器学习在强对流监测预报中的应用进展［J］．气象，2021，47（3）：274-289.

智慧气象服务长江内河航运安全的实践与思考*

孟英杰　吴翠红　田　刚　王继竹　王孝慈　李　曲

（长江流域气象中心，武汉 430074）

摘要： 长江流域气象中心围绕长江黄金水道发展需要，面向长江航运开展气象保障服务，利用信息化手段和智慧气象理念，创新了内河航运天气通航等级产品，开发了导航式气象智能服务系统，探索了长江航运气象服务协同发展机制，开展了长江航道智慧气象服务，提升了黄金水道安全通航能力，取得了较好的成效。

关键词： 长江航运；智慧气象；气象服务

引言

长江黄金水道是横贯我国东西的水运大动脉，是我国最长的内陆航道，干线航道 2838 km，规划的干支流高等级航道 1.2 万 km，具有运能大、占地少、能耗低、污染小的优势，2020 年长江干线货物通过量突破 30 亿 t 大关。国家高度重视长江内河发展，先后出台了《关于依托黄金水道推动长江经济带发展的指导意见》《长江经济带综合立体交通走廊规划》，做出了依托长江黄金水道推动长江经济带发展，落实碳达峰、碳中和目标要求，推动交通运输绿色低碳转型，打造中国经济新支撑带的重大战略决策。

长江航道地形水系复杂，沿途气候多变，易受大雾、大风、暴雨等灾害性天气及其引发的次生灾害的影响。长江航道因天气原因所造成的人员伤亡及财产损失几乎每年都有。例如 2003 年 6 月 19 日“江龙”806 号轮与涪州 10 号客轮在涪陵水域突遇浓雾碰撞，死亡 53 人；2015 年 6 月 1 日的“东方之星”号客轮因强对流天气翻沉事件造成 442 人死亡；另外，灾害性天气还会降低三峡船闸的通航效率，2012 年 4 月 28—30 日，三峡大坝上下游河段相继因雾禁航 40 余小时，230 艘船舶、57 个闸次运行计划被迫延迟。新时代长江航道航运安全、长江干线航道系统化治理等工作都对气象保障服务提出了更高要求[1-4]。为服务国家长江经济带发展战略，长江流域气象中心近几年不断发展航运气象服务，利用信息化手段和智慧气象理念，探索建立长江流域航运气象服务合作共赢、协同发展机制，提升长江黄金水道安全通航能力，取得了较好的成效。

1　长江航运智慧气象服务技术

1.1　建立长江航运气象服务数据平台

基于气象大数据平台“天擎”，借助全国气象信息共享平台和公共服务产品库，联合沿江各省（区、市）气象部门，建立了涵盖实时监测、网格预报和预警信息的气象数据平台底座。通过部门联

* 中国气象局“2020 年山洪地质灾害防治气象保障工程建设”资助。

合，利用“智慧湖北”工程——“楚天云”，与交通、水利、国土等部门实现信息共享和数据互换，打通长江航道AIS船舶数据、重点港口码头、跨江桥梁和沿江水位流量、山洪地质灾害高风险隐患区等涉航信息获取渠道。利用部门内外联合，初步实现了气象与水文、航运、国土等行业的数据共享与融合，实现航运气象服务产品生产、服务的基础数据支撑。

1.2　研发气象灾害风险预警核心技术

1.2.1　建立长江主航道气象灾害风险预警指标体系

开展长江航运气象灾害风险预警核心技术研发，重点围绕沿江库区航段、山区航段、丘陵航段、平原航段，开展特异性分析、数值模拟和卫星遥感分析[5]，建立了长江主航道大风、大雾、暴雨等气象灾害区划（图1），建立了长江主航道高风险区，分地形、分灾种、分等级的风险预警指标体系。

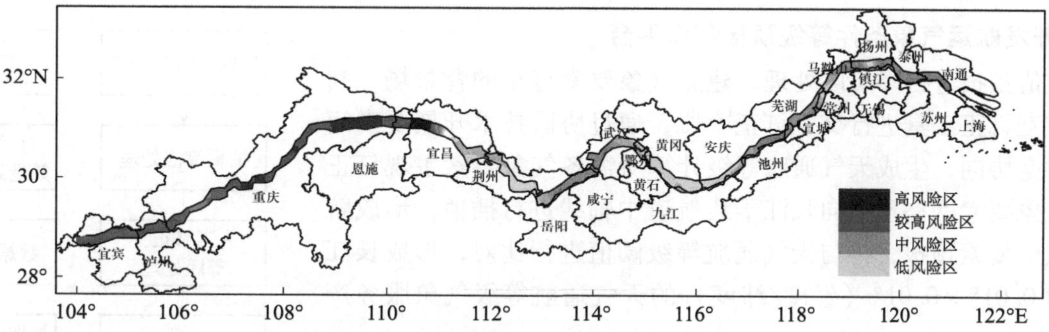

图1　长江航道大雾灾害因子风险区划

1.2.2　设计面向航运气象服务场景的天气通航等级

为实现气象信息与涉航信息的高度融合，结合气象灾害风险预警业务规定和交通信号指示规则，设计服务于航运可视化场景的天气通航等级。结合长江水上交通规定[6,7]和气象灾害预警发布规定，分地域、分灾种、分影响确定风速、能见度、降雨、降雪以及强对流等气象条件的相关等级阈值（表1）。结合航道拟合、聚类分析等技术，利用气象部门对外发布的1100多个气象监测站点数据、精细化网格气象要素预报、沿江市（县）气象预警信号等信息，进行数据挖掘，形成航道沿线天气通航等级实况和预报产品[8]，如图2所示。

表1　长江干线水上交通气象条件等级

气象条件等级		极大风速（V）/（m/s）	能见度（L）/km	降雨量（R）/mm	降雪量（S）/mm	强对流（冰雹直径：$D_{冰雹}$）/mm	最高气温*（T_{max}）/℃
适宜	绿色	$V<8.0$	$L\geqslant2.0$（宜昌以上） $L\geqslant4.0$（宜昌以下）	$R_{12}<50$	$S_{12}<4$	无	$T_{max}<28$
风险一般	蓝色	$8.0\leqslant V<10.8$	$1.5\leqslant L<2.0$（宜昌以上） $2.0\leqslant L<4.0$（宜昌以下）	$R_{12}\geqslant50$	$4\leqslant S_{12}<6$	无	$28\leqslant T_{max}<30$
风险较高	黄色	$10.8\leqslant V<13.9$	$1.0\leqslant L<1.5$（宜昌以上） $1.0\leqslant L<2.0$（宜昌以下）	$R_6\geqslant50$ 或 $10\leqslant R_1<20$	$S_{12}\geqslant6$	有，且 $D_{冰雹}<10$	$30\leqslant T_{max}<35$

续表

气象条件等级		极大风速（V）/（m/s）	能见度（L）/km	降雨量（R）/mm	降雪量（S）/mm	强对流（冰雹直径：$D_{冰雹}$）/mm	最高气温 *（T_{max}）/℃
风险高	橙色	$13.9 \leqslant V < 17.2$	$0.5 \leqslant L < 1.0$	$R_3 \geqslant 50$ 或 $20 \leqslant R_1 < 50$	$10 \leqslant S_6 < 15$	有，且 $10 \leqslant D_{冰雹} < 20$	$T_{max} \geqslant 35$
风险很高	红色	$V \geqslant 17.2$	$L < 0.5$	$R_3 \geqslant 100$ 或 $R_1 \geqslant 50$	$S_6 \geqslant 15$	有，且 $D_{冰雹} \geqslant 20$，或伴有龙卷	

注：R_1、R_3、R_6、R_{12}分别表示 1 h、3 h、6 h、12 h 累计降雨量；S_6、S_{12}分别表示 6 h、12 h 累计降雪量；* 针对易燃易爆危化品运输船舶。

1.2.3　开发航运气象条件等级预报制作平台

将数值预报进行降尺度处理，建立气象要素订正的背景场，利用人机交互订正工具进行交互订正[9, 10]，通过协同技术开展要素间协同和时空协同，生成天气通航等级计算所需各气象要素主观订正结果。气象要素网格预报向长江干线航道中轴线进行插值，形成航道任意点的要素预报，再与天气通航等级阈值进行比对，形成长江干线航道 0.01°×0.01°（经度/纬度）的天气通航等级气象服务产品（图 3）。

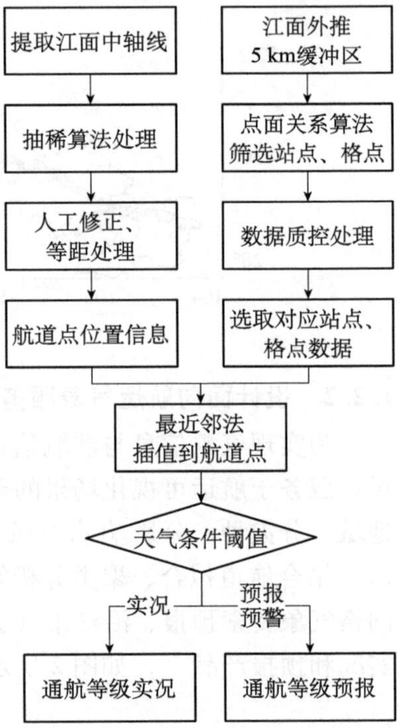

图 2　天气通航等级拟合分析流程

1.2.4　建立基于天气通航等级的航运气象导航平台

开发航运气象导航平台，面向航道调度管理部门和船舶运营者的不同需求，分别建立全航道点的天气通航应用、船舶动态时空的天气通航导航。全航道天气通航预报是利用气象监测信息、气象要素网格预报和气象预警信号等气象信息，计算某时刻全航段天气通航等级预报。对于动态船舶，则是参照公路交通导航模式，建立基于天气通航等级预报的气象风险导航，通过接入船舶 AIS 系统，获取船舶定位、船速、航向等信息，利用对船舶的位置跟踪，通过其航迹预判目的地或者定制目的地，结合船舶航速，计算行程和对应江段天气通航等级，提供相应灾害规避建议，形成基于气象灾害影响的航行沿途智能天气导航（图 4）。

2　长江航运智慧气象服务实践

2.1　共建发展航运气象服务协作机制

针对航道跨地域、服务跨行业、技术跨学科的特点，通过部门内外合作，从业务组织、服务应用、技术协同等方面构建了航运气象服务协同发展机制。一是开展了国省、沿江气象部门的业务协作。充分发挥流域中心的协调组织作用，加强了与国家气象中心、公共气象服务中心等国家级气象业务单位和沿江各省（区、市）气象部门的业务合作，实现了流域气象部门的航运服务交流机制，探索建立长江流域航运气象形成上下游协同一体、业务与服务互动的业务服务模式。二是与航运部门的联合共建。加强与交通运输部长江航务管理局的交流，对接长江干线水上运输船舶、沿江港口码头作业和水上水

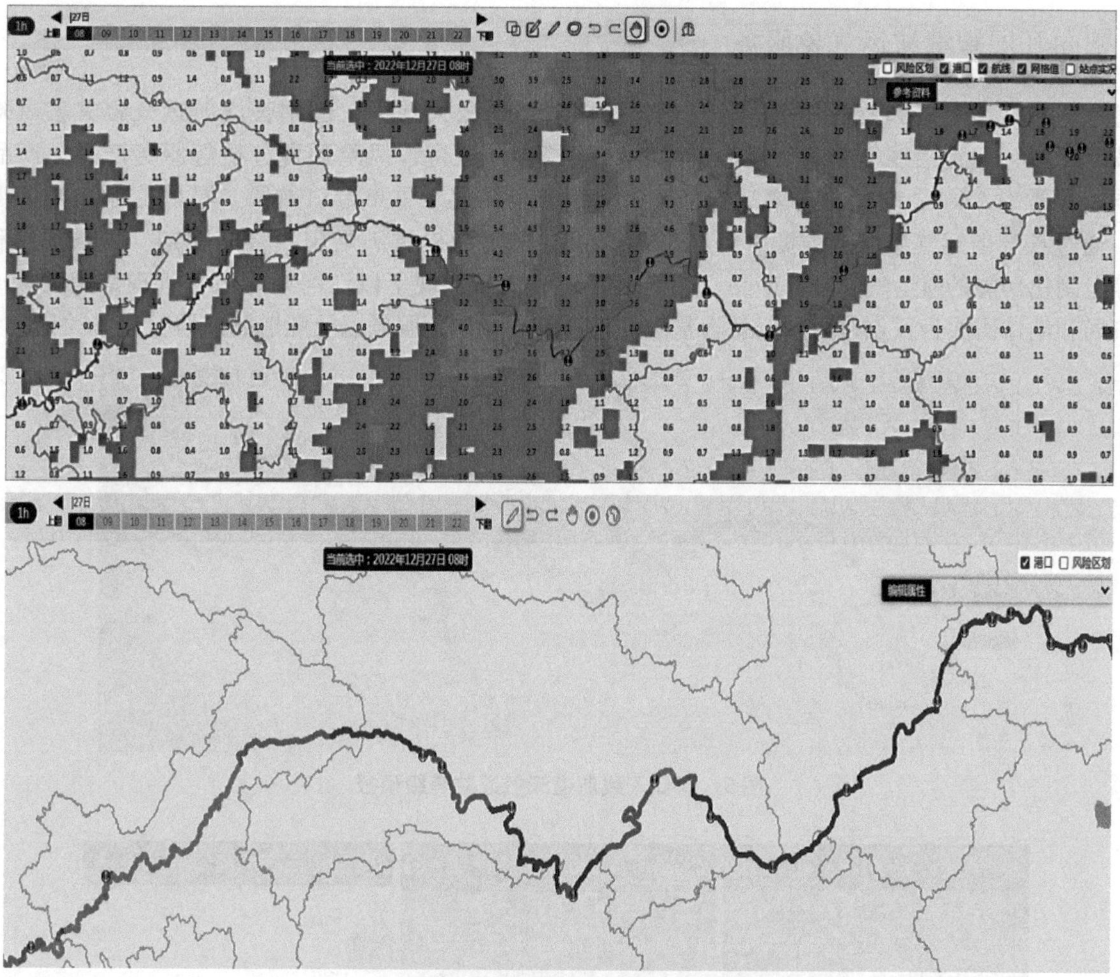

图 3 基于网格预报航运通航等级产品制作

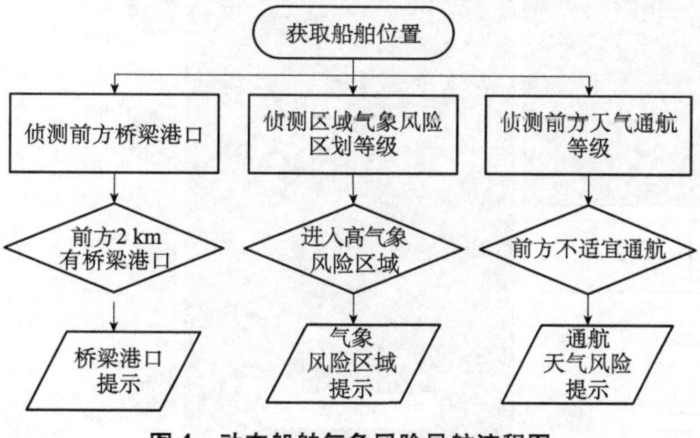

图 4 动态船舶气象风险导航流程图

下施工、长江航运安全监管对气象服务的需求，与长江航务管理部门联合成立工作专班、整合观测资源、加强信息共享、合作建设长江干线通航水域气象保障体系，建立了定期交流和联合培训机制。三是建立了长江航运气象服务联盟。联合长江海事局、国家水运安全工程技术研究中心成立长江航运气象服务联盟，建立了联动机制，以保障长江航运安全和人民生命财产安全为目标，以科技创新和平台共建为支撑，推动联盟成员之间合作，建立多元开放、优势互补、集成高效的协同发展机制，推进长江航运气象采集终端、预警监测平台、信息服务系统等建设和应用。

2.2 靶向开展智慧航运气象服务

通过与长江海事局和船务公司沟通，充分挖掘航运气象大数据，运用长江航运气象灾害风险预警核心技术，设计航道沿线气象灾害风险自动实时报警、预定行程风险预警分析等服务产品，产品精度达到空间分辨率 1 km，时间分辨率达到分钟级，服务全航道、重点港口航段、具体船舶三类调度应用场景。通过长江航运气象服务数据平台和航运气象导航平台提供满足用户智能感知、场景预判和行程抉择等定制化功能的航运气象服务产品（图5、图6），初步实现了以江河湖库航务管理部门为核心、地方海事局和港口码头为重点、运营船舶为基础的长江航段属地化服务以及船舶跨航段行程集约化服务。

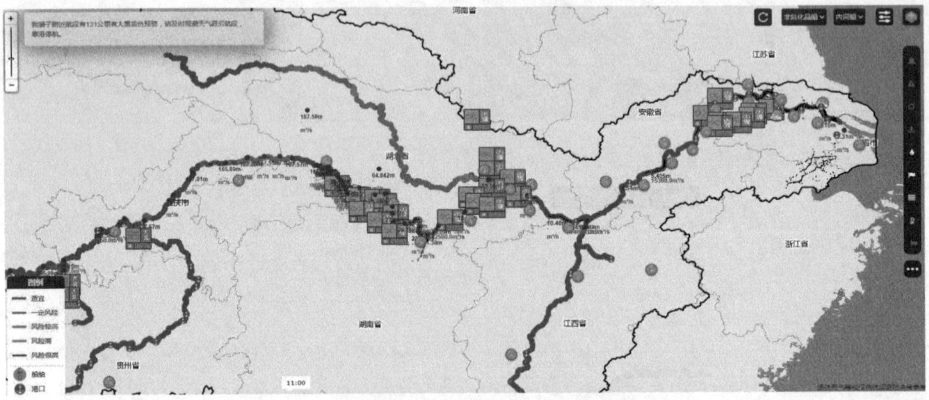

图5　长江干线航道天气通航等级预报

图6　航运气象导航平台

2018 年 8 月开始，长江航道天气监测预报预警产品通过共享平台及移动客户端，在长江海事局、沿江地方海事局、重点船务公司以及沿江气象部门应用，2020 年起相关产品纳入中国气象局春运专报报送中办、国办。对 2018—2022 年长江干线出现的局地强降水、大风、大雾等天气过程，系统平台均及时直观地进行提示报警。如 2018 年 9 月 18—20 日湖北段强降水、10 月初重庆段连续大雾、10 月 23

日和10月26日荆州—武汉段大雾等天气过程，共享平台及移动客户端均及时直观地进行报警，提示灾害性天气对航运的影响。2021年5月上中旬武汉段2次大风龙卷天气下江面出现14级以上极端大风、2022年3月16—17日长江流域中下游大部航段出现8级以上大风、2022年7月26日长江中下游出现9～13级飑线大风，海事部门根据气象预警及时禁航，近万艘船舶及时进港避风，未发生任何险情和航运安全事故。通过长江航运智慧气象服务，强化部门间联动，有效降低了航运高影响气象灾害风险。

3　总结与思考

通过长江航运智慧气象服务的实践，长江流域气象中心初步建立了结构完善、功能先进、集约高效、保障有力的现代化内河航运气象保障服务体系，为沿江各省开展实时航运气象服务提供了支撑，长江航运气象服务实现了从无到有、从有到好的发展。

（1）长江航运智慧气象服务以通航天气等级为切入点，应用云计算、大数据挖掘、“互联网＋”等技术，推进航运气象导航式服务，开发满足用户智能感知、场景预判和行程抉择等定制化功能的专业气象服务产品，初步实现了个性化、专业化的靶向服务。

（2）长江航运智慧气象服务通过发展基于影响预报的理念，从实时监测、格点预报、预警服务等方面提取气象服务信息，结合长江水上交通相关规定，研创了“天气通航等级”航运气象服务技术，实现了航运、气象业务的有效融合，获得了航运和海事部门的认可。

（3）长江航运智慧气象服务建立了行业气象相互融合发展的模式，初步实现了全链条服务协同联动。双方联合开展了航运气象服务业务整体建设，从信息共享、技术研发、产品模式、服务应用、效果反馈、交流培训等方面全方位协作，形成针对业务体系的全链条合作支撑，探索建立了上下游协同一体、服务与管理互动、业务与科研结合的长江航运气象服务融合发展模式。

长江航运智慧气象服务拓展了气象服务领域，从传统的流域防汛抗旱和水资源调度等气象保障服务，向综合防灾减灾、航运安全等领域拓展，同时也为全国内河航运气象服务提供了一种思路与实践。但同时还有问题，需要进一步深入分析研究：一是针对水上气象监测受限的问题，需加强多源实况分析产品在长江内河航线的应用分析，提升水上气象实况监测能力；二是进一步细化长江干线、支流通航气象环境风险研究，发展精细水上交通气象风险预报预警服务；三是面向重点港口建设，响应“空铁公水”交通联动服务需求，开展综合性交通气象影响预报技术研究。

参考文献

[1] 李朱．长江经济带发展战略的政策脉络与若干科技支撑问题探究［J］．中国科学院院刊，2020，35（8）：1000-1007.

[2] 孙伟，陈雯，曹有挥，等．长江经济带空间格局和绿色发展——中国科学院南京地理与湖泊研究所相关研究回顾［J］．中国科学院院刊，2020，35（8）：960-969.

[3] 刘长俭，袁子文．“十四五”期长江口航道建设发展重点思考［J］．水运工程，2020（10）：106-109.

[4] 刘涛，彭东方，刘均卫．长江干线宜昌至武汉段航运发展对策分析［J］．水利水运工程学报，2019（1）：76-84.

[5] 万君，周月华，王迎迎，等．基于GIS的湖北省区域洪涝灾害风险评估方法研究［J］．暴雨灾害，2007（4）：328-333.

[6] 中华人民共和国交通运输部．长江干线水上交通安全管理特别规定［Z］．2017.

[7] 彭怀文．长江干线水上交通安全预警实施难点分析及建议［J］．中国水运，2021（6）：34-36.

[8] 田刚，王继竹，张华林，等．长江航运气象预报预警服务系统设计与应用［J］．气象科技．2020，48（4）：503-510.

[9] 孟英杰，王海燕，王继竹．气象服务关键技术在三峡水资源开发利用中的应用［J］．水资源研究，2021，10（4）：339-349.

[10] 贺雅楠，高嵩，薛峰，等．基于MICAPS 4的精细化天气预报平台设计及应用［J］．气象科技，2018，46（1）：200-206.

1955—2020 年中国雪都滑雪气象指数特征分析

博尔楠　黄晓华　哈马泰　王　红

（新疆维吾尔自治区阿勒泰地区气象局，阿勒泰 836500）

摘要： 根据 1955—2020 年冬季阿勒泰市各相关气象数据，分析各级别滑雪气象指数特征，结果表明：①近 66 a 中，平均每年冬季滑雪气象指数为 1 级标准和 2 级标准的日数分别为 72 d 和 44 d，占比为 55.5% 和 33.8%，合计占比高达 89.4%。②11 月下旬—12 月中旬以及 2 月下旬—3 月中旬的日滑雪气象指数达 1 级标准或 2 级标准日占比超过 90%，滑雪气象指数为 1 级标准日占比超过 60%，是冬季滑雪气象指数最高时段。③随着冬季气候变暖，近 66 a 日最高气温低于 −16 ℃的日数明显减少，因此阿勒泰冬季滑雪气象指数变化特征表现为 1 级和 2 级标准日明显增多、3 级和 4 级标准日明显减少的趋势。④12 ~ 19 h 的滑雪气象指数为非常适宜时段，13 ~ 18 h 为滑雪气象指数最佳时段，16 h 为滑雪气象指数最优时次。⑤2012—2020 年冬季因气温原因导致日滑雪气象指数为 3 级和 4 级标准的个例中，任意时次的小时滑雪气象指数均为 3 级或 4 级；因降雪原因导致日滑雪气象指数为 3 级和 4 级标准的个例中，小时滑雪气象指数为 1 级或 2 级标准的时长平均分别为 10 h 和 8 h。

关键词： 滑雪气象指数；冬季；小时；中国雪都阿勒泰

冰雪运动，泛指在冰上与雪地上进行的各种运动，滑雪是最常见的冰雪运动项目之一。习近平总书记指出，要把推动冰雪运动普及贯穿始终，大力发展群众冰雪运动，提高冰雪运动竞技水平，加快冰雪产业发展，推动冬季群众体育运动开展，增强人民体质。推动冰雪运动普及、推广冰雪项目，让更多群众参与进来，达到强身健体的效果，努力实现“三亿人参与冰雪运动”的目标，对于丰富人民群众精神文化生活、提高人民群众幸福感和满意度意义重大。发展冰雪运动产业对于满足群众健康生活需求、扩大群众体育消费、辐射带动相关产业发展具有重要意义。随着经济社会发展和人民生活水平提高，人民群众消费结构升级，冰雪运动消费逐年增长，冰雪健身、冰雪赛事逐渐成为社会热点和生活时尚。冰雪运动产业作为绿色产业、朝阳产业，发展势头迅猛，前景十分广阔，完全有条件成为未来我国经济发展新的增长点。

2016 年第十三届冬运会在新疆举办，为冰雪运动的持续发展及全民参与形成强力助推[1]，新疆成为我国“冰雪旅游第三极”的呼声也因此日渐高涨[2]。2018 年，阿勒泰因其得天独厚的冰雪资源和气候条件优势被中国气象局授予“中国雪都”气候标志，近年来阿勒泰的冰雪旅游事业得到了飞速发展，得到了大量国内外滑雪爱好者的青睐。

在全球变暖背景下，各地冰雪运动产业发展会或多或少受到影响[3,4]。根据中国宏观冰雪旅游综合评价，黑龙江、吉林、新疆等地适宜发展冰雪旅游[5]，但是对新疆的冰雪旅游研究多以发展策略等宏观定性研究成果为主[5-11]。基于定性分析，户外冰雪运动资源分布与产业配置相辅相成[12, 13]。高锋等[14]利用 Menod-stepwise 回归算法分析指出，在吉林省主要景区，日降雪量、平均风速、日最高气温是所有气象要素中对滑雪人数影响最显著的气象因子；Mieczkowski[15] 在 1985 年提出旅游气候指数（TCI）；刘耀龙等[16, 17]基于平均风速、降水量和温度要素构建了一种冰雪运动气候适宜性指数；张雪莹等[18]将2011—2016年的积雪深度和平均温度与社会经济数据结合，应用层次分析法和熵值法确定权重，通过GIS空间分析技术对新疆的冰雪运动适宜性进行评价。目前针对中国雪都阿勒泰滑雪气象指数方面的研究还是空白，无法满足广大滑雪爱好者的气象服务需求，因此开展该方面的研究有较大意义。

1　资料与方法

1.1　资料

阿勒泰市平均入冬期和开春期分别为11月8日和3月23日，户外滑雪期为每年11月中旬至次年3月中旬，因此选取阿勒泰国家基准气候站1955—2020年（11月11日—次年3月20日）逐日最高气温、08—20时降水量以及日平均风速资料。

为更好地服务中国雪都的冰雪运动，需进一步研究小时滑雪气象条件，因此选取2012—2020年的冬季逐小时最高气温、降水量以及平均风速资料。根据中国气象局2017年10月30日发布并于2018年3月1日实施的《滑雪气象指数》（QX/T 386—2017）中的规定（表1），将滑雪气象指数分为非常适宜（1级）、适宜（2级）、不适宜（3级）、非常不适宜（4级）四个等级。

表1　滑雪气象指数及含义

滑雪气象指数	1	2	3	4
指数含义	非常适宜	适宜	不适宜	非常不适宜

1.2　研究方法

1.2.1　日滑雪气象指数定义

依据逐日气象数据，根据表2确定降雪量等级、风力等级、最高气温对滑雪的影响等级。以日降雪量等级、日平均风力、日最高气温三个要素对滑雪的影响等级的最高值作为日滑雪气象指数。

表2　降雪量等级、风力等级、最高气温与滑雪影响等级对照表

滑雪影响等级	降雪量等级	风力等级（f）	最高气温（T_g）/℃
1	无降雪	f≤2级	$-12 \leq T_g < 2$
2	小雪	2级<f≤3级	$-16 \leq T_g < -12$ 或 $2 \leq T_g < 10$
3	中雪	3级<f≤5级	$-20 \leq T_g < -16$
4	大雪及以上	f>5级	$T_g < -20$

1.2.2　小时滑雪气象指数定义

通过分析2012—2020年冬季阿勒泰国家基准站大雪以上个例和中雪个例可知：大雪以上降水个例的平均小时雪强为0.7 mm；中雪个例的小时降水强度在0.4～0.6 mm。因此定义小时内无降雪，对滑雪影响等级为1级；0.1 mm<小时降雪量（R）≤0.3 mm，对滑雪影响等级为2级；0.3 mm<小时降雪量（R）≤0.6 mm，对滑雪影响等级为3级；小时降雪量（R）≥0.7 mm，对滑雪影响等级为4级。小时风力和最高气温对滑雪的影响参照日数据对滑雪的影响。

依据逐小时气象数据，根据表3确定降雪量、风力等级、最高气温对滑雪的影响等级。以小时降雪量、小时平均风力、小时最高气温三个要素对滑雪的影响等级的最高值作为小时滑雪气象指数。

表3　小时降雪量、风力等级、最高气温与滑雪影响等级对照表

滑雪影响等级	降雪量（R）/mm	风力等级（f）	最高气温（T_g）/℃
1	无降雪	$f \leq 2$ 级	$-12 \leq T_g < 2$
2	$0.1 < R \leq 0.3$	2 级 $< f \leq 3$ 级	$-16 \leq T_g < -12$ 或 $2 \leq T_g < 10$
3	$0.3 < R \leq 0.6$	3 级 $< f \leq 5$ 级	$-20 \leq T_g < -16$
4	$R \geq 0.7$	$f > 5$ 级	$T_g < -20$

2　冬季滑雪气象指数特征

2.1　滑雪气象指数特征

1955—2020 年，平均每年冬季滑雪气象指数为 1 级标准的日数达 72 d，占比 55.5%；滑雪气象指数为 2 级标准的日数达 44 d，占比 33.8%；滑雪气象指数为 1 级标准或 2 级标准的日数长达 116 d，占比高达 89.4%；滑雪气象指数为 3 级标准和 4 级标准的日数分别为 9 d 和 5 d，占比仅为 6.7% 和 3.9%（图 1）。

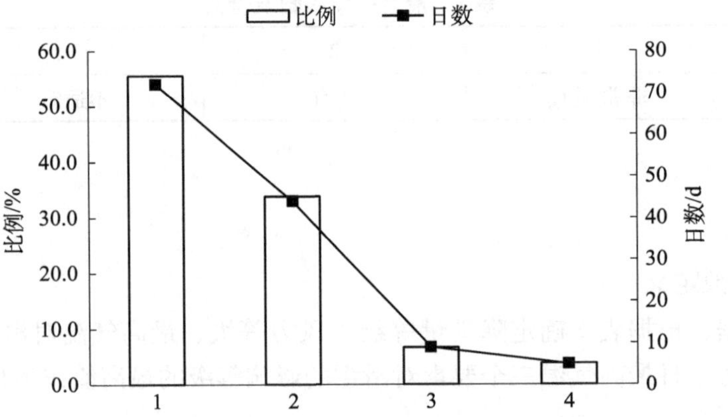

图 1　1955—2020 年各级滑雪气象指数分布

2.2　各级滑雪气象指数日异常偏多（偏少）年份特征分析

将各级别滑雪气象指数日 S 达到平均值（X）与 1.3 倍标准差之和（1.3σ）的年份记为一个该级别滑雪气象指数日异常偏多年份，S 达到平均值（X）与标准差（1.0σ）之和的年份记为一个明显偏多年份，S 小于平均值（X）与 1.3 倍标准差（1.3σ）之差的年份记为一个异常偏少年份，S 小于平均值（X）与标准差（1.0σ）之差的年份记为一个明显偏少年份。

根据上述原理，滑雪气象指数达 1 级标准或 2 级标准日（128 d）异常偏多、3 级标准或 4 级标准日（3 d）异常偏少年份为 1991 年（图 2）；滑雪气象指数达 1 级标准或 2 级标准日（127 d）明显偏多、3 级标准或 4 级标准日（3 d）异常偏少年份为 1981 年、1988 年和 1994 年；滑雪气象指数达 1 级标准或 2 级标准日（125～126 d）明显偏多、3 级标准或 4 级标准日（4～5 d）明显偏少年份为 1969 年、1982 年、1985 年、1989 年、2018 年和 2019 年；滑雪气象指数达 1 级标准或 2 级标准日（86～104 d）异常偏少、3 级标准或 4 级标准日（26～44 d）异常偏多年份为 1956 年、1966 年、1968 年、1976 年和 1984 年；滑雪气象指数达 1 级标准或 2 级标准日（106～108 d）明显偏少、3 级标准或 4 级标准日（22～24 d）明显偏多年份为 1955 年、1960 年、1965 年、1970 年、1987 年、2001 年和 2004 年。其余 44 a 各级滑雪气象指数分布属于正常年份。通过上述分析可知，1991 年、1981 年、1988 年和 1994 年为日滑雪气象指数达 1 级或 2 级标准日（127～128 d）最多的年份，滑雪气象指数达 3 或 4 标准日仅为 3 d；1968 年和 1976 年为日滑雪气象指数达 1 级或 2 级标准日（86 d 和 99 d）最少的年份，占比分别为 66% 和 76% 。

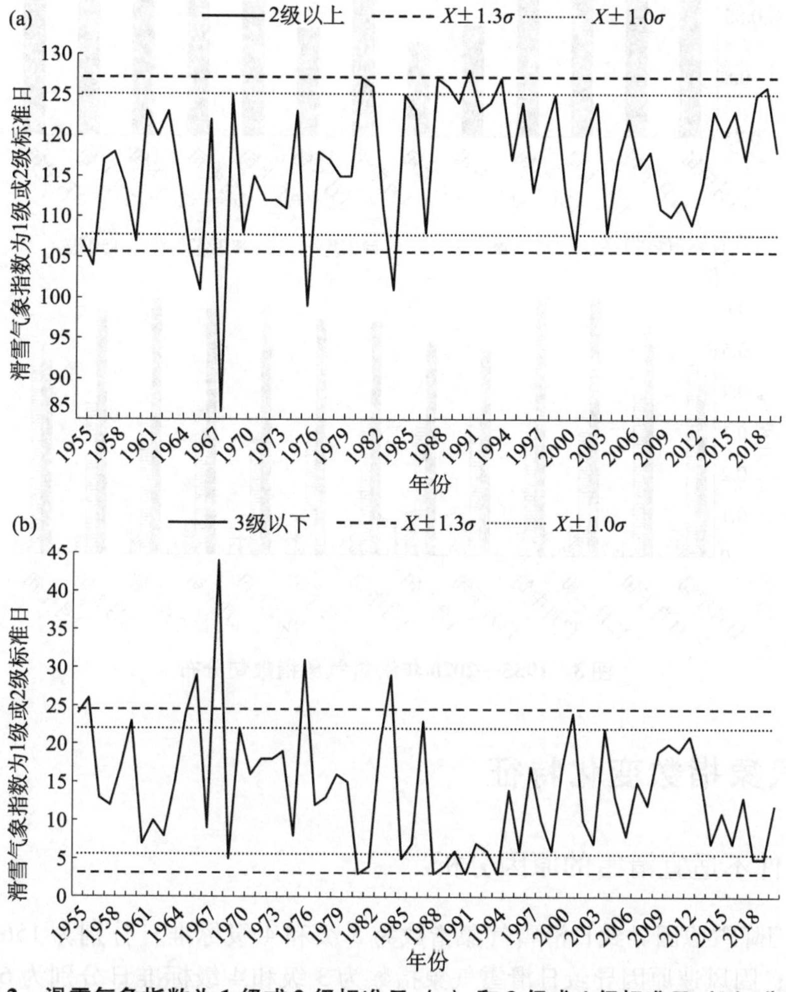

图 2　滑雪气象指数为 1 级或 2 级标准日（a）和 3 级或 4 级标准日（b）分布

2. 3　冬季各旬滑雪气象指数特征

通过分析 1955—2020 年冬季各旬滑雪气象指数可知，11 月下旬—12 月中旬以及 2 月下旬—3 月中旬的日滑雪气象指数达 1 级标准或 2 级标准日占比超过 90%（图 3a），滑雪气象指数为 1 级标准日占比超过 60%（图 3b），即上述旬内，日滑雪气象指数为 1 级标准或 2 级标准日超过 9 d，日滑雪气象指数为 1 级标准日超过 6 d，是冬季滑雪气象指数最高时段。

其次为 11 月中旬、1 月中旬、2 月上旬和 2 月中旬，日滑雪气象指数达 1 级标准或 2 级标准日占比超过 85%，滑雪气象指数为 1 级标准日占比超过 50%，即旬内日滑雪气象指数达 1 级标准或 2 级标准日数超过 8 d，日滑雪气象指数达 1 级标准日超过 5 d。

12 月下旬、1 月上旬以及 1 月下旬中，日滑雪气象指数达 1 级标准或 2 级标准日占比超过 80%，滑雪气象指数达 1 级标准日占比超过 50%，即旬内日滑雪气象指数达 1 级标准或 2 级标准日平均为 8 d，日滑雪气象指数达 1 级标准日为 5 d。

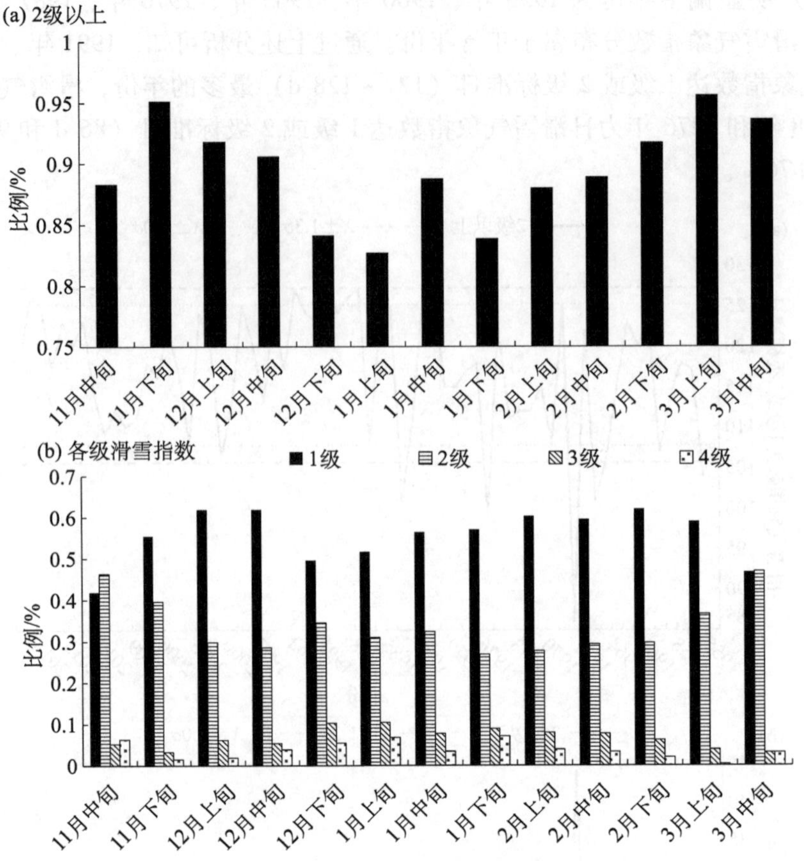

图3　1955—2020 年滑雪气象指数旬分布

3　冬季滑雪气象指数变化特征

3.1　冬季气象条件不适宜滑雪的原因分析

1955—2020 年因降雪原因导致日滑雪气象指数为 3 级和 4 级标准日分别为 156 d 和 53 d，平均每年为 2.4 d 和 0.8 d；因风速原因导致日滑雪气象指数为 3 级和 4 级标准日分别为 68 d 和 1 d，因阿勒泰地处阿尔泰山南麓，地形阻挡作用加之冬季气候较为稳定，冬季多以微风和静风为主；因气温原因导致日滑雪气象指数为 3 级和 4 级标准日分别为 361 d 和 280 d，平均每年有 5.5 d 和 4.2 d。说明阿勒泰冬季出现日滑雪气象指数为 3 级或 4 级标准情况的最主要原因是气温原因。

随着全球气候变暖，阿勒泰 1955—2020 年冬季日最高气温低于 −16 ℃的日数明显减少，趋势率为 −1.3 d/10a（$p<0.01$）（图 4a）；日最高气温低于 −20 ℃的日数也呈减少趋势，趋势率为 −0.5 d/10a，未通过 95% 的显著性水平检验（图 4b）。因此，气温原因导致阿勒泰出现日滑雪气象指数为 3 级或 4 级标准的情况呈明显减少趋势。

3.2　各级滑雪气象指数年际变化特征

分析 1955—2020 年冬季逐日滑雪气象指数可以发现，滑雪气象指数为 1 级标准日呈明显增多趋势，趋势率为 1.9 d/10a（$p<0.05$）（图 5a）；滑雪气象指数为 1 级标准或 2 级标准日也呈明显增加的趋势，趋势率为 1.1 d/10a（$p<0.05$）（图 5b）；滑雪气象指数为 3 级标准日呈明显减少趋势，趋势率为 −8.5 d/10a（$p<0.05$）（图 5c）；滑雪气象指数为 4 级标准日也呈减少趋势，趋势率为 −0.3 d/10a，

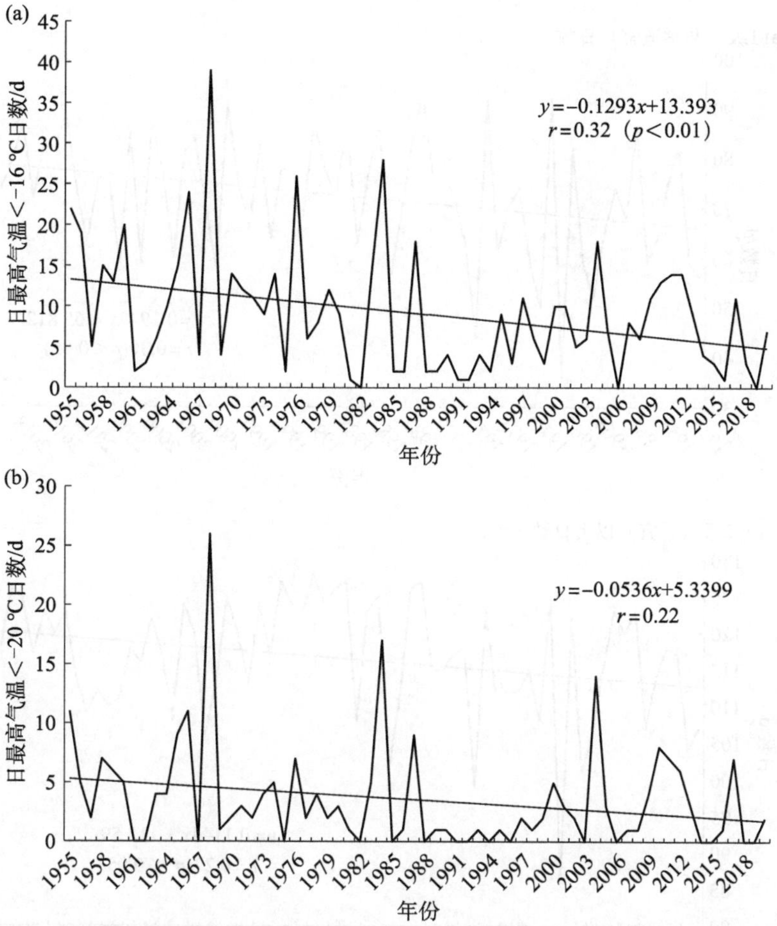

图4 1955—2020 年日最高气温 < −16 ℃（a）和 < −20 ℃（b）日数分布

未通过 95% 的显著性水平检验。因此，1955—2020 年中国雪都阿勒泰冬季滑雪气象指数为 1 级和 2 级标准日明显增多、3 级和 4 级标准日明显减少。

3.3 各级滑雪气象指数标准差率特征

定义滑雪气象指数标准差率（$C_v = \frac{s}{X}$）为反映各级别滑雪气象指数变异程度的指标。对比分析 1955—2020 年各级别滑雪气象指数标准差率 C_v 可知，滑雪气象指数为 1 级标准日、2 级标准日以及滑雪气象指数为 1 级和 2 级标准日总和的标准差率分别为 0.172、0.160 和 0.071（表4）；1955—2020 年上述滑雪气象指数分布比较稳定，即出现滑雪气象指数为 1 级和 2 级标准日数极端偏少的概率小。

表4 1955—2020 年各级滑雪气象指数均方差和标准差率

	1 级	2 级	1 级和 2 级	3 级	4 级	3 级和 4 级
均方差	12.4	7.1	8.3	4.8	4.8	8.2
标准差率	0.172	0.160	0.071	0.548	0.940	0.595

滑雪气象指数为 3 级标准日、4 级标准日以及滑雪气象指数为 3 级和 4 级标准日总和的标准差率分别高达 0.548、0.940 和 0.595，说明滑雪气象指数为 3 级标准日，尤其是 4 级标准日变异性强。1955—2020 年，有 30 a 滑雪气象指数为 4 级标准日低于 3 d，但 2001 年、2012 年、2004 年、1984 年冬季滑雪气象指数为 4 级标准日分别为 12 d、12 d、15 d 和 17 d，是多年均值的 2.5 ~ 3.5 倍；1968 年滑雪气象指数为 4 级标准日高达 28 d。

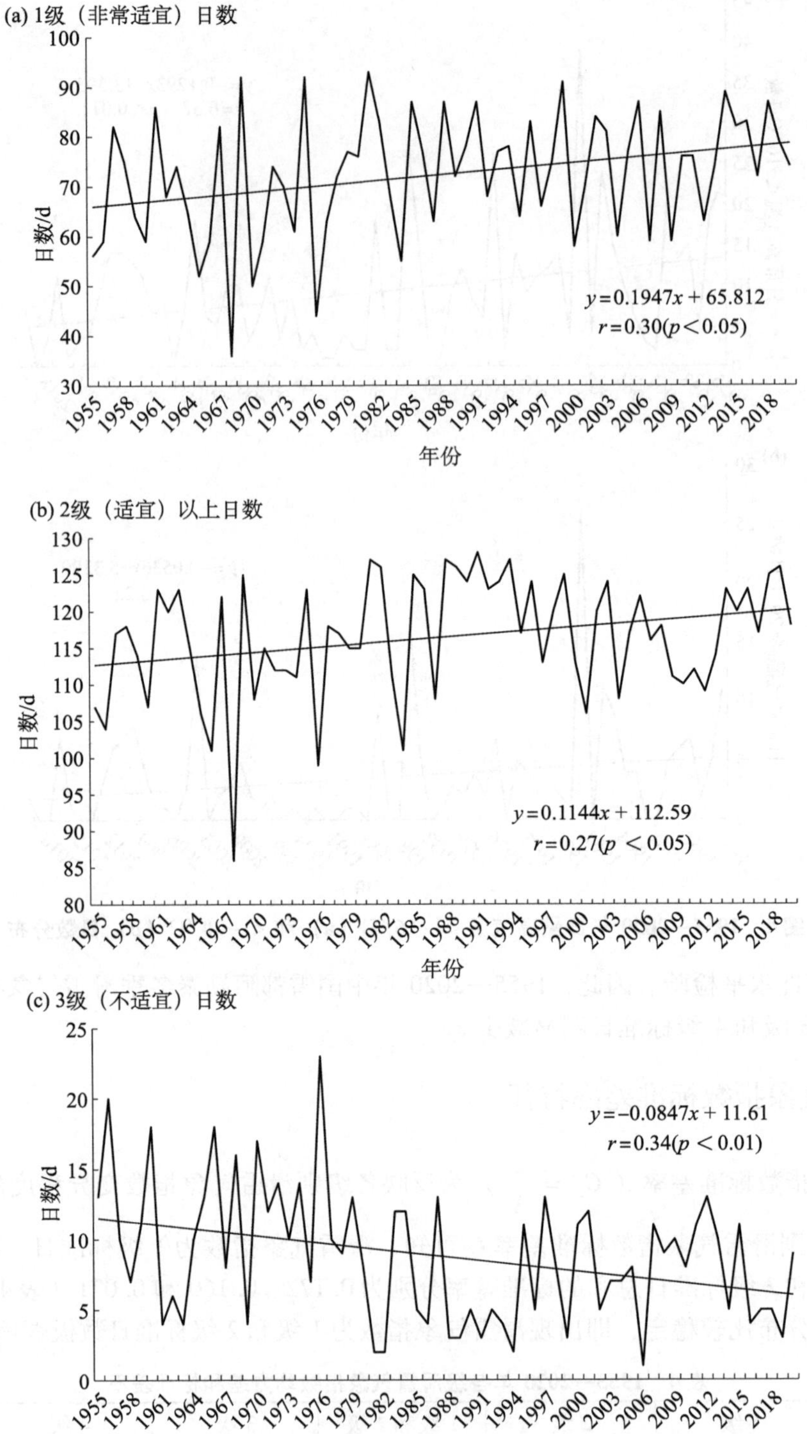

图 5　1955—2020 年日滑雪气象指数变化趋势

3.4　旬滑雪气象指数年际变化特征

通过分析 1955—2020 年阿勒泰市冬季各旬滑雪气象指数年际变化可以发现，除 11 月中旬、12 月上旬以及 1 月下旬各级滑雪气象指数无较明显的年际变化外，其余时段均呈现滑雪气象指数为 1 级和 2 级标准日增多、3 级和 4 级标准日减少的趋势。

12 月下旬滑雪气象指数为 1 级和 2 级标准日明显增加，趋势率为 0.34 d/10a（$p<0.05$），滑雪气象指数为 3 级和 4 级标准日明显减少，趋势率为 -0.34 d/10a（$p<0.05$）；2 月下旬，滑雪气象指数为 1 级标准日明显增加，趋势率为 0.24 d/10a（$p<0.05$）；3 月上旬，滑雪气象指数为 1 级和 2 级标准日明显增加，趋势率为 0.16 d/10a（$p<0.01$），滑雪气象指数为 3 级和 4 级标准日明显减少，趋势率为 -0.16 d/10a（$p<0.01$）；3 月中旬，滑雪气象指数为 3 级标准日明显减少，趋势率为 -0.09 d/10a（$p<0.01$）（表 5）。

表 5　1955—2020 年旬滑雪气象指数变化趋势

趋势率/(10a)$^{-1}$	1 级	2 级	1 级和 2 级	3 级	4 级	3 级和 4 级
11 月中旬	-0.07	-0.04	-0.11	-0.01	0.12	-0.10
11 月下旬	0.25	-0.21	0.04	-0.02	-0.02	-0.04
12 月上旬	0.04	-0.06	-0.01	0.03	-0.01	-0.01
12 月中旬	0.32	-0.29*	0.03	-0.04	0.004	-0.03
12 月下旬	0.33	0.01	0.34*	-0.17*	-0.17	-0.34*
1 月上旬	0.18	0.09	0.26	-0.14	-0.12	-0.26
1 月中旬	0.16	-0.16	0.003	0.005	-0.008	-0.003
1 月下旬	0.050	-0.09	-0.05	0.04	0.01	-0.05
2 月上旬	0.27	-0.11	0.16	-0.14	0.02	-0.16
2 月中旬	0.25	-0.06	0.18	-0.10	-0.09	-0.18
2 月下旬	0.24*	-0.14	0.10	-0.04	-0.05	-0.09*
3 月上旬	-0.006	0.17	0.16**	-0.15**	-0.01	-0.16**
3 月中旬	-0.11	0.14	0.03	-0.09**	0.05	-0.03

注：* 为 $p<0.05$；** 为 $p<0.01$。

4　小时滑雪气象指数变化特征

4.1　冬季小时滑雪气象指数特征

本文重点分析 2012—2020 年 08—23 时（户外滑雪时段）的逐小时滑雪气象指数。因有些时次数据缺测，为客观反映小时滑雪气象指数特征，定义如下。

（1）某时次滑雪气象指数为 1 级标准的频数（X_1）占该时次的比例超过 50%（$X_1 \cdot X_n^{-1}>0.5$），且该时次滑雪气象指数为 1 级标准或 2 级标准频数（X_1+X_2）占该时次比例超过 80%（$(X_1+X_2) \cdot X_n^{-1}>0.8$），即 $X_1 \cdot X_n^{-1}>0.5$ 且 $(X_1+X_2) \cdot X_n^{-1}>0.8$，则该时次滑雪气象指数为非常适宜时段。

（2）某时次 $X_1 \cdot X_n^{-1}>0.6$ 且 $(X_1+X_2) \cdot X_n^{-1}>0.85$，则该时次滑雪气象指数为最佳时段。

（3）$X_1 \cdot X_n^{-1}$ 和 $(X_1+X_2) \cdot X_n^{-1}$ 的比例最高的时次，为滑雪气象指数最优时次。

通过分析 2012—2020 年冬季时滑雪气象指数可知，12—19 时的小时滑雪气象指数为 1 级或 2 级标准的频数占比超过 80%，且滑雪气象指数为 1 级标准占比超过 50%，因此 12—19 时（时长为 8 h）的滑雪气象指数为非常适宜时段。13—18 时的小时滑雪气象指数为 1 级或 2 级标准的频数占比超过 85%，且滑雪气象指数为 1 级标准占比超过 60%，因此 13—18 时（时长为 6 h）的滑雪气象指数为最佳时段。16 时的滑雪气象指数为 1 级或 2 级标准的频数占比为 89.7%、1 级标准占比为 65.2%，为滑雪气象指数最优时次（图 6）。

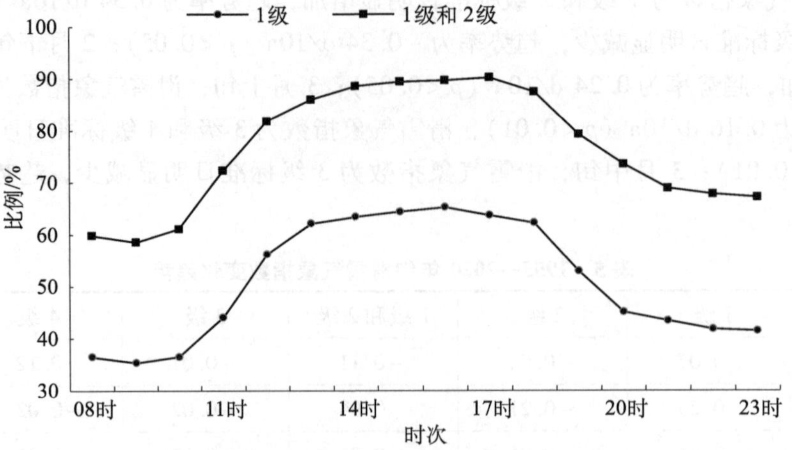

图6　2012—2020 年小时滑雪气象指数分布

4.2　各旬小时滑雪气象指数特征

通过分析 2012—2020 年冬季各旬逐小时滑雪气象指数可知，3 月上旬、3 月中旬和 2 月下旬的滑雪气象指数为非常适宜时段时长最长，滑雪气象指数为非常适宜时段分别为 08—23 时、08—23 时和 11—23 时，时长分别长达 16 h、16 h 和 13 h；滑雪气象指数最佳时段分别为 11—23 时、08—13 时和 20—23 时、11—21 时，时长分别长达 13 h、10 h 和 11 h；滑雪气象指数最优时次分别为 19 时、20 时和 18 时（表6）。

其次为 11 月下旬、12 月上旬和 11 月中旬，滑雪气象指数为非常适宜时段分别为 11—21 时、11—20 时和 08—23 时，时长分别长达 11 h、12 h 和 16 h；滑雪气象指数最佳时段分别为 11—19 时、12—18 时和 18—20 时，时长分别长达 9 h、7 h 和 3 h；滑雪气象指数最优时次分别为 14 时、15 时和 18 时。

12 月中旬和下旬、2 月上旬和中旬以及 1 月中旬滑雪气象条件非常适宜时段集中在 13 时前后至 18 时前后，时长为 5 ~ 9 h；最佳时段主要集中在 13 时前后至 17 时前后，时长为 5 ~ 9 h；最优时次出现在 15—17 时。

1 月上旬和下旬滑雪气象指数非常适宜时段分别为 14—17 时和 14—18 时，时长分别为 4 h 和 5 h，滑雪气象指数最优时次均为 16 时。

表 6　1955—2020 年旬滑雪气象指数适宜时段和最佳时段

	非常适宜时段/时	非常适宜时段时长/h	最佳时段/时	最佳时段时长/h	最优时次/时
11 月中旬	08—23	16	18—20	3	18
11 月下旬	11—21	11	11—19	9	14
12 月上旬	11—20	10	12—18	7	15
12 月中旬	12—18	7	13—17	5	17
12 月下旬	13—17	5	15—16	2	15
1 月上旬	14—17	4			16
1 月中旬	13—18	6	14—18	5	16
1 月下旬	14—18	5			16
2 月上旬	13—19	9	13—18	6	16

续表

	非常适宜时段/时	非常适宜时段时长/h	最佳时段/时	最佳时段时长/h	最优时次/时
2月中旬	13—18	6	14—18	5	16
2月下旬	11—23	13	11—21	11	18
3月上旬	08—23	16	11—23	13	19
3月中旬	08—23	16	08—13 20—23	10	20

4.3　日滑雪气象指数为3级或4级标准日的小时滑雪气象指数特征

2012—2020年冬季日滑雪气象指数为3级标准的日数为58 d，因气温原因（日最高气温低于 -16 ℃）和降雪原因（日降雪量达中雪标准）导致日滑雪气象指数为3级标准的日数分别有32 d和26 d。32个低温个例中，小时滑雪气象指数为3级和4级标准的时长平均分别为5 h和11 h，即任意时次的小时滑雪气象指数均为3级或4级。26个中雪个例中，小时滑雪气象指数为1级和2级标准的平均时长分别为4 h和6 h（表7）。

表7　2012—2020年日滑雪气象指数为3级（不适宜）标准的小时滑雪气象指数特征

	4级平均时长/h	3级平均时长/h	3级以下平均时长/h	2级平均时长/h	1级平均时长/h	2级以上平均时长/h
32个低温（< -16 ℃）个例	11	5	16	0	0	0
26个中雪个例	2	4	6	6	4	10

2012—2020年冬季日滑雪气象指数为4级标准的日数为31 d，因气温原因（日最高气温低于 -20 ℃）和降雪原因（日降雪量达大雪以上标准）导致日滑雪气象指数为4级标准的日数分别为19 d和12 d。19个低温个例中，所有时次的小时滑雪气象指数均为4级标准。12个大雪个例中，小时滑雪气象指数为1级和2级标准的平均时长分别为3 h和5 h（表8）。

表8　2012—2020年日滑雪气象指数为3级（不适宜）标准的小时滑雪气象指数特征

	4级平均时长/h	3级平均时长/h	3级以下平均时长/h	2级平均时长/h	1级平均时长/h	2级以上平均时长/h
19个低温（< -20 ℃）个例	16	0	16	0	0	0
12个大雪个例	5	3	8	5	3	8

5　结论与讨论

（1）1955—2020年中，平均每年冬季滑雪气象指数为1级标准和2级标准的日数分别为72 d和44 d，占比为55.5%和33.8%，合计占比高达89.4%；滑雪气象指数为3级标准和4级标准的日数分别为9 d和5 d，占比仅为6.7%和3.9%。

（2）11 月下旬—12 月中旬以及 2 月下旬—3 月中旬的日滑雪气象指数达 1 级标准或 2 级标准日占比超过 90%，滑雪气象指数为 1 级标准日占比超过 60%，是冬季滑雪气象指数最高时段。

（3）随着冬季气候变暖，1955—2020 年日最高气温低于 -16 ℃的日数明显减少，趋势率为 -1.3 d/10a ($p<0.01$)，因此阿勒泰冬季滑雪气象指数变化特征表现为 1 级和 2 级标准日明显增多、3 级和 4 级标准日明显减少的趋势。

（4）12—19 时的滑雪气象指数为非常适宜时段，13—18 时为滑雪气象指数最佳时段，16 时为滑雪气象指数最优时次。

（5）2012—2020 年冬季因气温原因导致日滑雪气象指数为 3 级和 4 级标准的个例中，任意时次的小时滑雪气象指数均为 3 级或 4 级；因降雪原因导致日滑雪气象指数为 3 级和 4 级标准的个例中，小时滑雪气象指数为 1 级或 2 级标准的时长平均分别为 10 h 和 8 h。

参考文献

[1] 周江，李菊红．新疆民众参与冰雪运动的可持续性研究［J］．当代体育科技，2017，7（2）：197-199.

[2] 刘思敏．新疆何以成为冰雪旅游“第三极”［N］．中国旅游报，2016-11-28（3）．

[3] FUKUSHIMA T，KUREHA M，OZAKI N，et al. Influences of air temperature change on leisure industries：case study on ski activities［J］. Mitig Adapt Strateg Glob Change，2002（7）：173-189.

[4] GILABERTE-BURDALO M，LOPEZ-MARTIN F，PINO-OTIN M R，et al. Impacts of climate change on ski industry［J］. Environmental Science & Policy，2014（44）：51-61.

[5] YANG J，YANG R，SUN J，et al. The spatial differentiation of the suitability of ice-snow tourist destinations based on a comprehensive evaluation model in China［J］. Sustainability，2017，9（5）：774.

[6] 刘伟，王颖，欧阳文君．新疆冰雪产业可持续发展建设性思考［J］．当代体育科技，2018，8（7）：255-256.

[7] 王颖，徐乐．“十三冬”对新疆冰雪运动发展影响分析研究［J］．体育科技文献通报，2019，27（4）：25-108.

[8] 范丹丹．新疆冰雪旅游发展 SWOT 分析及对策研究［J］．辽宁体育科技，2019，41（3）：23-26.

[9] 马思琪，李婷，董君超．新疆冰雪旅游开发现状及发展策略研究［J］．旅游纵览（下半月），2020（2）：115-116.

[10] 苟俊豪，刘兵，张靖．新疆冰雪旅游开发的区域博弈分析［J］．科技促进发展，2016（3）：339-344.

[11] 李淑娟，毛炜峄，陈静，等．北疆冰雪运动气候适宜性及其变化特征［J］．气候变化研究进展，2021，17（5）：537-547.

[12] 张瑾．冬奥背景下张家口冰雪体育旅游开发 RMP 分析［C］//中国体育科学学会·第十一届全国体育科学大会论文摘要汇编，2019：1293-1294.

[13] 程志会，刘锴，孙静，等．中国冰雪旅游基地适宜性综合评价研究［J］．资源科学，2016，38（12）：2233-2243.

[14] 高锋，谢勇，朴美花，等．气象条件与滑雪运动的关系研究［J］．气象灾害防御，2017，24（1）：21-25.

[15] MIECZKOWSKI Z. The tourism climatic index：a method of evaluating world climates for tourism［J］. Canadian Geographer，1985，29（3）：220-233.

[16] 刘耀龙，张华明，黄晓丽，等．山西省冰雪运动气候适宜性评价［J］．干旱气象，2019，37（1）：173-179.

[17] SONG S K，BAI J. Increasing Winter Precipitation over Arid Central Asia under Global Warming［J］. Atmosphere，2016（7）：139-151.

[18] 张雪莹，张正勇，刘琳．新疆冰雪旅游资源适宜性评价研究［J］．地球信息科学学报，2018，20（11）：1604-1612.

新疆塔城医疗健康气象服务研究

王　飞[1]　安志军[1]　刘　兵[1]　董海英[1]　李　辉[2]

（1. 新疆维吾尔自治区塔城地区气象局，塔城 834700；
2. 新疆维吾尔自治区乌苏市气象局，乌苏 833000）

摘要：基于塔城地区2019—2021年三大类疾病（呼吸道疾病、心脑血管疾病、消化系统疾病）就诊病例数据和同期气象观测数据，初步探讨了塔城地区三类疾病发病率与气象因子相关关系，建立气象因素与发病率的统计学关系，筛选关键因子，建立预报方程，确立综合预报指数，分五个等级对塔城地区三类疾病发病率进行预报服务，实际预测结果较好，具有重大社会效益和经济效益，对进一步开展本地区健康医疗气象预报服务具有指导意义。

关键词：健康气象；服务；研究

医疗健康气象预报是生物气象学和天气预报相结合的一门边缘学科[1]。研究领域涉及天气学、气象学、气候学、基础医学、预防医学、临床医学等多门学科，是一门综合性学科[2]。医疗气象预报是根据天气、气候或气象因子与某些疾病的关系，预报、预测未来特定的气象条件对此类疾病发生、加重或缓冲可能产生的影响[3]。

本研究初步探讨了本地区气象要素与不同类型疾病的关系，建立不同的气象敏感性疾病风险预报模型，开展气象疾病风险预报服务，制作适合本地区的短期、中期及长期医疗气象预报，建立相应的预警体系，为政府部门提供决策服务，为医疗机构和科技工作者提供医疗气象健康服务，为社会公众提供及时有效的疾病预防服务，减轻不良天气气候和环境对公众健康的影响，达到趋利避害、防病养生，进一步提高全民健康水平。

1　研究区域概况

1.1　区域说明

塔城地区位于新疆维吾尔自治区西北部、伊犁哈萨克自治州中部，其经纬度为82°16′～87°21′E，43°25′～47°15′N，全地区总面积10.54万km^2，北部是西准噶尔山地，南部为北天山山地，中东部是准噶尔盆地，辖3个县级市、3个县、1个自治县。

塔城地区属于中温带大陆性干旱和半干旱气候区，受地形、地貌和下垫面状况的复杂多样性影响及西风带气候影响，四季分明，冬季寒冷漫长、夏季炎热干旱，全地区小气候特征明显，塔城盆地（包括塔城市、额敏县、裕民县和托里县）气候比较湿润，降水较准噶尔盆地丰富；乌苏、沙湾两市降水量较少，日照充足、热量条件充沛，气温日较差大，是全疆稳定的灌溉农业区；降水偏少且时空分布不均，近年来，塔城地区气候向暖湿化趋势明显。

1.2　1961—2021年气候变化趋势特征

用气温（降水）距平分析1961—2021年气温（降水）变化趋势，利用年气象因素时间序列，以时间为自变量，气象要素为因变量，建立线性回归方程：

$$Y_t = bt + a$$

式中：气候趋势变化倾向率 $b = \mathrm{d}y/\mathrm{d}t$，$b$ 代表上升或者下降的变化趋势，b 值为负，表示在计算时段内呈下降趋势；b 为正值，表示在计算时段内呈上升趋势，其绝对值的大小表示演变趋势上升、下降的程度。

由图 1、图 2 可见，塔城地区 1961—2021 年气候暖湿化趋势明显，年平均气温倾斜率达 0.0475 ℃/a，相关系数 $R = 0.719$，通过显著性检验，其中年平均气温呈现显著上升趋势，尤其是 1995 年以后气温直线上升，气温距平全部显示为正值，2008 年达最高值，1955—2021 年是 20 世纪初以来最暖时期；由图 2 可见塔城地区近年来年降水量呈波浪式增加趋势，年降水量倾斜率达 0.5879 mm/a，相关系数 $R = 0.137$，通过显著性检验，平均每 10 年增加 5.8 mm，全地区降水变化区域间差异明显。分析研究表明，1961—2021 年塔城地区气候整体变暖变湿趋势明显，与全球气候变化趋势相一致，给人类生产、生活以及生命健康产生重大影响[4]。

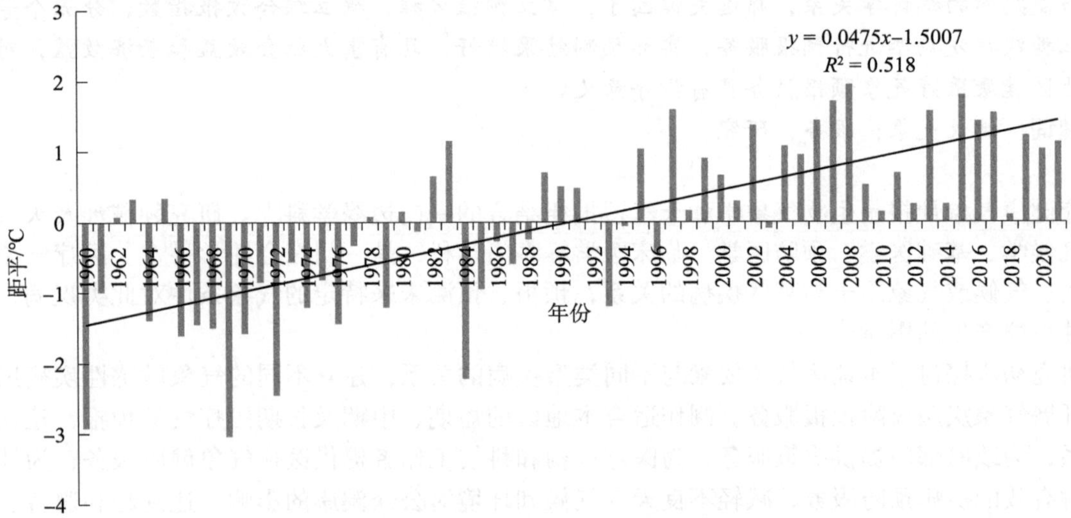

图 1　塔城地区 1960—2021 年年平均气温距平变化图

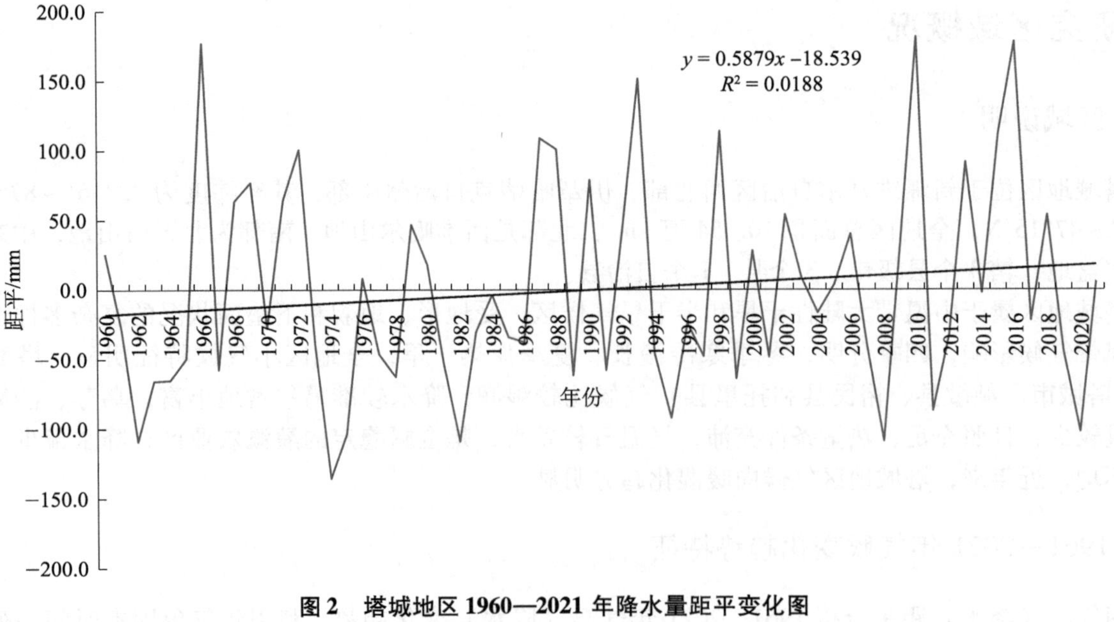

图 2　塔城地区 1960—2021 年降水量距平变化图

2　资料与方法

2.1　数据资料

本课题研究资料有医学资料和气象资料两部分，其中医学资料收集了塔城市人民医院、塔城地区人民医院2019—2021年三大类疾病（呼吸道疾病、心脑血管疾病、消化系统疾病）就诊病例2305个，其中呼吸道疾病1016例，心脑血管病例563例，消化系统病例726例，每个病例均以出院主诊断为准。同期气象资料均来源于塔城地区气象局，包括日最高气温（T_M）、日最低气温（T_m）、日平均气温（T）、日平均相对湿度（H）、日平均气压（P）、总云量、平均风速（u）和降水量、24 h变温（ΔT_{24}）、24 h变压（ΔP_{24}）。

2.2　技术路线和方法

本课题采用统计分析原理和医学原理相结合的方法，分析研究各类气象要素与本地区三类疾病的相互关系，首先应用SPSS 12统计软件开展单相关分析，确定相关显著的气象要素后再进行定量相关性分析（表1），从大量的气象因子中筛选出与呼吸道、心血管、脑血管疾病有显著相关关系且通过0.05检验水平的气象因子；包括最高气压、最低气压、平均气温、最高气温、最低气温、平均风速、最大风速、日照时数和相对湿度等气象指标；然后应用多元逐步回归分析，针对以上三类疾病的发病特征，将逐日病例资料和选取的相关气象要素分级处理，确定关键气象因子，分别建立上述三种疾病的医疗气象预报指标方程，尽量选用相关关系显著且通过显著性检验的主要气象因子开展疾病风险趋势预报。

表1　三类疾病与气象因素的单相关系数

病类	气压	气温	湿度	风速
呼吸道疾病	0.368	−0.462	−0.225	−0.318
心脑血管疾病	0.573	−0.613	−0.356	−0.245
消化系统疾病	0.327	−0.538	−0.566	−0.215

3　结果与分析

根据中国气象局的统一规定，医疗气象预报的内容为天气变化对疾病的影响，各级对应的影响程度见表2。

表2　医疗气象预报指标分级表

等级	指标含义	预报（预警）建议
1	低风险	不易发生、不必预防
2	较低风险	轻度（少量）发生，年老体弱和易感人群注意预防
3	中等风险	普通人群也应注意预防
4	较高风险	较重度（较多、较易）发生，注意预防，并采取必要措施
5	高风险	重度（大量）发生，要高度注意预防、采取有效措施，对重度患者治疗护理

3.1 呼吸道疾病气象预报方程

呼吸系统包括气体通过的呼吸道和进行气体交换的肺，气象因素对呼吸系统疾病的影响显著，与季节和天气变化有关的呼吸道疾病主要有感冒、气管炎、支气管炎、哮喘、肺炎等，是本地区常见多发病，占全部病例的44%，位列本地区常见病之首。

通过对本地区近三年呼吸道疾病病例与气象条件的关系分析发现，呼吸道疾病发病率一年四季均有发生，以冬、春季节交替时期发生率最高，初秋时期为呼吸道疾病发病低发期，深秋时期随着时间显著增加，初冬为高发期，隆冬时期发病率下降，后冬则为低发期。

在不同的气候背景下，气象因素对呼吸道疾病的影响程度也不同，其中温度的变化是影响发病率的主要因子，空气湿度、日照、风速、气压等气象要素与呼吸道疾病的发生率在不同时期也呈现不同的显著相关关系。由表1可见，气象因素与发病率相关系数由大到小依次是气温、气压、风速、湿度，与气压呈正相关关系，与气温、湿度、风速因素呈负相关关系，说明在高压、低温、干燥的环境下呼吸道疾病发病率增多，相反则发病率减少。

通过分析，选取气压、气温、相对湿度、风速等气象因子建立多元逐步回归方程，对呼吸道疾病多发期、少发期进行趋势预报。不同季节、不同气候背景下气象因素对疾病的影响程度不同，主导因子也不同，所以采用两组方程，第一组适用于 8 月至次年 1 月，第二组适用于 2 月至 7 月。预报方程略。

3.2 心脑血管疾病气象预报方程

心脑血管疾病是心血管疾病和脑血管疾病的统称，主要包括脑梗死、脑出血、冠心病等。近年以来，国内外学者对气象因素与心脑血管疾病的关系开展了多项研究，研究表明[5]，天气、气候变化对心脑血管疾病的发生、发展有重要影响，气象条件是诱发此类疾病的环境因素之一，但季节的转换、天气气候因子的显著变化与心脑血管疾病的复发、加重有明显关系，76%的患者心脑血管疾病的发作与天气变化有关系，其余的与劳累、情绪等因素相关，气象条件对疾病复发、加重在不同的季节和天气条件下对患者的影响程度不同，在日平均气压、相对湿度、风速等气象要素相同的情况下，春季、夏季日最高气温每升高 1 ℃，心脑血管疾病死亡病例分别增加 17.3% 和 4.2%；而秋季日最高气温每升高 1 ℃，心脑血管疾病死亡病例反而下降25%，温度对心脑血管疾病死亡率影响曲线呈现“U”形，温度的升高和降低都会引起死亡率的上升，气温为 26 ℃时心脑血管疾病风险最低；冷暖交替的冬季、春季对心脑血管疾病的影响较大，冬季是心脑血管疾病的多发期。

由于不同季节（月份）气象因子对心脑血管疾病的影响程度不同，同一气象因子在不同季节的影响机理也明显不同，根据前文相关分析得出的结论，本研究采用多元逐步回归法，即用前一天的气象因子对应当天的就诊人数，建立了四季代表月（1、4、7、10 月）的预报方程。预报方程略。

研究表明，气温、气压、湿度等气象要素处于极值状态或发生突变时，心脑血管疾病人群的发病率会明显上升，依据气象预报、预警产品，同样采用累计概率分布法，将预报结果划分为五个等级。分等级开展心脑血管疾病指数预报、提醒市民注意天气变化，可有效避免天气因素对心脑血管疾病产生不利影响。

3.3 消化系统疾病气象预报方程

消化系统疾病在本地区属于常见多发性疾病，研究表明，与气象因素显著相关的疾病主要有肠炎、痢疾、急慢性胃炎、胃溃疡、十二指肠溃疡等，大多数消化系统疾病具有显著的季节性多发特征，其中痢疾、肠炎的季节多发趋势最明显。

为了筛选与消化道疾病相关气象因子（X_i），本文采用经典方差贡献分析法[4]，设气象因子（X_i）的方差贡献值为PV_i，即X_i的偏回归平方和，是判别该气象因子重要性的度量指标之一，计算式如下：

$$PV_i = L_{yy}{}^{-1} B_i{}^2 / C_{iiy}$$

式中，$B_i{}^2$为气象因子X_i的偏回归平方和，L_{yy}为消化道疾病发病率的原方差，C_{ii}为气象因子协方差逆矩阵的对角线元素。为便于不同因子的相互比较，将上述变量均处理为百分比（表3）。

表3　消化道疾病与气象因子的相关分析

序号	气象因子（X_i）	方差贡献率/%	单相关系数
1	日平均气温 T（℃）	0.3	0.7645
2	气温日较差 $T_{max}-T_{min}$（℃）	0.6	-0.0294
3	相对湿度 RH（%）	1.8	0.5986
4	最低相对湿度 RH_{min}（%）	3.2	0.5760
5	日降水量 R（mm）	1.3	0.4424
6	平均风速 u（m/s）	5.9	-0.3872
7	气压变率 ΔP（Pa）	3.9	0.4162

根据方差贡献率分析看出，肠炎、痢疾、急性肠胃炎等与气温、湿度变化关系密切，与日平均气温、相对湿度、气压变化、变温呈显著正相关，说明高温高湿低压天气有利于此类疾病发展、传播；胃炎、胃肠炎既与特定季节有关，又受短期天气变化影响，与平均气压和相对湿度变化关系显著，主要发病时段为气温变化幅度较大、持续低温的春秋季；消化性溃疡和慢性胃炎与前期平均气温和温度日变化关系显著。

通过近三年本地区消化系统疾病病例普查、对照同期气象因素的变化特征分析，采用统计分析与医学原理分析相结合的方法，建立消化系统疾病气象指数预报方程（略）。

4　结果与分析

基于塔城地区2019—2021年三大类疾病（呼吸道疾病、心脑血管疾病、消化系统疾病）就诊病例数据和同期气象观测数据，初步探讨了塔城地区三类疾病发病率与气象因子相关关系，建立气象因素与发病率的统计学关系，筛选关键因子，建立预报方程，确立综合预报指数，分五个等级对塔城地区三类疾病发病率进行模拟预报，实际预测结果较好，具有重大社会效益和经济效益，对开展本地区医疗气象预报服务业务化具有参考价值。总结如下。

（1）不同疾病在不同季节气象影响因子不尽相同，塔城地区三类疾病一年四季均有发生，具有明显的季节变化特点，分布特征是冬半年高、夏半年低，异常低温寒冷天气对呼吸系统和心脑血管系统影响极大，其发病率与天气变化频率和强度有显著相关关系，呈阶段性多发特征，季节交替变换阶段、冬季呼吸系统疾病和心脑血管疾病复发加重；消化系统疾病与气象因素关系密切，用于预报的8个气象因子中，贡献最大的是气温和气压，其次是相对湿度和风速。

（2）对于不同的地区，由于气候、地域、饮食习惯等方面的差异，各类疾病发病率与气象因素相关性各不相同，存在地域差异；相同疾病在不同地域与相同气象因素的相关关系不同，有时甚至趋势相反；上呼吸道感染发病率在潮湿的东南沿海地区与相对湿度通常呈负相关，而在西北干旱地区却呈正相关。所以针对不同地区开展医疗气象服务，需要调整预报模式，进行本地化处理。

（3）气象条件是诱发疾病的重要原因，但并非唯一原因，其他方面的影响往往蕴含在各类疾病发病率的周期变化和趋势变化中，在今后医疗气象预报模式的建立和本地化过程中，可以全面考虑这些非气象因子的综合影响并结合气象因子的调节作用，设计出比单纯考虑气象因子更精确的预测模型。

参考文献

[1] 吴兑，邓雪娇．环境气象学与特种气象预报［M］．北京：气象出版社，2007：179-181.
[2] 胡毅，李萍，杨建功，等．应用气象学［M］．北京：气象出版社，2007：103-105.
[3] 杨贤为．医疗气象预报的进展［J］．气象知识，1999（1）：8-9.
[4] 张家宝，史玉光，等．新疆气候变化及短期气候预测研究［M］．北京：气象出版社，2002：25-28.
[5] 张楠，侯斌，乔丽，等．气象因素对心脑血管疾病影响的研究概况［J］．中西医结合心脑血管病杂志，2018，16（9）：1193-1195.

宁沪高速雾事故特征和雾天行车管控研究*

张振东[1,2]　黄　亮[1,2]　孙家清[1,2]　周雪城[1,2]　肖鹏飞[1,2]　杨茜茜[1,2]

（1. 中国气象局交通气象重点开放实验室，南京 210009；2 江苏省气象服务中心，南京 210009）

摘要：通过对2012—2022年宁沪高速137例雾事故分析发现，雾事故与雾发生关系密切，都频发于深秋和冬季；当能见度低于100 m时出现事故的概率最高；在日分布特征上，雾事故多出现于06—08时，与这时期车流量增大且多出现团雾有关；宁沪高速西段的雾事故发生概率较高与此路段周围多丘陵地貌、受太阳辐射和周围水汽影响易出现浓雾天气有关；根据行车条件和路况条件，计算了多种能见度条件下的车辆安全行驶速度；为合理管控雾天安全行驶速度，在实际业务中利用宁沪高速交通气象站和雾图像识别技术开展浓雾监测预警，并探讨了如何将浓雾监测预警与道路管制相结合。

关键词：雾事故；交通管理；雾天特征；图像识别

引言

经调查，因雾引发的交通事故占到我国高速公路事故的15%～25%，因此雾对高速公路的影响程度要明显高于其他恶劣天气。一直以来都有很多学者对高速公路恶劣天气监测预警进行研究和分析，利用不同交通气象观测设备来实现道路恶劣天气的监测与预警[1-4]。此外还有一些学者对低能见度下交通安全管制，危险性评估进行了研究分析[5-10]。对于雾天研究，较少有追踪到事故发生时天气状况的详细分析，同时将事故发生时的能见度状况与行车方案相结合，能有效回顾道路管制的合理性，并配合相应的雾预警方式，对于雾天道路管制有着较好帮助。

宁沪高速作为重要的交通枢纽，2018年日平均车流量已在9万辆左右，节假日高峰可达16万辆，因此保障宁沪高速的安全通行尤为重要。为了探索雾天合理的道路管制方式和预警方法，本文挑选了2012—2022年宁沪高速雾事故个例，分析雾事故特征，结合不同雾天的预警方式，探讨不同能见度下行车方案和道路管制措施。

1　宁沪高速雾事故分析

1.1　事故发生的月度分布

图1为宁沪高速雾事故和雾日数发生概率的逐月分布图，雾事故与雾日数的月相关性达到0.83，其中11月、12月至来年1月、2月是雾事故和雾日数发生概率较高的月份，而7月和8月则是发生概率最少的月份。这主要是因为宁沪高速所在的苏南地区从11月起受冷空气频繁入侵，夜间辐射降温明显，同

* 资助项目：中国气象局创新发展专项（CXF2022J069）；江苏省气象局重点项目（KZ202105）。

时周边水系众多，当水汽遇冷达到饱和后易形成辐射雾。到了12月后宁沪高速常处于变性冷高压控制之下，使得近地层大气处于稳定状态，当夜间辐射加强后，近地层易形成逆温，遇上水汽充沛时候容易形成浓雾天气。每年4—6月江苏沿江苏南地区常受入海变性高压控制，较高的温湿度与车辆尾气及沿线工厂污染物结合后容易造成低能见度天气，同时6月中下旬受梅雨期准静止锋影响，易形成锋面雾和雨雾。

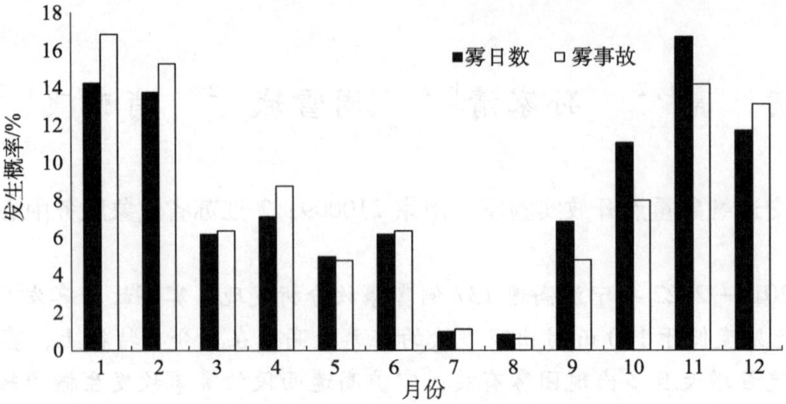

图1　雾事故和雾日数逐月分布

1.2　不同能见度区间下雾事故分析

将雾天气能见度分为五个区间，分别是：400～500 m、300～400 m、200～300 m、100～200 m、0～100 m。图2显示0～100 m是雾事故的频发区域，占到总样本的31.3%，这是因为能见度低于100 m常发生于夜间到凌晨，这段时间是驾驶员的驾驶疲劳期，当遇上能见度不足100 m情况时疲劳紧张情绪会导致判断反应时间加长，从而造成事故的发生。因此在气象预报和道路管制时可重点关注能见度低于100 m情况，及时对浓雾的发展趋势做出准确判断，减少事故的发生。其次还应该重点关注100～200 m和200～300 m区间，在此区间内由于管控会导致车辆积压或通行不畅，当视线不好时也会造成事故的发生。

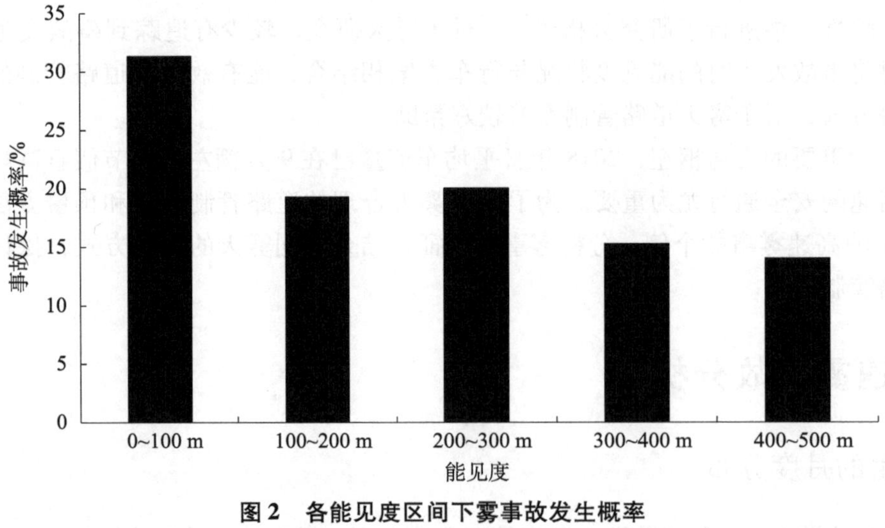

图2　各能见度区间下雾事故发生概率

1.3　雾事故的日分布特征

从雾事故的日变化特征来看（图3），10—20时是雾事故发生概率较低的时间段，主要是因为这一期间雾发生概率较小。从20时起，雾事故概率逐渐上升，在01—05时有一个低谷区，这可能与此时段内车流量较少有关。06—09 时为事故的高发期，这期间主要是浓雾消散期，因为浓雾消散过程中各路段能见度相差较大，常伴有团雾出现，环境能见度对行车车速和车距判断都有着很大的影响，而当道路开放后有大批车辆进入，容易造成连环车辆事故，所以交管部门需要重点关注各个路段的能见度状况，及时调整管控方案。09 时之后，随着日出太阳辐射增大，温度升高，低层水汽蒸发，雾逐渐消散，能见度好转，雾事故发生概率也因此下降。

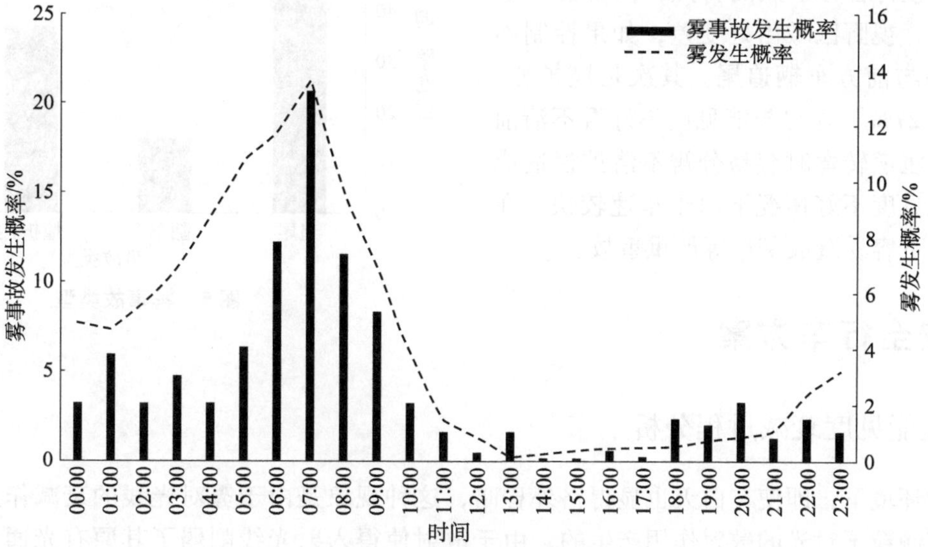

图 3　雾事故日分布特征

1.4　雾事故的空间分布特征

宁沪高速公路总长 274 km，是一条东西向单向四车道的公路，起自上海真如，途经沪苏交界的安亭，终止于南京东郊的马群，沿途不同的地理特征也对雾的发生和雾事故的发生有着重要影响。从宁沪高速雾事故空间分布上看（图 4），雾事故高发区位于西段的黄栗墅—窦庄，从雾日概率的空间分布来看，此路段也是雾频发路段。从地理位置来看，该段公路北侧有多座低山丘陵分布，而公路位于山的东南侧，山体遮挡使得该路段接收的太阳辐射较少，同时夜间冷空气由山地流向谷地使得该段的气温要比其他路段低，并且该路段附近水系密布，有多座水库，因此也为雾形成提供了丰富的水汽条件。当天气条件适合时，地面辐射加上冷空气汇入，使得丰富的水汽更容易凝结饱和形成雾。

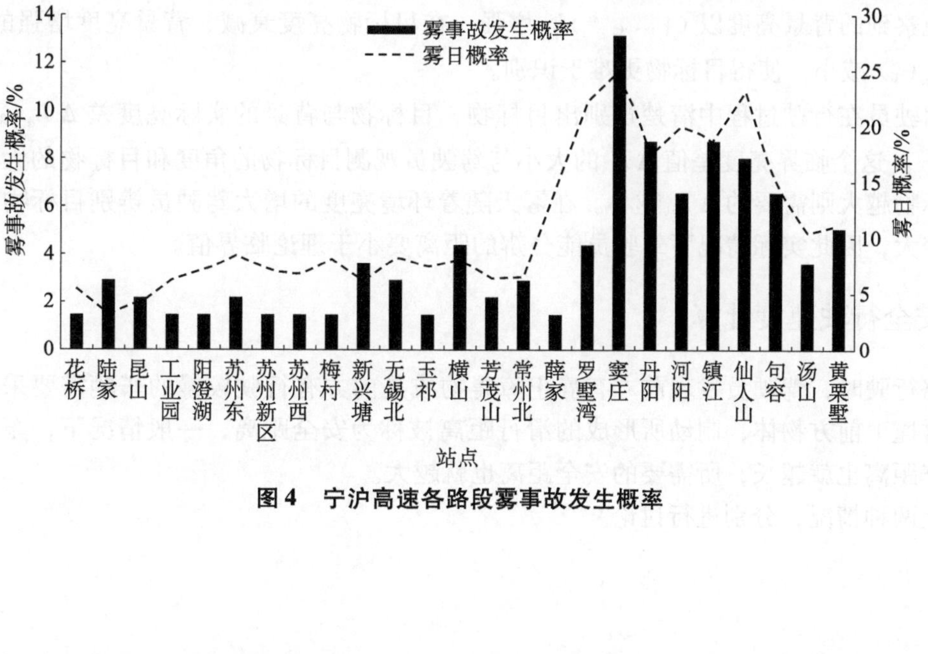

图 4　宁沪高速各路段雾事故发生概率

1.5 雾事故类型分析

对雾事故中事故类型统计（图5）发现雾造成的交通事故中追尾类型最多，占到事故总数的41.6%，这比较符合雾事故的特点，因为当驾驶者进入雾区时，视野区域由好变差，如果控制不好车速很容易与前方车辆追尾。其次是撞护栏，占事故总量的27%，这也与能见度不好看不清前方路况、当在匝道转弯时容易分辨不清护栏造成事故。另外能见度不好情况下由于车速较快，在紧急刹车情况下容易造成翻车等严重事故。

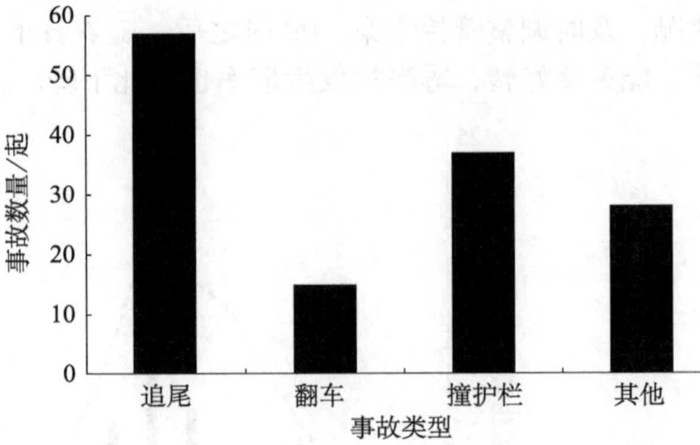

图5 雾事故类型

2 雾天安全行车方案

2.1 雾引起能见度衰减过程分析

在有雾的环境下，即使在白天也显得格外昏暗，这种现象是由于雾对光线的衰减作用引起的，而衰减是由于雾滴粒子对光的散射作用产生的，由于散射使得入射光线削弱了其原有光通量。这一过程可以通过 Lambert-Beer 定律[11]描述：假设光源的入射光通量为 ϕ_0，经过一段距离 d 后，透射的光通量为 ϕ_τ，则入射光通量与其透射光通量的关系为

$$\phi_\tau = \phi_0\tau = \phi_0 e^{-kd} \tag{1}$$

式中，τ 是光传播距离 d 的透过率，k 是介质的消光系数，ε 为光通比，kd 是光学厚度。

车辆在高速公路行驶过程中，驾驶员获取的大部分信息主要依靠视觉采集[12]，而需要判别前方目标物时是通过与其背景亮度对比来分辨的。在雾天下由于背景光线被雾所散射，降低了背景亮度和目标物的对比，削弱了行车时所需的视觉信息。根据 Koschmieder[13]对光亮度衰减问题的研究理论，在距离某物体 d 处观测到的该物体的亮度与该物体表面固有亮度和背景亮度之间的关系式可以表示为

$$L(d) = L_0 e^{-kd} + (1 - e^{-kd})L_b \tag{2}$$

式中，$L(d)$ 为距离 d 处观测到的亮度（cd/m^2），L_0 为物体表面的亮度（cd/m^2），L_b 为背景亮度（cd/m^2）。公式（2）说明在有雾环境下，驾驶员观测到目标亮度以 e^{-kd} 倍衰减，同时由于雾的散射作用，驾驶员观察到的背景亮度以 $(1 - e^{-kd})L_b$ 增强，在目标物亮度衰减、背景亮度增强的共同作用下，让亮度差 $\Delta L_a(x)$ 减小，使得目标物更难于识别。

为了使驾驶员在行驶过程中清楚辨别出目标物，目标物与背景的实际亮度差 $\Delta L_a(x)$ 必须大于临界亮度差 ΔL_t。这个临界亮度差值 ΔL_t 的大小与驾驶员观测目标物的角度和目标物的大小有关，其中角度越小目标物越大则需要的 ΔL_t 越小。在雾天随着环境亮度的增大驾驶员辨别目标物所需要的临界亮度差也在变大，因此实际情况下驾驶员能分辨的距离要小于理论临界值。

2.2 雾天安全行驶速度计算

高速公路行驶时，驾驶员发现前方有静止障碍物或是前方有行驶较慢的车辆需要采取刹车时，为了让车辆不碰撞上前方物体，制动所形成的滑行距离被称为安全距离，一般情况下，车速越大，车辆制动后的刹车距离也就越长，所需要的安全距离也就越大。

依据以上两种情况，分别进行讨论。

（1）情况1：当前方有车辆以较慢车速 v_0 行驶时，需达到的安全条件为

$$L_1 + L_2 \leqslant L + L_3 \tag{3}$$

式中，L_1 为驾驶员在识别前方车辆 t_1 时间内行驶的距离（m），L_2 为车辆制动过程中 t_2 时间滑行的距离（m），L_3 为前方车辆在时间（$t_1 + t_2$）内行驶的距离（m），L 为路段的能见度（m）。其中 L_1 为识别行驶距离：

$$L_1 = v \times t_1 = 0.694v \tag{4}$$

式中：v 为车辆行驶速度（km/h）；t_1 为发现前方车辆的消耗时间（s），据统计大部分驾驶员在2.5 s左右[14]。

制动距离根据经验公式可得

$$L_2 = \frac{v^2}{254(f-i)} \tag{5}$$

在反应和刹车过程中前方车辆行驶了距离 L_3：

$$L_3 = (t_1 + t_2)v_0 = 0.7\,v_0 + \frac{v - v_0}{127(f-i)} \tag{6}$$

式中，v_0 为前方车辆行驶速度（km/h）。

将式（4）、（5）、（6）代入式（3）中，可得到安全行驶速度：

$$v \leqslant [88.5(f-i) - v_0]^2 + 2.54(L+0.7)(f-i) - 88.5(f-i) + v_0 \tag{7}$$

（2）情况2：当前方有静止障碍物时，此时 L_3 为0：

$$L_1 + L_2 \leqslant L \tag{8}$$

将公式（4）、（5）、（6）代入公式（8）中，可得到有静止障碍物时安全车速为

$$v \leqslant 16 \times 30.6\,(f-i)^2 + (f-i)L - 88.5(f-i) \tag{9}$$

其中，最安全条件下 f 和汽车初速度 v 的关系可以用二次抛物线对试验数据进行拟合，如下：

$$f = 1.89 \times 10^{-5}\,v^2 - 4.16 \times 10^{-3}v + 0.513 \tag{10}$$

在实际计算中，采用迭代算法，每次计算时定一个 f 值，计算出限制车速 v 代入公式（10）计算出 f 的值，这样反复迭代最终计算出实际摩擦系数下安全限制车速 v。计算中采用的总反应时间2.5 s[15]，这是在正常行车环境下大多数驾驶员都能达到的反应能力。但是当高速公路上突发大雾时，驾驶员一时难以适应，所以实际中驾驶员的反应时间会高于这个时间。综合以上分析，并经过修正后得到结果如表1所示。

表1　几种能见度条件下的限速值

能见度距离/m	对高速公路交通的影响	建议限速值/(km/h)
>500	基本无影响	120
200～500	对高速有较大的影响	80
100～200	对高速有显著的影响	50
50～100	对高速有严重的影响	30
<50	难以分辨路况，高速关闭	关闭

表1展示了几种能见度条件下的建议限速值，如何将对应能见度条件下的限速值及时通知到雾中高速公路上行驶的驾驶员是降低事故发生的重要一环，因此及时监测路段上的低能见度准确值和影响范围并及时预警才能保障高速公路交通安全。

3　雾天的监测与预警

目前对于雾的预报与监测准确性还不高，特别是高速公路团雾由于局地性强、生存时间短对于其预

报和监测就更加困难，因此目前对于雾预警最有效的方式就是能够快速发现雾出现的路段以及影响范围。

3.1 交通气象站监测预警

能见度的监测除了人工观测外，最广泛使用的就是能见度仪，为保障宁沪高速交通安全，江苏省气象局在宁沪高速公路布设了26套交通气象监测站，平均监测密度达到1站/10 km，该套系统能够提供包括能见度、相对湿度、温度、风速、风向的时间频率为1次/min的气象要素，当能见度下降到一定数值时，系统会自动发出报警提示。

除此之外，在反查212次宁沪高速大雾时发现，浓雾形成过程不是一次完成的，能见度也不是逐渐降低的，其中有71.3%的大雾过程在浓度形成阶段前有短时间的能见度突降突升现象，在业务服务中把这种过程称为“象鼻形”效应[16-18]。在“象鼻形”效应中（图6）前期振荡的指标是能见度<300 m，即 *a*—*b*，这一阶段能见度出现突然下降，但能见度值并不是很低，一般在200~800 m波动，很不稳定，在统计中有85%的“象鼻形”过程持续了10~20 min，11%持续30 min左右，因此“象鼻形”振荡期可以作为浓雾形成前的预警信息。象体则是浓雾过程的稳定阶段，一般是能见度稳定在200 m以下，即 *d*—*e*。

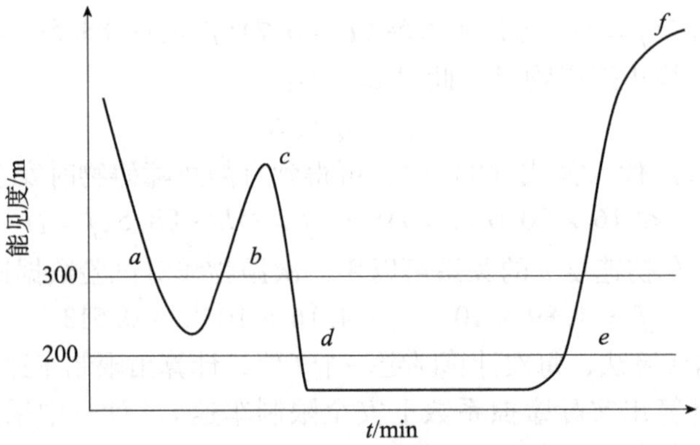

图6 “象鼻形”效应概念模型

本次统计的雾事故发生时所处雾过程中存在“象鼻形”现象的个例有97例，占到70.8%。将“象鼻形”雾过程根据各个阶段能见度特点，可分成四个阶段：*a*—*b*，“象鼻形”振荡期；*c*—*d* 为雾前下降期；*d*—*e* 为雾中稳定期；*e*—*f* 为雾消散期（图7）。从各阶段雾事故发生概率来看，雾消散期是事故的高发时期占到总数的43%，这一阶段通常是在清晨，车流量逐渐增大的时期，同时由于路段雾消散不均匀，常出现团雾，因此造成事故频发。“象鼻形”振荡期比雾中稳定期的事故发生概率少6%，但从上文的统计中知道有96%的“象鼻形”振荡期时间在30 min以内，而雾中稳定期的时长通常在2~5 h，因此“象鼻形”振荡期间更易发生事故，这主要是因为在夜间当遭遇能见度急速降低和升高，驾驶员会出现心理紧张，并且较难把握合理的车辆行驶速度，因此造成事故的发生。目前针对“象鼻形”振荡期的追踪除了依靠预报员的经验外，还可利用机器学习的方式对能见度趋势进行判断，自动提示报警，提高预报时效性。

3.2 雾图像识别技术的研发与应用

由于交通气象站布设和维护成本较高，无法进行高密度的安装部署，因此对局地浓雾和团雾的监测能力有限[19]。随着图像识别技术不断成熟，利用宁沪高速公路上高密度的（0.8~1 km/站）视频监控可以极大补充气象站数量不足的劣势。

训练样本采集于宁沪高速交通站500 m范围内的视频监控，经过筛选剔除镜头污染、错码乱码率

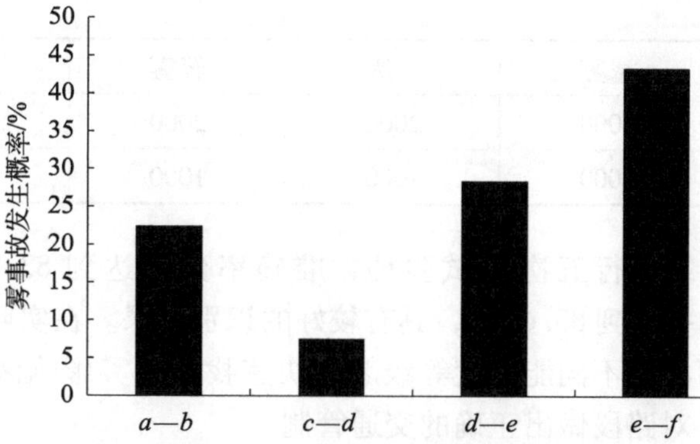

图 7　“象鼻形”效应各阶段雾事故发生概率

高的监控，最后剩余 51 个视频监控作为样本采集器。采集时间从 2018 年 12 月至 2022 年 5 月，共采集到 16 万张图片，经过挑选将 8.5 万张图片作为有效训练样本集，匹配相应时次交通站能见度进行样本标注，图片被分为无雾（1 km 以上，20209 张）、轻雾（500 m ~ 1 km，19927 张）、大雾（200 ~ 500 m，16723 张）、浓雾（50 ~ 200 m，15754 张）、强浓雾（50 m 以下，12387 张）五个能见度等级，构成训练样本库。在训练阶段利用迁移训练将 VGGNet 原有样本作为模型驱动，形成初始模型，之后进一步采用 VGG16 作为基础算法网络，提取训练样本集中的雾图像特征，构建相应卷积神经网络，实现雾等级分类。在训练过程中不断进行误差分析，调整权重参数和网络结构，提高识别准确率。整体算法如图 8 所示。

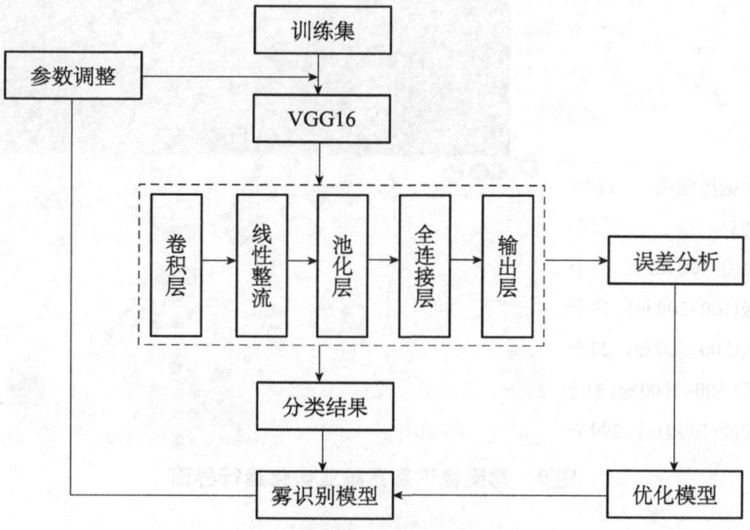

图 8　雾识别模型算法流程

使用预测结果正确率作为模型分类好坏的评估指标：

$$A = \frac{(\mathrm{TP} + \mathrm{TN})}{(\mathrm{TP} + \mathrm{FP} + \mathrm{FN} + \mathrm{TN})} \tag{11}$$

式中，TP（真正例）是指模型将正样本正确地预测为正类别，TN（真负例）是指模型将负样本正确地预测为负类别，FP（假正例）是指模型将负样本错误地预测为正类别，FN（真负例）是指模型将负样本正确地预测为负类别。训练集、验证集和测试集按照 7 : 2 : 1 的比例进行划分，将 2018—2020 年的图像样本集作为训练集和验证集，2021—2022 年样本作为测试集（表 2）。

表 2　样本分布

数据集	强浓雾	浓雾	大雾	轻雾	无雾	总计
训练集	7000	7000	7000	7000	7000	35000

续表

数据集	强浓雾	浓雾	大雾	轻雾	无雾	总计
验证集	2000	2000	2000	2000	2000	10000
测试集	1000	1000	1000	1000	1000	5000

将测试集随机分成五份，进行五次测试验证，准确率分别达到83.74%、84.12%、83.23%、84.89%、82.45%，平均准确率达到83.69%，具有较好的识别效果。在实际业务应用中，视频监控位置叠加在GIS图层上，用户可根据不同能见度等级颜色快速找出浓雾影响区域，并能通过与前后时次的对比，预测雾的发展趋势，对路段做出正确的交通管制。

当有着高密度的能见度观测条件，再结合上文不同能见度情况下限速要求，就具有实现分段限速的管制条件，这为雾消散期事故多发提供了一种智能化的解决思路，既能合理地分段解除道路管制，提高管理收益，又能减少路段事故发生，降低管理风险。同时，这种高密度的能见度信息如果和车辆导航相结合，直接提供给驾驶人员，当驾驶人员获得前方路段能见度信息后可以缓和紧张情绪，合理规范行车速度，保障行车安全（图9）。

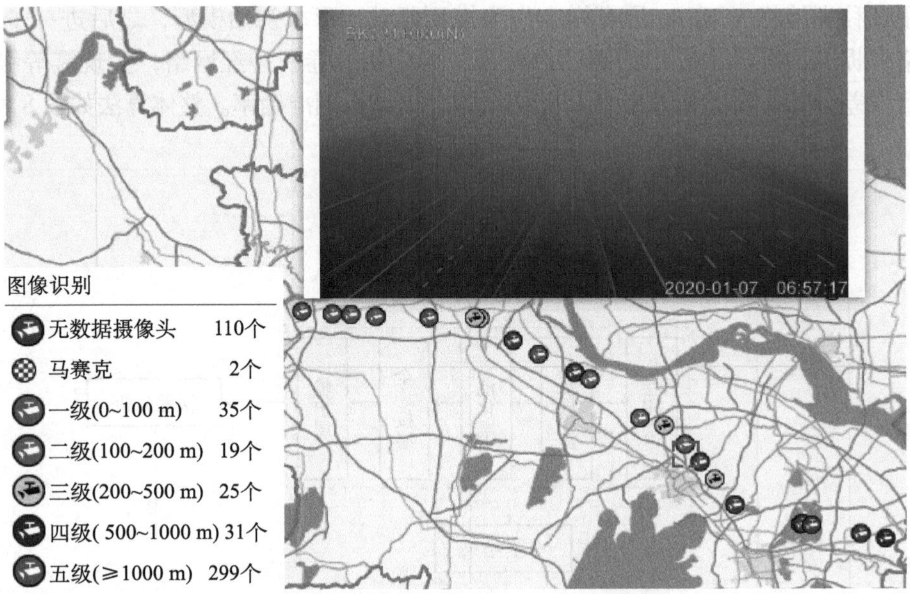

图9 雾图像识别系统业务化运行界面

4 结论

通过宁沪高速雾事故的统计分析，计算了雾天下安全行驶速度，结合先进的道路雾监测预警手段，可以得出以下结论。

（1）深秋与冬季是雾事故的高发季节，与这期间宁沪高速雾天多发有关；从日特征上看06—08时车流量增多与团雾多发是造成这一时段雾事故多发的重要原因，而雾天会多造成前后车追尾和撞护栏类型的事故；另外在行车和道路管制时需要多关注宁沪高速的西段，因为地理环境的原因，此地区出现雾的概率较高，并要重点关注能见度低于100 m的雾天，此能见度是造成雾事故最多的区间。

（2）通过分析雾引起能见度衰减的物理机制，在考虑雾天安全行车时，将前方有移动和静止物体两种情况下的行车方案进行了计算，得出了不同能见度下安全行车的限速值。

（3）为了及时将雾天管制措施提供给驾驶人员，需要高时效性的雾监测手段。介绍了宁沪高速利用交通站进行的雾监测并发现雾天常出现的“象鼻形”效应对于浓雾的预报具有指示意义。利用宁沪高速视频监控研发的雾图像识别技术，能够更加精细化地监测雾区范围和浓度大小，为雾天分段管制提供参考依据。

参考文献

[1] 袁成松，卞光，辉，冯民学，等．高速公路上低能见度的监测与预报［J］．气象，2003，17（7）：92-97.

[2] 冯民学，袁成松，卞光辉，等．沪宁高速公路无锡段春季浓雾的实时监测和若干特征［J］．气象科学，2003，23（4）：435-445.

[3] 冯民学，顾松山，卞光辉．高速公路浓雾监测预警系统［J］．中国公路学报，2003，17（7）：92-97.

[4] 李子华，杨军，石春娥，等．地区性浓雾物理［M］．北京：气象出版社，2008.

[5] 齐莹菲，柳本民，郭忠印．高速公路雾天安全管理系统［J］．同济大学学报：自然科学版，2007，35（1）：61-66.

[6] 许秀红，润敏慧，于震宇，等．道路交通事故气象条件分析及安全等级标准——以黑龙江省为例［J］．自然灾害学报，2008，17（4）：53-58.

[7] 王志强，王静爱．关于雾灾几个相关问题的探讨［J］．自然灾害学报，2004，13（2）：134-139.

[8] 郑祚芳，张秀丽．北京极端天气事故及其与区域气候变化的联系［J］．自然灾害学报，2007，16（3）：55-59.

[9] 周慧，解以扬，高鹰．京津唐高速公路大雾天气气候特征及其对交通的影响［J］．灾害学，2008，23（3）：48-53.

[10] 田华，王亚伟．京津唐高速公路雾气候特征与气象条件分析［J］．气象，2008，34（1）：66-71.

[11] 周秀骥，陶善昌，等．高等大气物理学［M］．北京：气象出版社，1991.

[12] GISELLE D. Fog luminance evaluation in daytime［J］. Transportation research record，2004（1862）：82-88.

[13] 孙奕敏．灾害性浓雾［M］．北京：气象出版社，1994.

[14] 绍毅明．高等级公路交通安全管理［M］．北京：人民交通出版社，2003.

[15] 史桂芳，袁浩，程建川．雾天交通限速计算［J］．西南交通大学学报，2010，45（1）：136-139.

[16] 田小毅，朱承瑛，张振东，等．长江江苏段江面雾的特征和预报着眼点［J］．气象，2018，44（3）：408-414.

[17] 袁成松，梁敬东，焦圣明，等．低能见度浓雾监测、临近预报的实例分析与认识［J］．气象科学，2007，27（6）：661-665.

[18] 袁娴，陈志豪．上海浦东机场平流雾的统计和监测分析［J］．气象科学，2013，33（1）：95-101.

[19] 史达伟，李超，史逸民，等．基于机器学习的大雾天气背景下特强浓雾本地化诊断研究［J］．灾害学，2018，33（2）：193-199.

山岳型景区的灾害性天气防范探讨

王新来　姚蒸蒸　黄骏凯　刘承晓

（安徽省黄山气象管理处，黄山 245899）

摘要： 灾害性天气对各行各业均有较大影响，如何降低灾害性天气所造成的影响一直是气象部门重点考量的问题。本文利用黄山风景区近两年来的三个典型服务案例，阐述了黄山气象管理处围绕黄山旅游在灾害性天气防范方面所做的工作和尝试，为其他山岳型景区的旅游气象服务提供参考。

关键词： 山岳型景区；灾害性天气；气象服务；旅游气象

随着社会的发展和人们生活水平的提高，旅游已成为老百姓常态化的生活方式，像黄山等山岳型景区越来越受到游客的喜爱，尤其是随着人们审美水平的提高，单一的自然风光已很难满足游玩的需求，云海、日出日落、佛光、雪景、雾凇等气象景观正成为助攻旅游经济的“新动能”。但是，作为旅游活动的基本条件之一，气象条件影响着旅游活动的进行，适宜的气象条件可为旅游活动提供可能。反之，恶劣的气象条件会给旅游带来诸多困难[1]，尤其是暴雨、雷电、暴雪、冻雨等灾害性天气。灾害性天气具有突发性、多样性、复杂性和非线性[2]，加上山岳型旅游景区特殊的地理环境影响，给游客、旅游从业人员及旅游业的发展带来严重影响，因此，灾害性天气的预报预警和服务工作的重要性日益凸显。各级气象部门从强化组织领导、增强部门联动能力、优化灾害性天气预报预警系统[3]等方面着手，开展了诸多工作[4-8]，不断提高灾害性天气的防范能力。围绕黄山风景区的旅游安全与生态保障，安徽省黄山气象管理处根据实际情况，从建设灾害性天气观测网络、优化联动机制建设等方面开展了大量工作，效果显著。

1　黄山的地理气候特点

黄山风景区位于安徽省南部黄山市境内，景区面积 160. 6 km^2，以莲花峰、天都峰、光明顶为中心向四周峰谷成散射状分布，其中海拔高度在 1000 m 以上的面积达 98 km^2，占景区总面积的 61%，山体坡度多在 40°以上。

黄山处于亚热带季风气候区内，具有春湿、夏凉、秋燥、冬寒的气候特点。独特的地形地貌与合适的大气温度、气压、水汽、风等气象要素以及云、光照叠加，造就了黄山变幻莫测的日出、云海、冰雪、佛光、雾（雨）凇、松涛等气象万千的奇景仙境[9]。降水方面，黄山是安徽乃至华东地区的多雨量中心，多年平均降水量 2451. 8 mm，主要集中在春季（3—5 月）和夏季（6—8 月），年降水极大值 3492. 5 mm，日最大降雨量 328. 4 mm，年平均降雨日数 180 d。由于黄山山脉海拔高度最高达到 1864 m，受海拔高度、地理位置和大气环流的共同影响，黄山雷暴过程较多。根据气象观测数据统计，黄山风景区年平均雷暴日约为 43. 2 d，属于多雷区。此外，黄山的风速远远大于同纬度平原丘陵地区，年瞬时风力超过 8 级的日数达 130 d；黄山海拔高，同山下相比，初雪日早、终雪日迟，年平均积雪日数可达 39 天，冬季的历史最低气温达 -22. 7 ℃。

黄山的地理特点和气候特点，造成了黄山封闭性强、气象灾害多发的特点，因此，黄山风景区的灾害性天气防范与城市等地方有很大的不同。

2　气象服务典型案例

2.1　台风天气防范

受2021年第6号台风“烟花”影响，黄山风景区自2021年7月23日开始出现大风和大暴雨天气过程，25—28日连续4 d暴雨，其中26—27日连续大暴雨，过程累积雨量达457.6 mm，最大雨强21.8 mm/h，24—26日连续3 d出现10级大风。

从7月22日开始至台风影响结束，黄山气象管理处共发布《重要气象信息专报》10期，对台风移动路径、总雨量、影响时段不断进行预报订正分析。根据预报结论，黄山风景区管委会于7月23日启动防台风Ⅳ级应急响应，决定自7月24日对莲花峰、始信峰、西海大峡谷等进行临时关闭；7月25日下午，黄山风景区管委会根据气象部门预报，将防台风Ⅳ应急响应提升为Ⅱ响应，并发布公告，临时关闭黄山景区。

本次台风“烟花”预报和服务的过程中，黄山气象管理处旅游气象台提前预报、及时预警、主动服务，与防汛、索道公司、驻山单位等部门联动密切，在暴风雨来临之前，临时关闭景区，让可能产生的经济损失减少到最小，为管委会防御台风提供科学的决策依据。由于景区早布置、早防范，未有重大财产损失和人员伤亡。

2.2　强对流天气防范

2021年5月3—4日，黄山风景区出现一次强对流天气过程，并伴有雷电、大风。针对此次天气过程，黄山气象管理处自“五一”假期前开始，先后发布《重要气象信息专报》5期，提醒此次过程从3日下午开始风力增大，着重对三条索道及光明顶区域进行了逐3 h的精细化风向风力预报。考虑到此次过程主要受西南气流影响，指出前山的玉屏索道风力会更加偏大，且3号下午雷电大风将影响前山玉屏索道的运行。

由于“五一”假期黄山游客众多，其中5月3日当天预约游客数量达到3万余人。黄山风景区管委会为减少对游客的影响并保障游客的人身安全，根据黄山气象管理处的建议，2日晚上通知各山下旅行社，在游客上山前对游客进行宣传，调整游客行程，采用前山上、后山下的策略，避开不利天气；在景区游客聚集的地方，也不断播放气象预警信息，提醒游客做好行程规划尽可能提前下山。针对此次过程，黄山气象管理处提前研判天气形势，景区各部门加强联动，既为景区交通、索道运行及游客安全提供了气象保障，又减少了对游客行程的影响，且未产生游客滞留山上的状况，旅游秩序井然。

2.3　暴雪天气防范

2022年1—2月，黄山风景区先后出现10次降雪过程，强降雪时段集中在1月28日至2月22日，期间共出现7次降雪过程，其中包括5次暴雪，尤其是2月22日暴雪过程，是期间五场暴雪过程中最强的一次，积雪深度达38 cm，位列历史第三。

针对雪情，黄山风景区根据预案周密安排，积极应对。降雪过程来临前，通过官方媒体发布通告，引导游客推迟一小时上山，预留除雪时间。降雪过程中，景区各部门根据各自职责提前到岗到位：园林局根据“一树一批人、一树一对策”的原则加强名木古树的保护；景区各索道采取夜间设备不定时空载、安装破冰轮、加大线路支架巡视频度、涂刷新型防冻剂等措施除冰防冻，确保索道正常运转；景区园林开发公司环卫部门全员到岗，积极清扫主干路段积雪，在游步道台阶抛洒沙子，加大作业频率，避免“二次结冰”……由于预报预警准确及时，景区各部门通力合作，上下联动，确保旅游公路、索道和主要步道保持通行，景区旅游接待正常，没有发生古树名木损伤、游客滞留等安全事故。此外，降雪也吸引了众多游客到黄山游玩，为景区创造了明显的经济效益。

3　旅游气象灾害应对措施

3.1　完善的灾害性天气观测网络

针对灾害性天气，黄山气象管理处建立了完善的观测网络，主要包括双线偏振多普勒天气雷达、8套区域自动气象站、3套闪电定位仪、17套大气电场仪。通过这些观测设施，结合中国气象局以及安徽省气象局的卫星资料、智能网格等服务产品，业务人员可以实时了解当前天气状况，为预报预警提供重要保障。

3.2　合理的灾害性天气应对策略

针对不同的灾害性天气，结合景区的实际特点，黄山气象管理处建立了不同的预报预警策略，既要有预报的提前量，又要尽可能地利用灾害性天气来临前的时间进行游客疏导；既要确保游客安全，又要保障游客行程安排。因此，黄山气象管理处强化灾害性天气的全程监控，实现3 d提前预报、3 h临近预报、30 min预警。此外，不同天气对景区的影响不同，所采取的策略也不尽相同，针对暴雨、台风、暴雪等影响时间较长的天气过程，应重点加强过程前的预报，做到早谋划早准备，并根据影响程度，采取封闭景区或者封闭个别景点等措施；针对雷电大风、短时强降水等强对流天气，除做好前期的预报外，应重点加强临近预报和预警，不能因为有灾害性天气而过早过急地对景区景点及索道等进行管控，否则容易影响旅游秩序，造成游客积压，应通过气象预报预警信息对游客进行引导，降低灾害性天气的影响。

3.3　科学的景区部门联动机制

灾害性天气预报预警的服务工作涉及多个部门，其工作有复杂性和长期性的特点，必须不断加强部门联动能力，确保相关部门均可以参与灾害性天气预报预警的服务工作[10]。为此，黄山风景区管委会根据统一领导、协调有序，预防为主、防处结合，密切协同、形成合力的原则，明确各部门在不同天气条件下应采取的措施，以黄山气象管理处的监测预报预警信息为“发令枪”，景区管委会、旅游、综合治理、园林、应急管理等部门积极响应，提前谋划早布局，抓紧落实保安全，上下联动，齐心协力确保生态和旅游安全。

4　小结

灾害性天气的监测预报预警工作十分重要，在很长一段时间内将是气象部门日常开展工作的重点。黄山风景区旅游资源丰富，但气象灾害频繁，对旅游业影响较大。为降低气象灾害影响，实现黄山旅游可持续发展，应不断提高旅游气象灾害监测、预报和预警服务能力，强化灾害预评估技术[11]，完善应对灾害性天气的联动机制，同时也要趋利避害，充分挖掘黄山气象旅游资源，加强生态环境保护，最大限度地减少灾害性天气对景区的影响。

参考文献

[1] 杨尚英，胡静. 气象灾害对我国旅游业的影响 [J]. 安徽农业科学，2010，38 (13)：6977-6980.

［2］赵玉春，王仁乔．灾害性天气总结中存在的问题和关键要点分析［J］．暴雨灾害，2008，27（1）：87-93.
［3］杨钢．灾害性天气预报预警和服务分析［J］．农业灾害研究，2021，11（8）：51-52.
［4］鄢志宇，杨桂娟，鲁建东，等．市级灾害性天气应急服务系统［J］．气象与环境学报，2009，25（1）：54-57.
［5］谢玉华，何清芳，刘珏．灾害性天气对新罗乡村旅游景区的风险评估［J］．农业灾害研究，2020，10（9）：112-114.
［6］王静，慕建利，白静玉．对旅游景区气象灾害风险防御的思考［C］//第29届中国气象学会年会．2012.
［7］曹向林，陈姣荣，杨伟．岳阳旅游气象灾害的影响及对策［C］//第32届中国气象学会年会．2015.
［8］邓玲，王林．山岳型景区旅游气象服务评价及气象风险感知调查研究［J］．农业灾害研究，2017，7（8）：22-25，28.
［9］胡雯．2016年中共黄山市人民政府党组集体学习材料（第24次）［Z］．2016.
［10］唐冰然，曲明星．做好灾害性天气预报预警工作和精细化服务［J］．农业灾害研究，2021，11（6）：64-65.
［11］张永恒，孔祥一，张立生，等．2018年我国灾害性天气及决策气象服务分析［J］．海洋气象学报，2019，39（4）：35-42.

江西省中小水电智慧气象服务技术研究及应用效果检验*

谢克勇[1] 张勇平[2] 邓德文[1] 毕 晨[1] 李三角[1]

（1. 江西省气象服务中心，南昌 330096；2. 江西省新余市气象局，新余 338008）

摘要：基于高精度DEM及水系数据的流域集雨区划分，研究了江西省中小水电站集雨区划定技术方法；通过对水库集雨区降水预报和观测站点的实况两者对比分析，建立了基于库区的多模式本地化水库面雨量预报方法；通过模式参数化率定方法以及雨洪耦合来水量预报方法的研究，建立了水库来水量预报模型。利用2007—2020年水文数据以及降水实况和模式数据，检验了七一水库2020年滚动逐7日面雨量预报效果。检验结果显示，面雨量预报模型在0~3天的平均预报准确率为70.1%；中雨和大雨量级的降水预报准确率分别为30.7%和28.3%，暴雨、大暴雨预报有一定的指示意义；改进后的流量模拟效果进一步提升，强降水过程的流量预报效果改善明显。

关键词：粒子群算法；面雨量预报；来水增量预报；参数优化；水库安全气象保障

引言

江西全省目前共有水库10676座，其中大型30座、中型263座、小（Ⅰ）型1508座。这些水库多数坐落在丘陵地带，少数在高山峡谷。黎凤赓等[1]指出，这些水库对于保障我省粮食安全和饮水安全，发展农村经济，改善农民生产生活条件和生态环境，稳定农村社会秩序等都起到了巨大的作用。随着全球变暖，近年来江西省天气气候极端事件频繁发生，汛情旱情接连不断，特别是2020年气候异常，7月上旬全省平均降雨量259 mm，为历史同期第一[2,3]。饶河、信江、修河及鄱阳湖先后多次发生编号洪水和超警戒洪水，多站点水位甚至超保障、超1998年和超历史。水利水电的安全运行、科学调度以及水利枢纽工程防汛、抗旱、发电、蓄水对天气预报服务提出了愈来愈高的要求。传统水文气象服务科技含量较低，已不能完全满足水利水电部门的需求[4]。因此，提高水利水电气象预报科技含量，提升气象服务水平，丰富气象服务产品，已经十分迫切。

江西省气象服务中心开发的水库安全保障气象服务系统，为水库及防汛部门提供更加智能化、精准化和专属化的服务，科技水平较高。本文以七一水库为例，利用地形的数字化模拟研究，确定水库集雨区划定技术方法；通过对水库集雨区降水预报和观测站点的实况两者对比分析，进行库区面雨量本地化订正技术研究，建立水库雨量预报数学模型，并利用频率统计和频率匹配方法进行效果检验；利用水库历史水文观测资料，进行模式参数化率定方法研究以及开展雨洪耦合来水量预报方法研究，建立了水库来水量预报模型，检验效果良好。

* 资助项目：2020年江西省气象局重点项目“江西省中小水电智慧气象服务技术研究与应用”（JX2020Z07）。

1　资料和方法

选用江西省七一水库2007—2020年的水文数据资料，主要为水位、库容和日均入库流量数据以及气象日雨量等资料。

主要研究方法有基于高精度DEM及水系数据的流域集雨区划分和实况面雨量精确计算方法、基于多种预报模式的降尺度及模式融合的流域面雨量预报方法和基于物理水文模型与人工智能算法相结合的流量预测方法，其中流量预测模型是在新安江模型的基础上自主研发的分布式水文预报模型，输入量为日面雨量和蒸发量，输出为日入库流量。之后利用2007—2019年数据进行建模，使用2020年数据对模型预测效果进行比较检验。

2　集雨区划分及实况面雨量计算方法

基于DEM数据，根据D－8算法可以计算出DEM数据范围内各个栅格上的水流流向，迭代计算得到每个栅格上的汇流数，设定阈值再经过一系列计算得到河网水系。根据水库大坝位置或者流量监测点的位置，捕捉水系中相应的倾泻点位置，最后划定出七一水库集雨区范围，如图1所示。

图1　七一水库集雨区范围

很多学者得出[5,6]，雷达估计的降雨量不够准确，可以使用雷达－雨量计联合探测的方法，将雨量计单点测量精度较高和雷达能测量降水时空分布的优点结合起来。文中利用雨量计对雷达定量估测降雨量进行面（场）校准，获得比单纯用雷达定量估测降雨量更为精确的结果。再利用变分法从时空意义上对雷达观测值进行校准，得到更精确的估测结果。将雷达降水估测和实况站点监测降水等数据进行一系列数据质量控制后，利用卷积神经网络将这些多源数据融合，再匹配到集雨区外延100 km范围生成降水实况分析场。

3　流域面雨量预报方法

本文对七一水库进行面雨量预报主要采用多模式融合技术，再进行降尺度得到集雨区格点预报数据。首先通过降尺度方法生成更高分辨率的降雨场，采用DCNN（深度卷积神经网络）模型，再输入地面2 m温度（t_{2m}）、地面2 m露点温度（dt_{2m}）、相对湿度（RH）、地面气压（S_p）等气象要素特征，以及 DEM、土地利用等地理特征，对低分辨率的降水进行降尺度，最后得到本地预报模型 CQOCF。

3.1 多模式融合技术

本文利用卷积神经网络，进行多模式融合，利用算法根据近期数据自动调整权重大小，可以根据各模式预报质量进行有效调整权重，最大化准确率。在 CNN 的卷积层中，一个神经元只与部分邻层神经元连接。根据很多学者经验[7,8]，在 CNN 的一个卷积层中，通常包含若干个特征映射（featureMap），每个特征映射由一些矩形排列的神经元组成，同一特征映射的神经元共享权值。这里共享的权值就是卷积核。卷积核一般以随机小数矩阵的形式初始化，在网络的训练过程中卷积核将学习得到合理的权值。

为了更加高效、准确地实现降尺度，选择基于深度学习的 DeepSD 模型。DeepSD 是由多层的 SRCNN 堆积而成，SRCNN 降尺度则利用了卷积神经网络提取高维特征并进行数据重构，从而实现降尺度。耿瑞[9]指出，SRCNN 将深度学习与传统稀疏编码之间的关系作为依据，将 3 层网络划分为图像块提取（Patch extraction and representation）、非线性映射（Non-linear mapping）以及最终的重建（Reconstruction）。

本地化订正采用 Encoder-Decoder 神经网络模型，在对降水预报进行订正时，不仅需要考虑历史数据的影响，而且考虑区域范围的影响，因此，在建模时，需要综合考虑时间因素和空间因素。考虑到深度学习中的卷积神经网络（CNN）擅长处理空间数据，长短时记忆网络（LSTM）由于其特殊的结构设置擅长处理时序数据，所以利用这两种网络建立订正模型 Seq2Seq。Seq2Seq 模型的核心是 CNN 和 LSTM，模型由 Encoder 和 Deconder 两部分组成，其中 Encoder 用来解析历史信息，而 Decoder 用来编译历史信息生成订正结果。

3.2 面雨量预报检验

对实况和预报的面雨量基于《江河流域面雨量等级》（GB/T 20486—2017）界定（表 1），划分雨量等级后进行对比检验。其中，实况面雨量采用实况分析网格，再根据地形与库区范围加权计算；预报面雨量通过本地化预报模型得出。面雨量采用格点数值预报，再根据地形降尺度与库区范围加权计算。若某日预报面雨量降水等级为小雨且当日实况面雨量降水等级为小雨，则算作准确，准确率 = 预报准确天数/实际出现天数 ×100%，得到 2020 年七一水库面雨量等级预报准确率（表 2、表 3）。

表 1 面雨量等级界定

等级	值域/mm
无雨	<0.1
小雨	0.1～5.9
中雨	6.0～14.9
大雨	15.0～29.9
暴雨	30.0～59.9
大暴雨	60.0～149.9
特大暴雨	≥150.0

分析表 2 可知，通过对 2020 年未来 1～7 d 的面雨量等级预报结果进行检验，得出小雨量级的降水预报准确率较好，未来 3 d 的平均预报准确率达 70.1%。中雨和大雨量级的降水预报准确率分别为

30.7%和28.3%。从表3可以看出，未来3 d各等级降雨预报综合准确率在47.8%~64.4%。未来1 d的暴雨、大暴雨预报准确率分别为19.1%和20.0%，未来2 d时效的暴雨、大暴雨预报准确率较低，几乎较难预报。

表2　2020年七一水库未来1~7 d面雨量等级预报检验结果

	小雨	中雨	大雨	暴雨	大暴雨
实际出现天数/d	129	44	20	7	5
未来第1天预报准确天数/准确率	103/79.9%	17/38.6%	9/45.0%	2/28.6%	1/20.0%
未来第2天预报准确天数/准确率	84/65.1%	14/32.1%	5/25.0%	1/14.3%	1/20.0%
未来第3天预报准确天数/准确率	84/65.2%	9/21.4%	3/15.0%	1/14.3%	1/20.0%
未来第4天预报准确天数/准确率	71/55.1%	9/21.4%	8/40.0%	2/28.6%	0/0.0%
未来第5天预报准确天数/准确率	71/55.1%	13/28.6%	6/30.0%	0/0.0%	0/0.0%
未来第6天预报准确天数/准确率	67/51.7%	16/35.7%	4/20.0%	1/14.3%	0/0.0%
未来第7天预报准确天数/准确率	68/52.8%	6/14.3%	4/20.0%	1/14.3%	0/0.0%
未来3 d平均预报准确率	70.1%	30.7%	28.3%	19.1%	20.0%
未来7 d平均预报准确率	60.7%	27.4%	27.9%	19.1%	8.6%

表3　2020年七一水库未来1~7 d各等级降雨预报综合准确率

	实况	预报（+1 d）	预报（+2 d）	预报（+3 d）	预报（+4 d）	预报（+5 d）	预报（+6 d）	预报（+7 d）
各等级降雨天数/d	205	132	105	98	90	90	88	79
预报准确率		64.4%	51.2%	47.8%	43.9%	43.9%	42.9%	38.5%

从具体过程来看，2020年7月7—10日，七一水库逐日面雨量分别为20.2、72.5、64.8和42.1 mm，此次过程连续出现2 d大暴雨、1 d暴雨以及1 d大雨量级的降水。

分析此次强降雨过程的本地预报模型CQOCF和EC模式预报结果的TS评分（表4）可见，CQOCF在暴雨、大暴雨量级预报上要优于EC模式。

表4　强降雨过程TS评分表

EC	CQOCF	EC	CQOCF	EC	CQOCF	EC	CQOCF	EC	CQOCF
小雨		中雨		大雨		暴雨		大暴雨	
/	/	/	/	0.1	0	0.29	0.33	0.13	0.33

从频率统计和频率匹配效果检验分析上可知（图2、图3），在小雨、暴雨和大暴雨量级上，本地面雨量预报模型CQOCF都优于EC模式，大雨量级上EC略优于CQOCF。

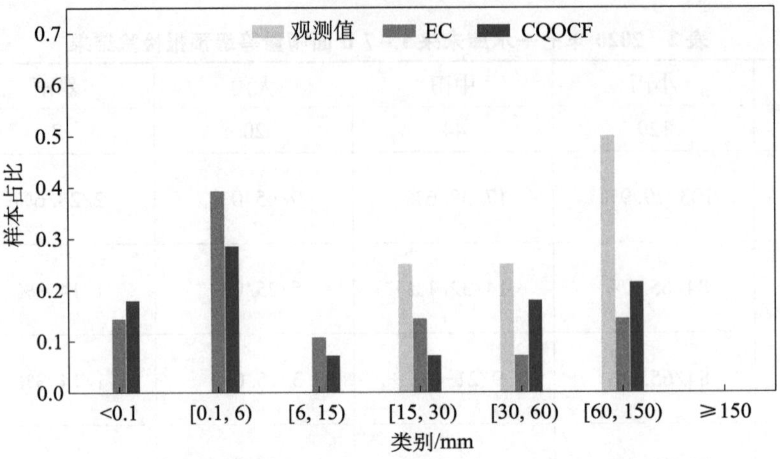

图2　各预报模型未来7 d预报与实况对比样本频率统计图

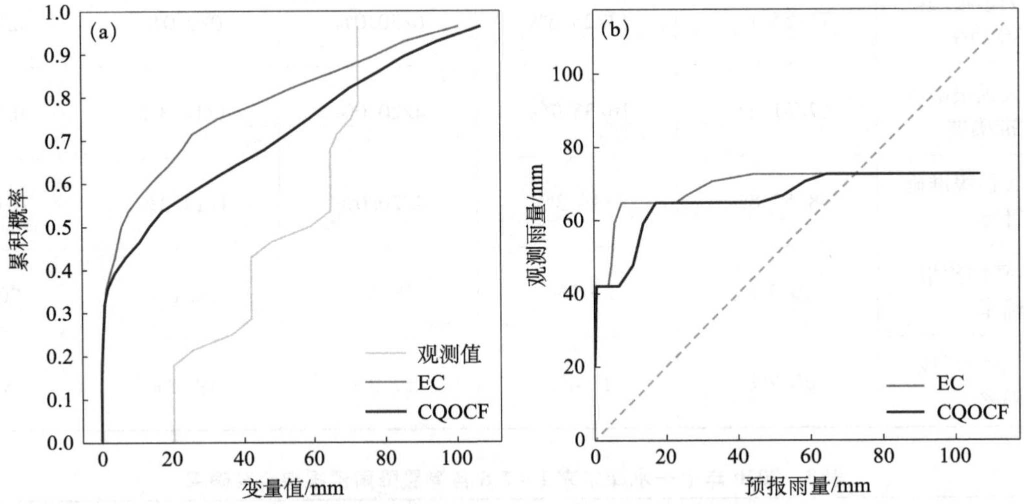

图3　EC模式和CQOCF本地面雨量模型频率图

（a）概率分布函数对比图；（b）频率匹配映射关系图

从箱线图分析得到的结果可知（图4），本地面雨量模型CQOCF模型雨量值的分布与实况更接近，但存在一些过高的预报值，EC模式相较CQOCF预报偏小。

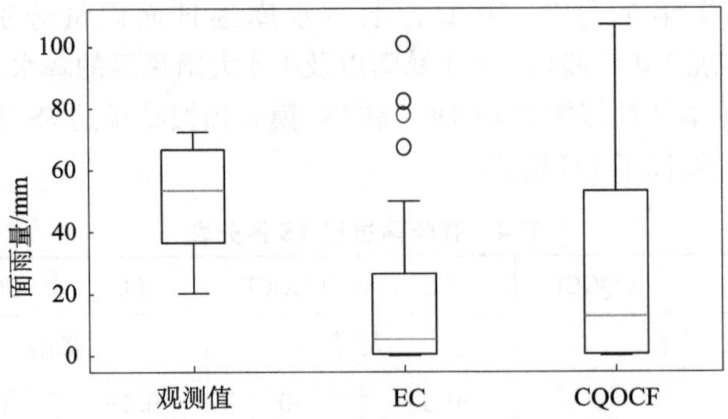

图4　各模型计算面雨量实况、预报箱线图

4　基于物理水文模型与人工智能算法相结合的流量预测方法

目前已经有许多成熟的降雨－径流模型理论，如新安江模型、SWAT 模型、Topmodel、HBV 模型等，随着深度学习的发展及其在水文领域的应用越来越多，本文利用粒子群算法对新安江模型进行参数率定，并通过刘培贞等[10]研究的 LSTM 神经网络模型对流量进行模拟，最后耦合物理水文模型和神经网络模型，以达到流量的最优预测。

4.1　物理模型和人工智能算法耦合

物理水文模型中的计算基于对水文过程的描述，机理表示清晰，应用较广泛，且只需要相对少量的历史实况流量资料（2 a 以上）就能进行较好的模拟，但物理模型在实际运行中也存在一些难点或问题。物理模型中的一些状态参量的调整常常需要有预热过程，模型的初值设定也对模型结果有一定影响；为了保证模型连续性，需要保存历史状态参量；对物理过程的描述只是对实际水文过程的近似和概化，存在一些没有在物理模型中体现出来的过程；一些物理机制不明确的过程只能用经验公式来描述。

LSTM 神经网络流量模型可以实现端到端的流量预测，对于物理模型中未进行描述或近似描述的变量关系也能通过高维特征提取和反向传播自主学习，可以有效弥补物理模型的不足，但神经网络模型需要较多的历史流量资料。结合物理模型和神经网络模型的特点，可以先用物理模型基于现有历史资料进行流量模拟，再用 KNN（近邻算法）对物理模型进行校正得到更精确的模拟流量，然后将较长时间的模拟流量和历史实况流量作为 LSTM 流量模型的标签数据训练模型，实现物理水文模型和人工智能算法的嵌套耦合。

特征向量由一段时间的实况降雨和蒸发和模拟流量组成，标签为实测流量与模拟流量的误差，模型公式可表示为

$$E(t) = F_{\mathrm{KNN}}[Q_{\mathrm{sim}}(t-1), Q_{\mathrm{sim}}(t-2), \cdots, Q_{\mathrm{sim}}(t-n_0), P(t-\gamma_1), P(t-\gamma_1-1), P(t-\gamma_1-2), \cdots,$$
$$\mathrm{EM}(t-\gamma_1), \mathrm{EM}(t-\gamma_1-1), \mathrm{EM}(t-\gamma_1-2), \cdots, \mathrm{EM}(t-n_1+1), \cdots]$$

式中，$E(t)$ 为当前的模拟流量和实况的误差，$Q_{\mathrm{sim}}(t-n)$ 为历史模拟流量，$P(*)$ 为历史雨量，$\mathrm{EM}(*)$ 为历史蒸发量。为了进一步提高模型的预测精度，当有新的实时观测流量数据积累，再对物理模型结果进行更新校正。

水库的库容是水位的三次曲线，因此根据水位和库容的历史资料，用三次曲线进行线性回归，关系如下：

$$V = a(G - G_{\min})^3 + b(G - G_{\min})^2 + c(G - G_{\min}) + V_{\min}$$

式中，V 为库容，G 为水位，$G_{\min}$ 为水库死水位，$V_{\min}$ 为水库死库容。

当完成水库来水量预报后，根据实时库容增加来水量得到预报库容，然后根据统计关系计算出预报水位。最后可根据正常蓄水位、汛期限制水位、防洪高水位制定调蓄方案[11]。

4.2　基于粒子群算法对新安江模型参数的率定

新安江水文模型的 15 个参数分别为 K、WUM、WLM、C、WDM、B、IMP、SM、EX、KG、KSS、KKG、KKSS、CS、L。15 个参数作为空间中粒子 i 的 15 个维度，$X = (X_{i1}, X_{i2}, X_{i3}, \cdots, X_{i15})$，每个维度的搜索空间范围按参数阈值取值，如表 5 所示。

表5　新安江水文模型参数搜索阈值界定

名称	K	WUM	WLM	C	WDM	B	IMP	SM	EX	KG	KSS	KKG	KKSS	CS	L
最小值	0.2	5	60	0.08	15	0.1	0.01	10	1	0.01	0.01	0.95	0	0	0
最大值	1.5	20	90	0.2	60	0.4	0.05	50	1.5	0.7	0.7	0.998	0.9	1	2

速度 $V_i = (V_{i1}, V_{i2}, V_{i3}, \cdots, V_{i14})$，$V_{\max}$ 限制范围取第 d 维参数取值范围的10%，即 $V_{\max} = 10\%(X_{\max} - X_{\min})$。以日流量的均方根误差为目标函数：

$$\text{RMSE} = \sqrt{\frac{\sum_{i=1}^{n}(X_{\text{obs},i} - X_{\text{model},i})^2}{n}}$$

式中，$X_{\text{obs},i}$ 为率定期的实测流量序列，$X_{\text{model},i}$ 为率定期的模拟流量序列，n 为实测和模拟流量资料的总个数。

根据翁士创等[12]的方法，参数率定的具体步骤如下：①初始化种群，规模设为60，迭代次数 T 设为400，得到粒子位置 X、速度 V；②计算每个粒子 i 的适应值，找出每个粒子的个体极值 P_i 和粒子的全体极值 G；③比较粒子 i 的适应度值和个体极值 P_i，较好的作为 P_i；④比较粒子 i 的适应度值和全局适应度值 G，较好的作为 G；⑤根据步骤②～④更新粒子的速度和位置；⑥回到步骤②循环，直到迭代完毕退出。

本文利用七一水库历史数据，经过6次参数率定，率定结果见表6。

表6　七一水库新安江模型参数率定结果

率定次数	1	2	3	4	5	6	均值	标准差
K	0.837	0.855	0.781	0.782	0.85	0.794	0.816	0.03
WUM	20	20	20	20	20	20	20	0
WLM	79.567	80.387	79.168	79.913	80.001	79.865	79.817	0.41
C	0.18	0.182	0.184	0.177	0.18	0.18	0.18	0
WDM	21.279	26.841	24.764	24.78	25.147	24.984	24.633	1.82
B	0.196	0.2	0.215	0.187	0.199	0.227	0.204	0.01
IMP	0.011	0.024	0.021	0.02	0.01	0.016	0.017	0.01
SM	12.18	12.573	12.37	12.158	12.311	12.688	12.38	0.21
EX	1.2	1.217	1.259	1.22	1.2	1.219	1.219	0.02
KG	0.454	0.509	0.602	0.499	0.499	0.5	0.511	0.05
KSS	0.545	0.49	0.396	0.5	0.499	0.495	0.488	0.05
KKG	0.953	0.952	0.951	0.96	0.963	0.964	0.957	0.01
KKSS	0.69	0.784	0.852	0.773	0.758	0.719	0.763	0.06
CS	0.496	0.496	0.465	0.492	0.501	0.496	0.491	0.01
L	0	0	0	0	0	0	0	0

4.3　水库流量预测及检验

根据《水文情报预报规范》（GB/T 22482—2008），采用纳什效率系数（NSE），用以验证水文模型模拟结果的好坏。NSE 适用于长期连续的流量模拟，被广泛地应用到流量模拟地评估中。NSE 取值为负无穷至1，NSE 越接近1，模型可信度越高；NSE 接近0，表示模拟结果接近观测值的平均值水平，即总体结果可信，但过程模拟误差大；NSE 远远小于0，则模型是不可信的。公式如下：

$$NSE = 1 - \frac{\sum_{t=1}^{T}(Q_o^t - Q_m^t)^2}{\sum_{t=1}^{T}(Q_o^t - \overline{Q_o})^2}$$

式中，Q_o 指观测值，Q_m 指模拟值，Q^t 表示第 t 时刻的某个值，$\overline{Q_o}$ 表示观测值的平均。但 NSE 指标不能评估模型模拟结果的误差大小，因此还需要能量化误差的指标。

均方根误差 RMSE 可以评估流量量级上的误差，公式如下：

$$\sigma = \sqrt{\frac{1}{n}\sum_{i=1}^{n}(y_i - y)^2}$$

式中，y 和 y_i 分别为观测流量和模拟流量。

经过计算，在水库入库流量方面，采用粒子群算法率定新安江模型的参数后，率定期（2017—2019年）日流量纳什效率系数（NSE）分别从0.649 提升至0.829，均方根误差（RMSE）从17.617 m^3/s 降低至12.901 m^3/s，验证期（2020 年）日流量 NSE 分别从0.499 提升至0.681，均方根误差从36.807 m^3/s 降低至29.802 m^3/s（图5）。

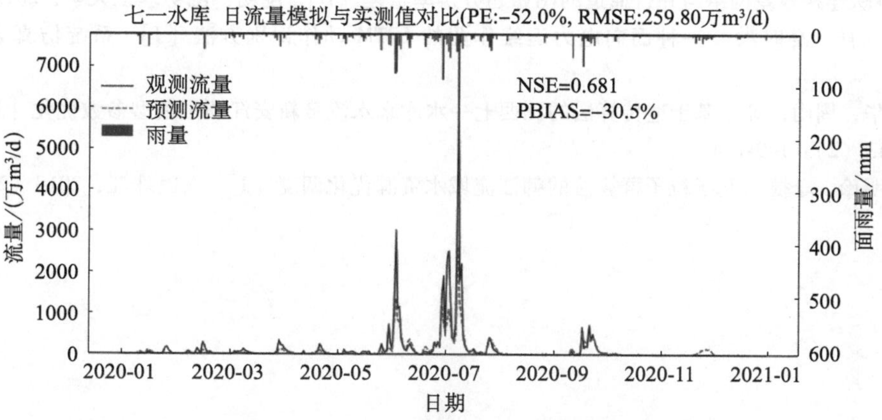

图5　七一水库集雨区来水增量预报

5　结论及讨论

本文以七一水库为例，详细介绍了江西省中小水库集雨区划定技术方法和本地化水库面雨量预报方法，进行了模式参数化率定方法研究，建立了水库来水量预报模型。

（1）通过对七一水库2020年未来一周面雨量的预报效果检验，得出本地化预报模型未来3 d的平均预报准确率达70.1%；中雨和大雨量级的降水预报准确率分别为30.7%和28.3%；未来3 d各等级降雨预报综合准确率为47.8%~64.4%。未来1 d的暴雨、大暴雨预报准确率分别为19.1%和20.0%，预报时效长于2 d时效的暴雨、大暴雨几乎较难预报。

（2）在水库入库流量方面，采用粒子群算法率定新安江模型的参数后，流量模拟效果大大提升，并且强降水过程的流量预报效果改善明显。

通过技术改进和创新，江西省中小水库安全保障气象服务系统得到不断完善，水库面雨量和来水增量预报准确率不断提升，提高了水库气象服务科技含量。在今后的工作中，继续通过数据的积累，调整各预报参数，完善系统，努力通过提高库区面雨量以及来水增量的预报准确率来提升气象服务满意度。

参考文献

[1] 黎凤赓，周志维．江西省水库大坝安全监测设施管理及对策［J］．中国水利，2018（20）：70-71，69.

[2] 陈娟，罗少华，田俊．江西省天气、气候特点及其影响（2020 年 7—9 月）［J］．气象与减灾研究，2020，43（4）：321-322.

[3] 凌婷，肖雯，邓德文，等．2019 年 6 月上旬江西一次持续性暴雨天气过程成因［J］．气象与减灾研究，2020，43（4）：284-291.

[4] 谢克勇，李三角，邓德文，等．基于人工智能算法的中小水电智慧气象保障服务技术研究［J］．江西科学，2021，39（4）：712-718.

[5] 邓雪娇，黄浩辉，吴兑．变分法在校准雷达定量估测降水中的应用［J］．应用气象学报，2000（2）：255-256.

[6] 冀春晓，陈联寿，徐祥德，等．多普勒雷达资料动态定量估测台风小时降水量的研究［J］．热带气象学报，2008（2）：147-155.

[7] 邢世宏，施闻明，任荟洁．不同数据集容量下的卷积神经网络图像识别性能［J］．船舶科学技术，2019（21）：188-193.

[8] 毛新宇，王海新，许伯阳，等．基于深度学习的电力系统暂态稳定性评估方法研究［J］．电器开关，2019（3）：46-54.

[9] 耿瑞．基于跳跃连接残差网络与并行通道的图像超分辨率重建［D］．昆明：昆明理工大学，2019.

[10] 刘培贞，贾玉祥，夏时洪．一种面向电力运维作业的 LSTM 动作识别方法［J］．系统仿真学报，2019（12）：2837-2844.

[11] 刘志萍，杨华，周雨，等．基于遗传算法的江西七一水库来水流量新安江预报模型参数优化［J］．气象与减灾研究，2020，43（2）：149-154.

[12] 翁士创，苏明珍，李捷．基于粒子群算法的韩江流域水资源优化调度［J］．人民珠江，2018（2）：82-85.